항만 및 어항공학

저자 | 주재욱·강석형

도서출판 한림원

머 리 말

실무자를 위한 항만 및 어항공학을 애용해 주신 항만가족 여러분께 진심으로 감사의 말씀을 드립니다.

부족한 점이 많았음에도 널리 애용해 주셔서 발행 2년에 매진되었고, 당초 기술사 시험준비에 기술적인 이해를 돕고 많은 전문기술자의 배출을 바라는 마음에서 출판하였습니다.

또한 항만분야 종사자 및 관심이 있으신 분께 교재로 활용될 수 있기를 바랬던 것이 초심이었는데 몇 년이 지나고 보니 항만분야에도 변화가 있었고, 시대적 요구에 대처할 수 있도록 전반적인 편성과 개편의 필요성을 느끼게 되어 새롭게 구성하여 항만 및 어항공학이라는 책이름으로 출간하게 되었습니다.

정부의 조직개편으로 항만과 어항의 담당부서가 또 다시 나뉘어졌고 운하문제가 거론되었으며, 해마다 연례행사로 겪고 있는 태풍과 지진해일에 의한 재난·재해에 대처하기위한 재해에 대한 방재계획과 특히 고유가 시대가 되면서 우리나라의 경우 청정의 풍부한 자원을 활용하는 녹색에너지(신·재생에너지) 개발이 앞당겨져야 할 시기가 도래하는 등 다양한 항만기술이 요구되는 시점이라 사료되어 현실에 알맞게 당초의 기술사 문제해설내용을 삭제하고 항만분야의 설계, 시공 등 종사자의 시대적인 요구를 일부나마 충족시키고 녹색에너지 개발에 더욱 정진하기를 간절히 바라는 마음에서 용기를 얻어 새롭게 자료를 모아 재편성하여 항만 및 어항공학으로 발간하게 되었습니다.

항만과 어항은 실제 동일 기술분야이므로 한 책속에서 만나기로 하였음을 양지하시기 바라오며 우리나라 젊은 기술자들에게 다소나마 도움이 되기를 바라는 마음으로 이 책을 출간합니다.

감사합니다.

2012년 새해아침

저 자 주 재 욱
강 석 형

목 차

제1편 총 설

제 1 편

총 설

제1장 · 항만 및 어항의 정의

항만은 물류수송에 있어서의 수륙 접속시설로서 외해의 파랑에 대하여 선박이 안전하게 정박할 수 있는 수면과 화물이나 승객을 안전하게 싣고 내릴 수 있는 시설들을 갖춘 수륙교통의 연결시설을 총칭하여 항만으로 정의할 수 있다.

광의의 항만은 목적에 따라 기능에 충족한 시설이 항만에 속하기도 하며, 순수한 항만이외에 어항, 해안, 해양시설물과 항만과 연계할 수 있는 관광, 위락시설과 바다와 연관된 시설(해저파이프시설 등)은 모두가 항만분야에 속한다.

제2장 · 항만 및 어항의 시설

항만법에서는 기본시설, 기능시설, 지원시설과 항만친수시설로 대별하고, 어항법에서는 기본시설, 기능시설, 문화 복지시설, 관광·휴게시설과 기타시설로 대별하고 있으며, 그 내용은 다음과 같다.

항만법(제2조제5호, '09. 6. 9 발효)	어촌 · 어항법(제2조제5호, 08. 2. 29 발효)
(1) 기본시설 1) 수역시설 : 항로·정박지·선유장·선회장 등 2) 외곽시설 : 방파제·방사제·파제제·방조제·도류제·갑문·호안 등 3) 임항교통시설 : 도로·교량·철도·궤도·운하 등 4) 계류시설 : 안벽·물양장·잔교·부잔교·돌핀·선착장·램프 등 (2) 기능시설 1) 항행보조시설 : 항로표지·신호·조명·항무통신시설 등 2) 하역시설 : 고정식 또는 이동식 하역장비·화물이송시설·배관시설 등 3) 여객이용시설 : 대합실·여객승강용시설·소하물취급소 등 4) 화물의 유통시설과 판매시설 : 창고·야적장·컨테이너 장치장 및 컨테이너 조작장·싸이로·저유시설·화물터미널 등 5) 선박보급시설 : 급유·급수시설, 얼음의 생산·공급시설 등 6) 보안시설 : 항만의 관제, 정보통신, 홍보, 보안관련시설 7) 항만시설용 부지 8) 어촌·어항법제2조5호의나(2) 기능시설(①~⑩) * 어항구한정 9) 어촌·어항법제2조5호의다(3) 어항편익시설(①~⑧) * 어항구한정 10) 공해방지시설 : 방음벽, 방진망, 수림대 등 (3) 지원시설 1) 배후유통시설 : 보관창고·집배송장·복합화물터미널·정비고 등 2) 선박기자재·선용품 등을 보관·판매·전시 등을 하기 위한 시설 3) 화물의 조립·가공·포장 등의 시설 4) 항만관련업무용시설 : 공공서비스·시설관리 등 5) 후생복지 및 편의제공시설 : 사용자·여객의 휴게소·숙박소·진료소·위락시설·연수장·주차장·차량통관장 등 6) 연구시설 ; 기술개발·벤처산업 지원 등 7) 항만기능의 지원시설 : 장관이 정하는 항만기능 (4) 항만친수시설 1) 해양레저용 시설 : 낚시터·유람선·낚시어선·모터보트·요트·윈드서핑용 선박 등을 수용 2) 해양문화·교육시설 : 해양박물관·어촌민속관·해양유적지·공연장·학습장·갯벌체험장 등 3) 해양공원시설 : 해양전망대·산책로·해안녹지·조경시설 등 4) 인공시설 : 인공해변·인공습지 등(준설토 재활용) (5) 주로 위의 (3)~(4)목까지의 시설이 모여 있는 항만배후단지	(1) 기본시설 1) 외곽시설 : 방파제·방사제·파제제·방조제·도류제·수문·갑문·호안·제방·돌제·흉벽 등 2) 계류시설 : 안벽·물양장·계선부표·계선말뚝·잔교·부잔교·선착장·선양장 등 3) 수역시설 : 항로·정박지·선회장 등 (2) 기능시설 1) 수송시설 : 철도·도로·교량·주차장·헬리포트 등 2) 항행보조시설 : 항로표지·신호·조명시설 등 3) 어선·어구보전시설 : 어선건조·수리장, 어구건조장, 어구제작·수리장, 선양시설, 야적장, 기자재창고 등 4) 보급시설 : 급수·급빙·급유시설, 전기수용설비·선수품 보급장 등 5) 수산물유통·판매시설 : 수산물시장·수산물위판장·수산물직매장·수산물집하장 및 활어일시보관시설과 이러한 시설에 해수를 인수 또는 배수하기 위한 시설 등 6) 수산물처리·가공시설 : 하역기계, 제빙·냉동·냉장시설, 수산물가공공장 등 7) 어업용통신시설 : 육상무선전신·전화시설, 어업 기상신호시설 등 8) 해양수산 관련 공공시설 : 어항관리시설·해양관측시설·관계 법령에 의한 선박출입항신고기관 등 9) 어항정화시설 : 환경오염방지를 위한 오·폐수처리시설, 도수시설, 폐유·폐선처리시설 등 10) 수산자원 육성시설 : 종묘생산시설, 종묘 배양장 등 (3) 어항편익시설 1) 진료시설·복지회관·체육시설 등 복지시설 2) 전시장·도서관·학습관·공연장 등 문화시설 3) 광장·조경시설 등 어항의 환경정비를 위한 시설 4) 유람선·낚시어선·모터보트·요트·윈드서핑 등의 수용을 위한 레저용 기반시설 5) 지역특산품판매장, 생선횟집 등 관광객 이용시설 7) 숙박시설·목욕시설·오락시설 등 휴게시설 8) 그 밖에 대통령령이 정하는 주민편익시설 (4) 위의 (1)~(3)목의 시설을 조성하기 위한 부지와 수역

제3장 · 설계 및 공사용 기준면

3.1 기준면

항만 및 어항시설물의 계획, 설계 및 공사에 사용하는 기본수준면을 공사용 기준면(基準面)이라 하며, 기준면은 약최저저조위[Approx.L.L.W : (±)0.00m]이다.

기준면은 평균해면(M.S.L)에서 주요4개분조(M_2, S_2, K_1, O_2)의 반조차를 합한 수를 뺀 수위를 기준으로 하고 있다.

즉, 기준면(D.L) = Ao - (Hm+Hs+Ho+H')
= (±)0.00m(Approx.L.L.W)

여기서, D.L : 기준면(Datum level)
Ao : 평균해면(M.S.L)
Hm, Hs, Ho, H' : 4개분조의 반조차

예, 인천항의 기준면

기준면(D.L) = Ao - (Hm+Hs+Ho+H')
= 4.635-(2.862+1.127+0.394+0.252)
= 4.635-4.635 = 0m

∴ D.L = (±) 0.00m(약최저저조위; Approx. L.L.W)

＊각 주요 항의 조화상수(調和常數) 및 비조화상수(非調和常數) 일람표에서 4개분조의 반조차를 찾아볼 수 있음.

3.2 기준면 성과나 T.B.M이 없는 지역의 기준면 구하기

공사용 기준면은 반드시 기본수준점표(T.B.M : Tidal bench mark) 또는 지정항만에서 사용하고 있는 기존수준면을 점검하고 사용한다.

T.B.M이나 기존수준면을 이용할 수 없는 지역(도서지역이나 오지)에서는 양수표를 설치하여 최소 1개월이상 조위관측(검조)을 실시한 후 평균해면(Ao)을 구하고, 이를 조화분석으로 구한 4개분조의 반조차를 구하여 4개분조의 반조차를 합한 수면아래의 수위(D.L)를 계산하여 기준면을 구한 후 사용한다.

3.3 국제적 해도 기준면

국제수로기관(IHO : International hydrographic organization)은 국제적해도기준면으로 천문최저저조위(LAT : Lowest astronomical tide)를 채택할 것을 결의하고 1997년 6월 각국에 권고되었으며, LAT는 평균적인 기상상황과 일반적으로 생각되는 천문상황을 토대로 일어날 수 있는 상황을 추정하여 가장 얕은 해면으로 정의하고 실무적으로는 최저 1년이상의 관측에서 얻어진 조화정수를 사용하며, 최저 19년이상의 조위를 계산하고 이들의 최저값을 기준하기로 되어 있다.

우리나라의 기준면은 전항에서 언급한 종래의 방법(약최저저조면)으로 하고 국립해양조사원 발행 조석표에서 LAT와 기본수준면과의 차이를 명기하는 것을 권고하여 대응하도록 하고 있다.

제4장 · 항만 및 어항시설의 유지관리

항만 및 어항시설의 기능을 양호하게 유지하고 시설의 안정성 저하를 방지하기 위하여 항만의 특성에 따라 점검, 평가, 보수 등의 종합적인 유지관리를 한다.

○ 유지관리를 하기 위한 점검, 검사, 평가, 보수, 보강 등의 유지관리에 관한 여러 가지의 데이터는 일정양식에 따라 기록, 보관하고 계통적으로 정리된 유지관리정보는 당해시설의 건전도에 대한 적절한 평가·유지와 보수를 하기 위한 기초적인 정보는 물론 전체적인 시설의 열화대책을 세우고 시설의 라이프 싸이클 코스트(Life cycle cost)저감을 검토할 때 유용하게 사용할 수 있다.

○ 구조물의 설계에서는 장래의 유지관리내용을 충분히 고려하여 구조형식과 사용재료를 선정하고 세부설계에 반영하도록 할 필요가 있다.

○ 유지관리에 있어서는 시설의 변형상황을 효율적으로 보고 이들을 합리적으로 평가하고 보수·보강 등의 효과적인 대책 등 일연의 시스템에 대하여 배려되어야 한다.

○ 유지관리는 구조형식, 열화경향, 주요도 등을 감안하여 유지관리계획을 수립하고 이를 기반으로하여 실행되어야 한다.

○ 유지관리에 관한 용어의 개념은 다음과 같다.
상세한 유지관리는 항만구조물 안전진단 보수·보강 지침서(해양수산부 '97) 등 관련자료 참조

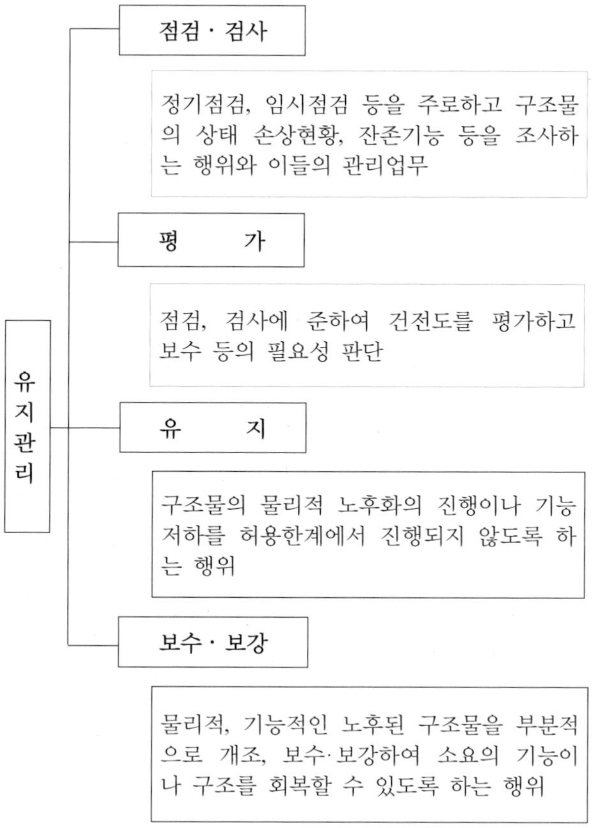

유지관리 용어 및 개념

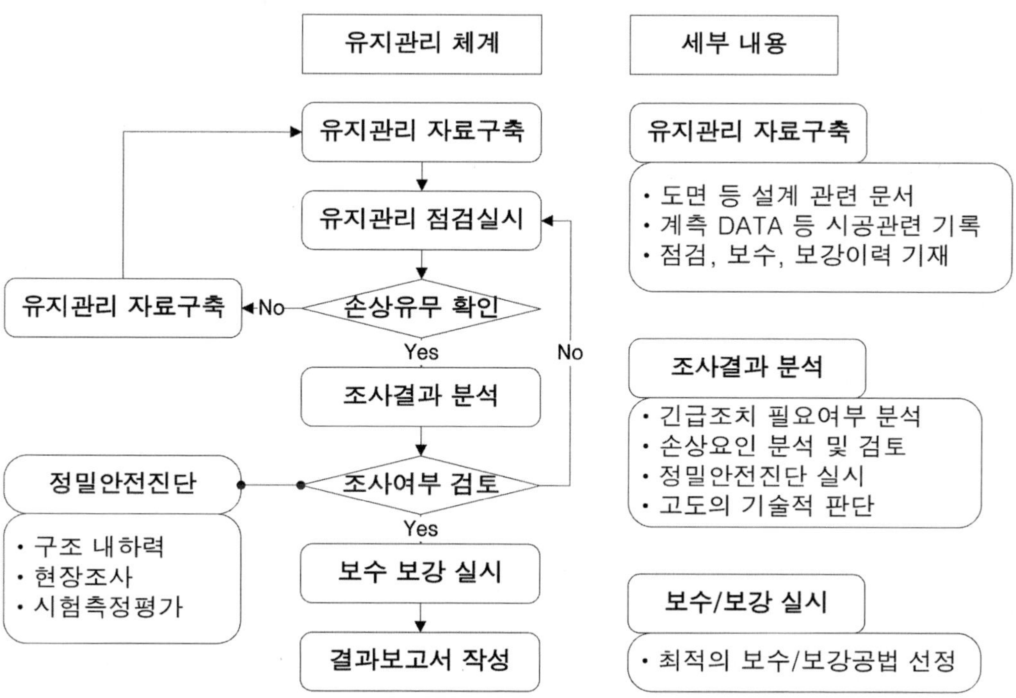

항만시설물 유지관리 체계

제주외항 조감도

제2편 항만 및 어항계획

제 2 편 항만 및 어항계획

제1장 · 총 설

1.1 항만 및 어항의 개요

1.1.1 항만(港灣:Harbor & Port)

항만이란 자연 또는 인공으로 축조하는 시설물로서 외력으로 작용하는 파랑을 막아서 정온한 수면을 확보하여 비교적 안전하게 선박이 정박하고 계류하여 선박에 적재된 하역물(또는 사람)을 양육하거나 선박에 적재하는 등 수륙을 연결하는 접속시설을 일컫는다.

항만의 기능을 충족하기 위하여 항만법(제2조제6호)에 의한 기본시설과 기능시설, 지원시설과 항만친수시설을 갖추어야 한다.

영어의 Harbor(Harbour)는 자연 또는 인공으로 선박의 필요한 박지를 지칭하며, Port는 박지외의 부두시설(Terminal facility)을 포함한 것을 의미한다.

항만은 관리상 지정항만과 지방항만으로 구분하고 있다.

무역항과 연안항

(2010년 현재)

구 분	무 역 항	연 안 항
정 의	원양구역을 항행하는 선박이 이용하는 항만	연해구역을 항행하는 선박이 이용하는 항만
운 영	국토해양부	시 도지사
대상 항만	<29개항> • 서해안(9) : 경인, 인천, 평택·당진, 대산, 태안, 보령, 장항, 군산, 목포, • 남해안(13) : 완도, 제주, 서귀포, 광양, 여수, 삼천포, 통영, 고현, 마산, 진해, 옥포, 장승포, 부산 • 동해안(7) : 울산, 포항, 호산, 삼척, 동해·묵호, 옥계, 속초	<25개항> • 서해안(7) : 용기포, 연평도, 대천, 비인, 송공, 홍도, 대흑산도, • 남해안(14) : 팽목, 갈두, 추자, 애월, 한림, 화순, 성산포, 거문도, 화흥포, 신마, 녹동신, 나로도, 중화, 부산남 • 동해안(4) : 구룡포, 후포, 울릉, 주문진

1.1.2 어항(漁港:Fishery harbor)

자연 또는 인공으로 축조하는 시설물로서 어획물의 인양, 출어준비, 어선의 대피를 주 기능으로 하는 항만의 일종이다.

어항으로서의 기능을 충축하기 위하여 어촌 · 어항법(제2조제5호)에 의한 기본시설과 기능시설, 어항편익시설 등을 포함하고 있다.

어항은 관리상 국가어항, 지방어항과 어촌정주어항으로 구분하고 있다.

전국의 국가어항의 지정현황은 다음과 같다.

국가어항 지정현황

(2010년 현재)

시·도	계	연안		도서	
합 계	110		72		38
부 산	3	3	다대포, 대변, 천정	-	-
인 천	5	-	-	5	어유정, 장봉, 선진포, 덕적도, 울도
울 산	2	2	정자, 방어진	-	-
경 기	1	1	궁평		
강 원	14	14	대진, 거진, 대포, 아야진, 사천진, 수산, 남애, 안목, 금진, 덕산, 장호, 임원, 공현진, 궁촌	-	-
충 남	8	7	모항, 안흥, 삼길포, 남당, 오천, 홍원, 장고	1	외연도
전 북	6	2	격포, 구시포	4	어청도, 연도, 말도, 위도
전 남	31	12	계마, 수품, 서망, 어란진, 마량, 녹동, 풍남, 발포, 국동, 돌산, 회진, 여호	19	안마, 전장포, 원평, 득암, 소흑산도(가거도), 사동, 서거차, 청산도, 소안, 보옥, 여서, 낭도, 시산, 연도, 도장, 안도, 초도, 우이도, 이목
경 북	15	12	죽변, 오산, 사동, 구산, 대진, 축산, 강구, 구계, 대보, 양포, 감포, 읍천	3	현포, 저동, 남양
경 남	19	14	외포, 능포, 광암, 지세포, 다대다포, 구조라, 맥전포, 대포, 물건, 미조, 삼덕, 원전, 남포, 노량	5	능양, 욕지, 신수, 매물도, 호두
제 주	6	5	김녕, 도두, 위미, 모슬포, 하효	1	신양

주 : <농림수산식품부, 수산정책국/어촌어항과>, 지방어항은 284개항 <광역시, 도 관장>, 어촌정주어항은 957개항 <시,군 관장>

1.2 항만의 종류

항만의 종류는 사용상의 명칭구분, 지세에 의한 명칭구분, 조석의 영향에 의한 구분으로 분류하고 있다.

1.2.1 사용상의 종류

- 상항(商港:Commercial harbor) : 일반화물과 여객을 대상으로 하는 항
- 공업항(工業港:Industrial harbor) : 공업원자재와 생산품(공산품)을 하역하는 항으로 오일터미널, 제철, 석탄, 목재 등의 전용부두도 있다.
- 어항(漁港:Fishery harbor) : 어업을 근거지로 어획물을 양육, 출어준비와 어선의 대피기능을 갖는 항
- 군항(軍港:Military harbor) : 군용선의 전용으로 군함 및 보급선의 정박·보급·수리와 장병의 승하선을 목적으로 하는 항
- 피난항(避難港:Refuge harbor) : 폭풍우 등으로 인한 기상악화시 소형선박 등이 대피하는 것을 목적으로 하는 항
- 항공항(航空港:Airial harbor) : 수상비행기의 정박·화물의 양하육, 승객의 승하선을 목적으로 하는 항
- 마리나(Marina) : 스포츠나 레크레이션용 요트, 모터보트 등을 계류 할 수 있는 전용시설이며 외곽·수역·계류시설 외에 클럽하우스, 주차장, 상가시설과 호텔, 쇼핑, 기타 위락시설을 포함한다.

1.2.2 지세상의 종류

- 연안항(沿岸港:Coastal harbor) : 해안에 건설된 항을 말하며, 우리나라에서는 항만법에서 지정항으로 연안구역을 운항하는 항만으로 규정하고 있다.
- 하구항(河口港:Estuary harbor) : 하구, 연안에 건설된 항을 말한다.
- 하항(河港:River harbor) : 하천에 연하여 건설하는 항으로서 하천의 상류까지 물류수송을 한다.

1.2.3 조석의 영향에 의한 종류

- 갑문식항(閘門式港:Dock harbor 또는 Closed harbor) : 갑문으로 외해와 차단하여 갑문내측은 조위에 관계없이 이·접안이 가능하나 갑문을 통하여 외해로 운항이 되는 항만으로 선거(船渠:Wet dock)라고도 한다. (예)인천항 제1선거, 제2선거
- 감조식항(感潮式港:Open harbor) : 외해에 개방되어 조위의 영향을 받는 항만으로 조위와 관

계없이 항만운영(접 · 이안, 하역작업)을 할 수 있다.

1.3 계획의 개념

1.3.1 항만계획의 개념

- ○ 전국적인 항만의 배치계획
- ○ 항별 항만계획(광역항만계획)
- ○ 항별 항내 각시설의 계획

1.3.2 어항계획의 개념

- ○ 전국적인 어항계획
- ○ 항별 어항계획
- ○ 항별 주요시설의 계획
- ○ 특정지역의 어항정비계획

1.3.3 항만 및 어항계획을 시간의 경과를 고려한 분류

- ○ 기본구상(예비타당성계획)
- ○ 기본계획(비교안을 검토한 마스터플랜)
- ○ 기본설계(기본계획에 의한 개략설계)
- ○ 실시설계(기본설계에 의한 상세설계)

1.4 목적과 필요성

항만은 지역발전을 우선으로하고 장래를 위한 보다 좋은 항만공간을 형성하는 것을 목표로 한다. 항만의 역할은 지역에 국한되지 않고 국력의 원천이 되고 국가의 경제성장과 종합적인 교통체계 확립에도 기여하고 국토의 균형발전을 도모하는데 그 목적이 있다.

항만계획은 관련시설의 계획에서 토지이용계획과 조화를 이루고, 환경보전도 배려하게 되며, 자연조건을 충분히 고려하여 배치하고 건설하므로써 공간이용계획에 조화를 이룰 수 있는 계획이 되어야 한다.

제2장 · 항만 및 어항계획의 내용 및 순서

2.1 계획의 개요

항만 및 어항은 거의가 국가예산으로 소요계획과 물동량을 고려하여 국가에서 중장기 계획을 수립하여 정부주도로 시행하여 왔으나 근래는 민간인의 참여를 유도하는 민간자본 유치방안으로 추진되고 있다.

항만 및 어항의 계획에서는 친수 · 친환경시설로 쾌적한 환경의 조성과 해양 · 해안자원에 대한 학습, 체험공간을 형성하는 등 레저시설과 연계한 지형공간의 조성을 적극 유도하고 있으며, 기존시설의 보완 · 보강을 위한 리모델링으로 항만은 물론 어항 · 어촌을 관광자원화하는 일환의 계획으로 광범위하게는 항만, 어항계획에 포함시킬 수 있을 것이다.

광범위한 항만 및 어항계획은 신규건설계획과 같이 1개항의 전체를 계획하는 경우와 각 항의 시설별 계획(기본시설 및 기능시설 등)과 전문부두의 계획이 포함될 수 있으나 본 장에서는 1개항의 계획을 기술한다. 이외 기타시설까지 총 15편으로 편집하였다.

2.2 계획의 구분

항만계획(Ports & harbor planning)은 계획의 주체, 계획의 대상과 계획기간 등에 따라 몇가지로 분류할 수 있다.

2.2.1 계획의 주체

- ○ 국가적에 의한 항만(어항)계획
- ○ 관리자에 의한 항만(어항)계획
- ○ 사업자에 의한 항만(어항)계획

2.2.2 계획의 대상

- ○ 항만(어항) 관리계획
- ○ 항만(어항) 시설계획
- ○ 항만(어항) 사업계획
- ○ 항만(어항) 법선계획
- ○ 항만(어항) 정비계획

2.2.3 계획기간

- ○ 마스터플랜(기본구상)
- ○ 장기계획
- ○ 정비 5개년 계획
- ○ 실시계획(매년도)

2.2.4 시차적인 동적구성에 의한 계획과 순서

- ○ 예비타당성 계획(기본구상)
- ○ 기본계획
- ○ 기본설계
- ○ 실시설계
- ○ 변경 · 정비계획

2.2.5 어항의 개발계획 내용

- ○ 어항의 개발 및 운영의 기본방향
- ○ 어항시설의 입지 · 종류 · 규모 및 배치 등
- ○ 연도별 투자계획
- ○ 기타 관리청이 필요하다고 인정하는 사항
  (예) 지역특성 등 고려

2.3 항만 및 어항계획의 내용

2.3.1 항만계획의 내용

항만계획은 항만공간의 개발, 이용 등을 기본으로 하는 계획으로 볼 때 일반적으로 다음 사항들을 검토할 필요가 있다.

① 자연조건, 지리조건, 경제조건, 사회조건 등을 고려하고 외국무역항만, 국내유통항만, 공업항만 등의 항만의 기본적 성격을 골격으로 항만계획의 방침을 설정

② 계획의 목표년도에서의 취급화물량, 여객선의 여객수, 입항선박척수 등을 설정

③ 항만으로의 개발, 이용 및 보전을 하기 위한 육지와 바다의 이용구분

④ 주요 항만시설(방파제, 항로, 부두 등), 공업용지, 도시기능용지 등의 배치계획

⑤ 항만과 배후지역을 연결하는 주요한 육상교통시설의 배려

⑥ 친수 · 환경친화적인 항만의 개발

⑦ 기능시설 및 편익시설의 배려

2.3.2 항만계획의 수립 및 순서

개략적인 항만계획의 수립 및 순서는 다음의 내용 및 그림을 참고로 한다.

① 자연조건, 지리조건, 경제조건, 사회조건 등의 조사 · 파악

② 항만계획의 방침설정

③ 항만규모 및 수용능력의 목표량 선정

④ 항만공간이용계획의 검토

⑤ 항만시설 · 배치계획의 작성

⑥ 친환경성 및 친수성 고려

⑦ 기능 및 편익시설 계획

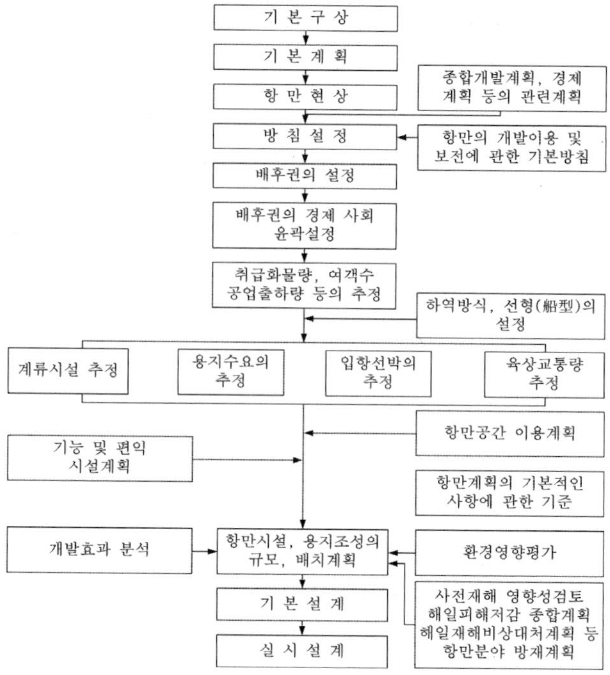

항만계획의 수립 · 작성의 순서도

제3장 · 항만계획의 방침설정

3.1 항만계획의 입지와 배치

3.1.1 항만의 성격분류와 입지조건

항만은 다양한 기능을 가지고 있으나 개개의 항만이 갖는 기능은 항만의 발전과 더불어 변화하고 다양화하고 있다.

항만이 발전하고 성장하면 배후도시도 발전하고 상호 영향이 미쳐서 그 기능의 범위가 넓어지고 복잡해지는 것이 일반적이다.

항만계획에 있어서 항만의 장래발전성에 대한 방향을 검토하려면 항만의 기능과 성격을 파악하고, 분석할 필요가 있고 항만의 계획을 수립, 작성할 때에는 항만과 지역이 어떤 조건에 있는지를 분석하여 항만이 어떠한 성격을 갖느냐를 연구하고 항만의 개발, 발전방향을 검토할 필요가 있다.

3.1.2 항만 성격요소와 주요 검토사항

항만의 입지검토시 고려되어야 할 사항을 요약하면 다음 내용과 같다.

- ○ 수송체계의 검토
- ○ 항만입지 정책상의 검토
- ○ 생활기반으로서의 검토
- ○ 국토이용, 해양이용면에서의 검토
- ○ 개발계획상의 검토

상기 내용을 항목별로 살펴보면 다음 내용 및 표와 같다.

- ○ 상항적 요소
- ○ 공업항적 요소
- ○ 특수화물 취급항적 요소
- ○ 연락항적 요소
- ○ 어항적 요소
- ○ 피난항적 요소
- ○ 관광 · 레크리에이션항적 요소
- ○ 도시항만적 요소
- ○ 각 요소별 자연 · 지리 · 경제 · 사회조건 및 기타조건 검토

3.2 항만계획의 방침

항만의 개발, 이용 및 보전과 항만에 인접한 지역의 보전방침과 항만계획의 기본적인 사항에 관한 기준을 정하는데 있어서의 주요내용은 다음과 같다.

3.2.1 항만시설의 규모와 배치

① 수역시설 · 외곽시설 · 계류시설
② 임항교통시설
③ 여객시설
④ 하역시설 및 보관시설

3.2.2 항만의 환경정비 및 보전

① 폐기물 처리
② 항만 공해방지시설
③ 항만 환경정비시설

3.2.3 그 외 중요사항

① 항만과 인접지역의 보전
② 토지조성 ③ 토지이용
④ 항만시설의 이용 ⑤ 항만지원시설
⑥ 항만친수시설 등

항만 성격요소와 주요 검토항목

항만의 성격요소		자연조건, 지리조건	경제조건, 사회조건	기타조건
상항적 요소	주요항	• 광대한 배후권, 충분한 수심이 있는 차폐가 용이한 수면과 부두용지 확보가 기술적으로 가능여부	• 일정규모이상의 도시기능(특히 상기능의 집적이 가능해야 한다)	• 대규모로는 경제 및 사회조건이 충족되고 국가와 지역의 정책, 역사적 배경이 중요
	연안항	• 상당한 배후권확보, 어느정도의 수심과 정온한 수면과 부두용지 확보여부	• 어느정도의 도시기능과 배후권 필요, 지역정책과 부합해야 한다.	• 소규모일수록 자연조건이 지배적이다.
공업항적 요소		• 광활한 토지, 풍부한 수량이 필요, 자연, 지리조건이 약간 미흡해도 개발가능, 장래 공업도시로 발전가능성이 있어야 한다.	• 소비지와 연관공업과의 관계가 중요, 신규이고 큰 규모인 경우 지역개발과 부합, 지역개발의 기동력이 크고 비교적 단기간에 항으로서 성장할 수 있어야 한다.	
특수화물취급항적 요소		• 화물의 발생원이 비교적 가깝고, 공사비가 저렴	• 총수송비가 싸고 별문제가 없다.	• 그 장소의 특수조건을 잘 살려야 한다.
연락항적 요소		• 전적으로 지리적 조건에 좌우, 장거리 카페리는 상항의 특수형태로 생각하는 편이 좋다.	• 어느정도의 도시에 근접할 것	• 철도연락항과 카페리와 다른 점이 있다.
어항적 요소		• 어장이 가깝고, 대규모인 경우 대소비지와 멀지 않아야 한다. 정온한 박지 필요	• 대규모로는 어느정도의 상항기능과 수리, 보급기능이 있어야 한다.	• 대규모로는 어업기지로의 큰 비중을 갖는다.
피난항적 요소		• 항로에 가깝게 위치하고, 경제적인 공사비로 황천시에도 안전한 박지 확보	• 거의 문제점이 없다.	
관광, 레크리에이션 항적 요소		• 바다의 좋은 경관, 정온한 수면, 아름다운 자연조건이 가깝다.	• 주말형으로는 대도시권에서의 시간거리가 짧아야 한다.	• 요트, 모터보트의 유선해역과 어선, 일반선박과의 항로가 떨어지는게 좋다. • 지역특성을 고려한 문화, 역사 및 특산물 등 인근의 특수성을 도입 연계한다.
도시항만적 요소		• 용지조성 용이	• 충분한 도시기능, 풍토적으로 임해부에 도시가 되어야 한다.	• 상항적 요소와 거의 같은 요소가 많다.

3.3 항만규모의 설정

3.3.1 개 요

항만계획의 수립, 작성작업은 장래에 있어서의 항만의 규모설정을 하기 위한 것으로서 항만의 수요파악과 소요시설이나 용지의 규모를 추정할 필요가 있다.

따라서 목표년도의 당해 항만활동으로 지역의 생산이나 유통에 대한 경제활동, 사회활동의 규모를 추정하고 이에 따른 취급화물량, 승객수와 이에 필요한 각종 항만시설과 용지의 규모를 추정하게 된다.

3.3.2 배후권의 설정

배후권의 개념에 의한 배후권의 경제사회지표의 추정 등으로 배후권을 설정한다.

3.4 취급화물량 추정

3.4.1 일 반

항만에서의 화물량 추정은 다양하여 추정방법도 화물의 종류에 따라 다르다. 일반적으로는 공공화물, 전용화물로 나누고 수출입별, 연안화물 취급별, 또는 품목별로 분류하여 추정한다. 참고로 항만통계에서는 다음 그림의 화물량 추정순서로 시행하고 있다.

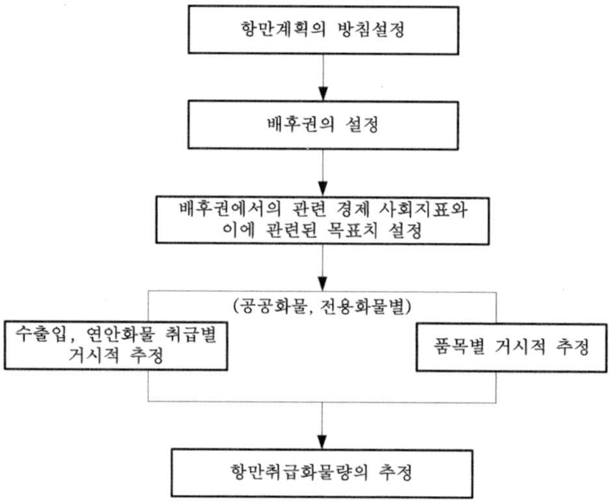

화물량 추정 흐름도

3.4.2 우리나라에서 시행하고 있는 화물량 추정 방식

가. 개 요

우리나라에서의 화물량 추정 방식은 화물량 변동에 영향을 주는 경제 · 사회적인 요소에서 항만 화물량 변화에 영향을 미치는 요소는 여러 가지가 있으나 그 중 중요한 사항을 요약하면 다음과 같다.

- ○ 국민 소득의 증대
- ○ 인구의 증가
- ○ 산업 구조의 변화
- ○ 운송 수단의 변화
- ○ 무역동향 및 국제경제의 추이 등

나. 화물량 추정 방법과 순서

화물량을 추정하기 위하여 먼저 과거 수년간 실적치와 제반요소와의 관계를 면밀히 분석하고, 장래 목표년도에 있어서의 경제 · 사회적인 계획치 및 지표를 설정한 후 이를 기초로 주요품목을 선정, 주요화물의 전국적 총량을 추정하고 이를 다시 화물품목과 각항만 및 지역의 특성, 배후지내의 산업, 시설투자와 수송비를 고려한 경제성 및 선박의 기항 선호성 등을 감안하여 각 항별 화물량을 배분한다.

① 전국 화물량 추정

화물량과 경제성장의 추세를 연관시켜 총화물량을 추정하는 거시적 방법과 각 품목별로 화물량을 추정한 후 합산하는 미시적 방법이 있으나 가능하면 두 가지 방법으로 각각 추정된 화물량을 상호 비교 · 조정하는 방법이 권장된다.

② 항별 화물량 배분

전국 총화물량이 품목별로 확정되면 이들 화물을 개개의 항만에 배분하여 가장 경제적이고 합리적으로 처리할 수 있도록 하여야 한다.

일반적으로 항만 화물은 고정화물과 유동화물로 구별되는데 고정화물은 어느 항만에 인접하여 위치하거나 편리한 내륙수송망으로 연결되어 있는 특정 공장 또는 수요지와 관련되어 해당항만에서만 처리될 성향이 높은 화물(곡물, 철강제, 비료, 목재 등)로서 이용항만의 결정이 매우 용이하다. 그러나 유동화물은 고정화물 이외의 화물로서 어느 특정 항만과의 관련성이 적으므로 내륙수송비의 변화, 화물수송의 시의성에 따라 경유 항만을 바꿀 수 있으므로 항만배분이 매우 어렵고 복잡하다.

거시적 방법 (Macro-estimation method)	미시적 방법 (Micro-estimation method)
○ 목표연도의 경제사회적 총량, 지표가 설정되어 있는 경우에 화물을 목표에 관계없이 전국 총량, 규모를 추정하는 것으로서 총화물량의 개략적인 범위와 한계를 정하는 것이라고 할 수 있는데 과거의 물동량 추세가 앞으로도 계속 될 것으로 보고 그 경향을 연장 추정하는 방법이다. ○ 이 방법의 특징은 경제 및 사회 발전이 안정되어 있는 경우에는 상당한 정확도를 얻을 수 있으나 개발도상국과 같이 경제구조와 경제정책 변화의 기복이 많은 경우에는 적당치 않은 방법이다.	○ 각주요 품목에 대한 생산, 소비, 수입, 수출에 대한 정부 및 기업체의 계획을 참조하여 각 화물 품목과 관계가 깊은 경제·사회적인 제반 요소와 상관시켜 화물량을 추정하는 방법이다.
○ 자연증가에 의한 방법(경사식에 의한 방법) 년도를 독립변수로 보고 통계학적 방법으로 계산하므로 가장 구하기 쉽다.[예 : 1차식, 2차식, 지수식, 등비식(Compertz model)] ○ 경제지표에 의한 추정방법 인구, GNP 등 각종 산업지표, 수출입 전망 등의 경제지표와 화물량과를 상관시켜 구하는 방법으로 위의 경향식보다는 좀 더 미래의 경제적 예측도를 감안한 방법이다.	○ 자연증감에 의한 추정방법 ○ 경제지표에 의한 추정방법 ○ 실사에 의한 방법 ○ 원단위에 의한 방법

이상에서 언급한 전국 해상화물 추정방법의 작업 흐름도를 보면 아래와 같다.

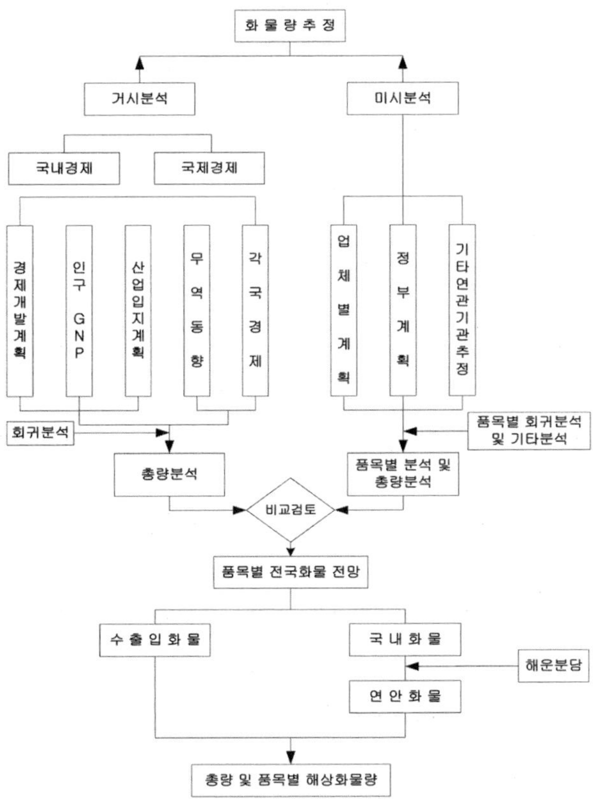

해상화물량 추정(전국) 흐름도

여기서도 거시적 분석과 미시적 분석에 의하여 별도로 추정된 항만 화물량을 상호 조정하여야 하는데 각각의 추정방법은 전국 화물량 추정과 유사하다. 항별로 추정된 품목별 화물량은 다시 기 추정된 전국 화물량과의 관계를 고려하여 재조정한 후 항별 화물량을 확정하여야 한다.

위에서 언급한 항별 화물추정 작업의 흐름을 나타내면 다음과 같다.

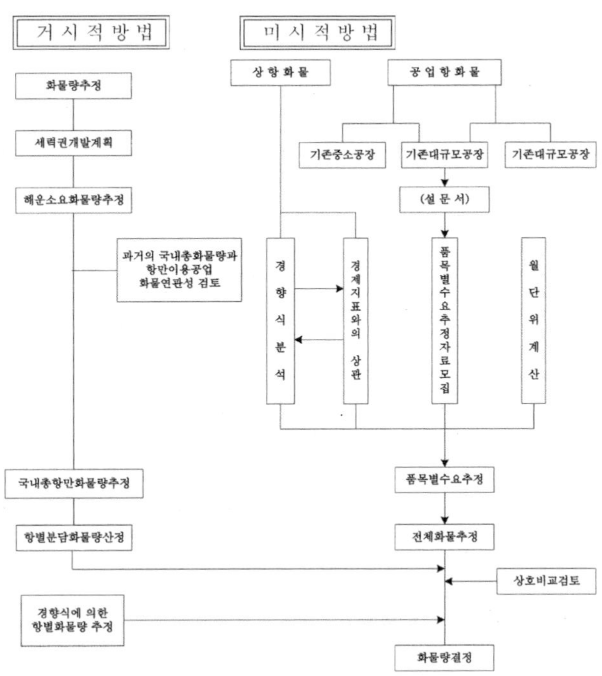

해상화물량 추정(항별) 흐름도

제4장 · 항만계획과 조사

4.1 조사범위

항만계획은 물론 일반적인 계획의 수립은 사전에 필요하고 충분한 조사를 실시 할 필요가 있다.

항만계획시에는 항만계획 성격에서부터 개별시설의 배치계획까지 각 단계별 검토나 결정을 하기 위한 여러가지의 조사와 분석을 하고, 필요에 따라 항만의 건설, 관리, 운영에 관련된 조사와 검토를 실시한다.

조사의 범위는 자연조건, 지리조건, 경제조건, 사회조건 등 광범위하다. 종합적인 항만계획의 수립에 있어서는 필요하고 주요한 조사항목을 망라하여 열거하며, 그 외 환경에 미치는 영향의 사전평가와 환경보전대책에 대해서도 조사할 필요가 있으며, 친환경적인 시설과 항만친수시설에 대한 자료를 조사하여 해양레저기반시설, 문화·교육시설, 해양공원, 인공시설 등에 대하여 조사할 필요가 있고, 항만배후부지에 대한 공간이용계획 수립에 필요한 자료도 조사하는 것이 바람직하다.

4.2 자연조건 및 지리조건 조사

자연조건은 외곽시설 등 항만시설의 배치계획시 결정적인 영향을 미칠 수 있다. 자연조건으로는 항만입지로서 양호하지 않은 외해의 경우라도 계획 전체 면에서 개발가치가 있는 경우가 있고 이를 위해 정확한 자료가 요구되기 때문이다.

항만의 자연조건은 바다에 면한 육지도 대상이 되며 접점으로서 조사하여야 한다. 즉, 수송기관으로 도로, 철도 등 배후수송시설과 배후지 또는 인근 도시와의 지리적관계도 많은 영향을 받는다.

참고로 자연조건, 지리조건의 주요 조사항목을 살펴보면 다음 표와 같다.

분 류		조 사 항 목
지 세	육상지형	• 육상지형, 지형변화, 해안지형
	해저지형	• 해저지형, 심천, 지형변화
	하 천	• 유향, 유속, 유량, 유출토사량 등
지 질	지반의 종류	• 사질, 점성, 암반
	지반의 두께	• 지층의 두께와 깊이
	토질 정수	• N값, 전단강도, 압축강도, 점착력, 압밀계수 등
기 상	바 람	• 풍향, 풍속
	기 후	• 강우, 강설, 안개, 결빙
	태 풍	• 통과빈도, 경로, 태풍의 크기
해 상	조 석	• 조위, 조류, 고조
	파 랑	• 파향, 파고, 주기, 지진해일, 부진동
	흐 름	• 연안류, 이안류 등
	표 사	• 표사량, 표사원, 입경 등
지리적 조건		• 도시, 항만, 교통

4.3 경제조건 및 사회조건 조사

경제조건과 사회조건은 항만의 개발구상을 구체화하고 항만의 성격, 규모, 토지이용 등을 검토하는 전제로서 필요한 내용이며, 항만배후권과 전국적인 내용도 포함될 수 있다.

일반적인 자료로는 각종 통계자료를 참조하여 분석하며 지역적인 산업구조, 항만에의 요청 등과 같이 배후권에 있어서의 상세한 조사가 필요한 경우도 있다.

경제조건과 사회조건의 관련 자료에 대한 조사항목의 개략적인 내용은 다음 표와 같다.

구 분		조 사 항 목
항만·도시 활동	여객·화물유통	• 수송기관별 여객, 화물수송(국제, 국내)
	기업의 입지	• 기업입지상황, 공업용지현황, 공장입지 원단위, 연료원, 제품발생 원단위, 수송기관별 의존도
	항만이용 상황	• 항만시설현황, 이용현황, 항만취급화물량, 선박여객수, 입항선박수
	현황의 문제점	• 시설정비량, 이용효율, 안전성, 환경성
	주민의 의식	• 항만에의 요청, 평가
관련 도시시설	토지이용	• 토지이용계획, 도시계획
	주요시설 정지 상황	• 도로, 철도, 공항, 유통터미널, 상·하수도, 공원녹지 등
	주요시설 정비 계획	• 도시계획, 정비계획 등
항만 발전의 경위·역사	항만계획의 경위	• 과거의 항만계획경위(동기, 목적, 내용, 실현과정 등)
	항만발전의 경위	• 항만정비, 항만이용의 추이와 원인
	도시발전의 경위	• 도시의 규모, 기능, 산업구조 등의 추이와 원인, 토지이용의 변화, 도시계획 등의 추이
	역사, 풍토	• 역사적 유산 등
해면이용	어 업	• 어업권 현황, 어획량, 어기, 어장 등
	위락시설	• 해변이용, 시설현황, 마리나이용, 시설현황, 유어선, 프레저보트 보유현황, 공원지정상황
	항 로	• 선박항행현황, 해난발생현황
이해관계자의 동향		• 항만이용자, 운송업체, 해사관계자, 항만근로자, • 어민, 주민, 관계행정기관

제5장 · 항만용지의 이용 및 경관 · 친수계획

5.1 개 요

항만과 관련된 주변현황과 항만시설의 활용이 특수성을 벗어나 일반화로 변화하고 있기 때문에 항만용지의 이용이 다변화되고 있다.

배후지와의 연관을 고려하여 항만부지의 용도를 지원시설 유치, 친수 · 친환경성을 고려한 경관설계의 도입 등, 관광차원에서의 목적이 점차 접목되고 있으므로 항만주변공간의 활용에 대하여 관심을 갖게 되었다.

5.2 항만용지의 이용계획

항만용지 및 이의 공간은 항만용지와 임해부 공간을 포함하여 계획하는 것으로 항만용지는 항만배후지의 용지를 지칭하고 있지만 광범위하게는 항만을 형성하고 있는 항만구역내의 용지와 주변 항만권의 영향이 미치는 공간을 총칭하여 항만용지로 계획하게 된다. 즉, 항만을 핵으로 한 토지공간의 범위로 수역(水域)과 육역(陸域)으로 구성된 것을 총칭할 수 있으며 수역은 선박이 이용하는 항로, 박지가 포함되고, 육역은 부두와 공장용지를 포함한 것으로서 해륙교통의 접점(接點)으로 생산 · 유통의 거점적 기능이 있는 전체적인 공간으로 정의할 수 있을 것이다.

임해공간은 연안의 평지와 그 전면의 해역을 포함한 공간으로 항만, 공업지역, 어장(漁場)과 위락시설 등이 있으며, 이를 개발 · 이용하여 항만을 축으로 한 토지의 이용계획을 수립한다.

5.3 친수 · 친환경 및 경관계획

항만시설 중에 항만친수시설을 도입 · 신설하였으며, 친수시설에는 해양레저용 기반시설, 해양 · 문화교육시설, 해양공원시설, 인공시설 등을 하도록 규정하고 있다. 물에 쉽게 접할 수 있고 자연 상태의 체험학습공간의 조성도 친수성 시설이 될 수 있다.

친환경 시설로는 환경저해요소를 경감하고 더 나아가 주변의 환경을 인공적으로 조성하여 쾌적하고 주변여건에 어울리는 시설들로 친환경시설을 계획하게 되며 아름다운 항, 지역특성과 항만의 성격에 맞는 경관계획을 수립하는 것으로 고려해야 할 사항들은 다음과 같다.

○ 높은 곳에서 내려다 볼 수 있는 경관시설
○ 조화가 있는 색채 구성
○ 친숙한 형태와 구조
○ 바다와 배의 어울림
○ 수제선에의 접근성
○ 녹지 공간 구성
○ 그 외 지형 공간, 항만의 성격과 조화를 이루는 경관, 지역특성에 어울리는 경관, 달과 태양을 활용하는 경관구성 등

제주외항 및 대포항의 외곽시설(방파제) 계획시 항의 지역특성을 고려하여 친수공간을 조성한 설계사례를 살펴보면 다음 그림과 같다.

제6장 · 항만분야의 방재계획(防災計劃)

6.1 개 요

지구온난화에 의한 수위상승, 이상고파랑내습과 폭우, 태풍, 지진 등의 자연현상이 국민의 생명과 재산 등 항만구조물과 구조물 배후지역의 시설물 및 해안의 피해가 증가하여 국민의 생명과 재산을 보호하기 위한 항만 및 어항시설, 해안지대, 해양구조물은 물론 항만관련시설과 인접한 배후지역의 시설물에 대한 재난 안전관리체계를 확립하여 재난의 예방, 대비, 대응 및 복구 등의 체계적인 조치가 필요하게 되었다.

재난 및 재해의 안전관리와 자연재해대책은 재난 및 안전관리 기본법과 자연재해 대책법에 준하여 시행하고 있다.

6.1.1 재난 및 안전관리 기본법

각종 재난으로부터 국토를 보존하고 국민의 생명, 신체, 재산을 보호하기 위하여 국가 및 지방자치단체가 재난 및 안전관리체계를 확립하여 재난의 예방, 대비, 대응, 복구 그 밖의 재난 및 안전관리에 관한 사항을 규정하고 있다.

6.1.2 자연재해 대책법

태풍, 홍수 등 자연현상으로 인한 재난으로부터 국토를 보존하고 국민의 생명, 신체 및 재산을 보호하기 위하여 자연재해의 예방, 복구 그 밖의 필요한 사항 규정하고 있다.

6.2 재해, 재난의 원인과 형태

6.2.1 개 요

항만분야는 지세와 위치에 따라 용도에 맞게 시설되었고, 운하나 수로와 관련한 하항(河港)인 경우나 하구항(河口港)은 하천의 홍수시 그 시설물이 재해를 주로 입게된다. 우리나라인 경우 동남해안은 일본에서 발생하는 지진의 영향을 받아 지진해일로 인한 해수면 상승의 영향으로 구조물의 피해와 배후지 침수로 인한 피해가 과거에 있었고 앞으로도 발생할 피해에 대한 예방과 대비를 하여야하고 항만시설물의 피해가 가장 많은 것은 이상고파랑 및 태풍에 의한 재난 재해가 많을 것이므로 이에 대한 대비가 무엇보다 중요하다 하겠다.

재난에 대비한 예방과 대비, 재난에 대한 비상대처계획을 수립하여 사전에 충분한 대비와 대피계획을 실시하므로서 재난의 최소화를 기하고 재난이 발생했을 때 긴급복구를 실시하여 빠른 시일 내에 기능회복을 시행하여야한다.

6.2.2 재해의 원인과 형태

항만 및 어항의 재해를 발생지역에 따른 각 시설물의 피해별로 분류하면 폭우 및 홍수로 인하여 발생하는 하항(河港:River harbour)이나 하구항의 피해와 지진해일은 우리나라가 지진대에 있지 않아 아직까지 지진으로 인한 직접피해 사례가 없으나 동해건너 일본에서 일어난 지진으로 인해 지진해일이 동해연안과 남해일부가 급격한 수면상승으로 피해를 입은 사례가 두세차례 있었다.

이 외에 항만 및 어항이나 연안은 태풍해일로 피해를 수시로 입고 있으며 거의 연중행사서 태풍경로가 한반도를 직접 거쳐가면 태풍의 크기에 따른 풍속, 동반강우, 태풍의 중심기압 등이 현지여건(조위)과 맞물려 많은 피해를 주었다.

재해원인과 재해내용을 요인별로 분류하여 요약하면 다음과 같다.

- 재 해
  - 폭우(하항, 하구항) — 항만 및 어항시설물(침수, 유실, 선박피해)
  - 지 진 해 일 (동해안 및 남해안(일부))
    - 지진에 의한 수위상승(일본의 지진영향)
    - 구조물파괴(선박파괴 항만 및 어항시설물, 해안주변 구조물)
    - 침수(유실, 가옥 및 육상시설, 선박피해)
    - 어선 · 어장피해

    * 국내지진으로 입은 피해사례 아직은 없음
  - 폭 풍 해 일 (고파랑내습 태풍(전국))
    - 풍속(순간최대풍속에 의한 시설물파괴)
    - 저기압(수위상승에 의한 침수 시설물손상)
    - 조위(서해안 百中사리 등 최고수위, 침수피해)
    - 폭우로 인한 침수
    - 고파랑(시설물, 육상시설, 선박, 침수로 인한 피해)

    * 백중(百中)사리 : 음력 7월 15일(보름)때의 고조위

6.2.3 재해사례

가. 폭풍해일 피해사례

우리나라에서 발생하는 태풍은 계절별로 7~10월 사이가 많으며 태풍이 통과하면 폭풍과 호우를 동반하고 중심기압이 낮은 저기압이 통과하므로 기압차에 의한 해면상승과 폭풍으로 인한 고파랑으로 해안이나 항만 및 어항의 시설물에 막대한 피해가 발생한다. 우리나라를 통과하는 태풍은 연평균 약 30개에 가깝고 이중 2~3개가 영향을 미쳐왔다.

태풍의 피해는 막대하여 통과하는 지점의 집중호우로 인한 피해, 강풍으로 인한 시설물 및 구조물의 피해, 고조시 저기압 등 이상조위로 인한 침수피해, 강풍으로 일어나는 고파랑으로 해안, 항만 및 어항 내외의 선박침몰피해와 방파제 등 구조물 피해 등, 인명과 재산상의 재해가 엄청나게 발생한다.

우리나라에서는 최근 3년간 태풍이 통과하지 않았으나 그간 발생한 태풍으로 인한 피해 상위 3개를 최근부터 소개하면 다음과 같다.

■ 태풍매미(Maemi)

- 발생시기 : 2003. 9/6 ~ 9/13
- 중심기압 : 956hpa
- 통과지역 : 제주고산 - 51.1m/s, 제주시 - 39.5m/s
  ＊부산 - 순간최대풍속 - 60m/s
- 최대강우량 : 남해 - 452.5mm, 여수 - 258.6mm,
  마산 - 178.0mm, 부산 - 104.0mm
- 피해지역 : 부산, 마산, 진해
- 당시피해액 : 약 4조 2천 2백 2십억원

■ 태풍루사(Rusa)

- 발생시기 : 2002. 8/30 ~ 9/1
- 중심기압 :
- 통과지역 : 전남, 충북, 강원
- 최대풍속 : 제주고산 - 43.7m/s, 여수 - 23.1m/s
- 최대강우량 : 연천 - 266.0mm, 진천 - 209.0mm,
  속초 - 295.5mm, 강릉 - 870.5mm,
  대관령 - 712.5mm
- 피해지역 : 전국
- 당시피해액 : 약 5조 1천 4백 8십억원

■ 태풍올가(Olga)

- 발생시기 : 1999. 7/24 ~ 8/4
- 중심기압 :
- 통과지역 : 전남, 경남, 마산
- 최대풍속 : 완도 - 46.0m/s, 무안 - 41.0m/s
  광주 - 39.6m/s, 마산 - 37.0m/s
- 최대강우량 : 철원 - 280.3mm, 춘천 - 237.2mm
- 피해지역 : 전국
- 당시피해액 : 약 1조 1천 5백 1천억원

＊자료 : 재행연보(2004년도) 중앙재난안전대책본부

나. 지진(해일) 피해사례

1) 우리나라 지진사례

우리나라에서 발생한 지진은 규모가 작고 내륙이어서 해일발생사례는 없으나 인명 및 가옥 등 건물피해가 있었다.

■ 쌍계사지진

- 일시 : 1936. 7. 4
- 위치 : 지리산 쌍계사지역
- 규모 : 5.0
- 피해 : 인명 - 부상 4명
  가옥 - 113동파괴(쌍계사건물, 산사태, 도로붕괴 등)

■ 홍성지진

- 일시 : 1978. 10. 7
- 위치 : 충남 홍성지역
- 규모 : 5.0
- 피해 : 인명 - 부상 2명
  가옥 - 118동파손(학교교실 149개교실, 농촌주택, 토담집 피해집중)

■ 영월지진

- 일시 : 1996. 12. 13
- 위치 : 강원도 영월 동남쪽 약 20km
- 규모 : 4.5
- 피해 : 영월지역 구조물 피해발생,
  건물벽 균열발생

2) 지진해일발생

1900년대 관측된 지진해일은 4회이며, 일본 서남쪽해안에서 발생하여 우리나라 동해안 지역에 피해가 발생한 사례는 2회로서 다음과 같다.

일본 북부서해안 일대에서 발생한 지진은 동해를 지나 우리나라 동해안에 지진해일이 발생하여 수위가 상승되면서 피해가 발생하였으며 발생지진은 약 1시간 30분에서 2시간이면 동해안에 도달하여 약 2시간 경과 후 점점 약해지는 경향이며, 일본 서남해 후쿠오카에서 발생한 지진은 대마도 해협을 거쳐 부산 등 남해안에 도달하면서 지진해일로 수면이 상승하여 피해가 발생되며 거리가 짧아 약 60분이며 해일의 영향을 받기 때문에 피해에 대비하여야 한다.

■ 일본 아키다현(秋田) 서쪽해역 지진발생
- 일시 : 1983. 5. 26
- 규모 : 7.7
- 피해 : 인명-사망 1명 실종
선박파괴 81척, 건물피해 44동

  ＊임원항에 집중으로 나타났으며 4.0m내외의 수위 상승이 있었다.

■ 일본 홋가이도(北海道) 북서해역 (오쿠시리섬) 서방향 해상 70km지점에서 발생
- 일시 : 1993. 7. 12
- 규모 : 7.8
- 피해 : 선박파괴 35척

  ＊동해안 일대에 해일발생 동해안의 사진항, 묵호항은 약 2.0m, 임원항은 2.13m 수위 상승

■ 일본 후쿠오까(福岡) 서남해역에서 지진발생
- 일시 : 2005. 5. 21
- 규모 : 5.8
- 피해 : 해수위 상승으로 침수 피해 및 시설물 피해

  ＊부산 및 진해만의 지진해일로 약 0.6m해면 상승

6.3 재해, 재난의 대처계획

6.3.1 개 요

재난, 재해는 국토를 보존하고 국민의 생명, 신체, 재산을 보호하기 위하여 국가 및 지방자치단체가 재난 및 안전관리체계를 확립하여 재난의 예방, 대비, 대응과 복구, 그 외에 재난 및 안전관리에 관하여 필요한 대처방안을 수립하기 위하여 재난 및 안전관리기본법과 자연재해대책법의 규정에 따라 예방, 대비, 대응과 재해를 원상태로 복원하기 위한 재해복구 및 평가 업무를 수행하는 것으로서 ①사전재해 영향성 검토협의, ②풍수해(폭우, 지진, 태풍에의한) 저감 종합계획, ③풍수해 비상대처계획, ④재해복구사업, 평가 과업을 수행한다.

6.3.2 사전재해 영향성 검토협의

가. 개요(목적)

자연재해에 영향을 미치는 행정계획을 수립·확정하거나 개발사업의 허가, 인가, 승인, 면허, 결정, 지정 등을 하고자 하는 경우에는 해당 행정계획 및 개발사업의 확정, 허가 등을 하기 전에 중앙, 지역본부장과 재해영향의 검토에 관하여 사업협의를 하도록(자연재해대책법 제4조) 규정하고 있다.

나. 개발계획

항만분야의 시설계획으로는 해양개발사업, 공업단지조성(매립) 연안개발사업 등이 개발계획에 속한다.

다. 과업의 흐름(협의절차)

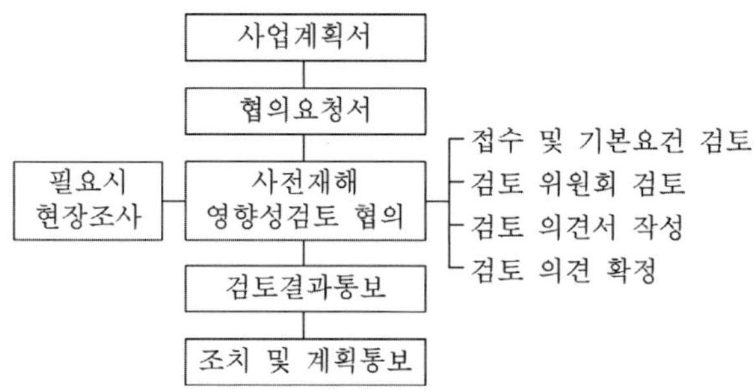

라. 작성내용
- 협의대상의 개요 및 검토사항
- 사전재해 영향검토 대상지역 설정
- 검토 대상지 현황 및 재해 이력조사
- 재해영향 예측 및 평가
- 대상재해 저감대책
- 검토항목작성 및 결론

6.3.3 재해(풍수해) 저감 종합계획

가. 개요(목적)

재해에 강한 지역을 만들기 위하여 수립하는 지역방재계획으로 피해발생원인, 재해위험도, 재해저감대책과 관련된 사항을 종합적으로 조사 및 분석하여 재해를 저감시키도록 중장기적 방재 정책을 수립 및 시행하는 계획으로 지역주민들이 재해로부터 안전한 생활을 영위할 수 있도록 위험을 극소화하여 안전한 지역사회를 구축하도록 하는데 목적이 있다.

나. 재해의 종류

태풍, 홍수, 호우, 강풍, 해일, 이상조위, 지진, 폭설, 적조

다. 과업의 흐름도

기초현황 조사 — 재해위험지구선정 및 위험요인분석 — 재해저감 대책수립

— 재해종합 계획수립 (투자우선순위 추진계획 등)

라. 작성내용

- 서론
- 기초현황조사
- 재해위험지구 선정 및 위험도 분석
- 재해저감대책수립
- 기대효과 및 평가

6.3.4 재해(풍수해) 비상 대처계획

가. 개요(목적)

재해가 발생하였을 때 재해지역의 생명과 재산손실을 최소화하기 위하여 재해발생조건에서 항만분야 시설물의 물리적, 지형적, 구조적 특성에 따른 발생가능한 비상 상황을 예상하고 이에 효율적으로 대처하기 위한 가능한 최선의 사전계획을 수립하여 비상상황에 대한 대처계획수립의무화 및 이에 대비한 실제적인 모의훈련 등을 하기위한 기초자료를 체계적으로 제공하기 위한 계획이다.

나.재해종류

홍수, 호우, 강풍, 폭풍해일, 지진해일 및 해안시설물

다. 작성내용

- 사업개요
- 재해예상지역 영향 평가
- 비상상황 관리계획
- 재해구호 및 지역안정 계획
- 비상대처계획 실습 및 훈련
- 부록

6.3.5 재해복구사업 평가

가. 개요(목적)

일정규모 이상의 재해복구사업을 시행할 경우 다음년도 말을 기준으로 사업의 효과성, 경제성, 발전성 등을 분석·평가하여 종합계획에 반영하는 등 환류(Feed bauck)기능 강화를 통하여 향후 방재업무의 발전적 개선에 활용한다.

나. 사업의 분류

1) 재해복구사업

2) 재해복구사업 평가

다. 과업순서

과업 개요 — 관련자료 조사 — 현황 조사 — 평가대상시설 및 유역선정 —

현황 분석 — 재해발생 원인분석 — 재해복구사업 분석평가 — 보고서 작성

라. 작업내용

1) 사전심의시

- 사업계획서
- 사업위치도
- 현황사진
- 설계도서
- 재해대비조치계획
- 산전심의 검토에 필요한 사항

2) 재해복구사업 분석 평가시

- 과업과 개요
- 관련자료 조사
- 현장조사
- 평가대상시설 및 유역선정
- 현황분석
- 재해발생 원인분석
- 재해복구사업 분석 평가
- 보고서 작성

참고문헌 : 재난관리 및 제도일반(1~6권) : 한국방재협회(2009)

부산신항 조감도

기술사 출제문제

일 반 사 항

제36회 (1991.10) 제4교시. 문3-④

다음을 설명하라

④ 선박톤수 (15점)

제37회 (1992.4.12) 제1교시. 문1 (40점)

연안구조물을 설계시 고려하여야 할 자연조건에 대하여 논하시오.

제37회 (1992.4.12) 제1교시. 문4 (30점)

해상화물량 추정 방법과 순서를 설명하시오.

제37회 (1992.4.12) 제1교시. 문5 (30점)

임항교통과 하역시설 계획시 요소별 연관성을 설명하라.

제42회 (1994년도) 제1교시. 문14 (각5점)

⑭ 선박의 접촉장

제43회 (1995년도) 제1교시. 문2 · 6 · 9 (각10점)

② 항만시설 중 기본시설(항만법상)

⑥ 계류선박의 선체운동

⑨ LCL화물과 FCL화물

제44회 (1995년도) 제1교시. 문10 (각10점)

⑩ International organization for standardization(I.S.O)

제46회 (1996년도) 제1교시. 문7 (각10점)

⑦ 해수 정화기술의 종류

제47회 (1996년도) 제2교시. 문2 (25점)

연안해역의 측위에 있어 GPS와 DGPS의 적용에 대하여 서술하시오.

제48회 (1996년도) 제1교시. 문5 · 7 (각5점)

⑤ ISO9000시리즈

⑦ Coastal community zone

제50회 (1997년도) 제1교시. 문2 · 3 · 4 (10점)

② 피복재

③ 토목섬유

④ 부가중량계수

제50회 (1997년도) 제2교시. 문1 (40점)

1996년 12월 국회에서 의결된 신항만건설촉진법에 대하여 기술하시오.

제50회 (1997년도) 제3교시. 문1 (40점)

민자유치촉진법에 의해 컨테이너부두를 민자사업으로 추진하고자 한다. UPV를 0(영)으로 하는 항만하역료를 산정하라.

제53회 (1998년도) 제1교시. 문3 (20점), 문6 · 9 (각10점)

③ 하역장비의 종류

⑥ 중점항만

⑨ 다목적 어항시설

제56회 (1998년도) 제1교시. 문6 (10점)

⑥ Teleport

제56회 (1998년도) 제2교시. 문1-① (5점)

다음의 용어를 설명하시오.

① Van

제57회 (1999년도) 제1교시. 문3 (각10점)

③ 조선시뮬레이션

⑤ 해양수산부의 PORT-MIS(Management information system)

⑥ 우리나라의 NGIS(National Geographic information system)

제59회 (1999년도) 제1교시. 문5 · 10 · 11 · 12 (각10점)

⑤ 중심항만(Hub port)

⑩ 항만모순(Harbor paradox)

⑪ 친수성 항만구조물

⑫ Water front

제60회 (2000년도) 제1교시. 문12 (10점)

⑫ EDI System

제62회 (2000년도) 제1교시. 문7 (10점)

⑦ LASH

제62회 (2000년도) 제1교시. 문5 (25점)

연안통합관리법 시행시 장 · 단점 비교.

제62회 (2000년도) 제3교시. 문1 (25점)

항만공사에 CM도입시 도입분야 및 시행시 장 · 단점 비교.

제63회 (2001년도) 제1교시. 문4 · 13 (각10점)

다음 문제를 선택하여 설명하시오.

④ B.T.O 및 B.O.T

⑬ 선박의 톤수(규모)

제64회 (2001년도) 제1교시. 문2 (10점)

다음 문제를 선택하여 설명하시오.

② 항만공사의 생애주기비용(Life cycle cost)을 설명하시오.

제65회 (2001년도) 제1교시. 문2 · 3 (각10점)

다음 문제를 선택하여 설명하시오.

② 시설물의 내용년수

③ 조우확률(遭遇確率)

제66회 (2002년도) 제1교시. 문1 · 10 (각10점)

다음 문제를 선택하여 설명하시오.

① 친수공간

⑩ CIF와 C&F

제66회 (2002년도) 제4교시. 문4 (25점)

항만교통관제제도(체계)(Port traffic management service)에 대해 기술하시오.

제68회 (2002년도) 제1교시. 문3 · 5 · 13 (각10점)

다음 문제를 선택하여 설명하시오.

③ 내륙수송기지(ICD, Inland clearance depot)

⑤ 해상교통관계시스템(Vessel traffic control system)

⑬ 선박의 배수톤수

제69회 (2003년도) 제4교시. 문5 (25점)

해양 기본 지리정보(GIS)에 대해 설명하시오.

제70회 (2003년도) 제2교시. 문6 (25점)

일관화물 수송체제(Internodal freight transportation)에 대해서 설명하시오.

제71회 (2003년도) 제1교시. 문2 · 3 · 4 (각10점)

다음 문제를 선택하여 설명하시오.

② 수면 탄성파 반사법 탐사

③ 항만의 리모델링

④ 항만집중도(Port concentration)

제72회 (2004년도) 제1교시. 문10 · 11 · 12 (각10점)

다음 문제를 선택하여 설명하시오.

⑩ 펜타포트(Pentaport)형 항만

⑪ VE/LCC분석

⑫ 신뢰성 설계

제73회 (2004년도) 제1교시. 문3 · 4 · 7 (각10점)

다음 문제를 선택하여 설명하시오.

③ 세계측지계(WGS-84, World geodetic system 84)

④ Teleport

⑦ 항만민간투자 사업방식

제73회 (2004년도) 제2교시. 문6 (25점)

연안재해(災害) 및 방재(防災)에 대하여 설명하시오.

제75회 (2005년도) 제1교시. 문3 · 7 (각10점)

다음 문제를 선택하여 설명하시오.

③ 지구온난화가 연안해양환경에 미치는 영향(영향인자 및 관련성)에 대해 기술하시오.

⑦ 만곡경(灣曲景)에 대하여 기술하시오.

제75회 (2005년도) 제2교시. 문2 (25점)

신뢰성 설계의 개요와 안정성(Level-1,2,3)에 대해서 간략히 기술하시오.

제75회 (2005년도) 제2교시. 문3 (25점)

민간투자법에 대해서 기술하시오.(투자대상, 추진방식, 재정지원)

제76회 (2005년도) 제1교시. 문2 · 5 · 6 (각10점)

다음 문제를 선택하여 설명하시오.

② Eco-port

⑤ 해상운송에 있어서 ERTW(Egnatorial-rund-the-world)

⑥ ICD(Inland clearance depot)

⑫ 대체해양에너지

제78회 (2006년도) 제1교시. 문11 · 12 (각10점)

다음 문제를 선택하여 설명하시오.

⑪ Mitigation

⑫ 항만모순(Harbour paradox)

제78회 (2006년도) 제3교시. 문1 (25점)

선박조종Simulation에 대하여 설명하시오.

제79회 (2006년도) 제1교시. 문7 · 8 · 11 · 12 (각10점)

다음 문제를 선택하여 설명하시오.

⑦ High stacking system

⑧ 항만공사에 적용되는 재생(리사이클) 자원

⑪ PI(Public involvement)

⑫ Mega hub port

제81회 (2007년도) 제1교시. 문5 · 9 · 10 · 12 (각10점)

다음 문제를 선택하여 설명하시오.

⑤ PTP(Pure transshipment ports)

⑨ AGV(Automated guided vehicle)

⑩ 항만화물의 수입톤수(Revenue ton)

⑫ BTL(Build transfer lease)

제82회 (2007년도) 제1교시. 문2 · 9 · 10 · 11 · 12 · 13 (각10점)

다음 문제를 선택하여 설명하시오.

② Harbor paradox(항만모순)

⑨ Port-MIS(Management information system)

⑩ VTS(Vessel traffic control system)

⑪ FCL(Full container load)과 LCL(Less than container load)

⑫ 신뢰성설계

⑬ 선박의 가상중량

제84회 (2008년도) 제1교시. 문4 · 5 · 6 (각10점)

④ Docking sonar system

⑤ 선박동요운동

⑥ ROT(Rehabilitate-operate-transfer)

항만 및 어항계획

제18회 (1980.5.18) 기초. 문1 (50점)

부두의 위치를 결정함에 있어 검토해야 할 사항에 대하여 기술하라.

제18회 (1980.5.18) 전문. 문2 (20점)

임의의 항만을 가상하고 그 항만을 순서에 의하여 계획하여라.

단, 제반조건은 임의로 정하라.

제19회 (1981.5.24) 전문. 제2교시. 문1 (60점)

우리나라 동 · 서 · 남해안의 특성을 기술하고 항만 및 해안시설의 계획, 설계, 시공시를 비교, 설명하라.

제22회 (1982.2차) 기초. 제2교시. 문1 (50점)

항구(항만입구)의 위치결정방법에 대하여 기술하라.

제22회 (1982.2차) 전문, 제1교시. 문2 (70점)

항만계획을 수립함에 있어 항만이용상의 안전성을 보아 특히 주의해야 할 문제점을 들어 논술하라.

제23회 (1983.1차) 제4교시. 문2 (80점)

항만계획에 대하여 논하라.

제24회 (1984.5.20) 제1교시. 문1 (50점)

항만계획을 위하여 필요한 현지 조사사항에 대하여 논하라.

제26회 (1985.5.19) 제2교시. 문1 (50점)

다음 조건에 알맞는 경제적인 어선계류용 접안시설을 계획하시오.

조 건 : 계획수심(-)4.0m

H.H.W (+)6.0m

토질조건

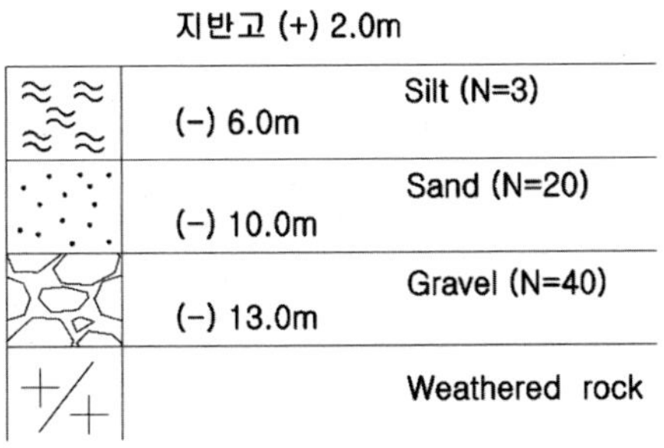

제28회 (1986.4.27) 제4교시. 문2 (50점)

어항계획에 있어 어획물 양육부두, 출어준비부두 및 휴게부두 등으로 구분, 소요연장과 수심을 결정하는 방법을 설명하고, 특히 어선의 안전계류 수용을 위한 소요 수면적 산출에 대하여 기술하라.

제29회 (1987.4.26) 제2교시. 문1 (50점)

제15차 IAPH서울총회('87.4.25~5.2)에서는 기술혁신에 따른 21세기의 항만발전상을 전망하고 있다. 국제추세를 앞지르고 있는 2001년의 우리나라의 총 해상화물량은 약 5억ton으로 추산된다. 이에 따른 2001년의 시설부족은 대략 다음과 같다고 하였을때 다음의 개발지역을 임의로 선정하여 개발계획을 제시하시오.

단, 이론적인 구상은 임의 가정하여도 무방함.

부산 : 87,000,000톤

인천 : 34,000,000톤

군산 : 5,000,000톤

포항 : 8,000,000톤

울산 : 8,000,000톤

제31회 (1988.4.24) 제1교시. 문1 (50점)

서해안시대의 개막과 더불어 서기 2020(Twenty-twenty)년에는 수도권 및 중부권 지역의 해상화물량(주로 잡화 원료 및 경공업 제품)은 약 1억톤으로 추산되며, 그 중 신규로 항만시설을 필요로 하는 화물은 약 6천만 ton에 달한다고 가정하였을 때 화물의 집산비용과 항만건설비용이 최소로 되고 개발파급효과가 최대로 될 수 있다고 생각되는 항만입지를 선정하고, 이에 대한 항만계획을 수립하라. 단, 건설공사는 2020년대까지 끝난다고 가정한다.

제35회 (1991.4.7) 제1교시. 문1 (30점)

최근 항만의 계획, 설계 및 시공 동향에 대하여 2~3가지의 과제를 선정하고 이에 대한 귀하의 의견을 제시하시오.

제35회 (1991.4.7) 제4교시. 문1 (30점)

동, 서 및 남해안의 항만특성을 논하고, 통일을 전제로 한 항개발계획에 대하여 기술하시오.

제35회 (1991.4.7) 제4교시. 문4-① (각10점)

다음에 대하여 설명하시오.

① 굴입식 항만 ② 자유항

제36회 (1991.10.) 제2교시. 문1-①

다음에 대하여 기본계획을 서술하라.

① 인공도 (40점)

제41회 (1994.4.3) 제2교시 문1. (40점)

최근 인공섬 및 해상공항의 건설로 대수심(d > 20m)의 방파제를 구축할 필요가 대두되고 있는 바, 그 계획, 조사, 설계 및 시공에 대하여 특별히 고려할 사항을 열거하라.

제42회 (1994년도) 제1교시. 문4 (각5점)

④ 항만시설의 순서 중 가장 우선적으로 고려햐여야 할 계획.

제42회 (1994년도) 제2교시. 문3 (25점)

관광어촌을 어항시설과 연계하여 계획한다면 귀하의 의견을 제시하시오.

제42회 (1994년도) 제2교시. 문4 (25점)

국제여객부두의 배치계획을 임의로 가정하여 서술하시오.

제43회 (1995년도) 제3교시. 문2 (30점)

우리나라 등, 서, 남해안의 특징을 다음 사항의 관점에서 설명하시오.

① 파랑 ② 조석 ③ 하천

제44회 (1995년도) 제2교시. 문1 (30점)

항만시설 계획수립에 필요한 조사사항을 열거하고 설명하시오.

제44회 (1995년도) 제4교시. 문1 (30점)

해양공간 이용에 관해 기술하시오.

제45회 (1995년도) 제2교시. 문5 (25점)

항만시설 중 기본시설의 종류와 기능에 대하여 기술하시오.

제45회 (1995년도) 제3교시. 문4 (25점)

한국의 신항만계획에 대하여 설명하시오.

제46회 (1996년도) 제2교시. 문1 (40점)

우리나라 해운항만에서는 대규모의 신항만을 계획하고 있다. 우리나라 대규모 신항만계획에 대한 귀하의 일반적인 견해(어느 특정 항에 대한 것이 아님)를 피력하라.

제47회 (1996년도) 제3교시. 문1 (25점)

귀하가 신항만 후보지로 가덕도 인근해역에 대한 타당성 검토를 할 경우 자연조건에 대한 제반 문제점을 제시하고, 신항만 계획에 대하여 귀하의 견해와 대책을 기술하시오.

제48회 (1996년도) 제2교시. 문1 (25점)

해상화물량 증가에 따른 신항만 계획시 입지선정에 가장 중요하다고 생각되는 인자를 나열하여 설명하시오.

제48회 (1996년도) 제2교시. 문2 (25점)

운하계획시 입지선정 조건에 대해 논하시오.

제48회 (1996년도) 제2교시. 문4 (25점)

항만 기본시설의 종류를 나열, 설명하시오.

제48회 (1996년도) 제3교시. 문1 (25점)

항만을 이용목적에 따라 분류하고 연안항 개발에 대한 귀하의 의견을 제시하시오.

제50회 (1997년도) 제3교시. 문2 (30점)

21세기의 사회 · 경제적 변화에 부응할 수 있는 항만개발 특성에 대하여 귀하의 의견을 기술하시오.

제52회 (1997년도) 제1교시. 문7 (10점)

⑦ 친수성 항만

제52회 (1997년도) 제3교시. 문2 (30점)

최근의 어항개발 방향과 어항계획시 고려사항을 논하시오.

제52회 (1997년도) 제4교시. 문2 (30점)

해상화물량 추정방법에 대하여 논하시오.

제53회 (1998년도) 제2교시. 문1 (30점)
항만의 기본계획시 조사사항에 대하여 설명하시오.
제55회 (1998년도) 제4교시. 문4 (30점)
친수형 연안 구조물에 대하여 설명하시오.
제56회 (1998년도) 제4교시. 문1 (40점)
항만계획시 입지여건 조사항목과 내용에 대하여 논하시오.
제57회 (1999년도) 제3교시. 문1 (40점)
울산 남동쪽 60km 해역에서 가스유전을 해양플랫폼을 이용 개발하고자 할 때 고려하여야 할 정량적인 해양환경 조건 등에 대하여 기술하시오.
제57회 (1999년도) 제4교시. 문3 (30점)
시화방조제 건설사업의 실패가 우리에게 중요한 교훈을 주고 있다면, 사업실패의 원인을 공학적 측면에서 견해를 제시하시오.
제58회 (1999년도) 제3교시. 문1 (40점)
어항계획의 절차 및 검토사항에 대하여 설명하시오.
제58회 (1999년도) 제4교시. 문4 (30점)
항만계획에서 환경피해요소에 대하여 논하시오.
제59회 (1999년도) 제2교시. 문3 (25점)
세계적인 사회・경제 동향을 토대로 21C를 대비한 항만개발 및 정비에 대해 의견을 제시하시오.
제59회 (1999년도) 제2교시. 문5 (25점)
다기능 어항계획의 최근 국내동향 및 계획수립을 위하여 고려해야 할 사항을 논하시오.
제59회 (1999년도) 제2교시. 문6 (25점)
부산항의 기존부두가 다른 용도로 재개발된다면 하역능력이 줄어들기 때문에 대체 항만시설이 필요하여 그 후보지로서 다대포를 선택한다는 가정하에 항만시설을 계획하시오. (다대포 인근해도 및 기타 제반 설계조건 제시)
제60회 (2000년도) 제2교시. 문1 (25점)
항만규모 결정시 고려사항.
제60회 (2000년도) 제3교시. 문1 (25점)
우리나라 동, 남 및 서해안의 자연조건 특성(지형, 조석, 파랑) 및 항만계획시 고려사항.
제61회 (2000년도) 제3교시. 문6 (25점)
인공섬 계획시 계획결정 요소와 결정방법을 설명하고 시공계획 및 시공예를 기술.
제61회 (2000년도) 제4교시. 문1 (25점)
Hub항과 보조항만에 대하여 서술하고 항만건설 및 운영상 주변국의 추세와 우리나라 항만의 바람직한 미래상.
제61회 (2000년도) 제4교시. 문4 (25점)
신항만 계획시 기술 및 경제적 조사사항.
제63회 (2001년도) 제1교시. 문2 (각10점)
다음에 대하여 설명하시오.
◦ 굴입식 항만
제63회 (2001년도) 제3교시. 문1 (각25점)
항만기본계획 수립시 고려해야할 항목을 열거하고, 각각에 대하여 간단히 설명하시오.
제63회 (2001년도) 제4교시. 문3 (각25점)
항만계획 및 설계와 관련하여 우리나라 해안(東, 南, 西)별 특성을 설명하시오.
제64회 (2001년도) 제2교시. 문2 (각25점)
환경친화적 항만개발과 관련하여 우리나라 항만의 현황과 문제점을 열거하고, 21세기를 대비한 친환경적인 항만개발 방향에 대해서 귀하의 의견을 제시하시오.

제64회 (2001년도) 제2교시. 문4 (각25점)

항만개발계획시 필요시 선박조종시뮬레이션 조사시 관련 요소와 Simulator의 구성, 신뢰성 및 한계(제약)점에 대해 서술하시오.

제64회 (2001년도) 제2교시. 문6 (각25점)

해양수산부의 9대 신항만계획과 귀하가 생각하는 문제점에 대해 논하시오.

제64회 (2001년도) 제4교시. 문1 (25점)

어항시설 중 계류시설과 수역시설의 규모결정 방법과 기상악화시를 대비한 대피용 안벽의 안전충족율에 대해서 설명하시오.

제64회 (2001년도) 제4교시. 문4 (25점)

조위차가 큰 한국서해 중부 해역에 적합한 항만형식에 대해서 설명하시오.

제65회 (2001년도) 제2교시. 문1 (25점)

부두를 계획하는데 있어서 선석배치형식(Type of berthing layout)의 종류와 각 형식별 장·단점을 설명하시오.

제65회 (2001년도) 제4교시. 문4 (25점)

신규 항(港,Harbour)의 위치선정에 있어서 배려해야 할 사항에 대하여 설명하시오.

제66회 (2002년도) 제2교시. 문3 (25점)

항만운영정보시스템(PORT-MIS)에 대해 기술하시오.

제66회 (2002년도) 제3교시. 문2 (25점)

Hub(중추) 항만에 대해 설명하고, 우리나라의 실정을 감안한 Hub항만의 개발전망과 문제점에 대해서 기술하시오.

제66회 (2002년도) 제3교시. 문6 (25점)

우리나라의 환경친화적인 항만개발 계획에 대해 기술하시오.

제67회 (2002년도) 제1교시. 문1 (각10점)

다음 문제를 선택하여 설명하시오.

◦ 항만계획 수립에 있어 LCC(Life cycle cost)란?

제67회 (2002년도) 제3교시. 문1 (25점)

항만계획시 통상적으로 수행하여야 할 조사항목에 대하여 설명하시오.

제67회 (2002년도) 제4교시. 문5 (25점)

어항계획에 있어 양육부두, 휴게부두, 출어준비부두 등의 규모 결정에 대하여 설명하시오.

제68회 (2002년도) 제2교시. 문3 (25점)

조차가 큰 위치에 신규 항만을 건설하고자 할 때, 감조식 항만과 갑문식 항만을 비교 기술하시오.

제68회 (2002년도) 제3교시. 문1 (25점)

신규 항만 기본계획 수립을 위한 과업수행계획을 수립하시오.

제68회 (2002년도) 제4교시. 문1 (25점)

항만개발에 따른 투자평가 방법 중 경제성 분석에 대하여 논하시오.

제69회 (2003년도) 제3교시. 문1 (25점)

어항의 시설계획 수립절차를 설명하시오.

제69회 (2003년도) 제3교시. 문4 (25점)

환경친화적 연안개발에 대하여 설명하시오.

제69회 (2003년도) 제4교시. 문1 (25점)

통일에 대비한 북한 항만의 개발방향에 대해 설명하시오.

제70회 (2003년도) 제3교시. 문1 (25점)

항만구조물의 내구연수에 대해서 설명하시오.

제70회 (2003년도) 제4교시. 문1 (25점)
선박의 운동모드를 열거하고, 각 운동모드에 대한 선박계류력의 복원력 특성을 설명하시오.

제71회 (2003년도) 제3교시. 문3 (25점)
근래에 관심이 고조되고 있는 지속가능한 해양공간 이용방안 및 연구개발에 관하여 아는 바를 쓰시오.

제71회 (2003년도) 제4교시. 문1 (25점)
민간자본에 의한 항만개발방식 중 항만법과 민간투자법에 대해 비교설명하시오.

제71회 (2003년도) 제4교시. 문6 (25점)
어항시설 용지중 위판장 기능을 설명하고, 배치계획과 규모계산 방법에 대해 쓰시오.

제72회 (2004년도) 제2교시. 문1 (25점)
최근 노후 항만 시설의 개량 및 현대화를 위하여 Water front 개념을 도입한 리모델링(Remodeling) 사업이 추진되고 있는 바 대상 사업의 특성, 역할 등을 고려한 리모델링의 유형을 분류하고 그 효과에 대하여 기술하시오.

제72회 (2004년도) 제2교시. 문4 (25점)
어느곳에 신규항만을 건설하고자 한다. 항만건설 기본계획 수립을 위하여 수행되는 조사단계에서부터 타당성 분석까지의 과정을 기술하시오.

제72회 (2004년도) 제4교시. 문3 (25점)
어항계획시 계류시설의 소요연장을 산정하는 방법에 대하여 기술하시오.

제72회 (2004년도) 제4교시. 문4 (25점)
중심항만(Hub port)과 보조항만의 기능을 설명하고 동북아시아의 항만개발과 연관하여 기술하시오.

제73회 (2004년도) 제2교시. 문4 (25점)
해양환경조건이 비슷한 인근 항만중 인천항은 갑문식 부두로 운영되는데 비해, 평택(아산)항은 감조식 부두로 개발되는 이유를 설명하시오.

제73회 (2004년도) 제3교시. 문1 (25점)
환경친화적 항만(Eco-port)에 대해 설명하고, 구체적인 환경보존 또는 정비시설에 대해 설명하시오.

제73회 (2004년도) 제4교시. 문1 (25점)
항만구조물 설계를 위한 해양조사 항목중 수심, 유속, 조위, 파랑의 관측방법과 분석방법에 대하여 설명하시오.

제73회 (2004년도) 제4교시. 문2 (25점)
최근 어항이용수요가 다원화됨에 따른 21세기형 "다기능 어항개발"에 대해 아는 바를 기술하시오.

제75회 (2005년도) 제1교시. 문9 · 12 (각10점)
다음 문제를 선택하여 설명하시오.
⑨ 다기능어항의 정의와 개발에 필요한 조건에 대해 기술하시오.
⑫ 갑문식과 감조식 항만을 비교 설명하시오.

제75회 (2005년도) 제2교시. 문4 (25점)
연안관리법에 대하여 아는 바를 기술하고, 우리나라 해안의 발전적인 개발을 위한 귀하의 견해를 기술하시오. (정의 및 대상사업, 추진방향, 문제점 및 의견)

제75회 (2005년도) 제4교시. 문6 (25점)
근래에 관심이 고조되고 있는 한국형 해양공간 이용 구조물에 대하여 아는 바를 기술하시오. (부유식 해양종합 물류기지, 해상공항)

제76회 (2005년도) 제2교시. 문1 (25점)
컨테이너 신항만 개발사업을 착수한다고 가정하여 기본계획에 대한 과업수행계획서를 작성하시오.

第76회 (2005년도) 제2교시. 문4 (25점)

항만구조물의 내진설계에 대하여 기술하시오.

第76회 (2005년도) 제2교시. 문5 (25점)

우리나라 항만에서의 컨테이너 처리정책과 최근의 컨테이너 해운 여건변화에 따라 발생되고 있는 문제 및 귀하가 생각하고 있는 대책을 기술하시오.

第76회 (2005년도) 제4교시. 문1 (25점)

연안재해의 종류 및 특성에 대하여 논하시오.

第76회 (2005년도) 제4교시. 문5 (25점)

항만물류의 특성과 기초시설의 구성요소를 기술하시오.

第78회 (2006년도) 제3교시. 문3 (25점)

확정론적 설계법과 신뢰성 설계법의 차이점을 기술하시오.

第78회 (2006년도) 제3교시. 문6 (25점)

신규 항만건설을 위한 기본계획 수립에 대해 기술하시오.

第78회 (2006년도) 제4교시. 문2 (25점)

설계 시 VE검토의 필요성과 검토이유를 기술하시오.

第78회 (2006년도) 제4교시. 문3 (25점)

어항의 계획순서를 열거하고 단계별 검토내용에 대해 설명하시오.

第78회 (2006년도) 제4교시. 문4

해안시설의 정비계획에서 검토항목인 모니터링에 대하여 기술하시오.

第79회 (2006년도) 제3교시. 문1 (25점)

2011년을 목표로 하는 우리나라(해양수산부)의 항만부문 중장기 개발전략에 대하여 아는 바를 쓰고, 현재 개발 중인 7개 신항만의 건설 규모를 요약하여 기술하시오.

第79회 (2006년도) 제3교시. 문2 (25점)

통일에 대비하여 한강하구에 새로운 항만을 건설하려고 할 때, 적정입지의 선정을 위한 제반고려사항에 대하여 기술하시오.

第79회 (2006년도) 제4교시. 문1 (25점)

최근 동북아 3국(한국, 중국, 일본)이 초대형 허브항만 개발을 활발하게 추진하고 있는데, 세계적인 해운물류의 동향과 이들 3개국의 제반 여건과 항만개발 규모에 관하여 아는 바를 쓰고, 우리나라의 신항만 개발과 발전방향에 관하여 기술적인 견해를 기술하시오.

第79회 (2006년도) 제4교시. 문2 (25점)

최근 개정 시행('05. 12. 1)된 "어촌 · 어항법"에 반영된 내용을 중심으로, 여건변화에 부응한 어촌 · 어항의 개발 방향에 대한 견해를 기술하시오.

제81회 (2007년도) 제2교시. 문1 (25점)

국제적인 해운 및 항만환경 변화를 기술하고, 이에 대응하기 위한 부산항의 활성화방안을 논하시오.

제81회 (2007년도) 제4교시. 문1 (25점)

신항만 계획의 경제성 분석에 대하여 설명하고, 그 평가기법에 대하여 기술하시오.

제81회 (2007년도) 제4교시. 문3 (25점)

연안정비계획의 필요성과 기본방향에 대하여 설명하시오.

제82회 (2007년도) 제1교시. 문8 (각10점)

다음 문제를 선택하여 설명하시오.

⑧ 다기능 어항(정의, 개발조건)

제82회 (2007년도) 제2교시. 문6 (25점)

항만에서 발생하는 총비용에 대해 다음 사항을 설명하시오.

1) 개요 2) 총비용내용 상세설명 3) 고려사항

제82회 (2007년도) 제3교시. 문6 (25점)
항만개발의 경제적, 재무적 타당성 분석방법에 대해 설명하시오.

제82회 (2007년도) 제4교시. 문2 (25점)
항만 수요예측을 위한 화물량 추정 방법과 최근 화물량 증가세 둔화 요인을 기술하시오.

제82회 (2007년도) 제4교시. 문6 (25점)
어항에 필요한 각종 시설을 열거하고 그 기능을 설명하시오.

제84회 (2008년도) 제2교시. 문3 (25점)
해외 항만사업 발전방안에 대하여 기술하시오.

제84회 (2008년도) 제2교시. 문6 (25점)
한반도 대운하 계획과 관련, 내륙수송 분담을 위한 경부운하의 내륙주운의 필요성이 크게 대두되고 있다. 경부운하의 필요성을 물류운송, 환경개선의 측면에서 기술하고, 선박의 항행을 위한 운하수로의 높이차 극복방안을 기술하시오.

제84회 (2008년도) 제3교시. 문1 (25점)
남북경협의 활성화 방안으로 남북한 항만교류 협력방안이 논의되고 있다. 북한 항만 개발과 항만교류를 위한 실천계획을 단기, 중기, 장기로 구분하여 의견을 제시하시오.

제84회 (2008년도) 제3교시. 문3 (25점)
유비쿼터스 기술을 적용한 항만시스템에 대하여 기술하시오.

제84회 (2008년도) 제3교시. 문6 (25점)
최근 발생된 태안 기름유출사고에 대하여 항만기술자로서의 대책을 설명하시오.

제84회 (2008년도) 제4교시. 문2 (25점)
해상에 설치하는 「대형 부체(浮体)구조물」의 필요성과 설계상 고려해야 할 사항에 대하여 기술하시오.

제84회 (2008년도) 제4교시. 문3 (25점)
국토의 제한에 따른 해양 인공섬의 개발과 이용에 대하여 기술하시오.

제84회 (2008년도) 제4교시. 문4 (25점)
해양구조물 설치 시 유의해야 할 사항에 대하여 기술하시오.

임해공업지역

제18회 (1980.5.18) 전문. 문3 (20점)
임항공업지대의 임지조건에 대하여 기술사의 입장에서 논하고, 우리나라 임해공업지대를 예를 들어 비판하여라.

제22회 (1982.2차) 전문. 제2교시. 문4 (75점)
임해공업지대 조성에 있어 바람직한 입지조건에 대하여 논술하라.

제36회 (1991.10) 제2교시. 문1
다음에 대하여 기본계획을 서술하라.
③ 임해공단 (40점)

제45회 (1995년도) 제3교시. 문2 (25점)
공업항의 특성과 계획방법에 대해 논하시오.

제67회 (2002년도) 제2교시. 문2 (25점)
임해도시의 Water front 개발에 있어 고려해야 할 사항에 대해 설명하시오.

제69회 (2003년도) 제2교시. 문4 (25점)
간척종합개발사업의 문제점과 그에 대한 대책을 서술하시오.

항만운영

제24회 (1984.5.20) 제1교시. 문2-마 (10점)
다음 사항에 대하여 아는 바를 약술하라.
마. Central terminal system(CTS)

제29회 (1987.4.26) 제2교시. 문2-(2), (3) (각10점)
다음을 설명하시오.
(2) 접안속도계
(3) Pressurement

제29회 (1987.4.26) 제3교시. 문2-(4) (10점)
다음에 대하여 아는 바를 기술하시오.
(4) M.I.S (Management information service)

제34회 (1990.4.) 제2교시. 문3-2) (각10점)
다음에 대하여 아는 바를 기술하시오.
2) Docking sonar system

설계경험

제18회 (1980.5.18) 전문. 문1 (80점)
귀하가 희망하는 전문사항에 대하여 귀하가 실제도 경험한 바 있는 사업을 2개정도 약술하고, 그 중 1예를 기술사의 입장에서 상술하고 현재의 귀하의 입장에서 비판하라.

제19회 (1981.5.24) 전문. 문1 (150점)
귀하가 희망하는 전문사항에 대하여 귀하가 실제로 경험한 바 있는 사업 3개를 약술하고, 그 중 하나에 대해서는 기술사적 입장에서 상술하고 현재의 입장에서 평가하라.

제22회 (1982.2차) 전문. 제1교시. 문1 (80점)
항만에 관한 조사, 계획, 설계, 시공 등에 대하여 귀하가 지금까지 실제 참여한 일중 기술사로서 도움이 된다고 생각되는 예를 상세히 기술적인 견지에서 설명하고, 지금 생각하니 불충분하였던 점, 보다 개선했어야 했다고 생각되는 점 등이 있으면 이에 대하여 비판하라.

제55회 (1998년도) 제2교시. 문1 (40점)
귀하가 경험한 항만 및 어항시설물에 대하여 설계과정을 작성하고 필요한 경우 Feed back하여 설명하시오.

제59회 (1999년도) 제2교시. 문1 (25점)
귀하가 경험한 항만계획사업 3가지를 선정하여 사업명, 사업기간, 계획의 개요를 정리하고, 기술사의 입장에서 적정성에 대한 견해를 논하시오.

제59회 (1999년도) 제2교시. 문1 (25점)
문제1의 사업 중 관심을 가졌던 기술적인 문제점과 문제점에 대한 대책 및 성과를 서술하고, 기술사의 입장에서 처리 방안 및 신기술 개발 가능성에 대해 논하시오.

방재계획

제57회 (1999년도) 제4교시. 문2 (30점)
우리나라 해안의 자연재해를 복구차원에서 개선시켜 자연재해 방지 및 경감차원으로 개선시키기 위한 귀하의 견해를 서술하시오.

제60회 (2000년도) 제4교시. 문3 (25점)

해안방재에 대한 새로운 공법 및 기초공법에 대하여 아는 바를 기술

제68회 (2002년도) 제3교시. 문5 (25점)

연안 재해(災害)및 방재(防災)에 대하여 설명하시오.

제76회 (2005년도) 제3교시. 문6 (25점)

일본 교또 기후협약이후 우리나라 항만분야에서도 CO_2 저감을 위한 대책수립이 필요한 바 이와 관련하여 적극적으로 개발 추진해야 될 사항들을 기술하시오.

제79회 (2006년도) 제3교시. 문3 (25점)

자연재해 대책의 일환으로 개발·적용되고 있는 "내진강화형 안벽"의 종류와 구조적 Mechanism에 대해서 기술하시오.

제84회 (2008년도) 제1교시. 문③ (10점)

다음 문제를 선택하여 설명하시오.

③ 해일 EAP(Emergency action plan)

제84회 (2008년도) 제2교시. 문5 (25점)

「해일발생 시나리오」에 대하여 설명하시오.

제3편 설계에 적용되는 제반조건

제 3 편 설계에 적용되는 제반조건

제1장 · 개 요

1.1 일반사항

설계조건은 항만시설 및 가설구조물을 설계하기 위한 가이드라인(Guideline)이라 할 수 있으므로 조사 및 실험결과를 근거하여 결정한다.

1.2 설계조건의 설정

설계조건의 설정은 시설의 안정성, 기능성확보, 경제성 등에 중요한 영향요소로서 신중하게 설정한다.

- ○ 대상선박의 제원
- ○ 지반조건
- ○ 지진과 지진력
- ○ 마찰계수
- ○ 바람과 풍압 등
- ○ 지반의 액상화
- ○ 파고와 파력
- ○ 토압 및 수압
- ○ 조석과 이상조위
- ○ 자중 및 재하하중
- ○ 흐름과 흐름의 힘
- ○ 하구수리 및 표사
- ○ 부체에 작용하는 외력과 그의 동요
- ○ 선박에 의하여 발생하는 외력
- ○ 기타 필요한 설계조건

1.3 항만시설 설계시 고려사항

1.3.1 시설의 기능

각각의 기능이 충분히 발휘될 수 있도록 고려한다.

1.3.2 시설의 중요도

시설의 안정성 및 경제성, 중요도가 설계상에 미치는 영향, 중요도의 판정조건상의 영향 등을 고려한다.

1.3.3 내용연수

내용연수는 시설물 설계시 구조형식 및 재료 선정 등에 고려하고, 현재 시설의 개량 필요성 및 개량 정도를 결정하는데 고려한다.

가. 기능적인 내용연수

선박의 대형화에 따른 박지수심의 부족 등 시설의 기능에 불합리점이 생기고 그 시설을 사용할 수 없는 연수

나. 경제적 내용연수

무엇인가 개량을 하지 않으면 신형식과 다른 시설과의 경제적인 경쟁에서 지는 상태의 연수

다. 사회 · 경제적 내용연수

신규 계획보다 당초 목적한 기능이 불필요하거나 또는 별도의 기능을 요청할 때까지의 연수

라. 물리적인 내용연수

구조물을 구성하는 재료가 부식, 풍화 등의 작용을 받아 필요한 재료의 강도를 유지할 수 없는 연수

1.3.4 조우확률

조우확률은 내용연수 안에 위험확률이 어느 정도 되는지를 판단하는 지표로서 구조물의 중요도에 따라 내용연수의 결정에 고려한다.

$$E_1 = 1-(1-1/T_1)^{L_1}$$

여기서, E_1 : 조우확률, L_1 : 내용연수,
T_1 : 재현기간

1.3.5 자연조건

파고, 지진, 지형, 지반, 수질, 저질, 생물, 대기 등의 조건 및 해면 수위상승을 고려한다.

1.3.6 재료

재료는 작용하는 물리적 외력, 수화외력 내용연수, 형상, 시공성, 경제성, 환경, 경관 등에 미치는 영향을 고려하여 선정한다.

1.3.7 설계법

가. 안전율을 사용하는 방법

정성적 지표로서 경제적으로 충분히 안전하다고 정해진 값을 사용

나. 신뢰성 설계법

정량적 지표로서 하중과 구조물의 내력에 대한 확률분포로서 안전지수 또는 안정성 지표 등을 사용

다. 한계상태 설계법 : 신뢰성 설계법의 다른 형식

1.3.8 시공방법

합리적인 설계를 위한 시공방법을 고려한다.

1.3.9 시공정밀도

시공에 필요한 시방서, 제반규정을 참고하여 시공정밀도를 높이도록하며 규정에 의한 허용한계(許容限界)를 준수한다.

1.3.10 공사기간(공기)

공기내에 준공되도록 시공방법에 따라 공기를 고려한다.

1.3.11 건설비

건설비는 초기투자비용과 유지관리비용을 고려한다.

제2장 · 선 박

2.1 대상선박의 제원

2.1.1 일 반

대상선박이란 항만시설 규모결정에 사용하며, 대상선박 중에서 최대톤수를 설계 대상선박으로 결정한다. 대상선박의 제원은 선장(船長:Length), 선폭(船幅:Registered Breadth), 선심(船深:Depth)으로 표시되고, 선박에 만재(滿載)하면 만재흘수선(滿載吃水線)까지 수면에서 잠긴다.

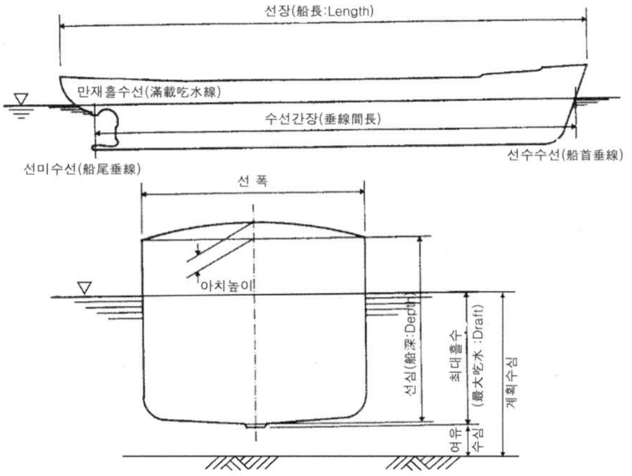

2.1.2 선박의 톤수

가. 총톤수(**Gross tonnage : GT, G/T**)

선박의 총톤수 측정에 관한 법률에서 규정된 선박의 밀폐구획의 용적톤수.

주로 국제항해에 종사하는 선박에 대하여 그 크기를 나타내기 위한 지료로 사용되는 국제총톤수가 있다.

상선의 크기, 해운력 비교에 사용되고, 관세, 등록세, 선박검사료, 도선료, 입거료 등 각종 요율산정에 사용되는 톤수이다. 여객선에 사용하고 있다.

나. 재하중량톤수(**Dead weight tonnage : DWT, D/W**)

적재한 화물의 최대중량을 톤단위로 나타낸 수,

주로 선박의 화물 적재능력 산출에 사용되는 톤수이다.

다. 배수톤수(**Displacement tonnage : DT, D/T**)

정지상태에서 떠있는 선체가 배제하는 물의 양에 대한 톤수.

적재물을 포함한 선박의 전 중량을 표시하며, 주로 군함의 크기를 나타낼 때 사용하는 톤수이다.

라. **DWT**와 **GT**와의 관계식

- 화물선 : GT=0.541DWT
- 컨테이너선 : GT=0.880DWT
- 탱커 : GT=0.553DWT
- 롤온 · 롤오프선 : GT=0.808DWT

2.1.3 대상선박의 주요치수

대상선박의 주요치수는 대상선박 주요치수가 정해져 있는 경우 이외에는 일반선박 및 특정선박의 주요치수 기준에 의해 결정하고 있다.

2.1.4 선박의 마스트 높이

선박의 마스트 높이는 선박 종류, 선박 톤수에 따라 차이가 크므로 항로를 횡단하는 교량 등의 설계는 그 항만을 출입하는 선박의 통계를 이용하여 마스트 높이를 검토 · 결정한다.

만일 항로를 횡단하는 고압선이 있는 경우, 충분한 여유를 둔다.

선박의 마스트 높이

선형(총톤수)	수면에서의 마스트높이(공선시)	적 요
50ton 이하	7- 8m	부선은 제외
50-500ton	7-18m	
500-1,000ton	15-26m	
1,000-5,000ton	20-35m	
5,000-10,000ton	30-45m	
10,000ton 이상	30-50m	대형유조선 포함
대형여객선	50-65m	

2.2 선박에 의하여 발생하는 외력

2.2.1 일 반

가. 선박 접안시 발생 하중

○ 선박의 접안력 : 선박의 접안에너지와 방충공의 변위복원력 특성을 사용하여 계산

나. 선박 계류시 발생 하중

○ 파력 : 장주기파, 외해부, 항입구부에 시설된 계류시설

○ 풍압력 : 계류선박의 선형

○ 조류에 의한 유압력 : 선박 동요에 의한 충격력, 견인력

다. 설계시 유의사항

1) 계류시설 설계 : 선석(Sea berth), 잔교, 항내 대피용 계류시설 등의 설계는 선박하중이 지배적인 요소

2) 방충공의 설계 : 선박의 접안력, 동요에 의한 충격력

3) 계선주의 설계 : 선박에 작용하는 풍압력

2.2.2 선박 접안시 발생 외력

가. 접안에너지

선박의 접안에너지 산정방법은 운동역학적 방법, 통계적 방법, 수리모형실험에 의한 방법, 유체역학적 모델이 있으나 계산정수가 확립되지 않아 일반적으로 운동역학적 방법에 의해서 계산한다.

$$E_f = \left(\frac{M_s V^2}{2}\right) C_e \cdot C_m \cdot C_s \cdot C_c$$

여기서, E_f : 선박의 접안에너지(KJ)

M_s : 선박의 질량(t)

V : 선박의 접안속도(m/s)

C_e : 편심계수

C_m : 가상질량 계수

C_s : 유연성 계수(1.0을 표준)

C_c : 선석의 형상계수(1.0을 표준)

나. 접안속도(V)

1) 일반기준

선박의 접안속도는 대상선박의 선형, 재하상태, 계류시설의 위치 및 구조, 기상 및 해상상황, 끌배의 유무, 크기 등을 고려하고, 실측치 또는 기왕의 접안속도 실측자료에 근거하여 결정한다.

2) 실측자료에 의한 접안속도

일반화물선 : 10cm/sec 이하

대형화물선 : 10~15cm/sec 이하

페리선 : 10~15cm/sec 이하

대형탱커 : 15~20cm/sec

3) 선박톤수에 의한 접안속도

10,000DWT급 미만 : 15cm/sec

10,000DWT급 이상 : 10cm/sec

다. 편심계수(C_e)

$$C_e = \frac{1}{1+(l/r)^2}$$

여기서, l : 선박의 접촉면으로부터 계류시설의 법선에 평행으로 관측한 당해선박의 중심까지 거리(m)

r : 선박의 중심을 통하는 수직축 둘레의 회전반경(m)

라. 가상질량 계수(C_m)

$$C_m = 1 + \frac{\pi}{2} C_b \times \frac{d}{B}$$

여기서, C_b : 블록계수 $\left(C_b = \frac{\nabla}{L_{pp} B d}\right)$

∇ : 선박의 배수부피(m^3)

L_{pp} : 수선간 길이(m)

B : 형폭(m)

d : 만재흘수(m)

마. 유연성 계수(C_s)

선박 접안에너지에 대한 선박 외판의 변형으로 흡수되는 접안에너지의 비율로서 C_s값은 1.0을 표준으로 한다.

바. 선석의 형상계수(C_c)

선박 접안시 선박과 계류시설 사이의 수괴가 압축되어 완충효과를 나타내므로 방충재 흡수에너지를 감소시키는 효과를 고려하는 비율로서 C_c의 값은 1.0을 표준으로 한다.

2.2.3 계류중 선박동요에 의한 발생외력

가. 계류선박의 동요

계류선박의 동요에 의한 발생외력은 선박에 작용하는 파력, 풍압력, 조류에 의한 유압력, 계류시스템의 특성 등을 기준한 동요계산을 원칙으로 한다.

계류선박의 동요는 하중의 불규칙성, 계류시스템의 변위복원력 특성의 비선형성을 고려하여 수치모형실험 등에 의하여 구하는 것을 원칙으로 한다.

나. 선박에 작용하는 파력

계류선박에 작용하는 파력은 선형, 파의 제원 등을 고려하여 스트립법, 특이점분포법, 경계요소법, 유한요소법 중 적절한 방법으로 계산한다.

선박의 경우는 스트립법을 많이 사용하고 있으며, 선박동요가 적을 경우는 선박을 다원주체로 가정한 회절파이론을 적용하여 계산할 수 있다.

2.2.4 선박에 작용하는 풍하중

계류선박에 작용하는 풍하중은 풍속의 시간적 변동성, 선박의 선형에 따라 풍항력 계수의 특성을 고려하여 계산한다.

$$R_x = \frac{1}{2}\rho_a U^2 A_L C_x$$

$$R_y = \frac{1}{2}\rho_a U^2 A_r C_y$$

$$R_M = \frac{1}{2}\rho_a U^2 A_L L_{pp} C_M$$

여기서, C_x : x방향(선체정면방향)의 풍항력 계수(풍동실험, 수조실험값)
C_y : y방향(선체측면방향)의 풍항력 계수 (풍동실험, 수조실험값)
C_M : 미드십선회의 풍압모멘트 계수 (풍동실험, 수조실험값)
R_x : 풍하중 합력의 x방향 성분(kN)
R_y : 풍하중 합력의 y방향 성분(kN)
R_M : 풍하중 합력의 선박중심축 회전의 모멘트(kN · m)
ρ_a : 공기의 밀도, $\rho_a = 1.23 \times 10^{-3}(t/m^3)$
U : 풍속(m/s) (최대풍속 사용)
A_r : 수면상 선체 정면 투영면적(m^2)
A_L : 수면상 선체 측면 투영면적(m^2)
L_{pp} : 수선간 길이(m)

2.2.5 선박에 작용하는 조류에 의한 유압력

선수방향 (마찰저항)	선측방향 (압력저항)	절충식(간략식)
$R_F = 0.0014SV^2$ 여기서, R_F : 유압력(kN) S : 침수면적(m^2) V : 유속(m/s)	$R = 0.56\rho_0 CV^2 B$ 여기서, R : 유압력(kN) ρ_0 : 해수의 밀도 (t/m³), $\rho_0 = 1.03\ t/m^3$) C : 유압계수 E : 흘수선 밑의 선체 측면 투영 면적 V : 유속(m/s)	$R_f = \rho_w g\lambda\{1 + 0.0043(15 - t)\}SV^{1.825}$ 여기서, R_f : 유압력(kN) ρ_w : 해수의 밀도(t/m^3) g : 중력가속도(t/s^2) t : 온도(℃) (15℃) S : 침수면적(m^2) V : 유속(m/s) λ : 계수, L=30m에 λ=0.14741, L=250m에 λ=0.13783

2.2.6 계류시스템의 특성

계류시스템의 동요 계산은 계류색, 방충재 등의 변위복원력 특성을 적절하게 모델(Model)화하여 계산한다.

2.2.7 계선주에 작용하는 힘

가. 선박의 견인력

1) 직주

직주는 폭풍시에 선박을 계류하기 위해 선석 양단 부근, 또는 계류시설 법선에서 떨어지게 설치하는 계선주이다.

수평방향 : 선박의 견인력, 수직방향 : 선박의 견인력 × 1/2

2) 곡주

곡주는 평상시에 선박을 계류, 접 · 이안하기 위해 계류시설 법선 가까이에 설치하는 계선주이다.

수평방향, 수직방향 : 선박의 견인력

선박의 총톤수(톤)		직주에 작용하는 견인력(kN, {t})	곡주에 작용하는 견인력(kN, {t})
200톤 이상	500톤 이하	150 {15}	150 {15}
500	1,000	250 {25}	250 {25}
1,000	2,000	350 {35}	250 {25}
2,000	3,000	350 {35}	350 {35}
4,000	5,000	500 {50}	350 {35}
5,000	10,000	700 {70}	500 {50}
10,000	20,000	1,000 {100}	700 {70}
20,000	50,000	1,500 {150}	1,000 {100}
50,000	100,000	2,000 {200}	1,000 {100}

나. 소형선의 견인력

소형선(200GT 이하)의 견인력은 선박종류, 접안 상황, 계류시설의 구조 등을 고려하여 결정한다.

설계에 적용할 때는 직주 150kN, 곡주 50kN의 견인력을 표준으로 한다.

다. 어선의 견인력

어선 등의 견인력은 다음 표의 값을 표준으로 한다.

어선의 견인력 단위:kN, {t}

어선 총톤수	견인력(계선주 1기당)
10톤 미만	10 {1.0}
10톤 이상 - 50톤 미만	30 {3.0}
50톤 이상 - 100톤 미만	50 {5.0}
100톤 이상 - 200톤 미만	70 {7.0}
200톤 이상 - 500톤 미만	150 {15.0}
500톤 이상 - 1,000톤 미만	250 {25.0}

(주) 악천후시의 계선주(환) 1기에 작용하는 견인력은 어선의 계류척수 등을 고려하여 정한다.

제3장 · 조 석

3.1 설계조위

3.1.1설계조위 결정요소

설계조위는 구조물이 가장 위험하게 되는 조위로 결정하는 것이 원칙이며, 항만시설의 구조형식 및 안전성 검토방법에 따라 천문조 및 폭풍 · 지진해일 등의 이상조위 실측치나 추산치를 기준하여 결정한다.

구조물의 설치 목적이나 설계 계산의 목적에 따라 다른 설계조위를 적용하는 경우가 있으며, 폭풍해일 대책시설의 마루높이는 월파량에 의하여 결정되므로 월파량이 최대가 되는 조위를 설계조위로 하지만, 안정계산에 있어서는 보다 낮은 조위에서도 위험한 경우가 있으므로 이 경우 그 낮은 조위를 설계조위로 해야 한다.

방파제 안전계산의 경우는 그 구조물이 가장 불안정하게 되는 조위를 적용한다.

3.1.2 설계조위 적용기준

폭풍해일, 지진해일은 이상시 발생하는 현상이므로 두 현상이 동시에 발생하지 않는 것으로 생각한다.

부진동은 폭풍해일 또는 지진해일에 의해 발생하는 경우가 많지만 설계조위 결정에서는 장주기 수면진동에 의한 부진동만을 고려한다.

3.1.3 폭풍해일 대책에 대한 설계조위

설계조위 결정방법은 크게 4가지의 방법을 비교 · 검토하여 결정하고 있다.

가. 기왕고극조위 또는 이것에 약간의 여유를 더한 조위

기준검조소가 없는 곳은 인근 기준검조소의 기왕고극조위와 약최고고조위의 편차를 해당지점의 약최고고조위에 더하는 방법으로 계산한다.

4가지 방법 중 가장 간단하지만 장기간 자료가 필요하다.

나. 기왕이상조위의 발생확률곡선을 산정하고, 외사법으로 구한 어떤 재현년도(예 : 50년 등)의 조위

기준검조소가 없는 곳은 인근 기준검조소의 어떤 재현년도 조위와 약 최고고조위의 편차를 해당 지점의 약최고고조위에 더하는 방법으로 계산한다.

확률적인 사고방식에 의한 방법으로 고조위 발생확률의 기준은 명확하나 비교적 단기간의 자료로 장기간의 예측을 실시하므로 신뢰성이 부족하다.

다. 해일모형실험(약최고고조위와 해일고를 더한 조위) 등에 의해 추산한 해일고의 결정

해일의 주요특성인 조위편차를 고려한 점은 다른 방법보다 우월하나 약최고고조위와 대조평균고조위의 평균값을 기준하므로 이상고조위 발생시 대책이 곤란하다.

라. 이상고조위의 발생확률과 각 조위에 대한 배후지의 피해액 및 해일 대책시설의 건설비를 감안하여 결정

가장 합리적이고 경제적으로 유리한 방법이나 피해액 추정 등에 상당한 기술과 노력이 필요하다.

3.1.4 설계조위의 결정

현재 널리 채택되고 있는 방법은 상기 4가지 방법 중 가와 나의 방법이며, 채용방법의 결정은 책임기술자의 판단에 따라 각각의 수치를 비교 · 검토하고, 실측기간, 발생빈도, 시설의 중요성 및 경제성 등을 고려하여 결정한다. 항만 및 어항 설계기준에서는 삭망평균고조위(H.W.L)를 설계조위로 권장하고 있다.

3.2 천문조

3.2.1 일반사항

천문조는 달과 태양의 인력에 의해 비교적 규칙적으로 일어나는 조석을 말한다.

천문조의 제원은 기본수준면, 평균해면, 각종 조위면의 높이를 고려하여 결정하며, 원칙적으로 1년 이상의 검조 기록에 의하여 결정한다.

기록을 분석하여 각 각의 조위를 평균하여 구한 값을 그림으로 작성한 것이 조위도이며 매년 연안의 중요 항만에 대한 매일의 고조, 저조의 시각과 조고(潮高)를 기재한 조석표(潮汐表)를 활용하고 있다. 컴퓨터에 의한 장기간 예측도 가능하다.

3.2.2 조석현상(潮汐現象)

달과 태양의 인력(引力)에 의하여 비교적 규칙적으로 해면의 승강(昇降)하는 현상으로 조석(潮汐: Tide)이라 한다.

해면의 상승(上昇)하여 높게 올라간 때를 고조(高潮), 또는 만조(滿潮)라하고 해면이 하강(下降)하여 낮게 내려간 때를 저조(低潮), 또는 간조(干潮)라 한다.

저조에서 고조로 해면이 상승하는 현상을 밀물, 또는 창조(漲潮:Flood tide)라하며 반대로 고조에서 저조로 하강하는 현상으로 썰물, 또는 낙조(落潮:Ebb tide)라 하고 조위차에서의 흐름을 조류(潮流:Tide current)라 하며 창조시의 흐름은 창조류(漲潮流), 낙조시의 흐름을 낙조류(落潮流)라 하며, 지역에 따라 유속(流速)이 생겨 유속을 이용한 조류발전(潮流發電)시설을 설치할 수 있다.

조석의 현상은 태양을 중심으로 지구는 태양을 공전(公轉)하고 달은 지구를 공전하면서 주기적으로 지구와 달이 태양과 일직선상에 놓이게 되었을 때 인력(引力)이 크게 작용하여 해면이 가장 높고, 가장 낮은 현상으로 조차가 가장 크며 높은 해면을 대조(大潮:Spring tide, 사리)라 하며 달과 지구가 태양의 직각 방향으로 놓이게 될 때 조차는 작고 이때의 해면의 높이를 소조(小潮:Neep tide, 조금)라 한다.

조석의 현상으로 조위(潮位)는 규칙적으로 변화하여 태양보다 가깝게 공전하는 달의 영향을 주로 받아 대조는 음력으로 삭,망(朔, 望) 후 1~3일에 나타나고 최대 조위를 약최고고조위(略最高高潮位)라 하고 반대로 이 때에 나타나는 가장 낮은 조위가 약최저저조위(略最低低潮位:Approx. LLW(±)0.00m)이며 이를 기준면으로 하고 있다.

소조는 조차가 작게 나타나는 음력의 상,하현(上下弦) 후 1~3일에 나타난다. 조석현상의 설명도는 다음과 같다.

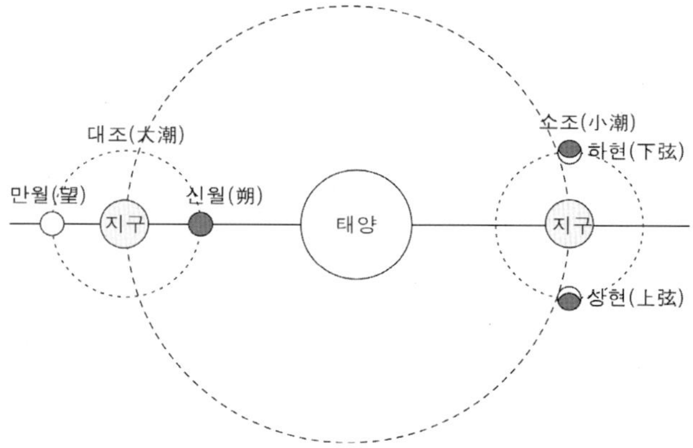

조석현상의 설명도

(주) · 朔, 望(그믐(朔):음력1일, 보름(望):음력15일)
· 上弦,下弦(음력 7~8일, 음력 22~23일)

조석의 1회조(一回潮)의 주기는 평균 12시간 25분으로 1일의 평균 주기는 24시간 50분이 된다.

달과 태양의 인력(引力)에 의한 조석을 천문조(天文潮)라 하고, 기상요인에 의한 조위에 작용하는 현상을 기상조(氣象潮)라 한다. 우리나라는 1일에 약 고조(高潮:만조)가 2회, 저조(低潮:간조)가 2회 일어나는 2일 2회조대(一日二回潮帶)에 있다. 조석의 설명도는 다음을 참고로 한다.

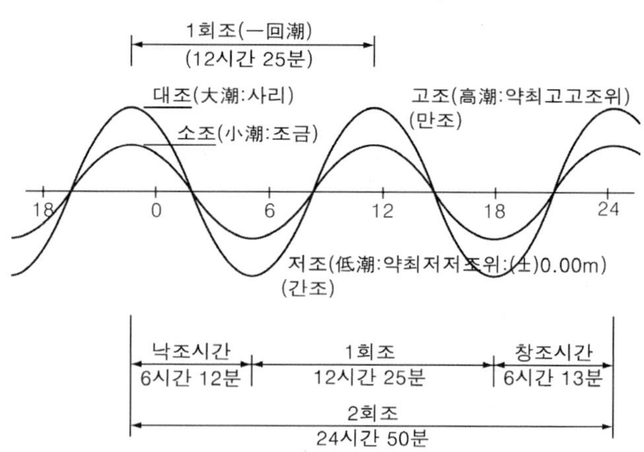

조석현상은 음력 30일을 평균하여 30일 내에 대조 2회(삭망) 소조 2회(하현, 상현)를 조위가 오르내리며 주기적으로 반복한다.

3.2.3 조위의 정의

가. 평균해면(平均海面:M.S.L)

어떤 기간의 해면의 평균높이를 그 기간의 평균해면이라 하며, 실용적으로 1년간의 매 시별 조위의 평균치인 연평균해면을 평균해면으로 한다.

나. 기본수준면**(D.L,** 약최저저조위)

한국 연안의 수심측정의 기준인 기본수준면은 약최저저조위이며 연평균해면으로부터 주요 4개 분조(M2, S2, O1, K1분조)의 반조차의 합 만큼 내려간 면으로 정한다.

다. 삭망평균고조위**(H.W.L)**

삭망(음력 1일, 15일)의 날부터 전2일, 후4일 이내에 나타나는 각 월의 최고고조위를 평균한 조위이다. 설계조위로 사용하고 있다.

라. 삭망평균저조위**(L.W.L)**

삭망의 날부터 전2일, 후4일 이내에 나타나는 각 월의 최저저조위를 평균한 조위이다.

마. 약최고고조위 **(Approx.H.H.W)**

평균해면에서 4개 주요 분조의 반조차의 합 만큼 올라간 조위

바. 대조평균고조위 **(H.W.O.S.T)**

대조기의 평균고조위로서 평균해면에서 M2와 S2 분조의 반조차의 합 만큼 올라간 조위

사. 평균고조위 **(H.W.O.M.T)**

대 · 소조기의 평균고조위로서 평균해면에서 M2 분조의 반조차 만큼 올라간 조위

아. 소조평균고조위**(H.W.O.N.T)**

소조기의 평균고조위로서 평균해면에서 M2와 S2 분조의 반조차의 차 만큼 올라간 조위

자. 소조평균저조위**(L.W.O.N.T)**

소조기의 평균저조위로서 평균해면에서 M2와 S2 분조의 반조차의 차 만큼 내려간 조위

차. 평균저조위**(L.W.O.M.T)**

대 · 소조기의 평균저조위로서 평균해면에서 M2 분조의 반조차 만큼 내려간 조위

카. 대조평균저조위**(L.W.O.S.T)**

대조기의 평균저조위로서 평균해면에서 M2와 S2 분조의 반조차의 합 만큼 내려간 조위

타. 조차(潮差)

대조와 소조시 고조와 저조의 조위 차이를 조차라 하고 대조시의 조차는 대조차 소조시의 조차는 소조차이다.

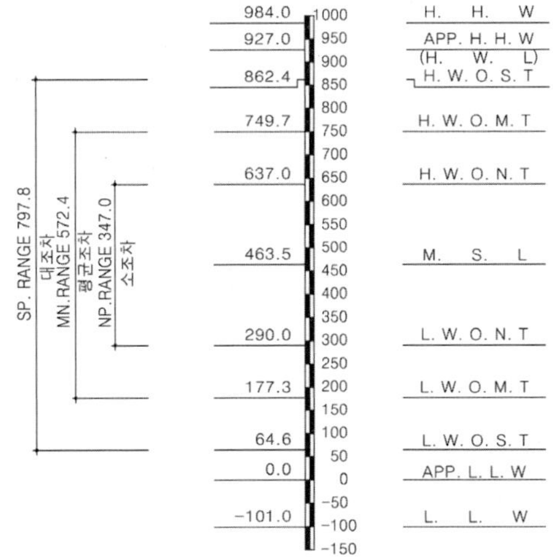

인천항의 조위도(예)

3.2.4 조석의 조화상수

가. 조화상수

복잡한 운동을 하는 달과 태양에 기인하는 조석을 지구로부터 일정한 거리에서 일정한 주기로 지구의 적도상을 운행하는 무수한 가상천체에 기인하는 규칙적인 각각의 조석을 합성한 것으로 생각할 때, 이 각각의 조석을 분조라 한다.

각 지점의 조석 실측치로부터 분조를 얻는 것을 조석 조화분석이라 하고, 각 분조의 조차의 1/2인 반조의 반조차와 위상 지각을 조석의 조화상수라 한다.

나. 임의 지점에서의 실측 조위(h_t)

$$h_t = A_0 + \sum fH\cos\ (V_0 + U + nt - K)$$

여기서, A_0 : 평균해면

f, V_0, U : 천체운동에서 얻어지는 천문상수(시간의 함수)

H : 반조차(각 분조의 조차 × 1/2)

K : 위상 지각(°) (그 가상 천체가 자천선을 통과하고 난 후 그 분조가 고조가 될 때까지의 시간을 각도로 표시한 것)

n : 분조의 속도

다. 4 대 주요 분조

분조의 수는 매우 많지만 그 가운데서 4대 주요 분조는 다음 표와 같다.

기호	명 칭	각속도/시간 (°/hr)	조화상수 기호		발생주기
			반조차	지각	
M_2	주태음반일주조	28.984	H_m	K_m	12시간 25분
S_2	주태양반일주조	30.000	H_s	K_s	12시간
O_1	태음일주조	13.943	H_0	K_0	25시간 49분
K_1	일월합성일주조	15.041	H'	K'	23시간 56분

3.2.5 조석의 비조화상수

가. 비조화상수

조석의 조화상수로부터 산정되는 조석의 비조화상수는 조차, 조위, 및 조시, 간격 등 실제의 항만설계에 이용되는 조석의 제원으로서 약최고고조위, 대조평균고조위, 평균고조위, 소조평균고조위, 평균 해면, 소조평균저조위, 평균저조위, 대조평균저조위, 약최저저조위, 평균고조간격과 평균저조간격, 그리고 대조차, 평균조차, 소조차 등이 있다.

나. 비조화 상수 계산식

- 평균고조간격(M.H.W.I) : km / 29시
- 평균저조간격(M.L.W.I) : km / 29시 + 6시12분
- 약최고고조위(Approx.H.H.W) : $2(H_m + H_s + H_0 + H')$
- 대조평균고조위,대조승(H.W.O.S.T) : $2(H_m + H_s) + H_0 + H'$
- 평균고조위(H.W.O.M.T) : $2H_m + H_s + H_0 + H'$
- 소조평균고조위, 소조승(H.W.O.N.T) : $2H_m + H_0 + H'$
- 평균해면(M.S.L) : $H_m + H_s + H_0 + H'$
- 소조평균저조위(L.W.O.N.T) : $2H_s + H_0 + H'$
- 평균저조위(L.W.O.M.T) : $H_s + H_0 + H'$
- 대조평균저조위(L.W.O.S.T) : $H_0 + H'$
- 약최저저조위(Approx.L.L.W) : (±)0.00m
- 대조차(Spring range, sp. range) : $2(H_m + H_s)$
- 평균조차(Mean range, mn. range) : $2H_m$
- 소조차(Neap range, np. range) : $2(H_m - H_s)$

3.2.6 평균해면

가. 평균해면의 결정

한국 지형도의 표고 기준인 인천항의 중등조위(평균해면)는 인천항의 연평균해면이나 임의 항만의 연평균해면은 그 항만 부근에 설치된 국립지리원 수준점(B.M)의 표고 0점과 반드시 일측치하지는 않는다.

항만의 연평균해면은 해당 지점에서 직접 자기검조에 의한 1년 이상의 조위 관치로부터 매일 매시의 조위의 평균치로 계산하여야 한다.

$$A_0' = A_1' + (A_0 - A_1)$$

여기서, A_0' : 해당지점의 연평균해면

A_0 : 기준검조소의 연평균해면

A_1', A_1 : 같은 기간의 해당 지점 및 기준검조소의 평균해면

육상 수준점의 표고 0.0m은 인천항 중등조위인 평균해면(+)4.635m이다.

나. 평균해면의 장기적인 상수

IPCC 제2차 영향평가보고서에 의하면 지구 온난화에 따른 장기적인 평균해면의 상승량은 1990년~2100년 사이에 10~95cm로 추정되고 있다.

IPCC 패널에 의한 해수면 상승 예측치를 낮은·최적·높은 3가지 종류의 추정치로 제시하고 있으나 정성적인 수위 상승량을 설계시점에서 고려할 것이 곤란하므로 유지관리 측면에서 시행하고 있다.

다만, 매우 장기간에 걸쳐 공용될 교량의 여유고, 매립지의 배수구 설계 등 사후 대책마련이 어려울 것으로 예측되는 주요 구조물의 설계는 해수위 상승 예측량을 적절히 고려하여 설계할 수 있다.

3.2.7 기본수준면(Datum level:DL)

가. 기본수준면의 결정

한국연안의 수심측정 기준인 기본수준면은 약최저저조위로서 연평균해면으로부터 주요 4개 분조의 반조차의 합 만큼 아래로 내려간 면이다.

현재 한국에서는 약최저저조위(Approx. L.L.W) 일명, 인도양 대조저조위(Indian spring low water)를 기본수준면(DL)으로 채택하여 해도, 조석표, 항만공사 등의 기준면으로 사용하고 있다.

외국에서는 국가별로 평균조위, 대조평균저조위, 평균저조위 등을 기본수준면으로 채택하고 있다.

$$DL = A_0 - (H_m + H_s + H_0 + H')$$

여기서, DL : 기본수준면

A_0 : 연평균해면

H_m, H_s, H_0, H' : 4개 분조의 반조차

(예)인천항

DL=4.635-(2.862+1.127+0.394+0.252)=0.0m

나. 기본수준면 결정요소

- 원칙적으로 기본수준면은 국립해양조사원의

기본수준점표(Tidal bench mark, T.B.M)의 성과를 이용하여야 한다.

○ 기본수준점표가 없는 경우에는 1개월 이상 검조하고, 이를 조화분석하여 4개 주요 분조의 조화상수를 얻어 결정한다.

다. 기준 검조소(조석관측)

자기검조기(自記檢潮器:Automatic tide recorder)로 한국 연안에서 연중 조석관측을 실시중인 기준검조소가 설치되어 있는 항만은 다음과 같다.

○ 동해안 : 속초, 묵호, 울릉도, 포항, 울산

○ 남해안 : 부산, 가덕도, 충무, 여수, 거문도, 완도, 제주, 서귀포, 추자도

○ 서해안 : 대흑산도, 목포, 안마도, 위도, 군산내항, 군산외항, 보령, 안흥, 아산, 인천

조위관측소(여수항)

* 공사현장에서나 단기간 조위관측용으로 양수표(量水標: Water lever staff)을 설치하여 사용하고 있다.

인천 INCHEON

조석 2006 위도 37-26 N. 경도 126-35 E.

9 월

일	시각 Time (h m)	높이 Ht. (cm)	일	시각 Time (h m)	높이 Ht. (cm)
1 ◐	03 23 09 11 15 33 22 13	325 652 241 685	16	05 44 11 17 17 48	394 561 314
2	04 33 10 20 16 52 23 54	386 594 284 669	17	01 04 07 49 13 30 19 41	669 367 578 291
3	06 43 12 20 18 43	398 578 278	18	02 28 08 56 14 44 20 49	713 300 647 231
4	01 39 08 23 14 02 20 13	711 335 632 213	19	03 18 09 39 15 30 21 35	765 234 719 171
5	02 50 09 23 15 08 21 18	785 249 716 129	20	03 54 10 11 16 06 22 12	808 179 777 123
6	03 42 10 09 15 58 22 11	859 163 799 52	21	04 24 10 41 16 36 22 46	838 135 820 91
7	04 27 10 51 16 43 22 58	918 89 869 -4	22 ●	04 50 11 08 17 05 23 18	856 103 847 75
8 ○	05 08 11 31 17 25 23 42	953 32 918 -32	23	05 17 11 33 17 33 23 47	862 82 861 74
9	05 46 12 07 18 06	962 -4 943	24	05 43 11 58 18 00	858 70 864
10	00 23 06 23 12 43 18 45	-28 946 -15 943	25	00 16 06 07 12 23 18 26	87 844 68 858
11	01 02 06 58 13 16 19 24	6 909 -1 920	26	00 45 06 34 12 48 18 53	113 818 77 843
12	01 41 07 33 13 51 20 04	68 853 37 876	27	01 14 07 00 13 14 19 21	152 784 98 819
13	02 19 08 07 14 25 20 47	150 784 98 813	28	01 44 07 31 13 43 19 54	200 742 130 786
14 ◑	03 02 08 47 15 04 21 40	243 705 175 740	29	02 16 07 58 14 13 20 36	257 692 174 741
15	03 58 09 39 16 00 23 04	335 622 258 677	30 ◐	02 59 08 41 15 03 21 41	319 634 230 692

10 월

일	시각 Time (h m)	높이 Ht. (cm)	일	시각 Time (h m)	높이 Ht. (cm)
1	04 11 09 57 16 21 23 24	375 579 281 666	16	00 26 07 14 13 03 19 09	642 350 569 309
2	06 23 12 06 18 23	375 573 277	17	01 50 08 19 14 14 20 18	675 288 637 253
3	01 14 07 59 13 44 19 56	706 300 646 207	18	02 38 08 58 15 00 21 05	721 224 710 195
4	02 24 08 54 14 48 20 59	779 206 744 120	19	03 15 09 32 15 34 21 44	762 167 772 147
5	03 14 09 38 15 36 21 51	849 115 836 47	20	03 47 10 02 16 06 22 18	793 119 819 114
6	03 58 10 19 16 20 22 38	899 41 907 0	21	04 15 10 29 16 34 22 50	813 84 850 97
7 ○	04 39 10 59 17 02 23 20	923 -9 950 -15	22 ●	04 44 10 56 17 04 23 22	820 61 866 95
8	05 18 11 36 17 42	920 -34 965	23	05 12 11 24 17 32 23 53	815 50 869 107
9	00 02 05 55 12 13 18 21	1 896 -32 952	24	05 41 11 52 18 01	800 51 862
10	00 41 06 30 12 47 19 00	44 853 -5 917	25	00 25 06 08 12 20 18 30	130 777 62 847
11	01 19 07 06 13 20 19 40	106 798 44 863	26	00 55 06 40 12 50 19 00	163 747 82 825
12	01 59 07 43 13 55 20 21	182 734 111 795	27	01 27 07 10 13 23 19 37	203 712 112 793
13	02 42 08 23 14 34 21 12	263 663 190 721	28	02 05 07 48 14 01 20 22	248 671 154 753
14 ◑	03 40 09 17 15 30 22 32	338 593 273 658	29	02 54 08 37 14 54 21 27	294 625 206 708
15	05 24 10 56 17 13	379 545 327	30 ◐	04 07 09 56 16 11 22 58	327 588 251 684
			31	05 50 11 45 17 56	316 598 251

11 월

일	시각 Time (h m)	높이 Ht. (cm)	일	시각 Time (h m)	높이 Ht. (cm)
1	00 35 07 14 13 15 19 25	705 251 668 199	16	01 36 08 03 14 12 20 20	660 234 675 241
2	01 46 08 14 14 18 20 32	755 167 760 133	17	02 24 08 42 14 55 21 06	693 179 737 197
3	02 41 09 03 15 09 21 26	805 87 844 77	18	03 02 09 15 15 31 21 45	724 130 787 162
4	03 27 09 45 15 55 22 15	840 24 905 45	19	03 38 09 50 16 04 22 23	746 92 822 141
5 ○	04 10 10 27 16 37 23 00	853 -14 937 40	20	04 12 10 22 16 37 22 59	758 66 843 133
6	04 51 11 06 17 20 23 43	847 -27 941 58	21 ●	04 46 10 54 17 10 23 34	760 51 851 136
7	05 30 11 45 18 01	823 -16 922	22	05 19 11 28 17 43	754 47 850
8	00 24 06 09 12 22 18 41	95 789 15 885	23	00 10 05 54 12 03 18 17	148 741 51 842
9	01 05 06 48 12 58 19 21	143 746 61 836	24	00 46 06 29 12 38 18 54	166 723 63 828
10	01 46 07 27 13 35 20 02	198 699 118 780	25	01 24 07 06 13 18 19 35	187 702 85 806
11	02 29 08 09 14 17 20 48	252 648 183 722	26	02 06 07 49 14 02 20 22	210 678 116 777
12	03 22 09 01 15 07 21 47	301 599 248 669	27	02 54 08 42 14 55 21 18	231 652 157 743
13 ◑	04 33 10 15 16 23 23 07	331 564 300 635	28 ◐	03 56 09 50 16 02 22 27	244 635 196 714
14	05 59 11 54 18 01	326 566 314	29	05 07 11 13 17 22 23 45	237 644 217 703
15	00 32 07 10 13 17 19 22	635 288 612 286	30	06 21 12 36 18 46	202 688 207

12 월

일	시각 Time (h m)	높이 Ht. (cm)	일	시각 Time (h m)	높이 Ht. (cm)
1	00 58 07 27 13 44 20 00	714 149 752 176	16	01 17 07 40 14 06 20 24	622 213 683 264
2	02 01 08 23 14 42 21 01	735 93 815 142	17	02 13 08 29 14 54 21 15	644 169 732 228
3	02 56 09 14 15 33 21 56	755 48 861 119	18	03 02 09 11 15 36 21 59	670 127 774 198
4	03 45 10 01 16 21 22 44	766 20 885 111	19	03 44 09 52 16 16 22 41	694 92 806 174
5 ○	04 31 10 45 17 06 23 31	767 11 888 117	20 ●	04 26 10 34 16 55 23 22	712 64 828 158
6	05 15 11 28 17 51	759 18 875	21	05 06 11 14 17 34	725 43 843
7	00 15 05 58 12 09 18 31	134 743 38 850	22	00 02 05 46 11 55 18 13	146 733 30 851
8	00 57 06 38 12 48 19 09	156 723 67 820	23	00 43 06 26 12 37 18 53	139 736 26 851
9	01 36 07 17 13 25 19 46	182 698 103 785	24	01 23 07 07 13 19 19 34	135 734 34 841
10	02 14 07 56 14 03 20 22	208 671 145 747	25	02 04 07 51 14 03 20 16	135 728 57 819
11	02 52 08 38 14 44 21 04	234 641 193 707	26	02 45 08 38 14 50 21 01	141 718 95 785
12 ◑	03 35 09 28 15 32 21 51	256 613 242 666	27 ◐	03 32 09 32 15 43 21 53	150 702 145 741
13	04 28 10 33 16 36 22 52	271 594 286 631	28	04 24 10 37 16 46 22 54	161 693 197 697
14	05 32 11 51 17 57	272 600 308	29	05 26 11 51 18 03	167 697 235
15	00 06 06 41 13 07 19 19	615 251 634 296	30	00 06 06 37 13 09 19 29	664 159 722 242
			31	01 24 07 47 14 21 20 44	655 135 760 222

시 각 : 9hE

조고의 기준면 : 평균해면하 464 cm

Datum : 464 cm below mean sea level

조석표(예)

3.3 폭풍해일(暴風海溢)

3.3.1 폭풍해일의 정의

실제 조위의 변동은 천문조·기상조·부진동과 해류·해수온도·계절적 기압변동·하천 수위·연안 파랑 등이 복합적으로 나타나며, 이러한 요인 중 고·저기압의 통과에 수반되는 기압변동, 바람 등의 기상적인 요인에 의해서 일어나는 해수면의 변화를 기상조 또는 조위편차라 부른다.

기상조의 하나인 폭풍해일은 태풍 등의 통과에 의해 나타나는 이상 조위를 말하며, 그 요인은 기압강하에 따른 조위 상승, 이것이 장파로서 변형하는 경우의 상승, 이에 유발되는 부진동, 바람에 의한 해수의 퇴적에 따른 상승 등이 있다.

3.3.2 바람에 의한 해면상승(海面上昇)

수심이 얕은 항만 등에서 태풍이 장시간 계속될 때에는 해수의 수송이 일어나고 해안으로 향하면서 퇴적이 생겨 해면이 상승한다.

$$\triangle h_w = K\frac{F}{H}(\overline{W}cos\alpha)^2$$

여기서, $\triangle h_w$: 바람에 의한 해면상승고(m)
$\overline{W}$: 일정풍속(m/s)
F : 바람의 취송거리 또는 대안 거리(km)
H : 평균수심(m)
K : 해당 항만의 지역계수(Colding 에 의하면 4.8×102)
α : 풍향과 해안선에 직교하는 선과의 교각(°)

3.3.3 기압 강하에 의한 정적인 해면상승

기압이 천천히 $\triangle P(hP_a)$만큼 강하하면 그 부근의 해역은 주위의 기압이 강하하지 않은 해역과의 기압차에 의해 수면이 상승하게 된다.

$$\triangle h_s = 0.991\triangle P$$

여기서, $\triangle h_s$: 기압강하에 의한 정적인 해면 상승량(hPa, mb)
$\triangle P$: 표준기압(1.013hPa)으로부터의 기압강하량(hPa)

3.3.4 폭풍해일의 높이

가. 기압 변화 및 바람 등 기상 변화에 기인하는 폭풍해일(기상조)의 높이

$$\triangle h = \triangle h_s + \triangle h_w$$

나. 최대 조위편차의 추산

$$\triangle h = a(1.010 - P) + bW^2 cos\,\alpha + c$$

여기서, $\triangle h$: 최대 조위편차(cm)
P : 최대 기압(hPa)
W : 최대 풍속(m/s)
α : 주 풍향과 최대풍속(W)시 풍향과의 교각(°)
a, b, c : 해당 지역의 관측된 조위편차, 기압, 바람과의 관계로부터 결정되는 계수

다. 수치계산

폭풍해일 현상을 상세히 해석하기 위해서 기압강하에 따른 해수면 상승, 바람에 의한 해면의 전단응력 및 점성에 의한 해저의 전단응력을 외력으로 하고 해수의 운동방정식 및 연속방정식에 따라 각 지점의 조위와 유속의 변화를 어느 시간간격마다 순차 계산해 가는 전자계산기에 의한 수치계산방법으로 계산.

3.4 지진해일(地震海溢)

3.4.1 일 반

지진해일은 주로 해양성 지진에 수반되는 해저지반의 융기·함몰에 의하여 일어나는 주기가 매우 긴(수분~수십분) 파랑을 말하며, 전문용어로 쯔나미(Tsunami)이나 우리나라에서는 지진해일로 표기한다.

지진해일이 연안에 가까워지면 천수효과와 지형에 의한 집중효과 때문에 파고가 급격히 커져 연안역에 큰 피해를 주는 경우가 많으며, 또한 만내에 침입하면 만의 형태 및 고유진동주기와의 관계에 따라 파고가 크게 변화한다.

설계에 적용하는 지진해일의 제원은 최고조위, 최저조위, 지진해일편차, 지진해일의 파고 및 주기 등을 고려하고, 장기간에 걸친 실측치, 기왕의 지진해일 기록 및 재해시의 흔적높이 등을 참고하여 결정한다.

3.4.2 용어의 정의

가. 추산조위

검조기록상에서 지진해일이라고 생각되는 주기성분 및 이보다 짧은 부진동을 평활화하여 제거한 조위를 기본수준면(D.L)상의 값으로 표시한다.

나. 흔적높이

육상 구조물에 지진해일로 인하여 침수된 높이로서 흔적조사를 기초로 결정한다.

다. 편차

실측조위와 추산조위의 차를 편차라 한다. 실측조위가 추산조위 보다 높을 경우 편차의 최대치를 최대편차라 한다.

라. 최고조위

실측조위의 최고치(기본수준면상)를 최고조위라 한다.

마. 지진해일 파고

풍파와 같이 Zero-up-crossing 방법으로 처리해도 좋으며, 지진해일 파형의 최고수위와 최저수위의 차를 지진해일 파고라 한다. 연속된 지진해일 기록중 최대의 것을 최대 지진해일 파고라 한다.

바. 초동(初動)

지진해일이 관측지점에 도달하여 수위가 추산조위와 어긋나기 시작하는 시간을 초동시각이라 한다.

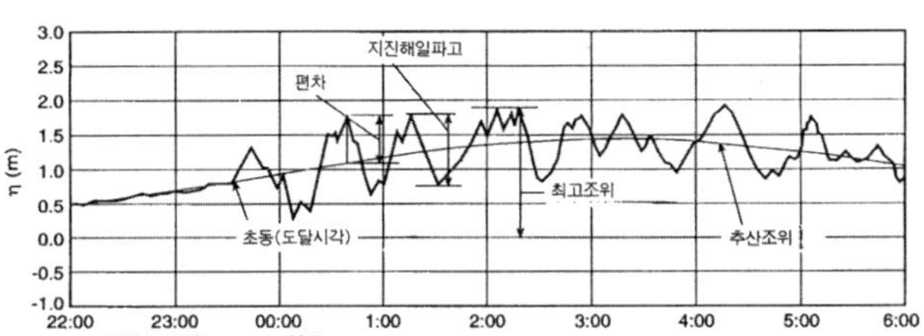

지진해일 용어의 설명도

3.4.3 만내에서 지진해일의 변형

가. 지진해일의 높이 추정

만내에서 지진해일의 변형중 중요한 것은 단면적의 감소에 따른 파고 및 유속의 증가와 만내 부진동 유발에 의한 파고의 증가로서 미소 진폭파의 경우 단면적 변화의 영향은 근사적으로 Green식으로 계산할 수 있다.

$$\frac{H}{H_0} = \left(\frac{B_0}{B}\right)^{1/2}\left(\frac{h_0}{h}\right)^{1/4}$$

여기서, H : 폭(B), 수심(h)인 단면에서의 장파 파고(m)

H_0 : 폭(B_0), 수심(h_0)인 단면에서의 장파 파고(m)

적용범위 : B, 가 매우 완만하게 변화하는 곳, 반사파의 영향이 없는 곳

나. 지진해일의 검조기록

검조기록은 지진해일의 영향을 고려할 때 중요한 자료로서 동해안에 영향을 미친 지진해일기록은 다음 표와 같다.

동해안의 지진해일 기록(동해중부지진, 1983.5.26)

검조소	울릉도	속초	묵호	포항	울산	부산
최대파고(m)	126	156	400<	62	44	50
최고조위(D.L상, cm)	79	124	240	48	64	141<
도달시각(시:분)	13:18	13:42	13:45	13:52	14:20	14:53

주 : 묵호에서는 기록이 자기지에서 벗어남

3.4.4 지진해일의 파력

지진해일에 의한 파력은 장파에 의한 파력으로서 그림과 같은 파력분포로 구한다.

$$p = 1.1\rho_0 gH$$

여기서, H : 지진해일의 파고(m)

조건 : $H/L < 0.04$의 비쇄파

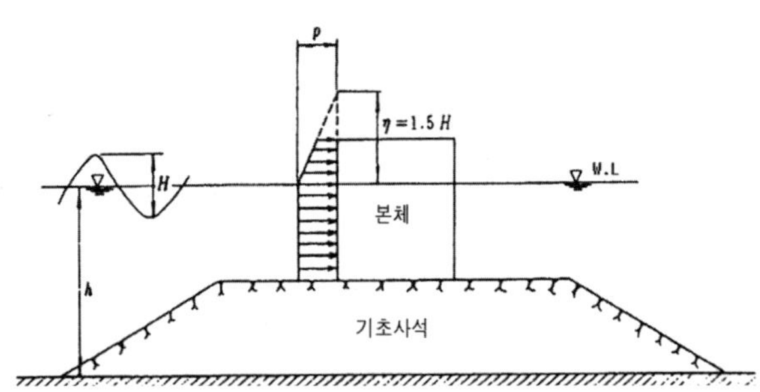

지진해일의 파력 모식도

3.4.5 지진해일의 재해 및 대책

가. 재 해

- 방파제를 월류한 지진해일에 의한 침수피해
- 항내 소형선박의 유출 및 파손
- 방파제 개구부의 세굴, 제체의 활동 · 전도
- 파력 및 수위상승으로 인한 구조물 침수 및 파손

나. 대 책

- 대상 지역의 상정 지진해일을 설정하고 모형실험을 실시하여 해일파고, 도파고(기어오름 높이), 도달시각 등을 상정하여 예보체계 확립
- 방파제, 방조제 등의 항만시설의 정비

○ 경보시스템의 설치 및 피난훈련 실시
○ 지진해일 정보체계의 확립
○ 피해시 복구계획
*방재계획 참조

3.4.6 지진해일의 사례(예)

가. 개 요

우리나라의 지진해일은 주로 일본열도의 지진대에서 발생하는 지진의 영향에 의하였으며, 1883. 5. 26과 1993. 7. 12일의 지진영향에 의한 지진해일의 피해가 가장 영향을 끼쳤으며 이로 인한 피해도 많았다.

일본에서 발생한 지진으로 인한 지진해일은 발생지점에 따라 다소 차이가 있으나 일반적으로 1시간 30분에서 2시간 후면 동해안에서는 지진해일의 영향을 받아 피해를 입게 된다. 참고로 Simulation에 의한 지진 도달상황을 보면 다음 그림과 같다.

지진해일 도달시간도

0 Hour 30 Minute

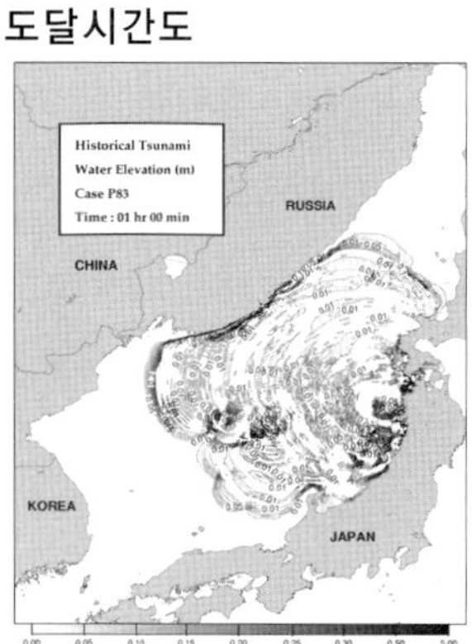

1 Hour 00 Minute

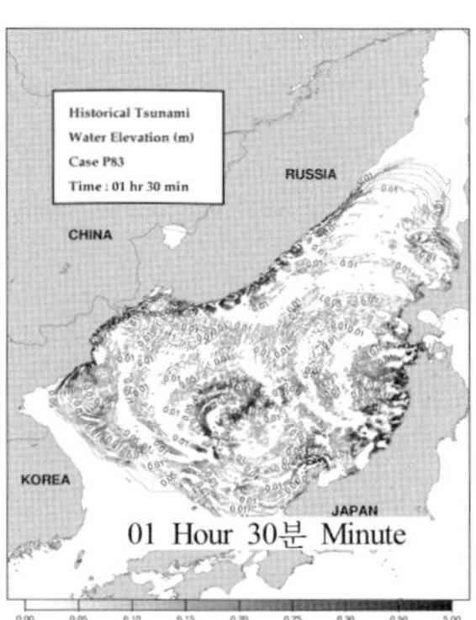

1 Hour 30 Minute

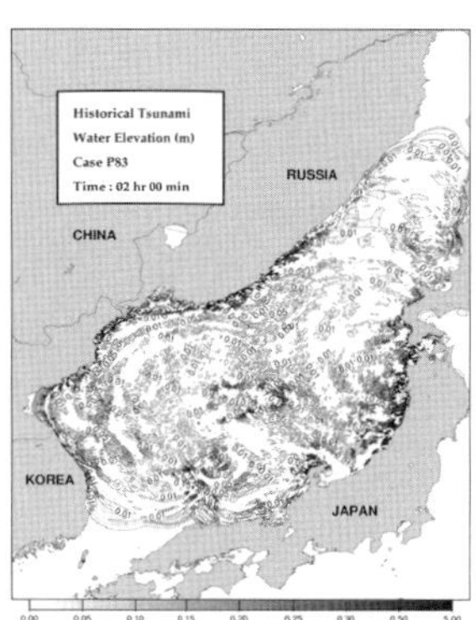

2 Hour 00 Minute

참고로 지진이 발생하여 동해안에 도달하고 해일이 연속적으로 발생하는 시간대를 Simulation으로 추정하여 도표한 것은 다음 그림을 참조하면 도달시간은 약 120분인 2시간이고 지진해일이 연속적으로 작용하는 시간은 총 210분(3시간 30분)으로 약 1시간 30분간 동해안에 지진해일이 작용하는 것으로 추정되고 있으며, 실제로 1993년에 발생한 지진으로 지진해일이 연속 작용한 실적은 아야진에서 1시간 40분, 속초항 2시간 50분, 오산항 2시간 30분으로 관측된 기록이 있다.

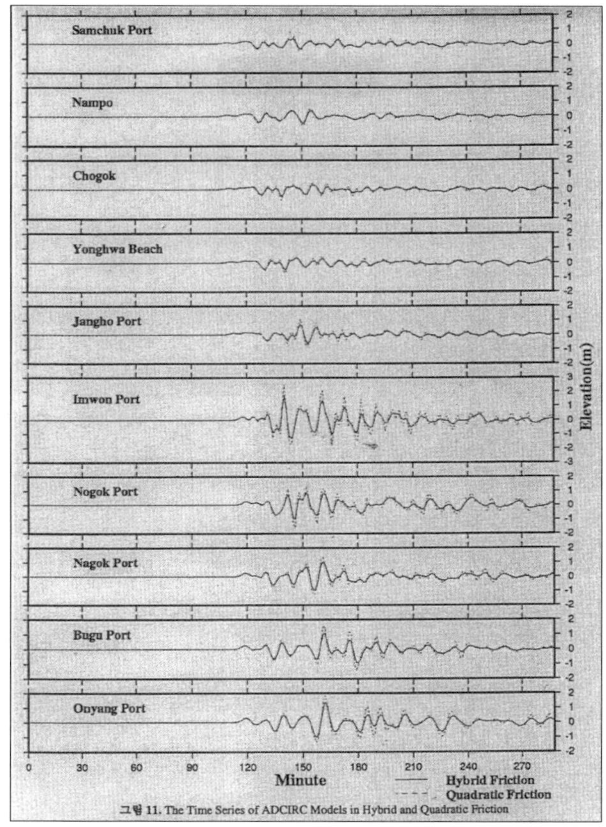

그림 11. The Time Series of ADCIRC Models in Hybrid and Quadratic Friction

자료:동해안의 지진해일(한국해안·해양공학회)

나. 지진해일의 수위 상승기록

1) 1983. 5. 26 발생 지진해일

우리나라에 미친 지진해일은 1983. 5. 26 일본 秋田縣(아키다현) 서측외해에서 발생한 진도 7.7일 때의 지역별 수위상승을 조사한 결과를 보면 다음과 같다.

울릉도	현포항(玄圃港) : 3.0~5.0m 천부항(天賦港) : 2.1m 저동항(苧洞港) : 1.26m 도동항(道童港) : 1.5m
동해안	임원항(臨院港) : 3.6 ~ 4.0m(침수흔적) 묵호항(墨湖港) : 3.9m 정라항(汀羅港) : 약 3.0m 울진항(蔚津港) : 3.0 ~ 4.0m 강릉시 해안 : 1.5 ~ 1.6m 주문진항(注文津港) : 0.85 ~ 0.95m 속초항(束草港) : 1.5m(검조기록편차 1.07m) 거진항(巨津港) : 0.5 ~ 1.0m(목격)

2) 1993. 7. 12 발생 지진해일

1993. 7. 12 일본 북해도 남서외해 오쿠시리섬(奧尻島) 서북방향 해상 70km지점에서 발생한

진도 7.8의 강진으로 동해안 각항에 미친 지진해일 관측기록은 다음과 같다.

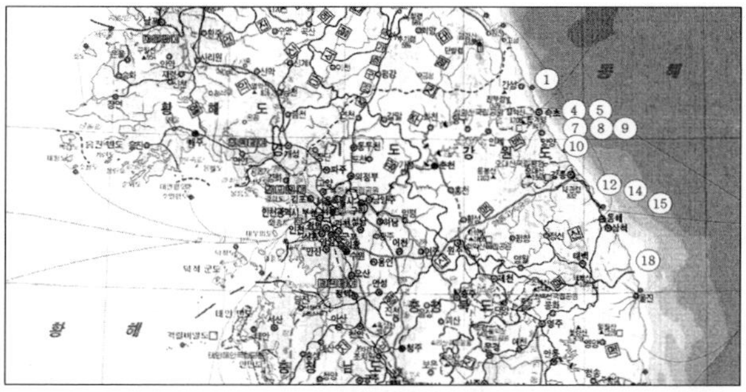

항 명	지진해일(m)		비 고
	최 고	최 저	
① 거진항	0.8	-2.0	
② 아야진항	1.1	-1.3	12:20~14:00
③ 사진항	1.98	-	
④ 속초항	1.2	-1.8	12:10~15:00
⑤ 대포항	1.43	-1.75	12:10~14:40
⑥ 오산항	1.26	-1.1	12:30~15:00
⑦ 수산항	1.7	-2.0	12:00~
⑧ 기사문항	2.1	-1.5	
⑨ 남애항	1.1	-1.0	
⑩ 주문진항	1.3	-0.5	
⑪ 사천진항	1.3	-1.0	
⑫ 정동진항	1.85	-1.0	3.2m 호안월류
⑬ 대진항	1.55	-1.5	
⑭ 묵호항	1.98	-	
⑮ 삼척항	1.69	-1.2	
⑯ 오분항	0.87	-1.0	
⑰ 장호항	1.25	-1.9	
⑱ 임원항	2.13	-1.5	12:30~14:30
⑲ 죽변항	1.25	-	

일본 규슈(九州)의 후쿠오카(福岡)해안에서 발생한 지진의 영향을 Simulation에 의하여 전파과정을 추정한 결과 부산해역은 60분 경과 후, 제주해역은 90분 경과하면 영향이 미치는 것을 알 수 있다.<그림참고>

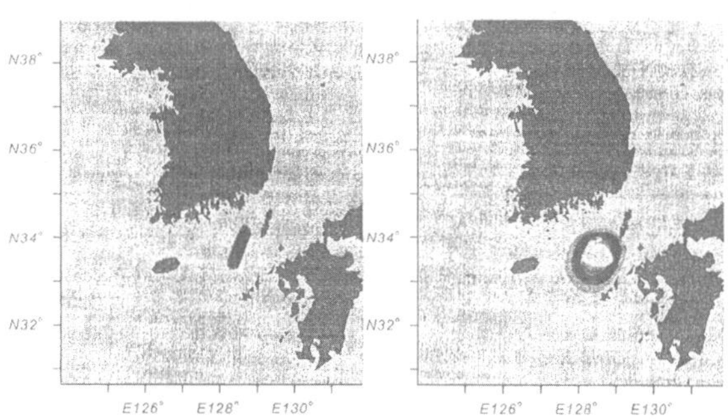

T=0sec T=20min

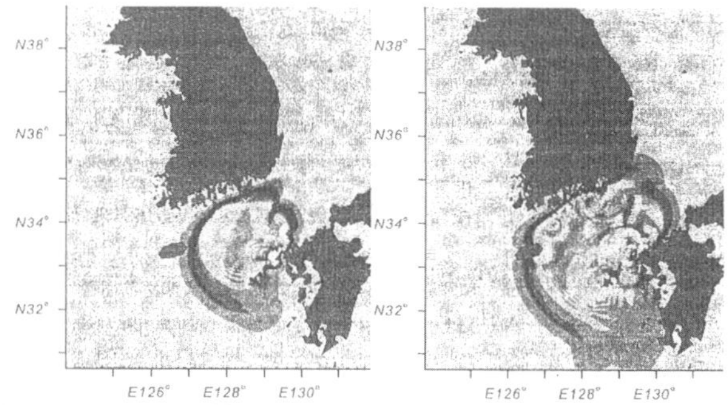

T=60min T=90min

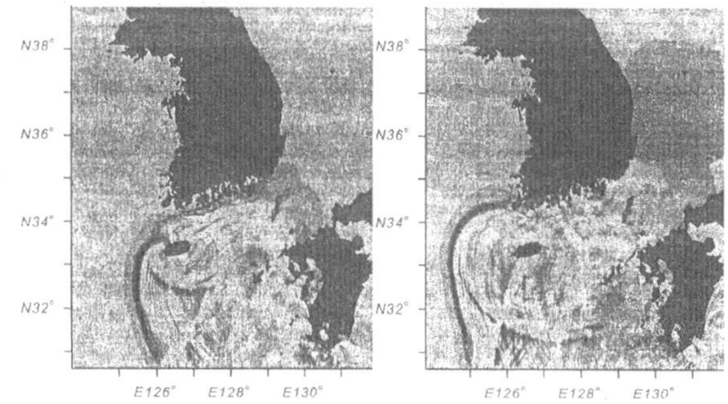

T=120min T=180min

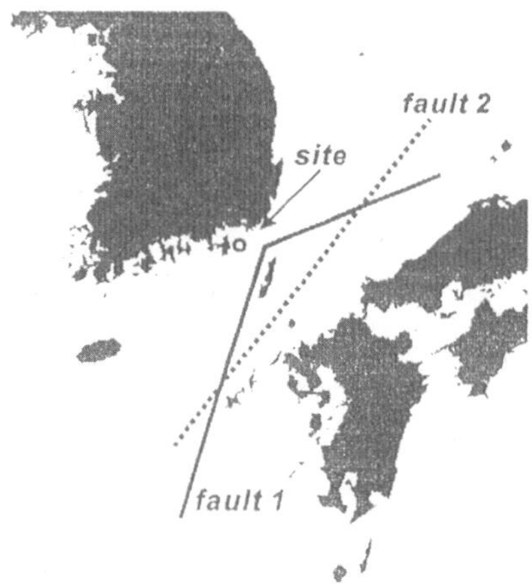

Location of Tsuhima-Koto fault line

3.5 부진동

3.5.1 일 반

부진동은 주기가 수분~수십분의 이상조위 현상으로서 외해의 저기압에 의해 발생하는 미소한 수면변동이 항내로 진입하여 항만의 고유진동주기와 일치하면 공진현상에 의해 중복되어 발생한다.

항내에 부진동이 발생하면 파고는 수십cm이지만 파장이 길어서 수평방향의 물의 이동이 커져 선박의 계류, 하역작업에 지장을 초래한다.

특히 굴입식 항만처럼 폭이 좁고 긴 장방형 항만에서 발생하기 쉬우므로 안벽 시설은 가능한 고유진동주기를 다르게 할 수 있도록 소파구조안벽으로 계획하는 것이 바람직하다.

3.5.2 고유진동주기

가. 장방형 항만

○ 좁고 긴 장방형 항만내의 고유진동주기

$$T=\frac{4l}{(2m+1)\sqrt{gh}}$$

여기서, T : 고유진동주기(*sec*)
l : 만의 길이(*m*)
m : 만내의 절수(=0,1,2,⋯)
h : 만의 평균수심(*m*)
g : 중력의 가속도(m/s^2)

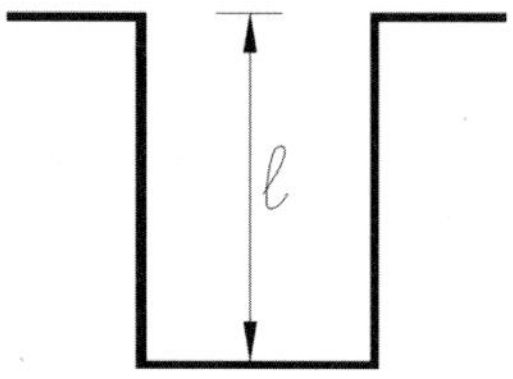

장방형 만의 모델

○ 만내~만구 부근의 보정 고유진동주기

$$T=\alpha\frac{4l}{\sqrt{gh}},\ \alpha=\left\{1+\frac{2b}{\pi l}(0.9228-l_n\frac{\pi b}{4l})\right\}^{1/2}$$

여기서, α : 만구 보정계수
l : 만의 길이(*m*)
h : 만의 평균수심(*m*)
b : 만의 폭(*m*)

만구 보정계수

b/l	1	1/2	1/3	1/4	1/5	1/10	1/25
α	1.320	1.261	1.217	1.187	1.163	1.106	1.064

나. 만구폭이 좁은 장방형 항만

$$T=\frac{2}{\sqrt{gh[(m/l)^2+(n/b)^2]}}$$

여기서, b : 만의 폭(*m*)
n : 만의 폭 방향의 절수(=0,1,2,⋯)
m : 만 길이 방향의 절수

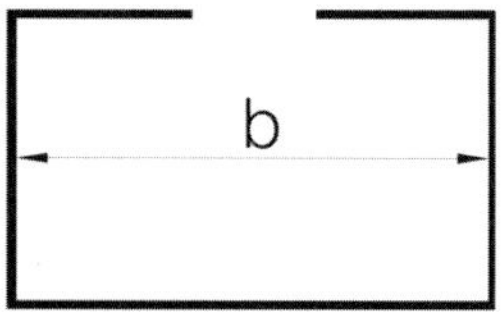

장방형 만의 모델

3.5.3 진 폭

부진동의 진폭은 내습한 장주기의 너울(Swell) 진폭과 항내 고유진동주기에 대한 증폭율로 결정하나 너울의 관측이 어려우므로 부진동 관측결과를 기준하여 진폭을 결정하는 것이 바람직하다.

부진동에 의한 항내 진동 진폭율은 항 입구 폭을 좁힘에 따라 항 입구로부터 교란파에 의해 반출되는 발산에너지가 규제되지 않아 항내의 진폭이 증대되는 항만 패러독스(Harbour paradox) 현상이 일어날 수 있으므로 주의할 필요가 있다.

3.5.4 부진동의 대책

가. 항내의 안쪽은 자연해빈이나 소파구조물로 시설하여 불완전반사 및 에너지 손실 증가

나. 방파제 시설을 투과성 완경사제로 계획하여 반사파를 감소시키고 내부의 에너지 손실을 유도

다. 항내의 부진동의 절(節)에 해당되는 위치에 파제제 시설을 설치하여 진폭의 감소를 유도

라. 항만의 형태는 기하학적인 정형보다는 불규칙한 형태의 평면배치계획 수립

마. 항만계획 수립시 수치모형실험 또는 수리모형실험을 실시하여 장주기파에 대한 항내의 증폭율을 검토하여 시설물 계획에 반영

3.6 공사에 따른 조석의 변화

3.6.1 일 반

하구둑, 해안매립, 항만시설, 수로 준설 등의 대규모 개발사업의 설계수행시는 개발에 따른 해안 및 해저지형의 변화가 조석 현상에 미치는 영향을 수치모형실험 또는 수리모형실험을 실시하여 상세히 예측·검토하고 이에 따른 저감 방안을 수립하여 설계에 반영하여야 한다.

3.6.2 조석변화에 대한 검토사항

가. 해수유동실험

해수유동실험은 모델수립, 검증, 예측실험의 3단계로 수행한다.

나. 재귀년도

특히, 하구역에서 수로 폭의 감소 등으로 홍수 배제에 영향을 줄 우려가 있는 경우에는 대조기 및 50년 또는 100년 빈도 홍수가 동시에 발생하는 상황에

대한 수위 상승을 예측하여야 하며, 이 때 하천, 해양의 지형과 유동 특성이 모델에 정확하게 반영 및 재현되어야 한다.

모델수립		모델검증		예측실험
ㅇ모델링 기법 선정 ㅇ모델의 경계조건 및 자료입력 ·해저지형 ·조석, 조류, 조랑 ㅇ관측자료 수집·분석	⇨	ㅇ관측자료와 비교·분석 ·대·중·소조기 조석 ·대·중·소조기 조류 ·대·중·소조기 조량 ·홍수시 조석·조류·조량	⇨	ㅇ조위분포 및 변화 ㅇ조류타원도, 최강유속분포 및 변화 ㅇ해저지형변화 ㅇ토사이동, 분포 및 변화 ㅇ영향분석·대책수립

다. 폭풍 해일고의 예측

지형 변화에 따른 폭풍 해일고를 예측하기 위하여 대조시 공사 해역의 폭풍 제원을 입력하여 모델을 운영한다.

라. 부진동 실험

항만공사시에는 해수유동모델과 별도로 탁월주기의 부진동에 대한 실험을 실시하여 최적계획안을 수립한다.

부진동 실험은 해당 항만의 탁월주기를 계산하고, 항만계획안에 대한 예측실험을 실시하여 악영향을 최소화 할 수 있는 대안을 수립한다.

3.7 지하수위와 침투

3.7.1 일 반

사빈해안과 같이 지하수위로 구조물의 침하나 활동이 우려되는 경우와 투수성 지반내 및 구조물 내부의 투수유속과 유량이 문제가 되어 위험이 예상되는 경우는 지하수위와 침투의 영향을 고려한다.

3.7.2 해안부근의 지하수위

가. 해안부근에 지하염수면의 높이

$$h^2 = h_0^2 + (h_1^2 - h_0^2)\frac{x}{L},\ h_0 = \frac{\rho_1}{\rho_2 - \rho_1}\zeta_0,\ h_1 = \frac{\rho_1}{\rho_2 - \rho_1}\zeta_1$$

여기서, h : 거리 x에 있어서 담·염우수 경계면의 해면하 깊이(m)

h_0 : $x=0$에 있어서 담·염우수 경계면의 해면하 깊이(m)

h_1 : $x=L$에 있어서 담·염우수 경계면의 해면하 깊이(m)

ρ_1 : 담수의 밀도(g/cm^3)

ρ_2 : 염수의 밀도(g/cm^3)

ζ_0 : 해안($x=0$)에 있어서 담수의 해면상 높이(m)

ζ_1 : $x=L$에 있어서 담수의 해면상 높이(m)

L : 해안($x=0$)에서 관측점까지의 거리(m)

x : 해안에서 해안방향의 거리

나. 적용범위

ㅇ 지표근처 또는 지하에 불투수층이 없는 경우

3.7.3 기초 및 구조물내의 침투류

가. 침투량의 산정식

ㅇ Darcy의 식 : $q=k \cdot i \cdot A$

여기서, q : 침투층에 흐르는 단위시간의 수량(cm^3/s)

k : 투수계수(cm/s)

i : 동수구배 $i = \dfrac{h}{L}$

h : 손실수두(m)

L : 침투유로의 길이(m)

A : 단면적(cm^2)

ㅇ 적용범위 : 투수층에 흐르는 유체가 층류로 정상류의 흐름일 때 투수층을 구성하는 입자의 입경, 침투속도에 관한 Re수

나. 투수성 지반의 침투

투수성 지반내의 투수유량은 플로우네트(Flownet)를 작도하여 각 Mass에 대한 투수유량 및 전유량을 구할 수 있다.

$$q = kh\frac{F}{N}$$

여기서, q : 단위 폭당의 투수유량($cm^3/s/cm$)

k : 투수계수(cm/s)

h : 전수두차(m)

N : 유선이 같은 포텐셜선에 의하여 구절 되는 구간의 수

F : 같은 포텐셜선이 유선에 의하여 구절

되는 구간의 수

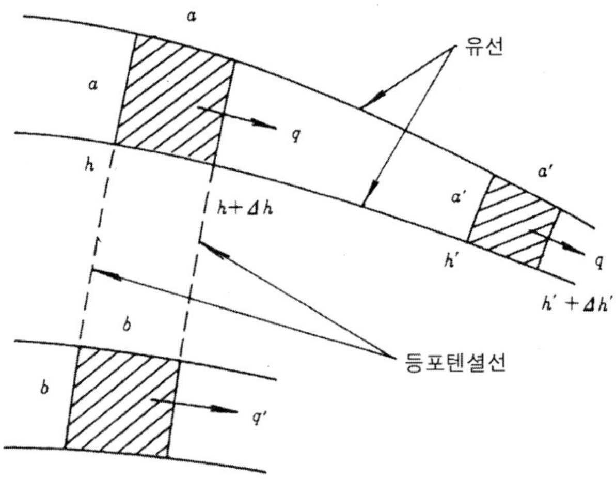

Flownet의 설명도

다. 널말뚝벽의 침투

널말뚝벽의 투수유량은 널말뚝벽 배후의 흙부분의 투수성이 지배적인 영향요소이므로 莊司 등은 이음이 긴장정도, 모래채움의 유무조건도 조합한 포괄적인 투수실험을 실시하고, 다음과 같이 실험식으로 제안하였다.

$$q = Kh^n$$

여기서, q : 널말뚝 이음의 깊이 방향 단위길이당 투수유량 ($cm^3/s/cm$)

K : 이음부의 투수계수(cm^{2-n}/s)

h : 이음전후의 압력수두차(cm)

n : 이음부의 상태에 의하여 결정되는 계수

이음부에 토사를 채우지 않는 경우 $n \fallingdotseq 0$

이음부에 토사를 채운 경우 $n \fallingdotseq 1$

라. 사석부의 침투류

중력식구조물의 기초사석 내부의 투수유량은 다음 식을 사용하여 추정할 수 있다.

$$q = UH,\ \ U = \sqrt{\frac{2gd}{\zeta} \cdot \frac{\triangle H}{\triangle S}}$$

여기서, q : 단위폭당 투수유량($m^3/s/m$)

U : 사석 전단면의 평균유속(m/s)

H : 투수층의 높이(m)

d : 사석입경(m)

g : 중력가속도(m/s^2)

$\triangle H/\triangle S$: 동수구배

ζ : 저항계수 ($Re = U_d/\nu > 10^4$일때 $\xi \fallingdotseq 20$)

제4장 · 흐 름

4.1 흐름의 제원

4.1.1 일 반

항만설계에 사용하는 흐름(해조류)의 제원은 크게 유속과 유향이며, 해당지역의 실측치 또는 추산치를 기준하여 제원을 결정한다.

항만 개발사업으로 인한 해안지형의 변화, 해조류의 변화 등은 해수유동실험을 실시하여 영향을 분석하고 대책을 수립한다.

해역의 흐름은 크게 해안류(해류, 조류, 취송류)와 해빈류(연안류, 이안류, 여류)로 구분되며, 염분 및 수온에 기인하는 밀도류가 있다.

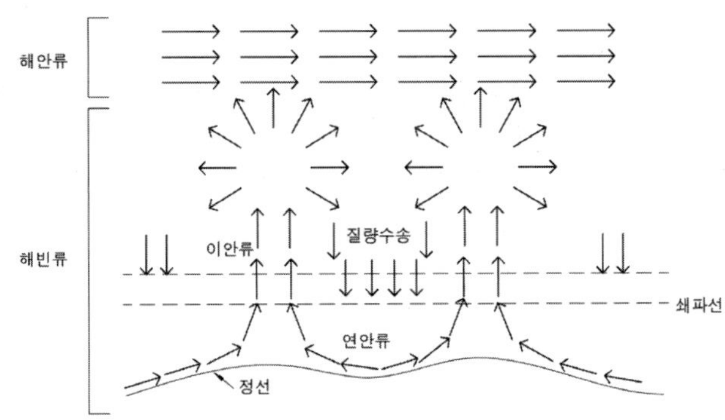

해안의 흐름 개념도

4.1.2 해안류

가. 해류

해류는 해양 전체의 경사류, 국부적인 해수밀도에 기인하는 밀도류, 바람의 취송에 기인하는 취송류, 기압의 불균형에 수반하는 경사류, 제반 흐름을 보충하는 보류(용승류, 침강류) 등이 합쳐서 생기는 대양의 해수순환 현상이다.

나. 취송류

해면에 바람이 불면 공기와 수면 경계에 마찰의 전단력에 의해 해면이 움직이기 시작하고 그 흐름이 발달하면 해수의 와동점성에 의해 상층으로 끌어올려져 하층까지 차차 움직이기 시작하여 풍속과 풍향이 오랫동안 지속되면 마침내 정상상태에 달하여 흐르는 흐름을 취송류라 한다.

취송류 현상은 에크만(Ekman)의 연구에 의해 확립되어 에크만 현시류(蜆施流)라 부르며, 해류에 관한 취송류 이론으로 발전되었다.

4.1.3 해빈류

쇄파대에서 파랑의 천수변형과 쇄파변형의 영향으로 생기는 흐름을 해빈류라 하며, 해빈류는 부유상태에 있는 모래를 이동시켜 해빈의 지형변화를 일으킨다.

가. 질량수송

파랑이 해안으로 전파될 때 물입자가 외해에서는 원운동, 천해에서는 타원운동을 하면서 천천히 파랑의 진행방향으로 이동하는 현상을 파랑에 의한 질량수송이라 하며, 이 현상은 유속이 파고에 비례하므로 {수심차(파고) × 유속(파고) = H^2}에 비례하는 수용적이 돌아오지 못하고 파랑의 진행방향으로 운반되어 일어난다.

질량 수송에 의해 해안에서 운반된 물입자는 어느 곳을 지나 외해로 되돌아가는데 외해로 향하는 흐름의 하나는 중층에서 저층을 거쳐 되돌아가는 흐름 즉, 외해방향의 흐름이다.

나. 파랑에 의한 수면상승 및 수면하강

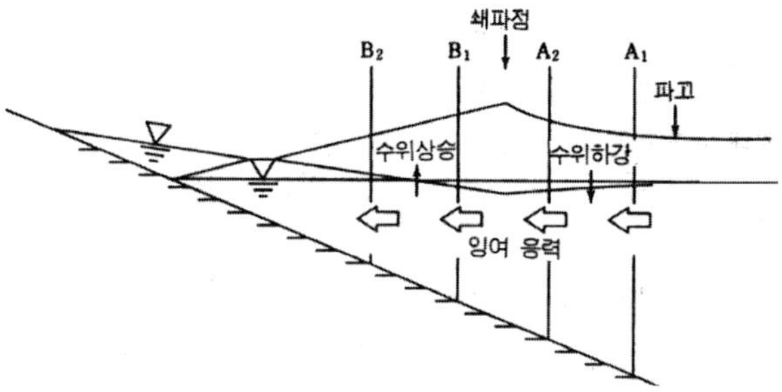

파랑에 의한 수위상승과 수위하강

파랑이 해안으로 향해 전파하는 과정에서 천수변형에 의해 파고가 변화하는데 쇄파점을 향해 서서히 커지고, 그 후는 쇄파되면서 정선으로 향해 감소한다.

이때 쇄파대 내에서는 수위상승, 쇄파대 밖에서는 수위 하강이 나타난다.

다. 조 류

조류는 조석현상에 의한 조석파와 수반하여 해수의 수평방향의 유동으로 생기는 흐름이다.

1) 조류의 변화관측

조류상황을 파악하기 위하여 15일, 적어도 1일(25시간)이상의 연속관측을 실시하여 조석파의 분조에 대응하는 주기적 변화, 조석의 주요 4대분조에 대응한 조류패턴 등을 검토한다.

2) 항류의 영향

항류는 조류의 조화분석 과정에서 나타나는 정수항 즉, 관측기간의 평균류를 나타내며, 조류가 주기적 운동인데 반해 항류는 일정류이기 때문에 연안역에서 물질의 확산방향을 결정해 주는 매우 중요한 요소이다.

항류의 발생원인은 조류현상의 비선형항에 따른 조석 잔차류, 하천으로부터의 담수유입 등에 기인하는 밀도류, 바람의 전단응력에 기인하는 취송류, 외해에 흐르는 해류의 분지류 등이 있다.

장기적인 항류의 변동에는 항내에 유입하는 하천 유량의 영향이 크고, 수 일 정도의 단기적인 항류의 변동에는 바람의 영향이 크다.

3) 조류의 영향

조류가 빠른 곳에서는 해저 토사가 조류를 따라 이동하여 항로 매몰을 일으킬 수 있다. 특히, 준설 항로가 조류 방향과 평행하지 않고 교차하는 경우에는 항로 준설계획을 신중하게 검토할 필요가 있다.

4) 해조류의 모형실험

해조류는 시 · 공간적으로 매우 불규칙하고 복잡하여 현상재현 및 예측이 어려우며, 해조류 수치모형 실험은 해수유동모형실험과 동일한 과정으로 수행되나 모델 수립시 흐름의 발생요소(수온, 염분, 바람, 기압분포, 시간적 변화 등)를 초기 및 경계조건으로 입력하여 수치해석한다.

- 해수유동 수치모형실험 : 2차원 모형 적용
- 밀도류, 취송류 수치모형실험 : 3차원 모형 적용

라. 연안류

파랑이 정선에 대해 비슷이 입사해 오면 정선에 평행한 흐름이 나타나는데, 이를 연안류라 한다.

또한 쇄파대에 집적된 해수의 양은 입사파고가 크기 때문에 파고가 큰 곳에 집적된 해수는 파고가 작은 곳으로 흐르게 되는데, 이 연안 방향의 흐름을 연안류라 한다.

마. 이안류

연안류에 의해 집적된 해수가 좁은 폭을 통해 쇄파대를 가로질러 외해로 유출할 때 생기는 강한 흐름을 이안류라 한다.

바. 해빈류의 형태

해빈류의 형태는 파랑의 입사각에 따라 변화하며, 크게 다음 두 가지의 모양으로 표현된다.

해빈류의 형태

대칭 해빈류계	비대칭 해빈류계
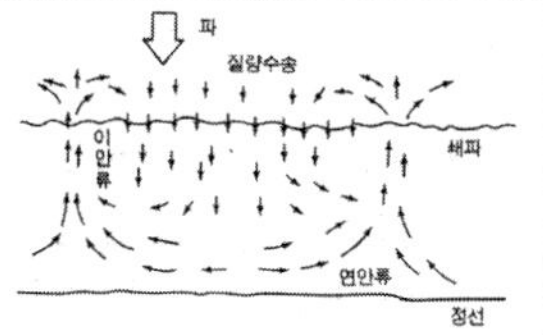	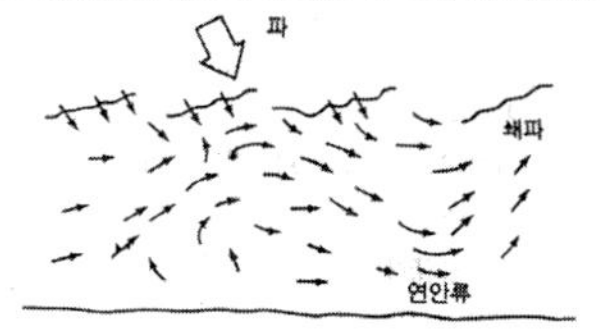
○ 파랑이 정선에 직각으로 입사하는 경우 ○ 이안류에 따른 좌우대칭의 순환류가 형성	○ 파랑이 정선에 경사지게 입사하는 경우 ○ 비대칭의 순환류가 형성되고, 쇄파대내에서 사행흐름이 발생

사. 해빈류 모형실험

해빈류 수치모형실험은 해수유동 모형실험과 동일한 과정으로 수행되나 예측 실험시 잉여응력항을 추가하여 수치해석 한다.

- ○ 파랑 수치모형실험 : 모형 수립시 격차크기를 작게 설정
- ○ 해빈류 수치모형실험 : 3차원 모형적용

4.2 수중부재 및 구조물에 작용하는 흐름의 힘

4.2.1 일 반

잔교식 안벽의 말뚝식 구조물의 말뚝, 파이프라인 또는 마운드 피복재 등에 작용하는 흐름에 의한 힘은 유속의 자승에 비례하는 힘이며, 흐름 방향으로 작용하는 항력과 흐름의 직각방향으로 작용하는 양력이다.

또한 수중의 가는 관상물체에는 소용돌이(와류)의 발생에 의해 진동이 일어나는 수가 있다.

4.2.2 항력 및 양력

가. 항 력

흐름에 의한 항력은 (점성에 의한 표면저항 + 압력에 의한 형상저항)으로 표시된다.

$$F_D = \frac{1}{2} C_D \rho_0 A U^2$$

여기서, F_D : 물체에 작용하는 흐름 방향의 항력(kN)

C_D : 항력계수 ($Re > 10^3$일때 표의 값 사용)

ρ_0 : 물의 밀도(t/m^3)

U : 유속(m/s)

A : 물체의 흐름 방향의 투영면적(m^2)

항력계수

물체의 형태		기준면적	항력계수
원주 (거친면)	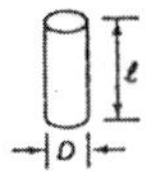	Dl	1.0(l > D)
각주	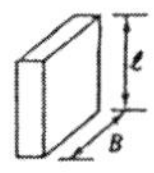	Bl	1.0(l > B)
원판		$\frac{\pi}{4}D^2$	1.2
평판	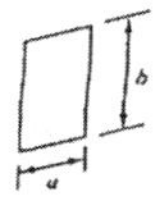	ab	a/b = 1; 1.12 a/b = 2; 1.15 a/b = 4; 1.19 a/b = 10; 1.29 a/b = 18; 1.40 a/b = ∞; 2.01
구		$\frac{\pi}{4}D^2$	0.5 ~ 0.2
입방체	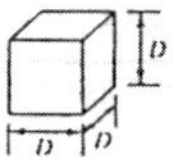	D^2	1.3 ~ 1.6

나. 양 력

$$F_L = \frac{1}{2} C_L \rho_0 A_L U^2$$

여기서, F_L : 물체에 작용하는 흐름과 직각 방향의 양력(kN)

C_D : 양력계수

A_L : 흐름과 직각방향의 물체의 투영면적(m^2)

ρ_0 : 물의 밀도($\mathrm{t/m^3}$)

U : 유속(m/s)

4.2.3 소용돌이에 의한 진동

가는 부재는 흐름의 작용으로 배후에 소용돌이에 의한 흐름과 직각 방향에 진동을 일으키는데, 이것은 소용돌이에 의한 양력이 주기적으로 변화하여 부재

의 고유진동주기에 가까워지면 공진상태가 되기 때문에 일어난다.

소용돌이의 발생주기는 부재의 직경과 유속, 스트로할 수(Strouhal number)로부터 얻어지며, 부재 길이가 길고 고유진동주기가 긴 경우에는 방진대책이 필요하다.

4.3 흐름에 대한 피복재의 안정중량

흐름에 대한 마운드 사석 등의 피복재의 소요중량은 수리모형실험 또는 미국의 CERC가 제시한 조류에 의한 세굴방지용 소요중량 산정식(Isbarsh식)을 사용하여 산정한다.

$$M=\frac{\pi\rho_r U^6}{48g^3y^6(S_r-1)^3(\cos\theta-\sin\theta)^3}$$

여기서, M : 사석 등의 안정중량(t)
ρ_r : 사석 등의 밀도(t/m^3)
U : 사석 등의 상부에서의 물의 유속(m/s)
g : 중력가속도(m/s^2)
y : 이스밧슈(Isbarsh)의 정수(파묻힌 돌은 1.20, 노출된 돌은 0.86)
S_r : 사석 등의 물에 대한 비중
θ : 수로상의 축방향의 사면의 경사($^\circ$)

제5장 · 바람과 풍압력

5.1 일 반

5.1.1 기상요소가 항만에 미치는 영향

항만시설의 계획 및 설계시는 기상요소인 바람, 기압, 안개, 강우, 강설, 기온, 기타사항을 고려한다.

1) 기압과 기압분포는 바람 또는 고조 발생의 지배적 요인이 된다.
2) 바람은 파도 및 고조 발생의 요인이 되고 항구의 위치, 방향, 방파제의 방향 등의 결정에 영향을 준다. 또 항만시설 및 계류중인 선박에 풍압이 작용하며, 하역시나 기타 항만에서의 여러가지 작업을 저해하는 요인으로 작용한다.
3) 강우는 항만내의 배수시설 용량 결정에 주 요인이 될 뿐 아니라 하역작업 등 기타 작업의 저해요인이 된다.
4) 안개는 선박의 항행 및 입출항에 지장을 주어 항만의 이용도를 저해시키는 요인이 된다.
5) 적설은 항만시설의 적재하중에 영향을 미친다.
6) 기온은 구조부재의 응력분포에 영향을 미치며 온도응력을 발생시킬 수 있다.

5.1.2 기압분포

태풍에 의한 고조, 파랑 발생의 계산은 태풍권 내의 기압 실측치에 따라 다음식으로 기압분포를 가정한다.

$$p=p_\infty-\frac{\triangle p}{\sqrt{1+\left(\frac{r}{r_0}\right)^2}} \quad \text{(후지다식)}$$

$$p=p_c+\triangle\exp\left(-\frac{r_0}{r}\right) \quad \text{(마이어스식)}$$

여기서, p : 태풍 중심에서부터의 거리 r점의 기압[hPa(mb)]
r : 태풍 중심에서부터의 거리(km)
p_c : 태풍 중심의 기압[hPa(mb)]
r_0 : 태풍 중심에서부터 대략 최대 풍속점까지의 거리(km)
$\triangle p$: 태풍 중심에서 기압의 깊이[hPa(mb)], $\triangle p=p_\infty - p_c$
p_∞ : $r\rightarrow\infty$의 기압 [hPa(mb)], $p_\infty = p_c+\triangle p$

5.1.3 강우강도

뇌우, 하수도 계획		실험식 (N년 확률 60분 우량)	태풍, 산지
Sharman식	Talbot식		
$R=\frac{a}{t^n}$	$R=\frac{a}{t+b}$	$R=7.7R_0T$	$P=83D^{0.33}$
여기서, R : 강우강도(mm/h) t : 강우계속시간(min) a, b, n : 정수		여기서, R_0 : 강우강도(mm/h) T : 1시간 이하의 시간스케일(min) R : 시간스케일의 강우강도(mm/h) P : 최대강우량(mm) D : 강우시간(h)	

5.2 바 람

5.2.1 바람의 경정

파고 추정에 사용하는 바람, 항만시설에 외력으로 작용하는 바람 등은 다음 방법으로 경정하여 사용하고 있다.

1) 파고 추정이나 고조 추정에 쓰이는 풍속, 풍향

은 바람의 실측값 또는 경도풍 등의 계산값에 높이 등의 필요한 보정을 하여 계산한다.

2) 항만시설에 작용하는 풍속은 당해시설 및 구조물의 특성 등에 따라 적절한 기간의 통계자료를 근거로 하여 결정한다.

5.2.2 경도풍

경 도 풍	지 형 풍
○ 등압선이 곡선상(곡률반경 유한대) ○ 기압경도, 등압선의 곡률반경 및 원심력이 균형되어 부는 바람 ○ 경도풍 산정은 노모그래프 이용	○ 등압선이 직선상(곡률반경 무한대) ○ 기압경도, 곡률반경이 균형되어 부는 바람 ○ 지형풍 산정은 계산식 이용
$V_g = rw\sin\phi\left(-1+\sqrt{1+\frac{\partial p/\partial r}{p_a r w^2 \sin^2\phi}}\right)$	$V_g = \frac{\partial p/\partial r}{2p_a w sin\phi}$

여기서, V_g : 경도풍속(cm/s), 지형풍속(cm/s), (절대값)
$\partial p/\partial r$: 기압경도[저기압성은 (+), 고기압성은 (-)], (g/cms^2)
r : 등기압선의 곡률반경(cm)
w : 지구자전의 각속도(角速度 : 1/s, $w = 7.29\times10^{-5}/s$
ϕ : 위도(°)
ρ_a : 공기의 밀도(g/cm^3), 위도 1°에 해당하는 거리는 약 1.11×107cm, 기압 1hPa은 103$g/cm/s^2$

5.2.3 해상풍의 추정

실제의 해상풍속은 해면 또는 지표면과의 마찰력의 영향으로 경도풍속 보다 값이 적으며, 풍향도 이론상 등압선에 평행하지만 등압선과 어느 각도 α방향으로 분다.

지구의 북반구에서는 저기압 중심을 향하여 왼쪽방향으로 불고, 고기압 중심에서 오른쪽 방향으로 분다.

경도풍과 해상풍의 관계

위도	각도(α)	풍속비(V_s/V_g)
10	24	0.51
20	20	0.60
30	18	0.64
40	17	0.67
50	15	0.70

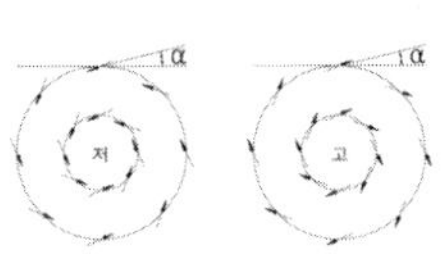
저 · 고기압의 풍향(북반구)

5.2.4 설계풍속의 산정

가. 풍속 및 풍향

항만시설물 계획에 사용하는 설계풍속의 산정은 30년 이상의 장기간 실측자료에서 출현 확률분포를 추정한 후 재현기간에 대응하는 풍속을 산정한다.

태풍자료에서 설계심해파를 추정할 때에는 계산식에 의한다. 풍향은 16방위로 표시하며 방파제나 항만계획시 최다풍향을 고려하여 결정한다.

나. 풍속의 보정

고조 및 파고의 추정에 사용되는 풍속은 해면상 10m높이의 값을 기준으로 하므로 지상 10m의 관측풍속은 다음 식으로 보정하여 사용한다.

$$U_h = U_0\left(\frac{h}{h_0}\right)^n$$

여기서, U_h : 높이 h에서의 풍속(m/s)
U_0 : 높이 h_0에서의 풍속(m/s)
n : 지수(해상 : n≥1/7 , 구조물 n≥1/10~1/4)

5.3 풍압력

5.3.1 헛간 및 창고

가. 일 반

부두의 헛간 및 창고에 작용하는 풍압력은 건축물의 구조기준에 관한 규칙(1996. 2. 13, 건설교통부령 제53호 개정)을 적용하여 산정한다.

나. 건축물에 작용하는 풍하중

$P = pA,\ p = Cq$

여기서, P : 풍하중(kg)
p : 풍압(kg/m^2)
C : 풍력계수(표의 값 이용)
q : 설계속도압(kg/m^2)
A : 건축물 또는 그 부분의 유효풍압면적(m^2)

다. 설계속도압

$q = GKq_0$

여기서, G : 가스트계수

가스트 계수

노풍도의 구분	가스트계수
A	2.00
B	1.50
C	1.25

K_2 : 속도압 계수
q_0 : 기본속도압(kg/m^2)

$$K_2 = 2.58 \times \left(\frac{Z}{Z_q}\right)^{2/\alpha}, \quad q_0 = \left(\frac{1}{16}\right) V_0^2$$

여기서, V_0 : 기본풍속(m/s), (표의 값 이용)
Z_q : 풍속의 기준 경도풍 고도(m) (표의 값 이용)
Z : 속도압 산정 높이(m)
1/α : 풍속의 고도 분포지수

라. 풍압강도

○ 건축물 : $p \geq 50 \text{kg/cm}^2$

○ 내력부 : $p \geq 80 \text{kg/cm}^2$

5.3.2 하역기계

가. 크레인 구조에 작용하는 풍하중

$W = qCA$

여기서, W : 풍하중(N)
q : 속도압(N/㎡)
C : 풍력계수(풍동실험값, 표의 값 이용)
A : 바람을 받는 면적(m^2)

나. 속도압

○ 크레인 작동시 : $q = 83 \sqrt[4]{h}$

○ 크레인 작동시 : $q = 980 \sqrt[4]{h}$

여기서, h : 크레인이 바람을 받는 면의 지상으로부터의 높이(m). 다만, 높이가 16m 이하인 경우 16m로 간주한다.

다. 이동식 크레인 구조의 풍하중

$W = qCA \ , \ q = 83 \sqrt[4]{h}$

라. 데릭(**Derrick**) 구조의 풍하중

$W = qCA \ , \ q = \frac{U^2}{30} 83 \sqrt[4]{h}$

여기서, q : 속도압(kgf/m^2)
U : 풍속(m/s)
h : 바람을 받는 면의 지상으로부터의 높이(m) (높이 15m 이하인 경우 h=15m로 한다)

5.3.3 도로교(교량, 고가도로, 유사구조물)

가. 상부구조에 작용하는 풍하중

교량축에 직각으로 작용하는 수평하중으로 하고 설계부재에 가장 불리한 응력발생이 유도되도록 재하한다.

1) 플레이트 거더

○ 단면형상 1≤B/D<8 : W=[4.0 - 0.2(B/D)]≥6.0 (kN/m)

○ 단면형상 8≤B/D : W=2.4D≥6.0(kN/m)

여기서, B : 교량의 총폭(m)
D : 교량의 총높이(m)

교량 총높이(D) 및 총폭(B)

교량용 방호책	벽형 강성 방호책	벽형 강성 방호책 이외
총높이 D	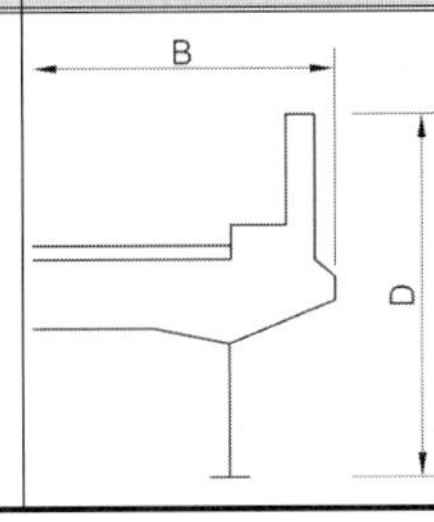	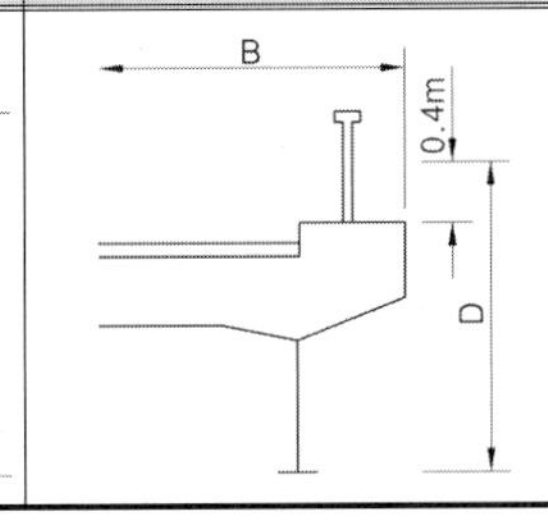

2) 2주구 트러스

○ 트러스 : 활하중 재하시 $W = 1.25 \sqrt{\phi}$
(0.1 ≤ϕ≥0.6)
활하중 비재하시 $W = 2.5 \sqrt{\phi}$
(0.1 ≤ϕ≥0.6)

○ 교량의 바닥판 : 활하중 재하시 $W = 1.5$
활하중 비재하시 $W = 3.0$

여기서, ϕ : 트러스의 충실률(트러스 외곽 면적에 대한 트러스 투영면적 비)

3) 기타형식의 교량

○ 빔 부분 : 형상에 따라 (1), (2)를 적용

○ 기타 부재 : 표의 값을 적용

4) 병렬 교량

○ 플레이트 거더교가 병렬로 배치될 경우 (1)의 풍하중을 보정한다.

가. 하부구조에 작용하는 풍하중

교축 직각 방향 및 교축방향에 작용하는 수평하중으로 하나 동시에 두 방향으로의 작용은 하지 않는다.

하부구조에 작용하는 풍하중

단위 : kN/m², {kg/m²}

구체의 단면형상		풍하중
원형 및 트랙형	활하중 재하시 활하중 비재하시	0.75 {75} 1.5 {150}
각 형	활하중 재하시 활하중 비재하시	1.5 {150} 3.0 {300}

제6장 · 파 랑 (설계파)

6.1 일반사항

6.1.1 파의 적용

우리나라 해안에 내습하는 파랑은 하절기 태풍과 동절기 계절풍의 영향을 주로 받는다.

항만구조물의 설계 및 항내 정온도분석을 위한 파랑은 실측치 또는 풍속에서 추산한 심해파 자료를 통계처리하여 해안지형에 의한 파랑변형을 고려한 계산값이나 파랑수치모형을 사용하여 계산된 불규칙파의 파고와 주기를 사용한다.

6.1.2 규칙파

가. 일반

파랑의 파장(L), 주기(T) 및 파고(H)는 일반적으로 미소진폭파 이론에 의하여 산정하나 파고가 큰 천해역은 파랑의 유한진폭 효과를 고려해 산정한다.

나. 미소진폭파 이론

- ○ 파랑의 선형적인 특성과 진폭을 미소하게 가정해서 단순계산으로 파랑을 계산
- ○ 파랑운동 : 속도포텐셜(ϕ)로 표시
- ○ 파랑의 운동방정식 : Laplace식 $\nabla^2\phi = 0$
- ○ 전제조건 : H<<L, H<<h

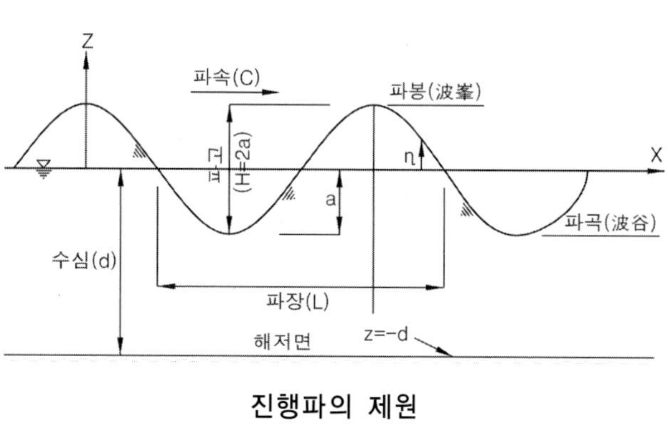

진행파의 제원

1) 수면변위

$$\eta(x,t) = \frac{H}{2}\sin 2\pi\left(\frac{x}{L} - \frac{t}{T}\right)$$

여기서, η : 정수면으로부터 수면변위(파의 형태) (m)

x축 : 파의 진행방향으로 취한 거리

y축 : 정수면에서 직각방향으로 취한 거리

t : 시간, T : 주기(sec), L : 파장(m), H : 파고(m)

2) 파 장(m)

$$L = \frac{gT^2}{2\pi}\tanh\frac{2\pi h}{L} (= CT) \ \text{: 파랑분산식}$$

여기서, g : 중력가속도(m/s^2), h : 수심(m)

3) 파 속(m/s)

$$C = \sqrt{\frac{gL}{2\pi}\tanh\frac{2\pi h}{L}}\left(= \frac{L}{T}\right)$$

4) 물입자(水粒子) 속도(m/s)

$$u = \frac{\pi H}{T}\frac{\cosh\frac{2\pi(z+h)}{L}}{\sinh\frac{2\pi h}{L}}\sin\left(\frac{2\pi}{L}x - \frac{2\pi}{T}t\right)$$

$$w = \frac{\pi H}{T}\frac{\sinh\frac{2\pi(z+h)}{L}}{\sinh\frac{2\pi h}{L}}\cos\left(\frac{2\pi}{L}x - \frac{2\pi}{T}t\right)$$

여기서, u : 수평물입자 속도(m/s),

w : 수직물입자 속도(m/s)

5) 물입자 가속도(m/S^2)

$$\frac{\partial u}{\partial t} = \frac{2\pi^2 H}{T^2}\frac{\cosh\frac{2\pi(z+h)}{L}}{\sinh\frac{2\pi h}{L}}\cos\left(\frac{2\pi}{L}x - \frac{2\pi}{T}t\right)$$

$$\frac{\partial w}{\partial t} = -\frac{2\pi^2 H}{T^2}\frac{\sinh\frac{2\pi(z+h)}{L}}{\sinh\frac{2\pi h}{L}}\sin\left(\frac{2\pi}{L}x - \frac{2\pi}{T}t\right)$$

6) 압 력(t/m^2)

$$p = w_0\frac{H}{2}\frac{\cosh\frac{2\pi(z+h)}{L}}{\cos\frac{2\pi h}{L}}\sin\left(\frac{2\pi}{L}x - \frac{2\pi}{T}t\right) - w_0 z$$

여기서, w_0 : 해수의 단위체적중량, 첫째항 : 동수압, 둘째항 : 정수압

7) 파의 평균에너지

$$E = E_k + E_p = \frac{1}{8} w_0 H^2 \ (t \cdot m/m^2)$$

여기서, E_k : 운동에너지, E_p : 위치에너지

$E_k = E_p$: 한 파장내의 모든 점의 E는 일정

8) 파의 진행방향으로 전달되는 파군에너지

$$E_F = EC_G = EC_n \ [(t \cdot m/m)/s]$$

여기서, C_G : 파의 군속도(m/s)

$$n = \frac{1}{2}\left(1 + \frac{\frac{4\pi h}{L}}{\sinh \frac{4\pi h}{L}}\right)$$

9) 미소진폭파 이론 적용

파랑의 굴절, 수중압력 산정, 중복파의 합성

다. 심해파 및 장파의 특성

구분	심해파	장파, 천해파	천해역
물입자 운동	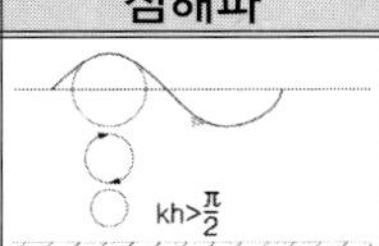	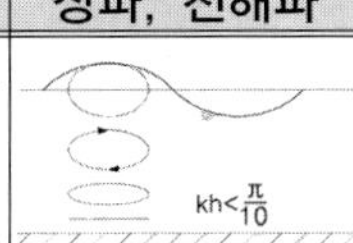	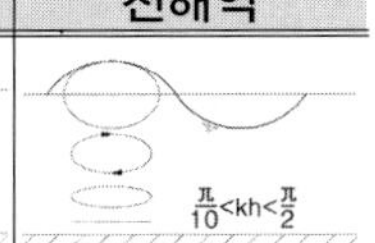
해역	$\frac{h}{L} > \frac{1}{2}$	$\frac{h}{L} < \frac{1}{20}$	$\frac{1}{2} < \frac{h}{L} < \frac{1}{20}$
특성	○ 수심이 깊어 파랑의 물입자 운동이 해저면에 의해 변형되지 않는 파형	○ 파장이 수심에 비해 매우 긴 파랑	○ 파장과 파속이 복잡하게 변하는 파랑
적용식	$L_0 = 1.56\,T^2(m)$ $C_0 = 1.56\,T(m/s)$ $C_G = 0.78\,T(m/s)$ $C_G = 2.81\,T(Km/h)$	$L = T\sqrt{(gh)}\,(m)$ $C = C_G = \sqrt{(gh)}\,(m/s)$	$L = CT(m)$ $C = L/T(m/s)$

라. 유한진폭파 이론

- ○ 파고가 큰 천해역은 정도가 높은 유한진폭파 이론 사용
- ○ 유한진폭파의 식은 파형경사(H/L)및 상대수심(h/L)에 따라 적합한 식의 사용이 필요
- ○ 해상구조물과 잔교식 구조물은 필히 유한진폭파로 설계
- ○ 일반적으로 수치모형인 푸리에 시리즈 파랑이론(Fourier series wave theory)을 이용하여 계산

6.1.3 불규칙파의 통계적인 특성

가. 적용기준

불규칙한 심해파군의 파고분포는 레일레이(Rayleigh)분포를 사용한다.

제3편

나. 레일레이 분포

레일레이 분포이론은 파의 에너지가 주파수 영역에 매우 좁게 분포한다고 가정하여 제안된 이론

$$p(H/\overline{H}) = \frac{\pi}{2}\frac{H}{\overline{H}}\exp\left[-\frac{\pi}{4}\left(\frac{H}{\overline{H}}\right)^2\right]$$

여기서, $\overline{H}$: 평균파고, $\overline{H} = \frac{1}{N}\sum_{i=1}^{N} H_i$

N : 측정기간의 파랑개수

H_i : 개별파고

다. 불규칙파의 파고 및 주기

1) 파랑제원 결정방법

- ○ 영점상향교차법(Zero up-crossing method)
  개개의 파형이 파곡에서 파봉으로 상향 진행할 때 기준선과 만나는 점들로부터 파의 주기와 개수를 결정하는 방법
- ○ 영점하향교차법(Zero down-crossing method)
  파형이 기준선의 하향으로 통과하는 점들이 하나의 파랑 시작점과 끝점으로 결정하는 방법

2) 대표파고 및 주기

- ○ 최대파(H_{max}, T_{max}) : 파고중 최대의 파고
- ○ 1/10최대파($H_{1/10}$, $T_{1/10}$) : 전체 파랑갯수의 1/10에 해당하는 파고의 평균치
- ○ 유의파($H_{1/3}$, $T_{1/3}$) : 파고가 큰 것부터 전체 파랑갯수의 1/3까지의 파고를 평균한 파고
- ○ 평균파고($\overline{H}$, $\overline{T}$) : 파고의 평균치

3) 통계분석 관계식

- ○ $H_{1/10} = 1.27\,H_{1/3}$
- ○ $H_{1/3} = 1.60\,\overline{H}$
- ○ $H_{max} = (1.6 \sim 2.0)H_{1/3}$
- ○ $T_{max} = T_{1/10} = T_{1/3} = (1.1 \sim 1.3)T$

6.1.4 불규칙파의 스펙트럼

가. 적용이론

파랑의 추산, 항만구조물의 설계시 파랑의 스펙트럼형상에 대해서 고려하고, 적절한 스펙트럼 분포형을 사용한다.

나. 파랑 스펙트럼(**Wave spectrum**)

불규칙파의 파형을 무수한 주파수 및 파향의 성분파가 중첩된 것으로 가정하여 성분파의 에너지 분포를 주파수 및 파향에 대해 표시한 것이다.

- ○ 주파수 스펙트럼(Frequency spectrum) : 주파수에 대해 표시
- ○ 파향 스펙트럼(Directional spectrum) : 파향에 대해 표시

다. 파랑 스펙트럼의 일반식

$$S(f,\theta)=S(f)\cdot G(f,\theta)$$

여기서, f : 주파수

θ : 파랑의 주방향에서의 편각

$S(f,\theta)$: 방향 스펙트럼

$S(f)$: 주파수 스펙트럼

$G(f,\theta)$: 방향 함수

라. 파랑 스펙트럼이 주어진 경우 유의파고 산정

$$H_{1/3}=3.8\left[\int_0^\infty\int_{\theta_{\min}}^{\theta_{\max}}S(f,\theta)dfd\theta\right]^{1/2}\left(=\frac{3.8}{4.0}H_s\right)$$

여기서, $H_s=4.0\sqrt{(m_0)}$, $m_n=\int_0^\infty f^nS(f)df$

6.2 설계파의 산정방법

6.2.1 심해설계파 산정

가. 일 반

항만시설의 구조안정검토에 적용하는 심해파산정은 항만시설의 기능 및 특성을 고려하여 파랑자료 및 통계기간을 결정한다.

나. 산정기준

- ○ 실측자료는 10년 이상, 기상자료는 30년 이상의 자료를 이용하여 추산하고 실측치와 보정하여 사용
- ○ 실측자료는 태풍 및 계절풍에 의해 큰 파가 발생한 자료 포함
- ○ 실측자료가 전혀 없을 경우 자연조건이 유사한 인근지역 자료 이용
- ○ 실측자료를 이용하여 심해파 추정시 파랑변형 영향 제외
- ○ 심해설계파는 재현기간, 구조물의 내용년수를 고려하여 발생확률(Encounter probability)로 산정
- ○ 심해파의 제원은 구조물에 영향을 미치는 주파향별로 산정

6.2.2 심해설계파 제원 결정

가. 심해설계파

- ○ 심해설계파 산정방법에 따라 발생확률별 심해파 산정

나. 파랑변형 추정

- ○ 파의 굴절, 회절, 천수변형 및 쇄파 등의 파랑변형 효과고려

다. 설계파 결정

- ○ 파의 작용이 최대로 되는 파
- ○ 구조물 및 배후시설에 가장 불리하게 작용하는 파

6.2.3 설계파의 추산

가. 일반

파의 추산은 파를 발생 · 발달시키는 장소인 풍역의 설정, 풍역조건에 의한 파의 발달 · 감쇠의 계산 등 크게 2단계로 나누어 추산한다.

발생역에서의 파의 추산은 스펙트럼법 및 유의파법을 이용하여 추산하고 있다.

나. 발생역에서의 파의 추산

1) 스펙트럼법

① 일 반

스펙트럼법은 에너지 평형방정식에 의거한 스펙트럼의 발달 · 감소를 추적 계산하는 방법으로서 수치모형으로 계산한다.

② 특 성

풍속 · 풍향 변동에 대한 물리적 특성은 명확하게 고려한다.

파의 발달과정은 유의파의 주기가 시간과 더불어 변화하는데 풍역이 파의 전파속도(군속도)와 같은 속도로 파의 전파방향으로 이동하

는 경우에는 타당한 추산결과가 얻어진다.

풍역조건에 의해서 풍파와 너울이 혼재하는 경우는 풍파의 발달과정의 계산과 너울에 관한 감쇠과정의 계산을 분리 계산하지 않고 동일모델로 양자를 포함하여 연산할 수 있다.

③ 분 류

일반적으로 비선형 상호작용 항의 취급방법의 차이에 따라 다음과 같이 분류한다.

제1세대 모델	제2세대 모델		제3세대 모델
DP모델 (Decoupled propagation)	CH모델 (Coupled hybrid)	CD모델 (Coupled discrete)	WAM모델 (Wave model)
• 에너지 수송의 항 및 소산의 항으로 구성 • 다방면으로 사용	• 풍파성분은 파라메타, 너울성분은 독립으로 전파 • 풍파 · 너울 성분의 시간적 · 공간적 분포가 불연속인 단점	• 비선형 에너지 수송항을 몇 개의 모양으로 직접 고려 • 실제 스펙트럼현상의 표현 한계로 비현실적 · 불안정한 계산	• CD모델의 결점을 보완 • 비선형 에너지수송항의 직접 근사수법 제안 • 표준적인 스펙트럼 현상의 제약을 대체가능

2) 유의파법

① 일 반

유의파법은 파의 불규칙성을 유의파로 대표한 유의파의 개념에 따라 풍역에서의 파를 추산하는 방법이다. 유의파 추산법은 Sverdrup, Munk, Bretschneider에 의한 S-M-B법, Wilson법, 板本 · 井島법, 수치모델 방법 등이 있다.

② S-M-B법

SMB법은 풍역이 이동하지 않는 경우의 풍파추정법으로 풍역내의 풍속, 취송시간, 취송거리의 관계로부터 파랑 예보곡선을 이용하여 심해에서 유의파의 파고, 주기를 추정하는 방법이다.

$$\frac{gH_{1/3}}{U^2}=0.30\left[1-\frac{1}{\left\{1+0.004\left(\frac{gF}{U^2}\right)^{1/2}\right\}^2}\right]$$

$$\frac{gT_{1/3}}{2\pi U}=1.37\left[1-\frac{1}{\left\{1+0.008\left(\frac{gF}{U^2}\right)^{1/3}\right\}^{25}}\right]$$

여기서, $H_{1/3}$: 유의파고(m)

$T_{1/3}$: 유의파 주기(sec)

U : 해상 10m에서의 풍속(m/sec)

F : 취송거리(km)

g : 중력가속도(9.8m/s^2)

파랑 추산은 먼저 풍역을 결정해서 해당풍역에서의 평균풍속 U 및 취송시간 t를 구하고, 취송거리 F를 정한다. U와 F, U와 t의 조합에 의하여 $H_{1/3}$과 $T_{1/3}$를 구하고 작은 값을 추산치로 정한다.

SMB법은 풍역이 현저히 변동하지 않을 때의 심해에서의 풍파 추정법으로서 우리나라 동계 계절풍에 영향을 받는 서해안의 파고 추정법으로 이용된다.

③ Wilson법

Wilson법은 태풍과 같이 풍역이 이동할 때의 풍파 추정법으로 그림과 같은 $H_{1/3}$ - t - F - $T_{1/3}$도를 이용하여 심해에서 유의파의 파고, 주기를 추정하는 계량방법이다. 파랑추산은 F - t상한에서 파랑이 발생하여 군속도 진행할 때의 파의 진행곡선을 그리고, $H_{1/3}$ - F상한과 $T_{1/3}$ - t상한에서 파고와 주기의 발달곡선을 추적하여 시간에 따른 도착파랑을 추산한다.

Wilson법은 우리나라의 하절기 태풍의 영향을 받는 남해안, 동해안의 파고추정법으로 이용되며, 근래는 수치모델로 추정하고 있다.

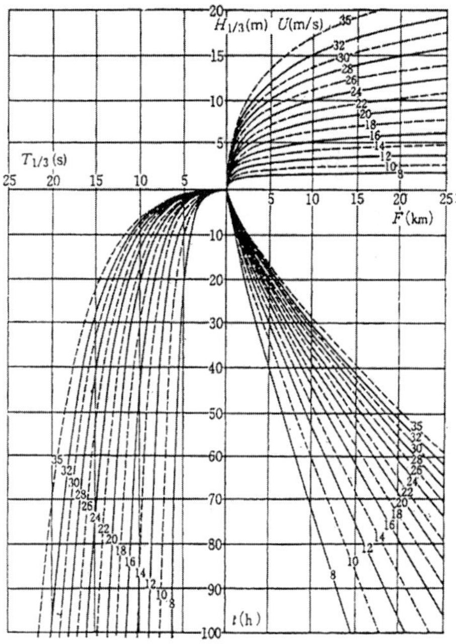

$H_{1/3} - t - F - T_{1/3}$도

④ 천해파의 추산

천해파는 해저마찰, 쇄파영향으로 에너지가 손실되어 심해에서와 같이 큰파가 발생하지 않고 수심에 대응한 일정한도 이상은 발생하지 않는다.

천해파 추정법은 Bretschneider법, 板本 · 井島법 등이 있으며, 板本 · 井島법은 Wilson법의 도표를 응용한 $H_{1/3}$ - t - F - T_G도를 작성하여 변동풍역내의 천해파를 추산할 수 있다.

⑤ 수치계산법

수치계산법은 변동풍역에 대한 파랑추산을 도식해법으로 구하는 과정을 전자계산기를 이용하여 추산하는 방법이다.

수치계산법은 평면적인 풍역의 시간변화를 입력하여 사용하고 주파향이 풍향에 따라 변화하는 것으로 추산하는 점이 도식해법과 다른 점으로서 수치모형실험으로 추산하고 있다.

⑥ 유의파법의 적용

- 외해 : Wilson법, 수치계산법
- 동해안 : SMB법, Wilson법, 수치계산법
- 풍역의 변동이 적은 경우 : SMB법
- 소해만, 내만 : 板本 · 井島법, 수치계산법
- 수역이 협소, 수심이 깊은 경우 : SMB법

다. 너울(**Swell**)의 추산

1) 일반

파랑이 풍역에서 벗어나 여파로 진행할 때는 바람으로부터 에너지의 공급이 없기 때문에 파고는 점차적으로 감소한다. 파고가 감소하는 것은 방향분산과 속도분산에 의해서 파에너지 밀도가 저하되기 때문이다.

또한 너울로 진행하는 동안 역풍을 받기도 하고, 해저 마찰 및 파의 상호간섭 등의 영향을 받아 주로 단주기파 성분으로 변하여 에너지가 손실되므로 너울의 파형은 둥근모양을 띈다.

2) 너울의 추산법

너울의 추산법은 Bretschneider법, PNJ법, 파랑스펙트럼법 등이 있으며, 일반적으로 Bretschneider법으로 추산한다.

Bretschneider법은 추정식을 도표화한 너울의 산정도에서 추산한다.

$$t=\frac{d}{C_{GD}}=\frac{4\pi D}{gT_D}$$

여기서, t : 감쇠거리 L까지 진행하는데 필요한 시간

C_{GD} : T_D에 대응하는 군속도

6.3 설계파랑의 통계분석

6.3.1 적용기준

파랑자료는 장기간의 실측자료 또는 기상자료에 의해 추산한 값을 실측치로 보정한 자료를 기초로 하여 평상시 및 이상시의 파랑으로 구분하여 파랑특성을 통계분석한다.

설계파랑은 이상시 파랑자료에 대해 적절한 통계처리방법으로 발생확률을 추정하고 재현기간에 상응하는 파랑으로 결정한다.

6.3.2 통계분석

가. 평상시 파랑

파랑자료를 월별, 계절별, 년도별로 정리하여 파향별 파고 및 주기의 상관도수분포표를 이용하여 통계분석한다. 분석 자료는 항내정온도, 작업일수 검토 등에 이용된다.

나. 이상시 파랑

장기간의 매년 최대파고를 극치통계자료로 이용하여 확률파고를 분석한다.

파랑의 극치통계자료를 이용하여 Gumbel분포, Weibull분포 등의 방법으로 발생확률을 추정하고 재현기간에 상응하는 확률파고를 결정한다.

6.4 파랑의 변형

6.4.1 적용기준

심해파랑이 $h<L/2$인 천해역으로 진행하면 해저의 영향을 받아 파속은 느려지고 파장이 작아지며 파고도 변화한다.

또한 파랑이 진행할 때 해저지형, 섬, 구조물 등의 영향으로 굴절, 회절, 반사, 천수변형 및 쇄파변형 등에 의해 파고가 변화하므로 설계파고 추산시 고려해야 한다.

6.4.2 천수변형

가. 일 반

심해파가 천해역을 진행할 때 수심의 영향으로 굴절 · 회절 뿐 아니라 천수변형이 발생하므로 이를 고려한다.

천수변형은 천수계수로 적용하여 추산하고 있으며, 파랑의 비선형성을 고려하여 산정하고 있다.

나. 천수계수(K_s)

1) 규칙파

심해파가 등심선에 직각방향으로 해안으로 진행

할 때 수심변화에 따른 미소진폭 규칙파의 천수계수는 다음 식에 의해서 계산한다.

$$L/L_0 = C/C_0 = \tanh(2\pi h/L)$$

$$H/H_0 = \sqrt{\frac{1}{2n}\frac{C_0}{C}} = K_s$$

$$n = \frac{1}{2}\left(1 + \frac{\frac{4\pi h}{L}}{\sinh\frac{4\pi h}{L}}\right)$$

여기서, L_0, C_0, H_0 : 심해파의 파장(m), 파속(m/s) 및 파고(m)

L, C, H : 수심 h점의 파장(m), 파속(m/s) 및 파고(m)

2) 불규칙파

불규칙파의 천수계수는 규칙파의 천수계수와 $h/L_0 > 0.05$영역에서 5%정도의 미약한 차이이므로 규칙파의 천수계수를 사용한다.

6.4.3 굴절변형

가. 굴절현상

심해파가 천해역을 진행할 때 평면적인 수심변화에 따라 파속이 변화하여 파향선의 간격이 파의 경계면에서 변화하는 현상을 굴절현상이라 한다.

나. 규칙파의 굴절계산

1) 굴절계수

수심의 평면적인 변화가 적은 지역의 굴절계수는 수심에 대한 군속도를 적용하여 파고비 관계식으로부터 파봉선의 폭의 변화로 표시되며, 파봉선의 폭은 파수(k)의 비회전성으로 구한다.

$$\frac{H_2}{H_1} = \sqrt{\frac{b_1}{b_2}}\sqrt{\frac{C_{G1}}{C_{G2}}} = K_r \cdot K_s$$

$$\frac{\partial k \sin\alpha}{\partial x} - \frac{\partial k \cos\alpha}{\partial y} = 0$$

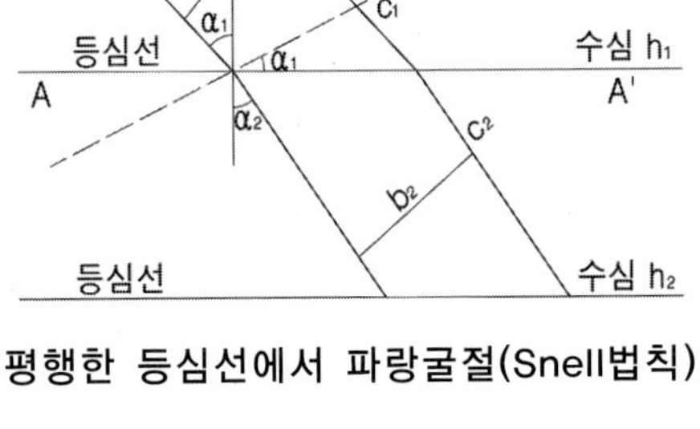

평행한 등심선에서 파랑굴절(Snell법칙)

○ Snell 법칙으로부터,

$$\frac{\sin\alpha_1}{\sin\alpha_2} = \frac{C_1}{C_2} = \frac{L_1}{L_2} \quad K_r = \sqrt{\frac{b_1}{b_2}} = \sqrt{\frac{\cos\alpha_1}{\cos\alpha_2}}$$

수심의 평면적인 변화가 있는 지역의 굴절계수는 파향선의 각을 구해서 h/L_0, α_0의 산정도표로부터 계산한다.

2) 적용범위

- ○ 너울 및 지진해일처럼 방향분산이 적고 주파수대가 좁은 파랑
- ○ 해안선에 평행한 직선 등심선을 갖는 해안

다. 불규칙파의 굴절계산

1) 굴절계수

불규칙파의 굴절계수는 성분파법과 에너지 평형방정식에 의한 방법 등 2가지 방법으로 구한다.

- ○ 성분파법 : 파의 방향 스펙트럼을 적정개수의 성분파로 분할하여 각 성분파에 대해 완경사 방정식을 풀어 구하는 방법
- ○ 에너지 평형방정식 계산법 : 파의 에너지 평형방정식을 차분화하여 직접 계산하는 방법. 또한, 등심선이 해안에 평행한 지역의 굴절계수는 심해파의 주파향각$(\alpha_p)_0$, 파의 집중도(S_{max})의 관계도표(Goda)로부터 구한다.

2) 적용범위

- ○ 풍파와 같이 방향분산이 크고, 주파수대가 넓은 파랑
- ○ 심해파가 섬이나 곶 등에 의해 굴절된 파랑의 회절후의 파랑
- ○ $h < H_0/2$인 해역은 미적용(쇄파변형 고려)

6.4.4 회절변형

가. 회절현상

파랑이 진행하는 도중에 방파제 및 섬 등 장애물이 있으면 파랑에너지가 큰 쪽에서 작은 쪽으로 즉, 장애물의 끝단에서 차폐구역 쪽으로 이동하면서 파고와 파향이 변하게 되는 현상을 회절변형이라 한다.

나. 회절파고 계산

회절파의 파고 분포는 회절도, 회절계산 및 실험 등에 의해 산정하며, 회절계산은 Potential 이론에 의한 Fresnel적분 등 계산이 복잡하므로 일반적으로 회

절도를 이용하고 근래는 항내정온도 수치모델로 수행하고 있다.

다. 개구부에서의 회절

방파제 개구부로 내습하는 파랑의 회절은 개구폭 비(B/L)에 따라 회절도를 적용하고, 파랑이 사각입사할 때는 가상 개구폭 비(B'/L) = (B/L)$\sin\theta$를 구하여 해당 B/L에 대한 회절도를 적용하여 회절계수(K_d) = H/H_0를 구한다.

라. 반무한제에서의 회절

개구폭이 $5L$보다 큰 경우, 일방향 방파제인 경우는 반무한제 끝단에서의 회절도를 적용하여 구한다.

마. 적용범위

- ○ 파랑이 파장에 비해 큰 섬 등에서의 회절은 파의 에너지 방향분산법으로 계산
- ○ 파랑의 차폐구역에서 수심의 변화가 심할 때는 굴절현상 고려
- ○ 회절후의 반사파의 영향 고려
- ○ 파형경사가 작은 $H'_0/L_0 \leq 0.005$정도인 너울은 규칙파의 회절도를 적용하고, 그 외에는 불규칙파의 회절도 적용
- ○ 회절도 이용시 방향집중도 계수(S_{max})를 고려

6.4.5 굴절·회절 변형

굴절·회절 현상방파제, 이안제 및 해안측의 수심이 변하는 경우는 파고의 공간적인 분포가 커져 굴절과 회절현상이 동시에 일어나는 현상을 굴·회절 현상이라 한다.

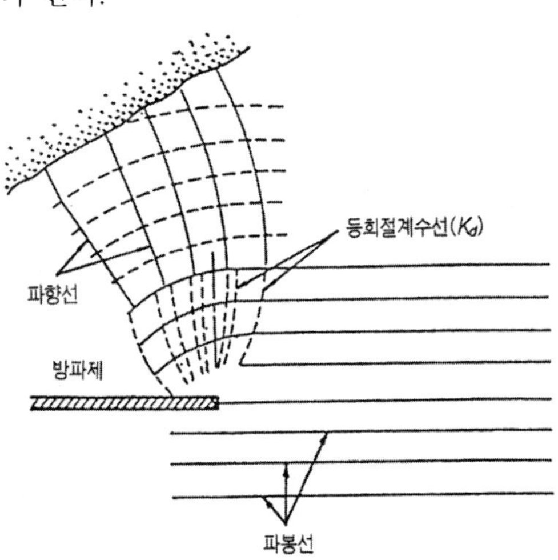

굴·회절 변형의 근사해석도

가. 굴·회절 변형 추정

- ○ 방파제 및 이안제까지 굴절도작성
- ○ 여기서 해안방향으로 3~4 정도의 연속파봉을 가진 회절도 작성
- ○ 회절도에서 결정한 해안쪽의 파봉선에서 대상파향에 대해 연안지점, 쇄파지점까지 굴절도 작성
- ○ 해안에 가장 인접한 파봉선의 파고, 파향 및 굴절도 상에서 연안지점, 쇄파지점의 파고, 파향 산정.

나. 수치모형에 의한 추정

굴절·회절 변형 추정은 여러 방법중 계산속도가 빠르고 쇄파지역의 경계조건 설정이 용이한 포물선형 완경사방정식의 파랑추정이 많이 이용된다.

1) 파향선법(Wave ray method)

파향선이 지나는 곳만 파랑특성을 구할 수 있기 때문에 대상영역 전체의 파랑특성은 구할 수 없으며, 파교점(Caustics)이 발생하면 값 자체를 신뢰할 수 없고, 복잡한 지형에 사용하기에는 부적당하여 다른 모형에 의한 결과와 비교하는 대안으로서 사용되고 있다.

현재 국내에서 사용되는 대표적인 모델로는 Dobson, Herbich 등이 있다.

2) 타원형 완경사방정식(Elliptic mild slope equati-on)

파랑 변형중 수심에 의한 굴절, 회절, 천수현상을 고려할 수 있으며, 파교점에서 발생되는 문제점을 해결하여 심해파로부터의 천해설계파의 추정에 많이 이용되고 있다.

장애물에 의한 회절 및 반사효과는 고려할 수 없어 계산영역 내에 섬 등의 장애물이 있는 경우 수치해가 발산하여 신뢰할 수 없는 결과를 초래할 수 있다.

비교적 넓은 해역에 사용되며, 현재 국내에서 사용되는 대표적 모델로는 RCP wave, ECORD 등이 있다.

3) 포물선형 완경사방정식(Parabolic mild slope equati-on)

장애물에 의한 파랑의 굴절, 회절현상을 고려할 수 있으며, 반사파 성분을 무시하고 유도한 식을 사용하므로 방파제나 도제 등의 구조물이 있는 경우, 이들에 의한 반사파를 계산할 수 없는 단점이 있다.

비교적 좁은 해역에 사용되며, 현재 국내에서 사

용되는 대표적 모델로는 Ref/Dif version, PCORD 등이 있다.

4) 쌍곡선형 완경사방정식(Hyperbolic mild slope equation)

파랑의 굴절, 회절, 천수, 반사, 쇄파현상 등을 고려할 수 있으며, 경계조건을 경계상에서의 선유량으로 표시되는 Dirichlet형으로 나타내기 때문에 수치계산이 훨씬 쉽다.

계산의 안정성 때문에 비교적 대상해역이 좁고, 반사 및 쇄파현상을 고려해야하는 해역에 사용되며, 현재 국내에서 사용되는 대표적 모델로는 TDMSE, HCORD 등이 있다.

6.4.6 환산심해파고(換算深海波高)

가. 정 의

환산심해파고는 굴절, 회절 등에 의한 파고 변화의 영향을 설계계산 및 수리모형실험시 취급하기 쉽게 하기 위한 가상적인 파고이다.

환산심해파고의 파고와 주기는 다음과 같이 정의된다.

$$H_0' = K_d K_r (H_{1/3})_0 , \quad T_{1/3} = (T_{1/3})_0$$

여기서, H_0' : 환산심해파고(유의파)
$(H_{1/3})_0 = H_0$: 심해파고(유의파)
$(T_{1/3})_0$: 심해파의 유의파 주기
K_d : 회절계수, K_r : 굴절계수

나. 적용범위

- 2차원 수조의 수리모형실험
- 해역에 따라 환산심해파고 적용
- 해저마찰에 의한 감쇄율(k_f)고려
- 유의파에 대해서만 적용

6.4.7 반 사(反射)

가. 반사현상

파랑이 방파제, 인근 구조물 및 지형변화가 심한 곳에 부딪치면 파 에너지의 일부는 반사되거나 전달파의 에너지로 되고, 나머지는 쇄파, 점성 및 마찰 등의 영향으로 소멸되는 현상이 나타난다.

나. 규칙파의 반사

1) 반사파의 변화

- 입사각 < 45°인 경우 : 입사각 = 반사각
- 45° < 입사각 < 70°인 경우 : 입사각 < 반사각, Mach-stem 파형 형성
- 입사각 > 70°인 경우 : Mach-stem 폭 증가

2) 반사율

반사율은 구조물 특성(형태, 재질, 입도, 공극율)과 파랑특성(파형경사, 상대수심)에 따라 변하며, 일반적으로 파형경사와 반사율은 반비례의 관계가 있다.

$$K_R = H_I / H_R$$

여기서, H_I : 입사파고
H_R : 반사파고

반사율의 개략치(Seeligand Ahrens, 1981)

구조형식	반 사 율
직립벽(마루가 정수면 위)	0.7 ~ 1.0
직립벽(마루가 정수면 아래)	0.5 ~ 0.7
사석사면(1:2 ~ 3 경사)	0.3 ~ 0.6
이형소파 블록사면	0.3 ~ 0.5
직립소파 구조물	0.3 ~ 0.8
자연해빈	0.05 ~ 0.2

다. 불규칙파의 반사

1) 중첩파고의 반사

- 규칙파 : 파형의 단순 중첩으로 산정
- 불규칙파 : 파군의 에너지 중첩으로 산정

$$H_s = \sqrt{H_1^2 + H_2^2 + \cdots + H_n^2}$$

여기서, H_s : 파군 전체의 유의파고
$H_1, H_2 \cdots H_n$: 각 파군의 유의파고

2) 우각부 · 방파제 두부 부근 및 도제주변의 파랑 변형

우각부나 방파제 두부 부근은 파랑의 불규칙성을 고려한 불규칙파로 산정하며, 파고의 최대치 분포도표에서 구한다. 방파제 반사율 $K_R = 0.4$가 되도록 소파공을 설치한 경우, 우각부의 파고증대는 고려하지 않는다.

6.5 쇄 파(碎波)

6.5.1 일 반

제3편

가. 쇄파현상

파랑이 심해에서 충분히 발달하면 파봉의 입자속도가 파속과 같아지면서 파는 불안정하게 되어 수심에 따라 파봉이 점차 부서지는 현상을 쇄파라 한다.

나. 쇄파형식

경사진 해빈상의 쇄파는 일반적으로 3가지 형태로 분류된다.

1) 붕괴파(Spilling breakers)

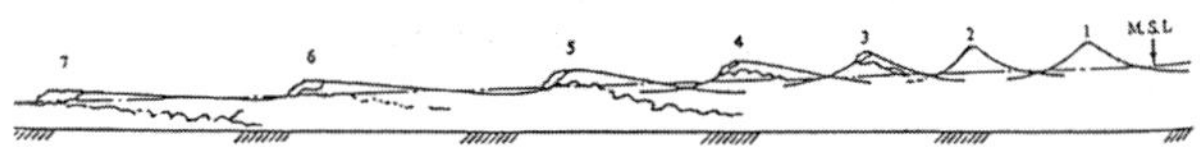

파형이 진행함에 따라 비대칭이 되고 파봉 일부분에 하얀 거품이 생기며 점차적으로 깨져 이것이 파의 전면으로 무너져가는 형태의 쇄파로 천해인 해안뿐아니라 심해역, 파형경사가 큰 경우에 발생한다.

2) 권파(Plunging breakers)

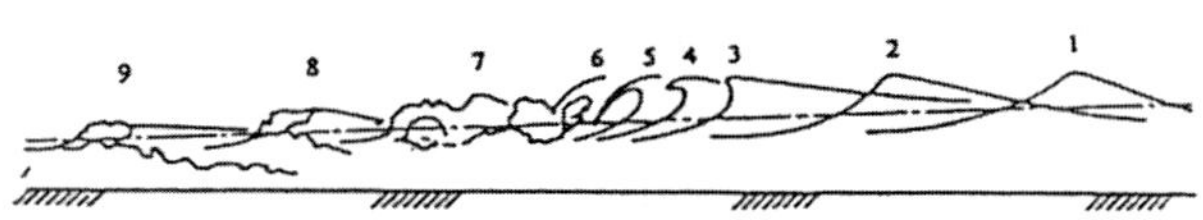

해안부근의 수심이 얕은 곳, 파형경사와 해빈경사가 급한 곳에 파랑이 도달하면 해저 마찰의 영향으로 물입자의 속도가 해저보다 표면에서 크게되어 파봉이 앞으로 밀리면서 파랑전체가 앞으로 일시에 넘어지는 형태의 쇄파로서 방파제에 가장 강력한 파력을 미친다.

3) 쇄기파(Surging breakers)

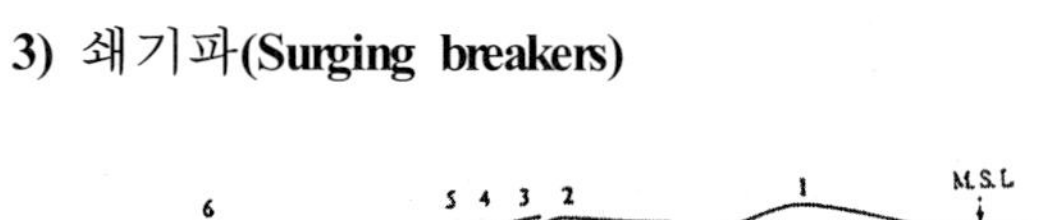

권파와 같이 일시에 파랑 전체가 깨지는 것이 아니고 파랑의 하부쪽에서 부서지기 시작하여 파의 전면 대부분이 깨어져 해안선에서 공기를 혼합시키면서 사면을 타고 올라가는 형태의 쇄파로서 해저경사가 큰 경우에 발생한다.

6.5.2 규칙파의 쇄파 한계파고

가. 정 의

파랑이 해안으로 진행하면 천수변형에 의해 파고가 증가하고 한계파고에 이르면 쇄파가 발생하여 파랑운동의 많은 변화가 발생하며, 이때 파가 부서지는 지점을 쇄파점, 그 지점의 수심을 쇄파수심, 그때의 파고를 쇄파고라 한다.

또한 주어진 수심에서 파가 부서지기 시작하는 파고를 진행파의 한계란 뜻에서 쇄파 한계파고라 한다.

나. 쇄파 한계조건**(Danel, 1952)**

○ 심해 : $(H_0 / L_0)_{max} = 1/7$

○ 천해 : $(H / L)_{max} = 1/7(2\pi d / L)$, $(H / d)_{max} = 0.9$

다. 쇄파 한계파고 산정

쇄파한계파고는 Goda(合田, 1970)가 제안한 쇄파한계파고 도표를 이용하여 산정하고 근사식은 다음과 같다.

$$\frac{H_b}{L_0} = 0.17\left[1 - \exp\left\{-1.5\frac{\pi h}{L_0}(1 + 15\tan^{4/3}\theta)\right\}\right]$$

여기서, θ는 해저경사

6.5.3 쇄파에 의한 파고변화

가. 적용범위

$h < 3H_0'$ 조건의 지점은 쇄파에 의한 파고변화를 고려하며, 파랑의 불규칙성을 고려해야 한다.

나. 산정도표에 의한 파고변화 추정

Goda(合田, 1975)의 쇄파이론으로 계산한 해저경사별 쇄파대내의 유의파고 및 최대파고 산정도표를 이용하여 산정한다.

다. 간편식에 의한 파고변화 산정

$$H_{1/3} = \begin{cases} K_s H_0' & h/L_0 \geq 0.2) \\ \min\{(\beta_0 H_0' + \beta_1' h), \beta_{max} H_0', K_s H_0'\} & h/L_0 < 0.2) \end{cases}$$

여기서, $\beta_0 = 0.028(H_0' / L_0)^{-0.38}\ \exp\ [20(\tan\theta)^{1.5}]$

$\beta_1 = 0.52\exp[4.2\tan\theta]$

$\beta_{max} =$
$\max 0.92, 0.32(H_0' / L_0)^{-0.29}\exp[2.4\tan\theta]$

$$H_{max} = \begin{cases} 1.8K_s H_0' & (h/L_0 \geq 0.2) \\ \min\{(\beta^* H_0' + \beta_1^{*\prime} h), \beta_{max}^* H_0, 1.8K_s H_0'\} & (h/L_0 < 0.2) \end{cases}$$

여기서, $\beta_0 = 0.052(H_0' / L_0)^{-0.38}\ \exp\ [20(\tan\theta)^{1.5}]$

$\beta_1 = 0.63\exp[3.8\tan\theta]$

6.5.4 쇄파고(H_b)와 쇄파수심(h_b)

$$\beta^{*}_{\max} = \max 1.65, 0.53(H_0^{'}/L_0)^{-0.29}\exp[2.4(\tan\theta)]$$

쇄파대내에서의 H_b와 h_b는 Goda(合田, 1975)가 제안한 쇄파 지수도표로부터 파형경사에 따른 $(H_{1/3})_{peak}$와 $(h_{1/3})_{peak}$를 구하여 산정한다.

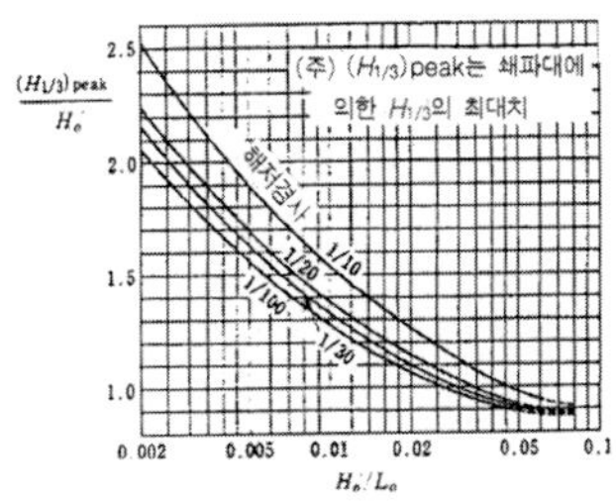

$(H_{1/3})_{peak}$ 산정도

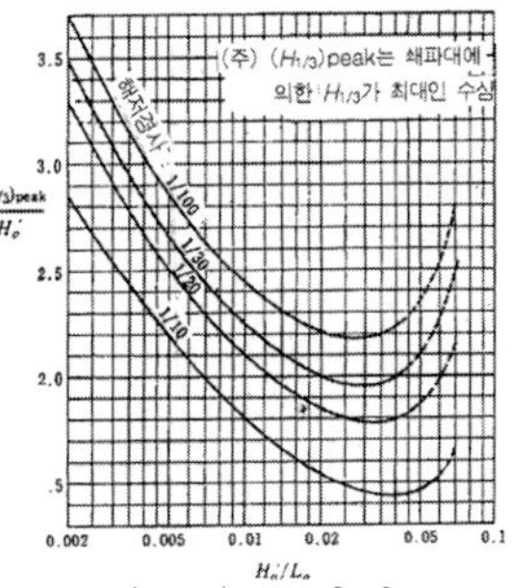

$(h_{1/3})_{peak}$ 산정도

6.5.5 쇄파에 의한 평균수면 상승

가. 적용기준

쇄파대내에서 쇄파에 의한 평균수위 상승요인을 구조물 설계시에 고려한다.

나. 수위상승(**Wave setup**)

파랑이 진행할 때 운동량의 수송과 관련한 방사응력(Radiation stress)이 작용하여 정선을 향해 거의 직선적으로 수위가 증가하는 현상을 말한다.

방파제 및 물양장의 마루높이 산정시 이를 고려한다.

다. 방사응력(**Radiation stress**)

해안으로 파랑 전파시, 파 에너지와 물입자(해수)가 동시에 움직여 이에 의한 운동량의 수송이 이루어지며, 장애물에 부딪히면 전파방향으로 관성력이 작용하는 것을 방사응력이라 한다.

라. 평균수면($\bar{\eta}$)계산

$$\frac{d\bar{\eta}}{dx} = -\frac{1}{\bar{\eta}+h}\frac{d}{dx}\left[\frac{H^2}{8}\left(\frac{1}{2}+\frac{4\pi h/L}{\sinh(4\pi h/L)}\right)\right]$$

평균수면 상승량은 수심비, 평균수심비의 관계로부터 해저경사별로 도표화된 그림을 이용하여 구하며, 일반적으로 해저경사가 급할수록, 파형경사가 작을수록 평균해수면 상승량이 현저하게 나타난다.

마. 서프비트(**Surfbeat**)

파랑간의 상호작용으로 생성되는 입사파 주기의 수배~수십배에 주기를 가지고 해면이 상·하로 불규칙하게 변동하는 현상을 말한다. 서프비트의 진폭은 심해파 진폭의 30%이상 되는 경우가 있으며, 진폭은 다음 식으로 계산한다.

$$\xi_{rms} = \frac{0.01H_0^{'}}{\sqrt{\frac{H_0^{'}}{L_0}\left(1+\frac{h}{H_0^{'}}\right)}}$$

여기서, ξ_{rms}는 서프비트 파형의 표준편차 값

6.6 처오름 높이 및 전달파고

6.6.1 처오름 높이

가. 일 반

파랑의 처오름높이는 입사파의 파고, 파형경사, 구조물의 형상, 설치위치, 경사면의 조도, 해저지형 등에 따라 변화하므로 실험값을 이용하여 산정한다.

파랑의 처오름높이는 해안구조물, 해안제방, 호안시설 등의 마루높이 산정시 중요한 요소로 작용한다.

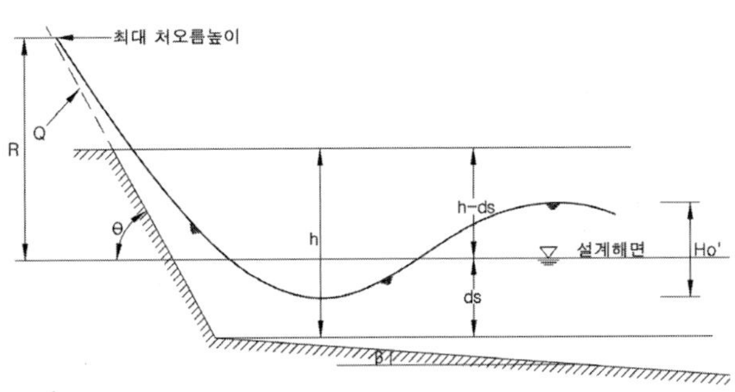

파의 처오름

나. 처오름높이 계산

○ 상대깊이(d_s/H_0')<3인 경우 처오름높이 산정식

$(R/H_0') = (R/H_0') \cdot \gamma \cdot K$

여기서, R : 처오름높이

R/H_0' : 상대 처오름량(도표이용)

H_0' : 환산심해파고

γ : 조도조정계수

K : 축척조정계수(인공콘크리트 피복재 K = 1.03)

○ 상대깊이(d_s/H_0')>3인 경우 : 위식에서 γ, K값 제외.

6.6.2 월파량

가. 일 반

월파량이란 월파한 물의 단위폭당 유량(m^3/m)을 말하며, 월파 유량은 월파한 물의 단위시간당 월파한 물의 단위폭당 부피로 계산한다.

항만구조물 설계시 파랑에 의한 월파량산정은 불규칙파에 의한 수리모형실험이나 실험값을 사용하여 산정한다.

나. 규칙파의 월파량 산정

○ 규칙파 실험으로 환산심해파고에 대한 월파유량의 관계에 의해 월파유량곡선을 작성

○ 기대월파유량 = 월파유량곡선 × 파고의 출현율 산정

○ 불규칙파에 의한 추정치로 산정

다. 불규칙파의 월파량 산정

직립 및 소파 호안시설에서는 불규칙파 실험으로 작성한 Goda(合田, 1975)의 월파량 추정도표를 이용하여 산정한다.

라. 허용 월파유량

항만구조물 배후지역의 이용측면상 허용월파량은 다음 표와 같다.

배후지의 중요도를 고려한 허용 월파량

요 건	월파량($m^3/m \cdot s$)
○ 배후에 민가, 배후시설 밀집으로 월파, 물보라 등의 유입으로 중대한 재해가 예상되는 지역	0.01정도
○ 기타 중요한 지역	0.02정도
○ 기타 지역	0.02～0.06

자료 : 福田등 1973, 永井등 1964

배후지 이용상황과 재해한계상 월파량 기준

이 용 방 법	상태(호안후면)	월파량($m^3/m \cdot s$)
○ 보 행	위험없음	2×10^{-4}
○ 자동차	고속통행 가능	2×10^{-5}
	운전가능	2×10^{-4}
○ 가 옥	위험없음	2×10^{-4}

자료 : 福田등 1973

재해한계의 월파량

종 별	피 복 공	월파량($m^3/m \cdot s$)
호 안	배후포장 있음	0.20
	배후포장 없음	0.05
제 방	3면이 콘크리트	0.05
	마루포장 · 뒷채움미시공	0.02
	마루포장 없음	0.005이하

자료 : 合田 등 1970

6.6.3 전달파고

가. 적용기준

방파제를 월파한 파랑 또는 방파제 제체를 통과한 파랑에 의한 전달파고 수리모형실험, 기초자료를 참고하여 산정한다.

나. 경사방파제의 전달파고

1) 파고 전달율

$$K_{To} = \sqrt{(K_{To})^2 + (K_{Tt})^2} = \frac{H_T}{H_t}$$

여기서, K_{To} : 월파에 의한 파고 전달율
K_{Tt} : 투과에 의한 파고 전달율
H_t : 입사파고
H_T : 전달파고

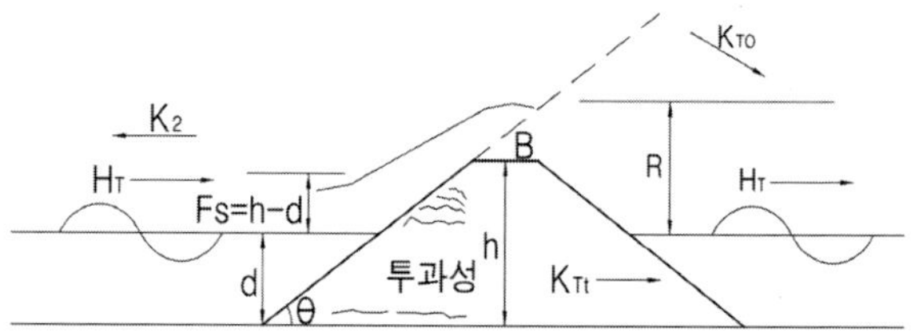

전달파고 개념도

2) Seeling(1980) 제안식

$$K_{To} = c(1 - h_c/F_b),\ 0 \le (K_{To}) \le 1.0$$

여기서, F_b : 방파제의 정수면상 높이
c : 경험계수($c = 0.51 - 0.11B/h$)
d : 수심

3) 파의 처오름량(R)

$$\frac{R}{H_T} = \frac{a\xi}{1+b},\ \xi = \frac{\tan\theta}{\sqrt{H_t/L_o}}$$

여기서, 경사방파제 : $a = 0.692,\ b = 0.504$
Dolos 피복방파제 : $a = 0.988,\ b = 0.703$

ξ : 서프매개변수(Surf similarity parameter)
θ : 방파제 외항측 사면경사각
L_0 : 심해파장

다. 혼성방파제의 전달파고

혼성방파제를 월파한 파랑 또는 제체 통과 파랑이 항내로 유입된 전달파고는 도표를 이용하여 산정한다.

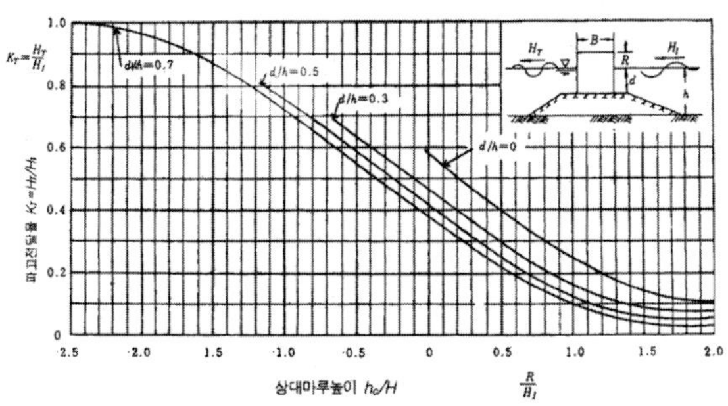

혼성방파제의 전달파고계수

6.7 장주기파 및 부진동

6.7.1 정 의

항내 또는 외해에서 주기가 1~수분 이상의 장주기의 수위변동이 생기는 파랑을 장주기파라 부른다.

외해의 기압변화에 의해 발생하는 미소교란이 항내 또는 만의 고유진동주기에 의해서 장주기의 수위변동이 증폭되는 현상을 부진동이라 한다.

6.7.2 발생요인

가. 구속파의 영향

파군모양이 뚜렷한 파는 잉여응력의 분포가 불균일하므로 장주기의 수위변동이 발생하여 파군과 함께 진행하는 파랑을 구속파라 한다.

구속파는 군속도(C_G)로 진행하고 진폭은 H^2에 비례하므로 수심이 얕아지면 진폭이 커져서 영향을 미친다.

나. 자유진행파의 영향

방파제나 곶에서는 풍파의 회절영향으로 파고가 적어지고 구속되는 장주기파도 작아지나 완전 소멸되지 않고 장주기파로 변환되어 항내로 전파하는 파랑을 자유진행파라 한다.

자유진행장파의 전파속도는 장파속도인 $v = \sqrt{gh}$로 전파되고 항내에 침입하면 안벽이나 해빈 등에 반사된 에너지가 다시 항외로 전파되어 영향을 미친다.

6.7.3 하역한계파고

장주기파의 하역한계파고는 주기, 선박제원, 계류상황, 하역조건 등에 따라 다르나 일반적으로 $H_{1/3}$ = 10~15*cm* 정도이다.

6.7.4 영 향

- ○ 공진현상으로 큰 동요를 일으켜 항만 가동율에 크게 영향을 미친다.
- ○ 만내의 침수, 배수구의 역류현상이 발생
- ○ 돌발적 유속 증가로 선박항행에 지장을 주고 계류삭의 절단 피해발생

6.7.5 대 책

- ○ 항만계획시 부두의 배치는 장방형이나 정형보다는 불규칙적인 평면배치 채택
- ○ 계류삭의 스프링 상수조정으로 고유주기와 장주기파의 주기를 다르게 하여 공진 발생 억제
- ○ 계류삭의 취부위치, 초기장력의 변동 및 로프의 재질개선
- ○ 항내 장주기파 침입을 억제할 수 있는 방파제 배치계획 수립
- ○ 방파제 구조형식을 장주기파의 투과가 가능한 구조형식 채택
- ○ 안벽구조형식은 반사파를 줄일 수 있도록 잔교식, 소파형식의 구조형식 채택

6.8 항내파랑

6.8.1 항내 정온도와 항내수면 교란의 요소

가. 물리적 요소

파랑, 바람, 선박동요, 하역기계의 내풍, 내파성

나. 항만이용성

선박입출항의 난이, 태풍시 피박, 해상작업의 한계조건

다. 경제적 요소

하역효율, 선박가동율, 정온도 향상을 위한 건설비 산정

라. 파랑에 의한 요소

항구침입파, 항내 전달파 및 발생파, 반사파, 장주기파, 부진동, 대형선박의 항주파(航走波)발생

6.8.2 항내정온도의 산정

가. 항내정온도 산정법

- 관측결과를 기초로 심해파의 파향별 파고 초과 출현율 빈도분포를 설정하여 내용년수에 따른 허용치를 기준하여 항내파고 계산
- 에너지평형방정식에 의해 심해파의 관측 또는 추산점에서 항입구까지 굴절, 천수변형, 쇄파 변형을 고려한 파랑조건 계산
- 회절 및 반사에 의한 변형, 전달파 및 투과파의 영향을 고려한 항내파고 산정
- 항내파고=(회절파^2+반사파^2+전달파^2)$^{1/2}$ = $\sqrt{(\text{회절파})^2+(\text{반사파})^2+(\text{전달파})^2}$
  항내주기=회절파의 주기

나. 파고초과 출현율

- 항외(외해)의 파향별 파고초과 출현율을 작도
- 각 파고계급별 항내 합성파고를 계산하고 도상에 작도
- 항외파고에 대응하는 초과 확율의 값이 같은 파고를 이동시켜 차례로 Ploting 된 점을 연결
- 도표에서 파향별 항내파고의 초과확율 계급별 파고초과 출현율 값을 산정

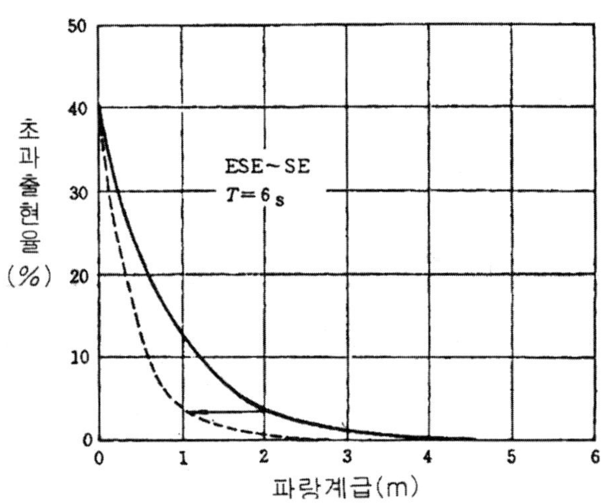

항내파고의 초과출현율 계산예

다. 항내파고의 출현율

- 파고 0.5m~1.0m를 초과하여 출현하는 파의 백분율, 또는 일수로 표시
- 항내 정온도는 하역한계파고를 고려하여 결정
- 일반적으로 대형항만은 $H_{1/3}$ = 0.8m, 소형항만은 $H_{1/3}$ = 0.5m

제7장 · 파 력

7.1 적용기준

항만구조물에 작용하는 파력은 구조물의 형상, 해저지형, 전면수심 및 파랑의 특성 등을 고려하여 쇄파 또는 중복파의 파력계산 또는 파랑의 불규칙성을 고려한 수리모형실험 결과에서 산정한다.

수리모형실험으로 파력 산정시 구조물의 파괴성을 충분히 고려한 시험법을 사용하고, 규칙파 실험시 최대파에 대한 검토도 수행한다.

7.2 직립벽에 작용하는 파력

7.2.1 개 요

가. 직립벽에 작용하는 파력의 주된 요소

- 파랑의 제원
- 조위, 수심, 해저경사
- 구조물의 단면형상 : 사석부 마루의 수심 및 폭, 사석부의 경사 직립제의 마루높이 및 전면수심
- 평면배치형태 : 곡선부형성
- 소파블록의 특성, 마루높이 및 폭

나. 파랑의 형태에 의한 파력의 분류

- 중복파력 : 수심에 비해 작은 파고의 파랑에 의해 발생하고 파압의 시간적 변화가 완만
- 쇄파력 : 쇄파대에서 방파제에 조금 떨어진 곳에서 부서지기 시작하여 부딪히는 파랑에 의해 강한 파력발생, 특히 급경사 해저면상의 직립벽, 높은 사석마운드상의 직립벽은 매우 큰 충격 쇄파력이 작용
- 쇄파후의 파랑에 의한 파력 : 너울에 의해 발생

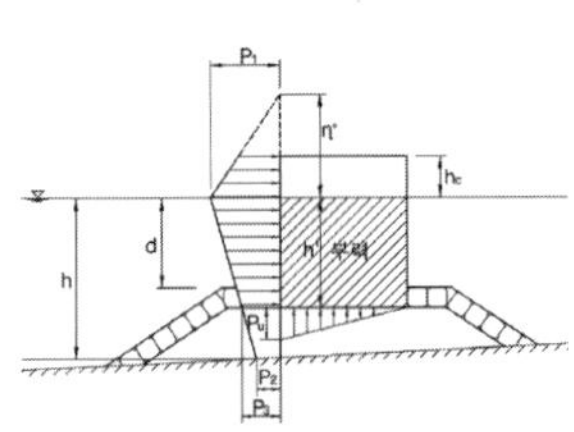

직립제의 설계파압 분포

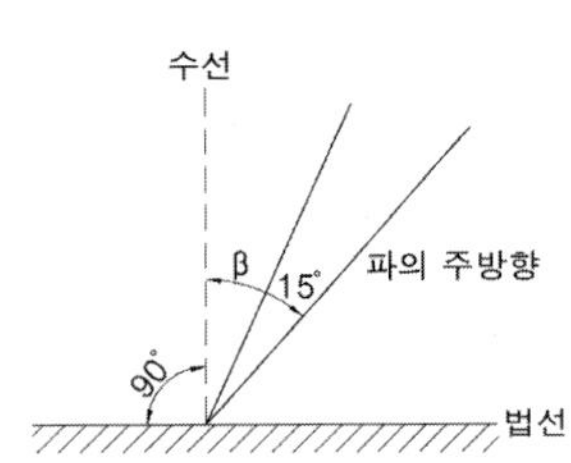

입사각의 보정각(β)

1) 양압력

$$p_u = \frac{1}{2}(1+\cos\beta)\alpha_1\alpha_2\lambda_3\rho g H_D$$

여기서, λ_3 : 양압력의 보정계수(보통 1.0)
부력 : 정수중의 배수체적만 고려

2) 파력계산 적용파고 및 파장

○ 쇄파의 영향을 받지 않는 경우

$H_D = H_{max} = 1.8H_{1/3}$

○ 쇄파의 영향을 받는 경우

H_D = 불규칙파의 쇄파변형을 고려한 H_{max}

단, H_{max}값은 직립벽 전면에서 $5H_{1/3}$ 떨어진 지점의 h_b값

3) 적용범위

○ 해저경사의 영향이 비교적 적은 중복파에서 쇄파까지의 파력

○ 급경사 해저면, 마운드가 높은 직립벽은 파력의 과소평가가 우려되므로 충격쇄파압 적용

○ 직립벽 전면 사석마운드 폭이 $L/2$보다 길 때는 사석부 상단의 파고와 파장을 적용

○ 확대기초가 있을 때의 양압력은 확대기초를 무시하고 삼각형 분포도 산정

다. 전면수심과 파고 관계에 따른 분류

○ 중복파 : $\dfrac{h}{H_{1/3}} > 2$

○ 쇄 파 : $\dfrac{h}{H_{1/3}} < 2$

7.2.2 중복파 또는 쇄파의 파력

가. 벽면에 파봉이 있을 때

1) 전면파압

$$\eta^* = 0.75(1+\cos\beta)\lambda_1 H_D$$

$$p_1 = \frac{1}{2}(1+\cos\beta)(\alpha_1\lambda_1 + \alpha_2\lambda_2\cos^2\beta)\rho_0 g H_D$$

$$p_2 = \frac{p_1}{\cos h(2\pi h/L)}$$

$$p_3 = \alpha_3 p_1$$

$$\alpha_1 = 0.6 + \frac{1}{2}\left[\frac{4\pi h/L}{\sinh(4\pi h/L)}\right]^2$$

$$\alpha_2 = \min\left[\frac{h_b - d}{3h_b}\left(\frac{H_D}{d}\right)^2, \frac{2d}{H_D}\right]$$

$$\alpha_3 = 1 - \frac{h'}{h}\left[1 - \frac{1}{\cosh(2\pi h/L)}\right]$$

여기서, η^* : 정수면상 파압강도가 0이 되는 높이(m)

p_1 : 정수면에서의 파압강도(kN/m^2)

p_2 : 해저면에서의 파압강도(kN/m^2)

p_3 : 직립벽 저면에서의 파압강도(kN/m^2)

ρ_0 : 물의 밀도(t/m^3)

g : 중력가속도(m/s^2)

λ_1, λ_2 : 파압의 보정계수

h : 직립벽 전면의 수심(m)

h_b : 직립벽 전면에서 외해(심해측)로 $5H_{1/3}$ 만큼 떨어진 지점의 수심(m)

h' : 직립벽 저면의 수심(m)

d : 사석부의 밑바침공 또는 피복공 마루 중 작은 수심(m)

H_D : 설계계산에 쓰이는 파고(m)

L : 수심 h에서의 설계계산에 쓰이는 파장(m)

$min(a,b)$: a 또는 b중 작은 값

β : 구조물 법선과 주파향의 ±15°범위에서 가장 위험한 방향 선분과의 사잇각(°)

나. 벽면에 파곡이 있을 때

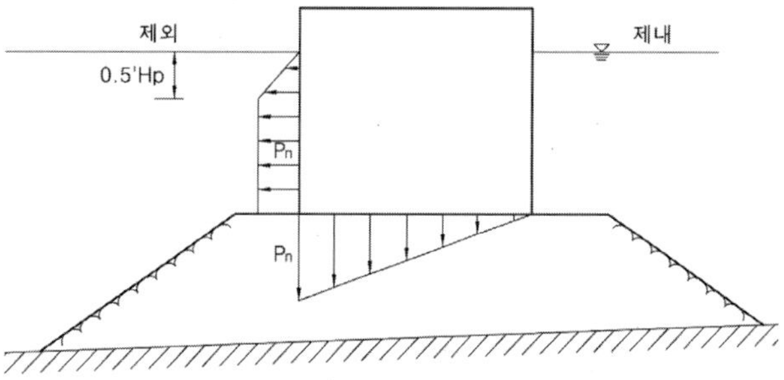

부(負)의 설계파압 분포

$$P_n = 0.5\rho_0 g H_D$$

여기서, P_n = 파압강도(kN/m^2)

H_D = 최대파고(m)

방파제에 작용하는 파압은(파곡의 부압력 > 파봉의 정압력)이므로 벽체가 외해로 활동하는 경우도 있으므로 고려해야 한다.

7.2.3 충격쇄파력

가. 일 반

입사파랑이 직립제 전면에서 쇄파하기 시작하여 쇄파의 수직인 파면이 벽면에 부딪힐 때 파력의 작용시간은 매우 짧지만 이동운동량을 잃고 에너지로 변환되어 정수압의 수배~수십배의 쇄파압이 발생하는 것을 충격쇄파력이라 한다.

나. 발생조건

1) 파향의 영향

- 구조물 법선의 수직선과 파향과의 교각 $\beta < 20°$ 일 때

2) 급경사 해저인 경우

- 해저경사가 1/30보다 급하고 직립벽보다 약간 심해측에서 쇄파될 때
- 환산심해파의 파형경사 $H_0'/L < 0.03$일 때

3) 사석부가 높은 경우

- 사석부가 비교적 높을 때 $(d/h < 0.6)$
- 전면 마루폭(B)이 넓을 때 $(B/L = 0.1 \sim 0.3)$
- 사면경사가 완만할 때 $(S < 1/50)$

4) 마루높이가 높은 경우

- 쇄파의 파면이 정수면보다 높은 위치에 있을 때

다. 대책공법

- 직립벽 전면에 소파블록으로 피복하여 파력완화
- 사석부가 높은 경우는 필히 소파블록으로 피복
- 직립부는 소파케이슨, 사면케이슨 등 이형케이슨 설치
- 방파제의 법선을 파향과 경사지게 배치

라. 수리모형실험에 의한 파력검토

- 충격력에 대한 구조물의 응답특성 분석
- 직립벽 전체의 안정검토 : 본체의 활동실험
- 부재 강도에 대한 검토 : 응력측정실험

마. 직립벽에 작용하는 충격쇄파력

$$\frac{h_M}{H_0} - C_M\left(\frac{H_0}{L_0}\right)^{-1/4}$$: 미쓰야수(光易, 1962) 산정식

여기서, h_M : 충격쇄파력이 최대가 되는 수심(m)

C_M : 0.59 - 3.2tanθ

H_0 : 심해파고(m)

L_0 : 심해파장(m)

tanθ : 일정한 경사면의 경사

미쓰야수의 실험결과로 작성된 도표에 의해 충격쇄파력을 구하며, 일반적인 경향은 H_0/L_0가 작을수록 강한 충격쇄파력이 발생한다.

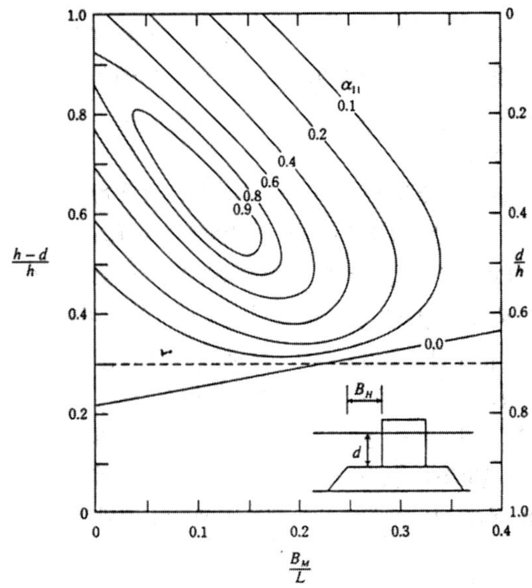

충격쇄파력 계수

바. 혼성제에 작용하는 충격쇄파력

- 충격쇄파력 지수

$$\alpha_1 = \alpha_{I_0}\alpha_{I_1}$$

$$\alpha_{I_0} = \begin{cases} H/d & (H/d \le 2) \\ 2 & (H/d > 2) \end{cases}$$

여기서, H : 설계파고(최고파고)

d : 사석부 마루의 수심

α_{I_1} : 0~2

- 도표에서 $d/h = 0.4$, $B_n/L = 0.12$일 때 α_{I_1} = (최대)
- Goda식 : max (α_2, α_I)

7.2.4 소파블록으로 피복된 직립벽에 작용하는 파력

가. 고다(合田, **1979**) 제안식

- 적용범위 : 소파공의 마루높이, (≈ 직립벽의 마루높이)에서 파력에 소파블록의 안전이 확보될 때

$$\eta^* = 0.75(1+\cos\beta)\lambda H_D$$

$$p_1 = \frac{1}{2}(1+\cos\beta)\lambda\alpha_1\rho_0 g H_D$$

$$p_2 = \frac{1}{2}(1+\cos\beta)\lambda\alpha_1\alpha_3\rho_0 g H_D$$

여기서, η^* : 정수면상 파압강도가 0이 되는 높이(m)

P_1 : 소파블록으로 피복되는 경우 정수면에서의 파압강도(kN/m^2)

P_2 : 소파블록 저면 앞 끝부분의 양압력 강도(kN/m^2)

β : 직립제 법선의 수직선과 주 파향에서 ±15°범위내로 가장 위험한 방향이 되는 각도(°)

λ : 소파블록 피복에 의한 파압의 저감률

$$\begin{cases} 1.0 & (H/h \leq 0.3) \\ 1.2-2(H/h)/3 & (0.3 < H/h \leq 0.3) \\ 0.8 & (H/h > 0.3) \end{cases}$$

α_1 : 계수

α_3 : 계수

H_D : 설계계산에 쓰이는 파고, 최대파고(m)

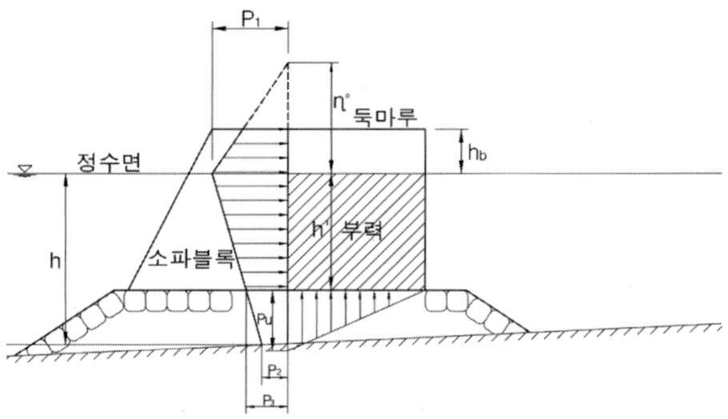

고다식 적용 설계파압 분포

나. 모리하라(森平,1967) 제안식

○ 적용범위 : 소파블록이 충분히 피복, 쇄파대내에 있을 때

○ 파력이 구조물에 직각으로 작용할 때

$$\bar{p} = 1.0\rho_0 g H_{1/3}$$

여기서, $\bar{p}$: 소파블록 피복시 직립벽에 작용하는 평균 파압강도(kN/m^2)

$H_{1/3}$: 설계유의파고(m)

○ 파력이 구조물에 사각으로 작용할 때

$$\begin{cases} \bar{p} = 1.0\rho_0 g H_{1/3}\cos\beta, & 0 \leq \beta \leq 45° \\ \bar{p} = 0.7\rho_0 g H_{1/3}, & \beta > 45° \end{cases}$$

여기서, β : 구조물 수직선과 주파향의 (±)15° 범위내 파향보정 선분과의 사잇각(°)

$H_{1/3}$: 유의파고(m)

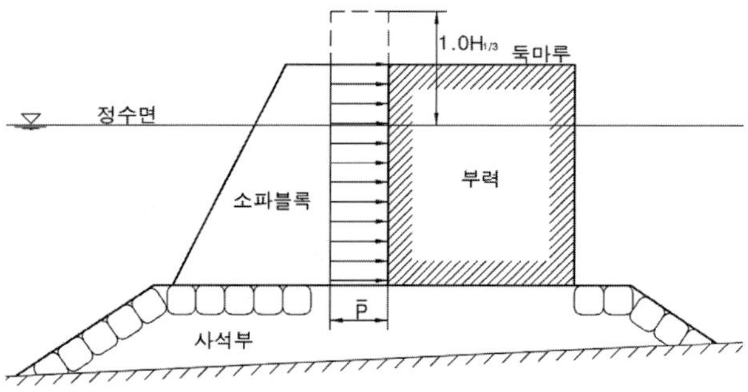

모리하라식 적용 설계파압 분포

7.2.5 구조물 반사파랑에 의한 파력

가. 사행재해(蛇行災害)

구조물 법선형에 굴곡이 있는 경우는 파의 반사 및 회절효과 등으로 제체선을 따라 파고분포가 상이하여 활동상황이 파상분포로서 작용파력의 증대로 피해를 입었을 때 사행재해라 한다.

나. 설계에 적용하는 파고

제체 굴곡을 고려한 파력 산정은 다음 식에 따라 파고를 할증하고 다음의 파력산정식에 따라 계산한다.

$$H_D' = min\{K_c H_D,\ K_{cb} H_b\}$$

$$K_c = H_s / \{H_I(1 + K_R)\}$$

여기서, H_D' : 제체굴곡의 영향을 고려한 파력의 산정에 쓰이는 파고(m)

K_C : 제체굴곡의 영향에 의한 파고증대율 $K_C \geq 1$

K_{cb} : 쇄파 한계파고의 증대율의 한계치 $K_{cb} \doteqdot 1.4$

H_D : 제체굴곡의 영향을 고려하지 않을때의 파력산정에 쓰이는 파고(m)

H_s : 벽면에서의 파고(m)

H_I : 입사파고(m)

K_R : 방파제의 반사율

7.2.6 수심급변화 구간의 작용파력

암초, 사주 등에 의해 수심이 급변하는 해역은 파랑변형이 복잡한 현상을 나타내므로 수리모형실험에 의해서 파력을 산정한다.

7.2.7 쇄파선과 육지와의 거리가 멀 때의 작용 파력

가. 정선의 바다쪽에 있는 직립벽에 작용하는 파력

정선부근의 수심이 얕은 곳은 Surfbeat 등에 의한 수위변화의 영향, 표사현상에 대한 수심변화, 폭풍해일 등의 영향 또는 불규칙파에 의한 쇄파변형을 고려한 수리모형실험값을 기준하여 파력을 산정한다.

나. 정선의 육지쪽에 있는 직립벽에 작용하는 파력

정선의 육지쪽에 직립벽이 있는 경우의 파력은 Surfbeat에 의한 수위상승, 파의 처오름현상, 표사현상, 이상고조위 등의 영향을 고려하고 수리모형실험값을 기준하여 파력을 산정한다.

7.2.8 직립 소파케이슨에 작용하는 파력

가. 유수실에 바닥판이 없을 때

$$\eta^* = 0.75(1+\cos\beta)\lambda_1 H_D$$

$$p_1 = \frac{1}{2}(1+\cos\beta)(\alpha_1+\lambda_3\alpha_2\cos^2\beta)\lambda_1\rho_0 g H_D$$

$$p_u = \frac{1}{2}(1+\cos\beta)(\lambda_1\alpha_1\alpha_3\rho_0 g H_D)$$

여기서, η^* : 정수면상 파압강도가 0이 되는 높이(m)

p_1 : 정수면상 파압강도(kN/m^2)

p_u : 소파부를 제외한 케이슨 본체부의 저면 전단에서의 양압력 강도

β : 구조물 수직선과 주파향의 ±15°범위 내 파향 보정 선분과의 사잇각(°)

λ_1, λ_2 : 직립 소파케이슨의 구조에 의한 파압의 보정계수(곡면 다공케이슨, 종슬리트케이슨 : λ_1=1.0, λ_2=0)

$\alpha_1, \alpha_2, \alpha_3$: 계수

ρ_0 : 해수의 밀도(t/m^3)

g : 중력가속도(m/s^2)

H_D : 설계계산에 쓰이는 파고, 최대파고(m) H_{max}

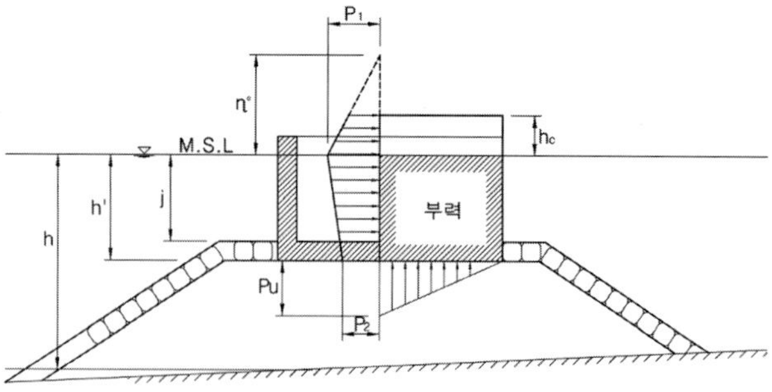

안정성 검토시 적용 파력분포

나. 유수실에 바닥판이 있을 때

유수실 내부에 파력 작용시 공기압에 의한 충격력이 발생하므로 부재 설계시 충격파력을 고려해야 한다. 충격파력을 줄이기 위해 파력이 벽체에 작용하지 않는 규모의 공기실을 설치한다.

7.2.9 경사제 및 경사구조물 전체에 작용하는 파력

경사제 또는 경사구조물의 전체에 작용하는 파력의 산정은 작용면의 경사, 구조양식, 소파정도, 반사율 등에 따라 다르므로 수리모형실험으로 검토하고, 다음 식을 이용하여 산정한다.

$$\eta_{max} = \frac{1}{2}(1+K_R)(1_{\cos}\beta)H_{max}$$

$$\eta = \eta_{max}\cos kx = \eta_{max}(k\,z\cot\theta)$$

$$H = \begin{cases} \rho g(\eta_{max}-z) & : 0 \le z \le \eta_{max} \\ \rho g\eta_{max}\dfrac{\cos k(h+z)}{\cosh kh}\cos(kz\cot\theta) & : -h \le z < 0 \end{cases}$$

$$P_H = \sin\theta\int_{-h}^{\eta_{max}} Pds = \int_{-h}^{\eta_{max}} Pdz$$

$$P_V = \cos\theta\int_{-h}^{\eta_{max}} Pds = \cot\int_{-h}^{\eta_{max}} Pdz$$

여기서, η_{max} : 최고수위(m)

K_R : 반사율

H_{max} : 설계파고(≒1.8$H_{1/3}$)

θ : 사면이 수평면과 이루는 각(°)

k : 파수(≒$2\pi/L$)

β : 입사각(°)

L : 파장(m)

ρ : 해수의밀도(≒1.03$kg\cdot sec^2/m^4$)

g : 중력가속도(≒9.8m/s^2)
z : 파력을 생각하는 깊이(m)
h : 경사제 전면수심(m)
η : 파압강도(tf/m^2)
P_H : 파력의 수평분력(tf/m)
P_V : 파력의 수직분력(tf/m)

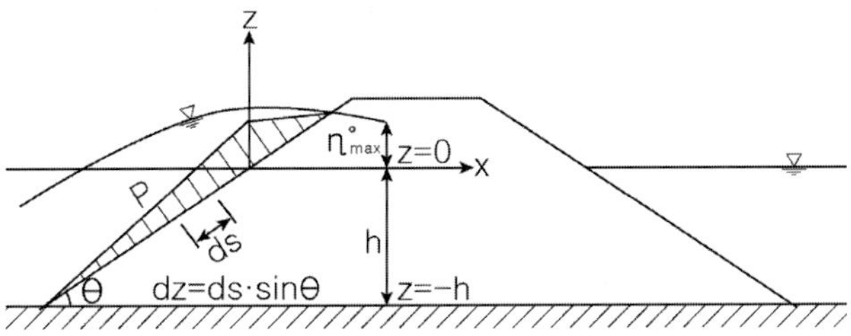

경사제의 설계파력 분포

7.3 경사방파제의 피복석 또는 블록의 안정중량

7.3.1 경사면의 피복석 또는 블록의 안정중량

가. 허드슨(**Hudson, 1959**) 식

$$M = \frac{\rho_r H^3}{N_s^3 (S_r - 1)^3}, \quad N_s^3 = K_D \cot\alpha$$

여기서, M : 사석 또는 블록의 안정에 필요한 최소중량(t)
ρ_r : 사석 또는 블록의 밀도(t/m^3)
S_r : 사석 또는 블록의 해수에 대한 비중
H : 안정계산에 사용하는 파고(m)($H_{1/3}$)
N_s : 피복재의 형상, 구배 또는 피해율 등에 의해 결정되는 안정계수
α : 사면이 수평면과 이루는 각(°)
K_D : 주로 피복재의 형상 또는 피해율 등에 의해서 결정되어지는 정수

나. 안정계수(**N_s**) 산정식

1) 파의 특성을 포함한 피복석

- 허드슨(Hudson, 1959) 계산식
- 반데미어(Van der Meer, 1987) 계산식

2) 파의 특성을 포함한 블록

- 반데미어(Van der Meer, 1988) 산정식

3) 소파블록 피복제의 블록

- 다까하시・요시하(高橋・羊澤, 1988) 제안식

$$H_s = C_H\{a(N_0/N^{0.5})^{0.2} + b\}$$

여기서, N_0 : 피해도(피해정도를 나타내는 피해율의 하나로 방파제 법선방향의 폭 D_n의 범위내에서 이동한 블록의 갯수, D_n은 블록의 대표지름)
C_H : 쇄파의 효과를 나타내는 계수, $C_H = 1.4/(H_{1/20}/H_{1/3})$ (비쇄파영역 $C_H = 1.0$)
a, b : 블록의 형상이나 사면구배 등에 의한 계수(K_D값이 8.3의 이형블록으로 cotα = 4인 경우, a = 2.32, b = 1.33, cotα = 1인 경우, a = 2.32, b = 1.42)

다. 경사방파제 단면설계 및 수중부 사석중량

1) 방파제 마루폭(**B**)

$$B = nK_1\left(\frac{W}{W_r}\right)^{1/3}$$

여기서, n : 층수(3이상)
K_1 : 피복재 층의 상수(표이용)
W : 피복재의 개당중량(kg)
W_r : 피복재의 단위체적중량(kg/m^3)

2) 사석층의 두께(**r**)

$$r = nK_1\left(\frac{W}{W_r}\right)^{1/3}$$

여기서, r : 층의 평균 두께(m)

3) 피복재의 개수

$$\frac{N_r}{A} = nK_1\left(1 - \frac{P}{100}\right)\left(\frac{W}{W_r}\right)^{2/3}$$

여기서, N_r : 주어진 면적당 각 피복재의 소요개수
A : 표면적(m^2)
P : 피복재의 평균 공극률(%)

4) 피복재 및 중간 피복재의 층수

층수는 2층을 표준으로 하며, 해상조건・피해사례・거치방법 등을 고려하여 1층으로 할 수 있다.

5) 방파제 제두부 보강

제간부 피복재 질량의 1.5배 이상인 사석 또는 블록을 사용한다.

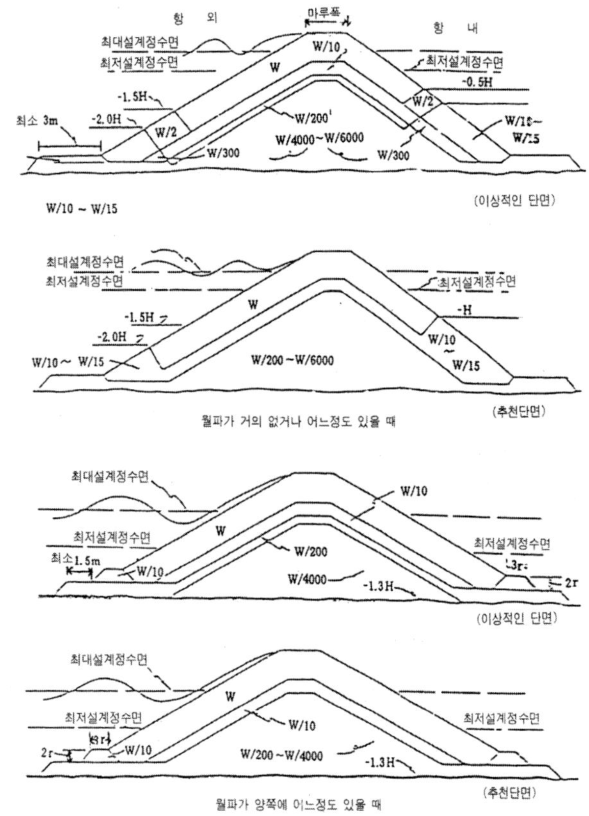

경사제 단면도(C.E.M, 1984)

7.3.2 혼성제 사석부

가. 브레브너 · 도넬리(**Brebner · Donnelly, 1962**)식

$$M = \frac{\rho_r H^3}{N_s^3 (S_r - 1)^3}$$

여기서, M : 사석 또는 콘크리트블록의 소요중량(t)

ρ_r : 사석 또는 콘크리트블록의 밀도(t/m^3)

H : 안정계산에 사용되는 파고(m) ($H_{1/3}$)

N_s^3 : 주로 피복재의 형상, 경사, 피해율 등에 의해서 정해지는 계수

S_r : 사석이나 콘크리트블록의 물에 대한 비중

나. 피복석의 안정계수

1) 확장된 다니모토(谷本, 1982)식

$$N_s = \max\left\{1.8, 1.3\frac{1-k}{K^{1/3}}\frac{h'}{H_{1/3}} + 1.8\exp\left[-1.5\frac{(1-k)^2}{k^{1/3}}\frac{h'}{h_{1/3}}\right]\right\};$$

$$\frac{B_M}{L'} < 0.25$$

$$K = K_1 (K_2)_B$$

$$K_1 = \frac{4\pi h'/L'}{\sinh(4\pi h'/L')}$$

$$(K_2)_B = \max\left\{\alpha_s \sin^2\beta\cos^2(2\pi l\cos\beta/L'),\ \cos^2\beta\sin^2(2\pi l\cos\beta/L')\right\}$$

여기서, h' : 기초사석부(피복층제외)의 마루의 수심(m)

l : 파가 직각으로 입사할 경우는 앞 어깨폭 $B_M(m)$, 파가 사각으로 입사할 경우는 앞 B_M 또는 B'_M중에서 $(K_2)_B$가 큰 편의 값

L : 수심 h'에서 설계유의파 주기에 대한 파장(m)

α_s : 대상지점이 수평한 경우의 보정계수(= 0.45)

β : 파의 입사각(법선방향과 이루는 각, 15°의 파향보정은 하지 않음)

$H_{1/3}$: 설계유의파고(m)

적용범위 : 제간부, $\beta \le 60°$입사파

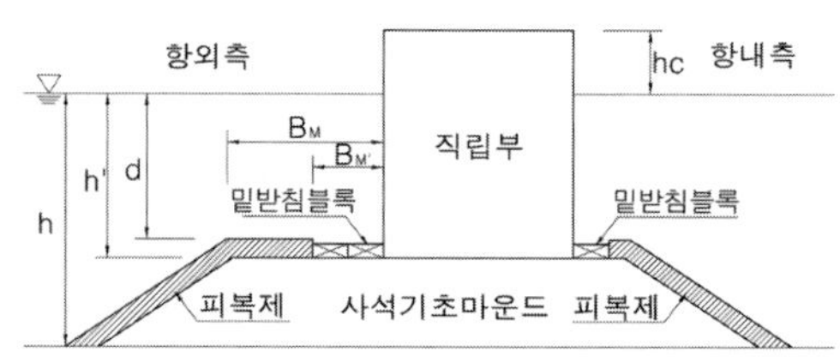

혼성제의 표준적인 단면과 기호

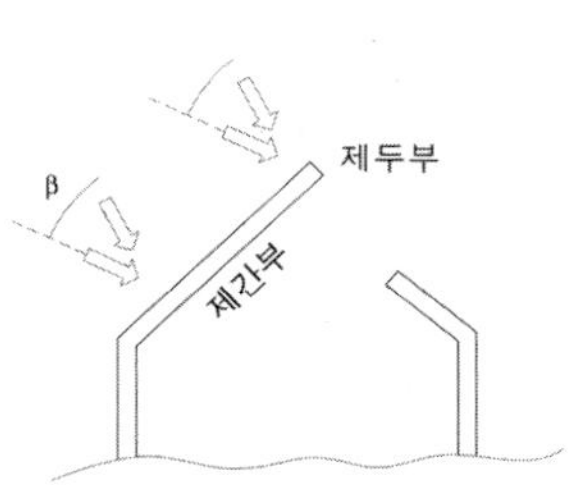

방파제의 법선형상과 파향의 영향

2) 기무라 등 (濵藤 · 木村, 1992) 식

$$N_s^* = N_s[D_n/\exp 0.3\{(1-500/N)\}]^{0.25}$$

여기서, N_s^* : 다니모토식에 의해 주어지는 안정계수(N = 500, D_N = 1%)

N : 임의의 작용파수

D_n : 피해율(%)(2층 피복시 3~5%)

적용범위 : 사석부 높이가 낮은 비쇄파 조건

다. 피복블록의 안정계수

불규칙파를 이용한 수리모형실험으로 산정한다.

라. 안정계수의 적용조건

○ $h'/H_{1/3} \geqq 1$일때 : 다니모토식 사용

○ $h'/H_{1/3} < 1$일때 : 사면피복재의 안정계수 사용

○ $h'/H_{1/3} = 1$일때 : 수리모형실험 값 사용

마. 혼성제 사석부의 단면설계

1) 피복재의 층수

층수는 2층을 표준으로 하며, 시공사례·피해사례 등을 고려하여 1층으로 할 수 있다.

2) 제두부의 피복재

○ 제간부 중량의 1.5배이상

○ 케이슨식 방파제는 제두부에 케이슨 1개정도

○ 다니모토(谷本)식으로 산정

$K = K_1(K_2)_T,\ (K_2)_T = 0.22$

3) 항내측의 피복

항내측의 파, 시공시 파의조건, 월파 등을 고려하여 결정

4) 피복재 중량의 저감

$1.5H_{1/3}$보다 깊은 부분은 사면부의 중량을 감소할 수 있다.

7.4 흐름에 대한 사석의 안정중량

흐름에 대한 사석의 안정중량 산정은 조류에 의한 세굴을 방지하기 위하여 미국 해안침식국(B.E.B)이 제안한 사석중량식을 사용한다.

$$W = \frac{\pi \rho_r\ v^6}{48 g^2 y^6 (S_r - 1)^3 (\cos\alpha - \sin\alpha)^3}$$

여기서, W : 사석의 안정중량(t)

ρ_r : 사석의 밀도(t/m^3)

S_r : 사석의 물에 대한 비중

v : 사석 윗면에서의 흐름속도(m/s)

α : 사면의 경사(°)

y : 이스바쉬(Isbash)의 정수 ; 파묻힌 돌(1.20), 노출된 돌(0.86)

7.5 수중부재에 작용하는 파력

7.5.1 파력산정식

수중말뚝과 같이 파랑의 변형을 무시($D/L < 0.2$)할 수 있는 구조물에 작용하는 파력은 모리슨 등(Morison et al. 1950)이 제안한 산정식으로 구한다.

$$\overrightarrow{f_n} = C_D \frac{\rho_0}{2} D \overrightarrow{U_n} \left| \overrightarrow{U_n} \right| \triangle s + C_M \rho_0 A \overrightarrow{\alpha_n} \triangle s$$

(항력) + (관성력)

여기서, $\overrightarrow{f_n}$: 부재축 방향의 미소길이 $\triangle s(m)$에 작용하는 부재축과 물입자 운동 방향의 공통면에서 부재축에 직각방향의 힘(kN)

$\overrightarrow{U_n}, \overrightarrow{a_n}$: 부재축과 물입자 운동 방향의 공통면에서 부재축 직각방향과 f_n과 같은 방향의 물입자 속도성분(m/s)및 가속도성분($m/s2$)

$\left|\overrightarrow{U_n}\right|$: $\overrightarrow{U_n}$의 절대치(m/s)

C_D : 항력계수

C_M : 관성력계수

D : $\overrightarrow{f_n}$의 방향에서 본 부재축 직각방향의 부재폭(m)

A : 부재축에 수직한 부재 단면적(m^2)

ρ_0 : 해수밀도(t/m^3)(보통 $1.03t/m^3$)

7.5.2 항력계수(CD)

항력계수는 표면의 조도(K)가 크면 증가되는 경향이 있으며, 부재의 형상, 레이놀즈($Reynolds : R_e$)수, 인접부재와 간격, 쿨리간-카펜터(Keulegan-Carpenter : KC) 수 등에 따라 변화하므로 이를 고려하여 결정한다.

$$R_e = \frac{\left|\overrightarrow{U_n}\right| D}{\nu},\quad KC = \frac{\left|\overrightarrow{U_n}\right| T}{D}$$

여기서, R_e : 레이놀즈(Reynolds)수

KC : 쿨리간-카펜터 (Keulegan-Carpenter, 1958)수

ν : 물의 동점성계수 ($1.25 \times 10^{-6} m^2/s$, 20℃에서)

T : 파랑주기(s)

7.5.3 관성력계수(CM)

관성계수는 미소진폭파 이론에 의한 값, CD에서 언급된 제반조건에 따른 적절한 값으로 결정하며, 한

제3편

개의 원주부재인 경우 미육군공병단 편람(Coastal engineering manuel. 1984, C.E.M)의 제안식이나 도표를 사용하여 결정한다.

$$C_M = \begin{cases} 2.0, & R_e < 2.5 < 10^5 \\ 2.5 - \dfrac{R_e}{5\times10^5}, & 2.5\times10^5 < R_e < 5\times10^5 \\ 1.5, & R_e > 5\times10^5 \end{cases}$$

7.5.4 양 력

수중부재에 작용하는 파력은(항력+관성력)외에 부재축과 물입자 운동방향의 공통면에 수직방향으로 양력이 작용한다.

양력은 파랑이 원주부재에 부딪혀 일어나는 소용돌이에 의해 생성되며, KC > 3이면 소용돌이가 생성되고 KC > 5이면 생성된 소용돌이가 비대칭 압력으로 작용하여 양력이 발생한다. 양력계수는 C.E.M도표로부터 구한다.

7.6 부체에 작용하는 파력

7.6.1 대형 고립구조물에 작용하는 파력

파장보다 큰 대형 고립구조물에 작용하는 파력은 보통 관성력만 작용하므로 속도 포텐셜을 이용하여 산정할 수 있다.

○ 단순형상 구조물 : 해석적인 개략식으로 파력산정

○ 복잡형상 구조물 : 경제적 분배요소법 또는 유한요소법에 의한 수치계산법으로 파력산정

7.6.2 수면 부근에 떠있는 물체가 작용하는 파력

가. 물체가 고정된 경우

$$P = \frac{1}{2}\rho_{0B}(0.6H+d)^2 - (d-0.4H)^2 \fallingdotseq \rho_0 HBd$$

여기서, P : 폰툰형 선박에 작용하는 파력(kN)

ρ_0 : 해수의 밀도(보통 $1.03t/m^3$)

H : 파고(m)

B : 폰툰형 선박의 폭(m)

d : 폰툰형 선박의 흘수(m)

○ 폰툰형 선박길이 $l = L/2$일 때 최대파력이 발생

○ 폰툰형 선박 폭이 넓은 경우는 전면부 산란파에 의한 파랑이 중복되어 수면이 높아지므로 위 식의 값보다 20~30% 커진다.

나. 다소 이동이 허용되는 경우

부유방파제 등의 부체가 앵커체인(Anchor chain)으로 계류되어 있을 때에 작용하는 파력은 가능한 수리모형실험으로 산정하고, 공진현상에 대한 검토가 필요하다.

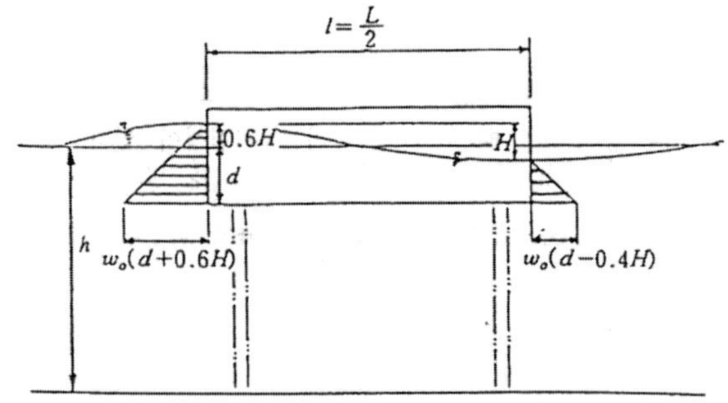

폰툰형 선박에 작용하는 파력

7.7 수면부근의 구조물에 작용하는 파력

7.7.1 수면부근의 수평판에 작용하는 양압력

가. 일반사항

잔교 상부공, 말뚝식 돌핀 상부공 등 정수면부근의 구조물로 특히 수면과 대략 평행한 구조물은 상승하는 파면이 저면에 충돌하여 충격적인 양압력이 작용하는 위험성이 있으며, 특히 파고가 크고 정수면과의 여유가 적은 경우에는 큰 충격력이 된다. 또한, 파가 중복파로 되어 작용하는 경우 파면의 상승속도가 크고 충격력도 크게 되므로 구조물의 저면에는 충격적인 양압력 외에 일반적인 양압력도 작용하는 것에 주의해야 한다.

나. 충격적인 양압력의 특성

수면부근의 수평한 판에 작용하는 충격력인 양압력은 판의 저면이 평탄한 경우에는 파면의 충돌속도와 그 면과 판과의 이루는 각도에 의하여 변화한다.

해면과 판과의 각이 있는 경우	해면과 판과의 각이 거의 없는 경우
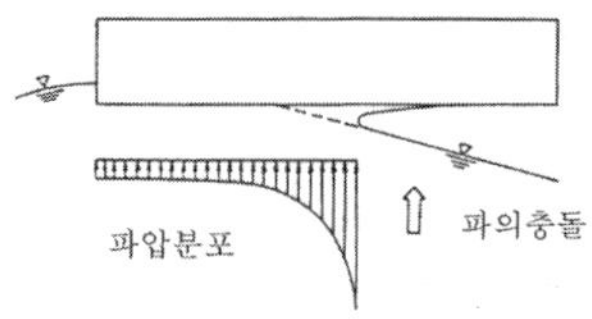	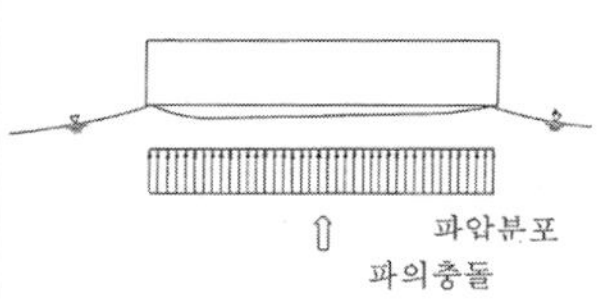
• 파면이 판의 저면에 연하여 윗 그림과 같은 파압분포로 파압이 작용	• 공기층이 해면과 판 사이에 갇혀서 공기층의 압축압력이 그림과 같은 파압분포로 파압이 작용
• 파압은 시간이 짧고 급하게 일어서는 것이 특징	• 파압은 시간적으로 짧은 주기의 감쇄진동파형이 되는 것이 특징

다. 저면이 평탄한 수평판에 작용하는 양압력 (중복파)

Goda는 Karman의 이론에서 수평판에 작용하는 중복파에 의한 양압력의 산정식을 제안하였다.

$$P = \zeta \frac{\rho_0 g}{4} HLB \tanh \frac{2\pi h}{L} \left(\frac{H}{S'} - \frac{S'}{H} \right)$$

$$S' = S - \pi \frac{H^2}{L} \coth \frac{2\pi h}{L}$$

여기서, P : 전양압력(kN)
ζ : 보정계수
ρ_0 : 해수의 밀도($1.03 t/m^3$)
g : 중력가속도($9.81 m/s^2$)
H : 진행파의 파고(m)(보통은 최고파고 H_{max})
L : 진행파의 파장(m)
B : 폭원(m)
h : 수심(m)
S : 정수면상의 여유고(m)
S' : 파고중분면(파봉과 파곡과의 높이를 2등분한 면) 상의 여유고(m)

라. 잔교에 작용하는 양압력(중복파)

伊藤, 竹田는 잔교모형을 써서 도판에 작용하는 양압력과 도판의 진동한계중량 및 낙하한계중량을 구하는 모형실험으로 다음과 같이 제안하였다.

1) 양압력 강도

$$P = \rho_0 g (8H - 4.5S)$$

여기서, P : 양압력강도의 Peak치의 평균치(kN/m^2)
ρ_0 : 해수의 밀도($1.03 t/m^3$)
g : 중력가속도($9.81 m/s^2$)
H : 입사파고(m)
S : 조위에서 도판하면까지의 거리(m)

2) 진동 한계중량 및 낙하 한계중량

$$q = \rho_0 g (1.6H - 0.9S)$$

여기서, g : 진동 한계중량

실험결과로부터 $q = P/5$, g = 낙하하중중량×(1/2~1/3)이다. 또한 공극율변화에 의한 안정중량 변화 실험결과, 진동한계 중량은 증감의 변화가 적은 반면 낙하하중중량은 공극율의 증대에 따라 감소하는 경향을 보이므로 공극율을 높이는 것이 유리하다.

마. 디태치드피어 상부공에 작용하는 양압력(진행파)

伊藤, 竹田는 디태치드피어에 작용하는 진행파에 의한 양압력의 산정에서 디태치드피어 모형의 슬래브에 발생하는 압력을 측정하고 실험결과의 상한치에서 등분포의 등가정하중을 나타냈다.

$$\rho = 2\rho_0 g H$$

여기서, ρ : 등가하중(kN/m^2)

7.7.2 수면부근의 수직판에 작용하는 수평력

가. 일반사항

수면부근에 설치된 커튼월(Curtain wall) 등 두께가 얇은 수직판, 고정식 해양구조물(Seaberth dolphin) 상부공 등의 수직면에는 수평파력이 작용하므로 수면의 위치, 자유표면의 존재에 의한 조파조향력 등을 고려하여 수평파력을 산정한다.

나. 돌핀 상부공에 작용하는 수평파력

谷本, 高僑 등이 제안한 식을 사용하여 수평파력 산정

다. 커튼월에 작용하는 수평파력

- ○ 谷本, 高僑 등의 제안식
- ○ 잠긴 수심이 얕은 커튼월에 대한 久室, 竹澤 등의 제안식
- ○ 森平, 柿崎 등의 커튼월을 방파제로 계획한 경우에 작용하는 파력을 실험적으로 구한 계산식, $d/g > 0.2 \Rightarrow$ (직립벽에 작용하는 파력)×(0.6×1.0)
- ○ 關本 등의 입사각을 고려한 커튼월에 작용하는 파력 산정법

제8장 · 하구수리

8.1 일반사항

8.1.1 검토사항

하천이 해역과 합류하는 하구역은 하천 본래의 출수, 갈수 및 유송토사의 작용과 외해측의 조석변화, 파랑, 연안류, 표사 등의 작용이 복합하여 수위, 유속

의 변화, 밀도류의 발생, 유송토사의 침전 · 퇴적 등의 하구수리현상이 발생한다.

하구수리현상은 하구역의 유황과 물질 수송에 큰 영향을 주므로 하천 · 해양분야의 분석 · 검토가 필요하다.

8.1.2 하구조석

가. 감조하천

해양조석의 영향을 받는 하천을 감조하천이라 한다. 감조하천의 큰 특징은 하천 상류는 고조면의 높이가 거의 변화가 없지만 저조면은 점차 높아지고 조차는 점차 작아지는 현상이다.

나. 조석보아(**Tidal bore**)

조석파가 하천을 거슬러 올라가면 점차 변형하여 조석파의 전면이 급경사로 직립벽과 같이 하천을 돌진하는 현상을 말한다.

8.1.3 하구류

1) 출수시에는 하천류가 강해 하천 본래의 경사유성이 탁월한 등류로 볼 수 있다.
2) 평수시에는 경사유성, 조석에 의한 조류성, 여기에 하천 · 바다물의 밀도차에 기인하는 밀도류성이 더해져 흐름의 성질이 복합해진다.
3) 갈수기에는 조류성이 지배적이나, 조위가 작은 하구역(예, 동해안)에서는 갈수기에도 조류성은 그다지 강하게 나타나지 않고 오히려 밀도류성이 강해진다.
4) 일반적으로 조위가 큰 하구역(예, 남 · 서해안)에서는 항시 조류성이 탁월하게 나타난다.

8.1.4 하구밀도류

가. 개 요

하구밀도류란 하구역에서 강물과 바다물의 밀도 때문에 바다물은 강물의 하층으로 내려가고, 강물은 역학적 평형을 이루기 위한 유동이 발생하여 흐르는 흐름을 말한다.

나. 하구 밀도류의 형식

밀도류의 형식은 하구역의 하수와 해수의 혼합상태에 따라 다음의 세가지 형태로 구분된다.

약 혼합형	완전 혼합형	강 혼합형
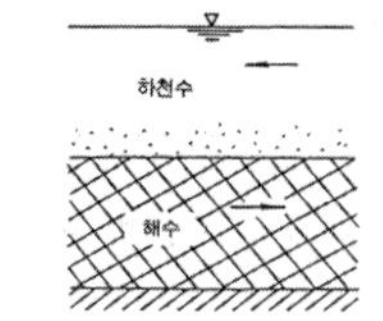	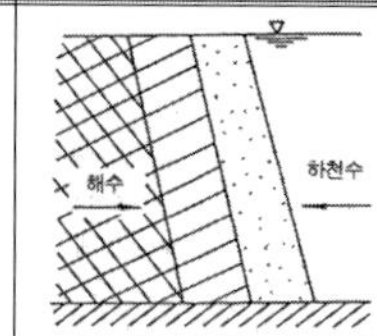	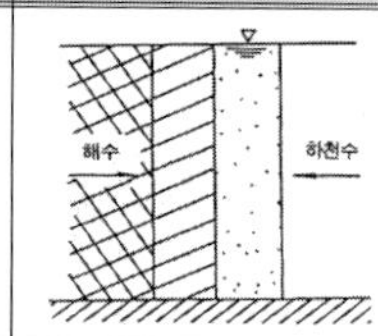
• 바다물과 하천수의 혼합이 거의 구분이 없고 경계면이 존재 하는 형 • 바다물은 쐐기상태로 내려감 • 조차가 적은 하구역 • 성층밀도류, 2층류	• 하천수와 바다물의 혼합이 비교적 잘 교류되는 형 • 유하방향, 수심방향으로 밀도경사가 발생 • 조차가 중간적인 하구역	• 조석운동으로 발생하는 강한 난류에 기인하여 발생하는 형 • 수심방향은 밀도차가 없어지고, 염분분포는 위치만의 함수로 존재 • 조차가 큰 하구역

8.1.5 하구 진입파

하구부에 진입한 파랑은 하구류의 흐름 형태에 따라 파고가 낮아지거나 높아진다. 파고가 증대된 진입파는 하도내를 진입하면서 내 · 외부의 마찰저항, 난류 등의 영향으로 파고가 감소되는 복잡한 수리현상을 보이므로 흐름과 파랑의 제반현상을 고려한다.

8.2 하구의 매몰

8.2.1 개 요

하구역은 하천으로부터의 소류사 및 부유사의 형태로 유송된 토사가, 연안표사에 의하여 매몰현상이 발생한다. 하천 유송토사는 하천의 수리공식으로 계산하고, 하구역의 토사의 퇴적 · 세굴량은 퇴적수치 모형실험으로 추정한다.

8.2.2 실테이션-이점토 퇴적현상

가. 실테이션(**Slitation**)

내만의 하구역에서 점토, 실트 등의 미립자(이토)로 구성된 저질이 흐름이나 파랑에 의해 부유되어 이동 · 퇴적하는 현상을 말한다.

실테이션이 현저한 곳은 응집성이 있어 항로수심이 계속 변화하므로 수심관리와 선박 안전운항을 위한 항로준설이 필요하다.

나. 부니 유동층의 형성

부니 유동층은 하구역이나 대륙붕의 연안 가까이에서 많이 볼 수 있으며 매우 높은 농도의 이토를 포함하는 유동하기 쉬운 층이다.

이토의 농도는 10,000~300,000mg/l 정도이고, 부니 유동층의 밀도는 1.05~31.3g/cm^3로 보고 있다.

다. 실테이션 수치실험

실테이션을 예측하기 위해서는 흐름과 파랑장을 계산하고 응집, 침강, 부유(띄워 올림), 부동층의 형성으로부터 유동과 같은 기구를 갖는 모형을 개발할 필요가 있으며, 현재 시도되고 있다.

8.2.3 토사의 매몰

가. 토사의 이동량 추정

하구역에서 토사의 이동은 토사의 입경, 유속 및 염분에 따라 부유사 및 소류사의 형태로 이동한다.

소류사 및 부유사의 이동량은 퇴적 수치모형실험을 이용하여 추정하고 있다.

나. 하구역의 매몰현상

하구역의 매몰현상은 주로 대홍수시 또는 대조시의 강한 유속에 의해 유송된 토사에 의해 일어나며, 퇴적된 토사의 일부는 홍수시 또는 낙조시에 하구 밖으로 유출되어 부근 해안의 연안표사와 함께 사주를 형성하는 경우가 있다.

다. 하구역의 연중 토사순환

하구역은 일반적으로 창조 유속이 강해 많은 부유사를 상류측으로 운반하고, 낙조시에 침강·퇴적하는 현상이 일어나는 곳이 있다.

특히 겨울철에는 이렇게 퇴적된 세립 토사는 여름철 홍수시 외해로 유출되는 연중 토사 순환을 나타내는 곳도 있다.

라. 조류의 사류작용

하구역의 일반 협수로에서는 조류의 사류 작용에 의해 통수단면적이 조량과 일정한 관계를 갖고 평형상태를 유지하고 있는 것으로 알려져 있다.

$$A = 1.81\times10^{-4}P^{0.9424}$$

여기서, A : 감조하구역의 최소단면적(평균해면하) (m^2)

P : 1/2조석주기간의 조수의 출·입조량(m^3)

제9장 · 표 사(漂砂)

9.1 일반사항

9.1.1 개 요

해안을 구성하는 저질이 파랑, 흐름 등의 작용으로 이동하는 현상 또는 이동하는 모래를 표사라 한다.

표사의 영향을 받는 지역은 저질 입경, 이동한계수심, 연안표사량, 연안표사의 탁월 방향 등의 표사의 특성치를 파악하여 대책을 강구하여야 한다.

바람에 의한 모래의 이동 및 모래자체를 비사라 하는데 광의적으로 해빈의 비사를 표사와 같이 취급하고 있다.

9.1.2 해안지형

가. 일 반

자연해빈은 파랑에 의해 세굴·퇴적 현상이 반복되면서 장기적으로 평형된 지형으로 균형을 유지하지만 하천 유송토사의 감소, 임해구조물의 건설로 인한 해빈변형이 발생하므로 예상되는 지형 변화를 검토·분석하고, 적절한 해안 보호대책을 수립하여야 한다.

나. 일반적 해빈

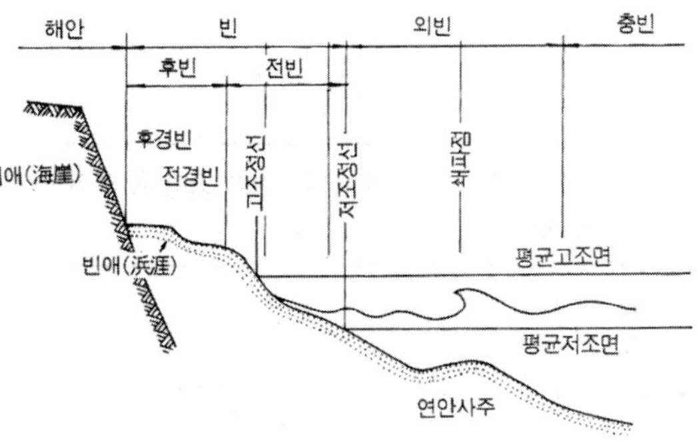

해안의 일반적 단면과 명칭

다. 정상해빈과 폭풍해빈

정상해빈	폭풍해빈
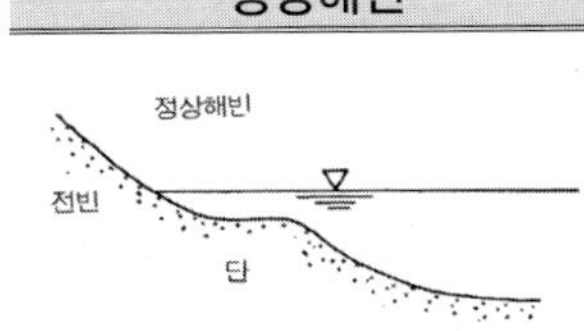	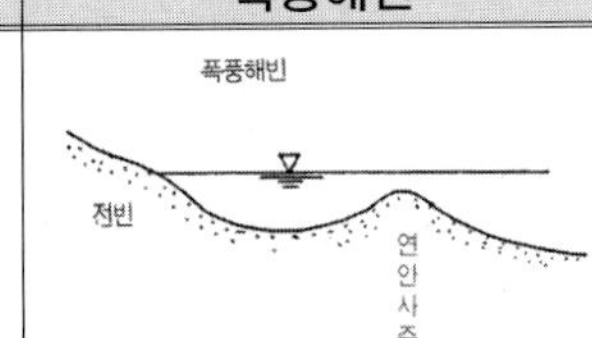
○ 연안사주가 없고, 단이 형성 ○ 전빈경사가 급함	○ 연안사주가 존재 ○ 전빈경사가 완만

9.1.3 저질의 특성

가. 체분류작용

해빈을 구성하는 저질은 부근의 하천과 인접해안으로부터 공급되며, 공급 과정 또는 해변에 퇴적된 후에 파랑, 흐름의 작용을 받기 때문에 저질은 파랑, 흐름 등의 외력 특성을 나타내게 되는데 이를 저질의 체 분류작용이라 한다.

나. 저질의 특성 구분

- 중앙입경(d_{50}) : 입경 누적곡선 중 50%에 해당하는 입경
- 평균입경(d_m) : $d_m = \sum_{P=0}^{100} d\triangle p \,/\, \sum_{P=0}^{100} \triangle p$
- 분급도(S) : $S = d_{75}/d_{25}$
- 편왜도(S_k) : $S_k = d_{75} \times d_{25}/d_{50}^2$

9.1.4 표사의 이동형태

가. 이동한계에 따른 분류

- 표층이동 : 해저의 표층모래가 파향으로 집단 소류
- 완전이동 : 해저의 표층모래가 수심변화가 뚜렷하게 이동

나. 이동형태에 따른 분류

- 소류표사 : 외빈은 파의 외해방향, 쇄파대는 해안, 외해 해안선 방향
- 부유표사 : 외빈은 파의 외해방향, 쇄파대는 해안, 외해 해안선 방향

9.1.5 이동한계수심

이동한계수심이란 파랑에 의해 해저 모래가 움직이기 시작하는 수심을 말한다.

$$\frac{H_0}{L_0} = \alpha\left(\frac{d_s}{L_0}\right)^n\left(\sinh\frac{2\pi h_i}{L}\right)\frac{H_0}{H}$$

여기서, H_0 : 환산 심해파고(m)
L_0 : 심해파장(m)
α : 계수
d_s : 저질의 평균 또는 중앙입경(mm)
h_i : 이동한계 수심(m)
L : 수심 hi 에서의 파장(m)
H : 수심 hi 에서의 파고(m)

n 및 α의 값

n	1/3	
α 이동형식	1.35 표층이동	2.40 완전이동

9.1.6 연안표사의 탁월방향

가. 탁월방향

연간 연안표사 이동량이 많은 방향을 탁월방향이라 한다.

나. 탁월방향의 조사

- 저질의 입경분포는 연안 표사의 방향으로 작아지고, 연안선에 따라 변화한다.
- 파 에너지의 연안선 방향 성분을 집계하여 그 탁월방향이 연안표사의 방향과 일치한다.
- 방파제 등 구조물 주변은 표사의 위측 정선은 전진하여 전빈경사가 급해지고, 아래 측은 정선이 후퇴하고, 전빈경사가 완만해지며, 저질 입경은 위측이 크고, 아래측은 작아지는 경향이 있다.
- 곶이나 하구 부근에 도류제가 없으면 하구는 표사방향으로 기우는 경향이 있고, 갑 부근에는 위측 사빈의 폭이 넓고, 아래측이 좁아지는 경향이 있다.

다. 탁월방향의 결정

장기간(1년이상)에 걸쳐서 계절별로 해당지역 특유의 탁월방향을 조사 · 분석하여 결정한다.

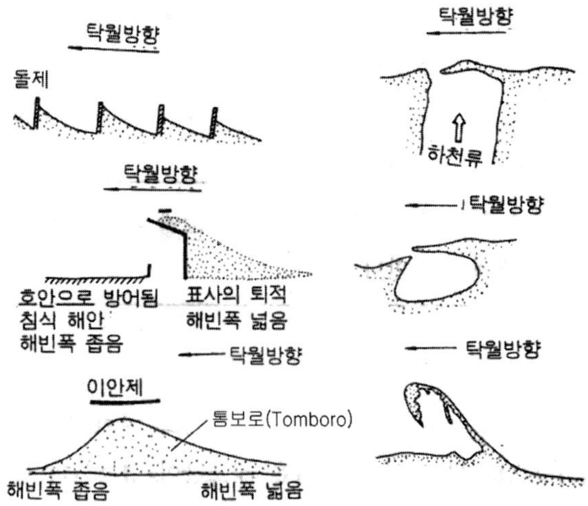

표사의 이동방향

9.1.7 연안표사량

가. 연안표사

해안선(정선)에 평행한 표사를 연안표사라 한다.

연안표사는 정선의 전진 · 후퇴의 반복으로 장기간에 걸쳐 침식 · 퇴적 현상이 많으므로 항만 및 해안 구조물 축조시 고려할 필요가 있다.

나. 연안표사량

입사파랑에 의해 발생한 연안표사의 양을 연안표사량이라 한다.

다. 연안표사량 추정

연안표사량은 파랑, 지질, 구조물주변의 토사량 변화, 과거의 준설량 , 주변 해안의 표사량 등에 관한 자료를 충분히 검토하여 추정한다.

파랑에 의한 연안표사량 개략치의 추정 공식은 다음과 같으며, 공식에 따라 계수 α, n의 값은 다르다.

$$Q_X = \alpha E_X^n,\ E_X \sum k_r^2 \left(\frac{n_A w_0 H_a^2 L_A}{8T} \right) \sin\alpha_b \cos\alpha_b$$

여기서, Q_X : 연안표사량
E_X : 파 수송에너지의 연안방향의 성분 ($kN \cdot m/m/s$)
K_r : 파랑관측점(A)과 쇄파점 사이의 굴절계수
n_A : 파랑관측점(A)에서의 군속도와 파속의 비
w_0 : 해수의 단위체적중량(t/m^3) = $\rho_0 g$
H_A : 파랑관측점(A)에서의 파고(m)
L_A : 파랑관측점(A)에서의 파장(m)
T : 파의 주기(sec)
α_b : 쇄파점(b)에서의 파의 입사각(°)

연안표사량 공식의 계수 a, n의 값과 Q_X, E_X의 단위

공식	α	n	Q_X의 단위	E_X의 단위
Savege	0.022	1.0	m^3/일	$t \cdot m/m$/일
사토 등	0.03	1.0	m^3/일	$t \cdot m/m$/일
미육군 공병대	0.04	1.0	m^3	$t \cdot m/m$/일

9.2 구조물 주변의 세굴

9.2.1 일 반

가. 세굴원인

자연해빈에 작용하는 파랑특성은 장기적으로 안정한 해빈을 유지하지만 해안구조물이 설치되면 외력과 지형의 균형이 깨어져 세굴이 발생한다.

나. 고려사항

구조물 설치위치에 따라 파랑작용이 다르므로 세굴기구, 세굴규모에 따라 세굴방지대책공법을 설정하여야 한다. 외곽시설 주변과 두부구간은 세굴에 의한 피해가 우려될 경우 적절한 세굴방지대책을 고려한다.

9.2.2 호안시설의 전면 세굴

호안시설 전면세굴은 파의 반사율(K)과 밀접한 관계가 있으며, 직립제 보다는 경사제가 전면세굴에 유리하다.

9.2.3 방파제 주변의 국소 세굴

가. 쇄파 영역에서의 세굴

1) 방파제 두부의 국소세굴

다나까(田中)의 제안에 의하면 수심 3∼5m 부근(쇄파대)에 두부가 위치할 경우에 세굴깊이가 최대가 되는 것을 알 수 있다.

2) 방파제 전면의 국소세굴

방파제 경사부 주변의 세굴깊이는 수심 7m 지점의 굴곡부에서 최대로 나타나고 외해로 가면서 점차 감소한다.

방파제 직립부 전면의 세굴심은 수심 2m 정도와 연안사주가 있는 곳에서 최대치를 나타내고, 얕거나 깊어지면 감소한다.

3) 방파제 외측의 국소세굴

두부	직립부주변	잠제주변	굴곡부	완성단계
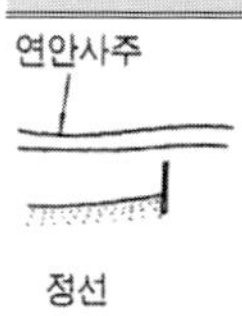			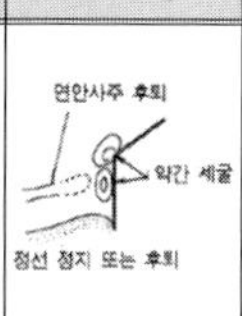	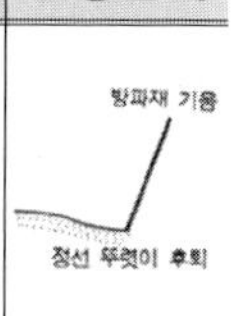
두부가 쇄파대에 있는 경우 현저	연안사주를 횡단하는 지점 부근에서 현저	항만 내측에서 현저	굴곡부 주변에서 국소세굴	세굴 심화로 방파제 피해

나. 중복파 영역에서의 전면세굴

방파제 직립벽 전면의 세굴은 설치수심이 깊어 중복파 영역으로 이동하므로 감소하는 경향을 나타낸다.

1) L형 세굴
○ $U_b/w > 10$일 때
○ 절 : 세굴, 복 : 퇴적

2) N형 세굴
○ $U_b/w < 10$일 때
○ 절 : 퇴적, 복 : 세굴

여기서, U_b : 입사파의 최대유속
w : 해저질의 침강속도

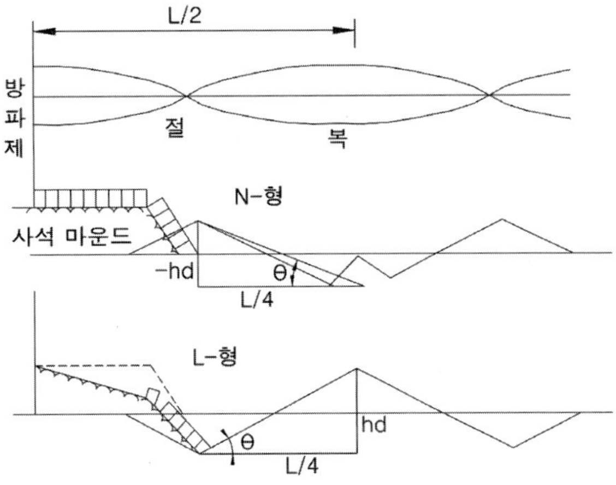

중복파에 의한 세굴의 제원

9.3 해빈변형 예측

9.3.1 일 반

해빈변형을 예측하는 방법은 경험공학적 예측, 수리모형실험에 의한 예측, 수치모형실험에 의한 예측이 있다. 해빈의 변형 상황은 해당 지역의 특성에 크게 지배되므로 두개 이상의 방법을 종합하고, 현지의 과거 해빈변형상황 등, 많은 정보를 종합적으로 검토하여 해빈변형을 예측한다.

9.3.2 경험공학적 예측

경험공학적 예측방법은 과거의 해빈변형 사례를 수집 · 분석하고, 해안특성, 구조물의 배치형상, 구조적 특징을 비교 · 검토하여 유사성으로부터 구조물 축조후의 해빈변형을 유추하는 방법이다.

9.3.3 수리모형실험에 의한 예측

수리모형실험, 특히 이동상 모형실험에 의한 예측은 상사칙의 문제가 있지만 구체적인 지형변화가 재현되어 예측형상을 시각적으로 볼 수 있는 방법이다.

가. 공학적 예측 가능 범위

- ○ 해빈에 해안구조물이 설치되었을 때 지형 변화의 정성적 영향 범위
- ○ 돌제, 이안제 등의 해안 침식방지 효과에 관한 대체안의 상대 비교
- ○ 대규모 해양구조물 배후의 정선변화에 대한 정성적 평가

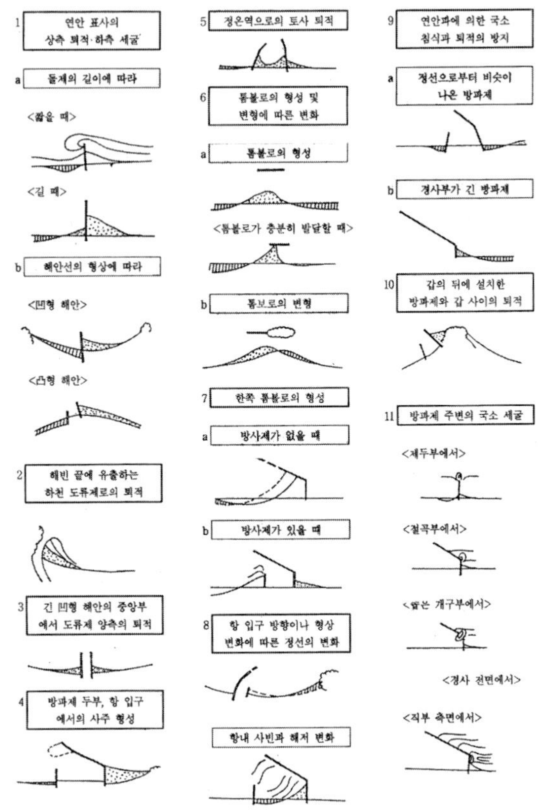

구조물에 의한 지형변화의 유형

나. 공학적 예측 우려 범위

- ○ 외해에 면한 대규모 인공해빈의 안전단면형상의 예측
- ○ 외해에 면한 해빈의 대규모 해양구조물에 의한 변형 문제
- ○ 항로 · 항내 매몰량의 예측과 그 대책의 효과
- ○ 마리나 등 소규모 항만의 정량적 매몰 · 유지 대책
- ○ 투과식 이안제, 잠제 등의 효과에 관한 실험

9.3.4 수치모형실험에 의한 예측

수치모형실험에 의한 예측은 물리현상인 물의 흐름은 없지만 여러 조건의 상황을 예측할 수 있어 수리모형실험과 상호 보완으로 이용하고 있는 방법이다.

가. 정선변화 예측방법

- ○ 정선변화 예측모델 : 외해표사는 무시하고 연안표사량을 고려하여 정선의 장기적 변화 예측
- ○ 해안선 변화 예측모델
- ○ 1 - *Line theory* : 정선의 하나의 선의 변화 예측

나. 해빈 지형변화 예측방법
- ○ 3차원 수심모형
- ○ 해안 지형변화 예측모델

다. 연구과제
- ○ 쇄파대의 제현상
- ○ 파랑의 천수변형을 고려한 굴절, 쇄파, 쇄파후의 파랑 변형
- ○ 쇄파에 수반되는 파랑 에너지의 감쇄, 해저면의 조도계수
- ○ 해빈류의 평면 및 수직 분포
- ○ 소류사, 부유사 등의 기구

9.4 수리 및 수치모형실험

9.4.1 이용분야 및 특성비교

주어진 해수유동 및 수질예측에 있어서는 수리모형과 수치모형의 두 실험의 장·단점을 보완하기 위하여 상호 비교할 필요가 있다.

수리모형의 장점은 원형과의 사이에 기하학적 상사성이 유지된다는 점이다. 단점으로는 유동이나 확산의 상사성이 동시에 만족되지 못하는 점이다.

그러나 수치모형은 격자로 분할하기 때문에 기하학적 상사성이 낮은 반면 유동 또는 확산의 역학적 상사에 대하여는 문제가 없다. 수치모형에서는 근본적으로 비선형유체역학의 문제를 취급하므로 그 수치해가 어느 정도의 근사성을 갖고 미분방정식을 만족하는가는 명백하지 않다.

또한, 수리모형은 대형화할수록 재현성이 나빠지며, 수평축척 1/1,000～1/2,000의 소축척에서도 실제 크기가 수m, 수십m가 되는 경우가 많아 수온·수질의 제어가 불가능해진다. 그러나 두 실험은 서로의 장·단점을 보완하고 있다. 즉, 수리모형은 제한된 조건하의 물리현상밖에 재현하지 못하나 물의 흐름을 가시적으로 보여주며, 이에 대해 수치모형은 물리현상인 물의 흐름은 없으나 여러 조건 및 미지수에 대해 답을 주며, 이를 도면화할 수 있는 점들을 고려할 때 두 방법을 상호 비교할 필요가 있는 것이 사실이다.

최근에는 컴퓨터 기술의 비약적인 발달과 수치계산 방법의 질적 향상으로 보다 경제적이고 예측의 정도가 향상되어 많은 해안·항만공학 및 해양환경평가에서 개발 후의 해양수리현상 예측방법으로 수치모형이 광범위하게 이용되고 있다. 수리 및 수치모형실험의 주요 이용분야와 장·단점을 비교하면 다음 표와 같다.

수리 및 수치모형실험의 이용분야와 특징

구 분	수리모형실험	수치모형실험
실험분야	• 방파제 단면 및 피복층의 안정성 실험 • 방파제 및 항만 배치를 위한 항내정온도 실험 • 이동상 모형에서 표사이동 실험	• 파랑의 천수, 굴절, 회절 및 해저마찰 등 제 변화현상을 포함하는 파랑실험 • 항내 정온도 실험 • 해수유동실험, 표사이동실험, 오염물질 확산실험 • 하천과 운하에서의 유동실험 • 선박 항행실험
장 점	• 구조물, 협수로의 재현이 용이함 • 이동상 수치모형 가능	• 적은 시간과 비용으로 모형 수립 • 각 격자에 대해 정밀한 계산 가능 • 다양한 실험안에 대해 변경운용 용이 • 시·공간적 제약이 거의 없음 • 바람, 전향력, 수온, 염분 등의 효과 계산 가능 • 실험결과의 그래픽 처리 용이 • 컴퓨터에 보관 수시로 운용 가능
단 점	• 모형제작에 많은 비용과 시간 소요 • 광역의 수리현상 실험의 어려움 • 다양한 실험안에 대한 모형변경이 용이하지 않음 • 실험결과의 정밀도를 계측기에 크게 의존 • 바람 및 전향력 등의 효과 재현이 불가능	• 3차원 효과를 계산할 경우 많은 컴퓨터 계산 시간과 비용 소요 • 소형구조물, 협수로 등의 실험과 같은 고해상도를 필요로 하는 실험에서 격자수가 많아야 하므로 시간과 비용이 증가

9.4.2 수치모형실험(數値模型實險) (Simulation numerical test)

가. 개 요

항만에서의 파랑의 굴절과 회절, 천수에 의한 해저마찰 현상에 의한 설계파 추정, 항내정온도, 조류, 표사이동, 오염물 확산 및 수질변화, 조석분석, 매몰 및 세굴특성, 폭풍 및 지진해일시의 고조, 홍수량 분석 등과 선박운항실험 등을 컴퓨터를 사용하여 경향

과 추정치를 산출하는 것을 수치모형실험이라 하며, 오차범위를 줄이기 위하여 수리모형실험 등으로 보완장치를 할 필요가 있다.

나. 실험의 종류

현지조사를 거쳐 현황분석을 하여 수치모형실험을 하며 실험내용과 흐름은 다음 표와 같다.

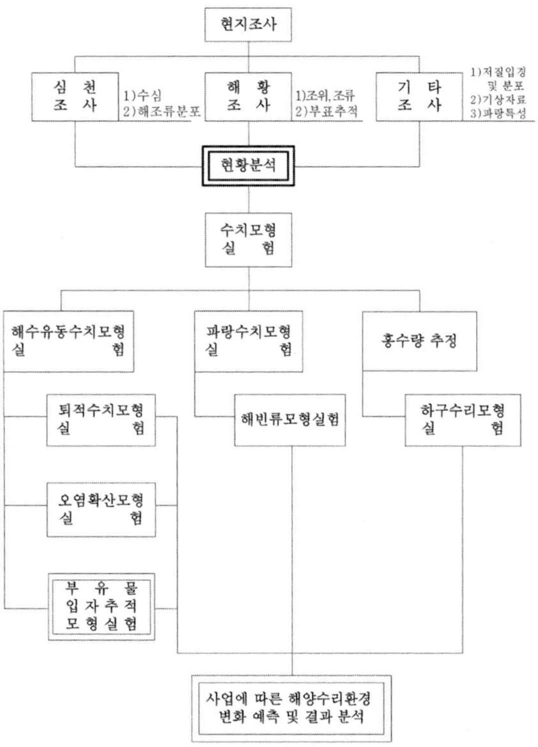

다. 수치모형실험(사례)

1) 설계파 산정

○ 심해파

2008년 12월 한국해양연구원에서 발표된 「전해역 심해파 추정보고서」의 자료에 따라 국가어항인 울릉도 저동항의 방파제 보수·보강 공사에 신규 심해설계파를 적용하였다.

추산점	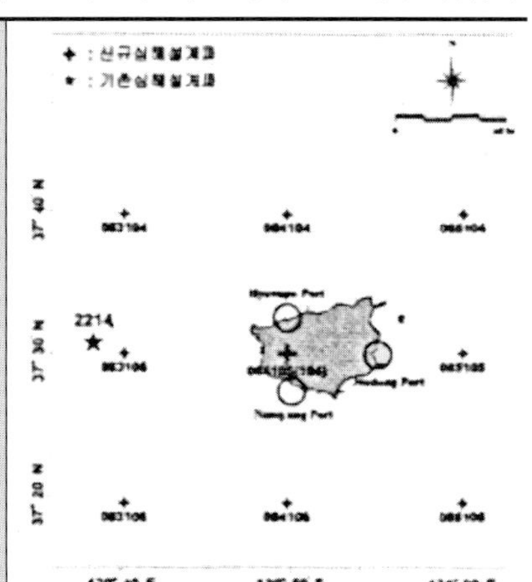

조사년도	2005.12		
재현빈도	50년		
파랑	ENE	E	ESE
파고(m)	6.02	9.30	10.25
주기(sec)	10.50	12.70	13.40
A보고서	전해역 심해파 추산보고서 II (한국해양연구원, 2005)		
격자점	0851505		

저동항의 경우 신규심해파에 의하면 ENE, E, ESE 파향이 주파향으로 각 방향에 대한 설계파를 구하여 구조물에 적용하였다.

○ 실험결과

구조물 전면 최대파고

구조물명칭	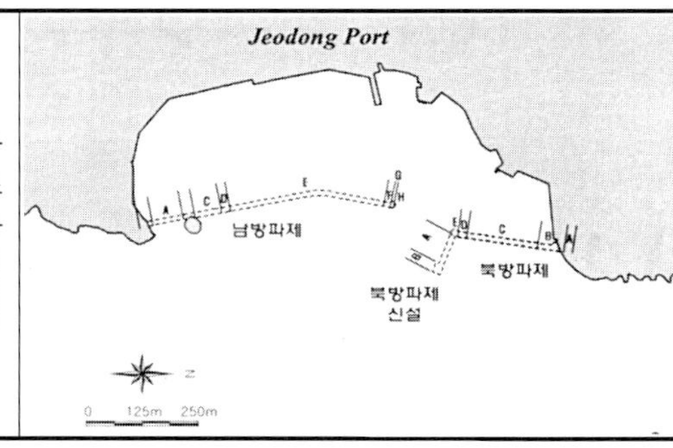

방파제명	구간	ENE	E	ESE
북방파제	B	3.50m	6.79m	8.45m
	C	4.60m	8.07m	9.51m
	D	4.65m	8.22m	9.72m
	E	4.67m	8.26m	9.76m
남방파제	A	4.69m	5.57m	5.31m
	C	5.56m	8.42m	8.09m
	D	5.57m	8.51m	8.22m
	E	5.58m	9.02m	9.31m
	F	5.25m	8.72m	9.37m
	G	5.25m	8.75m	9.39m
	H	5.24m	8.78m	9.41m
북방파제신설 (장래계획)	A	4.80m	8.36m	10.09m
	B	5.05m	8.38m	10.07m

파고분포도(저동항 인근, ENE파향 내습시, 50년빈도)

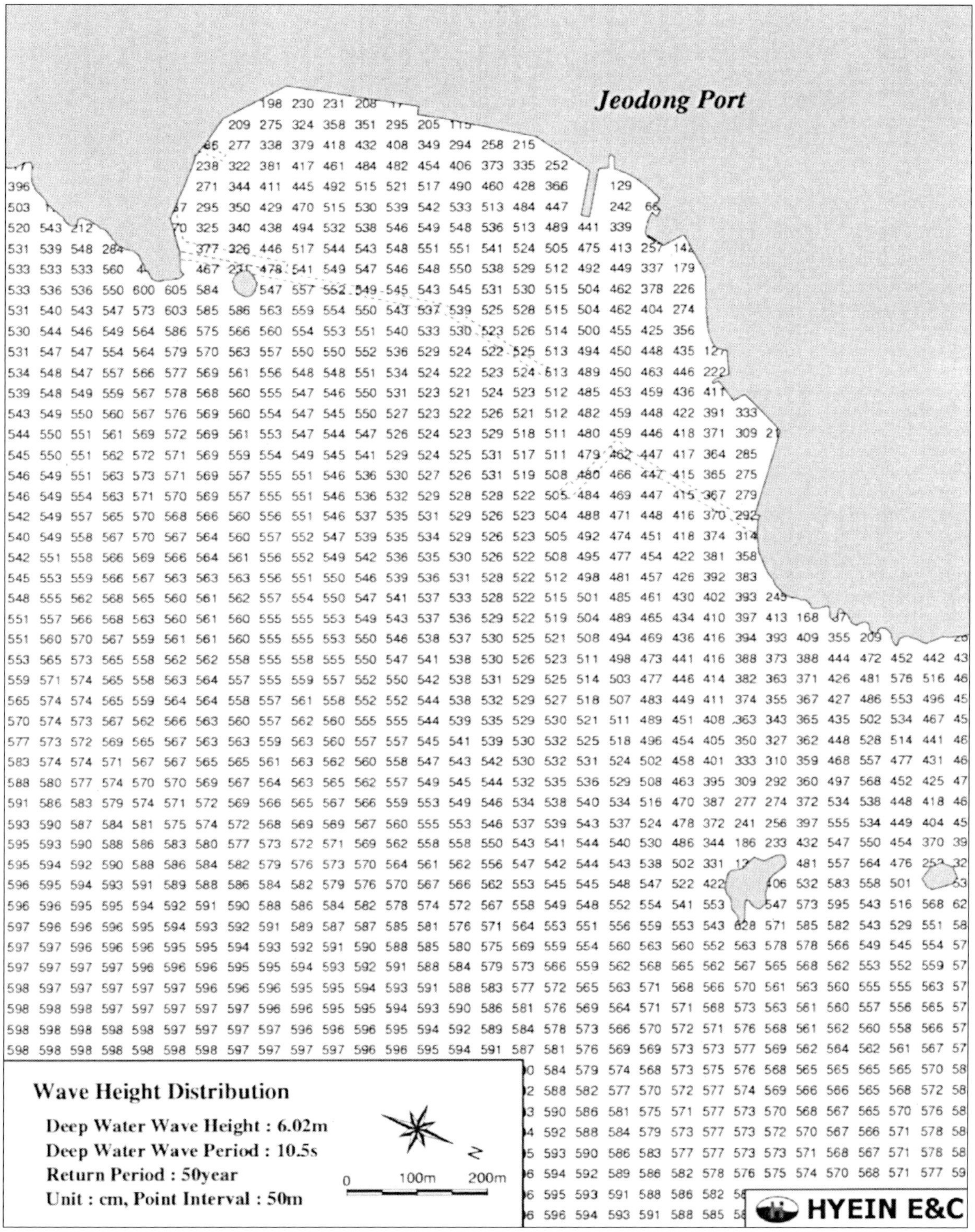

파고분포도(저동항 인근, E파향 내습시, 50년빈도)

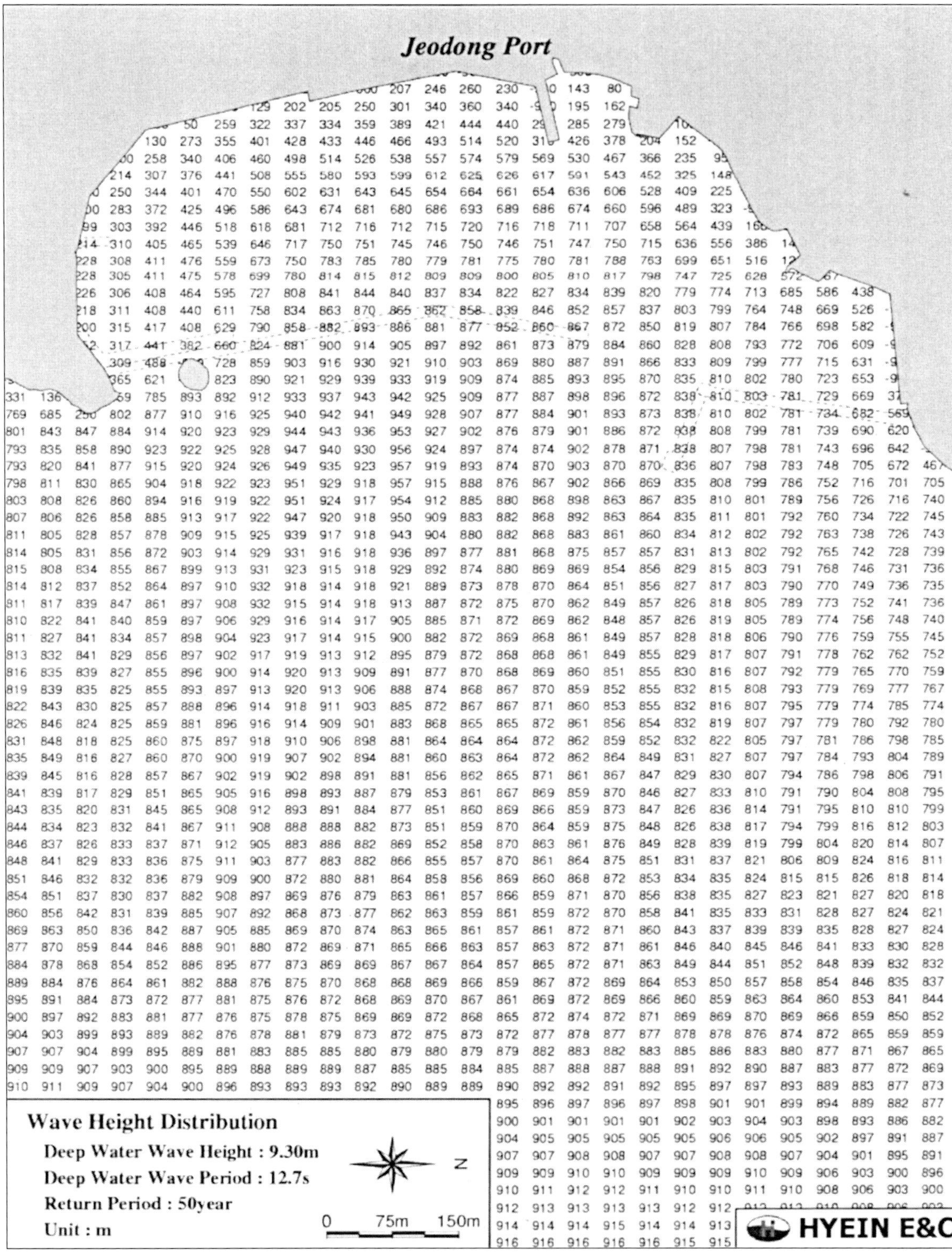

파고분포도(저동항 인근, ESE파향 내습시, 50년빈도)

○ 구조물 설계파 결정

북방파제의 구조물 설계파는 총 4개구간으로 나누어 A구간은 파고 6.0m, 주기 12.0s, B구간 파고 8.5m, 주기 13.4s, C구간 파고 9.6m, 주기 13.4s, D와 E구간은 파고 9.8m, 주기 13.4s로 결정하였다.

남방파제의 구조물 설계파는 총 7개 구간으로 나누어 A구간은 파고 7.2m, 주기 12.0s, C구간 파고 8.5m, 주기 12.7s, D구간 파고 8.6m, 주기 12.7s, E, F 및 G구간 파고 9.4m, 주기 13.4s, H구간은 파고 9.5m, 주기 13.4s로 결정하였다. B구간의 경우 구조물 전면에 위치한 촛대바위로 인해 외해에서 전파되는 파랑이 완전히 차단되어 설계파 산정에서 제외하였다.

신규 구조물인 북방파제 연장 부분(장래계획)의 구조물 설계파는 총 2개 구간으로 나누었으며, A와 B구간에서 파고 10.1m, 13.4s로 결정하였다.

○ 방파제 구간별 설계파

북방파제 구간별 설계파

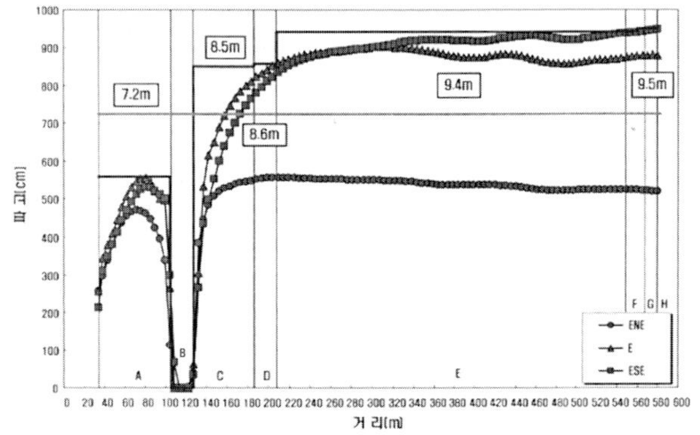

구	분	A구간	B구간	C구간	D구간	E구간
기존	파고	6.0m				
금회	파고	0.0	8.5m	9.6m	9.8m	9.8m
적용 설계 파고	파향	-	ESE	ESE	ESE	ESE
	파고	6.0m	8.5m	9.6m	9.8m	9.8m
	주기	12.0s	13.4s	13.4s	13.4s	13.4s

남방파제 구간별 설계파

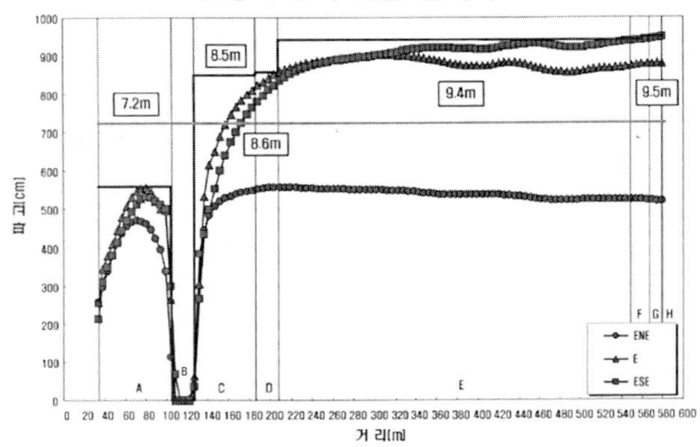

구	분	A구간	C구간	D구간	E구간	F구간	G구간	H구간
기존	파고	7.2m						
금회	파고	5.6m	8.5m	8.6m	9.4m	9.4m	9.4m	9.5m
적용 설계 파고	파향	E	E	E	ESE	ESE	ESE	ESE
	파고	7.2m	8.5m	8.6m	9.4m	9.4m	9.4m	9.5m
	주기	12.0s	12.7s	12.7s	13.4s	13.4s	13.4s	13.4s

북방파제 연장(장래계획)구간별 설계파

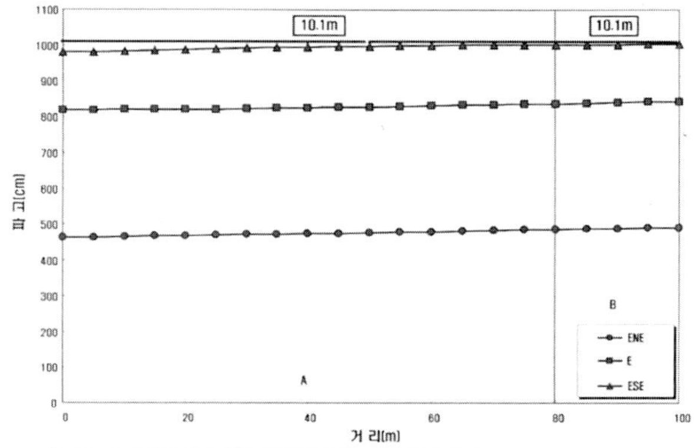

구	분	A구간	B구간
금회	파고	10.1m	10.1m
적용 설계 파고	파향	ESE	ESE
	파고	10.1m	10.1m
	주기	13.4s	13.4s

2) 항내정온도 검토

○ 개 요

항내정온도 검토는 부두 전면 파고분포를 『항만 및 어항 설계기준(2005, 해양수산부)』에서 제시한 수역시설 사용이 가능한 최대파고로 비교 · 검토하였다. 이상시에서의 한계파고는『항만 및 어항 설계기준』에서 제시한 수역시설 사용이 가능한 최대파고 중 항내 묘박 및 정박가능 최대 파고 0.6m를 채택하였으며, 평상시에는 양육, 준비가 가능한 최대파고 0.3m를 기준으로 항내 정온도를 검토하였다.

항내 정온도 검토를 위한 실험안은 현상태와 E계열 파랑을 차단하기 위해 북방파제 연장안인 계획 1안, 계획 2안, 계획 3안, 계획 4안과 남방파제 연장안인 계획 5안 등 총 5개안으로 설정하였다.

실 험 안

현 상 태

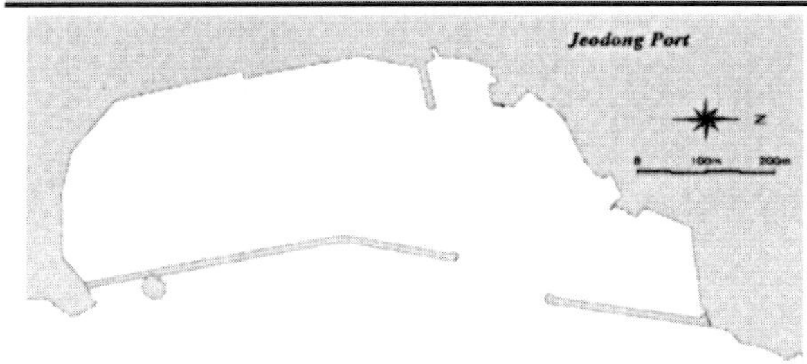

■ 현상태

계획 1안

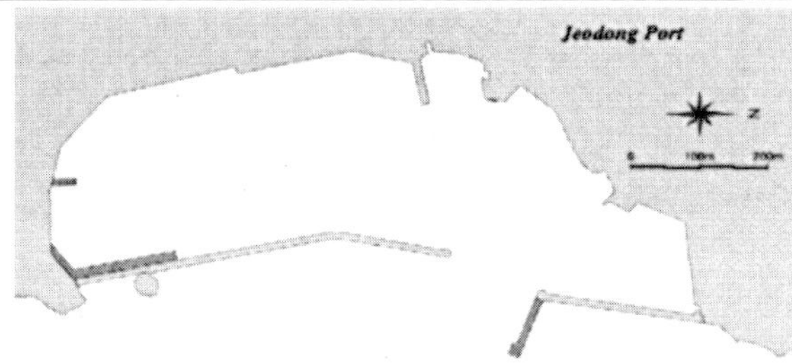

■ 북방파제 100m 연장

계획 2안

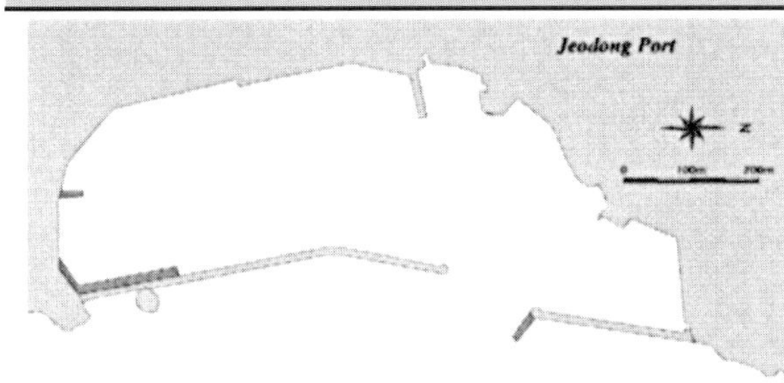

■ 북방파제 50m 연장

계획 3안

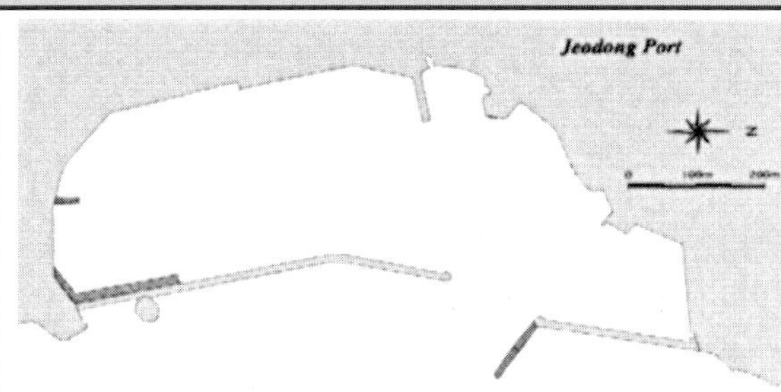

■ 북방파제 100m 연장

계획 4안

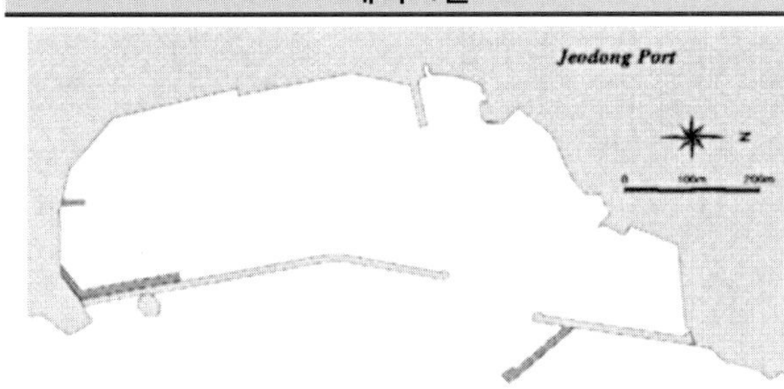

■ 북방파제 120m 연장 ■ 제두부로부터 50m 내측

계획 5안

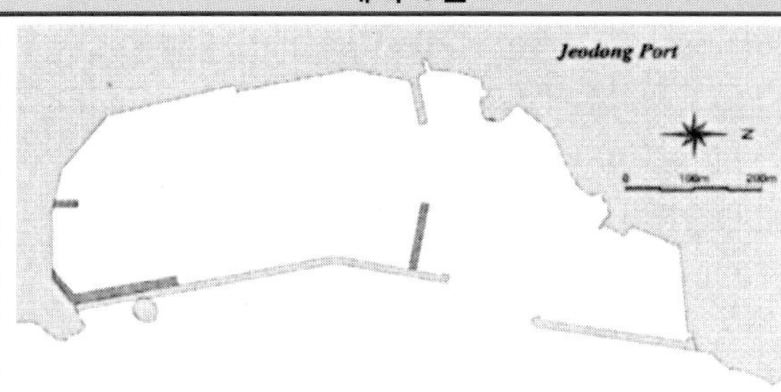

■ 남방파제 100m 연장 ■ 제두부로부터 50m 내측

○ 입사파 제원 결정

항내 정온도 실험 제원

이상시(50년 빈도)			평상시(97.5%)			비 고
파 향	파 고	주 기	파 향	파 고	주 기	
ENE	6.02m	10.50s	ENE	3.74m	10.30s	085105 격자점
E	9.30m	12.70s	E	3.08m	9.80s	
ESE	10.25m	13.40s	ESE	2.79m	9.50s	

○ 실험방법

적용된 수치모형은 천해역에서의 천수변형, 반사, 회절, 굴절, 등의 현상을 재현할 수 있는 TDMSE모형을 사용하였다.

반사율 중 구조물의 단면형태 수위를을 고려하여, 자연해빈은 0.2, 소파구조물인 TTP는 0.4, 사석경사식 호안에 0.5, 물양장에 0.9를 적용하였다.

○ 실험결과

물양장 전면 최대파고

(단위:m)

대상위치

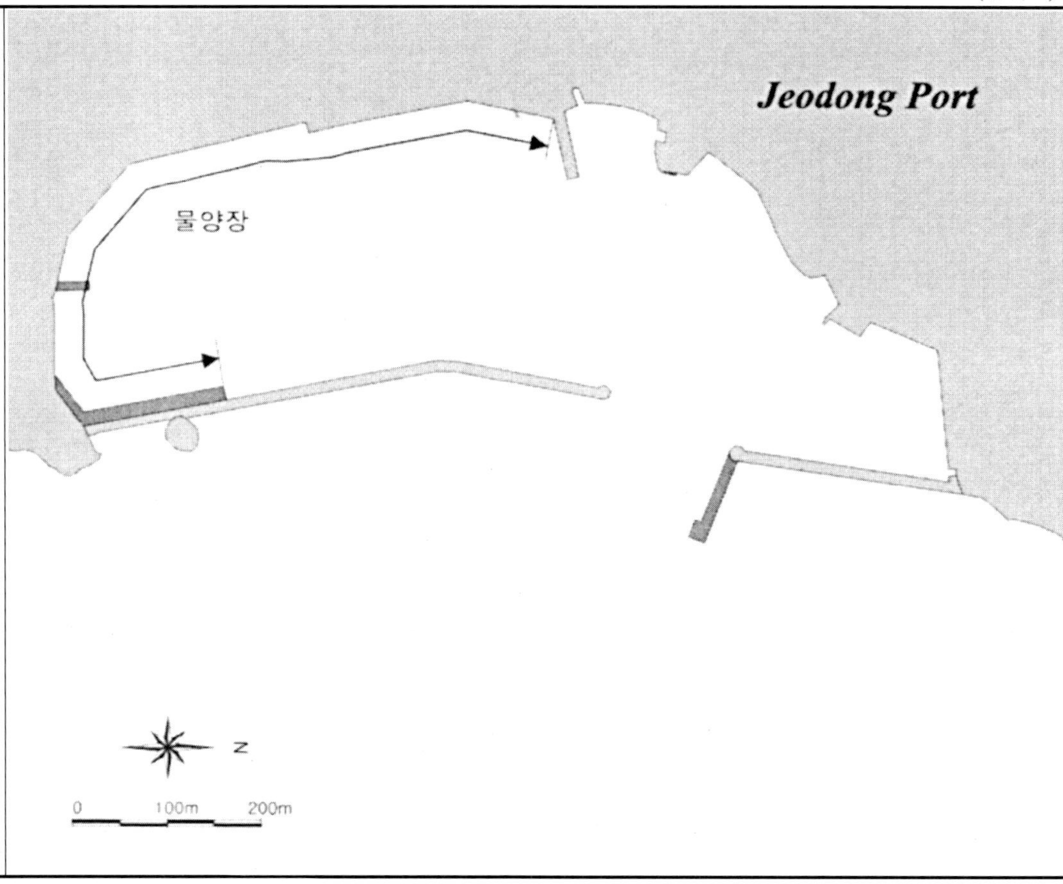

구 분	이상시			평상시		
	ENE	E	ESE	ENE	E	ESE
현 상 태	0.02~0.92	0.14~1.53	0.10~1.47	0.02~0.49	0.05~0.60	0.05~0.54
계획 1안	0.01~0.31	0.06~0.93	0.07~1.21	0.01~0.19	0.01~0.36	0.03~0.47
계획 2안	0.02~0.69	0.08~1.36	0.09~1.42	0.02~0.39	0.02~0.54	0.04~0.56
계획 3안	0.01~0.46	0.08~0.88	0.06~1.08	0.01~0.24	0.04~0.32	0.04~0.39
계획 4안	0.02~0.46	0.14~1.45	0.30~1.24	0.01~0.26	0.02~0.43	0.02~0.54
계획5안	0.02~0.40	0.01~0.96	0.09~1.03	0.01~0.19	0.02~0.30	0.01~0.29

＊ 평상시 양육 가능한 항내파고 0.3m이하로 유지하기 위하여 반사파 저감을 위한 소파블록의 시설이 고려되어야 한다.

3) 해수유동 수치모형실험

○ 개요

실험은 대상해역을 적절한 격자망으로 분할하고, 각, 격자점에 수심을 입력하여 해저지형을 모형으로 재현하는 모델을 수립한 후 조위의 실험결과는 기존 관측된 조위자료를 사용하고 조류속의 실험결과는 금회 관측된 자료와 잘 일치할 수 있도록 개방경계 조건 등의 입력자료를 조정하여 검증을 실시하였다.

검증이 완료된 후 사업시행에 따라 변화되는 지형 자료를 모형에 재입력하여 사업 후에 대한 예측실험을 실시하여 현존상태와 비교·분석하였다.

조위 및 조류속 계산 결과는 오염확산 수치모형실험의 입력 자료로 이용되어 공사시 발생하는 부유사의 확산 범위를 예측하여 오탁방지막 설치에 따른 효과를 분석하기 위한 기초자료로 사용하였다.

해수유동 수치모형실험 개요

구 분	내 용		
적용모델	■ NESWIM(NEsted shallow water implicit model) ■ ADI기법을 이용하여 수치해석의 정확성과 효율성이 있음 ■ 수평대류 과정이 오일러-라그란쥐적 방법으로 처리되어 수치해석의 안정적인 결과 제시함		
모형범위	광 역	중간역	상세역
	울릉도 인근해역 (50.0km×40.0km=2,000.0km²)	저동항 인근해역 (5.0km×6.0km=30.0km²)	저동항 인근해역 (2.2km×3.0km=6.60m²)
격자 간격 및 격자수	250m(200×160)	50m(100×120)	10m(220×300)
실험조건	■ 평균 대조, 중조, 소조(주요 4개 분조 입력)		
실 험 안	EX	■ 현존상태	
	AFI	■ 본 공사 완공시	

○ 실험결과

- 모형검증

조위 및 조류관측 위치

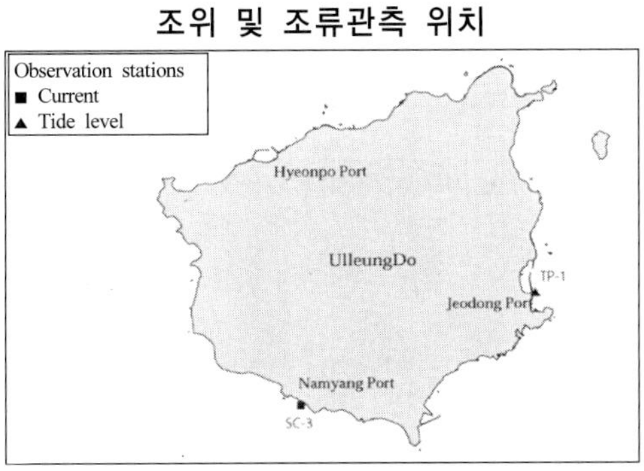

4) 오염 확산 수치모형실험

○ 개 요

해수를 서로 교환시키는 외력에는 조류와 같은 흐름과 분자 및 난류로 인한 확산이 있다. 따라서 본 과업에서는 이러한 해양환경 하에서 공사시 부하되는 오염물질이 조류로 인하여 외해로 배출되고 난류로 인하여 외해와 섞이는 확산과정을 모식화한 간단한 수학적 모형을 수립하고 수치모형 실험을 실시하여 수학적 모형의 계수를 결정하였다.

수치모형실험의 대상 영역은 오염확산의 변동성이 충분히 검토될 수 있는 인근을 포함하는 영역으로 구성되었으며, 확산 범위를 예측하기 위하여 필요한 해수의 흐름 정보가 해수유동 수치모형 결과로부터 얻어진다.

해수유동 수치모형 실험 개요

구 분	내 용	
적용모델	■ (주)혜인 이엔씨-성균대학교 공동개발한 2차원 음해법 오염확산 모형 ■ 한국해안해양공학회 및 유수 국내사업에서 적용성이 검토되어 신뢰성 입증	
모형범위	■ 저동항 인근해역(해수유동 상세역과 동일)	
격자 간격 및 격자수	■ 10m(해수유동 상세역과 동일)	
실험조건	■ 평균 대조, 중조, 소조(주요 4개 분조 입력)	
실 험 안	EX	■ 현존상태
	AFI	■ 본 공사 완공시

○ 각 공종별 부유사 발생량 산정

본 사업시 대별되는 각 공종별로 공사물량 및 부유사 발생 원단위를 적용하여 공종별 시간당 부유사 발생량을 산정한 결과 다음 표와 같이 산정되었다.

각 공종별 공사강도 산정에 있어서 공사기간이 확정되지 않은 관계로 일일최대 공사물량을 기준으로 적용하여 산정하였다.

공종별 부유사 발생량

rn조물	공 종	공사물량(m³)	공사강도(m³/hr)	원단위(kg/m³)	부유사발생량(kg/hr)
직립호안	사석	3,465.70	36.5	5.7	208.3
	기초굴착	146.17	50.6	8.4	424.6
물양장 신설	사석	3,171.96	36.5	5.7	208.3
	기초굴착	928.52	50.6	8.4	424.6
물양장 전면 신설	사석	1,036.41	36.5	5.7	208.3
	기초굴착	341.48	50.6	8.4	424.6
돌 제	사석	1,787.77	36.5	5.7	208.3
	기초굴착	1,848.85	50.6	8.4	424.6
남방파제	사석	29,265.07	36.5	5.7	208.3
북방파제	사석	20,702.99	36.5	5.7	208.3
박지준설		2,533.26	50.6	8.4	424.6

주 : 일일 평균작업시간은 사석은 8시간, 준설은 10시간으로 설정.

○ 실험결과

공사시 발생되는 오염원에 대한 오염확산이 준평형 상태가 될 때까지 시뮬레이션을 실시하여 준평형 상태가 되었을 때의 단기오염확산 형태를 제시하였다. 공사 단계별 35일(70cycle) 경과시의 최대 오염확산 분포를 1ppm까지 나타냈으며, 저감 50%시의 오염확산 형태도 동일한 방법으로 제시하였다.

저감 전후의 확산거리 및 면적 변화

(단위 : 거리-km, 면적-km^2)

구 분	확 산 거 리			확산 면적
	북측	남측	동측	
Case AF1	0.24	0.27	0.14	0.12
Case AF1-R	0.13	0.19	0.12	0.07
감 소 량	0.11(46%)	0.08(30%)	0.02(14%)	0.05(42%)

단기 최대 오염확산분포(Case AF1, 저감전)

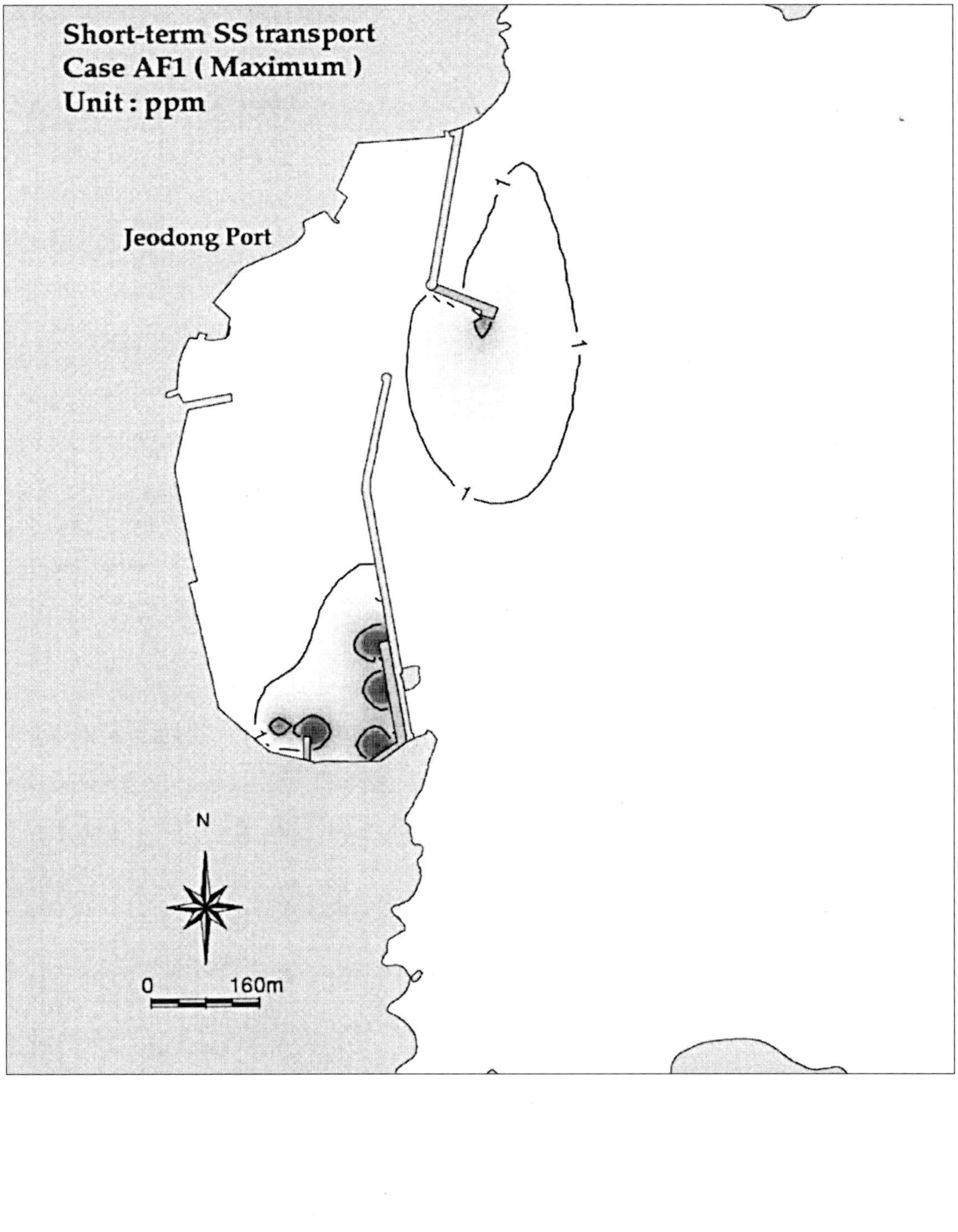

단기 최대 오염확산분포(Case AF1, 저감후)

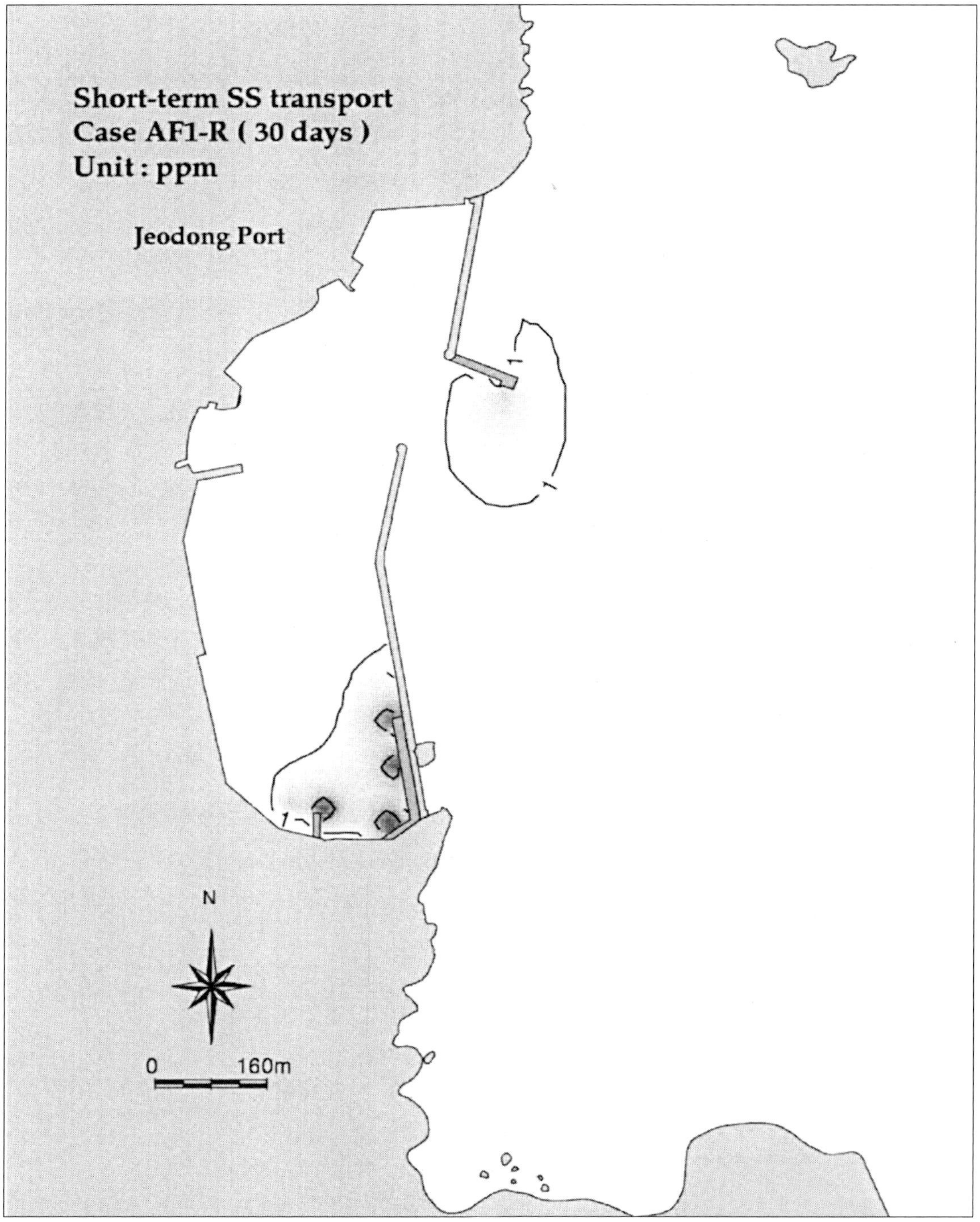

9.4.3 수리모형실험(Hydraulic model test)

가. 개 요

수리모형실험은 수학적인 수단에 의하여 해답을 얻기가 곤란한 수리학상의 제현상을 실물과 상사(相似)한 모양으로 재현시켜 해답을 얻기 위하여 항만분야에서 이용되고 있는 실험이다. 수리모형실험 결과에 따라 수리적인 구조물을 계획, 설계 혹은 시공에 이용되고 있다.

항만 및 어항설계 기준서(해양수산부, 1999. 12)에는 반사율 산정, 쇄파한계파고, 월파량, 전달파고, 파력, 충격쇄파력, 직립벽에 작용하는 파력, 경사제 또는 경사구조물에 작용하는 파력, 피복석 또는 블록 안정 및 소요질량, 양압력 등을 산정할 경우 수리모형실험을 권장하고 있다.

나. 실험의 종류

수리모형실험은 단면실험(2차원실험)과 평면실험(3차원실험)으로 나눌 수 있으며, 내용은 다음과 같다.

- 2차원 실험 :
  구조물 안정성 검토(제체의 안정성, 피복재의 안정성 등)
  소파성능 실험(반사율, 전달파고, 월파량, 처오름 높이 등)
- 3차원 실험 :
  차폐실험(방파제, 이안제, 도류제 등)
  평면 반사파 실험(해안제방, 호안, 안벽 등)
  표사영향검토실험(표사이동 현황, 표사량 산출 등)
  항내정온도 검증 실험

제10장 · 지진 및 지진력

10.1 일반사항

10.1.1 개 요

항만 및 어항 시설물은 구조형식에 적합한 내진특성을 갖도록 해야 하며, 지진의 영향을 고려한 내진설계를 수행하여야 한다.

일본의 피해사례를 볼 때 항만 및 어항시설의 구조형식 선정시는 지진응답 특성이 다른 구조형식의 조합이 바람직하다.

10.1.2 내진성 검토시 고려사항

- 대상지역의 지진활동도, 대상지진, 지진동 등
- 건설지점의 지반조건
- 시설물의 내진등급 및 내진성능 목표
- 시설물 이용상 지진시 한계조건

10.1.3 내진성에 대한 검토사항

- 구조물 전체 안정성
- 기초지반의 활동, 전도 등에 대한 안정성
- 액상화현상이 기초지반의 안정성 및 상부구조물에 미치는 영향
- 구조물의 부재응력
- 기능상으로 본 구조물 각 부분, 인접하는 구조물이나 지반과의 상대변위

10.2 항만시설의 내진등급 및 내진성능 목표

10.2.1 내진등급

가. 일반

항만시설물의 내진등급은 시설물이 지진피해시 사회·경계적으로 미치는 영향과 기능측면에서 등급을 구분하고 있다.

나. 내진 **1**등급 적용 항만시설물

- 시설물이 피해를 입으면 많은 인명과 재산상의 손실을 줄 염려가 있는 시설물 : 위험물 부두
- 시설물이 피해를 입으면 심각한 환경오염을 줄 우려가 있는 시설물 : 유해물, 위험물부두
- 지진재해 복구에 중요한 역할을 담당하는 시설물(지진재해 복구용시설물) : 컨테이너부두
- 국방상 필요성에 의해 분류된 시설물 : 군사목적용 시설
- 지진피해 발생시 구조물의 복구가 곤란한 시설 : 갑문시설, 해저관로 시설

다. 내진 **2**등급 적용 항만시설물

- 내진 1등급으로 분류되지 않은 항만시설물
- 방파제 시설

라. 내진설계 제외 항만시설물

- 외곽시설 : 침식대책시설, 매몰대책시설
- 부유식 구조물 : 부잔교, 항로 표지시설(육상시설 제외)
- 소형선 계류시설

10.2.2 내진성능 목표

가. 설계성능 수준

1) 기능수행 수준

구조물에 심각한 구조물 손상이 발생하지 않고 지진경과 후에도 구조물의 기능을 정상적으로 유지할 수 있는 성능 수준

2) 붕괴방지 수준

구조물에 제한적인 구조적 피해가 발생하나 긴급보수를 통해서 단시간에 항만구조물의 기능을 발휘할 수 있는 성능 수준

나. 내진성능 목표

성능 목표	내진 I 등급	내진 II 등급
기능수행 수준	평균재현주기 100년	평균재현주기 50년
붕괴방지 수준	평균재현주기 1000년	평균재현주기 500년

다. 지진시 거동에 따른 구조물의 분류

1) 흙구조물 : 제방과 호안의 기초, 구조체를 흙과 사석으로 축조한 구조체
2) 벽체구조물 : 중력식 안벽, 널말뚝식 안벽, 셀식 안벽, 갑문시설의 벽체
3) 말뚝구조물 : 잔교식 안벽, 돌핀, 도교, 연락교 등의 말뚝

라. 기능수행 수준의 거동한계

1) 흙 및 벽체구조물은 구조물의 부분적인 항복과 영구변형을 허용할 수 있으나, 주변구조물 및 부속시설들이 탄성 또는 탄성에 준하는 거동을 할 정도의 영구변형만이 허용되도록 하여야 한다.
2) 말뚝구조물은 지진시 그 지진하중의 탄성거동은 허용할 수 있으나 말뚝구조물 자체와 그 위에 놓여있는 모든 구조물 및 부속시설이 탄성 또는 탄성에 준하는 거동을 하여야 한다.
3) 항만부지내의 지반에는 과다한 변형이 발생하여서는 안되며, 액상화로 인하여 항만의 기능수행에 지장을 초래해서는 안된다.

마. 붕괴방지 수준의 거동한계

1) 흙 구조물이나 벽체구조물의 구조적 손상은 경미한 수준으로 제한되어야 하며, 영구변형으로 인하여 주변구조물 및 부속시설들이 탄성한계를 초과하는 소성거동은 허용되나 파괴가 발생하여서는 안된다.
2) 말뚝구조물은 지진하중 작용시 탄성계수를 초과하는 소성거동을 허용하나, 이로 인하여 말뚝구조물 자체나 상부구조물에 파괴가 유발되어서는 안된다.
3) 항만부지내의 지반에는 과다한 변형이 발생하여서는 안되며, 액상화로 인하여 항만시설이 수리불능의 피해를 입어서는 안된다.

10.3 설계지진하중

10.3.1 설계지반운동

가. 운동방향 성분

- 수평2축방향 성분 : 세기와 특성이 동일
- 수직방향 성분 : 수평방향 성분 × 2/3 주파수내용, 지속시간이 수평방향 성분과 동일.

나. 결정시 고려사항

- 설계지반운동은 해당시설물의 내진설계에 필요한 지점에서의 자유장 운동으로 정의한다.
- 국지적인 토질조건, 지질조건과 지표 및 지하변형이 지반운동에 미치는 영향이 고려되어야 한다.
- 기본적인 지진재해도는 보통암 지반을 기준으로 평가한다.
- 설계지반운동은 흔들림의 세기, 주파수 내용 및 지속시간 등 시설물의 내진설계에 필요한 그 특성이 잘 표현되어야 한다.

10.3.2 지역별 진도

가. 적용기준

지역별 진도는 각 재현주기별 지진재해도상의 값을 적용하는 것을 원칙으로 한다.

나. 적용범위

1) 지역별 진도

지역별 진도 = 지진구역계수 × 위험도 계수

2) 지진구역의 구분

지진구역	행정구역	
I	시	서울특별시, 인천광역시, 대전광역시, 부산광역시, 대구광역시, 울산광역시, 광주광역시
I	도	경기도, 강원도 남부, 충청북도, 충청남도, 경상북도, 경상남도, 전라북도, 전라남도 북동부
II	도	강원도 북부, 전라남도 남서부, 제주도

(주) 강원도 북부(군, 시) : 홍천, 철원, 화천, 평창, 양구, 인제, 고성, 양양
강원도 남부(군, 시) : 영월, 정선, 삼척시, 강릉시, 동해시, 원주시, 태백시
전라남도 북부(군, 시) : 장성, 담양, 곡성 구례, 장흥, 보성, 여천, 화순, 광양시, 나주시, 여천시, 여수시, 순천시
전라남도 남부(군, 시) : 무안, 신안, 완도, 영광, 진도, 해남, 영암, 강진, 고흥, 함평, 목포시

3) 지진구역별 지진계수

지진구역	I	II	비고
구역 계수, (g값)	0.11	0.07	재현주기 500년에 해당

4) 재현주기별 위험도 계수

재현주기	50년	100년	200년	500년	1000년	2400년
위험도 계수	0.40	0.57	0.73	1.00	1.40	2.0

제3편

10.3.3 가속도 설계응답 스펙트럼

가. 표준 설계응답 스펙트럼

감쇠비 5%에 대한 표준설계응답 스펙트럼은 다음과 같다.

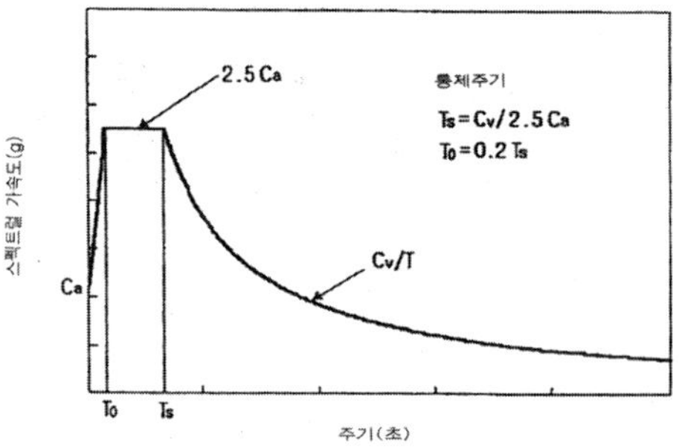

표준 설계응답스펙트럼

나. 지진계수

표준설계응답 스펙트럼에 사용하는 지진계수 값은 지반의 종류에 따라 다음 값을 적용한다.

지진계수 C_a 및 C_V

지반종류	지진계수 C_a		지진계수 C_V	
	지진구역		지진구역	
	I	II	I	II
S_A	0.09	0.05	0.09	0.05
S_B	0.11	0.07	0.11	0.07
S_C	0.13	0.08	0.18	0.11
S_D	0.16	0.11	0.23	0.16
S_E	0.22	0.17	0.37	0.23

다. 지반의 분류

지진에 의한 지반운동은 지반특성에 따라 다르므로 이를 반영하도록 다음과 같이 분류한다.

지반의 분류

지반분류	지반종류의 호칭	상부 30m에 대한 평균지반특성		
		전단파 속도(m/s)	표준관입시험 $\overline{N}(\overline{N_{CH}})$ (blow/foot)	비배수전단강도 $\overline{S_u}$ $KPa(kgf/cm^2)$
S_A	경암지반	1500초과	-	-
S_B	보통암지반	760에서 1500		
S_C	매우 조밀한 토사지반 또는 연암지반	360에서 760	>50	>100{>1.0}
S_D	단단한 토사지반	180에서 360	15에서 50	50에서 100(0.5~1.10)
S_E	연약한 토사지반	180미만	<15	<50 {<0.5}
S_F	• 액상화가 일어날 수 있는 흙, 퀵 클래이(Quick clay)와 매우 민감한 점토, 붕괴될 정도로 결합력이 약한 붕괴성 흙과 같이 지진하중 작용시 잠재적인 파괴나 붕괴에 취약한 지반 • 이탄 또는 유기성이 매우 높은 점토지반($H>3.0m$) • 매우 높은 소성을 갖은 점토지반($H>7.620m$, $PI>75$) • 층이 매우 두꺼우며 연약하거나 중간 정도로 단단한 점토($H>36.6m$)			

라. 평균지반특성 평가

평균전단파 속도($(\overline{V_s})$)	평균 표준관입저항 $\overline{N}/\overline{N_{CH}}$	평균비배수전단강도 ($(\overline{S_u})$)
$\overline{V_s}=\dfrac{\sum_{i=1}^{n} d_i}{\sum_{i=1}^{n}\dfrac{d_i}{V_{si}}}$ 여기서, d_i : 토층 i의 두께 (m) V_{si} : 토층 i의 전단 파속도 (m/sec)	$\overline{N}=\dfrac{\sum_{i=1}^{n} d_i}{\sum_{i=1}^{n}\dfrac{d}{N_i}}$, $\overline{N_{CH}}=\dfrac{d_s}{\sum_{i=1}^{n}\dfrac{d_i}{N_i}}$ 여기서, d_i : 토층 i의 두께(m) d_s : 상부 30.480m에 있는 비점착성 토층의 총두께(m) N_i : 공인된 표준에 따른 토층의 표준관입저항	$\overline{S_u}=\dfrac{d_c}{\sum_{i=1}^{n}\dfrac{d_i}{S_{ui}}}$ 여기서, d_c : 상부 30.480m에 있는 점성토 토층의 총두께 (100-d_s), (m) S_{ui} : 250kPa를 초과하지 않는 공인 된 표준에 따른 비배수 전단강도

10.3.4 가속도 시간이력

가. 적용범위

항만구조물의 동적해석을 위한 지진의 가속도 시간이력은 기본적으로 과거의 관측결과를 이용하여 결정하는 것을 원칙으로 한다.

관측된 지진기록이 없는 경우에는 인공적으로 지진기록을 생성하여 사용하거나 외국의 기록을 해당 지역의 특성에 맞게 수정하여 사용한다.

나. 가속도 시간이력의 기본요건

- ○ 지반가속도 또는 속도나 변위의 시간이력으로 지반운동이 표현될 수 있다.
- ○ 공간적인 모형이 필요할 때 지반운동은 동시에 작용하는 3개의 가속도 성분으로 구성되어야 한다.
- ○ 대상부지에서 계측된 시간이력을 사용하는 것이 원칙이나, 필요시에는 대상부지에서 기대되는 시간이력과 유사하다고 판단되는 다른 지역에서 계측된 가속도 시간이력 또는 인공가속도 시간이력을 사용할 수 있다.

다. 인공가속도 시간이력의 요건

- ○ 인공가속도 시간이력은 응답 스펙트럼과 잘 부합되도록 생성되어야 한다.
- ○ 지반거동의 장주기 성분이 구조물의 거동에 중요하게 영향을 미친다고 판단될 경우에는

지진원의 발진기구 특성과 국지적인 영향을 고려하여 시간이력을 생성해야 한다.

○ 인공가속도의 지속시간은 지진의 규모와 발진기구 특성, 전파경로 및 부지의 국지적인 조건이 미치는 영향을 고려하여 합리적으로 결정해야 한다.

10.4 입지조건 및 지반조사

10.4.1 입지조건

항만 및 어항의 입지는 지진시 사면파괴, 액상화 및 과대한 지반침하 등의 우려가 있는 곳은 피하고, 부득이한 경우에 적절한 지반개량대책공법을 강구해야 한다.

10.4.2 지반조사

내진설계시 필요한 지반조사의 시기, 위치, 범위 및 수량 등은 대상지역의 지반특성, 시설물의 규모 및 형식, 시험장비의 가용성 및 지반조사 비용 등을 종합적으로 판단하여 결정한다.

대상지역 지반거동은 현장 및 실내시험 결과, 현장시험 결과 및 관련문헌 및 경험에 의한 방법 등을 적용하여 평가한다. 주상도(柱狀圖:Drill log)를 작성하여 지반현황을 참고로 한다.

지반조사 항목 및 간격

조사방법	조사 항목		지반종류	조사간격	조사목표
사운딩	콘관입시험	SPT N값	모래/사질토	1~2m	• 입도분포와 SPT N값을 이용한 액상화 예측
		교란시료 채취	모래/사질토	1~2m	• 층상구조 및 입도분포 획득
현장조사	탄성파탐사(탄성파시험, 표면파시험)	P파 속도 S파 속도	모래-점토	1~2m	• 지진응답해석 • 저변형율에서의 전단탄성계수
비교란시료	액상화시험(진동삼축, 순수전단, 비틂전단, 진동대시험)	액상화 강도	모래/사질토	1.5~2m	• 반복 삼축시험에서 액상화 강도
	동적변형시험(공진주, 진동삼축, 비틂전단시험)	전단탄성계수 감쇄비	모래-점토	각 층	• 지진응답해석 • 중간-대변형율에서 변형특성
	밀도시험	단위중량	모래-점토	각 층	• 유효상재하중의 계산

10.5 해석 및 설계의 일반규정

10.5.1 시설물별 해석방법

가. 허용변위

항만시설물의 운영측면, 안전측면을 고려하여 결정한다.

1) 잔교하부, 호안구조물

○ 붕괴방지 수준에서의 허용범위 ; 30cm(수평방향)

○ 기능수행 수준에서의 허용범위 ; 10cm(수평방향)

○ Ref: 「Seismic guidelines for ports」-(1998, TCLEE No. 12, ASCE)

2) 공용 관점의 안벽 변형량 추정치

구분	피해 변형량 : 최대 측방 변위량 또는 최대 애프론 침하량			
구조형식	중력식		널말뚝식	
안벽수심	(-) 7.5m 이상	(-) 7.5m 미만	(-) 7.5m 이상	(-) 7.5m 미만
공용가능	0~30cm	0~20cm	0~30cm	0~20cm
공용제한	30~100cm	20~50cm	30~50cm	20~30cm

자료:「港灣の 施設の 技術上の 基準・同解說」평성원년(平成元年) 6월, 사단법인 일본항만협회

3) 기능상 관점의 안벽 변형량 상한 추정치

구조물 본체	• 에프론 전체의 침하량 : 20~30cm • 경 사 : 3~5° • 법선의 변위(出入) : 20~30cm
에 프 론	• 침하 : 에프론상의 단차 : 3~10cm 에프론과 배후지의 단차 : 30~70cm • 경사 : 순경사 3~5%, 역경사 0%

자료:「港灣の 施設の 技術上の 基準・同解說」평성원년(平成元年) 6월, 사단법인 일본항만협회

나. 내진 I등급 시설물

기능수행 수준 및 붕괴방지 수준에서 동적해석방법에 의하여 시설물의 안전이나 부재력을 검토함을 원칙으로 하며, 다음의 경우는 예외로 한다.

○ 중력식 안벽, 널말뚝식안벽, 직립식 및 혼성식 방파제는 등가정적 해석법을 허용

○ 잔교식 안벽 등은 동적해석방법에 따른다.

다. 내진 II등급 시설물

기능수행 수준 및 붕괴방지 수준에서 등가정적 해석법에 의하여 시설물의 안전이나 부재력을 검토함을 원칙으로 하고 있다.

제3편

10.5.2 등가정적 해석법

가. 개 념

등가정적 해석법은 지진력이 상시하중과 같이 구조물의 중심에 작용한다고 가정한 설계법이다.

나. 설계지진력

다음의 2개항 중 시설물에 불리한 지진력을 구조물의 중심에 작용시킨다.

- ○ 지진력 = 자중 × 지역별 진도 × 지반계수
- ○ 지진력 = (자중 + 재하중) × 지역별 진도 × 지반계수

여기서, 지역별진도 = 보통암 기준

지반계수 = 지반조건에 따른 지진 응답해석 값

다. 변위를 고려한 해석방법

설계 지진에 의한 벽체구조물의 영구변위를 고려하여 설계하는 방법이다.

- ○ Richads-Elms 방법 : 평균값
- ○ Whitman-Liao 방법 : 상한값

10.5.3 동적 해석법

가. 일 반

항만구조물의 내진성능을 검토시 동적해석방법을 적용하는 경우는 해석목적에 부합되는 적절한 방법의 선택과 구조물의 모델링, 재료정수의 설정 입력지진동 선정 등은 실제의 현상을 적절히 재현할 수 있도록 평가되어야 한다.

나. 동적해석법의 분류

1) 수치계산에 의한 해석

해석법 (포화지반의 취급)	• 유효응력해석법, 전응력해석법
계산대상 지역별	• 1차원, 2차원, 3차원
일반적인 계산 모형별	• 중복반사모형, 질점모형, 유한요소모형, 연속체모형
재료특성별	• 선형해석법, 등가선형해석법, 비선형응답해석법
계산영역별	• 시간영역해석법, 주파수영역해석법

2) 진동대 등에 의한 진동실험

역학적인 상사를 고려하여 구조물에 진동을 주어 지반 및 구조물 전체의 거동을 파악하는데 유효한 실험이다.

- ○ 진동대에 의한 모형진동실험
- ○ 원심력 재하장치에 대한 모형진동실험
- ○ 현장 진동실험

10.5.4 하중조합

가. 지진하중 작용시 제외하중

- ○ 선박접안력
- ○ 폭풍시 풍압 및 파력
- ○ 충돌하중 및 충격하중
- ○ 기타 발생빈도가 적어 지진하중과 동시에 작용할 확률이 적은 하중

나. 지진시 상재하중

- ○ 평상시 하중의 5~25% 정도 사용
- ○ 상재하중의 유·무에 따라 조정 사용

다. 안벽 상부의 궤도하중

- ○ 구조물에 미치는 영향을 고려하여 검토
- ○ 일반적으로 지진발생시 미치는 영향이 적다.

10.5.5 연성계수

가. 일반

기능수행 수준의 지진은 구조물에 발생하는 변형을 소성한도 내에서 거동하도록 규정하지만, 붕괴방지 수준의 지진은 구조물에서 발생하는 탄성변형을 허용한다. 구조물이 비탄성 거동을 하게 되면, 강성거동을 하는 경우보다 부재력이 작아지므로 말뚝구조물의 경우 이를 고려하기 위하여 부재 설계시 탄성해석으로 구한 탄성 부재력은 연성계수를 사용하여 수정한다.

- ○ 붕괴 방지 수준의 설계 지진력 = 탄성해석상 지진력/연성계수

나. 고려사항

- ○ 곡율연성계수 : $\mu_\phi = \phi_{max} / \phi_y$

여기서, ϕ_{max} : 최대소성변형에 대한 곡율

ϕ_y : 항복응력상태의 곡율

- ○ 변위연성계수 : $\mu_\triangle = \triangle_{max} / \triangle_y$

여기서, $\triangle_{max}$: 소성변형 + 탄성변형

$\triangle_y$: 탄성변형

다. 적용사항

1) 콘크리트말뚝 : 변위연성계수 사용

지반내 - 연성계수 작은 값 사용
말뚝부두 - 연성계수 큰 값 사용
2) 돌출 잔교 및 디태치드 피어 : 연성계수 작은 값
3) 횡잔교 : 연성계수 큰 값

제11장 · 지반 및 지반조사

11.1 지반조건의 결정방법

11.1.1 결정방침

가. 설계적용 지반조건

설계에 적용하는 지반조사 성과는 지지층 깊이, 연약층 두께, 지반의 층구성상태, 다짐상태와 전단특성, 압밀특성, 투수성, 지하수위(잔류수위) 등이다.

나. 토질조사 방법 및 내용

토질조사는 설계적용 조건에 따라 그림과 같은 흐름(flow)으로 시행하며, 조사단계별 조사방법 및 내용은 다음 표와 같다.

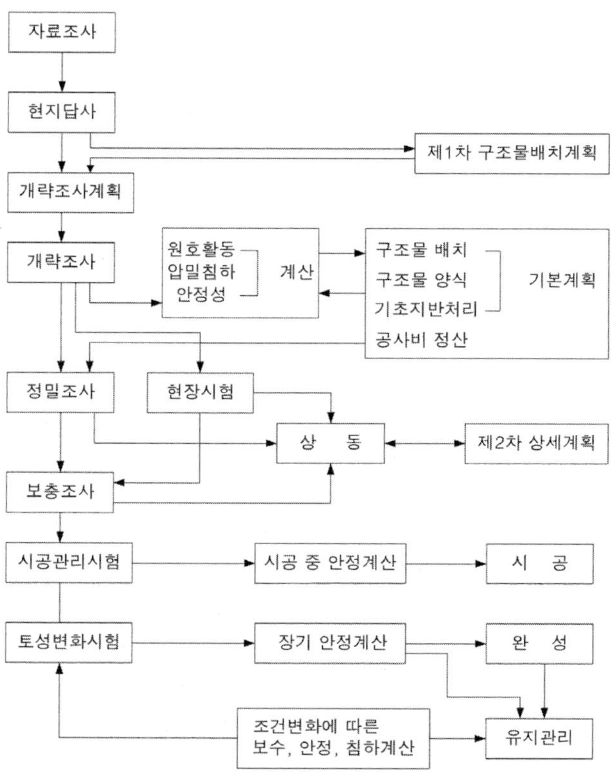

토질조사 및 설계적용 순서

다. 조사위치, 간격 및 심도

1) 보링간격

구조물의 중요성, 규모, 지반내의 응력분포 및 지층상태의 균일성 등을 고려하여 결정한다.

조사단계별 조사방법 및 내용

분 류	조사 방법	조사 내용
예비조사	자료조사	• 주변지형, 지질, 구조물 등의 침하, 파괴에 대한 기록
	현지답사	• 보링, 사운딩 자료 • 지형도, 지질도 • 항공사진, 주변지형 • 구조물 등의 침하 파괴에 대한 기록 • 구조물의 시공기록
개략조사	보 링 샘플링	• 기초지반 심도, 성층상태 • 강도(q_u, ψ), 압밀특성(c_v, c_c, m_v, p_c) • 물리적 특성(w, r_t, G_s, LL, PL) • 다짐특성(OMC, r_{dmax}, CBR) • 투수성(k, 지하수위)
정밀조사 보충조사	보 링 샘 플 링 사 운 딩 물리탐사	

지층상태가 수평, 수직 방향으로 비교적 균일한 경우

(단위 : m)

구 분	법 선 방 향		법 선 의 직 각 방 향		
	배 치 간 격		배 치 간 격 (법선방향)		법선에서의 거리(최대)
종 목	보 링	사운딩	보 링	사운딩	보링 및 사운딩
개략조사	50 이하	15~20	20~30	10~15	50~100
정밀조사	10~30	5~10	10~20	5~10	

지층상태가 복잡한 경우

(단위 : m)

구 분		법 선 방 향		법 선 의 직 각 방 향		
		배 치 간 격		배치간격 (법선방향)		법선에서의 거리(최대)
		보 링	사운딩	보 링	사운딩	보링 및 사운딩
개략 조사	넓은 지역	300~500	100~300	50	25	50~100
	좁은 지역	50~100	20~50			
정밀 조사		50~100	20~50	20~30	10~15	

2) 조사심도

원칙적으로 구조물의 형태, 규모에 따라 소요지지력을 확인할 수 있는 깊이까지로 한다.

3) 샘플링 간격

지반의 물리적 특성, 강도변화 특성을 파악하기 위해 1.5m간격으로 실시한다.

4) 사운딩 간격

○ 조작이 복잡한 경우 : 보링에 준함

○ 조작이 간편한 경우 : 보링경우의 1/3이하

라. 해상조사

육상 토질조사 장비외에 바지선, 샙 바지(Sep barge), 잭 업 플랫폼(Jack-up platform) 등의 장비를 사용하여 시행한다.

11.1.2 조사방법의 선정

가. 고려사항

○ 구조물의 종류, 규모, 중요도

○ 인근지반의 지층구성

○ 조사범위 및 목적

○ 경제성

나. 조사목적별 선정

조사 목적	조사 방법	조사 내용
지층상태 확인	• 보링 • 사운딩 • 물리탐사	• 지층구성 • 기반암 깊이 • 연약층두께
지지력 사면안정 토압	• 흐트러지지 않은 시료 • 사운딩 • 현장시험	• 일축압축강도 q_u • 전단강도 τ_f • 전단저항각 Φ • 상대밀도 Dr • 점착력 c
압밀특성	• 흐트러지지 않은 시료 • 현장시험	• 압밀계수 c_v • 체적압축계수 m_v • 선행 압밀하중 Pc
투수계수	• 흐트러지지 않은 시료 • 현장시험	• 투수계수 k
투수성	• 흐트러지지 않은 시료 • 현장시험	• 최대건조밀도 r_{dmax} • 최적함수비 W_{opt} • CBR
분류특성	• 흐트러지지 않은 시료 (r_t이외에는 흐트러진 시료도 가능)	• 단위중량 r_t • 함수비 w • 토립자 비중 Gs • 입도 • 컨시스턴시 LL, PL

11.1.3 표준관입시험

N치의 측정은 KSF 2318(스플릿 배럴 샘플러에 의한 현장관입시험 및 시료채취방법)에 규정되어 있는 흙의 표준관입시험 방법에 따른다.

11.2 흙의 물리적 특성

11.2.1 단위중량

가. 일 반

단위중량은 공기중에서의 단위체적당 중량을 말하며, 습윤단위중량, 건조단위중량이 있다.

또한, 수중에서의 단위체적당 중량을 수중단위중량이라 한다.

단위중량은 흙 자체무게로 인한 깊은 토층의 압력, 다짐정도, 간극비 계산 등에 사용된다.

나. 습윤단위중량(r_t)

물을 포함한 흙의 공기중에서의 단위체적당의 무게.

다. 건조단위중량(r_d)

수분이 증발하고 건조한 흙만의 단위체적당의 무게.

라. 수중단위중량(r')

수위 아래의 흙이 완전히 포화되었을 때 단위체적당의 무게.

마. 원위치에서 단위체적중량 측정

1) 모래치환에 의한 방법

모래치환법을 주로 토공 관리용으로 육상부 지표면부근측정에 적합하다.

2) 라디오 아이소토프(RI)

RI는 비파괴 시험에 의해 직접 밀도를 구하기 때문에 모래 및 사질토의 불교란 시료채취가 곤란한 곳에 r선 밀도계에 의한 측정이 많이 이용된다

○ 표면형 : 지표면 부근측정에 적합, 토공관리용에 이용

○ 삽입형 : 수직방향의 밀도분포, 깊이방향조사에 적합, 항만공사에 이용

바. 상대밀도(Dr)

사질토는 단위체적중량이나 간극비만으로 치밀한 상태여부를 판정하기 어려우므로 상대밀도로 나타낸다.

또한 상대밀도는 사운딩(Sounding)시험에 의한 간접적인 측정방법으로 많이 사용한다.

11.2.2 입도 및 흙의 분류

가. 입 도

입도란 흙에 포함된 여러 종류의 흙입자의 입경별 함유비율을 나타내는 지표이다.

입도의 측정은 미립부분(실트이하)은 비중계를 사용하는 침강법, 조립부분(모래이상)은 체가름으로 측정한다.

균등계수 · 유효입경 · 곡율계수

균등계수	유효입경	곡율계수
$C_u = \frac{D_{60}}{D_{10}}$	D_{40}	$C_c = \frac{(D_{30})^2}{D_{10} \cdot D_{60}}$
D_{10}, D_{60} : 통과중량백분율 40%, 60%에 해당하는 입경(mm)	D_{40} : Hazen의 유효입경	D_{30} : 통과중량백분율 30%에 해당하는 입경(mm)
C_u=4~5 : 입도분포불량 C_u>10 : 입도분포양호	투수성 추정	C_c=1~3 : 입도분포양호

흙의 성질은 입경의 크기, 입자의 형상에 영향이 있다.

흙의 분류는 입경에 의한 분류와 통일분류법을 많이 사용하고 있다.

입경에 따른 구분

분류	입경범위	
	외국의 예	우리나라
자 갈	4.76이상	2.0이상
굵은모래	4.76~2.0	2.0~0.42
중간모래	2.0~0.42	-
가는모래	0.42~0.074	0.42~0.074
실 트	0.074~0.005	0.074~0.005
점 토	0.005 이하	0.005 이하
콜로이드	0.001 이하	0.001 이하

나. 흙의 분류

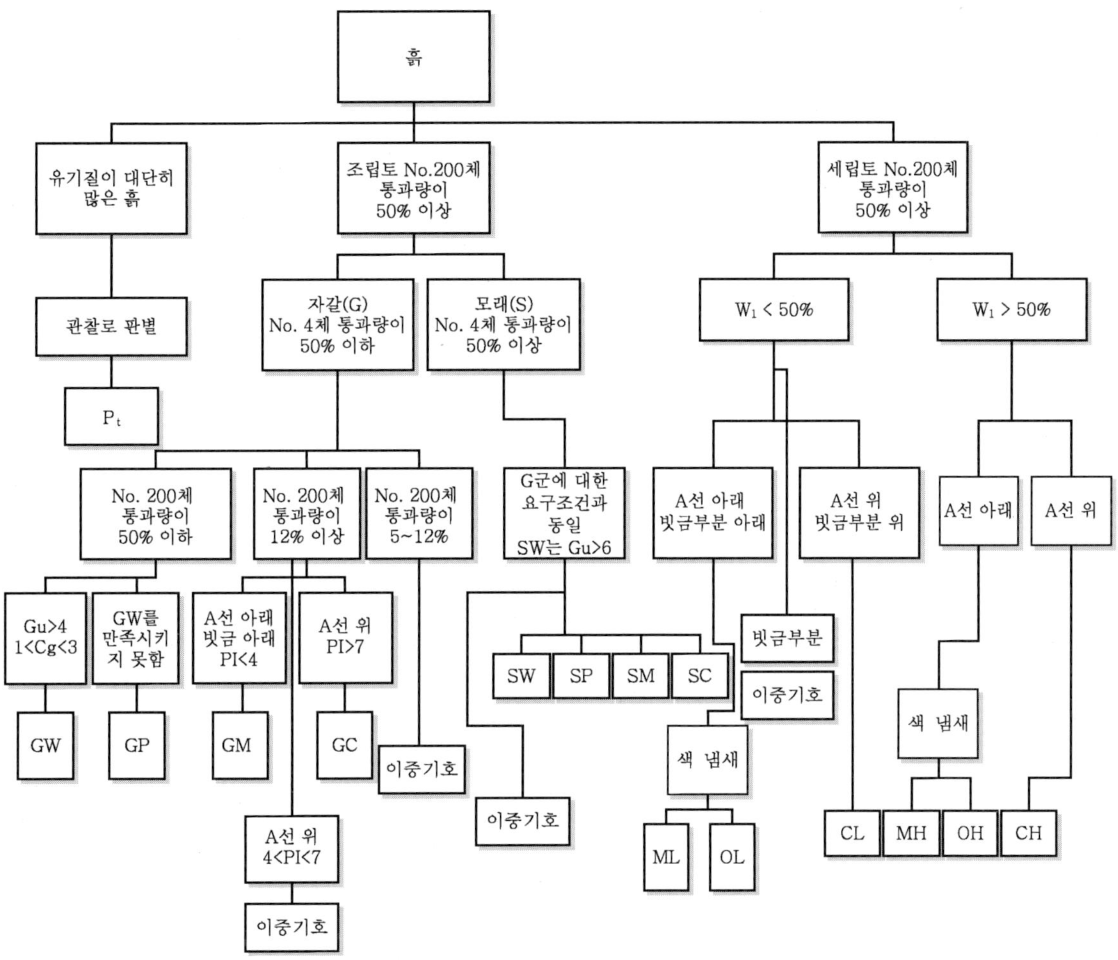

통일 토질분류표

다. 입도와 토성

흙의 성질은 구성입자의 성질에 따라 조립성분이 결정되며 설계방향도 결정된다.

라. 모래의 분사현상

사질토는 점착력이 없어 상향 침투수의 동수경사와 흙의 수중무게가 같아지면 흙은 무게가 없는 상태가 되어 물의 흐름방향으로 물과 같이 유동하는 현상을 모래의 분사현상이라 한다.

분사현상은 구조물 터파기, 교량의 피어 기초 등에서 자주 일어나므로 한계동수경사를 검토하여 대책을 수립할 필요가 있다.

마. 모래의 액상화 현상

물로 포화된 모래가 충격이나 진동에 의해 간극수압이 순간적으로 상승하여 액체상태가 되는 현상을 말한다.

액상화 현상은 한계간극비의 값 이상인 모래와 투수성이 작은 세사일 때 많이 일어난다.

바. 점성토의 물리적 특성과 역학적 특성과의 관계

입경이 작은 토립자는 비표면적이 커지므로 입자 표면성질이 흙 전체 성질에 큰 영향을 주게 되며, 파상적으로 소성의 크기로 나타낸다.

점성토의 공학적 성질인 컨시스턴시를 흙의 액성한계와 소성한계 시험으로 구한다.

11.2.3 투수계수

가. 투수계수 산정

완전히 물로 포화된 흙 속을 흐르는 물이 정산적인 층류일 때 투수계수는 Darcy의 법칙에 의하여 구한다.

$$K = \frac{Q}{i \cdot A \cdot t}$$

여기서, Q : 흙속을 흐르는 수량(cm^3)

K : 투수계수(cm/sec)

i : 동수경사 $i = h/L$

h : 손실수두(cm)

L : 물이 흙속을 지난 거리(m)

A : 흙의 전 단면적(cm^2)

t : 시간(sec)

k의 개략치

구 분	투수계수(cm/sec)
모래층	1.0×10^{-2}
실트층	1.0×10^{-5}
점토층	1.0×10^{-7}

나. 실내투수시험

현장에서 채취된 불교란 시료에 대해서 실험실에서 투수시험을 실시한다.

다. 현장투수시험

실험실에서 하는 시험은 자연상태의 경우와 다르므로 필요에 따라 현장시험을 실시한다.

1개소 내지 수 개소에 관측정을 설치하고 1개소에서 주수 또는 양수하여 지하수위의 변동을 측정한다.

11.3 흙의 역학적 성질

11.3.1 탄성계수

가. 일 반

흙을 탄성체로 해석할 경우는 흙의 비선형성을 고려한 탄성계수를 적용하며, 일반적으로 변형계수는 포와슨비가 사용된다.

나. 변형계수

1) 실내시험

일축압축시험 또는 삼축압축시험을 실시하여 응력 · 변형율 곡선에서 3종류의 값을 구할 수 있다.

- ○ 초기 탄성계수(E_i) : 재하속도가 크고 한계변형량이 작은 포장, 동적해석 등에 사용
- ○ 히스테리시스계수(E_h) : 반복하중이 재하되는 흙 구조물 해석에 사용
- ○ 할선계수(E_s) : 일반 흙 구조물의 탄성해석에 사용

2) 원위치 시험

- ○ 평판재하시험
- ○ CBR시험
- ○ 보링 공내재하시험

다. 포와슨비

포와슨비를 구하는 방법은 여러 가지가 제안되어 있으나 현재까지 확립된 시험법은 없는 상태로서 일반적인 기준은 다음과 같다.

- ○ 포화도의 비배수조건 : $\nu = 1/2$
- ○ 기타조건 : $\nu = 1/3 \sim 1/2$

11.3.2 압밀특성

가. 일 반

압축이란 흙이 일차적 재하시에 흙입자에 의한 골격이 압축하여 침하하는 성질을 말한다.

압밀이란 포화된 점성토가 하중을 받아 간극중의 간극수가 배수됨으로써 간극비의 감소로 압밀침하가 시간과 함께 진행하는 현상을 말한다.

압밀로 인한 간극비의 감소로 지반침하가 일어나

며, 침하량은 압축지수(C_C)에 비례하고, 진행 속도는 압밀지수(C_V)에 비례한다.

흙의 압밀특성은 재하에 따른 침하계산, 지반개량 공사의 흙의 전단강도 증가치 추정 등에 사용된다.

나. 압밀침하량

○ 체적 압축지수 사용(m_v)

$$S = H \cdot m_v \cdot \triangle p$$

여기서, S : 압밀침하량(m)

P_0 : 원지반상태의 토피압력(m^2/kN)

m_v : 압밀하중($P_0 + 1/2\triangle P$)에서의 체적 압축계수(m^2/kN)

$\triangle P$: 압력증분(kN/m^2)

H : 층두께(m)

○ 압밀시험에 의한 e_0 - P_0관계 사용

$$S = \frac{H}{1+e_0} \cdot C_C \cdot Log_{10}\frac{P_0 + \triangle P}{P_0}$$

(Terzaghi 압밀이론)

다. 침하속도

$$T_V = \frac{C_V\ t}{H^2}$$

여기서, T_V : 시간계수

C_V : 압밀계수(cm^2/min, 혹은 cm^2/sec)

t : 압밀 개시후의 시간(C_V와 같은 시간 단위)

H : 압밀층의 최대배수거리(C_V와 같은 길이의 단위)

양면배수 : $H = h/2$

단면배수 : $H = h$

라. **1**차압밀과 **2**차압밀

○ 1차압밀 : 간극수압이 0이 될 때까지의 압축

○ 2차압밀 : 1차압밀 이후 압축이 일어나는 압축

○ 2차압밀속도는 시간에 반비례해서 감소

○ 보통흙 : 2차압밀 무시

○ 유기질흙, 압축성 무기질 흙 : 2차압밀 고려

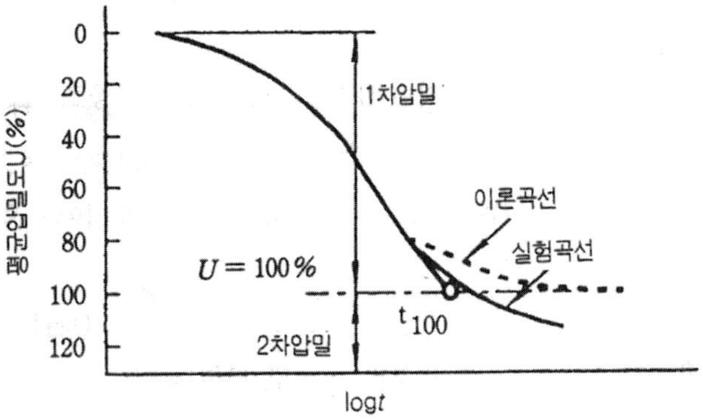

1차원압밀과 2차원압밀

마. 초연약점토의 압밀침하

준설에 의한 매립지는 초연약 지반으로서 이러한 지반에 적용되는 압밀이론은 자중과 층 두께 변화의 영향을 고려한 일본의 三笠의 압밀이론이 있다.

초연약 점토의 압밀정수 추정은 일정 변형율 압밀시험이 제안되고 있다.

11.3.3 전단특성

가. 일 반

흙의 전단강도는 원칙적으로 사질토와 점성토로 나누어서 취급하며, 사질토의 전단강도는 배수조건에서 구하고, 점성토의 전단강도는 비배수조건에서 구하는 것을 표준으로 한다.

○ 사질토 : $\tau_f = (\sigma - u)\tan\theta'$

○ 점성토 : $\tau_f = C_U$

여기서, τ_f : 전단강도(kN/m^2)

σ : 전단면상의 수직응력(kN/m^2)

u : 간극수압(kN/m^2)

θ' : 유효응력으로 표시한 전단 저항각 ($^\circ$)

C_U : 점착력(kN/m^2)

나. 표준 전단시험

1) 비압밀 · 비배수 시험(UU test 혹은 Quick test)

흙 시료의 간극 속에 포함되어 있는 물 혹은 공기가 배출되지 않도록 공시체에 압력(Cell pressure)을 가한 다음, 공기 혹은 물이 공시체에서 유출되는 것을 허용하지 않은 상황에서 압축력을 가하여 전단하는 시험이다.

2) 압밀비배수 시험(CU test)

임의의 압력(Cell pressure)에 의하여 압밀이 완료된 후, 비배수상태에서 축압력을 가하여 전단시키는 시험이다.

3) 압밀배수 시험(CD test)

공시체내의 물 혹은 공기가 자유로이 유출할 수 있는 상태에서 압밀 또는 팽창을 허용한 상태에서, 간극압이 발생하지 않는 배수조건하에서 축압력을 서서히 가하여 파괴시키는 시험이다.

다. 모래의 전단강도

$\tau_f = (\sigma - u)\tan\phi' = (\sigma - u)\tan\phi_d$

여기서, τ_f : 전단강도(kN/m^2)
σ : 전단면상의 수직응력(kN/m^2)
u : 간극수압(kN/m^2)
ϕ' : 유효응력에 대한 전단 저항각(°)
ϕ_d : 배수 조건에서의 전단 저항각(°) (CU 시험값)

라. 점토의 전단강도

입도분석에서 점토와 실트의 함유량이 40% 이상일 때, 흙의 역학적 성질이 점토성질을 보유하고 있을 때 보통 점토라고 한다.

○ 일반식 : $\tau_f = C_u = q_u/2$

여기서, C_u : 겉보기 점착력(kN/m^2) =비배수강도
q_u : 일축압축강도(t/m^2)

○ 비배수강도 : $C_u = C_0 + k \cdot z$

여기서, C_u : 지표면에서 깊이 z에서의 비배수 강도(t/m^2)
C_0 : 지표에서의 C_u의 값(t/m^2)
k : 깊이에 대한 C_u의 증가율
z : 지표부터의 깊이(m)

○ 정규압밀 점토의 C_u

Skempton	Mohr의 응력원
$C_u\sqrt{P} = 0.11 + 0.0037 \cdot I_P$ 여기서, C_u : 비배수강도 (t/m^2, kN/m^2) $\bar{p}$: 압밀(유효)응력 (t/m^2, kN/m^2) I_P : 소성계수	$C_u = \dfrac{\bar{p}\{K_h + (1-K_h)A\}\sin\phi'}{1+(2A-1)\sin\phi'}$ 여기서, ϕ' : 유효응력에 관한 전단저항각(°) K_h : 지반내에서 수평 응력의 수직 응력에 대한 비 (정정토압계수) A : Skempton의 간극 수압계수

마. 중간 흙의 전단강도

입도분석결과 모래의 함유량이 50%~80%인 흙은 모래와 점토의 중간적 성질을 보유한 것으로 보고 중간 흙의 전단강도를 구한다.

$\tau_f = (\sigma - u)\tan\phi'$

11.4 N값의 해석방법

11.4.1 N값에 영향을 주는 요소

가. 밀 도

지반, 특히 사질토의 경우에는 흙의 압밀(상대밀도)가 크게 되면 N값도 커진다.

나. 함수량

잘 다져진 미세모래나 실트질 모래를 제외하고 포화된 모래, 건조된 모래, 습한 모래의 순서로 N값이 커진다.

다. 유효토압

유효토압이 크게 되면 N값도 크게 된다.

라. 지하수위의 영향

지하수위의 변동에 의하여 유효압력이나 포화도가 변화하므로 이에 따라 N값도 변화한다.

마. 기타 영향

수립자의 형상, 입도 또는 광물조성에 의하여 N값도 변화한다.

바. 시험방법

심도가 깊어지면 로드(Rod)가 길어지고, 로드의 자중도 크게 되므로 느슨한 모래의 경우는 표준관입시험기의 선단이 자중에 의하여 침하하고, N값이 감소하는 경향이 있다.

치밀한 모래의 경우는 로드(Rod)의 처짐이나 횡동요에 의하여 타격효율이 감소되어 N값이 크게 측정되는 경향이 있다.

사. 국제표준치

국제토질지반공학회가 정한 기준은 타격효율의 영향을 적게 하기 위하여 타격효율을 60% 즉, 해머(Hammer)를 75cm 높이에서 자유낙하 시킬 때 에너지(Energy)의 60%가 선단에 전달할 때의 N값을 국제표준치로 하고 있다.

11.4.2 모래질 지반의 내부마찰각

$$\phi = 2.5 + 3.2\sqrt{\frac{100N}{70 + P'_{VO}}}$$

여기서, ϕ : 모래의 내부마찰각
N : 표준관입시험치
P'_{VO} : 표준관입 시험치를 측정할 때의 유효토압(kN/m^3)

11.4.3 점성토 지반의 N값

모래지반에 비해 점성토의 N값은 값이 작아 신뢰성이 적으며, 종래의 경험 또는 실험결과에 의하면 q_u가 100*kpa*정도 이상의 흙이 아니면 N값의 측정은 곤란하다.

강도가 큰 홍적퇴적토 지반은 과거 퇴적환경과 응력이력의 변화로 같은 토층에서도 토질이 불균일하고, 과압밀상태의 토질이 많으므로 N값, 토성이 크게 변화한다.

경질토는 시료채취가 어렵고 시료에 균열이 생기기 쉬우므로 q_u치와 N값의 관계성립이 어렵다. 이에 따라 대상구조물과 경험식의 배경을 충분히 고려하여 N값을 해석한다.

11.4.4 암반의 N값

N값의 신뢰성 적용범위는 10mm 이하의 자갈이 소량 함유된 모래지반까지이고, 그 이상의 자갈은 N값이 과다하게 구해지는 위험성이 있으므로 N값의 사용은 곤란하다.

높은 정도의 변형계수, 압축강도를 구할 때는 전단파 속도의 측정, 공내 수평재하시험, 실내시험을 실시하는 것이 좋다.

11.5 표준관입시험 이외의 사운딩(Sounding)

11.5.1 일 반

표준관입시험 이외의 사운딩을 하는 경우는 지반의 특성, 필요 지반정수의 종류 또는 정도에 따라 적절히 그 방법을 선정하여야 한다.

11.5.2 사운딩의 종류

사운딩은 대상지반의 특징, 설계 및 시공상 필요정수, 정밀도 등을 고려하여 실내시험과 사운딩을 조합한 지반조사 계획을 수립한다.

11.5.3 배인(Vane) 전단시험

배인 전단시험은 십(+)자 모양의 배인을 지반에 압입하고 회전력에서 지반의 비배수 전단강도를 구하는 시험이다.

본 시험은 연약한 점성토의 강도를 구하는데 적합하다.

사운딩 방법의 특징 및 적용지반

방법	명 칭	연속성	측정치	추정량	적용지반	가능심도	특징
정적	Sweden식 사운딩 시험	연 속	• 각 하중에 대한 침하량(Wsw) • 관입 1m당 동작의 반회전수(Nsw)	• 표준관입시험의 N값이나 일축압축강도 qu값에 환산(많은 제안식이 있다)	• 사력, 자갈을 제외한 모든 지반	• 15m 정도	• 표준관입시험에 비해서 작업이 간단하다
	포터블콘(Potable cone) 시험	연 속	• 관입저항	• 점토의 일축압축강도, 점착력	• 점성토나 부식토지반	• 5m 정도	• 간이시험으로 극히 신속
	이중관, 전기식 Cone 관입 시험	연 속	• 선단저항 qu • 간극수압 u	• 전단강도, 토질판별 압밀특성	• 점성토 지반이나 사질토지반	• 관입장치나 고정장치의 용량에 의함	• 데이터의 신뢰도가 높다
	원위치 Vane 전단 시험	불연속	• 최대 회전저항 모멘트	• 점성토의 비배수 전단강도	• 연약한 점성토 지반	• 15m 정도	• 연약한 점성토 전용으로 Cu를 직접 측정
	공내 수평재하 시험	불연속	• 압력,공벽변위량 크립(Creep)량	• 변형계수, 초기응력, 항복압력, 점토의 비배수 전단강도	• 공벽면이 깨끗하고 자립하는 모든 지반, 암반	• 제한없음	• 추정량의 역학적 의미가 명료하다
동적	표준관입 시험	불연속 최소측정 거리는 50cm	• N값(소정의 타격회수)	• 모래의 밀도, 강도, 마찰력, 강성률, 지지력, 점토의 점착력, 일축압축강도	• 사력이나 전석을 제외한 모든 지반	• 제한없음	• 보급도가 높고 대개의 지반조사시 시행한다
	간이 동적 Cone관입 시험	연 속	• Nd(소정의 타격회수)	• Nd=(1-2)N • N값과 같이 생각함	• 상 동	• 15m정도(깊게 되면 로드 마찰력이 크게 된다)	• 표준관입시험에 비하여 작업이 간단하다

11.5.4 전기식 정적 콘(Cone)관입 시험

본 시험은 저면적 $10cm^2$, 선단각도 $60°$의 콘을 지반에 삽입하고, 관입저항력, 간극수압, 마찰력 등을 측정하여 지반의 종류·정수를 구하는 시험이다.

본 시험은 깊이 방향으로 비교적 연속적으로 측정되므로 지반의 모양을 정확히 알 수 있으며, 모래 점성토가 복잡한 형상일 때 가장 적합한 시험방법이다.

$C_u = (q_t - \sigma_{VO})/N_{kt}$

여기서, C_u : 비배수전단강도(kN/m^2)
q_t : 콘의 관입저항력(kN/m^2)
σ_{VO} : 전단응력에 의한 토압력(kN/m^2)
N_{kt} : Cone 계수

11.6 흙의 동적 성질

11.6.1 동적 변형계수

가. 내진 설계법

1) 정적 설계법

진도법의 대표적인 설계법으로서, 지진력을 동적인 관성력으로 간주하여 지반, 구조물에 작용시켜 힘의 평형조건으로 안정을 검토하는 방법이다.

2) 동적 설계법

기초지반이 얕은 지반 또는 구조물의 기초지반에 대한 가속도, 속도, 변위 등의 응답배율이나 증폭치를 계산하여 지반, 구조물의 안정을 검토하는 방법이다.

나. 지진응답해석

지진응답 해석을 실시할 때는 지반을 구성하는 흙의 동적 변형 계수를 적절하게 입력시켜야 하며, 해석으로 얻어진 변위(전단변형)로 지반의 응력을 구하기 위해서는 전단응력과 전단변형의 관계가 필요하다.

1) 흙의 동적 전단응력-전단변형 곡선 모형

일반적으로 흙의 동적 전단응력-전단변형 관계는 그림과 같이 골격곡선과 이력곡선으로 나누어 취급되고, 골격곡선은 작용하는 전단변형 진폭이 크게 되면 현저하게 비선형성으로 나타난다.

도입형으로는 등가형모형, 빌리너(Bilinear)모형, 쌍곡선모형(Hardin-drnevich모형), Ranberg-osgood 모형 등의 많은 모형이 있으며, 이 중에서 실제의 지진응답 해석은 계산시간, 해석의 안정성 면에서 등가선형 모형을 적용한 등가선형 계산법을 많이 사용한다.

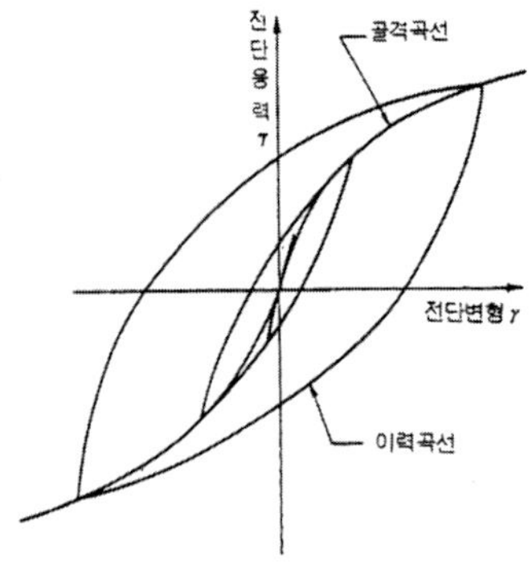

응력–변형율곡선

2) 등가선형 모형에서 변형특성 표시법

지진시 지반 거동을 합리적으로 추정하기 위해서는 광범위한 전단변형 진폭에 대한 흙의 동적응력변형 관계의 비선형성을 적절히 평가하여 모형화 한다.

흙의 동적 응력-변형 관계를 등가선형 모형으로 치환한 경우의 강성율과 감쇠비의 두가지 파라미터(Parameter)에 의해 나타난다.

$$G=\tau/\gamma, \quad h=\frac{1}{2\pi}\frac{\triangle W}{W}$$

여기서, G : 강성률
h : 감쇄비
τ : 전단응력 진폭
γ : 전단변형 진폭
W : 변형에너지
$\triangle W$: 감쇠에너지

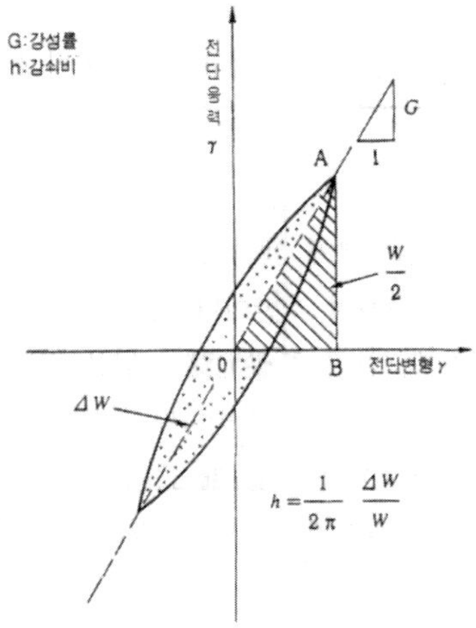

등가선형비

3) 강성율 및 감쇠비 측정

강성율 및 감쇠비는 공진시험, 진동삼축시험 등의 실내 시험 및 PS 검층법, 검층공과 검층공 간의 속도

측정법 등, 탄성파를 이용한 원위치 시험에 의하여 구하는 것을 원칙으로 한다.

○ 실내시험 : 전단변형율이 10^{-6}부터 파괴시 까지의 광범위 전단변형 진폭에 대응한 G, h를 측정하는데 사용

○ 진동삼축시험 : $G = \dfrac{\sigma_a}{2\epsilon_a(1+\nu)}$

여기서, σ_a : 축응력 진폭

ϵ_a : 축변형율 진폭

ν : 포아슨비(통상 0.45)

○ 원위치시험 : 전단변형율 10^{-6}정도 진폭에 대응한 G값 측정에 사용

○ $\dfrac{\text{실내시험강성율 } G_0(lab)}{\text{원위치시험강성율 } G_0(in-situ)} \fallingdotseq 0.5 \sim 2.0$

○ 탄성파 탐사 : $G = \rho V_s^2 = \dfrac{\gamma_t}{g} V_s^2$

$$E = 2(1+\nu)G$$

$$\nu = \frac{2\left(\dfrac{V_S}{V_p}\right)^2 - 1}{2\left[\left(\dfrac{V_S}{V_p}\right)^2 - 1\right]}$$

여기서, V_P : 종파속도(m/s)

ν : 포아슨 비

V_S : 횡파속도(m/s)

ρ : 밀 도(t/m^3)

G : 강성율(kN/m^2)

γ_t :습윤단위체적중량(kN/m^2)

E : 영율(kN/m^2)

g : 중력가속도(m/s^2)

11.6.2 동적 강도 특성

가. 일 반

동적외력에 대한 흙의 강도는 실내실험 값을 표준으로 하며, 외력특성과 지반상태를 적절히 설정해야 한다.

나. 동적외력의 특성

정적외력과 동적외력의 차이점은 외력의 작용시간이 짧은 것, 외력이 반복하는 것을 들 수 있다.

지진력은 두가지 특징을 가지고 있고, 발파에 의한 충격력은 작용시간이 짧은 한가지 특징을 가지며, 파력과 같이 느린 재하속도로 반복 작용하는 반복 외력도 광의의 동적 외력으로 취급한다.

다. 항만에서의 대표적인 동적외력

항만에서 취급하는 대표적인 동적외력은 지진력과 파력이 있다. 지진력은 주기가 짧고 되풀이 되는 회수가 적지만, 파력은 주기가 길고 되풀이되는 회수가 많은 것이 특징이다. 현재 이들 동적외력은 진도법으로 대표되는 적정하중으로 대체하고 있으나 동적인 하중으로 취급하는 것이 필요한 경우가 있다.

이와 같은 경우로는 지진시 포화된 모래의 액상화 예측을 진동삼축시험 결과에 근거하여 실시하는 경우와 파력을 받는 기초지반의 반복 전단강도를 파악하는 경우 등을 들 수 있다.

11.7 토압과 수압

11.7.1 적용범위

구조물에 작용하는 토압은 사질토, 점성토 등의 토질과 구조물의 종류 또는 거동에 따른 주동, 수동 등의 상태에 따라 산정한다.

흙은 입도, 간극비, 함수비 등의 물리적 조건, 과거 이력이나 경계조건에 의해 거동이 달라지고 토압에도 영향이 있으므로 본 절의 토압은 일반적인 흙을 대상으로 하고, 지반개량에 의한 흙이나 보강된 흙을 대상으로 할 경우 별도로 검토한다.

지진시의 토압은 구조물, 흙, 물의 동적 상호작용에 의해 발생한다.

11.7.2 평상시 토압

가. 사질토의 토압(**Coulomb**의 토압공식)

1) 주동토압

○ 벽면에 작용하는 토압

$$P_{ai} = K_{ai} \cdot \left[\sum \gamma_i h_i + \frac{w\cos\Psi}{\cos(\Psi-\beta)}\right] \cdot \cos\Psi$$

$$K_{ai} = \frac{\cos^2(\phi_i - \Psi)}{\cos^2\Psi\cos(\delta+\Psi)\cdot\left[1+\sqrt{\dfrac{\sin(\phi_i+\delta)\sin(\phi_i-\beta)}{\cos(\delta+\Psi)\cos(\Psi-\beta)}}\right]^2}$$

○ 붕괴면이 수평과 이루는 각

$$\cot(\zeta_i - \beta) = -\tan(\phi_i+\delta+\Psi-\beta) + \sec(\phi_i+\delta+\Psi-\beta)\cdot\sqrt{\frac{\cos(\Psi+\delta)\sin(\phi_i+\delta)}{\cos(\Psi-\beta)\sin(\phi_i-\beta)}}$$

2) 수동토압

○ 벽면에 작용하는 토압

$$P_\pi = K_\pi \cdot \left[\sum \gamma_i h_i + \frac{w\cos\Psi}{\cos(\Psi-\beta)}\right] \cdot \cos\Psi$$

$$K_{\pi} = \frac{\cos^2(\phi_i - \Psi)}{\cos^2\Psi\cos(\delta+\Psi)\cdot\left[1+\sqrt{\dfrac{\sin(\phi_i-\delta)\sin(\phi_i+\beta)}{\cos(\delta+\Psi)\cos(\Psi-\beta)}}\right]^2}$$

○ 붕괴면이 수평과 이루는 각

$$\cot(\zeta_i - \beta) = \tan(\phi_i - \delta - \Psi + \beta) + \sec(\phi_i - \delta - \Psi + \beta)\cdot\sqrt{\frac{\cos(\Psi+\delta)\sin(\phi_i-\delta)}{\cos(\Psi-\beta)\sin(\phi_i+\beta)}}$$

3) 정지토압

벽체가 구속되어 변위가 작고 흙에 충분한 전단 저항이 작용하는 경우에 정지토압으로 계산한다.

$P = k_0\sum\gamma h$

4) 부호의 설명

$P_{ai}(P_{pi})$: i층 하면의 벽면에 작용하는 주동 및 수동 토압(kN/m^2)

ϕ_i : i층의 흙이 내부마찰각(°)

γ_i : i층의 흙의 단위체적중량(kN/m^3)

h_i : i층의 두께(m)

K_{ai}, (K_{pi}) : i층의 주동 및 수동 토압계수

Ψ : 벽면이 수직과 이루는 각도(°)

β : 지표면이 수평과 이루는 각(°)

δ : 흙과 벽면과의 마찰각(°)

ζ_i : i층의 붕괴면이 수평과 이루는 각도(°)

w : 지표면에 단위면적당 재하하중(kN/m^3)

P : 정지토압(t/m^2)

K_0 : 정지토압계수(모래 : $K_0 = 1 - \sin\Psi$)

γ : 흙의 단위체적 중량(kN/m^3)

h : 지표로부터 깊이(m)

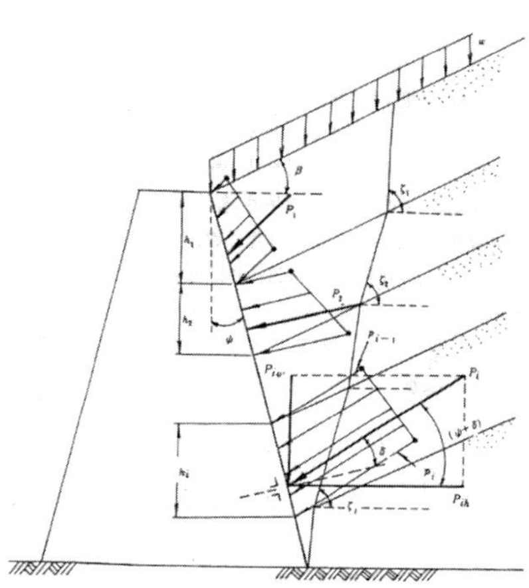

토 압

5) 흙의 내부마찰각

○ 표준 : 시험결과치

○ 범위 : 30°~40°

6) 벽면마찰각

○ 일반 : (±)15°~20°

○ 뒷채움재의 $\phi/2$

○ (-δ)값 : 전단저항각×1/3

7) 흙의 단위체적중량

○ 표준 : 실험값

8) 토압의 합력

$$P_i = \frac{P_{i-1}+P_i}{2}\cdot\frac{h_i}{\cos\Psi}$$

$$\left.\begin{aligned}P_{ih} &= P_i\cos(\Psi+\delta)\\ P_{iv} &= P_i\sin(\Psi+\delta)\end{aligned}\right\}$$

나. 점성토의 토압

주동토압	수동토압	정지토압
$P_A = \sum\gamma h + w - 2c$ 여기서, w : 상재하중 (kN/m^2) P_A : 각 상층 하부에서 벽면에 작용하는 주동 토압(kN/m^2) c : 점착력 (kN/m^2)	$P_P = \sum\gamma h + w + 2c$ 여기서, P_P : 각 토층 하부에서 벽면에 작용하는 수동 토압 (kN/m^2)	$P = K_0\cdot\gamma\cdot h$ 여기서, K_0 : 정지토압계수 (일반점토 : 0.6-1.0), (과압밀점토 : 2-4)

다. 벽면 마찰

점성토는 흙과 벽면과의 점착력을 무시한다.

라. 흙의 단위체적 중량

토질시험 값을 적용한다.

마. 흙의 점착력

일축압축시험 결과를 사용하는 경우에는 다음 식으로 구한다.

$C = q_u/2$

여기서, q_u : 일축압축강도

11.7.3 지진시 토압

가. 사질토의 토압(모노베(物部), 오까베(岡部) 이론식)

1) 주동토압

○ 벽면에 작용하는 지진시 토압

$$P_{ai} = K_{ai} \cdot \left[\sum \gamma_i h_i + \frac{w \cos \Psi}{\cos(\Psi - \beta)} \right] \cdot \cos \Psi$$

$$K_{ai} = \frac{\cos^2(\phi_i - \Psi - \theta)}{\cos\theta \cos^2\Psi \cos(\delta + \Psi + \theta) \left[1 + \sqrt{\dfrac{\sin(\phi_i + \delta) \sin(\phi_i - \beta - \theta)}{\cos(\delta + \Psi + \theta) \cos(\Psi - \beta)}} \right]^2}$$

○ 붕괴면이 수평면과 이루는 각

$$\cot(\zeta_i - \beta) = -\tan(\phi_i + \zeta + \Psi - \beta) + \sec(\phi_i + \zeta + \Psi - \beta) \sqrt{\frac{\cos(\Psi + \delta + \theta) \sin(\phi_i + \delta)}{\cos(\Psi - \delta) \sin(\phi_i - \beta - \theta)}}$$

2) 수동토압

○ 벽면에 작용하는 지진시 토압

$$P_{\pi} = K_{\pi} \left[\sum \gamma_i h_i + \frac{w \cos \Psi}{\cos(\Psi - \beta)} \right] \cdot \cos \Psi$$

$$K_{\pi} = \frac{\cos^2(\phi_i + \Psi + \theta)}{\cos\theta \cos^2\Psi \cos(\delta + \Psi - \theta) \left[1 - \dfrac{\sin(\phi_i - \delta) \sin(\phi_i + \beta - \theta)}{\sqrt{\cos(\delta + \Psi - \theta) \cos(\Psi - \beta)}} \right]^2}$$

○ 붕괴면이 수평면과 이루는 각

$$\cot(\zeta_i - \beta) = \tan(\phi_i - \delta - \Psi - \beta) + \sec(\phi_i - \delta - \Psi + \beta) \sqrt{\frac{\cos(\Psi + \delta - \theta) \sin(\phi_i - \delta)}{\cos(\Psi - \delta) \sin(\phi_i - \beta a - \theta)}}$$

3) 부호의 설명

○ 평상시 토압 기호와 동일

○ 지진합성각(θ)

θ = $\tan^{-1} k$

θ = $\tan^{-1} k'$

여기서, k : 진도, k' : 겉보기 진도

4) 벽면 마찰각

○ 일반 : (±)15°이하

○ 기준 : 뒷채움재의 $\phi/2$

나. 점성토의 토압

1) 주동토압

지진시 구조적 안정이 확보될 수 있도록 진도를 감안한 적절한 토압식에 의해 산정한다.

○ 벽면에 작용하는 지진시 토압

$$P_a = \frac{\left(\sum \gamma_i h_i + w\right) \sin(\zeta_a + \theta)}{\cos\theta \sin\zeta_a} - \frac{c}{\cos\zeta_a \sin\zeta_a}$$

○ 붕괴면이 수평면과 이루는 각

$$\zeta_a = \tan^{-1} \sqrt{1 - \frac{\sum \gamma_i h_i + 2w}{2c} \tan\theta}$$

2) 수동토압

평상시의 수동토압 산정식을 이용한다.

3) 부호의 설명

P_a : 주동토압(kN/m^2)

γ_i : 흙의 단위체적중량(kN/m^2)

h_i : 층의 두께(m)

w : 수평단위면적당 재하하중(kN/m^2)

c : 흙의 점착력(kN/m^2)

θ: 지진합성각 [$\theta = \tan^{-1}k(°)$ 또는 $\theta = \tan^{-1}k(°)$로 표시]

k : 진도

k' : 겉보기 진도

ζ_a : 붕괴면이 수평과 이루는 각(°)

다. 겉보기 진도

해저면 아래 흙의 지진시 토압계산은 지진합성각으로 도출한 겉보기 진도를 이용한다.

$$k' = \frac{2\left(\sum \gamma_t h_i + \sum \gamma h_i + w\right) + \gamma h}{2\left[\sum \gamma_t h_i + \sum (\gamma - 10) h_j + w\right] + (\gamma - 10) h} \quad k$$

여기서, k' : 겉보기 진도

γ_t : 잔류수위 위 흙의 단위체적중량(kN/m^3)

h_i : 잔류수위 위 i층의 토층의 두께(m)

γ : 물에 의해 포화된 흙의 공기중 단위체적중량(kN/m^3)

h_j : 잔류수위 아래에서 토압을 산정하는 층보다 위인 j층의 토층 두께(m)

w : 지표면의 단위면적당 재하하중(kN/m^2)

h : 잔류수위 아래에서 토압을 산정하는 토층의 두께(m)

k : 진도

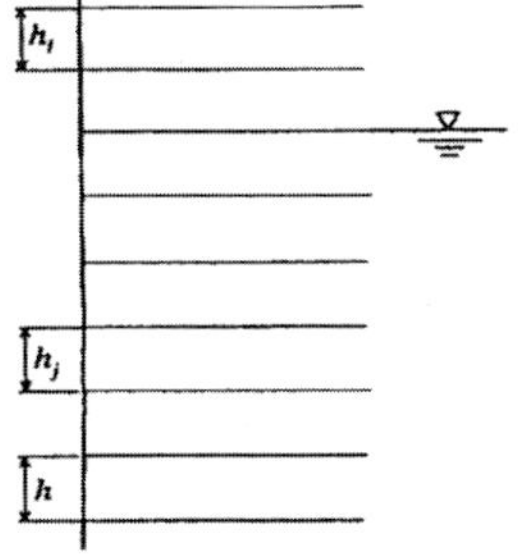

겉보기 진도의 기호

11.7.4 수 압

가. 잔류수압

안벽이 수밀한 구조, 뒷채움 재료의 투수성이 적은 경우는 뒷채움내의 수위와전면 수위간에 수위차가 생기므로 안벽 전면에 작용하는 수압과 배면에 작용하는 수압의 차이를 고려하여 안정계산을 해야 한다.

- $0 \leqq y < h_w$일 때 : $P_W = \gamma_W \cdot y$
- $h_W \leqq y$일 때 : $P_W = \gamma_W \cdot h_W$

여기서, P_W : 잔류수압(kN/m^2)
h_W : 잔류수압차, 뒷채움 내의 수위가 전면의 수위보다 높을 때 최고의 수위차(m)
y : 뒷채움 내의 수면에서 잔류수압을 구하는 점까지의 높이(m)
γ_W : 물의 단위체적중량(kN/m^3)
h_W의 크기 : 벽체의 배수상태, 조위차 등을 고려해서 정하며, 전면 조위차의 1/3~2/3을 표준으로 한다.

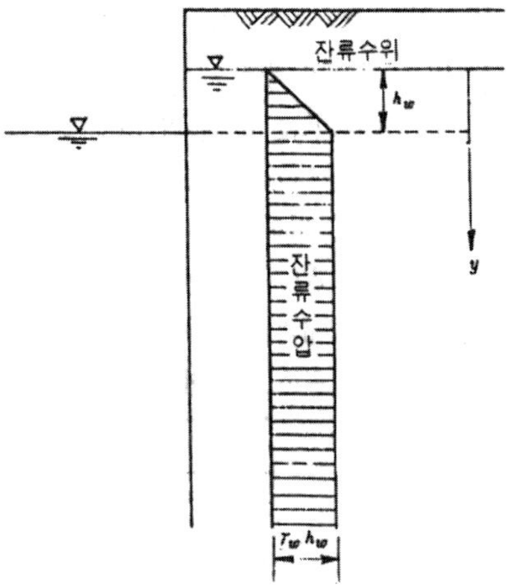

잔류수압

나. 지진시의 동수압

1) 동수압의 산정

수중 구조물, 시설 내부공간의 일부 또는 전체에 액체가 접하고 있는 경우에 구조물의 강성, 전체 안정조건 등 특성을 고려하여 다음 식에 의하여 산정한다.

$$P_{dw} = \pm \frac{7}{8} k \gamma_w \sqrt{H \cdot y}$$

여기서, P_{dw} : 동수압(kN/m^2)
k : 진도, H : 수심(m)
γ_w : 물의 단위체적중량(kN/m^3)
y : 수면으로부터 동수압을 산정하는 점까지의 깊이(m)

2) 동수압의 합력 및 작용점의 위치

$$P_{dw} = \pm \frac{7}{12} k \gamma_w H^2$$

$$h_{dw} = \frac{3}{5} H$$

여기서, P_{dw} : 동수압의 합력(kN)
h_{dw} : 수면부터 동수압 합력의 작용점까지의 거리(m)

3) 장방형 중공부의 동수압

- 벽면에 작용하는 동수압

$$P_{dw} = \pm \frac{7}{8} c\, k\, \gamma_w \sqrt{H y}$$

여기서, P_{dw} : 동수압(kN/m^2)
k : 설계진도
γ_w : 해수의 단위체적중량(kN/m^3)
y : 수면부터 동수압을 구하는 점까지의 깊이(m)
H : 수심(m)
L : 물이 접하는 공간의 진동방향의 길이(m)
c : 보정계수
$\frac{L}{H} < 1.5$일 때 $c = \frac{L}{1.5H}$
$\frac{L}{H} > 1.5$일 때 $c = 1.0$

- 저면에 작용하는 동수압

$$P_{dw} = \pm \frac{7}{8} c k \gamma_w H \frac{\cosh\left(\frac{\pi}{2}\frac{x}{H}\right) - \cosh\left(\frac{\pi}{2}\frac{L-x}{H}\right)}{1 - \cosh\left(\frac{\pi}{2}\frac{L}{H}\right)}$$

여기서, x : 진동방향에 수직한 벽면으로부터 동수압을 구하는 점까지의 거리(m)

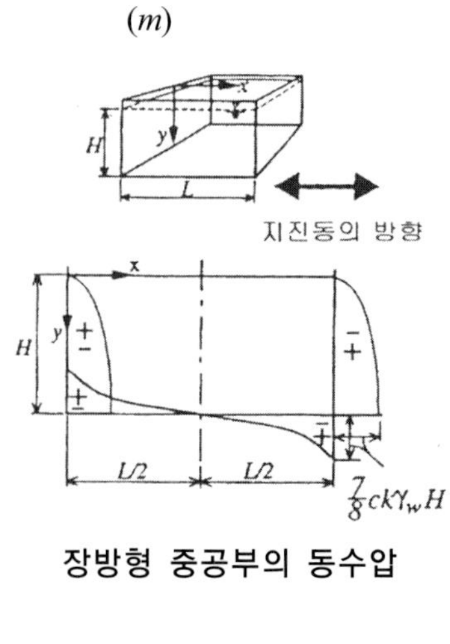

장방형 중공부의 동수압

4) 동수압을 고려하지 않는 경우

- ○ 구조물의 특성이 직접적인 동수압을 고려하지 않고 설계해도 되는 경우
- ○ 직접 동수압을 고려하지 않는 설계법을 이용하는 경우
- ○ 케이슨 속채움의 간극수에 의한 동수압
- ○ 계선안 등의 뒷채움 및 매립토의 간극수에 의한 동수압
- ○ 케이슨의 측벽 및 저판의 배근 설계시 동수압

제12장 · 지반의 액상화(液狀化)

12.1 일반사항

느슨한 포화 사질토 지반은 지진에 의한 액상화로 구조물에 피해를 주므로 구조물 설계시 액상화의 영향을 고려한다.

본 장은 일반사항에 대해서 기술하여 상세 사항은 항만 및 어항시설의 지진설계 표준서에 따른다.

12.2 액상화의 예측·판정

12.2.1 예측·판정 순서

액상화의 예측·판정은 붕괴방지 수준에서 시행하며, 일반적으로 다음과 같은 흐름으로 시행한다.

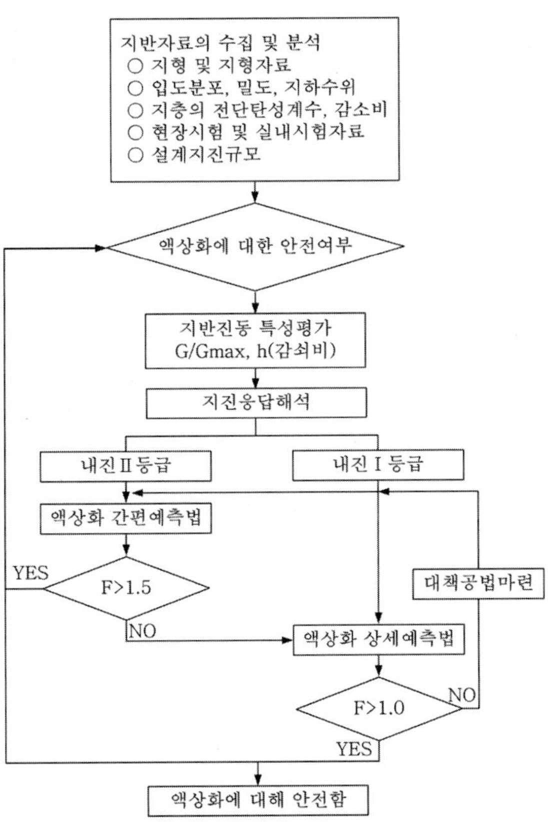

액상화 평가 흐름도

12.2.2 입도에 의한 예측판정

입도에 의한 흙의 분류를 하여 균등계수 $u_c = D_{60}/D_{10} = 3.5$의 대 · 소에 따라 그림에 의해 액상화의 가능성 여부를 판정한다.

12.2.3 액상화 간편예측법

가. 산정방법

Seeder-Idriss(1971)의 간편법에 기초한 방법을 통해 액상화에 대한 안전율은 지진시 발생하는 지반내 한점의 진동전단응력비(τ_d/σ_v')와 액상화 전단저항응력비(τ_e/σ_v')를 비교하여 산정한다.

나. 진동전단응력비

$$\frac{\tau_d}{\sigma_v'} = 0.65\left(\frac{a_{max}}{g}\right)\left(\frac{\sigma_v}{\sigma_v'}\right)$$

여기서, a_{max} : 액상화 평가 대상지반의 최대 지반가속도(지진응답해석수행)

g : 중력가속도

σ_v : 액상화를 평가하고자 하는 깊이의 총 상재압

σ_v' : 액상화를 평가하고자 하는 깊이에서의 유효 상재압

다. 액상화 전단저항 응력비

보정계수 산정

$$C_N = \left(\frac{10}{\sigma_v'}\right)^{0.5}$$

여기서, C_N : 보정계수

σ_v' : 유효상재압(tf/m^2)

⇩

환산 N값 산정

$N_1 = NC_N$

여기서, N : 표준관입시험(SPT)

N_1 : 환산 N값

⇩

액상화 전단 저항 응력비 산정

그림에서 (τ_l/σ_v') 산정

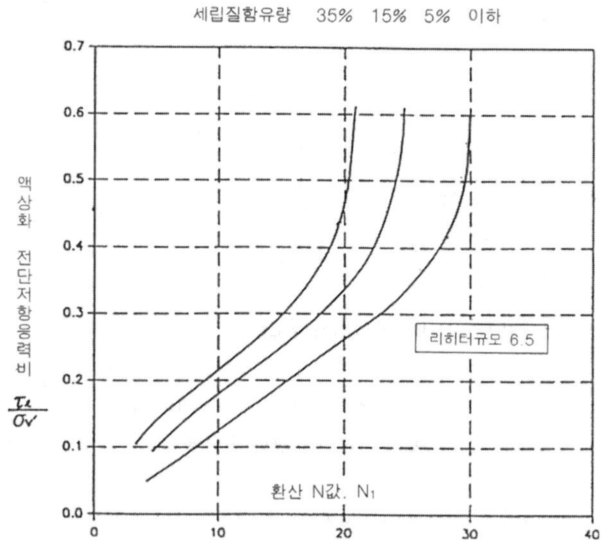

현장의 액상화거동과 관입저항의 상관관계

라. 액상화 평가

$$F=\frac{\tau_l/\sigma_v'}{\tau_d/\sigma_v'}\quad F \geq 1.5 : \text{액상화에 대하여 안전}$$

$$F < 1.5 : \text{액상화 상세예측 필요}$$

12.2.4 액상화 상세예측법

가. 산정방법

대상지반의 액상화에 대한 안전율이 F<1.5인 경우, 내진 I 등급 구조물인 경우에 지진응답해석과 실내 진동삼축시험을 이용하여 액상화 평가를 수행한다.

나. 평가순서

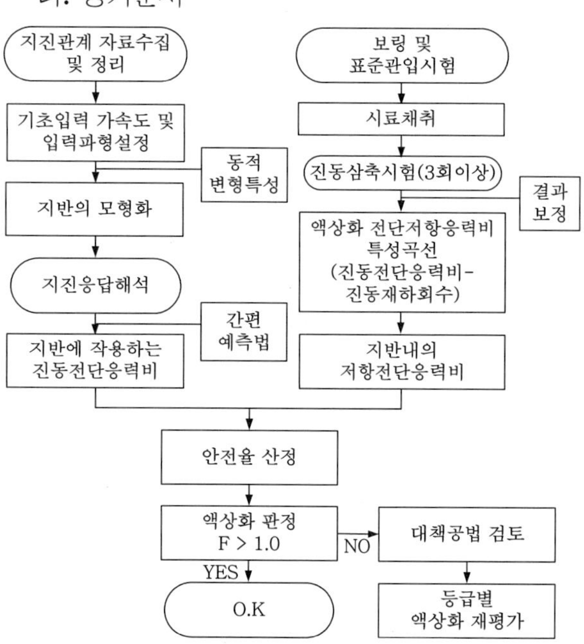

상세예측법에 따른 액상화 평가방법의 순서도

12.2.5 액상화 평가 제외 경우

1) 지진구역 II에서의 내진II등급 항만구조물
2) 지하수위 위의 지반
3) 주상도상의 표준관입저항치(N)가 20 이상인 지반
4) 대상지반심도가 20m 이하인 지반
5) 망성지수(PI)가 10 이상이고 점토성분이 20% 이상인 지반
6) 세립토 함유량이 35% 이상인 경우
7) 상대밀도가 80% 이상인 지반
8) 지진분류가 $S_A \sim S_D$인 지반

12.3 액상화 대책

12.3.1 일 반

액상화 예측·판정결과 액상화 대책이 필요한 경우에는 구조물의 기능유지를 위한 적절한 대책공법을 실시한다.

12.3.2 공법설계시 결정사항

대책공법 선정
• 과잉간극수압의 발생 방지방법 : 다짐, 고결, 치환공법 • 과잉간극수압을 소산하는 방법 : 배수공법, 치환공법 • 두 가지 방법을 병행 시행하는 방법

⇩

대책공법의 시공범위 결정(평면, 단면 등)

⇩

대책공법의 상세 설계

12.3.3 액상화 대책용 지반개량 범위 결정시 고려사항

중력식 안벽	널말뚝식 안벽	직항식 횡잔교
• 지지력에 대한 안정 • 배후토압에 의한 안정 • 에프론의 침하 • 원호활동	• 널말뚝 본체의 안정 • 버팀공의 안정 • 에프론의 침하 • 원호활동	• 잔교본체의 안정 • 토류부의 안정 • 에프론의 침하 • 원호활동

제13장 · 부체에 작용하는 외력과 동요

13.1 일 반

13.1.1 부 체

가. 부체의 개념

부체란 수중에서 부력을 갖고 일정 범위의 운동

을 허용하는 상태의 구조물을 말한다. 부체의 설계는 바람, 조류, 파랑 등의 외력 조건에 동요량 및 계주력을 고려하여 설계한다.

나. 부체의 종류

항만시설에 사용되는 부체는 다음과 같이 분류할 수 있다.

○ 부체식 계선안	○ 해상, 석유비축기지
○ 부 방파제	○ 계류부표(Buoy)
○ 부체교(부체교량)	○ 초대형 부체의 구조물

13.1.2 계류장치

가. 계류 장치의 개념

계류장치는 계류삭, 앵커, 싱커, 중간부표(Buoy), 계류정, 연결조인트, 방충공 등 여러요소의 조합으로 구성된다. 계류장치는 부체의 운동에 영향이 크므로 안전을 고려하여 설계한다.

나. 계류 장치의 분류

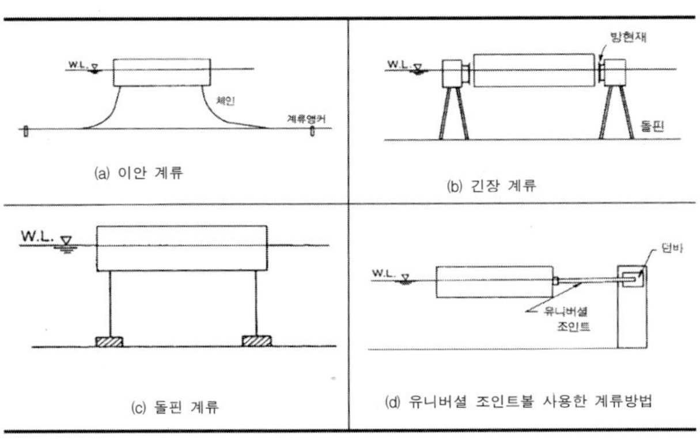

(a) 이안 계류 (b) 긴장 계류 (c) 돌핀 계류 (d) 유니버설 조인트를 사용한 계류방법

13.2 부체에 작용하는 외력

13.2.1 개 요

부체구조의 부체에 작용하는 힘과 부체구조의 동요에 기인하는 힘은 풍항력, 유항력, 파랑 강제력, 파랑 표류력, 복원력 및 계류력을 표준으로 한다.

외력의 산정은 부체의 계류방법과 규모 등에 따라 적합한 해석법 또는 수리모형실험에 의해 산정한다.

13.2.2 외력의 산정

가. 풍항력(풍압력)

$$F_W = \frac{1}{2}\rho_a C_{DW} A_W U_W^2$$

여기서, F_W : 풍항력(N)

ρ_a : 공기의 밀도(1.23kg/m^3)

C_{DW} : 풍항력 계수(풍동실험값, 실험값 이용)

A_W : 바람이 부는 방향에서 본 부체의 해상부 투영면적(m^3)

U_W : 풍속(m/s^2) (해면상 10m 지점 풍속)

나. 유항력(유압력)

$$F_C = \frac{1}{2}\rho_0 C_{DC} A_C |U_C - U|(U_C - U)$$

여기서, F_C : 유항력(N)

ρ_0 : 유체의 밀도(해수의 경우 1,030 kg/m^3)

C_{DC} : 흐름에 대한 유항력계수

A_C : 부체 수몰부의 유향의 투영면적 (m^2)

U_C : 유속(m/s)

U : 부체의 운동속도(m/s)

다. 파랑강제력

파랑강제력은 부체가 수중에 고정되어 있는 조건에서 입사파에 의한 부체에 작용하는 힘이다.

○ 선형적인 힘 : $H_{1/3}$ - 파의 회절이론

○ 비선형적인 힘 : $(H_{1/3})^2$ - 파의 유한진폭성

라. 파랑 표류력

$$F_D = \frac{1}{8}\rho_0 g H_i^2 R, \quad R = K_R^2\left\{1 + \frac{4\pi h/L}{\sinh(4\pi h/L)}\right\}$$

여기서, F_D : 단위폭당 파랑 표류력(N)

ρ_0 : 해수의 밀도(kg/m^3)

H_i : 입사파고(m)

R : 표류력 계수

K_R : 반사율

마. 조파저항력

조파저항력은 부체가 정수중을 운동할 때 유체에 작용하는 힘의 반작용으로서 유체로부터 부체가 받는 힘이다.

조파저항력은 부체 주변의 유체운동 속도포텐셜(ϕ)을 얻어 해석하는 방법이 사용된다.

바. 복원력

정적 복원력은 부체가 정수중을 운동할 때 부체

를 원위치로 돌려보내려는 힘으로서 히빙, 롤링 및 피칭의 경우에 생긴다.

사. 계류력

계류력은 부체의 운동을 구속하여 생기는 힘이다.

아. 파랑 강제력과 조파저항력이 속도포텐셜에 의한 해법

속도포텐셜은 영역분할법, 적분방정식법, 스트립법 또는 유한요소법 등으로 구한다.

자. 구형단면의 고정부체에 작용하는 파력

부체가 고정되어 있을 때에는 해저와 부체주변의 경계조건을 만족하는 속도 포텐셜로부터 파력을 얻을 수 있다.

차. 초대형 부체식 구조물에 작용하는 힘

초대형 부체식 구조물은 규모가 작은 부체에 작용하는 외력과 차이가 있으므로 수리모형, 수치모형 해석이 필요하다.

13.3 부체의 동요 및 계류력

13.3.1 개 요

부체의 동요 및 계류력은 부체의 형상, 외력 및 계류 시스템의 특성에 따른 적정 해석법 또는 수리모형 실험에 의해 구한다.

13.3.2 부체운동

부체운동은 파랑에 의한 힘, 부체의 복원력, 계류색 및 방충재의 반력을 외력으로 한 평형방정식으로 구한다.

부체 운동은 강체운동으로 가정시에 그림과 같이 서징(Surging), 스웡(Swaying), 히빙(Heaving)의 공간운동과 요잉(Yawing), 피칭(Pitching), 롤링(Rolling)의 회전운동 등 6가지 성분으로 구성된다.

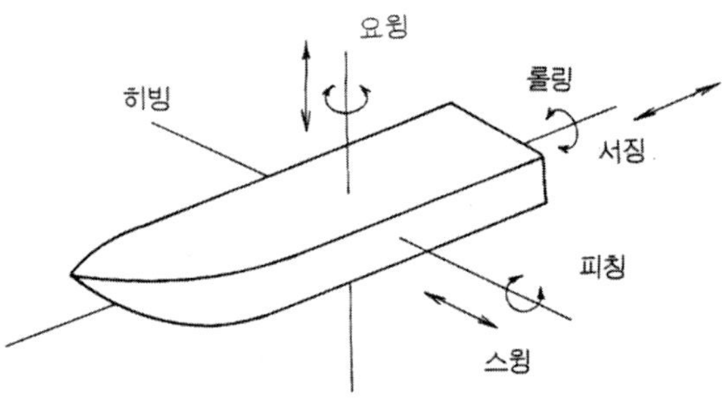

선체의 운동 성분

13.3.3 운동방정식의 해법

가. 비선형 운동방정식의 정상해법

부체의 운동방정식은 비선형으로서 해법을 구하기 어려우므로 운동의 미소진폭성을 가정하고 비선형항을 선형근사운동방정식을 선형화하여 구한다.

나. 비선형의 수치모형실험

- 입사파 스펙트럼 : 파랑강제력, 파랑표류력 계산
- 바람 스펙트럼 : 변동풍의 시계열 자료계산
- 부체의 운동방정식 : 부체의 동요, 계류력의 시계열 자료계산
- 전제조건 : 유체는 완전유체, 부체의 동요량은 미소, 입사파는 선형이고 중첩이 성립

13.3.4 수리모형실험

수치모형실험의 전제조건이 성립하지 않을 때 수리모형실험을 실시하며, 부체의 관성모멘트 및 계류시스템의 특성에 관한 상사법칙에 유의한다.

13.3.5 부체동요량 및 계류력의 통계처리

통계처리는 구해진 동요진폭, 계류력의 최대치 확률밀도 분포를 정규분포 및 Rayleigh분포 등에 접합시켜 기대치를 추정한다.

가. 동요 모의실험

장시간의 동요모의실험 계산을 수행하고, 개별파에 대한 동요 양진폭의 값을 얻는다. 최대치와 기대치의 정밀추정 파수는 약 100이상이다.

나. 동요 진폭의 분포형의 가정

Rayleigh 분포 : $P(x)dx = 2a^2 \exp(-a^2x^2)d_x$

정규분포 : $P(A) = \frac{1}{\sqrt{2\pi\sigma}} \exp\left\{-\frac{1}{2}(\frac{A-\overline{A}}{\sigma})^2\right\}$

여기서, x : A/A^*

A : 진폭

A^* : 임의의 기준 양진폭

a : $A^*/\sqrt{8m_0}$

$8m_0$: A_{rms}(양진폭의 제곱평균의 평방근)

σ : 표준편차

단, a의 값은 기준양진폭 A^*가 유의치 $A/3$인 경우 1.416, 평균치 $\overline{A}$의 경우 $\sqrt{\pi/2}$ 이다.

다. 기대 최대치의 추정

Rayleigh 분포 : $x_N = \frac{1}{a}(\ln N)^{1/2}$

정규분포 : $A_N = \overline{A} + \mu_N \sigma$

여기서, N : 파수

μ_N : 편차의 지표(표의 값 이용)

라. 최대치와 기대치의 계산

동요 양진폭의 유의치 A^*를 모의 실험결과에서 구하고, x_N의 값을 계산한 다음 $x_N = A/A^*$에서 기대치 A를 구한다.

13.3.6 구형단면 부체의 동요와 계류력

비교적 취급이 쉬운 이도(伊藤)의 근사이론을 적용한다.

13.3.7 계류력의 상사칙

부체의 운동특성은 계류방법에 따라 많이 다르므로 계류장치의 변위, 반력특성을 적절히 상사시켜서 수리모형실험을 실시한다.

제14장 · 마찰계수

14.1 일반사항

구조물의 활동에 대한 마찰저항력 계산에 사용되는 재료의 마찰계수는 정지마찰계수로 하는 것을 표준으로 한다.

재료의 마찰계수는 대상 구조물의 특성, 재료의 특성 등을 감안하여 적절하게 설정한다.

14.2 정지마찰계수

14.2.1 일반적인 기준

정지마찰계수

재료별	정지마찰계수	비 고
콘크리트와 콘크리트	0.5	• 수중콘크리트와 암반의 경우 표준조건으로 0.8이다. 단, 기반암에 균열이 많은 경우 기반암을 덮고 있는 모래의 이동이 심할 경우 등을 그 조건에 따라 0.7정도까지 내린다.
콘크리트와 암반	0.5	
수중콘크리트와 암반	0.7~0.8	
콘크리트와 사석	0.6	
사석과 사석	0.8	
목재와 목재	0.2(습)~0.5(건)	
마찰증대용 매트와 사석	0.7~0.8	• 셀블록의 안정계산을 할 경우 셀블록 안정계산을 참조한다.

14.2.2 적용 예외 사항

○ 말뚝의 지지력 계산시 항주면과 흙과의 마찰계수
○ 경사제 안정계산시 마찰계수
○ 경사로 방식의 케이슨 진수 계산시 마찰계수
○ 토압계산시 벽면마찰각

14.3 마찰증대용 매트의 마찰계수

마찰증대용 매트의 사용은 재료의 내구성, 구조물의 중요도, 해상조건 및 경제성 등을 충분히 고려하여 재료를 선정하고, 마찰계수에 관한 실험결과를 충분히 검토해야 한다.

마찰 증대용 매트로 아스팔트재료, 고무재료 등의 사용시 마찰계수는 일반적으로 0.7을 적용한다.

14.4 현장치기 콘크리트의 마찰계수

도로토공, 옹벽, 암거, 가설물, 시공시 기초지반의 마찰계수는 기초지반의 종류와 설계정수에서 정한 값을 사용한다.

14.5 기타 마찰계수

○ 돌과 금속 : 0.3~0.4
○ 나무와 돌 : 0.4
○ 나무와 금속 : 0.6(건), 0.2(습)
○ 고무와 고무 : 0.5
○ 모래와 철 : 0.4~0.7
○ 모래와 콘크리트 : 0.5~0.6
○ 콘크리드와 아스팔트 매트 : 0.8

제15장 · 상재하중

15.1 일반사항

15.1.1 고려사항

항만시설물 설계시 상재하중은 자중과 재하중으로 구분하며, 구조물의 종류, 상재하중의 분포상태, 하역방법 등을 고려하여 결정한다.

상재하중은 안벽의 원호활동 검토, 잔교의 빔 및 슬래브의 설계에 큰 영향을 미치므로 상재하중의 종류 및 크기 결정시 신중해야 한다.

15.1.2 어항시설의 상재하중

구 분	하 중 (kN/m², {t/m²})	구 분	하 중 (kN/m², {t/m²})
양육용 물양장	10 {1.0}	물양장	10 {1.0}
출어준비용 물양장	10 {1.0}	호 안	10 {1.0}
휴게용 물양장	10 {1.0}	제 방	10 {1.0}

15.2 자중 및 재하하중

15.2.1 자중

자중이란 구조자체의 하중을 말하며, 항만시설의 자중 및 재하하중의 계산에 사용하는 단위체적중량은 다음 표의 값을 표준으로 한다.

재료의 단위체적중량

재 료	단위체적중량 (kN/m^3, $\{t/m^3\}$)
강재 및 주강	77.0 {7.85}
주 철	71.0 {7.25}
알 미 늄	27.5 {2.8}
철근 콘크리트	24.0 {2.45}
무근 콘크리트	22.6 {2.3}
목 재	7.8 {0.8}
아스팔트 콘크리트	22.6 {2.3}
석재(화강암)	26.0 {2.65}
석재(사 암)	25.0 {2.55}
모래, 자갈, 깬돌 (건조상태)	16.0 {1.6}
모래, 자갈, 깬돌 (습윤상태)	18.0 {1.8}
모래, 자갈, 깬돌 (포화상태)	20.0 {2.0}

15.2.2 재하하중

항만시설의 재하중은 취급화물의 종류 및 수량, 취급상황 등의 이용형태를 감안하여 결정한다.

가. 적재하중

- 에프론, 헛간, 창고 등에 적재하는 잡화물, 산화물의 하중
- 적설을 고려하는 지역은 에프론위에 쌓이는 눈 등 적설하중

나. 활하중

- 열차하중
- 자동차하중
- 하역기계하중
- 군중하중

15.3 적재하중

15.3.1 평상시의 적재하중

상시의 적재하중은 취급화물의 종류, 형태, 수량, 취급방법, 적재기간 등을 충분히 고려하여 결정한다.

일반잡화부두의 에프론은 통상 $1 \sim 3t/m^2$의 적재하중을 고려한다.

산화물의 단위체적중량

품 종	단위체적중량 (kN/m^3, $\{t/m^3\}$)
코크스	4.9 {0.5}
석탄(덩어리)	8.8~9.8{0.9~1.0}
석탄(가 루)	9.8~11.0 {1.0~1.1}
철광석	20.0~29.0 {2.0~3.0}
시멘트	15.0 {1.5}
모래,자갈,깬돌	19.0 {1.9}

15.3.2 지진시의 적재하중

지진시의 적재하중은 설계조건에서 고려한 지진이 장래 발생시점에서 적재하중의 존재 유·무 상태를 충분히 예측하여 결정한다.

안벽 설계시 에프론상의 지진시 적재하중은 (평상시×1/2)을 취한다.

15.3.3 부등분포의 적재하중

구조물 전체의 안정 계산시 에프론, 헛간 및 창고 등의 한 구획의 부등분포 하중은 등분포하중으로 환산하여 계산할 수 있다.

큰 집중하중이 작용하는 경우는 집중하중으로 검토한다.

화물별 등분포 하중

화 물 별	하 중 (kN/m^3, $\{t/m^3\}$)
승용차와 경차량	5 {0.5}
모든 종류의 자동차	10{1}
일반 화물	20{2}
목재 가공품	25~55{2.5~5.5}
철재 가공품	40~100{4~10}
석탄, 모래	100~200{10~20}
광 석	100~300{10~30}
포대 시멘트	15~20{1.5~2}
비 료	15{1.5}
포대 곡물류	15~30{1.5~3}

15.3.4 적설하중

적설을 고려할 지역은 과거의 적설기록, 강설시 기상상황의 일반적 경향, 눈의 질, 제설상황 등을 고려하여 적설하중을 검토한다.

일반적인 적설하중은 $1kN/m(100kg/m^2)$을 사용한다.

15.4 활하중

15.4.1 열차하중

열차하중은 당해 선로에 사용하는 열차 또는 차

량의 실중량, 적재중량, 축배치 등을 고려하고, 구조물 또는 부재에 최대영향이 생기도록 재하하는 것을 표준으로 하며, 하중을 도중에 2개소 이상으로 분산시켜 적재하지 않는다.

15.4.2 자동차 하중

자동차 하중은 도로교 표준시방서에 규정되어 있는 자동차하중(DB하중, DL하중)에 준한다.

활하중은 대형자동차의 교통상황에 따라 1등교, 2등교, 3등교로 구분되며, 이중 1등교는 DB-24하중, 2등교는 DB-18하중, 3등교는 DB-14.5로 바닥판과 바닥틀을 설계할 때의 활하중이다.

15.4.3 하역기계 하중

가. 이동식 하역기계하중

- 하역기계 : 자주크레인(호일 · 트럭 · 크롤러 크레인의 총칭)
  컨테이너 하역기계(스트래들 캐리어, 트랜스퍼 크레인, 프론트포크리프트, 사이드 롤러의 총칭) - 포크리프트, 록 로더 등
- 하중 : 사용예상 이동식하역기계의 전체 중량, 최대 윤하중, 아웃 트리거 최대하중(타이어 · 트럭 크레인) 또는 크롤러의 최재 접지압

나. 궤도주행식 하역기계 하중

- 하역기계 : 컨테이너 크레인, 뉴매틱 언 로더, 더블링식 인입 크레인, 더블링식 로더 등
- 하중 : 전체중량 또는 차륜 간격, 바퀴수를 고려한 최대 윤하중

다. 고정식 하역기계 하중

- 하역기계 : 고정식 집 크레인, 고정식 뉴매틱 언로더 등
- 하중 : 최대하중.

15.5 군중하중

군중하중은 $5kN/m^2$, $0.5t/m^2$을 표준으로 하며, 특수시설은 시설의 이용상황을 고려하여 그 값을 감할 수 있다.

제16장 · 안전율

항만 및 어항구조물 설계에서의 안전율(Safety factor)을 정하여 설계하고 있으며 적용하는 안전율은 다음과 같다.

16.1 계류시설의 안전율

- 안벽, 물양장
  - 활동(Sliding)은 1.2이상(이상시 1.0이상)
  - 전도(Overturning)는 1.2이상 (이상시 1.1이상)
  - 원호활동(Arc sliding)은 1.3이상
- 널말뚝 박힘길이 사질토에서 1.5이상(이상시 1.2이상)
- 널말뚝 타이재의 파괴강도에 대한 안전율 3.8이상(이상시 2.5이상)
- 널말뚝 버팀판의 주동토압에 대한 안전율 2.5이상(이상시 2.0이상)
- 강널말뚝 셀식 구조의 벽체에 대한 안전율 (속채움이 모래인 경우) : 1.2이상
- 강널말뚝 셀식 구조의 벽체의 활동에 대한 안전율 : 1.2이상(이상시 1.0이상)
- 강판셀식 구조물의 단면변형에 대한 안전율 : 1.2 이상
- 강판셀식 벽체의 전도에 대한 안전율 : 이상시 1.1이상

16.2 방파제시설의 안전율

- 방파제 직립부 : 활동은 파압에 대하여 1.2이상 단, 수리모형실험에 의한 경우 제체 안전율은 1.2이하로 되나 1.0이상, 전도는 1.2이상(이상시 1.1이상), 지지력은 파압에 대하여 1.0이상

16.3 지반의 액상화에 대한 안전율

$$F = \frac{\tau_l / \sigma_\nabla'}{\tau_d / \sigma_\nabla'}$$

여기서, τ_l / σ_∇' : 진동전단 응력비
τ_d / σ_∇' : 전단저항 응력비
F : 안전율 ($F \geq 1.5$: 액상화 대한 안전율, $F \leq 1.5$: 액상화 상세예측 필요)

* 상세예측평가시 기준안전율은 1.0이며 1.0이상일 때 액상화에 안전하다고 판정하며, 1.0미만인 경우 대책공법수행 및 수행 수 지반에 대하여 재평가 수행

16.4 항로표지시설의 안전율

○ 중력식 기초의 안정계산

- 활동에 대한 안전율 : 1.5이상
- 전도에 대한 안전율 : 1.5이상

기술사 출제문제

파랑, 기상 및 조석

제19회 (1980.5.24) 기초. 제1교시. 문3 (25점)

다음에 답하라.

③ 파의 반사

제19회 (1980.5.24) 기초. 제2교시. 문3 (25점)

설계파의 결정방법은 상술하라

제22회 (1982.2차) 기초. 제1교시. 문2 (50점)

파고에 대하여 항만설계와 관련하여 알고 있는 바를 기술하라.

제22회 (1982.2차) 기초. 제2교시. 문4 (50점)

쇄파와 중복파의 차이점에 대하여 기술하라.

제23회 (1983.1차) 제2교시. 문4-①, ④ (각6점)

다음에 대하여 간단히 설명하라.

① 파의 군속도(Cg)

④ 파랑과 쇄파수심

제24회 (1984.5.20) 제1교시. 문2-나, 라 (10점)

다음사항에 대하여 아는 바를 약술하라.

나. 파의 반사에 있어 Mach-stem effect

라. 파의 굴절계수(kr)

제24회 (1984.5.20) 제2교시. 문2 (50점)

외곽시설 계획시 설계파의 결정방법에 대하여 상술하라.

제25회 (1984.10.7) 제1교시. 문2-(1) (50점)

다음에 대하여 아는 바를 기술하시오.

(1) 고조, 쓰나미(진파), 정진(Seiche)의 차이

제26회 (1985.5.19) 제1교시. 문1 (20점)

우리나라 동해안의 바람과 파랑의 특성을 기술하고 방파제 안정실험에 적용하는 파의 결정에 대하여 논하시오.

제28회 (1986.4.27) 제1교시. 문1 (50점)

Random sea waves의 발생, 전달, 변형 및 그 작용활동 등에 관한 사항을 규정하고, 취급하는 방법에는 다음의 5가지가 있다고 한다.

(1) Significant wave represertation method

(2) Highest wave representation method

(3) Probability calculation method

(4) Irregula wave test method

(5) Spectral calculation method

이들 각 방법의 특성을 간략히 논하고 파의 발생변형 및 그 작용 등 일련의 각 단계별 해석에 있어 적합한 방법을 기술하라.

제28회 (1986.4.27) 제1교시. 문2 (50점)

다음 사항을 설명하라.

(1) 최대파고($H_{\max}$), 유의파고($H_{1/3}$) 및 평균파고($\overline{H}$)의 상호관계

(2) Spreading parameter(Smax)

(3) 파의 굴절계수(Kr)

(4) 중복파의 발생

(5) 파전달에 있어 처음과 마지막에 도달하는 파의 높이가 중간에 도달하는 파의 높이보다 작은 이유

제28회 (1986.4.27) 제2교시, 문2-(2) (15점)

다음사항을 설명하라.

(2) 부진동의 요인과 대책

제28회 (1986.4.27) 제3교시. 문2-(2) (15점)

다음사항을 설명하라.

(2) 항만공사 품 산정에 있어서의 조수대기

제29회 (1987.4.26) 제2교시. 문2-(1) (20점)

다음을 설명하시오.

(1) 이상조위

제29회 (1987.4.26) 제3교시. 문1 (50점)

파고 H = 7.0m, 주기 T = 12sec의 심해파가 해저경사 1/10을 따라 수심 12.5m의 방파제 계획지점에 도달했을 때에 별표를 이용하여 그 지점의 파고를 구하시오.

단, 심해파의 파장 Lo = 350m임.

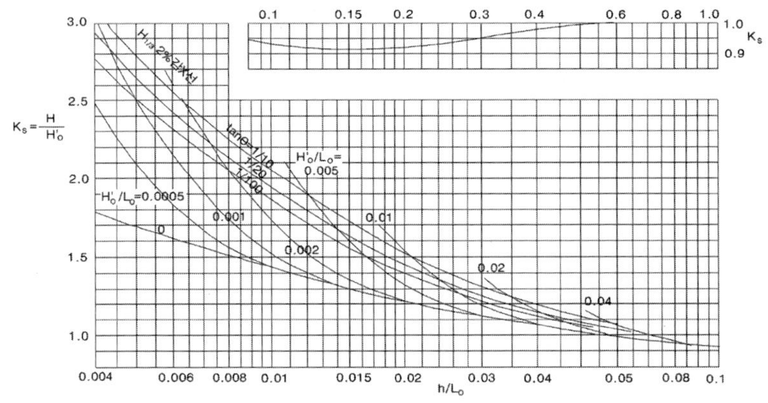

천수계수의 산정도

제31회 (1988.4.4.24) 제2교시. 문3-나 (10점)

다음에 대하여 설명하시오.

나. 충격 쇄파력

제31회 (1988.4.24) 제4교시. 문1 (30점)

파군에 의한 상주기파에 대해 구체적으로 논하시오.

제31회 (1988.4.24) 제4교시. 문3 (30점)

Wilson 법에 대하여 설명하시오.

제34회 (1990.4) 제1교시. 문1 (30점)

설계파 추정방법에 대하여 논하시오.

제34회 (1990.4) 제1교시. 문2 (30점)

조석현상에 대하여 논하고, 참고로 우리나라 연안의 조위특성을 기술하시오.

제34회 (1990.4) 제1교시. 문3-(3), (4) (명10점)

다음에 대하여 아는 바를 기술하시오.

(3) 해상기준면과 육상기준면

(4) 이상고조

제35회 (1991.4.7) 제1교시. 문3 (20점)

수심75m의 외해에서 주기 10초, 파고 10m의 파에 대한 파장, 파속 및 파경사를 구하시오.

제35회 (1991.4.7) 제2교시. 문1 (30점)

파랑이 심해에서 발생하여 천해를 거쳐 정선에 도달할 때까지 파랑의 변형상태를 기술하시오.

제35회 (1991.4.7) 제2교시. 문2 (20점)

파랑을 분류하는 3가지의 정의는?

제35회 (1991.4.7) 제2교시. 문4 (20점)

다음에 대하여 설명하시오.

ㅇ 환산심해파고

ㅇ 부진동

제35회 (1991.4.7) 제4교시. 문3 (20점)

월파를 무시한 부력과 양압력에 대한 정의

제36회 (1991.10) 제1교시. 문2 (30점)

기본수준면 결정방법에 대하여 기술하라.

제36회 (1991.10) 제2교시. 문2 (30점)

직립제의 파압계산 방법

제36회 (1991.10) 제2교시. 문3-②

다음을 설명하라.

② 천수변형(15점)

제36회 (1991.10) 제3교시. 문2-⑥

다음을 설명하라.

⑥ 태풍(15점)

제36회 (1991.10) 제4교시. 문3-①

다음을 설명하라.

① 유의파(15)

제37회 (1992.4.12) 제2교시. 문1 (30점)

설계파고의 결정방법을 설명하고, 대상구조물과 설계파의 재현기간과의 관계 및 100년 빈도 설계파고의 경우 향후 10년 사이에 위험을 설명하시오.

제37회 (1992.4.12) 제2교시. 문2 (20점)

설계고조위를 결정하는 방법을 열거하고 설명하시오.

제37회 (1992.4.12) 제2교시. 문3 (20점)

항내 부진동 현상을 설명하시오.

제37회 (1992.4.12) 제2교시. 문4 (20점)

연안에서 흐름을 분류하고 설명하시오.

제37회 (1992.4.12) 제2교시. 문5 (5점X6)

다음 용어들을 설명하시오.

① 파의 Spectrum 분석

② 파의 군속도

③ 쇄파
④ MSL과 SWL
⑤ 유의파

제37회 (1992.4.12) 제3교시. 문5 (10점)
다음 용어를 설명하시오.
⑥ 조석의 조화분해

제39회 (1993.3.21)
심해파 추산 이론을 기술하고 귀하가 설계파를 결정할 경우에 대하여 기술하시오.

제39회 (1993.3.21)
다음 용어를 설명하시오.
① 공 진
② 환산심해파고
③ 쇄파조건
⑤ 조 석

제39회 (1993.3.21)
우리나라 해안의 조석 및 파랑특성에 대하여 논하시오.

제39회 (1993.3.21)
불규칙파의 취급법에 대하여 논하시오.

제39회 (1993.3.21)
일반적인 파랑의 파장은 L = $\frac{gT^2}{2\pi}$ tanh $\frac{2\pi h}{L}$ 로 표시된다.
이식을 심해파 및 천해파일 때에 대하여 간략식으로 유도하고 d=2m인 경우에 심해파 및 천해파의 파장을 구하라.

제39회 (1993.3.21)
동해안의 항만에서의 부진동 현상에 대하여 논하라.

제39회 (1993.3.21)
Macany cumy에 의한 회절도이론에 대하여 기술하시오.

제39회 (1993.3.21)
연안에서의 흐름을 관측하는 방법에 대하여 기술하시오.

제41회 (1994.4.3) 제2교시. 문2-②, ⑥
다음 용어에 대하여 약술하시오.
② 유의파 (5점)
⑥ 천수계수 (Shoaling coefficient) (5점)

제41회 (1994.4.3) 제4교시. 문4 (30점)
전세계적인 기온상승에 따른 해면의 상승이 해안에 미치는 영향과 항만기술자의 역할에 대하여 논하라.

제42회 (1994년도) 제1교시. 문①, ②, ⑦, ⑨, ⑫, ⑯, ㉑, ㉓, ㉔ (각5점)
① 우리나라 해상조위 기준면
② 지진에 의한 해저의 수직 단층변화, 해저화산폭발, 원자탄 실험에 의하여 발생하는 장주기파
⑦ 수중공사의 기준 수위
⑨ 설계조위
⑫ 기압강하에 의한 해면 상승높이
⑯ 사람이 다닐 수 있는 정도의 허용월파량
㉑ 조석의 주기

㉓ 낙조에서 창조로 바뀌는 흐름
㉔ 인천항의 설계조위와 동해항의 설계조위

제42회 (1994년도) 제2교시. 문6-① (10점), 문6-②~⑤ (각5점)
① 파의 공진현상
② 정조시간
③ 동시조류도
④ S.M.B법
⑤ 쇄파대

제43회 (1995년도) 제1교시. 문①, ⑤, ⑧, ⑩ (각10점)
① S.M.B법
⑤ 연안류
⑧ 대표파 간의 관계
⑩ 비조화상수

제43회 (1995년도) 제2교시. 문1 (40점)
새로운 항만를 건설할 때 조위관측자료가 없고 인근해역의 참고자료마저 없을 때 항만공사용 기본수준면을 결정하는 방법에 대하여 설명하시오.

제43회 (1995년도) 제3교시. 문4 (30점)
우리나라 서해안에서의 조력발전 가능성에 대하여 논하고, 발전양식에 대하여 설명하시오.

제43회 (1995년도) 제4교시. 문1 (40점)
구조물에 작용하는 파력을 계산하는 방법은 대상구조물에 따라 달라진다. 방파제의 경우 입사파의 파장에 비해 직경이 아주 작은 pile 구조물의 경우, 입사파의 파장에 비해 직경이 무시할 수 없을 정도로 큰 저유탱크의 경우, 해저 파이프라인의 경우로 나누어 파력 계산방법을 설명하시오.

제44회 (1995년도) 제1교시. 문①, ②, ③, ④ (각10점)
① 이상고조
② 항만의 기준면과 육상의 기준면
③ 환산심해파고(Ho')
④ 해빈류

제44회 (1995년도) 제2교시. 문2 (30점)
바다의 파랑이 심해로 부터 해안 또는 항만의 시설물에 도달할 때까지의 발생 가능한 파랑의 변형에 대하여 기술하시오.

제45회 (1995년도) 제1교시. 문②, ⑦, ⑧, ⑨ (각10점)
② 해일현상의 요인
⑦ 항내부진동의 요인
⑧ 쇄파의 현상
⑨ 온난화에 따른 해면상승 추정치

제46회 (1996년도) 제1교시. 문①, ③, ④, ⑤, ⑨ (각10점)
① 파속과 군속도와의 관계
③ 쇄파형식
④ 해안류와 해빈류의 차이
⑤ 사주(Bar)와 사추(Dune)의 구분
⑨ 취송거리(Fetch)

제46회 (1996년도) 제3교시. 문1 (30점)

미소진폭파 이론을 전개해 나가는데 있어서 필요한 기본가정과 경계조건을 설명하라.

제47회 (1997년도) 제1교시. 문⑥, ⑦, ⑧, ⑨, ⑩, ⑪, ⑫ (각10점)

⑥ 이상해수면의 발생원인과 종류

⑦ Vortex shedding 현상

⑧ Manning의 평균유속 공식

⑨ 경도풍

⑩ Coriolis 영향에 의한 힘

⑪ 일조부등

⑫ 사각형만의 고유진동수

제47회 (1997년도) 제4교시. 문2 (25점)

경기만의 해안지역에 해안구조물을 설계하려고 한다.

간이 검조를 실시한 결과 4개 주요분조의 진폭은 다음과 같았다. 평균해면, 조차 및 각종 조위면을 도표에 수치적으로 제시하시오. 단, 도표는 막대도표로 제시할 것.(M_2=270cm, S_2=1.5cm, K_1=3.5cm, O_1=22cm)

제48회 (1996년도) 제1교시. 문①, ②, ③, ⑨, ⑩ (각10점)

① 항만공사용 기준면

② 유의파고

③ Swell

⑨ Over topping

⑩ 잔류수압

제48회 (1997년도) 제2교시. 문3 (25점)

설계파고 결정방법에 대하여 설명하시오.

제49회 (1997년도) 제1교시. 문1 (20점)

파랑이 심해에서 천해로 진입하는 과정의 변형과정을 기술하시오.

제49회 (1997년도) 제1교시. 문④, ⑤, ⑦, ⑧ (각10점)

④ 환산 심해파고

⑤ 수직 구조물 앞면에 작용하는 완전중복파에 대하여 논하시오.

⑦ 풍파의 제원을 추산하여 설계풍속 산정방법 및 파고 측정시 고려해야 할 사항에 대하여 기술하시오.

⑧ 육상기준면과 해상기준면의 상관관계에 대하여 논하시오.

제49회 (1997년도) 제4교시. 문2 (20점)

쇄파에 대하여 설명하고 주어진 도표를 이용하여 쇄파고(H_b), 쇄파수심을 계산하시오.

제50회 (1997년도) 제1교시. 문⑤~⑫ (각10점)

⑤ 프루이드 수

⑥ 완경사 방정식

⑦ 평균수심 방정식

⑧ 잉여응력

⑨ Paradox

⑩ 취송거리 및 지속시간에 따른 한계파고

⑪ 잔차류

⑫ 코리올리스

제52회 (1997년도) 제1교시. 문① (20점), 문③, ⑧, ⑩ (각10점)

① 파랑의 변형에 대하여 논하시오

③ 유의파($H_{1/3}$), 최대파(H_{max})

⑧ 쓰나미

⑩ 반사율

제53회 (1998년도) 제1교시. 문①,② (각20점), 문④ (10점)

① 파랑의 변형

② 조화상수, 비조화상수

④ 해상공사기준면과 육상기준면

제53회 (1998년도) 제2교시. 문2 (30점)

설계파 추정에 대하여 설명하시오.

제55회 (1998년도) 제1교시. 문①, ④, ⑤, ⑥, ⑨, ⑫ (각10점)

① 이상고조

④ 해상기준면과 육상기준면

⑤ 조석형태수

⑥ Froud

⑨ 백중사리

⑫ 잔차류

제55회 (1998년도) 제2교시. 문3 (30점)

파랑변형에 대하여 설명하시오

제55회 (1998년도) 제3교시. 문5 (30점)

3종 어항에서 TBM이 없을 시 기본수준면 결정방법에 대하여 설명하시오.

제55회 (1998년도) 제4교시. 문3 (30점)

파랑추정방법에 대하여 설명하시오.

제55회 (1998년도) 제4교시. 문5 (30점)

서해안 이상조위 및 침수피해 상황에 대하여 설명하시오.

제56회 (1998년도) 제1교시. 문① (25점), ②, ③, ⑤, ⑦ (각10점)

① 불규칙파의 통계적 성질에 대하여 논하시오.

② 해상기준면의 정의와 육상기준면과 해상기준면에 사용되는 조위에 대하여 논하시오.

③ 부진동

⑤ 수중진도

⑦ 설계파 산정조건

제56회 (1998년도) 제2교시. 문3 (30점)

파랑변형

제57회 (1999년도) 제1교시. 문④, ⑪ (각10점)

④ DGPS(Differential global position system)

⑪ 평균고조간격과 평균저조간격

제57회 (1999년도) 제2교시. 문1 (40점)

지구온난화 현상에 의해 대기층의 탄산가스가 배증되는 시기가 70년후 해수면이 70cm 상승할 것으로 추정된다고 하면 우리나라 서해안의 항만계획과 관련하여 어떠한 해양수리학적 변화가 예측되는지 귀하의 의견을 제시하시오.

제57회 (1999년도) 제4교시. 문4 (30점)

1983~1993년 동해안에서는 쓰나미에 의한 피해 발생사례가 있음을 고려하여 귀하가 동해안에 항만구조물을 설계할 때, 지진해일에 대하여 고려할 사항에 대하여 기술하시오.

제58회 (1999년도) 제1교시. 문④ (15점), 문⑥, ⑨, ⑩ (각10점)노

④ 수심에 따른 파랑의 분류법 및 설명

⑥ 권파

⑨ $H_{1/10}$, $H_{1/3}$, H_{max}, $\overline{H}$ 및 그 상관관계를 설명

⑩ 기본수준면

제58회 (1999년도) 제2교시. 문5 (25점)

설계파고 결정에 대한 검토사항에 대하여 설명하시오.

제58회 (1999년도) 제3교시. 문2 (30점)

충격 쇄파력에 대하여 설명하시오.

제58회 (1999년도) 제4교시. 문3 (30점)

조석에 대하여 아는 바를 서술하시오.

제59회 (1999년도) 제1교시. 문①, ②, ⑥, ⑦ ⑧ (각10점)

① 이안류(Rip current)

② 해상기준면과 육상기주면

⑥ 연안류(Longshore current)

⑦ Storm surge

⑧ 유의파($H_{1/3}$, $T_{1/3}$)

제60회 (2000년도) 제1교시. 문①, ④, ⑥, ⑧ (각10점)

① 해빈류

④ 부진동

⑥ 환산심해파고

⑧ GODA 파압공식의 차이점

제60회 (2000년도) 제3교시. 문4 (25점)

방향 스펙트럼과 주파수 스펙트럼

제60회 (2000년도) 제4교시. 문1 (25점)

미소진폭파 이론의 전개와 이론의 가정조건.

제60회 (2000년도) 제4교시. 문5 (25점)

힘의 평형에 의한 태풍의 설명

제61회 (2000년도) 제1교시. 문②, ③ (각10점)

② 국제적 해도기준면

③ 점계류

제61회 (2000년도) 제2교시. 문6 (20점)

해수면 상승량

제62회 (2000년도) 제1교시. 문⑥ (10점)

⑥ 이상고조위를 포함한 설계고조위의 결정방법

제62회 (2000년도) 제2교시. 문1 (25점)

항만구조물별 반사계수 및 반사율 저감방법

제62회 (2000년도) 제3교시. 문2 (25점)

도서지방에서 항만공사 시 해상기준점이 없을 시 App.L.L.W를 산정하는 방법

제62회 (2000년도) 제3교시. 문4 (25점)

방파제 설계파 결정방법

제63회 (2001년도) 제1교시. 문⑤, ⑦, ⑧ (각10점)

다음에 대하여 설명하시오.

⑤ I.M.S.L과 L.M.S.L

⑦ 고극조위 및 기본수준면

⑧ 쇄파

제63회 (2001년도) 제3교시. 문4 (25점)

설계파 결정방법에 대하여 설명하시오.

제64회 (2001년도) 제1교시. 문④, ⑥, ⑦, ⑨ (각10점)

다음 문제를 선택하여 설명하시오.

④ 연파(Stem wave)현상에 대해 설명하시오.

⑥ 단파봉파(Short-crested wave)에 대해 설명하시오.

⑦ 불규칙파의 크기를 나타내는 대표파에 대해 설명하시오.

⑨ 조석기준점(Tidal bench mark)에 대해 설명하시오.

제64회 (2001년도) 제2교시. 문1 (25점)

직립벽에 작용하는 파력산정 방법의 변형과정과 내용을 설명하시오.

제65회 (2001년도) 제1교시. 문①, ⑧, ⑨, ⑩, ⑪ (각10점)

다음 문제를 선택하여 설명하시오.

① 기본수준면

⑧ 단순 파일(Pile)에 작용하는 파력산출 방법

⑨ 쓰나미(Tsunami)

⑩ 부진동

⑪ 파랑의 쇄파(Wave breaking)

제65회 (2001년도) 제3교시. 문1 (25점)

심해파와 천해파의 특성을 설명하시고, 천수변형과 굴절현상의 기본적 원인을 설명하시오.

[미소진폭파 이론에 의한 파장공식 $L = \frac{g}{2\pi} T^2 \tan h \frac{2\pi h}{L}$,

여기서 ; L : 파장(m), C : 파속(m/sec), T : 주기(sec), h : 수심(m), g : 중력가속도(9.8m/sec^2)]

제66회 (2002년도) 제1교시. 문③, ⑤, ⑥, ⑧ (각10점)

다음 문제를 선택하여 설명하시오.

③ 1/10 최대파

⑤ 조위편차

⑥ 엘니뇨현상

⑧ 기본수준점표(基本水準点標)

제66회 (2002년도) 제3교시. 문4 (25점)

해역시설을 설계하기 위한 새로운 해상풍산정과 파랑추산법의 동향에 대해서 기술하시오.

제66회 (2002년도) 제4교시. 문5 (25점)

직립벽에 작용하는 파압에 대해서 기술하시오.

제67회 (2002년도) 제1교시. 문②, ③, ⑤, ⑦, ⑩ (각10점)

다음 문제를 선택하여 설명하시오.

② 파속$(C) = \frac{L}{T} \sqrt{\frac{gL}{2\pi} \tan h \frac{2\pi h}{L}}$ 에서 심해구역 및 천해구역에서의 파속은 어떻게 표현되는가?

③ 설계조위란?

⑤ 진행파와 한계수심의 관계

⑦ 잔류수위

⑩ 일본 니이가다항 부근에서 지진에 의한 진파(쓰나미)가 발생하였을 경우 우리나라 동해안 일대에 최초의 파가 도달되는 시간은?
(여기서 동해의 평균수심은 400m, 거리는 1,000km로 가정)

제67회 (2002년도) 제3교시. 문2 (25점)

방파제 형태별로 적용되는 설계파에 대해 설명하시오.

제67회 (2002년도) 제3교시. 문4 (25점)

잔잔한 연못에 돌을 던져서 파랑이 발생되어 전파되는 과정에 진행파의 선단부의 파고가 중심부의 파고보다 작아지면서 점차 소멸되는 과정을 파속과 에너지 전달 속도와 연관시켜 설명하시오.

제68회 (2002년도) 제1교시. 문⑦, ⑨, ⑪, ⑫ (각10점)

다음 문제를 선택하여 설명하시오.

⑦ Morison's equation

⑨ 해도의 기준 측지계(세계측지계, WGS-84)

⑪ 평균해면(Mean sea level)

⑫ 코리올리 힘(偏向力)

제68회 (2002년도) 제3교시. 문6 (25점)

직립벽에 작용하는 파압 공식중 고다공식의 특징을 쓰고, 직립제체에 작용하는 파압 및 기타의 힘의 형태를 도시하시오, (각 힘의 모양만 표시하고, 값은 필요없음) 또 파의 입사각 β를 취하는 방법도 도시하시오.

제68회 (2002년도) 제4교시. 문6 (25점)

천해역에서 파랑의 변형에 대하여 기술하시오.

제69회 (2003년도) 제1교시. 문①, ③, ④, ⑦, ⑧, ⑨, ⑩, ⑪ (각10점)

다음 문제를 선택하여 설명하시오.

① 수중말뚝에 작용하는 파력

③ 경도풍(傾度風)

④ 조석 플러싱(Flushing)

⑦ 파랑의 회절

⑧ 하구밀도류

⑨ 고조대책

⑩ 고다공식(合田,Goda)

⑪ 유한진폭파 이론

제69회 (2003년도) 제2교시. 문6 (25점)

심해파고 40m, 주기 9초의 파랑이 평행등심선 해안에 수심 11m지점에 45°입사각으로 입사하여 28° 굴절각으로 진행한다. 수심 8m에서 파고를 계산하시오.

$(L = \frac{gT^2}{2\pi}\tanh\frac{2\pi h}{L},\quad L$: 파장, $\quad T$: 주기$)$

제69회 (2003년도) 제3교시. 문5 (25점)

심해파 추정모형에 대해 설명하시오.

제69회 (2003년도) 제4교시. 문6 (25점)

수심 6m, 파고1.2m, 주기 6초인 파랑의 파수, 군속도, 단위폭·파장당의 에너지를 구하시오.

제70회 (2003년도) 제1교시. 문①, ③, ④, ⑤, ⑨, ⑫, ⑬ (각10점)

다음 문제를 선택하여 설명하시오.

① 해빈류

③ 천해역에서 파의 변형

④ 쇄파

⑤ 선형파 이론에서의 수립자 궤적

⑨ 분산 방정식과 파장을 구하는 방법

⑫ 미소진폭파 이론에서의 가정과 경계조검

⑬ 4대 분조에 따른 항만기본수준면, 대조 및 소조평균고조면

제70회 (2003년도) 제2교시. 문4 (25점)

폭풍해일에 대한 대책시설의 설계조위를 산정하는 방법에 대해서 설명하시오.

제70회 (2003년도) 제3교시. 문3 (25점)

천문조 이외의 원인에 의해 해면이 변화하는 이상조위(이상고조)를 설명하시오.

제70회 (2003년도) 제3교시. 문6 (25점)

조력발전 방식을 설명하시오.

제70회 (2003년도) 제1교시. 문⑤, ⑧, ⑪ (각10점)

다음 문제를 선택하여 설명하시오.

⑤ 허용월파량(Allowable overtopping rate)

⑧ 라디에이션 응력(Radiation stress)

⑪ 기본수준면(Datum line)

제71회 (2003년도) 제2교시. 문3 (25점)

설계파 결정방법에 대하여 기술하시오.

제71회 (2003년도) 제3교시. 문5 (25점)

파향변형을 유도하는 파랑제어법은 여러 가지 방법이 제안되어 왔다. 그 방법들을 소개하고 그 원리에 대해 기술하시오.

제71회 (2003년도) 제4교시. 문3 (25점)

파랑의 변형에 대하여 아는 바를 쓰시오.

제72회 (2004년도) 제1교시. 문①, ②, ④, ⑥, ⑧, ⑬ (각10점)

다음 문제를 선택하여 설명하시오.

① 환산심해파고

② 적조현상

④ 폭풍해일

⑥ 물입자의 운동패턴

⑧ 부분 중복파

⑬ 부진동

제72회 (2004년도) 제2교시. 문3 (25점)

심해역에서 발생한 파랑이 천해역에 건설예정인 항만 시설물에 도달하기까지 파의 변형과정을 도시하고 각 과정을 설명하시오.

제72회 (2004년도) 제3교시. 문2 (25점)

2003년 우리나라를 강타한 태풍 매미호에 의한 남해안의 해안 및 항만 피해 특성과 향후 항만 시설의 태풍피해 저감 방안에 대하여 기술하시오.

제73회 (2004년도) 제1교시. 문⑥, ⑧, ⑨, ⑫, ⑬ (각10점)

다음 문제를 선택하여 설명하시오.

⑥ 대조승(Spring rise)

⑧ 연파(Stem wave)현상 및 대책

⑨1/3최대파와 1/10최대파

⑫ 쇄파(Wave breaking)의 형태

⑬ 분산관계식 $\sigma^2 = gk\tan h\, kh$를 이용하여 천해역에서 파속을 구하는 식을 산출하시오.

(단, $\sigma = \frac{2\pi}{T}$, $k = \frac{2\pi}{L}$, $c = \frac{\sigma}{k}$, h는 수심, L은 파장, c는 파속, T는 주기임.)

제73회 (2004년도) 제3교시. 문5 (25점)

최근 동해안 울진 앞바다에서 강진이 발생하였다. 항만시설의 내진등급과 내진성능목표에 대하여 설명하시오.

제73회 (2004년도) 제3교시. 문6 (25점)

파랑의 주파수 및 방향 스펙트럼에 대하여 설명하시오.

제75회 (2005년도) 제1교시. 문⑤, ⑥, ⑪ (각10점)

다음 문제를 선택하여 설명하시오.

⑤ 주상(柱狀)구조물에 작용하는 파력산정방법(소형, 대형으로 구분 설명)에 대하여 기술하시오.

⑥ 항내파(港內波)의 정의와 문제점 및 대책방안을 기술하시오.

⑪ 해양온도차 발전의 원리와 방식에 대해 기술하시오.

제75회 (2005년도) 제2교시. 문1 (25점)

폭풍해일의 방지대책에 대해서 기술하시오.(Hardware적인 대책과 Software적인 대책)

제75회 (2005년도) 제2교시. 문6 (25점)

구조물에 작용하는 충격 쇄파압에 대해서 기술하시오.(발생조건, 대책공법)

제76회 (2005년도) 제1교시. 문③, ④, ⑦, ⑩ (각10점)

다음 문제를 선택하여 설명하시오.

③ 처오름 높이와 월파량

④ 환산 심해파

⑦ 이상고조(異常高潮)

⑩ 충격 쇄파압

제76회 (2005년도) 제3교시. 문4 (25점)

이상고조시 월파로 인한 해안구조물의 파괴모드를 설명하고 그 대책방안을 기술하시오.

제76회 (2005년도) 제3교시. 문5 (25점)

해면변동을 일으키는 요인과 이로 인해 서해안 및 남해안에서 발생된 피해상황과 향후 대책을 기술하시오.

제78회 (2006년도) 제1교시. 문②, ④, ⑥, ⑧ (각10점)

다음 문제를 선택하여 설명하시오.

② 미소진폭파 이론의 기본가정과 경계조건

④ 쇄파의 한계조건과 종류

⑥ 조석의 4대분조

⑧ $H_{1/10}$, $H_{1/3}$, $\overline{H}$, H_{max}의 정의와 상관관계

제78회 (2006년도) 제2교시. 문1 (25점)

연안구조물에 작용하는 설계파 결정방법의 과정과 내용을 설명하시오.

제78회 (2006년도) 제3교시. 문2 (25점)

상대수심에 의한 파의 분류와 심해 및 천해에서의 파속근사(Approximation) 특성을 설명하시오.

제78회 (2006년도) 제3교시. 문5 (25점)

월파량 산정방법과 대책에 대하여 기술하시오.

제78회 (2006년도) 제4교시. 문6 (25점)

태풍에 의한 연안재해를 조석, 파랑 그리고 해안도시 배수(排水)체계와 관련하여 설명하시오.

제78회 (2006년도) 제1교시. 문①, ②, ③, ④, ⑤, ⑥ (각10점)

다음 문제를 선택하여 설명하시오.

① 미소진폭파 이론

② Froude 상사법칙

③ 분산관계식

④ Surf similarity parameter

⑤ Surf beat

⑥ 부가질량

제79회 (2006년도) 제2교시. 문5 (25점)

최근 3~5년 사이에 우리나라 해안에 큰 피해를 준 초대형 태풍의 특성에 대하여 간단히 서술하고, 이들 태풍에 의해 피해를 입은 호안의 복구계획에 대하여 기술하시오.

제81회 (2007년도) 제1교시. 문⑬ (25점)

다음 문제를 선택하여 설명하시오.

⑬ 삭망평균만조위

제81회 (2007년도) 제3교시. 문2 (25점)

해양심층수의 개발방식과 활용방안에 대해 설명하시오.

제82회 (2007년도) 제1교시. 문①, ③, ⑤, ⑥ (각10점)

다음 문제를 선택하여 설명하시오.

① 라디에이션 응력(Radiation stress)

③ 해빈류(분류, 현상)

⑤ 파랑에너지

⑥ 파랑의 계측방법

제82회 (2007년도) 제2교시. 문1 (25점)

부진동의 원인과 대책에 대해 설명하시오.

제82회 (2007년도) 제2교시. 문2 (25점)

충격 쇄파압의 발생조건 및 저감대책을 설명하시오.

제82회 (2007년도) 제2교시. 문4 (25점)

태풍내습시 연안 재해의 유형과 대책을 설명하시오.

제82회 (2007년도) 제3교시. 문1 (25점)

성장파(Fully developed sea)의 발달과정을 설명하시오.

1) FDS의 정의 2) 발생기구(Mechanism) 3) 파에너지와 파주기 관계

제82회 (2007년도) 제3교시. 문2 (25점)

폭풍해일과 지진해일(쓰나미)에 대해 다음 사항을 설명하시오.

1) 구분설명 2) 폭풍해일의 생성원인과 수면상승(set-up)

3) 쓰나미 발생조건 및 현황 3) 구조물적, 비구조물적 대책

제82회 (2007년도) 제4교시. 문1 (25점)

상대 수심에 의한 파의 분류를 다음 순서에 의거 설명하시오.

1) 상대수심의 정의 2) 분산(Dispersion)방정식 3)파의 구분.

제84회 (2008년도) 제1교시. 문①, ② (각10점)

다음 문제를 선택하여 설명하시오.

① Undertow

② 슈퍼태풍

항내정온도

제22회 (1982.2차) 전문, 제2교시. 문1 (75점)

신규 항만건설 계획에 있어 항내정온도 향상 대책에 관하여 착안점을 기술적으로 논하라.

제23회 (1983.) 제1교시. 문3 (20점)

항만계획시 방파제 배치결정에 있어 각 전용부두의 안벽전면 허용침입 파랑(파고, 주기)에 대하여 기술하라.

제25회 (1984.10.7) 제1교시. 문1 (50점)

항만계획에 있어서 파고추정방법을 설명하고, 외곽시설 계획을 수립한 후, 접안시설에 미치는 파고가 H=0.5m미만이 되게 하기 위한 귀하의 의견을 제시하시오.

제28회 (1986.4.27) 제3교시. 문2-(4) (10점)
다음사항을 설명하라.
(4) 안벽 전면의 허용파고

제29회 (1987.4.26) 제1교시. 문2 (30점)
항만계획에 있어서 항내 정온도 유지향상을 위하여 고려하여야 할 사항들을 열거하고 문제점이 있다면 그 대책에 대해서도 기술하시오.

제29회 (1987.4.26) 제4교시. 문3 (30점)
항내파의 발생원인과 문제점, 대책에 대하여 아는 바를 기술하시오.

제42회 (1994년도) 제1교시. 문⑧ (5점)
⑧ 어항에서의 항내정온도

제42회 (1994년도) 제4교시. 문6-③ (5점), 제52회 (1998년도) 제1교시. 문③ (10점),
제59회 (1999년도) 제1교시. 문③ (10점)
③ 항내정온도

제49회 (1997년도) 제2교시. 문4 (30점)
항내정온도 예측방법 및 착안방법에 대하여 논하시오.

제52회 (1997년도) 제2교시. 문2 (25점)
항내정온도 저감대책에 대하여 논하시오.

제66회 (2002년도) 제3교시. 문5 (25점)
항만 정온도에 대해 설명하시고, 정온도 산정 방법과 정온도 확보방안에 대해 기술하시오.

제69회 (2003년도) 제3교시. 문6 (25점)
항내 정온도 개선원칙에 대해 설명하시오.

제70회 (2003년도) 제4교시. 문1 (25점)
항만 정온도 산정방법에 대해서 설명하시오.

제71회 (2003년도) 제4교시. 문4 (25점)
항만모순(Harbour paradox)과 관련하여, 항내 정온을 개선할 수 있는 방법에 대하여 기술하시오.

제76회 (2005년도) 제3교시. 문3 (25점)
항내정온을 위한 소파안벽 구조물의 종류 및 수리학적 특성에 대하여 논하시오.

수리 및 수치모형실험

제25회 (1984.10.7) 제4교시. 문1 (40점)
신규 항만을 건설하기 위하여 필요로 하는 방파제, 항로 및 접안시설의 수리모형실험에 대하여 논하시오.

제34회 (1990.4) 제2교시. 문1 (40점)
최근 항만계획에 있어서 수치모형실험(Simulation)이 이용되고 있는 바, 수치모형실험에 대한 방법론을 기술하고, 그 활용도에 대하여 귀하가 아는 바를 기술하시오.

제36회 (1991.10) 제3교시. 문2-④
다음을 설명하라.
④ 수리모형실험 (15점)

제37회 (1992.4.12) 제4교시. 문1 (25점)
항내정온도 평가를 위한 수리모형실험과 수치모형에 대하여 논하시오.

제41회 (1994.4.3) 제4교시. 문3
항만 및 해안분야의 수리모형실험의 필요성을 설명하고 상사법칙에 대하여 논하라.

제42회 (1994년도) 제3교시. 문2 (25점)
해안수리 현상을 예측하기 위하여 수리모형실험을 하는데 이 때 사용하는 수조로 2차원 수조와 3차원 수조가 있다. 각각의 특징을 성명하고 각각 대상으로 하는 수리현상을 열거, 설명하시오.

제44회 (1995년도) 제3교시. 문2 (25점)
방파제 등 항만 및 해안시설물의 설계시 수리모형실험의 필요성과 수리모형실험에 관한 사항을 기술하시오.

제48회 (1996년도) 제4교시. 문4 (25점)
수리모형실험의 필요성에 대하여 기술하시오.

제50회 (1997년도) 제4교시. 문2 (25점)
귀하가 체험한 수리모형실험 또는 수치모형실험에서 파랑과 조류에 대한 의견을 제시하시오.

제56회 (1998년도) 제4교시. 문2 (30점)
해안의 침식대책시설과 수리모형실험의 상사법칙에 대하여 설명하시오.

제58회 (1999년도) 제2교시. 문1 (25점)
수리모형실험과 수치모형실험의 특성에 대하여 설명하시오.

제59회 (1999년도) 제4교시. 문3 (25점)
귀하가 알고 있는 수리모형실험을 단면실험과 평면실험으로 구분하여 논하시오.

제60회 (2000년도) 제4교시. 문2 (25점)
수리모형실험의 개선방향

제61회 (2000년도) 제4교시. 문6 (25점)
항만구조물의 수리모형실험에 있어 모형축척의 종류별 장·단점을 기술하고 방파제 안정실험의 절차를 기술

제62회 (2000년도) 제2교시. 문2 (25점)
해안변형에 대한 수리 및 수치모형실험의 장·단점 비교

제63회 (2001년도) 제3교시. 문5 (25점)
항만계획 수립과 관련한 수치모형실험에 대하여 설명하시오.

제65회 (2001년도) 제2교시. 문6 (25점)
동해안과 같이 사질토(砂質土)로 이루어진 지역에 항만을 계획할 시 예상되는 수리 및 수치모형실험의 항목과 목적에 대하여 기술하고 장·단점을 비교하시오.

제68회 (2002년도) 제4교시. 문2 (25점)
항만 및 연안역 개발 계획 수립시 사용하는 수치모형(數値模型)의 종류를 설명하고, 수리모형(水理模型)과 비교하여 장·단점을 설명하시오.

제70회 (2003년도) 제2교시. 문2 (25점)
항만설계에 있어서 일반적으로 사용하여야 할 수치모형실험에 대해서 기술하시오.

제70회 (2003년도) 제3교시. 문5 (25점)
부유사 이동 및 확산에 대한 수치실험에 대해 설명하시오.

제71회 (2003년도) 제4교시. 문5 (25점)
3차원 수리모형 실험의 필요성을 설명하고, 실제 자연현상을 보다 구체적으로 재현할 수 있는 방법에 대해서 아는 바를 쓰시오.

제72회 (2004년도) 제3교시. 문3 (25점)
수리모형 실험시 왜곡 모형의 필요성과 검토되어야 할 상사성에 대하여 기술하시오.

제76회 (2005년도) 제4교시. 문4 (25점)
수리모형실험의 필요성과 상사법칙에 대해 설명하시오.

제78회 (2006년도) 제2교시. 문4 (25점)
항내정온도 산정을 위한 수치모의 기법에 대하여 설명하시오.

제79회 (2006년도) 제2교시. 문1 (25점)
수리모형실험의 원리를 설명하고, 실험결과를 실무설계에 반영할 시 유의할 사항을 기술하시오.

제81회 (2007년도) 제4교시. 문4 (25점)
3차원 수리모형 실험시 실험파랑으로서 다방향 불규칙파의 필요성에 대하여 설명하시오.

구조세목

제45회 (1995년도) 제3교시. 문5 (25점)
항만구조물의 내진 설계법에 대해 기술하시오.

제45회 (1995년도) 제4교시. 문5 (25점)
해안구조물 및 부지높이를 결정하기 위한 해양환경 하중의 복합 확률법에 의한 높이 결정법에 대해 기술하시오.

제49회 (1997년도) 제4교시. 문5 (25점)
중력식 안벽, 방파제의 지지력 검토방법에 대하여 설명하시오.

제53회 (1998년도) 제4교시. 문3 (30점)
말뚝의 허용인발력에 대해 설명하시오.

제53회 (1998년도) 제4교시. 문4 (25점)
사질토의 액상화 현상에 대하여 설명하시오.

제56회 (1998년도) 제1교시. 문⑨ (10점)
⑨ Heaving 현상

제56회 (1998년도) 제2교시. 문5 (30점)
강제치환 깊이의 개략적인 산정방법과 문제점 및 대책

제56회 (1998년도) 제4교시. 문3 (30점)
대규모의 해안 매립지에 지진이 발생했을 때 지반의 액상화에 대하여 논하시오.

제56회 (1998년도) 제2교시. 문1-② (5점)
다음의 용어를 설명하시오.
② 얕은 기초

제57회 (1999년도) 제1교시. 문① (10점)
① 말뚝지지력의 동적재하시험

제58회 (1999년도) 제1교시. 문① (15점), 문⑤, ⑧ (각10점)
① N치
⑤ 각종 톤수 및 비교
⑧ 부가중량

제58회 (1999년도) 제2교시. 문2 (25점)
사면안정 계산법의 종류 및 특성에 대하여 설명하시오.

제58회 (1999년도) 제2교시. 문4 (25점)
말뚝의 횡방향 지지력 계산법에 대하여 설명하시오.

제60회 (2000년도) 제1교시. 문③ (10점)
③ 선박중량 DWT, G/T, N/T와의 상관관계

제61회 (2000년도) 제1교시. 문⑤, ⑥, ⑦, ⑨, ⑩, ⑬ (각10점)
⑤ 총톤수와 중량톤수
⑥ 연성계수
⑦ 콘크리트 중량 피복재
⑨ 설계지반운동
⑩ 정주면 마찰과 부주면 마찰
⑬ 선체의 운동성분

제61회 (2000년도) 제2교시. 문4 (25점)
항만구조물에서 허용응력설계와 강도 설계법에 대하여 기술

제61회 (2000년도) 제3교시. 문2 (25점)
Kd와 Ns와의 차이점

제61회 (2000년도) 제3교시. 문3 (25점)

안벽 및 방파제의 내진설계방법

제61회 (2000년도) 제4교시. 문3 (25점)

안벽 잔교구조물이 기능을 유지하기 위해 필요한 액상화 대책공법에 대하여 설명

제62회 (2000년도) 제1교시. 문④, ⑨ (각10점)

④ 말뚝의 수평 재하력 산정방법

⑨ Pre-fab cell의 특성 및 장 · 단점

여수엑스포 조감도

제4편 기초처리 공법

제 4 편 기초처리 공법

제1장 · 기초처리공사 개요

항만시설에 있어서 지반지지력이 충분히 큰 현장의 기초공사는 지지력에 관련된 문제가 없겠지만 연약한 지반상에 중량의 큰 구조물을 시설하거나 매립고가 높은 매립지에서는 구조물에 대한 지지력과 배후 매립지를 포함한 지반변형으로 아크 슬라이딩(Arc sliding : 원호활동)이 우려되므로 충분한 조사에 의한 검토가 이루어져야 한다. 특히, 조석에 의한 조위차가 큰 현장은 간조시 부력의 감소로 자중이 현저히 증가되는 것을 알 수 있을 것이다.

항만시설물의 기초 중 때로는 기초지반이 암반으로 되어 있어 암반의 기초굴착을 한다면 많은 경비와 시간이 소요되기도 한다. 일반적으로 기초지반으로 부적당한 기초지질인 경우 기초토질을 굴착, 운반, 투기할 수도 있으며, 때로는 기초말뚝을 박아 지지력을 증대시키기도 한다. 연약지반의 개량공법으로는 연약지반의 토질을 굴착하여 일정 두께를 치환하는 방법을 많이 활용하고 있으나 굴착토의 운반, 투기는 해양환경 오염을 유발할 수 있으므로 해양환경 오염의 저감방안으로 다른 방법의 기초처리 공법이 개발되어 왔으며 드레인(Drain) 공법으로는 페이퍼드레인(Paper drain) 공법과 샌드드레인(Sand drain) 공법을 시행하여 왔고, 심층혼합처리공법이 개발되어 석회나 시멘트류를 사용하여 심층의 연약지반과 혼합하여 고화처리하는 공법이 채택되고 있는데 기계적 혼합처리방법, 고압분사식 처리방법과 충진식 혼합처리방법으로 분류할 수 있다. 현장의 제반여건을 고려하여 공법을 선정하며, 이들 심층혼처리공법의 시공은 전용의 시공장비를 사용하여 시공하는 것이 일반적이다.

제2장 · 강제치환 공법(强制置換工法)

연약지반층의 두께가 얇고, 지반이 연약하여 기초굴착이 어렵거나 굴착토를 처리하기 어려운 경우 등 연약층을 굴착하지 않고 연약층에 사석을 투하하여 기초지반을 형성함으로써 연약층이 투하된 사석의 자중과 구조물의 자중에 의하여 침하가 되고 안정이 되게 하는 공법을 강제치환공법이라고 한다.

강제침하공법은 연약지반상에 기초사석을 투하하기 때문에 투하사석의 부피만큼의 연약토가 융기되는 현상이 나타나며, 지층상태에 따라 차이가 있으나 초연약층의 경우 연약토층의 바닥인 단단한 지반까지 기초사석이 내려가게 된다. 강제치환시 투하된 사석의 흐트러짐을 방지하기 위하여 일반적으로 매트(Mat)를 부설하고 있으나 사석두께가 두껍고 중량이 크면 매트가 찢어지기 때문에 생소나무, 대나무 엮음을 사용하였고, 근래에는 철근을 엮어 사용하기도 하였다.

기초사석의 침하량과 할증량 때문에 시공시 쟁점이 되어 왔으며, 이를 확인하기 위하여 확인보링, 탄성파탐사 등을 시행하고 있다. 일반적으로 사석의 높이가 3m를 넘으면 투하된 사석이 침하되는데, 침하원인은 자연상태에서 투하된 사석이 자중으로 짜여지면서 일어나는 수축현상과 원기초지반의 침하가 원인이 되기도 하지만 직립부의 자중이 작용하면서 장기압밀 침하현상이 서서히 나타나 형성된 사석층의 두께가 보통 10cm～30cm 정도 침하되며 현장의 침하상태를 관측하여 여유높이로 기초사석 마루높이를 조정하기도 한다.

강제치환공법으로 시행하는 항만공사는 주로 외곽시설공사에서 많이 적용되어 호안, 토제 및 가토제와 방파제공사 등에 시공한 사례가 많다

기초사석의 지지력은 석재의 재질, 하부의 지반조건에 따라 차이는 있겠으나 일반적으로 $30t/m^2$～$50t/m^2$를 요구하고 있으며, 항만공사에서는 사석기초의 지지력을 $40t/m^2$ 내외로 보고 있으나, 방파제 두부의 순간 최대 지지력은 $50t/m^2$, 케이슨 구조물에서는 $60t/m^2$까지도 적용하고 있다.

제3장 · 기초터파기

기초지반의 연약층만 터파기하여 제거한 후 기초층이 깊은 경우 양질의 사질로 일정두께를 치환부설

하고 그 위에 기초사석을 투하하여 기초사석 마운드를 축조한다. 일반적으로 해저지반의 충분한 지지력을 얻을 수 있는 기초터파기의 깊이는 최소 50cm~100cm 정도이며, 해중에서의 50cm 미만은 터파기의 장비 능률상 불합리하며 실제로 불가능하다고 본다. 또한 기초사석의 최소두께로 보더라도 1.0m~2.0m는 유지되어야 하는 점 등도 고려하여야 한다.

기초지반이 암반인 경우, 평탄한 기초지반으로 터파기를 하여야 한다. 암반은 쇄암공법이나 수중암 발파공법으로 암반을 파쇄한 후 그래브식 준설선 등으로 파쇄암을 제거한다.

기초터파기의 구역은 기준점을 설치한 후 중심선을 정확히 측량하고 중심선의 좌·우측 일정한 거리에 깃발을 단 대나무 부표나 간단한 부표를 설치하여 구역 표시를 한다. 터파기가 끝나면 연속작업으로 기초사석을 투하하고 이어서 기초고르기를 한 후 소요 구조물을 거치하는 것이 정상적인 방법이나 오랫동안 방치하면 조류나 파랑 등의 영향으로 터파기가 끝나고 기초사석을 투하, 고르기까지 마친 현장에 부유니토가 침전하는 경우가 있다. 부유 니토의 두께가 10cm~20cm 정도에서는 강력한 젯트를 사용하여 청소하는 방법이 있겠으나 두께가 20cm를 넘게 침전이 되면 강력한 흡입식 펌프로 흡입시켜 제거하여야 하며 30cm 이상 부유니토가 침전이 된다면 터파기를 다시 하여야 하는 경우도 생기는 점을 유의하여야 한다.

세굴이 예상되는 사질지반은 경험에 의할 때 1.5m 이상을 터파기하여 기초사석을 투하한 위에 물양장이나 안벽용 블록을 거치하여야 기초지반의 세굴이 방지되는 것으로 나타났다.

제4장 · 말뚝 기초

4.1 개 요

기초지반이 계획 지지력에 미치지 못하는 토질조건에서는 항만구조물의 기초로 말뚝을 박아 소요 지지력을 구하는 경우가 많다. 일반적으로 철근콘크리트 말뚝과 강말뚝을 주로 많이 사용하나 지역여건에 따라 나무말뚝도 사용하고 있다. 단순기초말뚝으로 처리하기도 하지만 잔교나 돌핀 같은 경우 말뚝이 구조물로서의 역할을 겸하는 경우도 있다.

잔교나 돌핀의 강말뚝은 구조체를 겸하게 되어 순수 기초로서의 말뚝이 아니므로 본 장의 설명에서는 제외한다.

말뚝기초는 상부하중을 기초지반에 전달시키는 역할을 하므로 수직방향 및 수평방향 하중을 충분히 지지할 수 있는 지반이어야 한다. 인발하중이 작용할 경우에는 이에 대해서도 검토해야 한다. 수평하중에 저항하기 위해 사항을 박는 경우가 있으나 연약지반에서는 지반의 압밀침하로 인해 과대한 휨모멘트가 발생하는 경우가 있으므로 주의해야 한다.

4.2 나무말뚝

근래에 와서는 나무말뚝을 거의 사용하고 있지 않겠지만 원목이 생산되는 지역에서 다른 종류의 말뚝을 구하기가 어려운 경우 나무말뚝이 사용되고 있는 점을 감안하여 간단히 언급하기로 한다.

나무말뚝의 필수조건으로는 말뚝이 직선형이고, 장대(長大)한 말뚝을 생산할 수 있고, 머리와 하단부의 지름차이가 적고, 절이 없는 경질(硬質)이어야 한다. 특히 충해(蟲害)에 강한 재질이어야 한다.

나무말뚝을 박으면 두부와 하단부에 손상을 입게 되므로 두부에는 보통 링(Ring) 형상의 철판 띠를 만들어 붙이고 하단부는 토질조건에 따라 차이는 있겠지만 철판으로 제작된 원추형 슈(Shoe)를 붙여 시공하고 있으며 산호초 지대나 단단한 토질에서는 특별 슈로 보강하기도 한다. 나무말뚝을 부득이 이음하여 박을 경우 나무말뚝 이음부에 철판으로 원통모양을 만들어 구멍을 뚫고 볼트 등으로 긴결(緊結)시킨다. (다음 그림 참조)

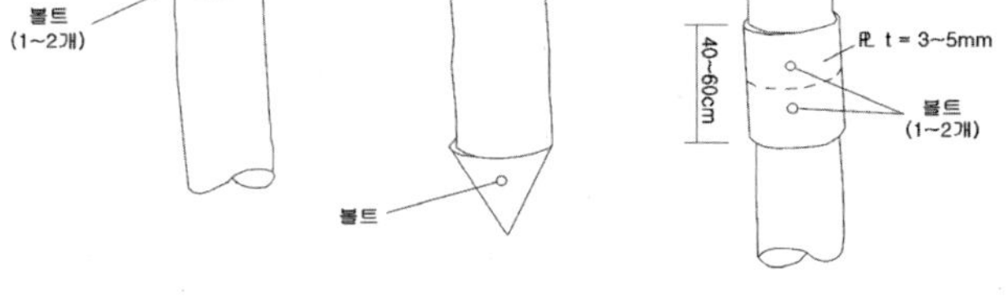

나무말뚝 각 부위 보강도

나무말뚝의 소요수량이 적으면 드롭해머(Drop hammer)로 박지만 수량이 많고 길이가 10m 이상이 되면 디젤해머(Diesel hammer)를 동원하여 박는다. 나무말뚝을 박고 나면 기초말뚝이나 상치구조물이 있을 경우 두부를 정리하여 상치 구조물과 긴결시켜야 한다.

4.3 철근콘크리트 말뚝

4.3.1 개 요

항만구조물이나 부대공사의 말뚝기초로 철근 콘크리트 말뚝이 사용되고 있다. 기성 말뚝으로 원형 말뚝과 각형 말뚝을 많이 사용하고 있으며, 현재 장비의 개발이 잘 되어 깊은 말뚝인 경우 현장타설 말뚝을 제작·사용하기도 한다.

공장 기성말뚝 중에는 철근이 아닌 P.C 강선을 사용한 P.C 말뚝도 만들고 있다. 철근 콘크리트 말뚝은 공장제품이 많으므로 일반적인 기성말뚝을 사용하지만 지질조건이나 말뚝 깊이에 따라 이음부의 연결방법이나 말뚝 하단부의 슈(예:로켓슈)를 특별 주문에 의하여 제작할 수 있다. 이음부의 이음방법은 제작회사마다 다르며 특허를 취득하여 이음부를 제작하는 회사도 있다. 이음부가 부실함으로써 지지력 감소가 되므로 이음부의 연결방법이 다각적으로 검토되어 왔다. 항타시에는 콘크리트 말뚝 두부의 파손을 방지하기 위하여 두부보강(두부에 철판 띠를 보강)을 하거나 해머캡에 합판 등의 완충시설을 하여 항타시 충격으로 인한 두부 파손을 방지해야 할 경우도 있다.

4.3.2 말뚝의 종류

철근 콘크리트 말뚝은 공장 기성제품 말뚝(Precast pile)과 현장타설 말뚝으로 나눌 수 있으며, 공장 기성말뚝은 원형인 원심분리기에 의하여 제작하는 유공형 말뚝과 사각이나 팔각형(다음 그림 참조)의 속채움 말뚝(Solid pile)이 제작되고 있으며, 철근을 배근하는 철근콘크리트 말뚝과 P.C 강선을 도입하여 제작하는 P.C 말뚝이 있다.

P.C 말뚝은 제작할 때 강선을 약 900~1,300MN/㎡의 힘으로 당긴 후 콘크리트를 타설한다.

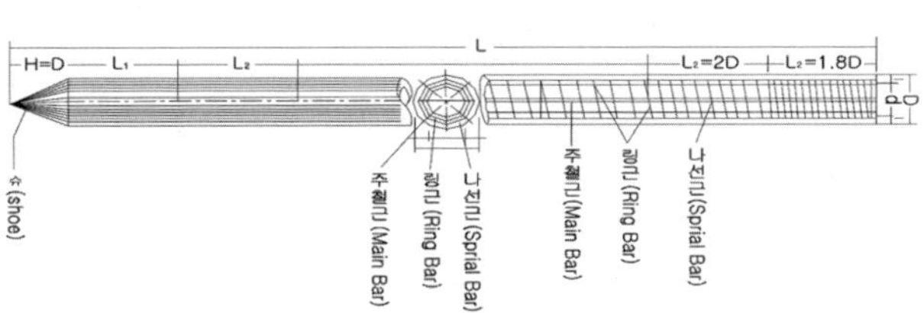

원형말뚝

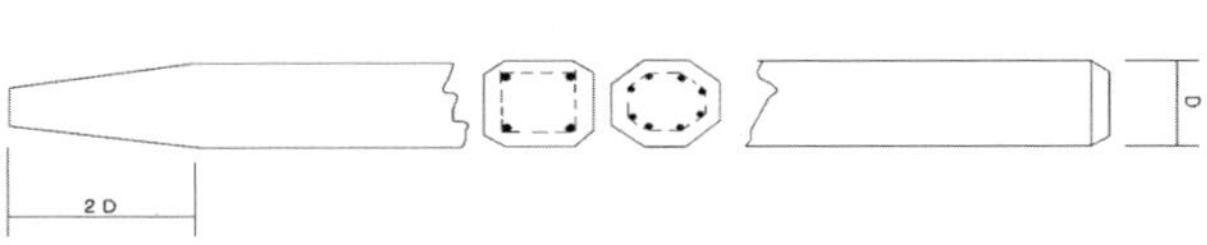

각형말뚝

현장타설 말뚝은 케이싱 말뚝(Cased pile)과 비케이싱 말뚝(Uncased pile)이 있다. 케이싱 말뚝은 케이싱을 소요깊이까지 박고 케이싱 안의 토사를 제거한 후 콘크리트를 채워 지중에 케이싱을 영구매설하는 방법이며, 비케이싱 말뚝은 케이싱을 소요깊이까지 박고 토사를 제거한 후 콘크리트를 채우면서 서서히 케이싱을 제거하는 방법이다. 깊은 기초에서의 시멘트, 석회, 고화제 등을 혼합하는 심층혼합처리공법(Deep mixing method)도 있으나 말뚝과는 공법상 차이가 있으므로 후편에서 별도로 설명하기로 한다.

4.3.3 콘크리트 말뚝의 두부 보강

말뚝을 박을 때 수직으로 박히지 않거나 박으면서 기울어지면 편심으로 인한 두부 파손이 생겨 말뚝이 잘 박히지 않기 때문에 파손을 방지하기 위하여 필요한 경우 콘크리트 말뚝 두부를 철판띠로 보강하거나 래머 접촉부에 쿠션재로 합판을 깔기도 한다.

4.3.4 이음부

콘크리트 말뚝의 이음부는 지지력 감소요인이 되며 장주(長柱)로 작용할 경우 벅클링에 의한 손상을 입을수도 있기 때문에 상하 말뚝을 긴결(緊結)시켜야 한다. 이음부는 회사제품마다 차이가 있으나 볼트 너트로 이음하는 방법과 용접으로 이음하는 방법이 많이 사용된다. 기초가 단일 말뚝인 현장에서의 이음은 간이방법으로 철판링을 제작하여 쓰는 경우도 있다. (다음 그림 참조)

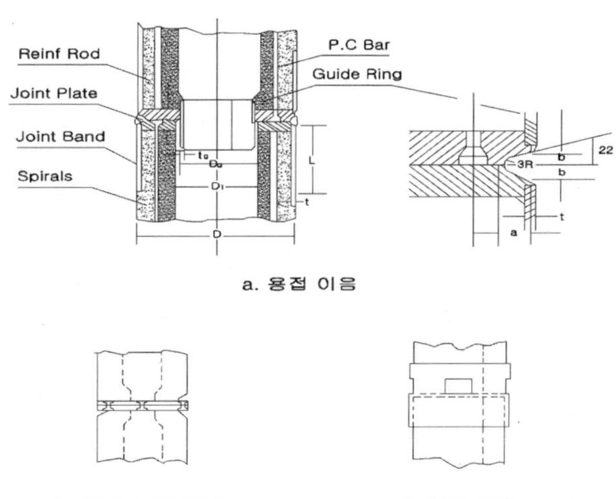

이음도면

4.3.5 슈(Shoe)

말뚝 하단부는 대체적으로 뾰족하게 하여 박힘이 좋게 하고 있으나 손상이 우려되므로 원추형으로 철판을 붙여 보강하거나 평평한 슈를 많이 사용하고 있다. 토질조건에 따라 철판두께를 조정하여 보강하고 있으나 지질이 사질이거나 단단한 점토층, 또는 산호초 같은 특수 지층에서는 특별히 고안된 슈로 보강하여 사용하고 있다.

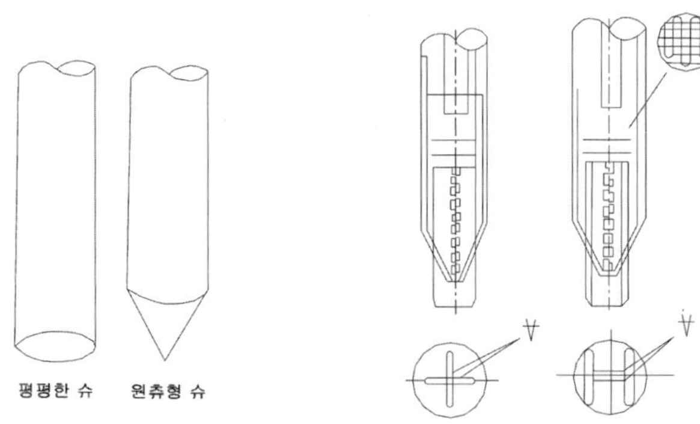

a. 일반 말뚝의 슈 b. 슈 보강도

슈 보강도

4.3.6 말뚝 박기

기초말뚝은 박기에 앞서 정확한 위치를 관측하여야 하며 특히 해중에서의 항만기초는 위치가 정확하여야하므로 위치 측량을 할 수 있는 기점설정을 하고 점검을 하여야 한다. (GPS에 의한 자기위치 확인장치를 시설하여 확인하는 경우도 많다.) 박는 장소마다 기준틀 설치를 하고 기준틀에 표시된 위치에 먼저 말뚝을 세운 후 자중으로 일부 내려가면 서서히 해머를 말뚝 위에 올려놓는다. 자중과 해머의 중량으로 정지되는 심도에서 말뚝을 박아 나간다. 말뚝의 지지력은 동력학적인 방법으로도 계산되고 있기 때문에 무엇보다 중요한 것이 항타기록지 유지이며 반드시 리바운드(Rebound)의 기록을 유지하여야 한다.

참고로 원형 콘크리트 말뚝의 지름에 대한 해머용량 선정은 다음의 표와 같다.

말뚝 직경에 대한 해머용량 선정
(Proper hammer size for diameter)

말뚝 직경(mm) Pile dia	디젤해머 용량(容量) Diesel hammer size
300	Model-12(1.2t-m Energy)
350	"
400	Model-22(2.2t-m Energy)
450	"
500	Model-22~32(3.2t-m Energy
600	Model-32(")
700	Model-40 (4.0t-m Energy
800	"
1,000	Model-70 (7.0t-m Energy

또 각종 말뚝의 개략적인 한본의 최대설계 하중은 다음의 그림을 참고로 한다.

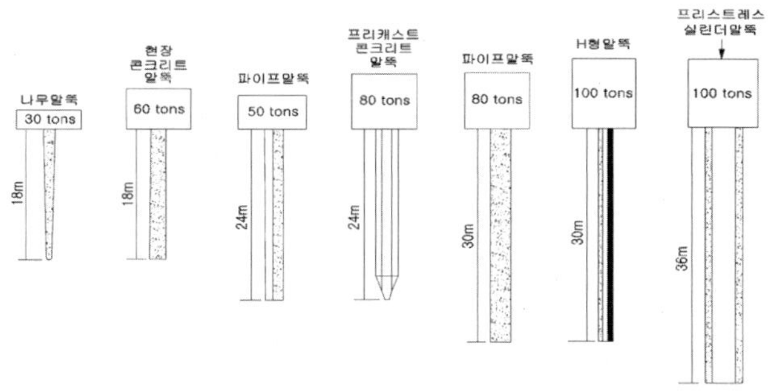

여러 가지 말뚝의 최대설계하중

4.3.7 말뚝 두부의 정리와 보강

말뚝과 상부 슬래브(Slab)와의 결합방법은 강결구조와 힌지구조가 있으며 말뚝상단부의 슬래브(Slab) 매입깊이는 결합방법에 따라 다르므로 설계도에 준하여 시공해야 한다.

박아 놓은 말뚝은 지지층의 깊이에 따라 들쭉날쭉하므로 일정높이로 말뚝두부를 잘라야 하고 말뚝두부를 자를 때 말뚝 내에 있는 철근은 자르지 말고 슬래브의 철근과 묶어서 긴결하여야 하며 만일 말뚝두부의 철근이 짧거나 묻혀 있으면 보강방법을 강구하여 상부하중이 기초에 고루 전달될 수 있도록 보강하여야 한다.

4.4 강말뚝

4.4.1 개 요

강재의 말뚝은 원형말뚝과 H형말뚝이 주로 많이 사용된다. 항만구조물의 기초강말뚝으로는 원형이 많이 사용되고 있으며 항만구조물에도 잔교, 돌핀 등에 사용되고 있다.

항만구조물의 기초강재말뚝(강관말뚝과 H형말뚝 등)은 육상에서 시공하는 경우도 있지만 거의가 해상공사이므로 해상공사에 준한 시공내용을 언급하기로 한다.

4.4.2 준비작업

해상에 운반하여 시공하는 관계로 야적장은 육지에 두고 시공용 자재를 거의가 대선(Barge)에 적재하여 운반하게 되므로 모든 준비작업은 육상에서 시행하게 된다. 즉 작업용 구멍뚫기(와이어로프 삽입용), 강말뚝의 눈금그리기, 말뚝의 두부와 선단부(Shoe)의 보강, 이음부의 제작 등의 준비작업과 항타위치를 관측하기 위한 육상 또는 해상 관측대 제작, 설치작업,

항타위치에 말뚝의 세우기와 박기를 위한 기준틀 시설 등도 준비작업으로 볼 수 있으며 최근에는 항타선에 자기위치 확인장비를 갖추어 말뚝간격을 정확히 측정한 후 직접 항타하기도 한다.

4.4.3 강말뚝의 두부 보강

강말뚝의 경우 철판의 두께가 t = 10mm 이상일 때에는 특수한 경우를 제외하고 두부보강을 하지 않아도 되지만 항타 중 두부의 손상이 예상되면 두부를 보강하여 항타한다. 철판의 두께가 t = 10mm 미만에서는 지반조건에 알맞게 보강하는 것이 좋겠다. (다음 그림 참조)

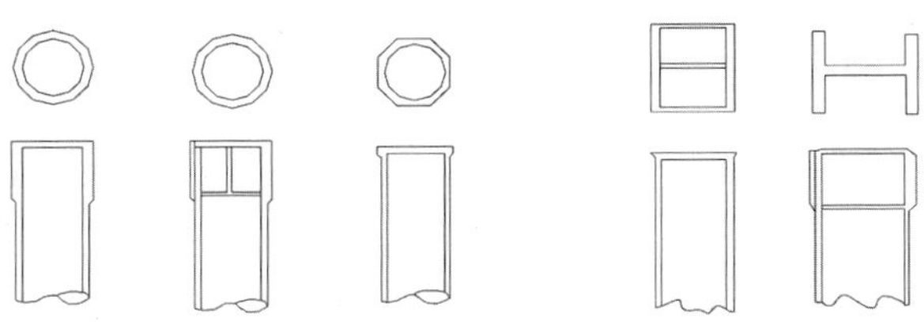

a. 강말뚝 b. H형 말뚝

강말뚝의 두부보강

4.4.4 선단부(슈 : Shoe)보강

강재말뚝의 선단부가 지중에 박히게 되는데, 토질조건에 따라 차이가 있으며 연약토질에서도 최종 관입량에서 소요지지력을 요구하므로 철판두께가 t = 10mm 미만에서는슈(Shoe)보강을 하는 것이 일반적이며 t = 10mm 이상에서는 슈보강 없이 타입하여도 별 문제점이 없겠으나 말뚝의 길이가 길고 토질조건이 다양하거나 단단한 지반까지 항타할 경우와 산호초와 같은 현장에서는 여러 가지 형태의 슈를 검토하여 보강할 필요가 있다.

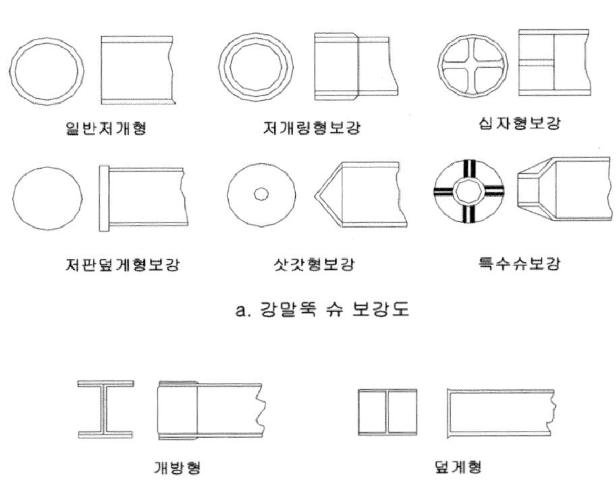

슈 보강도

4.4.5 말뚝 이음

강말뚝 기초의 길이가 길 경우 말뚝이음을 하게 된다. 운송관계상 통상 강말뚝 1본의 길이는 10~15m 정도로 제작되므로 이 길이보다 길 경우 이음을 하게 된다. 이음부는 기초 구조상 중요한 역할을 하게 되므로 강재 말뚝인 경우 거의가 현장 용접으로 이음을 하게 되며 이음부의 제작은 육상 야적장에서 시행하여 해상현장에서는 이음부 용접에 국한되도록 작업계획이 되어야 한다. 강말뚝의 이음 현장 표준 용접시간을 제시하면 다음의 표와 같다.

강말뚝의 표준 용접시간

강말뚝 규격	ø500 × t9	ø500 × t12	ø600 × t12	ø1016 × t14	비 고
반자동용접(분)	15~20	20~25	25~30	40~50	
인력 용접(분)	40~60	50~70	60~80	140~160	

이음부의 방법을 보면 다음의 그림과 같다.

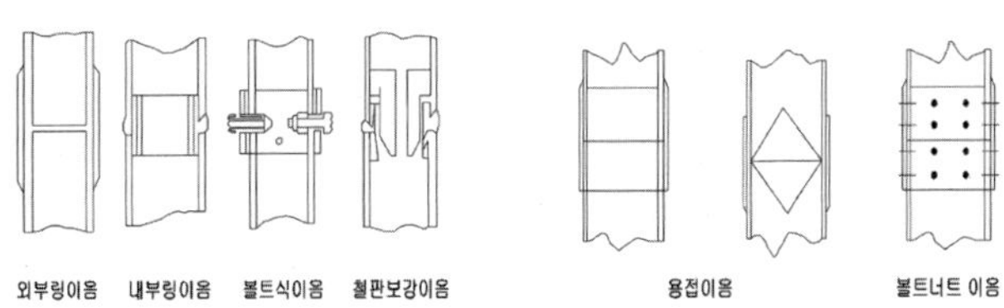

a. 강관 말뚝 이음부 b. H형 말뚝 이음부

강재 말뚝의 이음부 도면

4.4.6 말뚝박기

측량대와 기준틀이 설치되고 준비작업이 완료된 후 현장까지 말뚝을 운반하게 되면 기준틀 내에 말뚝을 수직으로 세운 후 항타기의 캡(Cap)을 씌우고 해머(Hammer)를 말뚝 위에 올려놓으면 자중으로 어느 깊이까지는 그대로 내려간다. 말뚝이 수직으로 서있는지 다시 확인하고 박기를 시작한다.

이음부가 있는 말뚝은 이음말뚝을 먼저 박은 하부 말뚝 위에 상부 말뚝을 얹고 이음부를 용접하게 되는데 말뚝 주위를 돌면서 인력으로 용접하게 되는 경우 대선 위의 발판에 디젤해머의 기름이 튀어 미끄러워 바다에 빠질 위험이 있으므로 특히 주의하여야 한다. (필요시 용접공은 로프 등의 보호구를 사용한다.)

말뚝 박기 방법은 항타기에 의한 박기와 기초지반을 천공한 후 박는 방법이 있으나 기초 말뚝은 거의가 구조물의 지지력 보충을 위한 것이므로 항타기에 의한 박기 방법이 주로 사용된다. 어느 경우나 마찬가지이지만 항타기록은 반드시 유지하여야 하며 계획된 최종타입관입량(最終打入貫入量)이 나올 때까지 계속 박아야 한다. 항타기록에서 주요한 것은 박는 길이도 중요하지만 최종관입량을 기록하여야 지지력 검토가 되기 때문에 최종 타입길이와 리바운드 기록을 필히 유지하여야 한다.(그림 참조 : 관입량과 리바운드량의 기록)

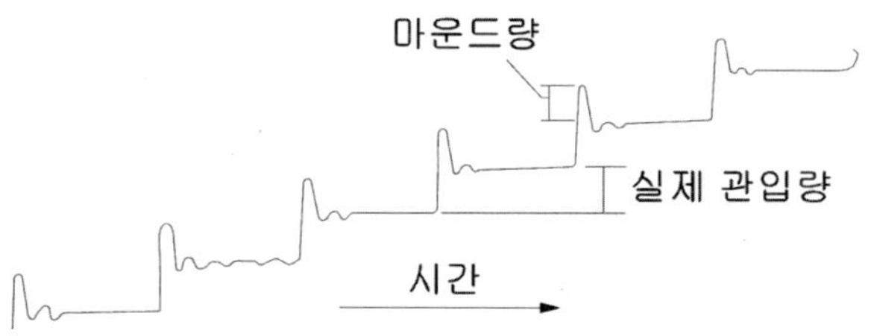

관입량과 리바운드량 기록

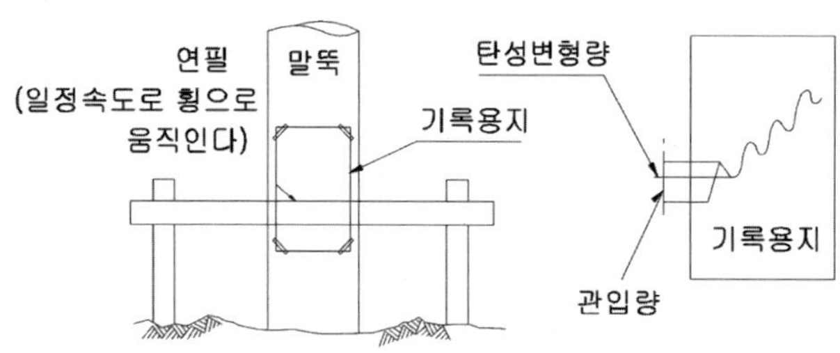

탄성변형량 및 관입측정방법 설명도

지층조건과 박는 시간 등 현장여건을 파악하기 위하여 전체 말뚝 중 몇 개소에 시험항타를 하여 말뚝의 소요길이 추정, 설계와 현장여건의 차이, 두부의 절단길이와 지지력 검토 등을 할 수 있다.

직항이 아닌 사항(斜杭)을 박는 경우도 있으나 사항은 직항에 준하며, 사항의 각도를 잘 맞추어 박아야 하는데 가끔 박아 놓은 직항에 걸리어 타입이 되지 않을 경우도 있으므로 감리원과 상의하여 약간 비껴 박아야 한다.

4.4.7 두부 정리와 보강

말뚝 기초는 기초지질의 지지층 깊이에 따라 말뚝의 길이가 달라져 높이가 들쭉날쭉하므로 계획 기초높이로 말뚝 두부를 잘라 정리하여야 한다. 말뚝 기초의 상부는 기초인 철근콘크리트 두께 30cm 또는 말뚝 직경 이상이 콘크리트에 묻히도록 하여야 하며, 말뚝 두부로 콘크리트 기초에 10cm가 묻혀야 되므로 이에 맞도록 두부를 정리하고 기초 콘크리트와 긴결이 되도록 두부 보강을 한다. 말뚝 두부가 수중에 있을 경우도 있으므로 수중작업인 경우 수중절단 등 수중공사가 수반되므로 수중 기초, 말뚝의 수중보강에 대하여 철저하게 시행하도록 만전을 기하여야 한다.

4.4.8 기타사항

기초 말뚝이 수중 위로 노출되는 경우 강말뚝은 모래 등으로 속채움하는 것이 바람직하며 방식(防蝕)에도 대비하여야 한다. 방식방법은 전기방식과 피복방식이 있으며 피복방식에는 도료나 금속의 피복, 피복재인 덴죠테이프(Denso tape)나 FRP커버(Cover) 또는, 세라믹(Ceramic) 코팅 등 피복재를 씌워서 해수를 차단하는 방법과 콘크리트 라이닝(Concrete lining) 방식 등이 있다.

4.5 지지력 검토

기초말뚝은 지반이 연약하여 소요 지지력이 나오지 않아 기초말뚝을 단단한 지반까지 박아 지지력을 얻기 때문에 축방향 지지력(수직력)에 대한 검토가 되어야 한다. 지지력을 추정하는 방법은 정역학적(靜力學的)인 공식(公式)에 의한 방법, 동역학적(動力學的)인 공식(公式)에 의한 방법과 재하시험(載荷試驗)에 의한 방법으로 대별되며 이중 재하시험에 의한 방법이 가장 확실하고 신빙성이 있으나 시일과 비용 관계로 특별히 정확한 지지력을 요구하는 경우를 제외하고는 정역학적인 공식과 동역학적인 공식에 의하여 축방향 허용지지력을 구하여 사용하고 있으나 중요 구조물의 지지력은 새로운 재하시험방법으로 시행하는 예가 있다.

4.5.1 정역학적인 공식

- ㅇ 항만설계 기준에 의한 추정공식
- ㅇ 구조물 기초설계 기준에 의한 공식 등으로 지지력을 계산하고 있다.

4.5.2 동역학적인 공식

- ㅇ 하일리(Hiley) 공식
- ㅇ 이엔알(ENR, Engineering news record) 공식 등에 의하여 지지력을 계산하고 있다.

4.5.3 말뚝의 재하시험

가. 재하시험의 종류 및 목적

말뚝의 재하시험의 종류로서는 하중의 작용방향에 따라 수직재하시험과 수평재하시험으로 구분되고, 재하하중의 종류에 따라 정적재하시험과 동적재하시험으로 분류되며, 어느 것이나 말뚝의 지지력(수직지지력, 수평지지력)을 구하기 위해서 실시된다.

재하시험은 실제구조물과 같은 조건의 작용하중을 말뚝에 재하시켜 그때의 극한 지지력과 침하량을 구하는 실물시험으로서 가장 신뢰성이 높은 말뚝기초의 지지력 추정 방법이라 하겠다.

시공현장에서 주로 실시되고 있는 수직지지력 추정을 위한 정적재하시험에 대해서 그 방법과 지지력 추정방법을 소개하고 현재 연구 개발되고 있는 신재하공법에 대해서 개요를 소개하고자 한다.

나. 수직재하시험

1) 정적재하시험

이 방법은 실제하중이 재하되는 조건과 가장 유사하게 하중을 말뚝기초에 가함으로서 작용하중 하에서의 극한지지력 및 침하량을 구하는 것으로서 신뢰성이 가장 높은 반면 시험소요시간과 경비도 많이 소요되며 재하중량이 커 대구경 말뚝의 재하시험으로는 어려움이 많은 방법이다.

정적재하시험은 등속도 관입시험(CRP : Constant rate penetration test)과 하중지속시험(ML : Main tained load test)이 있으나 시공현장에서 말뚝의 지지력 확인을 위해서는 하중지속시험(ML)이 적합하다.

등속도 관입시험은 말뚝의 관입속도(보통 0.25~0.5mm/min)를 일정하게 유지시키면서 지반이 파괴될 때 까지 하중을 증가시켜 가는 방법으로 소요시간이 짧은 반면 지반의 압밀침하가 발생할 시간적 여유를 두지 않으므로, 침하량의 추정이 어렵다.

하중지속시험(ML)은 하중을 단계적으로 증가시켜 가되 한 단계의 하중을 가한 후 침하량이 0.2mm/hr 이하가 될 때까지 기다렸다가 다음 단계의 하중을 가한다.

이때 탄성침하량을 구할 필요가 있을 때에는 전단계의 하중을 완전히 제거한 후(방치기간 : 보통 10분)다음 단계의 하중을 가하여야 한다.

총 재하하중은 설계하중의 2배 정도가 필요하고 일단계 하중을 설계 하중의 25%씩 총 8단계 하중을 재하하나 최종단계에서도 극한하중이 확인되지 않을 때에는 등속도 관입시험으로 극한 상태까지 시험을 계속한다.

재하시험결과는 하중~침하량 곡선과 시간~침하량곡선으로 정리되며, 지지력 추정은 하중~침하량 곡선을 해석해서 이루어진다.

하중~침하량 곡선으로부터 극한 지지력 추정은 아래와 같은 방법에 의한다.

- ○ 하중의 증가가 없는데도 침하가 계속되는 점
- ○ 말뚝 폭의 10% 침하량이 발생한 점
- ○ 하중 증가에 비해 너무 큰 침하량이 발생하기 시작한 점
- ○ 하중 증가에 비해 순침하량의 증가가 급격하게 되는 점
- ○ 순침하량이 6mm 되는 점
- ○ 초기 직선부분의 연장선과 극한상태 부근의 접선과의 교점
- ○ 하중~순침하 곡선의 기울기가 0.25mm/ton 되는 점

2) 동적재하시험

동적재하시험은 정적재하시험의 대안으로 사용되고 있는 방법으로 해안구조물의 기초 말뚝 등 장시간의 재하시험이 어려운 지역에서 주로 행해진다.

이는 말뚝머리에 부착된 변위측정계와 가속도계로부터 힘과 가속도를 측정하고 이로부터 응력파의 1차원적 전달이론에 기초하여 말뚝의 지지력을 산정하는 방법이다.

이 방법은 시험이 간단하고 시험시간이 짧으며, 비용이 적게드는 장점이 있으나 지지력을 직접적으로 측정하는 방법이 아니며, 높은 가속도를 유발하게 된다.

또한 말뚝기초의 하중변위 거동이 응력파의 지배를 받아 결과해석이 어렵고, 대구경말뚝에는 부하중량이 큰 추를 사용해야 하는 문제점이 있다.

① 기본원리

정동적재하시험은 말뚝과 상재하중 사이에 고체연료를 연소시켜 이때 발생하는 가스압으로 말뚝에 시험하중을 작용시키는 방법이다. 연소시 발생한 가스압은 상재하중을 약 20g의 가속도로, 약 1g의 가속도로 각각 상·하향의 운동을 시키게 된다. 따라서 말뚝에는 작용, 반작용의 원리(F=ma)에 따라 상재하중의 약 20배에 해당하는 하중이 가해지게 되며, 정적

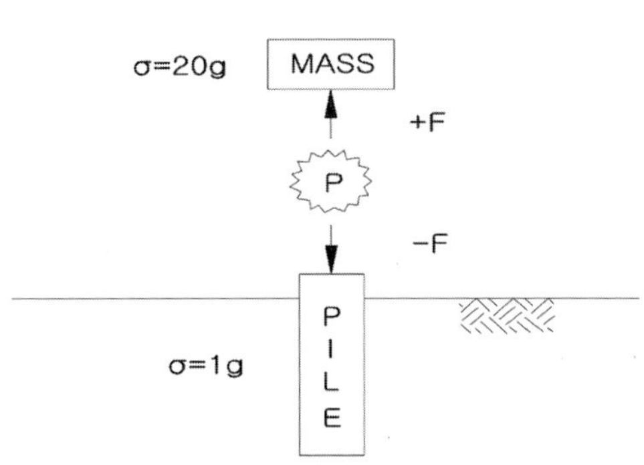

정동적 재하시험의 개념도

재하시 상재하중의 1/20정도만으로도 정적재하와 동일한 크기의 시험하중을 재하시킬 수 있다.

② 시험장치의 구성

정동적재하시험 장치는 크게 연소실을 사이에 둔 피스톤과 실린더, 상재하중(Reaction mass), 소음기(Silencer/Centralizer), 자갈통(Gravel container) 및 계측장치로 이루어져 있다.

피스톤은 연소시의 가스압을 말뚝두부에 전달시키는 역할을 하며, 실린더는 가스압에 의해 상재하중과 함께 상향운동을 하면서 반작용력을 발생시킨다. 실린더에 연결된 소음기는 연소시의 폭발음을 감소시키는 동시에, 도너츠 모양의 콘크리트 상재하중을 편심없이 재하시키는 중앙집중(Centralizer)의 역할을 한다. 자갈통은 연소 후 상승된 실린더 및 상재하중이 다시 자유낙하할 때 피스톤과의 충격을 방지할 수 있도록 완충용 자갈을 담아두기 위한 것이다. 계측장치는 말뚝두부에 가해지는 하중의 측정을 위한 하중계(Load-cell), 침하량 측정을 위한 레이저 센서(Laser sensor)와 레이저 발생장치(Laser source), 신호조절장치, 신호처리용 컴퓨터 등으로 이루어져 있다.

③ 시험장치의 설치 및 시험과정

시험장치의 설치과정은 다음과 같으며, 각 시험단계를 도식화하면 다음 그림과 같다.

- 말뚝의 두부를 수평으로 정리한 후 앵커볼트를 이용하여 피스톤 고정판(Piston mounting plate)을 말뚝 두부에 고정시킨다.
- 피스톤 고정판 위에 피스톤을 얹고 볼트로 고정시킨다.
- 자갈통과 베이스 프레임(Base frame)을 조립하여 거치한다.
- 말뚝과 20m 정도 떨어진 곳에 레이저 발생장치를 설치하고 피스톤 하단의 레이저 창에 레이저 빔(Laser beam)이 정확히 도달하는지 확인한다.
- 하중계와 레이저 센서의 케이블을 컴퓨터 시스템에 연결한다.
- 시험하중에 따른 연료의 양을 결정하여 피스톤내에 장약한다.
- 실린더와 상재하중(Reaction mass)을 차례로 거치한다.
- 자갈통 내에 완충용 자갈을 충진한다.

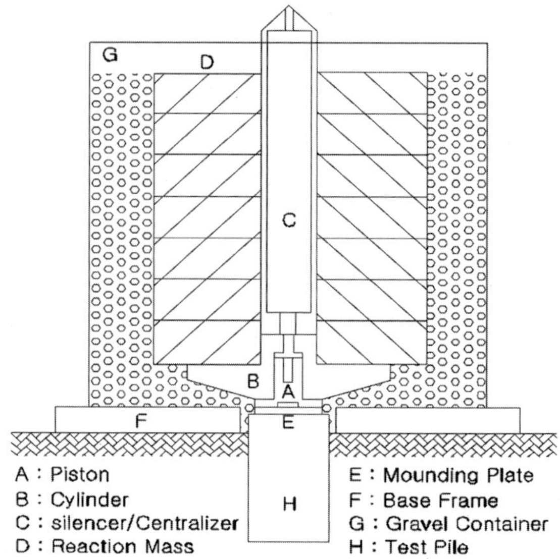

정동적 재하시험 장치의 구성도

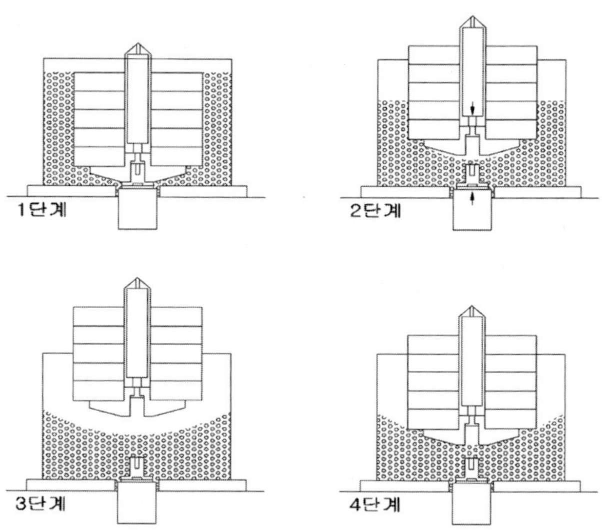

정동적 재하시험의 시험과정

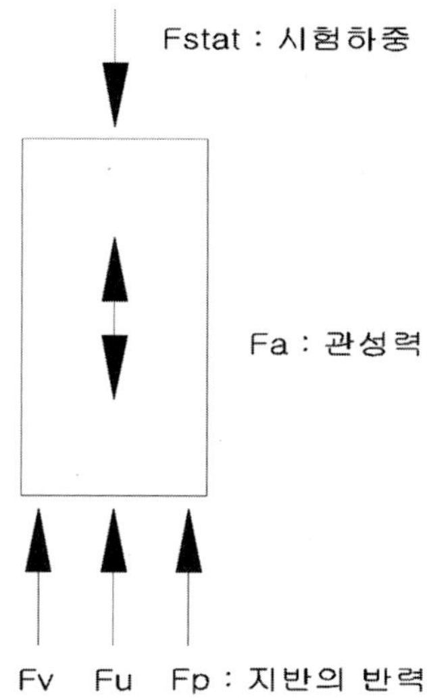

말뚝의 작용하는 힘

○ 점화스위치를 작용하여 연료를 연소시키는 동시에 계측장치를 이용하여 말뚝의 거동을 계측한다.

④ 정동적재하시험의 특성

○ 하중 지속시간 : 정동적재하시험시 연료의 연소 가스압에 의한 하중의 지속시간은 약 100~150ms로서 10ms 이하인 동적재하시험에 비하여 상대적으로 길다. 따라서 말뚝 자체에 인장응력을 유발하지 않으며 동적재하보다 정적재하에 가까운 하중특성을 보인다.

○ 진동수 : 정동적재하시험시 시험하중의 진동수(Dominant frequency)는 약 5Hz로서 말뚝의 고유진동수(Natural frequency)인 25Hz보다 작으므로 말뚝의 거동이 정적거동에 가깝다. 동적재하의 경우 진동수는 100~1,000Hz이다.

○ 하중-변위 관계 곡선 : 정동적재하시험시 하중은 시간에 따라 점진적이며 선형적인 증가 및 감소 양상을 보이며, 정점에서는 최대하중이 지속되는 형태를 보여 응력파의 영향이 거의 없어 정적해석 방법의 적용이 가능하다.

○ 말뚝자체의 응력분포 : 정동적재하시험시 변형율계를 이용하여 말뚝자체의 응력분포를 측정한 결과 정적재하시험과 유사한 분포를 보이며, 동적재하시의 파동전파에 의한 인장력의 발생 현상은 나타나지 않으므로 정적인 거동 특성으로 간주할 수 있다.

⑤ 정동적 재하시험 결과의 해석:정동적 재하시험 결과의 해석은

○ 말뚝 - 지반의 모델링

○ 시험 결과의 해석

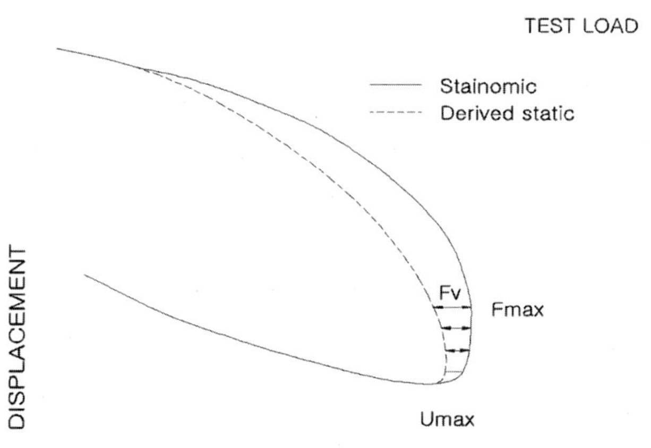

하중변위곡선도

○ 감쇠계수의 산정 등에 의하여 시험하중-변위곡선으로부터 동적효과(감쇠력)를 배제한 정적지반반력-변위 곡선을 구할 수 있으며 이 곡선으로부터 정적재하시험시의 해석기법을 이용하여 말뚝의 정적지지력을 구할 수 있게 된다.(하중변위곡선도 참조)

4.5.4 신재하 시험방법(시험말뚝 속에 재키를 매설하는 방법)

말뚝 선단 가까이에 재키를 장착하고 주변 마찰저항과 선단저항을 상호반력으로 삼아 상하방향으로 재하 함으로서 반력 말뚝과 재하 빔이 없어도 주변마찰력과 선단 지지력을 동시에 측정할 수 있는 재하시험방법이 일본의 쯔노이(角井)에 의해 제안되어 신재하 시험방법으로 불려지고 있다.

본 방법은

① 반력 말뚝이나 재하용 빔없이 정적시험을 할 수 있다.

② 주변 마찰력과 선단지지력을 분리하여 측정할 수 있다.

③ 안전하게 시험할 수 있다.

④ 좁은 공간에서 시험이 가능하다.

⑤ 시험에 소요되는 시간이 짧다.

⑥ 작은 재하중으로 시험할 수 있다.

⑦ 시험에 드는 비용이 저렴하다는 등의 특징이 있는 것으로 알려지고 있다.

4.6 합성말뚝(Composite piles)

합성말뚝은 상하부가 강재와 콘크리트 또는 목재와 콘크리트 같이 다른 재질의 말뚝을 말하며 일반적으로 강재, 콘크리트 말뚝인 경우 하부 말뚝은 강재로 하고 상부말뚝은 현장 콘크리트로 구성되며 또는 목재, 콘크리트의 합성말뚝은 수위하부는 목재로 하고 상부는 콘크리트로 한다. 항만공사에서의 기초 말뚝으로는 별로 사용되고 있지 않다.

4.7 콘크리트 현장 타설 말뚝

지중에 굴삭기를 이용하여 대구경으로 천공을 하고 ① 대구경에 시멘트 페이스트를 주입하여 충진시키고 상부를 격자형으로 고결시켜 기초 보강용으로 하는 경우와 ② 철근콘크리트를 타설하여 말뚝 기초로 사용한다. ①의 경우는 기초말뚝으로 보다는 기초지반 개량에 많이 쓰이고 있으며 ②는 기초 말뚝용으로 사용되고 있다.

제5장 · 지반개량 공법

5.1 개 요

지반개량의 기본 원리는 ① 치환 ② 압밀배수 ③ 다짐 ④ 화학적, 열적 고화 ⑤ 보강방법으로 대별된다. 개개의 공법은 반드시 한가지의 원리에 따르지 않고 복수의 원리를 병용하는 경우도 많다. 또한 대상지반, 적용방법이나 설계자의 적용방향에 따라 서로 개개의 공법원리가 다를 수도 있다. 일반적인 연약지반 대책공법은 개량대상지반의 입도와 역학적 성질을 정확하게 파악하고 구조물의 종류, 기능, 크기 등의 설계조건에서 지반개량의 목적을 분명히 하고 공법에 대한 난이도와 공사비, 환경영향 등을 감안한 후 신중하게 선택하여야 한다.

지반개량공법은 주요원리를 이용하여 시행하고 있으며 그 중 일반적으로 많이 활용하고 있는 주요 공법의 해설과 시공에 대하여 기술하기로 한다.

5.2 버티컬 드레인(Vertical drain) 공법

5.2.1 개 설(槪說)

버티컬 드레인공법은 연약한 점성토 지반 중에 인공으로 수직 드레인을 다수 타설하여 배수거리를 조정하여 압밀을 촉진하는 공법이다. 이 공법은 모래를 투수재료로 사용한 샌드 드레인(Sand drain)이나 모래를 채운 모래주머니로 사항(砂抗)을 형성한 팩 드레인(Pack drain)과 특수가공한 플라스틱 재료나 이들을 복합적으로 사용한 플라스틱 보드 드레인으로 대별할 수 있다.

샌드 드레인 공법은 공법의 90% 정도가 해상공사에 이용하고 있으며 임해부에서 항만시설의 기초지반개량과 매립지의 개량공사에서 약 1/3 정도를 점하고 있다. 드레인의 간격은 보통 샌드 드레인인 경우 1.5~4.5m 범위인데 그 중 2.0~2.5m가 약 70%로 가장 많고 프라스틱 보드 드레인은 0.5~2.5m 범위 중 1.0~1.5m가 약 70%로 가장 많이 쓰여지고 있다.

버티컬 드레인의 배치는 정삼각이나 정사각형으로 배치하고 있으며 드레인 지름과 간격의 관계식은 다음과 같다.

삼각형 배치 : de = 1.05d
정사각형 배치 : de = 1.13d
여기서, de : 등가유효원의 지름
d : 드레인의 간격

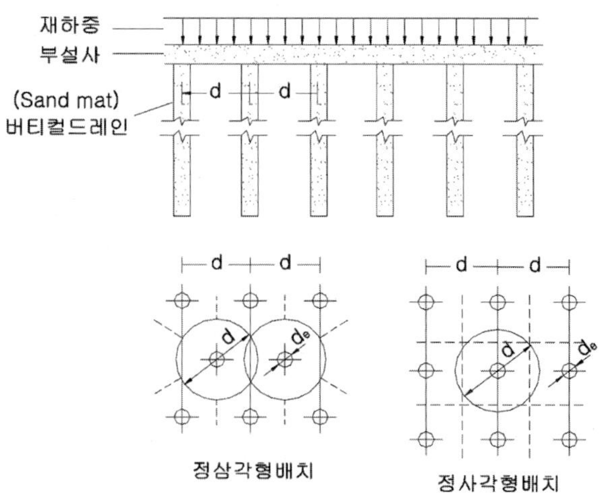

버티컬 드레인 배치의 유효원

5.2.2 버티컬 드레인의 주요 공정

버티컬 드레인의 설계에서 드레인의 지름, 간격, 심도가 결정되면 버티컬 드레인을 소요 규격에 맞게 타입하고 상부에 샌드 메트(Sand mat)를 선행한 후 선행하중(先行荷重)을 재하하여 지반압밀의 효과를 올리기 위하여 설계에서 주어진 성토의 높이, 폭, 형상을 검토하여 성토에 대한 안정성과 전성토가 공기 내에 끝나도록 하여야 한다.

5.2.3 시공과 시공관리

가. 샌드 드레인

샌드 드레인 시공방법의 원리는 원지반의 토사를 밑이 막힌 케이싱을 압입(押入)시키면서 흙을 밀어내는 배토방식과 천공하는 방식으로 나눌 수 있다.

배토방식은 시공성이 좋고 일반적으로 많이 사용하고 있지만 예민성 점토에서는 타설 간격이 좁을 경우 타설시 주변 지반을 교란시킬 우려가 있으므로 주의를 요한다. 또 천공방식은 진동이나 소음은 적지만 배출토의 처리와 시공성에 약간의 문제가 있다. 최근 배토방식의 타설선(打設船)은 대수심에 맞도록 여러 가지로 개량해 가고 있다. 예를 들면 리더를 설치하여 케이싱 파이프의 흔들림을 방지하고 기상, 해상조건의 순화 등 시공성 향상을 꾀하고 있고 공기압에 의한 케이싱 파이프 내의 물을 배출하여 모래 투입을 확실하게 하기도 하고 조위 변화에 따른 모래투입 위치에 슈트를 이동할 수 있게 하는 등이다.

기본원리에 의한 지반개량공법의 분류

적용된 주요원리		공법의 일반명칭	공법의 간단한 설명	개량 목적	적용 토질
Ⅰ.구조물 형식의 변경		성토공법	• 성토본체의 측방에 하중을 가하면서 모멘트를 경감하고 안정을 확보	• 활동파괴 방지	점성토, 유기질토
		하중경감공법(발포스치롤 등)	• 하중의 경감에 따라 안정 확보와 침하를 저감	• 침하저감	
		보강토공법(텔알메 등)	• 구조물에 보강제를 부설하여 안정시킨다.	• 성토의 파괴 방지	사질토, 점성토
		널말뚝공법 각종 기초공법	• 널말뚝에 의한 지반을 안정하게 한다. • 기초 구조물에 의해 외력을 지지층에 전달시킨다.	• 활동파괴 방지 • 주변지반의 변형, 침하억제	사질토, 점성토, 유기질토
Ⅱ. 제거 및 치환		치환공법	• 연약층을 양질토로 치환	• 활동파괴방지, 침하저감	점성토, 사질토, 유기질토
Ⅲ. 연약지반 특성의 개선	압밀 및 배수	재하성토공법 (Preloading공법, 재하공법)	• 성토하중을 재하하고 간극수압을 높여 지반을 압밀(유효응력 증가)	• 잔류침하의 저감 • 지반의 강도 증가	점성토, 유기질토
		대기압공법(진공압밀공법)	• 간극수압을 진공으로 저하시켜 지반을 압밀		
		지하수위저하공법	• 지하수위를 저하시켜 지반의 압밀		
		버티컬드레인공법(샌드드레인, 푸대쌓기식 샌드드레인, 프라스틱 보드드레인)	• 수직드레인으로 배수거리를 단축하고 압밀을 촉진한다.(재하성토 대기압, 지하수위 저하방법 등을 병용)	• 압밀촉진 • 잔류침하의 저감 • 지반의 강도 증가	점성토, 유기질토
		생석회 말뚝공법	• 생석회의 흡수 기둥모양타설로 압밀 촉진		점성토
		전기침투공법, 반투막(半透膜)공법	• 전위차나 용액의 농도차를 이용하여 집수압밀(사례 극소)		
		쇄석 말뚝공법	• 느슨한 모래의 지진시의 간극압의 조기해소	• 액상화방지	사질토
		표층배수공법(트렌치, 건조)	• 표층이 배수를 촉진하고 건조시킨다.	• 표층지방강도의 증가	점성토, 유기질토
	다 짐	샌드콤팩션 공법	• 모래기둥의 강제압입(壓入)과 진동으로 느슨한 모래를 단단하게 한다.	• 액상화방지 • 침하저감 • 지반의 강도 증가	사질토
		로드콤팩션 공법	• 진동봉에 의하여 단단하게 한다(모래보급병행)		
		바이브로 프로테이션공법	• 상동		
		중추낙하다지기 공법 (동압밀공법)	• 중추낙하시의 충격으로 느슨한 모래를 단단하게 한다.	• 침하 저감 • 액상화 방지	사질토
		폭파공법 또는 전기충격공법	• 폭파나 방전의 충격으로 단단하게 한다.(사례 극소)		
	고결 또는 열처리	표층혼합처리 공법	• 시멘트 등의 안정재로 표층고화판(表層固化板)을 형성한다.	• 트라휘카빌리티 (trafficability) 확보	점성토, 유기질토
		심층혼합처리 공법 (기계적 교반식 공법, 분사교반식 공법)	• 시멘트 등의 안정재로 심층까지 기둥, 블록 등을 형성한다.(지지층에의 하중 전달 등)	• 활동 파괴방지 • 침하억제 저감 • 전단변형 억제 • 히빙방지	점성토, 사질토, 유기질토
		약액주입 공법	• 물그라스 등의 약액을 지반에 주입하여 고화		
		소결(燒結)공법	• 지중에 열풍 등을 불어넣어 지반을 건조 고화		
		동결(凍結)공법	• 지반을 일정기간 인공적으로 동결시켜 고화		
Ⅳ. 보 강		복토공법(샌드매트 공법)	• 지층을 어느 두께만큼 복토하고 응력 분산	• 트라휘카빌리티 확보	점성토, 유기질토
		표층피복공법 (시트, 넷트 그리트 판프넷트 등)	• 연약지반의 표층에 시트, 넷트, 로프 등을 단독 또는 조합하여 부설하고 복토나 성토 안정	• 국부파괴방지, 국부침하저감	
		침상(沈床) 공법	• 연약지반에 나무나 강빔으로 상재하중 분산	• 활동파괴방지, 응력분산	
		루트말뚝, 소일네이링	• 루트파일은 보정구멍에 철봉을 삽입하고 시멘트를 압입, 지반과의 압밀이 되게 한다. • 복수의 루트파일은 군항(群抗) 모양으로 박고 지반을 보강한다.	• 사면안정의 확보 • 흙과 구조물의 형성	사질토, 점성토, 유기질토
		파일넷트 공법, 파일캡 공법 파일슬래브 공법	• 상부 구조물을 말뚝으로 직접 지지토록 한다.(말뚝머리를 연결)	• 활동파괴방지 • 주변지반의 변형, 침하억제	
		샌드콤팩션 말뚝 공법	• 점토지반 중에 사항이나 쇄석항을 박아 보강 (압밀, 다짐, 보강의 3원칙을 병용)	• 지반의 강도증가, 침하저감, 침하촉진, 활동파괴방지	점성토, 유기질토
		심층혼합처리공법	• 강고한 안정처리에 의한 자중 구조물 형성	• 활동파괴방지, 침하억제	

샌드 드레인의 타설방식과 순서

원리	케이싱 유무	내용			샌드드레인의 시공순서	
		선단부	타 입	인 발		
배토방식	있음	막힘	충격타입	정적(압축공기)	진동타입방식 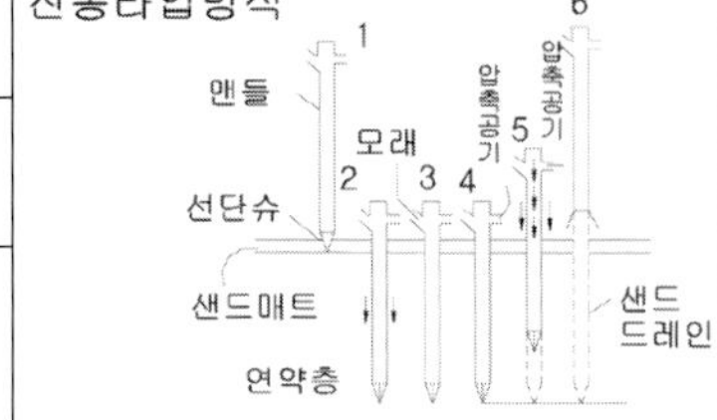	진동타입방식 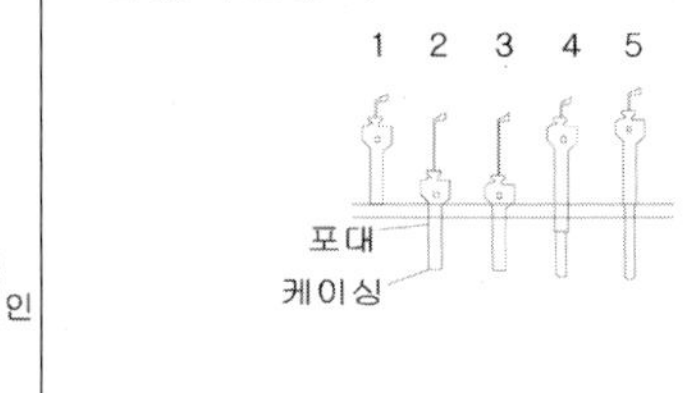
			진동타입	진동(압축공기)		
			정적타입	정적(포화모래)		
천공방식	있음	열림	젯트배토	정적(침수)	워터젯트방식 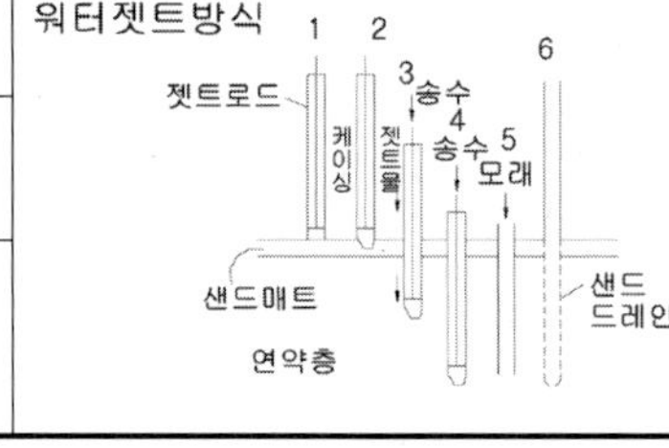	오가방식 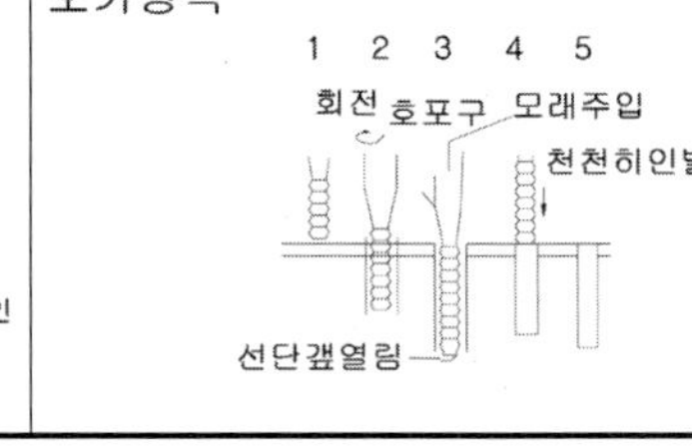
			오가배토	정적(자연낙하)		
	없음	로타리 파카션젯팅		포화모래		

시공관리에 있어서는 직접관리가 되는 드레인용 모래, 설치위치, 타설심도 등이 있으나 직접관리가 되지 않는 투입모래량, 드레인의 연속성에 대하여 주의를 기울여야 하며, 특히 드레인의 연속성은 공사목적에 직결되므로 관리상 중요한 부분이 된다.

시공관리 내용

관리 / 공법	시공 품질 관리	
	대상 품질	관리의 요점
샌드 드레인 공법	드레인용 모래	• 입도시험, 투수시험 등
	타설 위치	• 두부에 색을 칠한 나무말뚝, 측량 등
	타설 심도	• 타설장비 비계의 표척(標尺) 또는 자동기록계
	투입모래량(총량)	• 계량(부피, 중량), 버킷 등
	드레인의 연속성	• 사면검출(砂面檢出) 관리 등

일반적으로 다음 그림의 사면검출 오시로 그래프에 의하여 관리하고 있다.

케이싱 파이프를 인발할 때에는 케이싱 두께에 상당하는 양만큼 드레인의 지름이 커지고 압축공기에 의한 모래량의 부피가 수축이 되어 사면의 상부 높이가 약간 줄어든다(낮아진다). 또 케이싱 파이프 선단에 붙인 뚜껑이 인발시 딸려 올라가게 되어 그 자리만큼 모래가 가라앉아 사면의 상부 높이가 낮아지게 되므로 이들을 고려하여 드레인 지중부분에서 표층의 배수층까지 연속해서 형성될 수 있도록 하여야 한다. 팩 드레인(Pack drain)의 사항도 샌드 드레인과 같이 케이싱을 박는다. 드레인의 연속성을 보다 확실하게 시공하기 위하여 맷쉬 모양의 원통 팩을 사용하고 그 속에 모래를 채워 드레인을 형성한다.

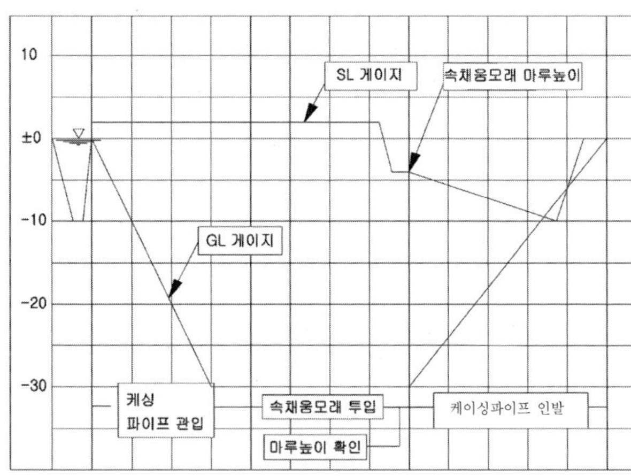

샌드 드레인 파일 오시로 그래프

나. 플라스틱 보드 드레인

플라스틱 보드 드레인의 타설방법은 케이싱을 사용하는 것과 사용하지 않고 그대로 타설하는 두가지 방법이 있다.

간이식으로는 로드(Rod)를 사용하여 드레인재를 그대로 박는 방법으로 시공비가 싼 장점이 있으나 드레인 재의 손상과 중간에 비교적 단단한 층이 있을 경우 타설이 어려운 단점이 있다. 그러므로 특수한 경우를 제외하고는 이 방법을 사용하지 않는다.

케이싱을 사용하는 방법은 케이싱 내에 드레인재를 삽입한 상태로 타설하는 방법이다. 드레인재의 손상이 없고 압입력이 커서 중간부에 단단한 층이 있어도 타설할 수 있는 반면 타설장비가 대형이어야 하므로 지표면의 강도가 부족하면 사용이 어렵고 공사비가 비싼 단점이 있다.

시공관리의 요점은 케이싱이나 로드를 인발할 때 타설한 드레인재가 같이 딸려 올라오지 않도록 하여야 한다. 지표면까지 올라올 경우에는 발견이 되지만 도중까지 올라온 경우는 확인이 어렵기 때문에 주의를 요한다. 딸려 올라오는 현상을 방지하기 위하여 많은 연구와 기술개발이 이루어지고 있으며 그 중 일반적으로 적용되는 몇가지를 소개하면 케이싱 선단부에 특수콘을 장착하는 방법과 케이싱 안쪽 선단부 부근에 감지기를 내장하여 케이싱의 인발시 케이싱 내의 드레인재가 통과하는 것을 감지하도록 하는 방식이다. 해상용 전용선도 개발되어 지중이나 수중의 임의의 길이에서 드레인재를 절단할 수 있는 전용 장비도 개발되어 해상공사에 이용하고 있다.

다. 효과의 확인

버티컬 드레인 공법은 사전조사, 설계, 드레인재의 타설, 재하성토의 작업이 종료되고 계획침하량이 확인되면 지반개량이 된 것이므로 작업이 완료된다. 지반개량이 이루어진 결과는 상당한 시일이 경과되어야 하므로 공사의 효과를 확인하기 위한 요점은 압밀의 진척 상황을 파악할 필요가 있다.

작용된 압밀하중의 크기, 침하량, 간극수압의 시간경과 측정 등을 하여야 한다. 또 지반의 개량범위나 재하성토의 형상에 따라서는 수직침하에 대하여 측방유동(側方流動)도 일어날 수 있으므로 수평변위의 측정도 하여야 한다.

침하측정의 데이터와 계산값을 비교하거나 간극수압의 소산상황(消散狀況)을 보면서 압밀의 진척상황을 판단하고 적절한 시기에는 신월 샘플러(Thinwall samplller)로 토질시험을 시행하여 지반개량 효과를 확인하여야 한다.

상기와 같이 조사를 실시하여 압밀의 진척상황을 파악하고 예상과 차이가 있다면 원인을 규명하고 적절한 대책을 강구하는 것이 공사의 원활한 진척에 도움이 된다.

라. 시공관리 항목

○ 침하 관측
○ 책크 보링
○ 수위 저하량

5.3 샌드 콤팩션 말뚝 공법(Sand compa-ction pile : SCP)

5.3.1 공법의 개요

가. 공법의 원리

샌드 콤팩션 말뚝(Sand compaction pile : SCP) 공법은 큰 지름의 다져진 모래말뚝 사항(砂杭)을 지중에 형성하는 지반개량공법이다. 시공은 바리브로해머로 케이싱 말뚝을 지중에 관입시키고 케이싱 말뚝 내부에 모래를 채워 넣는다. 양질 모래의 채취가 어렵거나 불경제적이어서 개량말뚝에 큰 강도를 기대하려면 모래 대신 자갈 같은 것을 사용하기도 한다. 이를 그래블 콤팩션 말뚝(Grabel compaction pile) 또는 쇄석 콤팩션 말뚝공법이라 한다.

지반개량공법의 원리는 치환, 압밀배수, 다지기, 고결(固結), 보강 등이 있지만 본 공법에서는 다지기와 보강 및 압밀배수를 기본원리로 하고 있다. 여러 가지 원리를 병용한 것으로서 사질토, 점성토와 유기질토 등의 토질에 적용하고 있다.

나. 공법의 적용

본 공법으로 시공되는 개량심도는 육상 35m, 해상에서 수면하 50~60m 정도이다. 시공시 바이브로 해머를 사용하기 때문에 진동이나 소음으로 인접구조물의 변위 등, 주변영향이 우려되므로 시공시에는 주변상황을 조사하고 문제가 일어나지 않도록 사전에 조치를 강구하여야 한다.

본 공법의 토질과 지반개량 목적별 시공현장을 요약하면 다음의 그림과 같다.

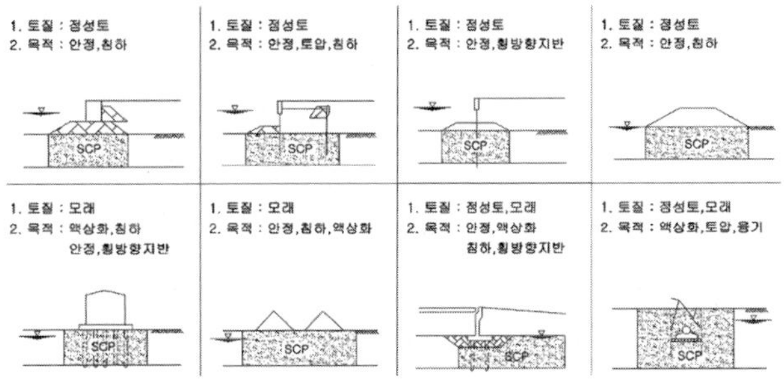

토질과 지반개량 목적별 시공 현장

5.3.2 시공과 시공관리

가. 시공법

육상공사에서는 ø400~ø500mm의 케이싱 파이프

를 사용하여 모래말뚝 ø700mm 정도, 해상공사에서는 ø800～ø1,200mm의 케이싱 파이프를 사용하여 ø1,000～2,000mm의 모래말뚝을 형성한다. 통상 모래말뚝과 케이싱 말뚝의 조성비율은 1.3～2.0배의 범위이다. 샌드 콤팩션 말뚝의 공법의 흐름을 도해로 나타내면 다음 그림과 같다.

먼저 케이싱 두부에 해머를 얹고 진동시키면서 케이싱을 소정의 깊이까지 압입한다. 다음 케이싱 파이프 내에 모래를 공급하고 케이싱을 인발하면서 일정한 길이의 모래말뚝을 지중에 압입한다. 그 다음 모래말뚝을 다짐하기 위하여 케이싱을 진동시키거나 케이싱 한단의 바이브로 플로트(Vibro froat)를 진동시키면서 케이싱을 타입하고 모래말뚝을 지중에서 확대시킨다. 이 작업을 지표면 혹은 소정의 깊이까지 반복하면서 지중에서 확대시킨다. 이 작업을 지표면 혹은 소정의 깊이까지 반복하면 샌드 콤팩션 파일이 형성된다. 즉 진동에 의한 주변지반의 압축과 다짐 모래말뚝의 압입으로 느슨한 모래지반을 개량하는 것이다. 샌드 콤팩션 공법에 속하는 공법으로 바이브로 콤포저(Vibro composer)공법, SSP공법, NTU 콤팩션 공법, OFB공법 등이 있다.

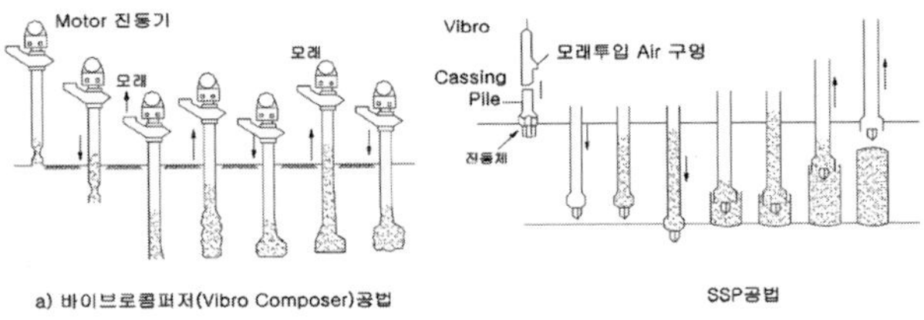

샌드 콤팩션 시공방법 설명도

나. 시공관리

시공전, 시공중, 시공후의 시공관리를 육상, 해상 공사별로 나누어 일반적으로 관리하는 요령을 나타내면 다음의 표와 같다. 이 외에 모래말뚝의 수직도(垂直度)의 관리나 타설에 관련되는 점성토의 교란과 회복상황의 조사나 모래말뚝의 지름의 조사 등을 시행하는 경우도 있다.

시공 후의 표준관입시험은 지반개량효과를 점검하는 의미에서 점검지질조사를 시행한다. 지질조사 보링 공수는 명확하게 정해져 있지 않지만 시공량, 시공장비대수, 지반의 복잡 여부와 구조물의 중요도 등을 고려하여 결정한다.

시공시 주변에 미치는 영향은 바이브로 해머에 의하여 모래를 지중에 강제로 압입하는 공법이므로 시공시의 진동, 소음이나 주변 지반변위나 해상공사시 해역오탁에 특히 유의하여야 한다. 현장과 근접하여 구조물이나 민가가 있다면 시공관리시 이들에 미치는 영향을 관측하고 대책방법을 강구하여야 한다.

SCP 공법의 주요 시공관리 내용

① 해상공사

시 기	관 리 항 목	관 리 내 용
시공전	• 사용재료의 품질 • 해저면의 높이 • 시공관리계기(計器)의 점검 • 시공장비의 점검	• 입도시험 등 • 심천측량
시공중	• 모래말뚝의 길이, 투입모래량, 모래 말뚝의 연속성 • 타설 위치 • 타설 경사도 • 사용재료의 품질	• 시공관리계(管理計)에 의함 • 트란싯드, 광파거리측정 • 조위와 수심측정 • 입도시험
시공후	• 모래말뚝의 강도와 연속성 • 해저면 높이 • 성토량	• 표준관입시험 등 • 심천측량

② 육상공사

시 기	관 리 항 목	관 리 내 용
시공전	• 사용재료의 품질 • 시공관리계기(計器)의 점검 • 시공장비의 점검	• 입도시험 등
시공중	• 모래 말뚝의 길이, 투입모래량, 모래기둥의 연속성 • 타설 위치 • 사용재료의 품질	• 시공관리계(管理計)에 의함 • 위치 관측 • 입도시험
시공후	• 모래말뚝의 강도와 연속성 • 사질토 개량에 있어서의 모래 기둥의 강도	• 표준관입시험 등 정적관입 시험 등

5.4 심층혼합처리 공법(深層混合處理 工法)

5.4.1 공법의 원리와 적용

가. 공법의 원리와 종류

심층혼합처리공법(Deep mixing method : DMM)은 석회, 시멘트계(系)를 주로 덩어리, 분말 혹은 현탁상태(懸濁狀態)의 화학적 안정제를 지중에 공급하고 원지반의 점성토와 강제적으로 섞어 혼합한 것에 의해 포졸란 반응 등의 화학적 고결작용을 응용하여 지반중에 임의형상의 단단한 안정처리토를 형성하는 방법과 흙과 시멘트 등의 치환에 의한 방법이 있다.

심층혼합공법의 종류는 크게 나누면 기계적 혼합공법과 고압분사공법으로 나눌 수 있다.

- 심층혼합공법
  - 기계적 혼합방법
    - 액상재(液狀材) : 안정재를 액상으로 하여 유압펌프로 심층 혼합처리기의 선단에 압송하여 연약토와 액상안정제를 혼합용 날개로 혼합하여 소정의 파일을 형성(참조, 액상재 시공도)
    - 분말재(粉末材) : 분말을 그대로 공기수송하고 혼합용 날개로 굴삭된 공간을 진충하고 흙과 혼합된 파일을 형성(참조, 분말재 시공도)
  - 고압분사방법
    - 그라우트 분사 (그림 참조, 고압분사식시공도)
    - 에어, 그라우트 분사(그림 참조, 고압분사식 시공도)
    - 물, 에어, 그라우트 분사(그림 참조, 고압분사식 시공도)

* 고압젯트의 충격력으로 지반을 파쇄하고 절삭부분에 시멘트계의 안정재를 진충(치환)하는 방법이며 때로는 굴삭토와 안정재의 일부를 혼합하는 방법이다.

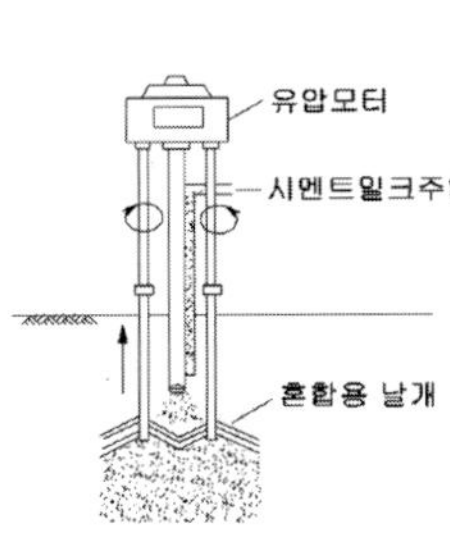

액상재 시공도

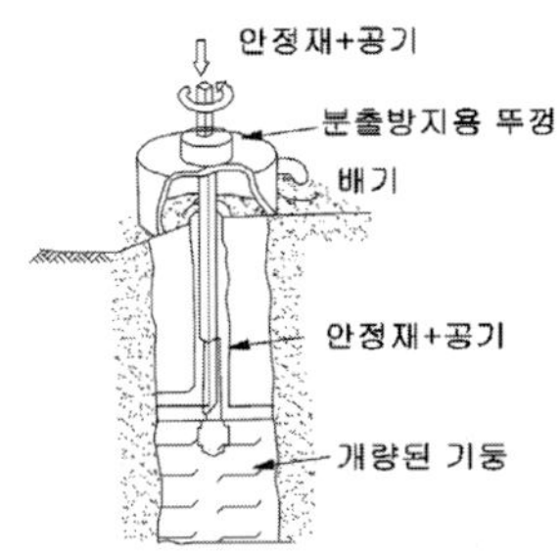

분말재 시공도

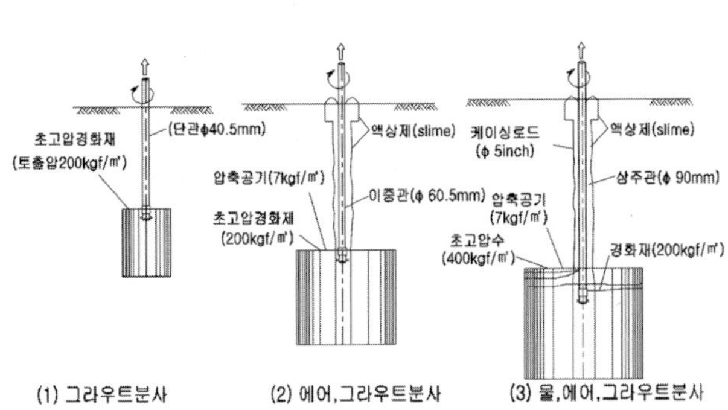

고압분사의 시공도

나. 공법의 적용

○ 액상재 : 저진동, 저소음 시스템으로 조기강도에 의한 침하방지가 되는 이점으로 연약점성토, 사질토, 유기질토 등 개량을 요하는 전 토질에 적용이 되며 호안, 도로성토의 활동파괴방지, 침하저감, 굴삭된 지반의 안정, 매설관의 보호와 건축물의 기초용으로 많이 적용된다.

○ 분말재 : 액상재와 같이 기계적 혼합장치로 지반개량을 하므로 액상재의 적용범위와 큰 차이가 없다.

○ 고압분사식 : 이 공법의 특징은 개량목적은 기계적혼합공법과 같지만 작업공간이 좁아도 되고, 개량강도가 큰 것이 장점이지만, 굴삭토를 운반하기 위한 애어 리프트나 니수(泥水)의 순환으로 슬라임의 처리가 문제점이 된다.

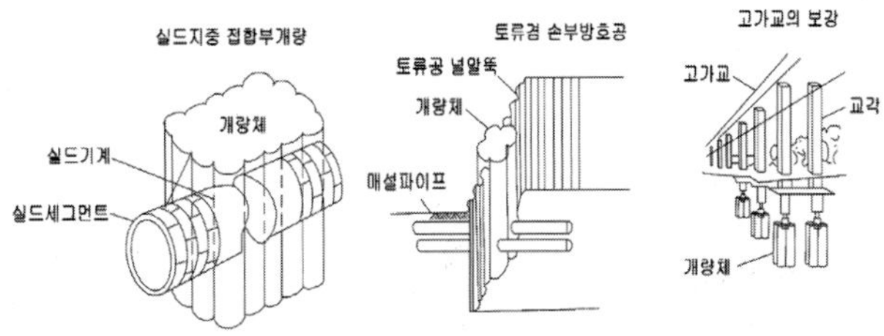

고압분사식 공법의 적용 (예)

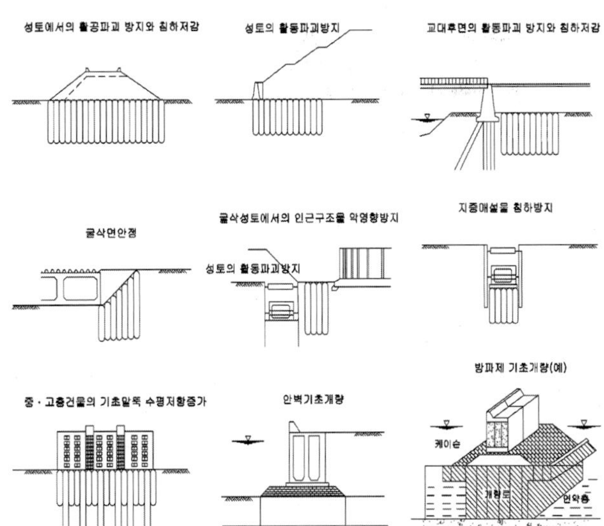

기계식 혼합방법의 적용 (예)

5.4.2 개량 형식

심층혼합처리공법의 개량형식은 블록형, 벽체형, 격자형, 말뚝형의 4종류로 나누어지며, 설계시 개량의 목적, 규모, 형상에 따라 각 개량형식이 갖는 안정성, 경제성, 시공성에 대한 특징을 충분히 파악하여 적절한 개량 형식을 선택할 필요가 있다.

개량형식의 특징 비교표

개량 형식		개량 내용	안 정 성	경 제 성	시 공 성	설계상의특징
접합형식	블록형 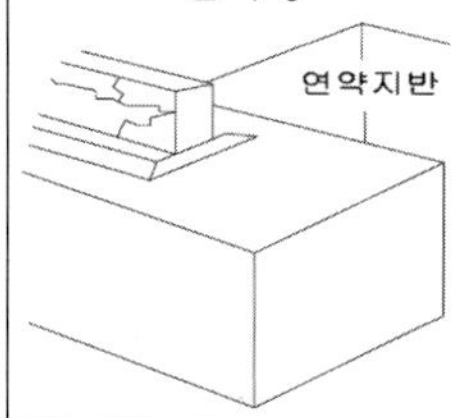	• 개량범위전체를 개량(100%개량)	• 개량체가 일체로 되어 외력에 저항할 때 전체적인 면이나 내부적인 면에서 안정성이 높다.	• 다른 개량형식에 비해 개량 부피가 크다.	• 전체를 시공하게 되므로 공기가 길다.	• 중력식 구조물과 같이 설계내에 개량범위를 계산할 수 있다.
	벽체형 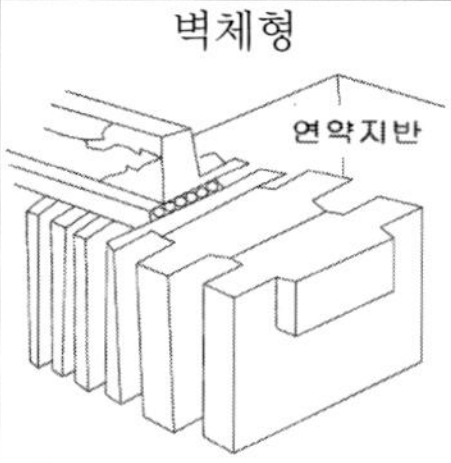	• 장벽과 단벽을 벽선방향으로 조합하여 개량한다.	• 각 개량체의 결합이 좋으며 일체로 저항하는 경우 안정성이 높다.	• 블록형에 비해 개량 용적이 적어 공사비가 저렴하다.	• 장벽과 단벽의 오버랩(Over lap)정도(精度)가 좋도록 관리하여야 한다.	• 벽간 무개량토의 고려를 하여야 한다. 내부안정에 따라 개량범위가 좌우된다.
	격자형 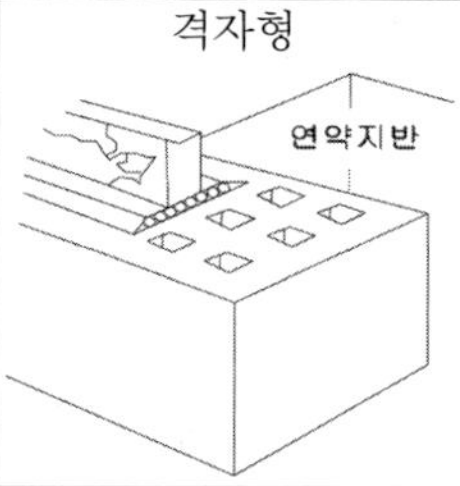	• 블록형과 벽체형의 중간적인 것으로 장벽과 단벽을 격자형으로 형성한다.	• 전체의 안정은 블록형과 거의 같다.	• 블록형과 벽체의 중간이다.	• 격자형으로 시공되기 때문에 시공이 복잡하다.	• 3차원적인 내부응력의 검토가 필요하다.
비접합형식	말뚝형 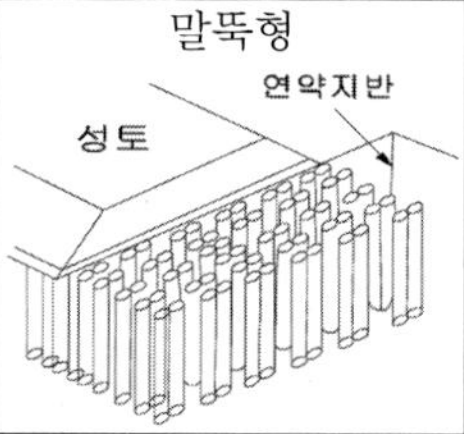	• 지반에 말뚝모양의 개량토를 형성하고 평면으로 무리말뚝 모양이 된다.	• 수평력이 적은 경우 안전하다.	• 공기가 짧고, 개량 부피가 적어 경제적이다.	• 오버랩부의 관리가 불필요.	• 말뚝모양으로서의 안정에 대한 검토를 해야 할 경우도 있다.

5.4.3 설계상의 기본개념과 검토사항

심층혼합처리공법에 의한 지반개량의 설계상의 기본 검토내용은 외부안정, 내부안정 및 개량체의 변위를 검토하고 그 외에 빠져나감, 원호활동과 변위량 등의 검토를 한다.

가. 외부안정의 검토

외부안정에 대한 검토내용은 개량체의 ① 활동 ② 전도 ③ 지지력에 대하여 충분히 안전하여야 한다.

나. 내부안정의 검토

외력에 의하여 개량체에 생기는 응력은 안전처리토의 허용응력 및 허용인장 응력도를 초과하여야 한다.

다. 빠져나감의 검토

벽식 개량의 경우 장벽간의 미개량토의 빠져나감에 대해서 검토한다.

라. 원호활동에 대한 검토

개량체가 원호활동에 대하여 충분히 안전한가 검토한다.

마. 변위량의 검토

개량체가 부유형인 경우에도 지지층의 하부에 점성토가 존재하고 있는 경우에는 측방이동(側方移動) 또는 압밀에 의한 변위를 검토한다.

5.4.4 시공과 시공관리

가. 시 공

액상재의 시공도를 예시하면 다음 그림의 시공순서도 및 액상재 토출 설명도와 같다.

나. 시공관리

해상공사와 육상공사에 따라 시공관리면의 차이는 다소 있으나 일반적으로 관리하고 있는 항목과 관리내용에 따른 사용계기를 도표로 표시하면 다음의 도표와 같다.

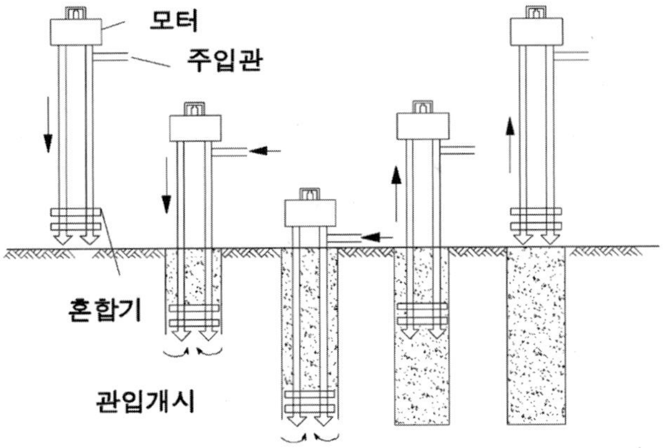

시공 순서도

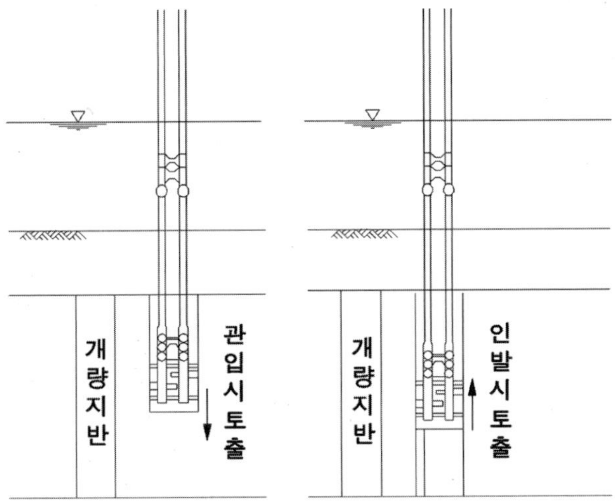

액상재 토출 설명도

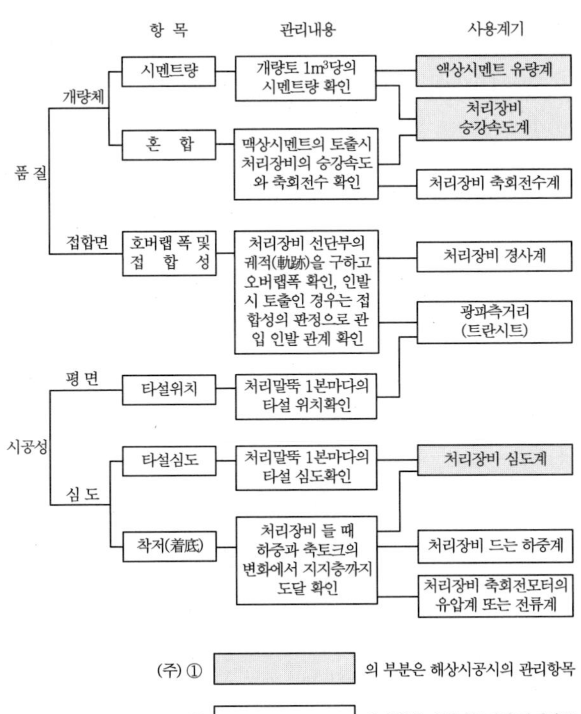

육 · 해상시공의 관리도

점검보링은 개량지반의 품질확인을 하기 위하여 시행하여야 하며 조사에서는 ① 양생기간, 조사기간 ② 조사위치, 공수 ③ 보링방법 ④ 시험항목 등 충분한 검토를 하고 계획, 실시할 필요가 있다.

보링공수는 시공수량에 따라 차이가 있지만 일반적으로 시공수량이 많은 경우 10,000m²에 1공 정도, 적은 경우 2~3공을 실시한다.

5.4.5 시공시의 주변환경

본 공법으로 지반개량을 실시할 경우 주변에 미치는 영향으로 생각할 수 있는 것은 육상시공시의 소음, 진동, 주변지반에 미치는 영향이며, 해상시공시에는 수질에 대한 영향을 추가로 고려하여야 한다.

5.5 로드 콤팩션 공법(Rod compaction method)

5.5.1 공법의 개요

느슨한 사질지반을 균등하게 다지고 액상화 방지 외에 지지력 증가, 침하저감 등의 지반개량효과가 기대되는 공법으로 로드의 상단에 기진기(起振機)를 장착한 로드를 지중에 타입하고 진동에 의해 모래입자를 유동화시키고 측면에서 모래나 자갈을 보급하면서 지반을 다짐한다. 로드를 강관으로 사용하는 바이브로 로드(Vibro rod) 공법, 소일 바이브로(Soil vibro) 스테블라이징 공법, H형강을 사용하는 KF콤팩션 공법, 가지모양의 돌기를 갖는 십자 바이브로 공법 등이 있다.

본 공법은 강한 진동으로 다지기 때문에 진동, 소음과 지반의 변위가 크므로 시가지나 구조물에 인접한 시공은 제약을 받으나 효율적이고 공비가 저렴하여 해면매립지의 액상화 대책에 효과가 좋아 많이 채용되고 있다.

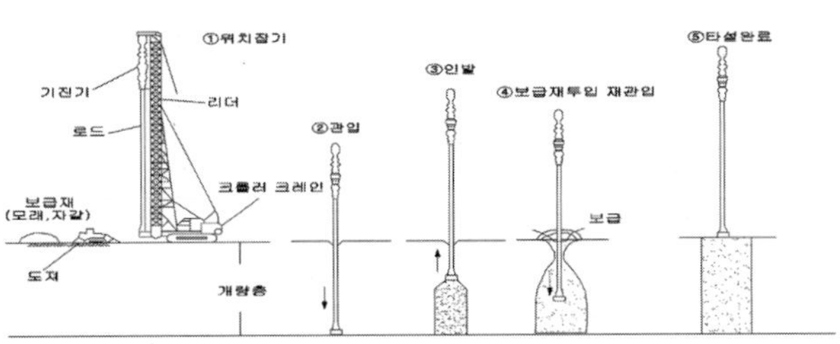

시공장치와 순서도

5.5.2 시공상 주의사항과 시공관리

본 공법은 효율이 양호한 공법이지만 개량효과의 확실성이나 진동, 소음, 지반의 변위에 대한 시공상 주의를 요한다.

가. 시공상 주의사항

- ○ FC가 15~20% 이상이 되면 개량효과가 적고 점성토가 보급재의 공급을 방해하는 경우가 있다.
- ○ 표층 1~2m에서는 다짐이 잘 안되고 필요에 따라 바이브로 템퍼로 다져야 한다.
- ○ 진동과 소음이 커서 도심지 공사로는 부적당하다.
- ○ 진동과 지반변위로 구조물에 인접한 공사로는 부적당하다.

나. 시공 관리 사항

- ○ 로드 선단부의 관입심도와 기진기에 흐르는 전류의 자기기록, 보급재의 공급량 관리
- ○ 개량 후의 검측, 밀도 검층(檢層)
- ○ 인접구조물의 변동조사

5.6 바이브로 플로테이션 공법(Vibro flotation method)

5.6.1 공법의 개요

느슨한 사질지반을 진동하여 다지는 공법의 일종으로 수평진동과 다짐 효과를 이용하여 지반강화와 액상화를 방지하는 지반개량공법이다. 본 공법은 바이브로 플로트(Vibro flot)라는 편심하중을 내장한 봉(棒) 모양의 진동체를 사용하여 편심하중의 회전에 따른 수평진동과 선단부에서 워터 젯트(Water Jet)에 의하여 소정의 깊이까지 관입한 후 바이브로 플로트 외주(外周)에서 보급재(쇄석, 자갈 등)를 투입하고 충진된 보급재 지반에 수평진동을 가하여 단단하게 한다. 공법의 특징은 지반강도의 증가와 균일화 및 지반강성의 증가에 의한 침하의 저감효과와 응력의 분산효과 등이 기대되기 때문이다. 본 공법의 다짐에는 진동, 소음의 공해가 극히 적고 여건에 따라서는 시가지 내의 시공도 가능하다.

5.6.2 시공순서

사전에 시험시공을 실시한다. 이는 사용장비와 재료가 지반의 여건과의 적합성, 충진골재량과 사용수량의 확인, 개량효과의 확인 등의 시공관리에 중요하기 때문이다.

작업순서(그림 참조)

① 플로트 선단부의 워터 젯트와 수평진동으로 관입 개시
② 관입 완료
③ 골재의 충진, 다짐, 플로트의 상하운동 병용
④ 다짐 완료(워터 젯트와 진동정지)

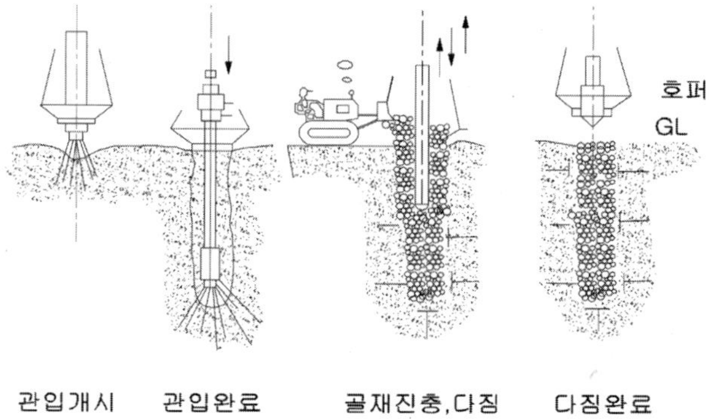

바이브로 플로테이션공법 작업순서도

5.7 쇄석말뚝 공법(공법 소개)

쇄석말뚝(자갈 드레인, 쇄석 드레인) 공법은 배수공법의 일종으로 쇄석의 투수성이 우수한 재료를 모래지반 중에 기둥모양 또는 벽체모양으로 타설하여 그 배수효과로 지진시에 일어나는 과잉간극수압(過剩間隙水壓)을 억제하고 소산을 촉진시켜 지반의 액상화를 방지하는 공법이다. 즉 지진시 액상화 현상으로 구조물의 침하나 부상(浮上)을 방지하기 위한 지반개량공법이다.

쇄석말뚝은 지하수위 이하의 느슨한 모래지반을 대상으로 시공하게 되므로 시공은 케이싱의 사용을 전제로 한다. 케이싱의 관입방법으로 케이싱에 스크류를 붙여 배토하면서 회전, 관입하는 케이싱 오가방식이 일반적이다.(작업순서는 그림 참조)

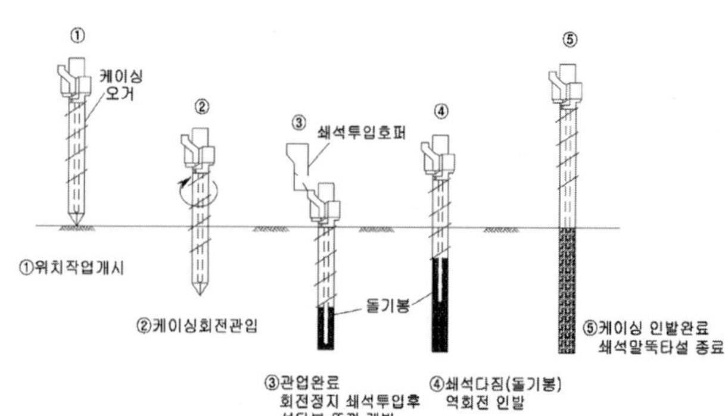

쇄석 말뚝 시공순서도

5.8 시멘트 모르터 그라우팅 공법

특수확공 빗드에 의하여 지중에 동공을 형성시킨 후 개량목적에 적합한 그라우트재(시멘트 모르터 : Cement mortar)를 주입하는 공법이며, 천공하여 확공한 후 주입재를 주입 완료하여 원형 또는 원형을 연결시켜 지반을 개량하며 필요에 따라 격자형으로 하여 주입재를 주입하는 방법도 있다. 천공방법은 회전식 천공을 원칙으로 하나 지층에 따라 항타식 천공도 시행한다.

일반적으로 사용하는 주입재의 배합은 시멘트, 모래, 혼화재, 물을 적절히 배합하여 사용하며 실내배합시험강도는 7일강도 160kg/㎠으로 한다. 천공과 주입재의 주입을 격번으로 시행한다. 시공확인은 매 20m마다 코아보링하여 일축압축 강도가 20kg/㎠ 이상이 되어야 한다.

5.9 각종 지반개량 공법의 비교

지반개량 공법 비교표 (1)

구분 \ 공법		다짐 말뚝 공법		시멘트 모르터 그라우팅 공법	
		S C P (Sand compaction pile method)	G C P (Gravel compaction pile method)	C G M (Chemical pile grouting method)	C G S (Compaction grouting system)
공법개요		• 모래 또는 점토로 구성된 연약지반에 모래를 압입하여 큰 직경의 다져진 모래말뚝을 조성하는 지반개량공법	• SCP 재료인 모래의 대체재료로서 쇄석을 이용하여 대구경의 다져진 쇄석기둥을 조성하는 공법	• 지중 굴삭기로 원지반을 대구경으로 천공한 후에 시멘트 페이스트를 충진시켜 격자형으로 고결체를 형성	• 소구경 로드(Rod)를 필요한 깊이까지 천공삽입한 후 로드(Rod)를 주입관으로 설계단면이 형성되도록 단계별로 주입량을 산정하여 인발과 주입을 반복하는 공법
개량범위		ø700 m/m	ø600～ø800 m/m	ø1,000 m/m	ø800 m/m
배치간격		1.6m×1.6m	1.8m×1.8m	2.0m×2.0m	1.5m×1.5m
장단점비교	장점	• 경제적이고, 침하량이 적다. • 공기가 단축된다. • 다짐과 보강 및 압밀배수를 기본원리로 하므로 모래지반, 점성토지반, 유기질지반 등 거의 모든 지반에 적용 가능	• 기존 SCP공법에 비해 지지력 증대 • 복합지반효과 극대화	• 강도증가 효과가 가장 크다. • 장비가 간단하다. • 공사비가 저렴하다.	• 장비가 소형이다. • 지반을 교란시키지 않아 환경오염 저감 • 균일한 기초의 형성이 가능
	단점	• 구조물 기초공법으로 널리 적용되는 공법이나 양질의 모래확보가 곤란할 경우 경제성 저하 • 개량상부는 구속효과가 작아 다짐효과가 떨어짐	• 구조물 기초공법으로 널리 적용되는 공법이나 석재료 확보가 곤란할 경우 경제성 저하	• 천공시 일정량의 배토가발생 • 지중굴삭시 중간에 단단한 층이 분포할 경우 천공이 어렵다. • 사석이 혼합된 곳은 시공이 불가능하다.	• 고압으로 충진시키지 않으므로 지반조건에 영향을 받는다. • 지중굴삭시 중간에 단단한 층이 분포할 경우 천공이 어렵다.
개량형식		• 모래다짐 말뚝형	• 자갈다짐 말뚝형	• 시멘트 모르터 말뚝형	• 시멘트 모르터 말뚝형
공법내용		• 충격하중 모래압입	• 충격하중 자갈압입	• 모르터 그라우팅의 충진식 공법	• 모르터 그라우팅의 충진식 공법

지반개량 공법 비교표(2)

구분 \ 공법		고압분사식 혼합 공법		기계식 혼합처리 공법		
		J S P (Jumbo special pattern)	R J P (Rodin jet pile)	D W M (Deep wing mixing)	S E C (Special earth concerting)	S J M (Space jet mixing)
공법개요		• 지반내에 시멘트 페이스트를 고압(200 kg/cm^2)으로 원지반을 파쇄, 혼합함으로서 원주형의 시멘트 고결체를 형성하는 공법	• 물과 공기를 고압(400 kg/cm^2)으로 1차 분사시켜 원지반을 분쇄시키면서 시멘트 페이스트와 공기를 고압으로 2차 분사시켜 대구경 원주형 고결체를 형성하는 작업	• 연약지반 내에 특수한 교반 날개를 가진 장비로 굴삭하여 시멘트 안정처리재를 교반날개의 분출구로 주입, 교반하여 교결체를 형성하는 공법	• 연약지반 내에 특수한 교반 날개를 가진 장비로 굴삭하여 시멘트 안정처리재를 주입하고 원위치에서 저압으로 혼합 교반하여 2개의 원이 이어진 형태의 고결체를 형성하는 공법	• 연약지반 내에 슬러리 또는 개량재를 특수한 교반 날개를 가진 장비로 굴삭하여 시멘트 안정처리재료를 주입하고 압력배출 및 혼합 교반하여 고결체를 형성하는 공법
개량범위		ø800～ø1,200m/m (ø800m/m 기준)	ø2,000～ø4,000m/m (ø2,000m/m 기준)	ø800～ø1,400m/m	ø900m/m × 2	ø800～ø1,000m/m
배치간격		0.70m×0.83m	2.8m×2.7m	0.9m×0.9m	1.0m×2.0m	
장단점비교	장점	• 투입장비가 비교적 간단하다. • 수직, 경사 등 다양한 형태의 개량이 가능하다. • 사석이 일부 혼재된 곳도 시공이 가능하다.	• 대구경의 고결체를 형성할 수 있어 JSP공법보다 경제적이다. • 무소음, 무진동 공법이므로 타공법에 비해 소음이 적다. • 공기가 빠르다.	• 배토가 없으므로 잔토처리가 필요 없다. • 안정처리재와 원지반을 직접 혼합하므로 신뢰도가 높다. • 주변장비가 단순하다	• 주입재의 침투, 확산 가능성이 거의 없다. • 배토가 없으므로 잔토처리가 필요 없다. • 안정처리재와 원지반을 직접 혼합하므로 신뢰도가 높다.	• 배토가 없으므로 잔토처리가 필요 없다. • 안정처리재와 원지반을 직접 혼합하므로 신뢰도가 높다.
	단점	• 고압주입으로 지반의 교란 가능성이 많다. • 주입재의 침투, 확산 가능성이 많다. • 시멘트 슬라임(Slime)의 발생이 많다. • 공사비가 고가이다.	• 고압주입으로 지반의 교란 가능성이 많다. • 주입재의 침투, 확산 가능성이 많다. • 시멘트 슬라임(Slime)의 발생이 많다.	• 대형장비가 소요된다. • 공기가 길다 • 공사비가 비싼편이다. • 사석이 혼합된 곳은 시공이 불가능하다. • 지반교란 등으로 부유토에 의한 수질오염 등 우려	• 대형장비가 소요된다. • 공기가 길다 • 공사비가 비싼편이다. • 사석이 혼합된 곳은 시공이 불가능하다.	• 대형장비가 소요된다. • 주변장비가 비교적 복잡하다 • 공기가 길다 • 공사비가 비싼편이다. • 사석이 혼합된 곳은 시공이 불가능하다.
개량형식		• 시멘트 모르터 말뚝형	• 시멘트 모르터 말뚝형	• 시멘트 모르터 말뚝형	• 시멘트 모르터 말뚝형	• 시멘트 모르터 말뚝형
공법내용		• 그라우트 분사	• 에어 그라우트 분사	• 기계식 혼합 액상체	• 기계식 혼합 액상체	• 기계식 혼합 액상체

제6장 · 최근 시행되고 있는 지반개량 공법 소개

6.1 개 요

기계 문명이 발전되고 자연조건에만 의존하던 구시대와는 달리 수송관계의 입지조건이 경제성만 있으면 자연조건을 극복하여 공장부지나 항만건설을 하게 되어 남서해안 대단위 공업단지가 조성되면서 지반개량공법이 과감히 도입되어 많이 이용하게 되었다. 그리고 앞으로도 더 많은 공법이 연구개발되어 이용되어야 할 것이므로 현재까지 이용되고 있는 지반개량공법에서 대표적인 몇가지를 비교 검토하여 요약한 내용을 소개하면 다음 내용과 같다.

6.2 다짐말뚝 공법

이 공법은 말뚝을 서로 접근시켜 타설함으로써 지반을 다지는 공법을 말한다. 말뚝의 타설에 의해 주위의 흙은 횡방향으로 이동압축되고 또한 타설시의 충격에 의해 다져진다. 이 효과는 일반적으로 말뚝간격이 좁을수록 좋은 것으로 확인되지만 그것이 말뚝지름의 수배 정도까지 좁아지면 주위의 흙은 반드시 유효하게 다져진다고는 할 수 없다고 한다. 말뚝재료로서는 일반적으로 모래나 자갈 쇄석 등이 쓰인다.

6.2.1 모래 다짐 말뚝(Sand compaction pile : SCP) 공법

모래다짐말뚝(SCP) 공법은 모래 또는 점토로 구

성된 연약지반에 모래(또는 유사재료)를 압입하여 큰 직경의 다져진 모래말뚝을 조성하는 지반개량공법이다. SCP공법은 동일한 시공기계로 모래지반 뿐만 아니라 점성토지반에도 적용된다. 시공은 진동식 해머로 케이싱파이프를 지중에 관입하고 이것을 통하여 모래를 공급하여 다지면서 모래기둥을 조성한다.

6.2.2 자갈 다짐 말뚝(Gravel compaction pile : GCP) 공법

모래다짐말뚝 공법과 같은 공법이며 다만, 재료를 자갈을 공급하여 다지면서 자갈기둥을 형성한다.

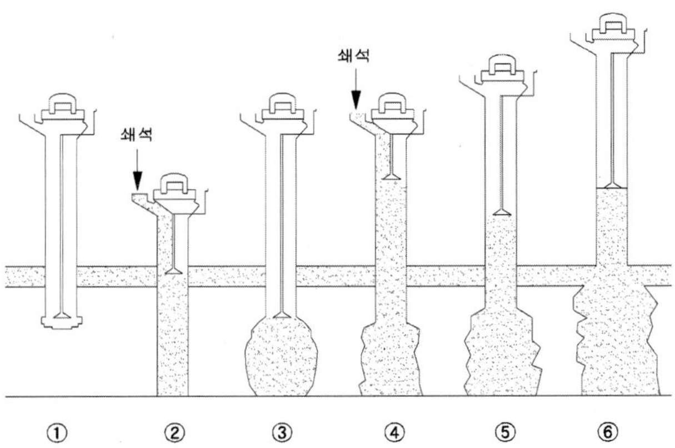

자갈 다짐 말뚝 공법

6.3 시멘트 모르터 그라우팅 공법

이 공법은 특수한 확공 빗드를 사용하여 지중을 확공, 지반 내에 동공을 형성시킨 후에 개량목적에 적합한 그라우트(Grout)재를 주입하므로써 시멘트 모르터 말뚝이 형성되어 연약지반이 개량되는 공법이다.

일반적으로 이용되고 있는 내용을 보면 다음과 같다.

6.3.1 콤팩션 그라우팅 공법 (Compaction grouting system)

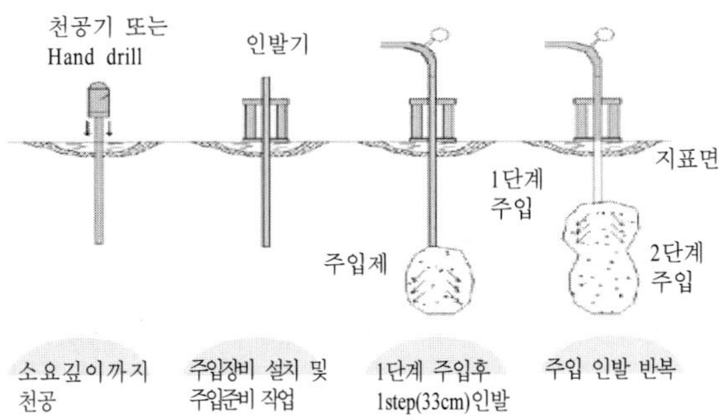

콤팩션 그라우팅 공법(1)

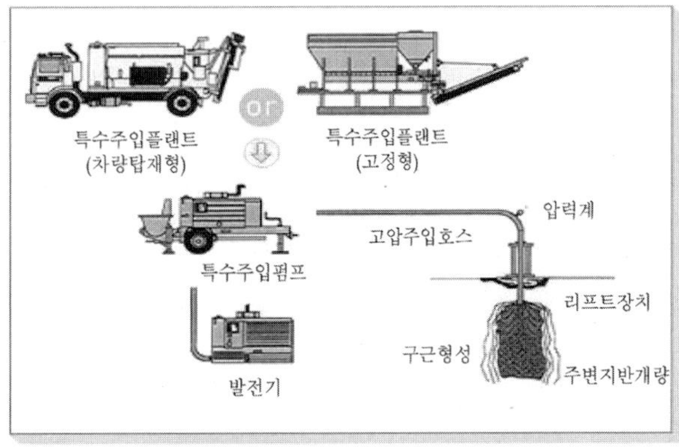

콤팩션 그라우팅 시스템 공법(2)

6.3.2 케미컬 파일 그라우팅 공법(Chemical pile grouting method)

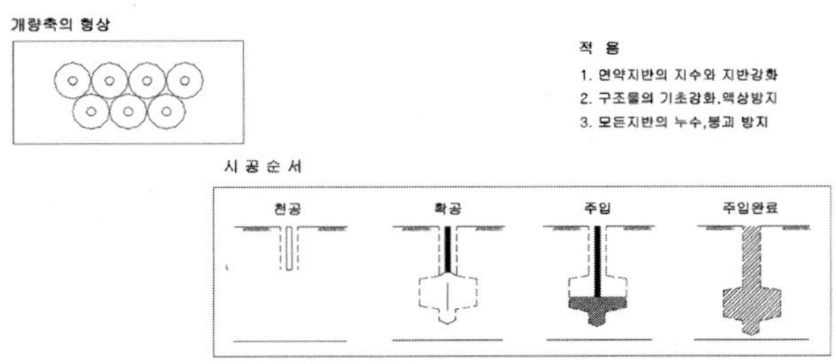

케미컬 파일 그라우팅 공법

6.3.3 시멘트 모르터 파일 패널 그라우팅 공법(Cement mortar pile panel grouting method)

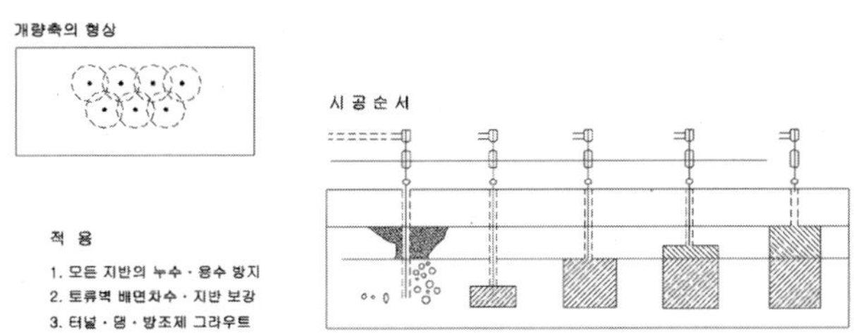

시멘트 모르터 파일 패널 그라우팅 공법

6.3.4 케미컬 그라우팅 공법(Chemical grouting method : CGM)

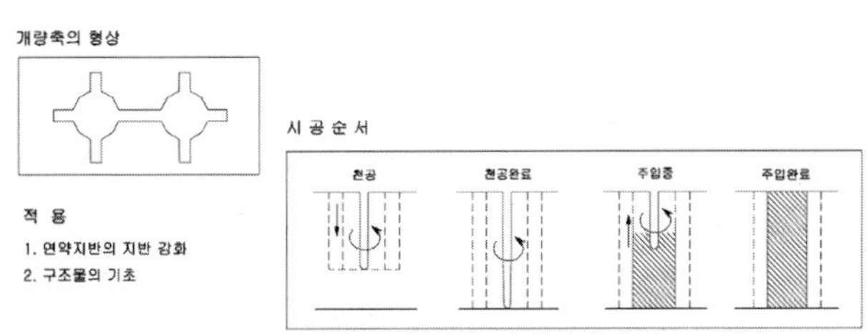

케미컬 그라우팅 공법

6.4 고압분사식 혼합 공법

다중로드 선단에 부착된 젯팅 노즐(Jetting nozzle)에 의하여 시멘트 페이스트(Cement paste)를 고압(또는 초고압)으로 분사하여 지중에 원기둥 모양의 개량체를 형성하는 공법이다.

6.4.1 점보 스페셜 패턴(Jumbo special pattern : JSP) 공법

더블 로드(Double rod) 선단에 부착된 젯팅 노즐에 의하여 시멘트 페이스트를 고압(200kg/㎠)으로 분사하여 지중에 원기둥 모양의 개량체를 형성하는 공법이다.

가. 시공 순서

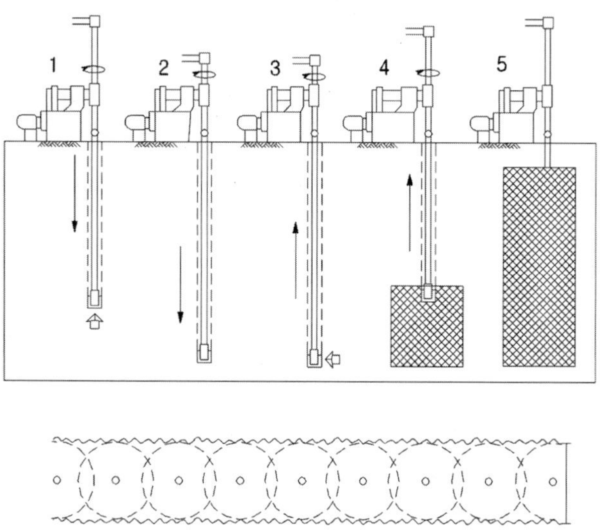

시공 순서

나. 적 용

- ○ 각종구조물의 기초지반 개량
- ○ 지반에 사력 및 전석층이 있는 경우의 말뚝기초
- ○ 앵커 블록
- ○ 지하차수벽(댐의 코어)
- ○ 진동방지용 지중벽
- ○ 암반 균열 보강
- ○ 토류벽
- ○ 건물 및 교량 기초
- ○ 지하 구조물의 보호벽
- ○ 사면활동 방지공

6.4.2 로딘 젯트 파일(Rodin jet pile : RJP) 공법

초고압(300~600kg/㎠)으로 다중관 로드를 회전시켜 분할 2단계 분사 시스템으로 로드를 상승(인상) 시키면서 청수(淸水)와 경화재(硬化材 : Slurry)를 대구경단면(2,000~4,000mm)인 원기둥 모양으로 개량체를 형성하는 지반개량공법이다.

■ 적 용

- ○ 교각 기초 보강
- ○ 코퍼 댐 및 댐 코어(Coffer dam 및 Dam core)
- ○ 터널 갱구(坑口) 보호
- ○ 도로 및 사면 보호
- ○ 쉴드(Shield) 갱구 보호
- ○ 각종 탱크 기초
- ○ 지하토류벽
- ○ 안벽 기초
- ○ 잔교식 부두의 변위 방지

6.5 기계식 혼합처리 공법

연약한 지반(사질토, 점성토 등)에 시멘트 계의 안정처리재를 지중에 저압으로 혼합 교반(攪拌)하고 소요강도의 말뚝을 형성하여 토류와 기초를 활용하는 지반개량공법이다.

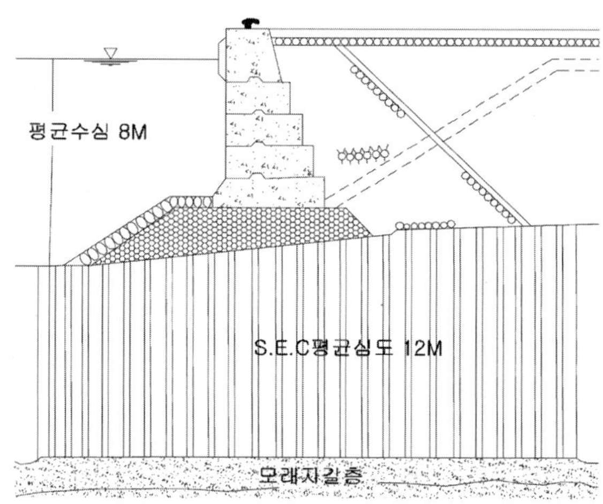

안벽기초 개량공법 예시도

6.5.1 딥 윙 믹싱(Deep wing mixing : DWM) 공법

형 상	안 정 성	경 제 성	설 계 개 념
말뚝식	• 수평력이 크지 않은 경우 안정	• 공기도 짧고 개량체적도 적어 경제적	• 기본적으로 개량영역을 복합지반으로 고려하여 계산
벽 식	• 개량벽의 결합이 양호하고 일체되어 저항하는 경우 안정성 높음	• 개량체적이 격자식, 블록식보다도 작아 비교적 저렴	• 격자식, 블록식과 마찬가지로 지중구조물적인 계산 필요
격자식	• 전체적, 내부적으로 안정성이 높음	• 개량체적이 비교적 큼	• 지중구조물적인 계산 필요
블록식	• 전체적, 내부적으로 안정성이 높음	• 개량체적이 증가하여 고가	• 지중구조물적인 계산 필요

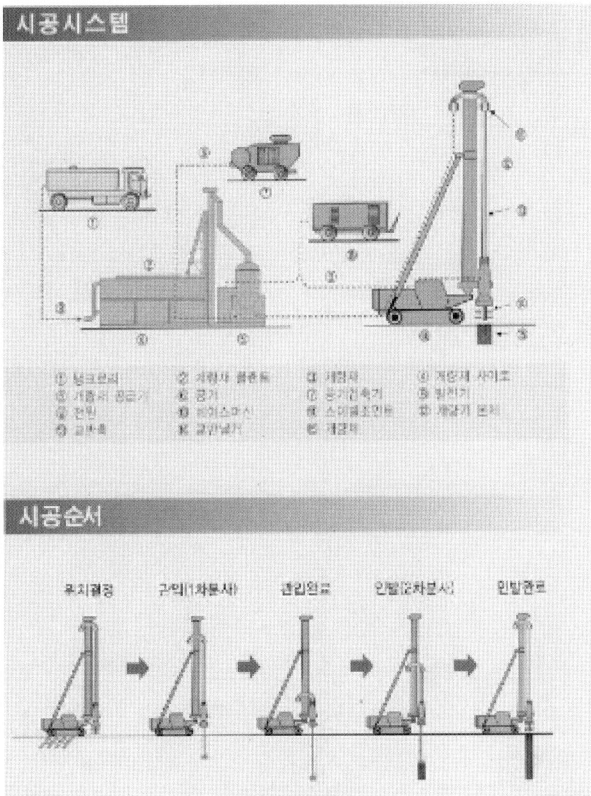

윙 믹싱 공법

6.5.2 스페셜 어스 콘크리팅 공법(Special earth concreting system : SEC)

SEC공법은 연약한 지반(사질토, 점성토 등)중에 시멘트계 안정처리제를 원위치에서 저압으로 혼합하고 필요한 강도의 말뚝을 조성하여 토류와 기초로 활용하는 확실하고 경제적인 지반 개량 공법이다. 최근 토목건축 구조물의 대형화로 지반개량 심도가 깊어지고 지하굴토시 차수와 토류의 안정성이 요구되고 있어, 확실하고 신속하며 공사비가 저렴한 심층혼합 공법으로 그간 많은 실적을 올려 호평을 받고 있다.

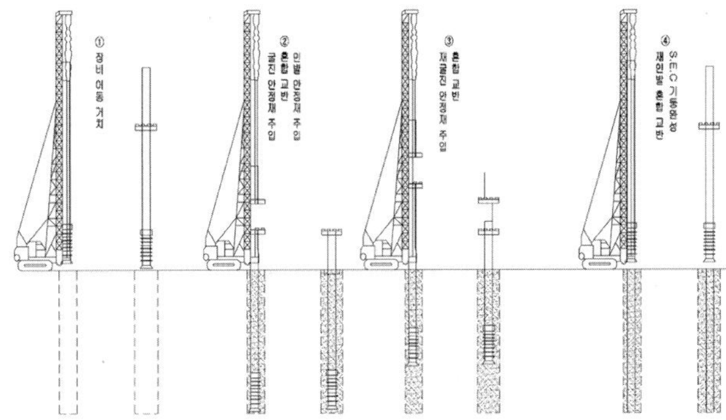

스페셜 어스 콘크리팅 공법

6.5.3 스페이스 젯트 믹싱(Space jet mixing : SJM) 공법

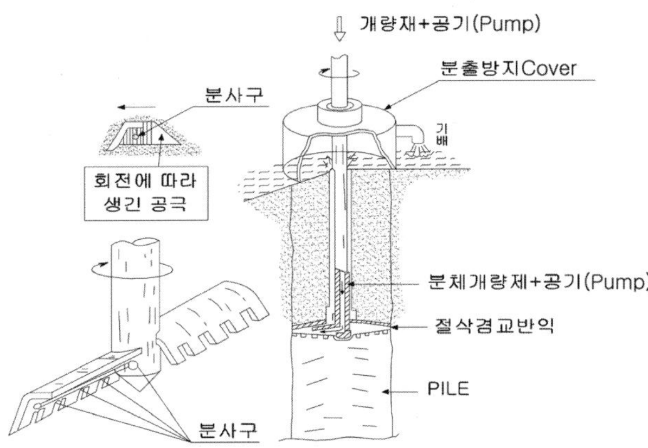

시공의 원리

스페이스 젯트 믹싱 공법

기술사 출제문제

토 질(Soil)

제29회 (1987.4.26) 제1교시. 문3-(1) (10점)
다음을 설명하시오.
(1) 사질지반의 액상화 현상

제31회 (1988.4.24) 제1교시. 문3 (20점)
부의 주면마찰(Negative friction)에 대하여 설명하시오.

제34회 (1980.4) 제1교시. 문3-1) (10점)
다음에 대하여 아는 바를 기술하시오.
1) N치

제34회 (1990.4) 제2교시. 문3-1) (10점)
다음에 대하여 아는 바를 기술하시오.
1) Dynamic pile test
연약지반의 개량방법

제18회 (1980.5.18) 기초 문7 (50점)
연약지반의 개량방법에 대하여 논하라.

제19회 (1981.5.24) 기초 제1교시 문1 (25점)
연약지반처리공법인 Sand drain 공법에 관하여 상술하라.

제22회 (1982.2차) 기초. 제1교시 문7-1) (10점)
다음에 대하여 아는 바를 기술적으로 간단히 설명하라.
1) 항만공사의 Mat공법

제24회 (1984.5.20) 제3교시 문1 (50점)
연약지반의 지반개량에 대하여 기술하라.

제28회 (1986.4.27) 제2교시 문2-(1),(3) (각15점)
다음 사항을 설명하라.
(1) 항만공사에 있어 지중연속벽 공법(Diaphragm wall method)의 적용
(3) Sand drain 공법에 있어 Surcharge의 기능

제29회 (1987.4.26) 제1교시 문3-(2) (10점)
다음을 설명하시오.
(2) Paper drain에 사용되는 Paper의 재질과 역할

제34회 (1990.4) 제3교시 문4 (25점)
연약지반 개량공법에 대하여 아는 바를 기술하시오.

제35회 (1991.4.7) 제3교시 문1 (40점)
깊은 수심의 연약지반처리공법에 대하여 쓰시오.

제35회 (1991.4.7) 제3교시 문1-2),3) (각10점)
다음에 대하여 설명하시오.
2) 압밀침하
3) 심층혼합처리공법

제37회 (1992.4.12) 제3교시 문3 (20점)
항만구조물 및 신규매립지 조성시 연약지반처리공법은 심층과 천층을 구분하여 공법별 특성을 설명하시오.

제42회 (1994년도) 제1교시 문⑳ (각5점)

⑳ 물로 포화된 모래가 충격이나 진동에 의하여 간극수압이 순간적으로 상승하여 액체상태가 되는 현상

제42회 (1994년도) 제3교시 문6-④, ⑤ (각5점)

④ 마찰계수

⑤ 재하시험

제42회 (1994년도) 제4교시 문4 (20점)

심층혼합처리공법(Deep mixing method)을 설명하고, 앞으로의 사용채택 전망에 대하여 기술하시오.

제42회 (1994년도) 제4교시 문6 - ① (10점)

① 프리로딩(Pre-loading)

제43회 (1995년도) 제4교시 문4 (30점)

연약지반개량공법을 귀하가 경험한 예를 중심으로 설명하시오.

제44회 (1995년도) 제4교시 문2 (40점)

지반의 액상화 현상에서 다음에 관해 기술하시오.

① 정의 또는 발생원인

② 해안 및 항만시설물에 미치는 영향을 예를 들면서

③ 액상화 대책공법

④ 금후 해안 및 항만구조물의 설계 계획시 유의할 사항

제45회 (1995년도) 제3교시 문1 (25점)

인공섬을 축조한 후 강진이 내습하였을 경우 지반의 액상화 현상이 예측된다. 액상화 현상 발생조건, 액상화 실례, 액상화 방지계획 등에 대하여 논하시오.

제45회 (1995년도) 제3교시 문3 (25점)

심층혼합처리공법의 원리, 분류 및 특징에 대해 기술하시오.

제48회 (1996년도) 제1교시 문④ (10점)

④ 피에조콘 관입시험.

제49회 (1997년도) 제1교시 문2 (20점)

지반침하특성 및 대책을 논하시오..

제49회 (1997년도) 제1교시 문③ (10점)

③ 부마찰력

제49회 (1997년도) 제3교시 문5 (25점)

연약지반 개량공법에 대하여 약술하고 공법별 특성을 기술하시오.

제50회 (1997년도) 제2교시 문3 (30점)

연직배수에 의한 압밀촉진공법의 종류를 열거하고 특성을 논하시오..

제50회 (1997년도) 제3교시 문4 (30점)

심층다짐공법에 대하여 기술하시오.

제50회 (1997년도) 제4교시 문5 (30점)

콘크리트 말뚝에 대하여 설명하시오..

제52회 (1997년도) 제1교시 문⑤, ⑥ (각10점)

⑤ 정지토압

⑥ 퀵샌드

제52회 (1997년도) 제2교시 문5 (25점)

연안지반 개량공법을 열거하고 Paper drain 공법에 대하여 논하시오.

제53회 (1998년도) 제1교시 문⑧ (10점)

⑧ Sand compaction pile

제55회 (1998년도) 제3교시 문1 (40점)

연약지반의 처리공법에 대하여 나열하고 귀하가 추천하고 싶은 공법에 대하여 설명하시오.

제57회 (1999년도) 제4교시 문⑨ (10점)

⑨ 쇄석기초 말뚝

제62회 (2000년도) 제1교시 문② (10점)

② 강제치환공법의 특성과 장·단점

제62회 (2000년도) 제4교시 문1 (25점)

연약지반 처리공법의 종류와 특징, 많이 사용하는 연약지반 처리공법에 대하여 기술

제63회 (2001년도) 제1교시 문⑥, ⑫ (각10점)

다음에 대하여 설명하시오.

⑥ 즉시침하 및 압밀침하

⑫ 겉보기진도(震度)

제63회 (2001년도) 제3교시 문2 (각25점)

액상화 현상에 대하여 설명하시오.

(1) 정의

(2) 발생원인

(3) 예측 및 판정

(4) 방지대책

제64회 (2001년도) 제3교시 문5 (25점)

기초지반이 연약한 사석식 방파제의 지반개량방법에 대해서 설명하시오.

제64회 (2001년도) 제3교시 문6 (25점)

항만구조물의 계측관리기법에 대해서 설명하시오.

제63회 (2001년도) 제1교시 문⑤, ⑦ (각10점)

다음 문제를 선택하여 설명하시오.

⑤ 내진성능목표(기능수행 수준, 붕괴방지수준)

⑦ 가상지표면

제65회 (2001년도) 제2교시 문5 (25점)

항만시설물 기초(얕은기초)에 있어서 편심·경사하중을 받는 경우 지지력 산정방법에 대해 설명하시오.

제65회 (2001년도) 제4교시 문2 (25점)

모래치환한 기초위에 케이슨(Caisson)식 혼성방파제의 내진설계 절차에 대해서 설명하시오.

제65회 (2001년도) 제4교시 문4 (25점)

말뚝의 허용인발력에 대하여 설명하시오.

제66회 (2002년도) 제1교시 문②, ⑦, ⑨ (각10점)

다음 문제를 선택하여 설명하시오.

② 콘 관입시험

⑦ 잔류침하

⑨ 부마찰력(負摩擦力)

제68회 (2002년도) 제2교시 문4 (25점)

항만시설의 내진등급(耐震等級)과 내진성능(耐震性能)목표에 대하여 설명하시오.

제69회 (2003년도) 제1교시 문⑫ (10점)

다음 문제를 선택하여 설명하시오.

⑫ SCP(Sand compaction pile)공법

제69회 (2003년도) 제2교시 문1 (25점)

내진설계에 사용되는 설계응답 스펙트럼에 대해서 설명하시오.

제69회 (2003년도) 제4교시 문3 (25점)대

잔교의 내진설계 시 말뚝에 작용하는 유체의 부가질량(附加質量)에 대해 기술하시오.

제70회 (2003년도) 제3교시 문2 (25점)

기본원리에 의한 지반개량공법을 분류, 나열하고 기본원리에 대해 간단히 설명하시오.

제71회 (2003년도) 제3교시 문1 (25점)

항만공사 시 사석침하량 및 지반조사 공법 개선 방법으로 채택되는 탄성파 탐사에 대하여 기술하시오.

제73회 (2004년도) 제1교시 문⑩, ⑪ (각10점)

⑩ 연약지반의 히빙(Heaving)현상

⑪ Mendering damage

제73회 (2004년도) 제4교시 문4 (25점)

준설토 투기장 개발시 준설토 투기후의 초연약 지반의 표층처리공법에 대해 기술하시오.

제75회 (2005년도) 제1교시 문⑧ (각10점)

다음문제를 선택하여 설명하시오.

⑧ 파랑에 대한 해저지반의 액상화 매카니즘에 대해 기술하시오.

제76회 (2005년도) 제·교시 문⑬ (각10점)

다음문제를 선택하여 설명하시오.

⑬ 연약 준설토 체적변화계수

제79회 (2006년도) 제2교시 문2 (25점)

임의 해역에 단일강관 말뚝구조물인 해상관측타워를 설치코자 할 때 외력산정, 구조설계, 지반설계 방법을 기술하시오.

제79회 (2006년도) 제2교시 문6 (25점)

해안의 해성점토나 준설토로 매립된 초연약지반을 개량하여 기초지반을 조성하려고 할 때, 먼저 지반개량 장비의 진입에 필요한 지지력 확보를 위한 표층처리공법이 있는데, 이들 중 최근 국내에서 많이 적용하고 있는 공법에 대하여 아는 바를 쓰시오.

제79회 (2006년도) 제4교시 문6 (25점)

굴착 사석치환 중력식 항만구조물의 잔류침하 제어대책에 대해서 기술하시오.

제82회 (2007년도) 제4교시 문5 (25점)

항만 구조물 하부 연약지반처리 공법에 대해 다음 사항을 설명하시오.

1) 개요 2) 시공방법별 공법비교 3) 하부토질별 공법비교

제84회 (2008년도) 제1교시 문⑦, ⑪, ⑬ (각10점)

다음 문제를 선택하여 설명하시오.

⑦ 융기토 유용형 모래다짐 말뚝공법

⑪ 초연약지반에 대한 표층개량공법의 종류

⑬ 액상화 현상

제5편 수역시설

제 5 편 수역시설

제1장 · 개 요

수역시설에는 항로, 박지, 선회장과 선류장이 포함된다.

제2장 · 항 로

2.1 일 반

항로는 선박이 안전하게 항행할 수 있고 조선(操船)이 용이하도록 기상·해상은 물론 지형에 맞도록 시설되어야 한다.

일반적으로 양호한 항로는 다음조건을 충족하도록 한다.

- ○ 법선이 직선에 가깝다.
- ○ 항로의 측면과 해저면 형상, 항주파 등이 고려된 폭이 넓고 수심이 충분하다.
- ○ 바람, 조류, 파고 등 기상 및 해상조건이 양호하다.
- ○ 항로표지, 신호설비 등이 잘 정비되어 있다.

항로의 계획시 기왕의 유사한 실례를 참고로 하고 입출항 선박의 항적(航跡)을 검토할 필요가 있으며, 이를 검증하기 위하여 선박항행시뮬레이션을 시행할 수도 있다. 필요한 경우 해사관계자(도선사:Pilot 등)의 의견도 청취하여 반영하고, 항로표지의 정비상황, 항행관제의 시행상황, 항로의 분리(대형선 항로, 소형선 항로, 왕복항로 등), 인접한 박지와의 거리, 항입구의 진입각도, 끌배사용의 유무도 고려할 필요가 있다.

전용선박의 항로는 지정이 되지 않아도 수역내에서 정박, 선회가 될 수 있도록 조치하여야 한다.

2.2 항로의 법선

굴곡부에 대한 항로 중심선의 교각은 적어도 30°를 넘지 않는 것이 바람직하고 이 때의 항로굴곡부의 중심선은 곡율반경이 대상선박 전장의 4배이상의 원호를 포함한 항로폭이 되도록 한다.

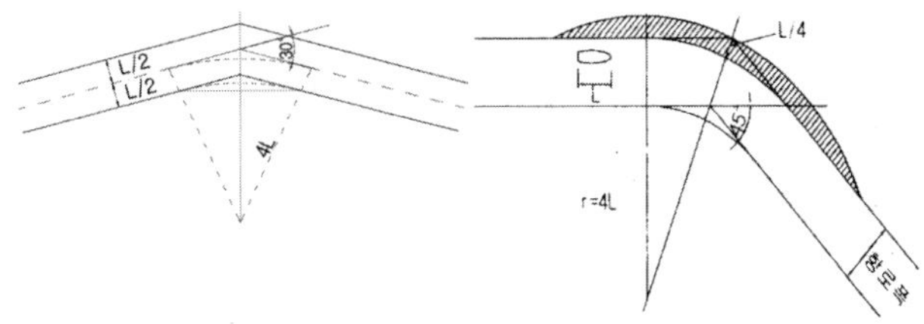

일반선박의 항로굴곡부　　　어선의 항로굴곡부

항로의 굴곡부

2.3 항로의 폭

항로의 폭 결정은 대상선박의 제원, 항로의 통행상황 및 항로연장, 기상, 해상과 그 외의 상황 등을 충분히 고려하여 결정한다. 특수한 경우 끌배의 이용, 대피수역의 설치 등을 배려하는 경우에는 항로연장을 짧게 할 수 있다.

2.3.1 일반항의 항로폭

① 항로의 연장이 비교적 짧은 경우 : 1.5L

② 대상선박이 항로항행중 빈번히 교차하지 않는 경우 : 1.5L

③ 대상선박이 항로항행중 빈번히 교차하고 항로연장이 비교적 긴 경우 : 2.0L

다만, 대상선박이 교차하는 경우가 거의 없는 경우 0.5L의 적절한 폭으로 한다. 그러나 1.0L이 되지 않을 경우에는 항로를 지원하는 시설장비 등 안전상의 대책을 수립하는 것이 바람직하다.

여기서, L은 대상선박의 선박길이이다.

2.3.2 어항의 항로폭

어선 또는 500G/T이하의 선박을 대상으로 하는 항로에서는 이용실태에 따라 적당한 폭으로 계획한다.

어선을 대상으로하는 항로 폭은 어선의 크기, 통행량, 지형, 파랑, 자연조건을 고려하여 다음 표를 표준으로 하고 있다.

어항의 항로폭(왕복항로)

항로의 위치	항로폭	비 고
외해에서 외항으로 들어오는 항로	6B ~ 8B	• 황천시 파랑에 대한 여유를 고려
외항에서 내항으로 들어오는 항로	5B ~ 6B	

주 : 여기서, “B”는 대상어선의 선폭

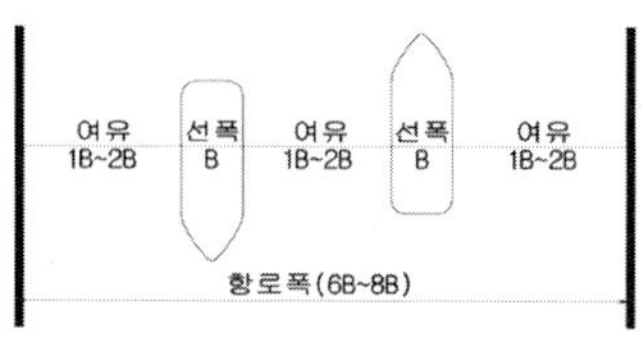

어항의 항로 폭

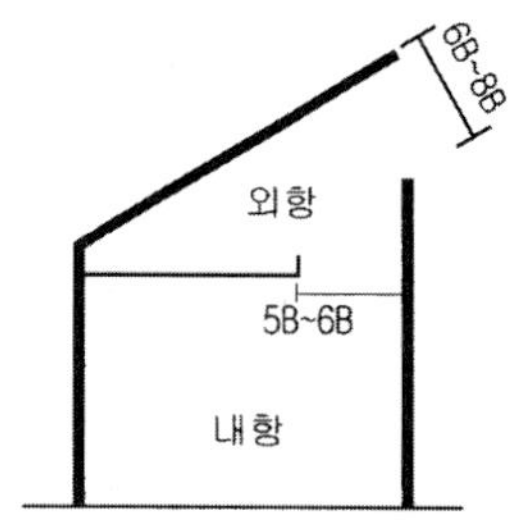

어항의 항입구 폭

2.4 항로의 수심

2.4.1 개 요

항로의 수심은 박지의 수심에 준하나 상황에 따라 저질, 선박의 동요, 트림(Trim), 선체침하, 측량오차, 준설정도(浚渫精度)를 감안하고 여유를 고려하여 결정한다.

항로 계획시에는 기존선박의 통행량(또는 유사항만의 통행량 참조), 항로이용시간, 향후 선박통행 증가량 등을 조사하고 필요시 선박조종모의실험(Ship handling simulation)을 시행하여 선박의 안정성 및 항로선형, 폭, 수심 등의 적정성을 검토한다.

2.4.2 항로수심 산정

가. 내항항로

파랑 및 조류의 영향이 적으므로 대상선박의 D_f에 10% 여유수심을 고려하여 결정한다.

즉, $d > 1.1D_f$

여기서, d : 소요수심(m)

D_f : 만재흘수(m)

나. 외항항로

대상선박의 만재흘수에 복항, 파고 및 해저지질 여건 등을 고려하여 결정한다.

$$d > D_f + D' + H_{1/3}/2 + (0.35 \sim 0.50)\text{m}$$

여기서, D_f : 선박의 만재흘수

D' : 복항에 대한 여유수심 (통상 D_f의 2%)

$H_{1/3}$: 설계파고 (유의파고, m)

(0.35 ~ 0.50)m : 해저지질에 대한 여유수심, 이토 및 사질토 0.35m, 암반 0.50m를 고려한다.

기타참고사항 : 스쿼트(Squat)에 의한 여유수심(D_f의 20%), 트림(Trim)에 의한 여유수심(2.5L/1000), 피칭과 롤링(Pitching & Rolling)에 의한 여유수심 : 1.0m

기타여유수심 : 1.0m

2.5 항 입구부의 항로연장

항 입구부의 항로연장과 연속되는 박지의 넓이는 선박의 정지가능거리를 감안하여 적절히 정한다.

항 입구부까지 항행속도는 5~7kt로 항행하다가 항입구부에서 엔진을 정지하고 타력으로 항내에 진입하더라도 통계상 4L이 전진하는 것으로 되어 있다.

정박지나 접안시설은 5L이상의 거리확보를 필요로 하며, 거대선인 경우에는 관련 자료를 참작하고 가능하면 끌배를 고려하는 것이 바람직하다.

2.6 항로의 정온도

항로는 선박의 항행, 도선사(Pilot)의 승선, 끌배의 이용 등을 감안하여 적절한 정온도 확보가 필요하다.

항행선박에 대한 항주파(航走波)의 파랑의 영향은 소형선의 경우 횡파를 받거나 추파(追波)를 받을 때에 크다. 항구부근에서 후방으로 45°이내의 추파를 받는 항로는 피하는 것이 바람직하다.

항로의 정온도 확보에는 침입파외에 방파제나 안벽에서의 반사파 영향에 대해서도 배려할 필요가 있다.

제3장 · 박 지

3.1 일 반

안전한 정박(碇泊), 조선의 용이, 하역의 효율성, 기상 및 해상의 조건, 항내반사파, 항주파(航走波) 등의 영향, 기타 관련시설과의 이용성이 좋도록 한다.

박지는 묘박지(錨泊地), 부표박지(浮漂泊地)외에 선류장 등의 조선수면(操船水面)을 포함하고 그 기능상 양호한 박지조건은 다음과 같다.

- ○ 정온하고 충분한 수면적을 갖는다.
- ○ 저질이 닻놓기에 좋다.
- ○ 부표가 정비되어 있다.
- ○ 바람, 조류 등의 기상 및 해상조건이 좋다.

3.2 일반선박의 박지

3.2.1 위 치

방파제 내 · 외부, 항로 인근에 정온도 등을 고려하여 적절한 장소의 수면적을 박지로 정한다.

3.2.2 정박 또는 계류용 박지의 면적

정박 또는 계류용 박지는 안벽, 계선말뚝, 잔교 및 부잔교의 전면박지 이외의 박지로서 묘박 및 부표박으로 사용되는 박지이고, 그 면적은 이용의 목적, 이용방식, 해저지질, 풍속, 수심 등을 충분히 고려하여 결정한다.

정박 및 계류형태는 부표박이고 이용 방식 및 조위차가 큰 경우 등부표의 수평이동량을 고려한다.

정박 또는 계류용 박지는 안벽, 계선말뚝, 잔교 및 부잔교 전면의 넓이에 대하여 규정하고 있으나 박지의 길이는 대상선박의 선체길이에 대상선박이 횡접안할 때 필요한 연장이며, 박지의 폭은 이 · 접안의 안정성에 대하여 고려한다.

돌제와 돌제와의 사이의 박지폭은 선형, 선석수, 끌배의 유무 등을 충분히 고려하여 적절하게 정한다.

박지의 넓이에 대해서는 선박의 이 · 접안 및 박지에 출입, 묘박지에서는 투묘오차율, 위험물을 적재하는 선박이 이용하는 박지에서는 그의 보안거리를 고려한다.

여러 개의 돌제가 병렬하여 있는 경우 돌제 사이의 정박지 폭은 다음 값을 참고로 한다. (L : 대상선박길이)

- 돌제의 한쪽 선석수가 대체로 3선석 이하의 경우 : L

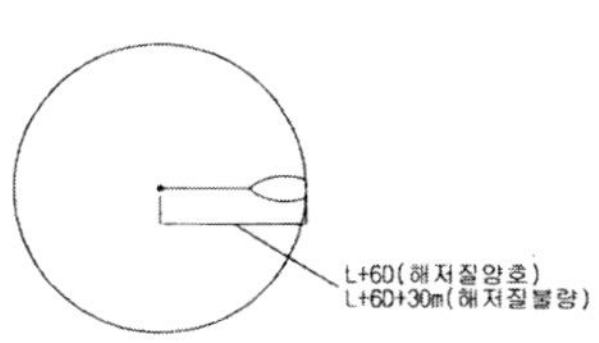

(a) 단 묘 박

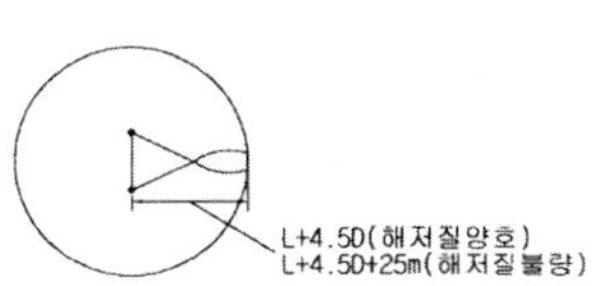

(b) 쌍 묘 박

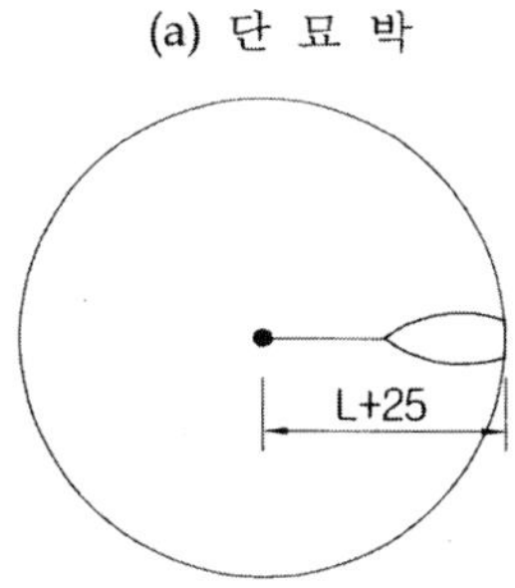

(c) 단묘부표박

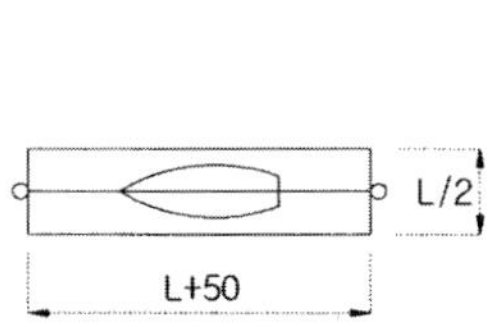

(d) 쌍묘부표박

묘박지의 규모(1척당)

묘박지의 규모

이용목적	이용방법	해저질 또는 풍속	반 경
심해대기 또는 심해하역	단묘박	해저질이 양호	L + 6D
		해저질이 불량	L + 6D + 30m
	쌍묘박	해저질이 양호	L + 4.5D
		해저질이 불량	L + 4.5D + 25m

(주) L : 대상선박 길이(m), D : 수심(m)

부표박지의 규모

이 용 방 식	넓 이
단부표박(單浮標泊)	• 반경(L + 25m)의 원
쌍부표박(双浮標泊)	• (L + 50m)과 L/2을 변으로 하는 장방형

- 돌제의 한쪽 선석수가 대체로 4선석 이상의 경우 : 1.5L

그리고 돌제의 뒤쪽을 선류장으로 사용하는 경우나 급유선, 대선 등이 정박에 이용하는 경우는 그 이용 상황을 고려하고 소요 폭에 여유를 주는 것이 바람직하다.

3.2.3 박지의 수심

- ○ 박지의 수심은 공사용 기준면으로부터 만재흘수 등으로 산정되는 최대흘수에 여유수심을 더한 수심을 박지수심으로 한다.
- ○ 선박의 특수한 정박 또는 계류용 박지란 의장용박지, 대상선박의 이용시의 흘수가 항상 만재흘수 보다 작은 경우를 말한다.
- ○ 박지의 수심에 대하여는 대상선박의 만재흘수 등을 잘 알지 못할 경우에는 적절히 정한다.

3.2.4 박지의 정온도

수역시설의 이용선박에 대한 정박 또는 계류용 박지에서 계류시설의 전면에서는 원칙으로 연간 97.5% 이상의 정박 또는 계류 일수가 가능한 정온도를 확보하여야 한다. 다만, 계류시설 또는 계류시설 전면의 이용이 특수한 경우에는 예외로 하고 있다.

박지의 정온도에 대한 박지내 파고를 가지고 평가하는 것이 통례이지만 필요에 따라 계류중의 선박 동요에 영향을 미치는 파향, 주기 등의 영향도 함께 고려하는 것이 바람직하다.

일반적인 하역을 하기 위한 항내파고는 다음 표를 참고로 하고 있다.

하역한계파고

선 형	하역한계파고
소 형 선	0.3m
중·대형선	0.5m
초대형선	0.7～1.5m

(주) 소형선이란 주로 선류장을 이용하는 대체로 500GT급이하의 선박, 초대형선이란 주로 대형돌핀 시버스(Sea berth)를 이용하는 대체로 50,000GT급 이상의 선박, 중·대형선이란 소형선이나 초대형선이외의 선박이다.

3.3 어선용 박지

3.3.1 일 반

어선용 박지는 어선의 입·출항과 조선을 원활히 할 수 있는 충분한 수면적과 수심을 확보하여야 하며, 어선의 안전한 정박 및 양륙, 보급, 휴식, 출어 준비작업 등에 지장이 없도록 수면의 정온을 유지하여야 한다. 또한 어선이 닻을 내리는 데 적합한 해저 지질이어야 하며, 해저 지반이 단단한 경우에는 별도 대책을 강구한다.

박지 설계시에는 안전한 정박, 원활한 조선, 양육, 출어준비 등이 가능하도록 정온하고 충분한 넓이와 수심을 확보한다.

박지 및 조선용 수역을 사용 목적에 따라 분류하면 다음과 같다. (L은 어선의 길이)

- ○ 양육용 박지 : 박지면적 = 부두연장×(0.25L+0.75L+1.5L)≒부두연장×2.5L
- ○ 보급용 박지 : 박지면적 = 부두연장 × 2.5L
- ○ 휴식용 박지 : 박지면적 = 부두연장×(1.5L×종접안수+1.5L+0.75L)
- ○ 묘박용 박지 : 박지면적은 계류용 박지면적 참조
- ○ 조선용 수역 : 박지면적은 조선용 박지면적 참조
- ○ 황천시용 박지 : 박지면적 = 소요접안연장×(2.0L×종접안수+2.0L+1.0L)
- ○ 특정목적 박지 : 정기 여객선 또는 화물선 및 어선의 수리 등 특정목적을 위한 수역으로서 사용방법에 따라 횡접안과 종접안으로 구분하며, 다음을 표준으로 한다.
  - 횡접안시 : 1.2L 및 (B+1)을 변의 길이로 하는 직사각형의 면적
  - 종접안시 : 1.2L 및 (B+3)을 변의 길이로 하는 직사각형의 면적

    여기서, B : 어선의 폭, 단위 : m

3.3.2 박지의 수심

박지의 수심은 기본수준면을 기준으로 하여 대상어선 만재흘수의 110%, 또는 선석수심을 표준으로 한다.

박지의 수심에 있어서 대상어선의 만재흘수가 명확하지 않은 경우에는 다음표를 기준한다.

박지의 수심

대 상 어 선	수 심(m)	대 상 어 선	수 심(m)
1톤미만	1.0	200톤	4.0
1톤～20톤	2.0	300톤	4.0
30톤	2.5	400톤	4.0
40톤	3.0	500톤	5.0
100톤	3.0	750톤	5.5
150톤	4.0	1,000톤	6.0

3.3.3 박지의 정온도

박지는 평상시 및 대피시 이용에 충분한 정온을 유지하여야 한다. 정박 또는 접안용 박지에 있어서 계류시설 전면수역은 년간 97.5% 이상의 정박 또는 접안일수가 가능하도록 정온도를 확보한다.

수역내에서 정박가능한 파고, 항로 사용이 가능한 최대파고 및 양육작업, 휴식을 위한 물양장 전면 박지의 한계파고는 대상어선의 선종, 선형, 이용실태 등을 파악하여 정해야 하지만 일반적으로 다음 표를 표준으로 한다.

수역시설 사용이 가능한 최대파고

구 분	수역시설 수심	
	3.0m 이하	3.0m 이상
항내 묘박 및 정박가능 최대파고	0.60m	0.70m
항로 사용가능 최대파고	0.90m	1.20m
양육, 준비가 가능한 파고	0.30m	0.40m
휴식이 가능한 최대파고	0.40m	0.50m

(주) 박지의 정온도에 대해서는 박지내의 파고로 평가하는 것이 통례이지만 필요에 따라서는 여파 및 항주파 등의 영향도 함께 고려해야 한다.

제4장 · 선회장(船廻場:Turning basin)

4.1. 선박의 선회장

선박의 선수를 회전하는데 필요한 규모의 박지에 관하여는 선회의 형태, 선박의 선회성능, 계류시설, 항로의 배치, 기상 및 해상조건을 충분히 고려한다.

선회장의 규모는 다음 값을 표준으로 한다.

- ○ 자력에 의한 회전의 경우 : 3L을 지름으로 하는 원
- ○ 끌배에 의하여 회전하는 경우 : 2L을 지름으로 하는 원 역시, 충분한 추력을 갖는 스라스터에서는 끌배와 동등하게 평가한다.

소형선 등에 관하여는 지형 등에 의해 어쩔 수 없는 경우에는 계류앵커, 바람 또는 조류를 이용하여 다음의 값까지 내릴 수 있다.

- ○ 자력에 의한 회전의 경우 : 2L을 지름으로 하는 원
- ○ 끌배에 의하여 회전하는 경우 : 1.5L을 지름으로 하는 원

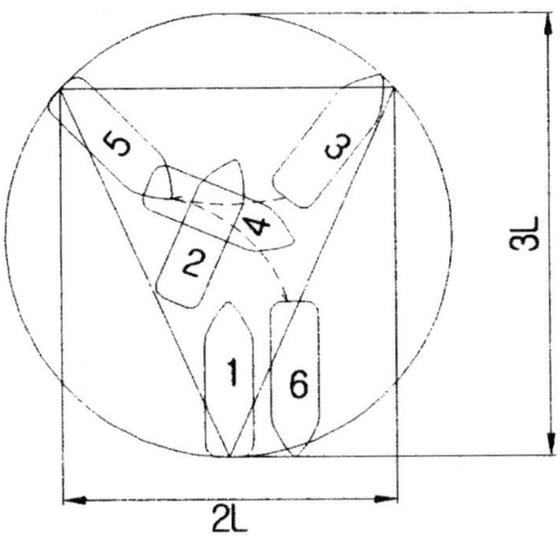

일반선박의 선회순서

4.2 어선용 선회장

어선의 조선용 수역인 선회장은 어선의 접·이안 등을 위해 선회하는데 필요한 수면으로 안전한 조선이 가능하도록 충분한 넓이, 수심 및 정온도 등을 확보한다.

일반적으로 어선은 자력에 의하여 선회하므로 중·소형의 어선인 경우 정온한 수역에서는 선장의 1.5L을 지름으로 하는 원형의 면적이 필요하고, 풍파를 고려하는 경우에는 2.0L을 지름으로 하는 원형의 면적이 필요하다.

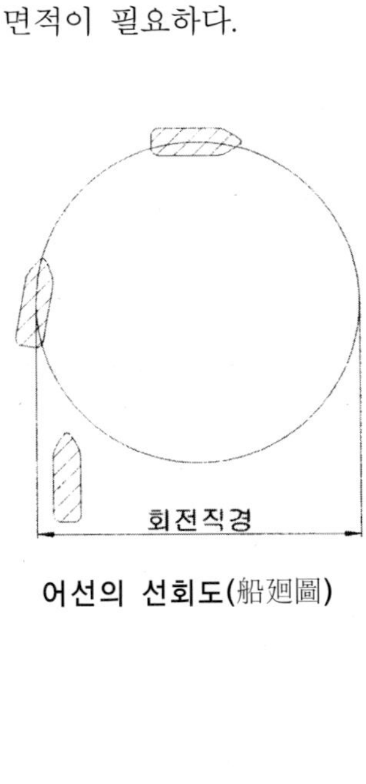

어선의 선회도(船廻圖)

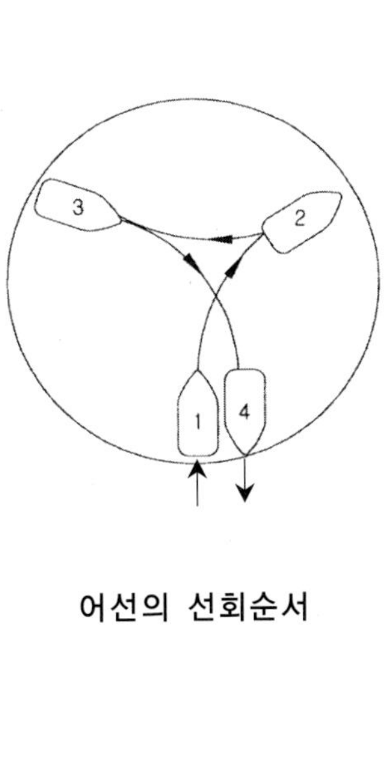

어선의 선회순서

4.3 어선용 슬립 및 기타수역

슬립(Silp)은 돌출제내의 계류 및 조선용 수역이며, 그 폭은 선형, 선석수, 끌배의 유무 등을 고려하여 신중히 결정한다.

다수의 돌출제가 병렬로 설치되어 있을 경우, 슬립의 폭은 보통 다음 값을 표준으로 한다.

① 슬립의 양쪽에 각 1선석을 계획하는 경우
B = 2B' + (10~40m)

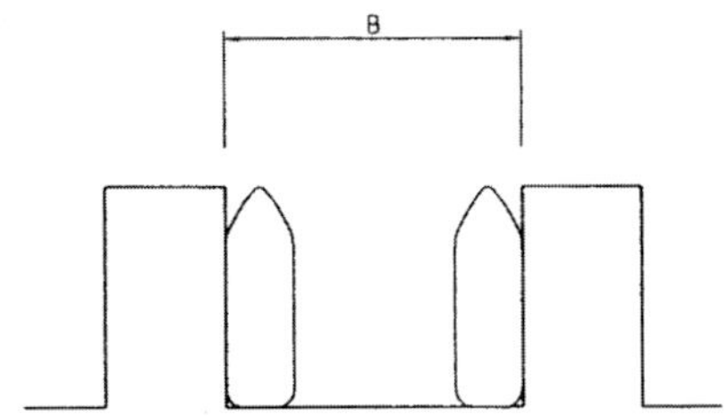

② 슬립의 양쪽에 각 2선석을 계획하는 경우
B = 4B' + (10~40m)

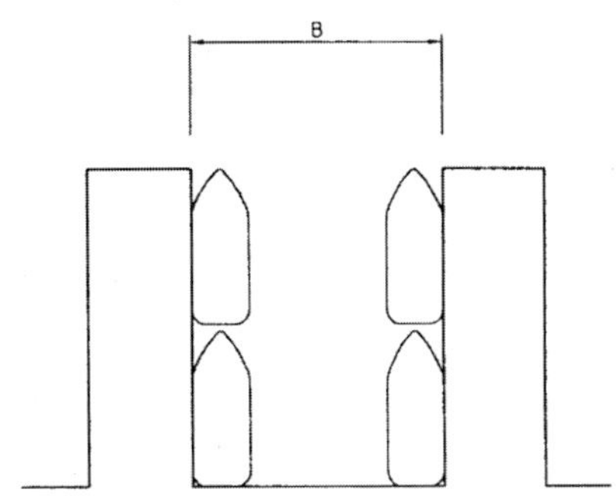

③ 슬립의 양쪽에 각 3선석 이상을 계획하는 경우
B = 6B' + (10~40m)

④ 돌출제 안쪽 막다른 곳을 소형선의 선류장으로 사용하는 경우는 이용어선수 등을 고려하여 폭을 여유있게 계획하는 것이 바람직하다.

수역시설의 충족율은 다음 식으로 계산한다.

$$A(\%) = \frac{(D-L)}{D} \times 100$$

여기서, A : 충족율(%)
D : 소요면적(㎡)
L : 부족면적(소요면적 - 보유면적)

충족율 A가 클수록 수역시설이 충족되어 있다고 판단한다. A가 100%인 경우 충족율도 100이 되며 수역으로서는 이 이상 필요없는 것으로 판단되나 항내의 정온도 확보나 조선을 원활하게 하기 위해서는 기타 수역이 소요되며, 어선의 증가나 대형화로 소요수역의 증가에 따라 충족율이 저하하는 경우가 있으므로 여유수역이 확보될 수 있도록 100%에 구애받을 필요는 없다.

제5장 · 선류장(船留場)

선류장은 외곽시설이 축조된 항내에 소형선박의 안전한 계류, 조선의 용이, 기상 및 해상조건, 관련시설과의 연관성 등을 고려한다.

어선 등의 소형선이 이용하는 휴식시설로 종접안방식에 의한 계류일 때의 여유폭은 이용자가 지장을 받지 않도록하며 여유폭은 다음 표 및 그림을 참조한다.

선폭과 여유폭의 관계

선 형	여 유 폭
2m이하	1.0~2.0m
2m이상 4m이하	1.5~2.5m
4m이상	2.0~3.0m

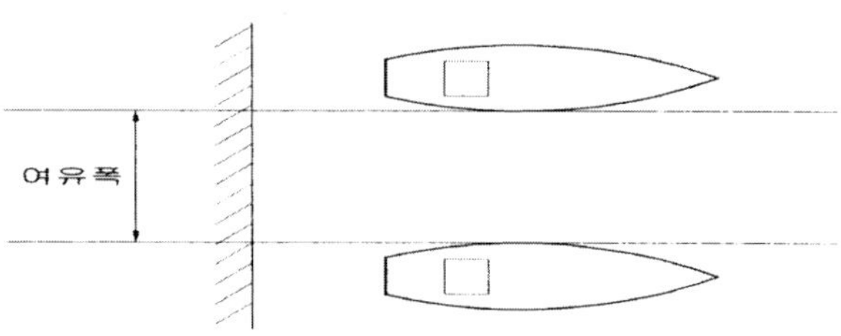

선폭과 여유폭의 관계(종접안)

어선의 표준점유면적은 다음방식에 의하여 산출한다.

- ○ 횡접안 : (1.2L)m 및 (B+1)을 변의 길이로 하는 직사각형의 면적
- ○ 종접안 : (L+5)m 및 (B+3)을 변의 길이로 하는 직사각형의 면적
- ○ 왕복접안 : (2.5L)m 및 (B+3)을 변의 길이로 하는 직사각형의 면적

어선의 평상시 점유면적

- ○ 횡접안 : (1.2L)m 및 (0.25L)m를 변의 길이로 하는 직사각형의 면적
- ○ 종접안 : (1.15L)m 및 (0.15L)m를 변의 길이로 하는 직사각형의 면적

어선의 대피시 점유면적

- ○ 종접안 : (1.35L)m 및 (2.0L)m를 변의 길이로 하는 직사각형의 면적

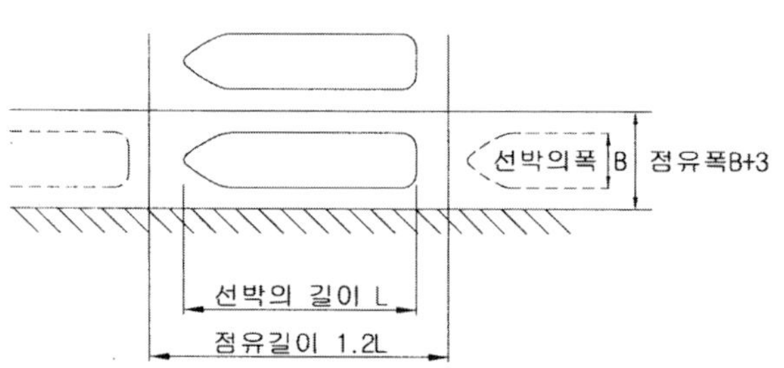

어선의 횡접안 설명도

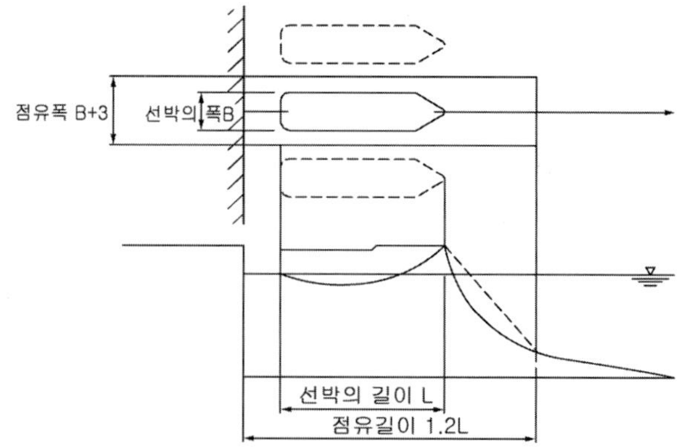

어선의 종접안 설명도

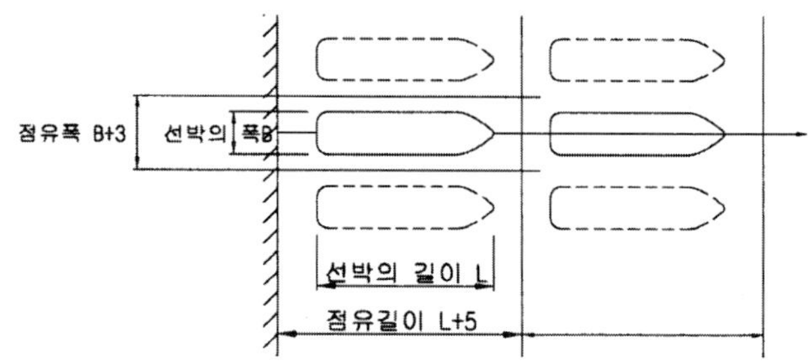

어선의 2중종접안 설명도

제6장 · 수역시설의 유지관리

수역시설은 선박이 안전하고 원활하게 이용할 수 있도록 자연상황 및 시설의 이용상황에 따라 적절한 기준에 근거하여 유지관리한다.

- ○ 하구항 또는 표사가 많을 것으로 예상되는 해빈부에 있는 수역시설의 계획에서는 홍수시의 유사량 또는 파도나 조류에 의한 표사량을 추정하고, 장래를 고려한 필요한 유지준설에 대하여 예측한다.
- ○ 토사 등의 매몰의 우려가 있는 수역시설은 정기점검을 적절히 시행함과 동시에 필요에 따라 이상시 점검을 시행한다. 점검에 의하여 수심이나 소요폭이 확보되지 않을 우려가 있으면 필요한 대책을 강구한다.
- ○ 정기점검이란 실시시기와 구역을 정하여 시행하는 것이며, 이상시 점검이란 이상기상 등에 의한 매몰이 예상되는 경우의 점검이다.
- ○ 수역시설은 지형, 저질, 기상 등 처한 상황이 서로 다르므로 점검의 간격, 평가 및 대책에 대하여는 그들의 상황에 대응하여 적절히 정하여 시행한다.

기술사 출제문제

항로 및 박지

제18회 (1980.5.18) 기초. 문8 (50점)

항로계획에 대하여 알고 있는 바를 기술하라.

제19회 (1981.5.24) 기초. 제2교시. 문2 (25점)

항로계획 및 시공에 관하여 상술하고, 100,000DWT Tanker의 항로수심을 산출하라.

단, 파고 1m

제22회 (1982.2차) 기초. 제2교시. 문2 (50점)

항로의 폭과 수심에 대하여 기술하라.

제22회 (1982.2차) 전문. 제2교시. 문3 (75점)

항만의 수심문제에 관하여 논술하라.

제24회 (1984.5.20) 제3교시. 문2 (50점)

항로 및 박지계획에 대하여 논하라.

제25회 (1984.10.7) 제1교시. 문2-(2) (10점)

다음에 대하여 아는 바를 기술하시오.

(2) 직선 왕복항로에서 선폭과 항로폭과의 관계

제26회 (1985.5.19) 제4교시. 문1 (50점)

서해안에서의 초대형 선박(100,000D/W급)의 항로계획을 수립하고 특히 고려하여야 할 사항이 있으면 명기하시오.

제29회 (1987.4.26) 제2교시. 문2-(4) (10점)

다음을 설명하시오.

(4) 선박통항분리제도

제31회 (1988.4.24) 제3교시. 문3 (25점)

대형선박이 항행하는 협수로에서 안전한 항로계획에 대하여 기술하시오.

제37회 (1992.4.12) 제3교시. 문5

다음 용어들을 설명하시오.

④ 선회장 (5점)

⑤ 묘박지 (5점)

제37회 (1992.4.12) 제4교시. 문4 (25점)

항로수심 결정시 고려사항과 결정방법을 설명하시오.

제39회 (1993.3.21)

서해안의 조차가 큰 항만의 접근항로에서의 대형선박의 접근항로 운항계획에 대하여 논하시오.

제39회 (1993.3.21)

수역시설중 항로의 폭 결정시 조사사항과 배려하여야 할 사항에 대하여 논하라.

제41회 (1994.4.3) 제3교시. 문2 (30점)

접근수로의 항행 및 입출항시 저속의 조선을 고려한 항만의 배치설계를 위한 종래의 방법과 현대의 방법을 서술하시오.

제42회 (1994년도) 제1교시. 문⑤ (5점)

⑤ 박지내 선회장에서 선박자체가 회전할 경우 필요한 최소 박지면적

제45회 (1995년도) 제1교시. 문⑥ (10점)

⑥ 항로의 수심결정

제46회 (1996년도) 제3교시. 문2 (20점)

항로의 제원을 결정하는데 있어서 검토해야 할 사항에 대해여 논하라.

제46회 (1996년도) 제4교시. 문5 (30점)

박지를 계획할 때 고려해야 할 사항을 기술하라.

제47회 (1996년도) 제1교시. 문① (각10점)

① 항로굴곡부의 처리

제47회 (1996년도) 제2교시. 문3 (25점)

대형선박의 접근 수로에서의 조선, 접안에 따른 수로, 수역설계에 이용되는 현대적 시뮬레이션 방법에 대하여 아는 대로 서술하시오.

제49회 (1997년도) 제3교시. 문1 (25점)

항로계획 시 고려해야 할 사항을 설명하고, 20,000D.W.T급 선박을 위한 항로단면을 설계하고 스케치하시오.

제52회 (1997년도) 제3교시. 문4 (20점)

항로의 폭, 선형에 대하여 논하시오.

제53회 (1998년도) 제1교시. 문⑤ (10점)

⑤ 선회장

제56회 (1998년도) 제4교시. 문4 (30점)

항로계획에 대하여 설명하시오.

제57회 (1999년도) 제2교시. 문3 (30점)

수역시설을 설명하고 일반형(연안항, 무역항)과 어항의 수역시설을 비교 · 기술하시오.

제58회 (1999년도) 제1교시. 문②, ③ (각15점)

② 항로 결정시 검토사항

③ 박지

제59회 (1999년도) 제1교시. 문④ (10점)

④ 선회장(Turning basin)

제59회 (1999년도) 제3교시. 문2 (25점)

항로계획에 있어서 고려해야 할 사항을 흐름도를 그려서 설명하시오.

제59회 (1999년도) 제3교시. 문5 (25점)

박지별 수면적의 산정방법에 대해 논하시오.

제62회 (2000년도) 제3교시. 문3 (25점)

수역시설의 종류와 요건

제63회 (2001년도) 제1교시. 문①, ⑪ (각10점)

다음에 대하여 설명하시오.

① 선박조종(항행) Simulation

⑪ 선박의 정지거리

제64회 (2001년도) 제3교시. 문4 (25점)

대형선박의 접근항로 계획을 수립 시 고려할 사항에 대해서 설명하시오.

제65회 (2001년도) 제4교시. 문1 (25점)

항로설계에 있어서 항로의 법선, 항로폭 및 항로수심 결정방법과 고려해야 할 사항에 대하여 설명하시오.

제67회 (2002년도) 제1교시. 문⑥ (각10점)

다음 문제를 선택하여 설명하시오.

⑥ 복항(Squat)

제67회 (2002년도) 제4교시. 문3 (25점)
박지(泊地)계획에 대하여 설명하시오.

제68회 (2002년도) 제2교시. 문1 (25점)
대형 선박의 항로계획에 대하여 기술하시오.

제69회 (2002년도) 제2교시. 문2 (25점)
항로수심 결정시 고려해야 할 사항을 기술하시오.

제70회 (2003년도) 제1교시. 문⑦ (25점)
다음 문제를 선택하여 설명하시오.
⑦ 수역시설과 계류시설

제71회 (2003년도) 제3교시. 문4 (25점)
항로계획 시 고려해야 할 사항에 대하여 쓰시오.

제72회 (2004년도) 제2교시. 문5 (25점)
항로계획 시 항로폭과 수심의 결정방법에 대하여 기술하시오.

제75회 (2005년도) 제3교시. 문1 (25점)
항로계획 수립시에 고려할 사항에 대해 기술하시오.

제79회 (2006년도) 제2교시. 문4 (25점)
수역시설 계획시 사전 검토사항과 운영시 유지관리 대책에 대해서 기술하시오.

제84회 (2008년도) 제4교시. 문5 (25점)
대형선박의 항로계획을 수립하고 고려할 사항에 대하여 기술하시오.

제6편 외곽시설

제 6 편 외곽시설

제1장 · 총 설

1.1 개 념

외곽시설은 외해로부터 내습하는 파랑의 침입방지, 항내수역의 정온 확보 및 소요수심을 유지하고, 항내시설을 파랑, 고조, 지진해일 등의 영향으로부터 방호하기 위한 시설물을 말한다.

외곽시설은 방파제, 방사제, 파제제, 방조제, 도류제, 갑문, 호안, 제방, 돌제, 이안제, 흉벽 등이며, 고조대책시설 및 침식대책시설은 해안보전시설 축조기준에 따른다.

1.2 기 능

외곽시설의 기능은 외해 내습파랑에 대한 항내의 정온 확보, 소요수심의 유지, 해안의 유실방지, 고조에 의한 항내시설의 수위상승의 억제, 지진해일에 의한 침입파의 감쇄와 이들 영향으로부터 항만 배후지를 보호하는 것 등이다.

근래의 항만개발은 시대의 변천과 함께 항만의 고유기능외에 사람과 자연환경이 공존할 수 있는 환경친화 항만과 더불어 친수공간을 확보하므로써 다양한 형태의 해양위락 및 관광기능을 겸한 종합적인 항만 및 어항으로 전환하여 쾌적한 환경 및 삶의 질을 향상시킬 필요성이 요구되고 있으므로 친수기능과 경관시설을 고려하고 있다.

1.3 주변환경에 미치는 영향

외곽시설 축조시에는 부근의 수역, 해안시설, 지형 및 해류에 미치는 영향을 충분히 고려하여 배치와 구조형식을 결정하여야 하며, 주변환경에 미치는 영향은 다음 내용과 같다.

- ○ 모래 해안에 외곽시설을 설치하면 그 주변에 토사의 퇴적 또는 침식의 발생 등 지형변화를 일으키는 경우가 있다.
- ○ 방파제의 축조에 따라 항외측은 반사파로 인하여 파랑이 증대하는 경우가 있다.
- ○ 항내측은 신설 외곽시설에 의한 다중반사, 또는 항내수역 형상에 따른 부진동의 유발 등으로 인하여 항내의 정온이 유지되지 않는 경우도 있다.
- ○ 외곽시설의 축조에 의하여 주변의 조류 또는 하천류의 유출 상황에 변화를 초래하여 국소적인 수질변화의 우려가 있다.

1.4 일 반

외곽시설의 설계시는 수역시설, 계류시설 및 기타 시설과의 관계, 외곽시설 축조 후 부근의 수역, 시설, 지형, 해류 및 기타 환경 등에 미치는 영향 및 당해 항만의 장래 발전방향을 충분히 고려하여 외곽시설의 기능, 구조 및 위치를 선정하여야 한다.

외곽시설은 어패류, 해조류, 플랑크톤(Plankton) 등 해중생물의 생육장소이기도 하므로 시설의 법선계획 및 구조설계시 생물생태 환경도 고려해야 한다.

자연공원구역, 문화 · 유적시설 등에 접근하여 외곽시설을 설치하는 경우에는 본래기능과 더불어 시설 형상, 색채 등의 경관에 대하여도 고려하는 것이 바람직하며, 친수기능을 부가하는 경우에는 편리성, 안전성 등에 대한 고려도 할 필요가 있다.

외곽시설의 손괴는 항내선박, 계류시설 및 배후시설 등의 안전에 중대한 영향을 미치므로 외곽시설의 계획 및 시공시에는 그 안전성에 대한 충분한 검토와 유지관리에 대한 사항도 고려한다.

제2장 · 방파제

2.1 계획의 기본방침

2.1.1 일 반

방파제 계획시는 방파제의 배치, 주변지형에의 영향, 주변환경과의 조화, 설계조건, 구조형식, 다목적 사용의 유무, 설계법, 시공법 및 경제성 등의 사항을 충분히 검토하여 설계한다.

2.1.2 계획순서

방파제의 계획 및 실시설계는 일반적으로 다음과 같은 흐름으로 시행한다.

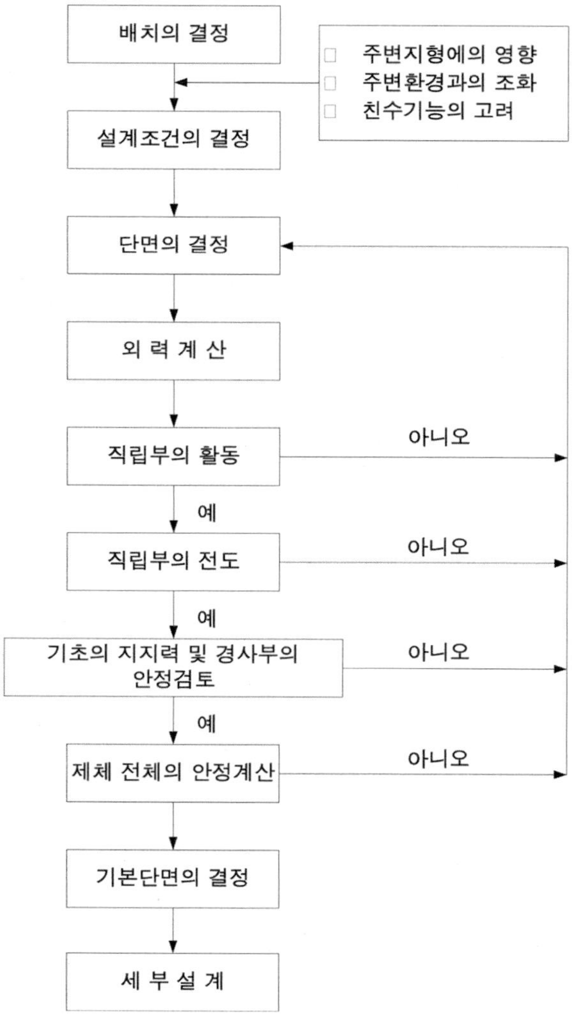

방파제의 계획, 설계순서

2.2 방파제의 배치

방파제는 항내의 정온을 유지하여 선박의 항행, 안전한 정박 및 원활한 하역을 할 수 있도록 하고, 파랑과 표사로부터 항만시설물을 보호하기 위하여 설치하는 시설로서 다음 사항들을 고려하여 배치한다.

2.2.1 항내의 정온도 확보

- ○ 항입구는 침입파가 적도록 가장 빈도가 높은 파랑방향 및 가장 파고가 높은 파랑방향을 피하도록 배치
- ○ 방파제의 법선은 가장 빈도가 높은 파랑방향 및 가장 파고가 높은 파랑에 대하여 효과적으로 항내를 차폐하도록 배치
- ○ 정온도 추정은 수리모형실험에 의한 방법이 가장 바람직하며, 최근에 자연조건과 근접할 수 있도록 파랑모형(Model)이 연구·개발되어 있으므로 수치모형실험이 보완적으로 이용되고 있다.

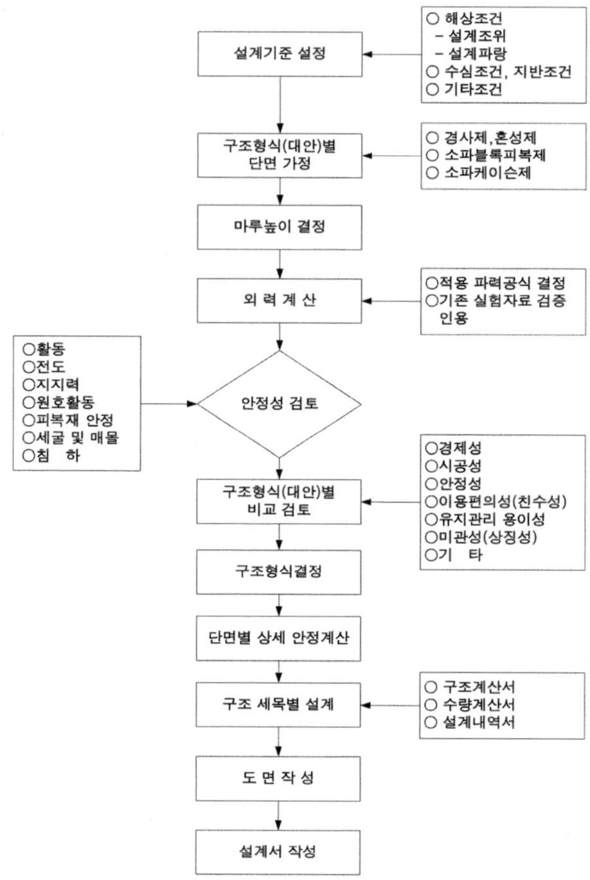

방파제 실시설계 흐름도

2.2.2 조선의 용이성

- ○ 항입구는 선박 항행에 지장이 없는 유효 항 입구폭을 갖도록 하고 항행하기 쉽도록 배치
- ○ 항입구 부근의 조류의 속도는 가급적 2~3knot 이하가 되도록 배치
- ○ 항로, 박지에 대하여 제체에 의한 반사파, 연안에 미치는 파의 집중에 의한 영향이 적도록 배치
- ○ 선박의 접안, 하역, 정박 등에 지장을 주지 않도록 충분한 수역을 확보하도록 배치한다.

2.2.3 수질의 보전

- ○ 수질의 악화가 우려되면 항내 해수가 항시 교환될 수 있도록 배치하고, 필요시 해수교환시설을 설치한다.

2.2.4 건설 및 유지관리

- ○ 파의 집중을 일으킬 우각부 등의 형상과 얕은 여울 주변은 피하여 배치
- ○ 지반이 특별히 나쁜 곳은 피하고 가급적 양호한 위치를 선정
- ○ 곶(岬)이나 섬 등 지형상 이용가능한 것은 최대한 이용하여 배치
- ○ 사질해안에서는 항내로 표사이동이 일어나지 않도록 배치
- ○ 방파제 설치 후 인접구역에 대한 영향에 대하여 충분히 고려하여 배치
- ○ 육지와 떨어져 심해에 건설되는 도식 방파제나 일자 방파제는 두부 양단의 파고 변화가 심하므로 안정성을 고려하여 배치한다.
- ○ 세굴우려가 예상되는 사질은 외측저면 기초부를 적당 깊이로 굴착하여 보강시공 검토

2.3 설계조건의 결정

방파제의 설계조건은 일반적으로 다음 사항을 고려하여 결정한다.

- ○ 항내 정온도 : 하역 가동률, 안전정박 한계파고
- ○ 바 람 : 파랑추정, 등대·조명탑 등 풍압계산에 사용
- ○ 조 위 : 공사용 기준, 마루높이 결정, 안정성 검토에 사용
- ○ 파 랑 : 파고, 파향, 파장, 주기 등의 제원
- ○ 수심조건 : 구조형식, 시공성, 경제성
- ○ 지반조건 : 지반의 강도와 압밀특성
- ○ 기타조건 : 풍압력, 토압, 지진력, 선박충격력, 충돌력, 해류의 영향, 침식·퇴적·세굴·해저경사의 변화 등

2.4 구조형식의 선정

2.4.1 검토사항

구조형식의 선정에는 배치조건, 자연조건, 이용조건, 시공조건, 경제성, 건설공기, 중요성, 재료입수 및 유지관리의 난이도 등을 고려하여 비교·검토 후 결정한다. 필요시 경관설계도 고려한다.

2.4.2 구조형식의 분류

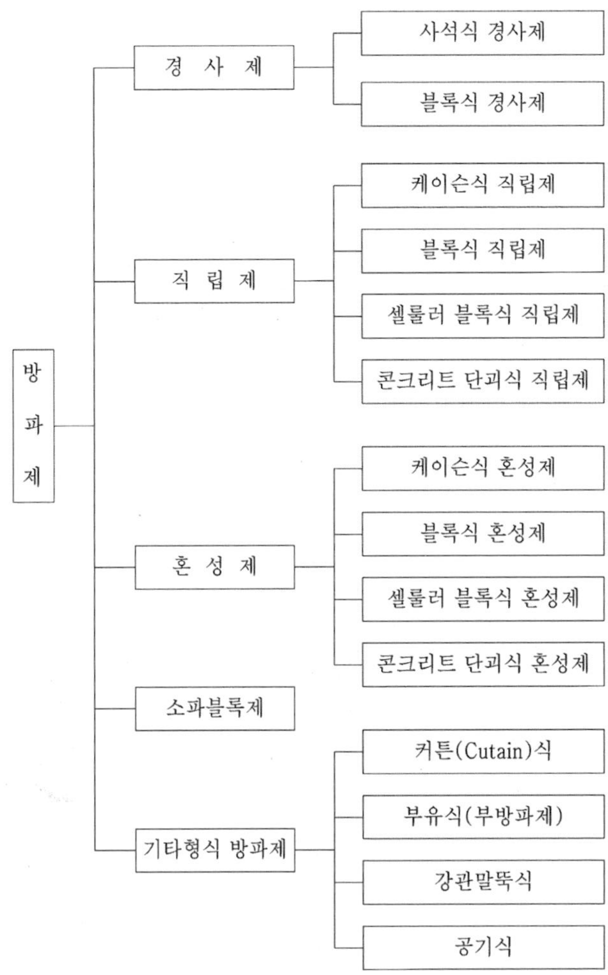

구조형식의 분류

2.4.3 구조형식별 특성

구 분	경 사 제	직 립 제	혼 성 제
특 성	• 사석이나 콘크리트블록을 사다리꼴 형상으로 쌓아 올린 경사구조 • 주로 사면에서 쇄파에 의하여 파랑에너지를 소산시킨다. • 수심이 얕은 곳, 소규모시설 • 항외측의 경사는 1:1.5~1:2.0으로 하고 항내측은 1:1.5를 표준으로 한다.	• 전면이 수직인 벽체를 해저에 설치한 직립 구조 • 주로 파랑에너지를 반사시킨다. • 지반이 양호한 곳에 시설.	• 사석기초(Mound)위에 직립벽을 설치한 혼성구조 • 파고에 비하여 사석부 마루가 얕은 경우에는 경사제 기능에 가깝고 깊은 경우에는 직립제 기능에 가깝다. • 수심이 깊은 곳, 연약지반층이 깊은 곳에 시설
장 점	• 지반의 요철(凹凸)에 관계없이 시공이 가능 • 연약지반에도 적용이 가능 • 파랑에 의한 세굴에 대해 순응성이 양호 • 시공설비가 간단하고 공종이 단순하며 시공관리가 용이 • 유지보수가 용이 • 반사파가 적다.	• 사용재료가 비교적 소량 • 유지관리비가 적다. • 유효 항구폭의 확보가 유리 • 제체를 투과하는 파랑과 표사가 적다. • 내측을 계류시설로 이용가능	• 깊은 수심, 비교적 연약지반에도 적합 • 공사용 재료의 확보 용이성, 경제성 등을 비교하여 사석 Mound부와 직립부의 제체고를 조정 가능
단 점	• 수심이 깊으면 다량의 사석 필요 • 유지보수비가 고가 • 유효항구폭을 확보하기 위하여 항구폭이 넓어져야 한다. • 제체 투과파랑에 의해 항내가 소란 • 표사의 영향이 있는 곳은 항내 매몰 우려 • 내측을 계류시설로 이용할 수 없다.	• 저면반력이 크고, 파랑에 의한 세굴우려 • 반사파가 크고, 방파제 법선방향 파랑의 연파발생으로 보강대책요. • 제체의 거치시 기상에 제한을 받아 공기가 길다.	• 직립부와 사석기초(Mound)부의 경계부근에 파력이 집중하여 세굴발생 우려 • 시공방법과 시공설비가 다양
적용범위	○ 일반적으로 수심의 분포에 따라서 구조형식이 달라지며, 경제성을 고려해 볼 때 수심이 13~15m보다 얕으면 경사제가 유리하고, 깊으면 혼성제의 구조형식이 유리한 것으로 나타나고 있다.		

2.5 기본단면의 설정

구 분	경 사 제	직 립 제	혼 성 제
1) 마루높이	(1) 월파를 허용하는 경우 : 대형선박, 넓은 수역, 삭망평균고조위 + $0.6H_{1/3} \sim 1.0H_{1/3}$ (2) 월파를 방지하는 경우 : 소형선박, 좁은 수역, 삭망평균고조위 + $1.25H_{1/3}$ (3) 유의사항 : 고조의 영향이 있는 곳은 (삭망평균고조위 + 편차)를 설계조위로 정하여 마루높이를 산정		
2) 마 루 폭	• 이형블록을 3개 설치한 폭 이상 • 적절한 모형실험에 의하여 결정 • 사석운반 시공의 용이성을 고려	• 파력에 견딜 수 있는 폭 이상 • 직립제 전면은 이형블록을 2개설치한 폭 이상	• 직립부 : 파력에 견딜 수 있는 폭이상 • 사석부 : 항외측은 5m이상, 항내측은 항외측×2/3정도
3) 상 부 공	(1) 두께 • 파고 2m이상 : 1.0m이상 • 파고 2m미만 : 0.5m이상 (2) 높이 • 최소 평균해면이상 • 삭망평균고조면이상이 바람직	(1) 두께 • 파고 2m이상 : 1.0m이상 • 파고 2m미만 : 0.5m이상 (2) 높이 • 최소 평균해면이상 • 삭망평균고조면이상이 바람직	• 직립부는 직립제에 준하여 결정
4) 비탈경사	• 항외측 : 1:2전후 • 항내측 : 1:1.5전후 • 이형블록 : 1:4/3(내외)~1.5	• 항외측 : 1:1.5 • 항내측 : 1:1.5	• 항외측 : 1:1.5~1:2 • 항내측 : 1:1.5전후 • 이형블록 : 1:4/3(내외)~1.5

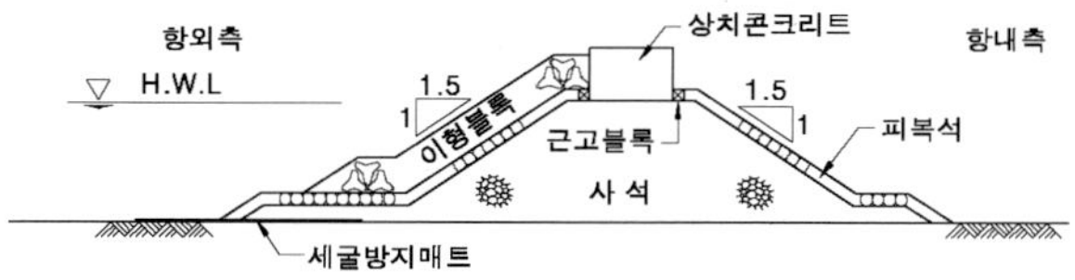

(a) 사석식 경사제

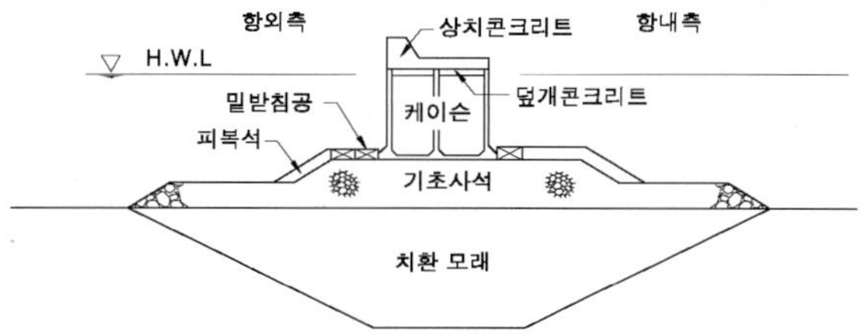

(f) 케이슨식 혼성제(연약지반)

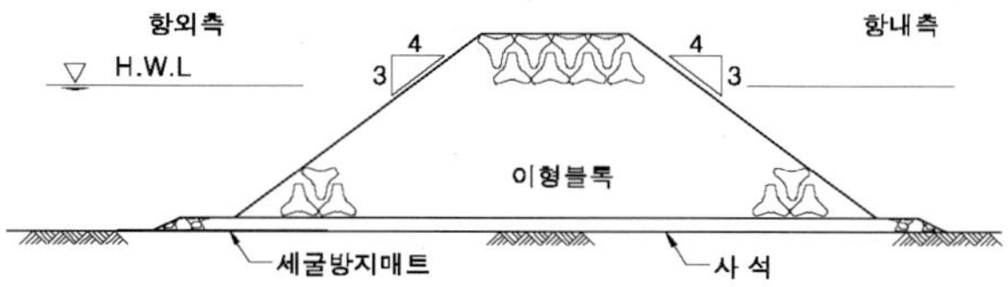

(b) 이형블록식 경사제

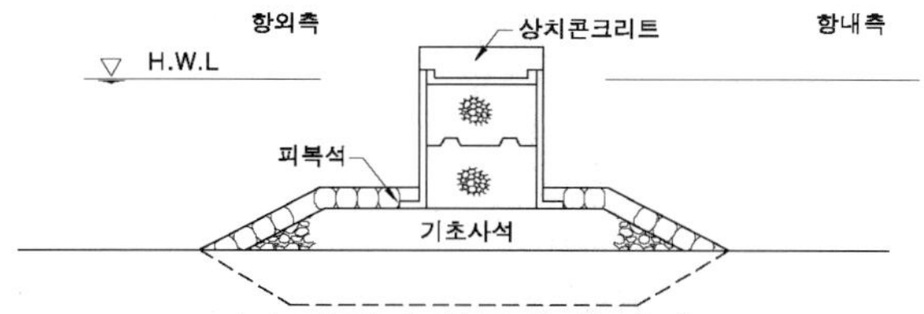

(g) 셀룰러 블록식 혼성제

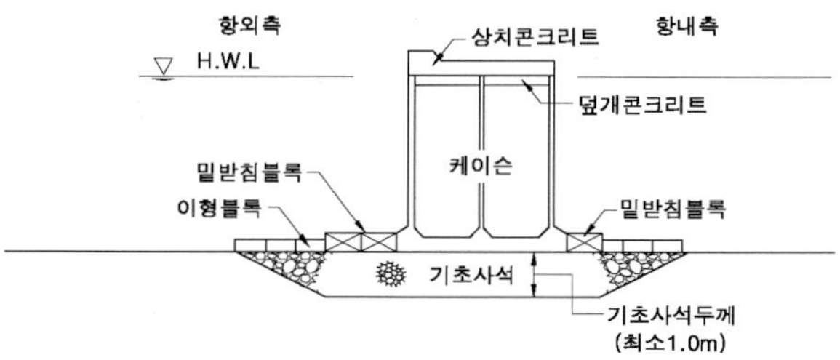

(c) 케이슨식 직립제

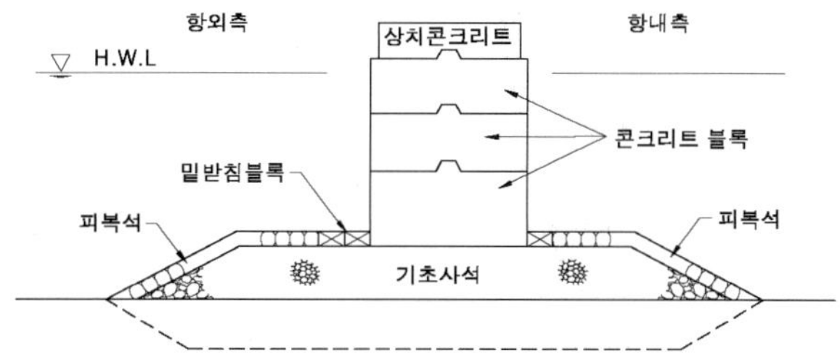

(h) 블록식 혼성제

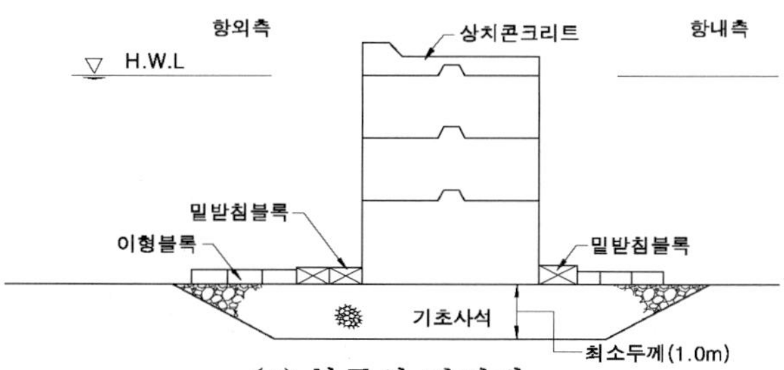

(d) 블록식 직립제

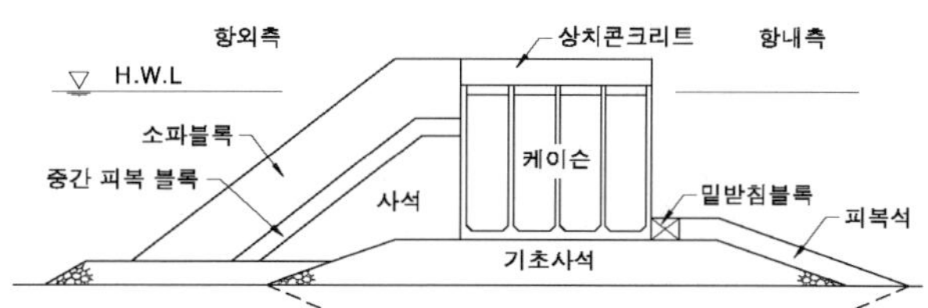

(i) 소파 블록식(사석활용) 피복제(제체케이슨구조)

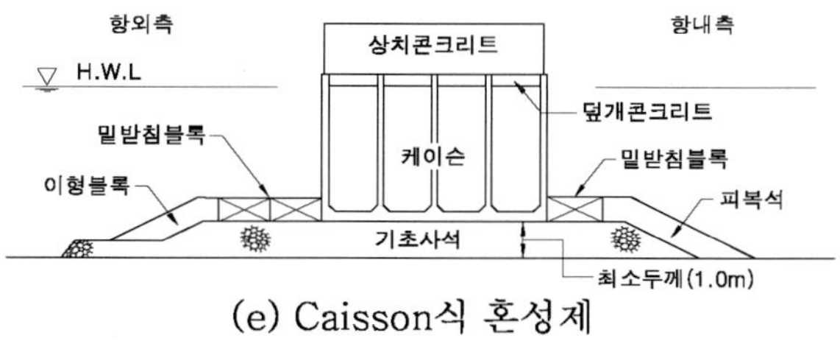

(e) Caisson식 혼성제

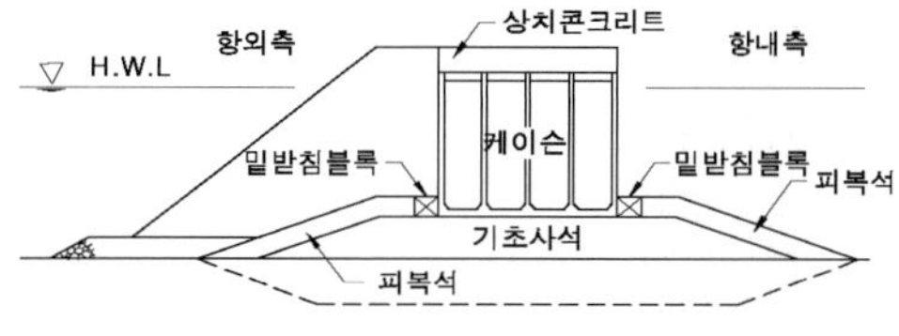

(j) 소파 블록식(소파블록) 피복제(제체 케이슨구조)

방파제의 구조형식

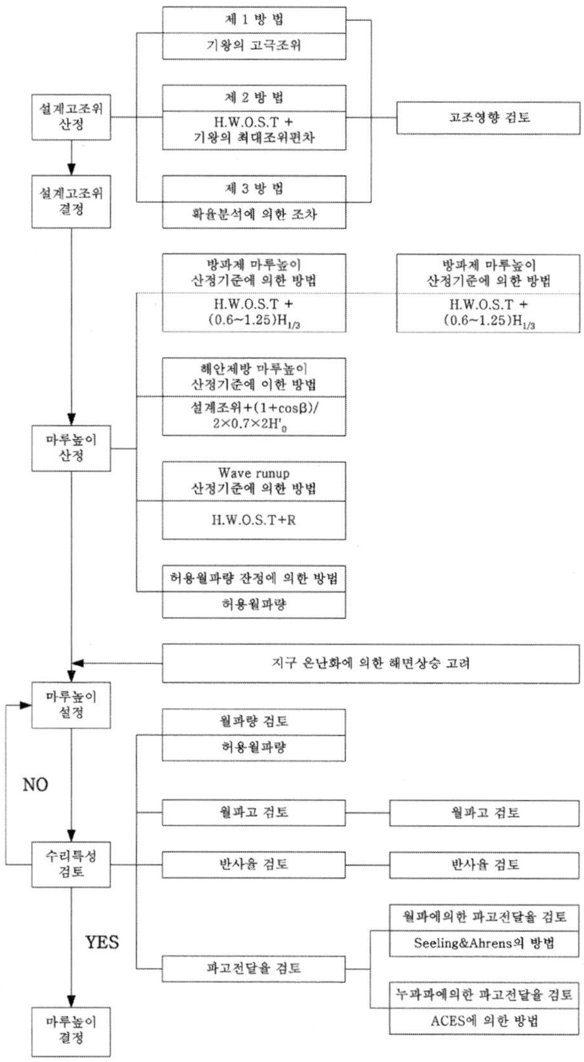

마루높이 결정 흐름도

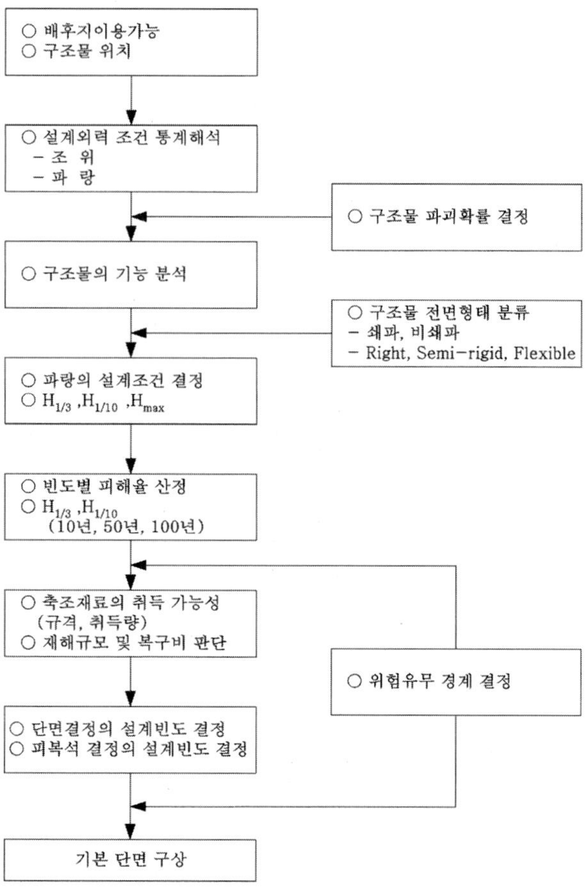

파랑 및 조위의 적정 설계빈도 결정흐름도

2.6 외력계산

2.6.1 일반사항

안정계산은 파력, 정수압, 부력, 자중 등의 외력을 고려한다.

현지여건상 필요할 경우 풍압력, 지진력, 표류물의 충돌력, 토압 등을 고려한다.

2.6.2 파 력

파력 계산은 단면형상, 구조형식 등에 적합한 계산법을 적용한다.

파력 계산에 사용할 조위는 구조물이 가장 위험하게 되는 조위로 결정한다.

2.6.3 정수압

제체 내·외의 정수면의 차이가 있는 경우에 그 수위차 만큼 정수압을 고려한다.

2.6.4 부 력

정수면 이하의 제체에는 부력을 고려하고, 제체 내·외의 정수면의 차이가 있을 경우에는 양측 수위를 연결한 수면이하의 제체에 대하여도 부력을 고려한다.

2.6.5 자 중

구조물 제체 하중은 제체를 구성하는 각 재료의 밀도를 사용하여 총하중을 계산한다.

2.6.6 지진시의 검토

방파제의 경우 제체의 단면이 활동 안전성에 의하여 결정되므로 지진에 의한 영향이 거의 없어 지진시의 안정계산은 생략할 수 있다.

한편 설치수심이 깊고 세장한 구조형식은 지진시의 정수압에 의한 전도에 대하여 안정계산이 필요하며, 지진해일 방파제는 재차 내습 가능성이 있으므로 지진시의 정수압에 의한 활동 및 전도에 대한 안정계산이 필요하다.

2.7 안정계산

2.7.1 직립부의 안정계산

가. 파괴안전율에 근거한 설계법

1) 활동에 대한 안정 검토

$$Fs \leq \frac{\mu(Wo-U)}{P}$$

여기서, Fs : 직립부의 활동에 대한 안전율(파압시 < 1.2, 모형실험 < 1.0)

μ : 직립부와 사석 기초와의 마찰계수

Wo : 직립부의 수중 부분에서의 중량(kN/m)

U : 직립부에 작용하는 양압력(kN/m)

P : 직립부에 작용하는 수평파력(kN/m)

2) 전도에 대한 안정검토

$$Fs \leq \frac{(Wo \cdot t - M_U)}{M_P}$$

여기서, Fs : 직립부의 전도에 대한 안전율(파압시 < 1.2, 지진시 < 1.1)

μ : 직립부와 중력의 합력의 작용선으로부터 직립부의 제체의 힐(Heel)까지의 거리(m)

Mu : 양압력에 의한 직립부의 힐주위의 회전 모멘트(kN.m/m)

Mp : 수평파력에 의한 직립부의 힐주위의 회전 모멘트(kN.m/m)

3) 지지력에 대한 안정검토

$Fs \leq 1.0$

나. 신뢰성 설계법

1) 설계방법

○ 내용기간중의 활동 발생확율을 계산하는 방법

○ 기대활동량을 계산하는 방법

2) 고려사항

○ 심해파고의 출현확율

극한치분포함수를 써서 산출하는 심해파고에 대하여 정규 분포를 가정하여 실제로 발생하는 심해파고의 출현확율을 구한다.

○ 조위의 발생확율 분포

주요 4분조를 써서 조위를 계산하고, 내용기간중에 조위의 발생확율 분포를 구하며, 필요에 따라서 고조편차도 고려한다.

○ 파랑변형 계산

파랑의 변형에 따라 심해파고로부터 방파제 전면파고를 구하고 실제의 파고는 정규분포를 가정한 변동을 고려한다.

○ 파력의 계산

파력산정 기준에 따라 계산하고, 정규분포를 가정한 변동을 고려한다.

○ 자 중

정규분포를 가정한 변동을 고려한다.

○ 마찰계수

마찰계수 기준에 따라 결정하고, 정규분포를 가정한 변동을 고려한다.

○ 활동의 판정

활동에 대한 안전율이 1미만이 되었을 때 제체가 활동한다고 가정하고 앞의 모든 요소의 변동을 고려하여 수치적분 또는 수치모형실험을 통하여 1회의 이상파랑에 대한 활동발생확율 및 내용년수 기간의 활동발생확율을 계산한다. 또한, 활동모델을 써서 기대활동량에 대해서도 계산한다.

3) 기존 설계법과의 비교

기존 설계법	신뢰성 설계법
• 단일 유의파에 의한 안정여부 검토	• 구조물이 처한 입지 여건 및 자연환경의 불확실성을 감안한 신뢰도(안전여유)의 정량적 평가
• 설계변수를 결정론적 확정치로 취급	• 설계변수를 확율적으로 취급하고, 그 결과 자체도 확율적으로 접근
• 외력의 불확실성을 안정식의 안전율로 확보	• 외력의 불확실성을 확율론적으로 접근, 신뢰성 함수의 신뢰도(파괴확율 및 위험율과의 여유) 확보

다. 최적 설계기법

1) 최적 설계의 개념

개량 원리	시 공 비	공기	유지 보수비	총비용
높은 설계 수준	• 물량의 증대 • 초기 시공 비용 증대	증가	• 내용기간동안의 피해의 감소로 유지 보수비 감소	증가
최적 설계 기준	• 적정 시공비	적정	• 복구 가능한 피해에 대한 유지보수비 최적화	최소
낮은 설계 수준	• 시공비용 감소	단축	• 연례적인 피해로 피해복구 비용의 증가 및 피해로 인한 항만가동율 저하	증가

제6편

2) 고려사항

○ 경제적 내용 년수

○ 재현 기간별 파랑 특성산출(파고 및 주기)

○ 설계수준(재현기간별 파고)에 따른 시공비 및 유지관리 비용

3) 최적 설계의 흐름

내용년수, 설계수준(재현기간) 및 피해율 자료의 수집 (장기 파랑산출자료집, 해양수산부, 1997)

⇩

설계수준과 파랑특성 및 파고의 초과확율 분석 (Weibull 극치분석)

⇩

설계수준별 단면 선정 및 공사비 산정 (정부 표준품셈에 의한 초기 건설공사비 산정)

⇩

파고의 초과 출현확율에 따른 각 단면별 피해율 및 유지관리비 산정

⇩

총비용의 최소화되는 최적설계 수준 도출

4) 내용년수

내용년수	⇨	구조물의 필요성능(Performance)이 충분히 발휘되는 기간
		설계시 계획된 기간(Design life time)
		구조물이 위치한 입지(Local condition)의 고려
		구조물의 기능 및 운용의 고려

5) 내용년수의 의의

내용년수	⇨	구조물 안정에 위해한 시산 의존적 변수의 평가	⇨	최적화 및 신뢰성 설계수행
		한계상태 설계법 또는 설계수준(Design level)에서의 확율수준의 평가		
		경제적 타당성 평가 (최적 설계자료) 및 장래발전 계획평가		

6) 최적설계의 필요성

초기 건설비가 막대하게 소요되는 사석방파제의 설계는 초기 건설비를 줄이고 어느 정도의 피해를 수용하여 초기 건설비와 피해복구 비용의 합, 즉 총비용이 최소가 될 수 있는 최적설계의 수행이 요구되고 있다.

라. 직립부의 항내측 보강

1) 유의사항

○ 항내의 선박항행, 피박계류 등의 지장 유무

○ 제체배후의 보강체를 무시한 직립부의 파력에 대한 활동 및 전도안전율은 1.0정도를 보유하지 않으면 않된다. 안전율이 적으면 직립부의 흔들림의 격화, 힐 프래스(Heel pressure)의 증대 및 파랑 인발시에 직립부가 항외측으로 활동하거나 전도할 위험이 있다.

○ 월파나 연안파 등에 의하여 보강재가 손상되지 않도록 충분히 피복한다.

○ 보강재의 높이 h는 직립부 높이의 1/3이상, 상폭 b는 높이 h와 같은 정도 이상으로 한다.

○ 콘크리트 블록의 경우 직립부와의 간격을 두지 않도록 시공한다.

2) 활동저항 검토

$$Fs = \frac{\mu_1 W_1 + R}{P} \geq 1.2$$

여기서, P : 직립부에 작용하는 수평력(kN/m)

W_1 : 직립부에 정수중의 수중중량 - 양압력(kN/m)

μ_1 : 직립부와 사석기초 간의 마찰계수

R : 보강재 사석 또는 콘크리트 블록의 활동저항력(kN/m)

2.7.2 경사제의 안정계산

가. 활 동

활동은 편심경사 하중에 의한 활동을 검토한다.

나. 피복재의 규격 및 층 두께

경사제, 소파블록 피복제의 소요중량은 경사면의 피복석 및 블록의 안정중량 계산방법에 따른다.

혼성제의 피복재의 중량은 혼성제 기초사석의 피복석 및 블록의 소요중량 계산방법에 따른다.

중간 피복석(Secondary stone)의 소요규격은 피복재의 1/20이상으로 하고, 경사제는 1/10～1/15정도 이상으로 한다.

2.7.3 제체전체의 안정계산

원호활동과 기초침하에 대한 검토를 실시하여 방파제 구조전체의 안정을 확보하도록 한다.

안정계산에 사용되는 조위는 안전율이 최소가 되는 조위를 선택하여 계산한다.

2.7.4 제두부, 우각부의 안정계산

제두부의 피복석 및 피복 블록은 제간부 피복재 중량의 1.5배 이상을 사용하여 원형으로 구축하는 것이 좋다.

연약지반의 경우에는 방파제 법선 방향의 활동에 대하여도 검토하고 측면마찰 저항을 고려할 수 있다.

두부에 등대를 설치하는 경우에는 이에 작용하는 지지력, 파력 및 풍압력을 고려한다.

우각부는 파의 집중과 반사파의 중복에 대한 파고의 중대를 고려한다.

2.8 구조세목

2.8.1 직립제

가. 케이슨식 직립제

1) 케이슨의 속채움

부배합 콘크리트, 콘크리트 블록, 사석, 자갈, 모래, 슬래그(Slag) 등이 쓰이며, 일반적으로 모래가 사용된다.

2) 덮개 콘크리트

○ 두 께 : 파랑이 약한 곳 30cm이상
파랑이 심한 곳 50cm이상
파랑조건이 나쁜 곳 100cm이상

○ 보 강 : 사석 30~50cm 부설, 매트(Mat) 부설

3) 상부 콘크리트

케이슨과 상부콘크리트가 매입되도록 타설하는 방법(a), 덮개 콘크리트에 요철을 붙이는 방법(b), 철근이나 형강을 삽입 방법(c) 등으로 제체와 일치되도록 시공한다.

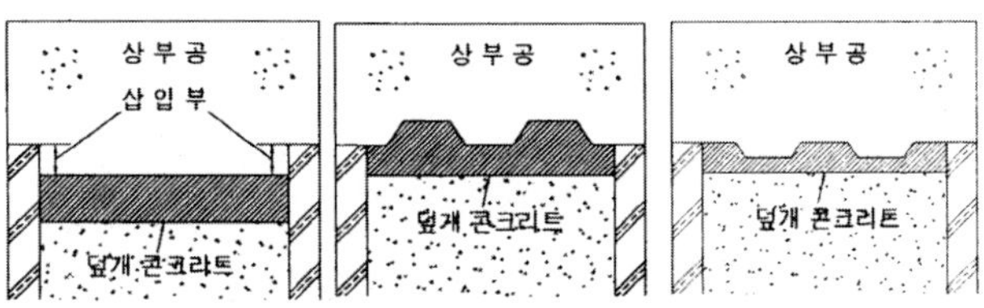

상부콘크리트 시공방법

시공이음부는 홈, 철근, 형강 등으로 일체화시킨다.

4) 기초부

기초 세굴을 방지하기 위한 밑받침공을 충분히 시공한다.

나. 콘크리트 블록식 직립제

1) 블록쌓기

○ 수평쌓기 : 일반적으로 사용

○ 경사쌓기 : 침식작용이 심한 장소, 침하가 심한 장소에 사용

2) 요철부 이음

○ 콘크리트 블록은 활동 방지용 요철의 홈을 만들어 서로 맞물리도록 제작

다. 셀러블록식 직립제

1) 속채움 : 부배합 콘크리트, 사석을 주로 사용한다.

2) 덮개 콘크리트 : 케이슨식에 준한다.

3) 상부 콘크리트 : 법선 방향으로 10~20m 간격의 이음설치

라. 콘크리트 단괴식 직립제

1블록은 5~10개로 한다.

콘크리트 타설은 수중 콘크리트공법, 프리펙트 콘크리트(Prepacked conc.) 공법, 드라이 워크(Dry work) 공법 등을 검토하여 적용한다.

기초는 접착면의 밀착을 좋게 할 수 있도록 정리한다.

상부 콘크리트는 법선방향으로 10~20m 간격의 이음부를 설치한다.

2.8.2 혼성제

가. 직립부

직립제에 준하여 계획한다.

나. 사석 기초

밑받침 블록은 안정성면에서 피복재와의 단차가 가급적 적도록 설치하고 항외측에 2개이상, 항내측에 1개이상 설치한다.

밑받침 블록에 개구율 10%정도의 구멍을 뚫어 양압력을 감소시키고 내파 안정성을 향상시킨다.

직립부의 하부사석은 다짐하여 제체 침하를 방지하고 정거치를 위한 고르기를 시행한다.

2.8.3 경사제

가. 기초부

비탈 끝부분은 소단사석투하, 버림블록, 아스팔트 매트(Asphalt mat), 합성수지 매트 등으로 세굴 및 세립자 유출방지공을 설치한다.

나. 사석부

피복석은 서로 잘 물리도록 시공하고, 정부(頂部)는 정밀하게 시공한다.

표사의 영향이 있는 곳은 경사제 내부에 널말뚝, 블록 등으로 벽을 설치하거나 입도분포가 좋은 석재를 내부 또는 항내측 법면에 설치한다.

상부공은 기초고르기를 한 후 상부 콘크리트를 타설하거나 콘크리트 블록을 거치한다.

2.8.4 소파블록 피복제

경사제에 준하여 계획하며, 소파블록 비탈 끝부분은 세굴방지공을 설치한다.

2.9 부재계산

케이슨, 셀룰러 블록, L형 블록의 부재계산은 프리케스트 콘크리트(Precast concrete) 부재 설계에 따른다.

2.10 목재취급시설 방파제

2.10.1 목재 저장장 및 정리장의 방파제

가. 마루높이

- ○ 이상 조위시에 목재가 유출되지 않도록 결정
- ○ 이상조위 + ($H_{1/3}$ × 0.6) 이상

나. 방파제 시설

방파제 및 기타형식의 방파제 시설 기준에 따른다.

바람, 조류, 파랑에 의한 목재의 충돌력에 대하여 검토한다.

2.10.2 목재 유출방지책(柵)

가. 목재 유출방지책 시설

목재 유출을 방지할 수 있는 목재 유출방지책이나 목재 계류용 말뚝을 시공하고 상부공을 시설한다.

나. 시설기준

구조설계시 바람, 조류, 목재의 충돌력과 견인력에 견딜 수 있는 구조로 한다.

2.11 폭풍해일 방파제

2.11.1 마루높이

- ○ 마루높이 ≦ 설계고조위 + 설계파고

2.11.2 안정계산

- ○ 설계고조위상 설계파고에 대한 구조의 안정성 검토
- ○ 제내의 수위는 고조 유입에 의한 상승을 고려
- ○ 지진시의 외력은 제체에 작용하는 관성력, 동수압을 고려

2.11.3 기초보강

- ○ 기초부가 투과성이 클 때에는 지수공을 설치
- ○ 세굴방지용 쇄석 또는 매트 등을 부설하여 보강

2.12 지진해일 방파제

2.12.1 마루높이

- ○ 마루높이 ≧ {(설계고조위+설계파고의 월파고), (설계조위+지진해일의 월파고)}

2.12.2 안정계산

- ○ 외력 : 정수압, 파력을 검토

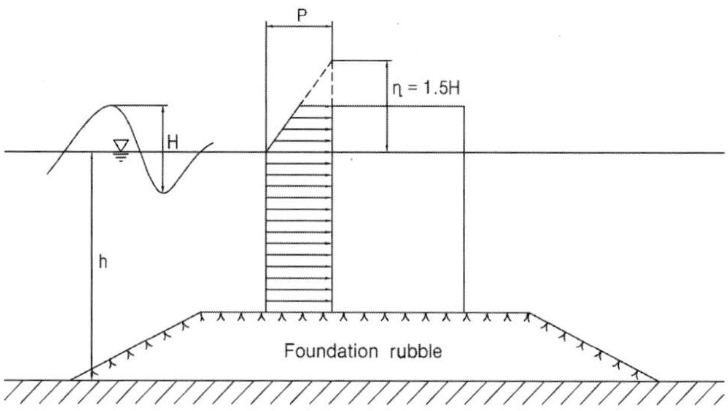

장주기파의 파력

- ○ 항입구부 :
  - • 유속증대 및 와류에 의한 기초 피복재 안정성 검토
  - • 소류력 영향에 의한 제체 두부의 안정성 및 세굴방지공 검토
- ○ 구조해석 : 지진응답 계산, 기초사석사면의 지진시 안정 검토

제3장 · 기타형식의 방파제

3.1 구조형식의 선정

3.1.1 검토사항

구조형식의 선정은 파랑조건, 투과성, 소파의 필요성, 항내정온도, 지반조건 등을 고려하여 선정한다.

발표된 설계법이나 수리모형실험을 통한 수리특성을 파악하여 사용용도에 적합한 구조형식을 비교 · 검토후 선정한다.

3.1.2 구조형식의 분류

일반적인 방파제 형식 및 구조가 다른 특수한 목적을 가진 방파제를 기타형식의 방파제로 분류하면 다음과 같이 분류할 수 있다.

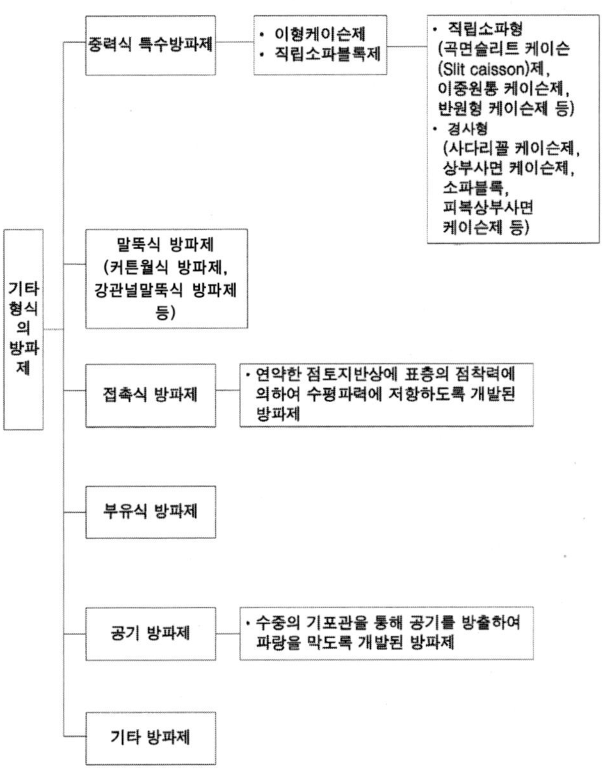

기타 방파제 구조형식의 분류

3.2 중력식 특수 방파제

3.2.1 개 요

가. 구조형식의 특성

중력식 특수 방파제는 파력에 대하여 중량으로 저항하는 형식으로서 일반 혼성제의 직립부를 소파성능이나 내파안정성 측면에서 개량한 구조형식이다.

이들 형식은 통수성을 갖는 투과형과 불투과형이 있으며 보통 불투과형이 많다.

중력식 특수방파제는 특수한 형상의 케이슨을 사용하는 이형 케이슨제와 특수한 블록을 수직으로 쌓은 직립소파 블록제로 대별된다.

이형 케이슨제는 직립소파형, 사면형, 블록 내장형 등으로 분류된다.

직립소파 블록제는 여러 구조형식이 있으나 일반적으로 항내 등 파가 적은 곳에서 쓰이며, 곡면슬리트 케이슨, 이중 원통 케이슨 등은 대수심, 대파랑 지역에서도 적용가능한 구조형식도 있다.

3.2.2 계획순서

중력식 특수방파제의 계획은 일반적으로 다음과 같은 흐름으로 시행한다.

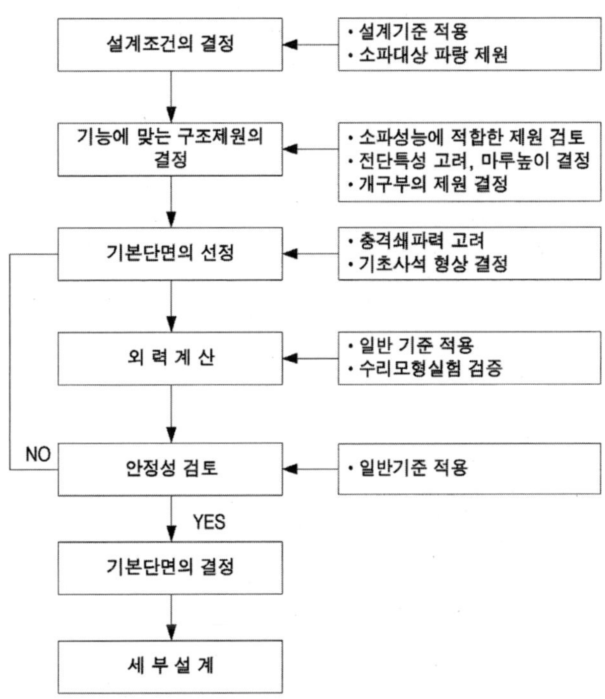

중력식 특수방파제의 계획순서

제6편

3.2.3 중력식 특수방파제의 종류

형 식	개략구조도	특 징	
곡면슬리트 케이슨		특 징	• 종 슬리트를 아치형으로 구부려 부재 강도를 높인 슬리트 케이슨으로 파랑조건이 험한 외해에도 적용성이 높다.
		기 능	• 반사파 저감
		시공지	• 일본의船川(Funagawa)항:(秋田(Akita)현,1984), 우리나라에서는 제주 신외항 방파제 시공
멀티셀룰러 케이슨	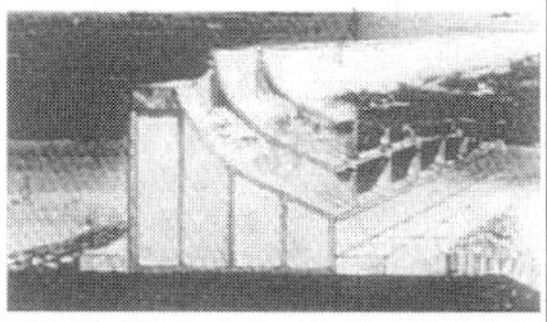	특 징	• 사면벽을 요철벽면으로 하여 입체적으로 쌓아올린 케이슨으로 내파안정성이 높고, 파랑조건이 험한 외해에도 적용가능
		기 능	• 내파안정성 향상, 반사파 저감(소파형)
		시공지	• 일본의和歌山(Wakayama)항:(和歌山현, 1985) 울산 신외항에 유사형 설계
연약지반 착저식 방파제		특 징	• 연약지반상에 가벼운 제체를 직접 설치하여 제체저면과 점성토 표층과의 점착력으로 외력에 저항한다. 지반개량이 필요없으며, 비교적 파고가 작고, 표층지반이 어느 정도의 강도를 갖는 장소에 적합하다.
		기 능	• 내파안정성 향상, 반사파의 저감
		시공지	• 일본의熊本(Kumamoto)항:(熊本현, 1987～)
이중원통 케이슨		특 징	• 이중원통 구조로, 상부의 외측원통벽에 개구부가 있고, 내측원통과의 사이에 유수실이 있다. 대수심이면서 파랑조건이 험한 외해에서도 적용가능
		기 능	• 내파안정성 향상, 반사파 저감
		시공지	• 일본의 境항(馬取):(Tottori)현, 1989) • 紀伊長島항:(三重(Mie)현, 1989) • 柴山(Shibayama)항:(兵庫(Hyogo)현, 1992～)
파력발전 케이슨		특 징	• 케이슨 전면에 공기실이 있어, 파랑의 에너지를 공기의 에너지로 변환하여 공기류로 터빈을 돌린다.
		기 능	• 파랑에너지를 통한 발전, 반사파 저감
		시공지	• 일본의酒田(sakata)항:(山形(Yamagata)현, 1989), 제주 해군방파제설계(유사형)
하부 사다리꼴 상부슬리트 케이슨		특 징	• 사다리꼴 사면벽에 작용하는 파력으로 인해, 내파안정성이 향상되며, 단지 압도 경감할 수 있다. 또한, 이중 횡 슬리트로 사방향 입사파의 반사도 저감가능
		기 능	• 내파안정성 향상, 반사파 저감
		시공지	• 일본의 釜石항 (岩手현, 최대수심 63m, 1990～)
반원형 케이슨		특 징	• 단면형상이 반원형으로 내파안정성이 뛰어나며, 속채움부 이외는 비어있다. 고파랑역, 연약지반 등에 적용한다.
		기 능	• 내파안정성 향상, 반사파 저감(소파형), 전달파 저감(소파형)
		시공지	• 일본의宮崎(Miyazaki)항 (宮崎현, 1992)
소파블록 내장 쌍동(雙胴)형 케이슨		특 징	• 슬리트형상의 전주 및 불투과성 후벽의 사이에 소파블록을 내장하여 블록 중량을 활동저항으로 이용할 수 있다. • 또한, 전면상부의 슬리트구조 및 하부의 사면구조로 내파안정성도 향상되어 있다.
		기 능	• 내파안정성 향상, 반사파 저감
		시공지	• 일본의下田(Shimota)항:(靜岡(Shizuoka)현, 1992)
사면슬리트 케이슨	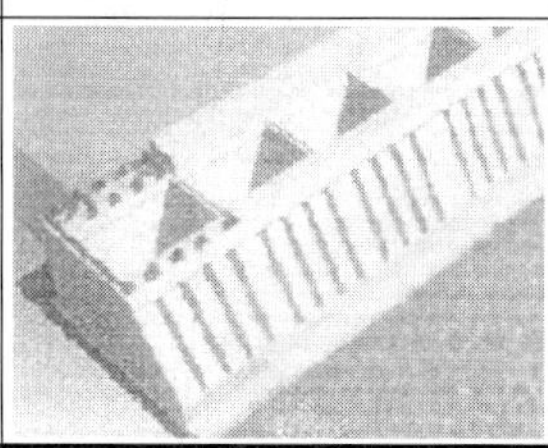	특 징	• 슬리트 케이슨의 소파기능과 상부사면제의 높은 내파안정성을 도입한 구조로서 대수심, 고파랑의 해역에 적용한다.
		기 능	• 내파안정성 향상, 반사파 저감
		시공지	• 일본의酒田(Sakata)항:(山形(yamagata)현), 일본의秋田(Akita)항:(秋田현) 등

3.2.2 직립소파 블록제

가. 특 성

- ○ 직립소파 블록제는 소파기능을 가진 이형블록(직립소파블록)을 직접 쌓아 올린 직립제나 혼성제 형식
- ○ 이형블록은 소파성능을 충분히 조사하여 선정하고, 수리모형실험을 통한 수리특성에 적합한 블록을 선정
- ○ 이형블록의 반사율은 파랑 주기에 따라 다르므로 실험값이나 수리모형실험을 실시하여 결정
- ○ 본 형식은 일반적으로 파고가 적은 내항이나 항내에 사용

나. 마루높이

- ○ 방파제 마루높이(hc) ≧ $0.6 \sim 1.25H_{1/3}$
- ○ 소파부 상부높이(hc') ≧ $0.5H_{1/3}$
- ○ 소파부 하단고(hu) ≧ $2.0H_{1/3}$

다. 파 력

- ○ 직립소파 케이슨에 작용하는 파력을 준용
- ○ 부력을 고려
- ○ 블록 및 상부공에 작용하는 양압력은 삼각형 분포
- ○ 경사 입사파의 파압강도 효과는 미고려

3.2.3 소파 케이슨제

가. 특 성

- ○ 일반 직립제 형식에 비하여 반사파를 경감
- ○ 월파에 의한 전달파를 경감
- ○ 충격쇄파압이 작용하는 경우에도 파력을 완화
- ○ 유수실은 기포의 혼입을 촉진하고, 해수의 폭기 기능으로 어초(魚礁)의 효과 증대

나. 소파대상 파랑조건의 결정

- ○ 부재계산에 적용하는 설계파와는 별도로 소파의 목적에 따라 소파대상 파의 조건 및 목표반사율 결정
- ○ 소파 케이슨의 반사율은 파의 주기에 따라 변화가 심하므로 필히 소파대상 파의 조건을 결정한다.

다. 소파부 제원의 결정

- ○ 소파부의 구조 및 제원은 소파특성, 조위변화 등을 고려하여 소파대상 파의 반사율이 목표 반사율 이하가 되도록 결정
- ○ 소파 케이슨의 구조요소는 형상, 조합에 따라서 종 슬리트 케이슨(Slit caisson), 횡 슬리트 케이슨, 곡면 슬리트 케이슨, 다공식 케이슨 등 다양한 구조형식이 있다.

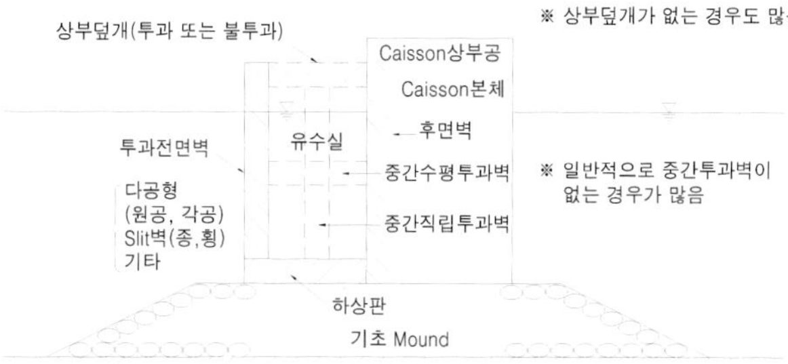

직립소파 케이슨의 구조요소

- ○ 소파성능 외에 월파, 전달파 및 파력의 특성도 고려하여 결정
- ○ 파의 제어 측면에서 유수실 마루를 높게 하거나 개방하는 것이 유리

라. 안정성 검토에 쓰이는 파력

- ○ 직립소파 케이슨에 작용하는 파력에 준한다.

마. 부재계산에 사용하는 파력

- ○ 각 부재계산에 불리한 조건의 파력을 사용

3.2.4 상부사면 케이슨제

가. 특 성

- ○ 상부사면 케이슨제는 수평파력을 작게 하고 사면벽에 작용하는 파력을 제체의 안정에 이용하는 방파제
- ○ 파랑의 전달특성을 조사 · 분석하여 형식을 선정하고, 수치 · 수리모형실험을 실시하여 계획한다.

나. 마루높이

- ○ 직립제 형식에 비하여 전달파고가 커지므로 항내정온도를 고려하여 마루높이 결정
- ○ 경사벽의 경사는 기존 실험값과 파압감쇄 효과, 시공성 등은 고려해 볼때 45°가 적정
- ○ 마루높이 = 설계유의파($H_{1/3}$) ⇒ $0.6H_{1/3}$ 정도의 전달파고 억제 효과

다. 파 력

- ○ 사면 하단을 정수면 아래로 반잠수형으로 계획하면 파력 저감효과 증대
- ○ 직립부 전면에 소파블록으로 피복할 경우 반사파 저감효과
- ○ 파력은 수리모형실험 값을 기준하여 적용하고, 곤란한 경우 제시된 산정식에 의하여 적용

3.2.5 곡면슬리트 케이슨제

가. 특 성

통상 케이슨의 단점으로는 반사율이 높은 것과 기초사석과 파의 조건에 따라 다른 파력이 발생하는 것을 들 수 있다. 그 대책으로 소파블록피복제가 많이 사용되고 있지만 공사비의 증가가 단점이고, 특히 대수심에서는 더욱 문제가 된다. 이를 위해 소파성능에 있어서 소파블록피복제와 대등하고 대수심 · 고파랑 조건에서도 적용성이 높은 소파케이슨의 한 종류로 곡면슬리트 케이슨이 개발되었다(일본 항만 및 공항기술연구소, 1980, 제주외항 방파제에 시공)

대수심 해역에서 비교적 큰 파랑의 에너지를 소산하는데 효과적인 구조는 아래그림(a)와 같이 방파제 전면을 사면으로 하는 구조이고, 반사파 저감에 효과적인 구조는 그림(b)와 같은 방파제 전면에 유수실을 두는 구조인데, 이 두 구조의 조합을 통해 완성된 것이 그림(d)의 곡면 슬리트 케이슨이다.

곡면 슬리트 케이슨의 곡면 슬리트부는 전면 사면형식의 구조에 비하여 파랑에너지를 효과적으로 소산시킬 수 있으며, 외관상 미려할 뿐만 아니라 곡면 슬리트부 아래의 유수실은 반사파의 저감은 물론 생태학적 공간구성이 이루어질 수 있다는 장점을 지니고 있다.

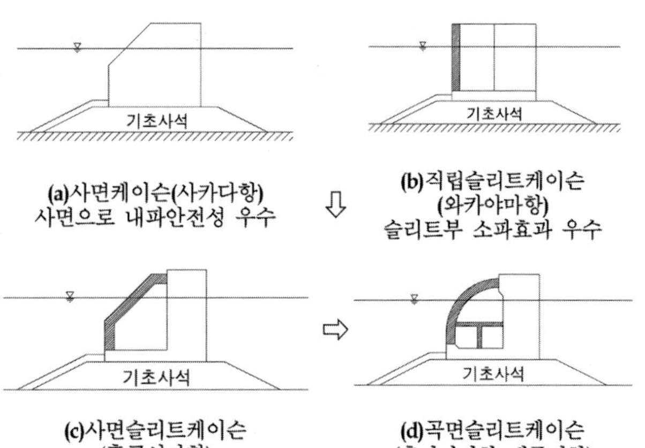

곡면슬리트 개발 경위도

나. 파 력

곡면슬리트 케이슨제의 파력특성은 곡면슬리트벽 외측파면의 선단이 케이슨 상부공 전면에 닿아 유수실을 감싸는 순간, 또는 유수실 내부 파면이 상승하여 곡면슬리트벽 상단하면에 충돌하는 순간 유수실내에 큰 충격압이 발생한다.

이 경우가 케이슨의 안전성에 미치는 최대요소이지만, 충격압이 유수실 주변 전 부재에 작용하고, 각 부재에 작용하는 파력의 상실효과로 활동과 전도에 영향을 미치는 합성파력은 그다지 크지 않다.

안정성 검토에 이용하는 설계파력은 소파벽(곡면슬리트벽)은 무시하고 배후 케이슨 본체부에 고다(合田)식에 의한 파압계수를 산정하여 적용한다.

다. 부재 설계에 적용하는 파력

부재의 설계에 적용하는 파력은 작용형태에 따라 다음 세가지 형태로 구분하여 고려한다.

- ○ 파의 봉으로 접근할 때 유수실 내부의 유입 등으로 케이슨 전면 외측으로부터 내부로 향하는 파력이 탁월할 때의 분포
- ○ 유수실 내부에 충격압이 발생하여 내부로부터 외측으로 파력이 탁월할 때의 분포
- ○ 당기는 파 또는 파의 곡(谷)일 때의 분포

3.3 비중력식 특수 방파제

3.3.1 커튼(Curtain)식 방파제

가. 특 성

커튼식 방파제는 투과성인 말뚝식 구조물로서 비교적 파고가 적은 내항(설계파고 $H_{1/3}=3.0$m미만), 수역, 연약지반 지역 등에 설치하는 방파제이다.

반사율은 소파블록 피복제와 같은 정도 이하로 할 수 있다.

커튼에 설치하는 슬리트 또는 커튼하단과 해저간의 공간을 통하여 조석 및 파랑에 의한 해수교환을 기대할 수 있다.

말뚝의 타설, 커튼 설치용 자재의 부착, 커튼의 설치 등 현장에서의 공사가 많고, 정밀 시공정도를 요구한다.

단일 및 2중 방파제를 비교하면 2중 방파제는 전후의 커튼사이에 에너지감쇄효과가 기대되므로 단일 커튼 방파제보다 반사파 및 전달파를 저감시킬 수 있다.

커튼벽체의 하부를 통과하는 수류의 유속이 상당히 빨라지므로 적당한 세굴방지공을 고려할 필요가 있다.

내파력의 한계로 파랑이 낮은 곳 ($H_{1/3}$ = 2～3m)에 사용한다.

나. 구조형식

○ 커튼배치에 따른 분류 : 단일, 2중 커튼식

○ 커튼부 형상에 따른 분류 : 종, 횡 커튼식

○ 커튼부 유무에 따른 분류 : 강관말뚝식방파제

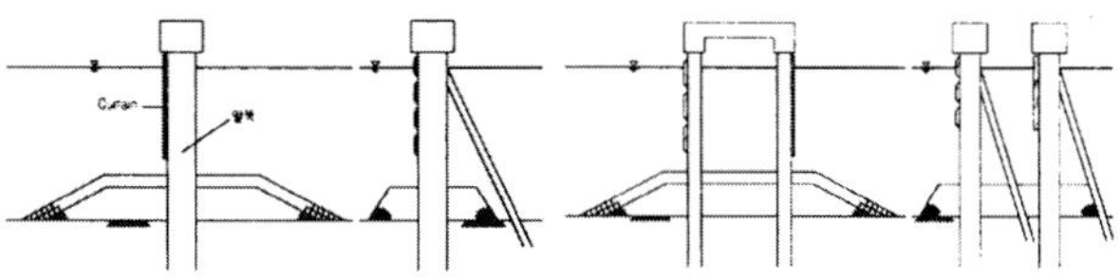

(a) 단일 커튼식 방파제　(b) 2중 커튼식 방파제

커튼식 방파제의 단면형식

다. 계획순서

○ 커튼식 방파제의 계획은 일반적으로 다음과 같은 흐름으로 시행

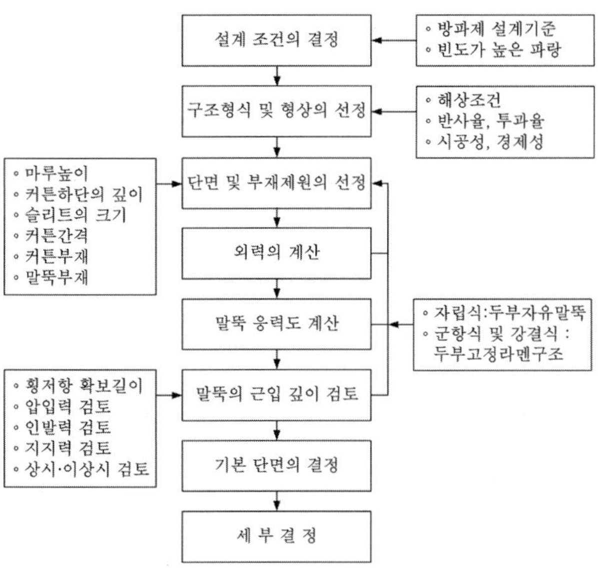

커튼 방파제의 계획순서

라. 파 력

○ 현재까지는 범용적인 파력산정식이 없으므로 수리모형실험 실시 필요

○ 단일 커튼식 방파제의 경우 직립벽에 작용하는 중복파 및 쇄파의 파력으로 구한 파압분포에서 커튼하단부의 파압분포를 뺀 값을 사용

○ 연속 강관널말뚝식 방파제의 경우 직립벽체에 작용하는 중복파 또는 쇄파의 파력 산정식에 따르되 쇄파가 작용하는 장소는 피하는 것이 좋다.

마. 커튼식방파제 시공사례(여호항)

○ 개 요

• 커튼식 방파제는 국내에 주로 적용해도 T.T.P 피복 사석경사제나 중력식 케이슨 방파제와는 다른 특수 방파제로 파랑이 3.0m미만이고 연약층이 10m 이상인 곳에 도입 가능한 공법이다.

○ 공법의 특징

• 커튼식 방파제는 크게 하부공, 구체공, 상부공으로 구분하며 하부공은 세굴방지를 위한 피복공, 구체공은 파일(Pile) 항타와 커튼 부착, 그리고 상치콘크리트 타설 등의 순서로 시공하며 항내 수역이 좁거나 해수 순환 등이 필요한 곳에 적용하면 좋은 효과를 발휘한다.

○ 시공사례

• 과업개요

- 과업위치 : 전라남도 고흥군 점암면 여호리 일원
- 과업범위 : ◦ 북방파제 250m
  ◦ 남방파제 200m
  ◦ 호안 394m
  ◦ 물양장 375m
  ◦ 선양장 30m
  ◦ 부잔교 1기
  ◦ 진입도로 1식
  ◦ 해수유통구 1식
  ◦ 준설 1식

• 여호항 현황 및 설계조건

가구(호)	인구(명)	어선수(척수)	수 심(m)	지 반
93	264	83	DL.(-)1.20 ~ DL.(-)1.70	• N<3해성퇴적층 -DL.(-)12.50m ~DL.(-)15.40m • 연암층 -DL.(-)17.20m ~DL.(-)25.10m

설 계 파					비 고
파향	파고(m)	주기(sec)	추정방법	적 용	
NE	1.2	3.8	동계 계절풍	북방파제	
SSE	2.0	7.0	태풍	남방파제	

• 평면배치계획

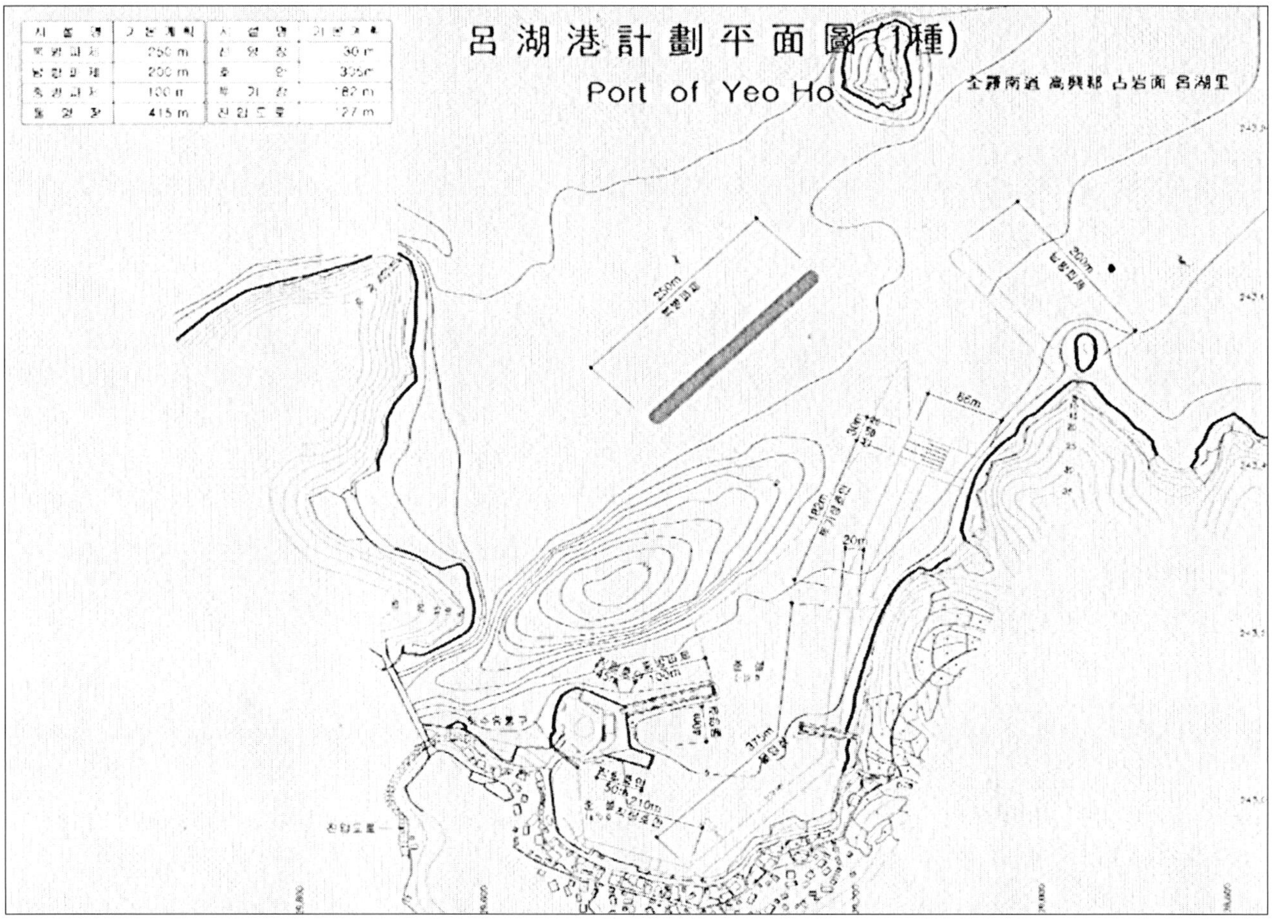
呂湖港計劃平面圖(1種)
Port of Yeo Ho

• 단면계획

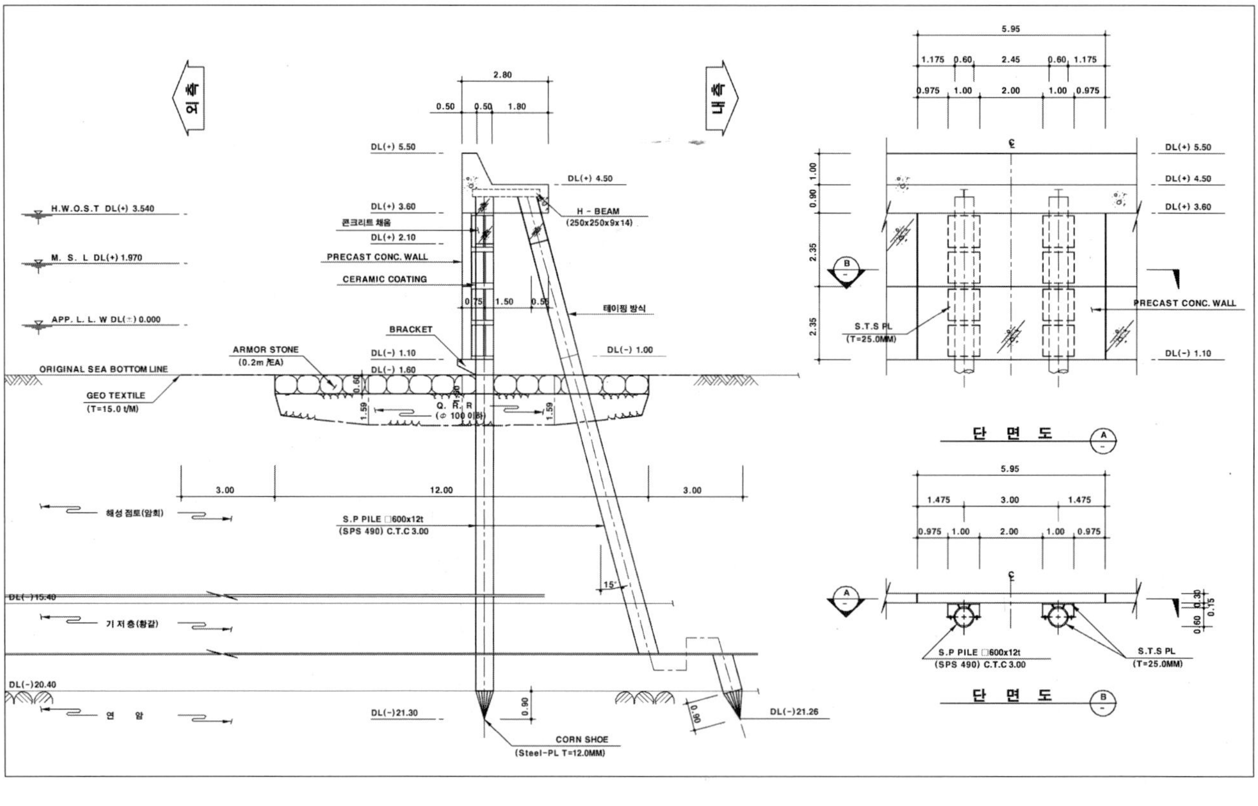
외측
내측
H.W.O.S.T DL(+) 3.540
M. S. L DL(+) 1.970
APP. L. L. W DL(−) 0.000
ORIGINAL SEA BOTTOM LINE
GEO TEXTILE
(T=15.0 t/M)
ARMOR STONE
(0.2m /EA)
PRECAST CONC. WALL
CERAMIC COATING
BRACKET
H - BEAM
(250x250x9x14)
S.P PILE □600x12t
(SPS 490) C.T.C 3.00
CORN SHOE
(Steel-PL T=12.0MM)
S.T.S PL
(T=25.0MM)
단 면 도 A
단 면 도 B

- 단면설계
  - 커튼벽 하단고 결정

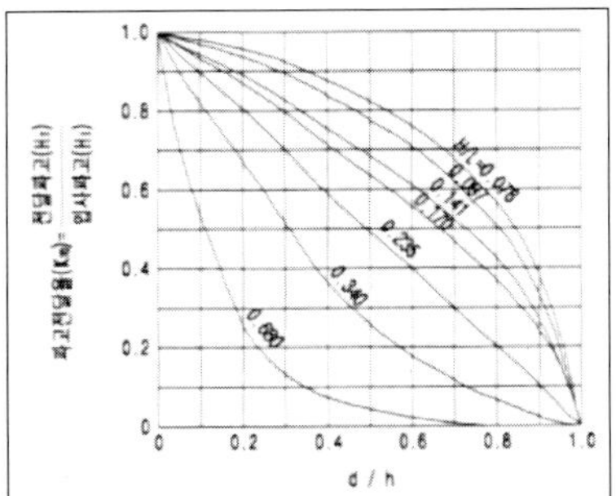

파고 전달율과 d/h와의 관계

조 위	수심파 장비	d/h	커텐벽하단 까지거리(m)	결 정
H.W.L DL.(+)4.114m	5.714/21.06 =0.27	0.45	0.45×5.714 =2.57	• DL.(-)1.10m 지반과는 0.5m 여유
H.W.L DL.(±)0.00m	1.60/13.93 =0.11	0.75	0.75×1.60 =1,20	

- 강관 말뚝 계산

• 가상고정점(1/β) : 6.33m
• 최소근입깊이(3/β) : 8.99m
• 시공가능최소깊이 : 19.23m
• 시공깊이 : 연암층 50cm관입

◦ 커튼벽에 작용하는 파력계산

조 위	파봉이 작용할 경우	파곡이 작용할 경우
H.W.L	3.96tf/m	3.33tf/m

◦ 말뚝 지지력 및 부마찰력 계산

구 분	지 지 력	부 마 찰 력
직 항	N=42.99tf < Ra=263.60tf	317.64tf < 364.00tf
사 항	N=40.13tf < Ra=265.16tf	321.00tf < 364.00tf

- 시공순서도

수심측량

강관말뚝항타

쇄굴방지공 포설

쇄굴방지공 포설

지지대 제작

지지대 부착

가시설재 시공

커튼벽 제작

커튼벽 부착

상치콘크리트 타설

3.3.2 강관널말뚝식 방파제

가. 일 반

강관널말뚝식 방파제는 강관말뚝 또는 강관널말뚝을 법선방향으로 연속하여 직선으로 타설하고 두부를 철근 콘크리트로 연결한 것으로서 지반이 연약하고, 수심이 깊고 또한 파고가 2~3m이하의 장소에 사용된다.

나. 특 성

- 이용상 필요로 하는 충분한 폭을 확보하는 것이 어렵다.
- 방파제에 작용하는 파압을 캔틸레버로서 받게 되므로 단면이 커지고 따라서 이에 맞는 항타선이 필요하다.
- 파랑에 의한 수평력에 대해서 변위가 크게 되기 쉽다.
- 시공이 용이하다.

다. 설계의 흐름

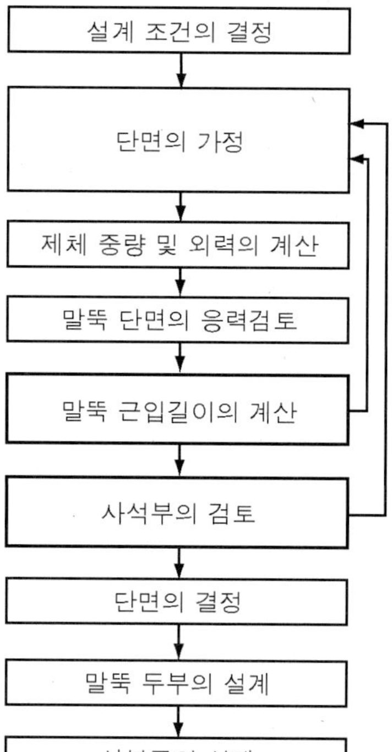

강관널말뚝식 방파제 설계의 흐름도

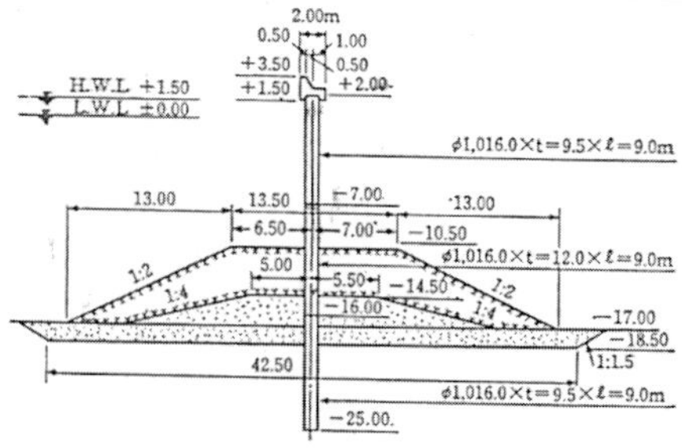

(a)

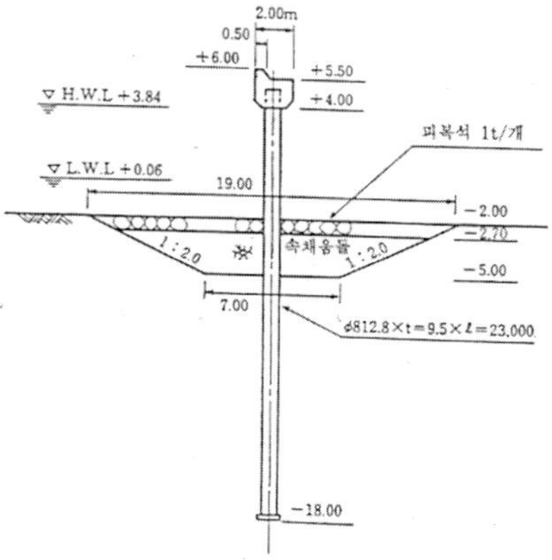

(b)

강관널말뚝식 방파제 단면형상 예시도

3.3.3 부유식 방파제

가. 특 성

부유식 방파제는 폰툰(Pontoon) 등의 부유물체를 방파제 위치에 고정시켜 파랑을 막는 형식의 방파제이다.

- 해수 및 표사의 이동상, 조차 및 지반상태에 영향없이 이용이 가능
- 상당한 전달파가 발생
- 내파력의 한계로 파랑이 낮은 곳($H_{1/3}$ = 2~3m)에 사용
- 충격 하중에 대한 앵커계통의 메카니즘(Mechanism)의 해석이 곤란
- 이상기상시 부체 분리로 2차적 재해 조치 필요

나. 배치 및 형상

1) 배치방법

- 수리모형실험을 통한 투과율 계측으로 소요정온도가 확보되도록 선정 · 배치
- 배치 : 직렬배치, 2열배치

부방파제의 평면배치(일본예)

구분	A식	B식	C식
배치도	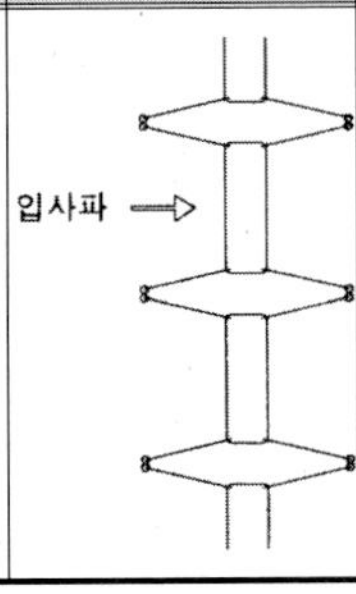	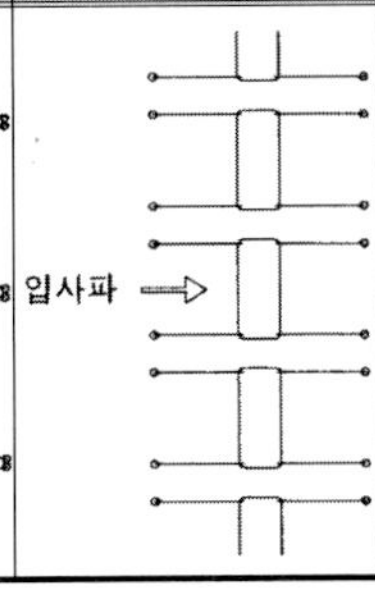	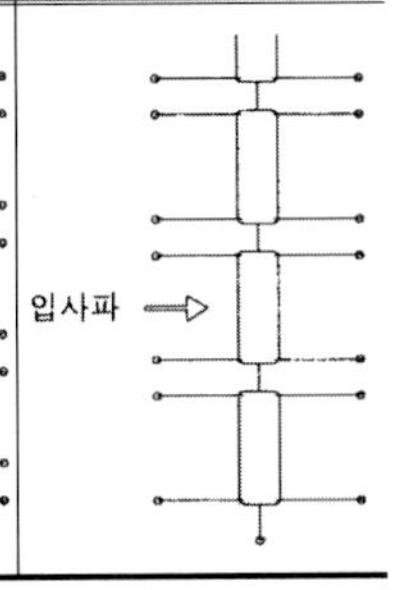

구분	D식	E식	F식
배치도	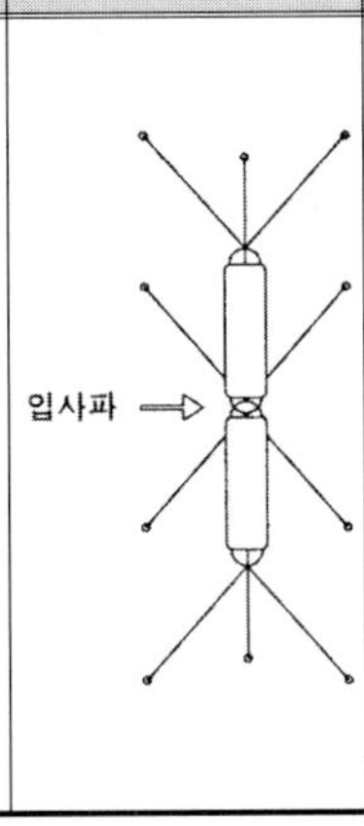	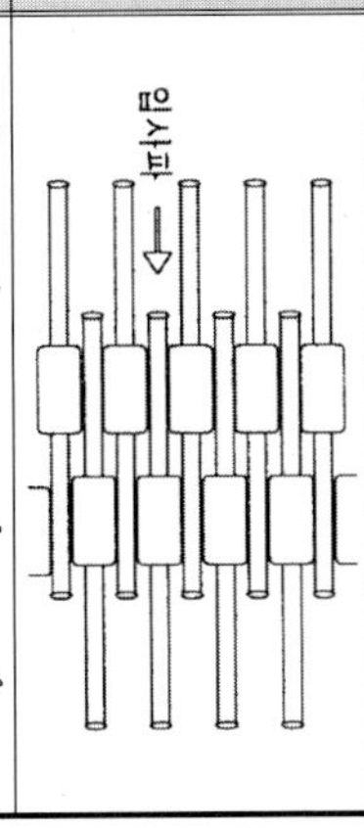	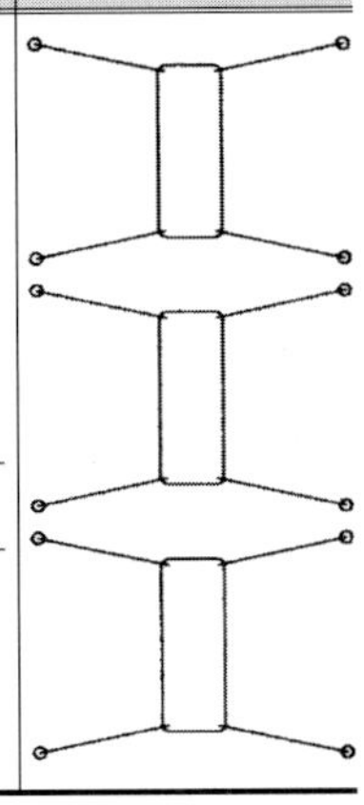

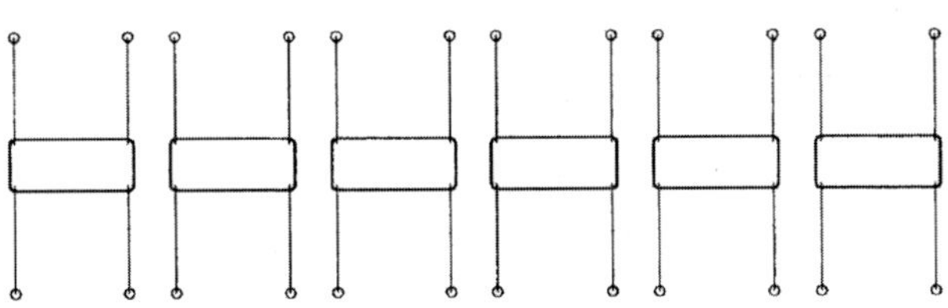

(a) 직렬배치

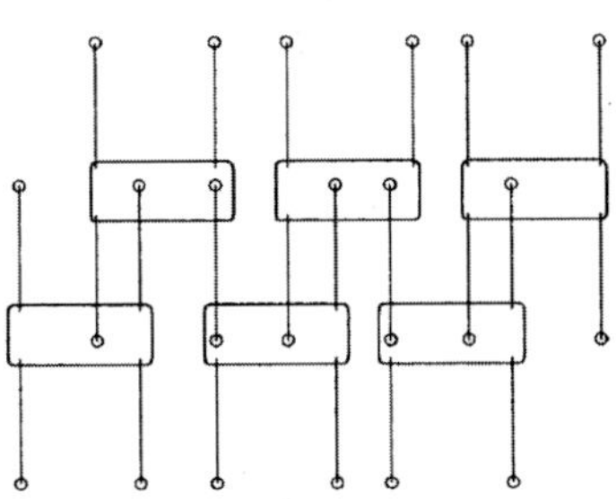

(b) 이열배치

부방파제의 평면배치 형식

2) 형 상

부방파제 형상은 철근콘크리트 PC재, 강재 등이 있으며, 투과율에 따라 형상이 결정되어 진다.

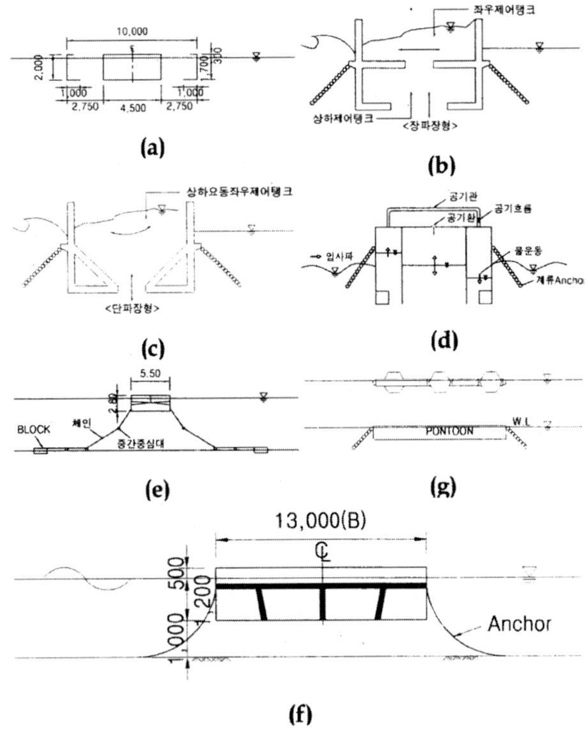

부방파제 형상 예

다. 계획순서

부 방파제의 설계는 일반적으로 다음과 같은 흐름으로 계획한다.

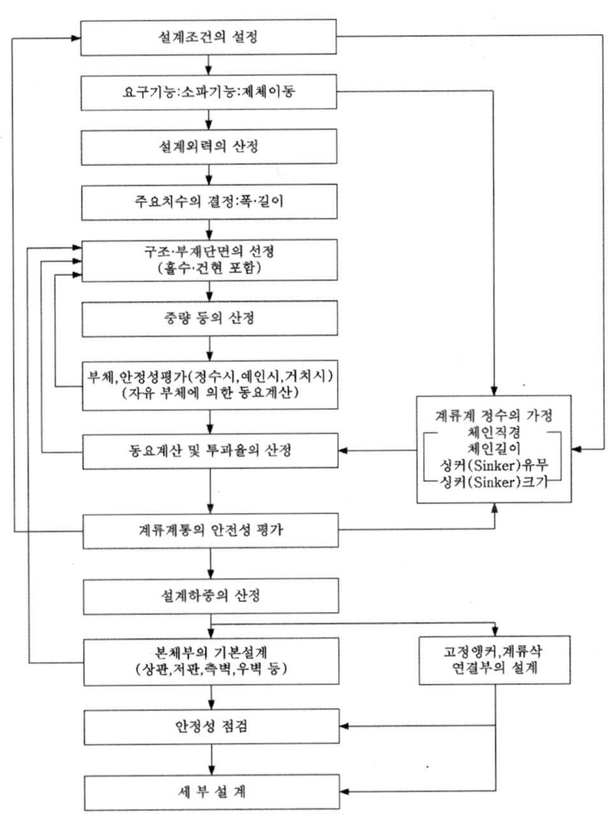

부유식 방파제의 계획순서

라. 설계조건의 결정

1) 부유식 방파제의 기능에 관한 항목

- ○ 소파의 대상 파랑(파고, 주기, 파향)
- ○ 조위 및 수심
- ○ 요구되는 정온도
- ○ 파고전달율(40%미만)

2) 부유식방파제의 안전성에 관한 항목

- ○ 설계 파랑(파고, 주기, 파향)
- ○ 조위 및 수심
- ○ 해류(유속, 유향)
- ○ 바람(풍속, 풍향)
- ○ 지반조건
- ○ 허용 이동량
- ○ 기타(선박의 충돌 등)

3) 설계외력

설계에 사용할 외력은 『부체에 작용하는 외력과 그 동요』의 규정에 따른다.

마. 계류계통의 계획

계류계통의 기본설계는 다음과 같은 흐름으로 시행한다.

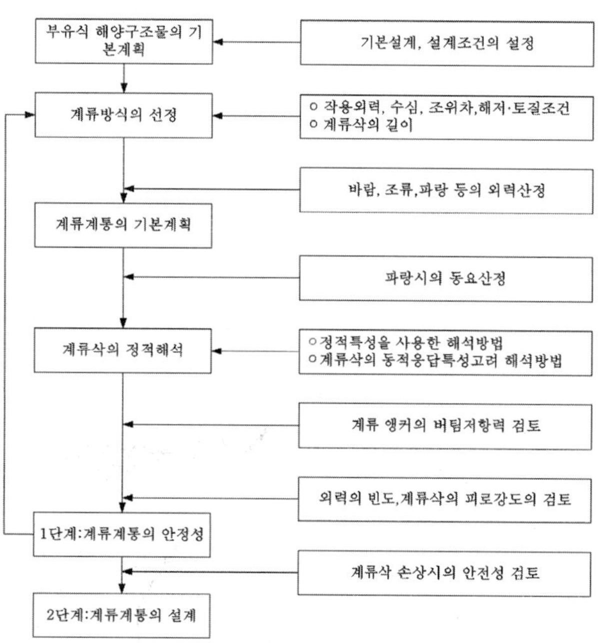

계류 계통의 기본설계 순서

바. 본체 구조의 설계

1) 구조 재질의 선정

본체 구조의 재질은 구조물의 특성을 비교 · 검토하여 적절한 형식을 선정한다.

2) 고려하중

- ○ 정하중 : 자중(탑재물 중량포함), 정수압
- ○ 동하중 : 파랑하중(단면력 발생하중), 풍하중, 조류 및 해류에 의한 하중, 계류하중, 기타(예항하중, 작업하중, 충돌하중 등)

3) 설계강도

- ○ 종방향강도 : 정수중 또는 파랑시의 단면력 종 휨모멘트(Bending moment), 전단력 (Torgue moment)
- ○ 횡방향강도 : 파랑시에 생기는 법선직각방향 단면력(Bending moment, 전단력)
- ○ 국부강도 : 벽재, 빔(Beam)에 생기는 단면력(Bending moment, 전단력)

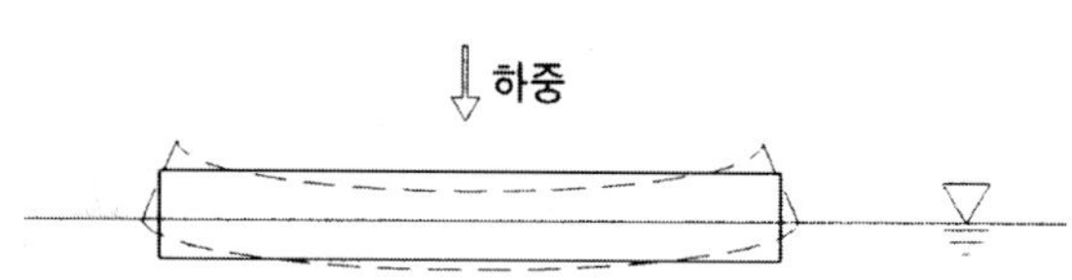

(종방향 강도)

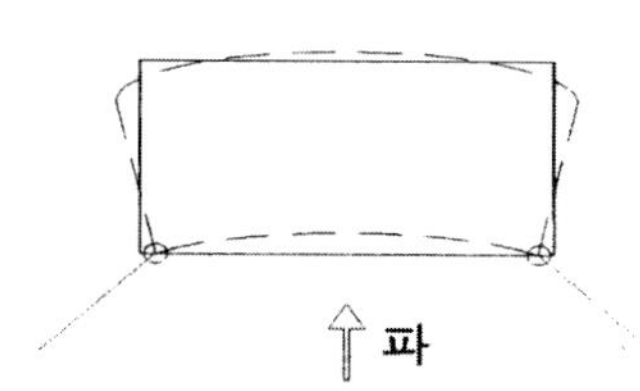

(횡방향 강도)

종강도와 횡강도 개념

4) 종방향 강도 해석방법

- ○ 부체의 동요 미고려 계산방법 : Muller식, 프레스트레스트 콘크리트 바지 (Prestressed concrete barge) 규준식
- ○ 부체의 동요 고려 계산방법 : 우에다(上田)식

구조형상별 특성

구 분	RC재	PC재	시멘트재	강 재
구조상 특징	• 법선방향의 길이는 20m정도로 한다.	• RC재보다 부재를 얇게 할 수 있다. • 프리캐스트콘크리트 구조로하는 PC강선으로 연결이 가능하다. • 법선방향의 길이는 50m까지 가능하다.	• 시멘트 모르터부에 인장응력이 발생하고, 충격력에 대해 PC재보다 약하다. • 법선방향의 길이는 20m 정도로 한다.	• 강재를 용접구조로 한다. • 법선방향의 길이를 50m 이상으로 할 수 있다.
내구성	• 내해수성, 수밀성에 대하여 PC재 보다 좋지 않다.	• 수밀성이 양호하여 내해성이 양호하다.	• 내해수성, 수밀성에 대하여 RC재 보다 양호하나 PC재보다는 떨어진다.	• 수밀성은 양호하나 내해성은 떨어진다.
시공성	• 현장작업을 위하여 시공관리가 필요하며 시공기간도 길다.	• 블록을 공장에서 제작하고, 현장작업은 PC강선 연결만 하므로 시공관리가 용이하다.	• 고도의 품질, 시공관리가 필요하지만, 복잡한 거푸집공사를 필요로 하지는 않는다.	• 시공관리가 용이하다. • 다른 구조에 비하여 제작기간이 짧다.
유지 관리	• 유지관리가 양호하다. • 파손시 1함 전부를 보수하여야 한다.	• 유지관리가 양호하다. • 파손시 부분 보수가 가능하다.	• 유지관리가 양호하다. • RC재보다 보수가 용이하다.	• 내해식성이 떨어지기 때문에 방청이 요구된다. • 유목, 소형선의 충격에 강하다.

사. 부방파제 시공사례(원전항)

1) 평면도

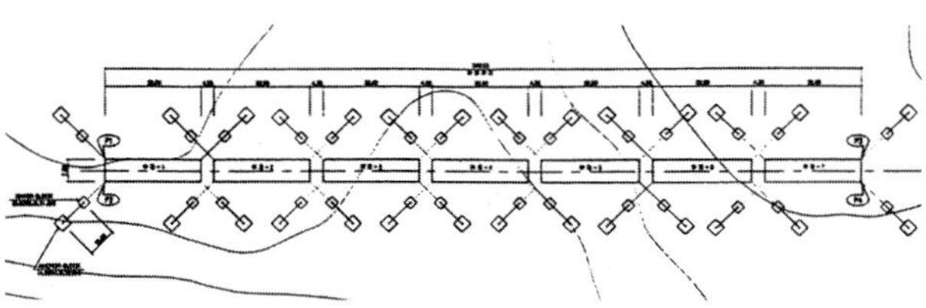

평면도

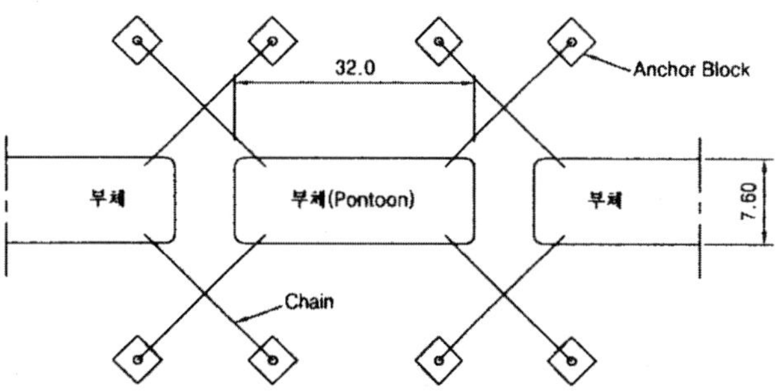

계류 형식

2) 단면도

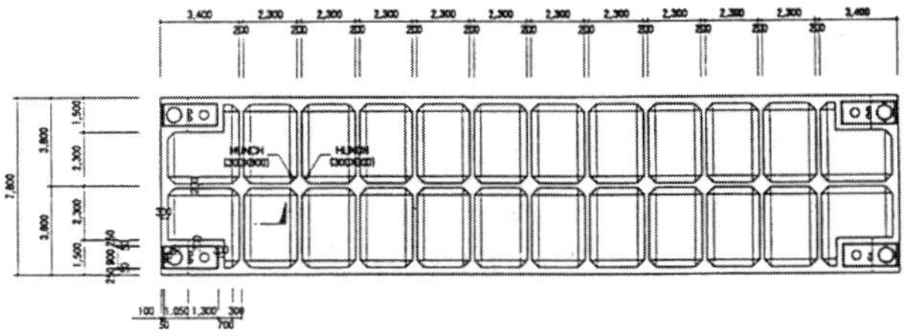

단면도

3) 계류형식

○ 부체규격 : 32.0L×7.6B×3.4H

○ 설계파고 : Hd = 1.0m

Td = 3.9sec

○ 투 과 율 : CR = 0.3

3.4 해수교환 방파제

3.4.1 총 설

항만개발은 항만의 고유기능인 물류처리 중심으로 개발되었으나 시대의 변천과 함께 근래에는 환경문제가 크게 대두됨에 따라 사람과 자연환경이 공존할 수 있는 환경친화 항만을 건설하려는 노력이 국제적으로 확산되고 있는 실정이다.

환경친화 항만(Eco-port)의 구체적 개념은 자연과 조화를 이룰 수 있는 자연 환경을 창조하므로써 인간에게 쾌적감을 주는 항만, 환경 부하가 적고 환경 관리가 잘된 항만이라 할 수 있다.

이를 실현하려면 항만개발시 간석지나 조간대와 같은 해조류의 서식지를 보호하여야 하며, 오염원이 항내로 유입되지 않도록 하여야 할 뿐 아니라 항만내의 해수교환이 원활하도록 고려하여야 한다.

항만내의 해수교환을 원활하게 유지하는 것은 매

우 중요한 사항이나 현실적으로 어려움이 많은 실정으로서 외해 파랑으로부터 항만시설을 보호하기 위하여 방파제를 건설하면 해수의 교환율과 파랑의 작용으로 공기중의 산소가 항내의 해수중으로 흡수되는 비율이 방파제 건설 전보다 훨씬 감소하므로 항내의 해수는 만성적으로 산소가 부족하게 될 수 있다. 이러한 변화는 결국 생태계에 악영향을 미침으로 연안의 생산성을 저하시킬 뿐 아니라 수질을 악화시키고 심한 악취를 발생시키므로 국민의 보건위생에도 해를 끼치는 요소로 작용하고 있어 신항만건설촉진법은 해양 친수공간의 건설 및 운영을 신항만건설사업 내용의 하나로 규정하고 있는 실정이다(연안개발, 한국해양연구원)

중소규모의 항만이나 어항의 경우는 연안방재라는 측면에서 개발이 이루어져 왔으나 앞서 언급한 자연친화 항만과 더불어 친수공간(Water-front)을 확보하여 다양한 형태의 해양위락 및 관광을 겸한 종합적인 항만으로 전환하여 다양한 부가가치의 제공과 쾌적한 환경 및 삶의 질을 향상시킬 필요성이 대두되고 있다.

3.4.2 해수교환의 개념

해수교환이란 말은 사용하는 사람에 따라서 의미를 달리하는 경우가 많은데 이 개념은 몇 가지의 성립 동기를 함께 가지고 있기 때문이다. Kashiwai(1984)는 해수교환의 성립동기를 네 가지로 분류하였다. 첫째, 조석에 의한 만구의 해수 유출입으로써 물리적 의미를 가지며, 현상 기술을 의미하는 해수 교환이다. 둘째, 항만 전체의 물질 수지를 생각할 때 조석혼합을 의미하는 수송과정의 개괄적 표현이 있으며, 정량적 표현으로 해수교환율을 사용한다. 셋째, 기상학에서 이용되는 교환현상론은 단면 평균 이류(Advection)외의 대류(Convection)나 수평순환류 등의 흐름 구조가 갖는 불규칙한 수송을 명확하게 하므로써 이 개념에 의해서 해수교환 개념의 정의가 가능하다. 마지막으로 만에 유입된 물이 어느 정도 시간이 경과한 후 완전히 바뀌는가 하는 해수교환이 있다. 동일한 의미로서 해수의 교체속도(Run-over rate) 또는, 체류시간(Residence time 혹은 Flushing time)이 사용된다. 이 개념은 물질 상호간의 장소와 내용물의 교체(Exchange)라는 자리바꿈의 의미를 갖는다.

연안 해양에서 물질수송은 기본적으로 이류와 확산에 의해 이루어진다. 그러나 광역적인 해양현상을 취급할 때는 적당한 규모에서 시공간의 평균값을 사용하지 않을 수 없다. 이러한 장기적이고 광역에 걸친 평균화를 시행할 때 단기적이고 국소적인 이류에 의한 수송은 이류도 분자확산(Molecular diffusion)도 아닌 교환현상 즉, 제3의 수송양식의 개념으로 취해야 한다. 이러한 교환현상의 바탕에 있는 해수교환, 조석혼합 및 전단확산과의 관계는 명확하게 분류되어야 한다(정선덕 등, 1999).

3.4.3 해수교환의 필요성

외곽시설의 연장이 긴 항만이나 어항에서는 항입구만 개방되어 해수소통이 원활하지 않아 항내측의 고인물은 배에서 누출되는 기름 및 기름 찌꺼기, 투기하는 쓰레기, 어항의 경우 어획물의 세척수, 어망에서 버려지는 치어 또는 어류, 폐망 등의 무단투기로 인한 항내오염이 심각하여 항내측 모서리로 모여드는 각종 오염물질이 쌓여 부폐하면서 심한 악취가 동반하는 사례가 많다.

관리를 철저히 하더라도 고인물이 순환이 되지 않으면 오염이 되므로 해수정화의 필요성이 요구되고 있다.

신설되는 항만이나 어항에서는 계획초기부터 해수교환시설을 계획할 수 있겠으나 기존 항만이나 어항의 경우 방파제 일부를 절개하여 시설하는 어려움이 있고, 각 해역의 특성에 따라 필요한 시설을 하게 되는데 해수교환의 성능이 중요한 요건이므로 수치모형실험이나 수리모형실험을 실시한 결과를 적용하여 검토할 필요가 있다.

3.4.4 우리나라 해역별 해수교환 시설의 특성

가. 동해 : 파고에 의한 교환

나. 서·남해 : 조석에 의한 교환

3.4.5 국내 적용사례

항내 수질오염의 문제는 비단 우리나라만의 문제가 아니라 환경문제가 크게 대두됨에 따라 국제적 관심사로 부각되고 있으며, 선진 여러 나라들은 방파성능 외에 친수기능, 수질개선 기능을 갖춘 다목적 방파제 개발에 박차를 가하고 있는 실정으로서 향후 항만건설은 항내 수질관리 측면을 고려하여 효과적인 해수교환방파제의 다양한 개발이 요구되고 있다.

해수교환방파제 시설은 항만이 발달한 일본의 경우에는 다양한 형식의 해수교환방파제가 설치되어 있고, 현재에도 새로운 형식을 연구·개발하여 시험적으로 적용하고 있으며, 국내에는 최근 주문진항에서 월류제 형식의 해수교환 방파제를 설치하여 시험·분석중이고, 제주외항에 곡면슬리트 케이슨제 방파제가 처음으로 적용되어 현재 시공중에 있으며 대포항 등에는 방파제에 BOX형 해수교환 수로를 시공한 사례도 있다.

가. 주문진항

평균수위 상승의 효과로 항내 해수교환을 유도하고, 침사지로서의 부가적인 기능 수행과 유수지를 형성할 수 있도록 아치형 평면형상으로 배치된 월류제 형식의 해수교환시설을 시행한 결과 항내정화작용이 인정을 받고 있다.

해수교환방파제는 기존 동방파제 시점부에 배치하고, 월류제와 최대 이격거리를 35m로 계획하여 유수지 역할을 할 수 있도록 계획되었으며, 월류제는 아치형으로 연장 111m를 계획하였다.

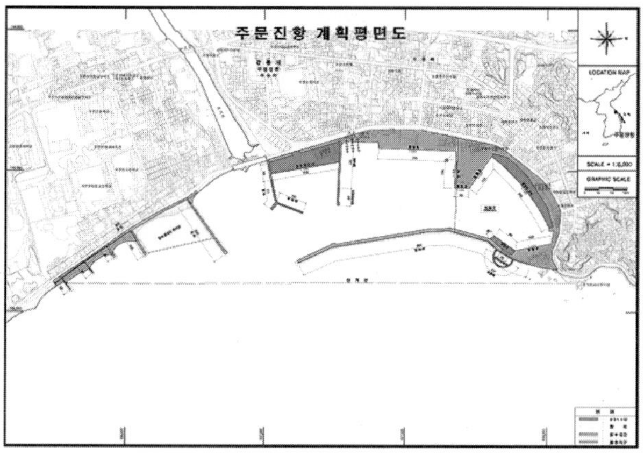

주문진항 계획평면도

주문진항 월류제 해수교환방파제 조감도

나. 제주외항

○ 제주외항 서방파제 축조공사에 대한 대안설계에서 외곽시설로 인해 야기될 수 있는 폐쇄성 수역을 개선할 수 있도록 유수실 내장형 해수교환 방파제 제안·채택

○ 유수실 내장형($566 \times 10^{-3}m^3$)과 잠제형($1.22 \times 10^{-3} m^3$)을 구상하여 수리모형실험을 실시하고, 유수실 내장형으로 최종안을 선정하여 시공중에 있다.

○ 유수실 폭과 유입관의 크기가 클수록, 유출구 위치가 낮을수록 해수교환량이 유리한 것으로 분석되었다.

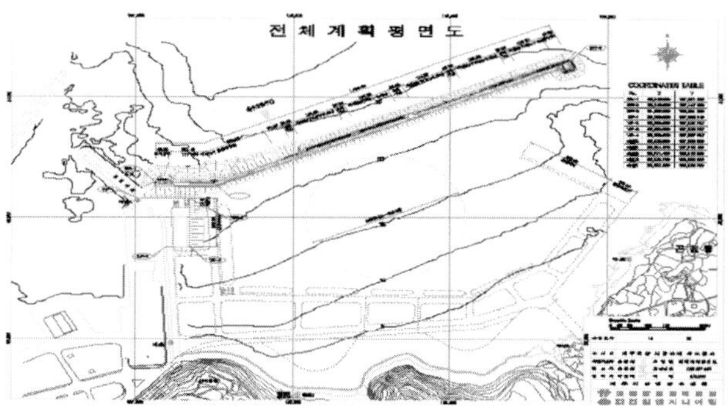

제주외항 전체계획평면도

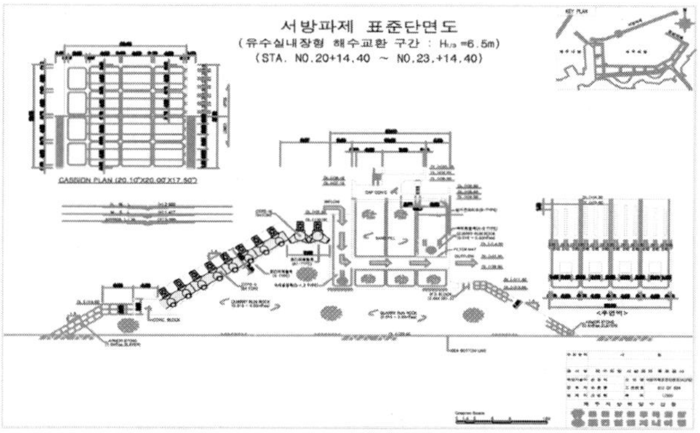

제주외항 서방파제 해수교환구간 표준단면도

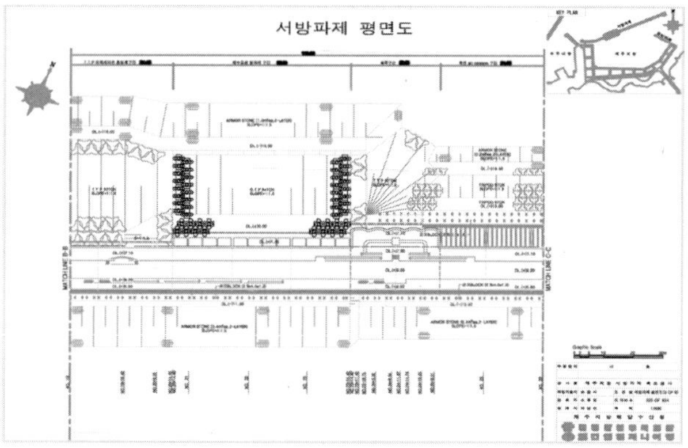

제주외항 서방파제 해수교환구간 평면도

다. 기타 일반적인 시공의 예

Box형 해수교환시설을 다열로 배치하여 조위차 혹은 파력에 의하여 해수교환이 되도록 시공한 사례는 전국적으로 많이 있다.

3.4.6 일본 적용사례

일본에서는 항내의 수질이 항외의 수질과 거의 동일할 정도로 항내 수질이 양호함에도 불구하고 해수교환방파제의 설치 사례가 세계에서 가장 많으며, 특히 북해도에는 전체 항만의 14~15%정도 해수교환방파제가 설치되어 있다. 수질이 악화된 항만의 수질을 개선하기 위해 해수교환방파제를 설치한 예가 있기는 하지만 대부분의 경우는 항내에 축양시설을 설치하기 위해서 또는 항내의 수질을 방파제설치 이전의 수준으로 보전하기 위하여 설치하였다.

가. **Onoda**항

아래 단면은 小野田港(Onoda port) 등에 설치된 투과성 방파제의 단면을 나타낸 것으로서 전면벽, 중간벽 및 후면벽을 모두 수직으로 구멍이 있는 종슬리트형으로 구성하여 항내·외로 해수의 흐름을 원활하게 한 것이다.

이 구조 역시 케이슨 내부가 비어 있어 통상의 방파제로는 사용이 곤란하며, 차폐된 내만에서 주로 사용할 수 있는 형식이다.

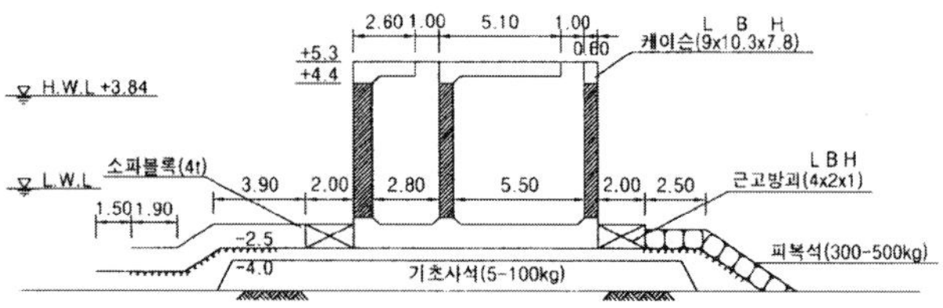

Onoda 항의 방파제 단면도

나. **Sibayama**항

柴山港(Sibayama port)외 몇 개의 항에서 사용된 형식으로서 케이슨은 2중의 원통형으로 구성하고, 작용 파력의 합력 방향이 케이슨의 중심 부분을 향하도록 하여 제체의 안정성을 향상시킨 구조이다. 상부에는 두 개의 원통 사이에 도넛츠 형의 유수실이 있어 파력을 감쇠시키며, 토치카 형의 유공부를 통하여 조류가 흐를 수 있도록 한 형식이다.

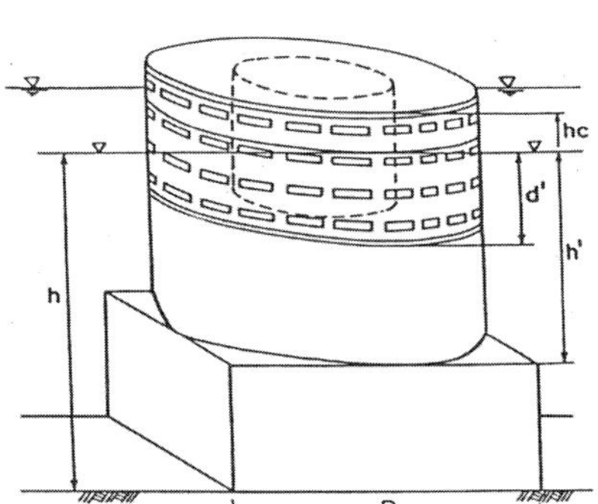

2중 원통형 방파제 모형도

다. **Mitajiri**항

三田港(Mitajiri port)에는 전면 폭 50cm의 종스리트로 구성되어 반사율을 감소시키고, 케이슨 하부에는 항내·외측을 연결하는 도수로가 있어 해수의 유통이 가능한 형식이다. 1996년부터 공사를 시행하였고 항만 건설은 20,000톤급의 선박이 정박할 수 있도록 새로운 부두를 건설하고, 수질을 보전하기 위해 해수교환방파제를 설치하고 있다. 해수교환방파제 설치에 따른 수산생물의 생산성 향상에 관한 의견을 현지의 어협 지소장으로부터 청취된 바에 의하면 공사 시작 전 어민과 협의할 때에는 많은 사람들이 어장의 축소를 염려하여 반대하였으나 공사가 진행되는 동안 방파제 부근해역에 정착성 어류 및 패류가 과거보다 2~3배 증가되어 현재는 어민들이 대단히 환영하는 분위기라고 전해진다.

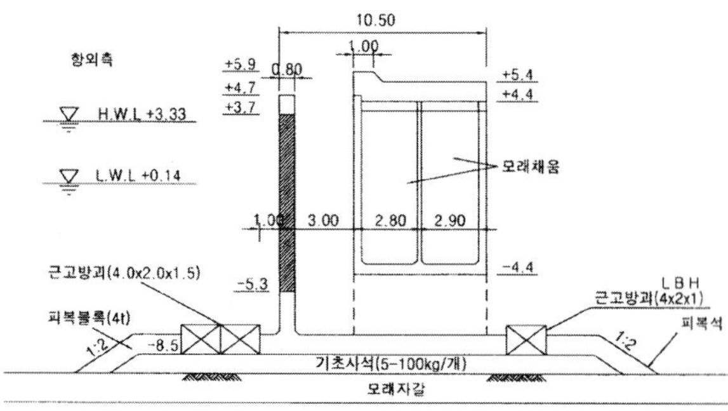

Mitajiri 항의 방파제 단면도10)

라. **Miyazaki**항

1993년 宮崎港(Miyazaki port)에 설치된 반원형 방파제로서 방파제가 반원형으로 되어 있어 파력의 합력 방향이 수평보다 아래쪽으로 향하게 하므로써 제체 전체의 중량을 가볍게 한 것이 특징이다.

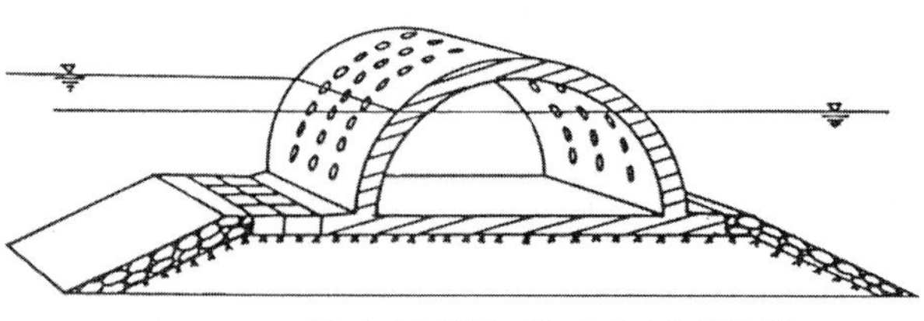

Miyazaki 항의 반원형 방파제 단면형상

마. **Kumamoto**항

연약지반에 설치할 목적으로 개발되어 熊本港(Kumamoto port)에 설치된 방파제 형식이다. 케이슨식 방파제는 케이슨에 작용하는 하중을 지반에 골고루 분포시키기 위하여 일반적으로 사석으로 기초사석을를 쌓고 그 위에 케이슨을 거치하고 있으나 연약지반 위에 속이 채워진 케이슨을 설치하기 위해서는 지반 치환 또는 지반 개량이 필요하다. 그러므로 이를 보완하기 위하여 속이 비어 있고 덮개가 없는 경량 케이슨을 직접 연약지반 위에 설치하고, 제체가 가벼워 수평 파력에 대해 안정성이 떨어지는 문제는 파일을 사용하여 보강하였다. 또한, 케이슨 전면에 심화가 예상되는 세굴을 방지하기 위하여 원지반에 매트를 부설하고 그 위에 소파블록을 설치한 사례이다.

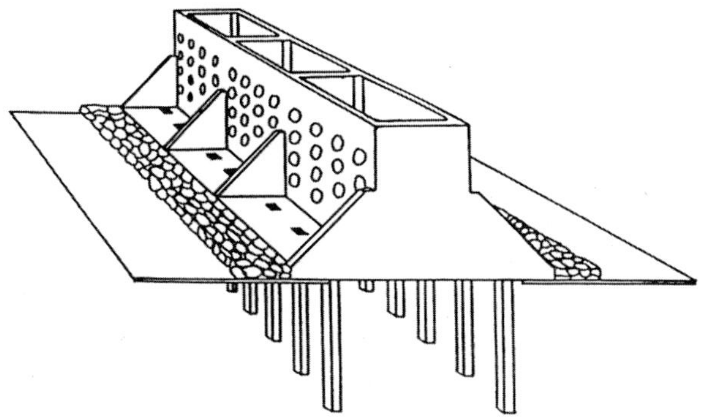

Kumamoto 항의 연약지반 방파제 단면형상

바. **Samani**어항

様似漁港(Samani fishing port)은 북해도의 동부에 위치한 어항이며, 본격적인 어항의 개발은 1912년부터 실시되었고, 1951년부터 1976년까지 5차에 걸쳐서 어항 정비계획을 추진하여 현재의 형태를 갖추게 되었다. 이 어항은 오징어 낚시어선, 근해저인망, 연어·송어 정치망, 통발어업 등으로 생계를 이어가는 200여척의 어선으로 인해 항내의 수질이 악화되었다. 1996년에 항내를 완전히 준설하고 유수부 부착 유공제라 칭하는 해수교환방파제를 설치하였다. 이는 제체의 외해측 전면 수직벽을 따라 마치 아파트의 발코니와 같은 유수부를 설치하여 유수부내로 월파량에 의한 수위 상승으로 해수를 유입할 수 있도록 계획되었다. 완공된지 몇년여 밖에 되지 않아 아직까지 해수교환방파제의 효과를 정확히 판단할 수 있는 근거자료는 미미한 상태이다.

Samani 어항의 방파제 겨냥도

제4장 · 선 거(船渠 : Wet dock)

4.1 일 반

선거란 수위가 다른 수면을 선박이 통행할 수 있도록 갑문을 설치하여 운항하는 시설이다.

선거는 하천 등의 운하에 설치하는 갑문과 조차가 큰 항만지역에 설치하는 갑문이 있고 양쪽에 갑문을 설치하여 수위차를 조절하여 선박을 통행시킨다.

4.2 설치위치의 선정

선거갑문의 설치위치는 자연상황, 통항선박의 주요치수 및 척수에 따라서 선박의 출입에 안전하고 원활하게 조선할 수 있도록 적절히 선정하여야 한다.

갑문은 설치위치의 적정성에 따라 그 주변의 항만기능에 제한을 주거나, 다른 항행선박에 위험을 끼치거나, 또한 설치위치의 자연조건은 공사비에도 크게 영향을 미치므로 갑문의 위치선정은 신중해야 한다.

연약지반상에 갑문을 설치하는 것은 가급적 피하는 것이 바람직하나 부득이 설치할 경우에는 부등침하에 대하여 충분한 대책을 강구해야 하며, 지반침하가 있는 장소는 침식대책을 고려하여 설계한다.

바람, 파랑, 조류, 표사 등에 의하여 선박의 출입이 곤란해지는 일이 있으므로 갑문의 설치위치로는 정온한 장소를 택하는 것이 바람직하다. 정온하지 않은 경우에는 방파제를 축조하거나 도류제, 유도제를 길게 연장하여 갑문부근의 수역을 정온하게 하여야 한다.

통행 대상선박의 크기, 척수 등에 따라서 대피선박용의 박지 및 회선용 수면이 충분히 확보가능한 위치를 선정하여야 한다.

기타 배후지의 이용상황이나 육상교통 조건 등을 충분히 고려하여 설치위치를 결정한다.

시설의 노후화, 기능저하에 따라 장래 개량공사가 가능한 설치위치도 고려한다.

4.3 규모 및 형상

4.3.1 갑문의 규모

가. 표준치수 산정식

- 유효수심 = 통행선박의 흘수 + 여유수심
- 유효폭 = 통행선박의 폭 × 병렬척수 + 여유폭
- 유효장 = 통행선박의 길이 × 1종열의 척수 + 여유장

나. 갑문의 여유[후구다(福田)의 제안값]

- 유효수심에 대한 여유 : 0.2∼1.0m
- 유효폭에 대한 여유 : 0.2∼1.2m

○ 유효장에 대한 여유 : 3～10m

○ 여유가 적은 경우는 선박유도용 견인장치나 제동장치가 필요

4.3.2 갑문 각 부의 설명

가. 갑문 각 부의 명칭

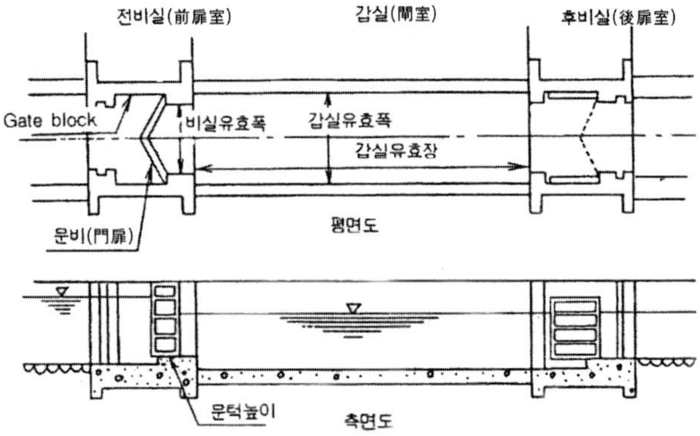

갑문 각 부의 명칭

나. 배치조합에 따른 분류

1) 단비실갑문(單扉室閘門)

해항(海港) 또는 하구항에 있는 갑문으로서 내측 수면적이 좁고, 내부에 시설이 있는 경우에 쓰인다. 비실(扉室)이 하나이므로 내측과 외측의 수위차가 있을 때는 이용할 수 없고 선박의 출입은 제한을 받는다.

2) 복비실갑문

보통의 하천운하 등에 쓰인다. 비실이 2개이고 각 비실에 한방향으로만 열리는 문짝 또는 인상 문비를 시설하고 있다.

3) 복식갑문

수위의 고저가 한방향으로 제한되어 있지 않고 역방향으로도 되는 경우에는 2개의 비실은 물론 각 비실에 2조의 문짝이 필요하다. 단, 문비형식에 따라서는 1조의 문짝을 양방향에 겸용할 수 있는 것도 있다.

4) 계단식갑문

수위차가 커지면 2개이상의 갑문을 종으로 배열하여 설치한다.

5) 병렬갑문

두 개의 갑문이 병렬되어 있는 것으로 하천 또는 운하에서 주운이 많은 경우에 이용된다. 또 병렬갑문에서는 규격을 달리하여 선박의 대소에 따라 사용하는 경우와 같은 규격으로하여 상하의 교통을 분리하는 경우가 있다.

다. 인천항 갑문시설 사례

인천항 제2선거의 갑문은 복비실 병렬갑문이며, 제1선거의 갑문은 단비실 갑문시설로서 각 부의 제원은 아래와 같다.

갑문의 제원

구 분	갑 거		구 분	갑 거	
	50,000t	10,000t		50,000t	10,000t
통과최대 선박	50,000G/T	10,000G/T	갑 문 수	4조	3조
갑거 총연장	436.4m	288.25m	갑문길이	38m	24.5m
갑거 유효길이			갑 문 폭	8.3m	6.4m
내 측	280m	183m	갑문높이	18.5m	18.5m
외 측	375.2m	208m	무게 (갑문당)	1,050톤	590톤
갑거 유효폭	36m	22.5m	갑문개폐 개요시간	5분	3분
갑실 높이	19m	19m	갑실취수 시간	15분 20초	

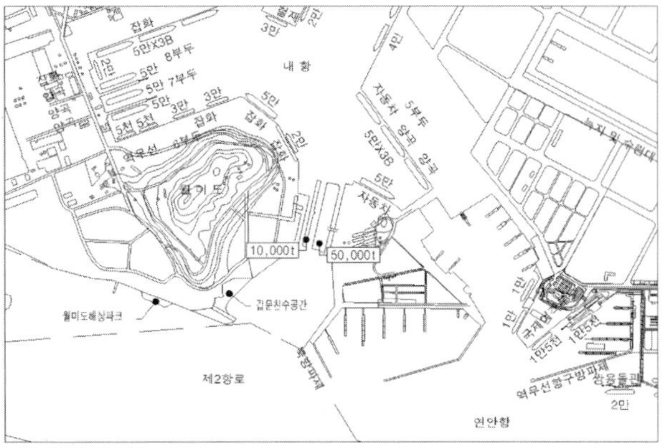

인천항 평면도

4.4 구조형식의 선정

4.4.1 문 비

갑문의 문비의 규모, 개폐에 요하는 시간, 수위차, 파랑 등의 외력에 대하여 구조가 안전하고 다음에 열거한 요건을 만족시키는 구조가 되도록 한다.

○ 비체, 문지방, 고정부는 평상시 및 지진시의 하중에 대하여 안전하고, 이들 하중이 확실히 기초구조에 지지될 것

○ 수밀성을 가질 것

○ 문비의 개폐가 확실하고 원활히 조작할 수 있을 것

○ 기계부분 기타의 가동부분의 점검이 용이할 것

문비는 개폐 방식에 따라 크게 4가지로 분류된다.

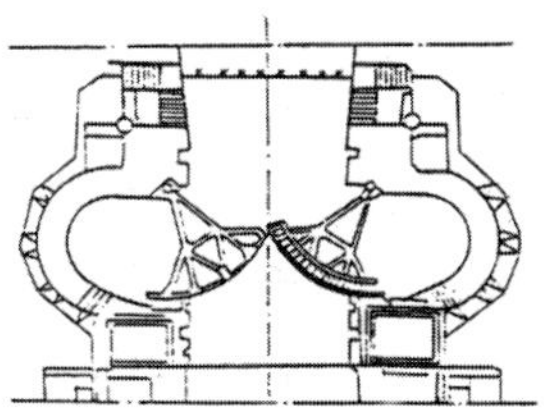

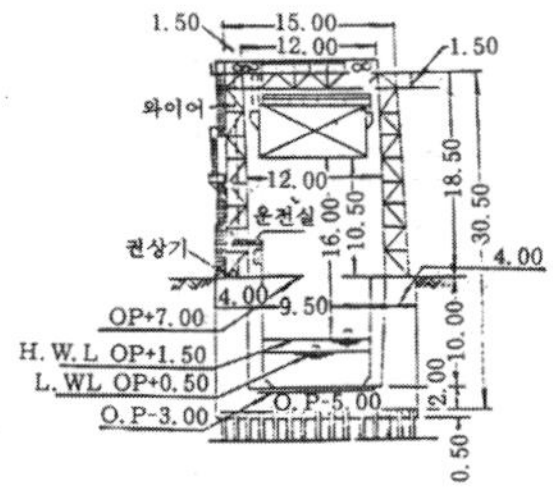

섹터 게이트(Sector gate) 리프트 게이트(Lift gate)

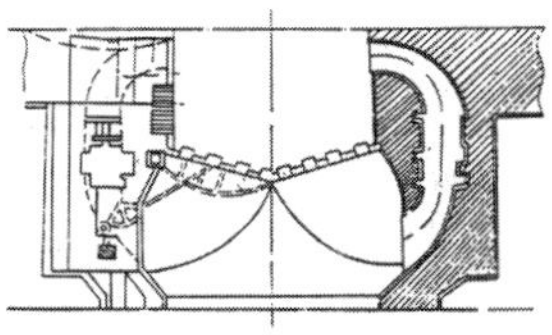

마이터 게이트
(Miter gate)

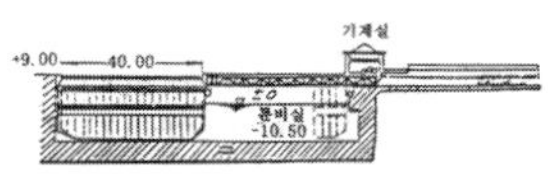

슬라이딩 게이트
(Sliding gate)

문비형식

4.4.2 갑 실

갑실은 지반의 특성, 갑실내외의 수위차, 통항선박의 제원 및 척수, 주수량, 배수량 등에 따라 적절한 구조가 되도록 한다.

4.5 작용외력 및 하중

갑문의 문비실 및 갑실은 구조특성에 따라 지반반력, 측벽 및 상판의 자중, 문비의 중량, 선박의 충격력, 부대설비(조작실, 기계실 등)의 자중 등을 고려하여 안전한 구조가 되도록 계획한다.

4.6 주 배수 장치

갑실의 수위를 조정하는 주 배수 장치는 갑실내의 선박에 유해한 동요를 주지 않고, 신속히 주수 및 배수를 할 수 있도록 계획한다.

4.7 유도제

갑문전후의 수역을 정온하게 하고 선박이 안전하게 출입할 수 있도록 갑문 전후에 유도제를 설치하고 필요한 설비를 한다.

유도제에는 야간의 선박출입을 고려하여 조명시설을 할 필요가 있으며, 선박이 계류할 수 있도록 계선주를 설치하며 충격력을 흡수하기 위하여 방충재를 설치한다.

4.8 관리시설

갑문에는 필요에 따라 다음에 열거하는 설비를 설치한다.

- ○ 비상용설비
- ○ 조명설비
- ○ 전력관계설비
- ○ 감시 · 계측설비
- ○ 유지관리설비

제5장 · 호 안(護 岸)

5.1 일 반

호안은 기존 토지, 신규 매립지의 토압에 대한 시설로서 외측을 피복하여 해일, 파랑에 대한 세굴, 월파에 의한 파괴, 해빈의 결괴 등을 방지하여 배후지를 보호하고, 침식해안에서는 침식을 직접 방지하기 위한 시설물이기도다.

5.2 호안의 배치

5.2.1 검토사항

- ○ 파랑에 의한 피해가 일어나지 않도록 한다.
- ○ 인접 구조물과의 연결에 지장을 초래하지 않도록 한다.
- ○ 자연조건, 시공조건이 나쁜 위치는 피한다.
- ○ 건설비와 시공후의 유지비가 적어야 한다.
- ○ 시공후의 유지관리, 수방, 해안 및 배후지의 이용에 편리하여야 한다.
- ○ 선양장, 문비 등을 설치하는 경우는 관계자의 의견을 수렴하여 고려한다.

5.2.2 유의사항

- ○ 법선형태에 요철(凹凸)이 심하면 파랑이 오목한 곳에 집중하여 호안시설의 손괴, 월파 등의 피해 원인이 발생되므로 가급적 피한다.
- ○ 기존 시설물의 연결부는 파랑이 집중하여 파괴원인이 발생하므로 해안침식대책을 고려한다.
- ○ 연약지반은 가능한 피한다.
- ○ 배후지 교통영향을 고려한다.
- ○ 기존 시설의 이용성을 저하시키지 않도록 한다.

5.3 계획의 기본방침

5.3.1 계획시 검토사항

○ 파랑 및 고조에 의하여 매립지의 보전 및 이용에 지장을 초래하지 않을 마루높이로 한다.
○ 파압, 토압 등의 외력에 대하여 안정된 구조로 한다.
○ 매립토 등이 누출되지 않는 구조로 한다.
○ 매립중의 탁수의 유출방지 등 주변수역에 대한 영향을 고려한다.
○ 친수호안의 경우에는 이용자가 안전하고 쾌적하게 이용할 수 있는 구조로 한다.

5.3.2 계획순서

호안의 계획은 일반적으로 다음과 같은 흐름으로 시행한다.

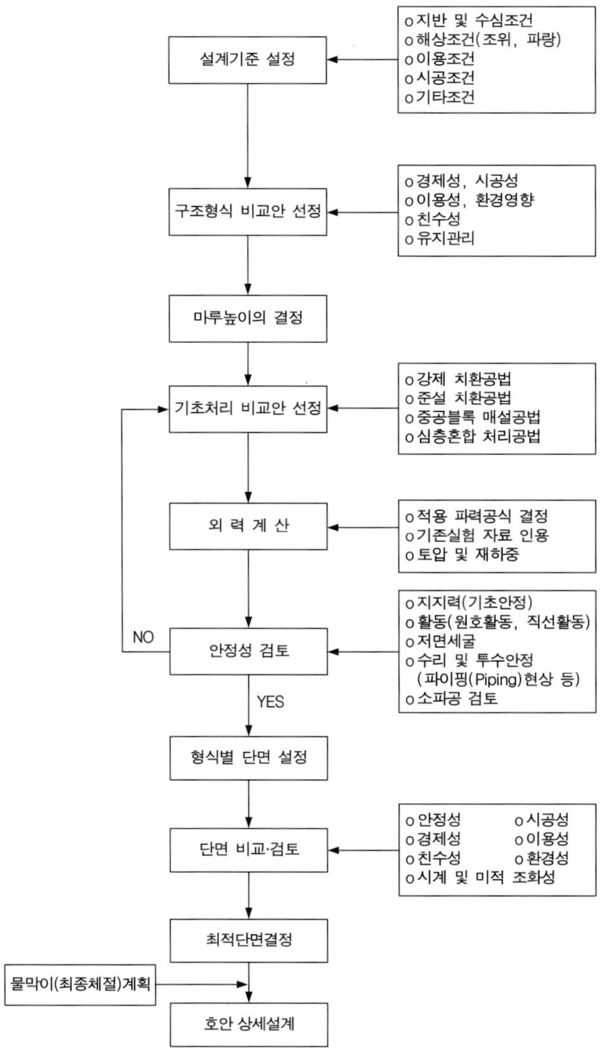

호안의 계획순서

5.3.3 친수성 확보방안

○ 친수호안은 이용자가 바다로 추락하는 일이 없도록 추락방지책, 난간 등 부대시설을 고려한 호안단면을 설정
○ 고파랑시에 월파가 예상되는 시설은 내파구조로 계획하고 안내표지를 설치
○ 노약자 및 신체장애자의 편의를 고려하여 호안상의 통로, 경사로 혹은 휠 체어(Wheel chair) 등의 안전한 이동이 가능하도록 고려
○ 매립지 토지이용을 감안한 친수공간 개념 도입

5.4 설계조건

5.4.1 고려사항

○ 파랑, 조위, 조류, 수심 : 설계조위(최저 · 최고), 파랑($H_{1/3}$, Hmax, 쇄파)
○ 기초지반의 토질 : 호안기초, 가호안 제체의 토질조건
○ 지진 및 지지력 : 지역계수 고려
○ 지진시의 동수압
○ 매립토 등의 성상
○ 매립지 및 호안의 이용조건
○ 월파의 허용도 : 허용월파량, 피해한계치
○ 주변수역의 상황 : 지하수, 침투류의 해석
○ 시공법(특히 체절공법) : 밑받침공, 잡언, 바닥판 등 검토
○ 매립공법 :
  • 육상토 매립(매립지내수위, 잔류수위 검토)
  • 준설토 매립(집수정 및 여수토 배치)

5.4.2 외력조건결정

○ 설계조위 : 최저조위, 최고조위, 삭망평균고조위
○ 파랑 : 유의파고($H_{1/3}$), 최대파고(Hmax), 쇄파
○ 호안의 기초 및 가호안 제체의 토질조건
○ 상재하중 : 사하중, 활하중
○ 잔류수위 : 시공중, 완료후
○ 침투수압
○ 안 전 율 : 지지력, 원호활동
○ 지진 및 해일 등

5.5 마루높이의 결정

5.5.1 일 반

호안의 마루높이는 호안배면의 이용성 확보에 가장 큰 영향을 미칠 뿐아니라 공사비와도 직접 관련이

있으므로 다음 3가지 방법과 인근지역 및 기축조 구조물과 비교·검토하고 안전성에 우선을 두어 신중히 결정한다.

- ○ 파랑의 처오름 높이에 의한 방법
- ○ 허용 월파량에 의한 방법
- ○ 항만시설물 설계기준서에 의한 방법

5.5.2 고려사항

- ○ 파랑특성, 조위, 호안의 형상 및 위치
- ○ 호안의 지반침하 및 압밀
- ○ 지진 및 해일
- ○ 이상 고조위

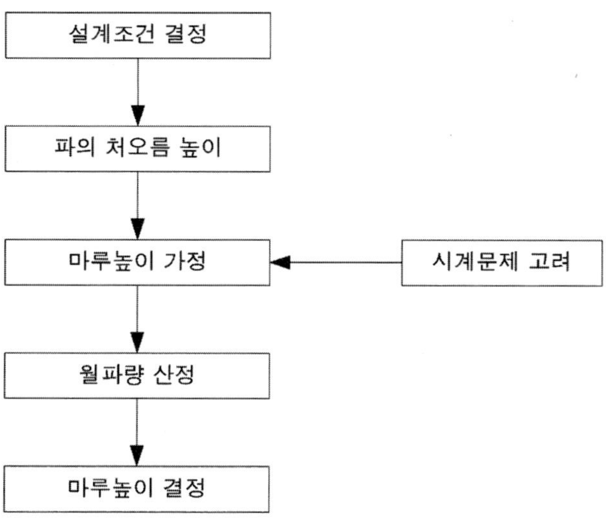

마루높이 결정 흐름도

5.5.3 파랑의 처오름 높이에 의한 방법

파랑의 처오름 높이를 기준으로 월파가 생기지 않도록 호안의 마루높이를 처오름 높이보다 더 높게 설정하는 방법은 아래와 같다.

- 마루높이 = 설계고조위 + 처오름높이(R) + 여유고(α)

파랑의 처오름 높이는 규칙파의 입사파에 대한 처오름 높이를 구하고 있기 때문에 실제의 파랑의 불규칙성은 고려하지 못하고 있는 실정이다.

최대파와 이에 가까운 파랑이 내습할 경우에 파랑의 처오름 높이를 대상으로 마루높이를 결정하는 것은 매우 비경제적일 수 있으므로 특별한 경우를 제외하고는 어느 정도의 월파를 허용할 필요가 있다.

설계파의 처오름 높이는 가장 신뢰성이 있고 보편적인 방법(Coastal engineering manual 참조)으로 검토한다.

5.5.4 허용월파량에 의한 방법

- ○ 월파량을 기준으로 삼아 최대 허용치 이하가 되도록 호안의 마루높이 결정
- ○ 배후에 인가가 밀집되어 있거나 해안도로가 있는 경우 단순히 구조물이 파손되지 않도록 설계하는 것만으로는 불충분하며 구조물의 안정 및 배후지의 기능적인면에 지장이 없도록 마루높이를 고려한다.

구조물의 정도에 따른 기준(피해 한계치)

구조 형식	피 복 공	허용월파량 ($m^3/m \cdot sec$)
제 방	• 마루높이, 뒷사면 모두 피복공 없음	0.005이하
	• 마루높이 피복공 있음 • 뒷사면 피복공 없음	0.002
	• 삼면 모두 피복공 구조	0.05
호 안	• 마루높이 피복공 없음	0.05
	• 마루높이 피복공 있음	0.2

배후지 이용에 따른 월파량 한계치

배후지 여건	허용월파량 ($m^3/m \cdot sec$)
• 배후에 인가, 공공시설 밀집으로 월파, 보라 등 유입으로 중대한 피해가 예상되는 지역	0.01정도
• 기타 중요한 지역	0.02정도
• 기타 지역	0.02~0.06

5.5.5 항만시설물 설계기준서에 의한 방법

항만설계 기준상의 호안 및 제방의 마루높이 산정 개념도는 다음과 같으며, 이 개념도로부터 해저경사 및 제체사면 경사에 따른 호안의 마루높이를 산정한다.

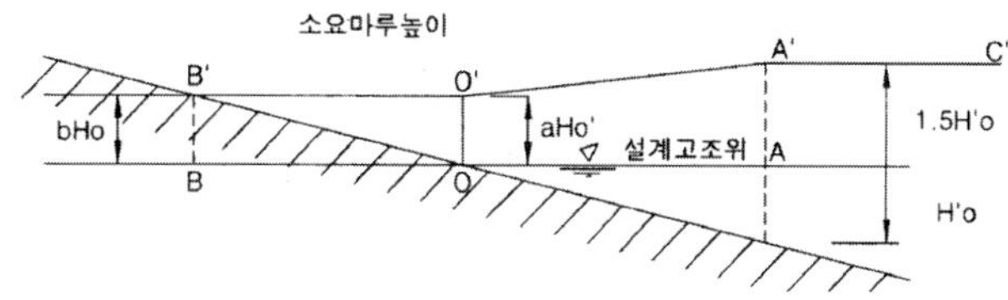

마루높이 설정 개념도

5.6 구조형식의 선정

5.6.1 선정시 고려사항

- ○ 파랑 및 토압에 대한 안정성 유지
- ○ 기초지반 토질특성 및 수심조건 고려

○ 파랑의 처오름 높이 및 월파량을 최소화하여 배후부지의 안전성 확보
○ 접근하기 용이한 친수성
○ 건설시 환경에 미치는 악영향 최소화
○ 공사재료 및 시공장비의 수급 용이
○ 소요공기 단축성 고려
○ 유지관리 용이성
○ 공사비 저렴

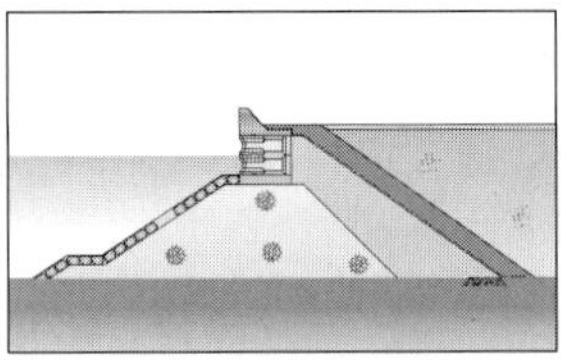

소파블록 피복호안

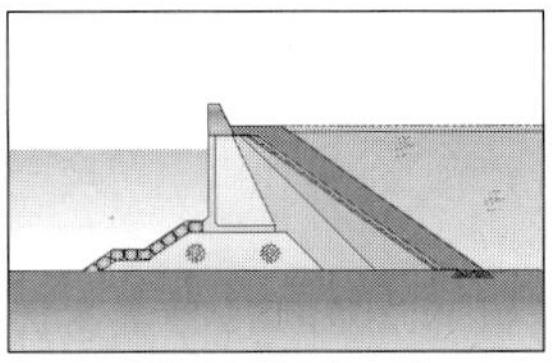

L형 블록식호안

5.6.2 구조형식의 분류

- 호안
  - 중력식 호안
    - 케이슨식
    - L형 블록식
    - 콘크리트 블록식
    - 셀룰러 블록식
  - 널말뚝식 호안
    - 강널말뚝식
    - 콘크리트 널말뚝식
  - 셀(Cell)식 호안
    - 강널말뚝 셀식
    - 강판 셀식
  - 사석식 호안
  - 소파블록 피복호안
  - 가 호 안
    - 목책식
    - 돌짜기식

5.6.3 구조형식별 특성

구조형식별 특성

구 분	경 사 제	직 립 제	혼 성 제
개요도	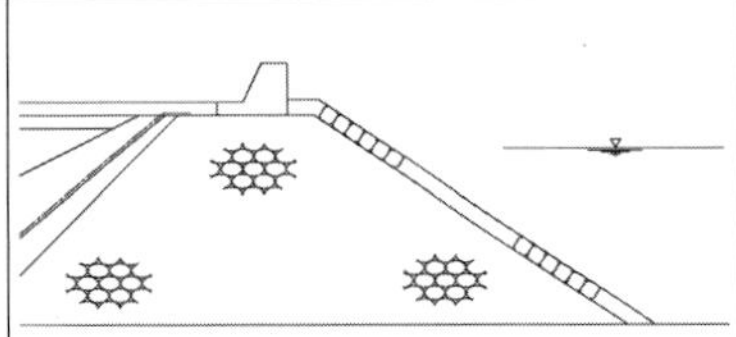	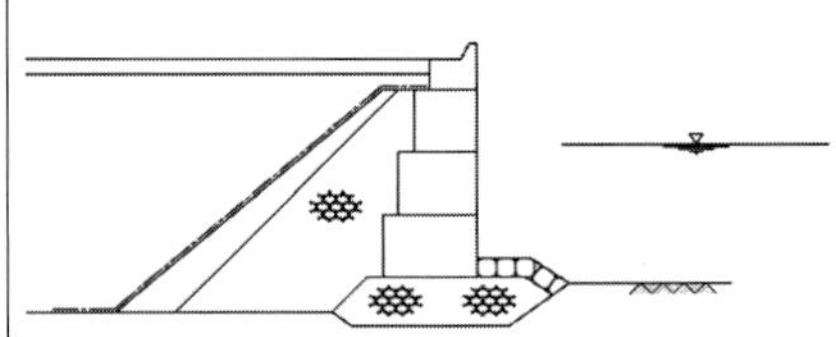	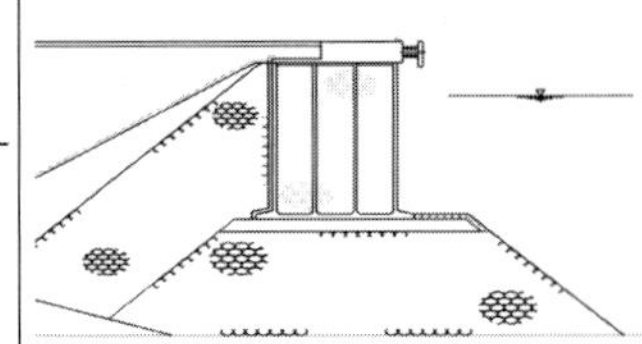
구조 개요	• 전면을 경사지게 한 형식 • 사석제 호안 • 소파블록 피복 호안	• 전면을 수직 혹은 수직에 가깝게 한 형식 • 중력식 호안 • 널말뚝식 호안 • 석축식 호안	• 직립제와 경사제의 혼합형으로서 대개 상부는 직립, 하부는 경사제로 한 형식 • 혼성식 호안
피복공의 구조	• 돌붙임식 • 소파블록 피복식 • 콘크리트 피복식 • 아스팔트 피복식 • 계단식	• 석축식 • 블록식 • 케이슨식 • 옹벽식 • L형 블록식 • 널말뚝식	• 상부 : 직립제 • 하부 : 경사제 (여건에 따라 피복공 고려)
장 점	• 기초지반이 연약 할 경우 유리 • 파력 및 전면의 세굴이 적다. • 공사비 비교적 저렴 • 공기가 짧음. • 전면 비탈면을 여러 목적으로 이용 할 수가 있다.	• 배후지 토지 이용도가 높다. • 파랑의 처오름 높이를 낮게할 수 있다. • 강력한 파력에 저항할 수 있다. • 성토재의 소요량이 적다. • 전면을 소형선의 계류 시설로 이용 가능	• 수심이 깊을 경우 유리 • 경사제와 직립제의 장점을 모두 살릴 수 있다. • 전면에 선박계류시설로 이용 가능
단 점	• 성토용 재료가 대량으로 필요 • 배후지의 토지 이용도가 낮다. • 파랑의 처오름 높이가 높으므로 마루높이를 높게 해야 한다. • 선박계류가 불가능	• 배후토압이 크고, 저폭이 작아 연약지반에 부적합 • 반사파가 커짐 • 수심이 얕을 경우 세굴이 심하게 발생 • 경사제에 비하여 공사비가 비싼 편이다.	• 직립부는 직립제의 단점을 경사부는 경사제의 단점을 가진다.

5.7 구조 상세설계

5.7.1 마루폭

- ○ 마루폭은 가능한 넓게 하는 것이 좋으나 경제성을 고려, 적정폭 유지
- ○ 월파에 의한 세굴검토(표면처리 등)
- ○ 시공시 공사용 차량교행에 충분한 폭 유지
- ○ 사면활동 방지를 위한 마루높이의 폭 유지

5.7.2 비탈경사

가. 전면 비탈경사

- ○ 제체의 안정 및 기초의 토질 특성
- ○ 피복공의 종류 및 층수
- ○ 마루높이
- ○ 제체단면의 세굴
- ○ 배후지 이용조건
- ○ 시공방법

나. 후면 비탈경사

- ○ 제체 토질조건, 기초지반, 피복공의 종류, 해안 이용문제 등 고려
- ○ 안정조건 만족
- ○ 마루높이가 5.0m 이상일 경우 소단설치 검토
- ○ 연약지반인 경우 하중분산을 위한 저폭을 크게 계획
- ○ 필터층(Filter stone) 및 뒷채움토사 부설 용이성
- ○ 안정조건 만족
- ○ 월파 허용조건 검토

5.7.3 소파공

가. 소파공 설치 필요성 검토

- ○ 연약지반
- ○ 대량의 월파가 예상되는 지역
- ○ 파고가 높은 곳

나. 마루폭 및 마루높이 검토

다. 소파공 전면의 세굴 검토

5.7.4 밑받침공(근고공)

- ○ 밑받침공은 지반이 연약하여 파랑, 조류 등에 의한 세굴의 위험이 있는 곳에 사면의 끝단 혹은 기초의 저면에 접속하여 설치하고 제체와는 독립시켜 설치
- ○ 제방전면의 피복공 및 기초공 보호
- ○ 지반이 양호하여 세굴 염려가 없는 경우 설치하지 않을 수 있으나 제체의 평형을 고려 원칙적으로 설치
- ○ 밑받침공이 침하 하더라도 그 기능을 발휘할 수 있는 구조를 확보하고 가호안 기초와 분리 설치
- ○ 밑받침공의 세굴 및 흐트러짐 방지를 위한 매트(Mat)설치
- ○ 밑받침공 두께는 1.0m이상, 폭은 3m이상

5.7.5 전면비탈 피복공

- ○ 전면비탈 피복공은 파랑, 조류의 침식에 대하여 안정유지
- ○ 제체의 토사 유출방지 역할
- ○ 파력과 후면토압에 안정
- ○ 파고에 의한 소요중량과 조류속에 의한 소요중량을 비교 · 검토후 안정성 확보

5.7.6 마루 피복공

- ○ 제체의 마루면은 월파에 의해 손상되기 쉬우므로 표면전체에 피복공 설치
- ○ 호안 배후를 보호하기 위한 물받이공 설치

5.7.7 반파공(Parapet)

- ○ 제체전면의 파랑내습시 제체표면을 따라서 상승하는 파랑을 바다로 되돌려 마루면과 후면을 보호하기 위한 반파공 설치

5.7.8 선단세굴 방지공

- ○ 호안 선단부 세굴로 인한 피복공 및 기초공의 파손으로 호안 제체 전반적인 파괴를 방지
- ○ 세굴방지용으로는 밑받침공을 설치
- ○ 사면의 끝단 또는 기초의 전면에 접속하여 설치하며 제체와는 독립
- ○ 연약층 상에 일정깊이로 굴착치환하고 모래 기초공 위에 사석으로 부설하거나 현지 여건에 적합한 기초 구조형식을 선정 후 그 위에 설치

제6장 · 매몰대책시설

6.1 일 반

6.1.1 매몰의 개념

표사, 비사 및 하천 유출토사 등이 수역시설에 이동하여 침전, 퇴적하여 수심이 얕아지므로서 항만기능을 저해하는 현상을 매몰이라 한다.

항만 및 항로의 매몰이 예상되는 경우에는 매몰원인 및 현상을 충분히 조사한 후 매몰의 형태를 파악하고, 매몰대책공이 유발하는 각종 영향, 경제성 등을 고려하여 적절한 대책을 강구해야 한다.

6.1.2 매몰의 원인

- ○ 표사의 이동, 퇴적(주로 파랑, 연안류에 의한 것 등이 있다.)
- ○ 하천 유하토사의 침전, 퇴적
- ○ 비사의 비입, 퇴적
- ○ 당해 지역내에서의 토사이동, 퇴적장소의 변화
- ○ 항내교란에 의한 토사이동, 항로 법면붕괴, 샌드 웨이브(Sand wave)의 형성

6.1.3 매몰의 형태

가. 항내수역

방파제 등으로 둘러싸인 수역의 매몰의 형태는 매몰토사의 발생원인, 토사침입의 경과와 형태 및 토사 퇴적의 형태에 따라서 다음과 같이 분류된다.

나. 항외수역

항외의 항로 등 비차폐 수역의 매몰의 형태는 시간경과(t)에 따라 여러 형태로 분류된다.

매 몰 형 태	매몰원인 및 현상
	• 파가 주된 외력으로 작용 • 해저가 모래질 • 굴착심도가 비교적 얕은 항로 • 매몰은 인접지역의 세굴에 따라 발생
	• 해저가 이토질 • 굴착심도가 비교적 얕은 항로 • 항로법면을 포함한 비교적 균등 매몰
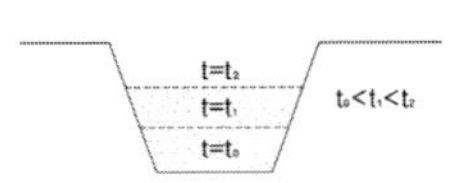	• 해저가 모래질, 이토질 • 굴착심도가 깊은 항로 • 항로 저면부의 매몰이 큼

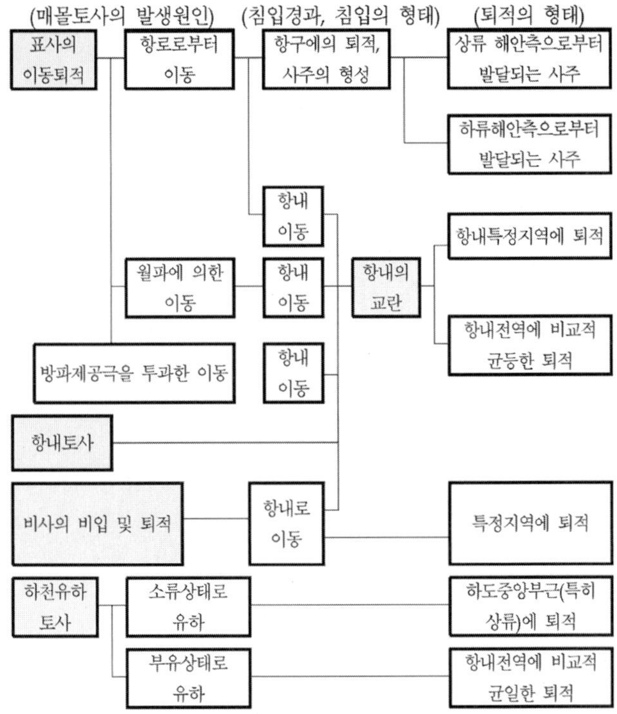

항내수역에서의 매몰의 형태

6.1.4 매몰대책 공법의 종류

매몰대책 공법은 반영구적인 시설 축조로 매몰을 방지하는 공법과 매몰 원인 토사를 포집할 수 있도록 여굴 또는 포킷(Pocket)을 준설하는 공법 등이 있으며, 필요에 따라 유지준설을 시행한다.

반영구적 매몰방지대책 시설

연안표사 방지공	• 항구로부터의 침입방지	• 방파제, 돌제(도류제)
	• 월파에의한 침입방지	• 방파제의 마루높이
	• 투과침입사 방지	• 사지공(砂止工)
하천유하토사 방지공	• 하천 소류력의 증가	• 도류재
	• 유하토사 침입방지	• 갈라치기제방(背割堤)
	• 유하토사의 감소	• 분수공(分水工)
비사 방지공	• 비사의 감소	• 식재, 방사림
	• 비사의 이동방지	• 방사책 등

6.1.5 매몰대책 공법의 선정

매몰대책 공법의 선정은 매몰의 실태 및 기구를 충분히 조사하고, 과거의 사례 등을 참고하여 결정한다.

가능한 이동상 수치모형실험을 실시하여 주변환경에 미치는 영향을 충분히 검토하여 선정한다.

6.2 방사제(防砂堤)

6.2.1 일 반

모래해안에 시설하는 항만 및 어항의 방사제는 당연히 방파제로서의 기능을 함께 가져야 하므로, 그 기능을 분리하는 것은 불가능하다. 본 절에서는 특히 방사제로의 기능만이 중요하다고 생각되는 것을 제외하고 통칭에 따라 방파제라 부르기로 한다.

6.2.2 방사제의 배치

가. 배치기준

- ○ 방사제는 표사의 특성을 감안하여 차폐 기능이 발휘되도록 적절히 배치.
- ○ 연안 표사의 상류 방사제는 쇄파대보다 얕은 곳은 기부를 해안선에 직각으로 돌출, 깊은 수역은 표사를 항구의 반대측으로 확산시키도록 배치.
- ○ 연안표사의 하류측 해안으로부터 항내로 토사가 돌아 들어오는 것을 방지하기 위한 하류 방사제는 해안선에 직각으로 배치하고, 파향 및 파의 변형을 감안하여 적절한 연장을 갖도록 한다.
- ○ 항내의 항로 부근 등에서 필요한 경우에는 자연상황에 따라 적절한 위치에 방사제를 설치.

나. 상류측 방사제의 형상

상류측 방사제의 기부는 연안표사를 저지하고 그 위쪽에 토사의 퇴적을 유도하는 것이므로 쇄파선을 넘을 때까지 해안선에 직각방향으로 연장한다.

기부의 연장이 짧거나 해안선에 대하여 하류측으로 기울어져 있으며, 상류의 토사포착능력이 적고 토사가 쉽게 방사제의 기울어진 부분에 연하여 항구부로 향하게 된다. 또, 기부를 해안선에 대하여 하류측으로 기울여서 연장한다면 상류측 해안의 국소세굴의 원인이 되기 쉽다.

쇄파선을 지나서는 제체를 굴곡시켜 방파제로서 파의 차폐와 동시에 반사파, 연파 등을 이용하여 표사를 항구의 반대측으로 확산시킨다.

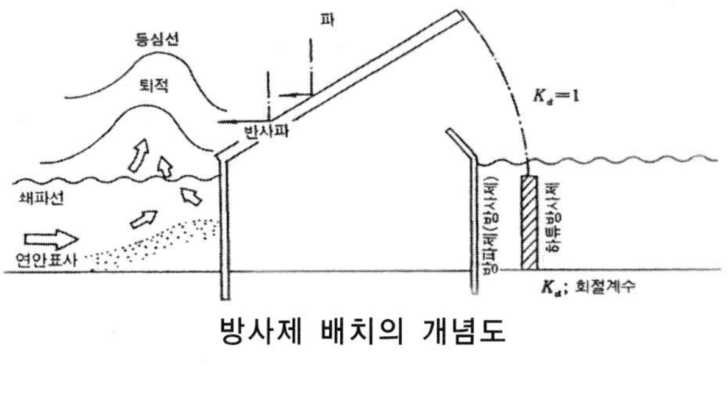

방사제 배치의 개념도

다. 하류측 방사제의 위치와 시공시기

하류측 방파제 직선부의 법선이 연장선을 넘어서 상류측 방사제가 연장되면 하류측 방사제의 하측에 토사가 퇴적하여 하류해안으로부터 항구를 향하여 사주가 형성되고 다시 하류의 해안이 침식되는 원인이 된다.

하류방사제의 시공시기

하류방사제 시공이 빠른 경우	하류방사제 시공이 지연된 경우
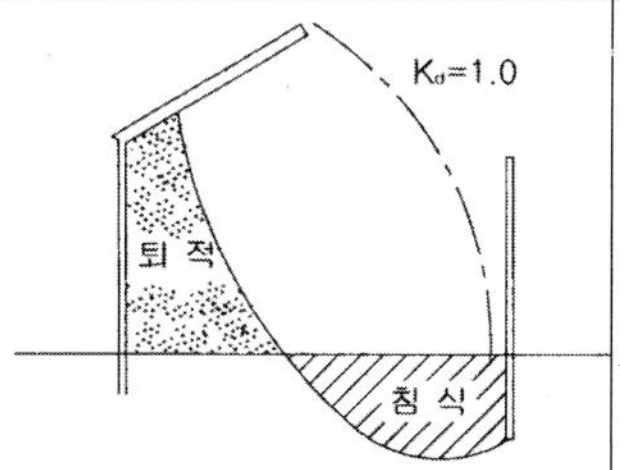	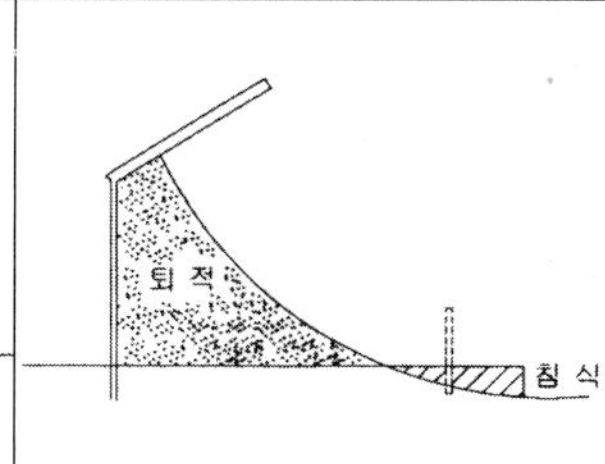
• 상류 방사제의 곡부가 짧을 때 하류 방사제를 시공할 경우 • 방사제 항내측에 현저한 국소세굴 발생 • 상·하류 방사제의 시공속도를 조절하여 평형(Balance)을 유지	• 상류 방사제의 곡부가 짧을 때 하류 방사제의 시공이 지연될 경우 • 항내의 퇴적을 초래하고 하류 해안의 침식 발생 • 상·하류 방사제의 시공속도를 조절하여 평형을 유지

라. 방사제 길이와 선단수심

- ○ 길 이 : 쇄파대로부터 심해 쪽
- ○ 선단수심 : 당해 항만의 최대 항로수심

6.2.3 방사제의 구조

가. 방사제의 구조형식

방사제의 형식은 완전히 표사를 방지하는 기능이므로 원칙적으로 불투과 구조를 선정한다.

방사제 기부 부근을 사석이나 경사블록제 구조로 하는 경우에는 버럭에서 100~200kg정도의 사석을 속채움으로 한다. 필요시 항내측에 샌드 매스틱(Sand mastic) 등의 모래방지공을 설치한다.

자연여건상 흐름에 의한 세굴의 우려, 반사파에 의한 매몰우려, 선박의 항행에 지장을 초래한 염려가 있는 경우에는 소파구조를 병용하는 것이 바람직하다.

나. 방사제의 마루높이

1) 방사제의 기부 부근

- ○ 월파를 허용하지 않는 높이

2) 쇄파선보다 얕은 부분

○ 삭망평균고조위(H.W.L) + $0.6H_{1/3}$ (선단부근의 파고)

3) 쇄파선보다 깊은 부분

○ 삭망평균고조위(H.W.L) + 여유고

6.3 돌제군

돌제군은 일반적으로 쇄파대 이내에 설치하고 상류측의 표사공급원인 해빈의 표사를 고정하여 항입구 부근의 표사량을 감소시켜 매몰 현상을 완화하기 위하여 설치하는 구조물이다.

6.4 도류제

6.4.1 도류제의 배치

가. 일 반

도류제는 계획지역의 연안표사의 특성, 하천의 홍수시 및 갈수기의 소류력 등에 따라서 소요의 기능을 충분히 발휘 할 수 있도록 적절히 배치한다.

나. 하구도류제 기능의 다양성

○ 연안표사를 저지하는 방사제적 기능

○ 흐름의 안정, 하천류의 소류력 증가 등 수심유지 기능

○ 출수시의 유량 소통 기능

다. 도류제의 배치형식

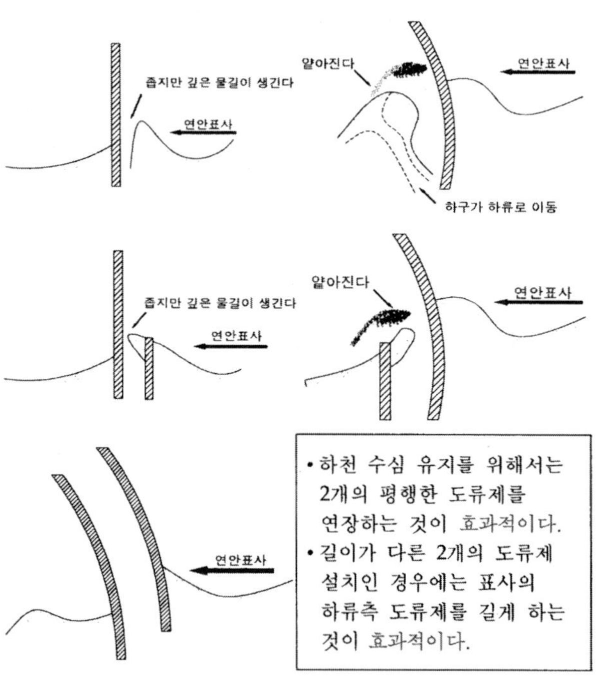

도류제의 배치와 종류

6.4.2 도류제의 선단수심

○ 선단수심은 도류제 인근 항로의 수심보다 깊게 계획한다.

○ 선단부는 파랑의 쇄파한계 수심보다 깊은 곳에 배치

6.4.3 도류제의 구조

도류제의 구조형식은 불투과 구조를 원칙으로 하고, 작용 파랑 및 하천 흐름에 의한 세굴의 영향을 충분히 고려하여 결정한다.

도류제는 연장이 길고 파랑작용이 크므로 두부, 측면세굴, 하천류의 세굴작용 등을 고려하여 결정한다.

6.5 표사 또는 하천유하토사 방지공

6.5.1 일 반

유지준설에 따른 연안표사의 매몰방지를 위해서는 적절한 위치에 시설물을 설치하여 표사를 포착하므로서 항로 및 박지에 유입되지 않도록 하고, 파랑조건을 개선하여 준설효율을 높이도록 계획하여야 한다.

6.5.2 표사 포착시설(漂砂 捕捉施設)

○ 이안제 설치 : 돌아서 침입하는 모래 차단

○ 상류방파제 일부의 마루높이 하향조정 : 퇴사지역을 한정

○ 포킷(Pocket) 준설 : 하천 유하토사의 침전·퇴적 유도

6.5.3 표사 포착시설의 위치선정

가. 위치선정상 중요조건

○ 표사의 포착효율 : 표사의 이동상황 및 메카니즘 고려

○ 포착한 표사의 준설조건 : 수심확보성, 정온성 확보

나. 포착시설의 적정위치

○ 자연상태에서 토사 퇴적이 쉬운 지역에 설치

○ 표사 흐름도중에 토사 침강이 쉽도록 인공적으로 설치

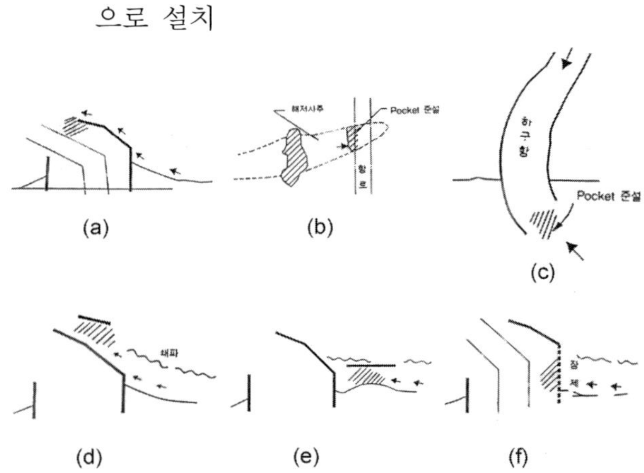

6.5.4 표사 포착시설의 규모

표사 포착시설의 규모는 현지관측결과, 과거의 실적치, 이동상 실험 등 물리적 조건에 의하여 결정한다.

6.6 비사 방지공(飛砂 防止工)

6.6.1 일 반

해안 및 사구지역으로부터 비사가 유입되어 항만수역의 매몰, 주변지역의 환경피해 방지를 위하여 비사방지에 대한 충분한 대책을 강구한다.

6.6.2 공법의 선정

가. 비사방지공의 종류

① 퇴사울타리(담) 및 방풍책(防風柵) : 높이 1m 정도의 낮은 울타리 등을 병렬로 설치하여 비사를 포착하고, 인공사구를 만들어 방사 효과를 높이는 공법, 매립조성지 주변, 분말자재 적치장 주변에 비교적 높은 방풍책을 설치하여 비산을 방지하는 공법

② 정사공(靜砂工) : 높이가 낮은 정사말뚝을 설치하여 지표조도를 높이므로서 지표면에서의 바람의 전단력을 약화시키고 지표사를 진정시키는 공법

③ 피복공 : 사면을 인공재로 피복하여 모래의 이동을 막는 공법

④ 식재공 : 피복공의 일종으로 볼 수 있으나 사면에 지역에 맞는 식물을 심어 이에 의하여 사면을 피복하는 공법

⑤ 식목공 : 비사지역의 풍하측에 조림을 하므로서 비사를 방지하려는 공법

해안사방의 관점에서 실시되는 비사방지공은 각종 공법을 조합하여 시행하는데 그 순서와 공법을 일반적으로 나타내면 다음표와 같다.

인공사구 육성공의 순서

제1기 인공사구의 육성	퇴사원 1차 퇴사원 2차 퇴사원 3차	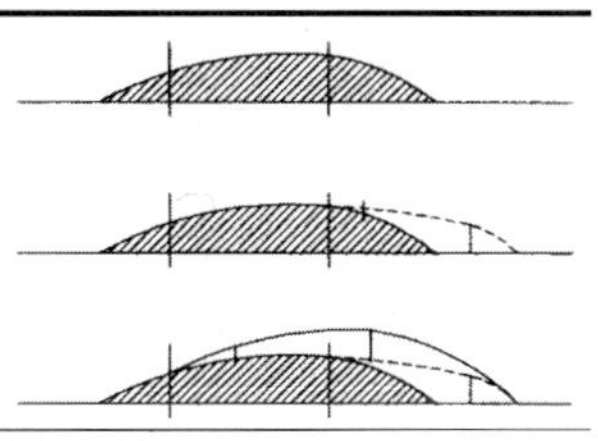
제2기 사구면의 피복	기피복공 (정사원) + (식물이식) = 본 피 복 (식재공)	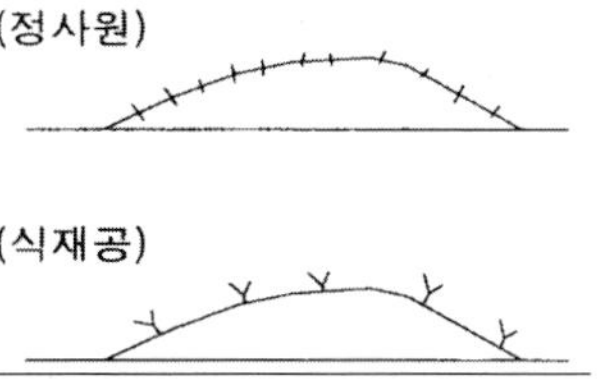
제3기 식 수	(식 림)	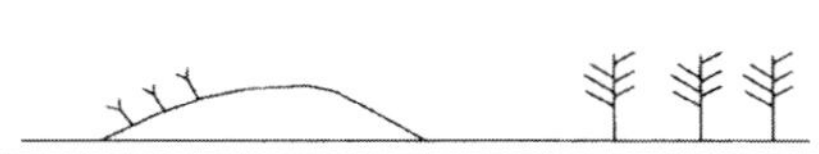

나. 공법의 선정

비사현상은 풍향, 풍속, 지면의 저질입도특성, 지면의 습윤정도 등의 자연조건에 좌우되고, 비사의 방향, 비사량 및 그 분포 등이 정해진다.

비사방지공법은 비사의 현상, 비사의 상황, 사회적 조건 등을 조사·검토하여 각 공법의 특성에 적합한 공법을 선정할 필요가 있다.

제7장 · 침식대책시설(浸蝕對策施設)

7.1 일 반

7.1.1 침식의 개념

표사에 의하여 해안선(汀線)이 후퇴하는 현상을 침식이라 하며, 이러한 해안을 침식해안이라 한다.

어느 해안에 공급되는 흙의 양이 그곳으로부터 유실되는 양보다 적은 경우, 이 해안은 침식해안이며, 반대인 경우는 퇴적해안(Deposite coast)이다. 양자가 같은 양이면 안정해안이 된다.

7.2 침식대책 공법의 선정

7.2.1 공법의 종류

침식대책 공법에는 해안제방 및 호안, 돌출제 및 돌출제군, 이안제 및 양빈공 등이 있다.

7.2.2 공법의 선정

침식대책 공법의 선정은 연안표사의 특성이 그 대책 공법을 결정하는 중요한 요소가 되므로 침식의 원인, 해안 및 배후지의 형상, 인접해안에 미치는 영향, 투자효과 등을 충분히 고려하여 결정한다.

침식이 심한 해안은 공법의 특성을 고려한 몇가지 공법을 사용하여 충분한 효과를 얻을 수 있도록 고려한다.

침식대책 공법을 선정함에 있어서는 그 대책공법이 인접해안에 미치는 영향도 충분히 조사해야 하며, 특히 보호하려는 해빈이 인접해빈의 표사원이 되는 경우 하류측의 침식을 일으키는 일이 없도록 주의해야 한다.

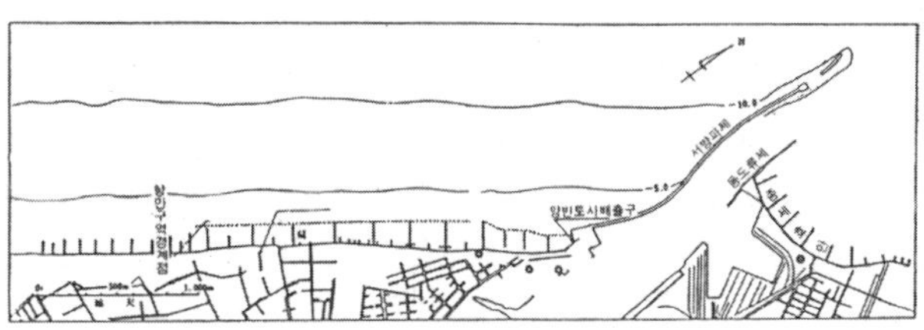

해안침식 대책공법의 예

제6편

7.3 제방과 호안

7.3.1 일 반

제방과 호안은 해빈 육안(陸岸)의 비탈면을 둘러싸서 배후의 토사가 파랑, 흐름에 의하여 파괴 또는 유실되지 않도록 방지하는 시설이다.

본 시설로는 더 이상 해안의 침식을 허용할 수 없는 경우, 침식이 심한 곳은 다른 공법을 병용한다.

본 시설은 폭풍해일 방호의 목적도 겸하여 건설되는 경우가 많으므로 이런 경우에는 양자의 조건이 만족되도록 고려한다.

7.3.2 계획순서

제방과 호안의 계획은 일반적으로 다음과 같은 흐름으로 시행한다.

설계조건의 결정(바람,조위,파랑,흐름,표사 등)

↓

법선의 결정(제체위치, 범위 등)

↓

단면의 결정(구조형식, 마루높이, 단면형식 등)

제방과 호안의 계획순서

7.3.3 법선의 결정

파랑이 제방에 부딪쳐서 반사파나 사면을 따라 gm르는 흐름에 의해 제방의 비탈면은 한층 더 침식되어 비탈면이 세굴되는 경우가 많으므로 보통 파랑의 작용이 미치지 않는 후빈의 후단에 법선을 정하는 것이 좋다.

7.3.4 단면의 결정

제방의 비탈면에 연안류 및 반사파에 의한 비탈면의 세굴과 뒷채움 흙이 흡출되는 현상에 특히 주의해야 한다.

비탈면은 계단형 또는 1:3~1:4의 완경사로 하여 반사파를 줄이는 것이 좋다.

제방의 비탈면에 연한 연안류를 강화시키거나, 제방 앞면의 해빈을 안정시키기 위하여 돌출제군을 배치하는 것도 고려해야 한다.

위와 같은 대책이 실시되지 않을 때에는 비탈면에 내습파고 정도의 세굴이 일어나는 수도 있다는 것을 고려하여 기초의 근입깊이를 충분히 계획하여야 한다.

7.4 돌출제군(突出堤群)

7.4.1 일 반

돌출제군은 방사제와는 달리 단일제로 사용되는 경우는 없으며, 적당한 간격으로 몇 개 정도 시설하는 것을 말한다.

돌출제군은 연안표사의 일부를 보충하여 해안선을 전진시키며, 연안류를 해빈에 가까이 오지 못하게 하거나 초기 파랑 방향에 대해서 해안선을 직각으로 만들어 해빈에서 빠져 나가는 모래의 양을 감소시키는 효과를 나타낸다.

따라서 돌출제군은 계절적인 전진후퇴가 심한 정선을 안정시키거나, 연안표사가 많은 해안에서 해빈을 전진시키거나, 또는 호안 및 제방 비탈면에 따로 모래의 이동을 저지하여 그 비탈면의 세굴을 방지하려는 경우에 설치한다.

7.4.2 계획순서

돌출제군의 계획은 일반적으로 다음과 같은 흐름으로 시행한다.

설계조건의 결정(바람,조위,파랑,흐름,표사 등)

↓

배치의 결정(범위, 길이, 간격, 방향, 평면형 등)

↓

단면의 결정(구조형식, 마루높이, 단면형식 등)

돌출제군의 계획순서

7.4.3 돌출제의 배치

가. 돌출제의 길이

- 제방 및 호안 등의 구조물이 있는 경우 : 돌출제 기부를 접속
- 자연해빈의 경우 : (H.W.L + 파랑의 처오름높이)위치까지 돌출제를 연장

나. 돌출제의 선단위치

- 파형경사(Ho/Lo)가 작은 경우 :
  - 연안표사가 주로 정선부근을 이동
  - 짧은 돌출제 설치
- 파형경사가 큰 경우 :
  - 연안사주 발생으로 쇄파적 부근 표사다량
  - 긴 돌출제 설치

다. 돌출제의 길이 조정

① 정선이 일직선인 경우

하류측의 돌출제 선단법선을 약 6°의 경사각을 갖도록 하여 돌출제의 길이를 점차적으로 짧게 하고, 간격은 길이와의 비율이 적당히 유지되도록 점차로 좁힌다.

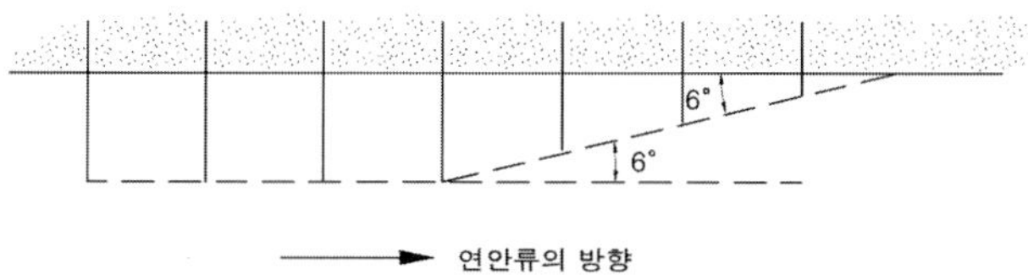

돌출제와 해빈의 접속방법

② 정선이 만곡되어 있는 경우

돌출제의 길이를 짧게 하여 완만하게 인근 해빈에 접속시킨다.

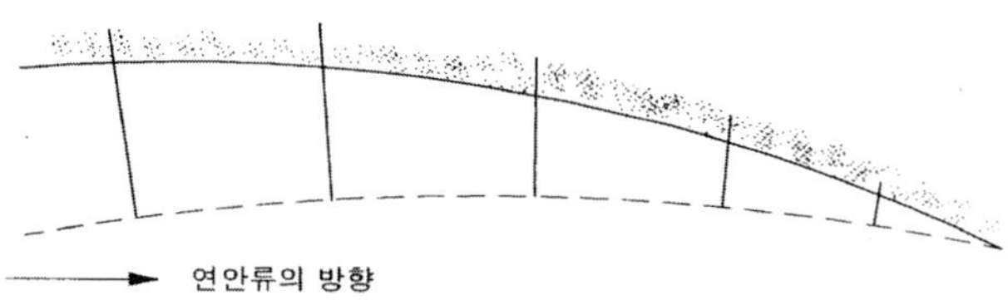

돌출제군과 해빈의 접속방법

③ 돌출제의 길이를 일정하게 하고 마루높이를 변화

라. 돌출제의 방향

해안에 내습하는 파향은 일반적으로 탁월방향 주변에서 많이 변동되므로 돌출제는 정선에 직각으로 설치하는 것이 보통이나 파향이 대체로 일정한 때에는 이것에 대하여 가장 효과적인 돌출제의 방향으로 잡아야 한다.

Nagai의 실험결과에 의하면 입사파와 돌출제가 이루는 각(δ)은 세굴과 파력의 관점에서 보면 100°~110°인 때가 적당하다고 한다.

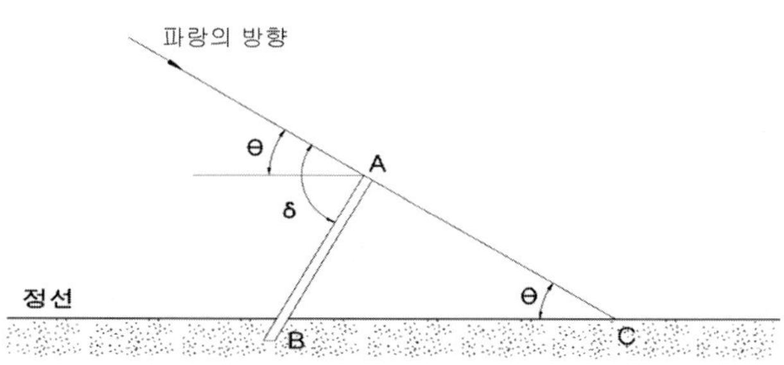

돌출제의 방향(Nagai식)

마. 돌출제의 간격

정선이 가장 후퇴한 경우에도 최소한의 필요 해빈폭을 유지할 수 있도록 결정한다.

바. 돌출제의 건설시 유의사항

○ 시공할 때에는 계획 돌출제의 길이를 일시에 시공하지 말고 퇴적된 모래상태를 점검하여 순차적으로 시공한다.

○ 표사의 하류측부터 시공하고, 그 효과를 조사·분석하여 순차적으로 상류측에 시공

7.4.4 돌출제의 형식

가. 투과성에 의한 분류

구분	투과식 돌출제	불투과식 돌출제
특성	• 물과 표사의 제내투과를 허용하는 형식 • 보통해안은 사석식, 경사제, 석축식 직립제 등이 사용	• 표사의 제내 투과를 하지 않는 형식 • 웰식 직립제, 돌붙임식 경사제, 격벽 또는 심벽을 설치한 사석제 등이 사용
장점	• 반사파가 적다. • 연안 방향 파가 적다. • 제체 비탈면의 세굴 염려가 적다. • 보수가 용이하다.	• 재료 확보가 용이하다. • 항내 유입표사가 적다. • 유지관리비가 적게 소요된다.
단점	• 재료가 분산되기 쉽다. • 항내 매몰이 우려된다.	• 반사파가 다소 크다. • 보수가 어렵다.

나. 단면 형상에 따른 분류

○ 직립제, 경사제, 혼성제(방파제 구조형식 참조)

다. 평면 배치에 따른 분류

구 분	직선형 돌출제	T형·L형·Z형 돌출제
특 성	• 해빈에 직선형태로 돌출된 형식	• 직선형 돌출제의 중간부 또는 선단부에 평행돌출제를 붙인 형식
장 점	• 돌출제의 길이를 조정한 돌출제군으로 하여 하류측의 침식을 방지 • 형식이 단순하여 시공성 유리	• 토사의 공급이 적거나 침입 파랑이 커서 해빈의 모래를 심해쪽으로 쓸어 갈 염려가 있는 경우에 효과적 • 침입파고를 감소 • 파랑의 회절에 의한 기저부의 퇴적 유도
단 점	• 하류측 해안에 침식이 우려	• 평행부의 파압이 커서 전면 세굴이 우려

7.4.5 돌출제의 구조

1) 구 조 : 방파제에 준한다.

2) 파 압 : 쇄파선에서 어느 정도 육지쪽에 있는 구조물에 작용하는 파력에 의한다.

3) 토 압 :
   - 상·하류측 모래 퇴적높이에 따른 주동토압 고려
   - 속채움 구조는 내부토압 고려
4) 양압력 : 직립벽에 작용하는 중복파 또는 쇄파의 파력 고려
5) 선단부 보강 : 세굴깊이(설계파고)를 고려하여 세굴방지공 설치

7.4.6 돌출제의 마루높이

육지쪽의 수평부분은 처오르는 파랑이 기부주위를 세굴하거나 돌출제의 마루를 넘어 하류측의 모래를 이동시키지 않도록 파랑의 처오름 높이를 마루높이로 한다. 처오름 높이는 그 목적에 따라 자주 일어나는 조위와 내습파에 의하여 결정, 또는 극단적인 이상조위와 내습파에 의하여 선택한다.

중간경사 부분의 마루높이는 돌출제군에 의한 유지가 예상되는 해저경사에 거의 평행한 선으로 한다. 이 부분을 수평으로 하지 않는 것은 이 범위내의 표사가 주로 해저면 부근에 집중하여 이동하는 것과 마루가 높을 수록 파력이 커져서 공사비가 증가하는 것 등의 이유 때문이다.

선단부는 수평 또는 해저 경사에 평행하게 하거나 돌출제의 투과성과 하류측으로 투과시키려는 표사량 및 파력과의 관계에 의하여 결정한다.

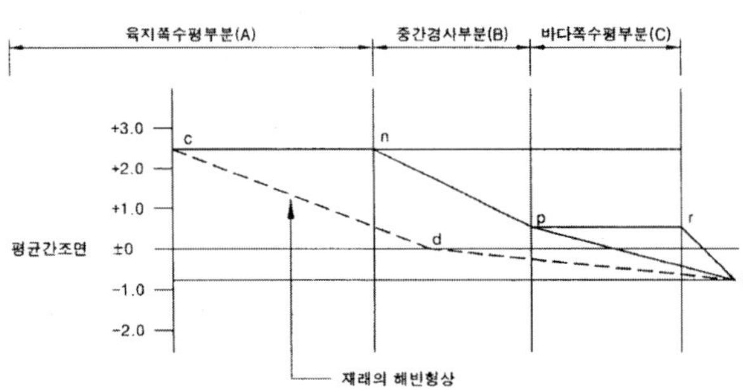

돌출제의 종단형상

7.5 이안제(離岸提)

7.5.1 일 반

이안제(Detached breakwater)는 그 배후에서 일어나는 회절파를 이용하여 모래톱을 형성하고 연안표사를 저지할 목적으로 축조하는 경우와 배후해빈에 작용하는 파력을 감소시켜 해빈의 침식을 저지시킬 목적으로 축조하는 경우가 있다.

이안제는 다른 대책공법과 비교하여 일반적으로 건설비와 유지비가 많이 들어 돌출제군 또는 호안을 병용해도 침식을 방지할 수 없을 때 축조한다.

7.5.2 계획순서

이안제의 계획은 일반적으로 다음과 같은 흐름으로 시행한다.

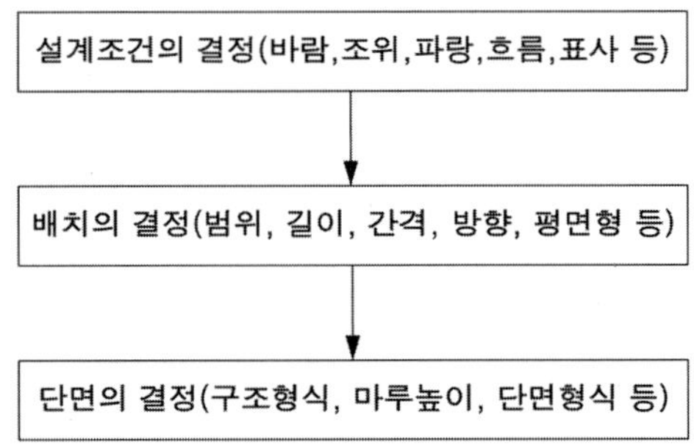

이안제의 계획순서

7.5.3 이안제의 배치

가. 길이와 간격

1) 길 이
   - 정선으로부터의 거리, 입사파의 파장으로 결정
   - 연안표사 차단 목적일 때는 퇴적 충분길이 필요
   - 해안구조물 및 해빈의 방호목적일 때는 효과 범위까지의 길이 필요

2) 간 격
   - 톰보로(Tomboro)를 형성하여 연안표사 차단 목적일 때는 톰보로가 용이하게 형성될 수 있는 충분한 넓이 필요

나. 정선으로부터의 거리

1) 톰보로를 형성하여 연안표사를 방지하는 경우
   - 이안제의 길이, 마루높이, 양안으로부터의 회절파를 고려하여 결정
   - 세배이지(Savage)의 실험값 : 톰보로가 생기는 한계의 $\ell/L = 5/4$

2) 배후해빈에 작용하는 파력을 약화시키는 경우
   - 일반적으로 파랑의 쇄파대에 설치
   - 파랑의 교란이 안정될 수 있는 충분한 거리 확보

3) 급경사인 잠제를 설치하는 경우
   - 수위 상승에 따른 외류에 의한 세굴작용고려

• 이안제의 마루높이 조정 필요

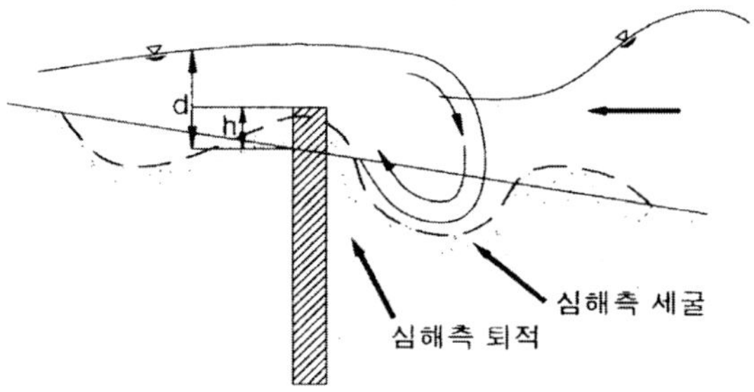

(a) h/d가 작은 경우

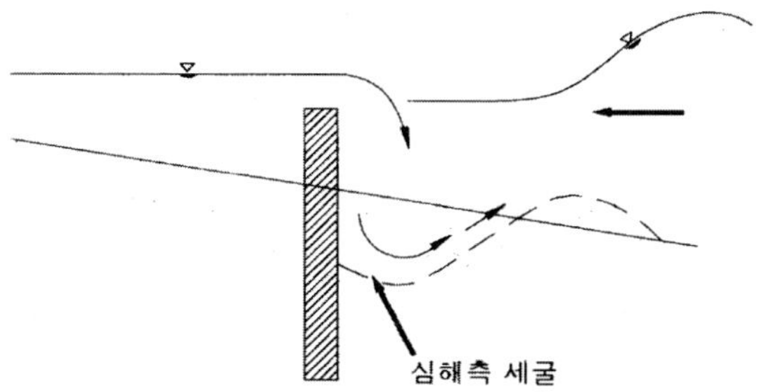

(b) h/d가 큰 경우

잠제부근의 쇄굴작용

7.5.4 이안제의 형식과 구조

이안제의 형식과 구조를 선정할 때에는 방파제에 준하며, 그 외에 투수성, 비탈경사, 조도 등이 파고 전달이나 기초의 세굴 등에 미치는 영향을 고려한다.

이안제의 마루높이를 결정할 때에는 먼저 이안제의 목적에 따라 요구되는 배후의 파고 감소효과를 고려한다.

7.6 양빈공(養濱工)

7.6.1 일 반

자연해빈은 파랑의 에너지를 감소·분산시켜 배후지를 방호하는 기능을 가지고 있다. 양빈공(Artificial nourishment)은 이러한 기능 이용을 목적으로 해안에 토사를 보급하여 인공적으로 해빈을 조성·유지하는 공법이며, 부근에 값싼 토사가 있는 경우나 해안선을 적극적으로 전진시켜야 할 경우에 사용된다.

특히 모래사장 해안의 항구에서 수심유지도 겸하여 상류측의 해안에 퇴적된 모래를 하류측의 침식해안으로 샌드 바이패스(Sand bypass)하는 것은 효과적이다.

7.6.2 계획순서

양빈공의 계획은 일반적으로 다음과 같은 흐름으로 시행한다.

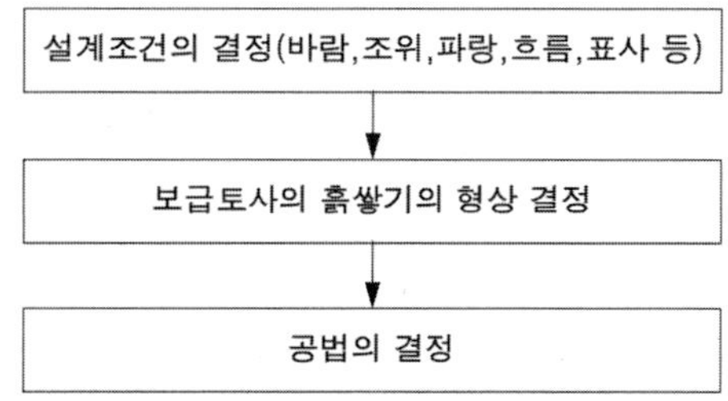

양빈공의 계획순서

7.6.3 보급토사

보급토사는 기존의 해빈이나 인근지역의 해빈경사, 입도분포를 조사·분석하여 토사를 보급한다.

특정한 경사유지가 필요한 경우는 계획경사를 이룰 수 있는 입도의 토사를 보급한다.

양빈공 설치해안의 보급토사량은 장기간 수심측량 자료와 정선부근 지형측량실시자료를 비교·검토하여 공급량과 공급방법을 결정한다.

인공위성사진 자료에 의하여 과거의 사진으로 해안상황을 참고로 한다.

7.6.4 양빈공의 단면형상

○ 마루높이 = 자연해빈의 후빈높이 + 여유고
○ 폭 = 배후지 보호 필요 폭 + 예상 침식폭 + 여유폭
○ 경사 > 전빈경사

7.6.5 양빈공법의 결정

가. 연속급사법

연속급사법은 방호구간의 침식부 상류측에 1개소, 또는 수개소에 연속적으로 토사를 보급하므로써 연안표사를 증가시켜 해안을 조성하고 유지하는 방법이다.

이 공법에는 도류제 또는 방파제에 의하여 퇴적된 토사를 침식측으로 보급하는 샌드 바이 패스가 포함된다.

나. 저류사법

저류사법은 연속급사법과 같이 연속적으로 토사를 보급하는 것이 아니고 어느 일정기간분에 해당하는 토사를 방호구간의 상류측 수개소에 쌓아두어 상황에 따라 하류측으로 토사의 이동량을 증가시키는 방법이다.

다. 직접치사법

직립치사법은 전 방호구간에 대하여 한번에 모래를 쌓아두는 점이 저류사법과 다르지만, 이 경우에도 하류측의 해빈에 대하여는 명백하게 저류사로서의 역할을 하기 때문에 조성 후에 유지를 위하여서는 토사의 계속적인 보급이 필요하다.

기술사 출제문제

방 파 제

제18회 (1980.5.18) 기초. 문3 (50점)

방파제의 종류를 열거하고 각각에 대하여 적용의 범위, 장단점을 논하고 금후 설계상 발전시켜야 할 방향에 대하여 귀견을 기술하라.

제18회 (1980.5.18) 기초. 문4 (50점)

방파제의 법선결정에 있어 고려할 사항을 논술하라.

제18회 (1980.5.18) 전문. 문4 (20점)

외곽시설에 대하여 귀하가 알고 있는 사항을 기술적으로 논하라.

제18회 (1980.5.18) 전문. 문5 (20점)

임의의 외곽시설을 가상하고 이를 설계하여 보라.

필요한 사항은 귀하가 임의로 정하라.

제19회 (1981.5.24) 전문. 제2교시. 문2 (90점)

방파제를 구조양식상으로 분류하고 그 특징, 장단점 및 설계상 고려할 요소를 상술하고,

1) 방파제의 마루높이 결정방법
2) 파고 3m의 파에 직면한 경사제 피복용으로 Tetrapod 혹은 피복 석재를 사용할 경우 법면 100㎡당 공비를 산출비교하고 이를 평가하라. 필요한 것은 적의 가정할 것.

   단, Tetrapod 제작거치 : 2만원/톤

   피복석 생산거치 : 7천원/톤

제22회 (1982.2차) 기초. 제1교시. 문1 (50점)

방파제의 마루높이에 대하여 기술적으로 논하라.

제22회 (1982.2차) 기초. 제1교시. 문4 (50점)

방파제의 종류를 기술하고, 각 기에 대한 적용의 범위, 장・단점과 금후의 설계방법에 대하여 귀견을 논하라.

제22회 (1982.2차) 기초. 제1교시. 문5 (50점)

다음 그림은 사석방파제의 가정 단면이다. 이단면의 제체폭은 타당한지 ① 안정계산을 행하고 ② 파고에 대한 이상적인 설계단면을 귀하의 구상대로 도시하여 보라.

설계조건 : 1) 설계파고 : 4.0m

2) 파고 : 쇄파로 간주한다.

3) 파력공식 : 약식

4) 기타 계산을 위하여 필요한 공식 및 수치는 이론에 부합되도록 귀하의 기억하에 정함

5) 지반은 굳은 편으로서 침하의 우려는 없음.

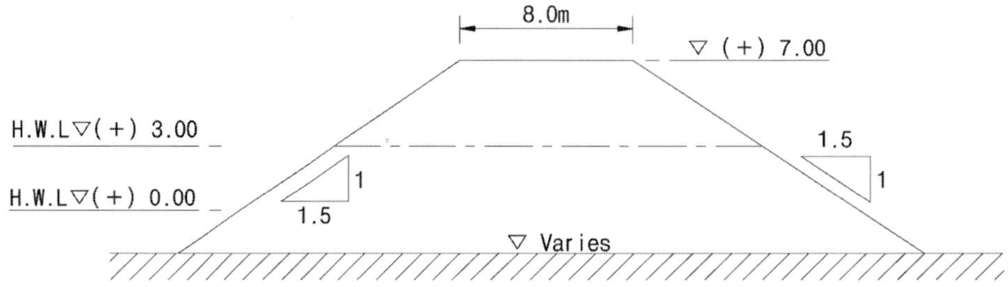

제22회 (1982.2차) 기초 제2교시. 문3 (50점)

혼성제 방파제의 안정계산 방법을 논하라.

제23회 (1983.) 제2교시. 문2 (25점)

사석 방파제의 피복석 및 케이슨(Caisson) 방파제의 마운드(Mound)의 안정성 실험에 대하여 기술하고 특히 실험에 사용되는 파 선정에 대하여 언급하라.

제23회 (1983.) 제3교시. 문3 (70점)

수심 7m의 해안에 $H_{1/3}$=4m, $T_{1/3}$=8sec의 파랑의 내습에 대비하여 혼성방파제를 축조코자 할 때 방파제 직립부의 구조를 케이슨식과 블록식으로 비교, 현지조건에 따른 채택공법을 기술하라.

제25회 (1984.10.7) 제3교시. 문2-(2) (15점)

다음에 대하여 아는바를 기술하시오.

(2) 부유식 방파제

제25회 (1984.10.7) 제4교시. 문2-(1) (30점)

다음 시설에 대한 구조별 설계방법과 순서에 대하여 아는 바를 기술하시오.

(1) 외곽시설

제26회 (1985.5.19) 제3교시. 문1 (50점)

동해안에 어업 전진기지를 전제로 하여 구상한 방파제의 평면계획을 수립하시오.

단, 파의 조건은 임의로 가정하기 바람.

제26회 (1985.5.19) 제3교시. 문2 (30점)

방파제의 구조양식에 대하여 열거하고 아는 바를 기술하시오.

제28회 (1986.4.27) 제3교시. 문1 (50점)

다음과 같은 조건하에서 방파제 단면을 구상하라.

$H_{1/3}$ = 7m, $T_{1/3}$ = 8sec

수심(h) = 20m

지반조건 = 이토, 두께 10m

조차 = 1.5m

조류 = 1.0knot

제29회 (1987.4.26) 제3교시. 문2-(1) (20점)

다음에 대하여 아는 바를 기술하시오.

(1) 방파제 축조시 소단의 필요유무

제31회 (1988.4.24) 제2교시. 문1 (50점)

수심(-)17.0m, 파고 7.0m(주기11sec)의 지점에 혼성방파제를 설계하라. 단, 해저지반은 사질이며 조위는 2.0m, 조류는 1.0knot임.

제31회 (1988.4.24) 제3교시. 문1 (25점)

방파제의 배치계획에 대하여 논하시오.

제34회 (1990.4) 제3교시. 문1 (30점)

남해안에 다음과 같은 조건을 갖는 위치에 방파제계획을 수립하시오.

▣ 다 음 ▣

수심 : (-)14.0m

지질조건 : 저질표토, 이토층 두께 4.0m, 이토 및 사질층 6.0m

기타 필요조건은 임의 가정할 것.

제35회 (1991.4.7) 제4교시. 문2 (30점)

사빈해안에 설치되는 방파제의 설계시 유의사항에 대하여 기술하시오.

제36회 (1991.10) 제4교시. 문2 (30점)

혼성방파제의 단면결정 방법을 서술하고, 안정계산 방법을 기술하라.

제36회 (1991.10) 제4교시. 문3-②
다음을 설명하라.
② 연착제(15점)

제37회 (1992.4.12) 제1교시. 문2 (30점)
방파제 배치시 고려할 사항에 대하여 논하시오.

제37회 (1992.4.12) 제3교시. 문1 (30점)
사석방파제 설계시 우선적으로 결정하여야 할 사항 4가지를 설명하시오.

제39회 (1993.3.21)
경사제 방파제의 피복석 중량산정에 대한 Hudson공식을 쓰고 각 변수의 영향에 대해 기술하시오.

제39회 (1993.3.21)
부방파제의 특성에 대하여 논하시오.

제39회 (1993.3.21)
방파제의 구조형식 결정조건에 대하여 기술하시오.

제41회 (1994.4.3) 제1교시. 문3 (30점)
사석 방파제의 파괴요인을 10항목 이상 열거하고 설명하시오.

제41회 (1994.4.3) 제1교시. 문4-가. (15점)
가. 직립 소파구조 방파제.

제42회 (1994년도) 제1교시. 문15 (5점)
⑮ 허드슨(Hudson)공식

제42회 (1994년도) 제3교시. 문1 (25점)
하구항 내에서의 도류제의 효과와 목적에 대하여 설명하시오.

제42회 (1994년도) 제3교시. 문6 - ② (5점)
② 허용월파량

제43회 (1995년도) 제1교시. 문③ (각10점)
③ 파돌리기공(방파공)

제43회 (1995년도) 제2교시. 문2 (30점)
방파제를 배치할 때의 검토사항을 설명한 후, 방파제의 구조양식을 열거하고 설명하시오.

제44회 (1995년도) 제3교시. 문2 (25점)
새로운(특수)방파제 4가지를 들고 각각의 구조개요, 특징 및 문제점(금후 개량 또는 수정할 사항)에 관해 기술하시오.

제45회 (1995년도) 제1교시. 문⑤, ⑪ (각10점)
⑤ 직립방파제의 주요 붕괴형태
⑪ 중간피복석의 규격

제45회 (1995년도) 제4교시. 문1 (25점)
방파제의 평면배치 시 고려사항을 항목별로 기술하시오.

제45회 (1995년도) 제4교시. 문2 (25점)
혼성방파제의 활동에 대한 안정성을 높여주는 방안을 제시하시오.

제46회 (1996년도) 제1교시. 문⑫ (10점)
⑫ 친수성 방파제

제46회 (1996년도) 제3교시. 문4 (20점)
혼성방파제를 설계할 때 직립부의 안정성을 검토하기 위해 고려되어야 할 사항을 논하라.

제46회 (1996년도) 제4교시. 문1 (30점)
근래 우리나라 항만을 대규모로 확장 또는 개발함에 따라 점차적으로 항만개발의 제반조건이 악화되고 있다. 따라서 항만구조물도 이러한 악조건을 극복하고 경제적으로 건설할 수 있는 새로운 구조형식이 개발되어야 할 것이다.

근래 국내 · 외에서 개발되었거나 개발 중인 특수형식의 방파제에 대하여 아는 바를 설명하라.

제47회 (1996년도) 제2교시. 문1 (25점)

외국에서 항만구조물이 대수심과 큰 파랑의 자연조건에서 건설되고 있다. 종래형식(사석제, 혼성제, 소파블록 피복제, 케이슨 안벽, 호안)에서 발생하는 문제들을 극복하기 위한 신형식의 방파제 및 호안에 대하여 아는 바를 쓰시오.

제47회 (1996년도) 제2교시. 문5 (25점)

부방파제의 구조형식, 장점 및 적용 해양 환경에 대해 논하시오.

제47회 (1996년도) 제4교시. 문1 (25점)

동해안에 $H_{1/3}$=8.0m의 파랑내습이 추정되는 지점에 이형 콘크리트 블록으로 피복한 경사방파제를 건설할 경우에 콘크리트 블록의 소요중량을 구하시오.

단, kd=50, cotΘ=1.33, 콘크리트 단위중량(γ_t)=2.2t/m^3, 해수의 단위중량(γ_w)=1.03t/m^{3}임.

제48회 (1996년도) 제4교시. 문1 (25점)

방파제 배치시 검토할 사항을 설명하시오.

제49회 (1997년도) 제2교시. 문2 (30점)

동해안의 어떤 사빈해안에 방파제를 설계하고자 할 때 평면계획시의 고려사항 및 단면설계 시 세굴방지대책에 대하여 논하시오.

제49회 (1997년도) 제3교시. 문3 (25점)

혼성방파제에 작용하는 파압산정에 대하여 기술하시오.

제49회 (1997년도) 제3교시. 문4 (25점)

Hudson공식의 적용범위 및 이용시 유의사항을 기술하시오.

제50회 (1997년도) 제2교시. 문2 (30점)

신형식 방파제에 대하여 기술하시오.

제52회 (1997년도) 제3교시. 문5 (20점)

특수방파제에 대하여 논하시오.

제53회 (1998년도) 제4교시. 문1 (40점)

HWOST(+)2.0m, 수심(-)10.0m, $H_{1/3}$=5.0m, 연약지반이 40.0m일 때 경제적인 방파제 단면을 설계하시오.

제55회 (1998년도) 제1교시. 문⑧ (10점)

⑧ 부방파제와 부잔교

제55회 (1998년도) 제2교시. 문4 (30점)

부방파제에 대하여 설명하시오.

제56회 (1998년도) 제2교시. 문4 (30점)

방파제의 종류와 평면배치 시 검토사항

제57회 (1999년도) 제1교시. 문② (15점)

② 비중력식 방파제

제57회 (1999년도) 제3교시. 문4 (30점)

미래형 방파제구조를 가상하여 설명하고, 방파제 배치계획, 단면을 가정, 기본계획을 수립하시오.

제58회 (1999년도) 제3교시. 문4 (30점)

방파제 설계시 설계조건 및 결정과정에서 고려해야 할 사항에 대하여 서술하시오.

제59회 (1999년도) 제1교시. 문⑨ (10점)

⑨ 허드슨(Hudson)공식

제59회 (1999년도) 제3교시. 문3 (25점)

방파제를 구조형식에 따라 분류하고 특징을 설명하시오.

제59회 (1999년도) 제4교시. 문6 (25점)
방사제에 대하여 논하시오.
제60회 (2000년도) 제2교시. 문2 (25점)
방파제 배치시 고려사항
제60회 (2000년도) 제2교시. 문3 (25점)
대수심 혼성방파제의 문제점
제61회 (2000년도) 제1교시. 문⑪, ⑫ (각10점)
⑪ 커튼식 방파제
⑫ 부유식 방파제
제61회 (2000년도) 제4교시. 문5 (25점)
방파제 설계시 삭망평균만조위, 대조평균만조위를 기준조위로 하여 설계조위를 결정하는 방법을 대비시켜 설명
제62회 (2000년도) 제1교시. 문①, ③ (각10점)
① 특수방파제의 종류와 특성 및 사용가능성 전망
③ 친수성 호안 및 해변의 요건
제63회 (2001년도) 제1교시. 문⑩ (각10점)
다음에 대하여 설명하시오.
⑩ 피복석 중량산정식(Hudson식)
제63회 (2001년도) 제2교시. 문2 (각25점)
방파제 법선(法線)계획에 대하여 설명하시오.
제63회 (2001년도) 제4교시. 문2 (각25점)
혼성방파제 설계시 작용하는 외력분포와 천단고 결정에 대하여 설명하시오.
제64회 (2001년도) 제1교시. 문⑧, ⑩ (각10점)
다음 문제를 선택하여 설명하시오.
⑧ 피복석 중량 산정식의 안정계수, Ns에 대해 설명하시오.
⑩ 방파제의 신뢰성 설계에 대해 설명하시오.
제64회 (2001년도) 제3교시. 문2 (25점)
최근 항만이 대규모화 함에 따라 외곽시설인 방파제는 깊은 수심에 위치하는 경우가 많다. 귀하가 대수심 방파제의 설계책임자로 참여한다면 기초자료조사에서부터 시설계획, 시공계획에 대해 단계별로 검토, 수립되야 할 주요항목을 열거하고 설명하시오.
제65회 (2001년도) 제1교시. 문⑥ (10점)
다음 문제를 선택하여 설명하시오.
⑥ 부유식(浮游式) 방파제
제65회 (2001년도) 제2교시. 문2 (25점)
사석경사제(방파제)의 설계순서에 따라 각 설계세목(設計細目)에 대해 설명하시오.
제65회 (2001년도) 제3교시. 문2 (25점)
경사식 방파제 설계에 흔히 사용되는 허드슨 공식의 K_D값은 피복석 또는 블록의 안정질량에 영향을 주는 인자와 비교하여 설명하시오.
제65회 (2001년도) 제4교시. 문6 (25점)
방파제 배치계획을 수립하는데 있어서 반드시 고려해야 할 사항에 대하여 설명하시오.
제66회 (2002년도) 제2교시. 문2 (25점)
수심 10m 지점에서의 방파제를 설계하시오.(단, 필요한 사항은 귀하가 가정하시오.)
제67회 (2002년도) 제2교시. 문3 (25점)
사석방파제 기저부(Toe)의 세굴원인 및 방지대책에 대해 설명하시오.

제67회 (2002년도) 제2교시. 문6 (25점)

방파제 마루높이(천단고)결정에 대해 논하시오.

제67회 (2002년도) 제3교시. 문5 (25점)

혼성방파제(케이슨식) 붕괴원인에 대해 논하시오.

제67회 (2002년도) 제3교시. 문6 (25점)

방파제 두부(끝부분) 보호공에 대해 논하시오.

제67회 (2002년도) 제4교시. 문1 (25점)

방파제 배치계획 수립에 있어 고려해야 할 사항에 대하여 설명하시오.

제68회 (2002년도) 제1교시. 문②, ⑥ (각10점)

다음 문제를 선택하여 설명하시오.

② 방파제 배치에 있어서의 항만모순(Harbour paradox)

⑥ Tomboro

제68회 (2002년도) 제2교시. 문2 (25점)

방파제 안정계산에 필요한 외력에 대하여 기술하시오.

제68회 (2002년도) 제3교시. 문2 (25점)

부유식(浮游式) 방파제의 특성과 종류에 대하여 설명하시오.

제68회 (2002년도) 제4교시. 문3 (25점)

아래조건에 따라 사석식 경사제 방파제 단면(제간부)을 계획하시오.

수심 4.0m, 조차 1.2m, 설계파고 $H_{1/3}$=5.0m(주기 14초), 기초지반은 견고함(구체적 수치는 불필요하되, 결정방법 제시 및 단면형태 도시)

제68회 (2002년도) 제4교시. 문6 (25점)

방파제 설계에 있어서 통상적인 설계방법과 신뢰성 설계방법을 비교하여 논하시오.

제69회 (2003년도) 제1교시. 문⑥ (각10점)

다음 문제를 선택하여 설명하시오.

⑥ 근고공(根固工)

제69회 (2003년도) 제4교시. 문2 (25점)

곡면슬릿 케이슨방파제에 대해 설명하시오.

제70회 (2003년도) 제1교시. 문⑥, ⑧ (각10점)

다음 문제를 선택하여 설명하시오.

⑥ 외곽시설의 종류

⑧ 방파제에 작용하는 외력

제70회 (2003년도) 제4교시. 문6 (25점)

방파제 직립부의 안정계산을 위한 안정조건을 설명하시오.

제71회 (2003년도) 제1교시. 문⑥ (10점)

다음 문제를 선택하여 설명하시오.

⑥ 친수방파제(Amenity oriented breakwater)

제71회 (2003년도) 제2교시. 문2 (25점)

방파제 설계시 설계조건 및 그 결정과정에서 고려할 사항을 기술하시오.

제72회 (2004년도) 제2교시. 문2 (25점)

동해안에 방파제를 건설하고자 한다. 건설중 또는 완공후 방파제 주변에서 발생되는 세굴의 종류와 대책을 기술하시오.

제72회 (2004년도) 제4교시. 문1 (25점)

부방파제의 구조일반 및 기본설계에 대해 기술하시오.

제73회 (2004년도) 제3교시. 문2 (25점)

경사제 방파제의 피복재 중량을 산정할 때 일반적으로 Hudson공식과 Van der Meer 공식을 많이 사용하고 있는데, 이들 공식에 대해 설명하고 설계자로서 문제점이 있으면 기술하시오.

제75회 (2005년도) 제1교시. 문① (각10점)

다음 문제를 선택하여 설명하시오.

① 잠제(潛堤)의 장·단점을 기술하시오

제75회 (2005년도) 제2교시. 문5 (25점)

부방파제에 대해서 기술하시오. (장·단점, 소파방식, 수리실험법)

제75회 (2005년도) 제3교시. 문6 (25점)

방파제의 세굴방지대책에 대하여 기술하시오.

제75회 (2005년도) 제4교시. 문3 (25점)

해수교환 방파제의 실용화 방안과 그 적용예에 대하여 아는 바를 기술하고, 필요시 그림으로 설명하시오. (실험 및 조사, 형상 및 원리, 수질개선 효과의 평가, 유지관리 모니터링)

제75회 (2005년도) 제4교시. 문5 (25점)

사석방파제의 연약지반 개량공법에 대하여 기술하시오. (공법선정시 고려사항, 공법별 내용설명)

제78회 (2006년도) 제1교시. 문⑤ (각10점)

다음 문제를 선택하여 설명하시오.

⑤ Van der Meer 공식

제78회 (2006년도) 제2교시. 문5 (25점)

방파제의 세굴원인 및 대책에 대하여 설명하시오.

제78회 (2006년도) 제4교시. 문5 (25점)

친수 및 친환경을 고려한 방파제 형식에 대하여 기술하시오.

제79회 (2006년도) 제3교시. 문4 (25점)

친수성 방파제의 제체 설계상 유의점과 안전대책시설 계획에 대해서 기술하시오.

제79회 (2006년도) 제4교시. 문5 (25점)

케이슨식 혼성방파제의 제두부(Head part)를 설계하는데 있어서, 고려해야 할 기술적인 사항을 쓰시오. (5가지 정도)

제81회 (2007년도) 제1교시. 문②, ⑧, ⑪ (각10점)

다음 문제를 선택하여 설명하시오.

② Pocket beach

⑧ Sand recycle

⑪ Hudson공식과 Van der Meer 공식의 차이점

제81회 (2007년도) 제3교시. 문4 (25점)

배후지역에 소형선박 계류박지가 근접되어 있는 지역에 상치콘크리트가 없는 사석식 경사제 방파제를 설치하고자 한다. 항만 및 어항설계기준에 준하여 방파제의 마루높이, 사면경사, 피복석 크기 및 마루폭을 계획하고 구상 단면을 도시하시오.

단, 설계조위(+)4m, 유의파고 : 2m, 수심 : (-)4m 일정,

사석 및 피복석 단위중량 : 2.6ton/m^3, 해수의 단위중량 : 1.03ton/m^3

피복석의 K_D값 : 2, 허드슨공식 $W = \dfrac{W_r H^3}{K_D \cot\alpha (S_r - 1)^3}$

제82회 (2007년도) 제1교시. 문⑦ (각10점)

다음 문제를 선택하여 설명하시오.

⑦ 이안제(형식, 배치, 개구폭)

제82회 (2007년도) 제4교시. 문3 (25점)
특수방파제의 기능에 따른 분류와 특징을 설명하시오.
제84회 (2008년도) 제1교시. 문⑨, ⑩ (각10점)
다음 문제를 선택하여 설명하시오.
⑨ 반원형 스릿케이슨
⑩ 이중곡면 반파공

소 파 공

제19회 (1980.5.24) 기초. 제2교시. 문1 (25점)
소파공에 대하여 상술하라.
제22회 (1982.2차) 전문. 제2교시. 문5 (75점)
최근 우리나라 항만공사중 외곽시설에 있어 이형콘크리트블록을 많이 사용하는 이유를 기술적으로 논하고 문제점이 있으면 언급하라.
제26회 (1985.5.19) 제3교시. 문3-① (10점)
다음에 대하여 아는 바를 기술하시오.
① 소파 Block
제35회 (1991.4.7) 제2교시. 문3 (30점)
소파블록의 장점과 단점은 무엇이며, 설계상유의사항에 대하여 기술하시오.
제36회 (1991.10) 제3교시. 문2 (15점)
다음을 설명하라.
② 소파공
제42회 (1994년도) 제2교시. 문2 (25점)
소파구조물의 종류별 효과와 앞으로 활용전망을 기술하시오.
제45회 (1995년도) 제1교시. 문④ (각10점)
④ 이형 콘크리트블록의 장점
제45회 (1994년도) 제2교시. 문4 (25점)
T.T.P의 특성과 세굴침하방지 등 설계기법에 대하여 논하시오.
제46회 (1996년도) 제1교시. 문⑥ (10점)
⑥ 소파공과 소파제에 대하여
제48회 (1996년도) 제1교시. 문⑪ (10점)
⑪ Tetrapod
제53회 (1998년도) 제1교시. 문⑦ (10점)
⑦ 소파공
제55회 (1998년도) 제1교시. 문⑩ (10점)
⑩ 소파구조물
제60회 (2000년도) 제2교시. 문4 (25점)
소파구조물의 종류 및 특성
제63회 (2001년도) 제2교시. 문5 (각25점)
소파공의 사용목적과 구비조건에 대하여 설명하시오.
제71회 (2003년도) 제1교시. 문⑬ (각10점)
다음 문제를 선택하여 설명하시오.
⑬ 소파공
제72회 (2004년도) 제4교시. 문6 (25점)
항내정온도 향상 방안과 관련된 소파 구조물의 종류를 열거하고 설명하시오.

케이슨(Caisson)

제18회 (1980.5.18) 기초. 문5 (50점)
방파제용 Concrete caisson 설계의 순서를 쓰고 설계방법을 설명하라.

제25회 (1984.10.7) 제2교시. 문1 (50점)
Caisson의 제작, 예인, 거치 및 장비선정과 계획, 설계 및 시공에 대한 순서를 열거하고 문제점이 있다면 그 대책을 설명하시오.

제26회 (1985.5.9) 제3교시. 문3-② (10점)
다음에 대하여 아는 바를 기술하시오.
② 유공케이슨

제31회 (1988.4.24) 제2교시. 문3-다. (10점)
다음에 대하여 설명하시오.
다. 케이슨의 부유시의 안정

제31회 (1988.4.24) 제4교시. 문2 (40점)
Dock를 이용할 수 없는 조위간만의 차가 큰 항만에서 경제적인 Caisson의 제작. 예인 및 거치방법에 대해 기술하시오.

제34회 (1990.4) 제1교시. 문3-2) (10점)
다음에 대하여 아는 바를 기술하시오.
2) Caisson의 부체로서의 안정조건

제34회 (1990.4) 제3교시. 문2 (25점)
Caisson의 제작방법에 대하여 아는 바를 기술하고, 진수시의 문제점과 그 대책을 논하시오.

제41회 (1994.4.3) 제2교시. 문4(30점)
Caisson을 해면에 띄웠을 때 안정여부를 판단하라.
(첨부된 그림은 생략, 조건은 주어짐.)

제41회 (1994.4.3) 제4교시. 문2 (30점)
Caisson의 제작 진수시설을 열거하시오.

제42회 (1994년도) 제1교시. 문⑥ (각5점)
⑥ 케이슨의 진수방법 5가지

제47회 (1996년도) 제4교시. 문3 (25점)
케이슨의 진수방법을 열거하여 설명하고, 대형 크레인선에 의한 진수방법을 택하였을 경우 케이슨의 제작, 진수방법 및 거치에 따른 특성을 기술하시오.

제48회 (1996년도) 제3교시. 문3 (25점)
케이슨 부유시 안정검토에 대하여 기술하시오.

제49회 (1997년도) 제3교시. 문2 (25점)
케이슨 설계시 고려해야 할 사항에 대하여 기술하시오.

제55회 (1998년도) 제4교시. 문2 (30점)
케이슨 진수방법을 나열하고 많이 사용하고 있는 공법의 특징에 대하여 설명하시오.
또한, 신공법에 대해 기술하시오.

제57회 (1999년도) 제1교시. 문⑦ (10점)
⑦ 케이슨의 들고리 및 들고리틀

제57회 (1999년도) 제3교시. 문2 (30점)
케이슨 제작운반과정에서 Aero bag system을 도입하고자 한다면 다음 내용에 대하여 기술하시오.
① Aero bag system의 정의
② System도입의 타당성 및 장 · 단점 비교

제61회 (2000년도) 제1교시. 문① (10점)

① 이중 실린더 케이슨

제61회 (2000년도) 제2교시. 문2 (20점)

케이슨 진수방법

제62회 (2000년도) 제4교시. 문5 (25점)

Aero-go system에 의한 케이슨 제작, 진수, 거치에 대하여 기술

제63회 (2001년도) 제3교시. 문3 (25점)

케이슨의 설계순서와 부유시 안정에 대해 설명하시오.

제64회 (2001년도) 제1교시. 문⑤ (각10점)

다음 문제를 선택하여 설명하시오.

⑤ 하이브리드 케이슨(Hybrid caisson)에 대해 설명하시오.

제64회 (2001년도) 제3교시. 문3 (25점)

안벽 및 방파제를 건설하기 위한 5,000톤급 콘크리트 케이슨을 50여개 제작하려 한다. 케이슨 제작장의 설계와 진수방법에 대해 설명하시오.

제66회 (2002년도) 제3교시. 문1 (25점)

아래 조건의 케이슨의 부유시 안정을 검토, 기술하시오.

(외측 높이 6.5m, 외측폭 6.5m, 외측길이 15m, 케이슨 저판두께 50cm,. 측벽두께 50cm, 격벽두께 20cm, 좌우대칭이며, 길이방향 격실은 3개, 폭 방향 격실은 2개로 하고 기타 필요한 사항은 귀하가 가정하시오.

제69회 (2003년도) 제2교시. 문5 (25점)

Caisson의 진수방법을 열거하고 그에 대해 설명하시오.

제70회 (2003년도) 제3교시. 문4 (25점)

Caisson의 설계외력을 설명하시오.

제71회 (2003년도) 제3교시. 문6 (25점)

저 반사호안(Low reflection seawall)에 사용되는 케이슨의 종류를 기술하고, 그 외에 최근 고안되어져 관심이 집중되고 있는 각종 케이슨에 대해 서술하시오.

제71회 (2003년도) 제4교시. 문2 (25점)

케이슨 설계에 있어서 지진을 고려하는 경우의 안정검토 방법에 대해 기술하시오.

제72회 (2004년도) 제3교시. 문4 (25점)

5,000~6,000톤의 초대형 케이슨을 이동, 진수하기 위한 공법에 대하여 비교 설명 하시오.

제73회 (2004년도) 제4교시. 문3 (25점)

방파제용 케이슨의 설계 시공에 대해 기술하시오.

제75회 (2005년도) 제4교시. 문4 (25점)

안벽 및 방파제 등을 건설하기 위한 5,000톤급(중량) 케이슨의 진수방법에 대하여 기술하시오.

제78회 (2006년도) 제1교시. 문⑬ (각10점)

다음 문제를 선택하여 설명하시오.

⑬ Hybrid caisson

제78회 (2006년도) 제4교시. 문1 (25점)

다음 구조물의 지반지지력 산정식을 유도하시오.

(① e≤B/6 경우 및 ② e>B/6 경우)

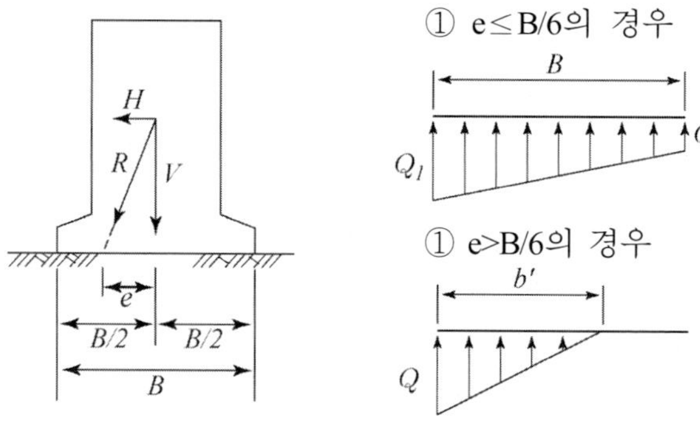

제82회 (2007년도) 제2교시. 문5 (25점)

케이슨의 진수와 관련하여 다음 사항을 설명하시오.

1)진수방법 2)운반 3)거치

제방과 호안

제28회 (1986.4.27) 제2교시. 문2-4) (15점)

다음 사항을 설명하라.

4) 방파호안의 마루높이 결정.

제37회 (1992.4.12) 제3교시. 문4 (20점)

호안의 마루높이와 파랑의 관계에 대해서 논하고, 호안 마루높이의 결정요소에 대하여 설명하시오.

제45회 (1995년도) 제2교시. 문1 (25점)

우리나라에 건설된 주요 방조제의 시공 중 실패사례를 들고 요인별로 설명하시오.

제49회 (1997년도) 제2교시. 문3 (30점)

매립호안 설계시 제방고 결정방법을 기술하시오.

제52회 (1997년도) 제4교시. 문4 (30점)

호안의 마루높이(천단고) 결정방법에 대하여 논하시오.

제59회 (1999년도) 제3교시. 문6 (25점)

호안 및 제방의 설계조건을 열거하고, 유의사항에 대해 논하시오.

제60회 (2000년도) 제1교시. 문7 (10점)

호안과 제방의 차이점

제60회 (2000년도) 제3교시. 문5 (25점)

월파가 예상보다 심하여 개·보수 하고자 할 때 검토사항

제61회 (2000년도) 제2교시. 문3 (20점)

친수성 해안 및 호안의 구비요건과 시공사례 기술

제61회 (2000년도) 제2교시. 문7 (20점)

호안계획시 마루높이 결정요소와 결정방법

제64회 (2001년도) 제2교시. 문5 (25점)

방조제의 끝막이 공법과 장·단점에 대해서 설명하시오.

제68회 (2002년도) 제2교시. 문6 (25점)

준설토 투기장 호안을 설계하는 경우 검토해야 할 사항을 기술하시오.

제70회 (2003년도) 제2교시. 문3 (25점)
매립호안의 설계조건으로서 일반적으로 고려해야 할 사항을 설명하시오.

제70회 (2003년도) 제4교시. 문4 (25점)
최종체절시 체절구간 및 사석구간의 유·출입 특성을 설명하시오.

제76회 (2005년도) 제2교시. 문6 (25점)
매립호안 설계에 있어 배면을 펌프준설공법으로 연약준설토를 매립하는 조건별로 설계에 유의할 점을 기술하시오

제76회 (2005년도) 제4교시. 문3 (25점)
친수성과 방재기능을 동시에 갖는 호안에 대해 설명하시오.

제76회 (2005년도) 제4교시. 문6 (25점)
조석간만의 차이가 6m이상 발생되는 해역에서 호안축조시, 최종체절구간의 단면 결정을 위해 검토가 필요한 사항을 도출하고, 각 사항에 대한 설계 방향을 기술하시오.

제78회 (2006년도) 제2교시. 문3 (25점)
방조제 또는 호안 최종체절시 조석 유·출입 특성을 개방구간과 제체구간으로 나누어 설명하시오.

제79회 (2006년도) 제3교시. 문5 (25점)
연약지반상에 축조되는 호안의 임의 부분에 연도교 또는 연육교를 설치하는 경우, 교량 하부구조 (교대 및 교각 말뚝)의 안전을 보장하기 위한 “호안의 제체 활동 및 측방유동”의 안전율 확보에 관하여 기술하시오.

제81회 (2007년도) 제1교시. 문① (각10점)
다음 문제를 선택하여 설명하시오.
① FSS(Flare shaped seawall)

제81회 (2007년도) 제2교시. 문6 (25점)
해안의 제방과 호안의 종류 및 특성을 설명하시오.

제84회 (2008년도) 제4교시. 문6 (25점)
친환경 방조제 건설을 위한 방안을 기술하시오.

갑 문

제29회 (1987.4.26) 제4교시. 문1(50점)
갑문식과 감조식에 대하여 아는 바를 기술하고 장·단점을 비교, 검토한 후 귀하의 의견을 제시하시오.
(단, 조건은 임의 가정하기 바람.)

제46회 (1996년도) 제1교시. 문② (10점)
② 수문과 갑문의 기능상의 차이점

제53회 (1998년도) 제3교시. 문3 (30점)
갑문(갑문의 문비부분을 주로하여)이 갖추어야 할 요건과 그 형식의 종류 및 형식에 따른 장·단점을 설명하시오.

제55회 (1998년도) 제2교시. 문5 (30점)
아산항의 갑문시설이 감조항만에 비하여 유리한 점에 대하여 설명하시오.

제56회 (1998년도) 제2교시. 문1 - ③ (5점)
다음 용어를 설명하시오.
③ 갑문

제62회 (2000년도) 제4교시. 문2 (25점)
운하의 갑문 문비의 종류와 장·단점 비교

제64회 (2001년도) 제2교시. 문3 (25점)
건선거에 설치되는 게이트(Gate)의 종류와 설계시 고려하여야 할 점에 대해 서술하시오.
제66회 (2001년도) 제2교시. 문5 (25점)
갑문시설에 대하여 아는 바를 기술하시오.
제75회 (2005년도) 제1교시. 문⑬ (각10점)
⑬ Dry dock에 설치되는 Gate의 종류를 기술하시오.
제84회 (2008년도) 제1교시. 문⑧ (각10점)
다음 문제를 선택하여 설명하시오.
⑧ 상가식 선거(Lift dock)

해안침식 원인과 대책

제18회 (1980.5.18) 기초. 문6 (50점)
해안침식의 원인을 고찰하고 해안침식 대책을 논하라.
제19회 (1981.5.24) 기초. 문2 (25점)
해안침식의 원인과 그 대책을 상술하라.
제22회 (1982.2차) 전문. 제2교시. 문2 (75점)
우리나라 동해안의 어느 해안이 파랑에 의하여 침식을 당하고 있다고 가상할 경우, 이를 방지하기 위한 귀하의 구상을 기술적으로 기술하라. (단, 구상을 위하여 수치와 조건이 필요하면 임의로 가정하라)
제23회 (1983.) 제1교시. 문4 (20점)
계절적으로 성격이 변하는 파랑(파고, 주기, 파형경사 및 파향 등이 계절에 따라 변함)의 내습을 받는 사빈해안의 계절적 변화에 대하여 기술하라.
제23회 (1983.) 제2교시. 문4-②, ③ (각6점)
다음에 대하여 간단히 설명하라.
② 표사 이동조사에 사용되는 형광사
③ Cusp와 Sand spit
제23회 (1983.) 제3교시. 문1 (80점)
해안의 침식원인과 그 대책에 대하여 논하라.
제25회 (1984.10.7) 제1교시. 문2-(3) (10점)
다음에 대하여 아는 바를 기술하시오.
(3) 양빈공 (Artificial nourishment)
제26회 (1985.5.19) 제4교시. 문2 (30점)
해안침식과 매몰대책에 대하여 아는 바를 기술하시오.
제28회 (1986.4.27) 제3교시. 문2-(1), (3)
다음 사항을 설명하다.
(1) 하구밀도류 (15점)
(2) Tombolo (10점)
제29회 (1987.4.26) 제1교시. 문3-(3) (10점)
다음을 설명하시오.
(3) 해안하구의 퇴적원인과 대책
제29회 (1987.4.26) 제3교시. 문2-(3) (10점)
다음에 대하여 아는 바를 기술하시오.
(3) 사주의 발생요인

제35회 (1991.4.7) 제1교시. 문2 (30점)
사빈해안의 침식의 일반적인 현상과 그 대책에 대하여 기술하시오.

제35회 (1991.4.7) 제1교시. 문4 (20점)
다음에 대하여 설명하시오.
① 이안류
② Tombolo

제36회 (1991.10) 제1교시. 문3, 다음을 설명하라
① Sand spit (15점)

제36회 (1991.10) 제3교시. 문2, 다음을 설명하라
③ 밀도류 (10점)

제36회 (1991.10) 제4교시. 문3, 다음을 설명하라
③ Cusp

제37회 (1992.4.12) 제2교시. 문5, 다음 용어를 설명하시오.
⑥ 표사 (5점)

제41회 (1994.4.3) 제1교시. 문1 (30점)
우리나라 서해안과 동해안의 항만내 매몰현상의 요인을 비교하여 논하고 저감대책을 기술하시오.

제41회 (1994.4.3) 제2교시. 문2-① (5점)
다음 용어에 대하여 약술하시오.
① Cusp

제42회 (1994년도) 제1교시. 문③ (5점)
③ 해안의 표사현상을 조절하여 해안의 변화를 줄이기 위해 해안으로부터 돌출된 구조물

제42회 (1994년도) 제3교시. 문3 (25점)
방파제 기저부의 세굴원인과 저감방안에 대하여 논하시오.

제42회 (1994년도) 제3교시. 문6-③ (5점)
③ 양빈공

제42회 (1994년도) 제4교시. 문1 (35점)
방파제를 축조하는 과정에서 해안이 세굴되고 표사가 이동하여 방파제 내측으로 매몰이 되었을 때, 그 원인과 대책을 기술하시오.

제43회 (1995년도) 제2교시. 문4 (30점)
우리나라 동해안에 위치한 항만의 침식, 퇴적현상을 예를들어 설명하고 방지대책을 논하시오.

제44회 (1995년도) 제3교시. 문4 - ③ (선택2문항/25점)
③ 표사의 이동한계수심

제46회 (1996년도) 제1교시. 문⑧, ⑩ (각10점)
⑧ Sand by passing공법
⑩ 양빈(Artificial nourishment)

제46회 (1996년도) 제2교시. 문2 (30점)
사빈항에 있어서 매몰의 요인과 그 대책공법에 대하여 논하라.

제46회 (1996년도) 제2교시. 문3 (30점)
새로운 해안 방재공법으로 인공 Reef에 대하여 아는 바를 기술하라.

제46회 (1996년도) 제3교시. 문5 (20점)
해안침식 대책구조물의 종류를 열거하고 각 구조물에 대하여 그 기능과 특징을 설명하라.

제50회 (1997년도) 제2교시. 문4 (30점)
해안보전시설에 대하여 논하시오.

제52회 (1997년도) 제2교시. 문3 (25점)
해안의 침식 및 대책공법에 대하여 논하시오.

제53회 (1998년도) 제4교시. 문5 (10점)
연안류에 대하여 설명하시오.

제55회 (1998년도) 제4교시. 문1 (40점)
표사이동에 의한 항내 매몰원인과 대책에 대하여 설명하시오.

제57회 (1999년도) 제4교시. 문1 (40점)
동해안의 어항에서 항 입구가 자주 매몰되는 현상이 있는데 매몰의 원인과 대책에 대하여 기술하시오.

제58회 (1999년도) 제4교시. 문2 (30점)
해안침식 대책시설의 특성을 논하고 설명하시오.

제59회 (1999년도) 제4교시. 문5 (25점)
해안침식을 방지하기 위하여 돌제군을 설치하였을 경우와 이안제를 설치하였을 경우 설치후 변형된 해빈모양의 특징을 상호 비교하여 논하시오.

제60회 (2000년도) 제4교시. 문4 (25점)
하구매몰 대책 공법

제61회 (2000년도) 제1교시. 문⑧ (10점)
⑧ 커스프(Cusp)

제62회 (2000년도) 제1교시. 문⑤ (25점)
⑤ 방파제 세굴원인과 대책

제62회 (2000년도) 제4교시. 문6 (25점)
동해안의 해수욕장 침식에 대한 원인과 대책시설

제63회 (2001년도) 제1교시. 문③ (각10점)
다음에 대하여 설명하시오.
③ 해빈류

제63회 (2001년도) 제2교시. 문3 (각25점)
해안 침식원인과 침식방지대책에 대하여 설명하시오.

제64회 (2001년도) 제1교시. 문① (각10점)
다음 문제를 선택하여 설명하시오.
① 쇄파대내의 해빈류계를 개략도로서 설명하시오.

제65회 (2001년도) 제2교시. 문4 (25점)
우리나라의 동해안과 서해안의 표사의 특성을 설명하시오.

제65회 (2001년도) 제3교시. 문3 (25점)
해안침식의 원인들을 열거하고 침식대책에 관하여 설명하시오.

제66회 (2001년도) 제2교시. 문4 (25점)
감조하구의 니토퇴적(Siltation)을 저감시키는 시설의 설계에 필요한 현장조사 및 실험에 대해 기술하시오.

제67회 (2002년도) 제1교시. 문⑪, ⑫ (각10점)
다음 문제를 선택하여 설명하시오.
⑪ 평행해빈 경사의 성립에 대하여
⑫ 이안류(Rip current)

제67회 (2002년도) 제4교시. 문4 (25점)
침식해안의 양빈공법에 대하여 설명하시오.

제70회 (2003년도) 제4교시. 문2 (25점)
양빈공에 대해서 설명하시오.

제70회 (2003년도) 제4교시. 문3 (25점)
해안매몰 방지대책 중 연안표사 및 하천유출토사 방지공에 대해서 설명하시오.

제71회 (2003년도) 제1교시. 문⑦, ⑨, ⑩, ⑫ (각10점)
다음 문제를 선택하여 설명하시오.
⑦ 인공 리프(Artificial reef)
⑨ 해저질의 이동한계 조건
⑩ 미터게이션(Mitigation)
⑫ 하구 밀도류

제71회 (2003년도) 제2교시. 문5 (25점)
항만 또는 어항내의 매몰(Siltation)의 원인과 대책을 설명하고, 항내 오염문제의 해결책에 대하여 고찰하시오.

제71회 (2003년도) 제2교시. 문6 (25점)
해안 침식대책 공법을 결정하는데 있어서 사전에 반드시 검토되어야 할 항목을 기술하시오.

제72회 (2004년도) 제1교시. 문⑤, ⑨ (각10점)
다음 문제를 선택하여 설명하시오.
⑤ 해빈류
⑨ 인공 리프(Reef)공

제72회 (2004년도) 제3교시. 문5 (25점)
모래지반의 해빈은 파랑 내습에 따라, 계절에 따라 변화되고 있다. 이러한 해빈의 변형을 예측하는 방법에 대하여 기술하시오.

제75회 (2005년도) 제1교시. 문④ (각10점)
다음 문제를 선택하여 설명하시오.
④ 해빈류에 대하여 기술하시오.

제75회 (2005년도) 제3교시. 문3 (25점)
우리나라 해안의 연안침식 원인에 대하여 기술하시오.
(동, 서, 남해안으로 구분)

제75회 (2005년도) 제3교시. 문4 (25점)
사빈의 주요기능에 대하여 기술하시오.

제75회 (2005년도) 제3교시. 문5 (25점)
항만구조물의 세굴원인에 대하여 기술하시오.
(소구경구조물, 대구경구조물, 방파제 및 호안)

제76회 (2005년도) 제1교시. 문①, ⑪ (각10점)
다음 문제를 선택하여 설명하시오.
① 표사의 이동한계수심
⑪ 국부세굴

제78회 (2006년도) 제1교시. 문① (각10점)

다음 문제를 선택하여 설명하시오.

① 인공 리프(Artificial reef)

제78회 (2006년도) 제2교시. 문2 (25점)

연안 침식의 원인 및 대책에 대하여 기술하시오.

제81회 (2007년도) 제3교시. 문3 (25점)

사빈해안의 항만매몰의 원인과 대책, 그리고 특성 또는 사례에 대하여 기술하시오.

제81회 (2007년도) 제3교시. 문6 (25점)

양빈을 적용할 경우 양빈재료의 선정 및 단면 결정방법에 대하여 설명하시오.

제81회 (2007년도) 제4교시. 문5 (25점)

Mitigation의 개념과 실제로 적용해야 되는 장소, 적용절차에 대해 구체적으로 설명하시오.

제84회 (2008년도) 제3교시. 문4 (25점)

「연안침식」의 원인과 방지공법에 대하여 기술하시오.

제 7 편 계류시설

제 7 편 계류시설

제1장 · 접안시설

1.1 개 요

계류시설은 선박이 접·이안하여 화물의 하역, 승객의 승강을 할 수 있도록 시설한 안벽, 물양장, 잔교, 부잔교, 돌핀, 계선 부표(말뚝), 선양장, 선착장, 램프 등의 시설을 말하고, 부두는 선박을 접안시켜 여객 및 화물을 선박에 싣고 내리는 계류시설 및 제반시설을 갖춘 구역을 부두(Terminal facilities)라 한다.

제반시설은 화물처리시설, 화물조작처리시설, 화물보관시설, 여객용시설, 선박보급시설, 항만후생시설 등을 포함한 시설을 말한다.

접안시설은 일반적으로 소형선과 대형선 접안시설로 구분하는데 접안수심이 DL(-)4.5m미만에 시설하는 물양장(Lighter's wharf)과 수심이 DL(-)4.5m이상에 시설하는 안벽(Quaywall)으로 구분한다.

1.2 부두의 규모결정

1.2.1 부두시설

- ○ 선박 접안시설
- ○ 화물 하역시설
- ○ 화물 조작처리시설
- ○ 화물 보관시설
- ○ 여객용시설
- ○ 선박 보급시설
- ○ 항만 후생시설

1.2.2 부두의 규모결정

부두의 규모는 그 항만을 이용할 화물 및 여객의 수량, 종류, 하역형태 및 육·해상의 수송기관 등의 실정을 파악하고, 장래 화물 및 여객량의 동향, 선형의 대형화 및 수송체계의 변화 등을 충분히 고려하여 결정한다.

1.3 부두의 방향

1.3.1 돌제식 부두

- ○ 돌제의 경우 해안선과 50°~60°이상으로 하는 것이 좋다.
- ○ 이 이하의 각도로 하면 우각부에는 이용할 수 없는 수면이 많이 생긴다.

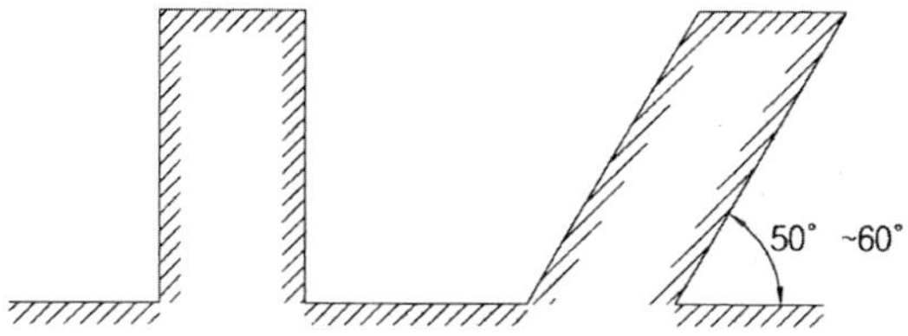

부두의 방향

1.3.2 평행식 부두

- ○ 항풍(평상풍)의 방향과 일치하는 곳이 좋다.

1.4 부두의 연장

부두의 연장은 주로 취급하는 년간 화물량, 종류, 출입선박의 크기 그리고 그 항만의 여건을 충분히 검토하여 결정한다.

제2장 · 안벽시설의 제원

2.1 선석(Berth)의 치수

2.1.1 대형선박의 선석치수

- ○ 선석의 길이 = 선박의 전장+선수색(船首索) 및 선미색의 필요길이(법선에 30°~45°)
- ○ 선석의 수심 = 대상선박의 만재흘수+여유수심
- ○ 선석수심의 기준 수면 = 공사용 기준면
- ○ 계류색의 개념

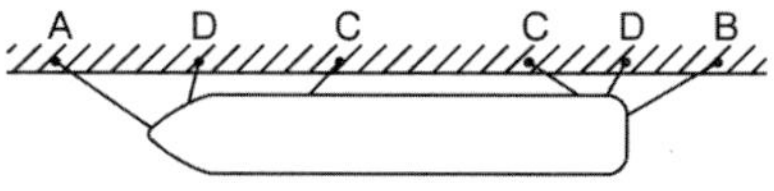

계류색 위치도

화물선의 선석치수

재하중량톤수(DWT)	선석의 길이(m)	선석의 수심(m)
1,000	80	4.5
2,000	100	5.5
3,000	110	6.5
5,000	130	7.5
10,000	160	9.0
12,000	170	10.0
18,000	190	11.0
30,000	240	12.0
40,000	260	13.0
55,000	280	14.0
70,000	300	15.0
90,000	320	16.0
100,000	330	17.0
150,000	370	19.0

컨테이너선의 선석치수

재하중량톤수(DWT)	선석의 길이(m)	선석의 수심(m)
30,000	250	12.0
40,000	300	13.0
50,000	330	14.0
60,000	350	15.0

중간거리 Ferry(항행거리 300km 미만)의 선석치수

총톤수(GT)	선수미 안벽이 있는 경우		
	선수미 안벽길이(m)	선석의 길이(m)	선석의 수심(m)
400	20	60	3.5
700	20	80	4.0
1,000	25	90	4.5
2,500	25	130	5.5
5,000	30	160	6.5
10,000	30	180	7.0

장거리 Ferry(항행거리 300km 이상)의 선석치수

총톤수(GT)	선수미 안벽이 없는 경우	선수미 안벽이 있는 경우		
	선석의 길이(m)	선수미 안벽길이(m)	선석의 길이(m)	선석의 수심(m)
6,000	190	30	170	7.0
10,000	220	30	200	7.5
13,000	240	35	220	8.0
16,000	250	40	230	8.0
20,000	250	40	230	8.0
23,000	260	40	240	8.5

Roll-on, Roll-off선의 선석치수

재하중량톤수(DWT)	선석의 길이(m)	선석의 수심(m)
700	100	4.5
1,500	130	5.5
2,500	150	6.5
4,000	180	7.5
6,000	200	8.0
10,000	230	8.5

여객선의 선석치수

총톤수(GT)	선석의 길이(m)	선석의 수심(m)
2,000	110	4.5
4,000	140	5.5
7,000	160	6.5
10,000	190	7.5
20,000	240	7.5
30,000	280	9.0
50,000	310	9.0
70,000	340	9.0

자동차 전용선의 선석치수

총톤수(GT)	선석의 길이(m)	선석의 수심(m)
500	90	4.5
1,500	120	5.5
3,000	150	6.5
5,000	170	7.5
12,000	210	9.0
18,000	240	10.0
25,000	260	11.0

Tanker의 선석치수

재하중량톤수(DWT)	선석의 길이(m)	선석의 수심(m)
1,000	80	4.5
2,000	100	5.5
3,000	110	6.5
5,000	130	7.5
10,000	170	9.0
15,000	190	10.0
20,000	210	11.0
30,000	230	12.0
50,000	270	14.0
70,000	300	16.0
90,000	300	17.0

2.1.2 소형선박의 선석치수

- ○ 대상선박의 제원이 명확한 경우 : 대형선박의 기준적용
- ○ 대상선박의 제원이 불명확한 경우 : 다음 표를 참고 적용

소형선박의 선석치수

종류	대상선박		선석길이(m)	선석수심(m)
	D.W.T	G.T		
화물선	300		55	3.5
	600		65	4.0
유조선	200		40	3.0
	400		50	3.5
	600		60	4.0
여객선		100	40	2.0
		300	50	2.5
		500	60	3.0
토사 운반선	200		45	3.0
	300		50	3.5
	500		60	4.0
끌배		100	35	3.0
		200	45	3.5
		300	50	4.0

2.2 계류시설의 마루높이

2.2.1 검토사항

- ○ 설계조위 및 이상고조
- ○ 대상선박의 이용조건
- ○ 폭풍해일, 파랑, 지반침하 등에 대한 여유고
- ○ 하역조건 및 시설물 침수조건

2.2.2 기준조위

- ○ 삭망평균고조위(H.W.L)

2.2.3 표준 마루높이

접안시설의 표준 마루높이

접안시설	조차 3.0m 이상	조차 3.0m 미만
대형접안시설 (수심 4.5m 이상)	H.W.L+0.5~1.5m	H.W.L+1.0~2.0m
소형접안시설 (수심 4.5m 미만)	H.W.L+0.3~1.0m	H.W.L+0.5~1.5m

2.3 안벽의 축조한계

선박의 선체 특성을 고려하여 안벽의 벽면이나 전면의 형상은 선박접안시 접촉되지 않도록 계획한다.

2.4 설계수심

- ○ 설계수심 = 계획수심 + 여유수심

  (주) 계획수심은 일반적으로 만재흘수선(萬載吃水線)으로 본다.

- ○ 여유수심 결정시 고려사항
  - 안벽시설의 구조형식
  - 시공방법 및 시공정밀도
  - 안벽시설 전면의 세굴상황

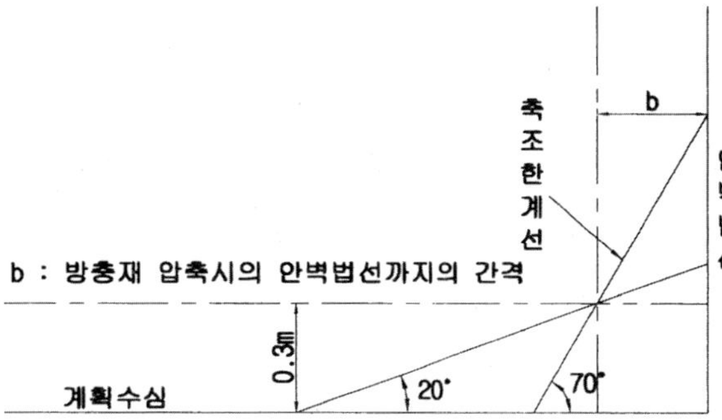

안벽의 축조한계

2.5 세굴방지공

2.5.1 개 요

계류시설 전면의 흐름이나 선박의 프로펠러에 의한 와류 유속 등에 의하여 세굴 우려가 있으므로 계류시설 전면을 보호하여 세굴에 대처한다.

2.5.2 세굴방지공법

- ○ 국내 : 이스바쉬(Isbash) 공식에 의한 소요 중량의 피복석 또는 블록 보강

2.6 구조형식

2.6.1 선정시 검토사항

- ○ 구조형식의 특성
- ○ 자연조건 : 지반조건, 파랑, 조위, 조류 등
- ○ 이용조건 : 접안선박의 크기와 종류, 화물의 종류와 수량, 하역방법
- ○ 시공조건 : 기상, 해상여건, 해수의 혼탁도, 주변환경
- ○ 경제성 : 자연조건, 이용조건, 시공조건을 고려한 경제성 검토
- ○ 구조형식의 다양화 : 내진성 강화를 위한 지진응답 해석

2.6.2 구조형식의 분류

- 구조형식
  - 중력식(Gravity type)
    - 케이슨식(Caisson type)
    - 우물통식(Well type)
    - 블록식(Block type)
    - L형블록식(L-shaped block type)
    - 셀룰러블록식(Cellular block type)
    - 현장타설 콘크리트식(Cast in place concrete type)
  - 널말뚝식(Sheet pile type)
    - 보통 널말뚝식
    - 자립식 널말뚝식
    - 경사 널말뚝식
    - 이중 널말뚝식
  - 선반식(Quaywall on piles)
  - 셀룰러식(Cellular bulkhead type)
    - 강널말뚝 셀룰러식(Cellular steel sheet pile piled type)
    - 강판셀식(Fabricated steel cellular type)
  - 잔교식(Landing pier)
  - 디태치드피어(Detached pier)
  - 부잔교(Floating pier)
  - 돌핀(Dolphin)
  - 계선부표(Mooring buoy)

구조형식의 분류

제3장 · 중력식

3.1 설계의 기본방침

3.1.1 일 반

중력식 구조물은 토압, 수압 재하중 등 외력에 대하여 자중과 제체 마찰력으로 저항하는 구조물이다.

3.1.2 구조형식별 특성

구분	셀룰러 블록식	현장타설 콘크리드식	우물통식
특성	• 철근 콘크리트로 제작한 상자형 블록내부를 속채움재로 채워서 외력에 저항하는 구조형식	• 수중 콘크리트, 프리팩트 콘크리트 등으로 현장에서 직접 벽체를 축조하는 구조형식	• 교량의 교각 기초부에 적용하는 형식과 같이 계획위치에 우물통 구조로 축조하는 구조 형식
장·단점	• 콘크리트 재료 절감 효과 • 블록내부 속채움시 시공에 주의 필요	• 시공의 일체성 확보 유리 • 수중 콘크리트 품질 확보에 불리	• 수심이 깊은 곳에 유리 • 시공이 복잡 • 시공실적이 적음

구분	케이슨식	블록식	L형 블록식
특성	• 주로 케이슨을 육지에서 제작하여 진수시켜 계획 위치에 거치하는 구조형식	• 대형 콘크리트 블록을 다단으로 거치하여 제체를 축조, 배후토압 등에 마찰로 저항하는 구조형식	• 육상에서 L형 블록을 제작하여 블록 및 마운드부의 제체 중량과 마찰력으로 토압 등에 저항하는 구조 형식
장·단점	• 강력한 토압에 견딜 수 있다 • 육상제작으로 품질 확보 • 속채움 재료 공급이 저렴 • 연장이 짧을 경우 공사비 고가 • 케이슨 진수에 따른 수심 조건에 제약	• 육상제작으로 품질 확보 • 거치시 대형 크레인 등 운반기계 필요 • 부등침하에 불리	• 수심이 얕은 경우에 경제적 • 부등침하에 불리 • 시공실적이 적음

3.1.3 설계순서

중력식 구조물의 설계는 일반적으로 다음과 같은 흐름으로 시행한다.

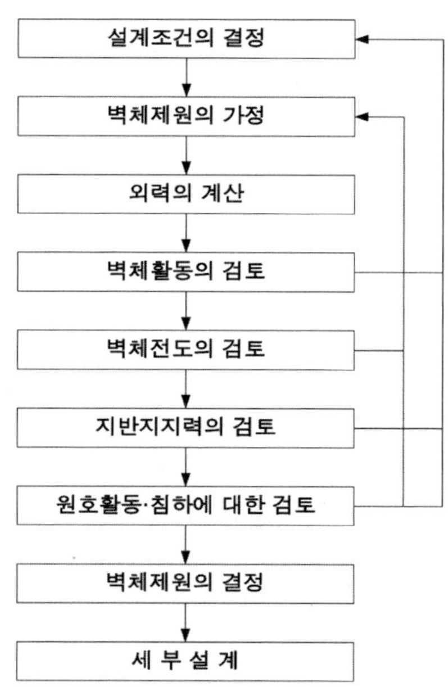

중력식 안벽의 설계순서

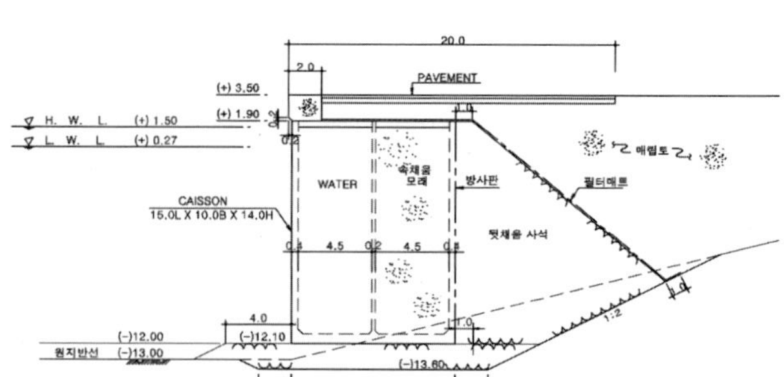

중력식 구조물(케이슨식)의 설계(예)

3.2 벽체에 작용하는 외력과 하중

3.2.1 고려사항

- ○ 상재하중
- ○ 선박의 견인력
- ○ 벽체하중
- ○ 부 력
- ○ 토압 및 잔류 수압
- ○ 지진시의 동수압
- ○ 지진력 : 외력 및 하중은 미고려

3.2.2 적용사항

가. 벽체 자중

벽체자중은 벽체 후면 하단을 지나는 수직면 앞 부분을 적용한다.

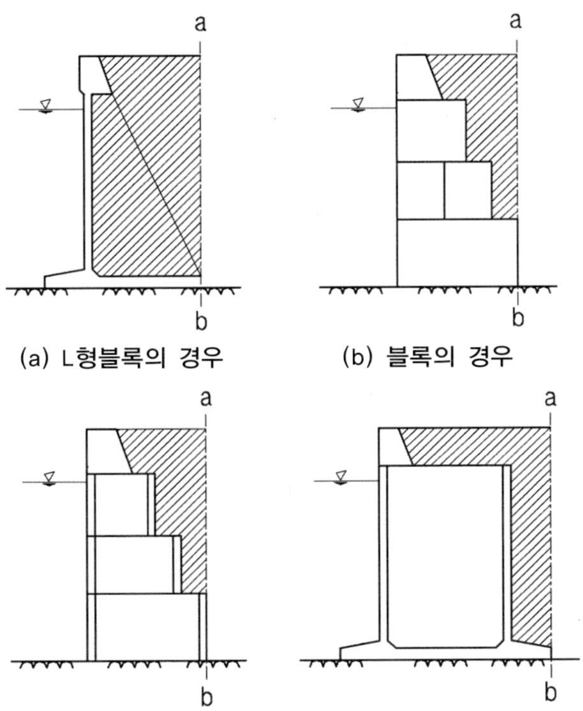

(a) L형블록의 경우 (b) 블록의 경우

(c) 셀룰러블록의 경우 (d) 케이슨의 경우

중력식 구조물의 벽체를 계산하는 방법

나. 잔류수위

잔류수위는 조석 간만의 차가 클수록, 투수성이 나쁠수록 커진다.

- ○ 잔류수위 = 삭망평균저조면(L.W.L)상의 조차 × (1/3 ~ 2/3)

다. 토압 및 잔류수압

- ○ 토압 : 쿠롬(Coulomb) 토압공식 사용, 배면 마찰각은 표준 15°적용

라. 부 력

벽체 중 잔류 수면 이하의 부분을 수중 부분으로 계산한다.

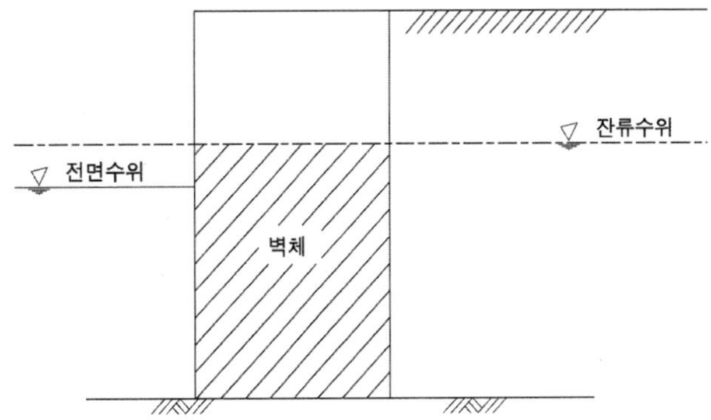

부력의 계산범위

마. 선박의 견인력

상부공 설계시 선박접안시의 충격력과 함께 고려한다.

바. 지진력

일반적으로 중력식 안벽은 지진력을 고려하지 않으며, 지진력 고려시 선박의 견인력, 폭풍시 하역상태의 하역기계반력, 군중하중 또는 설하중은 제외한다.

사. 지진시의 동수압

설계기준 항목의 토압과 수압기준에 따른다.

3.3 안정계산

3.3.1 고려사항

- ○ 벽체의 활동
- ○ 지반의 지지력
- ○ 벽체의 전도
- ○ 원호 활동
- ○ 침하

3.3.2 벽체의 활동에 대한 검토

$$F \le \frac{fW}{P}$$

여기서, W : 벽체에 작용하는 전체수직력 (kN/m)

P : 벽체에 작용하는 전체수평력(kN/a)

f : 벽체 저면과 기초와의 마찰계수 (정지마찰계수)

제7편

가. 안전율(F)
- ○ 평상시 : F<1.2
- ○ 이상시 : F<1.0

나. 전체수직력(W)
- ○ W = 가상 벽체면의 제체 중량 - 상재하중 - 부력

다. 전체수평력(P)
- ○ P = 가상벽체면에 작용하는 토압의 수평분력+잔류수압
- ○ 이상시는 상기 값 외에 벽체에 작용하는 지진력을 추가

제7편

3.3.3 얕은 기초의 지지력에 대한 검토

가. 일 반

중력식 안벽은 벽체의 침하나 기울어짐이 발생하기 쉬운 구조이므로 이로 인한 기능상의 장애가 발생하지 않도록 기초를 설계하여야 한다.

나. 기초의 저면반력 검토

벽체부에 상재하중이 작용하지 않은 경우도 검토한다.

상재하중이 작용하는 경우 편심량은 감소하나 수직력 증대로 저면반력이 증대하는 수도 있으므로 이에 대해 검토한다.

다. 기초사석층의 두께
- ○ h < 4.5m 일 때 : t > 0.5m, D > 3ϕ
- ○ h > 4.5m 일 때 : t > 1.0m, D > 3ϕ
- * 설계기준서에는 사석층의 최소두께를 1.0m이상으로 규정하고 단, 기초사석의 3층 두께 이상을 확보하도록 하고 있다.

3.3.4 벽체의 전도에 대한 검토

$$F \leq \frac{W \cdot t}{P \cdot h}$$

여기서, W : 전체수직력(kN/m)
P : 전체수평력(kN/a)
t : 벽체 전면하단→W의 작용점 거리(m)
h : 벽체 저면→P의 작용점 높이(m)
F : 안전율
(평상시 F > 1.2, 이상시 F > 1.1)

3.3.5 연약기초의 검토

가. 원호활동에 대한 안정
- ○ 점성토지반 : 사면안정에 따른 원호활동 검토
- ○ 사석층이 얇은 경우 : 벽체 끝단 수직면과 사석하면과의 교점부 원호활동 검토

나. 기초지반의 침하
- ○ 침하량에 따른 기초면 여성
- ○ 부등침하에 대한 상부시설(줄눈부, 포장) 검토

3.3.6 셀룰러블록의 안정계산

가. 일 반

벽체가 저판이 없는 셀룰러블록으로 구성되어 있는 중력식 안벽의 경우는 속채움사석이 빠져나가는 것을 고려한 벽체의 전도에 대하여 검토한다.

나. 벽체의 전도에 대한 검토

$$F \leq \frac{W \cdot t + M_f}{P \cdot h}$$

여기서, W : 속채움 중량을 제외한 전수직력(kN/m)
t : 벽체 전면하단 → W의 작용점 거리(m)
M_f : 저항모멘트(kN · m/m)
P : 전수평력(kN/a)
h : 벽체 저면 → P의 작용점 높이(m)

- ○ 안전율(F)
- • 평상시 : F<1.2
- • 이상시 : F>1.1
- • F<1일 때 : 셀룰러블록 자중 증가, 격벽 설치

3.4 뒷채움의 효과

3.4.1 뒷채움의 효과
- ○ 내부 마찰각의 증대에 의한 토압의 경감
- ○ 투수성의 증대에 의한 잔류수위의 저하
- ○ 뒷채움 매립토사의 유출방지

3.4.2 뒷채움 재료에 의한 토압경감 효과

뒷채움 형상이 삼각형인 경우	뒤채움 형상이 직사각형인 경우
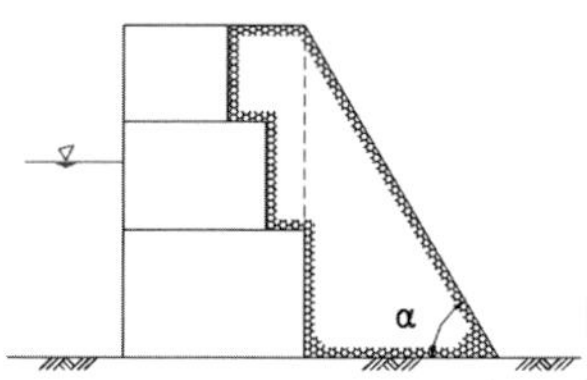	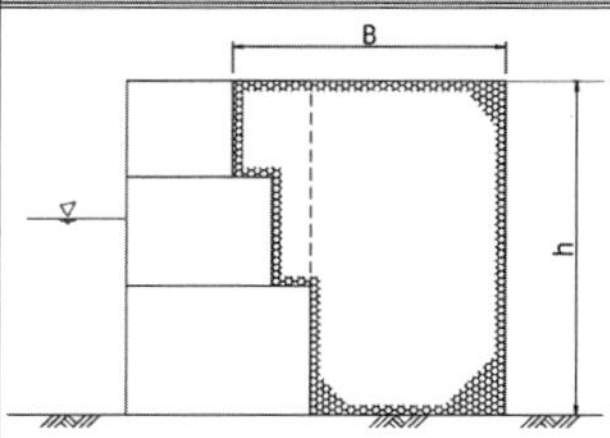
• 경사각(α)≤안식각 뒷채움 재료로 매립했을 때와 같은 토압 • 경사각(α)>안식각 직사각형 뒤채움 토압 적용	• b > h 삼각형인 경우와 같은 토압 • b = $\frac{h}{2}$ 뒷채움 재료에 의한 토압+매립토사에 의한 토압의 평균 토압 • b < $\frac{h}{5}$ 뒷채움 토압 감소 효과 무시
• 매립토사가 점성토일 경우에는 필터층이나 방사포 부설	• 매립토사가 점성토일 경우에는 필터층이나 방사포 부설

3.5 세부설계

3.5.1 부재의 강도

○ 블록 및 케이슨 : 소요강도 확보, 프리캐스트 Conc.

3.5.2 토사누출 방지공

○ 필터사석(ф100m/m이하)

○ 필터매트(Filter mat)

3.5.3 블록 물림부의 형상과 치수

○ 엇물림을 위한 블록 상호간 요철(凹凸)형 설치

○ 철근 매입

3.5.4 상부공의 구조

○ 각종 부속시설의 연결 형상 확보

○ 방충재 부착시 상부공 중량이 일체로 작용하도록 고려

○ 선박의 견인력, 방충재 반력 작용시는 이상시로 검토

3.5.5 부대공

○ 방충공, 계선주, 차막이공, 급배수시설, 계단, 사다리

○ 기타 부대시설

제4장 · 널말뚝식

4.1 기본방침

4.1.1 일 반

널말뚝식 안벽은 강제 또는 콘크리트제 널말뚝을 박아서 외력에 저항하는 구조물이다.

강널말뚝을 사용하는 구조물은 일반적으로 전면에 강널말뚝(또는 벽강말뚝)을 박고, 외력에 견딜 수 있도록 버팀공(앵커공, Dead man)을 설치하여 타이 케이블(Tie cable) 또는 타이 로드(Tie rod)로 강널말뚝을 잡아주는 구조형식이다.

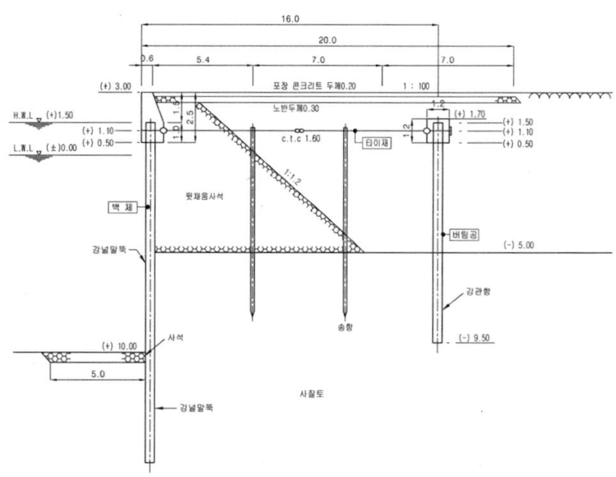

강널말뚝 안벽의 (예)

4.1.2 구조형식별 특성

널말뚝식 구조형식은 보통 널말뚝식, 자립식 널말뚝식, 경사식 말뚝식, 이중 널말뚝식 등이 있다.

보통 널말뚝식	자립식 널말뚝식
• 널말뚝을 박아서 널말뚝에 작용하는 외력을 후면에 설치한 타이재와 버팀공과 널말뚝의 근입부에 의하여 저항하는 방식	• 널말뚝 후면에 버팀공이 없이 외력을 널말뚝의 단면계수 및 근입부의 횡저항에 의하여 저항하는 방식
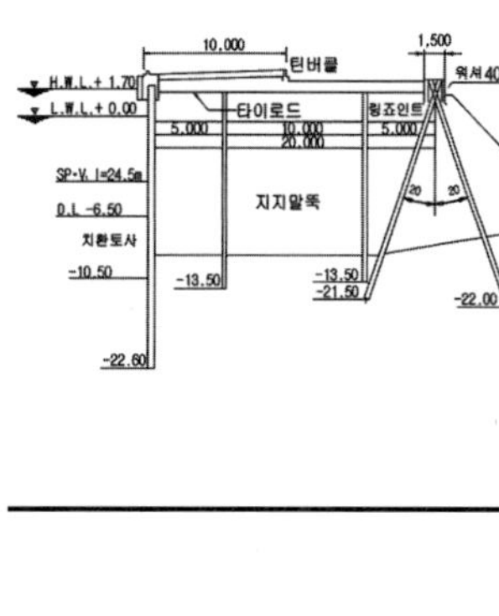	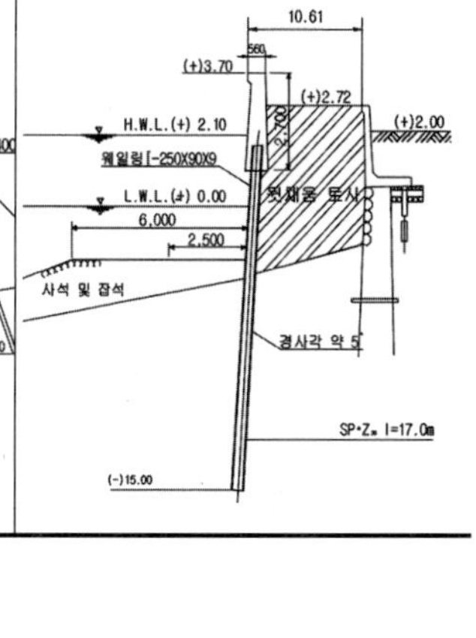

경사식 널말뚝식	이중 널말뚝식
• 널말뚝과 일체로 경사지게 박은 말뚝에 의해서 외력에 저항하는 방식	• 널말뚝을 이중으로 박아서 두부를 타이로드 또는 케이블로 연결하여 외력에 저항하는 방식 • 양쪽을 접안시설로 사용할 수 있으며 돌제형으로 축조시 적합한 방식
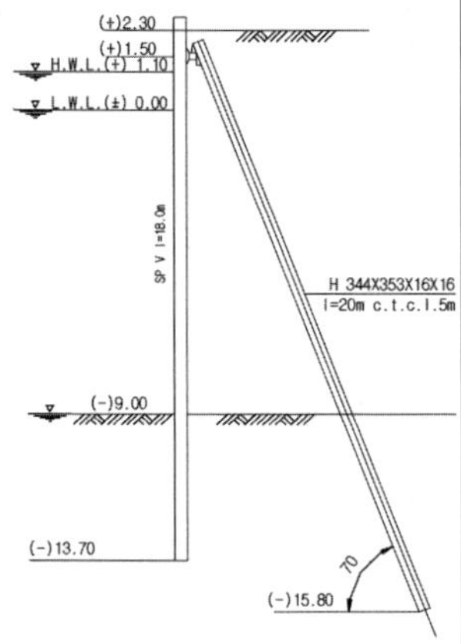	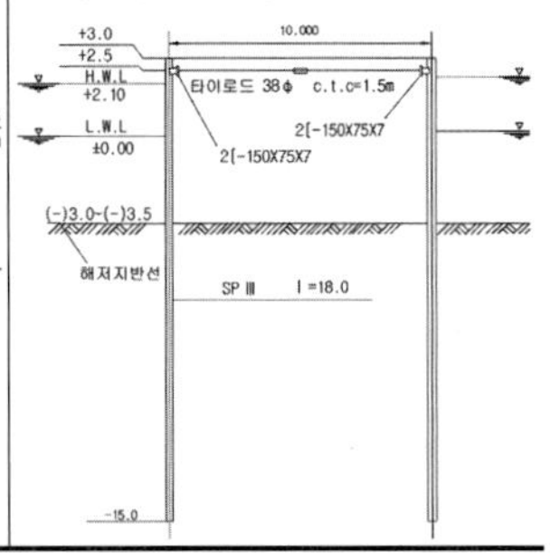

4.1.3 계획순서

널말뚝식 안벽의 계획은 일반적으로 다음과 같은 흐름으로 시행한다.

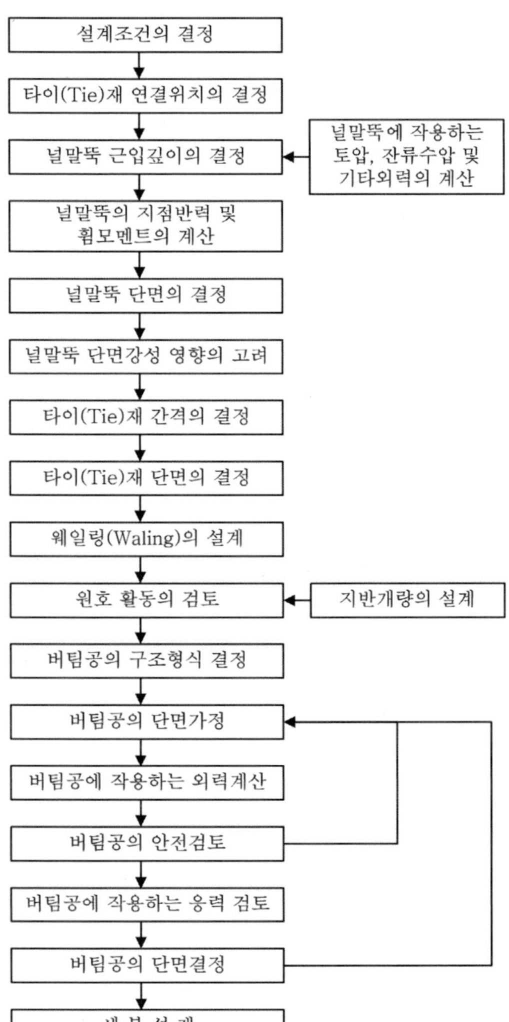

널말뚝식 안벽의 계획순서

4.2 널말뚝에 작용하는 외력

4.2.1 고려해야 할 외력

가. 토 압

○ 널말뚝벽 배후의 토압 : 주동토압

○ 널말뚝 근입부 전면의 반력 토압 : 수동토압

나. 잔류수압

다. 토압에 작용하는 지진력

라. 선박의 견인력 : 계선주에 작용하는 힘

마. 선박의 충격력 : 선박의 접안시 발생하는 외력, 계류 중 선박의 동요에 의하여 발생하는 외력

4.2.2 토압 및 잔류수압

Free earth support법	P.W.Rowe의 방법
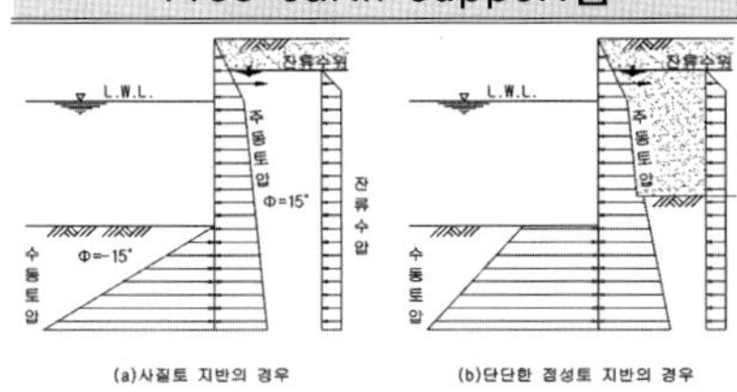	
1) 토압산정시 고려사항 • 시공방법 : 널말뚝 타입 후 뒷채움 널말뚝 타입후 전면준설 • Tie재 연결점의 널말뚝 횡방향 변위 • 널말뚝의 근입장 • 해저지반의 특성 2) 잔류수위 • RWL = L.W.L + 2/3h	1) 반력토압 산정시의 고려사항 • 준설의 시공 정도 • 해저면의 여굴 2) 잔류수위 • RWL = L.W.L+ 2/3h

4.3 널말뚝의 설계

4.3.1 타이재의 취부 위치

가. 고려사항

○ 타이재 취부시 시공의 난이성

○ 널말뚝 단면, 타이재 단면의 경제성

나. 타이재의 개념

○ 널말뚝과 버팀공을 연결하는 재료

○ 타이로드(Tie rod), 타이 케이블(Tie cable)을 주로 사용

다. 고려사항

○ 설치위치 = L.W.L + 2/3h

○ 연결위치가 낮을수록 경제적

4.3.2 널말뚝의 근입(根入)깊이

가. 일 반

널말뚝의 근입깊이는 널말뚝의 하단이 지반에 충분히 고정된 Fixed earth support 상태가 되도록 적절한 안전율을 확보해야 한다.

나. 사질토 지반

$Mp = F \cdot M_A$

여기서, Mp : 수동토압에 의한 Tie재 취부점에 관한 모멘트(kN · m/m)

M_A : 주동토압 및 잔류수압에 의한 타이(Tie)재 취부점에 관한 모멘트 (kN · m/m)

F : 안전율 (평상시 F≥1.5, 이상시 F≥1.2)

다. 점성토 기반

$4c > w + \Sigma\gamma h + \gamma w h_w$

여기서, c : 해저 흙의 점착력(kN/m²)

w : 상재하중(kN/m²)

γ : 흙의 단위 체적중량(kN/m³) (잔류수위 이하에서는 수중 단위체적중량)

h : 해저면보다 위의 흙의 층두께(m)

γ_w : 물의 단위체적중량(kN/m³)

h_w : 잔류수위와 전면조위의 수위차(m)

F : 안전율(평상시 F≥1.2, 이상시 F≥1.2)

4.3.3 널말뚝의 휨모멘트 및 연결점 반력

가. 일 반

널말뚝에 작용하는 최대 휨모멘트 및 타이재 연결점 반력은 널말뚝의 강성, 근입길이, 지반의 굳은 정도 등을 고려하여 적절한 방법에 의해 산정한다.

종래에는 안벽수심이 얕아 가상보법이란 간편법으로 계산하여 왔으나 근래에는 안벽수심이 대수심화에 설계되고 있어 단면력의 과소계산의 우려가 있으므로 주의를 요한다.

나. 가상보법

1) 개 념

널말뚝의 최대 휨모멘트 및 타이재 연결재 반력은 타이재 연결점 및 해저면을 지점으로 하고, 해저면 위의 토압 및 잔류수압이 하중으로 작용하는 단순보로 가상해서 구하는 방법

2) 유의사항

○ 휨모멘트 계산시 해저면의 여굴을 고려

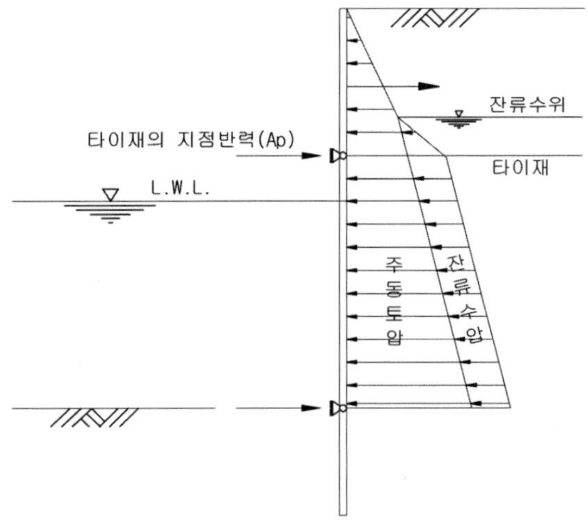

휨모멘트를 구하는 경우의 가상보

○ 널말뚝 해측부 전면의 수심이 굴곡이 있을 경우 지정위치 고려

○ 널말뚝 허용수평 변위량은 구조물의 규모, 중요도, 이용도를 고려하여 결어

4.3.4 널말뚝의 단면

가. 일 반

널말뚝의 단면은 4.3.2에서 산정한 응력이 재료의 허용응력을 넘지 않도록 결정한다.

널말뚝의 단면의 결정은 허용응력도법에 의한다.

나. 강널말뚝의 연결부

1) 이음부의 형식

○ 열쇠형 : 강널말뚝(U형 널말뚝)

○ 자웅형 : 강관널말뚝

강널말뚝의 연결부의 형상

열쇠형	자웅형

2) 연결부의 길이

○ 연결부의 최하단 :

- 주동토압강도 = 수동토압 강도
- 가상고정점(1/β)
- 해저면에서 2~3m 위

○ 연결부의 최상단 : 상부공의 하단에서 30~40cm 하단

4.4 타이(Tie)재의 설계

4.4.1 타이재의 인장력

가. 일반적인 구조형식

$$T = A_P \cdot \ell \sec\theta$$

여기서, T : 타이재의 인장력(kN)

A_P : 널말뚝의 휨모멘트 및 타이재 연결점 반력(kN/m)

ℓ : 타이재의 연결간격(m)

θ : 수평면에 대한 타이재의 경사각(°)

나. 선박의 견인력이 타이재에 전도되는 구조형식

$$T = (A_P \ell + \frac{P}{4}) \sec\theta$$

여기서, P : 1개소의 계선주에 작용하는 견인력의 수평분력(kN)

4.4.2 타이재의 단면

가. 단면 결정

- ○ 인장응력 < 허용응력 범위
- ○ 허용응력도법에 의해 결정

나. 타이 로드(**Tie rod**)

- ○ 허용인장응력 :
  - 평상시 항복응력의 40%이하
  - 이상시 항복응력의 60%이하
- ○ 재질 : 신장률이 18%이상의 강재

다. 타이 케이블(**Tie cable**)

- ○ 허용인장응력 :
  - 평상시 파괴강도 안전율의 3.8이상
  - 이상시 파괴강도 안전율의 2.5이상
- ○ 재질 :
  - 경강선재(KSD 3510)을 사용한 경강선
  - 피아노선재(KSD 3509)을 사용한 PC강선

4.5 웨일링(Waling)의 설계

4.5.1 웨일링의 최대 휨모멘트

$$M = \frac{T \cdot \ell}{10}$$

여기서, M : 웨일링의 최대휨모멘트(kN · m)

T : 타이재의 인장력(N)

ℓ : 타이재의 연결간격(m)

4.5.2 웨일링 재료

- ○ ㄷ형강(Channal), 앵글(Angle), H형강

4.5.3 웨일링 설치 위치

가. 널말뚝의 전면에 둘 경우

- ○ 볼트체결 : 소량
- ○ 상부공 콘크리트 보강 : 두껍다
- ○ 시공이 간단

나. 널말뚝의 배면에 둘 경우

- ○ 볼트체결 : 다량
- ○ 상부공 콘크리트 보강 : 얇다
- ○ 시공이 번잡

4.6 버팀공의 설계

4.6.1 구조형식의 선정

가. 구조형식의 분류

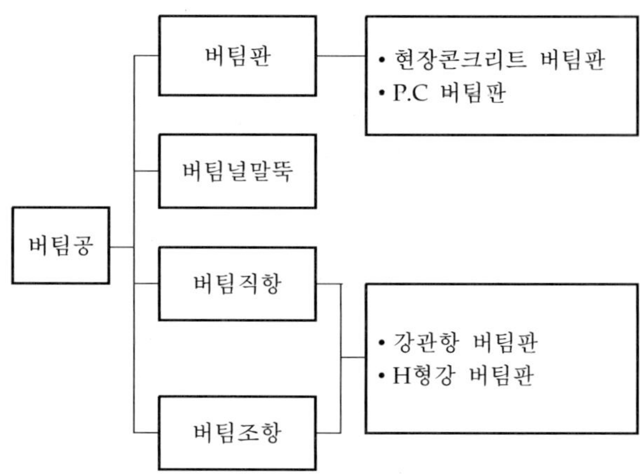

나. 구조형식별 특성

구분	버팀판	버팀 널말뚝	버팀직항	버팀조항
장점	• 수상작업시 경제적 • 웨일링시설이 불필요	• 시공이 용이 • 공기가 짧다 • 육상시공시 유리	• 시공이 용이 • 공기가 짧다 • 해저면이 깊을 때 유리	• 공기가 짧다 • 변위가 작다 • 버팀공 설치 위치의 제약시 유리
단점	• 수중작업시 품질관리 필요 • 체절 및 배수 필요 • 기초부 침하 관리 필요	• 변위가 크다 • 웨일링시설이 필요	• 변위가 크다 • 웨일링시설이 필요	• 웨일링시설이 필요 • 시공이 복잡

4.6.2 버팀공의 설치 위치

가. 버팀관

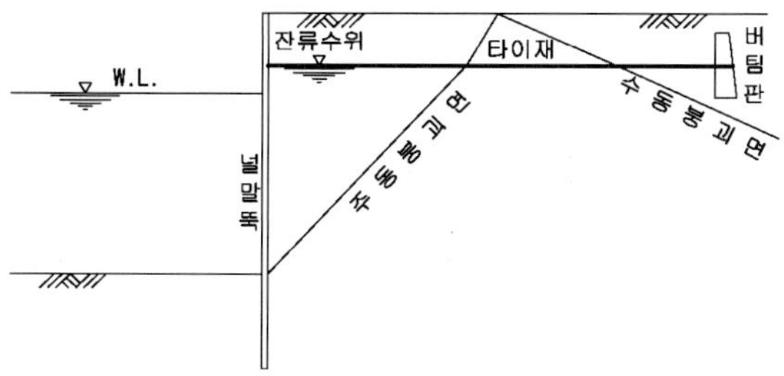

버팀판의 구조형식

○ 해저면에서 그은 널말뚝의 주동토압 붕괴면과 버팀판 하단에서 그은 버팀판의 수동토압 붕괴면이 지표면 이하에서 교차하지 않도록 결정

나. 버팀직항

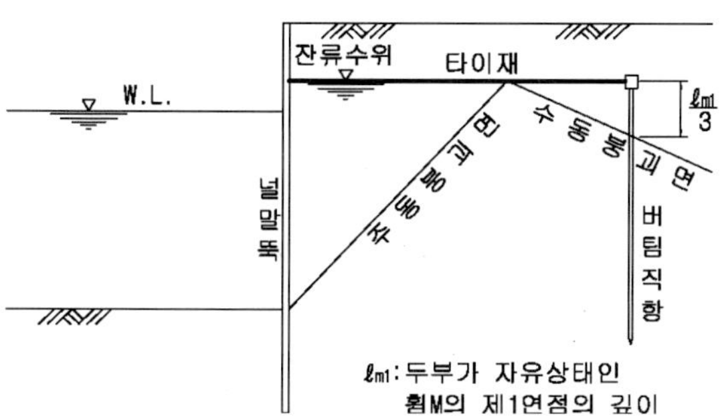

버팀직항의 구조형식

○ 말뚝과 타이재의 연결점에서 ℓm 1/3깊이의 점에서 그은 말뚝의 수동붕괴면과 해저면에서 그은 주동붕괴면이 말뚝과 타이재의 연결점을 포함한 수평면 이하에서 교차하지 않는 후방에 위치하도록 결정

다. 버팀조항

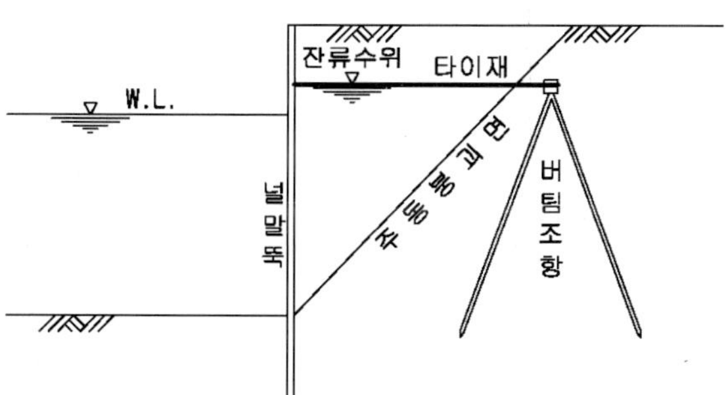

버팀조항의 구조형식

○ 해저면에서 그은 널말뚝의 주동붕괴면 배후에 둔다.

라. 버팀널말뚝

1) 장항으로 설치할 경우

○ 버팀 직항에 준하여 설치위치를 결정

2) 단항으로 설치할 경우

○ 버팀판에 준하여 설치위치를 결정

○ 단, 버팀널말뚝과 타이재 연결점에서 ℓm 1/2의 깊이 이하의 널말뚝은 무시

4.6.3 버팀공의 설계

가. 버팀판의 설계

1) 버팀판의 안정

① 설치위치가 지표면 아래에서 교차하지 않을 경우

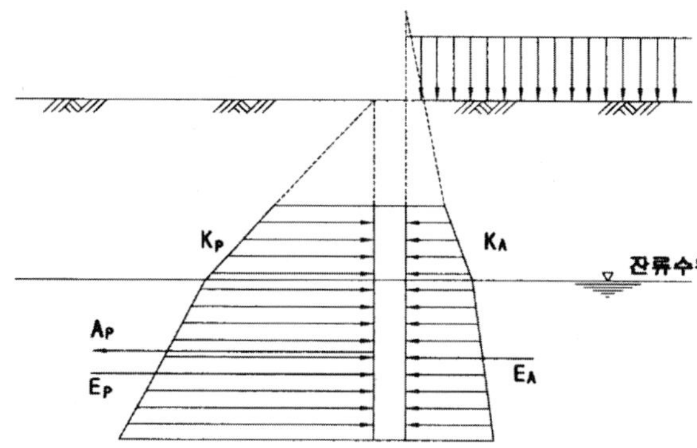

버팀판에 작용하는 외력

$$F = \frac{E_P}{A_P + E_A}$$

여기서, F : 안전율(평상시 F≥2.5, 이상시 F≥2.0)

A_P : 타이재 연결점 반력(N/m)

E_A : 버팀판에 작용하는 주동 토압(N/m)

E_P : 버팀판에 작용하는 수동 토압(N/m)

② 설치위치가 지표면 아래에서 교차할 경우

$$\Delta E_P = \frac{K_P \cdot \gamma \cdot h_f}{2}$$

여기서, K_P : 수동토압계수

γ : 흙의 단위체적중량(N/㎥)

h_f : 지표면에서 붕괴면의 교차점까지의 깊이(m)

제7편

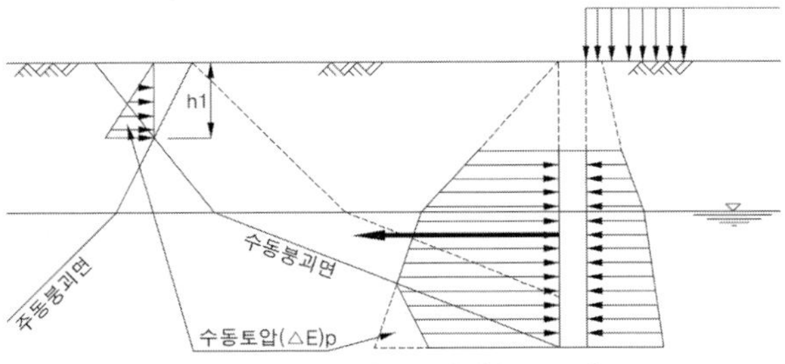

수동토압에서 공제하는 토압

③ 연약한 점성토층이 분포하는 경우
- 원호활동이나 직선활동 검토
- 원호활동 검토시 : F≥1.0
- 직선활동 검토시 : F≥1.5

2) 버팀판의 단면

① 최대 휨모멘트 산정

$$M_H = \frac{Tl}{12}, \qquad M_V = \frac{Th}{8\ell}$$

여기서, M_H : 수평방향의 최대 휨모멘트 (N · m)

M_V : 연장 1m마다의 연직방향의 최대휨모멘트(N · m/m)

T : 타이재의 인장력(N)

l : 타이재의 간격(m)

h : 버팀판의 높이(m)

② 버팀판 제작
- 철근콘크리트나 P.C콘크리트로 제작
- 철근배근 : 유효폭 B=2b(b:타이재 연결위치의 버팀판 두께)
- 설계 : 허용응력 설계법

③ 버팀판과 타이재의 연결위치
- 토압의 합력 작용점
- 버팀판 높이의 중앙

나. 버팀직항의 설계
- ○ 버팀직항 : 타이재의 인장력을 수평외력으로 받는 직항으로 설계
- ○ 설계방법 : 말뚝기초의 지지력 산정 방법

다. 버팀조항의 설계
- ○ 버팀조항 : 타이재의 인장력을 외력으로 받는 조항으로 설계
- ○ 설계방법 : 말뚝기초의 지지력 산정 방법

라. 버팀널말뚝의 설계

1) 장항으로 설치할 경우
- ○ 버팀직항의 설계에 준해서 단면을 결정

2) 단항으로 설치할 경우

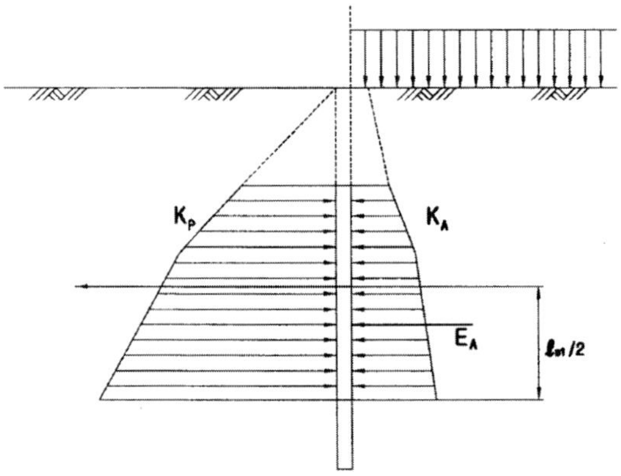

짧은 버팀널말뚝의 가상토압

- ○ 버팀판의 설계에 준하여 단면을 결정한다.
- ○ 토압분포는 타이재 연결점에서 아래로 ℓm 1/2까지 작용하는 것으로 한다.
- ○ 단면적 계산시 타이재 연결용 구멍, 웨일링 체결 볼트의 구멍 면적은 제외

4.7 세부계획

4.7.1 상부공

가. 고려해야 할 외력
- ○ 상부공 배후의 토압
- ○ 선박의 견인력 및 충격력
- ○ 방충공의 반력

나. 설계 방법
- ○ 상부 콘크리트 : 캔틸레버보로 설계
- ○ 계선주 설치부 : 선박의 견인력+수동토압
- ○ 방충재 설치부 : 선박의 충격력+수동토압
- ○ 이상시(지진시) : 주동토압
- ○ 구조 : 철근콘크리트
- ○ 수평방향 배근 : 탄성지지성의 빔(Beam)으로 설계

4.7.2 타이재

가. 일 반

타이재는 타이재의 인장력이 안전하게 버팀공에 전달되도록 설계되어야 한다.

매립토사의 침하 등으로 휨응력이 발생할 우려가 있는 경우는 이에 대처할 수 있도록 계획하여야 한다.

나. 타이 로드**(Tie rod)**

타이로드는 이음부에 턴 버클(Turn buckle)을 설치하여 길이의 조절이 되도록 한다.

타이로드는 뒷채움 흙의 침하 등으로 휨응력이 생길 염려가 있으므로 널말뚝 및 버팀공과의 연결부 부근에 링죠인트(Ring joint)를 설치한다.

타이로드에 큰 휨응력이 작용하는 곳은 널말뚝 및 버팀공과의 연결부이므로 링죠인트의 설치위치는 널말뚝 및 버팀공과 될 수 있는대로 가까이 두는 것이 좋다. 링죠인트의 반정도를 상부 콘크리트에 묻는 경우가 많으며, 침하의 염려가 있는 곳에서는 타이로드 중간부를 말뚝으로 떠받치거나 케이싱 파이프를 사용한 예도 있다.

타이로드에 나사를 파서 넣으면 단면적이 감소되므로 그 부분을 굵게 하여 나사의 골 부분의 직경이 타이로드의 직경보다 작지 않도록 한다.

타이재가 끊어지기 전에 턴 버클, 링죠인트 및 너트가 파손되는 일이 없도록 설계한다.

턴 버클은 최소 단면에 대하여 안전하도록 설계한다.

링 죠인트(Ring joint)와 타이재와의 연결부는 최소단면에 대한 인장 및 핀(Pin)에 의한 핀구멍 상하면의 전단에 대하여 설계하고, 핀에 대해서는 2면 전단에 대하여 설계한다.

너트 및 턴 버클(Turn buckle)의 나사부에 대하여는 나사의 골의 전단에 대하여 계획하고, 단면은 응력집중 등을 고려하여 계산치보다 10~20%를 증가하는 것이 좋다.

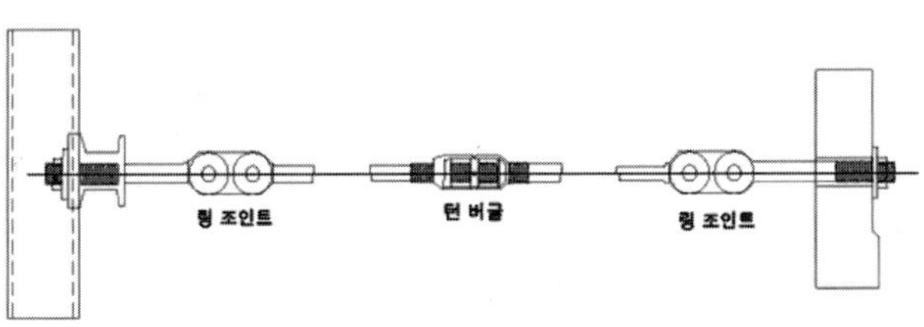

타이로드의 연결

다. 타이 케이블**(Tie cable)**

타이케이블(Tie cable)은 양끝의 조임부분을 직접 너트(Nut)로 조여 턴버클의 기능을 하도록 하고, 설계시 정착길이를 고려하여야 하며, 턴버클에서와 같이 최소 단면에 대하여 안전하도록 설계한다.

우각부 등에서 타이케이블이 교차되는 경우에는 타이케이블의 처짐량을 계산하고 서로 접촉하지 않도록 주의한다.

덮개 콘크리트(Caping concrete)를 할 경우에는 타이케이블의 끝부분을 콘크리트에 전부 싸서 묻도록 하고 슬립(Slip)을 절단하지 않도록 한다. 타이케이블의 손상을 방지하기 위하여 트럼펫 튜브(Trumpet tube)를 삽입하여야 한다.

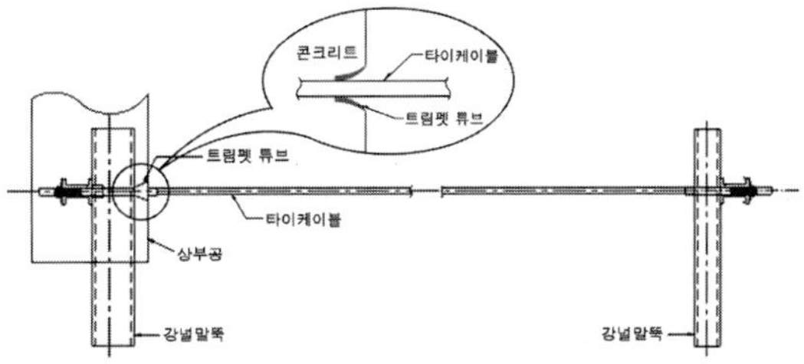

타이케이블의 연결

4.7.3 우각부

가. 일 반

우각부는 외력조건이 복잡하고 지진시에 특히 피해가 발생하기 쉬우며, 구조상의 취약부분이므로 토압조건, 시공조건 등은 충분히 고려해야 한다.

나. 고려사항

- ○ 널말뚝식 안벽인 경우 이상시에 특히 피해가 우려되므로 보강책을 강구해야 한다.
- ○ 버팀공의 구조배치 및 배후매립토의 다짐 등의 시공조건을 충분히 고려해야 한다.

4.8 연약지반일 때 주의사항

4.8.1 측방유동

널말뚝 배후의 지반침하로 인한 측방유동발생으로 널말뚝의 이상 변위가 나타나므로 이러한 영향을 고려해야 한다.

4.8.2 널말뚝의 근입깊이

- ○ 처짐곡선법 : 근입하단의 변위 또는 처짐각이 0인 조건과 그림에 나타난 외력조건을 탄성방정식으로 푸는 방법
- ○ 널말뚝의 휨모멘트 및 타이재 연결점 반력 방법
- ○ 상기 두 가지 방법을 종합적으로 검토하여 설계

4.8.3 원호활동에 대한 검토

연약지반상의 널말뚝은 널말뚝하단을 지나는 원호활동에 대하여 검토해야 한다.

원호활동이 불안정할 때는 지반개량이나 적합한 구조형식을 선정한다.

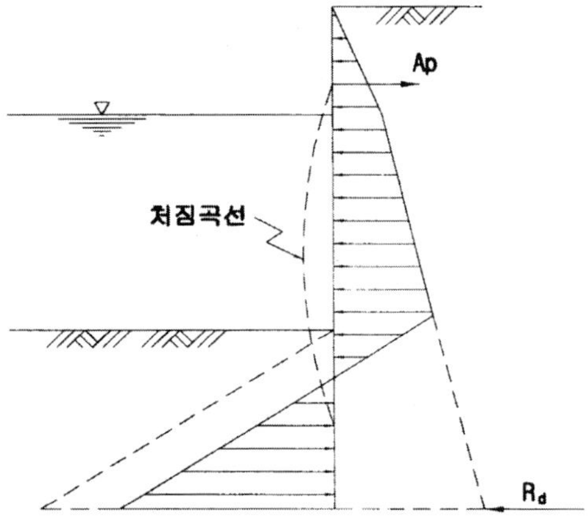

토압 및 처짐곡선

제5장 · 선반식

5.1 설계의 기본방침

5.1.1 일 반

선반식 구조는 널말뚝 벽체상부에 설치한 선반에 의해서 널말뚝에 걸리는 외력을 경감시키고, 널말뚝 근입부의 수동토압 및 널밀뚝 배후에 선빈지지말뚝의 수평저항력으로 외력에 저항하는 구조물이다.

선반식 구조는 상재하중을 선반부 말뚝으로 지지하기 때문에 연약지반에도 적용이 가능하다.

5.1.2 구조형식별 특성

가. 널말뚝벽의 위치에 따른 분류

선반식	준선반식
• 선반의 전면 또는 배면에 흙막이용 널말뚝벽이 있는 형식	• 선반 배면에 별도의 버팀공이 있는 형식
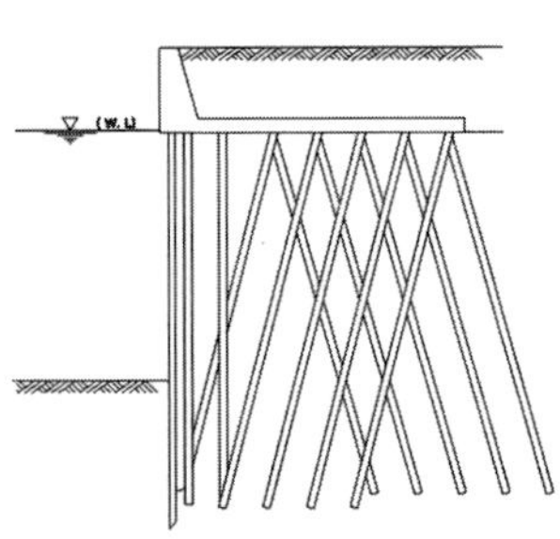	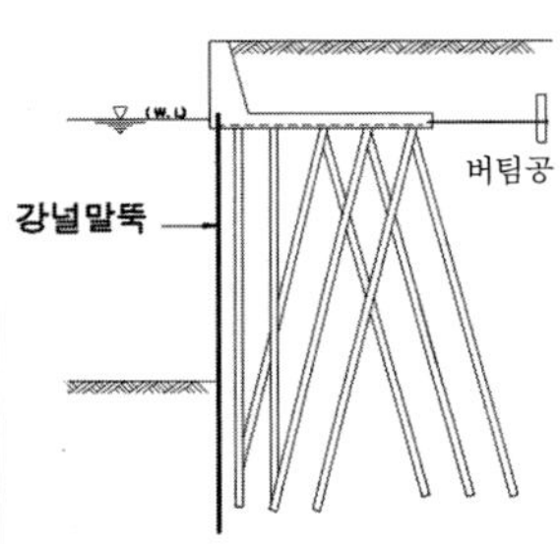
• 전면 널말뚝벽 계획 : 선반식 안벽 • 배면 널말뚝벽 계획 : 널말뚝식 안벽 • 선반부 계획 : 직항식 횡잔교	• 수평력 : 선반 말뚝+버팀공 • 본 형식은 특별한 경우에만 채택

나. 선반형식에 따른 분류

L형 선반식	상자형 선반식
• 선반을 L형 현장타설 콘크리트로 하고 선반상부는 토사로 매립한 형식	• 선반을 선반위의 중량과 지진력을 감소시키기 위해 상자형 구조로 한 형식
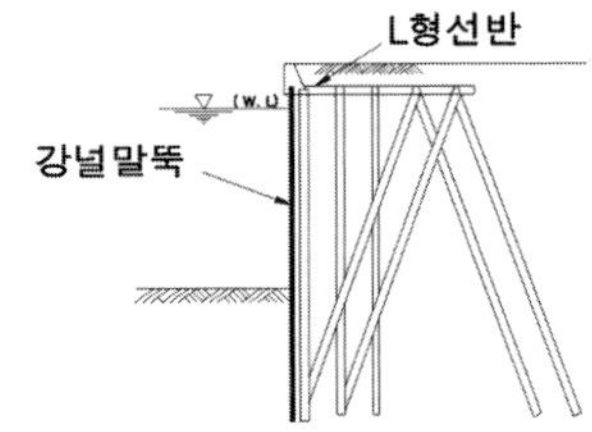	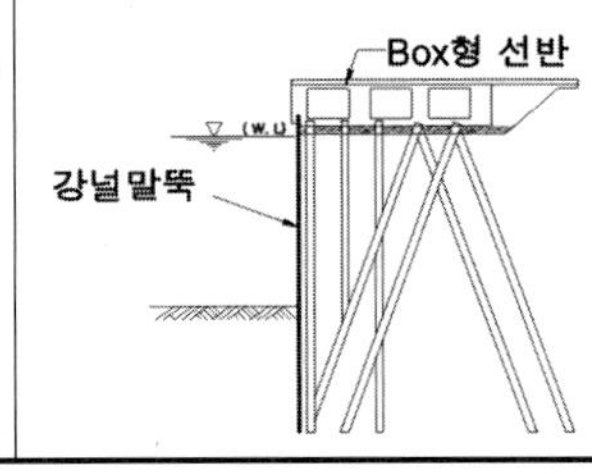

5.1.3 순 서

선반식 안벽의 계획은 일반적으로 다음과 같은 흐름으로 시행한다.

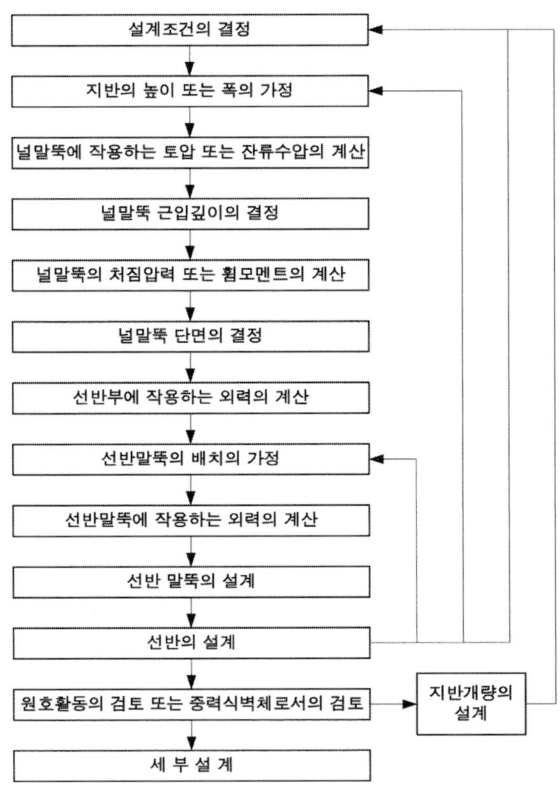

선반식 안벽의 계획순서

5.2 선반의 높이, 폭의 결정

5.2.1 선반의 높이

선반슬래브의 저면은 잔류수위 이하로 계획한다.

5.2.2 선반의 폭

일반적으로 해저면에서 그은 널말뚝의 주동붕괴면이 선반과 교차하도록 결정한다.

5.3 널말뚝에 작용하는 토압과 잔류수압

5.3.1 고려사항

○ 선반의 설치높이 및 폭
○ 선반의 지지조건
○ 선반식 안벽의 구조 특성

5.3.2 토압 및 잔류수압

선반의 폭이 넓을 때 (주동붕괴면이 선반과 교차하는 경우)	선반의 폭이 좁을 때 (주동붕괴면이 선반과 교차하지 않는 경우)
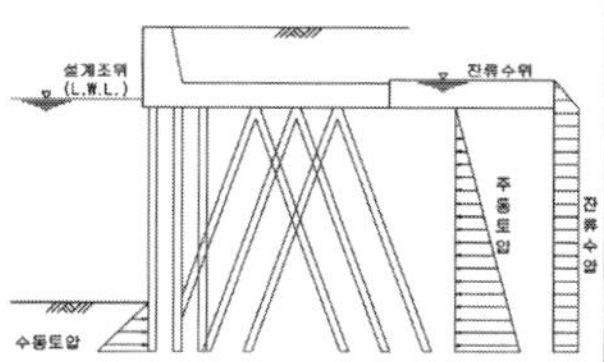	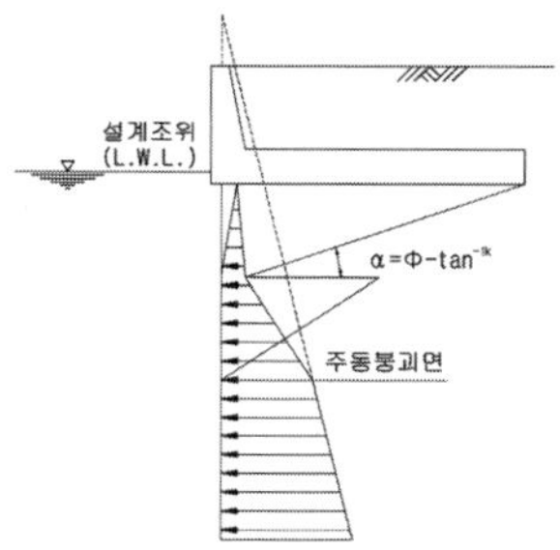
• 주동토압 : - 선반저면 ; 지표면 - 재하하중 ; 무시 - 벽면마찰각 ; 15° • 잔류수압 : - 선반슬래브 저면이하 • 수동토압 : 널말뚝식 안벽에 따른다. - 벽면마찰각 : (-)15° • 일반적으로 적용	• 주동토압 - 주동붕괴면과 널말뚝 교점이하 ; 선반무시 - 선단후단에서 그은 흙의 자유붕괴면이 널말뚝과 교차점 상부 ; 주동토압 - 중간부분 ; 직선적 변화 • $\alpha = \phi\text{-}\tan^{-1}k'$ ϕ : 흙의 내부 마찰각 k' : 겉보기 밀도 • 특별한 경우에 적용

5.4 널말뚝의 계획

5.4.1 널말뚝의 근입깊이

널말뚝의 근입깊이는 널말뚝벽이 외력 등에 대해서 널말뚝의 하단이 충분히 고정되도록 하며, 널말뚝의 단면은 선반식 안벽의 구조특성에 적절한 방법에 의해 응력도를 구하여 이것이 재료의 강도를 넘지 않도록 계획한다.

5.4.2 널말뚝의 단면

선반식 널말뚝벽의 널말뚝의 단면은 선반슬래브 저면을 타이재 연결점으로 보고 널말뚝의 설계 또는 연약지반에 있어서 주의사항에 준해서 계획한다.

선반에서 전달되는 휨모멘트 및 수직력은 감소하는 방향으로 작용하므로 계획시 고려하지 않는다.

5.5 선반부의 계획

5.5.1 선반부에 작용하는 외력

가. 널말뚝에서 전달되는 수평력
○ 선반 저면을 타이재 연결점으로 보고 타이재 설계에 의해 구한 타이재 연결점 반력으로 한다.

나. 선반 배후에 작용하는 토압 및 잔류수압
○ 선반저면 상부 : 주동토압
○ 선반저면 하부 : 주동토압과 수동토압의 차가 0 위치

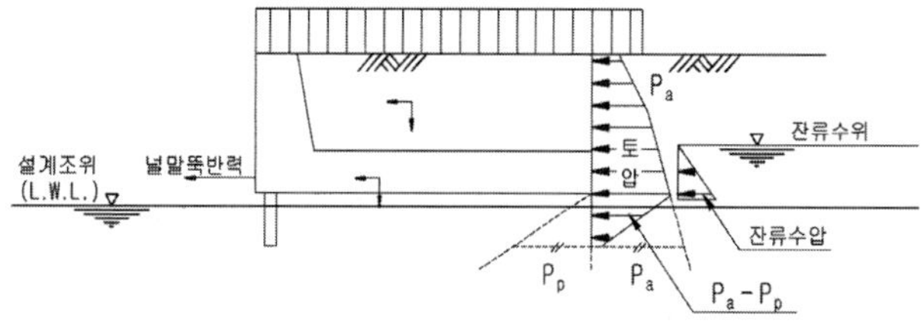

선반에 작용하는 외력

다. 선반의 자중, 선반상부의 토사중량, 상재하중

라. 선반부에 작용하는 지진력

마. 지진시의 동수압

5.5.2 선반부의 계획

가. 직립부
○ 저판부에 지지된 캔틸레버로 계획
○ 하중 : 선반 직립부에 작용하는 토압 및 잔류수압
○ 벽면 마찰각 : 15°
○ 선박의 견인력 및 충격력 : 널말뚝식 상부공에 준한다.

나. 저판부
○ 법선과 직각방향, 법선방향의 2방향 연속 빔(Beam)으로 설계한다.
○ 법선과 직각방향의 연속 빔
  • 휨모멘트+널말뚝 상부지점 반력 = 합성응력 구조
  • 널말뚝 상부지점 반력 = 타이재에 의한 선반 말뚝 구조
○ 저판의 배근 : 복철근으로 등간격으로 배근

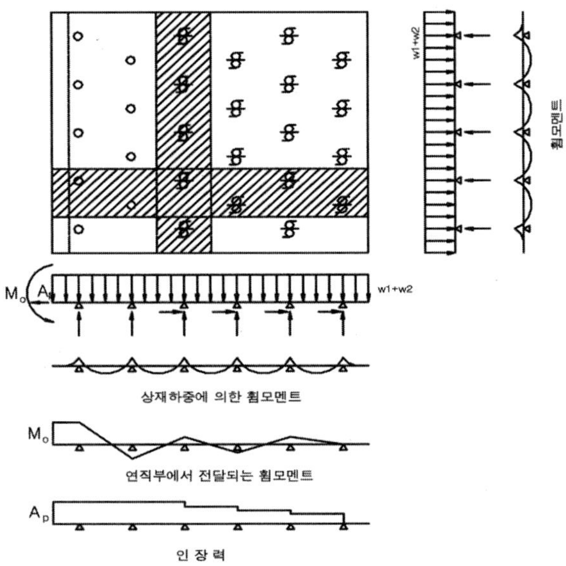

선반슬래브 설계에 가상하는 연속 빔

5.5.3 선반말뚝의 계획

가. 고려사항

○ 지반조건

○ 외력 또는 하중의 분담

○ 시공성

○ 경제성

나. 선반말뚝의 계획

1) 계획순서

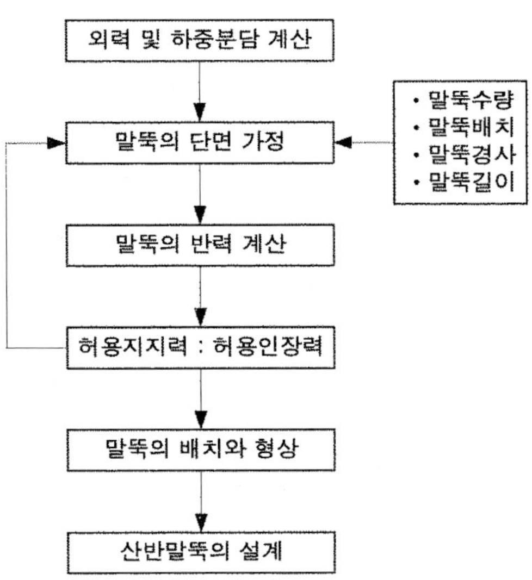

계획순서

2) 계획방법

○ 설계 : 말뚝기초의 지지력에 의해 계획

○ 선반말뚝 : 조항과 직항을 병행

○ 말뚝의 축방향 지지력 : 주동붕괴면 상부 흙의 주면마찰 무시

○ 말뚝의 배치 : 가능한 축방향력이 작용하지 않도록 배치

○ 말뚝의 길이 : 가능한 같은 깊이로 결정

○ 강말뚝 사용시 : 부식 고려

5.6 중력식 벽체로서의 안정검토

5.6.1 일 반

선반식 안벽은 선반후단을 지나는 수직면 앞부분과 전방으로 경사진 사항의 하단을 지나는 수평면 상부 사이를 중력식 벽체로 가상하여 전체의 안정을 검토한다.

5.6.2 안정검토

가. 저면 마찰저항력

○ 사질토 : $\sum V \times \tan\phi$

○ 점성토 : $\sum A \times$ 점착력

여기서, $\sum V$: 전수직력(벽체중량-부력)

$\sum A$: 벽체저면 면적

ϕ : 내부 마찰각

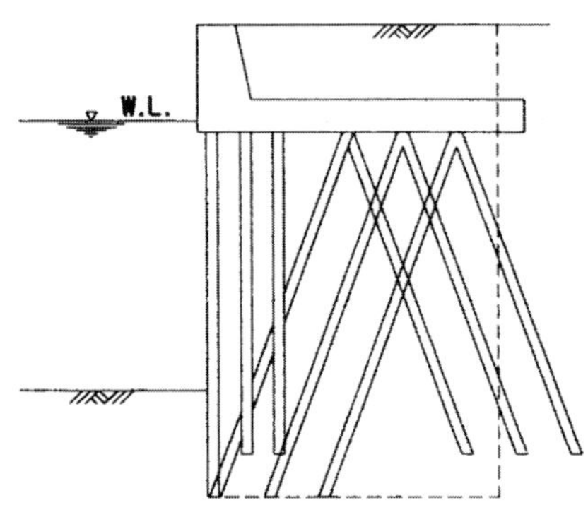

가상벽체

나. 벽면 마찰각

○ 주동토압 : 15°

○ 수동토압 : (-)15°

5.7 원호활동에 대한 검토

선반식 안벽이 연약지반 위에 있을 때는 널말뚝 하단 이하를 지나는 원호활동에 대한 안정을 검토하여야 한다.

원호활동의 검토 방법은 사면의 안정에 의하고, 안정계산에 사용되는 조위는 안전율이 가장 적게 되는 조위로 한다.

원호활동에 대하여 불안정할 때는 적당한 방법으로 지반개량을 하거나, 다른 방식의 구조물을 선택하고, 원호활동 방지목적으로 널말뚝의 근입을 증가하는 것은 바람직하지 않다.

제6장 · 강널말뚝 셀식

6.1 기본방침

6.1.1 일 반

강널말뚝 셀식 안벽은 직선형 널말뚝 또는 강판을 원형이나 기타형으로 폐합시키고, 셀 내부는 사석이나 토사로 속채움하여 외력에 저항하도록한 일종의 중력식 구조물이다.

셀식 안벽의 구조형식은 강널말뚝식과 강판식이 있으나 주로 이음부의 인장강도가 큰 직선형 강널말뚝을 사용하고 있다. 작용하는 외력에 따라 셀의 크기가 달라지며 내부의 속채움재가 셀외측에 토압 등으로 작용하므로 연결되는 강널말뚝의 연결부분의 물림(Interlocking)에 대한 검토가 필요하다.

강널말뚝 셀식은 현장에서 셀을 형성 강널말뚝을 타입하는 현장타입 방법과 별도 육상 또는 해상에서 셀을 조립한 후 현장에 운반하여 타입하는 프리페브(prefab)셀 공법이 있다.

6.1.2 적용범위

○ 사질토 지반

○ 근입비 = 0~1.5

○ $\dfrac{\text{환산벽체폭}}{\text{벽높이}} = 1 \sim 2.5$

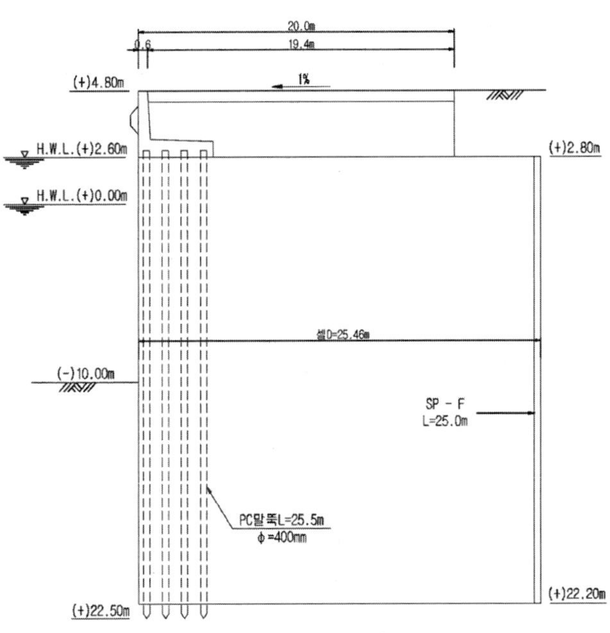

강널말뚝 셀식 안벽 설계단면(예)

6.1.3 순 서

강널말뚝 셀식 안벽의 계획은 일반적으로 다음과 같은 흐름으로 시행한다.

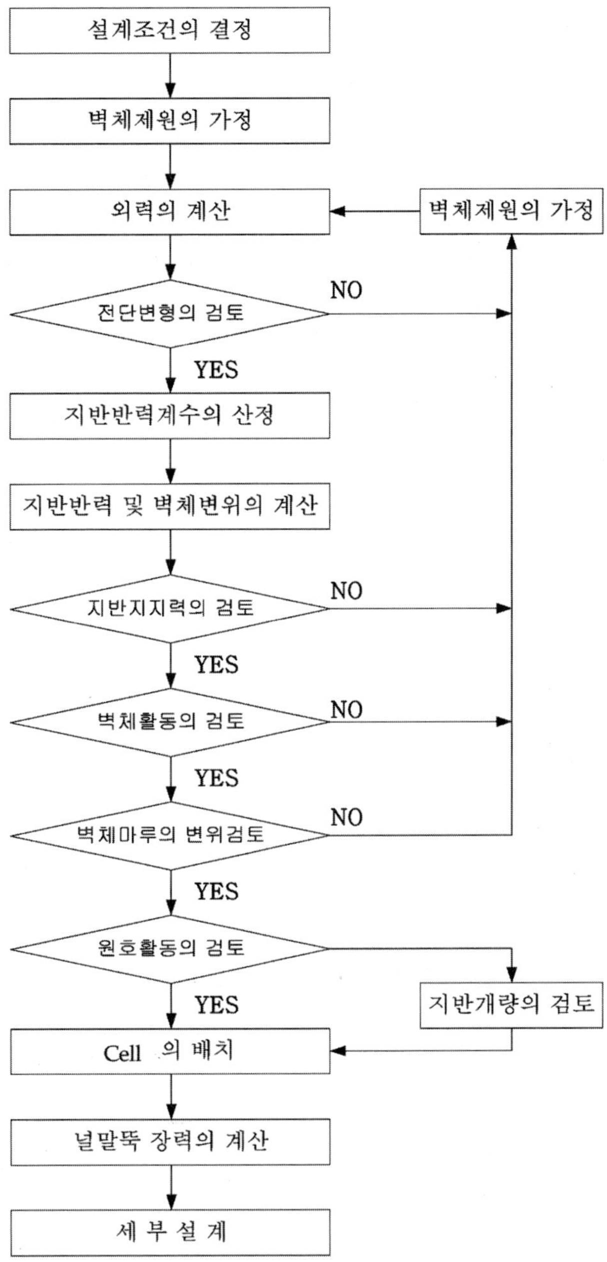

강널말뚝 셀식 안벽의 설계순서

6.2 강널말뚝 셀에 작용하는 외력 및 하중

6.2.1 셀 본체에 작용하는 외력 및 하중

가. 토압

1) 벽체배후의 주동토압

○ 해저면 상부 : 주동토압

○ 해저면 하부 :

- 전단변형 검토시 - 주동토압
- 전체안정 검토시 - 상재압에 의한 평상시 토압

$$P_{ac} = 0.5(\Sigma\gamma_i h_i + q)$$

여기서, P_{ac} : 벽체 배후의 해저면 이하에 작용하는 토압(kN/m²)

γ_i : 뒷채움 각층의 단위체적중량(kN/m³)

h_i : 뒷채움 각층의 두께(m)

q : 재하중(kN/m²)

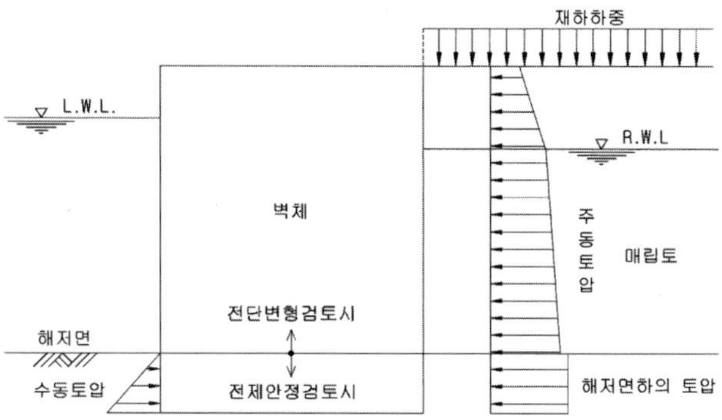

벽체에 작용하는 배후 토압

2) 벽체전면의 수동토압

3) 속채움의 토압

- ○ 해저면 상부 : 설계진도
- ○ 해저면 이하 10m 지점 진도 0으로 보고 직선적으로 감소
- ○ 해저면 이하 10m 지점이하 진도는 미고려

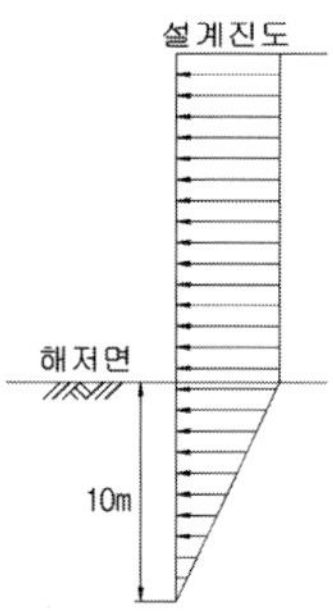

진도취득법

나. 잔류수압

- ○ 잔류수위 = L.W.L + 2/3h (h:조차)

다. 벽체에 작용하는 지진력 및 동수압

라. 벽체 속채움의 중량

마. 재하하중

6.2.2 상부공에 작용하는 외력 및 하중

가. 수평력

1) 토압의 수평분력
2) 잔류수압
3) 상부공, 상부공 위의 토사 및 재하하중에 작용하는 지지력
4) 선박의 충격력 및 견인력

나. 수직력

1) 상부공, 상부공 위의 토사의 자중과 재하하중
2) 토압의 수직분포

6.3 벽체의 전단변형에 대한 검토

6.3.1 일 반

일반적으로 강널말뚝 셀과 속채움 흙은 전체를 강성으로 볼 수 있으므로 벽체의 전단변형에 대한 검토는 상시에 작용하는 하중에 대하여 검토한다.

6.3.2 환산벽체폭

가. 환산벽체폭의 개념

환산벽체폭은 설계계산을 간편하게 하기 위하여 사용하는 편의적인 양이며, 셀본체 또는 연결호(Arc부)의 전벽, 후벽, 격벽을 모두 직선으로 환산한 가정 벽체 폭이다.

나. 전단변형 검토

환산벽체폭은 벽체의 전단변형에 관한 다음의 식을 만족하도록 결정한다.

$M_dF \leq M_r, \ M_d'F \leq M_r'$

여기서, M_d : 셀저면에 관한 변형모멘트(kN · m/m)

M_d' : 해저면에 관한 변형모멘트(kN · m/m)

M_r : 셀저면에 관한 저항모멘트(kN · m/m)

M_r' : 해저면에 관한 셀내부 흙의 저항모멘트(kN · m/m)

F : 안전율(평상시, 이상시 F≥1.2)

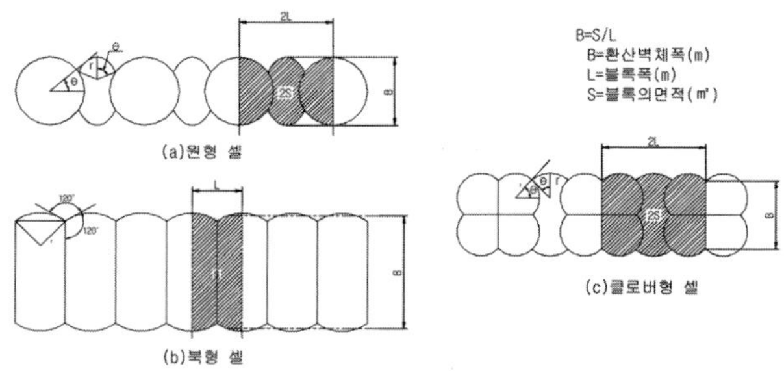

셀구조의 평면형과 환산벽체 폭

6.3.3 변형모멘트(M_d)의 계산

변형모멘트는 셀저면 또는 해저면보다 위의 벽체 배후에 상시 작용하는 주동토압, 잔류수압, 수동토압 등의 외력에 의한 셀저면 또는 해저면의 모멘트로 한다.

○ 토압 : 수평분력만 고려
○ 재하하중 : 수직력은 미 고려
○ 주동토압 : 재하하중 고려

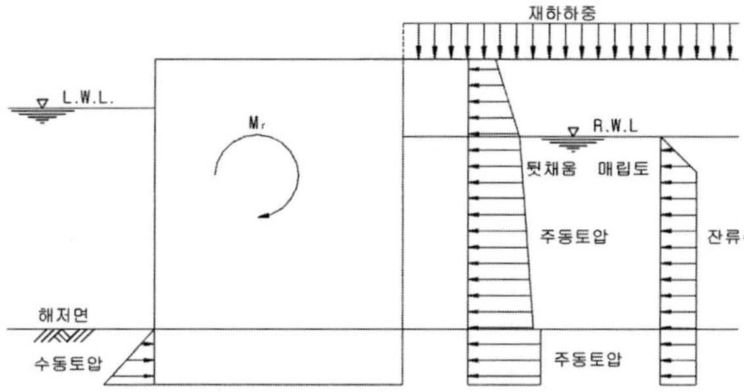

전단변형의 검토에 고려할 하중 및 저항력

6.3.4 저항모멘트의 계산

가. 셀 저면의 저항모멘트(Mr)

저항모멘트는 셀의 구조특성, 벽체의 변형을 고려하여 산정한다.

$$M_r = (M_{ro} + M_{rs})(1 + \alpha D/H)$$

여기서, M_r : 셀저면의 저항모멘트(kN · m/m)
M_{ro} : 셀저면의 속채움 흙의 저항모멘트(kN · m/m)
M_{rs} : 셀저면의 널말뚝 조인트 마찰력에 의한 저항모멘트(kN · m/m)
D : 근입장(m)
H : 해저면으로부터 마루높이까지의 셀벽 높이(m)
α : 근입비(D/H)에 따른 할증계수(α≒1.0)

1) 속채움 흙의 저항모멘트(M_{ro})

○ 주동붕괴면

$$\xi_a = \frac{\pi}{4} + \frac{\phi}{2}$$

○ 수동붕괴면

$$\xi_a = \frac{\pi}{4} - \frac{\phi}{2}$$

○ 주동토압

$$P_a = K_a \cdot \gamma h$$

○ 수동토압

$$P_a = K_p \cdot \gamma h$$

$$K_p = \frac{1+\sin\phi}{1-\sin\phi}$$

여기서, ϕ : 속채움의 흙의 내부 마찰각

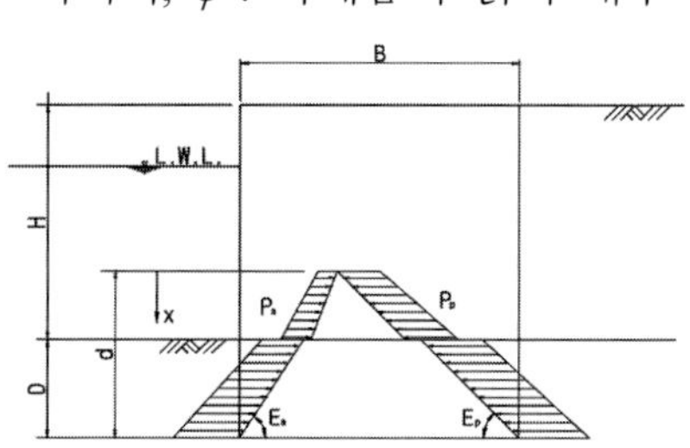

속채움 흙의 전단면 가정

① 지반과 속채움의 흙의 토질 정수가 틀리는 경우

$$M_{ro} = \int_0^d (P_p - P_a)(d-x) \cdot \frac{2}{3} tan\theta dx$$

② 지반과 속채움의 흙의 토질 정수가 차이가 없는 경우

$$M_{ro} = \frac{1}{6}\gamma_o \cdot R_o \cdot H_o^3$$

여기서, $R_o = \frac{2}{3} V_o^2 (3 - V_o \cos\phi)\tan\phi \sin\phi$

γ_o : 속채움 흙의 환산단위체적중량 (Y_o = 10kN/m^3)

H_o : 셀저면에서의 환산벽 높이

$$H_o = \frac{1}{\gamma_o} \Sigma \gamma_i h_i$$

여기서, γ_i : i층 속채움흙의 단위체적중량 (kN/m^3) (Y_o = 10kN/m^3)
h_i : i층 두께(셀저면으로부터 안벽마루까지)(m)
γ_o = B/H_o
B : 환산벽체폭(m)

2) 이음 마찰력의 저항모멘트(M_{rs})

$$M_{rs} = \frac{1}{6}\gamma_o \cdot R_s \cdot H_s^3$$

여기서, $R_s = \frac{3}{2} Vs \cdot f \cdot \tan\phi$

$$H_s = 2\frac{\sqrt{\Sigma P_i}}{\gamma_o \tan\phi}$$

여기서, H_s : 셀저면으로부터의 높이
P_i : i층 속채움 흙의 토압합력 (kN/m^3) (상재압은 미고려)
γ_o : 속채움 흙의 환산단위체적중량 (kN/m^3)
ϕ : 속채움 흙의 내부마찰각(°)
Vs : B/Hs
B : 환산벽체폭(m)
f : 널말뚝이음간의 마찰계수 (보통 0.3)

나. 해저면의 저항모멘트(Mr')

$$M_r' = \frac{1}{6}\gamma_o \cdot R_o' \cdot H_o'^3$$

여기서, $R_o' = V_o'^2(3 - V_o' \cos\phi')\sin\phi$

$$H_o' = \frac{1}{\gamma_o} \Sigma \gamma i' \cdot hi'$$

여기서, H_o' : 해저면부터의 환산벽고

$\gamma i'$: 해저면상 i층 속채움 흙의 단면 체적중량(kN/m^3)

hi' : 해저면상 i층 두께(해저면으로부터 안벽마루까지)(m)

V_o' : B/H_o'

ϕ : 해저면 위의 속채움 흙의 내부마찰각(°)

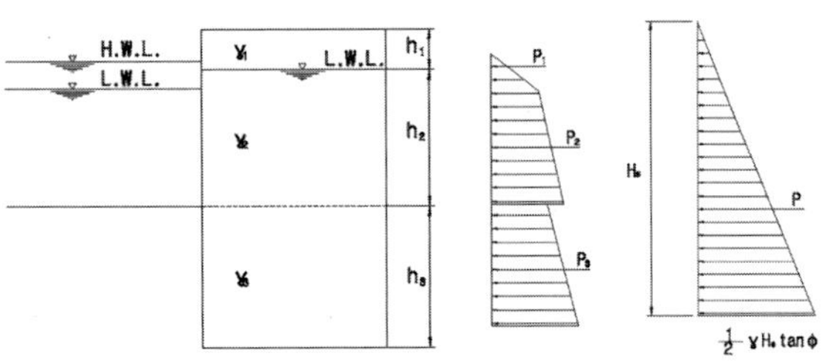

토압 분포도　　환산토압 분포도

환산벽 높이

6.4 벽체 전체의 안정검토

6.4.1 일 반

벽체 전체의 안정검토는 벽체를 지반에 탄성지지되는 중력식 벽체로 가정하고 하중에 대한 지반반력 또는 벽체의 변위를 구한다.

6.4.2 지반반력계수

- 지반반력 : 지반반력계수 × 변위량
- 지반반력 계수는 지반조사 결과를 기준한다.

가. 수평방향 지반반력 계수

$K_H = 2N$

여기서, K_H : 수평방향 지반반력계수(N/m^2)

N : N치

나. 수직방향 지반반력 계수

- 셀저면 = 수평방향 지반반력 계수

다. 수평방향 전단스프링 정수

$K_s = \lambda\ k_v$

여기서, K_s : 수평방향 전단스프링정수(N/cm^3)

λ : 수평방향 전단스프링정수와 수직방향 지반반력계수의 비(λ=1/3)

K_v : 수직방향 지반스프링계수(N/cm^3)

6.4.3 지반반력 또는 벽체의 변위량 산정

가. 지반반력

1) 수평지반반력

일반적인 토압 및 수압 산정식의 주동토압 강도를 넘지 않도록 한 수동토압 산정시의 벽면마찰각 ϕ = (-)15°를 표준으로 한다.

2) 수직지반반력

셀저면의 수직지반반력은 사다리꼴형, 삼각형 분포가 되고 인장응력은 고려하지 않는다.

나. 수직마찰 저항력

- 수직마찰저항력은 셀 전벽과 셀 후벽에 고려
- 수직마찰저항력 = 수평토압(지반반력) × tanδ (벽면마찰각)

다. 외력의 분포

셀의 작용하중, 지반반력 등의 외력의 표준적인 분포는 다음과 같다.

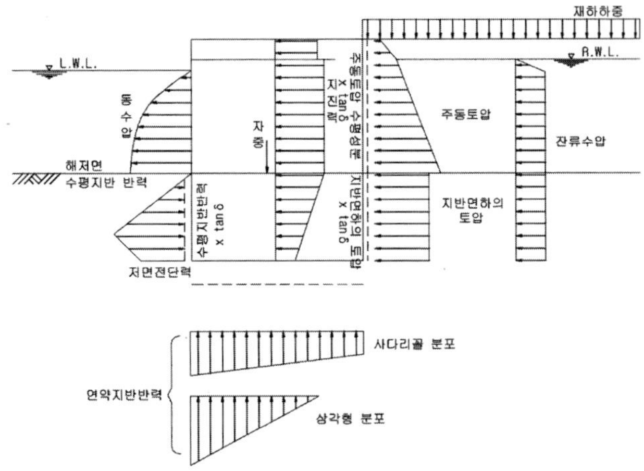

외력의 분포

라. 셀의 변위모드**(Mode)**

셀은 그 중심축에서의 거리 e, 해저면부터의 깊이 h의 점 0을 중심으로 회전하는 것으로 생각된다. 회전중심이 셀의 내부에 있는 경우 회전중심 이하에서의 수평지반반력은 셀 후면벽에 발생한다.

6.4.4 지반의 지지력 검토

- 벽체저면의 지반반력≤지반의 허용지지력
- 허용수직지지력, 허용수평전단저항력 = 비숍(Bishop)법에 의한 허용경사율
- 토압의 수직분력의 작용방향은 셀의 중량과

같은 방향을 정(+)으로 취한다.

○ 벽체저면 흙의 내부마찰각은 적은 값을 취한다.

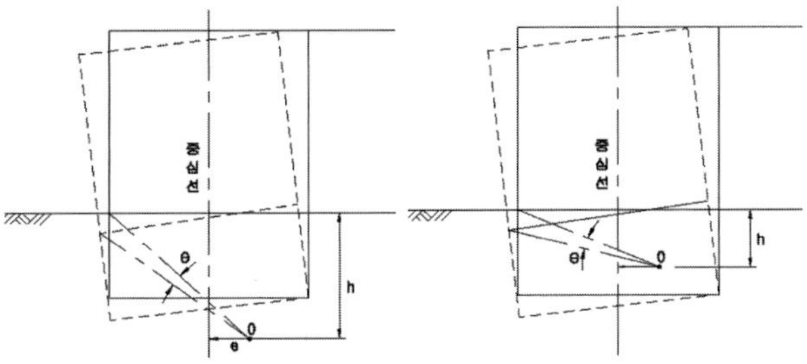

회전중심이 벽체외에 있는 경우 회전중심이 벽체내에 있는 경우

벽체의 변위모드

6.4.5 벽체의 활동 검토

○ 활동검토=중력식 벽체의 검토방법

○ 벽체저면과 지반에 작용하는 허용 전단저항력

$$Q_a = \frac{1}{Fs}(W + Pv)\tan\phi$$

여기서, Q_a : 허용전단저항력(kN/m)

W : 벽체의 중량(kN/m)(부력공제)

Pv : 전면벽 및 후면벽에 작용하는 토압의 수직분력(kN/m)

ϕ : 벽체저면의 흙의 내부마찰각 (°)(적은 값 적용)

Fs : 안전율(평상시 1.2이상, 이상시 1.0이상)

6.4.6 벽체마루의 변위 검토

가. 일 반

○ 셀 마루의 수평변위는 허용변위량을 넘지 않도록 한다.

○ 허용변위량 ≤ 벽체높이 × 1.5%

나. 허용변위량 고려 사유

○ 구조의 안정성 : 중력식, 말뚝식 등 구조 특성 고려

○ 기능상의 관점 : 선박접안, 유지보수 고려

○ 경제성 : 건설비, 예상피해액 고려

6.4.7 원호활동의 검토

지반이 견고하지 않은 경우에는 필요에 따라서 원호활동에 대한 검토를 시행하여야 하며, 원호활동면은 셀의 내부를 통과하지 않는 것으로 한다.

지반 및 셀 배면의 뒤채움재료의 내부 마찰각이 30°이상인 경우에는 원호활동의 검토를 생략할 수 있다. 또한 셀이 강체로 판단되는 경우에는 원호활동면이 셀 본체 및 내부를 통과하지 않는 것으로 고려할 수 있다.

6.4.8 셀의 배치

가. 일 반

셀의 배치는 환산벽체폭과 같은 면적이 되도록 한다. 셀의 평면배치 형상은 원형, 북모양형, 클로버형이 있으나 일반적으로 원형 셀이 많이 사용된다.

나. 배치시 고려사항

1) 배치방법

$$S_1 = \triangledown ABC \times 2 = \pi R^2 \times \frac{\theta_1}{360} \times 2 = \frac{\pi}{180} R^2 \theta_1$$

$$S_2 = \triangle ACD \times 2 = \frac{1}{2} \times \overline{AD} \times \overline{CD} \times 2 \times \frac{R^2}{2} sin 2\theta_1$$

$$S_3 = \square CC'D'D = \overline{CD} \times \overline{CC'} = 2R\gamma \cos\theta_1 \sin\frac{\theta_2}{2}$$

$$S_4 = \frown CGC' = ECGC' - \triangledown ECC' = \pi r^2 \times \frac{\theta_2}{360} - \frac{1}{2} \times \overline{CC'} \times \overline{FE} = (\frac{\pi\theta_2}{360} - \frac{1}{2} sin\theta_2) r^2$$

단, $\theta_1 + \frac{\theta_2}{2} = 90°$,

$$S = (S_1 + S_2 + S_3 + S_4) \times 2$$

$$\therefore B = \frac{S}{L}$$

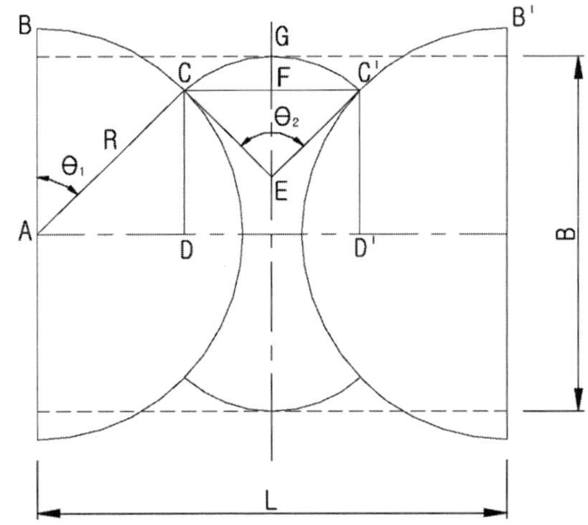

셀의 면적과 환산 벽체폭

2) 셀의 중심간격

구조물의 총연장을 고려하고 가능한 좁게 하는 것이 좋으며, 일반적으로 셀 직경보다 10～15% 크게 정한다.

3) 연결호(Arc부)

셀 본체의 벽과 직각으로 접속하도록 배치하고, 연결호의 반지름은 셀 본체의 반지름보다 작게 한다.

4) 연결호의 선단위치

셀 전면의 법선보다 1.0～1.5m정도 내측에 배치하며, 셀 전면의 접선 위치는 계획 법선보다 30cm 정도 내측에 배치한다.

6.5 널말뚝 인장력의 계산

6.5.1 일 반

본체 셀(Cell) 또는 연결호(Arc부)에서 발생하는 널말뚝 인장력은 허용널말뚝 인장력을 넘지 않아야 한다.

널말뚝의 인장력은 일반적으로 해저면에서 계산한다.

6.5.2 허용널말뚝 인장력

○ 호의 Ta=5,900kN/m : T=2,000kN/m
○ 호의 Ta=3,900kN/m : T=1,500kN/m

6.5.3 널말뚝 인장력

$$T = \{(\gamma H_o' + q)k_i + \gamma_w h_w\}R$$

여기서, T : 널말뚝 인장력(kN/m)
k_i : 속채움의 토압계수
γ : 속채움의 환산 단위체적중량(kN/m^3)
γ_w : 해수의 단위체적중량(kN/m^3)
H_o' : 환산벽높이(m)
h_w : 셀내측과 전면과의 수위차(m)
R : 셀의 반경(m)
q : 재하하중(kN/m^2)

6.5.4 셀 본체의 속채움 토압계수

○ 내부 마찰각이 큰 재료, 다짐 미시행 : Ki=0.6
○ 다짐시행 : $K_i = \tan\phi$

6.5.5 호의 속채움 토압계수

$$K_i = \frac{1}{2}\tan\phi$$

6.6 세부계획

6.6.1 상부공 지지말뚝의 계획

가. 상부공에 작용 외력

선반식 안벽의 선반부 계획에 준한다.

나. 설계방법

상부공 지지말뚝은 수직력, 수평력 또는 모멘트를 받는 말뚝으로 계획한다.

6.6.2 상부공의 계획

가. 직립부

직립부에 작용하는 토압 및 잔류수압을 하중으로 받고 상판부에서 지지된 캔틸레버보로 계획한다.

나. 상판부

선반식 안벽의 저판부 계획에 준하며, 수평력은 제외한다.

다. 기 타

○ 시공조인트 : 셀 본체의 중심위치
○ 상부공 후단 : 연결호 후방으로 1.0m정도 연장
○ 셀 전면 널말뚝 상부 : 모래 유출방지 및 방식 고려 콘크리트 피복

6.7 프리패브셀(Prefabcell) 공법

셀식 강널말뚝은 일반적으로 해상에 기준틀을 시설하고 기준틀 위에 가이드 링(Guide ring)을 올려 놓은 후 가이드링을 따라 강널말뚝을 세우고, 박아서 원형 셀을 형성한 후 속채움을 하고 후속공사를 시행하는 방법으로 시공하였으나, 속성공법으로 근래에 와서는 프리패브(Prefab)셀식 구조물의 시공으로 발전이 되어 셀을 육상기지(또는 해상기지)에서 조립하여 대형크레인선으로 운반한 후 소정위치에 거치하고, 그대로 장착된 바이브로 해머(Vibro hammer : 바이브로 해머 1대당 6매씩 박음)로 강널말뚝을 박는 공법을 사용하고 있다. 종전방식의 셀 공법과 프리패브셀 공법의 시공순서를 비교하여 보면 셀1기의 완성시간이 3~4주 소요되던 것이 속성공법으로 해상작업 8~10시간으로 단축되며 시공비교 내용은 다음 도표와 같다.

종전공법

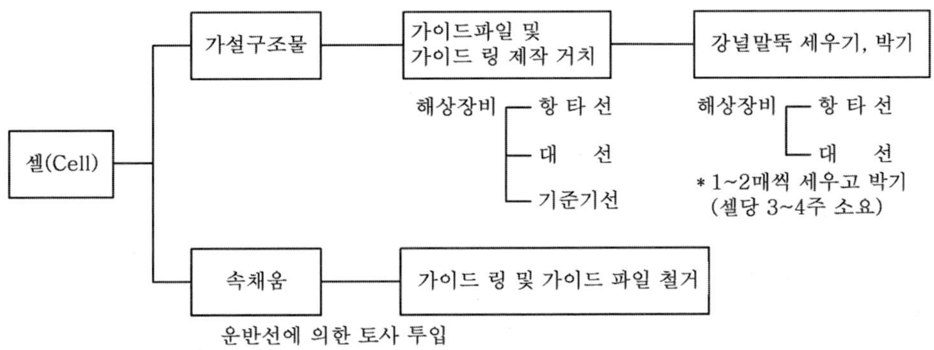

프리패브셀 공법

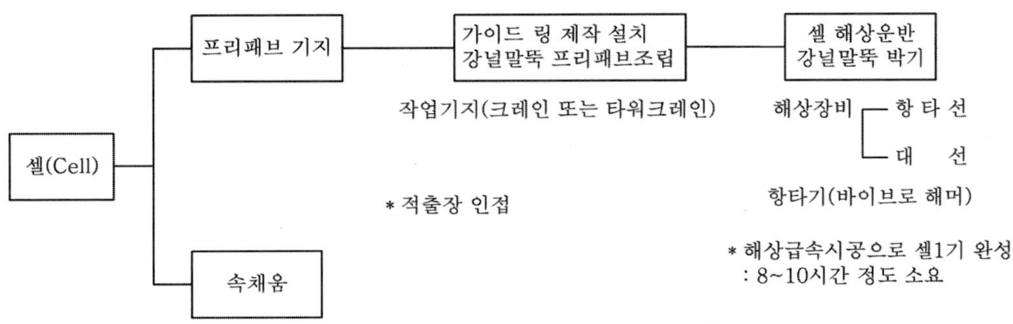

제7장 · 강판 셀식

7.1 일 반

강판 셀식 안벽은 널말뚝 대신 강판을 원형이나 기타형으로 폐합시키고, 셀 내부는 사석이나 토사로 속채움하여 토압에 저항하는 구조물이다.

강판 셀식의 구조형식은 거치식 강판 셀식과 근입식 강판 셀식이 있다.

7.2 거치식 강판셀 안벽

7.2.1 설계의 기본방침

가. 구조개념

거치식 강판셀식은 토층에 근입시키지 않고 지지력이 확보되는 양호한 기초지반이나 개량지반에 적용하는 구조형식이다.

나. 적용범위

토층에 근입시키지 않는 셀식 안벽, 호안 등에 적용한다.

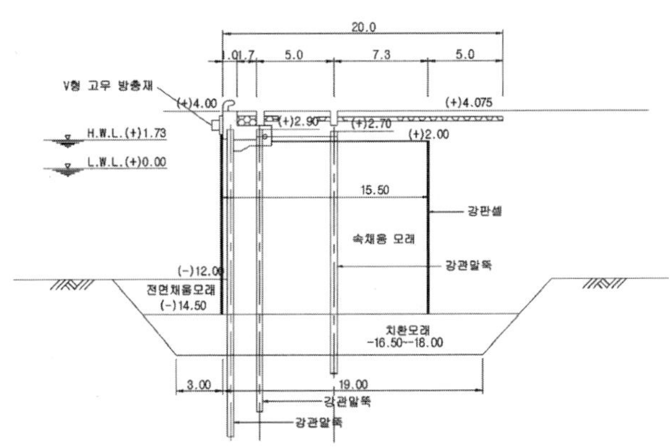

거치식 강판셀식 안벽 설계(예)

다. 순 서

거치식 강판셀식 안벽의 계획은 일반적으로 다음과 같은 흐름으로 시행한다.

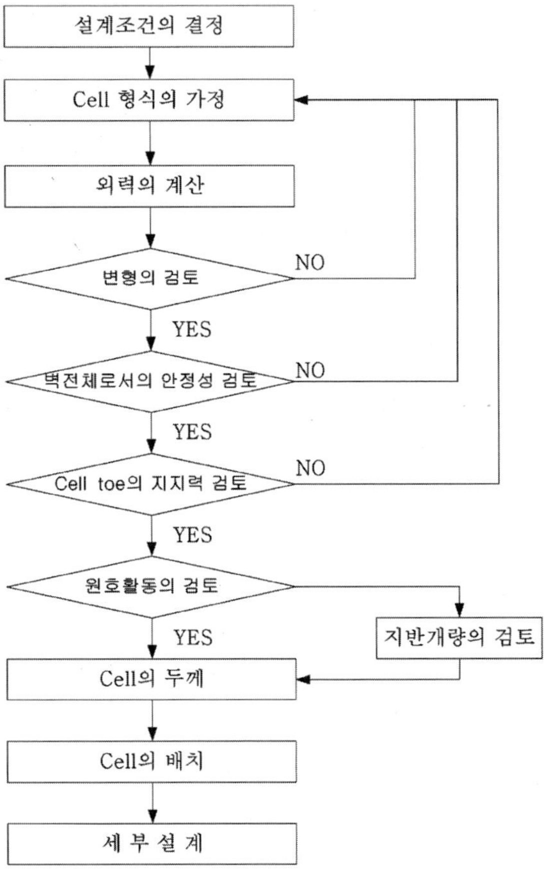

거치식 강판셀식 안벽의 설계순서

7.2.2 강판 셀에 작용하는 외력

강판 셀에 작용하는 외력은 강널말뚝 셀에 작용하는 외력 및 하중에 준하여 설계한다.

7.2.3 벽체의 전단변형에 대한검토

가. 일 반

일반적으로 벽체의 전단변형에 대한 검토는 평상시에 작용하는 하중에 대하여 검토한다.

나. 셀의 환산벽체 폭

셀의 환산벽체 폭은 강널말뚝 셀의 환산벽체 폭에 준하며, 설계 적용제원은 셀의 환산벽체 폭, 높이, 셀 본체의 반경이다.

다. 변형 모멘트의 계산

변형모멘트는 강널말뚝 셀의 변형모멘트 계산에 준한다.

라. 저항 모멘트의 계산

1) 강판셀의 변형을 허용하지 않을 경우

$$M_{rd} = \frac{1}{6}\gamma_o H_d^2 R_d$$

$$R_d = v_d^2(3 - v_d\cos\phi)\sin\phi$$

여기서, M_{rd} : 강판셀의 변형 저항모멘트 (kN · m/m)

H_d' : 셀의 변형을 검토할 때의 환산 벽체 높이(m)

R_d : 변형저항 계수

γ_o : 속채움 재료의 환산 단위체적 중량(kN/m^3)

v_d : 셀의 변형을 검토할 때의 환산 벽체의 폭과 높이의 비

$v_d = B/H_d'$

ϕ : 속채움재의 내부마찰각(°)

2) 속채움 재료의 토질정수가 차이가 없을 경우

$$H_d' = \frac{\gamma'}{\gamma_o}H_w + \frac{\gamma_t}{\gamma_o}(H_d - H_w)$$

(상기 식에 H_d' 대신 사용)

여기서, H_d : 해저면에서 안벽 마루까지의 높이(m)

H_w : 해저면에서 잔류수위면까지의 높이(m)

γ_t : 잔류수위면 상부층의 속채움재의 습윤단위체적중량(kN/m^3)

γ' : 포화상태의 속채움재의 수중단위체적중량(kN/m^3)

γ_d : 속채움재의 환산 단위체적중량 (kN/m^3) (γ_o = 10kN/m^3)

7.2.4 벽체 전체의 안정검토

가. 활동에 대한 검토

활동에 대한 검토는 강널말뚝 셀식 안벽의 벽체의 활동에 대한 검토에 준한다.

나. 전도에 대한 검토

1) 일 반

강판 셀의 전도에 대한 검토는 셀 상부에 작용하는 토압, 잔류수압, 지지력 등의 외력에 대한 안정성을 검토한다.

2) 전도에 대한 저항 모멘트

$$M_{ro} = \frac{1}{6}\gamma_o H'^3 R_t$$

$$R_t = v'^2(3 - v'\cos\phi)\sin\phi + 3(\alpha^2 - \beta^2) + 6v\beta$$

여기서, M_{ro} : 강판셀의 전도에 대한 저항 모멘트(kN · m/m)

$\alpha = K_a tan\delta$

$\beta = K_a \tan\delta + \frac{v'}{2}(4 - v'\cos\phi)\tan\phi\tan\delta$

$v' = v - (\alpha + \beta)$

H' : 셀의 환산벽체 높이(m)

R_t : 전도저항계수

v : 셀의 환산벽체 폭과 높이의 비, $v = B/H'$

B : 셀의 환산벽체폭(m)

δ : 속채움 재료의 벽면마찰력(°), 통상 15° 적용

K_a : 속채움 재료의 수동토압계수

3) 셀의 환산 벽체높이

$$H' = \frac{\gamma'}{\gamma_o}H_w + \frac{\gamma}{\gamma_o}(H - H_w)$$

여기서, H : 셀의 하단에서 안벽 마루까지의 높이(m)

H_w : 하단에서 잔류수위면까지의 높이(m)

4) 기 타

○ 속채움 재료의 토질정수가 동일한 경우에는 환산 벽체높이 H'대신에 셀의 전체 벽체 높이 H를 사용한다.

○ 전도에 대한 안전율 : 평상시 F ≥ 1.2, 이상시 F ≥ 1.1

7.2.5 셀의 토(Toe)부의 지지력 검토

가. 셀 토부에 발생하는 최대 반력

$$V_t = \frac{1}{2}\gamma H^2 \tan^2\phi$$

여기서, V_t : 셀의 토부에 일어나는 최대 반력(kN/m)

γ : 속채움 재료의 단위체적중량(kN/m^3)

H : 셀의 전 벽체높이(m)

ϕ : 속채움재의 내부마찰각(°)

나. 벽체높이**(H)**

○ 일반적인 경우 : 셀의 마루～셀의 하단

○ 상부공 지지말뚝 지지의 경우 : 상부 하단～셀의 하단

다. 전도시 이외의 반력

$$V = V_t\frac{M}{M_{ro}}$$

여기서, V : 전도모멘트가 M일 때 셀 토부의 반력(kN/m)

M : 전도모멘트(kN · m/m)

M_{ro} : 전도에 대한 저항모멘트(kN · m/m)

7.2.6 셀의 두께 결정

가. 일 반

셀 두께는 셀에 작용하는 최대수평방향 인장력을 검토하여 결정한다.

셀 본체에 작용하는 최대 인장력은 마루에서 벽체높이의 1/2～2/3부근에서 발생하므로 1/2이하는 이에 견디는 두께를 확보해야 한다.

나. 최대 수평방향 인장력

$$T = \{(\gamma H_d' + q)\tan\phi + \gamma_w h_w\}R$$

여기서, T : 수평방향 인장력(kN/m)

R : 셀의 반경(m)

H_d' : 해저면 위의 환산벽체높이(m)(속채움 재료가 동일할 때 H_d 사용)

h_w : 셀 내측과 셀 전면과의 수위차(m)

γ : 속채움 재료의 환산 단위체적중량(kN/m^3)

γ_w : 해수의 단위체적중량(kN/m^3)

ϕ : 속채움 재료의 내부 마찰각(°)

q : 재하하중(kN/m^3)

다. 최소두께

셀 전체의 강성, 부식을 고려하여 셀의 철판두께는 6mm이상으로 한다.

7.3 근입식 강판셀 안벽

7.3.1 설계의 기본방침

가. 구조개념

근입식 강판 셀식은 사질토 지반중에 타입시켜 강판셀의 근입효과에 의하여 구조물의 안정성을 확보시키는 구조형식이다.

나. 적용범위

- ○ 토질조건 : 사질토 지반
- ○ 근입깊이 : 벽체높이의 1/8정도 이상
- ○ 적용시설 : 셀식 안벽, 호안, 방파제 등

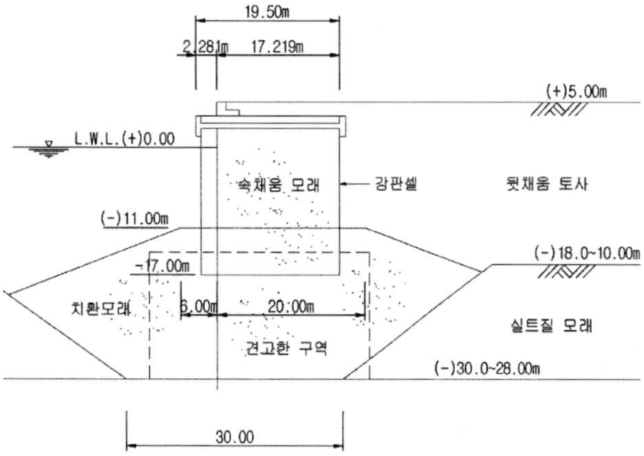

근입 강판 셀식 구조물 (예)

다. 순서

근입식 강판셀식 안벽의 계획은 일반적으로 다음과 같은 흐름으로 시행한다.

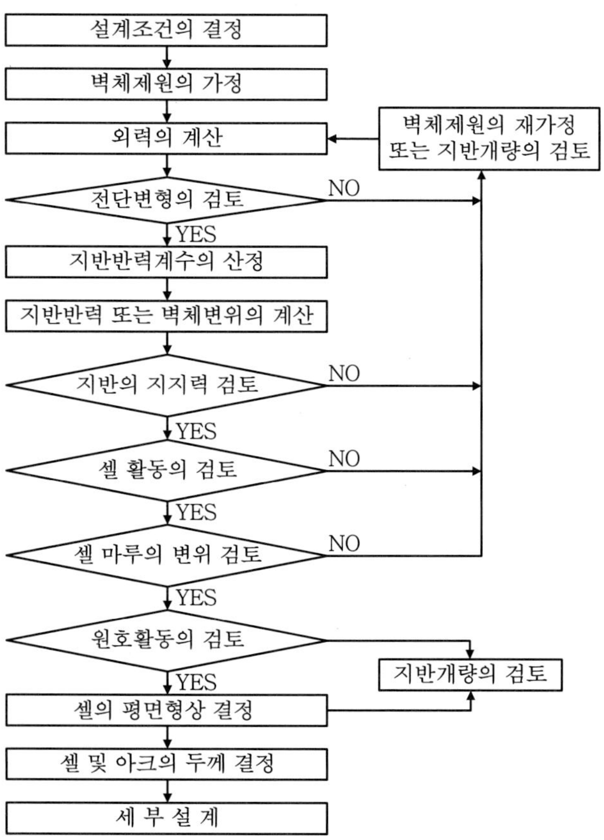

근입식 강판셀식 안벽의 계획순서

7.3.2 검토사항

근입식 강판셀의 제반 안정성검토는 강널말뚝 셀식 구조물의 항목별 검토사항에 준한다.

- ○ 벽체의 전단변형에 대한 검토
- ○ 벽체 전체의 안정성 검토
- ○ 지반의 지지력 검토
- ○ 셀의 활동에 대한 검토
- ○ 셀 마루의 변위검토
- ○ 원호 활동의 검토
- ○ 셀의 배치

7.3.3 셀 본체 및 아크부의 두께 결정

가. 일 반

셀 본체 및 아크부의 두께는 최대 수평방향 인장응력이 허용응력을 넘지 않도록 검토하여 결정한다.

나. 최대 수평방향 인장응력

$\sigma = T / t$

여기서, σ : 셀 본체 및 아크부에 발생하는 최대 수평방향 인장응력(kN/mm^2)

t : 셀 본체 및 아크부의 두께(mm)

T : 셀 본체 및 아크부에 작용하는 평상시의 최대 수평방향 인장력(kN/mm)

다. 토압계수

- ○ 셀 본체 속채움 : $K = tan\phi$
- ○ 내부마찰각 쇄석 : $K = 0.6$
- ○ 아크부 속채움 : $K = \frac{1}{2} tan\phi$

라. 두께 결정

$$t \geq 0.322 \sqrt{\frac{R \overline{N} D'}{E}}$$

여기서, t : 셀 본체의 두께(cm)

E : 강재의 영(Young)율(kN/mm^2)

R : 셀 본체의 반경(cm)

$\overline{N}$: 타설지반의 평균 N 값

D' : 셀의 타입 깊이(cm)

마. 최소두께

셀 본체 및 아크부의 두께는 과거실적을 고려하여 8mm이상으로 한다.

7.3.4 연결부 및 보강재

가. 셀 본체와 아크 연결부

셀 본체와 아크부의 연결은 작용하는 최대 수평력에 대하여 안전해야 하고, 아크부의 타설에 지장이 없는 구조여야 한다.

또한 속채움 매립토가 누출되지 않도록 고려해야 한다.

나. 보강재

셀 및 아크부는 제작 및 시공시에 발생하는 응력을 고려하여 수직보강재(종Rib), 수평보강재(횡Rib), 상·하단보강재를 부착해야 한다.

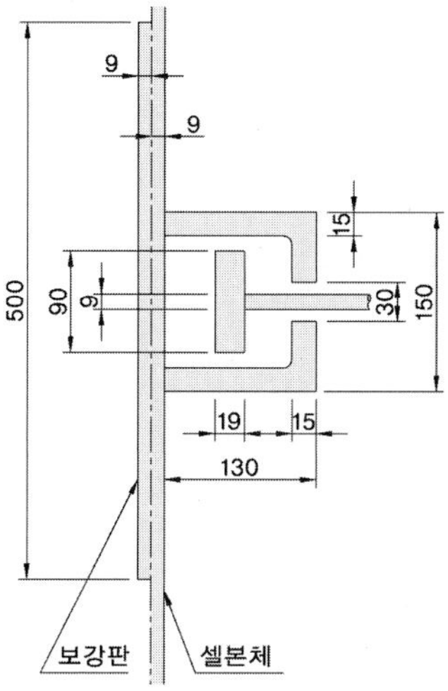

연결부의 구조 예

제8장 · 잔교식(棧橋式)

8.1 총 설

8.1.1 개 념

잔교식 구조물은 육지와의 연결을 일종의 교량구조로 하여 하부는 P.C말뚝, 강말뚝, 원통형 기둥, 케이슨 등으로 축조하고, 상부는 철근콘크리트상판을 시설한 형식의 구조물이다.

8.1.2 평면형상으로의 분류

가. 횡잔교

- 해안선에 나란히 축조
- 토압의 대부분을 토류벽이 받는 구조형식
- 잔교의 구조는 선박의 접안속도에 의하여 구조계산

나. 돌제식 잔교

- 해안선에 직각으로 돌출하여 축조
- 구조물이 토압을 받지 않는다.
- 잔교의 구조는 선박의 접안속도에 의하여 구조계산

8.1.3 구조 형식으로의 분류

1) 직항식 잔교, 2) 사조항식(斜組杭式) 잔교
3) 원통 및 각통식 잔교, 4) 교각식 잔교

8.1.4 특 성

- 지반이 약한 곳에서도 적합하다.
- 기존 호안이 있는 지역에 안벽을 축조할 때는 호안전면에 횡잔교가 유리하다.
- 구조적으로 토류벽과 잔교의 조합 구조이므로 공사비가 비교적 고가이다.
- 수평력에 대한 저항력이 비교적 적다.

8.2 직항식 횡잔교

8.2.1 설계의 기본방침

가. 일 반

직립말뚝식 횡잔교는 해안선에 나란히 축조하는 구조형식으로서 잔교부와 흙막이부(토류벽)로 구성되어 있다.

잔교부의 하부는 강관말뚝 또는 형강을 사용하고 흙막이부는 부벽식, 중력식, 널말뚝식으로 축조한다.

말뚝식 잔교는 가요성이 큰 구조물이므로 동역학적인 검토가 필요하며, 주변지반에 변형발생이 우려되는 경우에는 내진설계가 필요하다.

나. 순 서

직항식 횡잔교의 계획은 일반적으로 다음 그림과 같은 흐름으로 시행한다.

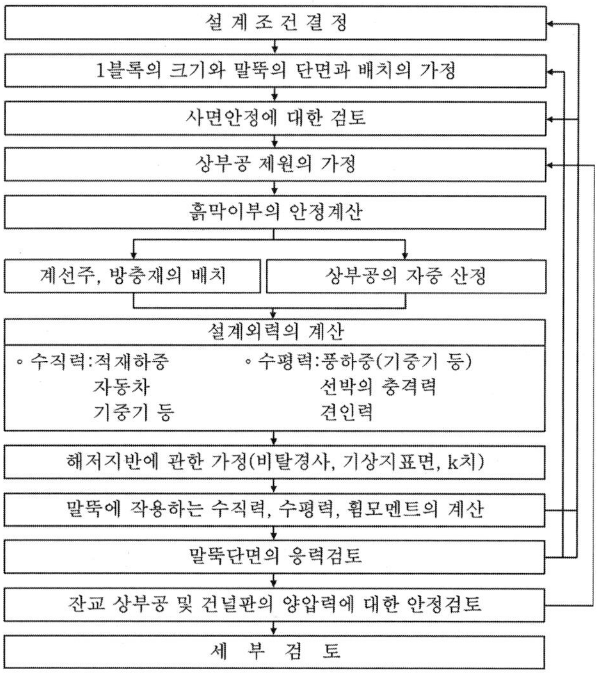

직항식 횡잔교의 설계순서

8.2.2 배치 및 제원

가. 잔교 블록의 크기와 말뚝의 배치

1) 고려사항

- ○ 부두뜰 폭
- ○ 헛간의 위치
- ○ 해저지반, 특히 사면의 안정
- ○ 기존 호안
- ○ 콘크리트 타설능력 등의 시공상의 문제
- ○ 적재하중 및 활하중 특히 기중기의 제원
- ○ 잔교 블록의 횡방향 허용범위
- ○ 온도변화의 범위

2) 블록의 크기

① 일반적 방법

○ 대형안벽 : L_d = 20 ~ 30m

B_d = 10 ~ 20m

② 파일(Pile)의 허용변위 산정 방법

$$L_d = \frac{2y_o}{c\Delta t}$$

여기서, L_d : 잔교 1블록의 크기(m)

y_o : 파일의 최대 허용변위(m)

c : 콘크리트의 온도 팽창계수 (=1.0×10^{-5})

Δt : 온도변화의 범위(°)(Δt = 30°)

$l = 2y_o + 5$mm

여기서, l : 인접잔교 블록간의 팽창 줄눈의 폭

(예) $l = 50$mm 일 때 $y_o = 22.5$mm

3) 말뚝의 배치

- ○ 대형안벽(1만톤급)
  - 길이방향(종방향) ; 5m
  - 단면방향(횡방향) ; 3~4열
- ○ 시공여건상(현장치기) : 길이방향 ; 4~6m

4) 방식(防蝕:**Corrosion Protection)**

- ○ 강재구조는 조간대(潮間帶)에서 해수에 의한 부식이 심하여 부식을 고려한 두께를 가산하여 설계하고 있더라도 방식처리를 고려하여야 한다.

나. 상부공의 제원 및 배치

1) 고려사항

- ○ 말뚝의 간격, 말뚝의 열간격 및 말뚝의 형상과 치수
- ○ 적재하중 및 활하중의 제원
- ○ 조 위
- ○ 거푸집, 동바리의 시공상의 문제
- ○ 지반의 좋고 나쁨
- ○ 계선주의 배치
- ○ 방충재의 배치, 형상 및 치수

2) 잔교 및 상부공의 배치

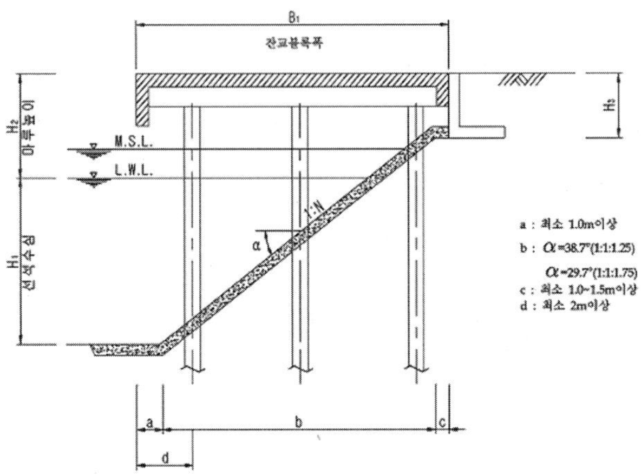

잔교의 단면

3) 상부공의 제원

- ○ 구조 : C.I.P 철근콘크리트, PC거더, PC콘크리트 부재, 강재보
- ○ 상부공 하부 : 내구성 향상 검토

다. 부속설비의 배치

잔교에 작용하는 외력에 영향을 주는 방충재와 계선주는 편심외력이 걸리지 않도록 잔교 1블록 중앙부에 배치한다.

소형선박이 계류하는 곳은 잔교전면에 소형선 차막이를 설치한다.

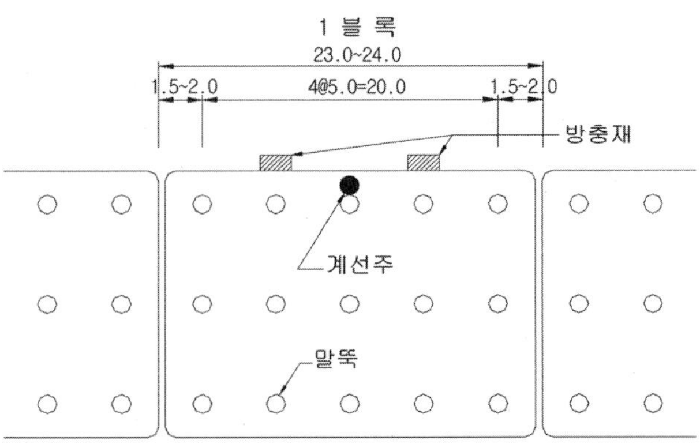

부속설비의 배치

8.2.3 설계외력 및 하중

가. 설계외력

잔교본체에 작용하는 외력과 하중은 다음 표와 같다.

설계 외력

수 직 력	수 평 력
• 상부공 사하중	• 활하중에 작용하는 풍하중
• 적재하중	• 선박의 견인력
• 활하중	• 선박의 충격력(방충재의 반력)
• 열차하중	• 주행시 하역기계의 작업하중
• 자동차하중	• 상부공에 작용하는 지진력
• 기계의 하중	• 적재하중에 작용하는 지진력
• 군중하중	• 활하중에 작용하는 지진력
• 선박의 견인력	
• 양압력	

나. 하중조합

잔교식 안벽에 작용하는 하중조합은 다음 표와 같다.

하중조합(I)

조건 \ 종류		자중 고정 하중	상재하중		이동하중		선박조건	
			평상시	이상시 (상시의 50%)	수직	수평	접안력	견인력
평상시	휴지시	○	○		○			
	작업시	○	○		○	○		
접안시		○	○				○	
계류시		○	○					○
폭풍시		○		○				
지진시		○		○				

하중조합(II)

조건 \ 종류		자 연 조 건						하중 취급 조건
		풍압력		파력		조류력	지진력	
		평상시	이상시	평상시	이상시			
평상시	휴지시	○		○		○		장기
	작업시	○		○		○		장기
접안시		○		○		○		장기
계류시		○		○		○		장기
폭풍시			○		○	○		단기
지진시								단기

다. 적용조건

○ 풍속 : 곡주 ; U = 25m/s, 구조물 ; 평상시 U = 25m/s, 파랑시 ; U = 50m/s

○ 풍압력 계수 : 상부공 ; 1.2, 강관말뚝 ; 0.7

○ 하역기계 작업시 하중 : 수직하중 ; 휴지시 110%, 수평하중 ; 휴지시×10%

○ 선박의 충격력 : v = 10cm/sec

○ 상부공의 사하중 : wd = 2.0t/m^2

○ 선박의 충격력 : 잔교 1블록당 방충재 2개소 설치(간격 8～13m)

8.2.4 해저지반에 관한 가정

가. 비탈경사의 결정

$$a = \phi - \varepsilon$$

여기서, a : 사면의 수평면에 대한 경사각(°)

ϕ : 사면의 주요구성재의 내부마찰각(°)

$\varepsilon = \tan^{-1} k_h'$

k_h' : 수중의 경우 수평진도

○ 일반적으로 1:1.5～2.0 경사

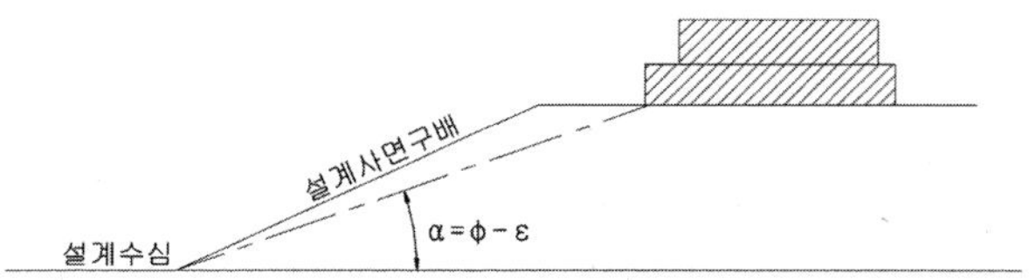

사면상의 흙막이부의 위치

나. 가상 지표면

1) 비탈이 급한 경우

○ 가상지표면 = $\frac{1}{2}$(전면수심+실경사면)

2) 비탈이 완만한 경우

○ 잔교의 폭이 20m를 넘는 경우

○ 가상지표면 = 기타설계법 적용

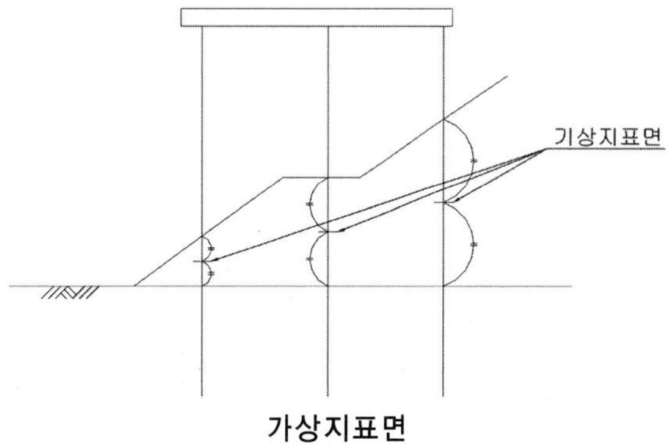

가상지표면

8.2.5 말뚝의 계획

가. 일 반

직항식 횡잔교는 일반적으로 군항말뚝으로 구성되어 있고, 말뚝과 상부공은 강결구조로 구성되어 있다.

○ 라멘구조 해석
○ 프레임 구조 해석
○ 창(張, Chang)의 가상고정법

나. 횡방향 지반반력 계수

① 공사규모가 클 때
 ◦ 횡방향 재하시험에 의한 실측치 적용
② 공사규모가 작을 때
◦ K_h = 1.5N

여기서, K_h : 횡방향 지반반력계수(Ncm^2)
N : 지반의 1/β 부근까지의 평균 N치
β : 말뚝의 가상고정점 참조

다. 말뚝의 가상고정점

1) 해저지반중에 고정점을 가정하여 라멘으로 계산하는 경우

○ 말뚝의 가상고정점은 가상지표면 아래 1/β

○ $\beta = \sqrt[4]{\dfrac{K_h \cdot D}{4EI}}\ (cm^{-1})$

여기서, K_h : 횡방향 지반반력 계수(N/cm^2)
D : 말뚝의 직경 또는 폭(cm)
EI : 말뚝의 휨강성($N \cdot cm^2$)

2) 창(張)의 방법으로 계산하는 경우

○ 창의 방법에 의한 제1부동점을 가상고정점으로 하는 방법
○ 창의 방법에 의한 말뚝머리 반력과 말뚝머리 휨모멘트가 양단고정빔 등이 같게 되도록 가상고정점을 정하는 방법
○ 창의 방법에 의한 말뚝머리 변위와 말뚝머리 휨모멘트가 양단고정빔 등이 같게 되도록 가상고정점을 정하는 방법
○ 창의 방법에 의한 말뚝머리 반력과 말뚝머리 변위 등이 같게 되도록 가상고정점을 정하는 방법

3) 일본 항연방식(港研方式)으로 계산하는 경우

○ 가상고정점 : 말뚝머리 변위 = 양단고정빔의 두부변위

라. 말뚝의 부재력

1) 말뚝두부에 분배되는 수평력

○ 잔교블록의 회전을 미고려시

$$Hi = \frac{K_{Hi}}{\Sigma_i K_{Hi}} H$$

○ 잔교블록의 회전을 고려시

$$H_i = \frac{K_{Hi}}{\Sigma_i K_{Hi}} H + \frac{K_{Hi}\chi_i}{\Sigma_i K_{Hi}\chi_i^2} e\,H$$

여기서, Hi : 말뚝에 분배되는 수평력(kN)

$$K_{Hi} = \frac{12EI_i}{\left(h_i + \dfrac{1}{\beta_i}\right)^3}$$

K_{Hi} : 말뚝의 횡방향 스프링 정수
h_i : 말뚝머리에서 가상지표면까지의 길이(m)
$\dfrac{1}{\beta_i}$: 가상지표면부터의 깊이(m)
EI_i : 말뚝의 휨강성($kN \cdot m^2$)
H : 블록에 작용하는 수평력(kN)
e : 잔교블록 대칭축에서 수평력의 작용선까지의 거리(m)
χ_i : 잔교블록의 대칭축에서 각 말뚝까지의 거리(m)

2) 잔교전체와 말뚝의 변위량

○ 잔교의 수평변위량(Δ)

$$\Delta = \frac{H}{\Sigma_i K_{Hi}}$$

○ 잔교의 회전량 α(°)

$$\alpha \fallingdotseq \frac{eH}{\Sigma_i K_{hi}\chi_i^2}$$

○ 각 말뚝머리의 변위량(Δ_i)

$\Delta_i = \Delta + \alpha\chi_i$

○ 가정조건
- 상판부재각 무시
- 말뚝머리 절점각 무시
- 말뚝지반반력은 지반의 횡방향 변위에 근사적비례
- 수평력의 작용방향은 대칭축에 평행
- 잔교 법선방향의 변위 무시

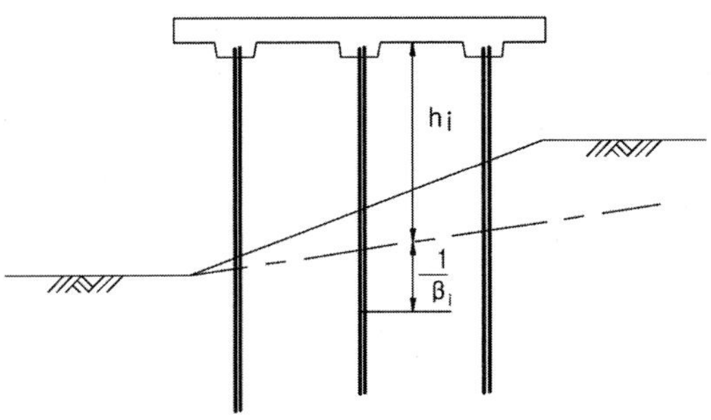

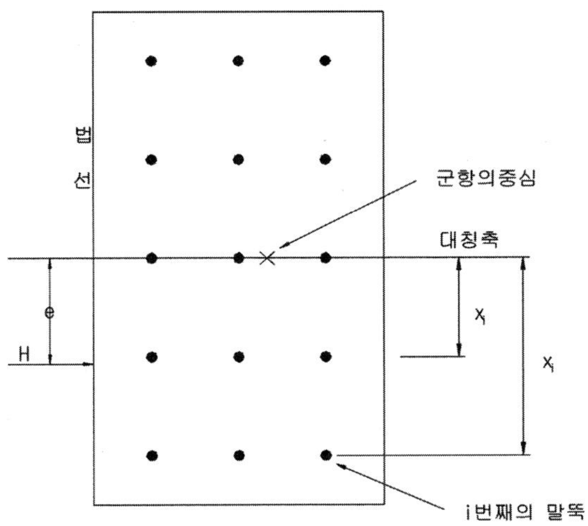

말뚝군의 중심과 각 말뚝의 거리

3) 각 말뚝머리의 휨 모멘트

$$M_i = \frac{1}{2}(h_i + \frac{1}{\beta_i})H_i$$

여기서, M_i : 각 말뚝머리의 휨 모멘트(t - m)

4) 각 말뚝의 축력

$$P_i = hP_i + vP_i$$

여기서, P_i : i번째 말뚝의 축력(t)

hP_i : 수직하중에 의한 i번째 말뚝의 축력(t) (압밀력)

vP_i : 수평력에 의한 i번째 말뚝의 축력(t) (압밀력, 인발력)

5) 잔교 각 블록의 회전량

○ 회전요인 : 선박의 충격력에 의한 수평편심하중, 법선방향에 작용하는 지지력

○ 고려사항 : 인접블록의 제한요소, 수평 편심하중 크기 및 잔교의 구조

6) 말뚝머리 모멘트를 빔에 분배하는 방법

○ 빔의 휨만을 고려하는 방법 : 계산이 간편

○ 말뚝의 탄성침하만을 고려하는 방법 : 계산이 간편

○ 빔의 휨과 말뚝의 탄성침하의 두가지를 고려하는 방법 : 계산이 복잡

마. 말뚝단면의 응력

1) 말뚝단면의 응력

$$f_c = \frac{P}{A} \qquad f_{bc} = \frac{M}{Z}$$

여기서, f_c : 말뚝의 축방향력에 의한 단면응력(N/mm^2)

f_{bc} : 말뚝의 휨모멘트에 의한 단면응력(N/mm^2)

A : 말뚝의 단면적(mm^2)

P : 말뚝의 축방향력(N)

Z : 말뚝의 단면계수(mm^3)

M : 말뚝의 휨모멘트(N · mm)

2) 검토사항

○ 말뚝항타시의 충격응력과 좌굴

○ 압밀침하 예상지반은 부마찰력

○ 제품사용시 캐털로그(Catalogue)의 축력 조건

바. 지지력에 대한 근입깊이의 검토

직항식 말뚝의 축방향 근입깊이는 말뚝기초의 지지력 산정기준에 의하고, 사면상 말뚝은 가상지표면 이하의 흙을 유효 지지층으로 산정한다.

파랑 내습지역은 파랑에 의한 양압력에 대한 말뚝의 인발을 고려하여 산정한다.

사. 말뚝의 횡저항에 대한 근입깊이의 검토

○ 근입깊이 = 지표면 아래 3/β

○ 최소근입깊이 = 1.5 ℓ m_1(일본 항연방식 산정시)

아. 말뚝이음에 대한 검토

○ 말뚝타입시 이음부 위치의 충격응력

○ 말뚝의 이음부 위치는 큰 응력이 발생하는 곳은 피하고, 시공조건 등을 고려하여 결정

자. 강관말뚝의 판두께 및 재질의 변경

○ 긴 말뚝 : 가상 지표면하 2/β～3/β

8.2.6 흙막이부의 설계

가. 구조형식

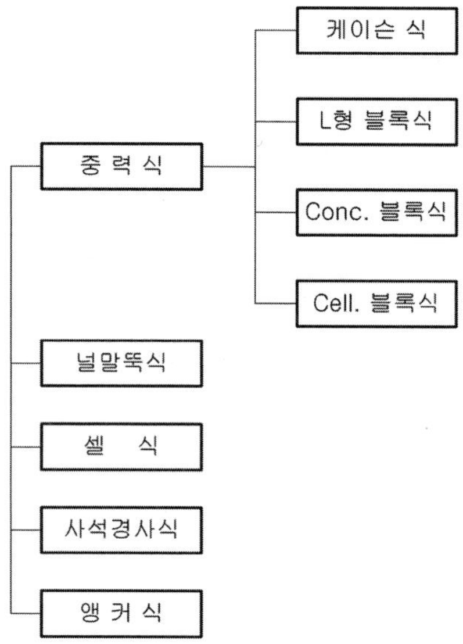

구조형식

나. 횡잔교 본체와 흙막이부의 연결

- ㅇ 단순지지 슬래브로 연결하고 양단에 공간배치
- ㅇ 완충재 충전

8.2.7 사면안정에 대한 검토

가. 원호 활동에 대한 검토

- ㅇ 사질토지반 : 원호활동 검토 생략
- ㅇ 점성토지반 : 원호활동 검토 필수

나. 직선활동에 대한 검토

사면이 사질토로 구성(비탈기슭 상부사면, 흙막이부 뒷채움 등이 모래, 사력 및 깬돌)되어 있는 경우는 직선활동면에 대한 안정을 검토한다.

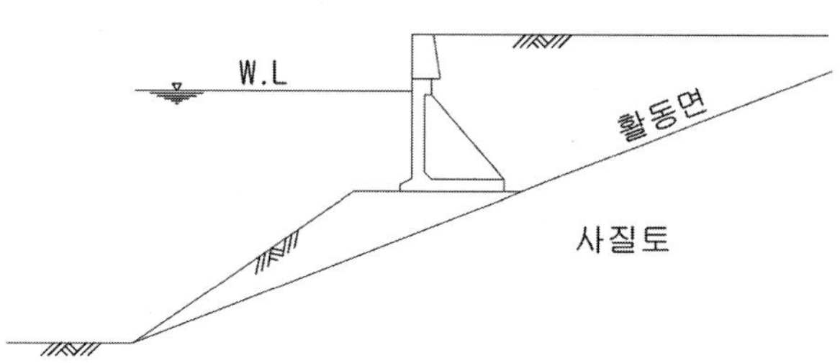

직선활동면

8.2.8 말뚝머리 지압응력에 따른 매입길이

- ㅇ 휨모멘트의 전달에 필요한 묻힘길이 : 말뚝과 상부공과의 결합부 설계에 준 한다.
- ㅇ 지압응력 = 수평력 + 휨 모멘트
- ㅇ 말뚝측면 콘크리트 두께 : B가 충분 하도록 설계

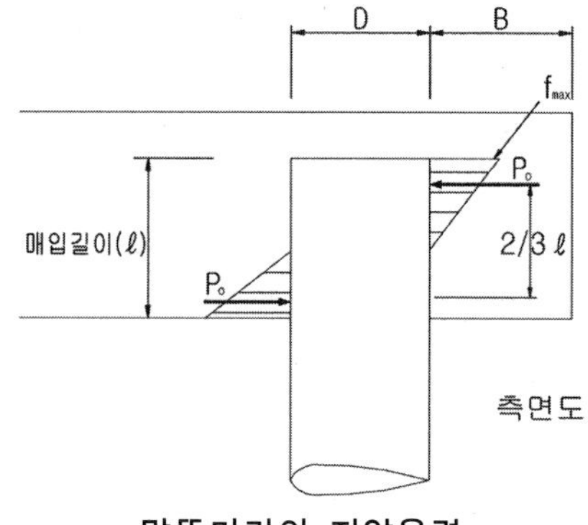

말뚝머리의 지압응력

8.2.9 기타검토 사항

- ㅇ 수평전달응력 검토 : 말뚝두부의 보축에 대한 경사방향
- ㅇ 매입길이가 불충분할 때
  - 강말뚝에 철근을 용접
  - 강말뚝에 플레이트를 용접 + 철근용접
  - 강말뚝 내폭에 보조철근 용접

8.3 사조항식 횡잔교(斜組杭式 橫棧橋)

8.3.1 기본방침

가. 일 반

경사말뚝식 횡잔교는 직항식 횡잔교와 유사한 구조형식으로서 잔교에 작용하는 지진력, 수평력을 사조항으로 분담시키는 구조형식이다.

사조항은 법선 직각방향의 수평변위를 적게 할 수 있으나 조항의 배치가 적은 경우 법선방향의 수평변위에 대해서도 검토해야 한다.

또한, 사조항은 인접하는 직항, 토류부에 말뚝이 엇갈리므로 말뚝의 배치는 사공조건, 이용조건 등을 고려하여 결정한다.

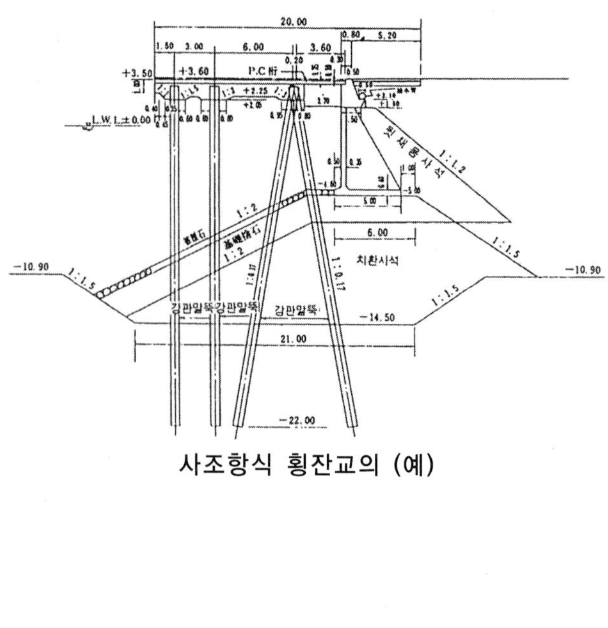

사조항식 횡잔교의 (예)

나. 순서

사조항식 횡잔교는 일반적으로 다음과 같은 흐름으로 시행한다.

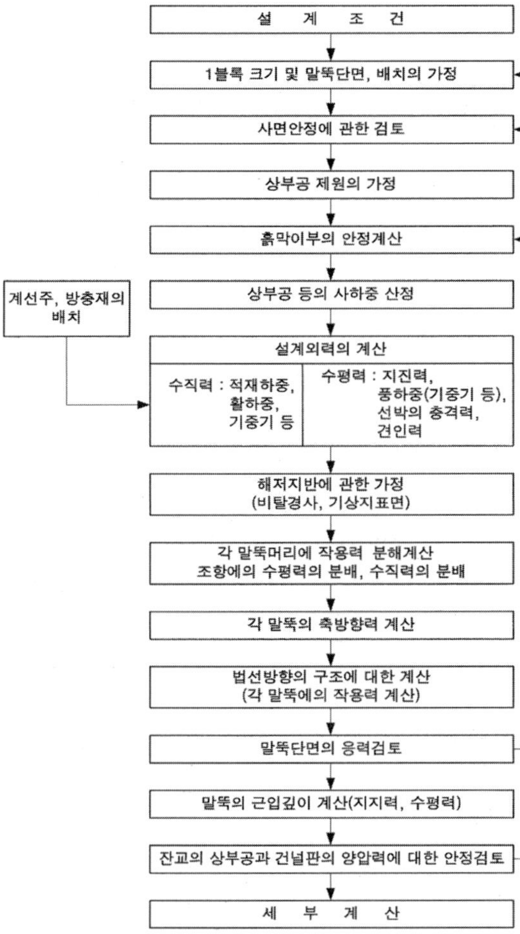

사조항식 횡잔교의 설계순서

8.3.2 배치 및 제원

가. 잔교 블록의 크기와 말뚝의 배치

1) 일반사항

잔교블록의 크기와 말뚝의 배치는 직항식 횡잔교 기준에 따른다.

2) 말뚝의 배치

○ 대형안벽(1만톤급) : 직항1열 + 사조항 1조 ~ 2조

○ 시공여건상(하중조건) : 길이방향 4~6m

○ 사항의 경사 : 1:0.33~1:0.2

나. 상부공의 제원 및 부속설비의 배치

상부공 및 부속설비의 제원은 직항식 횡잔교 기준에 따른다.

다. 부속설비의 배치

부속설비의 배치는 직항식 횡잔교 기준에 따른다.

8.3.3 설계외력 및 하중, 해저지반에 관한 가정

설계외력 및 하중과 해저지반에 관한 가정은 직항식 횡잔교 기준에 따른다.

8.3.4 말뚝의 부재력 및 단면결정

가. 각 조항머리에 분배되는 수평력

1) 각 조항의 단면 및 사항경사가 다른 경우

① 완전한 지지말뚝으로 볼 수 없는 경우

◦ 잔교블록의 회전을 미고려

$$H_i = \frac{C_i}{\Sigma_i C_i} H$$

◦ 잔교블록의 회전을 고려

$$H_i = \frac{C_i}{\Sigma_i C_i} H + \frac{C_i \chi_i}{\sum_i C_i \chi_i^2} \cdot eH$$

여기서,

$$C_i = \frac{\sin^2(\theta_{i_1} + \theta_{i_2})}{\frac{l_{i_1}}{A_{i_1} E_{i_1}} cos^2\theta_{i2} + \frac{l_{i_2}}{A_{i_2} E_{i_2}} cos^2\theta_{i_1}} (N/m)$$

H : 잔교블록에 작용하는 수평력(N/m)

H_i : 각조항에 분배되는 수평력(N/m)

e : 조항의 중심선과 작용수평력과의 거리(m)

χ_i : 각 조항에서 조항 중심선까지의 거리(m)

l_i : 말뚝의 전길이(m) (인발력이 작용할 때는 마찰말뚝의 l을 쓴다)

A_i : 각 말뚝의 단면적(m^2)

E_i : 각 말뚝의 탄성계수(N/m^2)

θ_{i_1}, θ_{i_2} : 각 말뚝의 연직방향과 이루는 각(°)

◦ 조항의 중심선 $= \frac{\Sigma C_i \xi_i}{\Sigma C_i}$

여기서, ξ_i:용 임의 좌표의 원점으로부터 각 조항의 법선방향 좌표

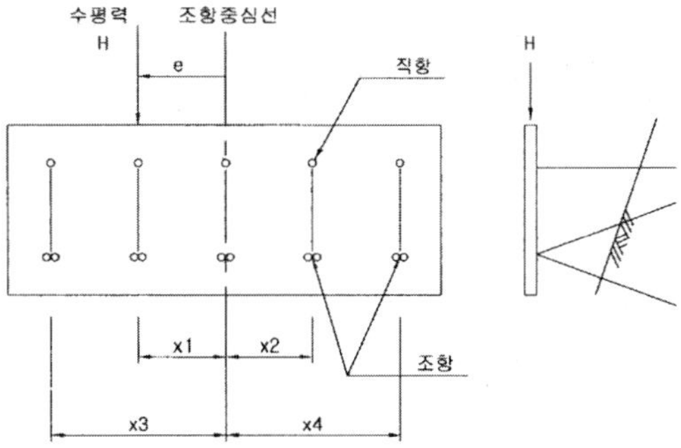

조항중심선과 각 조항과의 거리

② 완전한 지지말뚝으로 볼 수 있는 경우

◦ 사질토 : ①의 식 사용 $\ell_i = \dfrac{2\ell_i + \lambda_i}{3}$

◦ 점성토 : ①의 식 사용 $\ell_i = \dfrac{\ell_i + \lambda_i}{2}$

여기서, ℓ_i : 주변마찰력이 유효하게 작용하지 않는 부분의 길이(m)

2) 각 조항의 단면 및 사항경사, 길이가 같은 경우

① 잔교블록의 회전을 미고려

$$H_i = \frac{1}{n}H$$

② 잔교블록의 회전을 고려

$$H_i = \frac{1}{n}H + \frac{\chi_i}{\sum_i \chi_i^2} eH$$

나. 각 말뚝머리에 분배되는 수직하중

각 조항에 분담되는 수직하중은(압축력) 말뚝의 배치, 말뚝의 구조 및 외력에 대해서 산정한다.

○ 단출보 : 단순보로 산정

○ 장출보 : 연속보로 산정

다. 각 말뚝의 압축력과 일반력

○ 압축력 : 말뚝머리에 분배되는 수직하중 = 지정반력

○ 인발력 : 수평력 + (수직하중 = 지정반력)

라. 말뚝단면의 응력

1) 말뚝단면의 응력

○ 직항식 횡잔교에 준하여 산정

○ 사조항 : 법선직각방향에 배치 - 축방향력 법선방향에 배치 - 축방향력 + 휨모멘트

2) 검토사항

○ 말뚝항타시의 충격응력 및 좌굴

8.3.5 법선방향에 대한 검토

가. 법선방향에 사조항이 있는 경우

사조항식 말뚝의 부재력과 단면결정 방법에 준한다.

나. 법선방향에 사조항이 없는 경우

직항식 해저지반에 관한 가정 및 말뚝의 설계에 준한다.

8.3.6 말뚝의 근입

사조항의 지지력은 직항식 지지력에 대한 근입깊이의 검토 및 말뚝의 횡저항에 대한 근입깊이의 검토 방법에 준한다.

8.3.7 흙막이부의 계획

흙막이부의 계획은 직항식 횡잔교 설계에 준한다.

8.3.8 사면의 안정에 대한 검토

사면의 안정에 대한 제반 검토사항은 직항식 횡잔교 설계에 준한다.

8.4 원통식(圓筒式) 또는 각통식(角筒式) 횡잔교(橫棧橋)

8.4.1 원통 또는 각통의 설계

라 멘 구 조	트 러 스 구 조
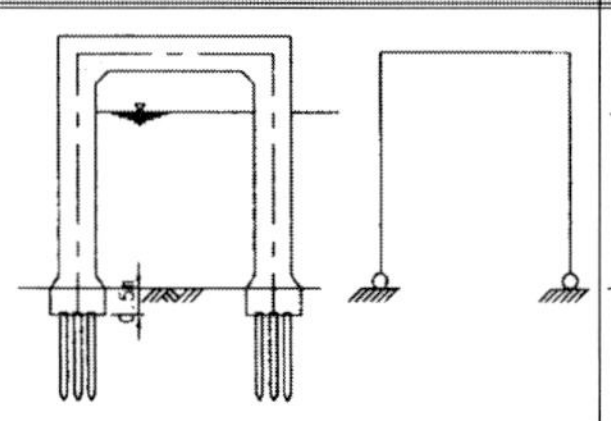	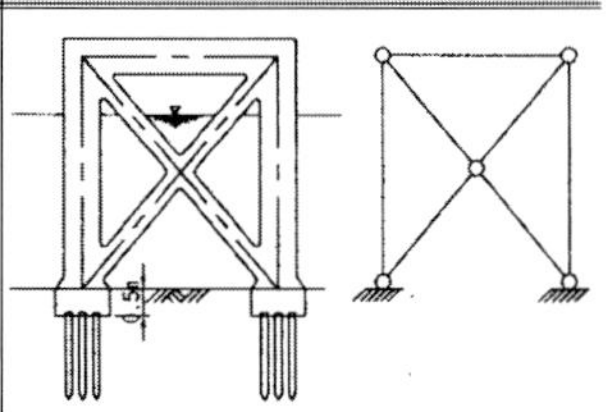
• 잔교가 원통, 각통 상부구조로 구성된 경우 : 원통, 각통의 기존위치를 힌지로 본 라멘구조 • 수평력에 저항하기 위해 단면방향으로 거더(Girder)로 원통, 각통 머리를 강결 • 강결지간수 : 1~2지간	• 잔교가 원통, 각통, 상부구조, 연결재로 구성된 경우 : 트러스구조 • 휨모멘트에 저항하기 위해 절점부는 보강

8.4.2 흙막이부와 상부구조의 계획

흙막이부와 상부구조의 계획은 직항식 횡잔교 설계에 준한다.

8.5 교각식(橋脚式) 횡잔교(橫棧橋)

8.5.1 일 반

교각식 횡잔교는 잔교의 하부구조인 교각을 케이슨, 우물통 및 뉴매틱케이슨(Knewmatic caisson)으로 축조하고 상판을 시설하는 구조형식이다.

8.5.2 교각의 계획

교각의 계획은 하부 구조형식에 따라 해당설계기준에 준하여 설계한다.

상판 설계는 수평력을 전달, 분산 시킬 수 있도록 거더 및 슬래브로 잔교의 법선방향으로 교각과 연결한다.

교각 하부구조 형식은 케이슨을 사용할 때는 자중을 적게하고, 격벽을 줄여서 강성구조로 설계한다.

8.5.3 흙막이부와 상부구조의 계획

흙막이부와 상부구조의 설계는 직항식 횡잔교 설계에 준한다.

제9장 · 부잔교(浮棧橋)

9.1 설계의 기본방침

9.1.1 일 반

부잔교는 조위차가 커서 일반시설로는 하역이 어려운 지역이나 수심이 깊고 연약지반이 깊어 경제성이 떨어지는 지역에 계류앵커로 고정시킨 폰툰(Pontoon)과 연락교를 시설하여 육지와 연결하는 접안시설이다.

부잔교는 수면에 떠 있는 구조물이므로 파랑과 조류속이 큰 곳에는 설치할 수가 없으며, V=0.5m/sec 이하, Hd=1.0m이하인 지역에 설치하고 있다.

9.1.2 부잔교의 구성요소

가. 부잔교 각부의 명칭

○ 폰 툰 : 연속개수는 1~3개

○ 연락교 : 육지와 폰툰을 연결

○ 도 교 : 폰툰과 폰툰을 연결

○ 계류쇄(계류체인) : 폰툰을 고정(앵커)

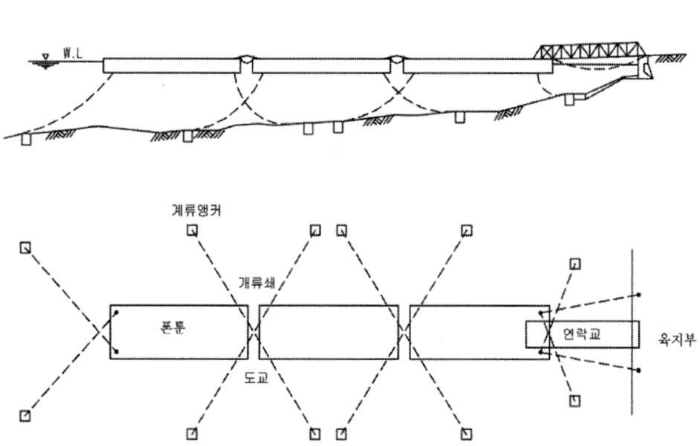

부잔교 각 부의 명칭

나. 폰툰(Pontoon)의 종류

구 분	장 점	단 점
철근콘크리트재	• 내구성이 높다. • 흘수가 깊어 동요가 적다. • 건조비, 유지관리비가 강재에 비해 적다.	• 충격력에 약하다. • 수밀성이 적다.
PC재	• 수밀성이 좋다. • 부재를 얇게 할 수 있다.	• 건조비, 유지비가 많다.
강 재	• 제작이 용이 • 충격력에 강하다. • 보수가 용이하다	• 내구성이 낮다. • 부식에 대한 방식 필요 • 흘수가 낮아 흐름에 불리
FRP재 (Fiber reinforced plastic)	• 내구성이 뛰어나다. • 설치가 간단 • 마리나에 적합	• 경량으로 불안정 • 흘수가 낮아 흐름에 불리
훼로 시멘트재 (Fero cemmet)	• 부재를 최대한 얇게 할 수 있다.	• 수밀성이 PC재보다 떨어진다.
목 재	• 건조비가 가장 저렴 • 간이 시설에 적합	• 부식이나 충해 등 내구성이 약하다. • 유지관리비가 고가

9.1.3 평면배치상의 분류

돌 출 식	평 행 식
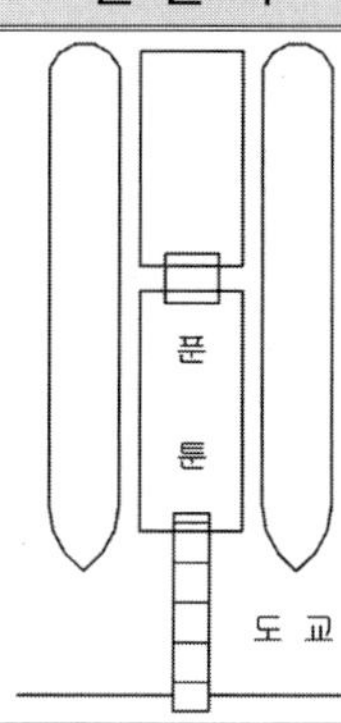	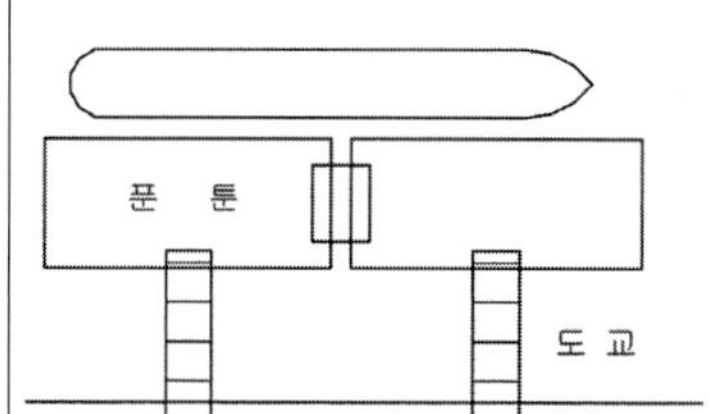
• 선박계류가 용이 • 공사비 저렴 • 점유 수면적이 크다	• 점유수면적에 제한을 받을 때 유리 • 공사비 고가

9.1.4 구조형식상의 분류

가. 앵커 계류식

일반적으로 사용되고 있는 형식으로 앵커에 의한 계류형식이다.

나. 돌핀 계류식

계류쇄 대신에 돌핀 및 방충재(Fender)를 이용하여 계류시키는 형식이다.

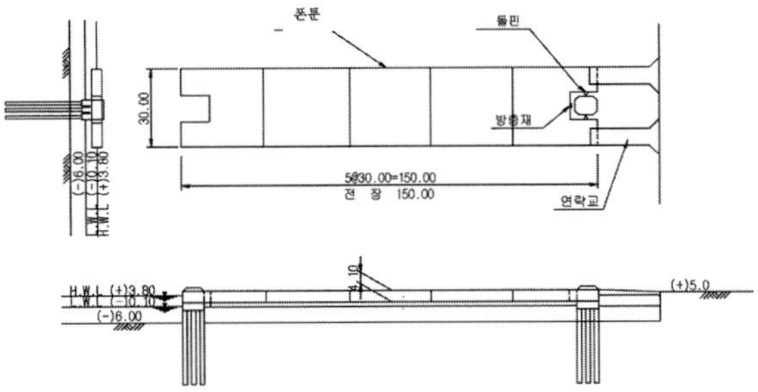

돌핀 계류식 부잔교

다. 연락교의 종류 및 경사
- ○ 조절탑에 의한 형식
- ○ A프래임에 의한 형식
- ○ 폰툰에 얹어놓은 형식
- ○ 말뚝에 의한 형식
- ∗ 경사 : 여객 = 1/5이하, 차량 = 1/10이하

라. 도교
- ○ 폰툰간의 연결 방충재 부착
- ○ 훼어 리더(Fair leader)로 폰툰간 계쇄주 연결
- ∗ 길이 = 폰툰간격 × 1.0

9.1.5 설계순서

부잔교의 계획은 일반적으로 다음과 같은 흐름으로 시행한다.

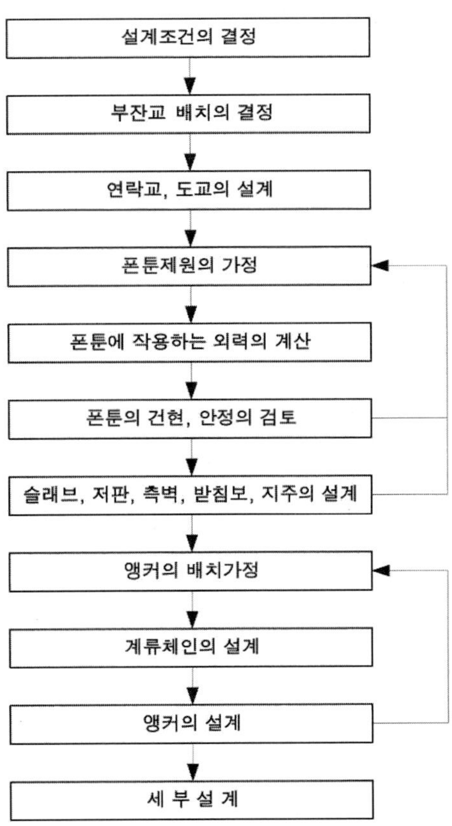

부잔교의 설계순서

9.2 폰툰의 계획

9.2.1 폰툰의 치수

가. 폰툰의 치수
- ○ 본 체 : L = 20~30m, B = 15m, H = 2~4m
- ○ 변의 길이 : 슬래브, 측벽, 저판, 격벽 = 1~3m
- ○ 두 께 :
  - • 철근 콘크리트재 ; 측벽저판 = 15~20cm
  - • 슬래브, 격벽 = 10~20cm
  - • 강재 ; 6~10mm
- ○ 슬래브의 변장비 : 1

나. 폰툰의 건현

폰툰의 필요한 건현은 화물과 여객의 취급상 적당한 높이여야 하며, 일반적으로 1m정도가 많다.

$$h' = d - \frac{W_1}{\gamma_w A}$$

여기서, h' : 건현(m)

d : 폰툰의 높이(m)

W_1 : 폰툰의 중량(kN)

γ_w : 물의 단위체적중량(kN/m^3)

A : 폰툰의 수평단면적(m^2)

9.2.2 폰툰에 작용하는 외력 및 하중

가. 고려 외력 및 하중
- ○ 적재하중 및 활하중 : 이용화물, 여객수, 자동차
- ○ 도교와 연락교의 지점반력 : 최대지점반력
- ○ 수압
- ○ 사하중
- ○ 카운터 웨이트(Counter weight) : 발라스트(Ballast)

9.2.3 폰툰의 안정

가. 고려조건

○ 육지와의 연락교는 지점반력을 고려하고, 갑판 위에 과재하중을 만재, 또 폰툰 내부에 약간의 침수를 고려하였을 경우에도 부체의 안정조건을 만족시키고 필요한 건현을 가져야 한다.

○ 폰툰의 긴쪽 대칭축의 어느 한 쪽 갑판 위에만 적재하중을 만재하였을 경우, 또 그쪽에 육지와의 연락교가 있으면 그 반력까지 합한 것에 대하여 부체의 안정조건을 만족시켜야 한다. 갑판의 경사는 1:10이하이며, 작은 쪽의 건현이 0이상이라야 한다.

나. 폰툰의 안정검토

1) 고려사항

- ○ 침수높이 = 폰툰의 높이 × 1/10
- ○ 필요건현 = 0.5m

2) 등분포 하중을 받는 경우

$$\frac{I\gamma_w}{W_2} - \overline{CG} > 0$$

여기서, I : 흘수면의 장축에 대한 단면 2차 모멘트(m^4)

W_2 : 폰툰과 등분포하중의 중량(kN)

γ_w : 물의 단위체적중량(kN/m^3)

C : 부심

G : 중심

3) 폰툰내부가 침수되어 있는 경우

$$\frac{\gamma_w}{W_2}(I - \Sigma i) - \overline{CG} > 0$$

여기서, I : 폰툰의 회전축에 평행한 중심축에 대한 각 격실내 수면의 단면2차 모멘트(m^4)

4) 편심하중을 받는 경우

$$(W_1 + P)\left[\frac{b^2 \tan\alpha}{12d\cos^2\alpha} - \left(\frac{b^2}{24d}\tan^2\alpha + c - \frac{d}{2}\right)\tan\alpha\right] - P[a + (h-c)\tan\alpha] = 0$$

$$\tan\alpha < \frac{2(h-d)}{b}$$

$$\tan\alpha < \frac{1}{10}$$

여기서, W_1 : 폰툰의 중량(t)

P : 편심하중의 합력(kN)

b : 폰툰의 폭(m)

h : 폰툰의 높이(m)

d : P를 폰툰의 중심에 재하하였을 때의 폰툰의 흘수(m)

c : 폰툰의 중심에서 저면까지의 높이(m)

a : P의 폰툰 중심축으로부터의 편심량(m)

α : 폰툰의 경사각(°)

$\cos^2\alpha \fallingdotseq 1 - \tan^2\alpha$

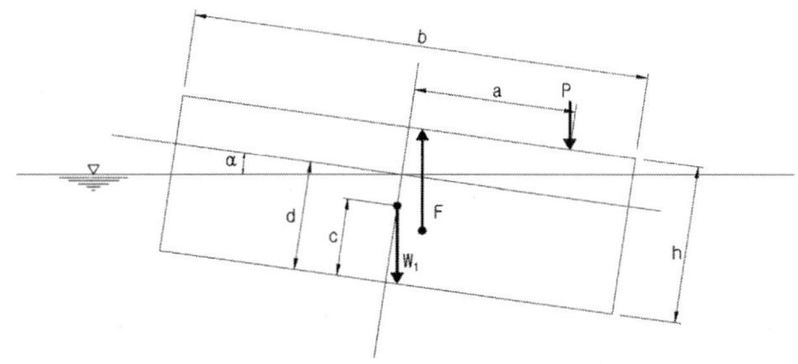

편심하중을 받는 폰툰의 안정

9.2.4 폰툰 각부의 계획

가. 슬래브

슬래브는 다음 하중 가운데서 제일 큰 응력을 일으키는 것에 대하여 받침보 및 측벽으로 고정된 4변 고정인 2방향 슬래브로 설계한다.

- ○ 적재하중만 작용할 때 : (적재하중) + (사하중)
- ○ 활하중이 작용할 때 : (활하중) + (사하중)
- ○ 안벽과의 연락교의 지점이 놓일 때(조절탑이 없는 경우) : (연락교의 지점 반력) + (사하중)

나. 측 벽

측벽은 폰툰 상단이 수중으로 0.5m 가라앉았을 때의 정수압에 대하여 저판과 측벽 또는 받침보로 고정된 4변고정인 2방향 슬래브로 설계한다.

다. 저판

저판은 폰툰상단이 수중으로 0.5m 가라앉았을 때의 정수압에 대하여 측벽 또는 받침보로 고정된 4변 고정인 2방향 슬래브로 설계한다.

라. 격 벽

격벽은 한 분실에 침수로 충만되었을 경우의 수압에 대하여 4변고정인 슬래브로 설계한다.

마. 받침보와 지주

슬래브, 저판 및 측벽의 받침보와 중앙지주는 폰툰의 슬래브 위에 하중이 작용하고, 흘수가 폰툰의 깊이와 같아졌을 때의 수압에 대하여 상자형 라멘으로서 계산한다.

9.2.5 폰툰의 부속설비

가. 부속설비 시설

- ○ 주요시설 : 완충재, 계선주, 계쇄주, 체인홀, 맨홀, 페어리더
- ○ 기타시설 : 조명등, 헛간, 힌지 홀(Hinge hole), 통풍구멍, 윈치

나. 부속시설 개요

- ○ 완충재 : 폰툰 측벽의 상단 둘레에 설치, 목재 또는 고무
- ○ 계선주 : 선박 계류용, 곡주
- ○ 계쇄주 : 체인의 한 끝을 감기 위한 작은 기둥, 주강
- ○ 체인통 : 종방향 구멍(D30㎝), 주강제
- ○ 맨 홀 : 폰툰 내부 검사용, 주철제 뚜껑(ϕ50㎝)
- ○ 페어리더 : 인접한 폰툰의 결합용, 폰툰 모서리 마모방지, 주철재

9.3 계류시스템의 계획

9.3.1 계류방식의 종류

가. 일 반

부잔교 부체의 계류방식은 폰툰의 규모, 수심조건, 토질조건 등 자연여건상 충분한 기능이 발휘되도록 설정한다.

나. 계류방식

- ○ 깊은수심 : 체인방식, 와이어 방식
- ○ 얕은수심 : 중간 부표(Buoy)방식, 중간 침추(Sinker)방식, 돌핀 휀다(Dolphin fender)방식

9.3.2 설계외력

고 려 외 력	적 용 외 력
• 선박의 충격력(방충재 반력) • 선박의 견인력 • 파력 • 조류력	• (선박의 충격력) + (조류력) • (선박의 견인력) + (조류력) • (파력) + (조류력) • 상기 외력중 큰 값을 사용
• 설계적용 : 계류체인 및 앵커 설계 • 유의사항 : 파력 산정시 폰툰의 고유진동주기가 파랑주기에 가까울 경우 공진을 일으켜 큰 힘이 발생하므로 계류체인 산정시 고려	

9.3.3 계류체인의 계획

가. 길이와 설치방법

1) 계류체인의 길이

- ○ 길이 = 5h(수심) + 조위차

2) 설치방법

- ○ 폰툰은 4귀퉁이의 계선주에 체인홀을 통하여 계류쇄에 고정하고, 앵커로 해저면에 고정
- ○ 체인은 선박 접안에 지장이 없도록 폰툰 앞에서 십자로 교차 설치

3) 체인 인장시 주의사항

- ○ 만조시에 너무 당겨서 체인에 여분의 인장력을 주지 않을 것
- ○ 만조시에 선박의 접안을 방해하지 않을 것
- ○ 만조시에 충분한 앵커력을 확보할 수 있을 것
- ○ 간조시에 폰툰의 수평이동량을 적게할 것

나. 체인의 직경

1) 일 반

체인의 직경은 만조시 작용외력에 의한 최대인장력에 절단되지 않도록 결정한다. 체인은 주강, 전기용접, 단조 앵커체인 등이 있으며 스터드(Stud)가 붙은 체인을 사용해야 한다.

2) 최대 견인력 산정

$$T = Pcos\theta_2$$

$$V_a = Ptan\theta_1$$

$$V_b = Ptan\theta_2$$

$$l = \frac{P}{W}(\tan\theta_2 - \tan\theta_1)$$

$$h = \frac{P}{W}(\sec\theta_2 - \sec\theta_1)$$

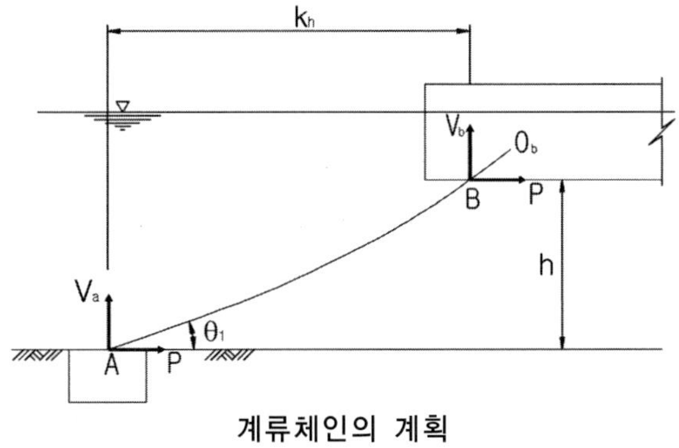

계류체인의 계획

$$K_h = \sqrt{\ell^2 - h^2}$$

$$(\theta_2 = \theta_1 = \sin^{-1}\frac{h}{\ell})$$

여기서, T : 체인에 작용하는 최대인장력(kN)

P : 수평외력(kN)

V_a : 앵커에 작용하는 수직력(kN)

V_b : 폰툰과 체인의 연결부에 작용하는 수직력(t)

θ_1 : 앵커와 체인의 연결점에서 체인이 수평면과 이루는 각(°)

θ_2 : 폰툰과 체인의 연결점에서 체인이 수평면과 이루는 각(°)

l : 체인의 길이(m)
W : 체인의 단위길이당 수중중량(kN/m)
h : 폰툰 저면으로부터의 수심(m)
K_h : 앵커에서 폰툰의 체인 연결점까지 의 수평거리(m)

9.3.4 앵커의 계획

가. 앵커의 저항력

1) 콘크리트 블록인 경우

○ 점성토인 경우
- 수평저항력 : 저면 및 측면의 점착력, 수동토압과 주동토압의 차
- 수직저항력 : 수중중량, 수중흙덮개의 중량

○ 사질토인 경우
- 수평저항력 : 저면마찰력, 수동토압과 주동토압의 차
- 수직저항력 : 수중 중량, 수중 흙덮개의 중량

2) 강제앵커인 경우

○ 수평저항력 : 앵커력
○ 수직저항력 : 수중중량

$$K_h = \frac{P}{W}\left[\sinh^{-1}(\tan\theta_2) - \sinh^{-1}(\tan\theta_1)\right]$$

나. 앵커의 제작

1) 콘크리트 블록 앵커

○ 블록중량 : 150～700kN
○ 앵커링 설계 : 리프팅(Lifting) 설계에 준한다
○ 수평저항력
○ P = 11.4ch(깊이매입)
○ P = 8.5ch(12h매입)

여기서, c : 점성토의 점착력(kN/m^2)
h : 블록의 높이(h)

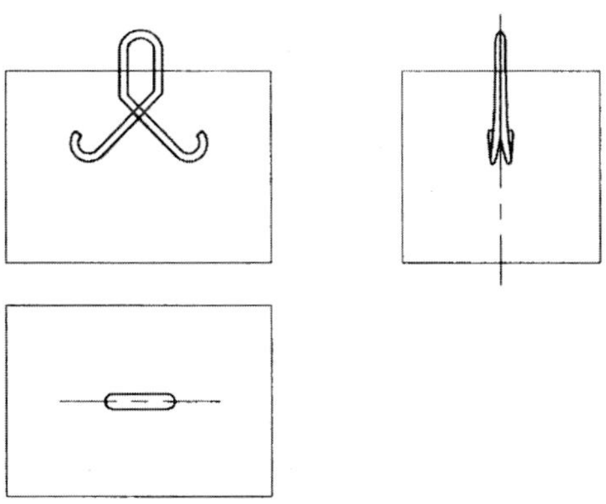

콘크리트 블록 앵커(예)

2) 강재앵커

○ 사질지반 싱글 플럭 앵커(Single fluke anchor)를 주로 사용

9.4 연락교(連絡橋)와 도교(渡橋)의 계획

9.4.1 치수와 경사

가. 연락교의 종류

구 분	수동조절식	자동조절식
특 성	• 조위의 고저에 따라 수동으로 조절하는 방식	• 연락교의 중량을 조절탑이 대부분 받게 하는 방식
장·단점	• 동요가 많은 곳에 적합 • 악천후시 본체와 부함의 격리가 편리 • 조절·조작이 복잡	• 카운터 웨이트(Counter weight)로 조절·조작이 편리 • 파랑이 큰 곳은 부적합

나. 연락교와 도교의 치수

○ 폭 : B = 2～6m
○ 지간 : 연락교 = 10～30m, 도교 = 2～6m

9.4.2 계 획

가. 일 반

연락교와 도교의 설계는 도로교 표준시방서(국토해양부)에 의하여 계획한다.

여객전용 시설은 군중하중만을 고려하여 계획한다.

나. 연락교 및 도교 제작

○ 연락교 : 포니 트러스, 플레이트 거더
○ 도 교 : 강제 플레이트 거더, I빔, 포니 트러스, 슬래브

다. 연락교 받침부

폰툰의 동요가 적은 경우	폰툰의 동요가 많은 경우
• 육안쪽 : 힌지 • 폰툰쪽 : 롤러지지 • 조절탑 설치	• 보호강판지지 • 체인으로 육지에 앵커

9.4.3 조절탑(調節塔)

가. 설치효과

○ 폰툰에 작용하는 지점반력 경감
○ 악천후시 연락교를 감아올려 시설보호

나. 구조형식

○ 철근콘크리트 또는 강재 등으로 시설하고 부

속시설로서 활차, 카운터 웨이트(Counter weight), 견인 장치가 연결된다.

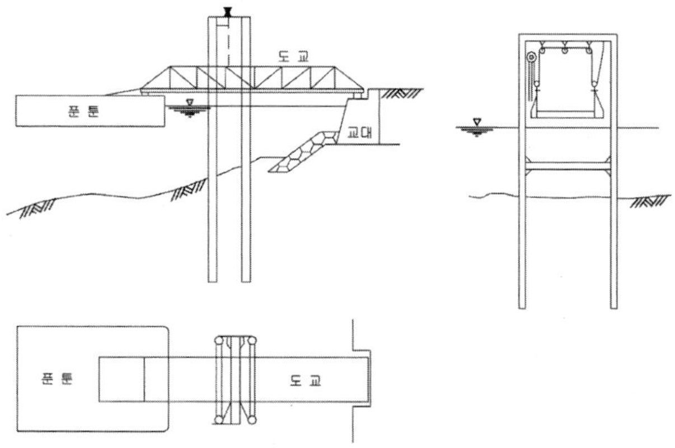

조절탑(예)

9.4.4 연락교의 교대

가. 작용 외력
- ○ 연락교의 지점반력
- ○ 연락교에 작용하는 진동

나. 계 획
- ○ 중력식 구조물 설계기준에 준한다.

제10장 · 돌 핀(Dolphin)

10.1 기본방침

10.1.1 일 반

돌핀(Dolphin)은 선박의 대형화 추세에 따라 항로, 박지 등의 수심확보에 따른 대규모 준설이 필요한 경우, 위험물 하역으로 항외측에 별도 시설해야 할 경우, 수심조건이 좋은 외해에 수개의 독립된 주상구조물을 설치하여 접안 시설로 이용한 구조물이다.

계류시설과 육지와의 연결은 취급화물의 종류에 따라 해저 송유관, 컨베이어, 트레슬(Trestle) 등으로 시설하며, 유류수송용 파이프 라인(Pipe line)과 연결된 돌핀을 시 버드(Sea berth)라고도 한다.

10.1.2 특 성

1) 소정의 수심이 확보되는 곳에 설치하면 준설, 매립 등이 필요하지 않고 시공이 극히 용이하여 공사비도 저렴하고 급속히 시공된다.

2) 잡화를 취급하는 안벽으로 과거에는 사용되지 않았으나 최근 하역기계를 사용하여 석유, 시멘트, 양곡 및 분말의 화물을 대량으로 취급하는 경우에 많이 이용되고 있다.

3) 다른 구조형식의 안벽연장을 단축 또는 기존의 안벽연장을 증대하기 위해서 그 안벽에 선단을 붙여 설치하는 경우도 있다.

10.1.3 구조형식의 종류

1) 말뚝식 구조
2) 강널말뚝 셀식 구조
3) 케이슨식 구조

10.1.4 순서

돌핀(Dolphin)의 계획은 일반적으로 다음과 같은 흐름으로 시행한다.

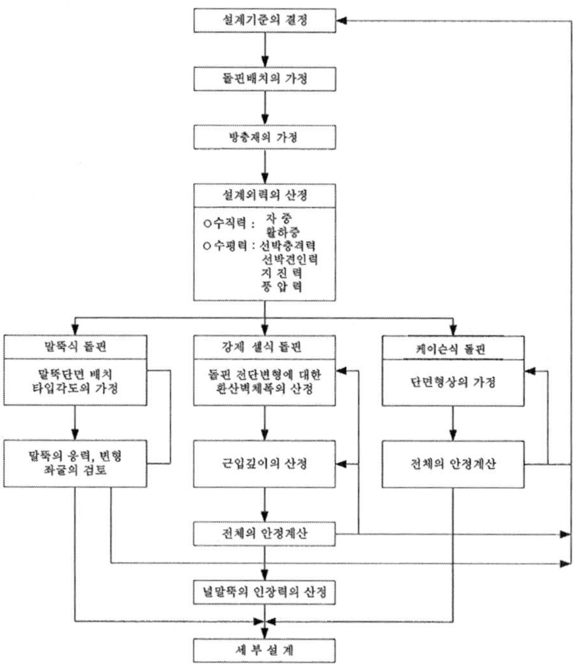

돌핀의 계획순서

10.1.5 계획시 주의 사항

1) 돌핀에 작용하는 하중의 방향은 반드시 일정하지 않으므로 돌핀의 구조는 특정한 방향성을 갖는 것은 좋지 않다.

2) 말뚝식 구조인 경우 비틀림이나, 케이슨 구조인 경우, 회전에 대해서는 종래에는 거의 검토하지 않았으나 경우에 따라서는 비틀림이나 회전으로 위험하게 되므로 주의해야 한다.

3) 돌핀의 마루높이는 파랑의 영향을 피할 수 있도록 하며, 연락교의 마루높이도 파력을 받지 않도록 충분한 높이로 하는 것이 좋다.

4) 브레스팅 돌핀(Breasting dolphin)에 있어서는 방

충재의 설치위치, 무어링 돌핀(Mooring dolphin)에 대해서는 선박의 갑판높이, 하역용 돌핀에 있어서는 로딩암(Loading arm) 등의 작동범위를 고려하여 결정한다.

10.2 돌핀의 배치

10.2.1 브레스팅 돌핀(Bresting dolphin)

가. 대상선박의 제원

- ○ 선수 및 선미부 : $\frac{1}{8}$L(선박길이)은 곡선
- ○ 중앙부 : $\frac{3}{4}$L은 직선

나. 자연조건(수심, 풍향, 파향, 조류)

접·이안시 조선이 쉽고 선박계류중 돌핀에 작용하는 외력을 적게하기 위하여 가능한 풍향, 파향, 조류와 평행하게 배치한다.

다. 돌핀의 간격

- ○ 대상선박이 정해져 있을 때 : $\frac{1}{3}$L
- ○ 대상선박이 불규칙 할 때 : 0.25L~0.4L

라. 기타사항

브레스팅 돌핀에 계류점(Mooring point)을 설치하는 경우 스프링 라인(Spring line)으로 사용하므로 계류색이 허용앙각(25°)이내에 들어오도록 충분한 길이를 확보할 수 있는 위치에 설치한다.

하역기계를 필요로 하는 유류돌핀은 중앙부에 하역기계용의 돌핀을 1기를 더 설치하는데 브레스팅 돌핀보다 조금 육지쪽에 후퇴시켜 배치(1.0~1.5m 정도)하여 선박의 충격력이 직접 작용하지 않도록 계획한다.

박지구간은 타 선박의 정박, 항로구간은 선박의 항행에 지장이 없도록 배치계획한다.

10.2.2 무어링 돌핀(Mooring dolphin)

가. 돌핀의 배치

접안시와 계류시 로프를 매는 계선주는 무어링 돌핀을 축조하여 이곳에 계선주를 설치한다.

돌핀의 수는 선수 및 선미부에 각 2~3개씩 설치한다.

나. 계류 시스템

1) 이상적인 계류 시스템

- ○ 4개의 Mooring line : Head, Stern, 전·후 Breast

2) 추천되는 계류 시스템

- ○ 2개의 Mooring line : Breast, Spring

3) 계류 **Line** 배치

- ○ Breast line : 선박종축과 직각방향 15°이내
- ○ Head 및 Stern line : 접안선과 30°~45°이내
- ○ Spring line : 선박종축과 평행방향 10°이내
- ○ 앙각 : 25°~30°이내

4) 계류점의 배치

- ○ 길이 : 접안선에서 35~50m
- ○ 높이 : 최고운영수위 + 1.5m

5) 계류색의 선정

- ○ VLCC(Very large crude carriers)급은 QRH(Quick release hook)를 사용
- ○ 계류력이 가장 크게 작용하는 곳은 3Hook QRH 사용
- ○ 추천 계류 시스템은 4Hook QRH 사용

6) 계류력

- ○ 강재 > 폴리프로플렌 > 나이론

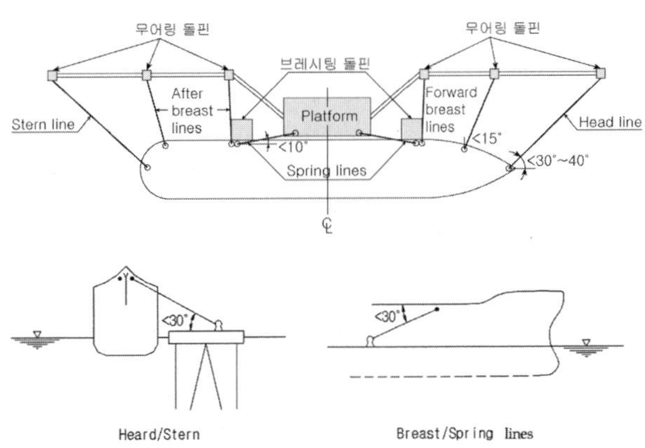

돌핀의 표준계류 시스템

10.3 돌핀에 작용하는 외력 및 하중

1) 선박의 충격력(방충재 반력)
2) 선박의 견인력
3) 자중, 활하중 등에 의한 수직력
4) 하역기계에 작용하는 풍압력
5) 구조물 및 하역기계에 작용하는 지진력
6) 지진시 동수압

10.4 말뚝식 돌핀

10.4.1 기본계획시 검토사항

1) 말뚝의 응력(수평력, 수직력, 비틀림에 의한 응력)
2) 말뚝의 근입깊이
3) 돌핀의 횡방향 처짐

10.4.2 세부설계시 검토사항

1) 말뚝부두 결함부 : 강관말뚝 L.W.L이상 콘크리트 속채움
2) 계선주(QRH)
3) 방충공
4) 사다리, 도교, 연락교

10.5 강재셀식 돌핀

10.5.1 기본설계시 검토사항

1) 전단변형에 대한 환산 벽체곡
2) 셀의 근입깊이
3) 벽체 전체의 안정(활동, 지지력, 전도)
4) 셀의 인장력
5) 하역기계, 계선주 등의 기초

10.5.2 원통형 셀식 환산벽체폭

$$B = \sqrt{3R}$$

여기서, B : 환산벽체폭(m)
R : 원통형 셀의 반경(m)

10.6 케이슨식 돌핀

10.6.1 기본설계시 검토사항

1) 케이슨의 활동
2) 케이슨의 전도
3) 지반의 지지력
4) 케이슨의 회전
5) 각 부재의 강도

10.6.2 케이슨의 회전 검토

케이슨의 회전은 외력이 돌핀에 편심해서 작용하는 경우 일어나는 현상이므로 검토해야 한다.

검토시 저항력은 완성후의 외력에 의한 저면반력에 비례하는 케이슨 저면마찰력으로 계산한다.

제11장 · 선양장(船揚場)

11.1 일 반

11.1.1 시설개요

선양장은 경사로에 의해 소형선박(30톤 이하)을 육상으로 인양하고 다시 해상으로 내리는 시설이다.

선박을 인양하는 이유는 선박수리, 태풍내습시 선박보호와 월동준비 등이 있다.

11.1.2 선양장의 구성요소

가. 사로경사
- 30톤 이하의 선박 : 1:8
- 30톤 이상의 선박 :
  궤도나 활차사용으로 2면, 3면 경사
  전사면 - 1:8, 후사면 - 1:12

나. 지벽공
- 중간지벽 및 단지벽 :
  B = 20～30cmm, H = 50～70cm
- 기초사석 : t = 30cm
- 중간지벽 설치 : L, B = 10cm
  콘크리트블록 포설과의 경계

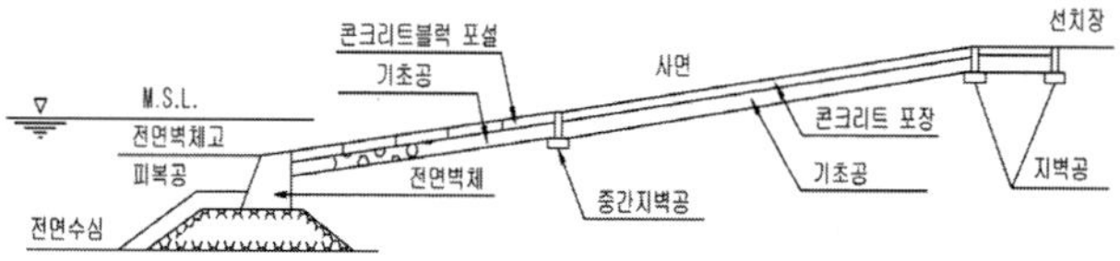

선양장 각부의 명칭

11.2 설치위치의 선정

1) 전면수역이 정온한 장소를 선정
2) 전면수역이 매몰되거나 또 세굴되지 않는 장소를 선정
3) 다른선박의 항행 및 정박에 지장이 없도록 전면수역이 확보된 지역을 선정
4) 사로의 배후에 배를 인양해 둘만한 적당한 용지(선치장)를 확보할 수 있는 지역을 선정

11.3 제원의 결정

11.3.1 시설의 마루높이

가. 선양장 전면

물양장의 마루높이에 준하여 결정하고 전면수역에 파랑이 큰 경우는 처오름 높이를 고려한다.

나. 양육부 시설

○ 벽체 = L.W.L - 경하흘수(수리, 월동, 피난)
　　　= L.W.L - 만재흘수(어획물 적재)

다. 사로경사의 변화점 높이

1) 비탈면이 2면 구성일 때(변화점 1개소)
  ○ M.S.L 부근 ~H.W.L
2) 비탈면이 3면 구성일 때(변화점 2개소)
  ○ 최초의 점 L.W.L 부근
  ○ 두 번째의 점 H.W.L 부근

라. 사로시설

현장타설 콘크리트와 콘크리트 블록의 경계는 M.S.L 부근으로 한다.

11.3.2 선양장 연장 및 배후 면적

가. 사로의 연장

선양장의 이용면, 항 전체의 시설배치계획을 고려하여 결정한다.

나. 배후면적

○ 인양선박 거치장소 : 선박길이 방향 2m, 폭방향 1m 여유
○ 사면상부 일부이용 :
  사로길이 = 최대이용선박 (L) + 5m

11.3.3 전면수심

○ h = 만재흘수 + 0.5m

11.3.4 사로경사

가. 일 반

사로경사는 이용선박의 형상, 지형조건, 조위차 및 전면수심 등을 고려하여 선박 인양작업이 원활하도록 결정한다.

나. 단일 사로

○ 적용 : 소형선박, 인력인양, 수심이 얕은 곳
○ 사로경사 : 1:6 ~1:12

다. 2면이상 사로

1) 적용 : 30톤급이상 선박, 수심이 깊은 곳, 배후용지가 협소한 곳
2) 사면이 2면 구성인 경우 (벽체마루높이 < (+)2.0m)
  ○ 전사면 : 1:6 ~ 1:8
  ○ 후사면 : 1:8 ~ 1:12
3) 사면이 3면 구성인 경우 (벽체마루높이 > (-)2.0m)
  ○ 전 사 면 : 1:6배보다 급한 경사로 한다.
  ○ 중앙사면 : 1:6 ~ 1:8
  ○ 후 사 면 : 1:8 ~ 1:12

라. 수중부

○ 완 경 사 : 가장바람직
○ 급한경사 : 미끄럼 방지시설 설치

11.3.5 전면 박지면적

전면박지는 선박의 인양작업중 피해, 다른 선박의 항행에 지장이 없도록 충분한 넓이를 확보해야 한다.

○ 자유낙하로 내리는 경우 = 5L(선박길이)
○ 로프로 내리는 경우 = 3L

제7편

11.4 양육부 벽체 및 포장

11.4.1 양육부 벽체

가. 일 반

선양장의 양육부의 벽체의 구조는 이용선박의 주요치수, 양육부 벽체의 마루높이, 대상선박의 인양방법 등에 대해서 적절히 계획한다.

나. 구조형식

○ 블록식, 현장타설 콘크리트식, 널말뚝식

11.4.2 양육부 포장공

가. 유의사항

○ 선박 등의 하중에 대하여 안전할 것
○ 파랑 등에 의하여 파괴되지 않을 것
○ 기초의 부등침하에 의하여 파괴되지 않을 것

나. 포장형식 및 설계

○ 포장형식 : 대부분 시멘트 콘크리트 포장
○ 현장 타설 : t=20~35㎝
  조인트 간격 = 5~10㎝
○ PC 블록 : L×B×t = 2m×2m×0.3m
○ 노반 : t=30㎝ (다짐)

11.5 측 벽

11.5.1 선단부 높이

선단부 높이는 전면밑받침의 깊이와 동일하게 하고, 육측으로는 현지지반을 고려하여 1~3단의 계단형으로 처리한 선단부가 안벽 법선보다 도출하는 경우 이용성, 안전성 측면에 측벽을 수면위까지 올린다.

11.5.2 구조물과 접속부분

접속구조물과 구조적으로 안전하게 연결하고, 단차가 있는 경우는 방호책, 차막이 등의 안전대책시설을 설치한다.

11.6 인양장치시설

근래에는 기중기형태의 인양장치를 물양장에 시설하여 5~10톤급의 소형어선을 수시로 들어올리도록 하여 자체수리나 대피용으로 시설하고 있다.

완도 인양장치

제12장 · 계선부표(繫船浮標)

12.1 기본방침

12.1.1 일 반

계선부표는 선박이 바람, 조류, 파랑 등으로 인하여 박지로부터 밀려나가는 것을 막고, 이를 안전하게 박지안에 계류시킬 목적으로 시설한 계류시설이다.

계선부표는 주로 박지내 해저에 고정시킨 선박계류용 부표로서 석유류의 하역, 목재하역 및 거룻배하역 등에 이용되며, 단순히 선박계류만을 목적으로 설치하는 경우도 있다.

계선부표의 구조형식

침추식(沈錐式)	
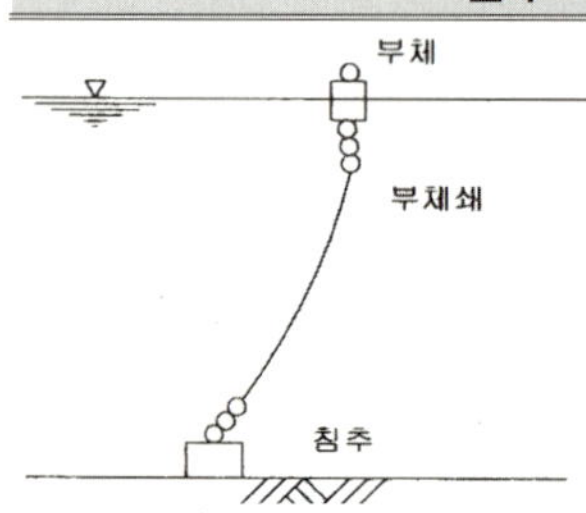	• 구성요소 : 부체(Buoy), 부체쇄(Main chain), 침추(Sinker) • 특성: ·닻은 미사용 ·공사비는 중간 ·소형선박 계류에 적합
묘쇄식(錨鎖式)	
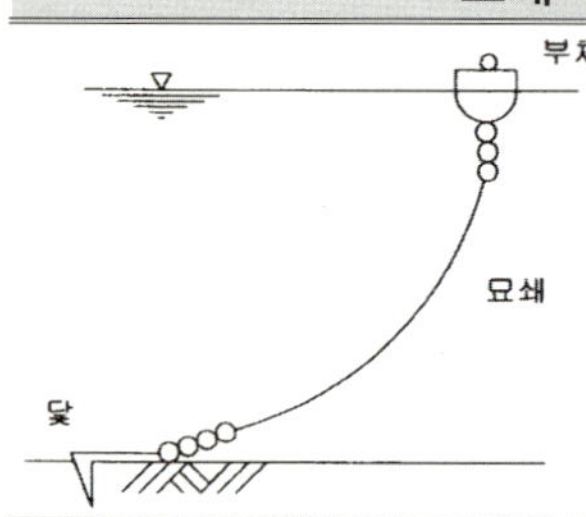	• 구성요소 : 부체, 묘쇄, 닻(Anchor) • 특성: ·침추 미사용 ·공사비가 저렴 ·유동반경이 커 박지 면적에 제한
침추, 묘쇄식(沈錐, 錨鎖式)	
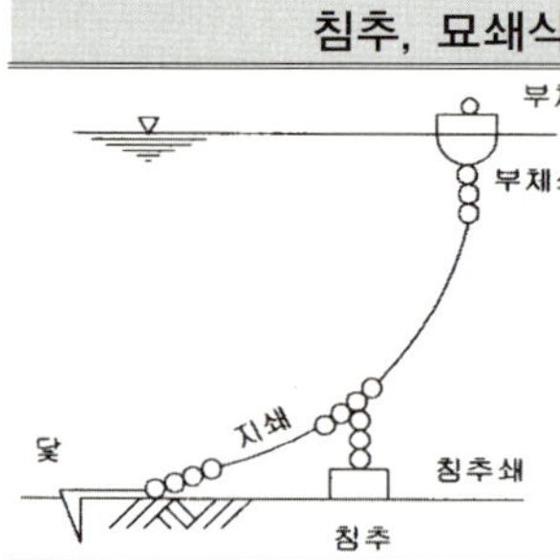	• 구성요소 : 부체, 부체쇄, 지쇄 (Groud chain), 닻, 침추 • 특성: ·닻과 침추사용 ·가장 많이 채택 ·유동반경이 적어 좁은 박지에 이용

12.1.2 계선부표의 구조형식

계선부표의 구조는 부체, 계류환, 부체쇄, 침쇄, 계류 앵커 등으로 구성되어 있다.

구조상으로는 침추식(沈錐式), 묘쇄식(錨鎖式), 침추 묘쇄식(沈錐 錨鎖式)의 3종류가 있다.

12.1.3 계선부표의 특성

- ○ 좁은 박지면적에 계류가능하다.
- ○ 해저가 암반이고 묘박이 불가능한 항내에서는 계선부표을 이용해서 정박한다.
- ○ 타 계류시설보다 경제적이다.
- ○ 이설이 용이하다.
- ○ 안벽계류에 비해 보다 큰 파고하에서 계류가 가능하다.
- ○ 일반적으로 하역의 기계화가 곤란하고 안벽하

역에 비해 하역작업의 능률이 뒤떨어지는 수가 많다.

○ 일반적으로 안벽계류에 비해 박지면적을 필요로 한다.

12.1.4 순서

계선부표의 계획은 일반적으로 다음과 같은 흐름으로 시행한다.

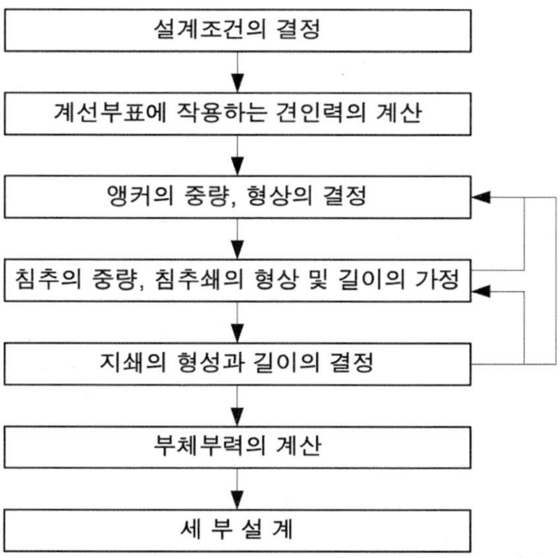

계선부표의 계획순서

12.2 설계조건

12.2.1 일 반

계선부표를 설계할 때는 계류조건, 자연조건 및 대상선박의 제원을 고려해야 한다.

12.2.2 고려사항

가. 계류조건

○ 계류방법(단부표박, 쌍부표박)

○ 선박의 허용이동범위

나. 자연조건

○ 바람, 조류, 파랑, 박지의 토질, 수심, 조위

다. 대상선박의 제원

○ 선박의 길이, 흘수, 폭

○ 수면에서 호스 파이프(Hose pipe) 까지의 높이

○ 흘수 위·아래의 정면 및 측면 투영면적

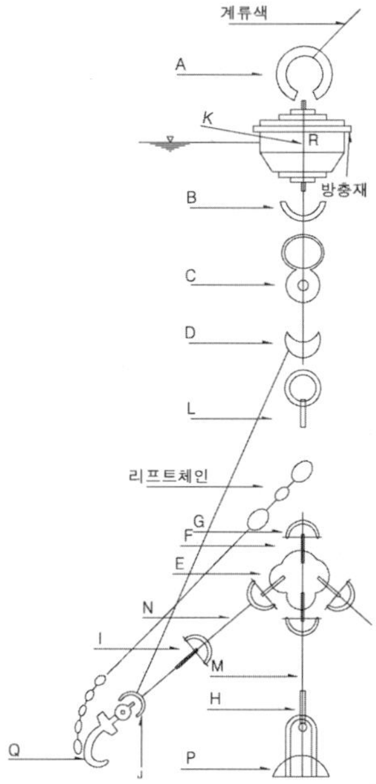

A : 계류환 1개
B : 앵커셔클 1개
C : 스위벨피아스 1개
D : 조이닝셔클 1개
E : 무어링피스 1개
F : 룰링 2개
G : 조이닝셔클 2개
H : 앵커셔클 1개
I : 죠이닝셔클 2개
J : 앵커셔클 2개
K : 체인 1줄
L : 매인체인(부체쇄) 1개
M : 싱커체인(침추쇄) 1줄
N : 체인 또는 그라운드 체인(지쇄) 4줄
P : 싱커 또는 침추 1개
Q : 앵커 또는 스크류 1개
R : 부표 1개

계선부표 일반 및 명칭도

12.3 계선부표에 작용하는 견인력

12.3.1 견인력 산정기준

가. 계선부표의 구조적 특성 고려

계류된 선박에 작용하는 바람, 조류, 파랑 등의 외력에 지배되므로 기존에 설계된 자료를 참고하여 신중하게 결정한다.

나. 동적해석

파의 주기에 따라 응답특성이 다르므로 단주기파에 의한 검토보다는 스펙트럼을 갖는 불규칙파로 검토한다.

다. 최근의 설계적용 사례

계선부표 설계적용사례

대상선박 (DWT)	계선방법	풍 속 (m/s)	조 류 (m/s)	파 고 (m)	견인력 (kN)
1,000	단부표박	50	0.5	2.0	185
3,000	〃	50	0.5	4.0	409
15,000	〃	15	0.51	0.7	245
20,000	〃	20	1.0	-	589
130,000	〃	60	0.67	10.0	1,370
260,000	〃	25	0.51	3.0	1,840
30,000	쌍부표박	15	-	-	1,490
100,000	6점계류	20	-	1.5	1,470

12.3.2 계류방식에 따른 산정기준

가. 단부표박인 경우

선박이 회전운동을 하는데 풍향과 선축사이의 회전각은 30°정도이고, 이것은 표쇄의 길이와 풍속에 따라 변한다.

부표에 작용하는 견인력은 적으나 소요 박지면적이 넓다.

나. 쌍부표박인 경우

2개 이상의 부표를 사용하여 선박의 선수와 선미 양측을 계류하므로 선박의 방향이 거의 일정하나 큰 견인력이 작용하고 소요 박지면적은 적다.

견인력을 감소시키기 위하여 부표는 풍향과 조류의 방향과 평행이 되도록 배치한다.

12.4 계선부표 각 부의 계획

12.4.1 앵커(Anchor)

계선부표 1개에 보통 3개의 앵커를 배치하지만 설계는 그 중 1개의 앵커만이 수평력에 저항하는 것으로 한다.

항만용으로 사용되는 앵커는 싱글 플르크 스톡 앵커(Single fluke stock anchor)이다.

12.4.2 침추와 침추쇄

가. 침추쇄의 규격

길이는 보통 3~4m이며, 직경은 부체쇄와 같은 직경을 사용한다.

나. 침추에 작용하는 수직력 및 수평력

$$P_V = T_A \cdot \sin\theta_1 = (T_C - w\ell)\sin\theta_1$$

$$P_H = T_A \cdot \cos\theta_1 = (T_C - w\ell)\cos\theta_1$$

여기서, P_V, P_H : 침추 등에 작용하는 수직력 · 수평력(kN)

θ_1 : 침추의 연결점으로 부체쇄의 수평이 되는 각(°)

T_A : 침추의 연결점에 있어서 부체쇄의 장력(kN)

T_C : 부체에 연결점에 있어서 부체쇄의 장력(kN)

w : 부체쇄의 단위길이당의 수중중량(t/m)

ℓ : 부체쇄의 길이(m)

$$\ell = \frac{T_A \cdot \cos\theta_1}{w}(\tan\theta_2 - \tan\theta_1)$$

$$\Delta K = \frac{T_A \cdot \cos\theta_1}{w}\{\sinh^{-1}(\tan\theta_2) - \sinh^{-1}(\tan\theta_1)\}$$

여기서, ΔK : 부체의 수평이동거리(m)

θ_2 : 부체와의 연결점에서 부체쇄가 수평이 되는 각(°)

$\theta_2 = \theta_1 = \cos^{-1}\frac{\Delta K}{\ell}$(견인력이 걸리는 경우 ≈ 직선)

다. 침추의 무게

- 5,000G/T급 : w = 5ton
- 10,000G/T급 : w = 8ton

라. 침추의 설치목적

- 체인에 작용하는 충격력 흡수
- 부체쇄의 길이를 단축

12.4.3 지 쇄

가. 지쇄의 규격

- 지쇄의 길이 = 50m
- 앵커 연결점 ~ 해저면과 이루는 각 ≧ θ = 3°
- 앵커 연결점 ~ 지쇄의 경각(θ) = 부잔교의 계류체인의 설계에 준한다.

나. 지쇄의 최대인장력

T = P$\sec\theta_2$

여기서, P : 부표에 작용하는 선박견인력(수평분력)

θ_2 : 지쇄상단의 지쇄경각

다. 체인의 허용인장력

- 허용인장력 = 인장강도 × 1/3
- 체인의 굵기 = 내력시험하중의 1/5~1/8이 작용하는 최대 인장력

12.4.4 부체쇄

가. 부체쇄의 규격

- 부체쇄의 길이 (ℓ_f) = 1.4h (h=수심)

나. 부체쇄 상단의 인장력

T = P$\sec\theta_2$

여기서, P : 수평외력(kN) (견인력의 수평분력)

θ_2 : 부체쇄가 수평면과 이루는 각 (°)

다. 부체의 수평이동

$$K_h = \frac{P}{W}\left[\sinh^{-1}(\tan\theta_2) - \sinh^{-1}(\tan\theta_1)\right]$$

여기서, θ_1 : 부체쇄 하단이 수평면과 이루는 각(°)

θ_2 : 부체쇄 상단이 수평면과 이루는 각(°)

12.4.5 부체의 설계

가. 안정조건

- 설계견인력이 작용하여 부체가 물속으로 인양되지 않도록 한다.
- 선박이 계류하지 않을 경우에도 부체는 수면상으로 1/2～1/3정도 부상되어야 한다.

나. 부체 부력

$$F = V_a - \frac{P}{\sqrt{(\frac{l_c}{d})^2 - 1}}$$

여기서, F : 부체의 소요부력(kN)

V_a : 부체에 작용하는 수직력(kN) ($V_a = P\tan\theta_2$)

P : 설계견인력(kN)

l_c : 계류체인의 길이(m)

d : 선박의 호스파이프의 수면부터의 높이(m)

- 전체부력 = 견인력의 저항부력 + 부체의 자중

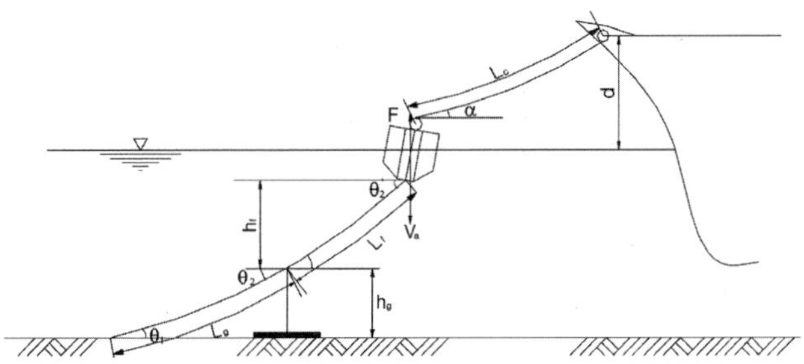

침추 · 묘쇄식 계선부표의 형식

제13장 · 기타형식의 계류시설

13.1 디태치드 피어(Detached pier)

13.1.1 계획의 기본방침

가. 일 반

디태치드 피어는 석탄, 광석 등 단일 산화물을 대량으로 취급할 때 궤도주행식 크레인 등의 기초를 설치하여 안벽으로 사용하는 계류시설이다.

구조형태는 잔교의 상판이 없는 것과 같으며, 바닥구조가 필요없고 각주부와 그 사이를 연결하는 거더(Girder)로 구성된다.

디태치드 피어식 안벽은 디태치드 피어와 배후 흙막이부까지로 구성되어 있다.

나. 계획순서

계획순서는 잔교식 안벽에 준하며, 교각식 구조로 하는 경우는 중력식 안벽, 또는 강널말뚝셀식 안벽에 준하여 수행한다.

13.1.2 디태치드 피어의 계획

가. 기본방향

디태치드피어식 안벽의 계획은 기둥부 및 거더(Girder)에 작용하는 하중에 대하여 안정한 구조로 하는 동시에 교량형 크레인의 형상, 치수, 주행성, 설치후의 침하 등을 충분히 고려하여 변위가 적은 구조로 한다.

디태치드 피어식 안벽에는 하역기계의 양쪽 궤도를 디태치드 피어 위에 설치하는 경우와 한쪽만을 디태치드 피어 위에 설치하고 다른 쪽은 흙막이부의 후면에 설치하는 경우가 있으며, 후자의 경우 하역기계의 고정기둥 기초는 육지부에 설계하는 것이 바람직하다.

나. 배치와 제원

디태치드 피어의 육안과의 거리, 궤도간격 및 법선방향의 지간길이는 설치되는 기중기의 제원, 해저지반 등을 고려하여 경제성 및 시공상의 난이도를 종합적으로 판단하여 결정한다.

다. 설계외력 및 하중

1) 수직력

- 하역기계의 윤하중
- 선박의 견인력
- 상부구조의 자중
- 각 기둥부의 자중

2) 수평력

- 선박의 견인력
- 선박의 충격력(방충재 반력)
- 하역기계에 작용하는 풍하중
- 하역기계에 작용하는 지진력
- 상부공에 작용하는 지진력
- 각 기둥부에 작용하는 지진력
- 파력 또는 양압력

라. 각 기둥부의 계획

각 기둥부는 구조형식을 고려하여 잔교식 안벽, 중력식 안벽, 강널말뚝 셀식 안벽에 준한다.

마. 거더의 계획

거더의 계획은 수직방향과 수평방향의 외력 및 하중에 대하여 안전한 구조로 계획해야 하며, 각 기준의 부등침하를 고려하여 단순보로 설계한다.

바. 흙막이부의 계획

흙막이부의 구조형식에 따라 해당되는 기준에 준한다.

사. 원호활동에 대한 검토

원호활동에 대한 검토는 잔교식 안벽 사면안정에 대한 검토에 준한다.

아. 부속설비

디태치드 피어의 부속설비는 방충재, 계선주, 도교 등을 설치한다.

도교는 1선석에 1~2개의 비율로 설치한다.

자. 세부내용

- 상부공 : 잔교식 안벽의 상부공은 하중의 조합에 의하여 단면을 결정한다.
- 도교 : 도로교 표준시방서(국토해양부)에 따라 검토한다.

13.2 자립식 널말뚝 구조

13.2.1 계획의 기본방침

가. 일 반

자립식 널말뚝 구조는 널말뚝 후면에 버팀공이 없이 널말뚝 배면에 작용하는 토압 및 수압을 근입부의 수평방향 지반반력과 널말뚝의 단면계수로 저항하는 형식의 접안시설이다.

본 계획은 사질토 지반에 축조한 자립 널말뚝의 계획에 많이 사용되며, 점성토지반에 축조하는 것은 가능한 피한다.

나. 계획순서

자립식 널말뚝 구조의 계획은 일반적으로 다음과 같은 흐름으로 시행한다.

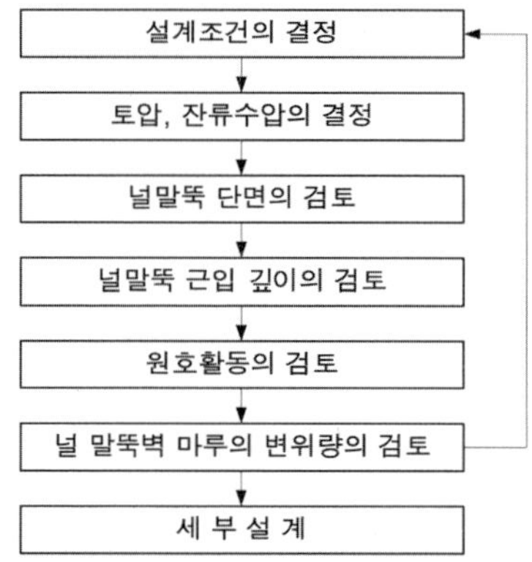

자립식 널말뚝 안벽의 계획순서

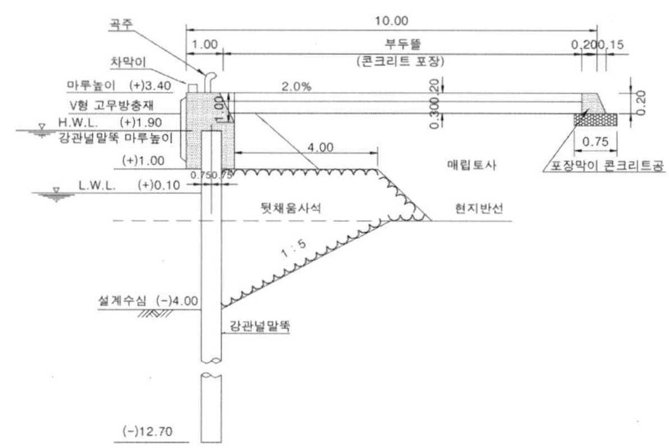

자립식 널말뚝 구조의 계획(예)

13.2.2 널말뚝벽에 작용하는 외력

가. 일 반

자립식 널말뚝에 작용하는 외력은 널말뚝 구조의 계획내용에 준하여 산정한다.

나. 토압 및 잔류수압

토압 및 잔류수압은 가상해저면보다 위에 작용하며, 아래는 영향을 무시한다.

- 가상해저면 상부 = (주동토압 + 잔류수압) - 수동토압
- 가상해저면 하부 = 지반의 탄력 적반력 - 주동토압 무시

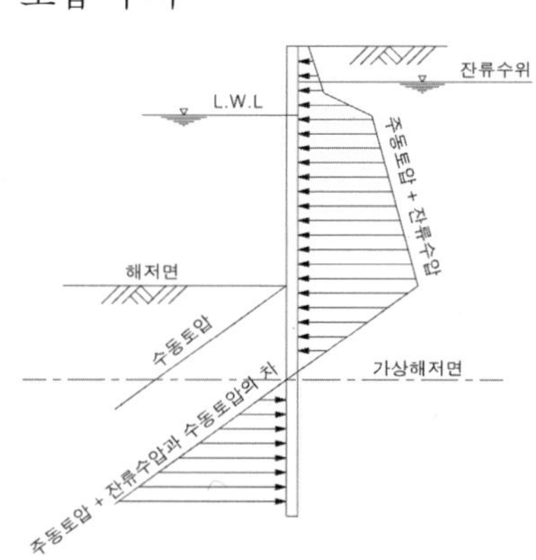

가상해저면

13.2.3 널말뚝 단면의 결정

가. 일 반

자립 널말뚝에 발생하는 최대휨모멘트는 역학적 거동특성에 대한 해석적 방법에 의한 추정에 준하여 산정한다.

자립 널말뚝은 변위가 큰 구조로서 최대 휨모멘트가 발생하는 위치 근처에 2차응력이 비교적 크게 되고, 대구경 강관말뚝을 쓰는 경우 2차 응력이 크게 되므로 이에 대한 검토가 필요하다.

나. **2**차 응력 검토

$$\sigma = p(\frac{D}{t})^2 \times 2.1 \times 10^{-4}$$

여기서, σ : 2차 응력(N/mm²)

p : 널말뚝벽에 작용하는 토압 또는 잔류수압(kN/m²)

D : 말뚝의 직경(mm)

t : 말뚝의 강재 두께(mm)

13.2.4 널말뚝 근입깊이의 결정

널말뚝의 근입깊이는 말뚝의 축직각방향 허용지지력에 의한 말뚝의 유효길이 이상으로 결정한다.

일본의 항만기술연구소 방식을 쓴 경우, 필요 근입깊이는 1.5ℓmℓ을 사용한다.(ℓmℓ : 말뚝머리가 자유단인 말뚝의 휨모멘트 제1영점의 길이)

13.2.5 널말뚝 마루의 변위량 검토

1) 일 반

널말뚝벽 마루의 허용변위량은 정해진 것이 없으므로 이용시 지장을 주지 않도록 고려한다.

일반적으로 변위량은 평상시 5cm, 지진시 10cm정도를 고려한다.

2) 널말뚝벽 마루의 변위량

$$\delta = \delta_1 + \delta_2 + \delta_3$$

여기서, δ_1 : 가상해저면상 널말뚝의 변위량

δ_2 : 가상해저면 상부널말뚝의 변위량

δ_3 : 가상해저면상 널말뚝의 처짐각에 의한 가상해저면 상부의 널말뚝 회전에 의한 변위량

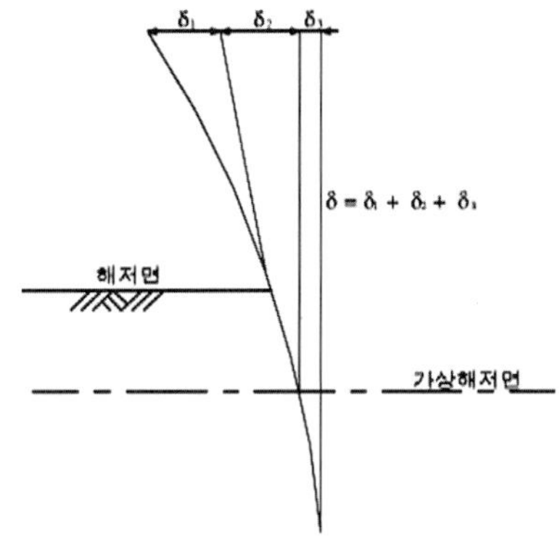

널말뚝 두부의 변위량

13.2.6 시공중 외력에 대한 검토

자립널말뚝식 구조물의 시공중 외력에 대한 검토를 시행하여 안전한 구조가 되도록 고려한다.

자립널말뚝은 뒷채움이 없을 경우 외력에 약하므로 파랑, 수압 등의 외력에 저항하는 구조로 계획한다.

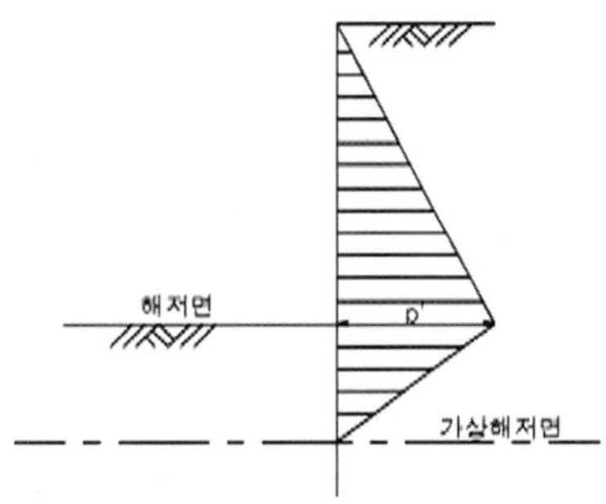

토압분포의 가정

13.3 버팀사항 널말뚝식

13.3.1 기본방침

가. 일 반

버팀사항 널말뚝식 구조물은 널말뚝벽 배후에 버팀사항을 항타하여 널말뚝과 버팀사항 일체로 배후 외력에 저항하는 형식의 계류시설이다.

나. 설계법

설계법은 이시구로(石黑)식과 오지마(大島)식의 두 가지가 제안되어 있다.

구 분	이시구로(石黑)식	오지마(大島)식
가 정	○ 널말뚝벽과 버팀사항의 간격이 불변	○ 최초부터 널말뚝벽과 버팀사항과의 토압분배율 50%
계 산	○ 널말뚝벽, 버팀사항의 근입부를 탄성지지상 빔으로 산정 ○ 이론적인 휨모멘트, 축력산정	○ 널말뚝벽, 버팀사항을 지중부의 제1부동점을 고정점으로한 빔으로 계산 ○ 최대 휨모멘트, 축력산정
특 성	설계법 복잡	설계법 간단

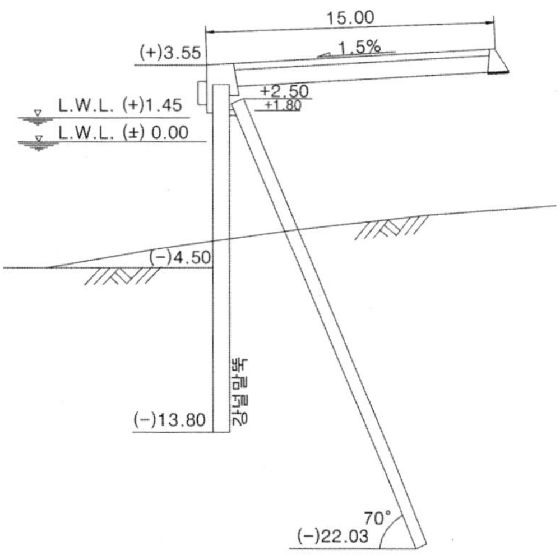

버팀사항 널말뚝식 안벽 설계 (예)

다. 계획순서

버팀사항 널말뚝식 안벽의 계획은 일반적으로 다음과 같은 흐름으로 시행한다.

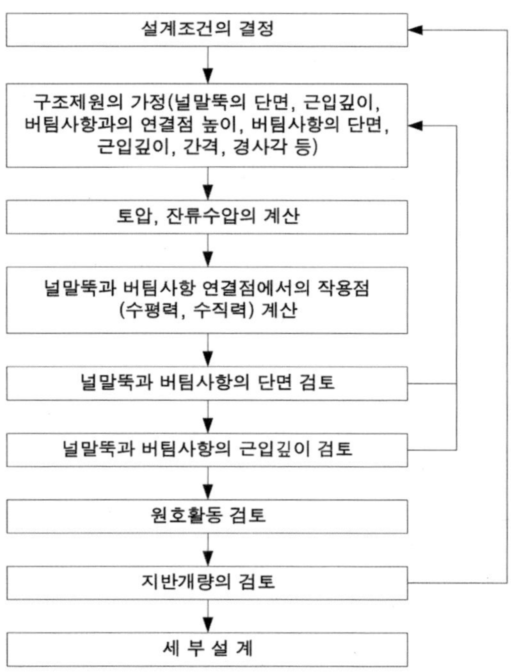

버팀사항 널말뚝식 안벽의 계획순서

13.3.2 버팀사항 널말뚝에 작용하는 외력

버팀사항과 널말뚝에 작용하는 외력은 널말뚝식 안벽의 계획·설계조건에 준한다.

13.3.3 널말뚝과 버팀사항과의 연결부에 작용하는 외력

널말뚝과 버팀사항과의 연결부의 구조는 힌지(Hinge)로 가정하고, 연결점에 작용하는 수평력, 수직력을 산정한다.

13.3.4 널말뚝과 버팀사항의 단면결정

널말뚝과 버팀사항에 발생하는 최대 휨모멘트는 각각 연결부에 작용하는 수평력, 수직력 등 집중하중 외에 토압 및 잔류수압 등의 분포하중을 받는 보로 산정한다.

널말뚝과 버팀사항의 단면은 이 최대휨모멘트에 의하여 계산된 응력이 허용응력도를 넘지 않도록 한다.

13.3.5 널말뚝과 버팀사항의 근입깊이 결정

널말뚝과 버팀사항의 축방향, 축직각방향에 대한 근입깊이의 산정은 널말뚝식 안벽의 말뚝기초의 지지력에 준한다.

단, 널말뚝과 버팀사항의 축방향지지력은 재하시험, 인발시험을 시행하여 검토한다.

13.4 전면 버팀사항 널말뚝식

13.4.1 기본방침

가. 일 반

전면 버팀사항 널말뚝식 구조물은 널말뚝 전면에 사항을 항타하고 널말뚝과 사항을 연결하여 배후외력에 저항하는 형식의 계류시설이다.

본 구조형식은 일반적으로 널말뚝벽 전면에 횡잔교가 있으며, 횡잔교를 널말뚝과 일체로 할 경우 및 분리하는 경우가 있으나 여기서는 일체로 하는 경우에 적용한다.

나. 설계법

설계법은 가상보법에 의한 널말뚝의 설계를 기본으로 하며, 대상토질이 사질지반, 또는 단단한 점성토 지반에 적용한다.

1) 분리하여 설계하는 방법

1단계 : 널말뚝의 설계법

- 버팀사항과 널말뚝의 결합점을 지점으로 가정

↓

2단계 : 사조항식 횡잔교의 설계법

- 버팀사항과 널말뚝의 결합점의 반력을 횡잔교 상부공에 작용하는 수평력으로 가정 : 축력 산정

↓

3단계 : 라멘 설계법

- 널말뚝과 버팀사항은 가상고정점으로 고정된 라멘으로 가정하여 토압·수평력에 의한 두부결합점의 모멘트 산정

다. 일체로 설계하는 방법

해석방법은 FEM계산을 하며, 계산이 복잡한 반면에 널말뚝 및 직항의 수평변위에 의한 휨모멘트가 계산되므로 위의 방법과 병행하여 사용되고 있다.

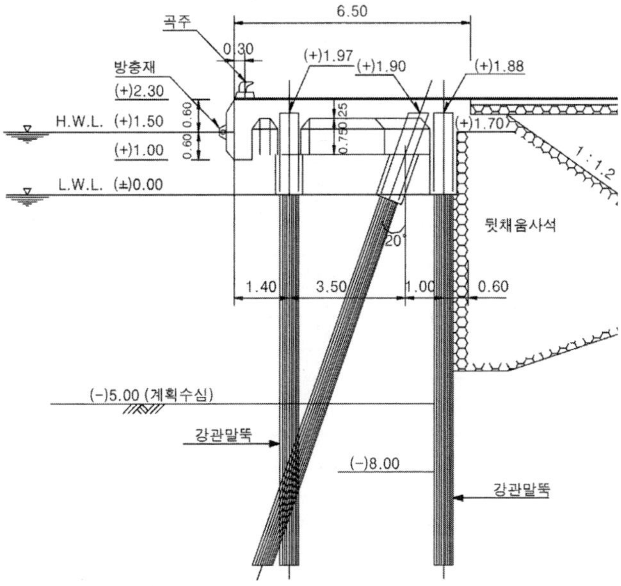

전면버팀사항 널말뚝 구조물계획 (예)

라. 계획순서

전면 버팀사항 널말뚝식 안벽의 설계의 주요 검토내용을 보면 설계조건의 결정을 시작으로 잔교블록의 규격결정, 널말뚝 근입 깊이가 정하여지면 원호활동에 대한 검토를 시행하고 설계외력에 대한 검토를 시행하고 각 말뚝에 작용하는 작용력을 분배, 축방향력을 계산한 후 잔교상부공의 양압력에 대한 안정성 검토를 토대로 하여 세부계획을 한다.

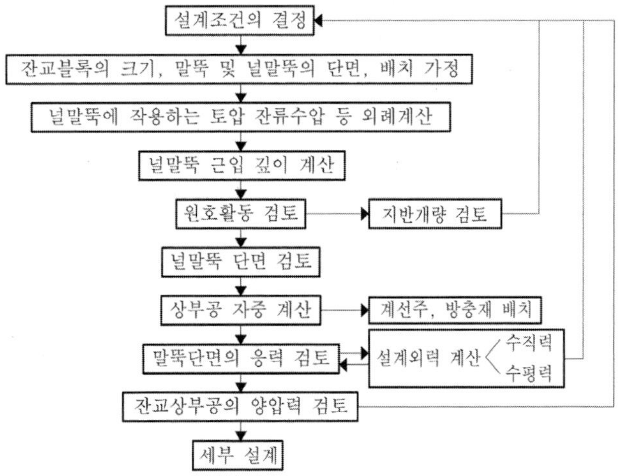

전면 버팀사항 널말뚝식 안벽의 계획순서

13.4.2 배치와 제원

가. 잔교블록의 크기

잔교블록의 크기는 잔교식 안벽의 설계기준에 준하다

나. 말뚝의 배치

말뚝의 배치는 잔교안벽의 설계기준에 준하고, 버팀사항의 배치와 경사는 다른 말뚝과의 위치적인 관계, 항타 등 시공상의 제약을 고려하여 정한다.

버팀사항의 경사는 보통 20° 정도로 하는 것이 많다.

13.4.3 널말뚝, 잔교부, 말뚝의 근입깊이

널말뚝, 잔교부 및 말뚝의 근입깊이의 결정은 널말뚝 구조물의 계획·설계기준에 준한다

13.5 이중 널말뚝식 구조

13.5.1 기본방침

가. 일 반

이중 널말뚝식 구조물은 널말뚝을 2열로 박아서 두부를 타이로드 등으로 연결하고, 내부는 토사로 속채움하여 배후외력에 저항하도록 계획한 계류시설이다.

나. 순서

이중 널말뚝식 구조물의 계획은 일반적으로 다음과 같은 흐름으로 시행한다.

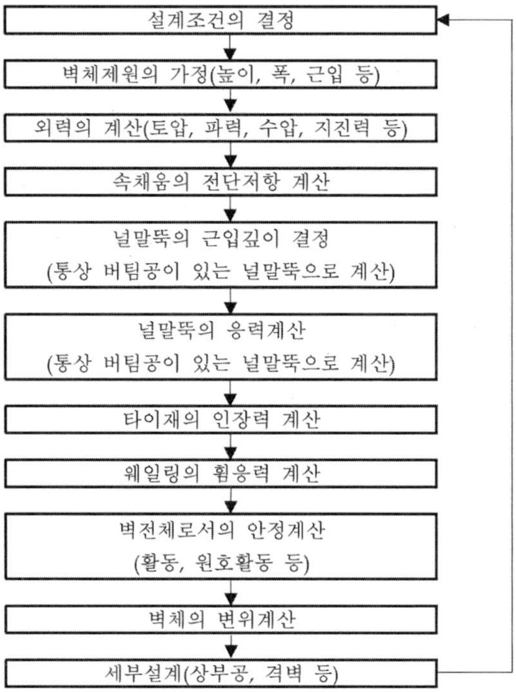

이중널말뚝식 안벽의 계획순서

다. 유의사항

이중널말뚝식 구조는 셀과 같이 속채움완료후에는 구조적인 안정성이 확보되지만 속채움이 없고 널말뚝벽만 있을 때에는 약간의 파랑 등에도 전도하거나 손상될 위험성이 있으므로 널말뚝을 박은 후 가능한 빠르게 속채움을 시행하는 것이 바람직하다.

이중널말뚝식 벽체를 접안시설이 아닌 가설용 체절제, 흙막이 벽으로 이용하는 경우에는 근입깊이의 검토후 차수효과를 검토하거나 히빙(Heaving), 파이핑(Piping) 등의 검토가 필요하다.

지진시는 진도법으로 설계해도 좋으나 아직 미해명된 점이 많으므로 그 자세한 거동에 대해서는 실험예 등을 참고로 하는 것이 바람직하다.

13.5.2 이중널말뚝 벽체에 작용하는 외력

이중널말뚝 벽체에 작용하는 외력은 강널말뚝 셀식 안벽의 설계에 준한다.

13.5.3 이중널말뚝 벽체의 검토

가. 일 반

이중널말뚝 벽체는 설계조건, 벽체의 중요도 등을 고려하여 합리적인 방법으로 계획한다.

나. 설계법

1) 관용법

각종 계산을 강널말뚝 셀식 안벽의 계산조건에 준하여 설계하며, 일반적으로, 변위 검토를 하지 않고 있다.

2) 다구찌(澤口)의 방법

속채움 토사를 비압축성 탄성체로 가정하고 널말뚝과 속채움 토사와의 복합구조물로 해석하여 근사적인 변위량을 계산한다.

3) 오오호리(大堀)의 방법

다구찌의 방법을 기초로 속채움 토사는 층으로 분할하여 전단변형 해석을 하고, 널말뚝 근입부의 해석은 창(張:Chang)의 방법을 적용한 계산법이다.

13.6 직립소파식 구조

13.6.1 기본방침

가. 일 반

직립소파식 구조물은 항입구로 부터의 진입파, 월파에 의한 전달파, 항내 발생파 및 반사파의 영향으로 정온도 유지가 어렵고 항만 운영에 지장을 초래할 경우에 항내 정온도 향상을 위하여 직립구조부를 소파블록으로 시설한 계류시설이다.

나. 순서

직립소파식 구조물의 설계는 일반적으로 다음과 같은 흐름으로 시행한다.

직립소파식 안벽의 설계순서

다. 구조효과

벽체에서의 반사율은 직립벽일때 0.7～1.0에 비해 소파벽에서는 0.3～0.6정도로서 반사파를 저감시킬 수 있다.

파랑이 집중하는 반사면은 안벽 또는 물양장, 호안, 방파제 내측에 소파구조로 하여 반사파를 저감시킬 수 있다.

13.6.2 구조형식의 선정

가. 일 반

직립소파식 안벽은 파의 특성에 따라서 소파효과가 다르므로 설계파에 적합한 구조형식을 선정하여야 한다.

소파효과는 수리모형실험에 의하여 검토하는 것이 바람직하며, 최근의 많은 연구자료가 있으므로 참고하여 선정한다.

나. 구조형식의 분류

구분	소파 블록식	소파 케이슨식
형식	• 소파블록은 다단으로조적	• 전면벽(투과벽), 유수실, 후면벽(불투과벽)으로 구성
종류	• 이글루(Igloo) 블록 • 터널형(Tunnel-loc) 및 신형터널식블록 • 사각교차형(Cross square-loc) 블록 • 벌집형 블록 • 무지개형 블록	• 슬리트(Slit) 케이슨 • 다공 케이슨 • 곡면슬리트 케이슨

다. 구조형식의 선정시 검토사항

○ 소요반사율 : 계류조건에 따른 항내정온도를 확보할 수 있는 반사율을 결정

○ 소파특성 : 소요반사율을 얻을 수 있는 구조형식을 선정

○ 시공여건 : 큰 파랑을 받는 곳은 일체형 직립소파 케이슨식 안벽이 안정성 측면에서 유리

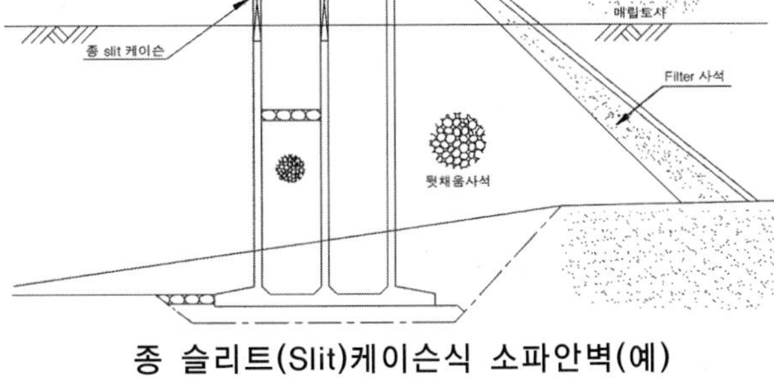

종 슬리트(Slit)케이슨식 소파안벽(예)

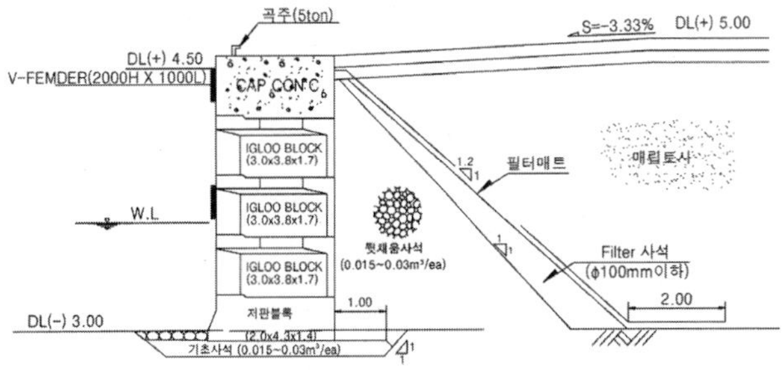

이글루 블록식 소파안벽(예)

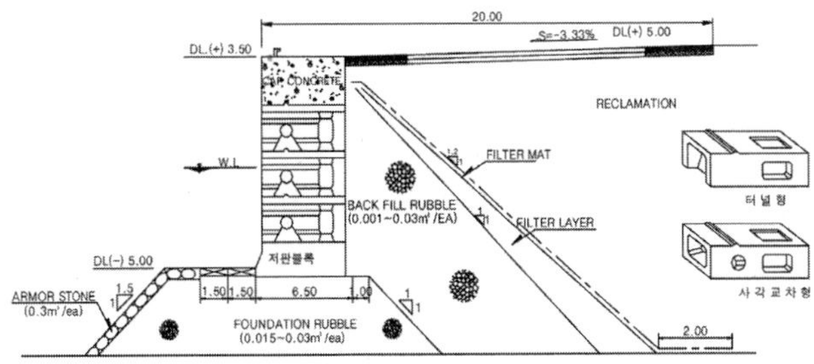

터널형 블록식 소파안벽(예)

라. 터널형 및 사각교차형 소파블록 적용사례

1) 내 용

본 소파블록은 기존의 소파블록을 보완하여 수리모형실험을 실시한 기술로서 터널형, 벌집형 및 무지개형 등의 소파블록을 이용한 소파공법이다.

선박이 계류하는 안벽이나 물양장 등에서 항내진입파나 항주파로 인한 직립부 구조에서 반사파가 일어나 공진현상으로 항내파고가 높아져 정온도 유지가 어렵고, 선박의 계류 및 하역에 지장을 주게 될 뿐 아니라 소형선박일 경우 서로 부딪쳐 손상을 입게 되므로 반사파를 최소화하므로써 계류선박의 계류와 하역 및 항내의 안전한 정박이 되도록 항내정온도 유지를 위한 안벽 및 물양장의 직립구조부에 적용하는 소파블록을 개발한 것이며, 현장여건에 부합하도록 개량·보완하였다.

2) 원 리

일반적인 직립구조(Solid block)에서는 파고가 진입하면 직립벽에 부딪쳐 반사하게 되고 반사파의 공진현상으로 항내파고가 증폭하여 항내정온도 유지가 어렵게 되므로 항내파의 반사율 저감을 위하여 직립부를 여러 가지 형태의 다공질(多孔質)화로 내부공간을 형성하여 직립벽체에 진입하는 파가 내부공간으로 분산하여 파력을 약화 및 소파(消波)시켜 반사율을 현저히 감소시키며, 처오름 높이도 감소하여 월파량을 줄인다. 항내파가 1.0m이상 작용시 소파블록을 시설하여 정온도를 향상시킨다.

3) 활용현황 및 전망

국내에서 구조용으로 적용사례는 부산 다대포항의 어항기능시설중 안벽 및 물양장 공사를 시작으로 소흑산도항, 강구항, 대포항, 서귀포항의 안벽과 주문진 팽목항에는 외곽시설에 시설하여 반사파 저감을 위하여 터널(원)형이 사용되었다.

앞으로도 항만 및 어항공사의 반사파로 인한 반사율을 저감하고 공진현상을 최소화하기 위한 직립구조(계류시설 : 안벽 및 물양장, 외곽시설 : 방파호안, 만내 방파제 등)용으로 본 소파블록이 활용될 전망이며, 항만내 정온도 유지를 위한 반사율 저감을 위하여 반사파가 예상되는 항만 및 어항과 만내의 시설에 소파블록이 활용되어야 하므로 소파블록의 활용이 기대된다.

13.7 에어 쿠션 보트(Air cushion boat) 발착시설

13.7.1 설계의 기본방침

에어 쿠션 보트란 공기를 아래쪽으로 분출시키는 힘에 의해 선체를 부상시켜서 추진용 프로펠러로 진행하는 형식의 선박(고속정)이다.

에어 쿠션 보트의 계류시설은 선양장, 에이프런, 폰툰, 잔교 등을 이용하나 선체 특성상 부대설비를 갖추어야 한다.

13.7.2 위치의 선정

- ○ 전면수역이 정온할 것 : 저속시 영향
- ○ 강풍, 횡풍의 영향이 되도록 적을 것 : 저속시 영향
- ○ 다른 선박항행 또는 정박에 지장이 없을 것.
- ○ 에어 쿠션 보트(Air cushin boat)에서 발생하는 소음, 물보라에 의한 항로 및 시설주변에 영향이 적을 것
- ○ 굉음레벨 100dB정도(거리50m) 이므로 방음벽 설치고려.

13.7.3 발착시설

가. 일 반

에어 쿠션 보트(Air cushion boat)의 발착시설은 경사로, 부두 뜰, 여객승강시설 등을 설치하고, 필요시 조명설비, 격납고, 방음벽, 급유시설 및 기타시설 등을 설치해야 한다.

나. 경사로

경사로의 구조는 선양장 시설에 준하여 계획한다.

경사로의 폭은 보트의 횡이동을 고려하여 결정하며, 3B(B=보트 폭)로 한다.

경사로의 경사는 여객의 편안감, 보트의 성능, 용지이용 등을 고려하여 결정하며, 보통 S=1:10이하로 한다.

다. 부두뜰

- ○ 폭 : 경사로 폭
- ○ 길이 : 2B
- ○ 2선 이상 동시 이용 : 대피공간을 부두뜰 측방에 설치
- ○ 급유시설 설치시 : 주위에 측구설치
- ○ 포장 : 콘크리트 포장
- ○ 부대시설 : 계류용 앵키

라. 격납고

- ○ 설치위치 : 보트의 정비, 황천시 대피를 고려하여 부두뜰에 접속
- ○ 폭 : 1.5B(B=선폭)
- ○ 길이 : 1.2L(L=선장)
- ○ 높이 : 보트 부상높이 + 0.5m

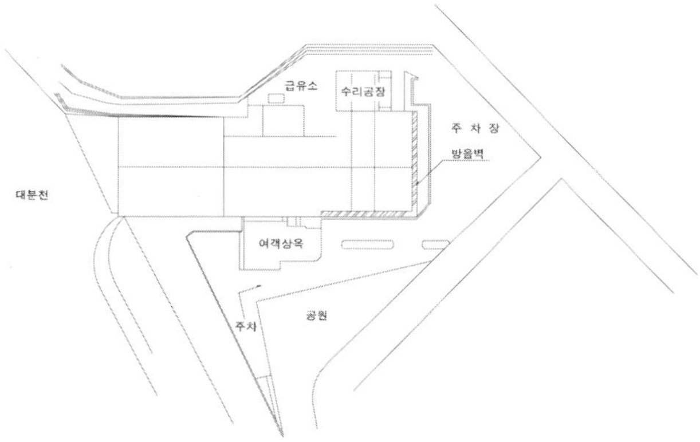

에어 쿠션 보트(Air cushion boat)접안시설 배치 예(일본)

제14장 · 부속설비

14.1 방충설비

14.1.1 일 반

가. 방충설비의 필요성

선박의 접안시 및 계류시 선체와 접안시설간의 충격력이나 마찰력이 작용하므로 선체와 구조물의 손상을 방지하기 위하여 접안시설에 방충설비가 필

요하다.

나. 방충설비 종류

고무방충재, 공기방충재, 거품(Tom)식 방충재, 수압식방충재, 유압식방충재, 중력식방충재, 말뚝식방충재, 목재방충재 등이 있다.

다. 순 서

방충재의 계획은 일반적으로 다음과 같은 흐름으로 수립한다.

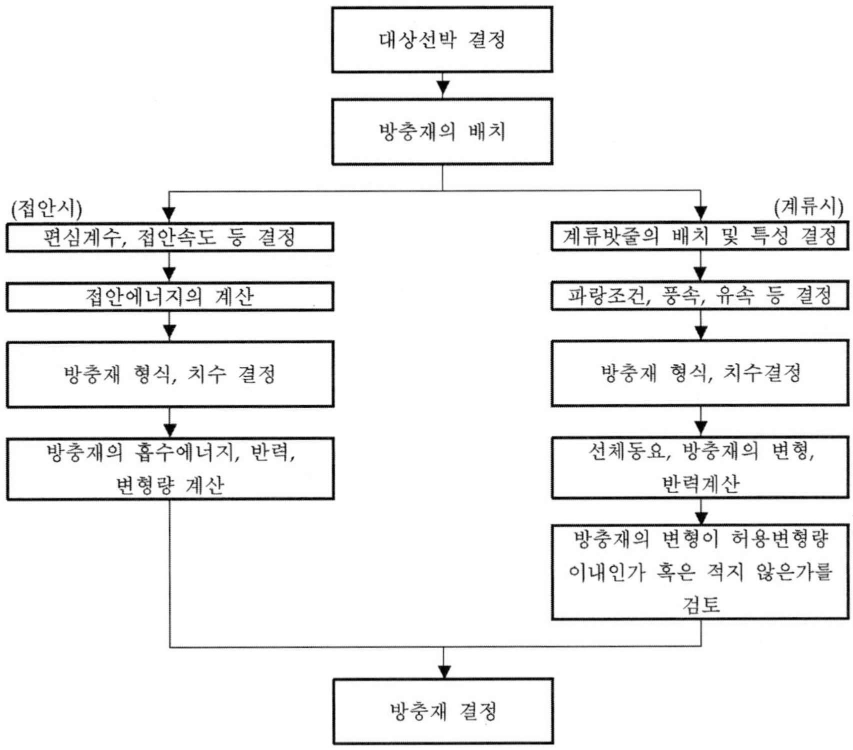

방충재의 계획순서

14.1.2 방충재의 배치

가. 일 반

방충재의 배치는 방충재가 선박의 접안에너지를 흡수하기 전에 선박이 직접 안벽시설에 닿지 않도록 배치한다.

나. 방충재 배치 간격

$$2L = \sqrt{r^2 - (r-h)^2}$$

여기서, h : 선박접안시 방충재 높이(m)

r : 선체곡선부의 곡률변경(m)

○ 고무방충재 : 5～20m

○ 목재방충재 : 8～13m

다. 방충재 배치시 유의사항

소형선과 병행 접안하는 대형 안벽은 방충재 중간에 소형선용 방충재를 배치하고, 대형선박용 방충재보다 어느 정도 뒤에 설치해야 한다.

잔교 등과 같이 선박의 접안력이 설계하중이 되는 안벽은 배치에 특히 주의해야 한다.

조위차가 큰 곳, 파랑영향이 있는 곳은 선박이 방충재 밑에서 밀어올리는 위험이 있으므로 설치높이에 유의해야 하며 방충재를 횡이나 종으로 배치한다.

14.1.3 선박의 접안에너지

$$E_f = \frac{W_s V^2}{2g} \times Ce \times Cm \times Cs \times Cc$$

여기서, E_f : 선박의 접안에너지(t · m)

g : 중력가속도(= 9.8m/sec^2)

W_s : 선박의 배수량(t)

V : 선박의 접안속도(m/s)

Ce : 편심계수

Cm : 가상질량 계수

Cs : 유연성 계수(1.0을 표준)

Cc : 선석의 형상계수(1.0을 표준)

14.1.4. 방충재의 선정

가. 방충재 선정시 고려사항

- 안벽구조의 특성 및 이용선박
- 파랑의 영향을 받는 안벽에서는 계류중인 선박의 동요 및 접안각도 등 선박의 접안상황
- 선박의 접안시 발생하는 방충재 반력이 안벽구조에 미치는 영향
- 제조상 오차, 동적인 특성, 온도특성 등에 의한 방충재의 물리적 특성치의 변동폭

나. 방충재 선정기준

- 조위에 관계없이 항상 접안가능
- 조선자의 안정감 확보
- 인근 부두와의 조화 및 미관
- 최대 에너지 흡수와 최소반력 발생
- 선박과의 마찰로 인한 손상방지
- 내구성이 우수하고 유지보수 용이

다. 방충재의 선정

- 너울(Swell)이 큰 항만 : 가동식 방충재 선정
- 잔교 및 돌핀 구조 : 경제성 보다는 성능이 우수한 방충재 선정
- 중력식 및 널말뚝식 안벽 : 유지관리 고려 선정

14.2 계선주와 계선환

14.2.1 일 반

접안시설 상부공에는 선박이 안전하게 계류할 수 있도록 계선주 또는 계선환 등을 설치한다.

14.2.2 배 치

가. 배치기준

직주는 폭풍시에 선박을 계류하기 위하여 선상 양끝부분에 수제선에서 되도록 멀리 배치한다. 곡주는 평상시 선박의 계류나 이·접안에 사용할 수 있도록 선석의 수제선 부근에 배치한다.

나. 곡주의 배치

곡주의 간격과 1선석당 최소 설치개수는 다음 표의 값을 표준으로 하고 연속된 선석의 접속부는 2개의 곡주를 가까이에 배치한다.

다. 직주의 배치

직주는 선체의 횡방향 힘에 대해서 충분히 저항할 수 있도록 선축과 계류밧줄이 이루는 각이 가능한 직각이 되도록 배치하고, 1선석에 2개를 설치한다.

곡주의 배치

대상선박 총톤수	곡주의 최대간격(m)	1선석당 최저설치개수(개)
2,000미만	10~15	4
2,000이상 5,000미만	20	6
5,000이상 20,000미만	25	6
20,000이상 50,000미만	35	8
50,000이상 100,000미만	45	8

선수색(船首索)과 선미색은 선축방향의 선박동요를 방지하기 위하여 선축과 이루는 각은 25~35°이하가 되도록 배치한다.

○ 직각의 경우

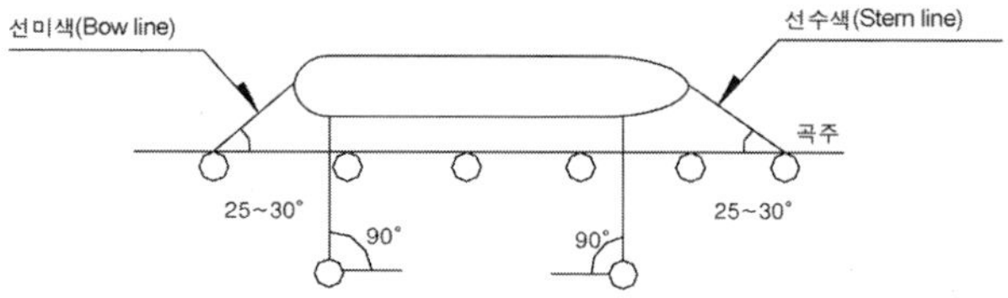

○ 45°의 경우

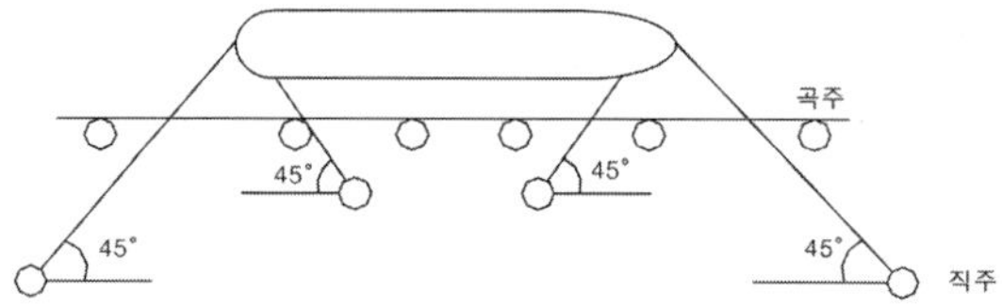

직주와 계류색이 이루는 각도

라. 계선환의 배치

소형 안벽에는 작은 선박이 계류하므로 계선환을 설치하며, 조위를 감안하여 높이를 결정한다.

계선환의 간격은 5~10m 정도로 한다.

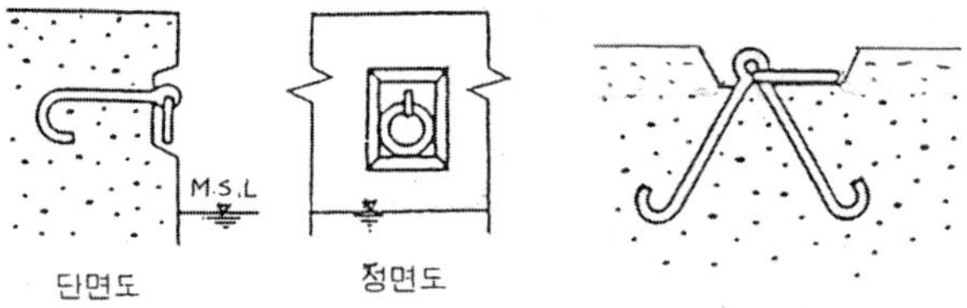

물양장전면 설치(예)　　상치콘크리트 상부설치(예)

14.2.3 대상선박의 견인력

대상선박의 견인력은 계선주에 작용하는 힘에 의하여 선정한다.

선박의 총 톤수	직주에 작용하는 견인력(t)	곡주에 작용하는 견인력(t)
10,000톤이상~15,000톤이하	100	70 (35)
15,000톤이상~20,000톤이하	100	70 (35)
20,000톤이상~50,000톤이하	150	100 (50)

14.2.4 구 조

가. 재 질

- ㅇ 대형 : 주강
- ㅇ 소형 : 주철, 강판, 철근콘크리트

나. 견인력과 계선주의 직경과의 관계

기둥직경(cm)	15	20	25	30	35	40	45	50	55
견인내력(t)	5	10	20	35	50	70	100	120	150

다. 계선주의 치수

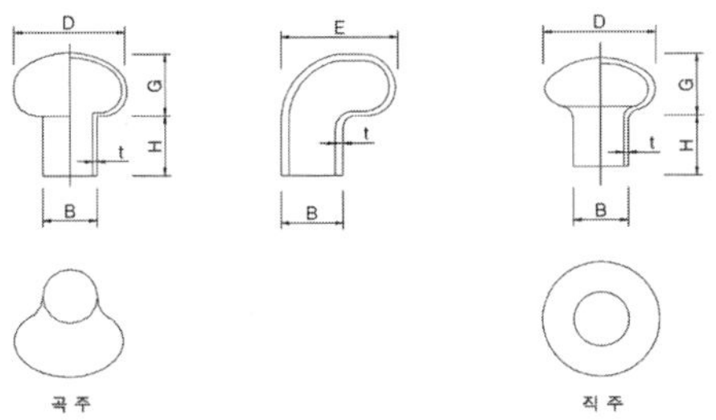

계선주 각부의 형상

ㅇ곡주

D=2.0B, E=2.0B

H=1.0B, G=1.0B

t=0.1B

ㅇ직주

D=1.5B, H=1.2B

G=0.5B, t=0.1B

ㅇ계선환

D=10~20cm

t=20mm

라. 설치시 유의사항

안벽 전면의 계선주는 견인력에 안전하도록 깊게 묻거나 앵커볼트로 정착시킨다.

계산환에는 부식에 대해서 안전하도록 굵게 만들고, 교체가 용이하도록 설계하여야 하며, 오목한 곳에 설치하는 것이 좋다. 계선환은 부식을 고려하여 스테인레스 재료를 많이 사용하고 있다.

14.3 차막이 및 모서리 보호공

14.3.1 일 반

접안 상부공에서 작업하는 하역장비 및 차량 등의 안전을 도모하고 제차량의 정지선을 표시할 목적으로 차막이를 설치하며, 계류색이나 자연현상에 의한 콘크리트의 모서리 파손을 방지하기 위한 목적으로 모서리 보호공을 설치한다.

14.3.2 크 기

- ㅇ차막이 : 150 × 150mm, h = 15~20cm
- ㅇ모서리보호공 : 100×100mm

14.3.3 설치위치

- ㅇ 차막이 : 안벽법선에서 30cm 내측
- ㅇ 모서리보호공 : 안벽 모서리

14.3.4 재 질

재질은 설치 장소의 환경조건에 따라 내구성, 내식성, 내화성, 시공성 및 경제성 등을 종합적으로 비교・검토하여 선정한다.

구 분	철 재	P.E 재	고 무 제 품
차막이	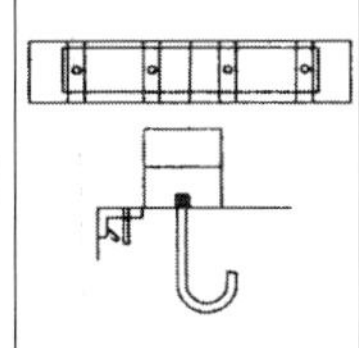	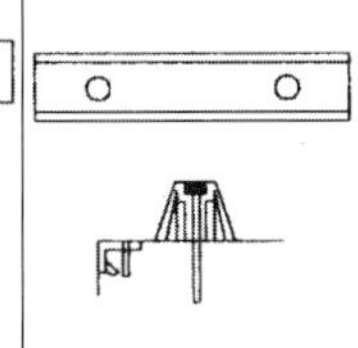	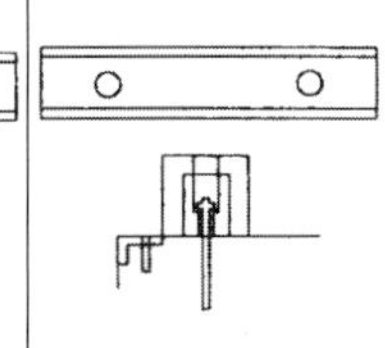
구 분	목 재, 철 재	스테인레스	P.E 재, 고무제품
모서리 보호공	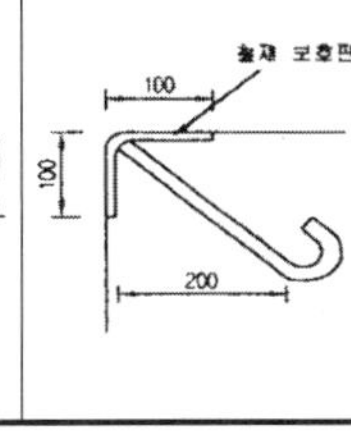	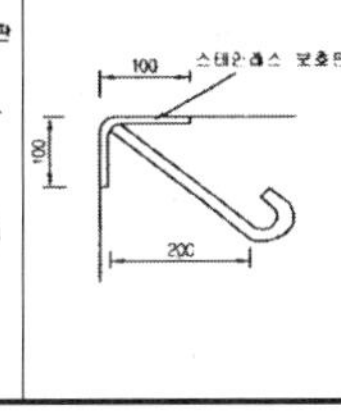	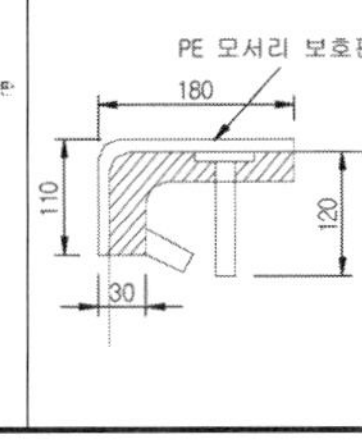

14.3.5 색 채

- ㅇ 차막이 : 노란색과 검정색의 띠모양 띠폭 20cm, 경사각 60° 안전성 고려시 반사광, 발광 디오데(Diode) 등을 설치
- ㅇ 모서리보호공 : 자연색, 검정색

14.4 급・배수설비

14.4.1 급수설비

안벽이나 잔교시설 등에는 선박급수를 위한 급수설비를 한다.

14.4.2 배수설비

우수의 배수구는 가능한 부두 전면으로 배출되지 않고 항외로 배출되도록 고려한다. 하수・오수시설은 분리 처리하며 하수・오수는 처리장을 거쳐 배출되도록 한다.

14.5 조명 설비

14.5.1 적용범위

조명설비는 부두내 야간 하역작업, 선박의 접・이안 및 여객 등이 이용하는 부두의 조명설비를 말하며, 관련기준에 준해서 적절한 조명을 하여야 한다.

14.5.2 기준조도

가. 조명시설 설계기준

- 산업안전보건법
- 주차장법
- KSA3011 조도 기준
- KSA3701 도로조명 기준
- 전기설비기술기준 및 전기공작물(전력설비) 설계 시공표준
- 여객자동차터미널 구조 및 설비에 관한 규칙

나. 옥외조명

옥외조명 설비의 조도는 작업의 종류 및 형태에 따라 안전하게 이용할 수 있도록 정한다.

다. 옥내조명

옥내조명설비의 조도는 작업의 종류 및 형태에 따라 시설을 안전하게 이용할 수 있도록 정한다.

옥외조명 기준조도

구분	시	설	기준조도(lx)
부두	부두뜰	여객, 차량, 플레이져 보트의 접안시설 및 일반화물 컨테이너 선석	50
		플레이져 보트의 사로, 파이프라인으로 위험물을 취급하는 부두뜰	30
		파이프라인, 벨트컨베이어에 의한 단순한 작업의 부두뜰	20
	야적장	컨테이너, 일반화물의 치장 및 화물적하, 이동 야적장	20
	통로	여객 및 차량의 승강구	75
		여객 및 차량의 통로	50
		기타 통로	20
	보안	전 시설	1~5
도로 공원	도로	주요 도로	20
		기타 도로	10
	주차장	페리용	20
		기타	10
	공원녹지	공원로	3

여객터미널, 헛간, 창고의 기준조도

시	설	기준조도(lx)
여객터미널	대합실	300
	여객승강용 통로 및 승강구	100
헛간, 창고	어선용 선석의 화물처리소	200
	컨테이너 화물 조작장(C.F.S), 자동차 전용헛간	100
	거치른 작업이 따르는 헛간 및 창고	70
	기타의 헛간 및 창고	50

14.5.3 광원의 선정

가. 고려사항

- 효율이 높고 수명이 길 것 : 안정기, 조명기구 고려
- 주위온도의 변화에 대해 안정되어 있는 것 : 효율, 시동 · 재시동 시간 고려
- 광색과 연색성이 양호한 것 : 색온도 고려
- 점등한 후 밝기가 안정될 때까지의 시간이 짧을 것

나. 광원의 종류

부두조명에 사용하는 광원은 백열전구, 형광등, 수은등(조명형, 형광형), 메탈할로겐등 고압 나트리움등, 저압 나트리움 등 들이 있다.

14.5.4 기구의 선정

가. 옥외조명

1) 고려사항

- 방수구조이고, 또 부근에서 대량의 인화성위험물을 취급하는 경우에는 방폭형의 구조로 한다.
- 본체, 반대면, 조명 커버(Cover)의 재료는 양질의 제품을 사용하고 내구성이 뛰어나고, 열화나 부식이 적은 것이어야 하며, 특히 염해에 의한 부식이 적은 것으로 한다.
- 소케트(Socket)는 각각의 광원에 적합한 것이어야 한다.
- 안정기의 내부배선 등은 기구의 온도상승에 견딜 수 있어야 한다.
- 효율이 높은 것을 사용해야 한다.
- 배광은 사용목적에 따라 적절히 제어 되어야 한다.

2) 주요 기구

- 투광기 : 축대칭 배광을 갖고 비교적 좁은 각도에 빛을 집중시키는 기구 철탑, 전주상, 건물의 지붕, 벽에 설치하여 넓은 장소를 조명하는데 적합

○ 도로조명기구 : 주로 8~12m 높이의 전주에 설치하여 조명하는 기구
○ 기타 : 헛간의 처마밑에 직접 달거나 매달림 설치

3) 옥외조명 방법

여객터미널, 헛간, 창고의 기준조도

구분	도로용 전주 조명방법	높은곳에서의 조명방법	헛간에서의 조명방법	현수선 조명방법
방법	• 8~12m 전주에 조명기구를 설치하여 조명	• 15~40m 전주로 적은 기수로 넓은 범위를 조명	• 건축물의 지붕 또는 측벽에 조명기구를 설치하여 조명	• 넓은 간격(60~90m)으로 세워진 전주와 건축물간에 가선을 설치하고 조명기구를 매달림 조명
특성	• 넓은 장소는 다수의 전주가 필요 • 하역작업에 지장 초래 • 소규모 주차장, 헬리승강장 시설	• 범위가 넓은 장소에 적합 • 전주수가 최소 • 야적장, 대규모 주차장	• 전주, 타워(Tower)시설이 불필요 • 경제적 • 조명기구의 보수용이 • 부두뜰에 최적	• 조명기구의 간격 조절 용이 • 조도분포 양호 • 간이시설

나. 옥내조명

1) 고려사항

○ 배광은 사용목적에 따라서 적절히 제어될 수 있을 것
○ 소케트는 각각의 광원에 적합하여야 할 것
○ 안정기, 내부배선 등은 온도 상승에 견딜 수 있을 것
○ 효율이 높을 것

2) 옥내조명 방법

구분	천정에 직접 부착	천정에 매입	천정에 매달림
방법	• 조명기구를 천정에 직접 부착하는 방법	• 천정에 조명기구를 매입하는 방법	• 천정에서 조명기구를 달아내리는 방법
특성	• 경제성 유리 • 시공이 용이 • 창고, 간이 건물	• 미관이 양호 • 경제성 불리 • 대합실, 도로	• 미관이 불리 • 경제성 유리 • 헛간, 창고

14.5.5 조명계획

가. 등구의 설치

조명계획은 조명방법, 조명분포, 조명기구에서의 글레어(Glare), 광원의 연색성 등을 검토하고, 기준조도를 충분히 만족할 수 있는 등기구의 배치가 필요하다.

나. 조도분포

조도기구의 설치간격과 높이의 비를 적절히 해서 양호한 조도분포가 되도록 배려하고, 조명기구가 생물이나 적화물로 그늘이 되는 경우에는 보조조명을 설치한다.

다. 글레어**(Glare :** 눈부심)

과잉의 밝기나 과잉의 밝은 것들 때문에 불쾌감이나 시각의 저하를 일으키는 것과 같은 눈부심을 글레어(Glare)라 한다.

조명설비의 글레어는 선박, 여객 · 작업원에 영향은 주는 글레어가 있으며, 선박항행에 안전 확보를 위해 조명기구의 배광, 설치위치 등을 고려하고, 여객 · 작업원의 시선높이를 고려해서 빛이 직접 눈에 들어오지 않도록 설치한다.

라. 광색 및 연식성

조도가 높은 시설은 연색성을 중시하여 광원을 선택한다.

마. 조명계산 방법

조명은 구하는 계산방법을 광속법과 수정법이 있다.

14.5.6 유지관리

가. 점 검

○ 점등사항 : 1월에 1회 이상
○ 기타(기기류의 손실, 파손상황, 도장의 박리상황) : 6개월 1회 이상
○ 조도측정 :
  • 점등시간이 길고 중요시설 : 6월에 1회 이상
  • 기타시설 : 1년에 1회 이상

나. 청소 및 보수

○ 청소 : 등구내 · 외면의 오염은 일상점검 결과 및 조도측정 결과에 따라 청소
○ 보수 : 점검에서 불량 개소를 발견한 경우에 보수 실시

14.6 기타 부속설비

14.6.1 계 단

가. 계단의 배치

부두뜰 위의 본선하역에 장해가 없도록 가능한 접안시설의 선단이나 연결부에 배치한다.

나. 계단의 규모
- 폭 : 0.7m
- 높이 : 1단 20cm×30cm
- 층계 소단 : (H.W.L+30cm) 상부에 설치(ℓ= 1.5m)
- 설계하중 : 사람들의 승강, 소화물 양·하역

14.6.2 사다리

가. 사다리의 배치

본선 안벽에 설치시는 선박계류에 방해가 없도록 선석과 선석의 접속부, 계선주 설치 개소에 배치한다.

나. 사다리의 규모
- 단폭 : 45cm
- 단간격 : 30cm
- 하단 : L.W.L 이하에 배치
- 난간 : 안벽마루 위 30cm, 법선내측에 45cm 연장
- 설계하중 : 1N(100kg)/m

제15장 · 부두뜰(Apron)

15.1 기본방침

15.1.1 부두뜰의 개념

부두뜰이란 안벽, 잔교 및 물양장시설의 법선과 배후지의 헛간 및 야적장 등과의 사이 상부도로면을 말하며, 에프론(Apron)이라고 한다.

15.1.2 기본방침

부두뜰은 화물을 싣고 내리기 위한 가치, 화물의 반출입, 하역용 차량의 주행 등이 안전하고 원활히 이루어질 수 있도록 소요면적을 유지하여 설치한다.

15.2 부두뜰의 형상

15.2.1 폭 원

가. 일 반

부두뜰의 폭은 접안시설의 규모, 이용형태, 배후의 헛간 또는 창고의 구조, 이용형태 등에 따라 안전하고 원활한 하역이 이루어지도록 적절한 폭으로 계획한다.

나. 표준치수

일반적으로 안벽시설에는 표준적으로 다음 표의 수치가 사용된다.

부두뜰의 폭 표준치

선석 수심(m)	부두뜰 폭(m)
~4.5미만	10
4.5이상 7.5미만	15
7.5이상~	20

다. 잡화부두
- 크레인을 위한 공간, 가치공간, 화물적재공간, 교통로 등을 고려
- 헛간, 지게차(Forklift) 사용 : 15~20m 이상
- 도로, 야적장 인접, 트럭으로 직접하역 : 10~15m 이상

15.2.2 경 사

가. 일 반

부두뜰의 횡단경사는 강우강도 또는 배후의 이용상황 등을 감안하여 하역에 지장이 없는 적절한 경사로 한다.

나. 일반적 기준
- 1~2% 내리 경사
- 물양장, 적설지역 : 급경사
- 부두뜰의 이용상태, 환경측면 : 역경사

15.2.3 포장형식 선정

가. 일 반

포장형식은 노상이하의 토질의 상태, 주변의 포장상황, 하역형식, 경제성, 시공성, 유지관리 등을 종합적으로 고려하여 비교·결정한다.

나. 포장구조의 형식

1) 콘크리트 포장
- 철근콘크리트 포장
- 연속철근 콘크리트 포장
- PC콘크리트 포장

2) 아스팔트 포장

3) 블록(Block) 포장
- 인터 록킹 블록(Inter-rocking block) 포장

다. 포장형식 선정

1) 일반 안벽구조
- 콘크리트포장
- 아스팔트포장

2) 잔교구조
- ○ 콘크리트판 포장(일층식, 이층식)
- ○ 아스팔트 표층 포장

15.3 부두뜰의 침하대책

15.3.1 포장파괴 원인

가. 압밀침하

노상이하 심도에서 매립토의 자체 압밀침하 발생

나. 하부매립토의 누출

안벽 배후의 매립토사가 안벽이음부를 통해서 누출, 뒷채움재료가 압축되어 침하발생

15.3.2 침하대책

가. 누출 방지공 설치

뒷채움사석 배후에 필터층을 두어 매립토사의 누출 방지

나. 뒷채움재의 다짐

포장 하부의 뒷채움 재료는 다짐을 하여 침하방지

다. 간이포장

침하기간이 장기간 일 때는 보수가능한 블록(Block) 포장 고려

15.4 하중조건

포장의 구조검토시 설계하중은 취급화물의 종류, 하역의 형태 등에 따라 트럭, 트럭크레인, 지게차(Forklift), 스트래들 캐리어 등의 하중 및 접지면적을 감안하여 포장두께가 최대가 되도록 설정한다.

15.5 부두뜰 콘크리트포장 계획

15.5.1 설계조건

- ○ 설계하중 : 슬래브 두께가 최대로 되는 하중
- ○ 교통량
- ○ 노상의 지지력 : CBR 및 설계지지력 계수 K75
- ○ 사용재료
- ○ 기타사항

15.5.2 노상의 조사 및 설계

가. **CBR** 시험

채취한 노상토는 19mm이상의 골재를 제외하고 현장함수비 상태로 CBR 몰드에 5층으로 나누어 넣고 각층 56회씩 다지고, 4일간 수침후에 CBR을 구한다. 단, 38mm이상의 골재를 제외할 경우는 현장함수비 상태로 3층으로 각층 92회씩 다진다.

나. **CBR**의 결정

현장조사 및 CBR 시험의 결과로부터 균일한 포장두께로 시공할 설계구간을 결정한 후 지점의 CBR중 현저히 다른 값을 제외하고, 다음 식으로 각 설계구간의 CBR을 결정한다.

$$CBR = 각지점의\ CBR평균치 - \left(\frac{CBR최대치 - CBR최소치}{d_2}\right)$$

CBR 계산용 계수

개수(n)	2	3	4	5	6	7	8	9	10이상
d_2	1.41	1.91	2.24	2.48	2.67	2.83	2.96	3.08	3.18

15.5.3 보조기층 두께 결정

노상의 지지력 계수와 보조기층의 지지력 계수비를 산정 한 후 보조기층 두께의 설계곡선에 따라 계획한다.

콘크리트 포장의 보조기층 표준 노반 두께

설계조건	보조기층 두께(cm)				합계 보조기층두께
노상의 설계 지지력 계수 K30	상층두께		하층두께		
	시멘트 안정처리	입도조 정재료	입도조 정재료	크러셔 런 등	
5이상 7미만	-	40	-	20	60
	20	-	20	-	40
	25	-	-	30	55
7이상 10미만	-	20	15	-	35
	-	20	-	20	40
	15	-	15	-	30
	15	-	-	15	30
10이상	-	20	-	-	20
	15	-	-	-	15

15.5.4 동결지수 및 동결심도

가. 간편식

테라다(Terada)의 제안식으로 개략적인 동결깊이를 산정할 경우 편리하며, 다음표의 동결지수를 이용하여 아래 식에 의해 동결깊이를 구한다.

$$Z = C\sqrt{F}$$

여기서, Z : 동결깊이(cm)

C : 정수

F : 동결지수(℃ · 일)

C 값

F	100	200	300	400	500	600	700
C	3.7	4.1	4.4	4.6	4.7	4.8	4.9

○ 치환깊이 결정 : 0.7Z 또는 경험치

나. 노상 동결관입 허용법

측후소별 지반고, 설계지역 도로지반고의 표고차에 따라 동결지수를 보정한 후 전국 동결지수 도표에서 동결깊이(a)를 구한다.

○ 보정동결지수 = 측후소의 동결지수 ±0.9°F×동결기간(일)×$\frac{표고차(m)}{100}$

○ 치환두께 결정 : 동결 관입깊이와 설계동결지수 상관도표에 의거 비동상재료층의 두께(C)를 구하여 결정

15.5.5 콘크리트 슬래브 설계

가. 설계방법

포장의 설계두께는 이론적인 방법, 경제적, 통계적방법 등 많은 설계방법이 제안되고 있으며, 이들 중 사용빈도가 높은 포장설계법은 다음과 같다.

아스팔트 포장	콘크리트 포장
• TA법 • AASHTO Interim guide method (1972) • AASHTO 개정판(1986) • 본편 부두뜰 : 항만에 적용 • 기타	• TA법 • 콘크리트포장요강 설계법 • AASHTO Interim guide method (1981) • AASHTO 개정판(1986) • 본편 부두뜰 : 항만에 적용

나. 콘크리트 슬래브 두께

콘크리트 슬래브 두께와 휨응력도와의 관계도표에 의하여 슬래브 두께를 결정하며, 휨응력도는 바켈공식 또는 아링톤공식으로 산출한다.

부두뜰 콘트리트 슬래브 표준 두께

설계하중의 분류	슬래브 두께(cm)
CP_1	20
CP_2	25
CP_3	30
CP_4	35
잔교슬래브상	10

15.5.6 보강철근

가. 필요성

콘크리트 슬래브는 온도, 습도 등 환경적 변화, 슬래브 저면 마찰, 시공시 수화작용에 의하여 응력이 발생하고 균열을 수반한다.

이를 완화시키고 조절하기 위하여 가로 · 세로 방향의 줄눈부를 설치하여 인위적으로 유도하고, 줄눈부에서 연속성과 하중 전달을 유지하기 위한 하중 전달 장치(다우웰바), 타이바, 줄눈재를 설치하거나 (JCP, JRCP) 콘크리트 슬래브 단면 내에 가로 · 세로 방향으로 보강철망 또는 철근을 설치하여 균열 간격, 균열폭을 조절하는 기능을 갖도록(CRCP, JRCP) 한다.

나. 보강철근을 사용하는 경우(철근콘크리트포장)

콘크리트 슬래브내에 사용되는 보강 철근은 충분한 부착력을 발휘할 수 있도록 이형표면을 가진 이형봉강철근을 사용한다.

다. 철망을 사용하는 경우(무근콘크리트 포장)

○ 철망의 폭 : 콘크리트 슬래브 폭 -10cm

○ 철망의 길이 : 겹이음 20cm로 수축줄눈 간격사이에 맞도록 결정

○ 철망의 철근량 : 30N/㎡, 6mm의 원형철근 또는 이형철근 사용, 종횡 양방향의 철근 종단면적이 같도록 결정

○ 철망의 매설깊이 : 콘크리트 2단포설 - 슬래브두께×1/3, 매쉬 인스텔러(Mesh installer) 사용 포설 - 5~7cm, 슬래브두께 15cm인 경우 = 슬래브 두께 ×1/2

○ 철망의 종류 : 원형철망(Welded wire fabric : WWF), 이형철망(Deformed wire fabric : DWF)

15.5.7 줄눈

가. 줄눈의 설치 목적

콘크리트 포장의 줄눈은 포장의 팽창과 수축을 수용하므로써 온도 및 습도 등 환경변화, 마찰, 시공시 발생하는 응력을 가능한 한 완화시키고, 온도변화 등의 피할 수 없는 균열을 규칙적으로 일정한 장소로 유도시키는 데 있다.

나. 줄눈의 종류

줄눈에는 수축줄눈, 팽창줄눈 및 시공줄눈 3가지 종류가 있다.

다. 줄눈의 구조

구분	수축줄눈		가로팽창줄눈	시공줄눈
	세로줄눈	가로줄눈		
설치목적	• 맹줄눈(Dunny Joint)이라고도 하며 수분, 온도, 마찰에 의해 발생하는 긴장력을 완화시켜 균열을 억제하기 위하여 설치		• 포장이 팽창할 수 있는 공간을 확보하여 포장좌굴의 원인이 되는 압축응력의 발생을 방지하기 위하여 설치	• 포장 장비의 폭, 포장두께, 시공량 등 시공성을 고려하여 설치
줄눈간격	• 차선구분 위치 • 4.5m이하	• 무근콘크리트 : 6m이하 • 철근콘크리트 ·t>25cm:8m ·t<25cm:10m	• t=15, 20cm ·10～5월:60～120m ·6～9월:120～240m • t=25cm이상 ·10～5월:120～240m ·6～9월:240～480m	• 1일 포장종료시 • 강우시 중지 • 수축줄눈의 예정위치
줄눈구조	• 2차선 폭 시공 : 맹줄눈 구조 • 1차선 폭 시공 : 맞댄 줄눈 구조 • 줄눈폭:6～13m • 줄눈깊이:t×1/3 • 채움부:10mm이상	• 표준:맹줄눈구조 • 강우시:맞댄 줄눈구조 • 카터줄눈:동일단면, 이중단면 • 채움부:13mm 이상	• 주입줄눈재와 줄눈판을 상하에 병용구조 • 주입줄눈재:20～ 40mm • 다우웰바(Dowel bar) ·ϕ=25～32mm ·ℓ=500mm	• 맞댄 줄눈구조 • 줄눈폭:6mm • 줄눈깊이:t×1/3 • 채움부:10mm 이상
구조예시	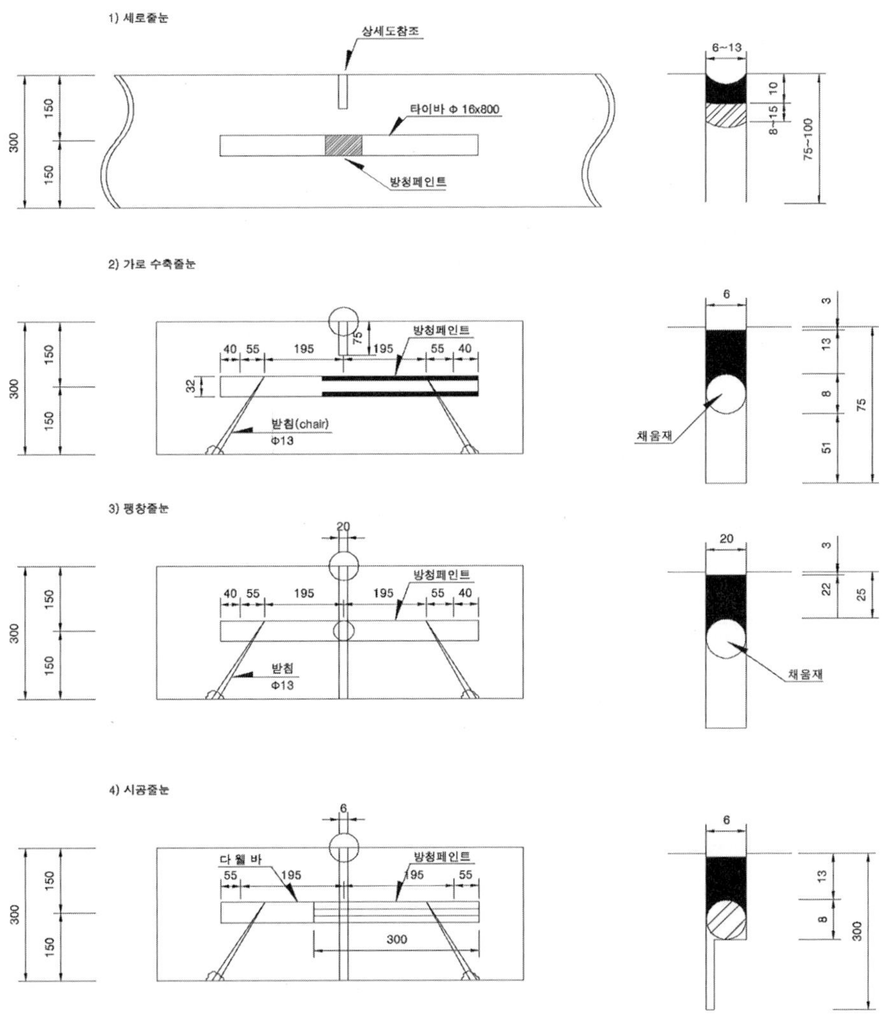			

15.5.8 타이바 및 슬립바

가. 일반

타이바 및 슬립바는 부두뜰 포장상에 주행하중이 종횡구별없이 작용하는 것을 고려하여 적절히 결정한다.

나. 제원 및 설치간격

슬래브의 두께 (cm)	타 이 바			슬 립 바		
	경 (mm)	길이 (cm)	간격 (cm)	경 (mm)	길이 (cm)	간격 (cm)
20	25	130	45	25	50	45
25	25	130	45	25	50	45
30	32	160	40	32	60	40
35	32	160	40	32	60	40

15.5.9 슬래브 외측 보호공

가. 일 반

부두뜰 배면이 비포장구역이나 미시공구역일 때 우수의 침투에 의한 노반의 파괴, 인접구역이 야적장일 때 횡단하중에 의한 슬래브 및 노반의 파괴가 우려되는 개소에는 보호공을 설치한다.

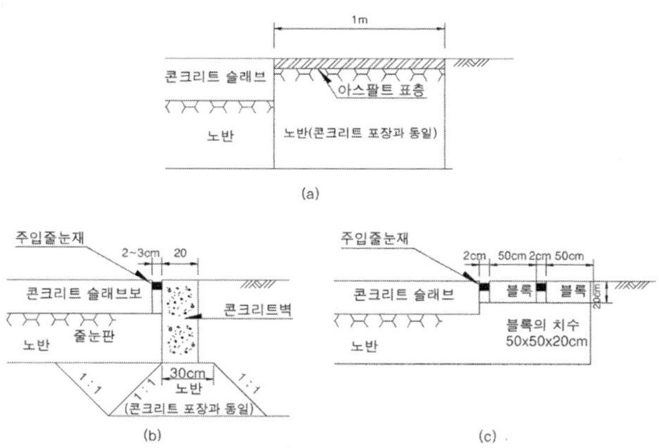

슬래브 외측보호공의 예

15.6 부두뜰 아스팔트포장 계획

15.6.1 설계조건

가. 설계하중은 대상이 되는 하중 가운데 포장두께가 최대가 되는 하중으로 한다.

나. 설계대상이 되는 포장구역의 노반에 대해서는 그 설계 CBR을 구한다.

15.6.2 노상의 조사 및 계획

가. **CBR**시험

채취한 노상토는 40mm이상의 골재를 제외하고, 자연 함수량 상태로 CBR 몰드에 3층으로 나누어 넣어 각층 67회씩 다지고 4일간 침수 후 CBR을 구한다.

나. **CBR** 결정

현장 CBR시험은 노상토가 1년중 가장 습윤한 시기에 시행하며, 곤란한 경우 현장 CBR값을 보정한다.

$$CBR(\text{보정}) = \text{현장}\,CBR \times \frac{CBR(4\text{일간침수})}{CBR(\text{자연함수량})}$$

$$CBR = \text{각지점의}\ CBR\text{평균치} - \left(\frac{CBR\text{최대치} - CBR\text{최소치}}{d_2}\right)$$

- ○ 시료재취 : 안벽 법선 방향 50m마다 1~2개소, 완성노상, 노상토 토취장의 노출면 : 50cm이상 깊이
- ○ d_2 : 콘크리트포장 설계 기준 적용

15.6.3 아스팔트포장의 구성

가. 일 반

아스팔트포장의 구성은 적절히 설정된 노상의 지지력을 바탕으로 포장의 종류에 따라 노반 등의 구성 및 사용재료의 특성을 감안하여 설정한다.

나. 아스팔트포장의 표준구성

- ○ 표층 : ACI, ACII, h_1=5cm
- ○ 기층 : ACIII, ACIV, h_2=5~15cm
- ○ 상층노반 : 입조제, A처리제 I · II, h_3=5~40cm
- ○ 하층노반 : h_4 = 15~70cm
- ○ 합계두께 : H = 35~120cm

15.7 블록포장의 계획

15.7.1 설계조건

- ○ 설계하중 : 블록의 두께가 최대가 되는 하중
- ○ 교통량
- ○ 노상의 지지력 : K_{30}=200N/cm^2(20kgf/cm^2)
- ○ 사용재료 : 콘크리트 $\sigma 28$=450N/cm^2(45kgf/cm^2)
- ○ 기타 : 지지력 계수 산정 침하량은 0.25cm

15.7.2 포장의 구성

가. 일 반

블록포장은 보통 노반 및 콘크리트블록으로 구성되고 노상위에 축조하므로 포장의 구성은 하중 · 교통 · 노상 · 기상조건 및 경제성 등을 고려하여 비교 · 결정한다.

나. 포장의 표준구성

설계조건		블록의 일변길이 (m)	포장의 구성			
설계하중	노상의 설계 지지력계수 $K_{30}(N/cm^2)$		블록의 두께 (cm)	상층노반 입조재 (cm)	하층노반 입상재 (cm)	합계두께 (cm)
BP_1	50이상 70미만	0.9	25	20	30	75
	70이상 100미만	0.9	25	20	15	60
	100이상	0.9	25	20	-	45
BP_2	50이상 70미만	0.8	25	20	30	75
	70이상 100미만	0.8	25	20	15	60
	100이상	0.8	25	20	-	45
BP_3	50이상 70미만	1.1	30	20	30	80
	70이상 100미만	1.1	30	20	15	65
	100이상	1.1	30	20	-	50
BP_4	50이상 70미만	1.2	35	20	30	85
	70이상 100미만	1.2	35	20	15	70
	100이상	1.2	35	20	-	55

15.7.3 줄 눈

블록포장의 줄눈은 블록의 부등침하 등에 대치할 수 있는 구조로 한다.

제16장 · 어항의 계류시설

16.1 일 반

16.1.1 계류시설의 개념

어항법에서 규정한 계류시설은 안벽, 물양장, 계선부표, 계선말뚝, 잔교, 부잔교, 선착장 및 선양장 등으로 어선이 접안하여 양육, 휴식, 보급 등 어업활동을 위해 수제선에 축조하는 시설을 말한다. 그 외에 어항구역내에 시설되는 여객선, 관리선, 해양 위락용 유람선 등을 위한 계류시설도 이에 포함된다.

16.1.2 설계시 고려사항

- 자연상황, 어선의 항행 및 정박 등 주변 수역 및 육역의 이용 현황
- 자연조건, 이용조건, 경제여건 등을 감안한 적절한 구조 및 형식의 선정과 배치 계획
- 자중, 잔류수압, 토압, 파력, 상재하중, 양압력, 어선에 의한 충격력 및 견인력 등에 대한 구조상의 안정성
- 어선의 계류, 어획물의 양육, 자재의 하역, 축양, 증·양식 등 작업의 원활화와 안정성
- 해양 위락 및 관광객의 안전 수송을 위한 보트, 유람선, 낚시배 등 안전한 수송 설비 및 부대공
- 어업관련 작업 등으로 발생하는 오수, 폐수 등의 항내 유입 및 항내 수질 오염방지

16.2 안벽 및 물양장

16.2.1 계류시설의 분류

- 전면수심이 기본수준면 이하 (-)4.5m 이상 : 안벽
- 전면수심이 기본수준면 이하 (-)4.5m 이하 : 물양장
- 어항의 계류시설은 거의가 수심 (-)2m 내외이므로 특정목적이외의 접안시설은 물양장으로 시설된다.

16.2.2 물양장 기능에 따른 분류

- 양육용 : 주로 어획물을 양육할 때 사용
- 출어 준비용 : 출어준비를 위해 어선을 계류
- 휴식용 : 휴식시 어선의 계류
- 보급용 : 급빙, 급유, 급수시 사용
- 특정목적용 : 여객선, 관공선 등의 특정 목적용 선박 계류

16.2.3 선석의 치수

어선의 선석길이 및 선석수심은 이용어선 현황을 조사하여 이용어선이 안전하고 원활하게 이용할 수 있도록 결정하여야 하며, 특정의 대상어선이 없을 경우에는 제2장 어선의 표준선형에 따른다.

16.2.4 계류시설의 소요량 산정

가. 소요량 산정순서

어항시설의 소요량 산정은 일반적으로 다음장과 같은 흐름으로 시행한다. (어항시설의 소요량 산정 순서 참조)

나. 소요연장 산정

1) 양육용 물양장

어선의 조업형태와 하역형태(하역방법, 하역시간) 등을 고려하여 소요연장을 산정한다.

- 접안방법 : 횡접안
- 소요선석수 = $\dfrac{\text{양육척수}\times\text{척당하역시간}}{\text{1일 하역가능시간}\times\text{1항차 소요일수}}$
- 소요연장 = 소요선석수 × 선석연장(1.2L)
  (L : 대상어선 길이)

2) 휴식용 물양장

휴식시 어선의 계류를 위하여 사용되는 물양장으로서 어구, 식료품 등의 선적도 이루어지며, 수심별로 소요연장을 산정한다.

○ 접안방법 : 3열 종접안(수역시설 여건에 따라 조정 가능)

3) 보급용 물양장(준비용 물양장)

급유·급빙·급수 부두를 구분하여 소요연장을 산정한다.

○ 접안방법 : 횡접안

○ 소요선석수 $= \dfrac{\text{보급척수} \times \text{월보급회수}}{\text{회전율} \times 30\text{일}}$

○ 소요연장 = 소요선석수×선석연장(1.2L)

○ 회전율 $= \dfrac{\text{물양장 사용가능시간}}{\text{척당 사용시간}}$

○ 소요연장 $= \dfrac{\text{접안척수} \times 1.15B}{\text{종접안수}}$ (B : 대상어선 선폭)

4) 특정목적용 물양장

순수한 어업활동 이외의 목적으로 이용되는 계류시설로서 어항의 이용실태를 조사하여 소요연장을 산정한다.

5) 대피용 물양장(악천후시)

어항의 이용실태와 어선간의 충돌을 고려하여 소요연장을 산정한다.

○ 접안방법 : 3열 종접안(수역시설 여건에 따라 조정가능)

○ 소요연장 $= \dfrac{\text{접안척수} \times 1.35B}{\text{종접안수}}$ (B : 대상어선 선폭)

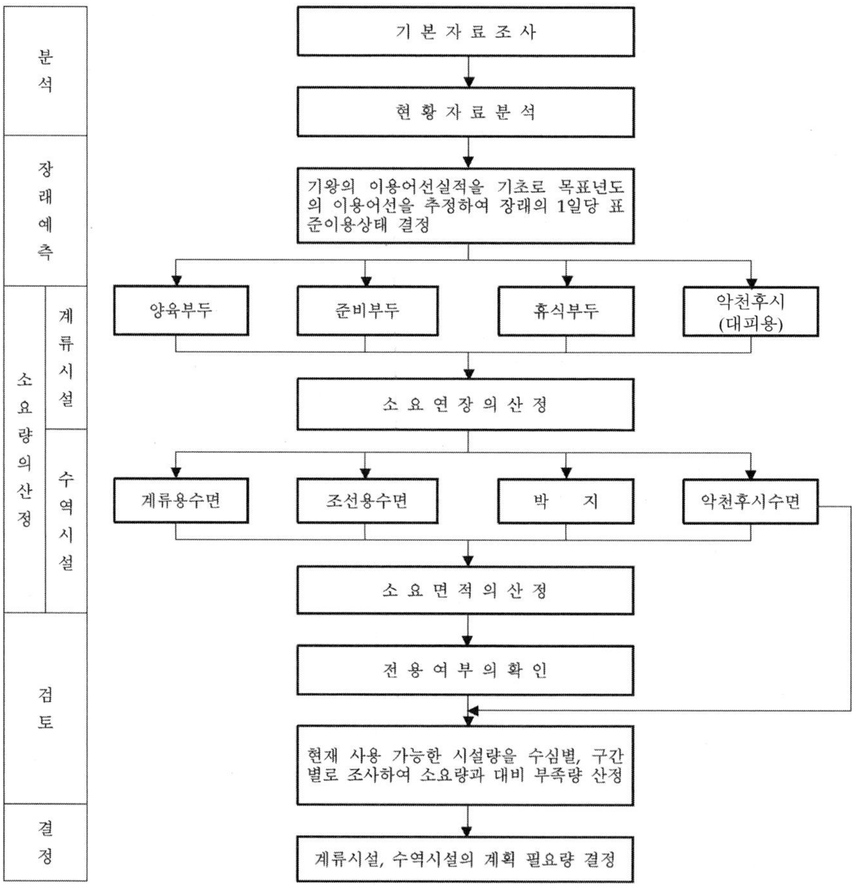

어항시설의 소요량 산정순서

16.3 계류시설의 배치

16.3.1 항내정온도

○ 항구 전면부를 가급적 피한다.

○ 항입구부의 침입파, 방파제에서의 월파 등으로 계류시설에서 반사파가 발생하지 않도록 배치한다.

○ 항내 박지에서 부진동 발생을 억제할 수 있는 소파안벽, 돌제 등의 배치·검토가 필요하다.

○ 항구가 쇄파대내에 위치할 경우 흐름에 평행으로 계류할 수 있도록 배치·검토가 필요하다.

16.3.2 조선(操船)

- ○ 어선의 접 · 이안이 용이하도록 배치한다.
- ○ 항풍방향과 어선이 평행하게 계류할 수 있도록 계류시설 법선과 항풍방향을 직각이 되도록 배치한다.
- ○ 횡방향 바람, 물의 흐름, 직선으로 길게 부두가 연속되는 경우는 중간에 돌제 등을 배치한다.
- ○ 연속되는 계류시설의 중간에 선양장은 설치하지 않는다.
- ○ 수심은 항구부근에 수심이 깊은 계류시설, 항내측으로 갈수록 수심이 얕은 계류시설을 배치한다.
- ○ 돌제식 계류시설을 계획하는 경우 돌제의 길이, 폭은 이용 어선의 길이와의 관계를 충분히 고려한다.
- ○ 돌제를 2개 이상 설치할 경우 전면의 법선은 가급적 일치시키고 간격은 어선의 조선방법을 충분히 고려하여 결정한다.
- ○ 어선은 스크류(Screw)의 회전관계로 우측회전은 용이하나 좌측회전은 곤란하며, 항로통행 방법도 우측통행임에 유의한다.

16.3.3 기능별

- ○ 양육용 물양장은 배후에 위판장, 창고가 위치할 수 있도록 배치되어야 하며, 배후의 진입도로와의 연결에도 유의하여 배치한다.
- ○ 휴식용 물양장은 가능한 한 주거지와 가까워야 하며, 배후에 어구손질 등의 출어 준비를 할 수 있는 공간이 확보되어야 한다.
- ○ 급유용 물양장은 항외측으로 배치하여 일반 물양장과 어느 정도 분리되도록 배치하는 것이 좋다.
- ○ 특히 여객선용 물양장일 경우는 배후의 주차장 부지 확보가 가능한 위치에 배치한다.

16.4 계류시설의 계획

16.4.1 일반사항

가. 접안시설(안벽, 물양장, 잔교, 부잔교)의 계획

어선이용의 집중성, 선박의 다양화 등의 특성을 고려하여 어선의 안전뿐만 아니라 원활하게 이용할 수 있도록 계획한다.

나. 접안시설의 구조형식 선정

설치위치의 토질, 수심, 파랑 등의 자연조건, 해당 시설을 이용하는 어선의 특성 등을 조사하고, 공사비, 공사기간, 시공의 난이 등에 대해서 비교 · 검토한 후에 목적에 적합한 특성을 갖는 구조형식으로 결정한다. 조위차가 심한 지역에 있어서 구조 및 형식의 선정에 있어서는 이용상 지장이 없도록 특히 유의한다.

다. 구조형태

1) 전면 벽체는 어선의 접 · 이안시 적절한 방충구조로 시설한다.

2) 전면 수심은 대상어선의 선석수심 이상이 유지되도록 하고, 전면의 지질이 어선의 프로펠라 등에 의한 토사의 부양, 조류 등에 의한 세굴 영향을 고려하여 시설한다.

3) 마루높이 결정은 설계조위 및 대상선박을 고려하여 기왕의 조위자료를 참고로 하고, 하구인 경우 홍수위 등도 감안하여야 하며, 서 · 남해 안에서의 조위상승현황을 면밀히 검토하여 적절한 방법으로 마루높이를 정해야 한다.

4) 부두뜰(Apron)은 어획물의 양육, 출어준비 등 어업활동에 지장이 없도록 충분한 폭을 유지하고, 차량 등의 이용시 안전하고 신속하게 소통이 되도록 포장을 하는 것을 원칙으로 한다.

5) 잔교 및 강널말뚝구조는 지반조건, 외력에 안전하도록 적절하게 계획한다.

6) 부잔교의 경우 간만의 차에 의하여 적절히 가동이 되고 차량 등이 원활히 통행할 수 있도록 시설하며, 필요시 조절탑을 설치하는 등 적절한 방법을 고려한다.

라. 부속설비

방충재, 계선주, 계선환, 계선말뚝 등은 대상선박에 따라 배치, 치수, 수량 및 형식 등을 결정한다.

마. 기타 설비

안전관리상 필요한 차막이, 조명, 계단 및 사다리, 울타리 등의 기타설비도 고려하여 결정한다.

16.4.2 계획순서

계류시설의 계획은 일반적으로 다음과 같은 흐름으로 시행한다.

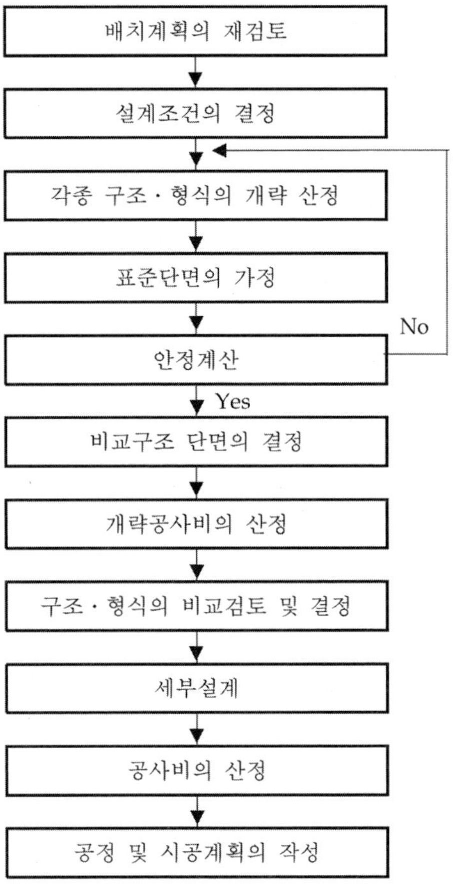

계류시설의 계획순서

16.4.3 계획시 유의사항

○ 물양장 계획은 부속설비를 고려하여 하중을 결정하고 세부설계를 시행한다.

분 류	부 속 설 비
양육용 물양장	• 위판장 • 양육설비(크레인, 포크리프트, 벨트 컨베이어) • 급·배수설비(수도, 펌프, 부두뜰상의 오수처리) • 조명설비 • 소화설비
보급용 물양장	• 급·배수설비 • 급빙설비 • 급유설비 • 급전설비 • 조명설비 • 소화설비
휴식용 물양장	• 조명설비

○ 널말뚝식 접안시설의 타이로드 또는 타이케이블 상에는 구조물의 설치를 피하여야 한다.

○ 부두뜰상에 급수·급유설비를 설치할 경우는 물양장 이용상 지장이 없도록 설계한다.

○ 물양장에 배수구를 설치할 경우는 되도록 어선의 계류장소를 피한다.

○ 부두뜰상에 조명설비의 전주 등을 설치할 경우는 접안시설을 공사할 때 기초를 동시에 시공하도록 고려한다.

16.5 계류시설의 제원

16.5.1 축조한계

접안시설의 전면 및 토우(Toe) 부분의 형상은 어선의 접·이안시 어선과 접촉되지 않도록 다음과 같이 결정한다.

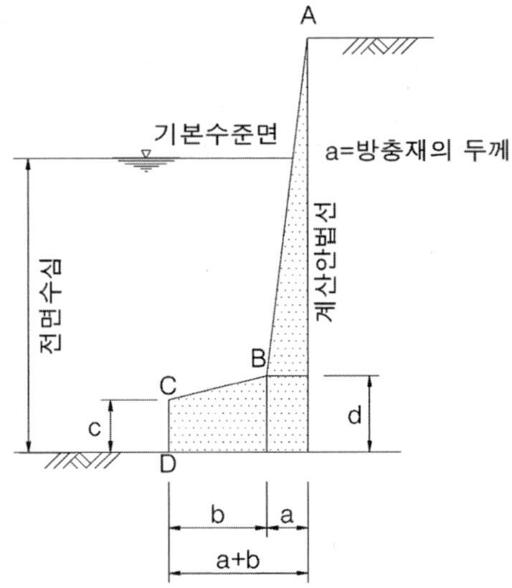

(a) D.L(−)5.0m 이하 접안시설

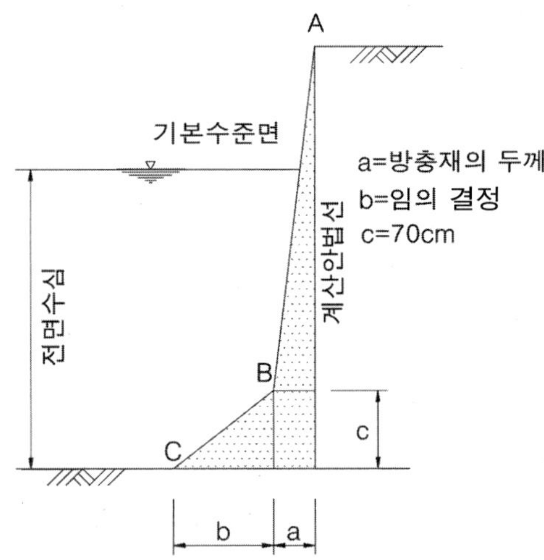

(b) D.L(−)6.0m 이상 접안시설

접안시설의 축조한계

위의 그림 (a)의 bcd와 전면수심의 관계는 다음 표의 값을 표준으로 한다.

축조한계 값

전면수심	(−)3.0m	(−)3.5m	(−)4.0m	(−)4.5m	(−)5.0m
b(m)	1.3	1.5	1.8	2.0	2.4
c(cm)	30	30	35	40	45
d(cm)	50	50	55	60	65

16.5.2 설계수심

가. 설계수심 = 최대어선 만재흘수 + 여유값

나. 여유값

- ○ 해저지반이 경질지반일 경우 0.5m 이상
- ○ 해저지반이 연질지반일 경우 0.5m

16.5.3 마루높이

- ○ 양육장 물양장, 준비용 물양장의 마루높이 : H.W.L + 표의 값
- ○ 휴식용 물양장 마루높이 : H.W.L + 표의 값

접안시설 마루높이

조위차 (H.W.L-L.W.L)	대상어선(G.T) 0~20톤	20~150톤	150~500톤	500톤이상
0~1.0(m)	0.7(m)	1.0(m)	1.3(m)	1.5(m)
1.0~1.5	0.7	1.0	1.2	1.4
1.5~2.0	0.6	0.9	1.1	1.3
2.0~2.4	0.6	0.8	1.0	1.2
2.4~2.8	0.5	0.7	0.9	1.1
2.8~3.0	0.4	0.6	0.8	1.0
3.0~3.2	0.3	0.5	0.7	0.9
3.2~3.4	0.2	0.4	0.6	0.8
3.4~3.6	0.2	0.3	0.5	0.7
3.6이상	0.2	0.2	0.4	0.6
휴식용 물양장 여유치	0(m)	0~0.5(m)	0.5~1.0(m)	1.0(m)

16.5.4 부두뜰(Apron)

가. 부두뜰 폭

부두뜰 폭은 물양장 이용방법, 배후지의 상황 및 물양장 구조 등을 고려하여 결정하며, 가능한 10m이상을 확보한다.

부두뜰

분류		에프론 폭(m)
양육용 물양장	어획물을 전부 헛간에 반입	3.0
	부두뜰상에서 자동차에 의해 직송	10.0
보급용 물양장		10.0
휴식용 물양장		6.0

나. 부두뜰 경사

- ○ 횡단경사 : 1/30~1/50
- ○ 위판시설지역 : 역경사

16.5.5 세굴방지공

접안시설 진면부에 조류속이나 프로펠러 등에 의하여 세굴 우려가 있을 때는 피복석 또는 블록 등으로 접안시설 전면 하부를 보호해야 한다.

16.6 계류시설의 구조형식

16.6.1 구조형식의 선정시 검토사항

- ○ 자연조건 : 지반조건, 파랑, 조위, 조류
- ○ 이용조건 : 어선의 크기 및 종류, 하역물의 종류 및 수량, 하역방법
- ○ 시공조건 : 기상, 해상여건, 주변환경, 해수의 수질
- ○ 공사기간 및 공사비 : 경제성

16.6.2 구조형식의 종류 및 특성

어항에 주로 이용되는 계류시설의 주요 구조형식은 다음과 같다.

조건	중력식 물양장	널말뚝식 물양장	잔교식 물양장	계단식 물양장	부잔교식 물양장
자연조건	• 연약지반의 경우 및 내진구조로서 부적당한 것이 있다. • 수심이 깊으면 벽체의 자중이 증대하므로 비경제적이 된다.	• 경질지반 또는 전석층의 경우는 널말뚝의 타입이 곤란 하다. • 지질이 극히 연약하여 널말뚝의 저항토압이 부족한 경우는 적용이 불가능하다.	• 연약지반의 경우 또는 내진구조에 적합하다. • 경질지반 또는 전석층의 경우는 말뚝타입이 곤란하다. • 파의 충격을 받는 곳에는 상판이 재해를 입는 일이 있다.	• 구조특성은 중력식과 동일하다. • 간만의 차가 큰 곳에서 통상의 형식으로는 어선의 접안, 어획물의 양육에 지장을 초래하는 경우에 사용한다.	• 파랑이 있는 경우에는 부적당하다. • 파력에 대한 저항력이 약하다. • 조위차가 큰 곳, 수심이 깊은 곳에 사용한다.
시공조건	• 시공이 간단하고 경험이 많다.	• 시공장비가 비교적 간단해서 공사를 신속하게 할 수 있다.	• 시공이 간단하고 경험이 많다.	• 중력식과 동일하다.	• 신설, 이설이 비교적 간단하다.
이용조건	• 비교적 견고하기 때문에 어선의 충격에 강하다.	• 유지관리가 필요하다.	• 수평하중에 대해서 비교적 약하다.	• 소형어선을 대상으로 하고, 대형어선의 이용 및 대량 양육을 필요로 하는 곳에서는 부적합하다.	• 어선 등의 충격, 견인력에 대한 저항력이 적다 • 재하력이 적다 • 조위차가 큰 곳에는 소형선의 계류가 용이하다.

16.7 중력식 물양장

16.7.1 일반사항

가. 구조형식의 분류

어항에 주로 사용되는 중력식 물양장의 구조형식은

- ○ 콘크리트 블록식(Concrete block type)
- ○ 콘크리트 셀룰러블록식(Concrete cellular block type)
- ○ 현장타설 콘크리트식
- ○ L형 블록식
- ○ 케이슨식(Caisson type)
- ○ 소파블록식

등이 있으며, 본장에서 설명하는 계획은 이들 모든 중력식 안벽에 적용된다.

나. 구조형식상의 특성

구조형식의 선정은 구조형식상의 특성 및 경제성을 충분히 검토하여 가장 합리적인 것을 선정한다.

중력식 물양장의 구조형식별 특성

구 조	자연 조건	재료 조건	시공 조건	구조 조건
콘크리트 블록식	• 양질의 사력층에 적합하다.	• 재료의 구득이 용이하다.	• 시공이 용이하다. • 제작설비가 간단하다. • 블록제작장을 필요로 한다.	• 배후의 강력한 토압에 견딜수 있다.
셀룰러 블록식	• 양질의 사력층에 적합하다.	• 제체의 속채움 재료에 의해서 공사비가 절약되는 점이 유리하다.	• 시공도 빠르고 시공설비도 대규모의 것을 필요로 하지 않는다. • 대용량에 비해 경량이다.	• 대형 물양장에 콘크리트 블록식보다 유리하다.
현장타설 콘크리트식	• 지반이 암반같은 경우에 적합하다. • 정온한 장소가 아니면 시공이 곤란하다.	• 제작장이 필요치 않다.	• 현장에서 직접 시공할 수 있기 때문에 복잡한 시공설비를 요하지 않는다.	• 암반의 경우는 저면의 마찰계수를 크게 하는 것이 가능하여 단면을 축소할 수 있다.
L-형 블록식	• 다른 형식에 비해 지반이 불량한 곳에는 사용이 불가능하다.	-	• 거치시 대형 기중기선을 필요로 한다. • 제작장을 필요로 한다.	• 토압에 저항하는 중량으로 토사 또는 사석을 이용할 수 있다.
케이슨식	• 설치수심이 깊은 경우에 사용된다.	• 속채움 재료를 싼값으로 구입할 수 있는 곳에는 공사비를 절약할 수 있는 점이 유리하다.	• 해상작업일수를 단축할 수 있다. • 대규모의 제작설비 또는 장비를 요한다.	• 대형 단일구조로 할 수 있다.
소파블록식	• 진입파, 반사파 등의 영향으로 보통의 직립벽으로는 항내 정온도를 기대할 수 없는 경우에 적합하다. • 부진동 등 주기가 긴 수면 변동에 대해서는 효과가 적다.	- 재료구득이 비교적 용이하다.	• 제작장을 필요로 한다.	• 마루높이가 고정되어 있는 경우에 H.W.L보다 위의 소파부가 적으면 만조시에는 소파효과를 별로 기대할 수 없다.

16.7.2 벽체에 작용하는 외력과 하중

제3장 중력식 구조물의 기준에 준한다.

16.7.3 안정계산

제3장 중력식 구조물의 기준에 준한다.

16.7.4 기초공

가. 기초가 사질지반일 경우

- ○ 기초사석의 소요폭은 다음 그림과 같이 결정한다.
- ○ 원지반상은 사석부 활동을 검토하여 결정 한다.

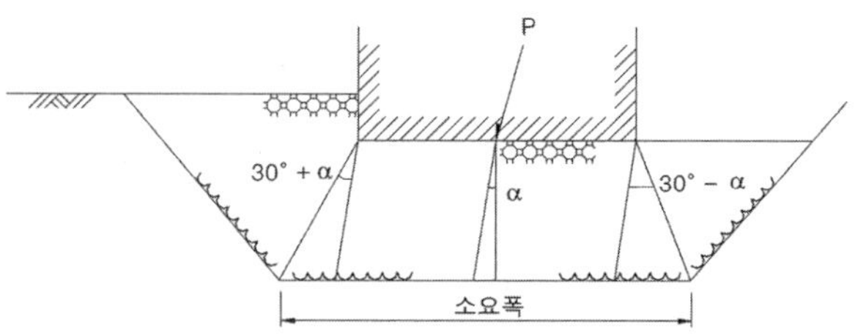

기초사석의 소요폭

나. 기초가 암반일 경우

- ○ 수중 또는 주입 콘크리트의 경우 : 암반 표면을 고르고 콘크리트를 타설한다.

○ 연암의 경우 : 얕게 굴착하여 벽체 콘크리트 타설
○ 암반 일부를 벽체로 이용하는 경우 : 0.5m이상 콘크리트 타설

16.7.5 뒷채움공

○ 사석은 쇄석을 사용하며 규격은 0.01m^3~0.003 m^3급으로 가능한 면이 거칠은 것을 사용한다.
○ 뒷채움 배면에는 매립토의 유출방지를 위하여 필터층을 시공하고 그 위에 필터 매트를 부설한다.
○ 제체 배후를 펌프 준설선으로 매립하는 경우는 필터 매트를 부설하고, 내외 수위차에 의한 매트(Mat)의 고정을 위하여 토사 또는 사석으로 성토한다.
○ 뒷채움의 토압감소 정도는 제3장 중력식 구조물의 효과를 고려하여 검토한다.

16.7.6 상부공

○ 상부콘크리트의 마루폭은 1.0m이상, 배면경사는 1:0.5를 표준으로 하고, 방충재, 계선주, 차막이, 계단 등의 부대설비 설치를 고려하여 단면을 결정한다.
○ 상부콘크리트의 이음부는 균열조절을 위해 10~15m 간격으로 이음조인트(Joint)를 둔다.
○ 벽체의 침하가 예상되면 침하가 안정된 후 상치 콘크리트를 시공한다.

16.7.7 부두뜰 포장

부두뜰 포장은 제16장 포장형식 선정기준에 준하여 설계한다.

16.8 널말뚝식 물양장

16.8.1 일반사항

가. 구조형식의 분류

어항에 이용되는 널말뚝식 접안시설의 구조형식은 보통 널말뚝식, 자립 널말뚝식, 경사 널말뚝식, 선반식 널말뚝식 등이 있으며, 설계방법은 제4장 널말뚝식 구조 기준에 준한다.

나. 구조형식의 특성

구조형식의 선정은 구조형식상의 특성 및 경제성을 고려하여 합리적인 형식을 선정한다.

널말뚝식 접안시설의 특성

분 류	자 연 조 건	시 공 조 건	구 조 조 건
보통 널말뚝식 물양장	• 경지반 또는 호박돌 섞인 지반에는 적합하지 않다. • 아주 연약한 지반에는 성립하지 않는 경우도 있다.	• 타이로드(타이 케이블)를 설치, 배후를 매립할 때까지의 과정은 불안정하다. • 시공 순서가 약간 복잡하다.	• 버팀공을 설치하기 위해 배후에 여유가 필요하다. • 현지반이 얕고, 버팀벽의 시공이 용이한 경우에 유리한 구조이다.
자립식 널말뚝 물양장	• 경지반 또는 호박돌 섞인 지반에 적합하지 않다. • 아주 연약한 지반에는 성립하지 않는 경우도 있다. • 구조가 간단하여 시공도 단순하고 또 접안시설의 배후가 협소한 경우 등에는 유리한 구조이다.	• 다른 형식에 비해서 시공이 간단하다.	• 대수심 접안시설에는 구조가 성립되지 않는다. • 두부변위가 비교적 크게 된다. • 구조가 가장 간단한 반면 널말뚝의 단면 및 근입깊이가 크게 된다.
경사 말뚝식 널말뚝 물양장	• 경지반 또는 호박돌 섞인 지반에 적합하지 않다. • 연약지반에는 성립하지 않는 경우도 있다.	• 시공이 약간 어렵다.(경사버팀말뚝) • 두부의 연결후는 시공중의 안정도가 크고 공정관리가 용이하다. • 배후가 비교적 협소한 경우에도 시공이 가능하다.	• 점성토 지반중에 있어서 경사버팀말뚝의 응력계산이 복잡하다. • 경사말뚝의 강성이 토압의 일부를 부담하기 때문에 널말뚝의 단면 및 근입깊이를 작게하는 것이 가능하다. 단, 버팀말뚝의 길이는 길게 된다.
선반식 널말뚝 물양장	• 경지반 또는 호박돌 섞인 지반에 적합하지 않다. • 보통 널말뚝식이 성립하지 않는 경우에도 성립하는 일이 있다. • 연약지반에는 성립하지 않는 경우도 있다.	• 공사가 많은 공정으로 나누어져 시공이 복잡하다.	• 선반 위의 하중을 말뚝이 지지하므로 널말뚝에 걸리는 토압을 경감 할 수 있다. • 연약층이 두꺼운 장소나 혹은 대수심 접안시설에 사용된다.

16.8.2 널말뚝의 종류 및 특성

가. 강널말뚝

종 류	형 상	특 성
U형 널말뚝	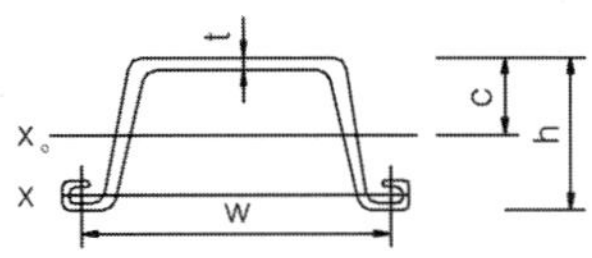	• 단면이 U형으로 현재 국산널말뚝의 단면계수(Z)는 874～3,150cm^2/m의 범위이다.
Z형 널말뚝	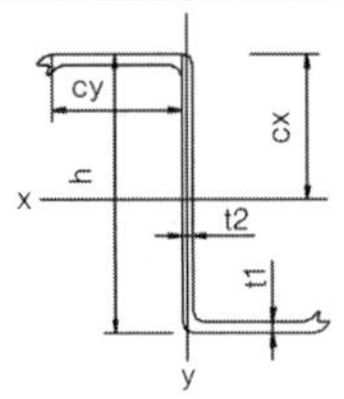	• 단면이 Z형으로 전단력 최대의 단면에 이용이 되고, 단면계수가 U형에 비해 크다는 특성이 있으며, 단면계수는 2,510～4,550cm^2/m의 범위이다.
직선형 널말뚝	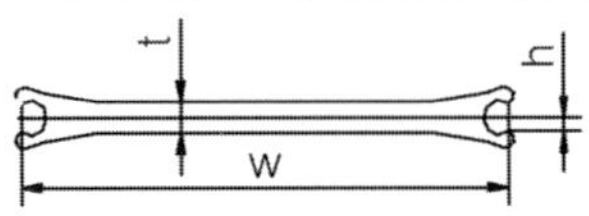	• 단면이 직선형으로 셀(Cell)용으로 사용된다.
경량 널말뚝		• 단면계수가 작고 소형계선 또는 가설공사에 상용된다. • 단면계수는 27.2～5.8cm^2/m의 범위이다.
강관 널말뚝	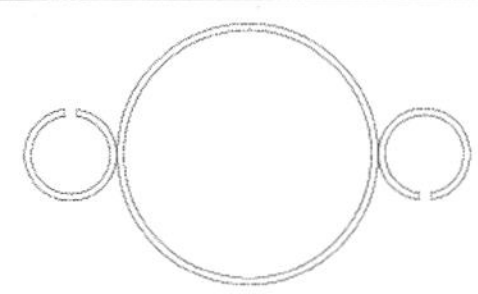	• 강관에 이음쇄를 붙인 것으로 보통 강널말뚝보다는 큰 단면계수(2,230～36,500cm^2/m)의 것이 있다.
박스(BOX)형 널말뚝	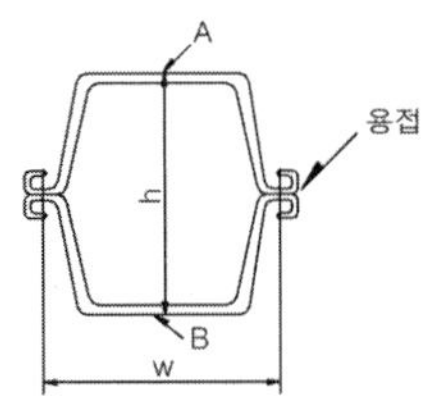	• U형 강널말뚝을 2장을 맞물려 조합한 것으로 그 합친 이음쇄를 용접한 다음에 차례차례로 맞물려 타입하므로서 강도를 크게 한 것이다. 단면계수는 1,520～7,240cm^2/m의 범위이다.
H형 널말뚝	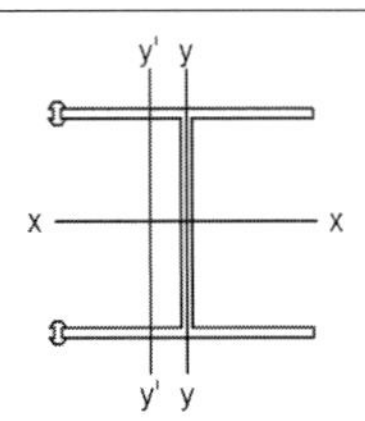	• 단면이 H형으로 단면계수가 상당히 크다, 단면계수는 498～7,420 cm^2/m 것이다.

제7편

나. 콘크리트 널말뚝

종 류	내 용	비고
T형 벽체말뚝	• 단면이 T형으로 내구성 및 수밀성이 양호하며, 편심프리스트레스의 도입으로 저항모멘트가 크다. 단면이음은 3,785～18,996c㎥/EA의 범위이다.	국내 생산
π형 벽체말뚝	• 단면이 π형으로 T형과 특성이 같으며, 단면이음이 5,120～32,234c㎥/EA의 범위이다.	국내 생산

16.9 잔교식 물양장

잔교식 물양장의 계획은 제8장 잔교식 구조물의 기준에 준한다

16.10 계단식 물양장

16.10.1 일반사항

가. 적용범위

계단식 물양장의 구조특성은 일반 중력식 안벽과 동일하나 조위차가 큰 어항에서 조위차로 인한 어선의 계류, 어획물 등의 양육을 조위의 영향을 받지 않도록 구조물 상부, 또는 일정구간을 계단구조로 시설하고 있으며, 계류시설의 법선 방향과 계단의 설치 방향에 따라 횡계단, 종계단으로 구분한다.

구조물의 설계는 벽체부와 계단부의 설계로 구분하여 시행하고, 벽체부의 설계는 제3장 중력식 구조

물 및 제4장 널말뚝식 구조물의 설계적용에 준한다.

계단식구조 물양장은 우리나라의 경우 남해안 일부 어항과 서해안의 대부분 어항에서 시설되고 있으며, 조위차가 3.5~4.0m 이상이 되면 계단식구조의 적용을 검토해야 한다.

나. 계단식 물양장의 종류

- ㅇ 물양장 전구간에 횡계단을 설치하는 경우
- ㅇ 물양장 일부 구간에만 횡계단을 설치하는 경우
- ㅇ 물양장 일부에 종계단을 설치하는 경우
- ㅇ 물양장 일부에 횡계단을 설치하고, 그 중간 일정구간에 종계단을 설치하는 경우

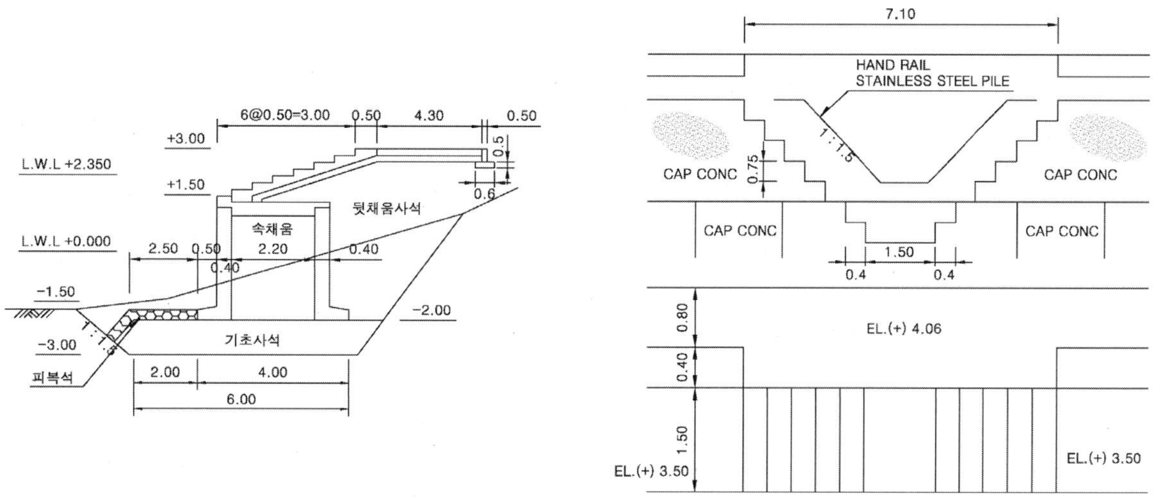

횡계단식 · 종계단식 물양장 (예)

16.10.2 벽체의 계획

가. 마루높이

벽체의 마루높이는 설치장소의 평균해면(MSL)이하로 하고, 조위, 이용어선의 크기, 어획물 양육형태 등의 조건을 감안하여 결정한다.

나. 안정계산

안정계산은 본편 제3장 중력식 구조물, 제4장 널말뚝식 구조물 등과 동일하며, 설계외력 중 토압 및 잔류수압에 대해서만 계단부의 설치를 고려하여 다음과 같이 적용한다.

1) 토압 및 잔류수압

계단부가 낮은 경우	계단부가 높은 경우
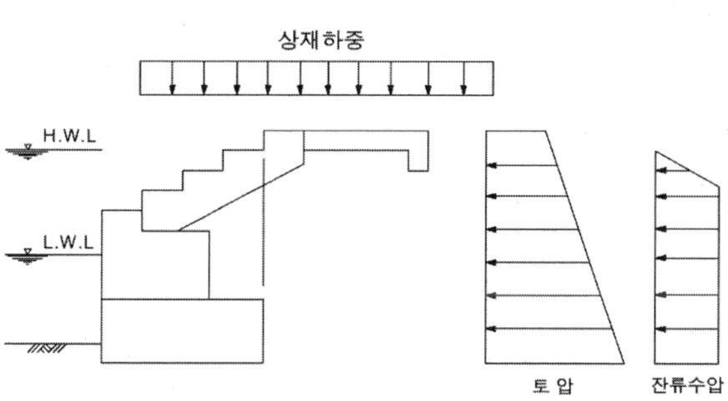	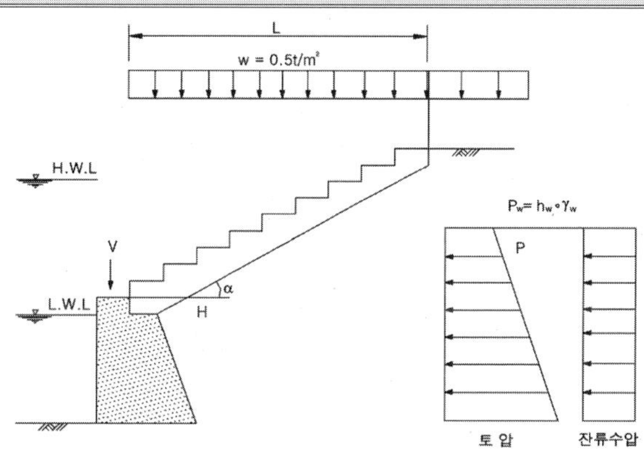
• 계단부는 벽체로 보고 계산 • 잔류수압은 중력식 구조물 기준 적용	• 지표면 경사의 토압을 적용 • 계단부 활동에 따른 V, H력 가산 V=W(sinα-μcosα)sinα, W=2wL H=W(sinα-μcosα)cosα • 잔류수압은 본 기준을 적용 • 경사부분의 주동토압 $P_A = K_A(rh + \frac{200}{\cos\alpha})$ 여기서, α : 계단식의 경사각(°) K_A : 주동토압계수

경사부의 주동토압 계수

cotα \ φ	25°	30°	35°	40°
2.5	0.60	0.46	0.36	0.28
2.0		0.55	0.40	0.30
1.5			0.56	0.34

2) 상재하중

○ 계단 및 부두뜰 부분 : 0.5t/m^2

○ 계단부 하중 : 미고려

16.10.3 계단의 설계

계단의 표준치수는 다음 그림을 참조한다. 무근콘크리트의 경우에는 높이를 최소 25cm로 하고 더 얇은 경우 철근으로 보강한다. 물양장의 경사는 1:1.5정도가 표준이다.

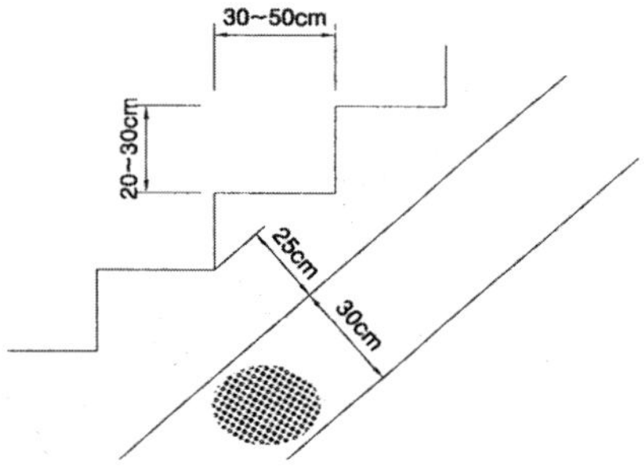

계단부의 표준치수

16.11 부잔교

16.11.1 일 반

부잔교는 조위차가 큰 곳, 파랑이나 조류의 유속이 적은 곳에 적합한 계류시설이다. 일반적으로 조류속 V=0.5m/sec이하, 파랑은 1.0m이하인 지역에 설치하고 있다.

16.11.2 부잔교의 형식

가. 계류방식에 의한 분류

1) 계류쇄**(Chain)** 방식

일반적으로 사용되는 형식으로서 계류쇄에 의해 폰툰을 계류하는 방식

2) 계류말뚝 방식

계류쇄 대신에 계류말뚝으로 폰툰을 계류하는 방식

나. 물양장과의 배치에 의한 분류

1) 횡접안식 : 부잔교식, 물양장 전면 보조식

2) 종접안식 : 돌제식 - 연락교 부설 돌제식

다. 연락교 형식에 의한 분류

○ 사로식

○ 계단식

○ 가변각 계단식

라. 기 타

○ 부함의 재질에 의한 분류

○ 부함과 계선말뚝과의 연결방식에 의한 분류 등

16.11.3 연락교 및 도교

연락교 및 도교의 계획은 제9장 부잔교의 설계사항에 준한다.

16.11.4 폰툰의 설계

폰툰(부함 : Pontoon)의 계획은 제9장 부잔교에 준한다.

어항에서 사용하는 폰툰은 길이 10~30m, 폭 5~10m, 높이 2~4m 규격을 많이 시용하고 있다.

16.11.5 계류쇄와 앵커의 설계

가. 계류쇄 방식

계류부의 설계는 제9장 계류시스템의 사항에 준한다

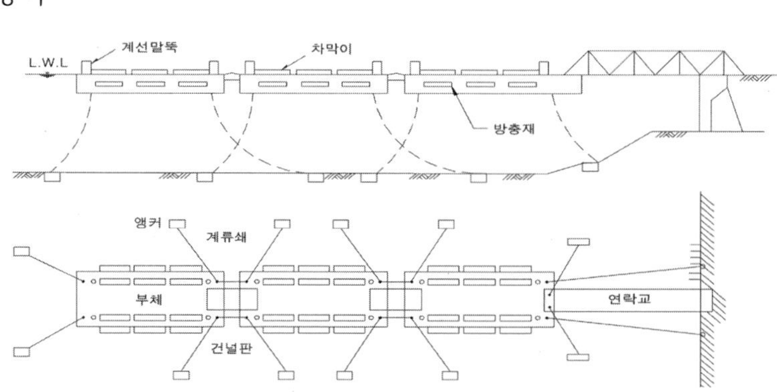

계류쇄 계류방식

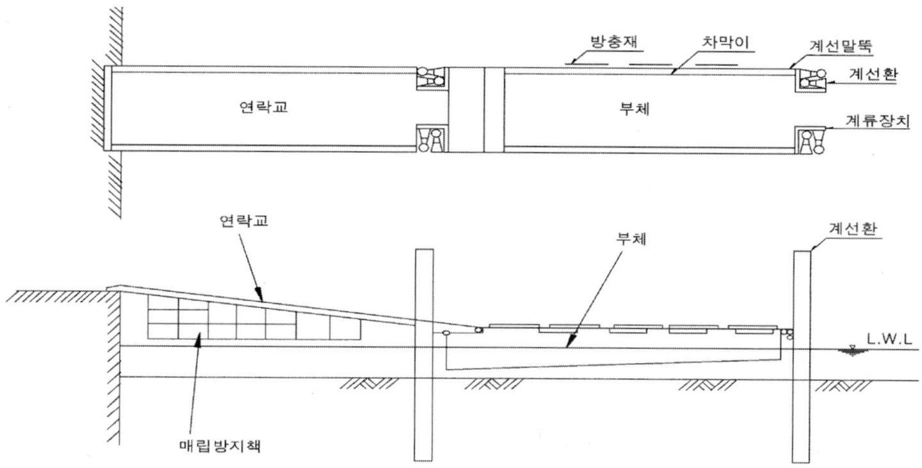

말뚝 계류방식

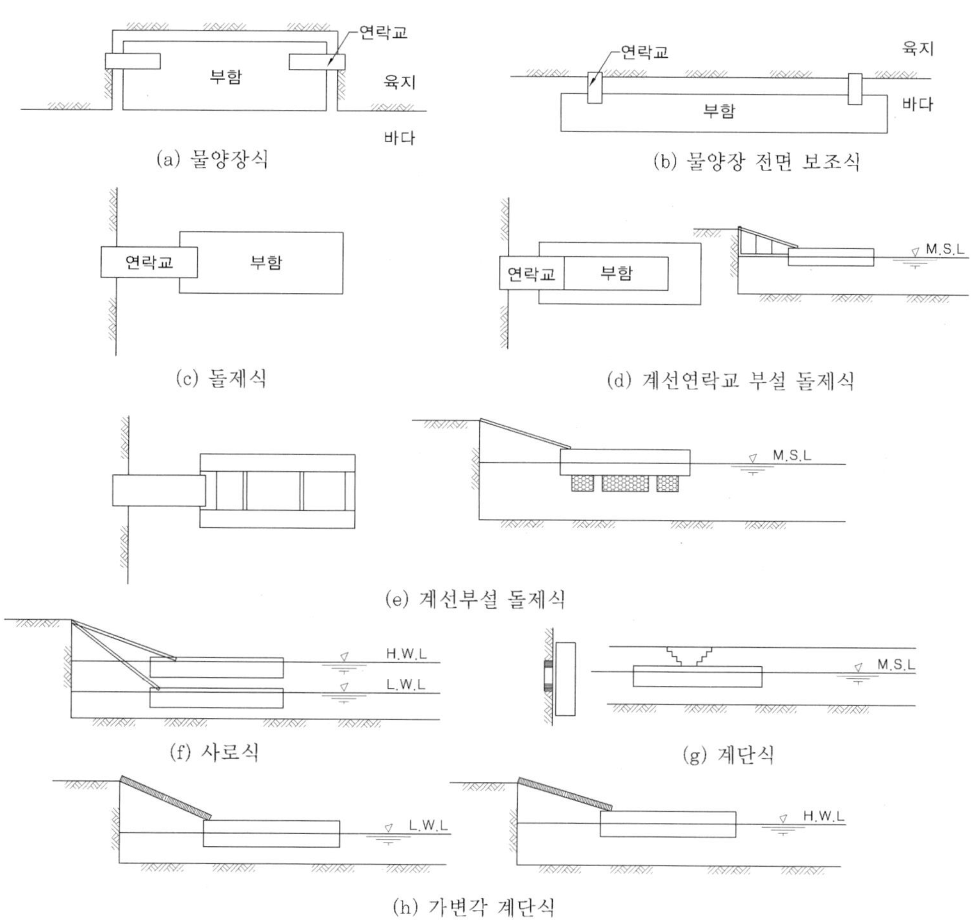

부잔교 형식 (예)

나. 계류말뚝 방식

1) 계류말뚝

계류말뚝에 걸리는 하중은 계류장치의 구조에 따라 말뚝 개수로 분담한다.

2) 계류장치

부함과 말뚝을 연결하는 계류장치는 부함으로부터 말뚝에 전달되는 하중에 견디는 구조가 되어야 한다. 또 조위차나 부함과 말뚝의 고정부분이 조위차에 대응할 수 있도록 할 필요가 있다. 계류장치의 설치위치는 이용상 지장이 없고 점검이 용이한 장소가 바람직하다.

16.12 선양장

16.12.1 일 반

가. 개 요

선양장은 접안시설에 계류시키는 것보다 육상에 인양해 놓는 것이 폭풍에 대한 대피나 유지관리상 필요한 소형어선(보통 5톤이하)을 위한 계류시설의 한 종류이다.

비교적 대형어선도 선저청소, 도장, 간단한 수리 등의 목적으로 사용하기도 하며, 외곽시설이 없는 어항에서는 악천후시 어선의 파손 방지를 위해 인양하는 경우도 많아 근래에 들어 이용이 많아지고 있다.

선양장의 설계는 제11장 선양장 및 제14장 부속설비의 해당 설계사항에 준한다.

어항에서 기중기 형태의 인양장치를 물양장에 설치하여 소형어선을 육상으로 들어 올리는 고정 인양용 기중기시설을 하고 있다.

나. 구조형식의 분류

선양장은 인양방식에 따라 경사면으로 끌어올리는 방식, 기중기 또는 승강시설을 이용하여 들어올리는 방식으로 구분된다.

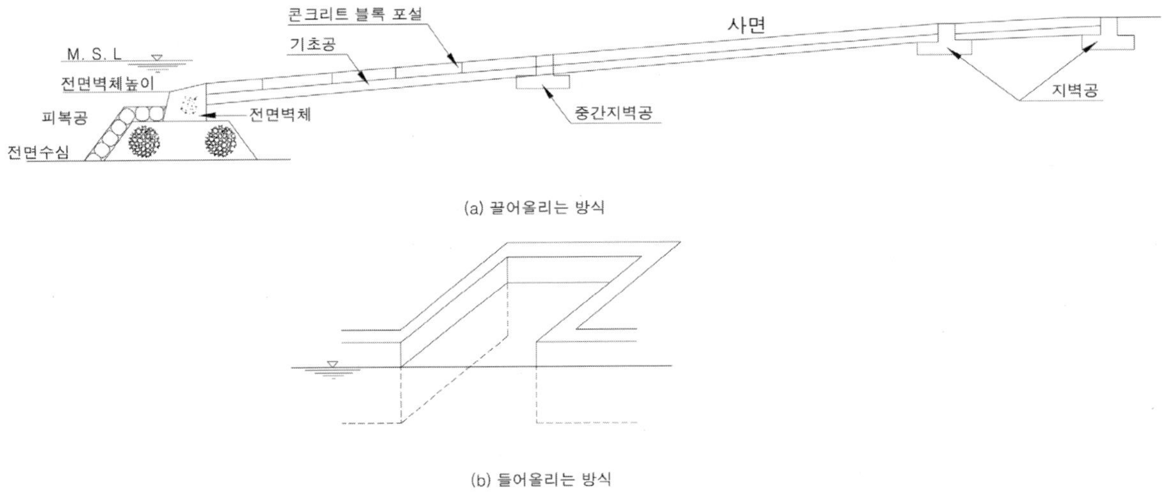

선양장 형상

다. 순 서

선양장의 계획은 일반적으로 다음과 같은 흐름으로 시행한다.

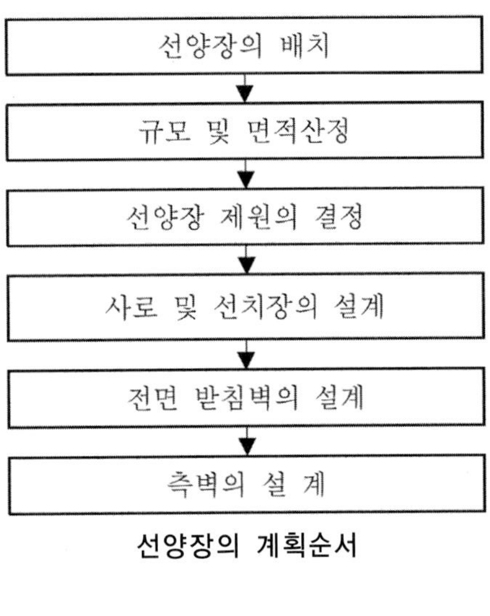

선양장의 계획순서

16.12.2 선양장의 배치

- 전면의 수역이 정온하고 어선의 인양작업이 용이한 위치일 것
- 다른 어선의 항행이나 정박에 지장을 주지 않는 위치일 것
- 어항 전체의 수제선 이용을 고려할 때 물양장의 기능을 저하시키지 않는 위치에 있을 것
- 사로의 배후에 필요한 선박선치장 면적을 확보할 수 있을 것
- 전면 수역이 매몰되지 않고 또 세굴되지 않는 곳일 것
- 파랑이 직접 내습하는 위치에 있어 어선의 선양장 이용이 곤란하지 않을 것

16.12.3 소요연장 및 면적 산정

가. 일 반

선양장의 소요연장, 소요면적을 구할 때에는 상시용, 악천후시의 대피용과 월동용의 이용목적별로 각각의 소요 규모를 계산한다.

선저의 청소나 도장 등의 간단한 수리를 선양장에서 행하는 경우는 상시용에 포함시킨다.

나. 상시용

1) 선양장 연장

평상시 선양장 이용어선 척수는 각 어항의 외곽시설 완비정도, 이용습관 등에 따라 달라지므로 인근어항의 조사를 통해 통상 재적어선의 몇 %로 결정하는 수가 많다.

$$L = \frac{\Sigma B + b(n+1)}{m}$$

여기서, L : 선양장 연장, B : 선폭

b : 어선사이의 여유 폭 (0.5~1.0m정도)

n : 평상시 선양장 이용어선 척수

m : 어선을 세로로 늘어놓은 열 수(1열)

2) 선치장 소요면적

A = (L_1 + 여유길이) × L

여기서, L_1 : 최대 이용어선의 선장

L : 선양장 연장

다. 악천후시 대피용, 월동용

어선을 태풍이나 파랑으로부터 안전하게 대피, 조업을 일시 중단하는 목적으로 이용된다.

소요면적(A) = 이용어선 척수 × 1척당 점유면적

16.12.4 선양장의 계획

선양장 각부의 제원 결정 및 설계는 제11장 전면벽체 및 포장, 측벽의 해당 사항에 준한다.

16.13 기타 계류시설

16.13.1 선착장 및 경사식 물양장

가. 일 반

선착장은 조위차가 크고 수심이 얕은 해안, 도서지방의 소규모 어항에 어선 및 여객선의 입출항을 위하여 경사지게 시설한 돌제형식의 간이 계류시설이다.

경사식 물양장은 계단식 물양장의 횡계단 대신 완만한 경사(보통 1:6)로 처리한 구조로서 설계는 계단식 물양장에 준한다.

나. 구조형식

선착장 측면(내측)과 선단부는 접안할 수 있도록 직립부로 시설되므로 간이식 돌쌓기, 또는 직립 벽체(콘크리트블록)식 구조로 하고 있으며, 상부콘크리트, 계선주(계선고리 등)를 시설하고 외측은 내파구조로 하여 파랑에 견딜 수 있는 사석제로 돌쌓기 및 피복석 쌓기 또는 콘크리트 블록쌓기 구조로 하고 있다.

16.13.2 계선부표 및 계선말뚝

가. 일 반

계선부표와 계선말뚝은 주로 박지나 수로(하천수로)에서 어선이나 소형선이 바람, 조류, 파도 등에 대해 안전하게 계류할 목적으로 시설하는 시설물이다.

계선부표나 계선말뚝은 접안시설로서의 기능보다는 계류만을 목적으로 하기 때문에 육지와 가까운 수역이나 박지에 주로 시설한다.

계선부표의 설계는 제12장 계선부표, 계선말뚝은 제8장 잔교식 안벽의 설계 해당사항에 준한다.

나. 구조형식

계선부표의 구조는 부체, 계류환(Harp shakle), 쇄(Chain), 침추(Sinker), 묘(닻:Anchor) 등으로 구성되어 있다.

계선말뚝은 계류 또는 정박위치에 말뚝(나무, 강재 등)을 한본 또는 수본을 박아 하나로 묶고 그 위에 계선주 또는 계선환 등을 설치하는 구조로 되어 있다.

16.14 부속설비

16.14.1 일반사항

부속설비는 계류시설의 효율적인 운영을 꾀하고 위험방지 등을 목적으로 설치한다.

어항에서의 부속설비는 방충재, 계선주, 계선고리, 차막이, 모서리 보강공, 조명설비, 급수설비, 배수설비, 급유 및 급전설비, 사다리, 계단, 난간 등이다.

이 외에 필요에 따라 울타리, 승강설비, 소방설비 등이 있으며, 부속설비의 설계는 제14장 부속설비의 해당사항에 준한다.

16.14.2 방충재

가. 일 반

어선이 접안할 때나 계류중, 파도나 바람 등의 영향으로 동요할 때 선체와 접안시설 사이에 충격력이나 마찰력이 작용한다.

방충재는 이러한 충격력이나 마찰력을 감소시켜 계류시설의 파손을 방지하고 시설의 경제적인 설계를 가능토록 함과 동시에 어선의 파손을 방지하며 기능을 갖추어야 한다

방충재의 배치, 형식 및 규모를 결정할 때에는 방충재의 공사비 뿐 아니라 계류시설 전체의 건설비, 방충재의 내용년수, 어선의 접안방법 등을 종합적으로 검토하여야 한다.

방충재의 계획은 15.1항 방충설비의 해당 설계사항을 준한다. 소형어선을 대상으로 하는 일반어항에서는 폐타이어를 사용하는 어항이 많다.

나. 방충재의 선정

어항에 사용하는 방충재는 고무방충재가 주로 쓰이며, 목재나 폐타이어 방충재도 사용된다.

부체식 계류시설과 같이 유연한 구조 형식은 반력이 적은 방충재를 사용해야 한다.

다. 방충재의 배치 및 설치 위치

1) 일 반

방충재의 배치는 방충재가 어선의 접안 에너지를 흡수하기 전에 선체가 직접 접안시설에 접촉하는 일이 없도록 해야 한다.

특히 대형어선, 소형어선 겸용 물양장에는 소형어선 접안을 충분히 감안하여 설치간격과 높이를 결정한다.

어선이 종접안하는 경우는 어선의 용골(Keel)부분이 물양장 모서리에 부딪쳐 손상되므로 물양장 모서리에 방충재를 부착할 필요가 있다.

2) 방충재의 배치

- ○ 종배치 : 주로 사용
- ○ 경사방향 배치 : 필요시 사용
- ○ 횡배치, 2단횡배치
- ○ 지그재그 배치 : 조위차가 큰 곳
- ○ 모서리 배치 : 안벽 모서리
- ○ 조합배치 : 종배치+코너방충재

3) 방충재의 설치위치

- ○ 상단 : 접안시설 마루높이
- ○ 하단 : 소조 평균저조위(L.W.O.N.T)

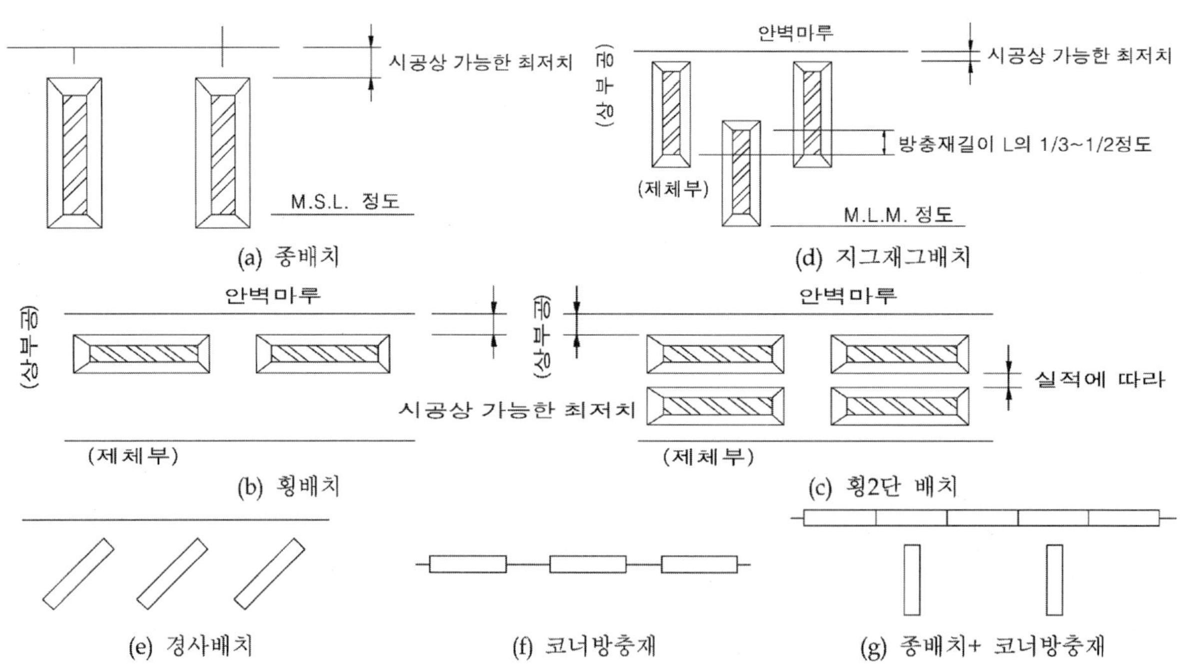

방충재의 배치 및 위치(예)

4) 폐타이어 방충재 설치(예)

폐타이어 방충재는 어항에 주로 이용되고 있으며, 조위차에 따라 일열 이열을 설치하고, 조위차가 큰 서해안의 어항에서는 오열까지 설치한 예가 있다. 배치 및 위치 예는 다음 그림과 같다.

대포항 동해안 (1열배치) 목포항 남해안 (2열배치) 구시포항 서해안 (5열묶음배치)

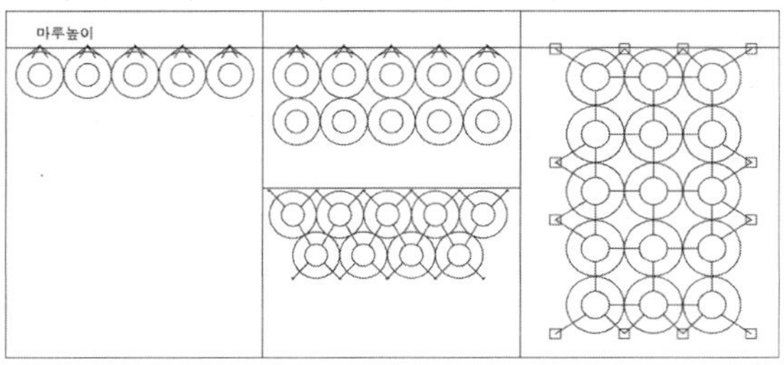

1열배치(예) 2열배치(예) 5열묶음배치(예

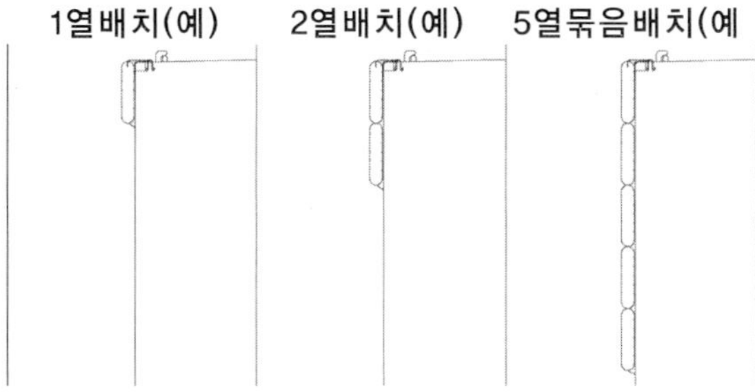

대포항개발 비관리청 어항시설공사(동해안:1열배치)

단 면 도

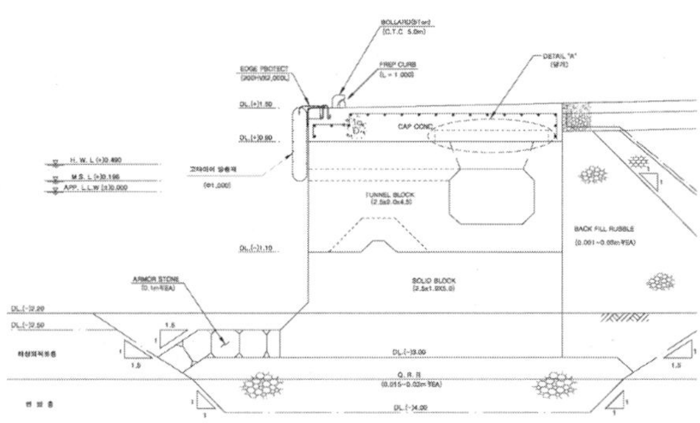

배 치 도

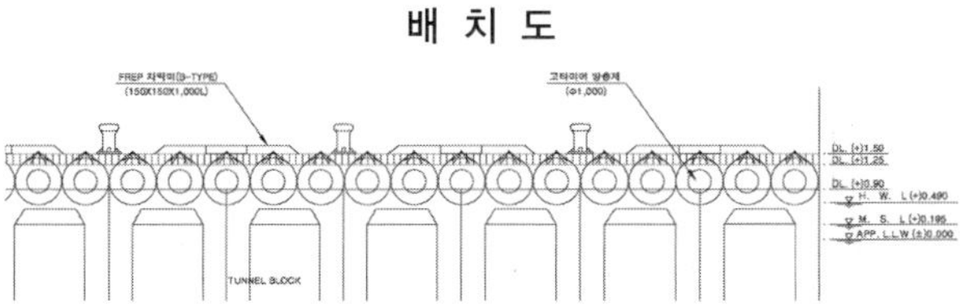

목포 내항 기존시설물 증고(보수·보강)공사 (남해안:2열배치)

단 면 도

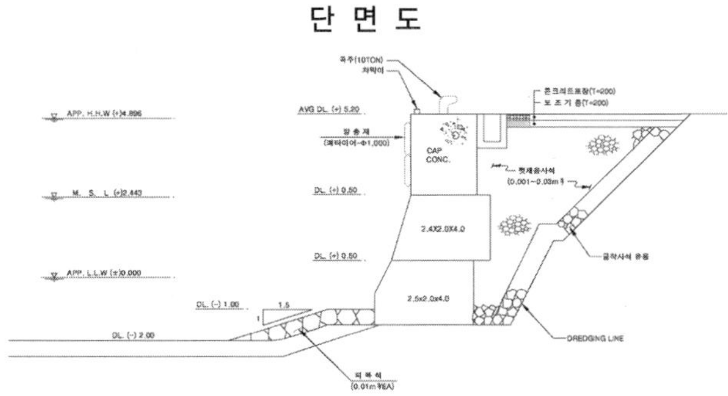

배 치 도

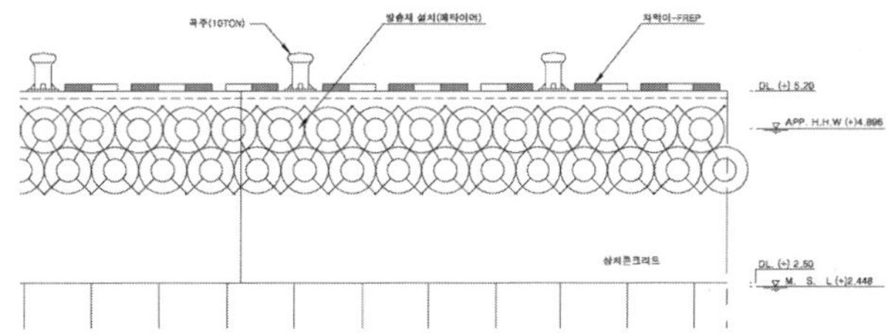

구시포항 임시물양정 축조공사(서해안:5열묶음배치)

단면도

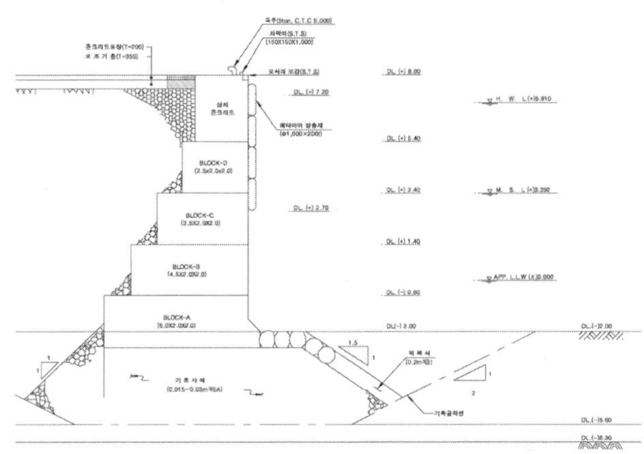

배치도

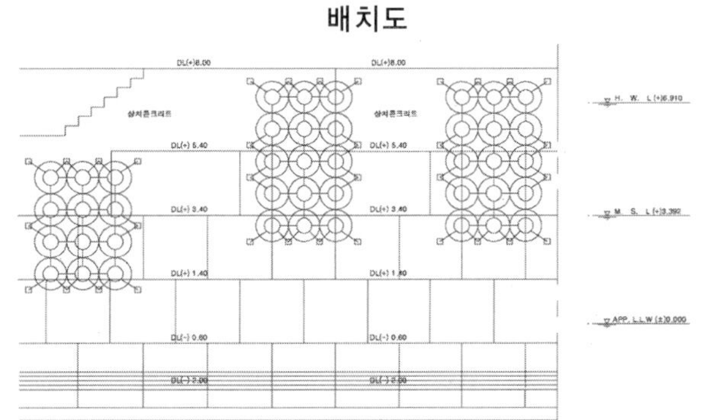

16.14.3 계선주와 계선고리(계선환)

가. 계선주와 계선고리의 선정

1) 계선주

- ○ 곡주 : 소형어선, 필요시 직주 설치
- ○ 직주 : 대형어선, 폭풍시 어선계류, 육지쪽으로 설치

2) 계선고리

- ○ 소형어선에 주로 사용
- ○ 표준치수 : φ=25mm, D=200mm

나. 계선주와 계선고리 배치

1) 배치간격

제7편

원칙적으로 1선석당 2개 이상 배치한다.

소형어선의 계선주 간격은 다음 표를 표준으로 한다.

계류시설 수심	계선주의 배치 간격
(-)3m이하	5.0m
(-)3m~(-)5m미만	7.5m
(-)5m이상	10.0m

2) 법선과의 거리

○ 법선에서 계선주 중심간의 거리 : 0.5~1.0m

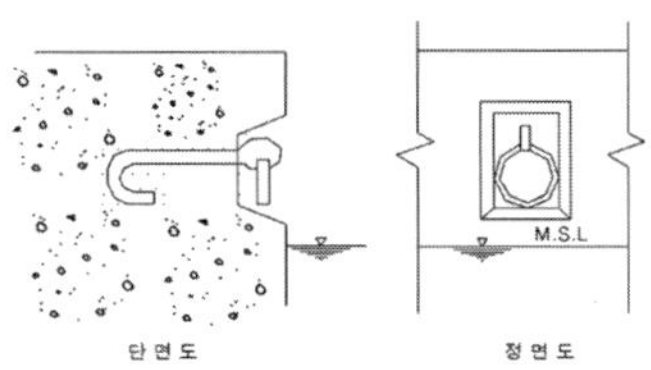

계선고리 설치방법

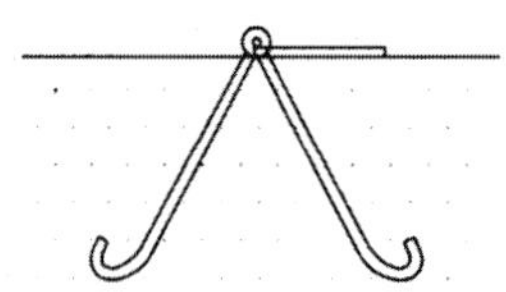

상부콘크리트에 설치방법

16.14.4 차막이 및 모서리 보호공

가. 차막이

자동차 등이 직접 접안시설을 이용하는 장소에는 차막이 시설을 해야 하며, 차막이 설계는 제14장 14.3항 차막이의 해당 설계사항에 준한다.

나. 모서리 보호공

어항에서는 어선이 종접안하는 경우 충격으로 상치콘크리트의 모서리가 자주 파손되므로 모서리 보강용으로 목재, 갓돌, 철재나 주강, 고수제품 등을 사용하여 모서리를 보호한다.

16.14.5 조명설비

가. 적용범위

부두뜰, 선양장, 임항도로에는 야간에 어선의 접·이안, 어획물의 양육, 여객의 출입 등이 이루어지므로 부두의 용도나 특성에 따라 작업이 안전하고 원활하게 이루어지도록 조명설비를 하여야 한다.

조명설비의 설계는 제14장 14.5항 조명설비의 해당사항에 준한다.

나. 기준조도

계선안 부두뜰 등의 조도는 다음 표의 값을 표준으로 한다.

장	소	기준조도(lx)
부두뜰	어획물의 양육 등을 행하는 경우	25
	어선의 접·이안만의 경우	15
	낙도항로 등의 여객 및 차량 승강구	25
선양장		15
도로		10

16.14.6 계단 및 사다리

계단 및 사다리 설계는 제14장 부속설비의 해당사항에 준한다.

16.14.7 목책, 울타리 등

계류시설에서 차량통행이나 사람의 통행을 금지 또는 제한할 필요가 있는 경우 목책, 울타리 등을 시설하고, 위험한 장소에는 필요에 따라 난간을 설치해야 한다.

다대포항 크루저선 부두 (임시사용)

기술사 출제문제

안 벽 시 설

제18회 (1980.5.18) 기초. 문2 (50점)

접안시설의 설계에 있어 다음 제점을 설명하라.

가. 중력식 안벽에 작용하는 외력

나. 중력식 안벽의 제체 안전계산의 요점

다. 중력식 안벽의 기초설계의 요점

제18회 (1980.5.18) 전문. 문6 (20점)

접안시설에 대하여 논하고 그 중 일례를 들어 가능한 한 안전계산을 하라.(중력식 제외)
필요한 수치는 귀하가 임의로 정하라.

제19회 (1981.5.24) 전문. 제2고시 문4 (90점)

계선안시설을 구조양식상으로 분류하고 그 특징 및 장 · 단점을 상술하라. 강널말뚝 Cell식 안벽설계 수순 및 설계요점을 기술하고, 인천항지역에 하기 조건으로 강널말뚝 Cell식 안벽을 축조코자 하는바 표준단면, Cell의 배치를 산출하고, 시공방법과 시공장비에 관하여 설명하라.

필요한 것은 적의 가정할 것.(문제지에 제시된 3각 함수표는 생략)

1) 연 장 : 200m

마루높이 : (+)10.50m

계획수심 : (-) 5.00m

2) 해저면 : (±) 0.00m

토 층 : N = 5~30의 사질 Silt

기 반 암 : (-) 6.50m

제7편

제22회 (1982.2차) 기초. 제1교시 문3 (50점)

널말뚝 (Steel sheet pile) 계선안벽의 설계, 계산순서에 관하여 기술하고 각기에 대하여 기술적인 설명을 하라.

제22회 (1982.2차) 기초. 제1교시 문6 (50점)

셀식(Cell type) 계선안벽의 시공법에 대하여 귀하가 아는 바를 기술하라.

제22회 (1982.2차) 기초. 제2교시 문5 (50점)

접안시설의 종류를 대별하여 열거하고, 각기의 특성을 기술적으로 논하라.

제22회 (1982.2차) 전문. 제1교시. 문3 (70점)

안벽설계에 있어 다음에 대하여 기술적으로 설명하라.

1) 중력식 안벽에 작용하는 외력

2) 중력식 안벽의 벽체 안정계산의 요점

3) 중력식 안벽의 기초설계에 요점

제23회 (1983.) 제1교시. 문1 (30점)

그림과 같은 해중구조물의 설계에 있어 고려되는 외력의 계산법에 대하여 설명하고 Platform의 밑바닥 높이 결정에 대하여 기술하라. 단, 조류는 없고 파고(H), 파장(L)의 파랑이 내습한다.

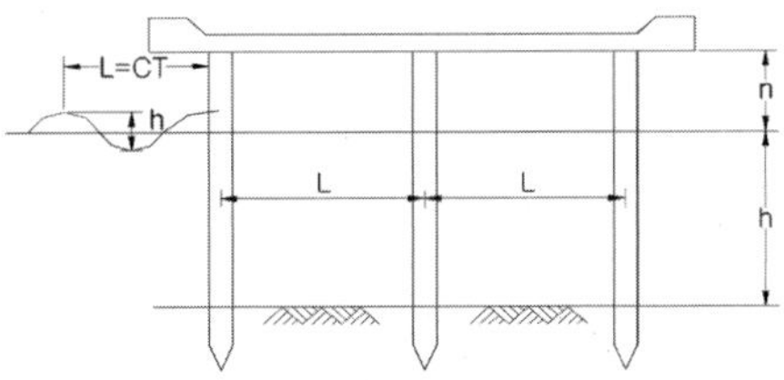

제25회 (1984.10.7) 제2고시. 문2 (50점)

잔교식 계류시설에 Tersion pile 사용시 경제적인 시공방법에 대하여 아는 바를 논하시오.

제25회 (1984.10.7) 제4교시. 문2-(2) (30점)
다음시설에 대한 구조물 설계방식과 순서에 대하여 아는 바를 논하시오.
(2) 접안시설

제31회 (1988.4.24) 제1교시. 문2 (30점)
중력식 계선안벽의 뒷채움의 효과에 대해서 쓰시오.

제31회 (1988.4.24) 제2교시. 문2 (20점)
널말뚝식 계선안벽의 버팀공(Anchorage)의 설치위치에 대해서 쓰시오.

제36회 (1991.10.) 제1교시. 문1 (택일, 40점)
1) Steel sheet pile식 계선안의 종류를 열거하고 그 중 한가지 방식에 대한 설계절차를 기술하라.
2) Steel sheet pile cell식 안벽의 설계방법을 기술하라.

제36회 (1991.10.) 제2교시. 문3-③
다음을 설명하라.
③ Pipe sheet pile(벽강관) (15점)

제36회 (1991.10.) 제3교시. 문1 (40점)
계선안벽의 종류를 열거하고 표준단면을 도시하여 설명하라.

제37회 (1992.4.12) 제1교시. 문3 (30점)
부두 소요연장을 결정하는 방법을 설명하시오.

제37회 (1992.4.12) 제3교시. 문2 (20점)
잔교식 안벽을 설계할 경우 안벽의 특징, 장단점, 평면배치 및 설계시 고려할 사항을 설명하시오.

제39회 (1993.3.21)
안벽의 구조형식을 분류하고 장단점을 기술하시오.

제41회 (1994.4.3) 제1교시. 문1 (40점)
초대형 석유 탱커(VLCC급)를 위한 계류시설의 종류를 열거하고 비교 · 상술하시오.

제42회 (1994.4.3) 제1교시. 문4-나, 다 (각 15점)
다음용어에 대하여 약술하시오.
나. 가상고정점
다. 잔류수압

제41회 (1994.4.3) 제2교시. 문2-③, ④, ⑤
다음용어에 대하여 약술하시오.
③ Mooring post (15점)
④ Guide ring (5점)
⑤ Hoop tension formula

제41회 (1994.4.3) 제3교시. 문4 (30점)
해중에 고정시설물로 관광객을 위한 투명반구체 Shell 구조물을 그림과 같이 설치하려 한다. 이 Shell에 작용하는 전수압과 작용점 위치를 계산하시오.

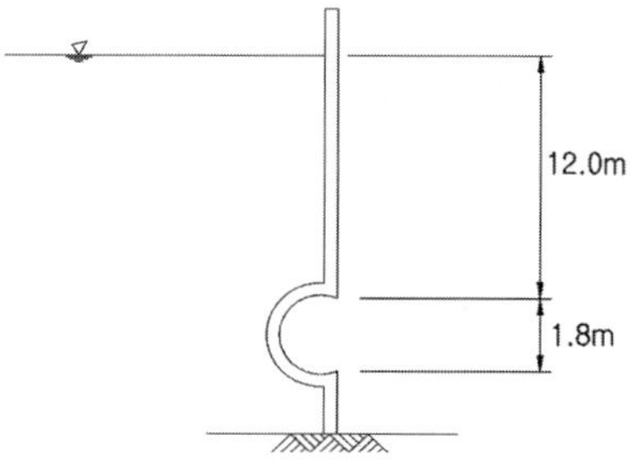

제42회 (1994년도) 제1교시. 문⑬, ⑰, ⑱, ⑲ (각 5점)
⑬ 중력식 안벽에서의 안정계산 검토내용
⑰ 돌핀의 주요 구조물
⑱ 잔교구조에서의 동장(動長)
⑲ 강널말뚝(Steel sheet pile)의 주요 구조부

제42회 (1994년도) 제2교시. 문1 (25점)

프리패브(Prefab) 셀식 강널말뚝 구조의 공법과 그 특성에 대하여 기술하시오.

제42회 (1994년도) 제3교시. 문6 - ① (5점)

①잔류수압

제42회 (1994년도) 제4교시. 문6 - ②, ④, ⑤ (각 5점)

② 가상고정점

④ 조절탑

⑤ 퀵 릴리즈 후크

제43회 (1995년도) 제1교시. 문④ (각 10점)

④ 다목적 부두

제43회 (1995년도) 제2교시. 문3 (30점)

잔교식 계선안 설계시 고려해야 할 외력과 하중에 대하여 귀하가 경험한 설계 예를 들어 설명하시오.

제43회 (1995년도) 제3교시. 문3 (30점)

말뚝의 축방향의 허용지지력 결정방법을 설명하시오.

제44회 (1995년도) 제3교시. 문1 (25점)

잔교식 안벽의 특징, 계획 순서 및 설계시 유의할 점에 대하여 기술하시오.

제45회 (1995년도) 제1교시. 문③, ⑩, ⑬ (각 10점)

③ 잔류수압

⑩ Detached pier

⑬ Fender의 종류

제45회 (1995년도) 제4교시. 문3 (25점)

타이로드(Tie-rod)식 강널말뚝의 버팀공 설계시 구조양식, 위치, 버팀판과 버팀말뚝의 설계에 대하여 기술하시오.

제45회 (1995년도) 제4교시. 문4 (25점)

강조류 환경에서 강관파일의 항타시 설계에 고려할 동수역학적 고려사항을 기술하시오.

제47회 (1996년도) 제1교시. 문②, ④, ⑤ (각 10점)

② 인터록텐션(Interlock tension)

④ 타이케이블(Tie cable)에서의 트럼펫튜브(Trumpet tube)의 역할

⑤ 물양장과 안벽의 구분

제47회 (1996년도) 제3교시. 문3 (25점)

연약지반(이토로서 N=2~3정도)의 깊이가 13m정도인 수심(-)8.0m에 10,000D/W급 중력식 안벽을 시설하고자 할 때 기초처리공법을 비교 · 검토하고 합리적 단면을 설계하시오.

기타 조건을 임의 가정하시오.

제47회 (1996년도) 제3교시. 문4 (25점)

계류시설(중력식 안벽, 강널말뚝, 잔교돌핀(Sea berth), 계선부표, 부잔교)의 각 구조형식과 특성에 대하여 기술하시오.

제47회 (1996년도) 제4교시. 문4 (25점)

서해안에서 중력식 안벽을 설계하여 시공하는 경우에 활동현상이 발생하였다면 그 원인을 아는대로 기술하고 설계자 또는 책임감리원의 입장에서 대책을 논하시오.

제48회 (1996년도) 제3교시. 문2 (25점)

잔교식 안벽의 설계방법에 대하여 기술하시오.

제48회 (1996년도) 제3교시. 문4 (25점)

중력식 안벽구조물의 형식, 종류와 특성을 기술하시오.

제49회 (1997년도) 제1교시. 문⑥ (10점)

⑥ 중력식 구조물에서 뒷채움의 기능 및 특성을 논하시오.

제49회 (1997년도) 제4교시. 문1 (30점)

계류시설의 구조양식을 설명하고 적용상 특성을 기술하시오.

제49회 (1997년도) 제4교시. 문3 (25점)

강널말뚝식 안벽의 설계순서를 기술하고, 설계시 유의점을 설명하시오.

제52회 (1997년도) 제1교시. 문② (20점), ④ (10점)

② 안벽의 전면수심에 대하여 논하시오.

④ 잔류수압

제52회 (1997년도) 제2교시. 문1 (25점)

강널말뚝식 안벽설계시 고려사항에 대하여 논하시오.

제52회 (1997년도) 제3교시. 문1 (30점)

잔교식 안벽에 있어서 말뚝의 설계시 고려사항에 대하여 논하시오.

제53회 (1998년도) 제4교시. 문2 (40점)

안벽구조물 중 직항식 잔교에 대한 설계순서와 설계사항에 대하여 설명하시오.

제55회 (1998년도) 제1교시. 문② (10점)

② 안벽과 물양장

제56회 (1998년도) 제1교시. 문10 (10점)

Bresting dolphin과 Mooring dolphin

제56회 (1998년도) 제2교시. 문1 - ④, ⑤ (각 5점)

다음의 용어를 설명하시오

④ 잔류수압

⑤ 다목적 부두

제56회 (1998년도) 제3교시. 문1 (40점)

케이슨식 안벽의 설계순서, 케이슨의 진수방법, 부유시의 안정 검토

제56회 (1998년도) 제3교시. 문3 (30점)

부두계획시 부두규모 결정방법과 부두시설에 필요한 시설에 대하여 논하시오.

제56회 (1998년도) 제3교시. 문4 (30점)

잔교식 안벽에 작용하는 하중과 외력에 대하여 설명하고, 안벽설계시 하중과 외력의 조합에 대하여 논하시오.

제57회 (1999년도) 제1교시. 문⑧, ⑩ (각 10점)

⑧ Docking sonar system

⑩ 물양장과 안벽

제57회 (1999년도) 제2교시. 문2 (30점)

그림과 같은 위치에 물양장을 계획할 경우

① 연약지반 처리공법을 기술하고

② 연약지반 처리를 고려한 물양장 구조를 비교·검토하여 어선의 양육기능을 고려한 구조를 비교·선정하시오.

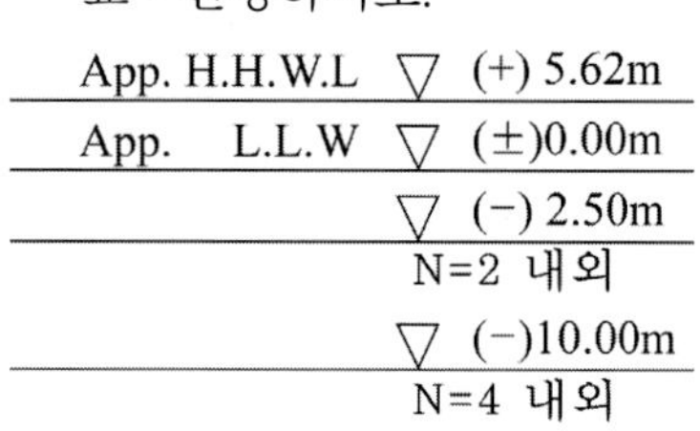

제58회 (1999년도) 제3교시. 문3 (30점)

중력식 계선안의 각 형식별 특성 및 장·단점에 대하여 설명하시오.

제59회 (1999년도) 제3교시. 문4 (25점)

선반식 안벽설계에 대한 흐름도를 그리고 선반높이와 폭의 결정에 필요한 사항에 대해 설명하시오.

제60회 (2000년도) 제1교시. 문②, ⑤, ⑨, ⑩ (각 10점)

② 물양장

⑤ 전문부두와 전용부두의 차이점

⑨ 방현재

⑩ 널말뚝 계선안의 외력조건

제60회 (2000년도) 제3교시. 문3 (25점)

중력식 안벽의 뒷채움 효과

제62회 (2000년도) 제2교시. 문4 (25점)

10,000DWT급 직립 콘크리트 블록 안벽 설계(지반조건 제시)

제63회 (2001년도) 제3교시. 문6 (각 25점)

어항시설 계획규모중 계류시설의 계선안과 선양장에 대하여 설명하시오.

제63회 (2001년도) 제4교시. 문1 (각 25점)

접안시설을 구조양식에 따라 분류 설명하시오.

제64회 (2001년도) 제1교시. 문③, ⑫ (각 10점)

다음 문제를 선택하여 설명하시오.

③ 선양장(船揚場)에 대해 설명하시오.

⑫ 부체의 안정조건에 대해 설명하시오.

제64회 (2001년도) 제3교시. 문1 (25점)

항내 반사파 저감을 위하여 적용되고 있는 직립소파식 안벽의 구조형식을 열거하고, 특징 및 설계 방법에 대해서 설명하시오.

제65회 (2001년도) 제2교시. 문3 (25점)

다음 조건하에 케이슨(Caisson)식 안벽 표준단면을 구상하시고, 귀하가 구상한 표준단면에 대해 구상배경을 설명하시오.

(조건) 설계기준면 : (+) 3.00m
해 저 면 : (−)10.00m
연약층(N치2~3) : (−)10.00m ~ (−)25.00m
안벽수심(선석수심) : (−)12.00m
기타조건을 귀하가 합리적인 방법으로 가정하시오.

제65회 (2001년도) 제3교시. 문5 (25점)

중력식 안벽에서 벽체에 작용하는 외력과 하중에 대하여 설명하시오.

제66회 (2002년도) 제2교시. 문6 (25점)

강널말뚝(Steel sheet pile)의 근입장 결정방법에 대하여 기술하시오.

제66회 (2002년도) 제4교시. 문1 (25점)

다음과 같은 조건의 지역에 안벽을 건설하고자 할 때 연약지반 처리 공법을 포함한 가장 적합한 구조형식을 선정하고 적정단면을 기술하시오.

(단, 안벽배후매립은 산토로 하고 필요한 조건들을 적절히 가정하되 구체적인 계산 내용은 생략할 수 있으나 검토고려 사항 및 구조형식 선정 사유 등은 반드시 기재할 것)

설계조건 : H.W.L=(+)1.0m
대상선박은 3,000DWT 일반화물선(선석소요수심은(−)5.5m)

지반조건 :

	정수면
해저면	DL(−) 9.0m
연약토층 N=2	DL(−)15.0m
풍화토층 N=30	DL(−)18.0m
연암층	

제66회 (2002년도) 제4교시. 문2 (25점)

잔교식 말뚝기초의 축방향 허용지지력 측정방법에 대하여 기술하시오.

제67회 (2002년도) 제1교시. 문④, ⑨ (각 10점)

다음 문제를 선택하여 설명하시오.

④ 버드(Berth) 계획에 있어서 슬립(Slip)은?

⑨ 버드(Berth) 수심 및 버드(Berth) 길이

제67회 (2002년도) 제4교시. 문6 (25점)

하역기계(궤도주행식) 기초 설계하중과 기초설계 방법에 대하여 설명하시오.

제68회 (2002년도) 제1교시. 문①, ④ (각 10점)

다음 문제를 선택하여 설명하시오.

① 부두의 적정 점유율(Berth occupancy rate)

④ 대형선의 계류색(Mooring line)의 종류와 역할

제68회 (2002년도) 제2교시. 문5 (25점)

계선부두(Mooring line)의 설계에 필요한 사항에 대하여 기술하시오.

제68회 (2002년도) 제3교시. 문4 (25점)

잔교식 안벽의 설계외력과 하중에 대하여 기술하시오.

제69회 (2003년도) 제1교시. 문⑤, ⑬ (각 10점)

다음 문제를 선택하여 설명하시오.

⑤ 어항시설중 보급부두

⑬ 중력식 안벽의 뒷채움 효과

제69회 (2003년도) 제3교시. 문2 (25점)

선양장 설계를 위한 제반 절차에 대해 설명하시오.

제69회 (2003년도) 제3교시. 문3 (25점)

돌핀(Dolphin) 계류시스템과 구조물 배치에 대해 설명하시오.

제70회 (2003년도) 제2교시. 문1 (25점)

안벽구조물의 표준단면 결정에 있어서 검토해야 할 사항을 기술하시오.

제71회 (2003년도) 제2교시. 문1 (25점)

그림과 같은 케이슨식 안벽에 근접하여 가토제를 쌓고 준설토를 수토하고자 한다.

이때 당초 설계시 고려했던 하중(외력) 조건이 변경되어야 하는 항목에 대하여 기술하고, 안벽 구조물의 안정에 가장 큰 영향을 미치는 하중의 변화에 대하여 상세히 기술하시오.(그림 참조)

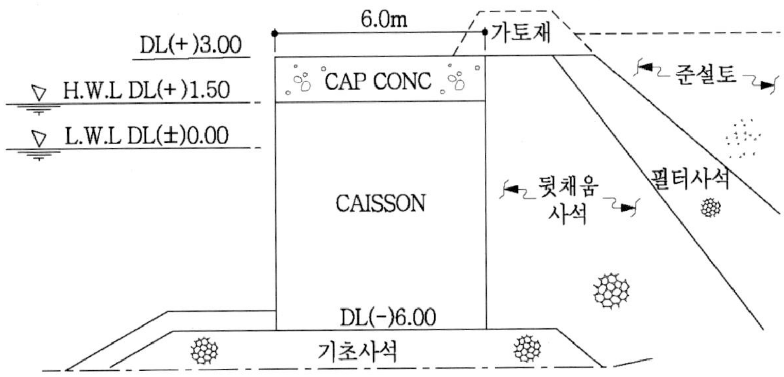

제72회 (2004년도) 제1교시. 문③, ⑦ (각 10점)
다음 문제를 선택하여 설명하시오.
③ 부가질량계수
⑦ 사로(Slipway)

제72회 (2004년도) 제2교시. 문6 (25점)
다음과 같은 조건하에서 최적의 접안시설(안벽) 단면을 선정하고자 한다. 적용 가능하다고 판단되는 안벽단면을 구상하고 최적 단면을 건의해 보시오.
(수심=DL(－)10.0m, 연약지반(N=0)의 두께=30m, 조위차 : 4.0m)
단, 기타 조건은 임의로 가정하시오.

제72회 (2004년도) 제4교시. 문2 (25점)
연안 크루즈(Cruise) 터미널의 최적 입지선정에 대해 기술하시오.

제73회 (2004년도) 제3교시. 문4 (25점)
말뚝식 돌핀의 설계순서 및 평면배치, 설계세목에 대해 기술하시오.

제73회 (2004년도) 제4교시. 문6 (25점)
VLCC급 선박이 계류하는 Sea berth의 구조형식이 Jacket 구조형식일 경우 주요기능별 구조물 구성 및 설계세목을 기술하시오.

제76회 (2005년도) 제1교시. 문⑧ (각 10점)
다음 문제를 선택하여 설명하시오.
⑧ 부두의 적정점유율(Economic berth occupancy)

제78회 (2006년도) 제1교시. 문⑨, ⑩ (각 10점)
다음 문제를 선택하여 설명하시오.
⑨ 대형선 계류색의 종류와 역할
⑩ 곡주(曲柱)의 배치(선박의 총톤수별 최대간격 및 선석당 배치개수)

제78회 (2006년도) 제3교시. 문4 (25점)
방충재의 설계과정과 내용에 대하여 기술하시오.

제79회 (2006년도) 제1교시. 문⑨ (각 10점)
다음 문제를 선택하여 설명하시오.
⑨ 양현하역 안벽

제79회 (2006년도) 제3교시. 문6 (25점)
비중력식 특수형 안벽의 종류를 도식적으로 열거 · 설명하고, 각각의 특성을 세부적 기술하시오.

제81회 (2007년도) 제1교시. 문④ (각 10점)
다음 문제를 선택하여 설명하시오.
④ LASH (Lighter aboard ship) system

제81회 (2007년도) 제4교시. 문2 (25점)

인천항에 강관말뚝 구조형식의 접안시설 설계시, 말뚝에 적용가능한 방식방법을 모두 제시하고, 내용년수 50년에 대한 최적의 말뚝 방식시스템을 계획하시오.

제82회 (2007년도) 제1교시. 문④ (각 10점)

다음 문제를 선택하여 설명하시오.

④ 다목적 부두

제82회 (2007년도) 제3교시. 문4 (25점)

강(鋼)널말뚝셀식 안벽설계시의 Flow-chart를 그리고 간단히 설명하시오.

제84회 (2008년도) 제2교시. 문1 (25점)

그림과 같이 케이슨 안벽 축조공사에서 귀하가 감리회사의 비상주 감리업무를 수행할 때, 시공사로부터 제출된 "상치콘크리트 시공계획서"에 대하여 기술적으로 검토할 내용과 공사안전상 제시(지시)해야 할 사항에 대하여 기술하시오.

<검토조건> 1. 상치콘크리트 타설 거푸집은 국내 범용적인 형태로, (4각 철재거푸집+폼타이)로 구성되었음.

2. 케이슨 전면부 발생(예상) 최대파고는 2.5m임

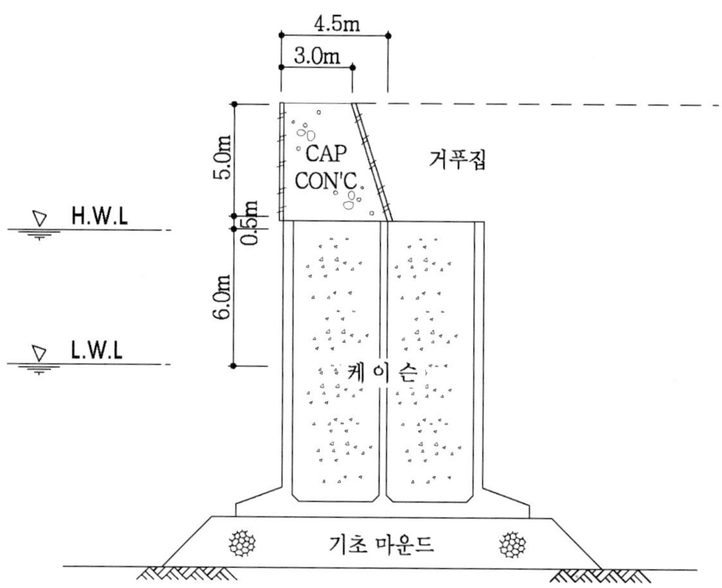

선박의 접안 Energy 및 Fender

제19회 (1980.5.24) 기초. 제1교시. 문4 (25점)

선박의 접안 Energy를 논하고 2만DWT 선박이 10cm/sec로 접안시 접안 유효 Energy를 산출하고, 그의 50%를 잔교 강관항이 흡수할 경우, 반력과 항의 변위를 구하는 식을 유도하라. 필요한 것은 적의 가정하라.

제22회 (1982.2차) 기초. 제1교시. 문7-5) (10점)

다음에 대하여 아는 바를 기술적으로 간단히 설명하라.

5) 방충재

제24회 (1984.5.20) 제1교시. 문2-가) (10점)

다음 사항에 대하여 아는 바를 약술하라.

가. 선박의 가상중량

제26회 (1985.5.19) 제4교시. 문3-② (10점)
다음에 대하여 아는 바를 논하시오.
② Fender system (방충재)

제31회 (1988.4.24) 제2교시. 문3-가 (10점)
다음에 대하여 설명하시오.
가. 선박의 유효접안 Energy

제37회 (1992.4.12) 제3교시. 문5-①, ② (각 5점)
다음 용어들을 설명하시오
① Fender system
② 접안속도

제41회 (1994.4.3) 제3교시. 문3 (30점)
방충재의 종류를 열거하고 비교, 상술하시오.

제45회 (1995년도) 제1교시. 문① (10점), 제52회 (1997년도) 제1교시. 문⑨ (10점),
제63회 (2001년도) 제1교시. 문⑨ (각 10점), 제69회 (2003년도) 제1교시. 문② (10점),
제70회 (2003년도) 제1교시. 문② (10점)
⑨ 선박의 접안에너지

제64회 (2001년도) 제1교시. 문⑪ (각 10점)
다음 문제를 선택하여 설명하시오.
⑪ 선박의 가상중량에 대해 설명하시오.

제65회 (2001년도) 제1교시. 문④ (10점), 제67회 (2002년도) 제1교시. 문⑧ (10점)
다음 문제를 선택하여 설명하시오.
④ 선박의 접안속도

제73회 (2004년도) 제2교시. 문3 (25점)
선박접안시 발생하는 외력에 대해 기술하시오.

항만구조물의 방식(防蝕)

제22회 (1982.2차) 기초. 제1교시. 문7-2) (10점)
다음에 대하여 아는 바를 기술적으로 간단히 설명하라.
2) 항만시설의 방식공법

제24회 (1984.5.20) 제1교시. 문2-다. (10점)
다음사항에 대하여 아는 바를 약술하라.
다. 항만구조물의 방식대책에 있어 간조위 이상부분에 대한 대책

제25회 (1984.10.7) 제3교시. 문2-(4) (15점)
다음에 대하여 아는 바를 기술하시오.
(4) 항만구조물(강구조)의 부식방지 대책

제41회 (1994.4.3) 제3교시. 문1 (40점)
항만공사에 사용되는 강재(Sheet pile, 강관 Pile) 등의 부식대책에 대하여 논하라.

제42회 (1994년도) 제1교시. 문⑪, ㉒ (각 5점)
⑪ 해수에 의한 강재부식은 년평균 얼마나 되는가?
㉒ 강말뚝의 방식방법(4가지)

제50회 (1997년도) 제3교시. 문5 (30점)
유전양극방식 설계 및 시공에 대하여 기술하시오.

제52회 (1997년도) 제3교시. 문3 (20점)
강재의 부식에 대하여 논하시오.

제55회 (1998년도) 제3교시. 문3 (30점)
부식 및 방식대책에 대하여 설명하시오.

제56회 (1998년도) 제1교시. 문④ (10점)
④ Surf zone과 Splash zone

제58회 (1999년도) 제2교시. 문3 (25점)
강재부식에 대하여 설명하시오.

제62회 (2000년도) 제1교시. 문⑧ (10점)
⑧ 항만구조물의 철근부식 대책

제66회 (2002년도) 제3교시. 문3 (25점)
강재 방식공에 대하여 아는 바를 기술하시오.

제67회 (2002년도) 제2교시. 문5 (25점)
해양 철재구조물의 방식(防蝕) 대책에 대해 설명하시오.

제70회 (2003년도) 제2교시. 문5 (25점)
방식공법중 도복장 공법을 선정하는데 있어서 검토해야 할 사항을 설명하시오.

제8편 기타 항만시설

제 8 편 기타 항만시설

제1장 · 총 설

항만시설중 기본시설로서의 중요한 시설로는 수역시설, 계류시설, 외곽시설(항만에서는 임항교통시설 포함)이 있으며, 기타시설은 기능시설 외에 주차장, 하역시설, 항만지원시설, 항만친수시설, 케이슨 제작 및 진수설비와 소파구조물 등이 있다.

제2장 · 임항교통시설

2.1 개 요

항만법이 개정(2003.5.29일자)되면서 종전에는 기능시설에 속한 것이 중요성을 고려하여 기본시설로 편입이 되었다.

임항교통시설에는 도로, 교량, 철도, 궤도, 운하 등이 포함된다.

2.2 도 로

임항도로(臨港道路)로도 표기되며, 특별히 기술되는 경우 이외에는 『도로시설 기준령』에 따른다. 『도로시설 기준령』과 다르게 적용하는 경우 도로의 제원은 다음의 제원에 준한다.

2.2.1 차도 및 차로

- ○ 입항도로의 차로 등은 항만에서 발생하는 교통이 체증을 일으키지 않도록 적절히 선정한다.

도로의 종류별 설계기준 교통량

도로의 종류	설계기준교통량 (대/시간)
항만과 국도 등을 연결하는 도로	650
기타 도로	500

- ○ 계획교통량이 도로종류별 설계기준교통량(설계의 기본이 되는 교통량으로서 도로의 시간당 최대허용 자동차교통량을 말한다.)에 나타낸 값 이하인 도로의 차로수(오르막차로, 회전차로, 변속차로, 양보차로를 제외한다)는 2차로로 한다.
- ○ 규정한 도로 이외 차로수는 4이상(교통상황에 따라 필요한 경우를 제외하고는 2의 배수)으로 하고, 도로종류별 1차로당 설계기준교통량에 대한 당해 도로의 계획교통량의 비율로 정한다.

도로의 종류별 1차로당 설계기준 교통량

도로의 종류	1차로당 설계기준교통량 (대/시간)
항만과 국도 등을 연결하는 도로	650
기타 도로	350

- ○ 차로의 폭은 원칙적으로 3.25m 또는 3.5m로 한다. 다만, 대형차의 통행량이 많은 경우에는 3.5m를 표준으로 하고, 지형 등의 영향에 의해 부득이한 경우에는 3m까지 축소할 수 있다.
- ○ 차량의 안전이나 원활한 교통소통에 지장이 없도록 하기 위하여 필요한 경우에는 차도의 우측에 붙여 정차대를 설치할 수 있다.

2.2.2 시설한계(施設限界 : H)

시설의 한계높이는 H=4.5m로 되어 있어 컨테이너를 적재한 세미트레일러 연결차가 통과될 수 있게 하고 있다. 침매터널 등 영구구조물에서는 H를 높이는 것이 바람직하다.

참고로 국제해상컨테이너를 적재한 세미트레일러 연결차의 높이는 다음 표와 같다.

국제해상컨테이너의 형상 및 컨테이너 적재시의 Semi-trailer 연결차의 높이

형 상 / 컨테이너 종류	국제해상 컨테이너의 형상			컨테이너적재시 세미트레일러 연결차의 높이(m)	비 고
	길이 (mm)	폭 (mm)	높이 (mm)		
ISO 1CC형 20′×8′×8′	6,058	2,438	2,438	3.748	평상식 샤시
ISO 1CC형 20′×8′×8′6″	6,058	2,438	2,591	3.796	저상식 샤시
ISO 1A형 40′×8′×8′	12,192	2,438	2,438	3.643	저상식 샤시
ISO 1AA형 40′×8′×8′6″	12,192	2,439	2,591	3.796	저상식 샤시
ISO 1AAA형 40′×8′×9′6″	12,192	2,438	2,896	4.101	저상식 샤시

주) 국제해상 컨테이너용 샤시(Chassis)의 적재면 지상고는 제조업체마다 약간씩 다르나 여기서는 저상식은 1,205mm, 평상식은 1,310mm로 하였다.

제8편

2.2.3 곡선부의 확폭

차로의 폭은 설계기준 자동차의 최대폭에 여유를 가한 폭으로 정하고 있으나, 곡선부에서는 자동차의 전륜과 후륜이 서로 다른 궤적을 그리기 때문에 직선부의 폭보다는 넓은 차로폭이 필요하게 된다.

곡선부를 주행하는 경우 자동차의 후륜은 전륜의 안쪽을 통과하므로 차로의 확폭은 차로의 안쪽으로 하여야 하고, 인접 다른차로를 침범하지 않게 하기 위하여 매 차로마다 확폭 할 필요가 있다.

2.2.4 종단경사

도로의 선형을 설계할 때는 같은 주행상태가 계속 유지될 수 있게 할 필요가 있다. 그러나 종단경사는 자동차별로 주행능력에 차이가 크고, 대형자동차의 경우 경사가 급하게되면 주행속도가 현저히 떨어져 대형자동차의 속도저하가 교통량을 저하시키는 원인이 되기도 한다. 따라서 대형자동차의 이용이 많은 임항도로에서는 이점을 충분히 배려하여 종단경사를 설정할 필요가 있다.

2.2.5 포 장

임항도로는 시멘트 콘크리트 또는 아스팔트 콘크리트로 포장하는 것으로 하고, 그 구조는 「도로포장 설계·시공지침(국토해양부)」 및 「아스팔트 포장 설계·시공요령(한국도로교통협회)」에 따른다.

가. 콘크리트포장

「도로포장 설계·시공지침(국토해양부)」에 의한 콘크리트 포장구조의 설계방법은 1986년에 개정된 「AASHTO설계법」과 일본의 「콘크리트 포장요강·설계법」을 적용한다. 콘크리트 포장요강 설계법에 의할 경우 노상지지력 평가는 지지력계수에 의하는 방법과 간이적으로 CBR에 의한 방법이 있으나, 콘크리트 슬래브에 발생하는 휨응력 산정식이 지지력계수(K치)에 근거하고 있으므로 지지력계수에 의한 방법에 따른다.

나. 아스팔트 콘크리트포장(아스팔트포장)

「아스팔트포장 설계·시공요령(1997. 한국도로교통협회)」에 의한 포장구조의 설계방법은 교통량 예측이 가능한 도로에서는 「AASHTO설계방법(미국 주도로 교통공무원 협회 발행 1972년 "중간지침서" 기준)」을 따라 모든 자동차의 축하중을 표준단축하중인 8.2톤 등가 단축하중으로 환산한 누가통과예상횟수를 구하여 설계에 적용하고, 단지내 소로 등 교통량 예측이 어려운 곳에서는 「TA 설계방법(일본 도로협회발행 "아스팔트포장요강" 기준)」을 따라 누적 5톤 윤하중 환산교통량을 구하여 설계에 적용한다. 다만, 특수한 경우에는 다른 방법을 적용할 수 있다.

다. 콘크리트포장과 아스팔트포장의 계획순서는 다음 그림을 참조한다.

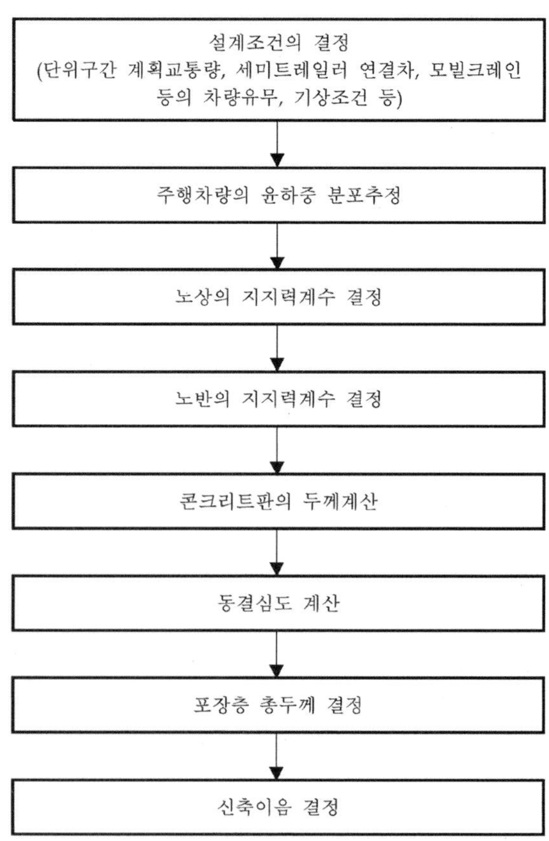

콘크리트포장 계획순서

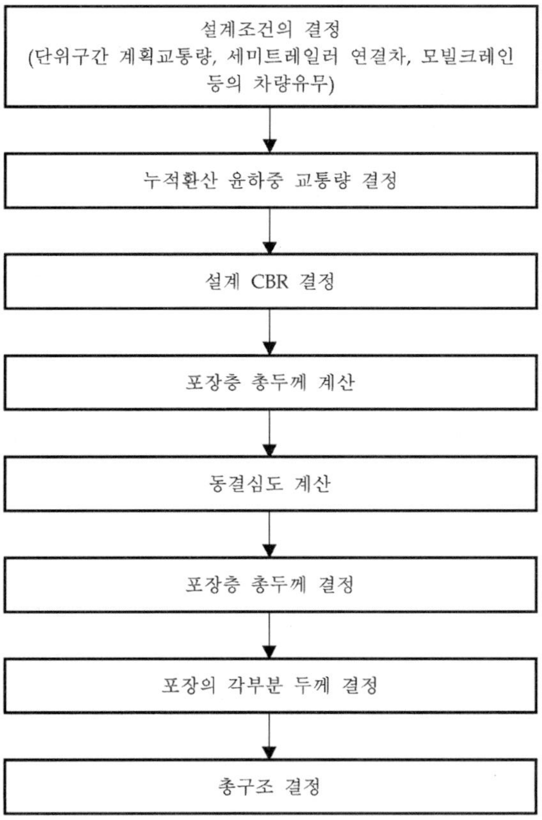

아스팔트포장 계획순서

2.3 주차장

2.3.1 일 반

주차장은 주차장법에 따라 정하고 있으나 항만의 특수성을 고려하여 별도로 정하고 있다.

2.3.2 규모 및 설치장소

규모 및 설치장소는 항만에서의 교통량 발생상황, 주변도로의 정비상황 등을 감안하여 이용에 있어서 원활한 교통소통이 되도록 한다.

주차장은 도로밖에 시설하는 것을 원칙으로 한다. 부득이 노상을 이용할 경우의 주차장 규모 및 배치는 다음의 조건을 만족시키는 것을 원칙으로 한다.

- ○ 항만과 내륙부의 간선도로 등을 연결하는 도로에는 설치하지 않는다.
- ○ 하역지역 및 헛간 등 차량출입에 지장이 있는 장소에도 설치하지 않는다.
- ○ 위험물 취급 인접 장소에도 설치하지 않는다.

주차장내의 차도의 폭, 주차구획의 크기, 주차구획에 차량을 주차하기 위한 후진, 전환 등을 하여야 하는 차로의 폭 등은 당해 주차장 이용차량의 종류, 주차각도, 주차방식 등에 따라 적절하게 설정한다.

2.3.3 주차방식과 주차구획의 규격

가. 주차방식의 특징

각도와 방식	높 이
30° 전진주차	• 전진주차방법만 채용되고, 차도폭은 작아도 되나, 차도연장방향으로 긴 주차폭이 필요하며 1대당 주차소요면적은 최대이고, 출발할 때 후방시계가 다소 좁아진다.
45° 전진주차 후진주차 교차식주차	• 전진 · 후진주차방법에 같이 이용되나 전진주차방법이 주차가 용이하고, 교차식으로 하면 1대당 소요면적은 작으나, 주차질서가 정연하지 않는 한 주차효율이 현저히 떨어질 우려가 있다.
60° 전진주차 후진주차	• 전진 · 후진주차방법에 같이 이용되며, 차량의 조종이 용이하고, 차도폭은 크게 해야하나 1대당 주차소요면적은 작다.
90° 전진주차 후진주차	• 전진 · 후진주차방법에 같이 이용되나 후진주차가 일반적이고, 1대당 주차소요면적은 작으나 승하차의 편리를 고려하면 주차구획의 폭을 0.25m증가시키는 것이 바람직하다.

나. 주차구획의 표준규격

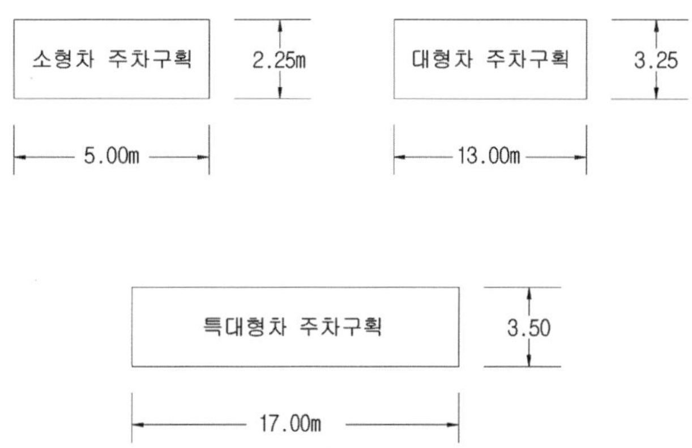

주) "대형차"란 화물자동차, 버스, 특수자동차를 "특수대형차"란 Semi-trailer 연결차를 말한다.

2.4 운하시설

항만법 제2조 6호의 항만시설 중 기본시설 3항 임항교통시설에 운하시설이 포함되어 있으며, 경인운하는 광복이후(1945년 이후) 지속적으로 대두되어오다가 2003년도에 기본시설계획이 검토되었으며 현재 전국 대운하계획이 논의되고 있어 그간 검토되어온 경인운하계획을 소개하기로 한다.

2.4.1 경인운하계획

가. 목 적

연안해운과 연계한 내륙운송을 담당

○ 인천항 기능 분담
○ 내륙교통난 완화
○ 장래 한강 주운 및 내륙 주운로 개발
○ 수송수단의 다양화 등

나. 시설개요

○ 위치 : 서울특별시 강서구, 인천광역시 서구, 계양구, 경기도 김포시 일원

○ 대상선박 :
- 갑문내 박지 : 철강선 5000D/W급 입항
  계획수심 : (-)4.8m
- 주항로 : 화물선 5000D/W급
  계획수심 : (-)8.0m
- 부항로 : 바지선 (만재흘수 2.7m)
  계획수심 : (-)4.0m

구 분	시 설 규 모
주운수로	• 약 15.6km (인천 서구 시천동 ~ 경기도 김포시 고천면) • 운하 저폭 100m 이상, 수심 6.0m 이상
갑문	• 인천측 3기 • 서울측 2기
하항 시설	• 2개소 (인천 터미널, 서울 터미널)
해사 부두	• 1개소 (경기도 고양시 행주외동 한강변 일대)
호안	• 1식
접근 항로 준설	• 8.2km (최소항로폭 200m : 항로 수심 DL.(-)8.0m 이상

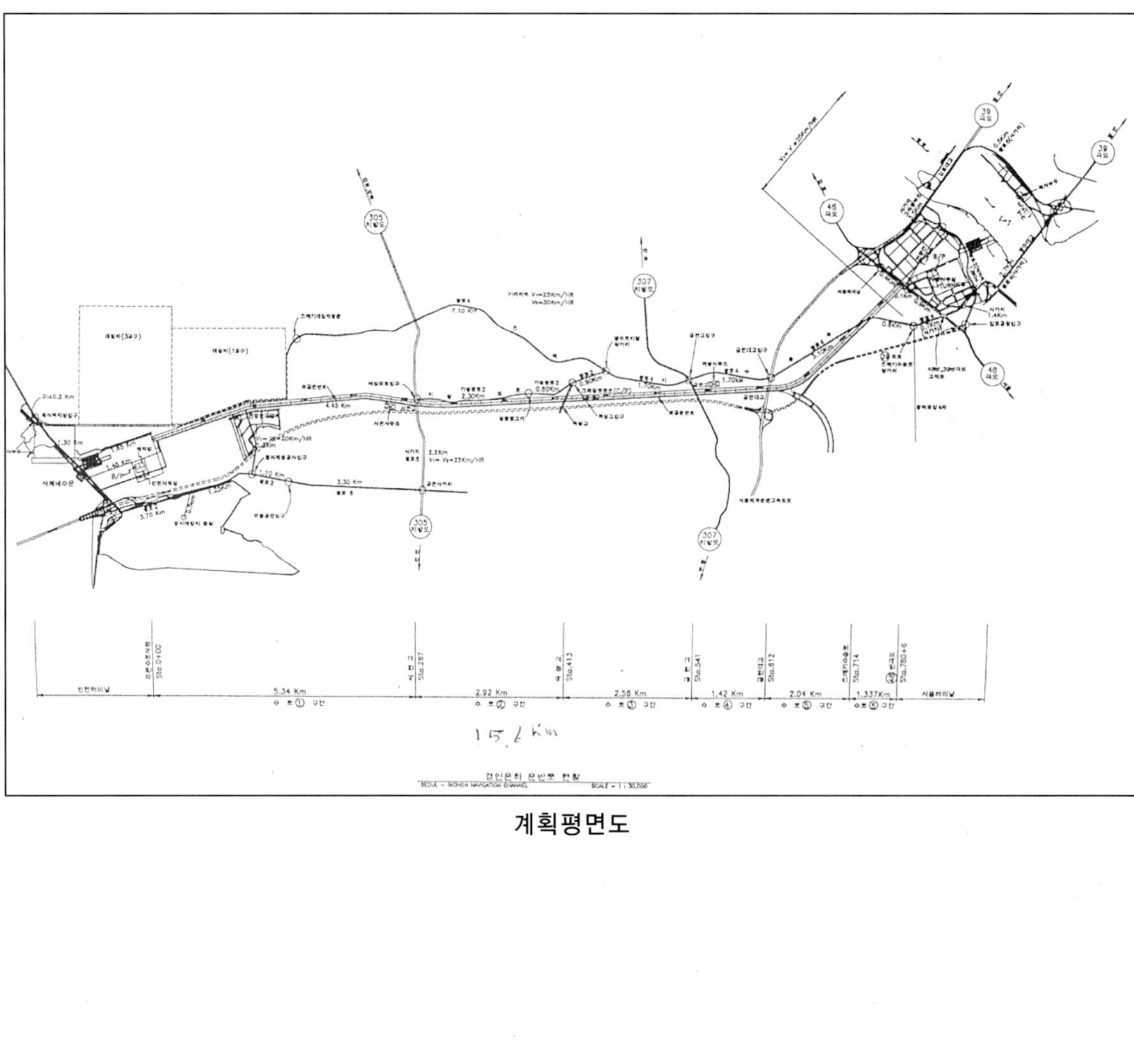

계획평면도

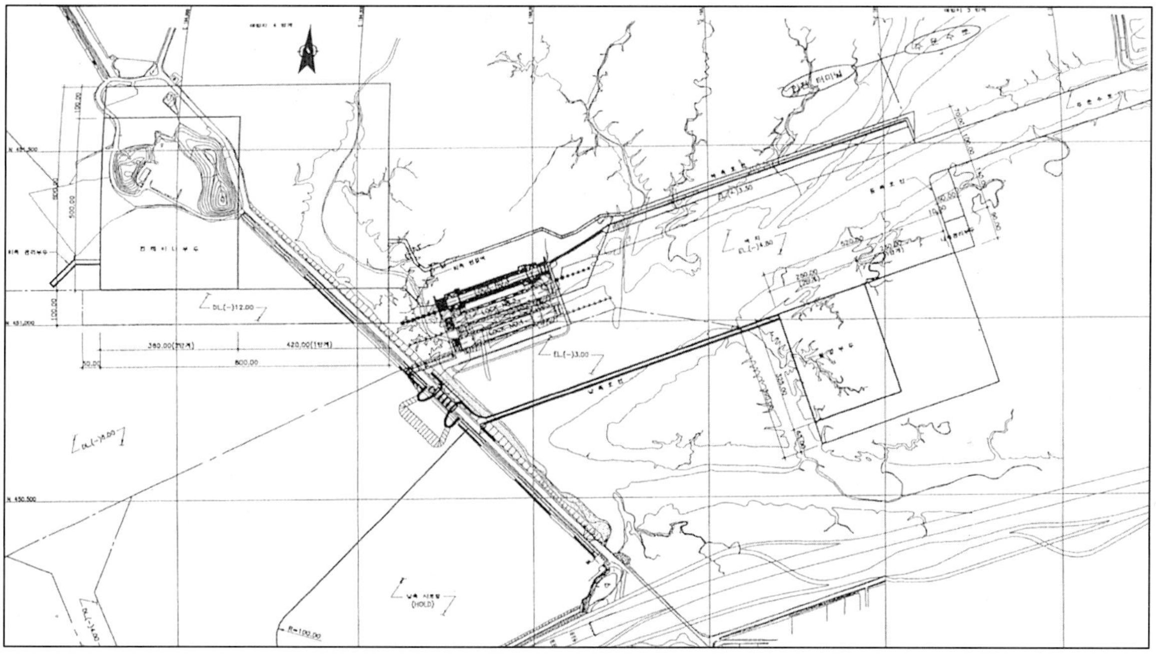

인천터미널 계획평면도

항로 및 박지 계획평면도

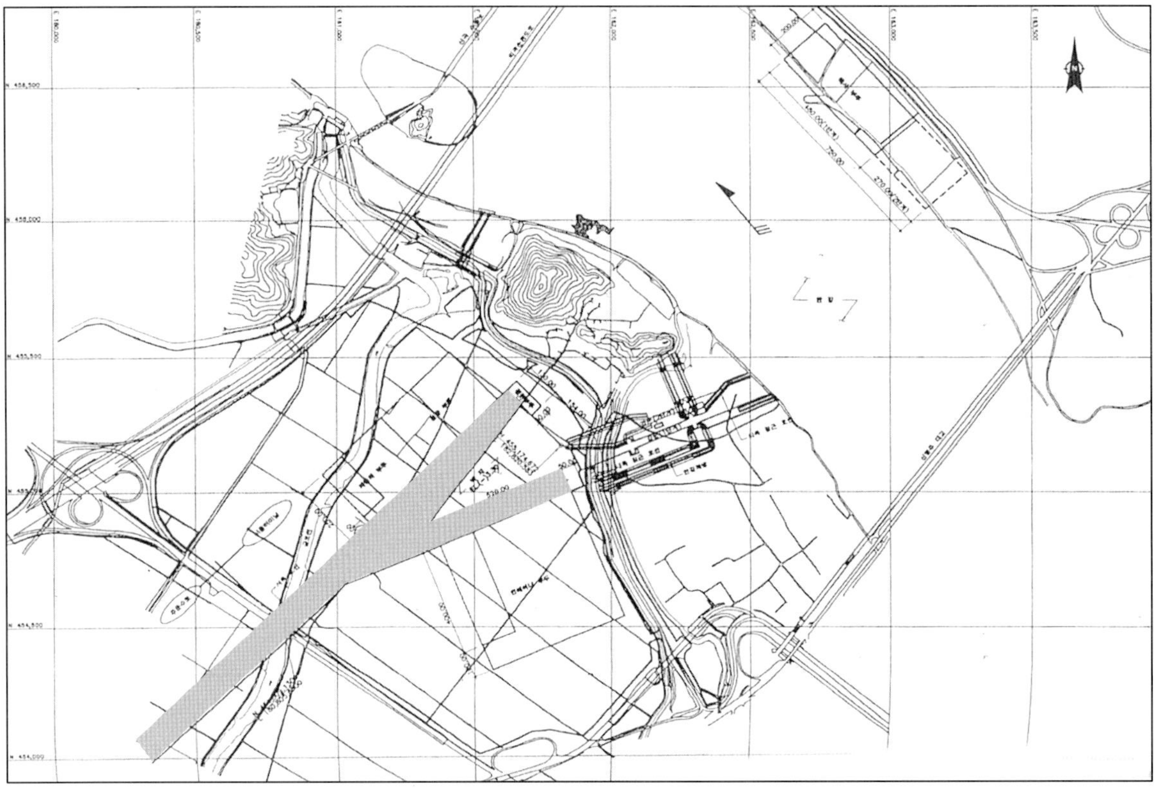

서울터미널 평면도

2.5 그 외 시설

철도, 헬리포트, 터널, 교량 등이 그 외 시설로 정리할 수 있다.

제3장 · 하역시설

3.1 일 반

하역시설에는 화물하역장, 헛간(Shed), 하역기계, 목재하역장, 수산물 하역시설과 위험물 하역시설이 포함된다.

3.2 화물하역장

화물을 취급하는 장소로서 취급화물의 종류 및 수량과 취급상황에 따라 적절한 넓이를 계획하고 포장을 한다.(포장은 에프론의 포장에 준한다)

통로의 폭이나 굴곡부(커브구간)는 차량 및 하역기계가 안전하고 원활한 주행 폭과 각도를 계획하고 배수시설을 하여야 하며, 조명설비, 위험표시, 게시판, 또는 방책을 고려하여 일반인 출입을 통제한다. 비산물의 하역장은 벽체 등 적절한 조치를 한다.

3.3 헛간(Shed)

헛간은 출 · 입항을 전후하여 화물을 분류하고, 재포장하며 화물을 일시 보관하기 위하여 에프론 배후에 인접하여 건설한 보관용 건물로서 다음요건에 만족하도록 한다.

- ○ 규모는 취급화물의 종류 및 수량과 취급상황에 따라 적절하게 계획한다.
- ○ 헛간내의 통로 · 폭 및 굴곡부는 하역기계가 안전하고 원활하게 주행할 수 있는 적절한 폭과 각도를 유지한다.
- ○ 분진 등이 발생하는 화물에 대해서는 적절한 환기설비를 한다.
- ○ 침수가 예상되는 경우 방조문비(防潮門扉) 등의 침수방지 보완시설을 고려한다.
- ○ 야간작업을 위한 조명시설을 한다.
- ○ 적절한 표지나 표시를 한다.

3.4 하역기계

3.4.1 일 반

하역작업에서의 생산성 증대, 고속화, 안정성을 고려하여 항만 하역기계가 설치되고 있다.

하역기계는 궤도주행식 · 고정식 · 이동식 크레인과 Unloader, Conveyer, Forklift, Bulldozer, Tractor, Straddle Carrier, Loading arm, Log loader 등을 말하고, 선박에 장치된 것이나 Ro/Ro선의 차량승강시설은 제외된다.

3.4.2 석유류하역기계

원유나 석유제품은 액체상태이므로 파이프라인(Pipe line)으로 수송이 가능하기 때문에 적 · 하역을 파이프라인을 연결하여 하고 있다.

간 · 만의 차이가 큰 장소에서의 파이프라인 하역은 바람, 조위, 조류, 파랑 등의 외력까지 작용하여 적 · 하역시 파이프라인의 연결부에 위험부담이 가지 않도록 석유류하역기계로 로딩 암(Loading arm)을 사용하고 있다.

로딩 암은 암(Arm)내의 중량 및 압력, 로딩 암의 자중, 풍압력 및 지진력에 의하여 생기는 응력에 대한 안전구조가 요구된다.

로딩 암의 설치는 접안시설의 법선으로 부터의 이격거리, 암의 길이, 방충재의 높이 등을 감안하여 하역에 지장이 없도록 적절하게 계획한다.

3.4.3 하역기계의 유지관리

하역기계의 성능을 유지하고 사고를 미연에 방지하기 위하여 적절한 유지관리를 실시한다.

양호한 항만서비스의 제공을 위하여 하역기계를 적절히 관리 · 운영하고, 계획적인 보수 · 점검으로 하역기계의 성능유지와 능력의 최대 발휘를 하도록 하여야 한다.

보수 · 점검에는 정기적인 검사가 있고, 폭풍경보 발령이나 지진이 예측되는 경우 예방차원에서 고정장치의 확인 및 점검이 필요하다.

점검 및 검사의 종류는 다음과 같다.

- ○ 일상점검 : 작업개시전, 운전중, 작업종료후
- ○ 주간점검 : 일주일 단위로 주간검사
- ○ 정기점검 : 월례검사, 연차검사
- ○ 폭풍후의 검사

3.5 수산물 하역시설

수산물의 하역시설은 하역장 및 관련부대시설이 포함되며, 하역장은 어획물의 세척에서 반출까지 모든 작업이 이루어지는 장소이고 선도유지(鮮度維持), 오염방지, 노동환경의 보전을 위하여 짚 등을 덮는 장소를 말한다.

하역장의 기능을 증대시키기 위하여 수산물 반입, 반출장, 저빙고, 입찰실 등의 제반시설과 오수처리시설, 냉동저장시설 등이 있다.

하역장의 소요면적과 부대시설은 어항계획 도서 등을 참고로 한다.

제4장 · 선박보급시설

4.1. 일 반

선박보급시설은 급유, 급수시설과 얼음의 생산공급시설이 포함된다.

4.2 급수시설

선박에 공급하는 급수시설의 급수전 및 급수량은 다음 표를 참고로 한다.

급수전 및 급수량

선박 톤수 (총톤수)	소요 급수량 (m^3)	급수 시간 (h)	급수전 간격 (m)	1선석당 급수전수 (개소)	1전의 급수능력 (m^3/h)
500	40	5	30	2	4
1,000	80	5	30~40	2	8
3,000	250~300	5	40~50	3~4	16
5,000	500	5	40~50	4	18
10,000	800	5	40~50	4	28

급수전은 가능하면 접안시설의 수제선(또는 법선)에 가깝게 시설하는 것이 바람직하다. 맨홀식으로 포장면 하부에 설치하고 사용하지 않을 때에는 뚜껑을 덮어 교통이나 하역작업에 방해가 되지 않도록 하며, 침하 등에 의한 누수가 되지 않도록 관의 접속에 유의한다.

급수전 취수구의 위치는 취수호스의 착탈이 용이하여야 하고 오염을 방지할 수 있는 구조로 한다. 정기적으로 수질검사를 하여 청결한 상태가 유지되도록 한다.

제5장 · 항만지원시설

항만법 개정(2003.5.19일자)으로 항만시설에 신설된 내용을 보면 배후유통시설, 보관 · 판매전시시설, 화물의 조립 · 가공 · 포장 등의 시설, 항만관련 업무용시설, 후생복지 및 편의제공시설, 연구시설, 항만기능의 지원시설이 포함되어 항만 배후단지의 활성화를 적극유도하며 항만용지의 다용도화를 유도하는 정책이 반영되어 있다.

최근 항만법 개정(2008. 2. 4발효)에 따르면 어항법 제2조 5호의 '나'의 기능시설과 '다'의 어항편익시설 및 공해방지시설로 방음벽, 방진망, 수림대 등이 포함된다. 어항법 제2조 5항의 '나'와 '다'는 다음과 같다.

어항법 제2조 5항의 '나' : 기능시설
1) 수송시설 : 철도·도로·교량·주차장·헬리포트 등 2) 항행보조시설 : 항로표지·신호·조명시설 등 3) 어선·어구보전시설 : 어선건조·수리장, 어구건조장, 어구제작수리장, 선양시설, 야적장, 기자재창고 등 4) 보급시설 : 급수·급빙·급유시설, 전기수용설비·선수품 보급장 등 5) 수산물유통·판매시설 : 수산물시장·수산물위판장·수산물직매장·수산물집하장 및 활어일시보관시설과 이러한 시설에 해수를 인수 또는 배수하기 위한 시설 등 6) 수산물 처리·가공시설 : 하역기계, 제빙·냉동·냉장시설, 수산물 가공공장 등 7) 어업용 통신시설 : 육상무선전신·전화시설, 어업기상신호시설 등 8) 해양수산 관련 공공시설 : 어항관리시설·해양관측시설·관계 법령에 의한 선박출입항신고기관 등 9) 어항정화시설 : 환경오염방지를 위한 오·폐수처리시설, 도수시설, 폐유·폐선처리시설 등 10) 수산자원 육성시설 : 종묘생산시설, 종묘 배양장 등

어항법 제2조 5항의 '다' : 어항편익시설
1) 진료시설·복지회관·체육시설 등의 복지시설 2) 전시장·도서관·학습관·공연장 등의 문화시설 3) 광장·조경시설 등의 어항의 환경정비를 위한 시설 4) 유람선·낚시어선·모터보트·요트·윈드서핑 등의 수용을 위한 레저용 기반시설 5) 지역특산품판매장, 생선횟집 등의 관광객 이용시설 6) 숙박시설·목욕시설·오락시설 등의 휴게시설 7) 그 밖에 대통령령이 정하는 주민편익시설

제6장 · 항만친수시설

항만법 개정으로 신설된 내용으로 항만친수시설이 신설되었으며, 내용은 해양레저용 기반시설, 해양문화·교육시설·해양공원시설과 인공시설이 포함되어 있으며, 항만의 배후단지뿐아니라 항만과 관련된 해변, 연안과 인접한 지역의 유적지와 갯벌체험장까지 항만과 연계하여 친수·친환경 및 경관을 고려한 항만계획을 적극적으로 유도하여 항만시설을 관광자원화하려는 정책의도가 보이고 있으므로 계획 및 설계에 적극 도입해야 할 것이다.

항만친수시설은 주요한 과제로서 도입되어야 하기 때문에 제15편 기타사항에서 항만경관을 별도 기술하였으므로 이를 참고한다.

제7장 · 케이슨 제작, 진수시설

7.1 일 반

케이슨 구조는 근래에 와서 제작·진수시설이 다양화하여 제작·진수가 편리해졌고 구조의 대형화 추세와 소파구조의 요구에 충족하기 위해 케이슨구조에서도 설계 대상이 확대되고 있다.

케이슨은 대형안벽과 방파제의 직립구조로 많이 선호되기 때문에 수요가 점차 늘고 있는 추세이다.

케이슨 제작·진수시설은 항만부대시설이나 기타시설에는 포함되지 않지만 수요의 확대전망에 대비하여 제작·진수시설의 내용을 소개한다.

7.1.1 케인슨 제작장

케이슨 제작장에는 진수방법에 따라 차이는 있겠으나 공통적으로 필요로하는 시설이나 설비를 보면 다음과 같다.

가. 자재보관설비

시멘트 보관시설, 벌크시멘트 탱크, 골재(모래, 자갈)야적장, 철근보관소, 거푸집야적장, 기타 잡품창고 등이 필요하다.

단, 레미콘 사용시에는 시멘트, 골재저장시설은 줄일 수 있다.

나. 제작설비

진수방법에 따라 차이가 있으나 일반적으로는 콘크리트 운반, 콘크리트 타설장비(콘크리트 펌프, 타워크레인, 슈트시설 등), 다짐기구, 급수시설 등이 있다.

다. 제작장

진수방법에 따라 차이는 있으나 케이슨 규격, 제작 수량을 감안하여 넓이를 결정한다.

수제선에서 진수하는 경우, 전면수심이 소요장비의 계류가 가능하여야 하고 기존 물양장이나 호안을 이용하게 되는 경우, 케이슨의 중량을 고려하여 지반의 지지력 및 기존 구조물의 안정성도 검토되어야 한다.

라. 진수설비

진수방법에 따라 경사로(傾斜路:Slip way), 건선거(乾船渠:Dry dock), 부선거(浮船渠:Floating dock), 대형기중기선과 계류시설, 쉽 리프트 방식(Ship lift system)과 부대시설, 에어로 고 방식(Aero-go system)의 제작 및 진수설비 등이 있다.

마. 동력설비

수전설비, 현장여건에 따른 발전설비와 배전설비

바. 부속실험실

자재의 품질 및 제품의 품질관리를 위한 실험실

7.2 진수방법의 선정

케이슨 제작의 진수방식에 따라 장소 및 위치, 부지의 면적, 소요설비, 작업공정, 규모 및 능력에 차이가 있고, 주변여건과 진수설비가 달라지기 때문에 여려가지 요소를 검토하여 진수방법을 선정하여야 한다.

진수방법의 선정시 고려해야 할 사항은 다음과 같다.

- ○ 케이슨의 규격
- ○ 케이슨의 제작 및 진수수량
- ○ 공사기간 및 공사비
- ○ 설비장소의 지형 및 자연조건
- ○ 케이슨 가치 및 거치 장소까지의 거리와 운반방법

7.3 진수시설과 진수방법

케이슨은 철근콘크리트 구조체이며 부유구조체로서 함선(函船)의 규격에 준할 수 있기 때문에 제작, 진수과정이 선박의 건조, 진수과정과 공정이 거의 같다. 케이슨의 규격, 수량, 공기 등에 알맞게 공정계획을 세워야 하겠지만 제작장과 진수설비가 큰 비중을 차지하고 대형공사가 아니면 진수설비의 신설은 경제성이 떨어지기 때문에 기존의 제작장이나 진수설비를 활용하는 방안으로 설계와 시공이 이루어지게 된다.

케이슨은 제작과 진수설비 이용관계를 고려하여 제작공법이 결정되기 때문에 공법에 맞도록 진수방법을 결정하고, 이에 따라 제작장 규모도 결정되며 제작과 운반, 거치방법이 정하여진다.

진수방법에 따라 제작공법을 분류하여 보면 ①경사로(Slipway)에 의한 진수방법, ②건선거(Dry dock)에 의한 진수방법, ③부선거(Floating dock)에 의한 진수방법, ④기중기선에 의한 진수방법, ⑤리프트식(Ship lift system 또는 Syncrolift)에 의한 진수방법, ⑥사상진수(砂上進水), ⑦가물막이 방식에 의한 진수방법과 에어로 고 방식(Aero-go system) 등이 있다.

7.3.1 경사로(傾斜路:Slipway)에 의한 진수방법

케이슨의 진수방법을 경사로에 의하는 경우, 우리나라에서는 여러 가지 현장여건이 맞지 않아 아직 시행한 실적이 없다. 기존 경사로는 거의가 선박건조용으로 시설되어 있어서 여건상 케이슨 제작장으로 이용될 수 없고, 1,000ton이상의 케이슨 제작에는 여러가지로 제한을 받기 때문으로 보고있다.

우리나라뿐 아니라 앞으로 경사로에서의 진수도 채택될 수 있다고 보여지므로 경사로에 의한 진수방법을 설명하기로 한다.

가. 케이슨 제작부

케이슨을 제작할 수 있는 장소는 가능하면 수평상태를 유지하거나 수평상태에 가까워야 하며, 진수시 경사로 위에서 강하(降下)할 수 있어야 하므로 활로(滑路)위를 케이슨을 자중으로 강하시키는 경우 1:15의 경사도를 가장 많이 쓰고 있고, 대차를 사용하는 경우에는 1:18~1:20의 다소 완만경사를 이용하고 있다.

나. 케이슨 진수부

진수부의 경사를 단일경사로 할 경우 수중부의 경사로 길이가 길어지므로 전체 경사로를 몇단계로 경사사면을 조정, 변형시키고 있으며 일반적인 경사로는 1:10~1:8범위로 하여 가능하면 경사로의 길이를 짧게 하여 소요수심에 이르게 하므로써 공비와 진수시간을 단축하고 있다.

다. 최종부의 경사

최종부의 경사로는 통상 1:3~1:7 정도로 하며, 최종부가 다른 경사로 보다 일반적으로 급하게 하여 진수시켜야 하므로 케이슨 진수시 가속도로 인하여 케이슨이 기울어지면서 물에 빠질 염려도 있기 때문에 케이슨의 안전을 고려하여 결정하고, 만일 침수로 물에 빠질것이 우려되면 뚜껑을 씌우는 등 안전조치를 강구하여야 한다.

최종부의 경사가 수중에 있게 되면 선단부의 수심이 얕으면 케이슨이 경사로를 이탈할 때 급격히 침강(沈降)하는 우려가 있고 반대로 수심이 깊으면 경사로의 연장이 길어져야 한다.

경사로 최종부의 적정수심은 케이슨 자체의 최대흘수에 선가대, 함대 혹은 대차 등의 높이를 더하고 약간의 여유를 두면 된다.

제작된 케이슨을 진수하는 방법을 보면 ①자중에 의한 방법과, ②로프(Rope)를 슬슬 풀면서 대차를 강하시키는 방법이 있다.

라. 경사로 각부의 시공상 유의사항

1) 경사로의 기초

기초는 사석을 운반투하하고 기초고르기를 한 후 활로부를 철근콘크리트 슬래브로 폭 4~7m, 두께 60~80cm를 현장 타설한다. 기초가 연약한 토질조건에서는 기초보강용 말뚝이나 별도 보강처리를 하여야 하며, 활로(滑路)인 궤조(軌條)는 목재나 강재로 하며 케이슨의 규모에 따라 2~4줄로 시설한다.

케이슨 진수시 활로에 부등침하가 일어나면 케이슨이 이탈하거나 전도가 될 우려가 있으므로 충분히 주의하여 시공한다.

2) 선단부의 세굴방지

선단부의 활로는 경사가 다소 급하게 시공되고, 조류, 파랑 등의 외력에 의한 선단부 세굴이 예상되므로 충분한 세굴방지 대책이 강구되어야 한다.

마. 경사로에서의 진수

케이슨 제작부의 함대(函台, 台車) 위에서 제작된 케이슨은 양생을 시킨 후 경사로에서 진수를 시키는데 진수방법은 ①자중에 의한 자연 활강(滑降) 방법, ②목재나 콘크리트 고정대 위에 레일을 부설하고 위에 철재 롤러(Roller)를 부착한 미끄럼틀을 놓아 육지측에서 로프를 걸어 속도를 조정하면서 활강시키는 인력활강 방법이 있다.

1) 자연활강(自然滑降)

자연활강 방법은 롤러 등의 설치가 없기 때문에 고정용 시설(Trigger 또는 Sand box)을 설치하는데 일단 풀면 속도조절은 물론 정지나 후진이 되지 않는다.

그러므로 경사로의 경사는 이점을 충분히 고려하여야 하고 선단부의 수역은 진수시의 충분한 수심과 수면적이 소요된다. 시설이 간단하여 자연활강 방법을 많이 활용하고 있다.

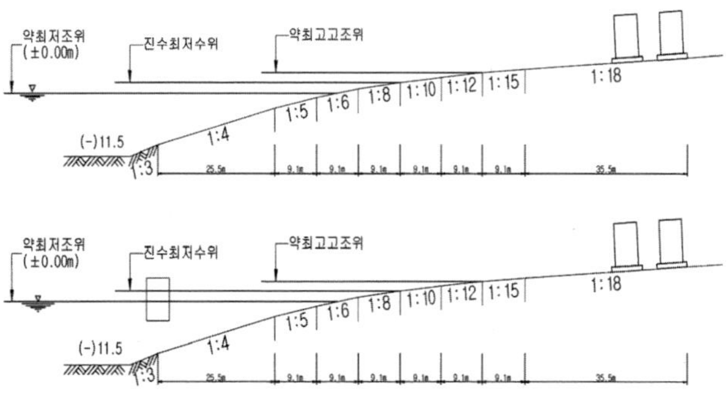

경사로에서의 제작·진수예시도

2) 인력활강(人力滑降)

시설은 복잡하지만 속도조절이 가능하기 때문에 경사로의 수면이 협소한 장소에서 안전하게 진수할 수 있다.

7.3.2 건선거(乾船渠 : Dry dock)에 의한 진수방법

건선거는 시설비도 막대하게 소요될 뿐 아니라 시설공사기간도 길어서 케이슨 제작 전용으로 시설할 수 없기 때문에 우리나라 실정으로는 기존 선박건조, 수리용 건선거를 활용하고 있는데 케이슨의 제작·거치 현장이 가깝고 건선거 이용기간에 선박의 건조나 수리 등의 작업공정이 없을 경우를 활용하고 있다. 건선거의 갑문(閘門, Gate)을 닫고 펌프시설로 건선거내의 해수를 배수한 후 건선거 내부의 여유공간 길이를 보아 일반적으로 종방향에 2열 또는 3열을 배열하여 케이슨을 제작한다. 선거내에서의 배열은 배열간격이나 선거벽체와의 거리를 작업공간으로 1함당 3m의 거리를 둔다.

선거내에서 케이슨 제작이 끝나고 양생을 시킨 후 선거내에 주수(注水)를 하게되면 케이슨이 부력을 받아 물 위에 부상(浮上)한다.

진수시는 어느 경우나 부상시의 케이슨의 요동(搖動)으로 중심(重心)이 잡히지 않아 케이슨끼리 또는 케이슨과 선거벽체와 충돌하게 된다. 그러므로 진수시에는 로프로 요동방지 폭을 최소화 하도록 단단히 묶어야 하며, 구조상 중심이 잡히지 않는다면 진수 후 바로 케이슨내에 주수하여 안정시켜야 한다.

제작된 케이슨이 선거 바닥에 자중에 의한 압착(壓着)상태에서 선거내 주수로 케이슨이 진수하려면 규격에 따라 차이는 있으나 0.4m정도의 여유수심이 있어야 케이슨이 부상하게 된다.

가. 건선거 각 부의 구조

건선거의 주요 구조부를 보면 거실(渠室, Dock chamber), 갑문(閘門, Gate), 펌프실(Pump room)로 나눌 수 있으며 그 외에 중량물의 운반 이동용 크레인 시설이 있다.

1) 거실(渠室, Dock chamber)

장방형구조로서 선박의 건조나 수리용 선박에 따라 길이가 결정되어 시설되지만 케이슨을 제작할 때 진수시의 흘수를 고려한 수심 외에 여유수심으로

0.4m정도의 가산된 수심이 확보되어야 하며, 대형케이슨인 경우 12.0m의 수심을 요한다. 거실의 측벽은 토압에 견디도록 설계, 시공되고 저판은 케이슨의 자중에 견디는 지내력도 있어야 되므로 기초말뚝을 항타하지만 저판에 작용하는 양수압이 커지는 경우도 있으므로 이에 대비한 충분한 시설이 되어야 한다.

2) 갑문(閘門, Gate)

대형 건선거의 갑문은 대체로 부상갑문(Floating gate)을 많이 사용하고 있다. 강판과 형강 등으로 중공(中空)의 갑문을 제작하여 내부격실(內部隔室)에 물을 채우면 가라 앉고, 배수(排水)를 하면 뜨게 되어 있어 거실(渠室)전면에 문틀을 만들고 목재나 고무판 등으로 누수가 되지 않도록 보강한다.

제작장인 거실에 주수를 하여 일정 수위에서 케이슨이 부력을 받아 뜨게 한 후, 갑문내부의 물을 배수하여 갑문이 부력을 받아 뜨게 된다.

갑문은 거의가 외해에 면해 있기 때문에 거실을 배수하면 수압과 파랑 등의 외력을 받으므로 외력에 견디는 충분한 구조로 제작되어야 한다.

그 외에 중요시설로 펌프시설이 있으며 펌프실과 펌프설비는 거실의 규격, 주수량, 주수시간을 고려하여 펌프용량이 결정된다. 기타 부대시설은 기중기 시설로 운반물의 취급 중량에 따라 기중기 용량과 규격이 결정된다.

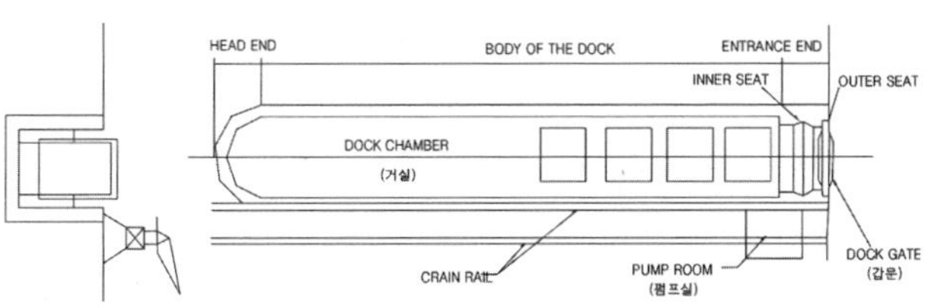

건선거에서의 제작·진수 설명도

7.3.3 부선거(浮船渠, Floating dock)에 의한 진수

부선거는 이동용으로 주로 군함 수리에 사용하던 것이 케이슨 제작공사에 이용하게 되었으며 우리나라에서는 동산호(약 2,500톤 부양능력)를 1976년도 케이슨 제작용으로 건조하여 창원 지원항만시설의 20,000D/W급 안벽용 케이슨 제작에 처음 사용된 이래 계속적으로 마산동항과 진해해군기지시설 등에 이용하게 되었다.

부선거가 계류할 수 있는 제작장 전면의 수면에 견고하게 계류시키고 발라스트탱크(Ballast tank)의 물을 배수하면 부선거의 선체가 부상하여 갑판(Deck)바닥이 수면위로 나타나게 된다. 갑판이 30~40cm정도 수면위에 떠 있게 한 다음 갑판바닥을 청소하고 케이슨 제작시의 압축이나 갑판바닥에 콘크리트가 부착되지 않도록 10cm 두께로 모래를 균등하게 깔고, 그 위에 케이슨 거푸집 및 철근을 조립한 후 콘크리트를 타설하여 케이슨을 제작한다.

부선거 규격에 따라 케이슨의 제작 규격에 제한을 받는데 동산호는 약 2,500톤의 부양능력이 있고 진수시 최대흘수가 11.0m정도이므로 현재까지 케이슨 2함을 약 8.0m높이까지 부선거에서 제작하여 진수시키고, 나머지 3~4.0m는 해상타설(해상에 띄어 놓고 타설하거나 사석 위에 가거치하고 타설한 다음 배수하여 케이슨을 띄우는 방법)을 하여 케이슨 제작을 완성하였다. 부선거에 케이슨을 진수시킬 때 케이슨을 실은 부선거를 수심 12.0m이상이 되는 위치까지 예인을 하고 투묘(投錨)하여 부선거를 정박시킨 후 선내의 발라스트 탱크에 서서히 주수하면 선체가 침강(沈降)하고 부선거상의 케이슨은 부력을 받아 진수(進水)가 된다.

설계시에는 케이슨의 규격이 부력을 받으면 뜨게 되는 수심이 정해지지만 건선거에서와 같이 여유수심으로 0.4m정도 더 부선거가 침강되어야 케이슨 저면이 압착상태에서 부상하게 되며, 부상시 순간적인 진수로 케이슨의 요동이 생기므로 타함이나 부선거 선체와의 충돌이 생기지 않도록 로프 등으로 고정시켜야 한다.

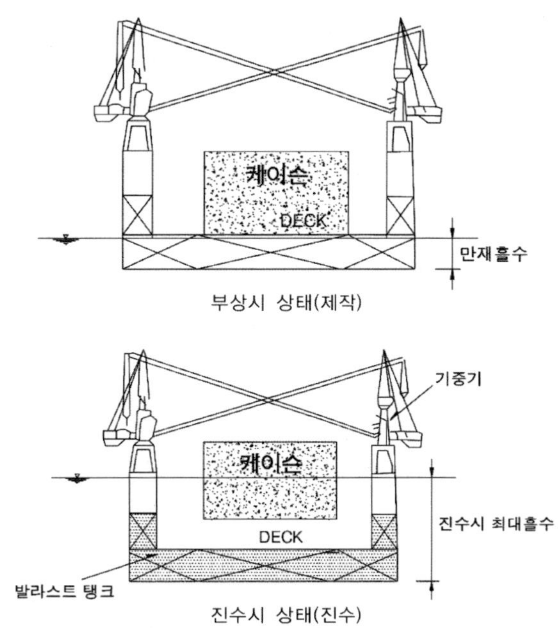

부선거에서의 제작·진수 설명도

케이슨이 진수되면 안정상 중심(重心)을 잡도록 케이슨에 부착된 밸브를 열어 주수를 하여 케이슨이 안정상태로 된 다음 해상 타설장소까지 예인하여 나머지 부분을 완성한다. 현재 제주외항의 방파제용 케이슨을 부선거에서 제작하기 위하여 임차하여 사용하고 있으며 케이슨의 중량이 3,000ton급 이므로 부선거는 약 5,000ton급과 8,000ton급, 15,000ton급에서 최근 20,000ton급까지 대형화 하고 있다.

■ **2,500ton급** 부선거의 제원

1) 선체제원
- ○ 선　　장 : 38.4m
- ○ 선　　폭 : 30.0m
- ○ 전체높이 : 12.5m
- ○ 내면높이 : 8.83m
- ○ 만재흘수 : 3.07m
- ○ 진수시 최대흘수 : 11.10m

2) 총톤수 및 부양능력
- ○ 총톤수 : 1,145톤
- ○ 부양능력 : 2,500톤급

3) 선체 주요 의장품
- ○ 집 크레인(Jip crane) : 10.4톤 × 2대
- ○ 에어 콤프렛셔(Air compressor) : 8.5m^3/min × 2대

(주, 보조발전기(157KVA, 37.5KVA) 보조기관, 빌지펌프(0.8m^3/min), 윈치(Winch, 5톤 × 4대))

4) 부침시간(부침시간) : 약 **5**시간

■ 국내·외 부선거 보유현황

부선거 보유현황

구격(ton급)	국내	국외(일본)	비고
5,000미만	1		
5,000~10,000	6	9	
10,000~15,000	1(11,000ton급)	2	
15,000이상	1(20,000ton급)		

■ **15,000ton**급 부선거의 제원과 성능력

1)선체제원
- ○ 길　　이 : 72.0m
- ○ 선　　폭 : 47.2m
- ○ 전체높이 : 25.4m
- ○ 내면높이 : 19.0m
- ○ 만재흘수 : 6.4m
- ○ 진수시 최대흘수 : 11.10m

2) 총톤수 및 부양능력
- ○ 총톤수 : 14,514톤
- ○ 부양능력 : 15,000톤급

3) 선체 주요 의장품
- ○ 크레인 : 30톤, 2대
- ○ 주펌프 : 2,000m^3/hr, 4대
- ○ 주배수소요시간 : 6hr
- ○ 최대진수속도 : 1m/10분

7.3.4 기중기선(Floating crane)에 의한 진수

해상장비가 대형화하면서 기중기선의 붐길이 범위안에 제작장을 시설하여 케이슨 제작을 하고 기중기선이 케이슨을 직접 들고 이를 해상에 내려 진수시키는 방법이 개발되면서 케이슨 제작 · 진수가 이 방법을 많이 채택하게 되었다.

케이슨 제작장은 기중기선에 의하여 진수하게 되므로 필수적으로 기중기선이 작업할 수 있는 수면과 수심이 있어야 하고 따라서 수면과 접해 있어야 하므로 호안이나 물양장 또는 안벽시설이 된 상부에 제작장이 있어야 하며, 기중기의 권상(捲上)작업이 가능한 붐(Boom)길이 범위내에 있어야 한다.

우리나라에서 보유한 기중기선은 1,350톤급, 2,000급(설악호)과 3,000톤급(삼성호)이 있으므로 여러 가지 규격의 케이슨 제작과 진수가 가능하게 되었다.

기중기선에 의한 진수방법은 케이슨 자체를 기중기선으로 권상(捲上 또는 吊上)하고 권상된 채로 기중기선을 예인하여 인근에 진수 또는 가거치하거나 직접 현장 작업장소까지 예인하고 직접 진수 · 거치하기도 한다.

케이슨을 권상하여 진수하는 방법은 일반적으로 부력을 받아 진수시키는 것과 진수방법이 다르며, 중량물을 권상하기 때문에 권상용 들고리 시설이 있어야 하고 권상시 편심하중이 작용하지 않도록 들고리틀(조강구, 吊鋼具)를 사용하는 등 특수장치가 필요하다.

기중기선의 활용면을 고려하여 단위별 제작공정은 13~15함 정도로 케이슨을 제작하고 있다.

① 준 비

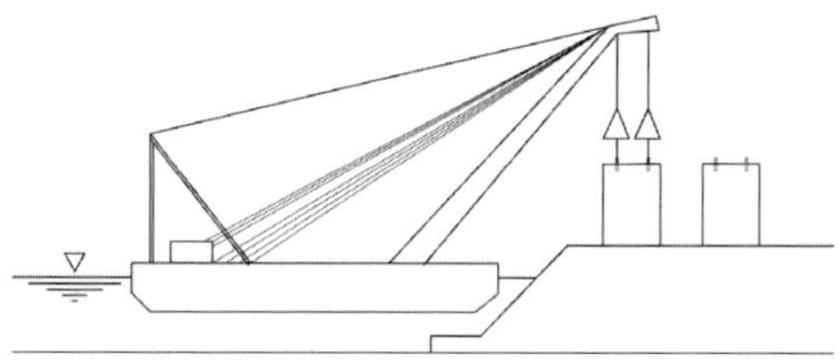

② 권 상

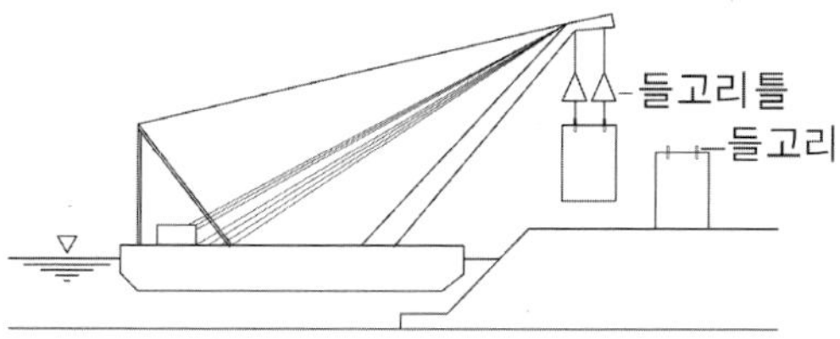

③ 이동 (운반)

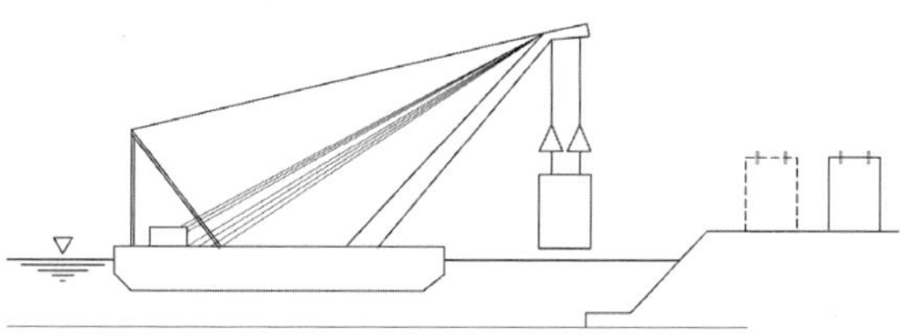

④ 진 수(또는 가거치, 거치)

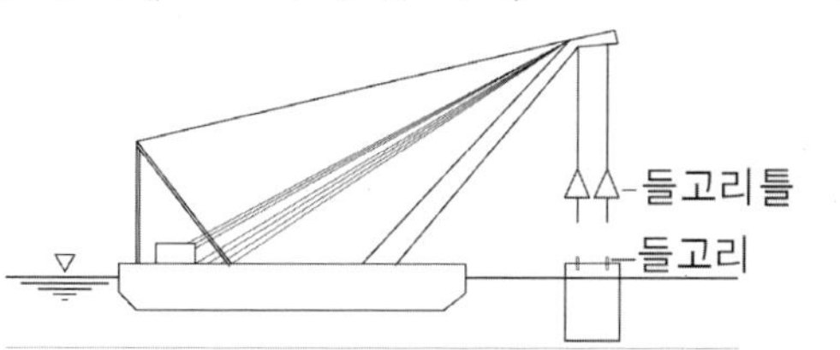

기중기선에 의한 진수 설명도

○ 선체부

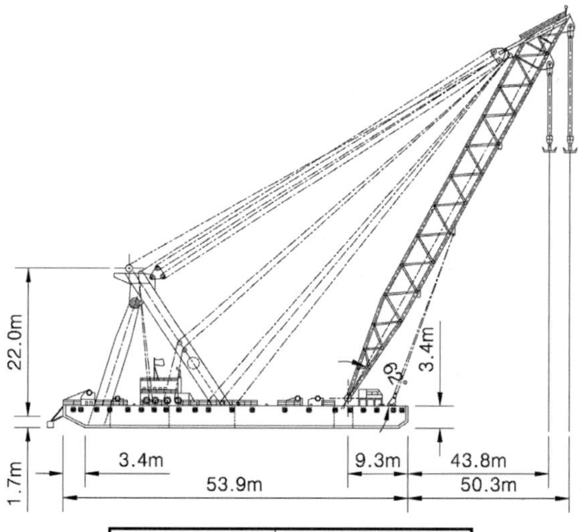

길 이	11.0m
폭	45.0m
선 심	7.0m
흘 수	4.8m

○ 기중기부

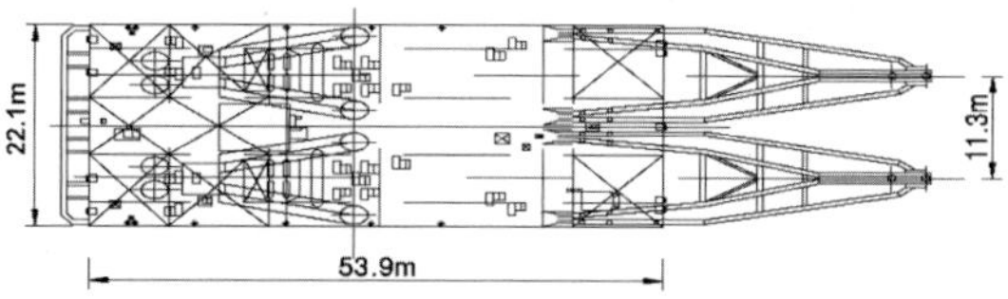

형 식	Jib붐 기복식
주호이스트 최 대 하 중	3,000ton(750t×4)
작 업 거 리	약 50.0m
권 상 높 이	약 100.0m

삼성호(3,000톤급) 설명도 및 주요제원

7.3.5 리프트방식에 의한 진수

리프트(Lift) 방식에 의한 진수방법은 본래 군함의 건조, 수리용으로 건설이 된 선거시설인데 종종 이 진수방식을 채택하여 케이슨을 진수시키는 외국사례가 있으므로 소개하기로 한다.

리프트 방식이란 신크로리프트(Syncrolift) 전체 시설중 철재로 제작된 플랫폼(Platform)을 여러 개의 호이스트 윈치(Hoist winch)로 감아 올리거나, 내리면서 플랫폼 위에 놓인 선박이나 케이슨을 양육(揚陸) 또는 진수시키는 선거시설이다.

리프트 방식의 제작장은 리프트 후방에 레일을 종, 횡으로 배열하고 레일위의 대차에서 케이슨을 제작하여 대차를 끌고 리프트 플랫폼에 상재(上載)한 다음 리프트 호이스트 윈치로 로프(또는 체인)를 서서히 풀면 플랫폼이 하강하여 일정수심 이하 수중에 들어간 플랫폼 위의 케이슨이 부력을 받아 진수하게 된다.

우리나라에서는 아직 이 방식에 의하여 케이슨을 제작 진수한 사례가 없다.

우리나라에서는 선박수리 건조용으로 설치한 신크로리프트(Syncrolift)가 마산자유수출지역내의 코리아타코마 조선소에 약 3,000톤급의 시설이 있고, 해군, 해경 등에도 선박수리 건조용 리프트가 있으며, 대형 조선소에는 6,000~7,000톤급 리프트 방식시설도 있다.

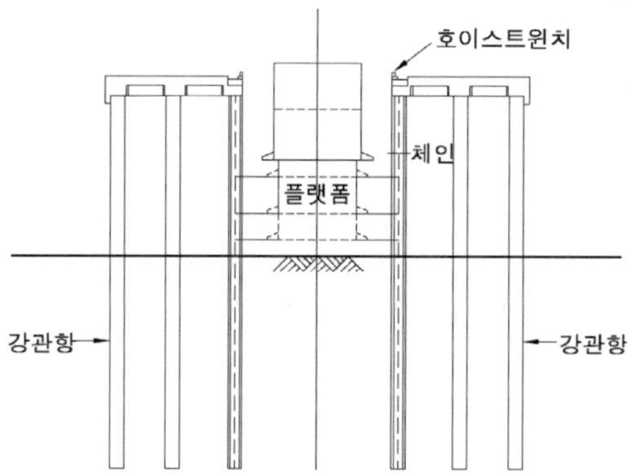

리프트방식의 구조 설명도

7.3.6 사상 진수(砂上 進水)

우리나라에서 성공적으로 시행한 진수방식이었으며, 굴입식 항만을 건설하는 현장의 토질이 사질이고 장차 항로나 박지로 계획된 장소의 모래사장을 정지하여 사상(砂上)에 케이슨을 제작한 후 펌프준설선(Pump dredger)으로 준설을 하여 일정수심 이상이 준설되면 케이슨이 사면을 미끄러지면서 진수하는 방식이 사상 진수방식이다.

이 방법은 계획 준설구역내의 사질지반 위에 케이슨 제작장을 조성하여 케이슨을 제작하고 해면으로부터 준설을 하게 되면 준설로 인한 사면경사가 수심이 깊어지면서 붕괴되는 상태에서 케이슨이 진수되기 때문에 케이슨이 기울어져 침수가 될 우려가 있으므로 충분히 대비하여야 하며 때에 따라서는 뚜껑을 씌우는 것도 고려하여야 한다. 또한 계획수심이 준설되기 전이라도 사면경사가 붕괴되어 진수되거나 케이슨이 기울어져 준설장비와 충돌할 위험도 있으므로 준설장비의 대피방법에도 만전을 기하는 등 주의를 소홀히 하여서는 안된다.

우리나라에서 사상진수 방식에 의한 케이슨 제작은 포항제철항과 동해항에서 실시한 사례가 있다.

7.3.7 가물막이 방식에 의한 진수

케이슨 제작 수량이 소량이고 현장과 케이슨 제작장이 거치 현장 인근 해면에 가물막이를 할 수 있는 지형과 지질조건이 알맞는 곳에 해수를 막을 수 있는 방조제형 가물막이 둑을 쌓고 해수를 배수한 후 바닥을 정지하여 케이슨 제작장을 만든다.

케이슨이 제작되면 최저 간조가 되는 시간을 택하여 가물막이 내부에 주수를 하여 소요 수심이 되면 케이슨이 부력을 받아 진수하게 된다. 진수가 되고 필요한 시기에 가물막이를 철거하여 케이슨 흘수보다 약간 더 깊게 제방을 허물고 진수된 케이슨을 외부로 예인한다. 가물막이 방식은 임시 구조로 시설하기 때문에 주수시나 굴착시 일시적으로 유속이 작용하게 되면 굴착장비의 유실이나 침수가 되어 손상도 입을 수 있으므로 주의를 기울여야 하며, 때로는 진수시 유속의 작용으로 케이슨이 전도되는 사례도 있으므로 안전에 최선을 다하여야 한다.

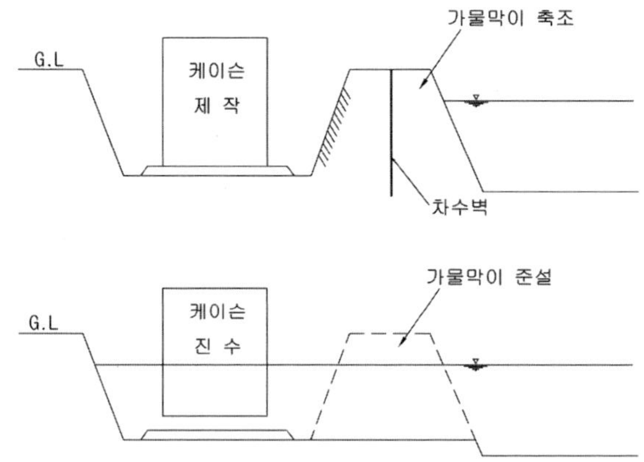

가물막이 방식에 의한 진수 설명도

7.3.8 에어로고 방식(Aero-go system)에 의한 진수

케이슨 제작·운반·진수방법의 새로운 공법으로서 제작은 공장형 일관제작방식으로 동일 장소에서 슬립폼을 사용하여 1기를 연속 제작하면 10일 이내 1기의 제작이 완료된다. 운반 및 이동(육상)은 수많은 에어로 캐스터(Aero-caster)를 케이슨 하부에 깔고 압력수를 주입하여 에어로캐스터를 부풀려서 케이슨을 바닥에서 약간 들어올린다. 압력수 일부가 에어로캐스터에서 분출되어 바닥에 깔리면 물 베어링(Water bearing)역할을 하게 되므로 후면에서 재키로 밀어 이동·운반한다. 이를 육상종점 수제선에 계류시킨 부선거식(Floating dock type)진수선에 이동·운반하고 진수할 수 있는 수심으로 예인한 다음 부선거식 진수선을 침수시켜 진수한다. 에어로 케스터외에 작키방법을 새로 도입하여 현재 제작·진수하는 사례가 채택되어 시공중에 있다.

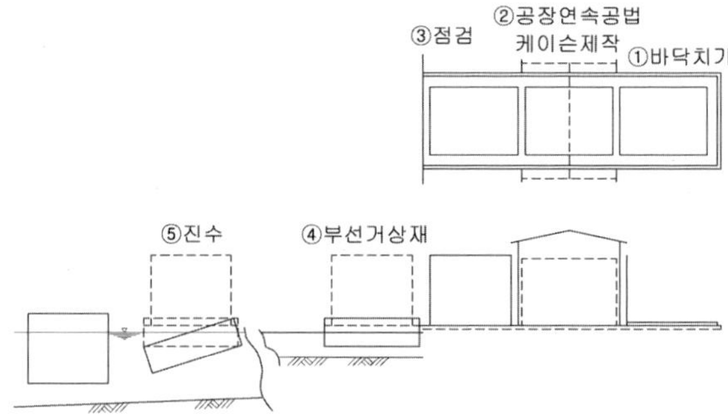

Aero-go system에 의한 제작·진수(예)

7.4 케이슨의 제작장 시설(예)

7.4.1 경사로에 의한 케이슨 제작장

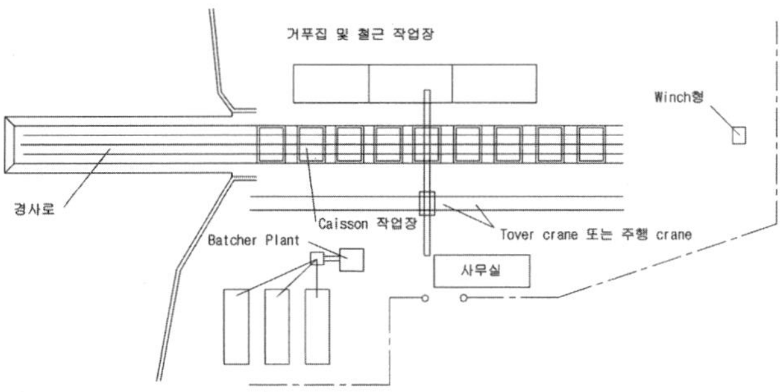

7.4.2 건선거에 의한 케이슨 제작장

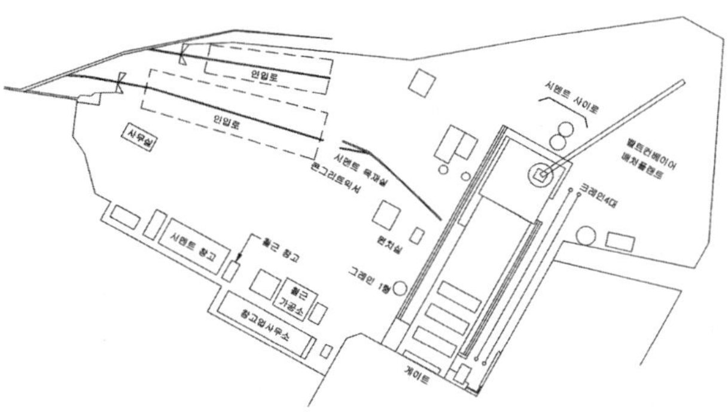

7.4.3 부선거에 의한 케이슨 제작장

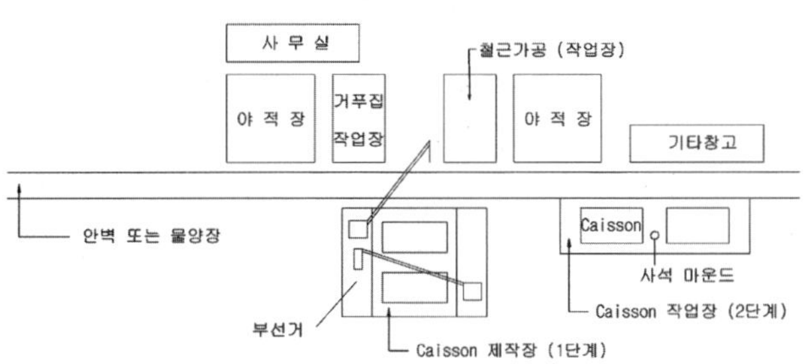

7.4.4 기중기선에 의한 케이슨 제작장

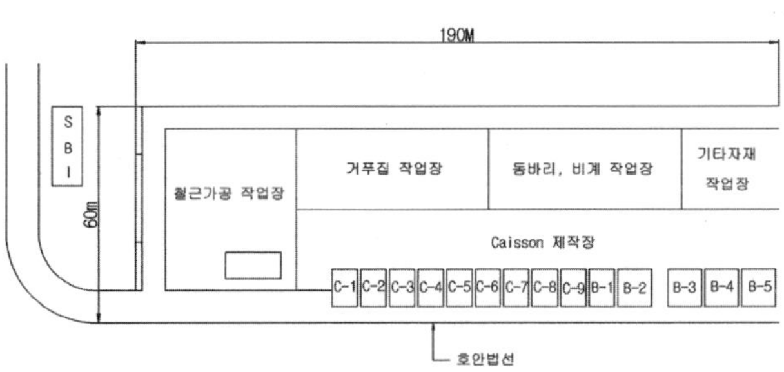

7.4.5 리프트 방식에 의한 케이슨 제작장

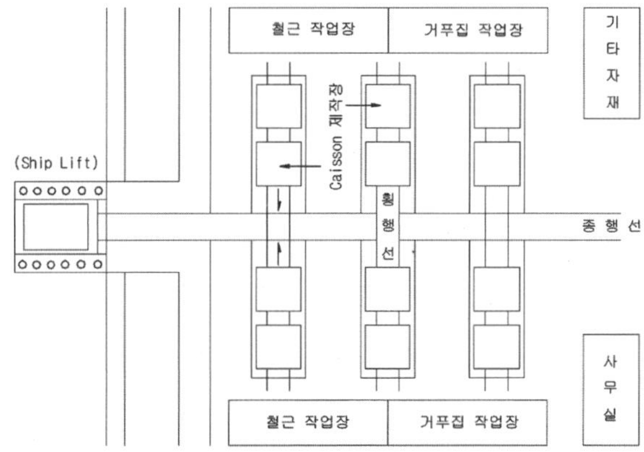

제8장 · 소파케이슨과 기타 소파구조물

8.1 소파구조물 개요

소파구조물은 파력에 따라 중량이 커지고 피복석으로는 생산의 한계가 있기 때문에 콘크리트 블록을 사용하다가 1949년도에 프랑스에서 T.T.P를 개발하여 피복재로 사용하면서 소파구조로서의 피복재가 여러 가지 모양으로 다양하게 발전하게 되었으며, 피복재에서 한단계 발전되어 구조물로서 소파와 반사파 방지를 위한 직립구조로서의 소파블록, 소파케이슨 등이 개발되어 활용되고 있다.

항외의 경우 반사파 저감, 월파량 감소의 목적으로 채택되어 사용되고 있고, 항내에서도 반사파저감과 항주파에 대한 항내정온도 유지를 위한 소파구조를 여러 가지 형태로 개발하여 사용하게 되었다.

앞으로는 해양구조물을 이용한 그린에너지화를 겸한 시설계획에 대한 세계적인 추세임을 감안하여 이의 개발에 적극 참여하여야 할 때가 되었다.

8.2 소파케이슨

소파케이슨은 직립구조물에 구멍을 뚫어 여러모양으로 시도되고 있으나 가장 일반적으로 많이 적용되고 있는 소파케이슨은 종방향 슬리트(Slit)구조이며, 유수실 폭을 크게 하기 위하여 점차 발전시켜 곡면슬리트 등이 시험을 거쳐 시공한 사례가 있으므로 몇가지 소파케이슨 구조물을 소개하면 다음 그림과 같다.

①수직형슬리트(Slit)케이슨(기본형)

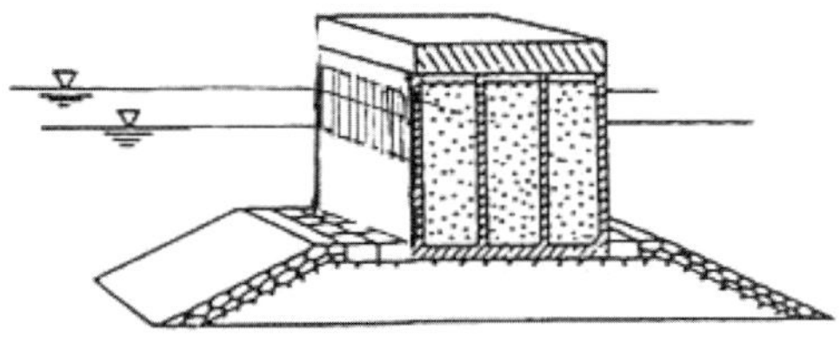

②수직형슬리트(Slit)케이슨(복합형)

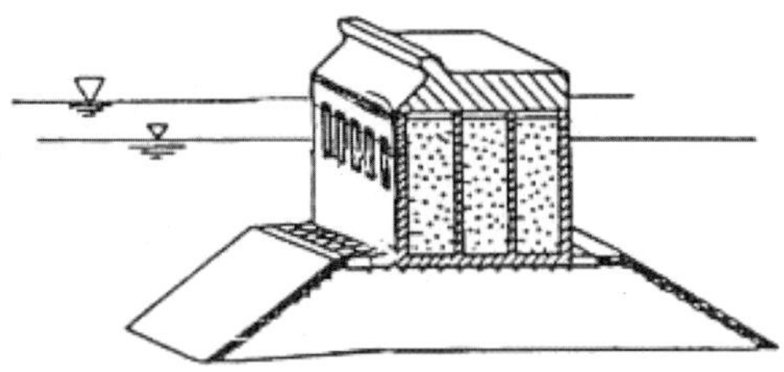

③곡면수직슬리트케이슨(기본형)

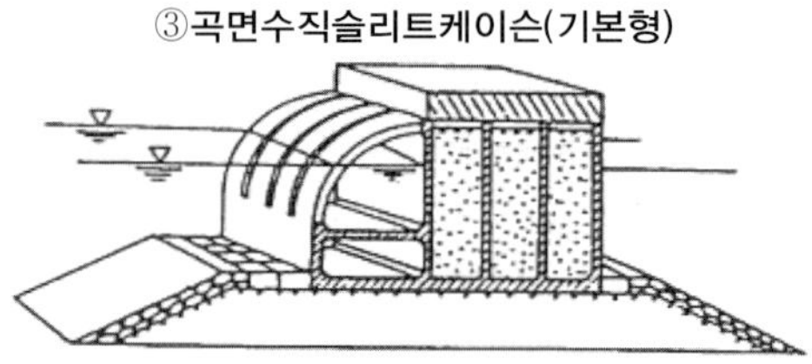

④곡면수직형슬리트케이슨(복합형)

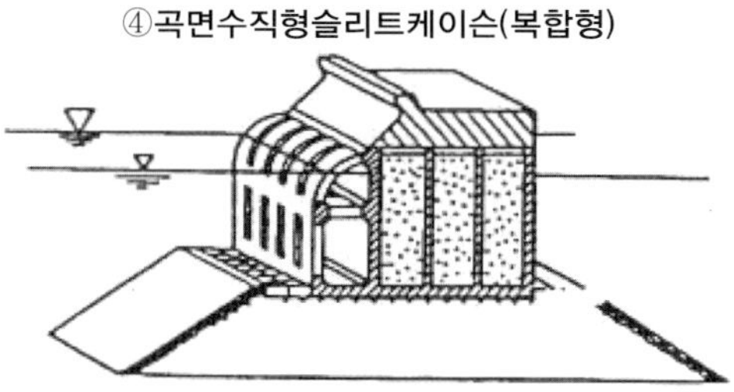

⑤멀티셀케이슨(기본형)

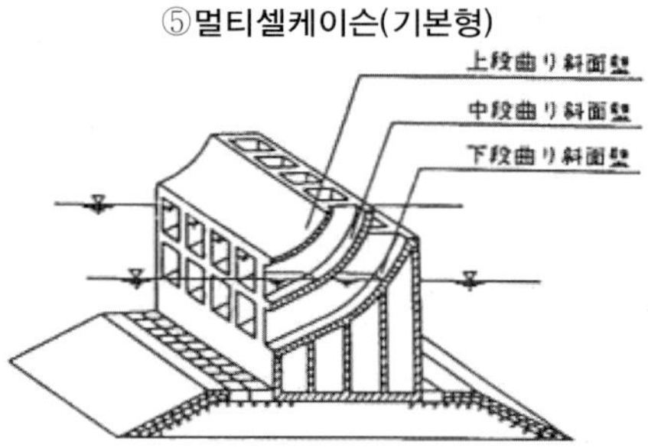

⑥멀티셀케이슨(소파형)

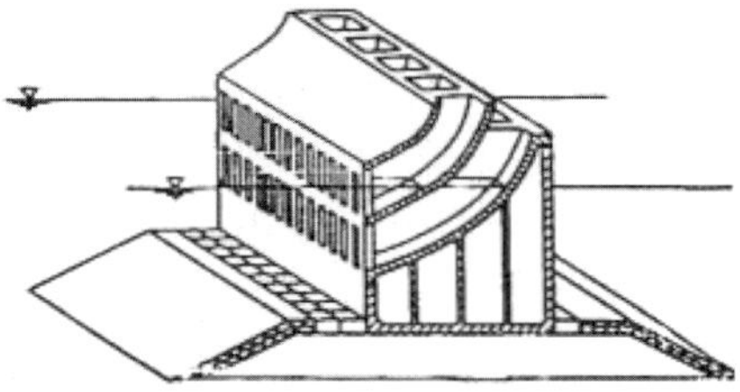

8.3 기타 소파구조물

8.3.1 피복용 이형블록

방파제나 방파호안 등 파력을 직접 받는 구조물의 기초사석을 파력에 대한 보호공으로 종전에는 석재인 피복석을 사용하였으나 구조물이 대형화하고 수심이 깊은 곳에 시설하게 되므로 파력이 커지게 되어 피복석 생산에 한계(1m^{3}급 이상의 균등한 생산 불가능)가 있기 때문에 콘크리트 이형블록을 제작사용하고 있다.

우리나라에서 일반적으로 많이 사용한 것은 주로 T.T.P이며, 그 외 아치 트라이바(Arch tribar) 중공삼각블록, 큐브블록(Cube block), 실락(Sealock) 등이 있다.

T.T.P는 80ton/ea, Cube block은 108ton/ea을 사용한 실적이 있고, 일본에서 사용한 실적이 있는 실락(Sealock)은 제주, 화순항, 울릉도 저동항 방파제에 80ton/ea~100ton/ea급을 현재 시공 중에 있다. 소파블록 모양은 다음과 같다.

테트라포트(T.T.P)

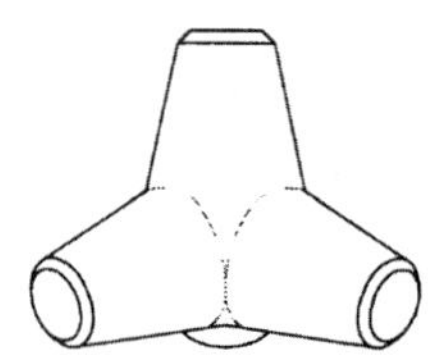

아치 트라이바(Arch tribar)

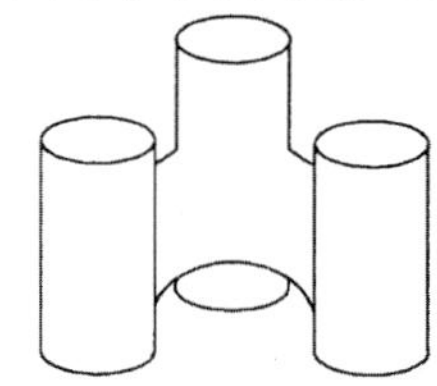

중공삼각블록

호로스퀘아

실락(Sealock)

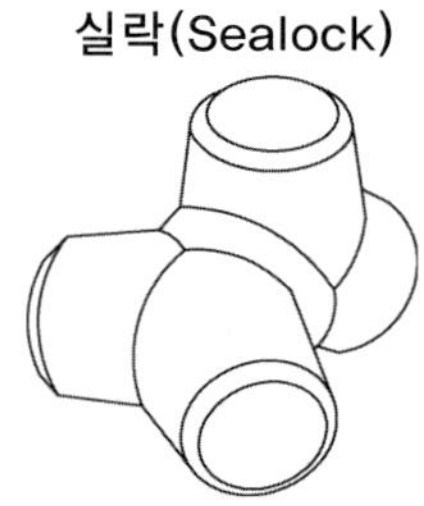

큐브블록(Cube block)

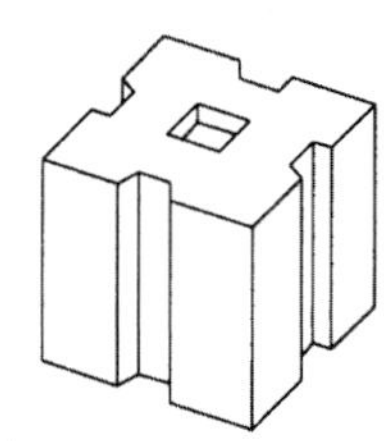

각종 소파블록참고도

8.3.2 구조용 소파블록

항만 및 어항구조물의 외곽시설에서는 소파케이슨 외에 소파블록을 시공하는 사례가 많으며 특히 항내정온도 유지를 위한 안벽이나 물양장 구조물에도 소파케이슨과 소파블록을 사용하고 있다.

항만 및 어항의 계류시설에 사용하는 소파구조물은 선박의 접안을 위한 시설이므로 직립구조로 시설되고 있으며, 직립구조로서의 소파케이슨은 일반적으로 종·횡슬리트 케이슨이 많이 이용되고 필요에 따라 케이슨전면이나 케이슨에 구멍을 뚫고 케이슨 전면 내측에 소파블록을 거치하는 예도 있다.

소파블록인 경우 일본에서 개발된 이글루(Igloo)를 사용한 사례가 있고, 그 외에 퍼포셀(Perforcell), 와록(Warock) 등이 있으나 외국에서 개발된 소파블록을 국내에서 임의 사용시, 지적재산권(知的財産權)에 관련하여 사전에 사용료 문제가 생길 수 있으므로 이를 확인한 후 사용할 필요가 있다.

국내에서는 터널형 블록(Tunnel-lok)이 개발되어 신기술제241호로 지정되어 시공사례가 많고, 점차 확대 사용하고 있는 추세이다.

참고로 소파블록의 구조를 예시하면 다음 그림과 같다.

이글루(Igloo)

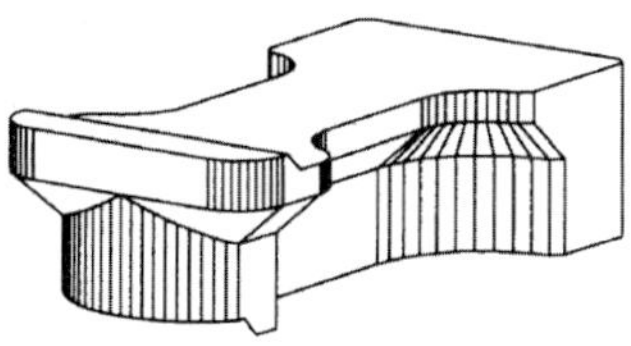

퍼프셀(Perforcell)

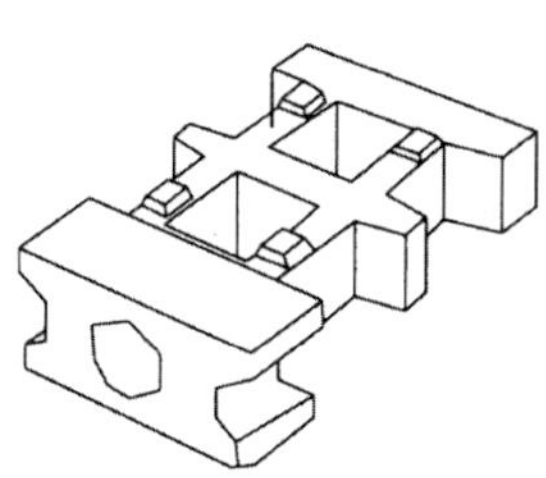

와록(Warock)

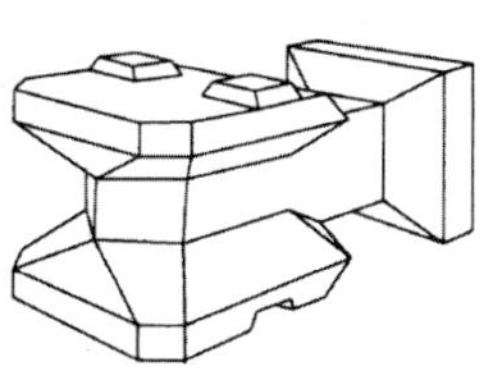

터널형블록

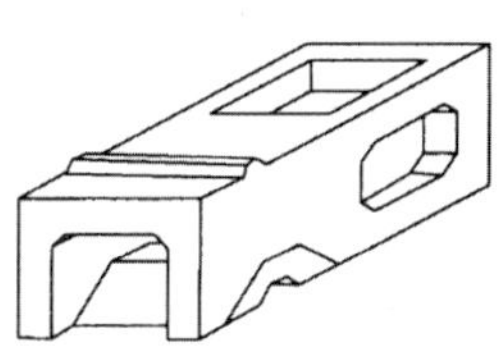

제9장 · 신형식 소파블록의 수리모형실험 소개

9.1 총 설

수리모형실험은 신형식 소파블록 3개형식(다음 그림 참조)에 관한 기존 소파블록과 비교 반사율 실험과 유수실 길이별 반사율 비교 실험을 실시하였다.

9.2 수리모형실험

9.2.1 개요

신형식 소파블록의 3가지 형태를 모형별로 수리모형 실험을 실시하였으며 수리모형실험은 부경대학교해양산업개발연구소의 수조에서 실시하였다.

9.2.2 수리모형실험의 목적

본 실험은 신형식 소파블록의 파랑제어특성 중 반사파의 발생에 대한 수리학적 특성을 검토하기 위하여 여러 입사파랑조건에 대한 블록의 형상과 수위차이에 따른 반사율의 변화를 파악하는데 목적을 두었다.

9.2.3 실험의 내용

가. 주요 검토내용

본 실험에서 신형식 소파블록의 반사파 제어특성을 검토하기 위하여 기존에 개발·시공되어 있는 직립소파블록과 이글루 소파블록에 대한 반사파 발생특성을 검토하고, 금회에 개발·개선된 벌집형(I형), 무지개형(T형), 터널(신)형 블록의 반사파 발생특성을 파악하였다.

블록의 2단과 거치를 기본으로 하여 블록의 2단 중앙부에 정수면이 위치한 경우와 3단 중앙부에 정수면이 위치한 경우에 대해 수위변동에 따른 블록의 반사파 발생특성을 검토하였다.

나. 실험의 흐름

실험의 흐름은 다음 그림과 같으며, 먼저 기초자료조사를 통해 기존의 소파블록의 수리특성을 파악하였다.

터널(신)형 (Tunnel-lock)
(디자인등록 제0351252호)

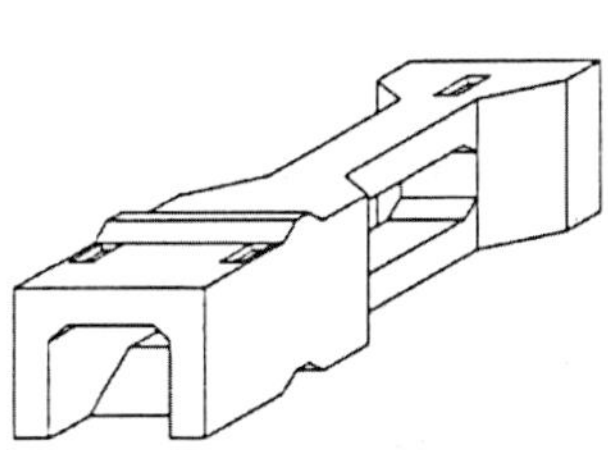

무지개형 (Rainbow-lock)
(디자인등록 제0324197-1호)

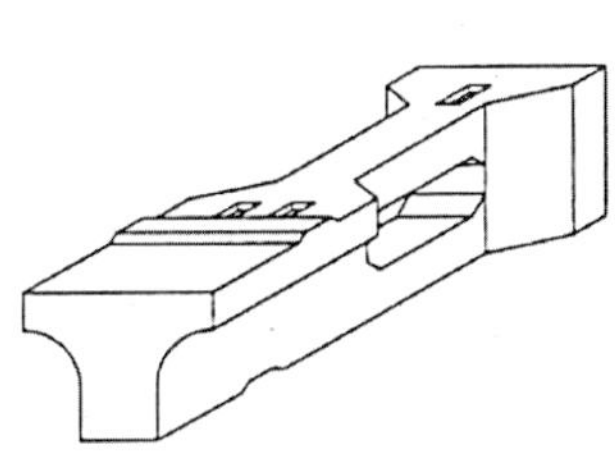

벌집형 (Hexagoon-lock)
(디자인등록 제0300915호
실용신안등록 제0246944호)

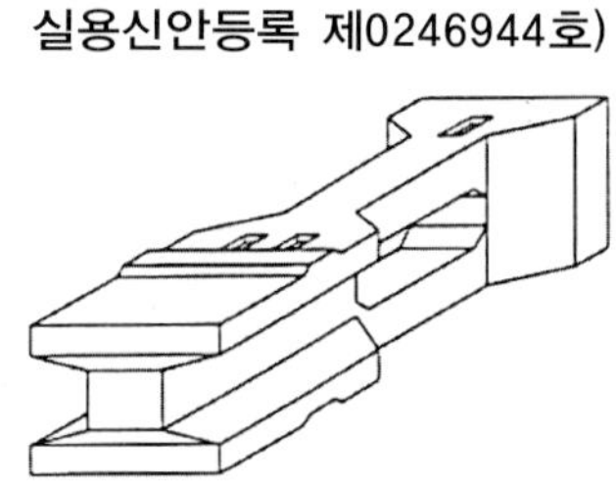

소파블록의 유수실 길이는 소파블록길이 6.0m, 5.5m, 5.0m, 4.5m의 4개 형식을 비교·실험하였다.

단면 반사율실험에서는 2개의 수위, 5개의 블록형상 그리고 4개의 블록길이에 따른 반사율 발생특성을 파악하였다.

실험의 흐름도

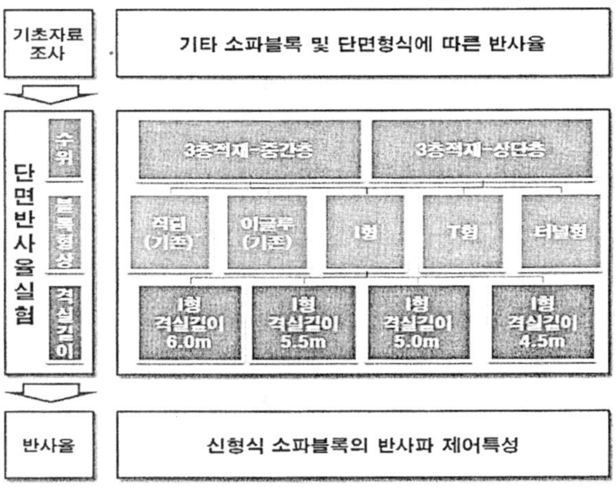

9.2.4 수리모형 실험의 장비와 시설

가. 단면수로 및 조파기

단면 수리모형실험은 부경대학교 해양수리실험소에 위치한 2차원 조파수로에서 수행되었다.

단면수로 모식도

평면도

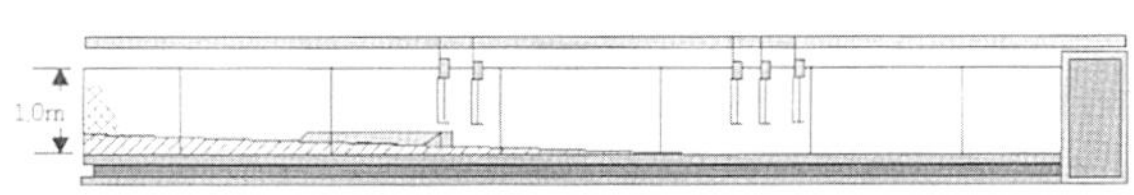

측면도

단면수로 및 조파기 특성

구 분		실 험 시 설 및 장 비	비고
수 로 제 원		35m(L)×1.0m(W)×1.0m(H)	
조파기 성 능	조파판 크기	1.0m(W)×1.0m(H)	
	최대파고	0.25	
	재현주기	0.5sec ~ 0.25sec	
	최대수심	0.8m	
	구동방법	전기서보피스톤식	

나. 측척 및 상사률

Froude 상사법칙적용(예)

항 목	기호	축척	예	원형	모형
길 이	L_r	L_r	1/40	40m	1m
수 심	h_r	L_r	1/40	28m	0.7m
파 고	H_r	L_r	1/40	1.2m	3cm
파 장	λ_r	L_r	1/40	160m	4m
주기와 시간	T_r	$L_r^{1/2}$	$(1/40)^{1/2}$	4.3sec	0.7sec

다. 실험파랑

본 실험에 사용된 파랑조건은 현지의 파랑조건과 본 블록에 목표로 하는 소파파랑조건을 고려하여 B/L_0이 0.03 ~ 0.20인 주기조건과 $H_{1/3}/L_0$ 0.08 ~ 0.28의 파랑조건을 적용하였다. 여기서 B는 블록의 블록길이, $L_0(L_0 = 1.56\,T^2)$는 심해파장, $H_{1/3}$은 1/3 유의파고 그리고 h는 실험수심이다.

실험파랑제원

구분 (블록형태 및 수심)	실험파	원형 $T_{1/3}$ (sec)	원형 $H_{1/3}$ (m)	모형 $T_{1/3}$ (sec)	모형 $H_{1/3}$ (m)
직립소파블록, 이글루블록, 벌집형(I형) 블록, 무지개형(T형) 블록, 터널(신)형 블록	수심 (16m)	4.43 L=30.61	1.2	0.7 L=0.76	3
			2.8		7
			4.4		11
		5.69 L=50.51	1.2	0.9 L=1.26	3
			2.8		7
			4.4		11
		6.96 L=75.57	1.2	1.1 L=1.89	3
			2.8		7
			4.4		11
		8.22 L=105.41	1.2	1.3 L=2.64	3
			2.8		7
			4.4		11
		9.49 L=140.49	1.2	1.5 L=3.51	3
			2.8		7
			4.4		11
		10.75 L=180.28	1.2	1.7 L=4.51	3
			2.8		7
			4.4		11
	수심 (18m)	4.43 L=30.61	1.2	0.7 L=0.76	3
			2.8		7
			4.4		11
		5.69 L=50.51	1.2	0.9 L=1.26	3
			2.8		7
			4.4		11
		6.96 L=75.57	1.2	1.1 L=1.59	3
			2.8		7
			4.4		11
		8.22 L=105.41	1.2	1.3 L=2.64	3
			2.8		7
			4.4		11
		9.49 L=140.49	1.2	1.5 L=3.51	3
			2.8		7
			4.4		11
		10.75 L=180.28	1.2	1.7 L=4.51	3
			2.8		7
			4.4		11

9.3 수리모형실험 결과(반사율)

9.3.1 블록 형상별 반사율

블록 형상별 반사율 실험결과표

실험파 / 구간	원형 $T_{1/3}$ (sec)	원형 $H_{1/3}$ (m)	반사율 직립형	반사율 이글루형	반사율 벌집(I)형	반사율 무지개(T)형	반사율 터널(T)형
수심 (16m)	4.43	1.2	0.85	0.31	0.50	0.37	0.28
		2.8	0.77	0.21	0.36	0.25	0.27
		4.4	0.83	0.34	0.34	0.26	0.33
	5.69	1.2	0.88	0.31	0.36	0.26	0.29
		2.8	0.86	0.45	0.38	0.32	0.42
		4.4	0.88	0.50	0.44	0.35	0.53
	6.96	1.2	0.91	0.55	0.38	0.45	0.43
		2.8	0.91	0.61	0.52	0.51	0.56
		4.4	0.91	0.66	0.60	0.56	0.64
	8.22	1.2	0.92	0.65	0.57	0.64	0.57
		2.8	0.89	0.68	0.63	0.65	0.66
		4.4	0.89	0.74	0.68	0.67	0.70
	9.49	1.2	0.89	0.72	0.65	0.72	0.66
		2.8	0.91	0.76	0.74	0.70	0.74
		4.4	0.90	0.78	0.73	0.71	0.73
	10.75	1.2	0.92	0.77	0.73	0.77	0.73
		2.8	0.92	0.78	0.77	0.76	0.77
		4.4	0.91	0.81	0.79	0.78	0.78
수심 (18m)	4.43	1.2	0.75	0.29	0.28	0.26	0.24
		2.8	0.93	0.41	0.51	0.34	0.33
		4.4	0.79	0.51	0.27	0.45	0.42
	5.69	1.2	0.88	0.38	0.26	0.28	0.26
		2.8	0.88	0.51	0.48	0.49	0.45
		4.4	0.88	0.58	0.55	0.57	0.59
	6.96	1.2	0.86	0.55	0.39	0.47	0.44
		2.8	0.87	0.68	0.62	0.61	0.60
		4.4	0.88	0.71	0.69	0.68	0.68
	8.22	1.2	0.92	0.66	0.58	0.66	0.60
		2.8	0.89	0.72	0.72	0.73	0.73
		4.4	0.88	0.75	0.77	0.76	0.75
	9.49	1.2	0.90	0.78	0.69	0.76	0.70
		2.8	0.91	0.80	0.78	0.80	0.79
		4.4	0.93	0.80	0.79	0.82	0.79
	10.75	1.2	0.89	0.82	0.77	0.80	0.77
		2.8	0.91	0.85	0.86	0.83	0.82
		4.4	0.88	0.83	0.83	0.74	0.83

각 블록의 형상에 따른 반사율 비교

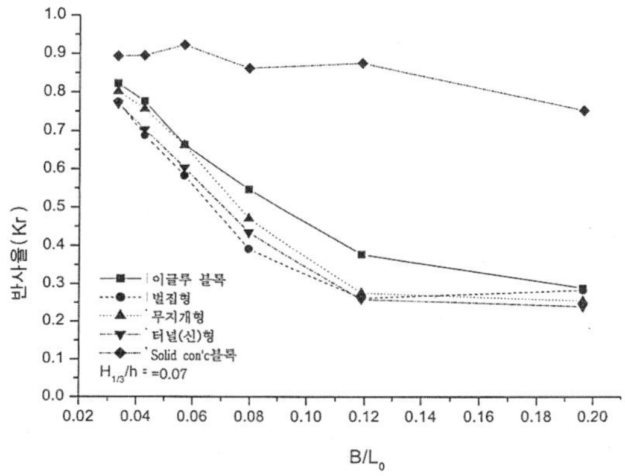

9.3.2 유수실 길이별 수리모형 실험결과

가. 개요

- 소파블록의 유수실 길이는 벌집형(I형)소파블록을 길이별로 구분하여 L=6.0m(유수실 길이 5.5m), 5.5m(유수실 길이 5.0m), 5.0m(유수실 길이 4.5m)와 4.5m(유수실 길이 4.0m)의 4종류에 대한 반사율을 구하기 위한 수리모형실험이다.
- 실험방법은 3단으로 수심 16.0m와 18.0m의 두 가지 경우를 실험하였으며 수심이 깊은 곳에서 반사율이 보다 양호한 것으로 실험되었으며 유수실 길이에 따라 다소 차이는 있으나 파장이 짧은 경우 일반소파블록의 경향과 유사하며 파장이 짧은 내항에서는 유수실이 길면 반사율이 적고, 파장이 긴 경우 유수실별 길이에 별 영향이 없음이 검증되었다.(그림참조)

나. 블록길이에 따른반사율

- 벌집형(I)형 블록에 대해 심해파장에 대한 상대 블록길이가 0.08보다 작을 때는 거의 유사한 반사율을 보이지만, 0.08을 넘어서는 각 블록별 반사율이 다소 차이를 보인다. 입사파장이 작은 조건에서는 반사율의 차이가 커져서 가장 작은 블록길이 4.5m(유수실 길이 : 4.0m)의 경우 0.5에 가까운 반사율을 보이고, 블록길이가 가장 긴 블록길이 6.0m(유수실 길이 : 5.5m)의 경우 0.3정도의 반사율을 보인다. 이는 유수실이 길면 소파효과가 양호함을 알 수 있다.

소파블록의 유수실길이별 모형도

L=6.0m

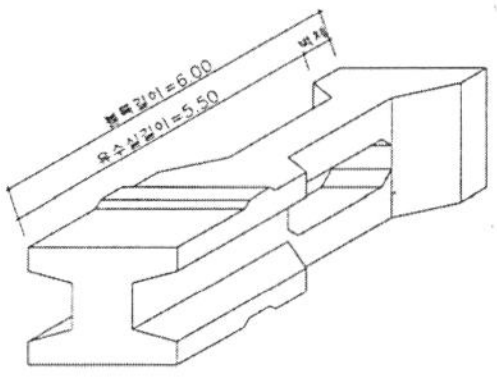

L=5.5m

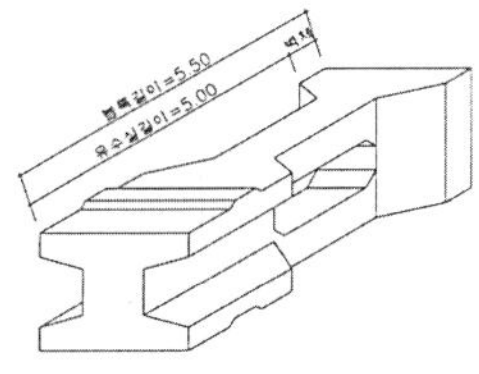

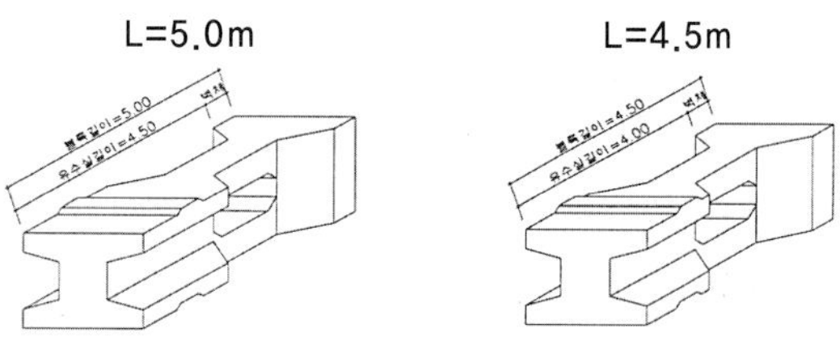

블록길이에 따른 반사율 실험결과
(벌집형 블록, 수심 : 16.0m)

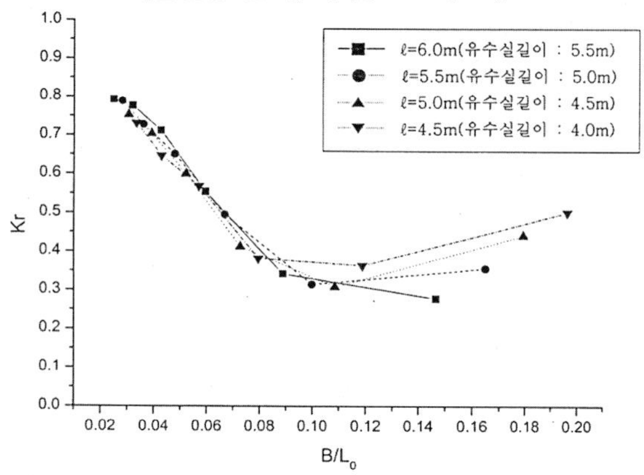

블록길이에 따른 반사율 실험결과
(벌집형 블록, 수심 : 18.0m)

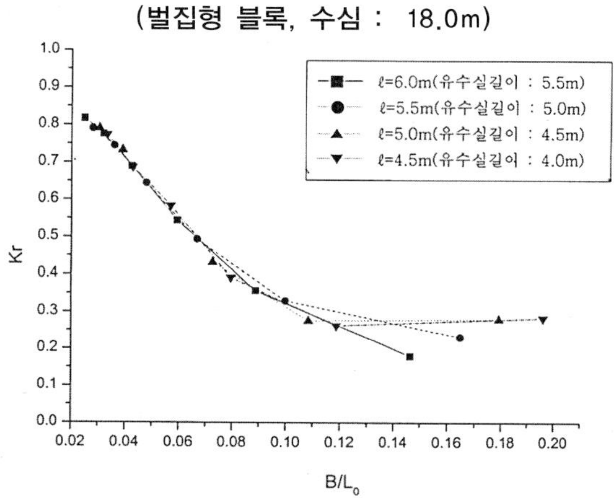

9.4 결 론

9.4.1 블록형상에 따른반사율

형상별 수리모형 실험에서 반사율을 비교하면 Igloo블록보다 평균 0.1정도 반사율이 저감되는 양호한 결과를 알 수 있으며, 종전의 다른 소파블록보다 반사율 효과가 좋음을 입증하였다.

각 블록의 파고와 수심과의 관계에서는 수심차이에 의한 반사율이 큰 영향을 미치지 않고 파고가 적을수록 반사율이 감소하는 경향을 보이고 있으며, 항내 파고 1.0m 정도에서 반사율이 가장 낮아짐을 알 수 있다.

수리모형실험결과 신규개발 소파블록의 반사율은 기존 블록보다 반사율효과가 양호함을 알 수 있다는 결과를 얻게 되었다.

9.4.2 유수실 길이별 반사율

신형식 소파블록 중 벌집형(I형)을 표본으로 수리모형실험을 실시한 결과이며, 일반적으로 블록 종류별로 실험하더라도 유사한 결과로 나올 것이다.

유수실 길이가 길면 당연히 반사율이 저감되겠으나 주기나 파장이 긴 경우 거의 차이를 보이지 않으나 파장이 짧은 만내의 경우 유수실길이가 반사율에 다소 영향을 미치고 있음을 알 수 있으므로 가능하면 유수실이 긴 소파블록이 효과적이고 만내가 아닌 파장이 긴 경우에는 유수실 길이가 별 영향을 주지 않으므로 외해에 면한 구조물에서는 구조물계산에 지장을 주지 않는 길이로 하고 만내의 경우 정온도 요구에 따라 다소 유수실 길이가 긴 것을 권장하고 싶다.

일반적으로 사용하는 경우 소파블록길이는 5.0m 내외가 무난하다고 판단된다.

9.5 동해안에서의 적정 마루높이 검토

9.5.1 마루높이 현황

동해안 연안 항만 및 어항시설의 마루높이는 다양하게 시공되어 앞으로 정비계획에 반영하여 최소 마루높이를 가정하고 반영할 필요성이 있다고 판단된다. 현재 시설된 마루높이는 무역항에서 (+)1.2m ~ (+)3.18m, 연안항에서는 (+)1.2m ~ (+)2.0m, 국가어항에서는 (+)1.2m ~ (+)2.0m로 되어있다.

9.5.2 설계조위

2000년도 발행된 항만 및 어항설계기준서에서 계류시설에 적용하는 설계조위는 삭망평균고조위로 통일하였고, 동해안의 각항에 적용되는 삭망평균고조위는 (+)0.4m ~ (+)0.6m로 되어 지역에 따라 약간 차이는 있으나 0.2m정도로 근소한 차이이므로 (+)0.5m로 가정하여 검토하였다.

9.5.3 지진해일

우리나라 동해안에 크게 영향이 미친 지진해일은 1983. 5. 26에 발생한 지진해일로 최소 1.5m, 최대 4.0m로 추정되고, 1993. 7. 12에 발생한 지진의 관측자료에 의하면 치소 0.8m, 최대 1.98m로 평균 약 1.5m로 삭망평균고조위를 감안하면 평균수위가 (+)2.0m, 최대발생지역에서는 수위가 (+)2.5m나 상승하였다.
※ 평균적용은 의미가 없으며 참고로 산정한 것임.

9.5.4 기 적용된 소파식 물양장 단면의 현황

현재 소파식 구조물에 적용된 물양장은 마루높이가 (+)1.5m내외 이므로 삭망평균고조위 (+)0.5m에서 항내파 1.0m작용시 1/2H=0.5m로 소파블록 상판 두께를 0.5m로 가정하면 다음 그림에서 보는 바와 같이 유수실의 여유가 없게 되어 고조시 소파구조로서의 작용이 미약하게 된다.

따라서 소파구조로 개선할 필요가 있는 동해안의 접안시설은 0.5H이상의 유수실을 고려할 때 마루높이는 최소 (+)2.0m로 조정하는 것이 바람직하다.

현행 단면도

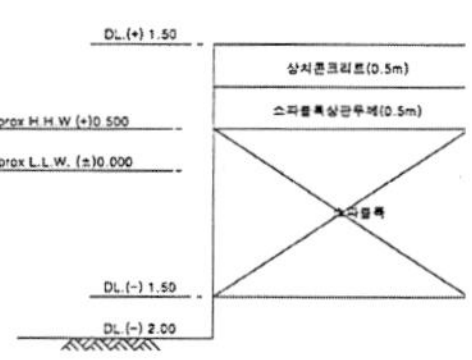

건의 단면도

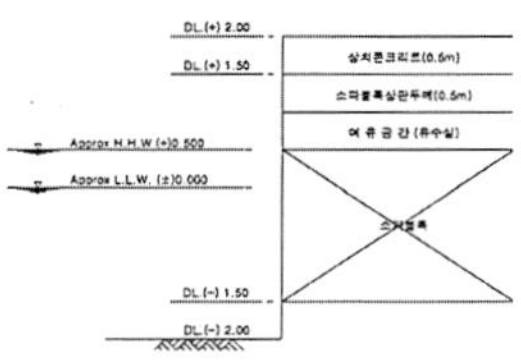

9.5.5 적정 마루높이 제안

동해안은 조차가 거의 없는 해역으로 계류시설의 마루높이는 큰 차이가 없음에도 불구하고 시설된 마루높이가 너무 복잡하고 같은 항내에서도 차이가 있어 조정할 필요가 있을 것으로 사료된다.

마루높이는 부두 사용목적, 선박의 크기 및 종류에 따라 차이를 고려할 수 있지만 일률성이 없음을 지적할 수 있겠고, 지구온난화로 인한 수위상승작용, 항내파고, 기왕의 고극조위, 부진동 및 지진해일 등의 영향을 고려한다면 현재시설된 마루높이가 낮다고 생각된다. 특히 반사파저감을 위한 소파구조로 시설할 경우 작용파고를 고려한 유수실높이도 감안 하여야 하므로 똑같은 마루높이로 조정하지 않더라도 기존의 (+)1.2m, (+)1.5m는 최소 (+)1.5m로 점차 조정하고, 소파구조로 계획할 경우는 유수실을 고려한다면 (+)2.0m로 조정하는 것이 바람직하다.

소파블록을 시설할 경우 마루높이는 반사율을 최소화하기 위하여 마루높이를 (+)2.0m로 조정하는 방안이 바람직하며, 이는 수위상승(부진동, 지진해일, 지구온난화 등)에 대비하는 차원에서도 마루높이 조정을 건의하고, 특히 기존시설물의 마루높이가 그때 그때의 상황에 따라 시설하였기 때문에 복잡하고 다양하며 일률성이 없으므로 최소 마루높이(+)1.5m로 점차 조정해 나갈 것을 제안한다.

제안하는 마루높이에 대한 소파블록의 표준단면은 다음과 같다.

제안 물양장 표준단면도(마루높이 : (+)2.00m)

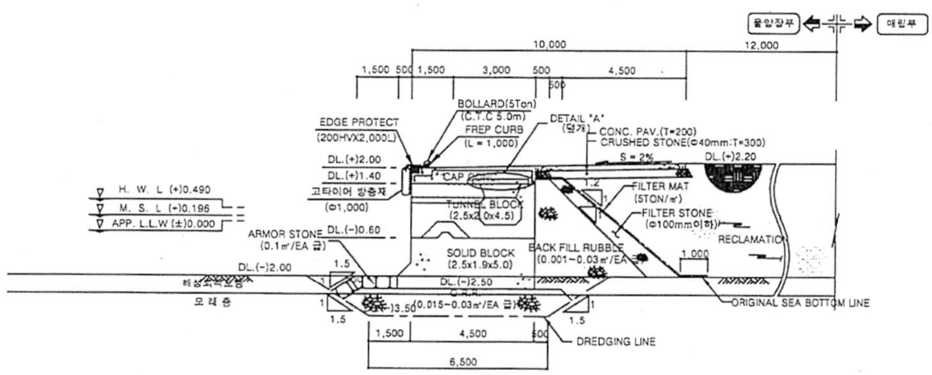

(−)2.00m 터널블록식(1단)

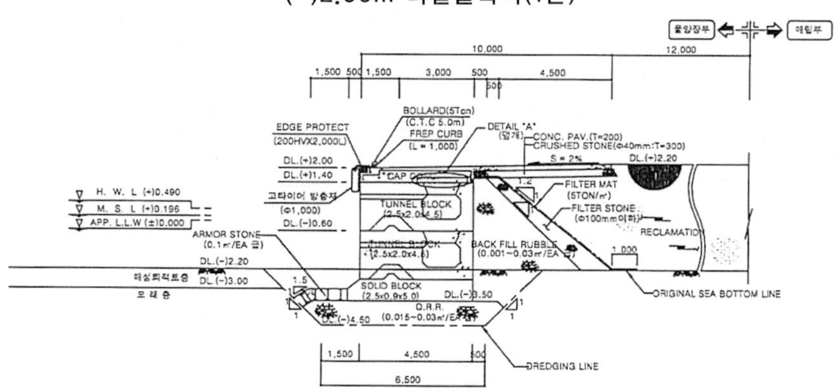

(−)3.00m 터널블록식(2단)

참고 : 본 제안은 어항지(2007년도 가을호)에 개재된 내용임.

제주외항(곡면슬리트케이슨) 방파제

적출장에서의 Floating Dock(15,000ton급)

기술사 출제문제

임항교통시설/하역시설

제59회 (1999년도) 제4교시. 문1 (25점)

컨테이너 터미널과 일반부두의 임항교통시설 계획에 관하여 논하시오.

제59회 (1999년도) 제4교시. 문4 (25점)

부두별로 하역시설에 대하여 논하시오.

제9편 전문부두 계획

제 9 편 전문부두계획

제1장 · 개 요

1.1 전문부두의 개념

부두란 여객의 승강, 특수 단일 화물을 하역하기 위한 접안시설이 포함된 장소를 말하며 하역시설과 보관(헛간, 창고), 관련 육상시설이 포함되고 해륙수송의 전환기능 등의 시설들을 총칭하여 부두라 한다.

부두의 주된 역할은 여객과 화물의 원활한 승강, 하역, 보관 등의 기능이 있고 선박의 안전한 이 · 접안과 양호한 노동환경, 주위환경의 보전에 기여할 수 있어야 한다.

부두는 사용형태, 화물종류에 의하여 분류하면 아래와 같다.

1.1.1 사용형태별 분류

가. 공공부두

다수의 화주(貨主), 선박운항업자 등이 사용

<국가소유로 국가(국토해양부)가 관리>

나. 전용부두

특정기업이 시설, 기업전용시설

<국가귀속, 기업에서 사용 관리>

1.1.2 화물종류별 분류

가. 잡화부두

일반잡화 취급

나. 전용부두

컨테이너부두, 페리부두, 여객부두, 살물부두, 목재부두, 위험물 부두, 기타 특정화물부두 등

※ 컨테이너 규격은 TEU(Twenty foot equivalent unit)로 표시하며 컨테이너의 길이는 20, 40, 45, 48, 50feet 등이 있는데 20feet컨테이너 1개를 1TEU라 한다.

1.2 부두의 시설

접안시설에서 선석의 길이, 수심 등은 대상선박에 맞게 계획하고 에프론, 헛간 및 창고, 임항도로, 하역기계 등은 부두의 분류에 따라 적정한 시설을 하여 원활한 하역과 안전한 선박의 이 · 접안이 되도록 한다.

제2장 · 컨테이너부두

2.1 계획의 기본방침

컨테이너 부두는 해상 컨테이너 수송에 있어서 중추적 역할을 수행하는 시설이므로 컨테이너 수송의 동향, 배후권 및 육상수송 수단과의 관련, 확보할 수 있는 용지의 넓이 등을 고려하여 결정한다. 또한, 부두는 컨테이너선과 접속할 수송기관과 일체로 하여 컨테이너 화물의 입 · 출입, 보관 등을 원활하고 효율적으로 운영하기 위한 제시설을 갖추고 이들 제시설이 효율적으로 기능을 발휘할 수 있는 시설배치가 바람직하다.

2.2 주요시설 및 규모

2.2.1 선석의 길이와 수심

컨테이너선의 접안시설은 계획선석의 길이 및 수심을 확보하여 안전하고 원활하게 이용할 수 있도록 대상선박에 따라 정하고 있다.

컨테이너를 운반하는 선박은 피더선(Feader ship)을 이용하는 Ro/Ro(Roll on/Roll off system) 방식으로 컨테이너를 적재한 트럭이나 트레일러가 그대로 선박과 안벽에 걸쳐 있는 램프를 통해 컨테이너선의 현문(舷門)으로 들어가 컨테이너를 수송하는 경우와 Lo/Lo(Lift on/Lift off system)인 컨테이너를 수직 하역 방식으로 기중기나 데릭(Derrick)으로 적하 · 양하하는 방식이며, 컨테이너선의 선창내는 셀 스트럭처(Cell structure)구조로 되어 있다. 선종이 결정되지 않은 경우의 일반적인 컨테이너선의 대상선박 적용은 다음 표를 기준으로 한다.

컨테이너 부두의 선석길이 및 수심

재하중량 톤수 (DWT)	선석의 길이 (m)	선석의 수심 (m)
30,000	250	12.0
40,000	300	13.0
50,000	330	14.0
60,000	350	15.0

2.2.2 에프론(Apron)

컨테이너를 적하·양하하기 위한 가치(仮置), 컨테이너선의 햇치 커버(Hatch cover)의 가치, 하역을 하기 위한 차량, 하역기계의 주행이 안전하고 원활하게 이루어지도록 필요한 공간을 계획하며, 일반적으로 에프론 폭은 40~70m가 많다.

2.2.3 컨테이너 크레인

대상으로하는 컨테이너선의 선형, 컨테이너의 크기 및 종류, 취급량, 안벽구조, 야드의 하역방식, 야드 하역시설과 기계의 종류 등을 고려하여 적절히 정하고 있다.

컨테이너 크레인의 소요기수는 컨테이너선의 선형, 안벽에서의 필요 하역능력에 따라 다르지만 일반적으로 선석당 2~3기로 하는 경우가 많다.

컨테이너 크레인의 계획시 고려할 조건은 다음과 같다.

- ○ 대상으로하는 컨테이너의 선형
- ○ 소요처리능력
- ○ 크레인의 정격질량(定格質量)
- ○ 내진성(耐震性) 등이다.

컨테이너 크레인을 예시하면 다음 그림과 같다.

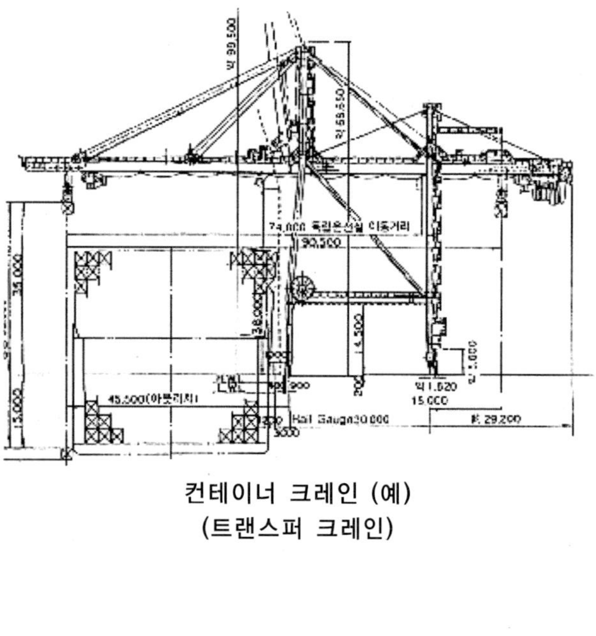

컨테이너 크레인 (예)
(트랜스퍼 크레인)

2.2.4 컨테이너 야드(Container yard)

컨테이너 야드는 컨테이너 또는 샤시(Chassis)의 보관, 반·출입이 원활하게 행해지도록 규모와 배치를 결정한다. 선박으로부터 하역된 컨테이너와 선박에 적재된 컨테이너의 효율적 하역작업을 하기 위한 장치기능(裝置機能)과 빈 컨테이너를 효율적으로 운영하기 위한 빈 컨테이너의 장치기능이 있으며, 이들의 원활한 기능발휘를 위한 컨테이너 야드의 규모, 배치, 야드내의 시설을 계획한다.

컨테이너의 야드내 하역방식은 다음 내용과 같다.

가. 트랜스퍼 크레인**(Transfer crane)** 방식 또는 세미 샤시**(Semi chassis)** 방식

컨테이너 야드내의 컨테이너 운반은 트레일러에 의하며, 컨테이너를 싣고, 내리는 것은 트렌스퍼 크레인에 의한다. 트렌스퍼 크레인의 종류에 따라 레일식과 타이어식이 있다.

나. 스트레들 케리어**(Straddle carrier)** 방식

운반에 중점을 두는 스트레들 케리어를 사용하는 방식으로 컨테이너 야드 내에서 자유롭게 컨테이너를 운반할 수 있다.

다. 샤시**(Chassis)** 방식

컨테이너를 지면에 직접두지 않고 항상 샤시에 두는 방식으로 통상 샤시와 이를 끄는 트렉터, 컨테이너 크레인 이외의 하역기계는 필요가 없다.

라. 포크리프트**(Forklift)** 방식

취급화물량이 많은 소규모 컨테이너 야드에서는 포크리프트방식이 사용된다. 간편하지만 운전작업이 크고 컨테이너 장치공간이 작은 등, 대량의 컨테이너를 취급하는 경우에는 비효율적이다.

※ 하역방식에서 이 점을 고려하여 하나의 야드에서도 몇 개의 방식이 구역을 구분하여 병용하는 예가 있다.

마. 컨테이너화물 조작장**(Container freight station : C.F.S)**

야드내에서 소화물 취급을 고려하여 야드내의 교통동선을 감안하여 화물의 조작 및 일시보관이 안전하고 원활하게 행해지도록 시설의 규모, 사용할 하역기계를 결정한다.

C.F.S는 소량의 화물을 컨테이너 공간에 채워넣거나, 컨테이너에서 꺼내서 분류 및 보관을 하는 장소

이나 야드내에 설치의 필요성은 야드의 이용자에 따라 다를 수 있다.

C.F.S에서는 전용차량뿐 아니라 일반화물트럭도 출입하게 되므로 원활한 하역활동, 관련차량의 교통동선을 고려한다. 필요에 따라서는 배후지에 설치하는 경우도 있으므로 부두의 소형화물 취급방식을 고려한다.

바. 정비소(整備所, **Maintenance shop)**

컨테이너의 검사 및 수리, 차량 및 하역기계의 점검·관리 및 보수가 원활하게 이루어지도록 위치와 규모를 결정하여 설계에 반영한다.

무역항의 컨테이너 터미널에서는 1선석당 800~1,000m^2정도가 소요된다.

사. 관리동(管理棟), 정문(Gate)

- ○ 관리동 : 컨테이너 터미널의 관리·운용이 원활하도록 하기 위한 시설로 위치와 규모를 정한다.
- ○ 정 문 : 컨테이너 터미널에 출입하는 컨테이너의 점검, 중량측정, 서류의 수속이 원활하도록 하기 위한 시설로 위치와 규모를 정한다.

아. 부속설비

컨테이너 터미널내에는 필요에 따라 세척장, 오수처리장, 주유소, 수·변전설비, 주차장, 샤시적치장 등을 시설한다.

외국무역 컨테이너 터미널의 시설배치계획도와 시설의 표준을 예시하면 다음 그림 및 표와 같다.

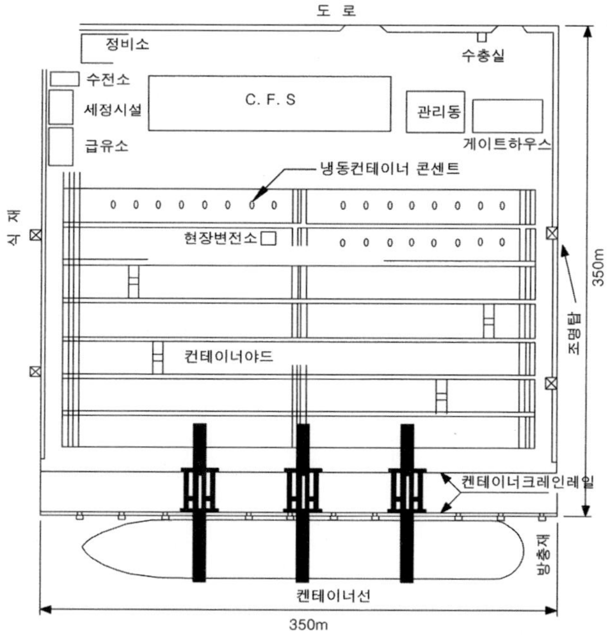

컨테이너 터미널의 시설배치(예)

컨테이너 터미널의 시설표준

시 설 명	300m 선석	250m 선석
안 벽	• 연장 : 300m • 수심 : (-)12.0m	• 연장 : 250m • 수심 : (-)12.0m
박 지	• 수심 : (-)12.0m • 전폭 : 300m	• 수심 : (-)12.0m • 전폭 : 250m
컨테이너 부두용지	105,000m^2	75,000m^2
컨테이너 크레인	2기	2기
C.F.S	6,000m^2	5,000m^2
기타시설	1식	1식

제3장 · 페리(Ferry)부두

3.1 계획의 기본방침

페리부두는 여객, 차량의 승강이 주야에 걸쳐 동시에 또는 혼합하여 이루어지므로 구조는 물론 이용상의 안전에 유의하여 방침을 세운다. 페리선은 일반적으로 정기적으로 운항되기 때문에 안전성과 정온도 유지와 배후교통시설은 대형차의 발생교통량에 대한 배려가 있어야 한다.

페리부두의 형상은 선박의 운항, 자동차의 승강과 여객의 승·하선 등을 고려하여 정하여지며 일반적으로 형상은 계단식과 잔교식이 있다.

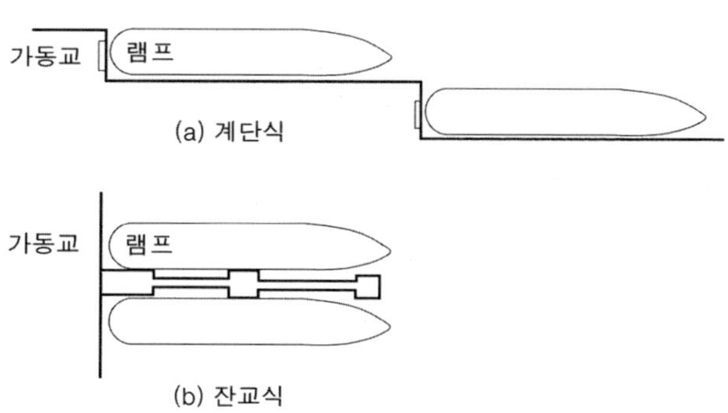

페리부두의 형상

페리부두는 수역시설 및 계류시설 이외에 아래의 시설 등이 있다.

- ○ 차량승강용 시설
- ○ 여객승강용 시설
- ○ 도 로
- ○ 주차장
- ○ 여객터미널
- ○ 안전설비 등

3.2 주요시설 및 규모

3.2.1 선석의 길이와 수심

선석의 길이와 수심은 대상으로하는 페리선이 안전하고 원활하게 이용할 수 있도록 계획하며, 차량승강용 램프(Ramp)의 위치, 사이드스라스터(Side thruster) 등의 사용에 있어서의 조선형태(操船形態) 등을 고려한다. 페리선은 항해거리 100~300km를 중·단거리, 300km이상을 장거리로 하며, 차량의 승강위치에 따라 선수·미(船首·尾)가 접안하는 안벽으로 구분하여 계획하게 된다. 페리선의 선석길이와 수심은 다음 표를 참고로 한다.

중·단거리 페리(항해거리 300km 미만)

대상선박 총 톤 (G·T)	선수·미 안벽이 있는 경우		
	선수·미 안벽길이(m)	선석길이 (m)	선석수심 (m)
400	20	60	3.5
700	20	80	4.0
1,000	25	90	4.5
2,500	25	130	5.5
5,000	30	160	6.5
10,000	30	180	7.0

장거리 페리(항해거리 300km 이상)

대상선박 총 톤 (G·T)	선수·미 안벽이 없는 경우	선수·미 안벽이 있는 경우		
	선석길이(m)	선수·미 안벽 길이(m)	선석 길이(m)	선석수심 (m)
6,000	190	30	170	7.0
10,000	220	30	200	7.5
13,000	240	35	220	8.0
16,000	250	40	230	8.0
20,000	250	40	230	8.0
23,000	260	40	240	8.5

3.2.2 차량 승강용 시설

차량승강용 시설은 이용 선석의 조위차, 대상선박의 흘수차, 승강용 설비의 부착위치 및 선박의 동요량을 고려하여 차량이 안전하고 원활하게 승강할 수 있어야 한다.

차량승강용 설비는 일반적으로 가동부, 수평부 및 고정부의 각 시설을 갖추고 있으며, 여객 승강용시설과는 분리하여 설치하는 것을 원칙으로 한다.

차량승강용 설비는 다음 표의 조건에 준한다.

차량승강용 설비의 폭 및 경사

설비의 종류	차선수	폭 (m)	경 사(%)	
			고정부	가동부
전폭 1.7m이하의 차량승강용설비(소형설비)	1	3	12	17
	2	5		
전폭 2.5m이하의 차량승강용설비	1	3.75	10	12
	2	6.5		
대형컨테이너 차량이 빈번하게 이용하는 설비	1	4	-	-
	2	7		

주) 대형컨테이너 차량이 빈번하게 이용하는 설비의 경사는 대형컨테이너 차량의 승강에 대한 안전, 이용상황에 따라 적절하게 설정하여야 한다.

소형설비인 소형 또는 경차량 전용 차량용설비는 가동부 선단의 수직방향 이동폭을 대조평균고조위차에 1m 더한 예가 많고, 가동교 유효폭과 페리선의 관계에 대한 조사에서 유효폭을 10m이상 확보하면 총톤수 6,000t이상의 페리선이 약 80%이상 접·이안이 가능하다.

3.2.3 여객승강용 시설

여객승강용 시설은 이용선석의 조위차, 이용선박의 흘수차, 승강용 시설의 설치위치 및 선박의 동요에 의한 이동량을 고려하여 여객이 안전하고 용이하게 승강할 수 있어야 한다.

여객승강용 시설은 고정시설과 이동이설이 있다.

여객승강용 시설의 구조 요건은 다음의 내용과 같다.

- 통로의 폭은 75cm이상의 적절한 폭 유지(신체장애자 고려시 1.2m이상)한다.
- 통로의 양측에는 측벽이나 난간(Hand rail) 등을 설치하며, 노면은 미끄럼방지구조(난간의 높이는 70cm가 표준임)로 한다.
- 계단의 1단 높이는 이용자의 안전에 유의하여 정하고 계단 총 높이가 높은 경우 소단을 설치(1단 높이 16cm정도, 폭은 30cm, 높이는 3.0m 초과시 소단폭 1.2m)한다.
- 통로의 경사도는 이용자의 안전을 고려한 적절한 경사(일반적으로 12%이나 장애자 고려시 5~8%)로 한다.

여객승강용시설의 길이가 60m이상이면 비상구를 둔다.

3.2.4 주차장

페리부두의 주차장은 취항한 페리선의 차량적재대수, 이용율, 집중율 등을 고려하고 부근의 교통상태를 악화시키지 않도록 충분한 넓이를 확보하는 것이 바람직하다.

주차장면적을 산출할 때 고려할 요소는 다음과 같다.

- ○ 선석수
- ○ 적재대수(승용차, 트럭별)
- ○ 페리선의 발착간격, 하역시간
- ○ 자동차의 도착 시간대(승용차, 트럭별)
- ○ 주차장의 운영방식

주차장 면적의 계산식은 다음과 같다.

$$A = a \cdot n \cdot \alpha \cdot \beta$$

여기서, A : 주차장면적

a : 8t차로 환산 1대당 소요면적(82~93㎡/대, 주차각도 30~90° ,주차장내 도로 포함)

n : 1선박 암적재가능 대수(표참조)

α : 이용율(0.8)

β : 집중율(하루평균 1.0, 변경시 1.6, 일시집중 3.0)

표준 적재가능 대수

대상선박 (총톤수)	8톤적(積)트럭 적재기능대수	대상선박 (총톤수)	8톤적(積)트럭 적재기능대수
100	11	1,000	34
200	14	2,000	51
300	16	3,000	68
400	19	4,000	85
500	22	5,000	102
600	24	6,000	119

대상선박 (총톤수)	8톤적(積)트럭 적재기능대수
7,000	136
8,000	153
9,000	170
10,000	187
11,000	204
12,000	221

3.2.5 여객터미널

여객터미널은 가능하면 여객선 전용 계류시설 인근에 설치한다.

여객의 출발·도착시 수속기능, 각종편의 서비스기능 및 여객의 취급, 선박의 운항 등에 관한 업무수행장소로서 여객이 안전하고 쾌적한 여행을 즐기도록 배려한다.

여객터미널에 필요한 설비는 다음과 같다.

- ○ 매표소
- ○ 대합실
- ○ CIQ시설
- ○ 수화물 취급소, 화장실, 전화 등 여객의 편의시설
- ○ 조명설비
- ○ 정보장치, 기타 비상연락 설비 등

여객터미널에는 여객의 안전하고 위생적이며 쾌적성 등을 고려하여 필요한 설비를 한다. 즉, 피난설비, 환기설비, 조명설비, 소화 및 경보설비, 표지 및 표시, 화장실, 전화, 방책 기능설비 등이다.

3.2.6 기타시설

주차장과 연계한 도로시설이 되어야 하고 대합실로부터 여객승강장까지는 여객의 전용 보도를 설치한다. 보도 폭은 1.2m이상이 바람직하다. 보도와 차도가 교차하는 경우에는 표지시설과 노면표지 등을 고려한다.

3.3 페리부두의 평면계획(예)

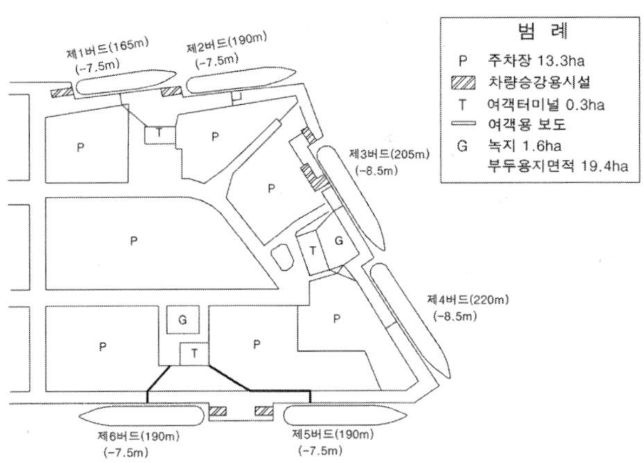

페리부두의 배치계획 (예-1)

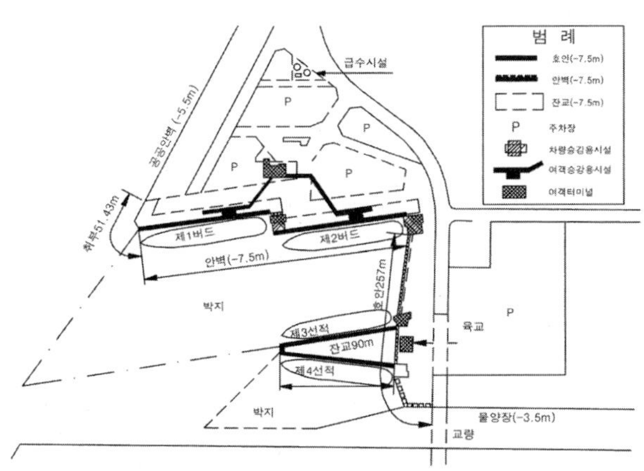

페리부두의 배치계획 (예-2)

제4장 · 잡화부두

잡화부두는 외국무역 잡화부두와 내국연안 잡화부두로 나눌 수 있고 외국무역 잡화부두인 경우 거의가 정기선박용 부두이다.

이용선박은 10,000~20,000D/W급이 중심이되어 운항되고, 내국연안 잡화부두는 이용선박이 3,000~5,000D/W급이 많다. 잡화부두의 시설계획은 각종 전문부두 시설계획에 준하여 계획할 수 있다.

제5장 · 목재부두

5.1 개 요

목재부두의 하역형태로 보면 수상하역과 육상하역 방식이 있다. 하역방식의 순서는 다음 그림과 같다.

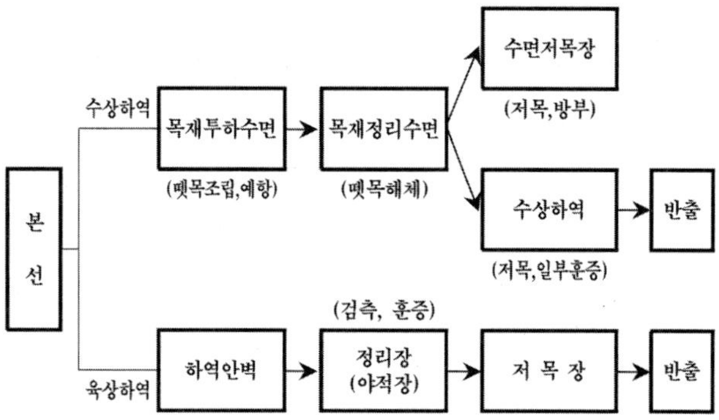

수상하역은 넓은 수역이 소요되고, 뗏목에 의한 항내폭주를 발생시킬 수 있고, 노동력 부족 등의 이유로 최근에 와서 육상하역 방식으로 하더라도, 남양에서 수입되는 목재는 육상에 장기간 보관시 원목이 터지거나 갈라지기 쉽기 때문에 어쩔수 없이 수상하역을 하게 된다.

5.2 수상하역

수상하역 작업방법인 경우 뗏목을 예항하는 거리는 짧게 하고, 다른 선박과 경합을 하지 않는 예선의 항로를 이용하는 것이 좋겠고, 조류, 파랑 등의 영향을 받지 않는 정온한 수역에 계획하여 목재, 나무껍질의 유출을 방지하도록 고려한다.

5.3 육상하역

하역기계의 효율적 사용을 고려하여 야적·보관한다. 목재의 항내유동을 최소화 할 수 있도록 배후지 토지이용을 고려하고, 훈증작업 등에서 주변의 위험방지를 배려한다.

5.4 목재부두의 규모산정

5.4.1 수상하역시설

수상하역방식에 필요한 시설에는 목재투하수면, 목재정리수면, 수면저목장 등이 있다. 대상선박은 일반적으로 20,000~30,000D/W급이 많다.

가. 목재투하면적

1) 선석수심과 선석수

선석수심은 대상선박을 참조한다.

선석수는 다음 계산식에 의한다.

$$n = \frac{df}{365a} N$$

여기서, n : 투하선석수
N : 연간취급량(t/year)
a : 평균투하량(t/척)
d : 평균정박일수(일/척)
f : 집중도(남양산 목재, 미국산 목재는 1.4~1.7, 북양산 목재는 2.5정도)

2) 수면정리장

수심은 (-)2.0m를 표준으로 한다.

소요면적계산을 다음 계산식에 의한다.

$$S = \frac{df}{365\alpha w} N$$

여기서, S : 정리장 면적(m^2)
N : 연간취급량(t/year)
w : 단위면적당 수용능력(t/m^2) (남양산목재, 미국산목재 $0.6t/m^2$, 북양산목재 $0.2t/m^2$정도)
d : 정리기간(일, 25일정도)
f : 집중도(목재투하수면과 동일)
α : 이용율(0.8정도)

3) 수면저목장

○ 소요면적

$$A = \frac{D}{365\alpha w} N$$

여기서, A : 수면적(m^2)
N : 연간취급량(t/year)
D : 저목기간(일, 2개월 정도)
α : 이용율(0.8정도)
w : 단위면적당 수용능력(남양산

목재, 미국산 목재 0.6t/m², 북양산 목재 0.2t/m²정도)

나. 수상하역 목재부두 계획평면(예)

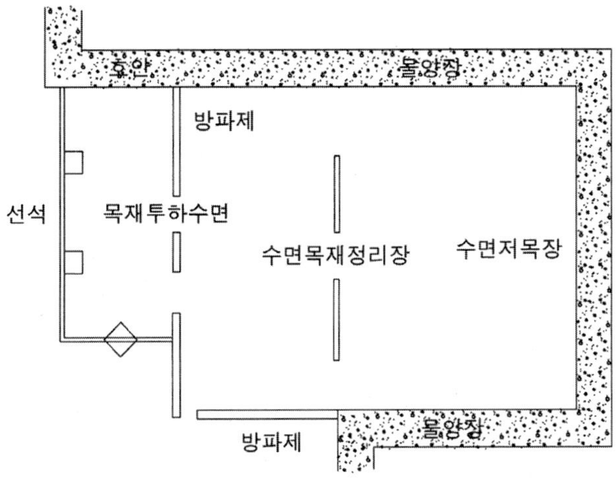

5.4.2 육상하역시설

육상하역 방식에 필요한 시설은 하역안벽, 야적장, 육상저목장이다. 대상선박은 일반적으로 30,000 D/W정도가 많다.

가. 안벽의 선석길이와 선석수심

일반화물선과 같으며, 30,000D/W급일 때 선석길이 185m, 수심(-)12.0m이다.

나. 야적장(정리장)

하역된 목재는 정리, 검측, 훈증이란 일련의 작업을 거쳐 보관된다. 이때의 야적장의 면적은 하역시설의 능력과 같이 안벽의 목재취급 능력을 결정하는 요소가 된다. 안벽당 야적장의 면적은 일반적으로 선박 1척분의 목재를 취급하는 것을 기준으로 한다.

다. 육상저목장

$$A = \frac{N}{awR}$$

여기서, A : 육상저목장면적(㎡)
N : 연간취급량(t/year)
R : 회전율(회/년)
w : 단위면적당 수용능력(남양산 목재, 미국산 목재 : 2.8～3.5t/m², 북양산 목재 0.9～1.2t/m²)
α : 이용율

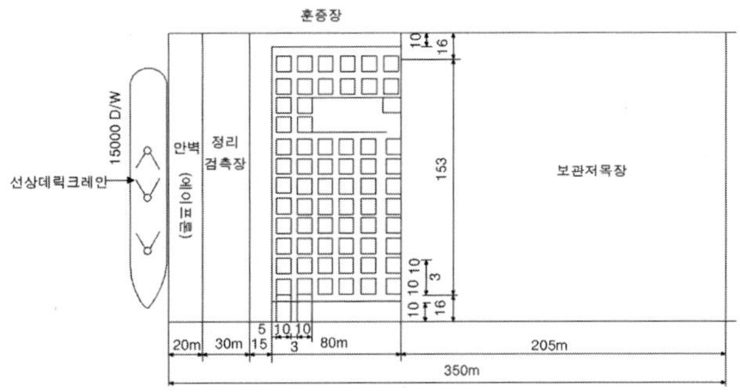

육상하역 목재부두 평면계획(예)

제6장 · 기타 전용부두

기타 전문부두로는 살물부두(撒物埠頭)와 위험물부두가 있다.

6.1 살물부두(撒物埠頭)

6.1.1 개 요

살화물은 일반적으로 자갈, 광석 등의 입자상태의 화물이나 시멘트 보리, 밀 등의 분말상태, 액체(액화화물은 특수화물과 분류할 수도 있다.) 등으로 분류된다.

이들 화물은 적은 수량에서는 일반 잡화부두로 하역하기도 하지만 화물수송에서의 합리화에 따라 전문부두화가 바람직하다.

살화물은 공장의 원자재로 사용하는 경우가 많기 때문에 배후의 공장과 연결을 시켜 전문부두에서 취급하는 경우도 많이 있다.

살물 전문부두에서 하역의 효율화를 지배하는 큰 요소는 하역기계와 부두의 연결관계를 고려하는데 있다. 살화물의 품목에 따라 적절한 하역기계를 선정하여야 하고 원활한 화물수송이 되도록 야적장 등의 계획도 중요하다.

6.1.2 살물부두의 계획

살물부두의 계획시 다음 사항을 충분히 고려한다.

- ○ 화물의 종류와 수량
- ○ 이용선형
- ○ 부두에 저장할 수 있는 수량 및 방법
- ○ 배후생산공장과 화물의 흐름파악
- ○ 계류시설의 규모
- ○ 화물취급기계의 종류와 규모
- ○ 작업장의 규모와 계획

살물부두의 계획에서는 개개의 품목을 명확하게

확정할 수는 없지만 대표적인 품목을 예를들면 철광석, 곡물부두가 있고 광석의 경우 부두에서의 하역흐름은 다음 그림을 참고로 한다.

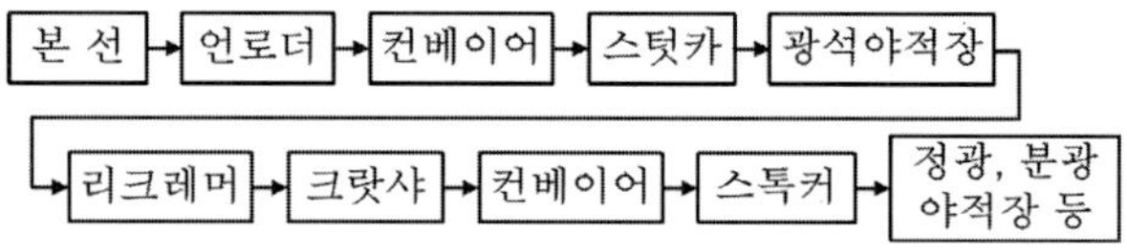

(a)광석의 하역 흐름도

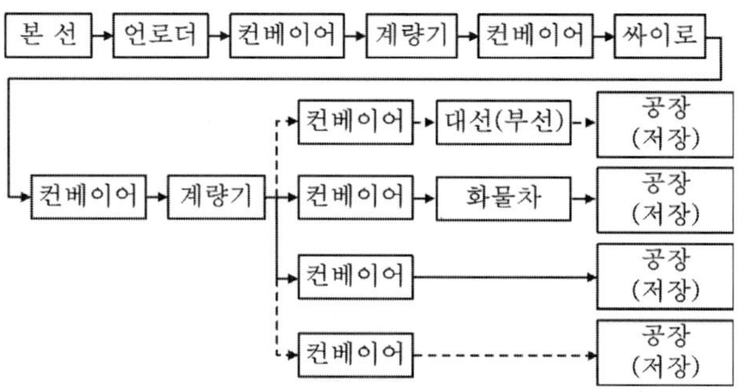

(b)살화물의 하역 흐름도

6.1.3 계획사례

살물부두의 계획사례로 제철공장의 원재료(철광석) 수입선석의 화물처리 내용을 보면 전용안벽에 설치된 언로더에 의해 하역된 철광석, 석탄은 벨트컨베이어에 의하여 야적장으로 운반되고 스톡커에 의하여 야적된다.

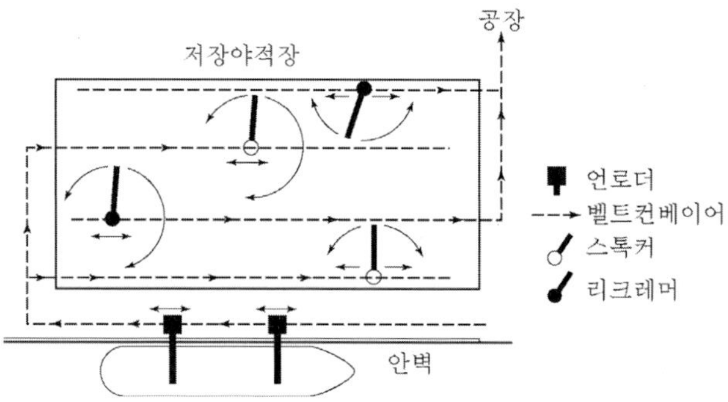

제철공장의 원자재(철광석)부두

또 야적장에서는 리크레머에 의한 하역으로 벨트컨베이어에 실어 공장으로 반입한다.

6.2 위험물부두

6.2.1 개 요

항만에서 취급하는 위험물은 법적으로 정해진 위험물을 말한다. 취급선박은 하역과 방법 등에 따라 여러 가지의 규제를 받는다.

위험물부두의 육상부는 소방법, 고압가스취급관련법규 등에 따라 규제된다. 이와같이 위험물을 대상으로 하는 부두에서는 법령 등의 규제를 준수하고 충분히 유의하여 위치를 결정해야 한다.

- ○ 소방법 등의 규정에서 배후시가지(특히 학교, 병원, 주택 등)와의 거리를 확보하는 등 주변 토지이용에도 충분한 배려가 있도록 한다.
- ○ 수역에서는 다른 부두와의 거리, 선박의 항로, 박지와는 가능하면 분리하는 등의 배려를 한다.

6.2.2 위험물부두의 계획

가. 선 석

위험물 선석을 계획할 때에는 다음 내용을 유의한다.

- ○ 인화물 등의 위험물 취급하는 선석은 다른 선박과 탱커 등의 인화위험이 있는 것으로부터 30m이상 거리를 둔다.
- ○ 일반선박의 항로, 박지와의 충분한 거리를 유지한다.

나. 위험물부두의 계획(예)

위험물부두의 계획의 예로는 다음의 그림과 같다. 위험물은 종류별로 분류하여 계획한 사례이다.

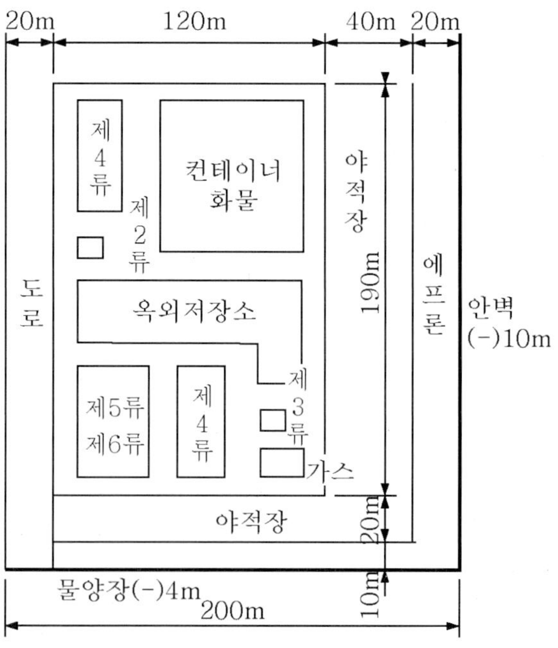

위험물부두 계획도(예)

제7장 · 대형탱커 전용부두

7.1 총 칙

7.1.1 적용범위

탱커부두는 위험물 부두로 분류될 수 있으며 가능하면 일반시설과 거리가 떨어진 곳에 시설하게 된다. 원유의 수송은 원거리에서 수송하게 되므로 운반선(탱커 : Tanker)이 수송비 절감을 위해서 점차 대형화하고 있고 따라서 시설계획도 수심이 깊은 곳을 적지로 하고 있다.

초대형 탱커란 100,000톤급 이상을 말한다.

석유탱커는 어항 및 연안항을 운항하는 200~600 D/W급의 소형에서 근·원거리를 운항하는 대형 탱커로 10,000~80,000D/W급이 있다.

7.1.2 용어의 정의

- 「초대형 석유 탱커용 시설」이란, 초대형탱커가 이용하는 수역시설, 계류시설, 하역시설(송유도관에 있어서는 석유탱커 또는 석유탱커에 송유하는 경우에 한한다) 등과 이들의 부대시설에 관하여 구성되는 항만시설의 총체를 말한다.
- 「고정식 계류시설」이란, 해저에 고정된 구조물을 시설하여 탱커를 계류하는 계류시설을 말한다.
- 「부표식 계류시설」이란, 부표를 사용하여 탱커를 계류하는 시설을 말한다.
- 「일점계류부표식 계류시설」이란, 일개 또는 수개의 앵커체인 등으로 계류된 일개의 부표에 계류삭 등으로 탱커를 계류하는 계류시설로서 탱커가 부표의 둘레를 자유롭게 회전할 수 있는 구조를 말한다.
- 「다점계류부표식 계류시설」이란, 일개 또는 수개의 앵커체인 등으로 계류된 부표를 여러개 설치하여 계류삭 등으로 탱커를 접안시키는 계류시설을 말한다.
- 「석유」란, 원유, 휘발유, 등유, 경유 및 중유를 말한다.

7.2 위치의 선정과 시설계획

7.2.1 위치 선정

탱커전용부두의 관련시설인 수역시설, 계류시설, 석유류 수송시설(송유도관 : 送油導管) 등의 시설위치는 자연조건, 항만시설, 해안보전시설 및 기타시설의 현황과 앞으로의 계획, 해면이용 및 해상교통 현황과 장래동향 등을 고려하여 안전하고 적절한 위치를 계획·선정한다.

탱커전용부두의 위치선정시 누유(漏油) 또는 화재 등의 사고발생시 소화작업 및 오일휀스(Oil fence)의 설치 및 2차 재해방지 조치가 쉽고, 주위의 일반선박이 안전하게 대피가능한 위치를 고려하여 시설한다.

7.2.2 탱커전용부두의 법선

탱커전용부두의 접안부 법선은 파랑, 특히 너울(Swell), 흐름 및 바람의 영향을 고려하여 계획한다. 탱커의 출항 및 이·접안이 안전하고 원활하게 이루어 지도록 배려하는 것이 바람직하다.

7.2.3 항로의 법선, 항로폭 및 수심

항로 법선방향은 가능하면 직선으로 하는 것이 바람직하다. 부득이한 경우는 수역시설의 항로 굴곡부에 기준에 준한다.

항로폭과 항로수심의 결정은 수역시설의 기준에 준한다.

7.2.4 박지의 면적

박지의 면적은 탱커가 초대형일 경우 수역시설의 박지 기준보다 필요한 넓이에 여유를 준다.

탱커의 회두(廻頭, 船廻)시 박지는 선석에 인접하여 시설한다.

초대형탱커의 회두는 예선을 이용하는 것을 원칙으로 한다.

7.3 규모의 결정

계류시설의 규모결정은 계획취급유량, 대상선박의 크기, 선석가동율 및 자연조건 등을 감안하고 장래계획도 충분히 고려한다.

시뮬레이션(Simulation)에 의한 방법 등으로 규모결정을 할 수 있다.

7.4 구조형식

7.4.1 일 반

자연조건, 공사기간, 경제성, 시설의 효율 및 관리 등을 고려하여 구조형식을 비교·검토하여 결정한다.

구조형식 결정시에는 다음 항목의 구조형식을 비교하여 검토한다.

법선방향, 점유수역, 선석의 접안수역, 회두시 소

요수면적, 이·접안의 난이성, 이·접안의 소요시간, 예선의 소요척수, 계류시 작업의 난이성, 계류중 선박의 고정도(固定度), 하역중 선박의 고정도 허용율, 계류시 안전도, 선석의 차폐요구도, 계류·하역중 승무원의 안심감과 휴양도, 육상과의 연락·교통·통신, 긴급시 대피의 난이, 누유대책, 선체손상의 위험, 송유관 부설, 송유관의 유지관리, 하역능율, 자연조건에 대한 적응성, 시공성, 경제성 등도 고려한다.

7.4.2 계류시설의 구조형식

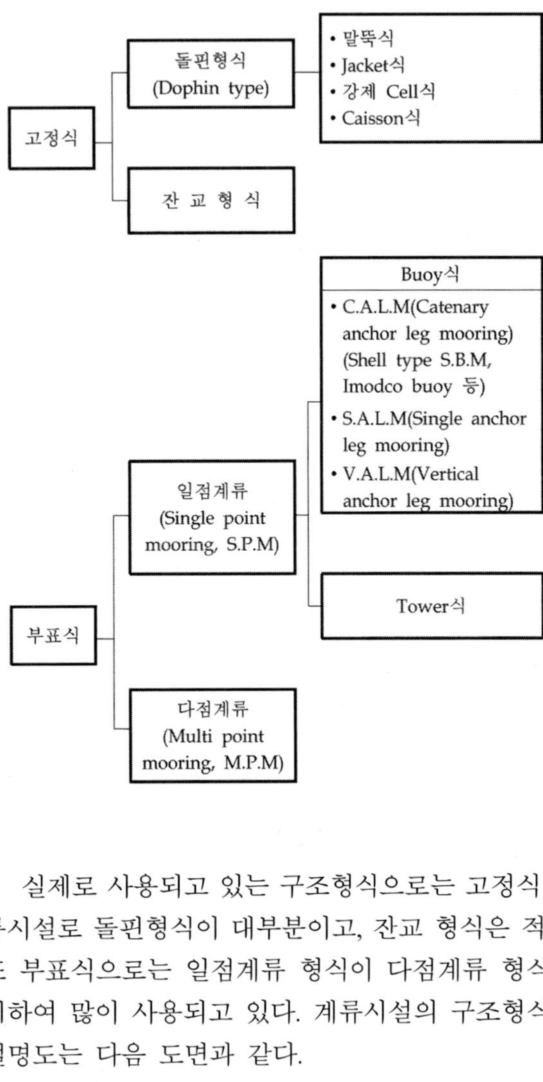

실제로 사용되고 있는 구조형식으로는 고정식 계류시설로 돌핀형식이 대부분이고, 잔교 형식은 적다. 또 부표식으로는 일점계류 형식이 다점계류 형식에 비하여 많이 사용되고 있다. 계류시설의 구조형식별 설명도는 다음 도면과 같다.

가. 고정식 돌핀형식중 말뚝식 구조도

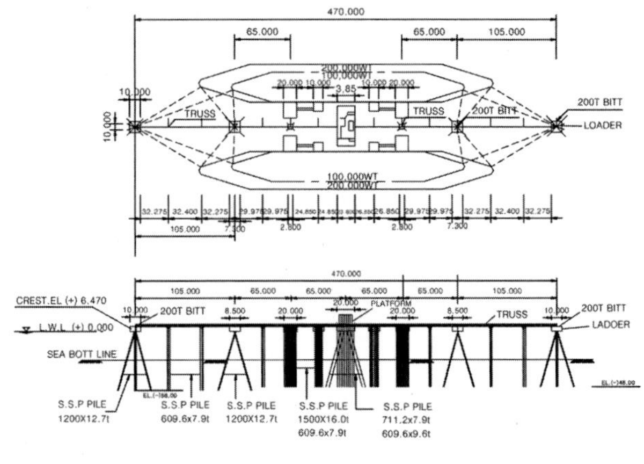

나. 고정식 돌핀형식중 쟈켓식 구조도

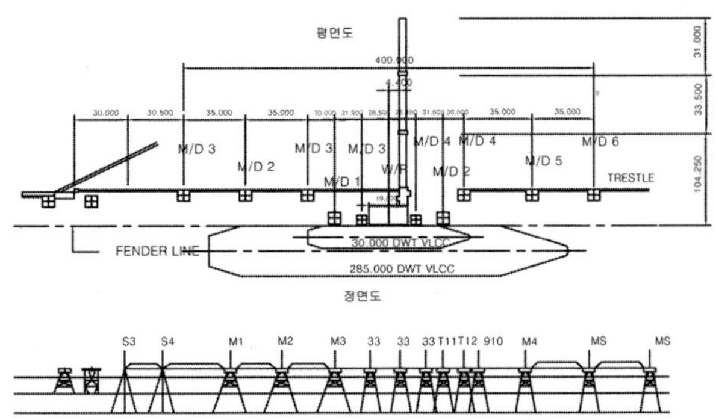

다. 고정식 돌핀형식 중 셀식 구조도

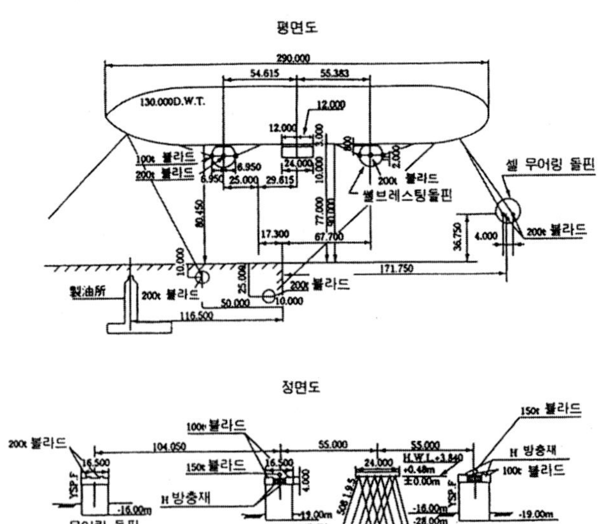

라. 부표식중 **S.P.M**식 **C.A.L.M**형 구조도

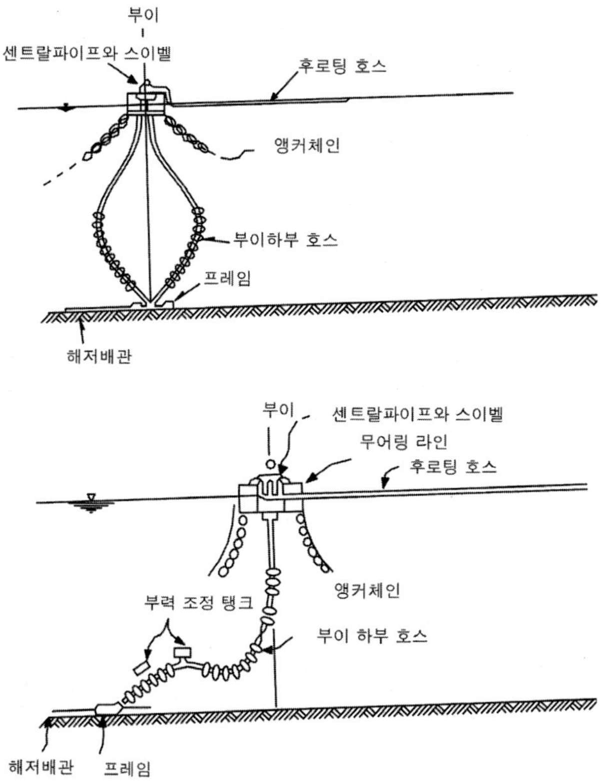

마. 부표식중 **S.P.M**식 **S.A.L.M**형 구조도

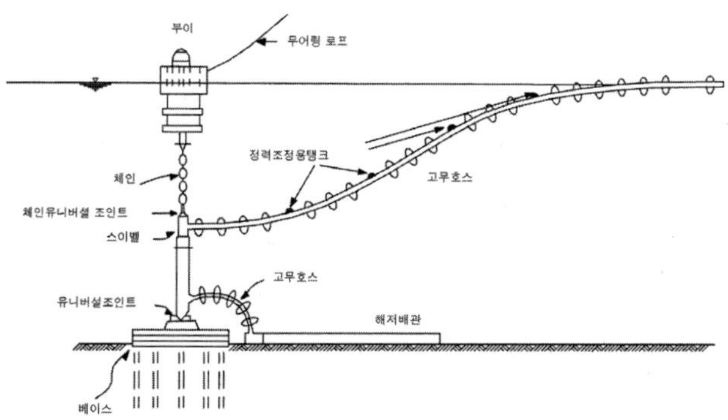

바. 부표식중 **V.A.L.M**형 구조도

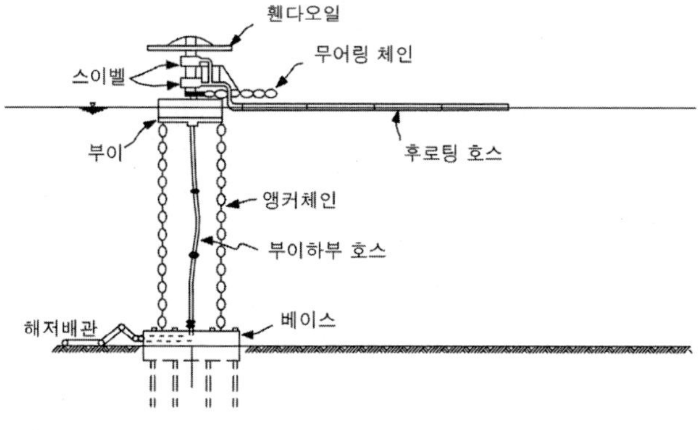

사. 부표식중 **S.P.M**의 타워(**Tower**)형 구조도

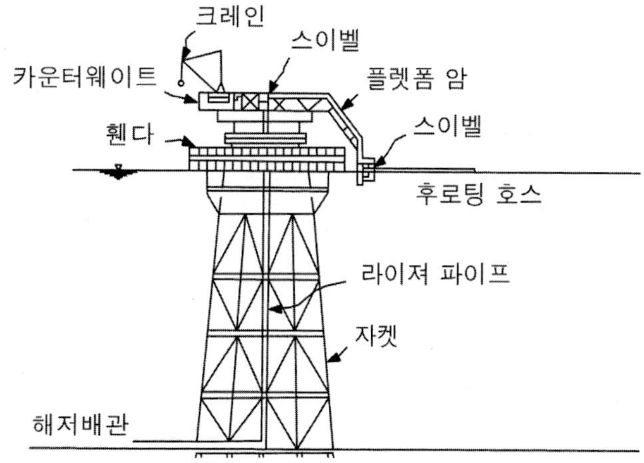

아. 부표식중 **M.P.M**형의 구조도

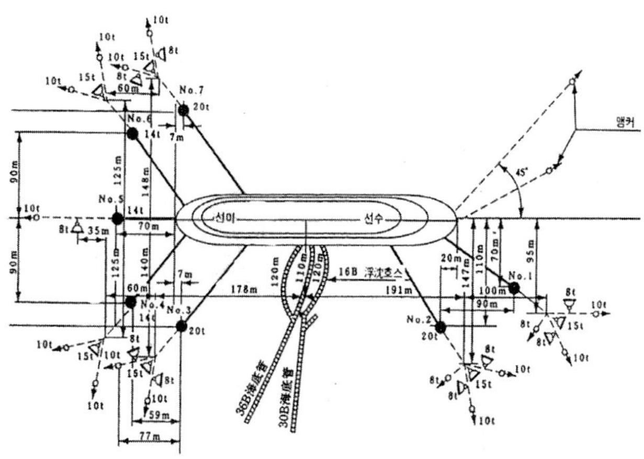

7.5 계획의 기본방침

7.5.1 일 반

일반 항만설계에 준하여 계획하겠지만 대형 또는 초대형 탱커의 전용시설임을 감안, 특수성에 대한 배려를 한다. 연안 때로는 해양에 시설하는 경우도 있으므로 기상 및 해상조건을 파악하여 안전하고 확실한 시공이 되도록 한다.

위험물을 대량으로 취급하는 시설이기 때문에 사고발생시 주변에 미치는 영향이 크므로 주변의 육지 또는 수역의 이용상황과 장래계획을 면밀히 조사하고 검토하여 조화를 이루도록 계획을 수립한다.

항로에도 위험물적재 대형탱커의 항행을 고려하여 일반선박의 해상교통량, 선형, 이용상황, 정박의 현황 등을 조사하여 반영한다.

7.5.2 계류시설의 계획순서

가. 고정식 계류시설의 계획순서는 다음과 같다.

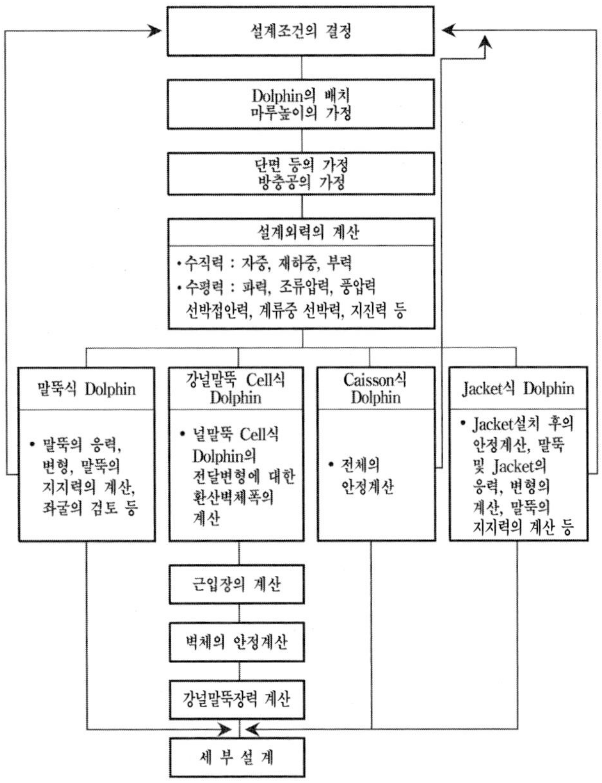

나. 부표식 계류시설의 계획순서는 다음과 같다.

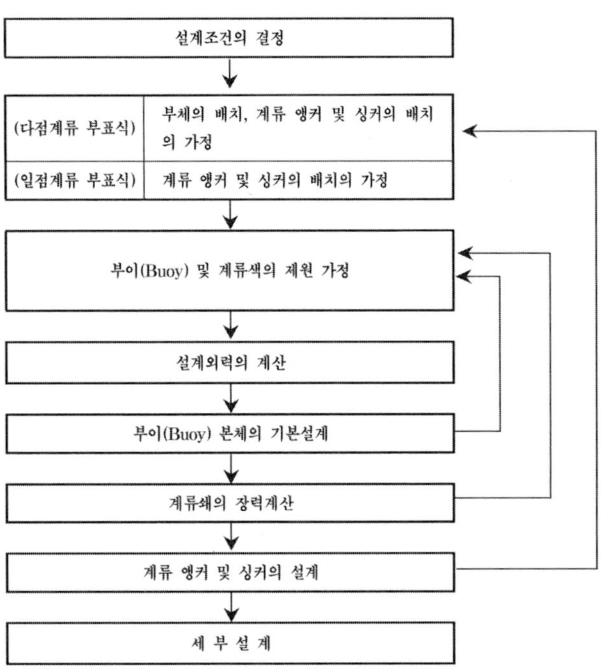

7.6 설계외력 및 하중

구조물(해저 Pipeline은 제외)의 설계에 있어서는 다음의 외력 및 하중을 고려한다.

- ○ 선박의 접안력
- ○ 계류중의 선박에 의하여 생기는 외력
- ○ 풍압력
- ○ 파 력
- ○ 수류력
- ○ 지진력
- ○ 토압 및 수압
- ○ 자중 및 재하중
- ○ 부 력

이 이외에 필요에 따라 적설하중, 온도변화의 영향 및 표류물 등에 의한 충격력 등을 고려한다.

7.7 고정식 계류시설의 계획

7.7.1 일 반

고정식 계류시설은 기능상 탱커의 접·이안, 하역, 계류설비로 분리되고 육측과 연결되는 연락교로 구성된 돌핀(Dolphin)형이 주로 계획되고 있으며, 초대형 탱커부두로 계획되는 돌핀시설은 수심조건을 고려하면 육측과 상당한 거리에 시설하는 경우도 있다.

돌핀의 구성은 접안기능의 계류돌핀(Breasting dolphin), 작업 및 수송 기능인 워킹플랫폼(Working platform, 또는 Loading platform), 계선기능의 무어링 돌핀(Mooring dolphin)과 돌핀과 육측간을 연결하는 연락교, 무어링 돌핀과 무어링 돌핀을 연결하는 도교(Cat walk)로 되어 있다.

일반적으로 워킹 플랫폼은 돌핀의 중앙에 1기, 브레스팅 돌핀 2기, 무어링 돌핀은 양측에 2~3기씩 4~6기가 시설된다.

고정용 돌핀의 구조양식은 강관말뚝식, 쟈켓(Jacket)식, 강제셀(Cell)식과 케이슨(Caisson)식이 있으며 강관말뚝식을 많이 시설하고 있다.

7.7.2 돌핀시설의 배치 및 마루높이 계획

가. 돌핀시설의 배치

워킹플랫폼(Working platform)은 작업과 수송시설을 겸하게 되어 수송파이프라인과 연결되기 때문에 탱커의 접안을 원칙적으로 금지하고 있으며, 계류용 돌핀(Breasting dolphin)의 법선에서 1.0~1.5m 후방으로 배치하여 계류돌핀의 중앙에 배치한다.

계류돌핀은 대상선박길이의 1/3정도의 길이를 간격으로 하면 계류시 균형이 잡히는 것으로 되어 있다. 소형의 탱커접안을 고려하는 경우 서브돌핀(Sub-dolphin)을 시설한다.

무어링돌핀(Mooring dolphin)은 선체의 횡방향 이동을 방지하고 공선시의 견인력에 대한 효과를 발휘하도록 배치한다.

돌핀시설의 배치도와 간격 표는 다음과 같다.

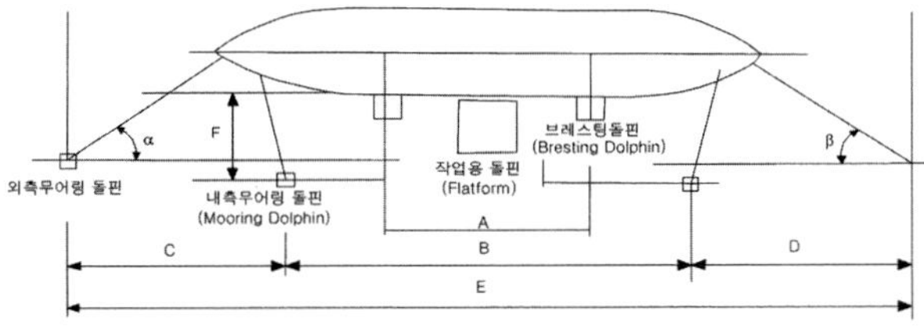

제원 / 선형	A(m)	C(m)	E(m)	F(m)	α(°)	β(°)
10만 DWT급	~90~	~110~	~450~	~30~	45°이하	45°이하
20만 DWT급	~105~	~120~	~480~	~40~	〃	〃
30만 DWT급	~120~	~130~	~530~	~50~	〃	〃
50만 DWT급	~130~	~140~	~580~	~60~	〃	〃

나. 마루높이

워킹플랫폼의 마루높이는 파랑의 영향을 고려하여 마루높이를 결정하고, 로딩암(Loading arm)의 작동범위를 고려한다. 또 파의 영향이 큰 곳에서는 약 최고고조위+편차+최대파고의 파봉(波峯) 위로 하고 있으나 최대파고시의 파봉대신 1/2 최대파고로 하는 경우도 있다. 브레스팅 돌핀과 무어링 돌핀의 마루높이도 파랑의 영향을 고려하는 것이 바람직하다.

탱커가 직접 접안하는 브레스팅 돌핀은 탱커의 이·접안이나 계류시 충격력을 고려하여 설치하는 방충재의 설치높이에 대해서 충분히 검토를 한다.

연락교의 마루높이는 파력을 받지 않도록 충분한 높이로 계획한다.

대체로 무어링 돌핀과 브레스팅 돌핀의 마루높이는 같은 높이로 하고 있다.

7.7.3 돌핀에 작용하는 외력과 하중

각 기능의 돌핀에 작용하는 외력과 하중내용은 다음과 같다.

가. 위킹플랫폼에 작용하는 외력 및 하중

- ○ 풍압력
- ○ 파 력
- ○ 수류력
- ○ 지진력
- ○ 자중 및 재하중

안정계산은 원칙적으로 상시, 폭풍시 및 지진시에 대하여 검토한다.

나. 브레스팅 돌핀에 작용하는 외력 및 하중

- ○ 선박의 접안력
- ○ 계류중의 선박의 견인력 및 선박의 충격력
- ○ 풍압력
- ○ 파 력
- ○ 수류력
- ○ 지진력
- ○ 자중 및 재하중

안정계산은 원칙적으로 상시, 접안시, 계류시, 폭풍시 및 지진시에 대하여 시행한다.

다. 무어링 돌핀에 작용하는 외력 및 하중

- ○ 선박의 접안력
- ○ 풍압력
- ○ 파 력
- ○ 수류력
- ○ 지진력
- ○ 자중 및 재하중

안정계산은 원칙적으로 상시, 계류시, 폭풍시 및 지진시에 대하여 시행한다.

라. 연락교는 자중, 송유도관 등 기타 재하중, 풍압력 및 지진력 등의 외력에 대하여 충분한 강도가 있어야 한다. 필요에 따라 파력에 의한 영향을 고려한다.

7.7.4 잔교식 탱커 계류시설에 작용하는 외력 및 하중

잔교식 탱커 계류시설에 작용하는 외력 및 하중은 다음과 같다.

- ○ 선박의 접안력
- ○ 계류중인 선박의 견인력 및 선박의 충격력
- ○ 풍압력
- ○ 파 력
- ○ 수류력
- ○ 지진력
- ○ 자중 및 재하중

제9편

안정계산은 원칙적으로 상시, 접안시, 계류시, 폭풍시 및 지진시에 대하여 시행한다.

7.7.5 쟈켓(Jacket) 구조물

가. 일 반

쟈켓구조물의 계획시에는 다음의 내용을 검토하여 결정한다.

- ○ 쟈켓의 골조, 기본치수, 부재치수 등은 외력 및 하중조건, 말뚝의 치수 및 타입각도와 함께 시공법 및 시공능력을 충분히 배려하여 결정한다.
- ○ 자켓 부재의 부재력이나 변형량은 지반조건을 충분히 고려하여 실정에 잘 적합하는 구조모델에 의하여 산정한다.
- ○ 거치후, 말뚝에 의한 고정이 완료될 때까지의 쟈켓에 있어서는 시공시에 있어서의 지반지지력, 활동 및 전도에 대하여 검토한다.

자켓구조물의 시공순서도는 다음과 같다.

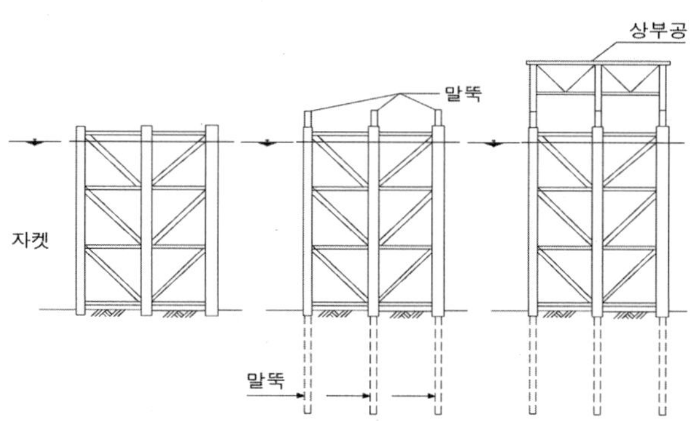

(a) 거치 (b) 항타 (c) 상부 자켓연결

7.7.6 방충설비와 접안속도계

일반적으로 돌핀과 같은 직항식 구조인 경우, 접안에너지는 접안선박의 충격력에 대하여 방충재의 에너지흡수에 따른 변형과 본체인 브레스팅 돌핀에 전달된 충격력에 대하여는 직항이 변형에 의하여 흡수하는 것으로 계획한다. 사항구조인 경우에는 본체의 변형이 접안에너지의 반력으로 작용하기 때문에 반력으로 선박의 선외판이 위험할 수 있으므로 일반적으로 방충재의 접안에너지 흡수만 고려한다.

대형석유탱커의 접안시 접안각도에 의하여 방충재의 특성곡선이 변하므로 진입각도에 따른 특성곡선을 사용한다. 따라서 진입각도에 따라 어느 방충재가 선측과 접촉하는지 신중히 검토한다. 최근의 고정식에서는 접안각도에 따라 브레스팅 돌핀의 상부공에 각도를 주는 곳이 많다.

방충설비의 접촉면 압력이 200～300kn/m^{2}를 취하는 경우가 많다.

선외측 접촉이 선박늑골 2프레임(Frame)이 걸치도록 하는 것이 바람직하다.

방충재에 작용하는 접안에너지는 각도의 영향도 중요하지만 접안시의 선박의 접안속도로 접안에너지에 미치는 영향이 크므로 일반적으로 접안속도는 10～15cm/sec로 제한하는 경우가 많다. 대형탱커가 접안시설(돌핀이나 잔교 등)에 접안할 때 충격력에 의한 위험을 방지하기 위하여 속도를 측정하는 계기, 즉 대형선박의 접안속도, 거리, 방향 등을 측정하기 위하여 접안속도계(Docking sonar system)을 설치하고 있다. 측정종류에는 레이더 식(Rader type)과 소나 식(Sonar type)이 있다.

7.7.7 계선설비

대형선박의 견인력에 대한 안전한 구조의 계선주 또는 훅(Hook)을 설치한다. 필요에 따라 계류색과 연결하여 동력감기 장비를 설치하고 있다.

대형선박의 계류색은 지름이 큰 로프류를 사용하며, 때로는 강제를 사용하므로 중량이 커서 인력에 의한 조작이 어려워 동력감기 장비를 사용하게 된다.

계선주 방식에 의한 계류색의 풀기는 많은 인력과 시간이 소요되어 훅(Hook)방식을 많이 채용하고 있다.

퀵릴리스훅(Quick release hook)은 풀림 레벨을 유압 등에 의하여 원격조작할 수 있으므로 집중제어 방식으로 한다면 더욱 신속하고 안전한 이안이 가능하게 된다.

퀵릴리스훅의 구조도는 다음도면을 참고로 한다.

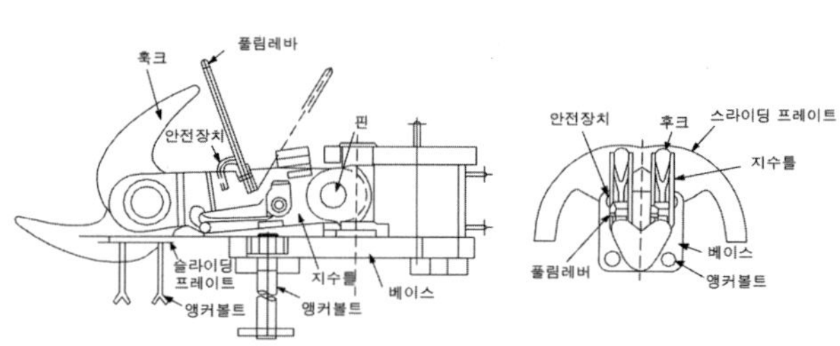

측면도 평면도

퀵릴리스 훅 구조도(예)

7.8 부표식 계류시설의 계획

7.8.1 일 반

부표식 계류시설의 계획은 설치예정해역의 자연조건에 대하여 계류부체의 동요나 계류앵커의 장력 등이 충분히 안전하도록 계획한다.

7.8.2 부표식 계류시설에 작용하는 외력 및 하중

부표식 계류시설에 작용하는 외력 및 하중은 일반적으로 다음과 같다.

- ○ 선박의 견인력
- ○ 풍압력
- ○ 파 력
- ○ 수류력
- ○ 자중 및 재하중

안정계산은 원칙적으로 계류시 및 폭풍시에 대하여 행한다.

7.9 화물처리시설

7.9.1 로딩 암(Loading arm)

대형 탱커에서 수송하는 화물은 액체이므로 파이프라인(Pipe line)에 의하여 수송하고 있으며, 수송시 계류선박의 조위에 대한 상·하의 이동, 조류, 파랑, 바람 등에 의한 요동 등에 의하여 수송을 원활하게 진행시킬 수 없게 된다. 원활한 수송을 위하여 육지부의 수송파이프와 연결된 다수의 로딩 암을 설치하고 있으며, 워킹 플렛폼에 설치된 다수의 로딩 암을 연결하여 원활한 수송을 하고 있다.

로딩 암은 암내의 석유의 중량, 내압, 로딩 암의 자중, 풍압력 및 지진력에 의한 응력에 대하여 안전하여야 한다.

로딩 암의 구조는 다음 그림과 같다.

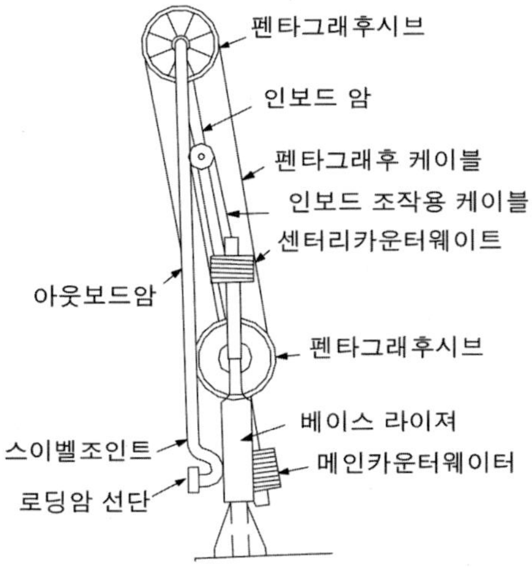

로딩 암은 로딩암의 설치위치의 적정화와 선박의 메니폴드의 표준화에 의하여 가장 유효하게 작동이 될 수 있다.

로딩 암의 위치 및 거리는 다음의 그림과 표를 참고로 한다.

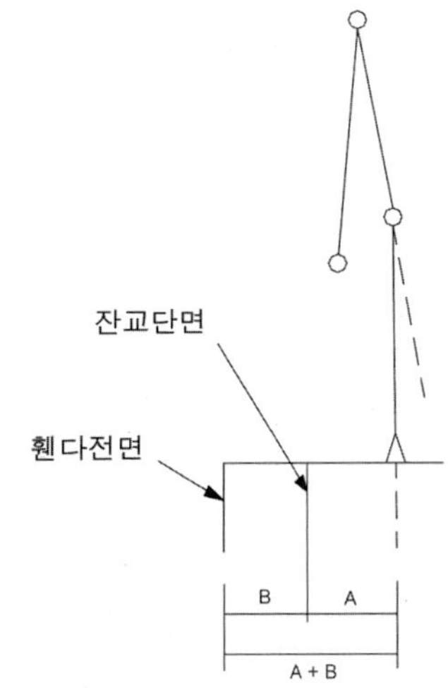

(단위 : m)

Loading arm길이	A(최소)	A(표준)	A+B
20m급	2.0	2.5	5.0~6.0
24m급	2.5	3.0	6.0~7.0
27m급	3.0	4.5	8.0~9.0

주) Loading arm의 최적 거치거리 및 위치 결정에 필요한 치수는 (A + B)이다.

7.10 시설의 유지관리

대형탱커가 안전하고 원활하게 이용할 수 있으려면 유지관리를 제대로 하여야 한다. 관계법령에 따라 검사를 받는 외에 다음에 열거한 설비의 점검기준에 따라 점검을 시행한다.

- ○ 송유도관 등(送油導管 等)
- ○ 로딩 암(Loading arm)
- ○ 고무호스(Rubber hose)
- ○ 앵커 체인(Anchor chain)
- ○ 방충설비
- ○ S.P.M(Single point mooring)의 계류색
- ○ 부 표
- ○ 전기방식을 적용한 설비
- ○ 기타 각종 보안방재대책 관련 설비

※ 점검은 원칙적으로 1회/년이상 총점검 외에 해당시설에 대한 이상상황(異常狀況)발생시에 시행한다.

기술사 출제문제

전문부두 계획

제24회 (1984.5.20) 제2교시. 문1 (50점)
잡화부두 계획에 대하여 상술하라.

제35회 (1990.4.) 제4교시. 문2 (30점)
국제여객부두에 대한 기본계획을 수립하시오.(조건은 임의 가정할 것)

제44회 (1995년도) 제2교시. 문4 (25점), 제45회 (1995년도) 제1교시. 문⑫(10점)
Sea berth에 대하여 쓰시오.

제46회 (1995년도) 제2교시. 문4 (30점)
초대형 석유탱커 계류시설에 있어서 시설 위치의 선정과 계획상 유의하여 검토해야 할 사항을 설명하라.

제46회 (1995년도) 제4교시. 문4 (30점)
초대형 석유탱커 계류시설의 구조형식과 개략적인 설계순서에 대하여 설명하라.

제48회 (1996년도) 제1교시. 문⑧ (10점), 제65회 (2001년도) 제1교시. 문⑫(10점)
⑧ Roll/on-Roll/off

제50회 (1997년도) 제1교시. 문① (10점)
① Lo/Lo와 Ro/Ro

제52회 (1997년도) 제2교시. 문4 (25점)
해저 Pipe line 부설시 충격력에 대하여 논하시오.

제55회 (1998년도) 제3교시. 문2 (30점)
Pipe line 부설방법에 대하여 설명하시오.

제60회 (2000년도) 제3교시. 문2 (25점)
카페리부두 계획시 고려사항

제61회 (2000년도) 제2교시. 문1 (40점)
서해 중부해안에 100,000DWT급 탱크 계류시설을 설치하고자 할 때 초기계획시 검토하여야 할 사항을 열거하고 평면배치 및 조차가 큰 이 해역에서 돌핀에 설치할 바람직한 방현재를 구상하여 서술하시오.(100,000DWT 선박 : L=280m, Draft=15m, 지반은 부식암 위 약 20m의 연약층이 존재)

제65회 (2001년도) 제1교시. 문⑫ (10점)
다음 문제를 선택하여 설명하시오.
⑫ Ro/Ro(Roll on/Roll off)

제65회 (2001년도) 제4교시. 문5 (25점)
VLCC(초대형 Tanker)용 계류시설의 종류(구조형식)와 특성을 설명하시오.

제66회 (2002년도) 제1교시. 문⑫ (각 10점)
다음 문제를 선택하여 설명하시오.
⑫ 에어로고 시스템(Aero-go system)

제67회 (2002년도) 제2교시. 문4 (25점)
돌핀식 부두설계에 있어 고려해야 할 외력 조건에 대해 설명하시오.

제69회 (2003년도) 제2교시. 문3 (25점)
Jacket 구조물을 설계하기 위해 완성후, 운반시, 시공시별로 검토할 설계 항목을 열거하고, 그 설계법을 설명하시오.

제76회 (2005년도) 제3교시. 문2 (25점)
대형선의 계류색(Mooring line)의 종류와 역할에 대하여 논하시오.

제81회 (2007년도) 제2교시. 문4 (25점)
심해 구조물의 종류를 제시하고, 설계시 고려해야 할 사항을 기술하시오.

제81회 (2007년도) 제3교시. 문1 (25점)
20만톤급 유조선 입항을 위한 접안시설을 돌핀구조물로 계획하고자 할 때 대상선박과 관련하여 구성될 각 기능돌핀의 평면배치시 고려해야 할 사항을 기술하고 갖추어야 할 항만부속설비를 계획하시오.

제82회 (2007년도) 제3교시. 문3 (25점)
고정식 Sea berth의 설계와 관련하여 다음 사항을 설명하시오.
1) 구조물의 기능 및 평면배치 2) 작용외력
3) Mooring line의 종류 및 기능

Container 부두

제19회 (1980.5.24) 기초. 제2교시. 문4 (25점)
Container terminal의 구성요소를 설명하고 표준적 Terminal시설의 배치도와 화물유통도를 그리고 Terminal의 화물하역방식을 상술하라.

제23회 (1983.) 제2교시. 문3 (25점)
Container terminal을 채택하는 하역기계 형식에 따라 분류하고 그 장 · 단점을 기술하라.

제23회 (1983.) 제4교시. 문1 (70점)
콘테이너 터미널 계획에 있어 Container freight station(C.F.S)의 소요면적의 산정방식에 대하여 기술하라.

제25회 (1984.10.7) 제3교시. 문2-(3) (15점)
다음에 대하여 아는 바를 기술하시오.
(3) Container 부두에 사용하는 하역기계

제26회 (1985.5.19) 제2교시. 문2 (50점)
Container선의 대형화에 따른 기존시설의 문제점을 감안한 Container 전용부두계획을 수립하시오.

제28회 (1986.4.27) 제2교시. 문1 (40점)
300,000TEU정도를 취급하는 Container terminal을 계획하라.

제31회 (1988.4.24) 제3교시. 문2 (50점)
제4세대 Post pamamax container선(약 50,000DWT)과 제3세대 Container crane(Rail gauge 30m)을 대상으로 콘테이너 부두의 안벽시설을 계획하시오.
단, HWL : (+)4.0m, 파랑, 조위 : 가정, 경암 : (-)21.5m
수심(-)4.0m에서 (-)21.5m까지는 연약한 Silt층임.

제35회 (1990.4.) 제3교시. 문2 (20점)
서해안 중부의 어느 항내에 30,000D/W급 2선석(2Berth)의 Container 부두를 계획하시오.
단, 안벽의 지질조건은 임의 가정하시오.

제36회 (1991.10.) 제4교시. 문1 (40점)
콘테이너 장래 물동량의 전망에 대하여 서술하고 콘테이너부두를 계획하시오.

제39회 (1993.3.21)
콘테이너 부두 계획시 기본구도를 도시하고 기본방침, 육상시설, 계류시설 설계시 배려할 사항에 대하여 논하시오.

제41회 (1994.4.3) 제1교시. 문4-라

다음용어에 대하여 약술하시오.

라. Over panamax (5점)

제42회 (1994년도) 제3교시. 문5 (25점)

컨테이너 부두에 있어서 배려하여야 할 중요한 점을 나열하고 각 항에 대하여 설명하시오.

제43회 (1995년도) 제3교시. 문1 (40점)

컨테이너 부두 계획을 수립하기 위한 컨테이너 화물(TEU기준)의 추정방법을 상세히 설명하시오.

제43회 (1995년도) 제4교시. 문2 (30점)

컨테이너 터미널의 하역시스템별, 특성과 기능을 설명하시오.

제44회 (1995년도) 제3교시. 문4 - ① (선택2문항/25점)

① Post panamax급 Container선

제46회 (1996년도) 제4교시. 문2 (20점)

컨테이너 하역 System에 대하여 설명하라.

제48회 (1996년도) 제1교시. 문⑥ (10점), 제61회 (2000년도) 제1교시. 문④ (10점)

⑥ C.F.S

제48회 (1996년도) 제4교시. 문2 (20점)

컨테이너 적치장(Container yard) 계획에 대하여 기술하시오.

제49회 (1997년도) 제2교시. 문1 (40점), 제53회 (1998년도) 제3교시. 문1 (40점),
제58회 (1999년도) 제4교시. 문1 (40점)

년간 물동량 1,000,000TEU를 취급하는 컨테이너부두 계획을 수립하시오.

제52회 (1997년도) 제4교시. 문1 (40점)

년간 300,000TEU를 처리하는 컨테이너 부두를 설계하시오.

년간 1,000,000TEU를 처리할 수 있는 컨테이너 부두를 계획하시오.

제56회 (1998년도) 제1교시. 문⑧ (10점)

⑧ FCL과 TGS

제58회 (1999년도) 제1교시. 문⑦ (10점)

⑦ 마샬링 야드

제59회 (1999년도) 제3교시. 문1 (25점)

년 100만 TEU를 처리할 수 있는 컨테이너 터미널을 계획하시오.

단, 지형, 수심 등 자연조건이나 배후지여건 및 필요조건은 귀하가 가정하시오.

제61회 (2000년도) 제3교시. 문5 (25점)

컨테이너 부두의 안벽시설물 외의 필요장비와 부대시설에 대하여 기술

제63회 (2001년도) 제2교시. 문4 (각 25점)

년간 50만 TEU를 취급하는 컨테이너 부두를 계획하시오.

1) 필요사항 가정
2) CY규모
3) 소요 Berth수
4) CFS규모
5) 기타시설

제65회 (2001년도) 제3교시. 문4 (25점)

Container yard 내의 하역방식(Container handling system)과 장 · 단점을 비교하여 설명하시오.

제66회 (2002년도) 제1교시. 문④ (각 10점)

다음 문제를 선택하여 설명하시오.

④ TEU와 FEU

第66회 (2002년도) 제2교시. 문1 (25점)

년간 연안화물량 400,000TEU를 처리할 수 있는 경제적이고 효율적인 컨테이너 터미널을 계획하시오.(단, 필요한 사항은 임의 가정하시오.)

第67회 (2002년도) 제2교시. 문1 (25점)

컨테이너 터미널의 일반 배치계획을 스켓치하고, 기능별로 간략히 설명하시오.

第68회 (2002년도) 제1교시. 문⑩ (각 10점)

다음 문제를 선택하여 설명하시오.

⑩ Container 부두계획에 있어서의 TGS

第68회 (2002년도) 제3교시. 문3 (25점)

연간 컨테이너 300,000TEU를 처리할 수 있는 컨테이너 부두 규모와 육상시설 계획에 대하여 기술하시오.

第71회 (2003년도) 제1교시. 문① (각 10점)

다음 문제를 선택하여 설명하시오.

① ACT(Automatic container terminel)

第73회 (2004년도) 제2교시. 문1 (25점)

우리나라 두 개의 허브항만(부산신항, 광양항)에 자동화 컨테이너 터미널의 도입필요성과 자동화 터미널계획시 기존터미널과 크게 구분되는 사항에 대해 기술하시오.

第75회 (2005년도) 제4교시. 문1 (25점)

다음과 같은 조건의 컨테이너터미널의 평면 및 제원을 결정하시오.

(Stock area, CFS, 부두길이, 부두폭, Layout)

<조건>

① 연간 70,000TEU

o 수입「컨」: 35,000TEU

o 수출「컨」: 25,000TEU

o 공「컨」 : 10,000TEU

② CFS통과 수출「컨」은 무시하고, CFS에서 15,000TEU 취급하고 F값은 $13m^2$임.

③ Td값 : 수입「컨」: 10일, 수출「컨」: 7일, 공「컨」: 20일

④ 1 TEU 컨테이너의 m^3당 V값은 $29m^3$

⑤ 나머지 계수나 조건은 가정할 것.

第76회 (2005년도) 제1교시. 문⑨ (각 10점)

다음 문제를 선택하여 설명하시오.

⑨ Malacca-max급 컨테이너 선박

第76회 (2005년도) 제2교시. 문2 (25점)

컨테이너 터미널의 하역시스템 중 자동화와 재래식을 비교하여 논하시오.

第76회 (2005년도) 제3교시. 문1 (25점)

컨테이너 터미널 계획에 있어 CFS의 소요면적의 산출방법에 대하여 논하시오.

第76회 (2005년도) 제4교시. 문2 (25점)

컨테이너 크레인에 있어서 Single hoist와 Dual hoist 시스템을 비교하여 논하시오.

第78회 (2006년도) 제1교시. 문⑦ (각 10점)

다음 문제를 선택하여 설명하시오.

⑦ C.F.S(Container freight station)

第78회 (2006년도) 제2교시. 문6 (25점)

컨테이너 부두의 운영방식에 대하여 설명하시오.

제79회 (2006년도) 제1교시. 문⑬ (각 10점)

다음 문제를 선택하여 설명하시오.

⑬ 컨테이너 선박의 대형화 추세

제79회 (2006년도) 제4교시. 문4 (25점)

컨테이너 터미널 운영 혁신을 위한 주요인자와 혁신 대상 주요영역에 대하여 아는 바를 기술하시오.

제81회 (2007년도) 제1교시. 문⑥, ⑦ (각 10점)

다음 문제를 선택하여 설명하시오.

⑥ 컨테이너 부두에서의 Set-back

⑦ FEU(Forty Feet equivalent unit)

제81회 (2007년도) 제2교시. 문5 (25점)

컨테이너 600,000TEU를 년간 처리할 수 있는 터미널의 부두규모, Apron 규모 및 컨테이너 장치장 규모를 계획하시오.

단, 부두점유율 0.5, 선석당 크레인수는 3기, 크레인 시간당 작업능력 45Van, 일작업 24시간, 년간 작업일수 365일, 장치장은 4단 쌓기, 평균적치일수는 7일로 계획하고 기타 적용수치는 임의로 가정하되 가급적 최근 통계자료를 이용하시오.

제81회 (2007년도) 제4교시. 문6 (25점)

컨테이너 400,000TEU를 년간 처리할 수 있는 터미널의 CFS규모를 설계하시오.

단, CFS 체재일수 : 5일, TEU당 환산 RT : 18.7ton, 단일 팔레트상의 화물톤수 : 2.5ton/m^2, 기타 적용수치는 임의로 가정하되 가급적 최근 통계자료를 이용하시오.

제82회 (2007년도) 제2교시. 문3 (25점)

컨테이너 선박의 대형화 추세 및 전망에 대해 기술하시오.

제82회 (2007년도) 제4교시. 문4 (25점)

자동화 컨테이너 터미널의 운영방식에 대해 설명하시오.

소흑산도항 (제두부 : Cube block(108t/ea) 거치현황)

제10편 어항의 기능시설 및 기타시설

제 10 편 어항의 기능시설 및 기타시설

제1장 · 개 요

어촌 · 어항법 제2조 제5호에서 규정한 어항기능시설은 수송, 항행보조, 어항 어구보전, 보급, 수산물 유통 · 판매 · 보관시설에 해수인수 또는 배수시설, 수산물처리 · 가공, 어업용 통신, 해양수산관련 및 어항정화시설과 종묘생산 · 종묘배양장 등의 수산자원 육성시설로 되어 있고, 그 외에 문화 · 복지시설, 관광 휴게시설, 기타 대통령이 정하는 주민편익시설과 위의 각 시설의 부지로 되어 있다.(제1편 총론 참조)

제2장 · 기능시설 및 기타시설

2.1 기능시설

2.1.1 수송시설

수송시설은 어획물, 어업용자재 등의 반입 · 반출(搬入 · 搬出), 어항지구내에서의 원활한 이동과 이에 따른 작업의 안전성과 편리성, 어항 인접지역과의 관련성, 환경보전 등을 고려한다.

2.1.2 도로시설에서의 고려사항

- ○ 도로는 수송(輸送)의 안전성을 확보하고 경관(景觀) 등을 배려한다.
- ○ 도로선형, 교차 등의 도로제원에 대해서는 계획교통량, 지형, 설계속도, 어패류 등의 운송도중 손상에 대한 경감 등을 고려한다.
- ○ 도로의 폭원은 계획교통량, 교통차종, 보행자 등의 제반 조건 및 인접한 어항시설의 이용상황 등을 고려하여 적절히 정한다.
- ○ 도로 포장은 원칙적으로 아스팔트포장과 콘크리트포장, 기타의 포장으로 하고 계획교통량, 노상(路上)의 상황 등을 감안하여 안전하고 원활한 교통을 확보할 수 있는 구조로 한다.
- ○ 도로의 부속시설은 차량 등의 교통이 안전하고 원활할 수 있도록 필요에 따라 계획한다.

2.1.3 기타 수송시설

- ○ 철도, 주차장, 교량, 운하 및 헬리포트에 대해서는 소요의 수송능력, 구조상의 안전성 및 어항시설과의 원활한 접속에 유의한다.
- ○ 수역시설, 계류시설에 교량을 건설하는 경우에는 어항 시설의 이용에 지장이 없도록 필요한 높이를 확보한다.

2.1.4 항행보조 시설

항행보조시설은 모든 어선이 어항에 안전하게 항행, 출 · 입항 할 수 있도록 적절한 위치에 설치한다.

2.1.5 어선·어구(漁船·漁具) 보전시설

어선 · 어구 보전시설이란 어선수리장, 어구건조장, 어구제작장 등을 말하며, 선양시설, 야적장, 기자재 창고 등을 포함한다. 보전시설은 안전하고 용이하게 작업할 수 있도록 충분한 작업장을 확보하고, 포장 등 가능한 작업환경 개선에 유의하여 정한다.

2.1.6 보급시설

급유, 급수, 급빙 등 보급시설은 어업활동에 반드시 필요한 시설이므로 보급시설은 가급적 어업활동에 지장을 주지 않도록 충분한 시설을 확보하는 것이 좋다. 또 이용자가 편리하고 안전하게 사용할 수 있도록 위치와 규격을 검토하여 시설한다.

2.1.7 수산물 유통·판매·보관시설 등

수산물시장에서 위판장, 직매장, 집하장 및 활어 일시보관과 수산물 유통 · 판매 · 보관에 필요한 해수의 인수시설과 배수시설이 필요하며 적정한 시실로 수산물의 선도유지를 고려하여 시설되어야 한다.

2.1.8 수산물처리·가공시설

원활한 수산물처리 및 가공시설로 하역기계 · 제빙 · 냉동 · 냉장시설과 수산물 가공공장 등을 고려한다.

2.1.9 수산자원 육성시설

개정된 어촌·어항법에 따라 어촌·어항 및 어장이 종합적으로 계획되어야 하며 그 중 수산자원의 육성시설로 종묘생산시설, 종묘배양장 등을 어항내·외에 시설하여 그 지역의 특성에 알맞고 선도 좋은 어류를 공급하는 등 종합기능을 갖는 어항을 계획한다.

2.1.10 기타 기능시설

기타 기능시설에는 통신시설, 어항관리시설 등이 있다. 이러한 시설들은 어민의 생산성 및 소득을 향상시키고, 어업활동을 안전하게 할 수 있도록 지원하는 시설이므로 이용조건, 경제적 조건 등을 감안하여 시설의 규모, 종류를 결정하고, 안전조업 및 소득향상 측면에 유의하여 계획한다.

2.2 기타시설

2.2.1 개 요

기타시설에는 어항시설용지, 어항정화시설, 어항환경시설 등이 있으며, 다음 내용을 고려하여 계획한다.

- ○ 가공, 유통 등 어항의 기능 향상
- ○ 어항지구의 쾌적하고 윤택한 환경의 창출
- ○ 어항지구의 자연이나 경관과의 조화
- ○ 어항지구에 있어서 위생 및 안전성의 향상

2.2.2 어항시설 용지

어항시설용지는 창고의 축조 등 이용형태를 고려한 구조로 하고 인접한 어항시설에 악영향을 미치지 않도록 한다.

2.2.3 어항정화(淨化)시설

어항정화시설은 어업형태, 지형, 수역시설의 이용상황 등을 고려하여 적절한 규모의 도수(導水), 정화(淨化) 처리능력 및 구조로 계획한다.

2.2.4 어항환경정비시설

어항환경정비시설은 어항의 경관을 보전하고, 쾌적하고 윤택한 어항환경의 창출 및 노동환경의 항상 등을 위하여 지역특성, 자연환경과의 조화 등에 유의하여 계획한다.

2.2.5 어촌환경정비시설

어항환경정비시설은 어항정비와 관련하여 어촌에 있어서 생활환경의 개선을 도모할 수 있도록 하고, 어항의 기능증진에 기여하기 위하여 생활의 편리성, 방재(防災), 안전 등에도 유의하여 계획한다.

제3장 · 어항시설용지

3.1 개 요

어항시설용지란 어업활동에 제공되는 어항구역내의 용지로서 어촌·어항법 제2조 제5호에서 규정하고 있는 각종 어항시설용 부지를 말하며, 지역주민의 생활기반이 되므로 어항정화시설과 어항환경시설용지도 고려되어야 한다.

어항시설용지의 규모와 배치는 어항에서의 활동이 효율적으로 이루어지도록 계획한다.

3.2 위판장용지

3.2.1 일 반

위판장은 어획물의 선별(選別), 수세(水洗), 계량(計量) 및 수산물의 전시나 거래, 중매인이 포장하여 발송하는 등의 작업을 원활히 할 수 있는 면적을 확보하며, 햇빛, 강설, 강우 등으로부터 보호하고 선도(鮮度)유지, 보건·위생의 향상 및 노동환경 보전을 위한 장소가 필요하며, 양육작업을 위한 저빙고(貯氷庫), 입찰실, 기자재보관창고, 관계자의 대기실 등을 겸한 면적이 소요된다.

어획물은 주로 트럭에 의한 반출이므로 트럭 등이 출입할 수 있는 충분한 도로와 공간도 확보하여야 한다.

3.2.2 위판장 소요면적

위판장의 소요면적은 위판장의 면적과 상차장의 면적을 산정하여 합산하는 것이 바람직하다.

가. 위판장 소요면적 산정

위판장의 규모는 다음식에 의하여 산정한다.

$$S = \frac{N}{R \cdot \alpha \cdot P}$$

여기서, S : 위판장의 소요면적(m^2)
N : 1일당 계획 취급량(kg/일)
P : 단위면적당 취급량(kg/m^2)
R : 위판장의 회전수(회/일)
α : 점유율

나. 상차장 용지

상차장 용지는 출입하는 수송차의 규격에 따라 차이가 있으며, 대상으로 하는 상차장의 폭은 수송차의 길이보다 넓게 하는 것이 좋다.

(예) 4톤-8.0m(전장), 6톤-8.5m, 8톤-9.0m, 10톤

-10.5m, 트레일러(15톤)-17.0m, 위판장의 건폐율은 60~70%로 고려하는 것이 일반적이다.

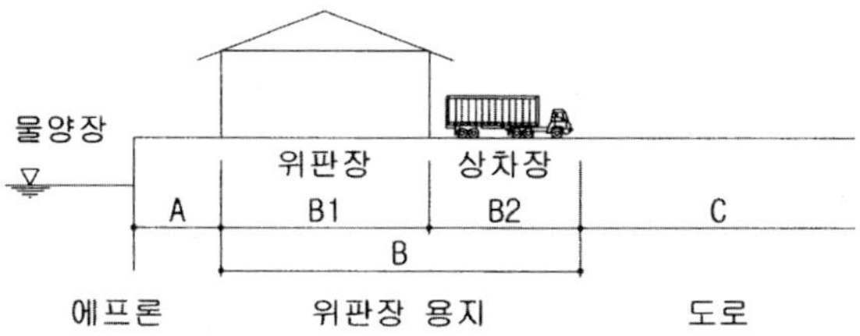

3.3 제빙 · 저빙시설용지

3.3.1 일 반

어획물의 양과 필요한 얼음양의 관계는 어종, 계절, 지역의 특성에 따라 다르다. 동일한 어획량이라도 계절에 따라 얼음의 사용량이 다르므로 계획지역의 특성을 면밀히 조사 분석하여 소요량을 판단하여야 하며, 지역 실정에 맞는 자료가 없는 경우에는 표준적으로 단위 어획량당 1.0톤을 사용한다.

제빙 · 저빙시설의 배치 계획은 제빙 · 저빙시설 건축 후에는 용지 이용의 변경이 곤란하며 또한, 물양장의 이용과 밀접한 관계가 있으므로 충분히 검토한 후 결정할 필요가 있다.

3.3.2 제빙시설의 방식과 특징

제빙시설은 빙부식(氷缶式) 제빙시설(Block ice식)과 전자동 쇄빙 · 제빙시설(Plate ice방식)의 두가지 방식으로 분류되며, 빙부식 제빙시설은 블록 아이스를 만들어 저빙고(貯氷庫)에 보관해 두고, 필요시에 쇄빙기로 분쇄하여 사용하는 것이며, 전자동 쇄빙은 플레이트 아이스를 제조하여 쇄빙기로 분쇄한 후 자동반출장치를 이용하여 얼음을 공급하는 것으로 각각의 특징은 다음 표와 같다.

제빙시설의 방식과 특징

시설의 방식	장 점	단 점
블록 아이스방식 (Block ice방식)	• 타지역으로의 수송이 가능 • 저빙시설이 있으면 장시간 보관이 가능	• 제빙시간이 길게 걸림. (약 48시간) • 저빙시설이 필요 • 플레이트방식에 비하여 작업 인원이 많이 필요
플레이트 아이스방식 (Plate ice방식)	• 조작이 간단 • 제빙시간이 짧음 (약30분)	• 먼 지역으로의 수송이 곤란 • 장기간 보관이 곤란. (약 5일정도)

소규모 항 · 포구에서는 제빙시설이 반드시 필요한 것은 아니며, 저빙시설만을 설치하여 다른 지구에서 반입하는 것이 경제적일 경우도 있다.

3.3.3 제빙 · 저빙시설의 규모와 소요면적

가. 얼음소요량의 계산

어획물의 양과 필요한 얼음 량의 관계는 어종, 계절, 지역의 특성에 따라 다르다. 지역 실정에 맞는 조사 자료가 없는 경우에는 얼음 소요량을 어획량 1톤당 얼음 1.0톤으로 계산한다.

나. 시설규모와 용지면적의 계산

어획량에 따라 얼음 소요량을 계산하고 다음에 소요 시설량을 계산한다.

1) 블록 아이스(角氷) 방식의 제빙시설

블록 아이스방식은 저빙시설과 조합하여 계획하는 것이 보통이다.

제빙시설능력은 일반적으로 하절기를 기준하여 산정한다.

$$\text{제빙시설능력} \fallingdotseq \frac{\text{연간 얼음소요량}(\fallingdotseq \text{연간어획량})}{365 \times 0.7}$$

(단, 0.7은 가동율)

저빙시설 능력은 어획량의 변동상황에 따라 다르나 10~30일 정도의 예가 많다.

블록 아이스방식의 경우 제빙 · 저빙시설의 능력과 표준적인 건물면적의 관계는 다음 표를 참조한다.

블록 아이스 방식 제빙시설의 능력과 건물면적

제빙능력 (톤/일)		1	3	5	10	20	30	50	100
저빙고 수용량		60	180	300	600	1,100	1,500	2,000	3,000
건물면적 (m^2)	제빙실	24.8	48.4	59.4	86.6	178.2	231.0	376.2	752.4
	저빙실	26.4	72.0	100.7	178.2	290.4	396.0	534.6	772.2
	준비실	3.3	11.6	12.4	19.8	33.0	33.0	39.6	99.0
	기계실	-	23.1	33.0	49.5	59.2	66.0	89.1	138.6
	배전실	-	-	-	-	-	-	19.8	33.0
	사무실	-	9.9	12.4	24.8	46.2	39.6	52.8	52.8
	숙직실	-	-	-	-	-	26.4	36.3	62.7
	기 타	-	-	-	-	-	-	-	-
	계	54.5	165.0	217.9	358.9	607.0	792.0	1,148.4	1,910.7

2) 플레이트 아이스 방식

플레이트 아이스 방식은 블록 아이스 방식과 달라 장시간의 저빙은 곤란하다. 따라서 제빙시설의 능력은 어획량이 많은 시기에 알맞도록 정한다. 저빙은

제10편

5일 정도까지는 가능하므로 1일 최대 얼음 소요량에 대응하는 시설능력은 필요하지 않고 그 2/3정도의 능력만 있으면 된다.

건물면적은 2층의 저빙실 면적에서 결정된다. 저빙능력을 크게 하는 것은 용지비, 건축비용면에서 불리하게 되므로 제빙능력을 크게 계획하여 저빙을 제빙능력의 3일 정도로 하는 사례가 많다. 플레이트 아이스 방식의 시설능력과 시설면적의 관계는 다음 표를 참조한다.

플레이트 아이스 방식 제빙시설의 건물면적

제빙능력(톤/일)	저빙능력(톤)	건물면적(m^2)
5	5	4.15 × 3.2 = 13.3
10	20	4.8 × 9.8 = 47.0
10	50	8.0 × 10.0 = 80.0
15	40	5.3 × 10.8 = 57.2
20	50	6.0 × 12.7 = 76.2
20	80	7.0 × 12.7 = 88.9
30	50	7.1 × 12.7 = 90.2
30	100	7.7 × 14.2 = 109.3

제10편

3.4 냉동 · 냉장시설용지

3.4.1 일 반

냉동 · 냉장시설의 위치는 그 설치 목적에 따라 다르나 다음 내용을 고려하여 배치계획을 수립한다.

- ○ 주위에 도로용지가 충분히 확보될 수 있고 사방에서 트럭이 출입할 수 있는 위치
- ○ 하역장 용지에 가까운 곳
- ○ 어항지구로의 반출 또는 지구 외에서의 반입 등에 편리한 위치
- ○ 월파, 비말 등의 영향이 적은 곳
- ○ 저빙고를 설치하여 어선에 얼음 공급을 겸할 경우는 출어준비부두에서 너무 떨어지지 않는 곳

3.4.2 냉동·냉장시설의 규모와 소요면적

가. 냉장고의 규모는 다음순서에 의하여 결정한다.

연간어획량계산 (육상운반량 포함) → 이용목적별, 배분율에 따라 냉장고용 출하량 결정 → 회전율결정 (연간) → 수용량의 결정

여기서, 계획회전수 : 2~3, 단위수용량 : 0.4톤/m^3

나. 냉장고 규모 산정

○ 냉장고의 규모(톤) = $\dfrac{\text{냉장고용 출하량(톤/년)}}{\text{회전수(회/년)}}$

다. 냉장고 면적 계산

○ 냉장고 면적(m^2) : $A = \dfrac{G \times \alpha \times b}{H \times K}$

여기서, A : 냉장고 소요면적(m^2)
G : 수용능력(톤)
H : 유효높이(m)
α : 냉장고내 여유(약 1.2)
b : 부대시설 등 여유(약 1.5)
K : 단위수용량(톤/m^3)

라. 냉장고 용지의 소요면적

냉장고는 부지(敷地)의 여유가 있으면 1층으로 건축하는 것이 바람직하며 용지면적 계산은 다음의 식에 의하여 산정한다.

○ 용지면적(m^2) = $\dfrac{A}{N} \times \dfrac{1}{P} \times \alpha$

여기서, A : 냉장고 소요면적(m^2)
N : 층수(層數)
P : 건폐율(建蔽率)
α : 용지 여유율

용지 여유율이란 냉장고를 출입하는 트럭의 주차(駐車)나 운행 등에 필요한 면적의 확보를 말하며, 이를 고려한 용지면적은 건물면적의 3배 정도로 하는 것이 바람직하며, 다음 식으로 산정한다.

○ 용지면적(m^2) = $\dfrac{A}{N} \times N$

여기서, A : 냉장고 소요면적(m^2)
N : 층수
K : 용지면적과 건물면적의 비(약 3)

3.5 급유시설용지

3.5.1 일 반

급유시설은 어선에 유류를 공급하기 위하여 시설하는 급유 및 저유시설로서 보급시간의 단축, 대량구입으로 가격 절감 및 안정적 공급을 목적으로 시설하고 있다.

3.5.2 급유시설의 규모와 소요면적

가. 유류 소비량

유류 소비량은 다음과 같은 방법으로 산정한다.

○ 유류 소비량 = 연료소비율 × 마력수 × 사용시간

여기서, ① 연료소비율
○ 디젤기관 : 0.18~0.20(kg/Ps/hr)

○ 전기 점화기관 : 0.40(kg/Ps/hr)

② 마 력 수

○ 왕복항로 : 정격(定格) 마력수의 80%

○ 어장항행 : 정격 마력수의 50~80% (조업상태에 따라 다름)

③ 사용시간

: 왕복 어장에서의 조업, 어장간의 이동 등으로 구분하여 계산한다.

○ 유류의 중량

- 중　　유 : 860kg/m^3
- 경　　유 : 840kg/m^3
- 윤 활 유 : 870kg/m^3

○ 윤활유 소요량

- 디젤기관 연료유의 약 1~3%
- 전기 점화기관 연료유의 약 4%

유류 소비량 산정식을 사용하여 연료 소요량을 산출하는데는 어선의 마력수, 어장까지의 거리 조업상태를 파악하여야 한다. 어업종류별로 조업시 마력수는 다르며, 또 같은 선형이라도 정격 마력수는 복잡한 계산을 실시하여야만 연료 소요량을 산정할 수 있다.

따라서 같은 톤급의 어선이라도 어업종류에 따라 소요량이 각기 다르며 마력수, 조업형태, 어장까지의 거리 등이 다르므로 저인망, 유자망, 오징어채낚기 등은 다른 것과 비교할 때 많은 연료가 소요된다.

나. 시설 규모

○ 이용어선의 어업종류와 선형이 판단되면 연료유 소요량에 의해서 출어 1일당 1개통의 연료유 소비량이 산정된다.
따라서 소요 급유시설을 결정하는데는 몇일분의 양을 저장할 필요가 있는가를 정하면 이용어선을 근거로 시설능력을 결정할 수가 있다.

○ 종래의 계획에서는 성어기의 소요량을 1개월 이하로 한 것이 많으나, 용지의 여유가 있으면 그 이상을 저장해 두는 것이 유리하다.

○ 또한 수리, 보수 등의 사태를 감안하여 2기(基) 이상의 탱크에 나누어 저장하는 것이 바람직하다. 이상의 요소를 고려하여 급유시설의 능력 산정방법을 명시하면 다음과 같다.

성어기에 있어서의 이용어선 척수 (어업종류, 선형별 톤수) → 이용어선의 출어일수 추정 (어업종류, 선형별) 과거, 현재의 상황, 유사어항의 상황을 고려

→ 성어기 연료유 소요량 → 급유시설 능력결정

3.5.3 급유시설의 규모와 배치

급유시설은 보급부두의 배후 용지에 배치하여 급유구(給油口)까지 지하매설관으로 송유(送油)하는 것이 바람직하다. 급유시설물은 위험물을 취급하는 것이므로 만일의 경우를 고려하여 위판장, 냉동·냉장·제빙시설 등의 시설용지 또는 배후 주거지 등과 가능하면 떨어진 곳에 계획한다.

또한 탱크트럭에 의해서 탱크로 보급되는 경우는 다른 차량과 혼잡을 피하기 위해 별도의 도로를 확보하는 것이 좋다.

1) 탱크 1기의 시설규모 및 면적

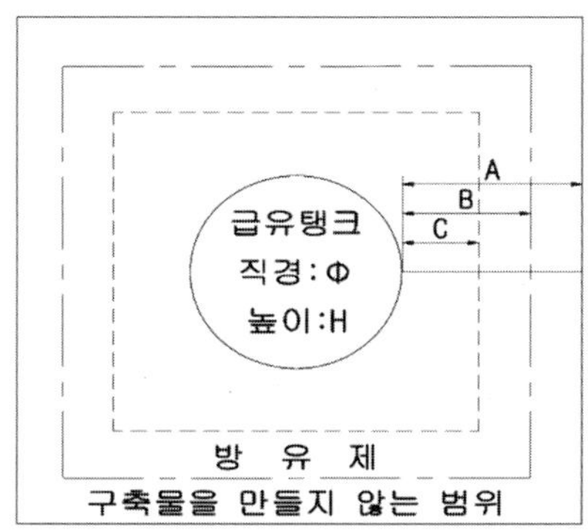

타시설 용지와의 경계

항 목	경 유	중 유
A : 보안거리	1.6ø또는 H와 큰 것의 수치 이상	ø 또는 H와 큰 것의 수치 이상
B : 보유 공지 (空地)	3m이상	좌 동
C : 방유제까지의 거리	ø가 15m미만의 경우 H/3이상 ø가 15m이상의 경우 H/2이상	좌 동

단, ø : 급유탱크 직경

2) 탱크 2기의 시설규모 및 면적

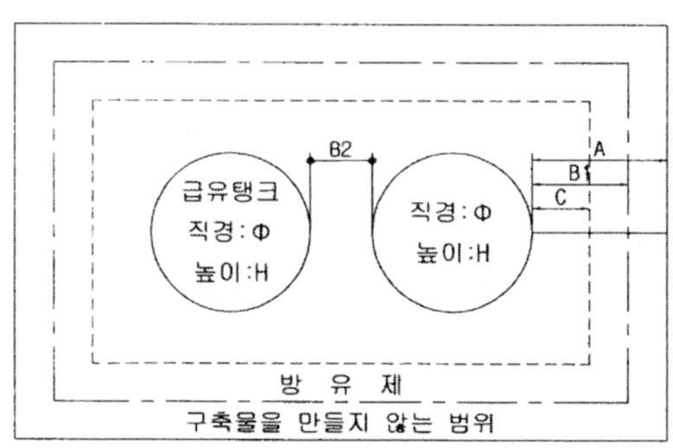

타시설 용지와의 경계

3) 급유시설용지의 배치(예)

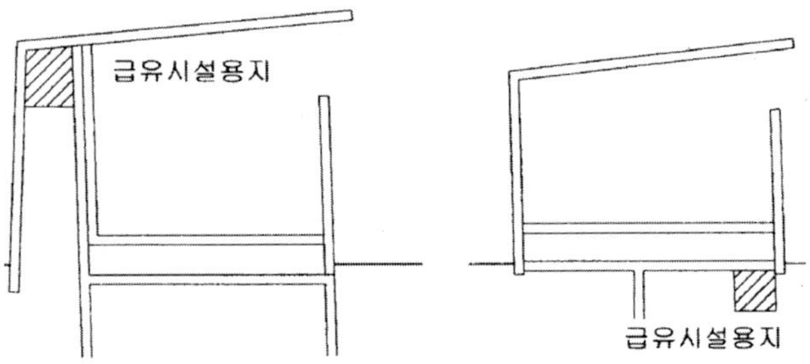

3.6 야 적 장

3.6.1 일 반

야적장은 제반 수산관련 자재를 쌓아두는 장소로서 타 기능 시설과의 관계도 밀접하기 때문에 배치계획에 있어서 그 이용목적을 고려한다.

일반적으로 어구, 양식 자재 등을 쌓아두는 장소로서의 기능에 중점을 두는 경우에는 휴게안벽의 배후에, 위판장의 일시적 면적 부족을 보충할 기능에 중점을 두는 경우에는 위판장에 근접한 위치에 배치하는 등 타 시설과의 기능 향상을 도모하도록 하며, 그 이용목적은 다음과 같다.

- 양육시의 위판이나 가공처리의 일시적인 장소 부족을 해결
- 출어 준비나 휴게 중에 어구를 임시 보관
- 위판장 자재를 야적
- 양식자재의 조립 및 임시 보관
- 어망, 양식자재, 드럼(Drum)통 등 어업자재를 야적
- 기타 지역의 조건에 따라 이용

3.6.2 야적장의 소요면적

야적장의 소요면적은 그 역할에 따라 각각의 소요면적을 산정하여 결정한다.

가. 어구의 임시보관장소로서 출어준비중이나 휴게중에 임시로 야적시 소요면적

$$A_1 = B \times N \times V_p$$

여기서, A_1 : 등록어선의 톤수
N : 어선 1톤당 사용어구 통수
V_p : 1개통당 어구점유면적

나. 분류용의 자재를 야적하는 곳으로서 목재, 강재의 어상자나 프라스틱제 어상자, 콘테이너 등의 분류자재 및 어구를 야적하는 경우

$$A_2 = \frac{\alpha \times y}{n} \times D$$

여기서, α : 어상자 1상자 단면적
y : 어상자의 필요 보유수
n : 어상자를 쌓는 단수
D : 어상자의 준비 일수
X : 성어기 1일당 어획량
K : 1상자당 중량

다. 양식용 자재의 조립, 임시 보관 장소로서 사용하는 경우

$$A_3 = K \times G \times \frac{E \times J}{F}$$

여기서, K : 시설 고유계수
G : 시설 1대(臺) 면적
E : 시설 1대 조립일수(0.5일 정도)
F : 년간 조립일수
J : 시설의 년간 조립일수 = P÷X
P : 년간 생산목표량
X : 시설 1대당 년간 생산량

K는 양식시설의 종류에 따라 다음 표를 기준으로 한다.

양 식 명	K
미 역 (뗏 목 식)	2.6
미 역 (수 하 식)	1.1
굴 (연 승 식)	3.2
굴 · 김 (부유식 : 浮遊式)	2.5

라. 어구를 쌓아두는 공간으로서의 면적 산정(어구창고용지 참조)

$$A_4 = \frac{N \times V_p}{S \times \alpha}$$

여기서, N : 어구의 통수
V_p : 1개통당 어구의 점유면적
S : 어구의 가능적재단수(可能積載段數)

주) 1)~4)의 역할마다 사용시기, 배치장소를 조사하여 겸용 가능한 것은 겸용을 고려하여 계획한다.

3.7 어구수리장용지

3.7.1 일 반

어구수리장용지는 어구를 창고에 보관하기 위하여 건조작업, 양식자재의 건조 유지작업 및 어구수리 등을 위한 장소이다. 또한 어구수리장은 어항구역내에서 이용 가능한 공간으로서 야적장의 기능도 하며 어업활동을 원활히 수행하는데 매우 중요한 장소이다.

3.7.2 어구수리장용지 소요면적 및 배치

가. 소요면적 산정 순서

어구수리장의 소요면적 산정은 다음 순서에 의한다.

1) 각 어업 종류별 어구의 톤수 추정

2) 각 어업 종류 1개통당 어구 건조 소요면적의 산정

사업자가 보유하는 어구의 량, 종류, 건조방법 등은 지역에 따라 서로 다르므로 인근 지역의 실태를 조사하여 기준한다.

3) 각 어업 종류의 어구수리장 소요면적의 산정

각 어업 종류별 소요면적을 Vi로 하면, Ai는 다음 식에 의하여 구한다.

$$Ai = Ni \times V_i / Y$$

여기서, Ai : 어구수리장 소요면적
Ni : 각 어업 종류별 어구 통수
Vi : 1개 통당 소요면적
Y : 면적 유효율

※ 면적 유효율은 어구수리장 중 통로 및 작업공간 등을 제외한 어구만이 점유하는 면적으로서 0.5 정도를 계상한다.

4) 각 어업 종류별 건조작업 시기의 조사

어구의 건조작업은 어업종류 시기 및 어기에 집중하는 경향이 있기 때문에 각 어업의 종류별 어업종류 시기를 조사하여 어구수리장의 사용시기가 서로 중복되는지를 검토한다.

5) 회전수(回轉數)의 산정

최근 어구가 화학 섬유로 제조되면서 건조기간이 짧아 3~4일간의 건조로 어구를 창고에 보관할 수 있다. 따라서 몇가지 어업 종류별로 어기(漁期) 종류시기가 다가와도 어구의 폭주에 따른 어구수리장의 사용에 지장을 주는 경우는 별로 없다. 만약 많은 어업 종류별로 수리장 사용시기가 중복되지 않으면 어구의 건조는 교대로 할 수 있다. 이 분할회수를 회전수라 한다.

회전수는 지역에 따라 각각 다르므로 인근 어항의 실태를 조사, 참고하여 결정한다.

6) 어구수리장의 소요면적

어구수리장 소요면적은 3)항에서 산정한 각 어업 종류별 수리장 소요면적 중 최대 소요면적을 회전수로 나누어 결정한다.

나. 어구수리장의 배치

어망을 어선에서 내리거나 싣는 작업을 신속하게 하기 위하여 휴식용 물양장 배후의 용지에 어구수리장을 배치하는 경우가 많다.

위판장 용지와 같이 물양장 배후에 배치하지 않으면 안되는 것과는 달리 다른 시설용지와의 밀접성을 고려하여 배치하여도 이용상에 문제는 없다.

3.8 가공시설용지

3.8.1 일 반

가공시설용지는 수산물의 가공공장을 시설하기 위한 용지이다.

일반적으로 먹고 있는 어패류 가운데 신선한 어류는 시장에서 소비되고, 나머지 대부분은 가공되어서 소비된다. 그러나 앞으로 수산업의 전망은 현지 가공에 의한 부가가치의 증대를 도모하는 것이 필요하다.

3.8.2 가공공장의 규모와 소요면적 및 배치

가. 소요규모 및 소요면적 산정

가공공장의 형태는 가공원료의 종류나 가공품의 종류에 따라 각각 다르다. 따라서 가공공정에 있어서도 원료에서부터 제품에 이르기까지 일관적으로 제조공정을 거치는 경우도 있으나, 그 일부의 공정만 행하는 경우도 있다. 그러므로 가공공장의 규모를 단 하나의 기준에 의하여 선정하는 것은 곤란하다.

따라서 개략적인 산정방법을 예시하고 이를 참고하여 지역 특성을 고려한 가공공장의 규모와 용지의 소요면적을 결정하는 것이 바람직하다.

가공공장의 규모와 용지의 소요면적 산정 순서는 다음과 같다.

○ 가공용 어류의 수량산정
○ 가공용 어류는 가공공장이 건설되는 어항에서 뿐만 아니라 다른 어항에서 투입되는 경우도 고려한다.
○ 가공공장의 연간 가동 일수를 산정한다.
○ 어류 1톤당 가공공장의 소요면적을 산정한다.
○ 가공공장의 소요면적 산정

$$A = \frac{M}{N} \times L$$

여기서, A : 가공공장 소요면적
M : 연간 원료어류의 처리량
N : 가공공장의 가동일수
L : 원료어류의 1톤당 소요면적

나. 가공공장의 배치

가공공장용지의 배치는 그 가공의 형태에 의해서 각각 조건이 다르나 다음 조건을 고려하여 배치하는 것이 바람직하다.

○ 주위에 도로가 배치되어 원료어류, 제품의 반입·반출이 편리할 것.
○ 오수, 악취 등으로 주택 밀집지역에 피해가 미치지 않고 그 처리가 용이할 것

3.9 수산창고용지

3.9.1 일 반

어항내에 시설되는 수산창고는 제품창고, 활어창고로 구분하여 계획한다.

가. 제품창고

건다시마, 건미역, 김, 염건품, 건해산물 등의 수산가공품을 임시 보관하는 창고이다.

나. 활어창고

최근 교통의 발달, 수산물 소비의 고급화, 생산·수송기술의 향상 등으로 인하여 활어를 취급하는 어항을 많이 볼 수 있게 되었다. 활어는 양육한 후 출하때까지 임시로 수조에 축양해 둘 필요가 있다. 이를 위해 축양시설을 설치하는 것이 활어(活魚)창고이다.

수산창고용지에는 사무실, 제품의 반입·반출을 위한 운송차량의 주차공간용지도 고려한다.

3.9.2 수산창고 규모와 용지의 소요면적

가. 제품창고의 규모

제품창고의 규모 산정은 다음 순서에 의한다.

1) 창고수용량 산정

$$M = (m_1 + m_2)\ \alpha$$

여기서, M : 창고 수용량
m_1 : 당해 어항의 가공용 원료어류량(톤/년)
m_2 : 당해 어항이외에서의 가공용 원료어류량(톤/년)
α : 제품별 제품중량의 원료어류 중량 비율

2) 단위면적당 보관수량 산정

수산제품의 단위면적당 보관수량은 제품의 종류나 화물 모양에 따라 각각 다르므로 일률적으로 통일하게 적용 할 수는 없다. 따라서 이 값을 결정할 때는 인근 어항에 있는 수산제품의 창고 이용실태를 조사하여 결정한다.

단, 조사가 곤란한 경우는 다음 기준을 적용한다.

오 징 어	0.33톤/m^2
건 조 해 조	0.24톤/m^2
참 치 통 조 림	0.10톤/m^2

3) 창고의 회전수

창고의 회전수는 지역특성이나 보관제품 등에 따라 각각 다르나 일반적으로 2~3회를 기준한다.

4) 수산창고의 소요면적

$$A = \frac{M}{\alpha} \times \frac{1}{N} \times \frac{1}{Y} \times \frac{1}{k}$$

여기서, A : 수산창고의 소요면적
M : 창고에 보관되는 제품의 수량
α : 단위면적당 보관 수량
N : 회전율(2~3회)
Y : 면적 유효율(0.75 정도)
k : 층 수

나. 활어창고의 규모

활어창고의 규모는 다음의 산정순서에 의한다.

1) 성수기에 축양하는 활어의 수량을 결정한다.
2) 수조의 규모를 산정한다.

$$V = \frac{A}{P}$$

여기서, V : 수조의 용량
A : 성수기 활어 축양수량
P : 해수 $1m^3$당 활어 축양가능수량

수조내의 해수 $1m^3$당 축양가능수량은 어종, 수질, 축양기간 등에 따라 다르나 방어의 경우 $7kg/m^3$, 대하(大鰕, 왕새우)의 경우 $10\sim14kg/m^3$을 표준으로 하고 있다. 그러나 단위당 축양 가능량은 수조의 용량보다도 오히려 수조에 새로 가해지는 물의 유입량에 더 크게 좌우된다.

따라서 유입량을 충분히 취했을 경우에는 이 값보다 2~3배의 축양이 가능하고, 일차적으로 출하를 위한 단기간의 축양으로서 방어, 도미 등 각종 생선 20~$25kg/m^3$, 대하 종류에는 $20\sim30kg/m^3$라는 실례가 있다. 축양 가능량은 여유를 고려하여 결정하여야 한다.

- ○ 수조는 물이 고이는 것을 피하기 위하여 물이 흐르는 방향으로 길게 하고 보다 곡면에 가까운 것으로 하여야 한다.
- ○ 넙치, 가자미 등 바닥에서 자라는 어패류는 바닥에서 한층 이상으로는 축양할 수 없다.
  단, 유입수에 의한 산소의 공급이 충분할 경우에는 수조를 몇층으로 나누어 연저면적(延底面積)을 늘려서 축양하는 것이 가능하다.
- ○ 수온이 상승하면 현저하게 DO(용존산소량)가 떨어지므로 필히 지붕을 덮일 필요가 있다.
- ○ 수온, 용존산소량을 적당히 유지하고 유해한 탄산가스, 배설물 등의 일부를 배제하기 위하여 새로운 물을 유입시키거나, 같은 물을 여과 순환시키는 것이 필요하다.
- ○ 수조의 용량, 유입량 및 축양가능어수는 다음 식을 만족시켜야만 한다.

$$KA \leq \upsilon (C_1 - C) + V\frac{f}{d} (C_2 - C) - BV$$

여기서, C_1 : 유입하는 물의 용존산소량(mg/ℓ)
C_2 : 용존산소포화량(mg/ℓ)
C : 수조내의 물의 용존산소량(mg/ℓ)
K : 축양어의 산소소비량(mg/kg · h)
A : 축양어 수량(kg)
B : 유기물 등의 산소 소비량(mg/ℓ) (0.3 mg/ℓ 정도)
υ : 단위시간에유입하는 유량(ℓ/h)
V : 수조용량(ℓ)
d : 수조 깊이(cm)
f : 수직방향 이동속도(cm/h)

3) 활어창고의 소요면적 산정

활어창고의 소요면적을 A로 하면 산정식은 다음과 같다.

$$A = \frac{V}{d} \times \frac{1}{Y}$$

여기서, V : 수조의 용량
d : 수조의 수심
Y : 면적유효율(수조면적/활어창고면적)거의 0.4~0.7정도로 한다.

다. 창고용지의 면적 산정

창고용지 면적은 창고자체의 면적, 사무소(보관화물의 출입고, 축양 활어의 관리 등에 필요), 제품의 반입 · 반출을 위한 자동차의 주차시설 등을 고려하여 창고 자체 면적의 3~4배로 한다.

$$A = (A_1 + A_2) \times 3\sim4$$

여기서, A : 창고용지 소요면적
A_1 : 제품창고용지
A_2 : 활어창고용지

라. 수산창고의 배치

수산창고용지 중 제품창고용지는 물양장 배후보다 오히려 어항배후의 주요 도로에 가깝고 수송에 편리한 위치에 배치하는 것이 좋다.

활어창고용지는 다량의 취수, 배수를 필요로 하고 활어를 직접 물양장에서 양육하는 경우가 많으므로 배치할 때 유의할 필요가 없다.

3.10 어구창고용지

3.10.1 일 반

어구창고용지는 어한기(漁閑期)에 어구자재 등을 보관하는 용지이다.

어구는 어업자가 각각 자신이 수납장소를 확보하는 것이 바람직하나 어구가 대형화되어 관리가 곤란함은 물론 도난의 위험과 다른 작업에 지장을 주는 경우가 있으므로 어구창고에 어구를 보관하므로써 불편을 해소할 수 있다.

3.10.2 어구창고의 규모와 용지의 소요면적

어구창고의 규모와 그 용지의 소요면적은 다음 순서에 의하여 산정한다.

가. 창고 이용어구(漁具)에 대한 실태조사

- ○ 당해 어항에서 사용되는 어법과 각각에 사용되는 어구

○ 각 어구마다 1통당 어구의 점유면적
○ 당해 어항에 있어서 사용되는 어구의 통수(어업종류별)
○ 어구 수납시 쌓는 단수(어업종류별)
○ 어구창고를 이용하는 기간(어업종류별)

나. 각 어구 **1**통당의 소요면적 산정

V = V_p / s

여기서, V : 1통당 소요면적
V_p : 1통당 어구의 점유면적
s : 수납시 쌓는 단(段)수

다. 각종 어업 종류별 소요면적 산정

A = N × V / Y

여기서, A : 각종 어업종류별 수납해야 할 어구의 통수
N : 각 어업의 종류별로 수납해야 할 어구의 통수
V : 어구 1통당 소요면적
Y : 면적 유효율 (0.75정도)

라. 매월 어구수납 소요면적을 누계하고, 그 면적이 최대로 되는 달의 값을 창고의 소요면적으로 한다.

마. 창고의 소요면적을 건폐율로 나누어서 창고용지의 면적을 결정한다.

3.10.3 어구창고의 배치

어구창고는 어구의 양육 및 하적(荷積)의 편리성을 고려하여 휴식용 물양장과 근접 또는 휴식용 물양장에서 교통편이 좋은 장소에 배치하는 것이 바람직하다.

또 어구 격납시(格納時)에는 어구의 건조작업이나 수리작업도 행하여지므로 어구 건조장과 근접 배치한 예도 많다.

3.11 어선수리장용지

3.11.1 일 반

어선의 성능을 일정수준으로 유지하기 위해서는 유지작업, 정비점검, 보수개량 등 제반작업이 필요하다. 이것을 수리(修理)라 하며, 이들 수리가 행하여지는 장소가 수리장이다.

어선수리장에서 하는 작업중에는 정기적으로 시행하는 것과 부정기적으로 시행하는 것으로 구분된다. 그중 부정기적으로 시행하는 것은 어선의 파손, 고장 등에 의한 수리, 보수 등이고, 정기적으로 시행하는 작업은 크게 3가지로 상가도장, 정기점검, 개장(改裝)으로 나눌 수 있다.

3.11.2 어선수리장의 규모와 용지의 소요면적

어선 수리장의 규모 및 용지의 소요면적은 다음의 산정 순서에 의한다.

○ 년간 수리장 사용일수를 톤수 계층별(階層別)로 산정한다.

D = V × N × d

여기서, D : 수리장 사용 년일수
V : 수리장 사용척수
N : 년간 사용회수
d : 1회당 사용일수

○ 년간 수리장 사용 가능일수를 톤수 계층별로 산정한다.

P = (20～25) × M

여기서, P : 년간 수리장 사용가능일수
M : 수리장을 사용하는 월수

○ 톤수 계층별 소요면적을 산정한다.

$$\mathbf{A} = \frac{D}{P} \times X \times \frac{1}{Y}$$

여기서, A : 톤수 계층별 소요면적
D : 수리장 사용 년 일수
P : 년간 수리장 사용 가능일수
X : 어선 점유면적
Y : 면적 유효율(0.5 정도)

주) 어선수리장의 산정에 사용되는 여러 값은 어선의 재질, 규모, 수리기계의 성능 등 제반사항을 조사한 후 지역성 및 특성을 감안하여 결정한다.

3.11.3 어선수리장의 배치

어선 수리장은 어선의 상가(上架)가 필요하므로 경사로(傾斜路)나 크레인 등의 기계를 설치할 수 있는 해안구조물이 필요하며, 수리장은 이들 경사로 또는 해안구조물의 배후에 배치하는 것이 바람

직하다.

선양장의 경사로를 항시 사용할 경우에는 선박장치장의 배후에 배치하여야 하며, 선양장의 사용에 방해가 되지 않도록 고려한다.

제4장 · 어항의 정화시설

4.1 일 반

어항내의 어획물 선별장(選別場)이나 수산물 가공장 등에서 발생하는 어획물의 선별 잔류물이나 오수에 의해 항내나 주변해역이 오탁되고, 이용, 위생, 미관상에도 문제점이 노출되고 있다.

이들 문제를 예방하거나 대처하기 위하여 어항계획시 도수시설이나 배수시설을 하여 어항내나 주변해역의 청정화를 도모할 수 있도록 검토되어야 한다.

어항내에서 어업활동으로 인한 발생오수는 대표적으로 선별시 바닥으로 흘려보내는 오수와 가공장 등에서 배출되는 오수가 주를 이루고 있다.

선별시의 오수는 수질환경보전법에 의한 의무조항이 없어 규제를 할 수 없기 때문에 앞으로 규제법이 필요할 것이고, 가공장에서는 1일 약 50㎥이상의 오수가 발생하기 때문에 수질환경보전법상의 오수처리규정에 따라 의무적으로 처리하여야 한다.

그 외에 양식어업에서의 어구와 어구류의 세척, 먹이의 해동(解凍)시 발생하는 오수 등은 선별시의 오수와 함께 처리방법이 강구되어야 오수로 인한 어항내 정화를 기할 수 있다.

4.2 오수의 종류와 발생량

4.2.1 선별장 바닥의 청소시 오수

어획물을 육양하기전에 바닥을 청소하거나 어획물을 선별한 후 바닥을 청소할 때 발생하는 오수로서 통상 $1m^2$당 0.02ton 정도가 발생한다고 보고 있다.

4.2.2 어획물 선별시의 발생오수

육양한 어획물을 선별할 때 사용하는 물의 오수로 선상에서 상자에 담은 어획물은 사용하지 않으나 선별할 경우 다량으로 사용되어 오수가 발생한다.

어망으로 잡은 어획물이나 저인망어업인 경우 어획물을 육양할 때 에프론 위나 선별장에서 선별시 많은 물을 사용하게 되어 상당량의 오수가 발생하게 되며 단위어획량당 $0.7m^3$/ton, $0.8m^3$/ton의 실적 예가 있다.

소규모 어항에서는 선별량이 적기 때문에 많은 물을 사용하지 않지만 바닥이 건조하지 않을 정도의 물을 계속 흘려 보내야 하는 경우가 있으나 수질에는 별문제가 없는 것으로 볼 수 있다.

4.2.3 어선에서 발생하는 오수

어선에서 발생하는 오수는 주로 어항에서 발생하는 생선 물로 이 물은 선별이나 바닥 면의 청소 물보다 훨씬 오염이 심하여 바다에 버리면 항내 오염이 가장 심하게 된다. 이를 방지하기 위하여 오수를 빨아올려 처리한 후 방류하지 않으면 안된다. B.O.D. 10,000ppm에 달할 정도의 오탁수로서 대량으로 발생하는 어항에서는 1차 처리로서는 정화되지 않아 2차 처리를 고려할 필요가 있다.

어선의 선형별 차이는 있으나 50t급 선형에서는 5~$10m^3$/척, 100t급은 10~$35m^3$/척, 110t급은 약 $40m^3$/척의 오수발생 통계가 있다.

4.3 오수의 처리방법

오수의 처리방법은 발생량과 오탁정도에 따라 차이는 있으나 일반적으로 예비처리로 스크린, 침전조(沈澱槽) 등에서 대형의 부유물질이나 유지(油脂)를 제거한 후 알미늄이나 철 등의 약품에 의한 응집가압부상처리(凝集加壓浮上處理) 등의 1차 처리를 한 뒤 생물산화 활성오니법(生物酸化 活性汚泥法) 등으로 2차 처리를 하여 방류한다. 2차 처리시설이 어항시설 전체에 필요하지는 않지만 오수가 많이 발생하는 경우에는 2차처리를 계획하는 것이 바람직하다.

스크린, 침전조 등의 간단한 설비로 BOD제거율 20~30%의 효과가 있으므로 소규모 어항에서는 선별장 등에서 발생하는 오수를 그대로 방류하지 말고 모아서 스크린이나 침전조 등에서 1차 처리를 하고, 그 외에 어항내 발생오염을 저감시키는 절대적인 방법을 강구하여야 한다.

일차처리조의 구조를 예시하면 다음 그림과 같다.

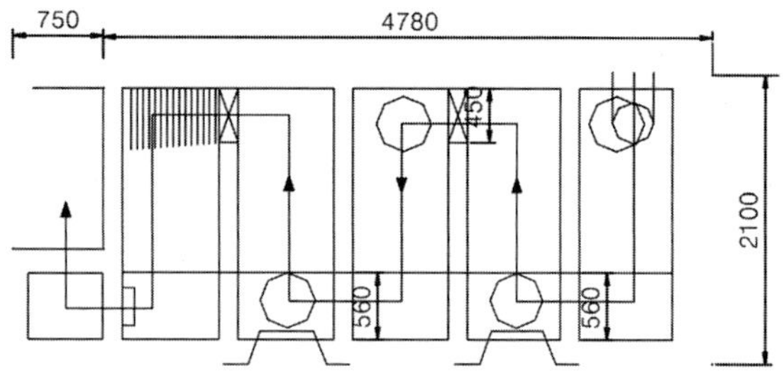

평 면 도

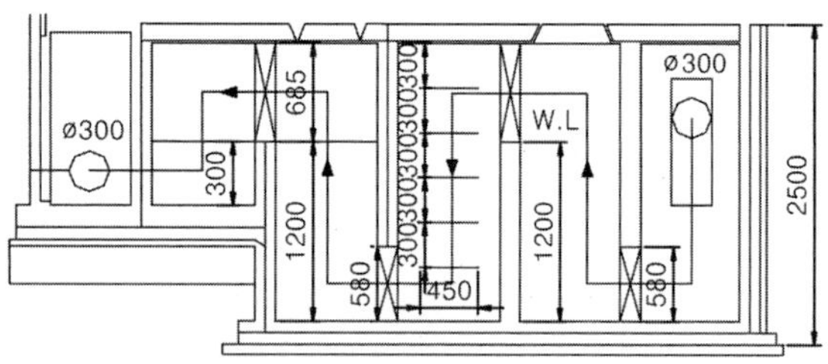

단 면 도

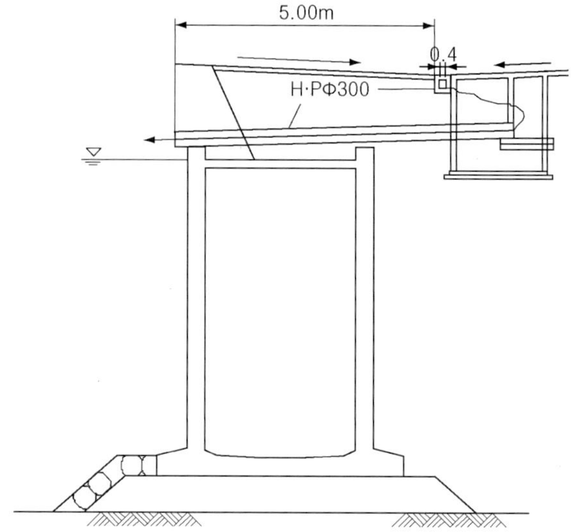

배출 단면도

대표적인 처리방법은 다음 표를 참조한다.

<table>
<tr><th colspan="3">처 리 방 법</th><th>처 리 내 용</th></tr>
<tr><td>물리화학 처리</td><td colspan="2">응집가압부상처리
(凝集加壓浮上處理)</td><td>• 하수중의 부유물질 그대로의 형태 또는 약품과의 반응으로 불용해(不溶解)시켜 제거하는 방법. 생물처리와 동등 이상의 처리 수질이 얻어진다.</td></tr>
<tr><td rowspan="8">생물학적처리</td><td rowspan="4">• 활성오니법(活性汚泥法)

(유기물에 대한 흡착력, 응집력, 산화력을 극대화하여 강한 침강에 의해 분리성이 좋은 활성오니와 하수를 혼합, 교반, 에어레이션에 의해 하수를 호기성으로 안정화시켜 유기물을 침강하기 쉬운 오니로 변환, 침전에 의해 고액분리한다.)</td><td>표준활성 오니방식</td><td>• 에어레이션 탱크(Aeration tank)내에 활성오니(活性汚泥)를 부유(浮遊)시킨 하수를 접촉시킨 후 유기물을 제거하는 방식. 운전관리에 고도의 기술을 요함. 대규모화 경향이 있다.</td></tr>
<tr><td>장시간발기(發氣)방식</td><td>• 기본방식은 표준활성오니법과 동일하지만 장시간의 에어레이션에 의해 잉여 오니량을 가능한 한 감소시키는 방식. 소규모 처리시설로서의 실시 예가 많다. 유입수량의 변동에 대하여 과발기(過發氣)의 염려가 있어 대책이 필요하다.</td></tr>
<tr><td>옥시데이션 디치(Oxidation ditch)방식</td><td>• 깊이 1m정도의 환류수로를 두어 로-다에 의해 하수를 순환시키면서 에어레이션으로 처리하는 방식. 유지관리는 용이하나 에어레이션시간이 길고, 넓은 부지면적이 필요하다.</td></tr>
<tr><td>기타방식</td><td>• 분주발생(分注發生)방식, 오니재발기(汚泥再發氣)방식, 기타</td></tr>
<tr><td rowspan="4">• 생물막법(生物膜法)

(충진재 또는 접촉재를 사용하여, 표면에 호기성 미생물을 부착 생장시켜 이 호기성 미생물의 생물화학적 작용에 의해 하수중의 유기물을 제거한다)</td><td>접촉발기방식</td><td>• 수조에 석재(石材)또는 인공의 접촉재를 투입하고, 에어레이션에 의해 산소를 공급하여 접촉재의 표면에 생물막을 형성시켜, 이 생물의 생물화학적 작용에 의해 하수를 처리하는 방식(토양식 접촉 발기방식도 이중에 포함). 시스템이 단순하여 유입수량의 변동에도 강해 유지관리가 용이하다.</td></tr>
<tr><td>회전판 접촉 방식</td><td>• 하수를 가득채운 수조내에 하부 40～50%를 침적한 원판을 회전시키고, 원판표면상에 생물막을 형성시킨다. 이 생물의 생물화학적 작용에 의해 하수를 처리하는 방식. 산소는 공중에서 섭취하기 때문에 발기장치가 필요없다. 유입수량의 변동에 강하다.</td></tr>
<tr><td>살수누상방식
(撒水淚床方式)</td><td>• 쇄석(碎石)등의 누재(淚材)를 쌓은 위에 이들 하수를 유입시키는 것에 의해 누재표면에 생물막을 형성하고 이 생물의 생물화학적 작용에 의해 하수를 처리하는 방식. 누재의 공극(空隙)이 막히는 일이 있고 또 넓은 부지면적이 필요</td></tr>
<tr><td>기타방식</td><td>• 토양지하침투방식 등 기타</td></tr>
</table>

4.4 도수시설(導水施設), 또는 유통시설(流通施設)

도수시설은 어항내의 오탁수를 항외로 배출하거나 항외의 물을 항내로 도수하여 어항을 정화하려는 시설이다.

일반적인 도수방법은

- ○ 펌프 등으로 항외의 물을 항내로 도수하는 방법
- ○ 펌프 등으로 항내의 오탁된 물을 항외로 배출하는 방법
- ○ 조위차에 의해 해수교환을 촉진하는 방법
- ○ 순환류에 의한 해수교환을 촉진하는 방법
- ○ 파력에 의한 항외의 물을 항내로 도수 또는 유통시켜 해수교환을 촉진하는 방법 등이 있다.

제5장 · 어항 환경시설

5.1 개 요

종전의 어항계획은 경제성과 기능성에 중점을 두고 개발되었으나 근래에는 사회정세가 변화하고, 주5일제가 도입되면서 어항의 이용에 있어서 안정성과 쾌적성은 물론 어항의 정비계획을 관광, 휴식 또는 자연학습장을 갖춘 다기능 어항, 어촌개발 방향으로 유도하여 어민소득 증대를 계획하고 있으며, 그 일환으로 어항과 주변공간 및 해안에 녹지를 도입하여 노동환경을 최적화하고 쾌적한 어항·어촌환경으로 개발계획을 수립하고 있다.

어항·어촌의 주변공간 및 인근해안에 녹지를 계획할 때에는 효율적인 녹지를 배치하고 자연조건을 고려한 나무의 선정, 완공후의 유지·관리가 용이하도록 계획을 수립하는 등 어항·어촌을 주변특성과 연계하여 관광 휴식 및 레저시설로 발전시키고자 한다.

5.2 환경정비

어항의 환경정비는 어항에서의 경관보전, 정서함양과 안정성 향상 등에 필요한 시설로서 목적한 기능이 충분히 발휘되도록 신중히 검토한다.

환경정비 시설에는 녹지공간의 조성, 휴게소 및 광장, 운동시설 등이 포함된다.

5.2.1 녹 지

가. 녹지의 종류

어항·어촌의 주변공간에 조성되는 녹지기능을 분류하면 다음과 같다.

- ○ 광장공원녹지 : 어항을 이용하는 사람의 휴식, 가벼운 운동 등에 이용하는 종합적인 녹지 기능을 보유한 녹지
- ○ 방풍·방조녹지 : 방풍·방조를 목적으로 하고 방호하고자 하는 지역의 바람이 불어오는 쪽이나, 바닷가를 정비하는 녹지
- ○ 연도녹지 : 소음, 배기가스의 완화 등을 목적으로 도로변을 따라 정비하는 녹지
- ○ 경관용녹지 : 급유시설, 야적장, 어구수리장, 오·폐수시설 등의 주변에 경관을 목적으로 정비하는 녹지
- ○ 완충녹지 : 어항과 배후지 주거지역 사이에 완충을 목적으로 정비하는 녹지
- ○ 풍치녹지 : 자연공원내의 어항 등에 주변환경과의 조화를 이루도록 정비하는 녹지 등

나. 녹지의 배치계획

어항·어촌에서의 녹지배치계획은 다음 사항을 고려하는 것이 좋다.

- ○ 기능에 맞도록 배치
- ○ 다 기능을 효과적으로 발휘
- ○ 서로가 연결되면서 상승효과 기대
- ○ 어업활동 저해 제거

다. 어항녹지의 계획흐름도

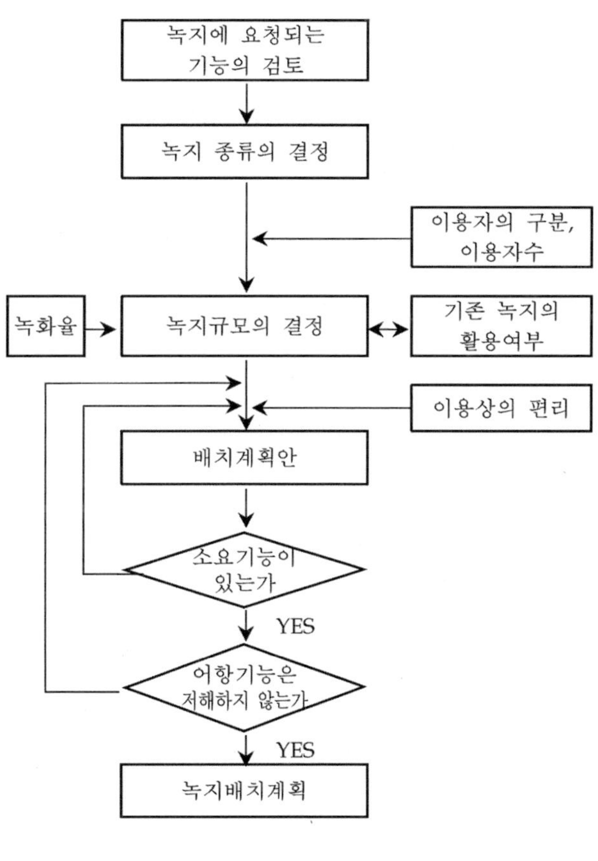

5.2.2 광장공원 녹지

광장공원 녹지를 이용자, 이용권역 및 기능상으로 분류하면 소광장형, 아동공원형, 노인휴게형, 관상용 정원형, 스포츠 광장형, 어촌운동 공원형, 어촌종합위락시설형, 어촌지구 공원형 등이 있다.

5.2.3 방풍·방조녹지

방호를 목적으로 하므로 지역의 풍향에 대해서나 해안측에 시설하는 녹지로서 적정한 폭을 유지하여 식재(植栽)하며, 풍향을 바꾸거나 풍속을 감소시키고 강풍을 막고 필요시 해풍중의 염분을 제거하여 배후의 시설을 방호하여야 하기 때문에 방풍·방조녹지는 수림(樹林)의 폭과 내조성(耐潮性)의 수종을 선정하여 식재한다.

일반적인 방풍효과의 범위는 풍하측(風下側)에 수고(樹高)의 3~5배 부근에서 풍속이 35% 저하되는 것이 바람직하고, 식재간격은 1.5~2.0m의 정삼각형, 수열(樹列)은 5~7열, 폭은 10~20m가 바람직하다. 그리고 수림대(樹林帶)의 길이는 수고의 12배 이상을 필요로 하고 있다.

수림대의 바람의 흐름과 수림대 풍속감소율의 관계는 다음 그림을 참조한다.

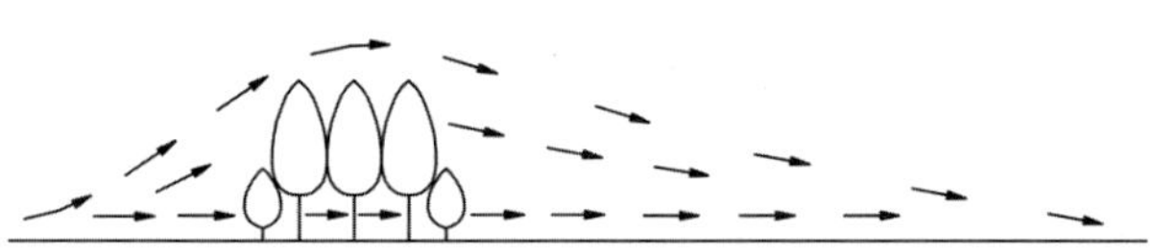

수림대와 바람의 흐름

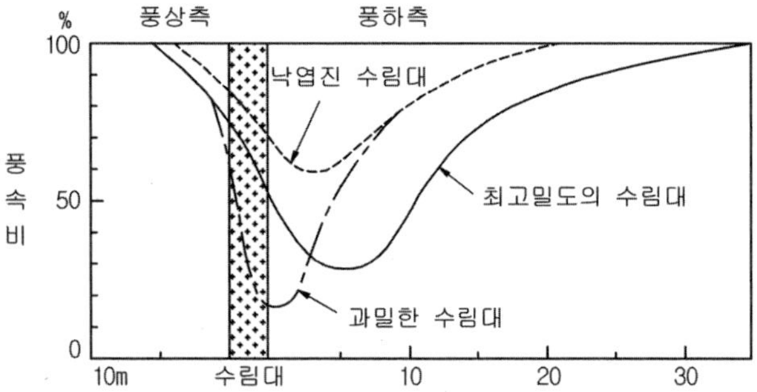

수림대와의 거리

좁은 폭의 수림대에서의 풍속 감속율(지상 1m부근)

5.2.4 연도녹지

연도녹지는 도로교통의 안전과 쾌적성을 높임과 동시에 연도의 환경, 생활환경까지 개선할 수 있다. 도로의 종류, 연도조건에 맞도록 식재위치, 식재형식, 식재규모 및 식재종류를 정할 필요가 있다.

연도녹지는 여러 가지 기능을 가지고 있으며 경관기능, 교통안전기능과 환경보전기능 등이 그 예이다.

가. 보도의 식재

보도에 식재하는 경우 보도폭은 2.5m이상이 바람직하다.

나. 중앙분리대의 식재

수고는 중·저목을 주로하고 잔디 등을 심는 것을 표준으로하며, 분리대의 폭은 1.5m이상을 원칙으로 하고 있다. 교차로나 굴곡부 등에 있어서는 시거(視距)를 확보할 수 있도록 배려가 필요하다.

5.2.5 경관용 녹지

경관용녹지는 급유시설, 야적장 어구건조장 등의 주변에 경관을 목적으로 녹지를 조성하는 것을 말한다. 노출로 인한 미관이 좋지 않은 곳을 가려서 새로운 구조로 보이게 하므로서 어항내 경관을 향상시킬 수 있다.

급유시설에 대한 식재로는 방화, 방폭기능을 가지고, 야적장이나 어구건조장 등에는 방진기능(防塵機能)을 갖기도 한다. 경계로 식재를 하거나 출입금지구역으로 설정이 되기도 하며 여름에 녹음을 제공한다면 작업을 쾌적하게 할 수도 있을 것이다.

5.2.6 완충녹지

완충녹지는 어항에서의 여러 가지 작업중에 발생하는 소음, 배기가스, 악취 등을 방지하고, 완화시키기 위하여 배후지역과 차단하는 목적으로 시설하는 녹지이다.

완충녹지는 어느정도의 규모를 가지고 배치되어야 한다. 수목의 밀도, 배열방법, 수종(樹種), 수고, 입사귀의 밀도 등을 고려하여 수림대 폭을 계획할 필요가 있다.

5.2.7 풍치녹지

풍치녹지는 풍치경관을 높이기 위하여 주변경관과 조화를 이룰 수 있도록 도모할 필요가 있다. 지역의 녹지보존, 녹지의 확보가 의무화되기도 하지만 매립지와 같은 경우 일정구역을 정하여 녹지를 조성하는 경우도 있고, 어항의 일정구역에 녹지를 구상할 수도 있다.

5.2.8 휴게소와 화장실 등

어항·어촌이 정비되고 시설이 갖추어 지면서 도시민들의 어항·어촌을 찾는 회수가 증가 추세에 있고, 어항내의 조업 어민, 수산가공업 종사자들이 이용할 휴게소와 화장실 등은 이용이 편리한 곳에 이용자의 수, 사용의 집중성, 여성의 비율 등을 고려하여 적정한 시설규모로 시설할 필요가 있다.

사용의 집중성은 학교나 영화관처럼 시간대가 정해지지 않아 백화점이나 사무실과 같이 각자가 항시 사용할 수 있게 어업형태를 고려한 어항·어촌의 실정에 맞도록 구상하면 될 것이다.

또한 어항은 어획물 등을 취급하는 장소이며 항상 청결하여야 하므로 화장실 구조에도 신경을 써서 계획할 필요가 있다.

5.3 종합다기능어항(綜合多技能漁港) 개발

어항기능 및 이용을 활성화하기 위한 여러 가지 방안이 고려될 수 있으며, 특히 미래지향적인 종합다기능어항을 개발할 필요가 있기 때문에 어항부지의 활용방안으로 용도에 맞도록 개발하기 위한 민간자본 유치로 민간인에게 용지의 매도도 법으로 규정하는 등 다각적인 정부대책이 배려되고 있다.

특히 경관도입에도 과감하게 투자하여 관광자원화, 친수공간 확대, 체험공간의 시설 등도 유치되어야 할 것이므로 경관설계에 대하여 보다 더 관심을 가져야 할 것이므로 경관설계에 대하여는 별도의 장으로 기술한다.

소흑산도항(가거도항) 항입구

기술사 출제문제

어항기능시설 및 기타시설

제62회 (2000년) 제4교시. 문3 (25점)

어항의 환경정비시설과 다기능 환경친화적 시설

제11편 마 리 나

제 11 편 마 리 나(Marina)

제1장 · 일 반

1.1 개 요

마리나(Marina)는 "해안의 산책로"란 의미의 라틴어에서 유래하여 미국의 전국 엔진, 보트제작업협회인 NAEBM(Nationnal association of engine and boat manufactures)이 위락용 보트류(Recreation craft)의 수용을 위한 시설로서 계류시설, 수역시설, 외곽시설, 육상시설 등 이에 관련된 서비스시설을 포함하는 일종의 항만시설로서 이를 총칭하여 마리나라고 하고 있다.

마리나시설은 범위가 아주 넓고 크기로는 수천척의 보트를 수용하는 시설과 배후에 일반적인 호텔 또는 보텔(Boatel)이란 전용계류시설을 가진 호텔, 더 나아가 임해공원, 쇼핑센터 외에 서비스시설 등을 포함한 대규모에서 작은 하천을 따라 시설한 10~20척의 슬립(Slip)과 약간의 수리시설, 사무실 등의 소형까지 여러형태가 있다. 그러므로 자가시설로서 집 뒤편에 잔교를 시설하는 경우, 인근에 5~6척의 공유시설, 어느정도 상업용 규모의 30~50선석시설 등 규모도 다양하다.

마리나로서 갖추어야 할 기본적인 시설내용은 다음과 같다.

- ○ 선석(Berth), 슬립(Slip)
- ○ 적정한 크기의 정온한 수역
- ○ 주차장
- ○ 연료보급용 시설
- ○ 전기콘센트(각 선석)
- ○ 상하수도(각 선석)
- ○ 전 화
- ○ 세탁시설
- ○ 어름, 음식류, 술, 약품 등의 매장
- ○ 쓰레기 처리시설
- ○ 선구(船具), 보트 · 엔진 등의 수리시설
- ○ 보트 부품의 예비부품
- ○ 보트 운송기기 등의 시설
- ○ 보트 보관시설
- ○ 양육시설
- ○ 재난, 방화, 경비시설 외에 통신시설 등

상기 시설은 신규입지에서 주변환경에 따라 부분적으로 시설하지 않을 수 있다.

1.2 시설위치 선정 및 계획

마리나의 시설위치는 대상선박 또는 계획규모에 따라 자연조건, 사회조건, 경제성 등을 고려하여 선정한다.

마리나에 관한 항만의 배치는 각 시설의 계획규모들에 따라 각 시설간의 동선 또는 상호의 연관성을 충분히 검토하고 마리나 전체의 안정성, 편리성 또는 효율성이 확보되도록 결정하며, 또한 환경보전, 경관 등에 대한 배려도 한다.

마리나의 계획시에는 통상의 기상조건만이 아닌 악천후에도 긴급대피 등을 포함하여 안전하고 원활하게 입 · 출항, 정박 또는 계류가 되도록 각 선종 고유의 조종성, 파랑에 의한 동요특성을 충분히 고려한다.

제2장 · 대상선박의 제원

플레저 보트(Pleasure boat)의 종류로 주된 것은 크루저 요트(Cruiser yacht), 딩기 요트(Dinghy yacht), 모터 보트(Motor boat)가 있다. 특히 동력이 없는 돛으로 항행하는 배는 바람, 파도, 조류 등 자연조건의 영향을 많이 받는다.

- ○ 크루저 요트(Cruiser yacht) : 돛이 주된 추진기관이며 선실(Cabin)이 있고 보조동력으로 엔진이 있다.
- ○ 딩기 요트(Dingy yacht) : 돛이 주된 추진기관이며 선실이 없고 엔진이 없다.
- ○ 크루저 모터 보트(Cruiser motor boat) : 엔진을 주된 추진기관으로 하고 선실이 있다.
- ○ 런어보트(Runaboat) : 소형무개(無蓋) 모터 보트로 수면을 항주하는 플레저 보트이며 흘수가 얕고, 엔진을 주된 추진기관으로 하며 조종석에는 뚜껑이 없다.

표준선형의 제원은 다음 표를 참고로 한다.

플레저 보트의 표준선형

종 류	L, 선장 (m)	B, 선폭 (m)	d, 흘수 (m)	Wt, 질량 (kg)
크루저 요트 (Cruiser yacht)	7.0	2.8	1.5	2,300
	7.5	2.9	1.6	2,600
	8.0	3.0	1.6	2,900
	8.5	3.1	1.7	3,200
	9.0	3.2	1.8	3,600
	9.5	3.4	1.8	4,100
	10.0	3.5	1.9	6,700
	10.5	3.6	1.9	7,200
	11.0	3.7	2.0	7,800
	11.5	3.8	2.0	8,400
	12.0	3.9	2.1	9,100
	12.5	4.1	2.2	9,800
	13.0	4.2	2.3	10,700
	13.5	4.4	2.3	11,500
	14.0	4.5	2.4	12,500
	15.0	4.8	2.6	14,800
	16.0	5.1	2.8	17,500
딩기 요트 (Dinghy yacht)	3.5	1.6	0.9	60
	4.0	1.7	1.0	80
	4.5	1.8	1.1	110
	5.0	1.9	1.2	150
	5.5	2.0	1.3	250
	6.0	2.1	1.3	330
	6.5	2.2	1.4	440
	7.0	2.3	1.6	600
	7.5	2.5	1.7	820
크루저 모터 보트 (Cruiser motor boat)	6.0	2.6	0.6	1,800
	7.0	2.8	0.7	2,100
	8.0	3.0	0.7	2,800
	9.0	3.6	1.1	7,600
	10.0	3.8	1.1	8,700
	11.0	4.0	1.1	10,000
	12.0	4.1	1.1	11,600
	13.0	4.3	1.1	13,400
	14.0	4.7	1.1	15,600
	15.0	4.9	1.2	18,300
	16.0	4.9	1.2	21,500
	17.0	5.1	1.2	25,600
	18.0	5.4	1.2	29,800
런어보트 (Runabout)	4.0	2.0	다른 종류에 비하여 흘수가 얕음 (0.8～1.0m 정도)	1,000
	5.0	2.2		1,100
	6.0	2.3		1,300
	7.0	2.5		1,600
	8.0	2.7		2,000
	9.0	2.9		2,600
	10.0	3.1		3,500
	11.0	3.4		4,900
	12.0	3.6		6,500

주) 플레저 보트의 표준선형은 일본에서 제작 또는 판매되고 있는 플레저 보트의 제원을 참고로 정한 것으로 플레저 보트의 전장을 기준으로 전폭, 흘수, 질량의 각 모집단으로부터 회귀곡선을 구하고, 표준편차의 0.675배한 값을 더한 것이다. 모집단의 약 75%가 제원이내에 들고 있다.

(1) 전장(L) : Pleasure boat의 전장을 말함. Bow sprit(선수돌출구조)와 선미 Davit 또는 Marine boat(선미 Boat)를 포함하여 플레저 보트의 최전단부터 최후단까지의 길이를 말함.

(2) 전폭(B) : 선체의 최대 폭

(3) 흘수(d) : 선체 최하단으로부터 다음에 나타낸 중량(Wt)에 해당하는 선체의 수선까지의 깊이. 선체 최하단이라 Keel의 하면 또는 Propeller의 하단이 되는 경우가 많다. Keel은 돛을 단 플레저 보트의 경우 선체의 안정을 유지하기 위하여 여러 가지 형식이 있다.

(4) 질량(Wt) : 선체구조 자체만의 질량으로서 엔진, 고정 Ballast는 포함하나, 인원, 장비품 및 연료는 포함하지 않는다. 단, Motor boat의 질량에 한해서는 연료를 탱크에 만재하였을 경우의 중량을 가산한다.

제3장 · 마리나 시설계획

3.1 개 요

마리나 시설은 다음과 같이 분류하여 계획한다.

- 수역시설(항로, 박지, 선회장)
- 외곽시설(방파제, 방파호안, 호안)
- 계류시설(계선장, 잔교, 부잔교, 계류파일, 부표)
- 상가 · 하가시설(경사로, 크레인, 레일램프, 지게차)
- 관리운영시설(운영관리실, 클럽 하우스)
- 선박역무시설
  - 육상보관시설(선치장, 정고 등)
  - 업무용시설(급수, 급전, 세정(洗艇), 수리, 조명처리 등)
- 항내교통시설(도로, 주차장 등)
- 부대설비(방충설비, 계선주, 계선환, 안전설비, 구명설비, 조명설비, 표지시설 등)

위 각 시설의 규모, 배치는 마리나 성격, 자연조건, 경제성 등을 고려하여 정하겠지만 마리나의 활동을 쾌적하게 하기 위한 충분한 배려를 할 필요가 있다.

3.2 수역시설

수역시설은 항로, 박지와 선회장으로서 항만 및 어항의 수역시설편에 준하고 그 이외는 다음의 내용에 따른다.

- 항내의 정온도는 통상 파고 0.3m이하가 바람직하고,
- 부진동의 방지를 위한 대책을 검토하고, 가능한 반사방지를 고려할 필요가 있으며,
- 여유수심으로는 L.W.L을 기준으로 0.5～1.0m를 고려하는 것이 바람직하다.
- 항내의 항로에서는 항풍과의 관계를 주의하고, 엔진이 있는 경우 배길이의 2배, 엔진이 없는 무동력의 경우 배길이의 5배이상 항로폭을 유지하는 것이 바람직하다.

3.3 외곽시설

외곽시설은 방파제, 방파호안, 호안으로 항만 및 어항시설의 외곽시설편에 준하고 그 외는 다음의 내용에 따른다.

- ○ 방파제는 항 입구의 위치와 폭을 결정할 때 파랑, 표사 등의 영향을 최소화하도록 고려하여야 하며, 일반적으로 항구폭은 최대 대상선박 폭의 5~10배 이상이 되어야 한다.
- ○ 항구의 방향은 항풍방향과 45°~90°각도가 되는 것이 바람직하며 풍향과의 관계에서 딩기요트가 불어오는 풍향에서는 90°범위까지는 직진할 수 없다는 점을 고려하여야 한다.(다음 그림 참조)

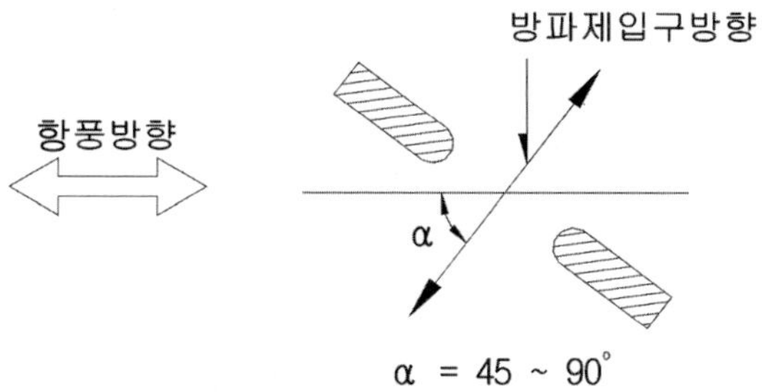

항풍에 대한 항입구 방향

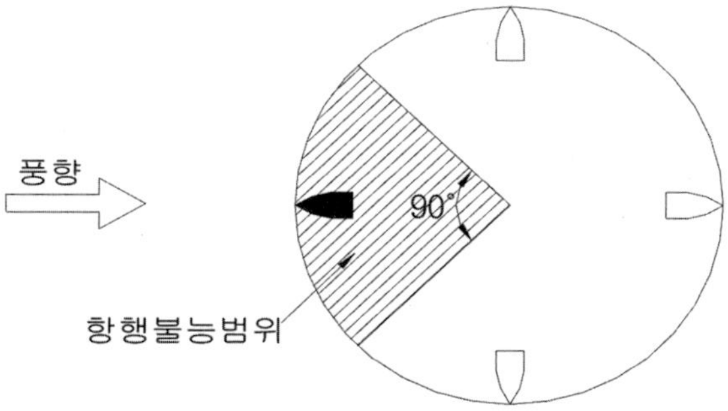

딩기 요트의 직진할 수 없는 범위

- ○ 방파제의 마루높이는 파고와 항내정온도 관계를 고려하여 결정할 수 있으며, 바람과 시계와의 관련을 검토하여 결정하는 것이 바람직하고,
- ○ 방파호안은 배후부지의 중요도를 감안하여 월파량의 관계에서 마루높이를 결정하는 것이 좋을 것이다.
- ○ 호안의 구조형식은 주변환경과의 조화를 고려하여 경관설계를 도입하고, 여러 가지로 구상할 수 있으나 항내측은 소파구조로 하는 것이 바람직하다.

3.4 계류시설

3.4.1 개 요

계류시설은 계선장(繫船場), 잔교(고정식, 부체식), 계선말뚝, 부표(부이 : Buoy)로 나누어지며, 계류시설의 형식 및 규모는 선종, 선형, 척수, 조위차, 파고, 계류목적(보관이냐, 임시계류냐)에 따라 선정한다.

잔교구조가 일반적으로 많이 적용되고 있으며 구조, 기능, 형식은 다음 내용과 같다.

가. 잔교구조
- ○ 고정식 잔교(말뚝으로 고정한 잔교)
- ○ 부잔교(조위에 따라 상·하로 움직이고 도교가 설치되어 있다)

나. 기 능
- ○ 주잔교(이용자의 보행, 화물의 운반 등에 이용)
- ○ 보조잔교(플레저 보트의 계류용)

다. 형 상
- ○ 단잔교
- ○ 빗살형잔교(주잔교에 보조잔교를 연결하는 형태의 잔교)

3.4.2 계류시설의 배치와 형식

조위차이가 큰 경우 부잔교의 사용예가 많고 부표에 계류시 계류방향은 항풍방향과 일치하는 것이 바람직하며, 수면보관용 계류시설은 빗살형의 부잔교가 일반적이다. 계선장의 형식은 다음 그림을 참고로 한다.

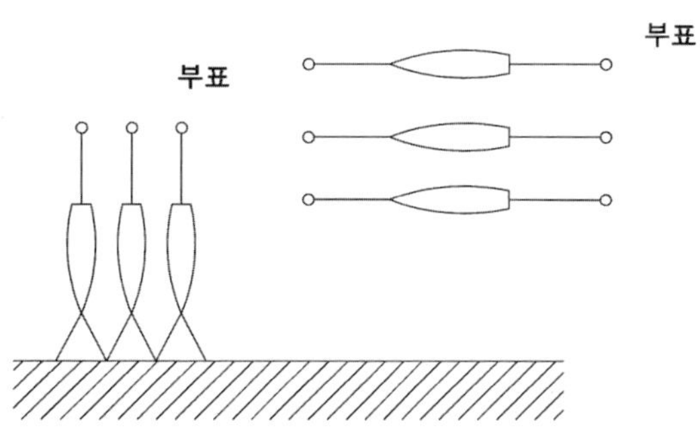

부표식 계선장

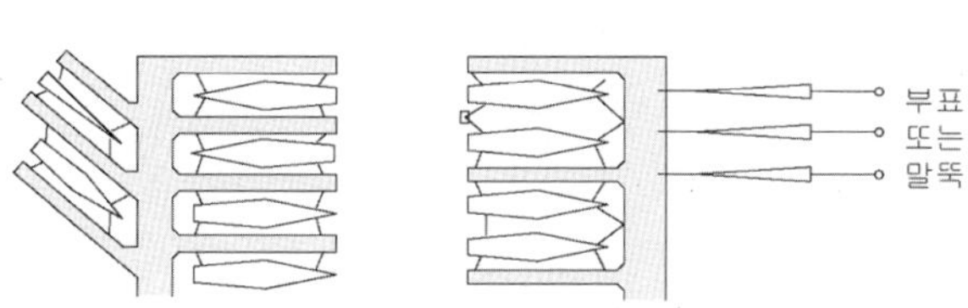

잔교식 계선장

3.4.3 계류시설의 제원

수면보관용의 계류시설은 일반적으로 빗살형 부잔교, 단잔교+부표로 된 2가지 형식이 많다. 계류시설의 제원은 다음과 같다.

플레저 보트의 길이	선석길이	슬 립 폭	잔교의 최소거리
L	B_1 = (1.0∼1.2m)L B_2 = (1.5∼2.0m)L	S=(1.5∼2.0m)L	W_1=(선폭)+b+(0.3∼0.6m) W_2=(2×선폭)+b+(1.5∼2.0m) W_3=(선폭)+(1.0∼2.0m)

잔교의 최소거리는 바람에 의하여 마스트끼리의 충돌을 고려하여 넓게 하는 것이 바람직하다.

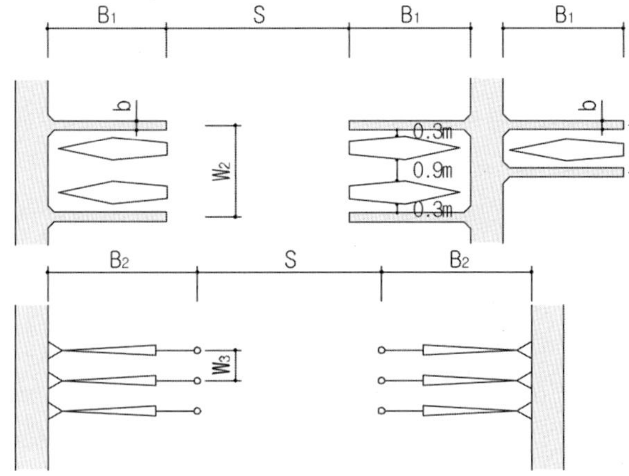

계류시설 제원도

3.4.4 부잔교의 형상별 배치예와 특징 비교

부잔교의 형상별 배치예와 각 특징을 비교한 예는 다음 내용과 같다.

부잔교 형상별 배치방법		배 치 도	특 징
단잔교	종 배 치	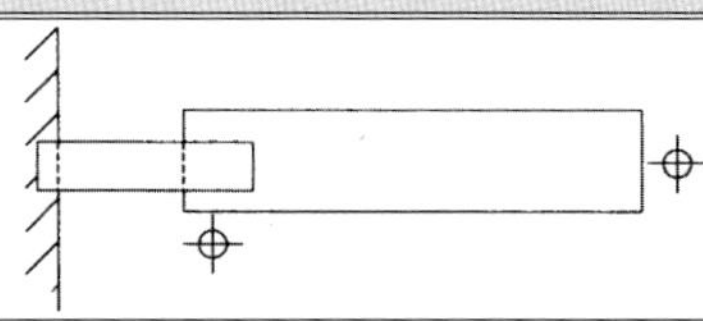	• 부잔교의 양측에 계류되고 효과적으로 이용할 수 있다.
	횡 배 치	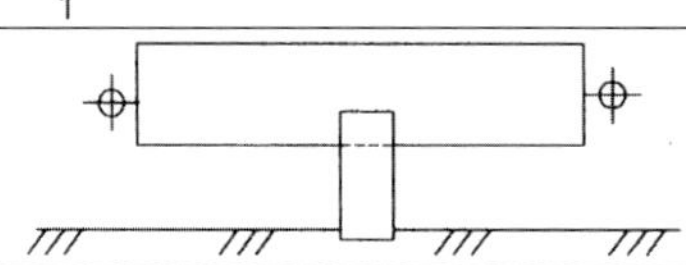	• 수위차가 적은 경우 적합하다.
	계단에 횡배치	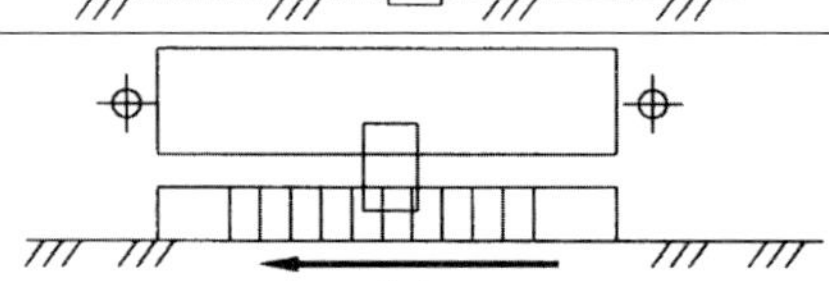	• 수위차의 대소에 관계없이 적합하다. • 계단측과 부잔교와의 사이에 완충재가 필요하다.
	단잔교의 종열연결 배치	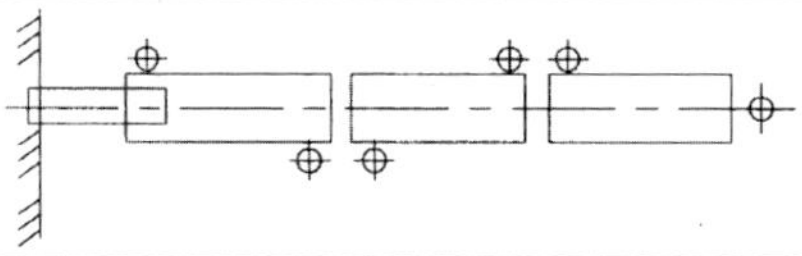	• 방문객, 수리, 급유 등 Service berth에 적합하다. • 플레저 보트를 종으로 배치하면 수면을 효과적으로 이용할 수 있다.
빗살형 잔교	주잔교:부잔교 보조잔교:부잔교	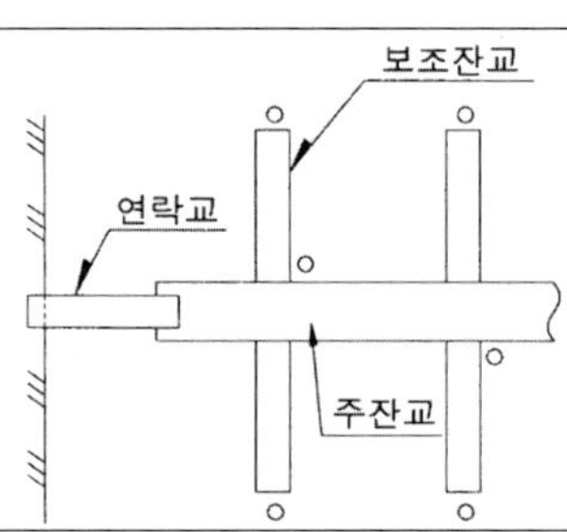	• 플레저 보트에 타고 내리기가 용이하고 안전하다. • 플레저 보트의 계류가 확실히 된다. • 수위차의 대소에 관계없이 적합하다. • 주잔교와 보조잔교의 동요에 의한 상호연성작용이 있다.
	주잔교:고정잔교 보조잔교:부잔교	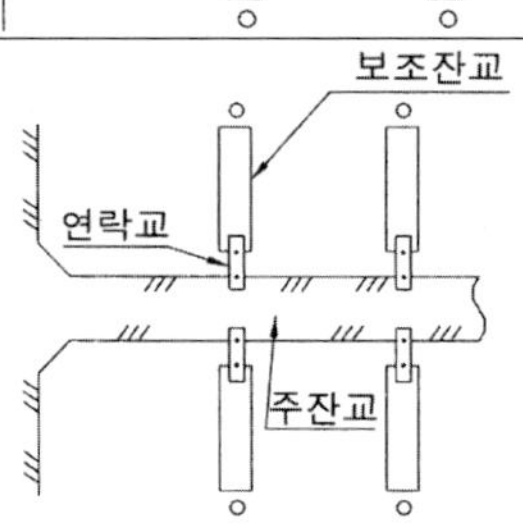	• 플레저 보트에 타고 내리기가 용이하고 안전하다. • 플레저 보트의 계류가 확실하게 된다. • 수위차가 적은 경우에 적합하다.

제11편

3.5 상가 · 하가시설(上架 · 下架施設)

3.5.1 상가시설의 종류로는 다음과 같은 것이 있다.

○ 경사로(Slope)
○ 레일램프(Rail ramp)
○ 지게차(Folk-lift)
○ 크레인(Crane : 고정식, 이동식, 주행식)

3.5.2 상가 · 하가시설의 특징과 처리능력

마리나 활동을 원활하게 하려는 아주 중요한 요소이므로 충분한 조사와 검토결과에 따른 결정을 하여야 한다.

육상보관시설과의 위치에 있어서 상 · 하가 하는 요트가 원활하도록 배치계획을 수립하여야 한다.

상기시설의 특징과 시설능력은 다음과 같다.

○ 경 사 로 : 소형경량용에 적합하고, 차량을 이용하는 대차(台車)와 병용(並用)하면 단시간에 여러 척의 처리가 가능하다. (5~10분/척)

○ 레일램프 : 대형을 대차에 실은 채로 수리고(修理庫)에 입고할 경우에 편리하고 그냥 상 · 하가 하는 경우 레일대차에서 다른 대차로 옮겨서 선치장까지 운반하여야 한다. (15분/척 정도)

○ 지 게 차 : 소 · 중형에 적합하고 상가와 운반이 동일하므로 능율이 좋다. (5~10분/척 정도)

○ 크 레 인 : 지게차모양의 포스트 크레인(Post crane)은 소 · 중형에 비교적 능율이 좋다. (10~20분/척 정도)
스트레들 케리어형은 대형용에 편리하고 선치와의 위치관계를 잘잡으면 능률적이다. (20분/척 정도)
모노레일형은 시설이 커지므로 지형 등을 잘 이용하면 유리하다. (10~20분/척 정도)
타워 크레인은 들어올리고 바꿔부리는데 시간이 걸려 비능률적이다. (20~30분/척 정도)

3.5.3 상 · 하가시설의 종류와 기능별 분류

상가 · 하가시설의 종류와 기능별 분류를 도표로 표시하면 다음과 같다.

구분	시설	세부
1) 보트 승강시설 (박지에서 육지로 올리고 내리는 시설)	• 경사로(Slope) • 레일 램프 (Rail ramp)	• 인력 • 윈치(전동, 손감기, 차량) • 윈치(전동, 손감기, 차량)
	• 지게차(Fork-lift)	• 플러스 포크 리프트 (Plus fork-lift) • 마이너스 포크 리프트 (Minus fork-lift)
	• 보트 리프터 (Boat lifter)	• 포크(Fork)형 • 데이블(Table)형
	• 크레인(Crane)	• 트럭 크레인(Truck crane) • 주행식 크레인 • 이동식 크레인 • 고정식 크레인
	• 기 타	• 단잔교 • 타 기종의 개조 • 독자 개발시설 등
2) 이동시설	• 선 대	
(승강시설과 보트 선치장을 이동하는 시설 또는 장치)	• 차 량	• 포크 리프트(Fork-lift) • 각종 소형운반기 등
	• 기 타	
3) 상·하가 및 보관 시설	• 천정크레인	
(승강 · 이동과 보관을 겸하는 시설 또는 장치)	• 기 타	

3.5.4 상가시설의 규모와 가동시간

상가시설의 규모와 가동시간은 다음식으로 계산한다.

○ 필요수 = (육상보관척수①) × (보트의 일집중율) × (보트 피크시 집중율) × (능력②)

○ 연가동시간 = $\dfrac{(\text{육상보관척수①}) \times (\text{보트의 일집중율})}{(\text{능률②})}$

주) : ① 육상보관척수는 방문객 포함
② 능력은 1척당 처리시간

3.6 관리운영시설

3.6.1 개 요

관리운영시설은 안전관리시설, 운영관리시설, 서비스 시설인 클럽 하우스(Club house) 등이 있다. 관리운영실의 형식 및 규모는 인명보호와 안전을 도모하고 계류시설의 원활한 관리, 운영이 될 수 있도록 적절하게 정한다.

3.6.2 안전관리시설

안전관리시설에서 고려사항은 다음 표와 같다.

시 설	고 려 사 항
정보제공	• 기상, 해상의 정보를 신속히 소속 선박에 전달할 수 있도록 설비를 비치한다.
통 신	• 연락용 통신설비를 비치한다.
구난, 구호	• 구난정, 잠수용구, 방수구(防水具), 소화기 등을 비치하는 것이 바람직하고, 감독 관청과 상시 연락을 할 수 있도록 체제를 정비한다.
관 제	• 입·출항, 혼잡시 등의 관제 때문에 관제탑, 스피커의 설치가 필요하다.
표지부표	• 항입구나 항로 기타의 활동수역 등에 있어서 필요에 따라 표지부표(Buoy)를 설치한다.
소 화	• 일반 화재외에 연료에 의한 화재에 충분히 대비할 수 있는 설비가 필요하다.

3.6.3 운영관리실 및 클럽 하우스(Club house)

운영관리시설 및 클럽 하우스는 여러 가지 종류나 형태가 있겠으나 이들에 필요한 공통적 기능은 다음과 같다.

○ 마리나 기본시설 또는 이용자의 관리기능
○ 이용자의 보팅(보트놀이, Boating)에 편의를 제공하는 기능
○ 이용자에게 기타 편의를 제공하는 기능 등

이들 기능을 발휘할 수 있도록 필요한 시설이나 설비 내용은 다음과 같다.

기 능	시 설 설 비
마리나 기본시설 및 이용자의 관리기능	• 후론트, 관리사무실, 항만사무실, 응접실, 숙직실, 화장실, 로비
이용자의 보팅에 편의를 제공하는 기능	• 탈의실, 샤워실, 창고, 선구(船具), 락카, 용구(用具)점, 회의실
이용자의 기타 편의를 제공하는 기능	• 다방, 음식점, 매점, 숙박시설, 연수실(기업연수 등)

3.7 선박역무시설(船舶役務施設)

3.7.1 일 반

선박업무용 시설로는 육상보관시설을 포함하여 급수, 급전, 세정(洗艇), 수리, 조명, 처리시설 등이 있으며, 형식 및 규모는 선박의 역무시설이 원활히 이루어 지도록 다음 내용을 고려하여 적절하게 정한다.

3.7.2 육상보관시설

육상보관시설에는 선치장(船置場, Boat yard), 정고(艇庫), 선반(Rack), 입체보관시설 등이 포함되나 선치장이 주 시설이 된다.

보관시설의 규격은 대상선박의 제원과 이동용 기계의 작동에 필요한 활동범위를 고려하여 계획한다.

시 설	고 려 사 항
급 수	• 선박 급수용으로 계류시설에 설치한다.
급 유	• 박지에 면한 육지부에 방화나 오탁방지에 유의해서 설치한다.
급전(給電)	• 계류시설에 설치함은 물론 선박장치장(Boat yard)에 간단한 보수설비용, 부분조명용으로 설치한다.
세정(洗艇)	• 선박의 종류 및 피크 시즌(Peak season)에 따라 세정 선박의 수가 다르므로 이를 충분히 감안하여 물을 공급할 수 있도록 적절히 배치한다.
조 명	• 야간이용, 보안에 대비하여 선박장치장, 계류시설, 주차장 등에 적절히 배치한다.
수 리	• 선체 또는 엔진의 수리를 위한 시설로서 마리나 내에 독자적으로 가질 수 없는 경우에는 주변의 조선소 등을 이용할 수도 있다.
처 리	• 쓰레기, 오수 등의 처리시설은 필요에 따라 설치하는 것이 바람직하다. 세정시의 오수처리에 대해서는 해역이 오염되지 않도록 고려한다.

가. 육상보관시설의 형식과 특징

○ 선치장은 비교적 건설비가 저렴하고 시설의 유지관리, 반·출입 이동은 용이하나 많은 점유면적이 필요하다.
○ 정고(艇庫)는 건설비가 약간 높으나 보수(保守)와 보관상태가 양호하여 경기정(競技艇), 임대요트의 보관에 적합해야 한다.
○ 선반식 보관은 건설비도 비교적 저렴하고 딩기 요트나 소형 모터 보트 등은 좁은 면적에 다수 보관할 수 있다.
○ 입체보관시설은 선박 등의 다단보관(多段保管)에 반송용체계(System)의 조합된 시설이므로 소형 모터 보트 등 좁은부지에 많은 척수를 보관할 수 있다.

나. 종류별 보관형태는 다음과 같다.

○ 딩기 요트 : 선치장, 정고, 선반
○ 크루저 요트 : 수면보관, 야적장
○ 소형 모터 보트 : 선치장, 정고, 선반, 입체보관시설
○ 대형 모터 보트 : 수면보관, 야적장, 정고

다. 육상보관시설의 제원과 보관방법

육상보관시설 표시와 제원은 다음을 참고로 한다.

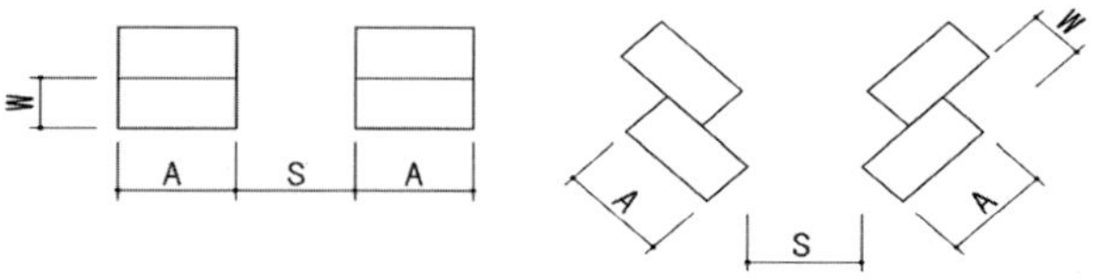

구 분	표시(Mark) 길이(A)	표시(Mark) 폭(W)	통 로 폭(S)
L : 선장 B : 선폭	(1.0～1.2)L	(1.0～1.2)B	• 견인차량을 사용하지 않는 경우 : S = A • 이동용 차량(Fork-lift, Trailer 등)을 사용하는 경우 : 이동용 차량의 회전반경을 고려하여 결정

선치장에서의 소형과 대형의 보관방법은 다음의 그림을 참고로 한다.

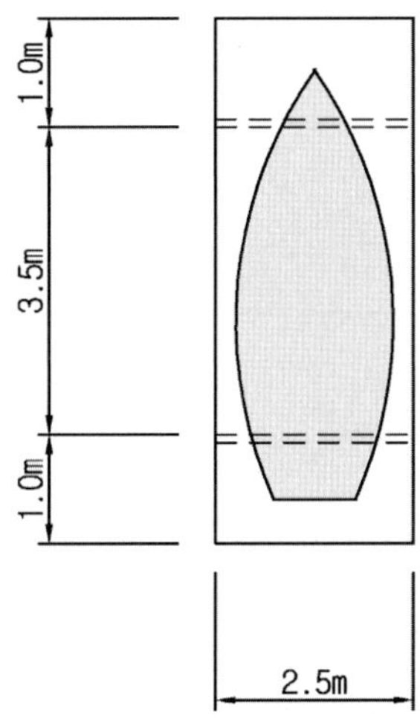

소형 모터 보트 딩기 요트(Dinghy yacht) 보관방법

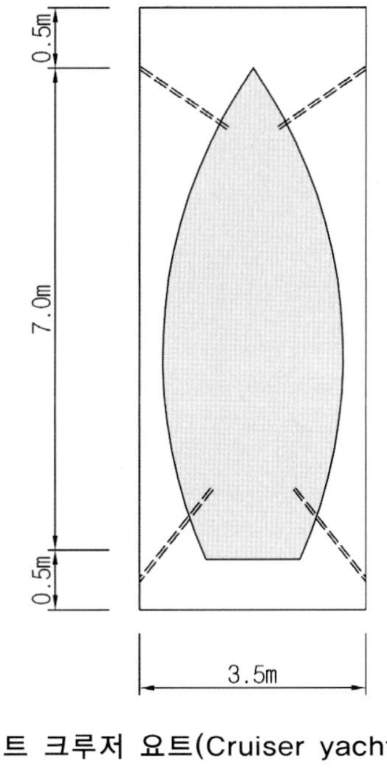

대형 모터 보트 크루저 요트(Cruiser yacht) 보관방법

3.8 항내교통시설

요트항내의 교통시설은 항만 및 어항시설 중 임항교통시설에서 정하는 바에 따르고, 마리나에서의 이용실태 및 자동차의 집중도를 고려하여 도로 또는 주차장의 규모를 결정할 경우 다음 표를 참고로 한다.

시 설	고 려 할 점
도 로	• 플레저 보트를 적재한 트레일러를 견인할 자동차의 차폭, 회전반경에 대해서 검토할 필요가 있다.
주 차 장	• 이용척수 1척당 1.5대 정도의 면적이 필요하고, 트레일러를 끌고 있는 경우는 트레일러를 끌지 않는 자동차의 2배 정도의 면적이 필요하다. 주차장은 긴급시의 플레저 보트의 양육장소로서도 이용될 수 있도록 하는 것이 바람직하다.

3.9 부대설비

3.9.1 개 요

부대설비는 방충설비, 계선주, 계선환, 안전설비, 구명설비, 조명설비, 표지설비 등이 있고 위험방지, 환경의 정비 및 마리나의 효율적인 운용을 고려하여 필요에 따라 시설한다.

3.9.2 방충설비

잔교에 방충재를 설치하는 경우, 잔교구조특성 및 대상으로 하는 플레저 보트의 접안상황 등을 고려하여 강도, 재질, 색상 등을 적절히 선정한다.

3.9.3 계선주와 계선환

평상시의 계류용이나 이 · 접안시의 조선용(操船用) 또는 악천후시의 계류용 등 잔교의 용도에 따라 배치하며, 형상, 규격, 수량, 설치방법과 설치강도 등을 고려한다.

악천후시에 플레저 보트를 계류시킬 경우, 플레저 보트와 부체의 본체와의 상대운동을 고려한 계류력을 구하고, 이를 계선주나 계선환 등의 설계하중으로 계산하는 것이 바람직하다.

계선주나 계선환의 설치는 갑판 등 설치장소의 상황을 충분히 고려하여 설치하여야 한다.

3.9.4 안전설비

부잔교에는 이용자가 안전하게 통행할 수 있도록 갑판부 등의 상면에 미끄럼방지, 연결부에는 덮개(Cover), 위험통로에는 난간 등의 안전대책을 고려하는 것이 바람직하다.

3.9.5 구명설비 등

마리나 이용자가 물에 빠지는 경우에 대비하여 구명부환(救命浮環), 탐조등(探照燈) 등의 구명설비를 적당수량을 적당한 위치에 비치한다.

3.9.6 조명설비

잔교에는 야간에도 선박의 이 · 접안 및 이용자의 통행 등에 지장이 없고, 부잔교의 동요에도 안전하도록 조명 설비를 시설하고 잔교상의 전기배선은 이용자의 통행이나 계류에 지장이 없도록 배려한다.

제4장 · 요트항의 계획사례

4.1 개 요

우리나라에 건설된 요트항의 사례는 통영항의 항계내 동항에 건설된 충무요트항(도남항)과 부산수영만에 시설된 부산요트항의 사례를 소개하고, 외국의 사례로는 일본의 중 · 소 요트항 중 神拿川縣의 藤澤市에 있는 에노시마(江の島)요트항과 神拿川縣의 三浦市에 있는 시포니아(Seaponia)를 소개하며, 미국의 사례로는 400선석 미만인 앨시 베이월드포스트(Alsea Bay- waldpost)항, 아스토리아(Astoria)항을 예시한다.

4.2 계획사례

4.2.1 한국의 요트항 사례

○ 통영요트항(도남항)

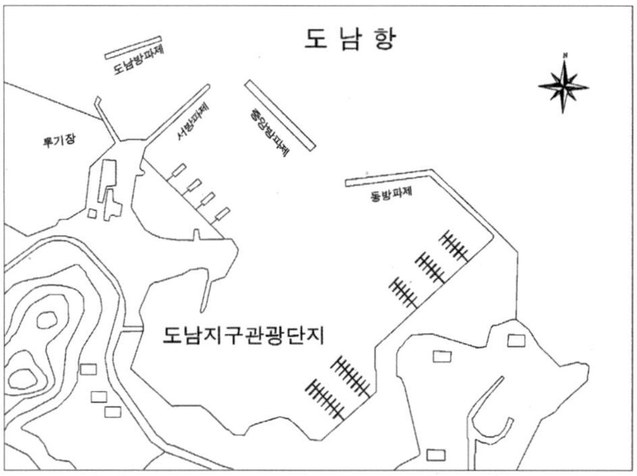

○ 부산요트항(수영항)

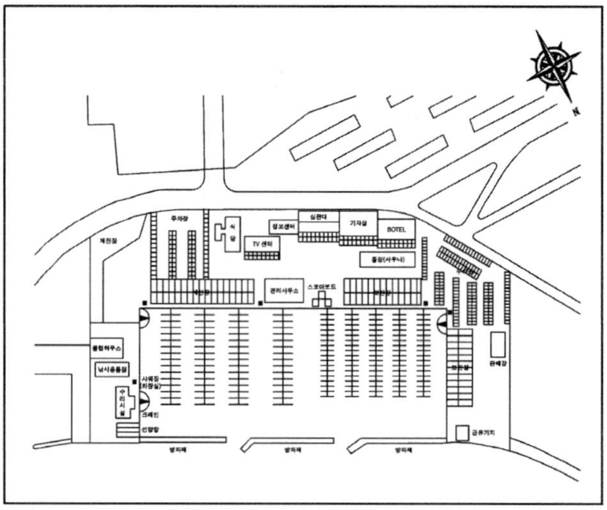

4.2.2 일본의 요트항 계획 사례

○ 에노지마요트항(江の島)

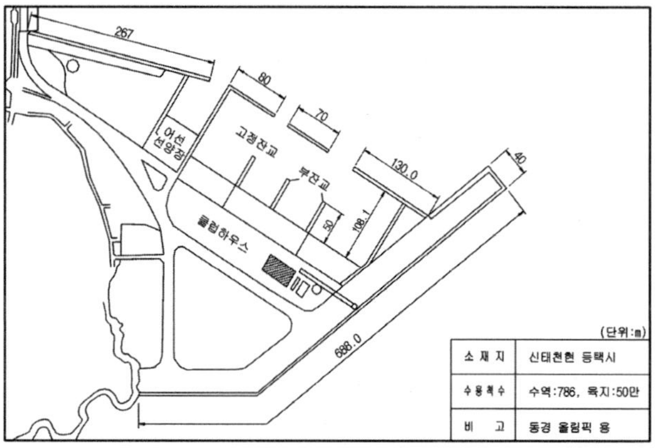

○ 시·포니아요트항

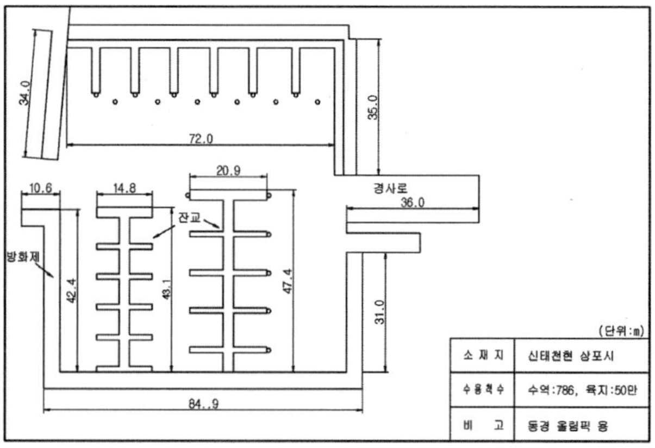

4.2.3 미국의 요트항 계획 사례

○ ALSEA BAY-WALDPORT 요트항

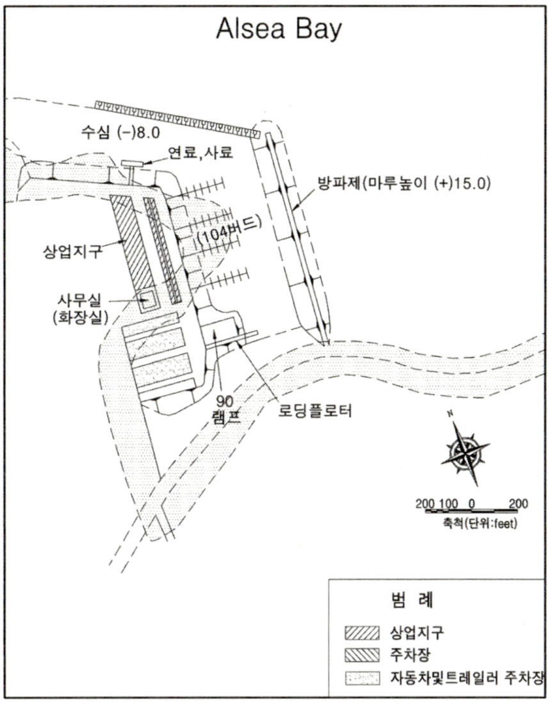

○ ASTORIA 요트항

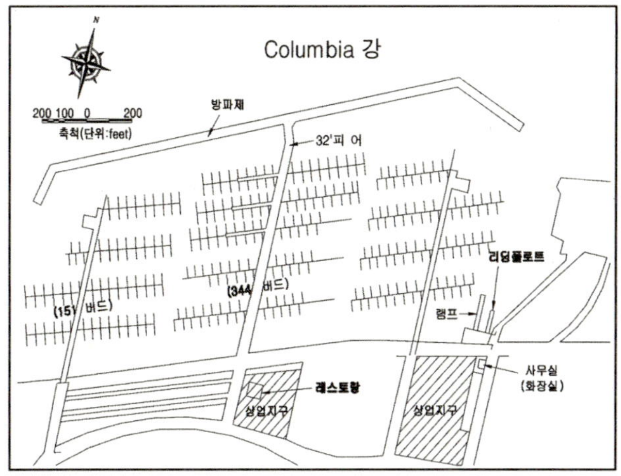

기술사 출제문제

마 리 나

제25회 (1984.107) 제3교시. 문1 (40점)

Olympic유치 규모의 Yacht항을 계획하고 해양위락시설을 고려한 의견을 제시하시오.

제36회 (1991.10) 제2교시. 문1

다음에 대하여 기본계획을 서술하라.

④ 마리나 (40점)

제42회 (1994년도) 제3교시. 문4 (25점)

마리나 계획에 대하여 전반적으로 서술하시오.

제53회 (1998년도) 제2교시. 문3 (25점)

마리나 외곽시설이 일반 외곽시설과 다른 점과 특히 유의사항에 대하여 설명하시오.

제53회 (1998년도) 제3교시. 문2 (40점)

우리나라 해안중 귀하가 판단하기에 마리나 항을 계획할 곳이 있다면 지역을 가상하여 마리나항을 계획하시오.

제59회 (1999년도) 제2교시. 문4 (25점)

마리나 위치선정에 고려해야 할 자연조건을 명시하고 각각의 조건에 대한 유의점을 설명하시오.

제60회 (2000년도) 제1교시. 문⑪ (10점)

⑪ 마리나 계획중 항입구 배치시 고려사항.

제65회 (2001년도) 제3교시. 문6 (25점)

Yacht harbor(Marina)에서 계류시설의 형식 및 형식별 특성에 대하여 설명하시오.

제68회 (2002년도) 제4교시. 문4 (25점)

마리나 건설에 필요한 시설의 항목을 열거하고 그 중 외곽시설 계획시 고려사항을 설명하시오.

제73회 (2004년도) 제2교시. 문2 (25점)

마리나(Marina)계획에 대해 기술하시오.

제78회 (2006년도) 제1교시. 문3 (각 10점)

다음 문제를 선택하여 설명하시오.

① 마리나(Marina)

제12편 항로표지시설

제 12 편 항로표지시설

제1장 · 종 설

1.1 항로표지시설의 목적

항로표지를 설치하여 합리적이고 능률적으로 관리하므로써 해상교통의 안전을 도모하고 선박운항의 능율증진에 이바지하는 것을 목적으로 한다.(항로표지법 제1조 참조)

1.2 항로표지시설

항로표지법에서 규정한 항로표지시설은 항로표지법 제2조 제1항에서 항로표지란 등광(燈光), 형상, 색채, 음향, 전파 등의 수단에 의하여 항이나 만, 해협 기타 대한민국 연안수역을 항행하는 선박의 지표(指標)로 하기 위한 등대, 등표(燈標), 입표(立標), 부표(浮漂), 무신호소(霧信號所), 무선방위신호 기타의 시설로 하고 있고, 동법 제2조 제2항에는 항이나 만, 해협, 기타 대한민국의 내수(內水), 영해(領海) 및 배타적 경제수역을 항행하는 선박의 지표로 하기 위한 등대, 등표, 입표, 부표, 무신호소, 무선방위신호 기타의 시설로 규정하고 있다.

1.3 항로표지 설치의 기본요건

항로표지는 선박의 안전과 운항능률의 증진을 도모하기 위하여는 계속 변화하고 있는 해상교통의 실정을 고려하여 적절하고 유효한 항로표지의 요건이 구비되어야 한다.

- ○ 국제적으로 간편하고 누구나 식별하기 쉬울 것
- ○ 일정한 장소에서 항상 고정되어 있어야 하며 정확히 운영될 것
- ○ 신뢰성이 높고 항상 이용이 쉬울 것
- ○ 신뢰도를 즉시 검사할 수 있어 그 결과의 확실성이 이용하는 측의 계측자의 능력이나 숙련도 및 선박의 기기정도에 의존할 수 있을 것
- ○ 이용자에게 친근감을 갖는 개성이 있을 것
- ○ 평상시에는 항해자가 무시할 수 있고 필요에 따라 즉시 이용할 수 있을 것
- ○ 대응성이 있어 수로도지의 참고나 계속관측을 필요로 하지 않는 것일 것 등

1.4 항로표지의 분류와 종류

구 분	분 류	종 류
광파표지	• 야간에 등화를 이용하여 그 위치를 표시하며 주표로서의 구조로도 사용	• 등대, 등표, 도등, 조사등, 지향등, 등주, 교량등, 등부표, 등선
형상표지	• 주간에 그 형상, 색채 등으로 위치를 표시한다.	• 입표, 도표, 부표
음파표지	• 안개, 눈, 비 등으로 시계가 나쁠때 음향으로 그 위치를 표시한다.	• 에어싸이렌, 전기혼, 다이야폰, 모터싸이렌, 종
전파표지	• 전파의 여러 성질을 응용하여 항해지표로 한다.	• 라디오비콘, 레이다비콘, 레이마크비콘, 로란, 데카, 쇼다비젼, 오메가, 레이다국
특수신호표지	• 좁은 해협, 수로 등 선박의 교통량 또는 조류의 방향 등을 주·야간에 전파 또는 형상물로서 항해선박에 자료를 통보	• 통관관제신호표지(VTS), 조류신호표지, 기상신호표지

1.5 사용목적상의 분류

1.5.1 항양표지(航洋標識)

육안에서 50마일 이상의 해양을 항행하는 선박의 위치를 확정하게 하기 위하여 설치하는 표지로 출력 200W이상의 전파표지, 로란, 데카, 오메가, DGPS 등이 이에 속한다.

1.5.2 육지초인표지(陸地初認標識)

육안에서 20마일 이상의 해양을 항행하는 선박에게 육지를 초인하게 하거나 선박의 위치를 확정함에 이용할 수 있도록 설치하는 것을 말하며, 광원은 1KW이상, 광달거리 30마일 이상, 광력(光力) 80만cd 이상의 등광(燈光), 출력 100~200W이상의 전파표지 등이 이에 속한다.

제12편

1.5.3 연안표지(沿岸標識)

육안에서 20마일 이내의 해양을 항행하는 선박이 선박의 위치를 확정하는데 필요한 표지시설을 말하며, 광달거리 20마일 이상, 광력20만cd이상의 등광, 회전무선표지(迴轉無線標識), 레이마크비콘, 음달거리(音達距離) 5마일정도의 음파표지가 이에 속한다.

1.5.4 항만인지표지(港灣認知標識)

선박에서 항만의 소재를 표시하여 선박의 위치를 확정시키는데 필요한 표지시설을 말한다.

1.5.5 유도표지(誘導標識)

해협, 수도, 소해수로(掃海水路), 관제항로(준설항로 포함), 항만 등, 협소하거나 위험한 해면을 항행하는 선박을 안전하게 목적지에 유도하기 위하여 설치하는 것을 말하며, 도등(導燈), 도표(導標), 등부표 등이 있으며, 측방표지(側方標識), 고립장애표지(孤立障碍標識), 중앙분리표지(中央分離標識) 등과 50W이하의 초단파, 극초단파를 이용한 코스비콘 등이 이에 속한다.

1.5.6 장애표지(障碍標識)

선박항행에 장애가 되는 얕은 곳, 암초, 침선(沈船) 등을 표시하기 위하여 설치하며, 등표, 등부표 등으로 방위표지, 고립장애표지(孤立障碍標識), 특수표지, 측방표지와 레이콘 등이 이에 속한다. 이러한 표지는 경제적 효과의 대소, 출·입선박수, 출입화물량 및 정박의 난이도, 항만자체의 중요성을 고려하여 설치한다.

제2장 · 광파표지(光波標識)

2.1 일 반

항로표지시설중에서 등광(燈光)만을 이용하여 주로 야간에 선박의 항행을 보조하는 등대, 등표, 도등, 조사등(照査燈), 지향등(指向燈), 등주(燈住), 교량등, 등부표, 등선(燈船) 등을 총괄하여 광파표지라 하며, 이 중에서 등대가 광파표지의 대표적인 구조물로서 해양에 돌출한 갑(岬), 섬 등 선박의 항행목표가 되는 위치에 시설된다.

광파표지는 항해자가 눈으로 등광을 직접 확인하기 때문에 자기배의 위치를 확인할 수 있어 목적지까지 항행하는데 지장이 없겠으나 눈, 비, 안개 등에 의한 기상현상이나 배경광(背景光) 등의 영향 또는 등광의 노후로 인하여 광달거리가 고시된 것 보다 현저히 저하할 때 이용상의 주의가 요망된다.

2.2 광파표지의 기본요건

광파표지를 계획할 때에 아래의 기본요건이 충족되어야 한다.

- ○ 요구되는 범위 내에서 충분히 볼 수 있을 것
- ○ 항해자가 다른 등화와 식별할 수 있도록 등광에 개성을 주어 관측자가 명료하게 구분할 수 있을 것
- ○ 섬광(閃光)과 어두움사이가 적당한 간격이 되어 항해자가 쉽게 식별할 수 있는 속도로 항행하도록 정확히 반복할 것
- ○ 등명기(燈明器) 및 광원(光源)은 효율이 높고 신뢰성이 있을 것
- ○ 지리학적 입장에서 항로표지의 용도, 목적을 만족 시킬 수 있고 충분히 안전성이 있을 것
- ○ 유효광달거리는 설치해역의 배경광(背景光), 다른 표지의 보완상황, 이용선박의 실태, 주변해역의 특수성 등을 고려하여 유효하고 적절하게 계획할 것
- ○ 전원은 경제성, 안전성 그리고 부수성을 고려하여 최적의 것을 택할 것
- ○ 등탑은 설치해역 주변의 기상, 해상상황 등을 고려하여 충분한 내구성이 있고 설치될 기기등에 적합한 구조로 할 것
- ○ 등부표는 설치해역의 수심, 조류, 파고 등 해상조건, 선박의 항행실태와 배경광 등을 고려하여 안정되고 시인효과(視認效果)가 양호할 것

2.3 광파표지의 종류별 설계요건

2.3.1 등 대

- ○ 위치선정 : 광파표지의 대표적인 시설로서 해양에 돌출된 갑(또는 곶), 섬 등 선박의 지표가 될 수 있는 곳에 위치를 선정한다.
- ○ 육지 초인표지 및 연안표지 : 광력의 식별이 어려운 착색광은 사용하지 않는다.
- ○ 유도표지 : 광력의 크기보다는 등광의 착색등(着色燈)에 의하여 다른 등화(燈火)와 분명하게 구별되도록 한다.
- ○ 장애표지(새로운 위험물 등) : 같은 종류의 한 쌍(두개)의 표지를 설치한다.

2.3.2 조사등(照査燈)

등표나 등부표의 설치가 어려운 얕은 곳, 암초 등이 가까이 있는 경우, 등대에 강력한 투광기를 설치 표시지점을 투사하여 위험구역임을 표시한다. 주간에는 이용할 수 없고 간접표시방법임이 단점이다.

2.3.3 등표 및 등부표

등표와 등부표는 항만, 유도 및 장애표지로 이용되며, 항로, 위험한 암초, 항행금지구역 등을 표시하는데 이용된다.

최근 기술이 발전되어 등표에 전파표지, 음파표지, 기타 특수한 표지를 부가하여 종합적인 표지기능을 갖추도록 설치되는 경향이다

가. 등 표

1) 장애 또는 항만인지 표지로서의 요건

야표로서의 해상 및 기상조건과 선박교통량을 고려하고 안전한 거리를 감안하여 충분한 광달거리를 가져야하며, 이 거리는 부근에 항로표지가 있고 선위결정이 용이한 내해는 2마일, 외해는 5마일 정도 볼 수 있으며 소형선박으로 6~10놋트일 때 1~4마일 거리로 설치한다.

주표로의 역할을 하기 위한 등탑의 지름은 1.5~3.0m이상이어야 한다.

2) 항만표지로의 요건

항역의 적절한 위치를 표시하고 항상 정확하게 운용하여야 한다.

나. 등부표

1) 설치위치

암초, 항행금지구역, 항로폭 명시, 항로의 전침점, 때로는 소항만내의 지점표시외에 수심변화지점에 설치한다.

2) 도 색

도색은 최소 1년에 1회 도장을 요한다.

3) 설 표

설표작업은 신설, 교체, 위치이동 등이며 신설시에는 등부표의 종류, 수심, 체인의 길이, 조류에 대응한 침추의 중량, 목적상의 등색, 도색, 두표, 표체의 누수, 부속물에 관하여 충분한 검토를 요한다.

설표에 앞서 설표위치를 측정하여 기록해 두고, 보조부표를 설치한 후 표체를 운반, 침추를 투입하며 보조부표의 이동여부를 확인한다.

수심에 대한 체인의 길이는 수심, 조차, 파랑을 고려하여 수심의 2.0~2.5배로 한다. 다만, 파랑의 영향을 받지 않는 만내에서는 1.2~1.5배로 할 수 있다.

2.3.4 도등(導燈:Leading lights)

가. 일 반

협소한 항구나 항행이 어려운 항로의 연장선상에 전·후 2개소 또는 그 이상의 등표를 설치하여 선박을 안전하게 유도하는 시설로 주·야간에 사용할 수 있다. 또는 도선(導線 : Leading lines)은 선박이 직선항로를 정확히 따라가도록 유도하며, 도선은 등화(燈火)로 표시하는 최소한 2개의 시설로 도선을 관측할 수 있도록 정치(定置)하므로서 선박이 방위를 알고 안전하게 유도되도록 한 시설이다.

나. 기술적으로 고려하여야 할 사항

도등의 주기(Rhythmic leading lights)는 항상 두 등화를 함께 관측할 수 있는 방법으로 동기(同期)되어야 한다.

항로표지 당국은 전 도등의 등고를 너무 높지 않도록 하여야 한다. 소형선박은 전도등을 후도등으로 오인(誤認)할 수 있기 때문이다.

도등을 밤, 낮으로 이용할 경우 도등의 광도(光度)는 야간에 눈부심을 방지하기 위하여 주간 및 야간에 선택적으로 사용한다.

다. 유도표지의 형태

지향등(Direction light)은 도등(Leading lights) 설치가 불가능할 때 이용할 수 있다.

지향등은 분호등(Sector light)의 보다 더 전문화된 것으로서 자세한 설명은 “IALA 항로표지안내서(NAVGUIDE)” 와 “항로표지용어집”의 “분호등”과 “지향등” 항목을 참고한다.

도선의 특별한 종류로는 물결무늬(Moire pattern)의 시각효과를 이용한 간단한 "Lighted panel"을 설치할 수 있다.

“Light panel”은 일정한 간격으로된 격자(Grating) 위에 세운 격리판(Superinterposed)을 통과하는 빛으로 만들어졌다. 작은 움직임도 물결모양 스크린(Moire screen)상의 문양(Pattern)에는 큰 변화가 생긴다.

도표(Leading mark)상에서 만약 관측자가 중심선(Center line)에 있다면 Lighted panel은 물결모양 스크

린의 한 가운데 흑색종선(黑色縱線)이 보이게 설계되어야 한다. 이 흑생종선으로부터 이탈(Deviation)하게 되면 중심선 방향을 가리키는 화살표의 물결무늬가 보이게 된다. (그림 참조)

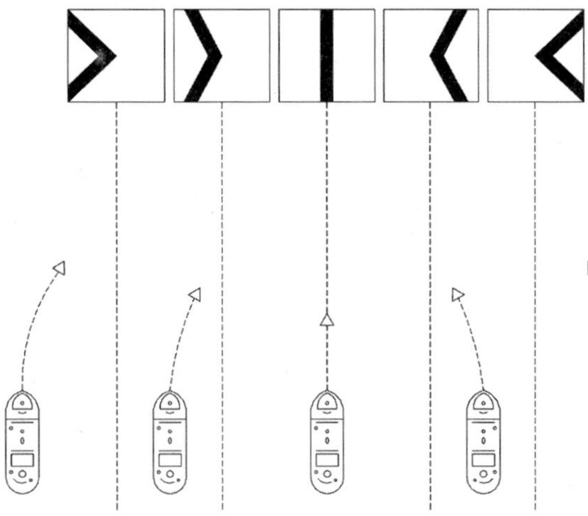

Single lighted panel

2.3.5 지향등(指向燈 : Sector lights)

가. 개 요

한개나 2~3개의 등기(燈器)를 조합하여 강력한 단일의 광원을 구성하여 입항선박 전면 수평방향에 녹색, 백색, 홍색광의 빛을 발사(좁은 분호형성)하여 녹색과 홍색은 항로한계, 또는 항행금지구역, 중앙의 백색광은 항행구역 등 선박의 특별한 방향, 통상으로는 진로를 알려주는 유도표지로 이용되며 도등 설치가 어려운 곳에 시설한다.

나. 일반요건

- ○ 도등과 같이 2개소의 표지시설을 건설하지 않기 때문에 경제적이어야 한다.
- ○ 도등이 관측거리에 관계없이 등화가 인식되는 범위에서는 전후 2등에 의한 도선에 대하여 분호등(分弧燈)에서는 부채형 빔의 수평호(水平弧)가 3가지 색이 모두 원거리에서는 펴짐이 넓고 등화에 접근하면 좁아진다.
- ○ 분호등은 수평화가 좁아서 소재지를 포착하기 어려운 경우에는 필요에 따라 위치를 표시하는 등화를 설치한다.
- ○ 단일의 백광분호만을 사용하는 경우도 있다.

다. 분호등의 사용 용도(다음의 **1**항 또는 **2**항 이상의 용도에 사용)

가항수로의 경계, 침로선의 변경, 여울목 및 사주(砂洲), 수역 또는 정박장소, 수로중 최대수심 부분, 부표의 위치확인 등

* 지향등의 분호발사선은 다음 그림을 참조.

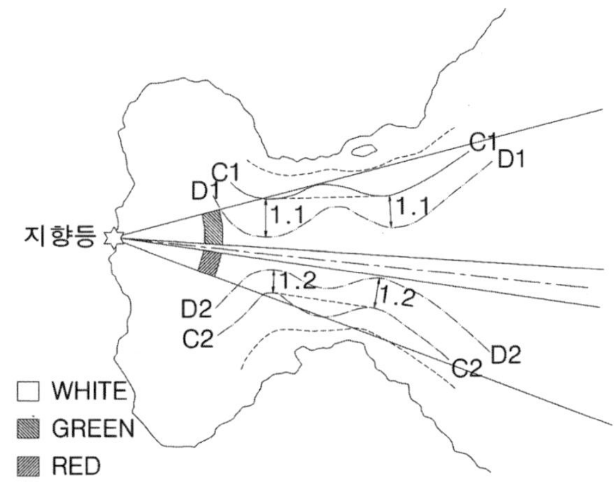

2.3.6 교량표지시설

가. 개 요

교량하부를 항행하는 선박의 안전과 시설물의 보호를 위하여 안전한 항로폭을 표시하는 시설이 교량표지시설이다.

나. 종 류

1) 교량등(橋梁燈)

종 류	내 용	등 색
좌측단등(L등)	• 교량 아래의 가항수역이나 항로의 좌측끝을 표시	녹
우측단등(R등)	• 교량 아래의 가항수역이나 항로의 우측끝을 표시	홍
중 앙 등(C등)	• 교량 아래의 가항수역이나 항로의 중앙을 표시	백
교 각 등(P등)	• 교각의 존재를 표시	황

2) 교량표(주표)

종 류	내 용	도 색	형 태
좌측단등 (L등)	• 교량 아래의 가항수역이나 항로의 좌측끝을 표시	녹	정사각형
우측단등 (R등)	• 교량 아래의 가항수역이나 항로의 우측끝을 표시	홍	정삼각형 (정삼상향)
중 앙 등 (C등)	• 교량 아래의 가항수역이나 항로의 중앙을 표시	백색바탕에 홍종선 2선이상	원형

다. 교량등의 설치시 유의사항

- ○ 교량등의 광도는 30cd이상으로 필요한 소요거

리에서 시인할 수 있어야 한다. 단, 항해자의 눈이 부시지 않도록 한다.

- 등질은 부동광을 원칙으로 하며, 주위 배경광의 상황에 따라 중심등은 등명암광이나 급섬광을 사용할 수 있다.
- 교량등의 설치는 교각으로 인한 시야장해 등을 감안하여 항행을 분리하며 이때에는 명호를 180°로 한다.
- 야간이나 안개시에 선박안전을 위하여 레이콘이나 음향표지장치를 병행설치할 수 있다.

라. 교량등의 위치표시

각 등의 위치를 명기한다.

마. 교량등의 명칭 및 번호

- 교량등의 명칭은 당해교량의 공칭명칭을 부여한다.
- 교량등의 번호는 수원을 향하여 좌측 앞단의 P.L.C.R.P등(燈)은 1번부터 홀수로하고 뒷단등(燈)은 2번부터 짝수로 하여 좌에서 우로 차례로 번호를 부여한다.
- 참고사항
  - 교량등이나 표지판은 최고고조면(홍수수위)를 고려하여 설치한다.
  - 교량등의 설치는 관리(임검정비)가 편리하도록 시설을 한다.
  - 항수로 결정시 항행가능한 선박의 마스트 높이와 교량밑의 수심 및 일방항로 또는 왕복항로인지를 계획한다.
- 설치예

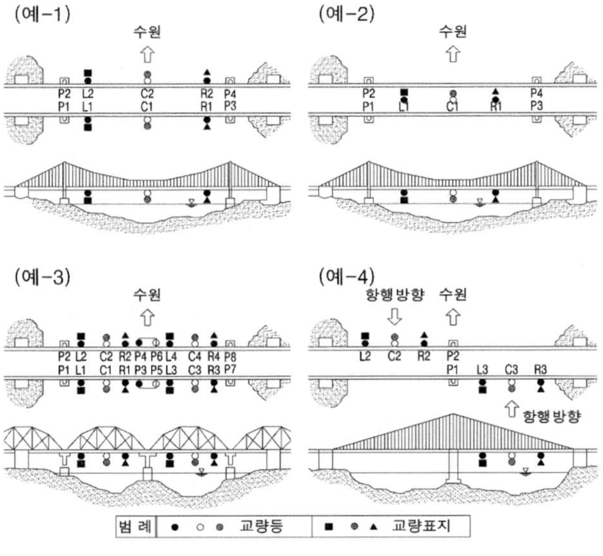

2.4 기본이론

2.4.1 개 요

항로표지시설 중 광파표지와 관련된 등광에 사용되는 등명기(燈明器)의 빛의 성질을 알기 위하여 약간의 기본 이론이 이해될 수 있도록 섬광(閃光), 섬광의 광도(光度), 광달거리(光達距離), 광색(光色) 및 투과율 등에 대한 기본이론과 내용에 대하여 설명한다.

2.4.2 섬 광(閃光)

섬광은 번쩍이는 빛 또는 순간적으로 강열하게 비치는 광선으로 해석할 수 있다. 빛은 지속시간(持續時間)이 짧으면 짧을수록 눈에 들어오는 자극량(刺戟量)이 적게 되고, 그 결과 눈에 보이는 등화의 광도가 떨어지는 것 같은 상황이 되나 이는 순간적 발광(發光)에 대하여 시간이 대응할 수 없기 때문이다.

항로표지의 섬광광달거리는 부동광(不動光)의 경우 광도에서 계산한 값을 수용하였으며, 섬광의 경우 시인할 수 있는 광도는 그 시간의 길고 짧음에 좌우되고 부동광에 비하여 훨씬 낮고 광달거리도 짧을 때에는 IALA(국제항로표지회의 : International technical conferance lighthouse and other aids to navigation)에서는 섬광의 광달거리는 실효광도(實效光度)에서 산출하도록 하였다.

2.4.3 섬광시간

광파표지에서는 다른 등화나 표지와의 식별을 위해 등질(等質)이 정해져 있다. 예를 들면 「섬백광(閃白光)은 매 10초에 1섬광」의 표지 고유의 빛, 색과 방법은 정해져 있지만 성광시간의 길이는 표기되지 않고 있다.

섬광의 리듬은 일반적으로 부동점등된 광원을 중심으로 그 주위에서 섬광렌즈를 회전시키고 전원(電源), 연료를 단속(斷續)하여 광원을 점멸하거나 광원의 주위에서 개구가 있는 스크린을 회전시킨다.

섬광시간의 값은 실효광도의 계산에 필요하므로 다음 식으로 계산한다.

가. 렌즈의 회전에 의한 섬광

$$t = \frac{\alpha}{2\pi N} = \frac{d}{2\pi N f}$$

여기서, t : 섬광시간(s)

α : 수평발산각(rad)

N : 렌즈의 회전수(r/s)

제12편

d : 발광체의 폭(cm)
f : 렌즈의 초점거리(cm)

위 식에서 빔(beam)의 수평발산각을 측정할 수 없는 경우에는 다음 식에 의해 근사적으로 계산한다.

$$\alpha = \frac{d}{f}\text{(rad)} \text{ 또는, } \alpha = 180d/\pi f \text{ (도)}$$

나. 광원의 점멸에 의한 섬광

이 섬광시간은 최대값에 대하여 50%의 강도를 가지는 시간의 길이를 취한다.

2.4.4 실효광도(實效光度)

가. 실효광도의 계산

우리나라에서 현재 사용하고 있는 실효광도의 계산은 부동광도를 측정하여 다음 식을 이용하여 구하고 있다.

(주) IALA는 1980년도에 실효광도 구하는 계산방식을 정립하여 그 채용을 권고하고 있다.

$$I_e = \frac{I_0 \cdot \tau}{a + \tau}$$

여기서, I_e : 실효광도(實效光度)(cd)
I_0 : 부동광도(不動光度)(cd)
τ : 전섬광시간(全閃光時間)(초)
a : 시각의 시정수(視覺의 時定數)
(차폐 또는 점멸에 의한 섬광 : 야간 0.2초, 주간 0.1초, 회전 광학계에 의한 섬광 : 야간 0.3초, 주간 0.15초)

나. 광도의 계산방법

광파표지의 광달거리(光達距離)는 사용하고 있는 광학계(光學系)의 광도에 따라 계산된다. 현재 우리나라에서 사용하고 있는 해상용 등명기는 대부분 외국에서 특수 제작된 전구를 사용하고 있으며, 광도를 높이기 위하여 과거에 사용하고 있던 전구를 최근에 개발된 성능이 좋은 전구로 교체하여 사용하고 있기 때문에 정확한 등명기의 광도를 알지 못하고 있으며, 광도를 측정하는데는 설치현장의 여러 가지 제약이 있어 어려운 실정이다.

일반적으로 해상용 등명기는 전구자체의 광도가 달라 초기 광도가 일정치 않으며, 사용하는 전구도 시간이 흐름에 따라 필라멘트의 성능저하로 광도가 감소하고, 광학계의 등롱(燈籠)유리의 오염에 의한 투과손실도 있으며, 색필터의 색도변화(色度變化)와 투과손실(透過損失) 등 광도를 결정하는데 있어서 여러 가지 고려할 변수가 많다.

또 섬광하는 등화의 경우 섬광시간에 따른 실효광도를 계산할 필요가 있다.

광파표지의 광도를 결정하는 방법은 다음과 같다.

- ○ 사용하는 광원(光源)을 장착한 광학계를 정해진 시험방법에 의해 높은 정도로 측정하여 광도를 구한다.
- ○ 색 필터를 사용하는 것은 달리 측정한 그 시감(視感)투과율을 상기의 광도에 곱한다.
- ○ 등롱유리의 시감투과율을 달리 측정하여 위의 값에 곱한다.
- ○ 등화가 섬광이면 실효광도를 계산한다.
- ○ 광원열화(光源劣化), 유리 오손 등에 의한 광도의 감소를 어느 정도 어림한 계수를 곱한다. (여기서는 임시로 보수율(保守率)이라고 부른다.)

이 중, 필터의 투과율은 색깔, 재질에 의해 다르지만 대체로 15~25%이고, 등롱유리는 10~15%이다.(IALA 권고는 후자인 15%로 계산하는 것으로 되어있다.)

보수율에 관해서는 여러 가지 문제가 있어, IALA에서도 이것은 각국의 항로표지당국에 맡기고 있지만, 채용하는 경우에는 75%로 하는 것을 권장하고 있다.

일예로서 부동백과(不動白光)으로 측정한 광도가 10,000칸델라인 등기를 사용하는 적색섬광의 등질을 갖는 표지의 광도를 구하여 본다. 여기서 필터의 투과율을 20%, 실효광도를 부동광의 70%라고 가정하면 표지의 광도는

(1.측정광도) (2.필터투과율) (3.유리투과율) (4.실효광도) (5.보수율) (6.표지의 광도)

10,000칸델라×0.20×0.85×0.70×0.75≒890(칸델라)

실제상의 광도는 1/10이하로 된다. 이것은 광학적 광달거리로 말하면 백광은 21마일, 섬적광은 12.5마일(대기 투과율:0.85)라는 차이가 생긴다.

우리나라의 항로표지에서는 광도 계산시 보수율을 적용하지 않고 있다.

2.4.5 광달거리(光達距離)

가. 개 요

등화표지(燈火標識)로 부터의 빛이 도달하는 최대

거리라는 관점에서 항로표지의 용어로서는 「광달거리」라고 말하지만, 결국은 항해자가 등광을 인식할 수 있는 최대거리를 말한다.

표지의 빛은 어떤 거리만큼 떨어진 곳에서는 보이지 않게 되어 버리지만, 이것은 2가지의 요인에 따른다. 하나는 등광은 충분히 밝은데 그 빛이 지표면에 의해 가려져 항해자의 눈에 들어가지 않기 때문이고, 다른 하나는 빛이 발산(發散)이나 대기중에서의 흡수(吸收), 산란(散亂)에 의해 감소하여 항해자의 눈에 감지되지 않기 때문이다. 따라서 이들을 구별하여 전자를 지리학적 광달거리, 후자를 광학적 광달거리라고 부르고 있다.

표지의 등고(燈高), 등화의 광도와 광달거리와의 관계는 다음표를 참고로 한다. 등고의 경우는 지리학적인 값이고, 광도는 광학적인 값이다. 국토해양부가 고시한 계산에서는 항해자의 안고(眼高) 5m와 대기투과율 0.85를 적용하였다.

등고에 따른 광달거리와 광도와의 관계

등 고 (평균수면상, m)	광달거리 (M)	등화의 광도 (cd)
0	5	38.7
7	10	349
25	15	1,767
55	20	7,080
96	25	24,910
149	30	80,910
213	35	248,200
288	40	730,620

나. 지리학적 광달거리 **(Geographical range)**

지구표면이 곡면형상이므로 어떤 높이를 가지는 등화표지(燈火標識)로 부터 빛은 그것이 직진한다고 생각할 경우 광원의 위치로부터 지표에 그은 접선의 접점보다 먼 곳은 보이지 않게 된다.

다음 그림중의 O_0점보다 먼 곳은 빛이 보이지 않는다. 그런데 실제로 빛이 통과하는 대기층은 공기분자 외에 연기, 먼지, 물입자 등을 다수 포함한 습윤공기층이다.

한편, 빛은 밀도가 다른 매질을 만나면 그 경계에서 굴절하여 진로가 바뀌지만, 긴 공간을 진행하는 경우에는 일반적으로 아래쪽으로 구부러져 활모양으로 진행하기 때문에 O_0점보다도 약간 먼 O점에서 시인할 수가 있다.

항해자(관측자)의 위치가 그림과 같이 높으면 한층 더 먼 B점에서 등광을 인식할 수가 있다.

지리학적 광달거리의 환산표는 다음 표를 참고한다.

높이 (m)	광달거리 (m)	높이 (m)	광달거리 (m)	높이 (m)	광달거리 (m)	높이 (m)	광달거리 (m)	높이 (m)	광달거리 (m)
0.5	1.47	19	9.08	64	16.66	120	22.82	280	34.85
1.0	2.08	20	9.32	66	16.92	122	23.01	290	35.47
1.5	2.55	21	9.55	68	17.18	124	23.20	300	36.08
2.0	2.95	22	9.77	70	17.43	126	23.38	350	38.97
2.5	3.29	23	9.99	72	17.67	128	23.57	400	41.66
3.0	3.61	24	10.20	74	17.92	130	23.75	450	44.18
3.5	3.90	25	10.41	76	18.16	132	23.93	500	46.57
4.0	4.17	26	10.62	78	18.40	134	24.11	550	48.85
4.5	4.42	27	10.82	80	18.63	136	24.29	600	51.02
5.0	4.66	28	11.02	82	18.86	138	24.47	650	53.11
5.5	4.89	29	11.21	84	19.09	140	24.65	700	55.11
6.0	5.10	30	11.41	86	19.32	142	24.82	750	57.05
6.5	5.31	32	11.78	88	19.54	144	25.00	800	58.92
7.0	5.51	34	12.15	90	19.76	146	25.17	850	60.73
7.5	5.70	36	12.50	92	19.98	148	23.34	900	62.49
8.0	5.89	38	12.84	94	20.20	150	25.51	950	64.20
8.5	6.07	40	13.17	96	20.41	160	26.35	1,000	65.87
9.0	6.25	42	13.50	98	20.62	170	27.16	1,050	67.49
9.5	6.42	44	13.81	100	20.83	180	27.95	1,100	69.08
10	6.59	46	14.12	102	21.04	190	28.71	1,150	70.64
11	6.91	48	14.43	104	21.24	200	29.46	1,200	72.07
12	7.22	50	14.73	106	21.44	210	30.19	1,250	73.65
13	7.51	52	15.02	108	21.65	220	30.90	1,300	75.10
14	7.79	54	15.31	110	21.85	230	31.59	1,350	76.53
15	8.07	56	15.59	112	22.04	240	32.27	1,400	77.94
16	8.33	58	15.86	114	22.24	250	32.93	1,450	79.32
17	8.59	60	16.14	116	22.44	260	33.59	1,500	80.67
18	8.84	62	16.40	118	22.63	270	34.23		

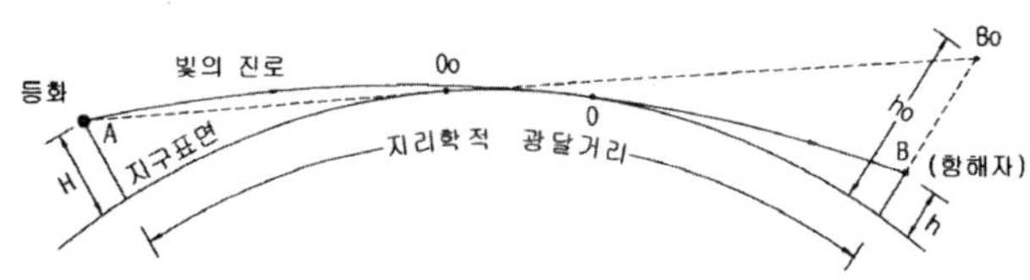

지리학적 광달거리는 표지등화 및 항해자(관측자)의 수면상 눈의 높이, 지구의 곡율, 대기굴절의 3개 요소에 의하여 결정되며, 다음의 실험식으로 계산하고 있다.

$$\alpha = 2.083(\sqrt{H} + \sqrt{h})$$

여기서, α : 지리학적 광달거리
(M : 해상마일 = 1.852m)
H : 등고 또는 등화의 수면상의 높이(m)
h : 항해자의 눈의 높이(5m 적용)

나. 야간의 광학적 광달거리

광학적 광달거리는 등화표지로부터 발사된 빛이 발산(發散)과 대기에 의한 산란(散亂), 흡수로 인하여 점차 감쇠하며 나중에는 보이지 않을 때까지 최대거리로서 표지등화의 광도, 대기투과율, 항해자의 눈에 있어서의 조도의 역치(域値 : 등화를 인식하는 각막상(角膜上)의 최소의 조도), 거리의 2승으로 작용하는 등화의 발산에 따른 감쇄의 4개 요소에 의하여 제한된다.

국토해양부의 고시, 등대료 등에서는 광학적 광달거리의 산출에는 다음 식을 사용하고 있다.

$$E = I \cdot \frac{T^d}{(1852d)^2}$$

여기서, E : 항해자의 눈에 있어서의 조도의 역치(域値)
I : 표지등화의 광도(cd)
d : 광학적 광달거리(m)
T : 대기투과율(해상마일로 0.85, 다목적 광달거리 경우에는 0.74)
또는, $I = 3.43 \cdot 10^6 \cdot E \cdot d^2 \cdot T^d$

이 중 조도의 역치(域値) 2×10^{-7}룩스는 암흑배경의 경우의 역치에 약간의 안전여유를 생각한 정도의 것이어서 배경이 밝은 곳에서는 역치(域値)도 상승하므로 다수의 고휘도광원(高輝度光源)이 존재하는 임해공업지대 등을 배경으로 하여 등화를 보는 경우에는 위 식으로 계산한 광달거리로는 시인이 곤란하게 되는 경우가 있다.

또한, 대기투과율은 항상 변화하는 것이고, 더구나 약간의 변동이 광달거리에 크게 영향을 준다. 이 값에 관해서는 우리나라는 종래부터 관습적으로 0.85를 이용하고 있지만, 이것을 알기 쉽게 시정(試程)으로 말하면, 약 18.4m라는 대기가 아주 맑은 상태때의 값으로 출현율은 매우 낮다.

다. 주간의 광학적 광달거리

우리나라에서는 관제신호(管制信號), 항로관제신호, 정보신호, 조류신호 등의 신호를 제외하면, 주간에 항행보조를 위하여 등대 기타의 등화표지를 점등하는 사례는 대단히 적지만, 국제적으로는 신호와 함께 표지에도 등화를 이용하는 일이 증가하는 경향에 있다.

이것은 이용거리가 짧을 때는 형상물, 색채 등을 쓰더라도 충분히 정보를 전달하는 것이 가능하지만, 먼 거리에서는 시인(是認)이 어려워서 고광도광원(高光度光源)의 구입이 용이한 현재는 빛을 이용하는 쪽이 한층 더 효과적이기 때문이다(예로서 항공분야의 크세논 섬광관(閃光管)을 쓴 항공장애 등이 있다).

2.4.6 등질(等質 : Characteristic)

항로표지의 등광과 일반등광의 식별을 쉽게 하고 다른 항공표지와의 오인(誤認)을 피하기 위하여 정해진 등광을 발사하는 상태를 등질이라 하고 등색과 등광의 주기를 합하여 넓은 의미의 등질이라 한다.

초기에는 등화를 점멸하는 기술이 부족하여 부동광만이 쓰였고 육상의 등화가 많아지고 등대의 수가 증가하게 되고 기술이 발전하여 빛에 색채를 도입하고 등화를 점멸하게 되어 등화표지에는 여러 섬광, 명암광(明暗光) 등의 리듬을 사용하는 외에 색광(色光)이 쓰이고 있다. 조사등(照査燈), 도등(導燈), 지향등(指向燈)의 대부분은 부동점등이다.

등화의 점멸방법은 다음과 같다.

- ○ 전력(또는 가스 등의 광원용연료의 공급을 단속(斷續)하는 것에 의해 광원자체를 점멸한다.
- ○ 펜슬 빔(Pencil beam)을 발하는 섬광 렌즈 또는 반사경 등을 수평방향으로 회전시켜 먼거리에 있는 관측자에게 등화가 점멸하고 있는 것처럼 보이게 한다.(펜슬 빔 : 광학계에서 방사된 빛이 어떤방향으로 향한 뒤 약 1개의 선모양으로 수렴하는 빔)
- ○ 광원의 주위에서 개구가 있는 스크린을 수평방향으로 회전시켜 외부에 향하는 빛을 단속하여 점멸하고 있는 것처럼 보이게 한다.
- ○ 광원의 전면에서 셔터(Shutter)를 개폐하여 빛을 발하고, 또는 차폐한다.
- ○ 광원에 규칙 바르게 덮개(Hood)를 씌웠다가 벗겼다 한다.

등질의 설명은 다음 표를 참고로 한다.

종 별	정 의	약기	보 기		
			호 칭	약 기	그림설명
부동광 Fixed	• 일정한 광도를 유지하고 암간이 없다.	F	부동백광	FW	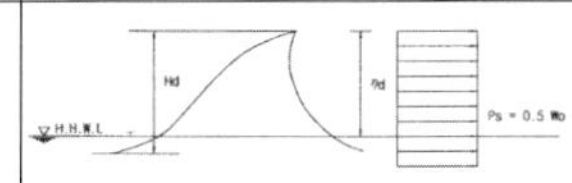
명암광 Occulting	• 일정한 광도의 빛이 일정한 간격으로 발하고 명간 또는 명간의 합이 암간 또는 암간의 합보다 언제나 길다.	Oc			
단명암광 Single occulting	• 1주기내에 1개의 명간이 있는 명암광	Oc	단명암백광 명6초, 암2초	Oc W 8s	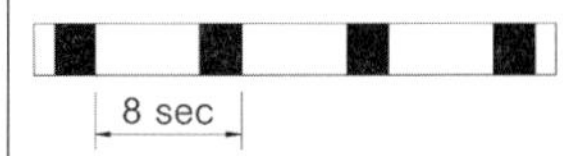
군명암광 Group occulting	• 1주기내에 복수의 명간이 있는 명암광	Oc	군명암백광 명6초, 암1초 명2초, 암2초	Oc (2) W 10s	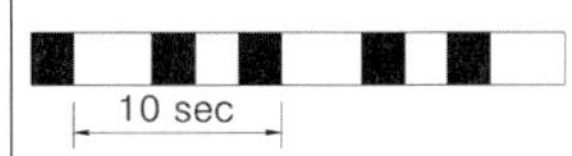
등명암광 Isophase	• 일정한 광도의 빛이 일정한 간격으로 발하며, 명간과 음간의 길이가 같다.	Iso	등명암백광	Iso W 10s	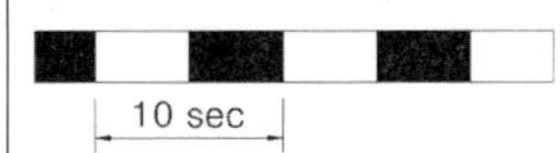
섬광 Flashing	• 일정한 광도로 1분간에 50회 미만의 빛을 일정한 간격으로 발하며, 명간 또는 암간의 합이 암간 또는 암간의 합보다 언제나 짧다.	Fl			
단섬광 Single flashing	• 1주기내에 1개의 명간이 있는 섬광	Fl	단섬홍광 매10초에 1섬광	Fl R 10s	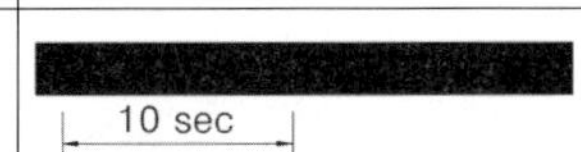
군섬광 Group flashing	• 1주기내에 복수의 명간이 있는 섬광	Fl	군섬홍광 매12초에 3섬광	Fl (3) R 12s	
복합군섬광 Composite group flashing	• 1주기내에 2개의 군섬광또는 군섬광과 단섬광이 있는 섬광	Fl	복합군섬홍광 매7초에 2섬광과 1섬광	Fl(2+1) R-7s	
장섬광 Long flashing	• 1주기내에 2초이상의 명간이 1개 있는 섬광	L Fl	장섬백광 매10초에 1장섬광	L Fl W 10s	
급섬광 Quick flashing	• 일정한 광도로 1분간에 50회 이상의 빛을 일정한 간격으로 발하며, 명간의 합이 암간의 합보다 언제나 짧다.	Q			
연속급성광 Continuous quick flashing	• 연속적으로 발하는 급섬광	Q	연속급섬백광	QW	
군급섬광 Group quick flashing	• 1주기내에 복수의 명간이 있는 급섬광	Q	군급섬백광 매10초에 3급섬광	Q (3) W 10s	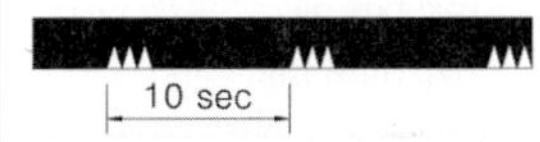
			군급섬백광 매15초에 6급섬광과 1장섬광	Q(6)+L Fl W 15s	

종 별	정 의	약기	보 기		
			호 칭	약 기	그림설명
초급섬광 Very quick flashing	• 일정한 광도를 유지하고 1분간에 80회~160회의 빛을 일정한 간격으로 발하는 것	VQ			
연속초급섬광 Continuous very quick flashing	• 연속적인 초급섬광	VQ	연속초급섬백광	VQW	
군초급섬광 Group very quick flashing	• 1주기내에 복수의 명간이 있는 초급섬광	VQ	군초급섬백광 매10초에 6초급섬광과 1장섬광	V Q(6)+L Fl W 10s	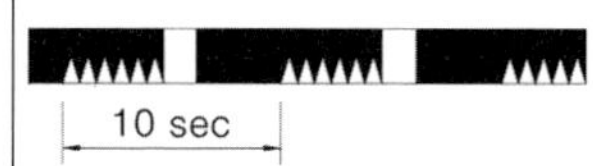
모르스 부호광 Morse code	• 모르스부호의 빛을 발사한다.	Mo	모르스 부호백광 매8초에 A	Mo (A) W 8s	
연성부동광 Fixed and occulting of flashing	• 부동광중에 보다 밝은 빛을 발하는 것	F Fl			
연성부동단섬광 Fixed and single flashing	• 부동광중에 단섬광을 발하는 것	F Fl	연성부동단섬백광 매10초에 1섬광	F Fl W 10s	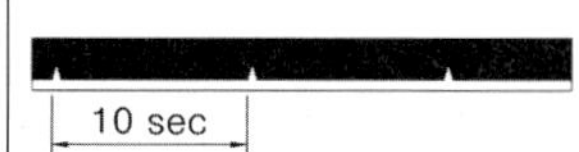
연성부동군섬광 Fixed and group flashing	• 부동광중에 군섬광을 발하는것	F Fl	연성부동군섬백광 매10초에 2섬광	F Fl(2) W 10s	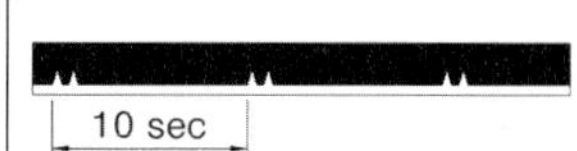
호광 Alternating	• 각각 일정한 광도로 서로 다른 빛을 번갈아 발한다.	Al			
부동호광 Fixed alternating	• 암간이 없는 호광	Al	부동백홍호광 백5초, 홍5초	Al W R 10s	
단섬호광 Alternating flashing	• 1주기내에 2번의 단섬광이 호광하는 것	AlFl	단섬백홍호광 매10초에 2섬광	Al Fl W R 10s	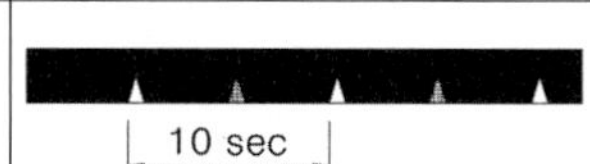
군섬호광 Alternating group flashing	• 1주기내에 군섬광의 각 섬광이 호광하는 것	AlFl	군섬백홍호광 매15초에 2섬광	Al Fl(2) W R 15s	
복합군섬호광 Alternating composing group flashing	• 1주기내에 복합군섬광의 각 군섬광이나 군섬광과 단섬광이 호광하는 것	AlFl	복합군섬백홍호광 매20초에 백2섬광과 홍1섬광	Al Fl(2+1)W R 20s	

비고 : 약기중에 W.R.G.Y는 등색을 표시하고 각각 백, 홍, 녹, 황색을 표시한다.

제12편

등질의 기준은 다음 표를 참조한다.

구 분		등 질	
		섬광부호	섬광시간 및 주기
단섬광	측방, 특수표지	F1 4S	
	측방, 특수표지	F1 5S	
	측방 특수표지	F1 6S	
군섬광	측방, 특수표지	F1(2)6S	
	측방, 특수표지	F1(3)7S	
	특 수 표 지	F1(4)8S	
	특 수 표 지	F1(5)20S	
	고립장애표지	F1(2)5S	
	고립장애표지	F1(2)10S	
급섬광	북방위표지	Q	
	동방위표지	Q(3)10S	
	남방위표지	Q(6)+LF1,15S	
	서방위표지	Q(9)15S	
모르스광	안전수역표지	Mo(A)8S	
장섬광	안전수역표지	LF1 10S	
부동광		F	
비고			1 2 3 4 5 6 7 8 9 10 →sec

※ 주 기

○ 등질은 회로기판의 교체없이 제어할 수 있어야 한다.

○ 등질은 필요시 추가할 수 있으며, 섬광시간 및 주기의 조정이 가능하여야 한다.

제3장 · 음파표지(音波標識)

3.1 개 요

음파표지는 음파를 발생시켜 음향을 발사하여 선박에 그 위치를 알리는 시설로서 음향발생기계 · 기구를 무신호기(霧信號機)라 한다.

무신호기는 안개, 눈, 노을, 호우, 연무(煙霧) 등으로 시계가 불량한 때에 설치하는 표지시설이다. 무신호는 시계가 불량한 날에는 주 · 야 구별없이 운용된다. 무신호는 음향에 의하므로 그 음달거리, 음향방위가 변동하기도 한다.

항해자가 무신호에 의하여 방위 또는 선박위치를 결정하고자할 때에는 다음의 내용을 충분히 고려하여 사고의 원인을 방지하여야 한다.

- ○ 이용범위에 대하여 충분한 음향이 감지되도록 강력한 무신호를 설치한다.
- ○ 음향학적으로 발생음파는 전파특성 및 측정자의 가청능력에 대하여 우수하여야 한다.
- ○ 기상, 해상의 영향에 의하여 음향이 감쇄 되지 않고, 전파범위의 변화가 적도록 설치 위치를 선정한다.
- ○ 부근의 지형에 의하여 음향이 반사 및 굴절되지 않도록 설치 위치를 선정한다.
- ○ 음파에 일정한 표지부호 및 음색을 갖고 정확한 주기로 반복하여 측정자가 다른 음향과 즉시 구별할 수 있어야 한다.
- ○ 이용방법이 간단하고 편리하여야 한다.
- ○ 농무 등으로 인한 시계불량시 항해자의 위치확인을 위해 설치한 고출력용 무신호기의 신설은 억제하고, 장해물과의 충돌방지를 위한 위험 경고용 저출력 무신호기는 꼭 필요한 장소에만 설치한다.

제12편

3.2 음파의 성질

우리의 귀에 들리는 소리는 주관음이며 들리게 하는 소리는 객관음이라 한다. 즉, 소리의 고음과 저음의 구별이란 소리의 세기, 높이(Pitch) 그리고 음색(Timbre)이다. 소리의 세기와 높이는 크고 적은 것을 비교할 수 있으므로 비교적 성질 또는 양적 성질이라 한다.

음색은 양적으로 결정할 수 없으며, 단독으로 정하여지므로 절대적 성질 또는 질적성질이라 한다.

대기압은 높이와 기간에 따라 변한다.

즉, 압력의 단위는 kg/cm^2 또는 1b/in^{2}으로 표시하며, 바다의 해면에서의 대기압은 평균 1kg/cm^2 또는 14.7 1b/in^{2}이다.

음향학에서 사용되는 압력은 대기압의 백만분의 1로서 마이크로바(Microbar)를 사용한다. 1마이크로바는 1dyne/cm^2 또는 0.1newton/m^{2}로서 나타낼 수 있다.

그러나 엄밀하게 우리 귀로 들을 수 있는 최소의 크기는 1KHz에서 0.0002dyne/cm^2 또는 0.0002microbar나 0.00002n/m^{2}이다.

3.3 소리의 발생

모든 소리의 발생원인은 여러 가지 있으나 결과적으로 공기의 진동에 의하여 소리가 발생한다고 할 수 있다.

우리에게 소리를 감각시키는 원인은 음파가 존재하기 때문이라고 할 수 있다. 음파가 발생하는 상태를 좀 더 세밀하게 살펴보면 매질(공기, 물, 기타)과 분자가 빠르게 진동하고 있다고 할 수 있다. 음파가 전달되는 것을 우리 눈으로 볼 수 있는 좋은 예가 용수철일 것이다.

3.4 소리의 단위

소리의 양적 단위를 설명하려면 순음(Pure tone)에 대한 크기와 복합음에 대하여 알아야 하지만 일반적으로 소리는 단위, 입자속도, 입자가속도, 음압과 소리의 세기를 측정한다.

입자변위, 입자속도, 입자가속도의 단위는 물리에 사용하는 것과 같으므로 음향학에서 음압과 세기의 단위만 설명하기로 한다.

3.4.1 음압의 단위

음압의 기준값은 섭씨 0°에서 수은주 750mm의 대기압의 백만분의 1이다. 이 값의 단위는 C.G.S단위로 1dyne/cm^2 또는 마이크로바를 사용한다.

3.4.2 세기의 단위

○ 소리의 세기는 음압의 제곱을 특성임피던스로 나눈 것과 같다.

$$I= \frac{P^2}{P \cdot C}$$

여기서, I : 소리의 세기(watt/m^2)

P : 음압(音壓)

P · C : 공기의 특성임피던스(공기의 밀도(P) × 공기중에서의 음속(C)

○ 소리의 세기를 구하는 식은 전력을 구하는 식과 비슷하다.

$$P = \frac{E^2}{R}$$

여기서, P : 전력
E : 전압
R : 저항

음파가 진행할 때 어떤점에서의 소리의 세기는 진행방향에 수직단면적을 지나는 에너지의 평균율이다.

음압을 표시하는데 가청최저치와 대수비(對數比)로 나타내는데 소리의 세기로 대수비를 사용한다.

$$\text{소리의 세기} = 10\log_{10} \frac{I}{I(\text{기준})} db$$

여기서, I : 소리의 세기
I기준 : 기준치는 최소의 소리의 세기

$$\text{음압} = 10\log_{10} \frac{P}{P(\text{기준})} db$$

여기서, P : 음압
P기준 : 음압의 최소기준치

음압을 구하는 식은 소리의 세기를 구하는 식에서 유도된 것이다.

공기중에서 음압의 기준치는 0.0002dyne/cm^2 또는 0.0002microbar이다. 이 값은 젊은 사람이 1KHz에서의 최저평균 가청치로서 음압레벨(Sound pressure level)이라고 부른다. 소리의 세기의 기준치는 10-12W/m^2이며 이것을 소리의 세기레벨이라 부른다.

3.5 소리의 종류

우리가 들을 수 있는 가청주파수(可聽周波數)범위는 16~20.000Hz이다.

3.5.1 순음(純音 : Pure tone)

한개의 주파수를 갖는 진폭이 일정한 소리로서 한개의 선 스펙트럼으로 표시되며, 그 음압의 파형은 정현파이다. 음성 영역내의 정현파 전압을 스피커에 가했을 때 발생하는 소리는 순음에 가깝다. 진폭은 소리의 주기에 비하여 서서히 변화하는 경우 순음에 준하여 고려할 수 있다.

3.5.2 복합음(複合音 : Complex sound)

실제로 배위에서 들을 수 있는 소리는 음파가 전파되는 도중에 많은 간접음이 있다. 즉, 기계적 소음 및 반향음과 바람(배의 장비품이나 주위에서 일어나는 바람) 소리와 파도소리 등, 배위에서의 바람소리는 200~1,000Hz이며, 주파수가 다른 많은 순음이 합하여 많은 선 스펙트럼을 나타낸다.

3.6 매스킹 효과(Masking effect)

어떤소리가 또 다른 소리를 들을 수 있는 능력을 감소시키는 현상을 매스킹효과라 한다.

3.7 음향전파에 관한 물리학적 성질

3.7.1 음파의 속도

대기중에 있어서 음향의 속도는 0°C에서 매초 331.5m이며 1M(마일)을 5½초에 전파한다.

즉, 대기온도 1°C 증가에 따라 0.61m/sec 만큼 속도는 증가한다. 15°C에서 340.6m/sec가 된다. 해수중에서 해수의 온도상승 1°C에 대하여 0.2%, 깊이 100m 증가에 따라 0.11%, 그 전파속도는 대체로 1,500m/sec로서 공기중의 약 4.5배가 된다.

3.7.2 음파감쇠와 흡수

가. 감쇠

작은 물체에서 나오는 음파는 구면전파(球面電波)이며 거리의 자승으로 감쇠한다.

나. 흡수

음향은 수면과의 마찰에 의하여 손실을 받는다. 따라서 수면의 바로 가까운 거리보다 약간 위쪽이 잘 전파된다. 갑판에서 잘 들리지 않을 때는 조타실 위에서 듣는 쪽이 잘 들린다.

3.7.3 반사와 굴절

음파는 이질의 모질경계면 또는 동일모질이라도 물리적 조건의 변화가 있을 때 일부 또는 전부가 반사 또는 굴절한다.

3.8 음향전파의 기상·해상조건의 영향

대기중의 공기는 정지한 상태로 있지않기 때문에 야외에서 소리의 전파는 기상·해상조건의 영향을 받는다.

○ 온도의 영향 : 기체중에서 소리의 속도는 온도 0°C에서 331.5m/sec이며, 대기 온도에 따라 1°C 증가하면 0.61m/sec만큼 증가한다.

- 압력과 온도의 영향 : 대기중에서 위로 올라갈수록 압력이 차차 낮아지고 대기온도는 저하한다.
- 바람의 영향 : 지상의 바람은 높이 올라갈수록 풍속이 커지는 것이 보통이다. 소리의 전파속도는 바람부는 방향과 반대가 되면 소리가 잘 전파되지 않지만 바람방향인 경우 멀리까지 소리가 전달된다.

3.9 지리학적 및 생리학적 영향

3.9.1 지리학적 영향

신호소의 높이는 대개 15m이상이라도 음달거리는 더 커지지 않고 절벽이 신호소에 대하여 후퇴되어 있는 장소가 좋다. 또 전방에 음파의 간섭을 받을 수 있는 섬, 모래, 봉우리 등은 피하는 것이 좋다.

3.9.2 생리학적 영향

보통사람이 들을 수 있는 주파수는 16~20.000 cycle이다. 무신호로 가장 적합한 주파수는 200~500 cycle정도이다. 사람의 귀의 감도는 500~4.000cycle에서 0.3%의 차로서 음색의 고저를 식별할 수 있으나 50cycle에서는 1%도 식별이 어렵고, 생리학적으로 귀에 적합한 주파수는 300~800cycle이다.

3.9.3 소리의 지속시간

최저 0.2초 이상의 소리가 계속되지 않으면 소리로서 감지되지 못한다. 보통 청력으로는 1dB이 최소값이다.

3.9.4 방향감

귀로 방향을 감지한다. 여러 가지 음색으로 구성되어 있는 편이 단음색보다 방위를 측정하는데 편하다.

3.10 무신호기의 종류

3.10.1 에어 사이렌(Air siren)

압축공기에 의해서 사이렌을 취명시키는 방법으로 압축공기를 만드는데 발동기와 공기압축기를 사용한다. 작동순서는 다음과 같다.

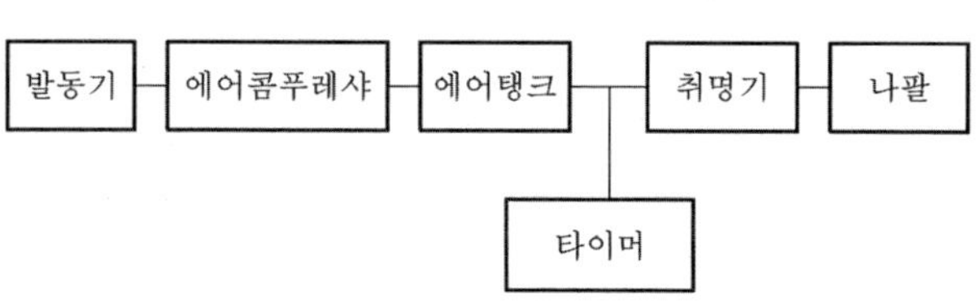

3.10.2 다이야폰(Diaphone)

압축공기에 의해서 취명부(피스톤과 시린다)를 취명시키는 방법으로 이 장치는 에어사이렌과 똑같이 압축공기가 보내져서 발음하는 것이다.

전자변(電子辨)이 고장일 때는 기계적인 개폐변(開閉辨)을 사용하며, 비상시는 수동에 의해 비상용 코크를 개폐해서 취명한다.

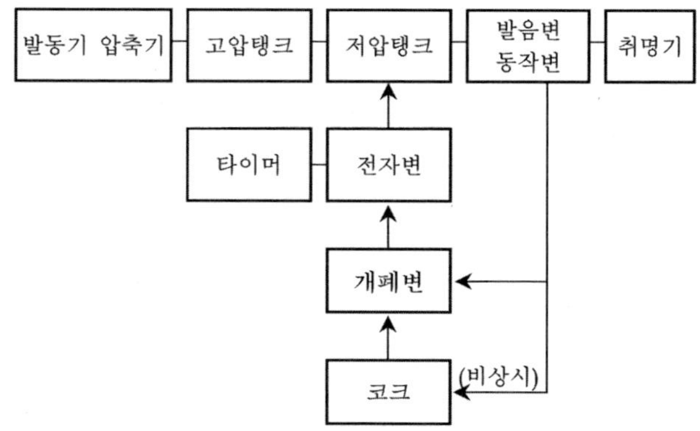

3.10.3 모터 사이렌(Moter siren)

전동기에 의해서 사이렌을 취명하는 것으로서 이것은 광원이 전화(電化)로 발전된 것으로 무신호에도 이용된 것이다.

이 장치는 음달거리에 대해서는 에어사이렌이나 다이야폰에 비하면 뒤떨어지지만 스위치 하나로 조작이 되는 간편함과 설비비가 적고 설치면적도 많지 않은 좋은 장점이 있어 근거리용으로 널리 쓰여지고 있다.

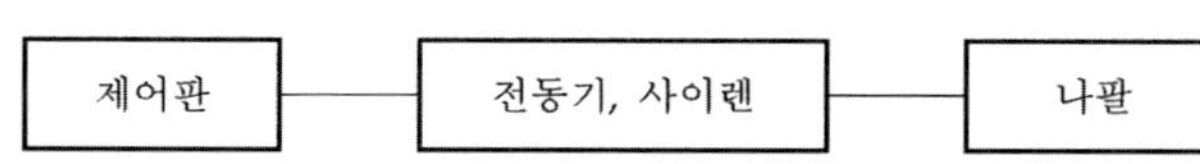

3.10.4 다이야후램 폰(Diaphragm phone)

전자석(全磁石)을 써서 특수금속판을 진동시켜 취명하는 방법으로 시설비가 많이 들지만 강력한 음향을 내며 조작이 용이하다. 이것은 전력이나 발동발전기(發動發電機)로 약 20KVA의 주파수 변동장치로 150Hz에 변환한 후 이들은 강력한 전자작용에 의하여 특수강제 진동판을 진동시켜 약 300Hz의 음향을 발사하는 것이다.

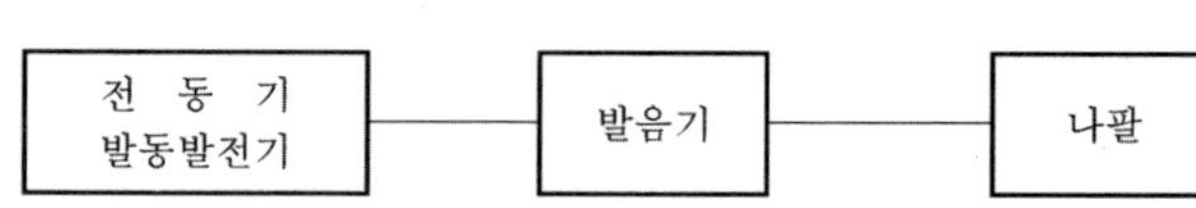

3.10.5 전기 폰(Ellectric phone)

원리는 다이야후램 폰과 비슷하나 전기폰은 전자식으로 300~500Hz의 저주파의 음향을 발사하는 무신호기이다.

전기폰은 발전회로(發電回路), 완충증폭기(緩衝增幅器), 타이머, 과전류차단기(過電流遮斷器) 정전압회로 및 발음기(유니트)로 구성되어 있으며, 에어사이렌에 비하여 운용과 설치는 간편하나 음량이 적은 단점이 있다.

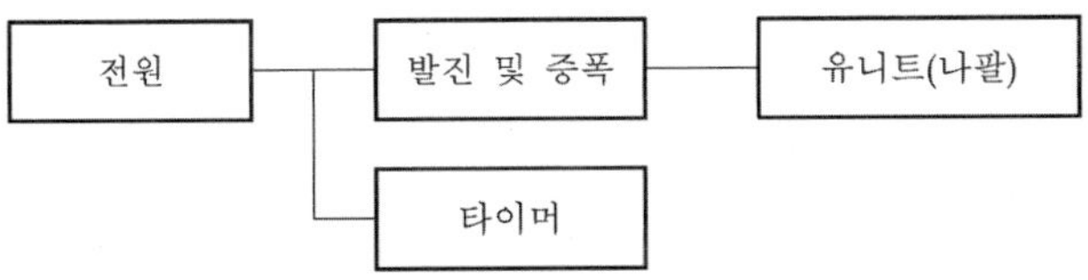

제4장 · 전파표지(電波標識)

4.1 개 요

선박의 운항에서의 항법은 지문(地文), 천문(天文), 위성(衛星), 전파(電波), 레이더 및 전자(電子)항법 등이 있으며, 최근에는 전자공학의 발달로 레이더(Rader), 레이콘(Racon), 로란-C(Loran-C), GNSS 및 DGNSS 등 다양한 첨단 항법 운항시스템이 개발되어 사용하고 있다.

전파표지는 주로 전파의 여러 가지 성질을 이용한 전파항법 및 레이더 항법을 이용한 항로표지시설이며, 기존의 오메가와 로란-A는 '97년도에 중단 되었고, 무선표지국(RDF : Radio direction finder)은 2000년도에 중단되었다. 특히 미국에서 운영하고 있는 위성항법시스템인 GPS는 3차원의 고정밀 위치정보를 전 세계에 제공하고 있으며, 세계각국에서도 GPS를 이용한 항만 및 협수로 운항에 DGPS시스템을 도입하여 사용하고 있다.

전파란 도선(導線)이 없이 공간을 빛의 속도(3×10^8m/s)로 퍼져가는 전기적인 신호의 전달이며, 전파경로는 지상파(地上波)와 공간파(空間波)로 구별된다.

구분별 전파경로를 보면 다음 표와 같다.

구 분		전파경로	이용주파수대
지상파		지표파 직접파 대지반사파 회절파	MF, LF, VLF VHF, UHF, SHF VHF, UHF VHF, UHF
공간파	대류권파 (對流圈波)	대류권 굴절파 대류권 산란파	VHF, UHF, SHF UHF, SHF
	전리층파 (電離層坡)	전리층 반사파 전리층 산란파	HF, MF, LF, VLF VHF, HF, MF, LF

4.2 전파표지의 종류

전자표지의 종류와 특기사항은 다음 표를 참고로 한다.

구 분	측정방식	주파수/신호형태	이용범위	정 도	특기사항
LORAN-C	쌍곡선/시간차	90-110Khz/펄스파	800NM	18-460M	• 전세계 29개체인, 82개 송신국 • IMO/IALA 공인시설
라디오비콘 (Radio beacon)	방위각	283-325Khz/지속파	100NM	해상±3°	• 우리나라는 7개국 운영(법정장비)
레이콘 (Racon)	시간차	9300-9500Mhz (X밴드) 2900-3100Mhz (S밴드)/펄스파	5-20NM 방위각 360°	레이다방위 분해능정도	• 표지신호는 거리, 방위, 및 식별상의 정보(모르스부호)제공
데카 (Decca)	쌍곡선/위상차	70-130Khz/지속파	300NM	50-800m	• 영국 등 유럽일부지역 및 일본 *2003년 폐지예정
오메가 (Omega)	쌍곡선/위상차	10-14Khz/지속파	700NM	3.7-7.4km	• '97.9.30운영중단
GPS	3차원 위성항법	L1:1,575.42Mhz L2:1,227.60Mhz /펄스파	전세계	100m	• 24개(21+예비3)위성이용한 위치측정시스템 (미국)
GLONASS		1240-1260Mhz 1597-1617Mhz /펄스파	전세계	100m	• 24개 위성을 이용한 위치측정 시스템(러시아)
DGPS		연안해역 283-325Khz/지속파	100NM	10m이내	• GPS보정
응답기 (Transponder)	해상측위 호출응답	2930-2950Mhz 5470-5480Mhz 9280-9300Mhz (x-band에 설정한 SART)	5-20NM 360°		• 선박과 육상간의 식별 및 정보교환 업무

4.3 로란-C(LORAN-C : Long range naviga-tion)

로란방식이란 주국(主國:Master station)과 종국(從國 : Slave station)의 2개의 송신국에서 시간 약속하에 발사하는 전파의 도착시간차를 측정하여 위치선을 구하는 방식이다.

종전(1942년대)의 로란-A를 정확도가 높은 로란-C(1959년)로 개발하여 사용한 것으로 주국 하나에 종국을 2~4개로 구성하여 각국에서 발사하는 8~9개의 펄스(Palse)군에 변조된 100khz의 방송파 도달시간을 측정하는 기본적인 항법기능이며, 이 외에 시간의 표준(UTC:Universal time coordinated) 및 주파수 기준으로도 이용된다.

4.4 GPS(Gloval positioning system)

GPS는 전세계에서 사용하고 있는 위성항법 측위 시스템이다. 이용자는 장착된 수신기(GPS장비)로 편리하게 3차원의 위치, 속도 및 시간을 결정할 수 있다. 우주부분은 21개의 위성과 운영상 3개의 예비위성으로 구성되어 12시간 주기로 선회한다. 각 위성에서 항해자료 및 시보(時報)를 전송한다.

4.5 DGPS(Differrential global positioning system)

GPS보다 향상된 시스템으로 정확하게 알려진 위치의 기준국에서 GPS신호를 실시간으로 보정하여 제공하고 있다. 자동보전은 라디오 비콘(Radio beacon)이나 기타 VHF와 같은 전파로 주변 기준국이 있는 GPS이용자에 전송한다.

4.6 GLONASS(Global satellite navigation System)

3차원의 위치로 이용자에게 제공한다. 21개의 위성과 3개의 예비위성에 의하며, 궤도주기는 12시간 가깝게 선회하며 각각 위치신호를 전송한다. 시스템은 USSR에 의해 개발되었다.

4.7 응답기(Tranponder)

해상 선위측정시에 있어서 송수신 장비는 특정신호 또는 지역명령에 의한 질의시 부호 또는 무부호 식별전송으로 응답한다.

4.8 레이더(Radar) 표지

전화를 발신하고 목표로부터의 반사파를 수신하여 그 목표의 위치를 측정 · 확인하는 전자장비를 이용한 표지를 말한다.

안전한 레이더항법은 표지기상에 명료하게 수로 또는 항로를 표시하는 보조장치를 필요로 한다. 부표나 등표는 적은 반사물표이다. 이러한 표지는 레이더의 기능을 보강하기 위하여 레이더 비콘(Radar beacon : RACON) 또는 레이더 리프렉타(Radar reflector)형식으로 레이더 보조장치를 설치하고 있다.

레이콘(RACON)은 선박용 레이더 전파에 의하여 작동되었을 때 작동하고 있는 레이더의 표시기상에 특별신호가 자동적으로 되돌아가 나타나게 하는 송신장치이다. 표지신호는 거리, 방위 및 식별상의 정보를 제공한다.

4.9 무선표지국(Radio beacon station)

무선표지국은 전파의 직진성과 공중선(Antenna)의 지향성(指向性)을 이용하여 A2 송신전파(모르스 부호)를 발사하고, 선박에서는 무선방위측정기(Radio direction finder : RDF)를 이용 전파의 방향을 측정하는 무선방위 측정장치의 한 종류이다.

항행 선박이 해안의 무선표지국에 발신하는 전파의 방위를 측정하면 해도에 수신된 방위선을 기입할 수 있다. 이와 같이 두 개의 무선표지국 무선방위를 수신하면 자기 나침판의 교차방위법과 같은 방법으로 선박위치가 결정된다.

1910년경 전파항법계기로서는 최초로 개발되었으며, 우리나라에는 7개의 무지향성 무선표지국이 설치 운영되고 있다. 또한 첨단항법장치의 개발로 현재는 이용선박의 수가 점차 감소추세에 있으며, 2000년경에는 운영이 중단되고 현 무선표지국은 시스템을 개량 DGPS기준 송신국으로 활용할 계획으로 있다.

무선표지국 위치현황은 다음표와 같다.

해안별	국 명	위치	표지부호	전파형식 및 주파수 (khz)	공중선 전 력 (W)	통상방위 측정구역 (M)
동해안	주문진 (무지향성)	37°53′.7 128°50′.2	CM	A2B295	150	100
	장기곶 (무지향성)	36°04′.5 129°34′.3	CG	A2B310	150	100
남해안	영도 (무지향성)	36°02′.9 129°05′.6	CY	A2B300	25	25
	거문도 (무지향성)	34°00′.3 127°19′.5	KM	A2B287.5	150	100
서해안	죽도 (무지향성)	34°13′.4 125°51′.0	CK	A2B290	150	100
	어청도 (무지향성)	36°07′.2	EC	A2B295	150	100
	팔미도 (무지향성)	37°21′.3 126°30′.8	PM	A2B313	150	100

무선방향탐지국(Radio direction finding or Radio gonio station : RC)은 선박으로부터 의뢰를 받아 그 선박의 발신전파 방향을 측정하여 전파의 방위를 다시 알려주는 무선국이고, 무선표지국(Radio beacon station : RB)은 일정한 시각에 국 특유의 전파(모르스 부호)를 발신하는 무선국을 말한다.

제5장 · 항로표지시설 계획

5.1 개 요

항로표지시설은 기능을 유지할 수 있는 위치와 용도에 맞게 그리고 구조적으로 안전하게 시설되어야 하며, 제1장 1.3항의 설치의 기본요건에서와 같이 선박의 안전과 운항능률의 증진을 도모하기 위한 해상교통의 실정을 고려하여 적절하고 유효한 항로표지 시설이 되어야 한다.

항로표지의 주요시설물은 고정식 구조인 등대를 주로 하고 도등, 지향등 및 교량표지 시설 등이 있으며, 부표식 구조는 등부표, 등선 등으로 등표와 자연위험물 및 침선물 등의 장애물 표지가 이에 속하며, 그 외에 항로표지의 중요부분으로 항로표지용 장비가 있다.

5.2 등대 및 등표의 구조물

5.2.1 기본방침

등대 및 등표를 계획할 때에는 일반적인 기준 및 순서를 정하여 합리화와 능율화를 도모하고, 계획의 대상이 되는 시설물의 목적과 기능을 충분히 이해하고 영향이 미치는 조건을 검토하여 시설물이 경제적으로 시설되도록 한다.

검토내용으로는 하중 및 외력의 종류, 하중 및 외력의 조합, 자중, 지진력, 풍압력, 부력, 파압력 및 기타외력이 있다.

가. 하중 및 외력의 종류

- ○ 자중
- ○ 지진력
- ○ 풍압력
- ○ 파랑의 파력(처올리는 힘)
- ○ 위의 조합에 의한 응력의 합계로 하며 그 외에 구조물의 실태에 따라 토압, 수압, 기타 진동, 충격에 의한 외력을 고려한다.

나. 하중 및 외력의 조합

1) 파도의 영향을 받지 않는 등대

자중+풍압력
자중+지진력 } 이 중 큰 힘을 채택

- ○ 통상 지진력이 풍압력보다 크므로 지진력을 검토한다. 그러나 특히 바람이 강한 곳에서는 풍압력을 검토한다.

2) 파도의 작용을 받는 등대 및 등표 :

자중+파압력+풍압력+부력
자중+지진력 } 이 중 큰힘을 채택

- ○ 기초저면이 약최고고조위(H.H.W.L)보다 위에 있을 때에는 부력을 고려하지 않는다.

다. 자 중

자중 산출에 사용되는 재료의 중량은 항로표지 업무편람(국토해양부:부표-3)에 의하며, 실중량이 명백한 것은 실값에 의한다.

라. 지진력

지진은 등탑자중에 수평진도를 곱하여 계산한다.

$E = K \cdot N,\ K = K_A \cdot K_B \cdot K_C$

여기서, E : 지지력(t)
K : 수평진도
N : 지반에서의 자중
K_A : 지반계수
K_B : 지역별 진도
K_C : 높이계수

- ○ 지반면 이하의 기초부분에는 지진력은 작용하지 않는 것으로 한다.
- ○ 파의 작용을 받는 등대 및 등표에서 지진력에 대하여 검토할 때 부력은 고려하지 않는다.

지반별 계수 및 높이계수는 다음 표를 참조한다.

허용지내력도(t/m^3)	지반별계수(KA)
fe > 200	0.9
200≧ fe > 10	1.0
fe ≦ 10	1.2

구조물높이(m)	높이계수(k)
지반면 ~10m	1.0
10 ~ 20m	1.1
20m이상	1.2

마. 풍압력

풍압력은 속도압에 풍력계수를 곱한 것으로서 압력을 받는 면에 균일하게 분포되어 작용하는 것으로 한다.

$$P_w = C_w \cdot q$$

여기서, P_w : 풍압력(t/m^3)

C_w : 풍력계수(평면 = 1.0, 원형 = 0.7)

q : 속도압(t/m^3), 일반적으로 $0.3t/m^3$로 한다.

바. 부 력

구조물의 약최고고조위(H.H.W.L)이하의 부분을 배제하는 해수의 중량이 상향으로 작용하는 것을 말한다.

$$F_b = W_o \cdot \overline{V}$$

여기서, F_b : 부력(t)

W_o : 해수의 단위 중량($1.03t/m^3$)

$\overline{V}$: 약 최고고조위 이하 구조물 부분의 부피(m^3)

○ 파가 작용하는 경우에만 수중에 매몰되고 수면이 정지하고 있을 때 최고고조위보다 위에 있는 구조물에 대하여는 부력을 고려하지 않는다.

사. 파압력

1) 공식 - 1

구조물의 설치지점이 암초상이 아닌 경우, 암초상이라도 암초의 상단면이 약최고고조위 이하에 잠겨 있고, 설계파고가 구조물 설치지점의 수심(약최고고조위 이하의 수심)의 0.6배 이하일 때에는 파력의 압력분포는 다음 식으로 계산한다.

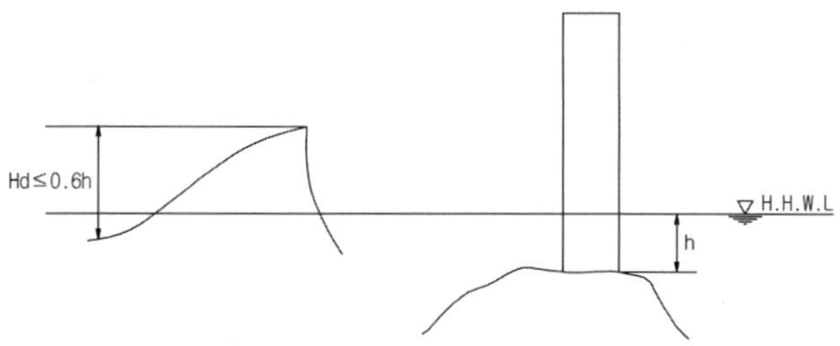

$$P_s = r(Z/H_d) \cdot W_o \cdot H_d$$

여기서, P_s : 파압력(t/m^2)

$r(Z/H_d)$: 파압력 계수

Z : 정지수면을 원점으로 했을 때의 수직방향의 거리(m)

W_0 : 해수의 단위중량($1.03t/m^3$)

H_d : 설계파고(m)

파압분포도는 다음과 같다.

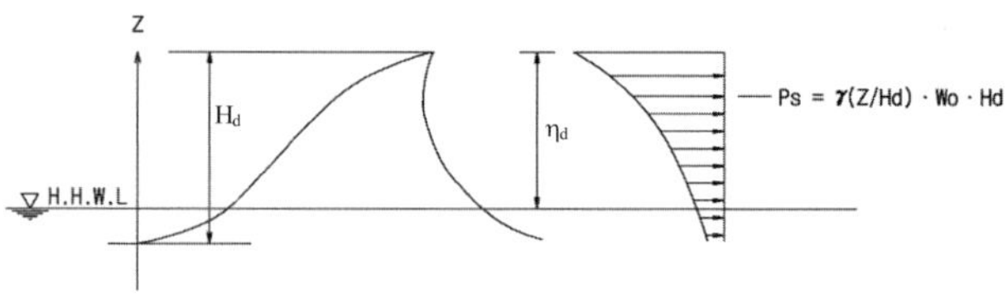

○ $r(Z/H_d)$는 Z지점에 있어서의 파압력 계수로서 Z/H_d를 변수로 하여 구한다. 이 경우 파의 작용높이 η_d는 약 최고고조위상 $0.75H_d$높이로 한다.

2) 공식 - 2(合田式)

방파제 등대 또는 암초상의 경우 공식-1에 속하지 않을 경우 파압력의 분포는 다음 식으로 구하고, 전체수압투영면(全体水壓投影面)에 등분포로 작용하는 것으로 본다.

$$P_s = 0.5W_o \cdot H_d$$

여기서, P_s : 파압력(t/m^2)

W_o : 해수의 단위중량($1.03t/m^3$)

H_d : 설계파고(m)

○ 암초의 정상면이 약최고고조위 이하에 있을 때에는 파의 작용높이 η_d는 약최고고조면상 $0.75H_d$높이로 한다. 상기 이외에서는 파의 작용높이가 정상고(頂上高)에 의한다.

아. 기타 외력

1) 파의 처오름 힘

파고가 등탑에 부딪치면 물기둥이 등탑을 거슬러 위로 처오른다. 이 때 물의 이동을 방해하는 상부발판, 계단참 등의 돌출부가 등탑에 있으면 파가 위로 처오르는 힘이 작용한다. 이 작용의 한계는 파의 작용높이 η_d는 위쪽으로 $0.5H_d$가 된다.

파의 처오름 힘은 다음 식으로 계산하고 작용범위는 등탑지름 D의 외측이 0.1D범위이다.

$$P_u = C_u \cdot W_0(0.5H_d + \eta_d - Z)$$

단, $\eta_d < Z < (\eta_d + 0.5H_d)$

여기서, P_u : 파의 처오름 힘

C_u : 처오름 힘의 계수

- 상부발판 등 처오름 힘을 받는

면이 평판으로 파의 진행을 방해할 때 2.0

- 상부발판 등 처오름 힘을 받는 면이 파의 진행방향과 직각이 아니고 진행방향을 쉽게 바꿀 수 있는 구조일 때 1.0

W_0 : 해수의 단위 중량(1.03t/m^3)

H_d : 설계파고(m)

Z : 약최고고조위 상의 높이(m)

η_d : 파의 작용높이(m)

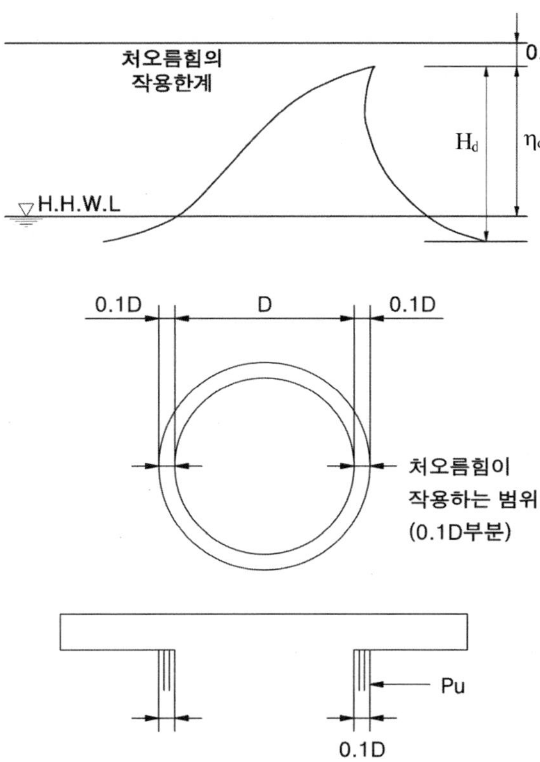

2) 파의 작용높이 및 정상고(頂上高)

○ 수상 암초위의 등표

파의 작용높이 η_h는 약 최고고조위상의 다음 식중 정상고 η_c로 하거나 파의 처오름높이(η_d)중 큰 값을 채택한다.

η_n : $0.75H_d$

η_h : $0.55H_d + 0.7R_h$

η_d : $\max(\eta_d \cdot \eta_h)$

여기서, η_c : 파의 정상고(m)

H_d : 파의 처오름 높이(m)

R_h : 약 최고고조위상 암초의 정상고 (m)

η_d : 파의 작용높이(m)

단, 파가 처올라가는 높이 η_h는 암초전면의 경사각 θ에 의하여 다음 표에서 나타낸 값 이하로 하되 경사각은 약최고고조위상의 암초 건설지점까지의 높이에 대한 평균경사각으로 한다.

경 사 각 (Θ)	파가 처올라가는 높이 η_h(m)
90°	1.00 H_d
60°	1.23 H_d
45°	1.42 H_d
30°	1.74 H_d

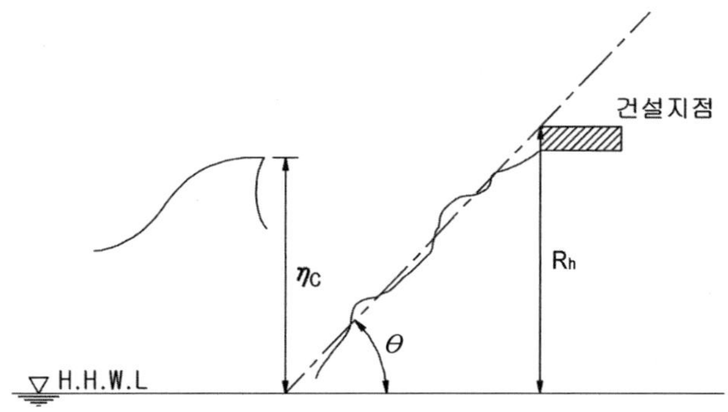

〈평균경사각을 채용하는 경우〉

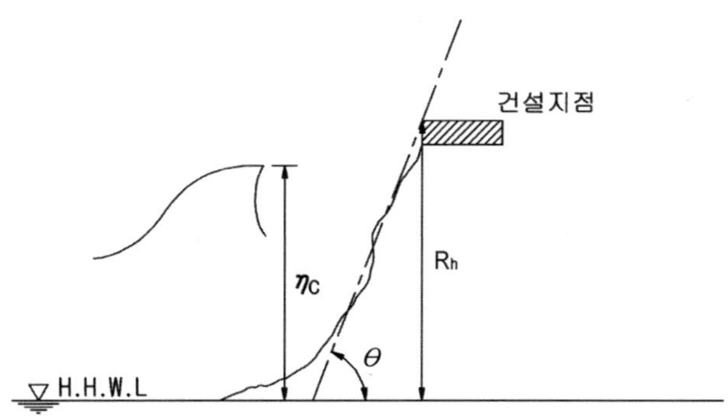

〈평균경사각을 채용하지 않는 경우〉

암초전면 경사각 표시도

○ 수상암(水上岩) 이외의 암초상 등표

파의 작용높이 η_d는 약최고고조위상의 파의 정상고(η_c)는 다음식으로 구한다.

$\eta_c = 0.8H_d$

○ 방파제 등대

파의 작용높이 η_d는 약최고고조위상의 파의 정상고 (η_c)는 다음식으로 구한다.

$\eta_c = 0.8H_d$

5.2.2 설계파($H_{1/3}$)

설계파를 결정할 때에는 인근의 장기간 파랑관측

자료를 바탕으로 결정하는 것이 바람직하며, 자료가 없을 경우 계획지점의 파고를 추정하여 결정한다.

가. 환산심해파고($H'_{1/3}$)

환산심해파고는 유의파고($H'_{1/3}$) 및 파의 진행방향과 회절 · 굴절 등을 고려하여 결정한다.

환산심해파고는 다음 식으로 구한다.

$$H'_{1/3} = k_d \cdot H_{1/3}$$

여기서, $H'_{1/3}$: 환산심해파고(m)

k_d : 회절계수

$H_{1/3}$: 심해유의파고

나. 파의 회절

반도와 같이 육지가 바다쪽으로 돌출한 경우 파의 회절은 굴절현상과 같이 나타나므로 종합적인 검토를 요하고, 장애물보다 안쪽에 직립벽 등 파랑이 반사하는 구조물에서는 단순하게 회절도를 적용할 수 없다.

회절계수는 항만 구조물설계자료에서 적용된 내용 등을 참고로 한다.

다. 파의 굴절

등표의 경우 전면해저의 등심선과 파향이 직각이 아닐 때에는 굴절에 의한 파향 및 파고의 변화를 고려하여 심해유의파고를 결정한다. 굴절도와 굴절현상에 대하여 항만구조물 설계자료를 참고로 하고, 다음과 같은 장소에서는 굴절도의 정도를 기대하기 어렵다.

해저지형이 복잡한 장소, 해저경사가 1/10이상인 급경사, 쇄파대내, 큰 곡율로서 굴절하는 파랑의 방향선에서 파고의 변화를 구하고자 할 때 등

라. 주 기

파랑관측자료 또는 파고추정자료를 기본으로 하여 결정하나, 자료가 없을 경우 다음 자료를 이용한다.

- 외해로부터 파랑의 영향을 받는 지점 T_0 = 12.0sec
- 내해에서는 T_0 = 8.0sec

마. 설계파고

항로표지설계시 사용하는 설계파고(H_d)는 구조물에 작용하는 최대파고를 설계파고로 한다. 최대파고는 구조물 건설지점의 현장 심해유의파고($H'_{1/3}$)의 2배를 적용하거나 건설지점에서 $10H'_{1/3}$외해쪽 거리가 떨어진 곳의 쇄파 한계파고(H_h) 중에서 작은 값으로 정한다.

$$H_d = H_{max} = 2H'_{1/3} \cdot H_b$$

여기서, H_d : 설계파고(m)

$H'_{1/3}$: 현장 심해유의파고

쇄파한계파고는 쇄파지점의 수심(h_b)과 환산심해파장($L_o = 1.56T_0^2$)과의 비, (h_b/L_0)와 쇄파지점에서 외해측의 해저평균경사(i : 통상 1～3파장의 범위)를 사용하고 쇄파한계파고와 쇄파지점의 수심과의 비(H_b/h_b)를 구한다.

쇄파지점의 외해측에 얕은 여울이 분명히 있고 이 지점에서 쇄파한다고 예상될 때에는 이 지점에서의 통과최대파고(쇄파한계파고와 동일)를 구하고 이 파고를 위에서 설명한 방법으로 적용한다.

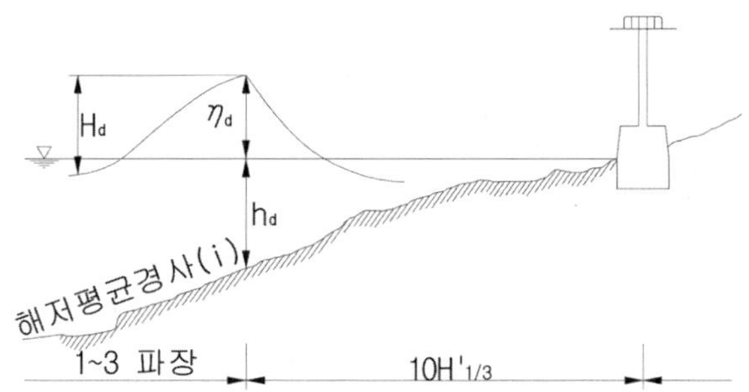

5.2.3 지반의 허용지지도(許容支持度)

등표를 설치할 때 참고로 하는 지반의 허용지지도는 다음 표를 참고한다.

지 반		허용지지도 (장기)	허용지지도 (단기)
경암반	화강암, 석록암, 편마암, 안산암, 화성암 및 굳은 역암 등의 암반	400t/m^2	장기응력에 대한 1.5배로 한다.
연암반	판암, 편암 등의 수성암의 암반	200	
	혈암, 토단반 등의 암반	100	
자갈		30	
자갈과 모래 섞인 혼합물		20	
모래 섞인 점토 또는 롬층		15	
모래 또는 점토		10	

주) 암반의 압축강도 시험을 했을 때에는 이 압축강도의 20%를 장기허용지지도로 한다.

5.3 등탑의 기초

5.3.1 안정성 확보

등탑의 기초는 외력에 대한 활동, 전도에 안전하여야 하고, 기초 및 지반의 최대응력도, 지지력에 안전하도록 등탑의 기초가 설계되어야 한다.

5.3.2 기초형식의 종류

가. 중력식 기초

외력에 대해서는 자중으로, 수평력에 대해서는 저면마찰로 인한 안정을 유지하도록 하는 형식

나. 반력식 기초

지반내에 기초를 깊이 매설하여 측면반력, 저면반력에 대해 안정이 유지되도록 하는 형식

다. 부착식 기초

지반내에 기초를 얕게 매설하되 측면부착력, 저면반력에 대해 안정이 유지되도록 하는 형식

상기 형식을 비교하면 매설깊이 h와 기초의 지름 D_B와의 비 h/D_B는 다음 표를 만족하여야 한다.

기초의 형식	h/D_B
중력식(重力式)	0.1 이하(스라이딩을 방지할 정도)
부착식(付着式)	0.1 ~ 0.3
반력식(反力式)	0.3 이상

기초형식은 다음 그림을 참고로 한다.

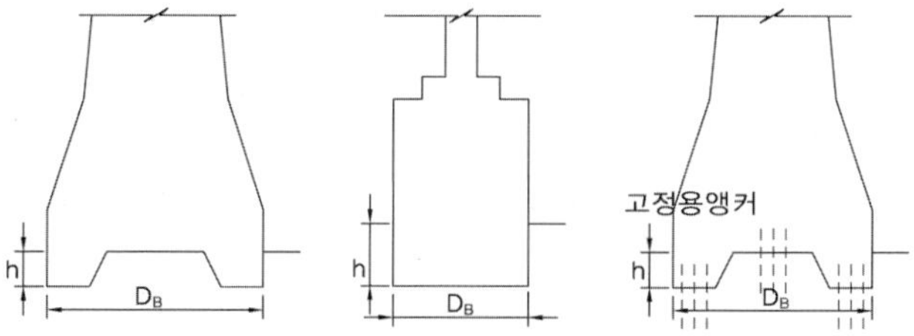

○ 강봉으로 지반에 앵커시키는 것은 안정성을 높이기 위한 보강공이므로 안전계산에는 포함시키지 않는다.

5.3.3 기초형식의 선정

기초형식의 선정에 있어서는 지반의 강도, 등탑의 규모, 외력의 대소, 시공성 등을 고려하여 안정되고 경제적인 형식을 채택한다.

기초형식 선정시 다음 비교표를 참고하여 선정하는 것이 바람직하다.

조 건 \ 기초의 형식	중력식	반력식	부착식
지 반	토사, 연암	보통암	경 암
외 력	적 음	큼	큼
등 탑 의 규 모	적 음	큼	보 통
시 공 의 난 이 도	용이함	난이함	보 통

5.3.4 중력식 기초의 안정계산

가. 활동(滑動:Sliding)에 대한 안정

저면의 지반과 구조물의 저면 마찰력이 외력인 수평력에 대하여 안전율 1.5이상이 되어야 한다.

$$F = \frac{P_\gamma}{P} \geq 1.5$$

여기서, F : 안전율(1.5)

P_γ : 저면의 지반과 구조물의 저면 마찰력(t) = $N' \cdot \mu$

P : 기초저면에 작용하는 수평력(t)

N′ : 기초저면에 작용하는 자중

N : 마찰계수

○ 마찰계수는 다음 표를 참고한다.

조 건	마찰계수(μ)
Precast concrete와 암반	0.6
Precast concrete와 모래	0.6
현장 Concrete와 암반	0.7
현장 Concrete와 모래	0.7
현장 Concrete와 모래 (일부 30cm이상 매몰되는 경우)	0.8

나. 전도(傳倒:Over turning)에 대한 안정

저면에 있어서 저항모멘트를 구하고 외력의 휨모메트에 대한 안전율1.5 이상이 되게 한다.

$$F = \frac{M_r}{M'} \geq 1.5$$

여기서, F : 안전율(1.5)

M_r : 기초저면에 있어서의 저항모멘트

$$= \frac{N \cdot D_B}{2}(t \cdot m)$$

M′ : 기초저면에 있어서의 휨모멘트 (t · m)

N : 기초저면에 있어서의 자중(t)

D_B : 기초의 외경(m)

다. 침하(沈下)에 대한 안정

다음 식에서 구하는 설계용 접지압력(δ_e)이 지반의 허용지지도(f_e)를 넘지 않는 것으로 한다.

$$\delta_e = \frac{\alpha N'}{A} \leqq f_e$$

여기서, δ_e : 설계용 접지압력(t/m^2)

α : 접지압계수

N' : 기초저면에 있어서의 자중(t)

A : 기초저면적(m^2)

f_e : 지반의 허용지내력도(t/m^2)

※ 접지압계수는 편심거리 $e\left(e = \frac{M'}{N'}\right)$와 기초폭 D_B에 의하여 결정되는 계수로서 부도에서 구한다. 여기서 M' = 기초저면의 휨모멘트(t · m)

5.3.5 반력식 기초의 안정계산

외력에 의한 휨모멘트 및 수평력에 의해 기초측면과 기초저면에 생기는 최대압축응력도($P_s \cdot q_b$)는 암반의 허용지지도(f_e) 및 기초 콘크리트의 허용압축응력도(σ_{ca})를 넘지 않는 것으로 한다.

P_s --------$P_s \leqq \sigma_{ca},\ f_e(t/m^2)$

q_b --------$q_b \leqq \sigma_{ca},\ f_e(t/m^2)$

여기서 $P_s \cdot q_b$는 도표에서 구할 수 있다.

제12편

5.3.6 부착식 기초의 안정계산

$$\tau_s \geqq \sigma_{bc}$$

여기서, τ_s : 기초측면에 생기는 최대전단응력도(kg/cm^2)

σ_{bc} : 허용부착응력도(kg/cm^2)

* τ_s는 도표에서 구할 수 있다.

조 건	허용부착응력도 $\delta_{ba}(kg/cm^2)$
콘크리트와 콘크리트	9
모르터와 암반	5
접착제와 암반	7

주) 상기값은 단기허용부착응력도 이다.

5.3.7 등탑의 기본요건

○ 등탑의 지름(D)는 80cm이상으로 한다.

○ 파력이 작용하는 원환단면(圓環斷面)의 벽두께는 20cm이상으로 한다.

○ 벽두께(t)는 설계파고(H_d), 벽중심간의 지름(D_m)으로 정하는 t_0보다 커야한다.

○ 속이 빈 장방형 단면의 벽두께는 20m 이상으로 한다.

○ 벽두께(t)는 설계파고(H_d), 장방형단면 외폭(B)일 때의 t_o보다 커야 한다.

【참 고 도 면】

1. 등대(유인등대, 무인등대)

유인등대

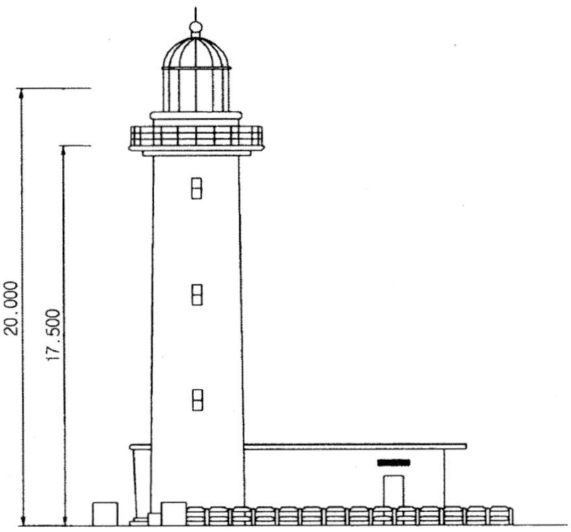

연안무인등대

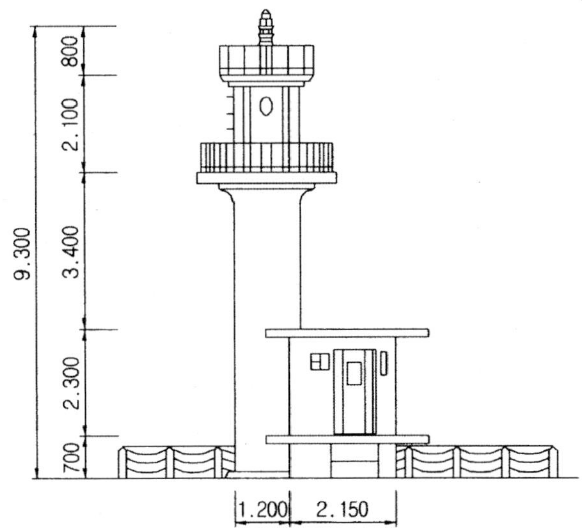

2. 방파제 등대

방파제 등대

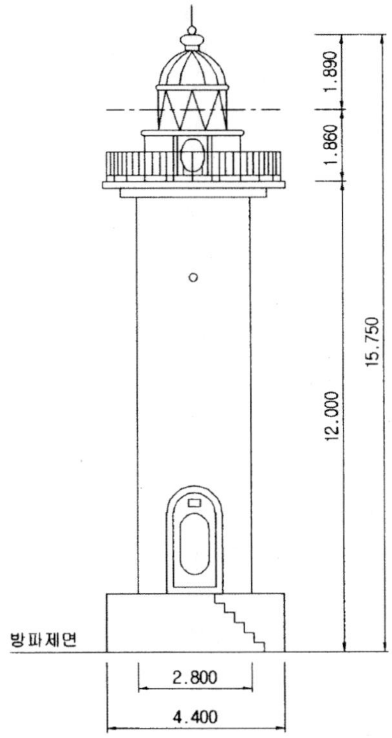

방파제 등대

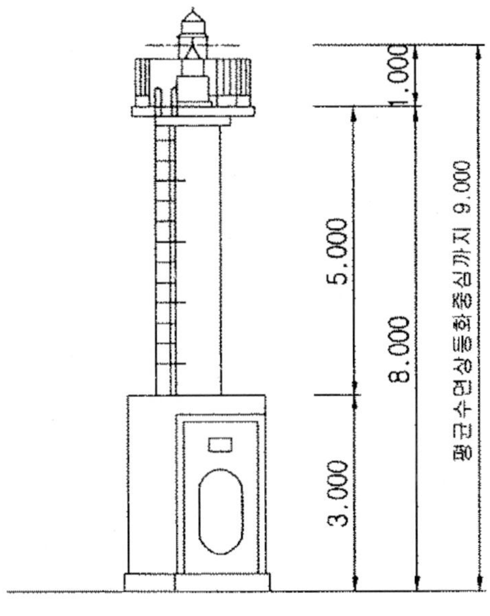

3. 등 표

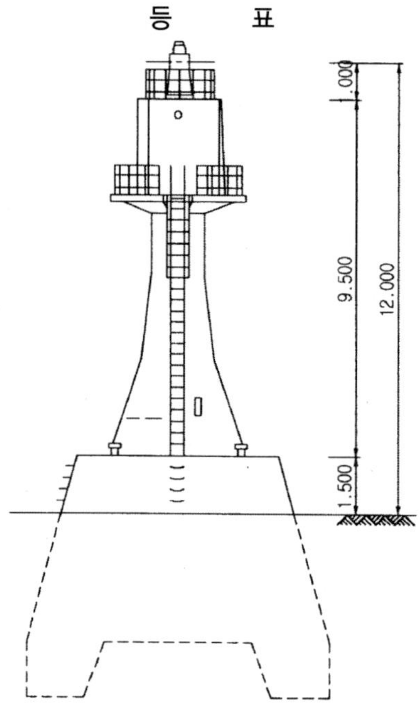

4. 도등 (전도등, 후도등)

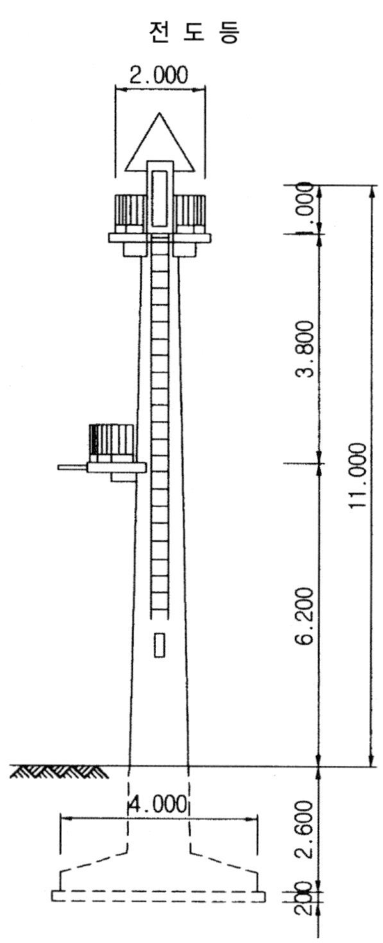

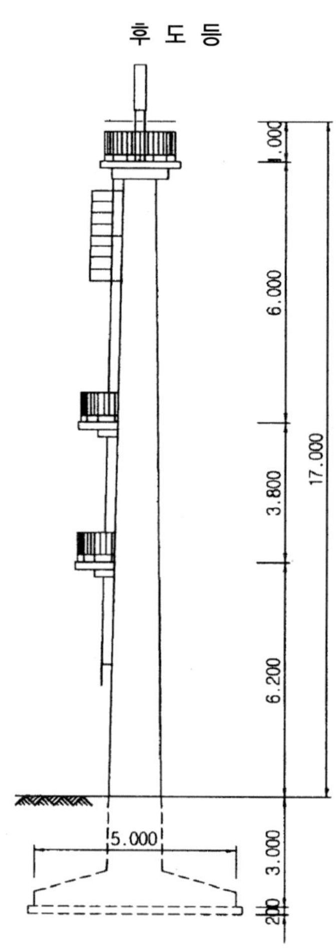

5.4 등부표(燈浮標)

5.4.1 개 요

법정항로(法定航路, 권고항로 포함), 준설항로 및 기타해역에 합리적으로 부표를 설치하여 해상교통안전과 능률증진에 기여함을 목적으로 하는 표지시설로서 해상부표식은 가항수로(可航水路)의 측방한계(側方限界), 자연위험물 및 침선(沈船) 등의 장애물, 항해자에게 알리기 위한 구역이나 지물, 신위험물 등을 표시하고 있는 부유식 구조물이다.

등부표는 암초(暗礁), 항해금지구역, 항로폭의 명시, 항로의 변침점(變針点), 항로의 입구표시, 사주(砂洲) 또는 수심의 변화점 등에 설치하는 항로표지중 그 사용용도가 다양하여 많이 이용되는 항로표지시설이다.

등부표는 부력(浮力)을 이용하여 해상에 띄우는 구조물이며, 체인과 앵커로 고정·정치(固定·定置) 시키므로 유동반경(流動半徑)이 크고 태풍 등에 의한 유실(流失) 등 신뢰성이 적은 표지시설이기도 하다.

등부표에는 축전지와 태양전지판을 탑재하여 전원으로 하고 있으며, 두표(頭標), 등명기(燈明器), 코나크러스다, 번호판 등이 부표 상부 자켓에 탑재되며, 사용용도에 따라 동기점멸장치(同期點滅裝置), 레이콘(Racon) 등이 첨가되기도 한다.

부표의 구조 및 명칭은 다음 그림과 같다.

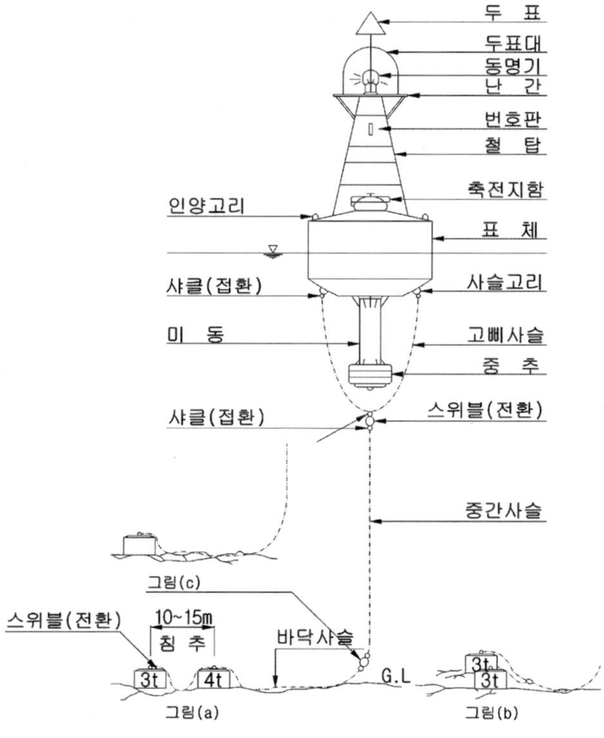

5.4.2 부표의 안정계산

가. 개 요

항로표지용 부표나 소형부표는 여러 가지 형태가 있다. 크기로는 수심, 바람, 해상 및 조류조건과 같은 지역적 조건과 용도에 따라 결정된다. 등화(燈火)를 시설하거나 하지 않을 수도 있으며, 야간 항행이 이뤄지는 지역에서는 등화가 없는 표지는 주의를 기울여야 한다.

일반적으로 부표식 표지는 이름이나 숫자같은 식별자를 가지고 있고, 수로나 수역의 측방경계, 항행시 위험물 또는 방해물, 장애물, 육지초인위치, 수로중앙위치, 특수영역 또는 형태, 물속에 잠긴 ODAS, 선회지점, 통항분리, 분기점 등의 용도로 이용될 수 있다.

나. 부표의 중심위치(重心位置) 결정

부표의 본체, 미통(尾筒), 중추(重錘), 등기(燈器), 축전지 등에 관하여 가능한한 상세하게 중량을 계산하고 중심(重心)의 위치를 산정한다. 이 경우 전체의 계산결과에 미치는 영향이 적은 것은 생략할 수 있다.

부표 전체로서의 중심위치는 다음식으로 계산한다.

$C_G = M_c/\sum W$ (기준면상)

여기서, C_G : 중심의 위치(m)
M_c : 작용모멘트(M-kg)
$\sum W$: 중량의 합계(kg)

○ 중량의 내용별 각부의 중심거리와 모멘트는 다음 표와 같이 기록한다.

항 목	중량 (kg)	기준선상으로부터 특정한 각부의 중심의 거리(m)	모멘트 (M-kg)
사 람	W_1	a	$W_1 \cdot a$
등 구	W_2	b	$W_2 \cdot b$
망 대	W_3	c	$W_3 \cdot c$
축 전 지	W_4	d	$W_4 \cdot d$
본체각부	W_5	e	$W_5 \cdot e$
미 통	W_6	f	$W_6 \cdot f$
중 추	W_7	g	$W_7 \cdot g$
계	$\sum W$		Mc

기준선은 부표의 아래를 기준으로 하고 안정계산의 경우 체인중량은 계산에 넣지 않는다. 이는 체인이 없는 상태의 안정계산이기 때문이다.

다. 부표의 배수체적(排水体積)

부표의 배수체적은 다음 식으로 계산한다.

$V = W / 1025$

여기서, V : 배수체적(m^3)
W : 전체중량(kg)
1025 : 해수의 비중(kg/m^3)

○ 표의 양식은 다음과 같다.

항 목	배수체적 (m^3)	기준선으로부터 측정한 각부 중심의 거리(m)	m^4
본 체	V_1	a	$V_1 \cdot a$
미 통	V_2	b	$V_2 \cdot b$
	⋮	⋮	⋮
	⋮	⋮	⋮
계	$\sum V$		M_B

라. 부심(浮心)의 결정

부심은 다음의 식으로 계산한다.

$C_B = M_B/\sum V$(기준면상 m)

이때에 부심의 복원력(復原力)과 동요주기를 짧게 하기 위하여 미터센터는 중심의 위에 오도록 설계되어야 한다.

$B_M = 1 / V$

여기서, B_M : 부심부터 미터센터까지의 높이(m)
I : 부표의 흘수면의 관성능률 (慣性能率 : $m^4 = \pi D^4/64$)
V : 배수량(m^3)

마. 중심결정

중심에서 미터센터까지의 높이 계산은 다음 식으로 한다.

$V\ C_M = B_M + C_B - C_G$

여기서, B_M : 부심부터 미터센터까지의 높이(m) 이때의 C_M은 클수록 좋다.

바. 진동주기의 결정

$$t = 2\pi \sqrt{\frac{K_2}{G_M \cdot g}}$$

여기서, t : 주기(sec)
K_2 : 회전반경 = $\sqrt{I/W\,(m)}$
g : 중력의 가속도
I : 관성능률을 통하는 동요측으로 부터 각 부 중심까지의 제곱과 질량과 질량과의 합을 합계한 것

○ 표의 양식은 다음과 같다.

항 목 (중량(kg))	중심으로부터 각부의 중심까지의 거리(m)	중심을 지나는 동요축으로부터 각부의 중심까지의 거리의 자승	모멘트 (kg-m^2)
등 롱 W_1	a	a^2	$W_1 \cdot a^2$
망 대 W_2	b	b^2	$W_2 \cdot b^2$
본체각부 W_3	c	c^3	$W_3 \cdot c^3$
⋮	⋮	⋮	⋮
⋮	⋮	⋮	⋮
계 W			I

○ 정수중 소각도의 동요는 단진동의 진폭에 관계없이 주기는 일정하다.

사. 흘수위의 결정

$$VD = V'\pi R_2,\quad V = \frac{W + W'}{1025}$$

여기서, D : 부표의 수면하의 길이(m)
R : 부표의 단면의 반경
W : 부표의 전중량
W′: 체인, 고삐사슬의 중량(kg)

사용상태에 있어서 실제의 흘수위는 수심에 상당하는 체인의 중량을 계산에 넣을 필요가 있다.

아. 바람에 의한 경사각 결정

바람에 의한 경사각 계산은 다음 식으로 계산한다.

풍압의 중심은 수면상에 나타나 있는 전체풍속면적의 계산점을 축으로 하는 모멘트를 합한다.

$VC_W = M_A/A$

여기서, C_W : 풍압의 중심(계류점상, m)
M_A : 복원모멘트($=W \cdot G_M \cdot \sin\Theta$)

항 목	면적 (m^2)	계류점으로 부터 각부의 풍압 중심까지의 거리(m)	모멘트 (m^2)
등 롱	a_1	a	$a_1 \cdot a$
망 대	a_2	b	$a_2 \cdot b$
표체본체	a_3	c	$a_3 \cdot c$
계	A		M_A

제12편

등광(燈光)의 발산각의 $\frac{1}{2}$즉 ϕ는 다음 식으로 구할 수 있다.

$$\tan\Phi \frac{\text{광원의 유효부분의 길이}}{\text{렌즈의 촛점거리}} \times \frac{1}{2}$$

여기서, ϕ : 200m/m 렌즈 12V · 10W전구에서 약 5도이다.

따라서 Θ ≤ ϕ의 경우에는 수평선으로부터 항상 등광을 시인할 수 있다.

또한 풍압을 kg/m²로서 계산하려면

$P = M_R/A \cdot C_W$

여기서, P : 풍압 (kg/m²)

또한 P에서 다음식으로 한계풍속을 구할 수 있다.

$V = 0.51/P_{/0.02}$

여기서, V: 풍속 (m/sec)

자. 파동에 의한 최대 경사각

파동에 의한 부표의 최대경사각은 다음 식으로 계산한다.

$\theta_2 = \alpha T^2 \cdot t^2$

여기서, θ_2 : 수직선에 대한 경사각(°)
α : 파, 경사의 최대각도. 즉, 수면이 수평각을 이루는 각(°)
t : 부표의 진동주기(sec)
T : 파의 주기(sec)
단, $\tan\alpha = \frac{\text{파고/파장}}{2}$

○ t > T 일 때 부표가 파압을 받을 경우로 파봉방향으로 약간 기울고 t = T 일 때 공진 때문에 심한 동요가 일어나며, t < T 일 때에는 부표가 파봉의 반대방향으로 기운다.

차. 부표의 평형 상태

○ 부표를 설치했을 때 풍압과 파랑에 의한 영향을 무시한 전체수평령(ΣFH)는 다음 식으로 계산한다.

$$\Sigma F_H = w_0/2g \cdot C \cdot A \cdot V^2$$

여기서, w_0 : 물의 단위중량(kg/m³)
C : 수면하의 저항계수
A : 수면하의 흐름에 수직한 면으로의 투영면적(m²)
V : 평균유속(m/sec)

○ 부표에 작용하는 전체수직력(ΣFV)는 다음 식에서 계산한다.

$$\Sigma F_V = P - W - L_n$$

여기서, P : 부표에 작용하는 전체부력
L_n : 부(負)의 양력(揚力)

○ 계류색(繫留索) 취부점에 있어서 장력(張力:TA)는 다음 식에서 계산한다.

$$\Phi_A = \tan^{-1}(\Sigma F_V / \Sigma F_H)$$

계류색의 경사각(ϕ_A)은

- 중요한 사항은 계류색의 길이(L)와 싱커에서의 장력(T_A)이다. 만약 길이가 수심(D)과 같을 때에는 조류 등에 의한 수평력(F_H)이 부표에 가해지면 부표에는 하항력(T_A), 싱커에는 상항력(T_B)가 작용하여 싱커의 중량(W_S)를 넘지 않는 범위에서 하항력(T_A)에 의하여 부표가 수면하에 내려간다.
- 일반적으로 계류색의 길이는 수심의 1.2~1.5배, 조류가 강한 곳에는 2.0~2.5배로 한다. 계류색의 길이가 필요이상으로 길면 부표의 이동반경을 크게하게 되므로 주의를 요한다.
- 등부표 설치시의 외력관계도는 다음 그림을 참조한다.

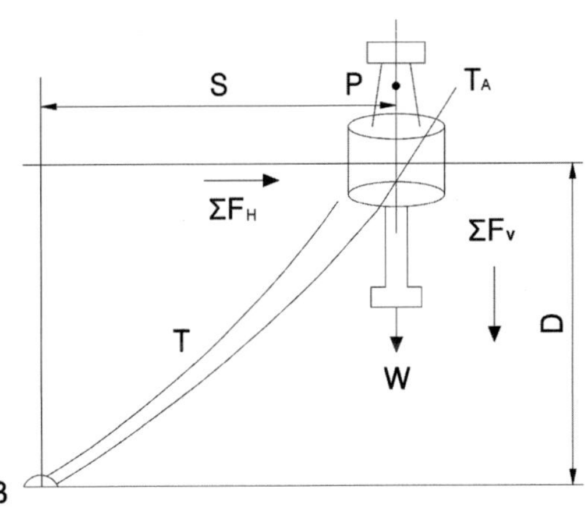

카. 부표의 이동거리(移動距離)

수심, 체인의 길이와 수평력이 주어졌을 때 부표의 이동거리는 다음 식으로 계산한다.

제12편

$$D = a(\cosh)\frac{s}{a} - 1$$

$$L = a \ \sinh\frac{s}{a}$$

여기서, a : H/W

W : 체인의 단위길이당 수중중량(kg)

○ 위식을 변화시켜 다음 식을 구하고 체인의 길이와 수심을 알면

$$L = \sqrt{D^2 + 2H/W.D} = \sqrt{D^2 + S^2}$$

$S = \sqrt{L^2 - D^2}$ 로 수심과 수평력을 알면

$S^2 = 2H/\overline{W^2} \cdot D$ 로부터 $S = 2H\sqrt{W^2 \cdot D}$ 가 되고 합성장력은 $\sqrt{H^2 + /\overline{W^2} \cdot L^2}$ 이다.

여기서, D : 수심(m)

S : 이동거리(m)

L : 체인길이(m)

H : 수평력(kg)

타. 체인의 길이와 침추의 중량

1) 체인의 길이

체인은 원칙적으로 카테나리(Catenary)곡선을 이루도록 길이를 결정한다.

부표의 외력과 각 부호의 설명은 다음과 같다.

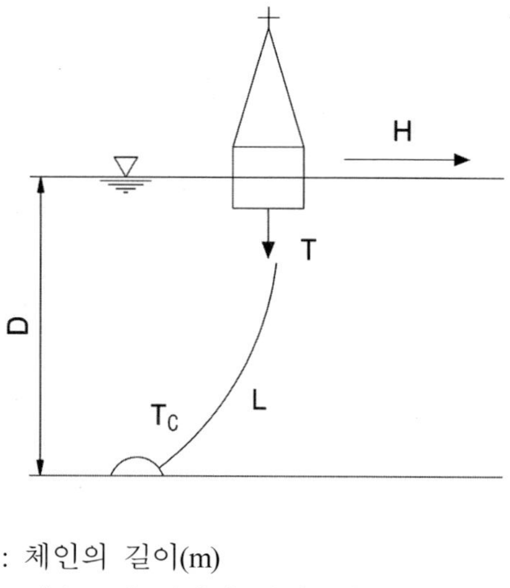

L : 체인의 길이(m)

W : 해수중의 체인의 단위중량(kg)

D : 수심(m)

H : 수평력(kg)

T : 부체하단에서 체인에 작용하는 장력(kg)

T_c : 싱커의 파주력

체인의 길이와 침추의 중량은 다 음식으로 계산한다.

$$L = H/W\sinh\frac{S}{H/W} = \sqrt{D(D + 2H/W)}$$

$$T = H\cosh\frac{S}{H/W} = H + DW$$

$$T_0 = H$$

상기 계산에서 적용되는 D는 해도상의 수심에 약최고고조위와 그 지점의 최대파고를 가미한 깊이이다.

H는 조류, 파랑, 바람에 의한 항력의 총합계이며, 다음 식으로 계산한다.

$$H = 1/2\rho_1 \cdot V_1^2 \cdot CW_1 \cdot S_1 + \frac{1}{2}\rho_2 \cdot V_2^2 \cdot CW_2 \cdot S_2$$

$$= 37.7V_1^2 \cdot S_1 + 156S_2$$

여기서, ρ_1 : 해수의 밀도(102kg S_2/m^4)

ρ_2 : 공기의 밀도(0.125kg S_2/m^4)

V_1 : 유속(m/s)

V_2 : 풍속(m/s)

CW_1 : 흘수하의 저항계수(0.7)

CW_2 : 흘수상의 저항계수(1.0)

S_1 : 흘수하의 수압(受壓)면적 (m^2)

S_2 : 흘수상의 풍압을 받는 면적(m^2)

2) 침추의 중량 : 침추의 암반상에 있어서의 주파력=중량×부착계수(0.4)

침추의 중량은 주파력이 부표에 걸리는 수평력보다 커야하므로 T_0>H로 한다. 일반적으로 침추는 콘크리트 블록으로 제작, 거치하고 있으며, 침추의 중량별 규격과 수중중량은 다음 그림과 표를 참고한다.

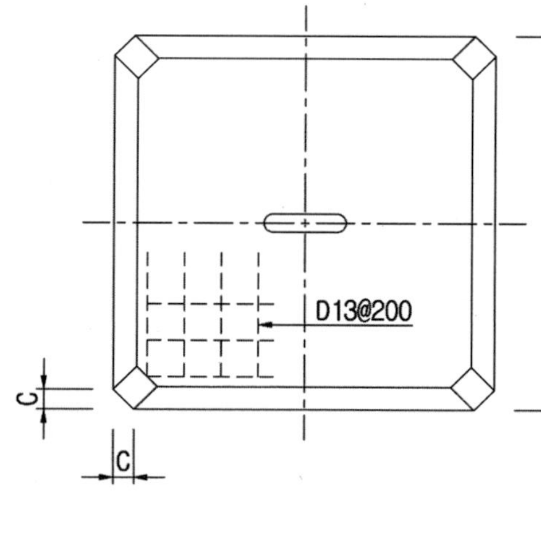

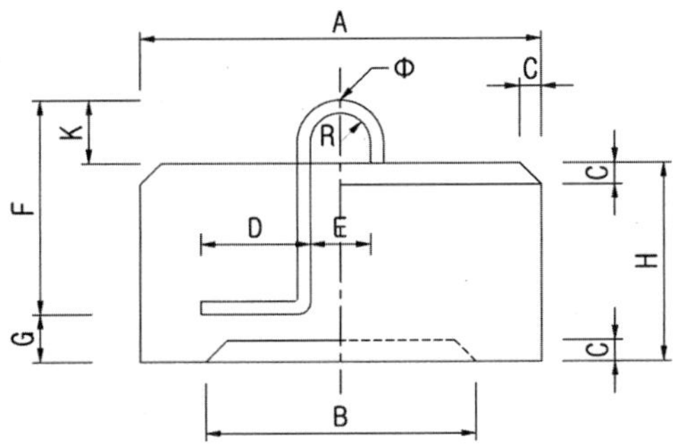

중량 (kg)	치					수 (m)						수중 중량 (kg)
	A	B	C	D	E	F	G	H	k	R	Φ	
2.000	1.200	800	100	300	180	680	220	650	250	90	50	1.100
3.000	1.400	1.000	100	400	180	730	220	700	250	90	50	1.700
4.000	1.500	1.100	100	400	180	840	220	800	260	90	60	2.200
5.000	1.600	1.200	100	400	180	890	220	850	260	90	60	2.800

3) 체인의 종류와 규격

체인의 종류로는 스터드 체인, 스터드 없는 체인의 2종류가 있으며, 항로표지용은 스터드 없는 체인 사용을 원칙으로 한다.

일반적으로 사용하고 있는 체인은 1련의 길이가 25.0m를 표준으로 한다. 부표계류구(浮漂繫留具)로 사용되는 1련의 체인이나 한개조의 소요길이에 대한 체인, 연결용 샤클, 스위블에 대한 규격별 시험하중은 다음의 각 표를 참조한다.

체인의 규격과 시험하중

체인의 호칭 지름 (d)	보통링크 (mm)			단말링크 (mm)			시험 하중(t)		1m의 무게 (kg)	1련의 표준 길이 (m)
	d	L	W	D	L	W	절단	내력		
26	26.0	127.4	91.0	28.6	156.0	98.8	25.50	12.70	14.72	25.0
28	28.0	137.2	98.0	30.8	168.0	106.4	29.60	14.80	17.08	25.0
32	32.0	156.8	112.0	35.2	192.0	121.0	38.60	19.30	22.28	25.0
38	38.0	186.2	133.0	41.8	228.0	144.4	54.40	27.20	31.44	25.0
40	40.0	196.0	140.0	44.0	240.0	152.0	60.30	30.20	34.80	25.0
42	42.0	205.8	147.0	46.2	252.0	159.6	66.50	33.30	38.40	25.0

1조당 체인의 규격과 시험하중

체인의 호칭 지름(d)	보통링크 (mm)			단말링크 (mm)			중심링 (mm)		시험하중 (t)		1m의 무게 (kg)
	d	L	W	D	L	W	D	R	절단	내력	
26	26.0	127.4	91.0	28.6	156.0	98.8	39.0	143.0	29.60	14.80	14.72
28	28.0	137.2	98.0	30.8	168.0	106.4	42.0	154.0	29.60	14.80	17.08
32	32.0	156.8	112.0	35.2	192.0	121.0	48.0	176.0	38.60	19.30	22.28
38	38.0	186.2	133.0	41.8	228.0	144.4	57.0	209.0	54.40	27.20	31.44
40	40.0	196.0	140.0	44.0	240.0	152.0	60.0	220.0	60.30	30.20	34.80
42	42.0	205.8	147.0	46.2	252.0	159.6	63.0	231.0	66.50	33.30	38.40

연결용 샤클의 규격과 시험하중

체인의 호칭 지름 (d)	각 부 의 치 수 (mm)											시험하중(t)	
	d	L	W	C	E	F	G	H	K	P	R	절단	내력
26	31.2	158.6	98.8	18.5	39.0	66.3	29.4	24.4	4.9	7.3	18.5		
28	33.6	170.8	106.4	19.9	42.0	71.4	31.6	26.3	5.3	7.8	19.9	29.60	14.80
32	38.4	195.2	121.6	22.7	48.0	81.6	36.2	30.1	6.1	9.0	22.7	38.60	19.30
38	45.6	231.8	144.4	27.0	57.0	69.9	42.9	35.7	7.2	10.6	27.0	54.40	27.20
40	48.0	244.0	152.0	28.4	60.0	102.0	45.2	37.6	7.6	11.2	28.4	60.30	30.20
42	50.4	256.2	159.6	29.8	63.0	107.1	47.5	39.5	8.0	11.8	29.8	66.50	33.30

앵커샤클의 규격과 시험하중

체인의 호칭 지름 (d)	각 부 의 치 수 (mm)										시험하중(t)	
	d	L	W	C	E	F	G	K	P	R	절단	내력
26	34.3	221.0	123.5	19.5	49.4	73.3	34.3	4.9	9.6	19.5		
28	37.0	238.0	133.0	21.0	53.2	79.0	37.0	5.3	10.4	21.0	29.60	14.80
32	42.2	272.0	152.0	24.0	60.8	90.2	42.2	6.1	11.8	24.0	38.60	19.30
38	50.2	323.0	180.5	28.4	72.2	107.2	50.2	7.2	14.1	28.5	54.40	27.20
40	52.8	340.0	19.0	30.0	76.0	112.8	52.8	7.6	14.8	30.0	60.30	30.20
42	55.4	357.0	199.5	31.5	79.8	118.4	55.4	8.0	15.5	31.5	66.50	33.30

스위블의 규격과 시험하중

체인의 호칭지름 (d)	각 부 의 치 수 (mm)										
	d	L	W	C	E	F	G	H	K	I	M
26	28.6	231.4	122.2	148.2	29.3	42.9	83.2	70.2	35.4	40.3	83.2
28	30.8	249.2	131.6	159.6	31.5	46.2	89.6	75.6	38.1	43.4	89.6
32	35.2	248.8	154.5	182.4	36.0	52.8	102.4	86.4	43.5	49.6	102.4
38	41.8	338.2	178.6	216.6	42.8	62.7	121.6	102.6	51.7	58.9	121.6
40	44.0	356.0	188.0	228.0	45.0	66.0	128.0	108.0	54.4	62.0	128.0
42	46.2	373.8	197.4	239.4	47.3	69.3	134.4	113.4	57.1	65.1	134.4

체인의 호칭지름 (d)	각 부 의 치 수 (mm)					시험하중(t)	
	N	O	P	R	S	절단	내력
26	42.4	52.0	57.2	37.7	17.4		
28	45.6	56.0	61.6	40.6	18.8	29.60	14.80
32	52.2	64.0	70.4	46.4	21.4	38.60	19.30
38	61.9	76.0	83.6	55.1	25.5	54.40	27.20
40	65.2	80.0	88.0	58.0	26.8	60.30	30.20
42	68.5	84.0	92.4	60.9	28.1	66.50	33.30

체인링크 샤클 스위블의 치수에 대한 허용차

<table>
<tr><th rowspan="2">호칭지름(d)</th><th rowspan="2">지 름</th><th colspan="2">바깥너비</th><th>바깥길이</th></tr>
<tr><th>보통 링크</th><th>단말링크 연결용샤클 앵커샤클 스 위 블</th><th>링 크 샤 클 스 위 블</th></tr>
<tr><td>15이하</td><td>+1.0 -0</td><td rowspan="8">±0.10d</td><td rowspan="8">+0.15d
-0</td><td rowspan="8">+0.15d
-0</td></tr>
<tr><td>15를 넘고 29이하</td><td>+1.5 -0.5</td></tr>
<tr><td>29를 넘고 50이하</td><td>+2.0 -0.5</td></tr>
<tr><td>50을 넘고 70이하</td><td>+2.5 -1.0</td></tr>
<tr><td>70을 넘고 88이하</td><td>+3.0 -1.0</td></tr>
<tr><td>88을 넘고 100이하</td><td>+3.5 -1.0</td></tr>
<tr><td>100을 넘고 120이하</td><td>+4.0 -1.0</td></tr>
<tr><td>120을 넘는것</td><td>+5.0 -1.0</td></tr>
<tr><td colspan="2">보통링크를 10개를 연결한 길이</td><td colspan="3">±0.125d
-0</td></tr>
</table>

제12편

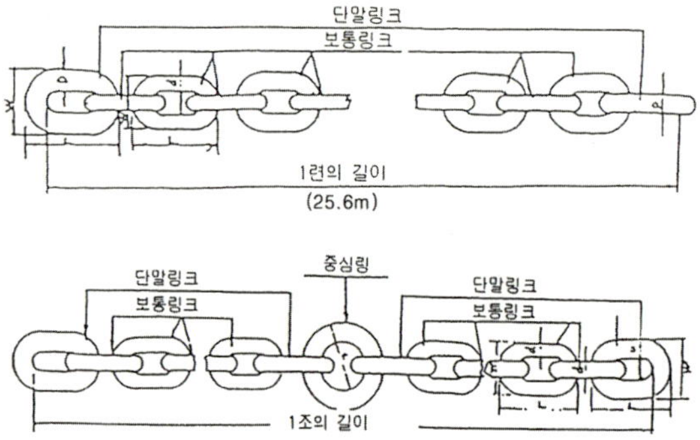

(소요길이)

체인의 길이

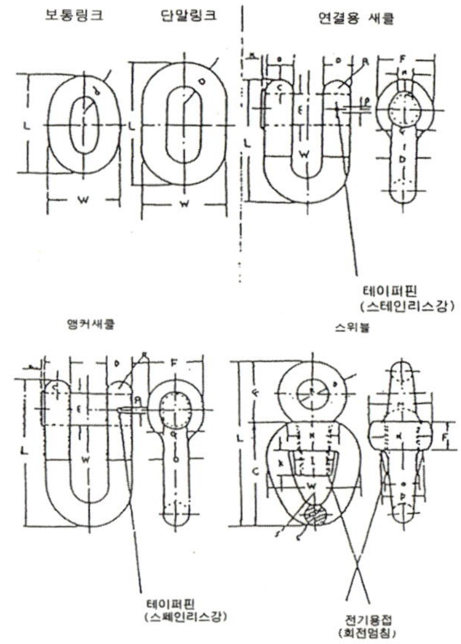

연 결 구

기술사 출제문제

항로표지시설

제29회 (1987.4.26) 제2교시 문4. (30점)

국제등대기구(IALA)에 해상 부표식의 내용을 약술하시오.

제46회 (1996년도) 제1교시. 문⑪ (각 10점)

⑪ 항로표지의 종류와 필요한 조건

제63회 (2001년도) 제2교시. 문7 (25점)

항로표지시설에 대하여 설명하시오.

제66회 (2002년도) 제1교시. 문⑫ (각 10점)

다음 문제를 선택하여 설명하시오.

⑫ 광파표지시설의 광달거리(光達距離)

제66회 (2002년도) 제4교시. 문6 (25점)

굴곡항로에서 항로표지시설의 설치요건 및 종류에 대해 기술하시오.

제67회 (2002년도) 제1교시. 문⑬ (10점)

다음 문제를 선택하여 설명하시오.

⑬ 항로표지시설 중 도등(導燈)의 설치위치

등 부 표

울릉도 저동(청도)등표

제13편

해상 저유시설

제 13 편 해상 저유시설

제1장 · 일 반

1.1 개 요

우리나라가 천연가스 생산으로 산유국의 문턱에는 와 있지만 석유가 생산되지 않아 대부분의 에너지를 석유에 의존하고 있고 중동전쟁(1967년도 3차)을 계기로 석유의 비축필요성이 높아지면서 석유비축기지(石油備蓄基地)의 건설을 지상이나 지하, 해상 등에 시설하게 되었다. 지상에는 저유탱크를 주로 시설하고, 지하는 지하동굴(地下洞窟, Under cavern)을 건설하고 있으며, 해상에는 저장선(貯藏船)인 부유식 구조로 저유시설을 하고 있다. 우리나라에는 아직 해상저유시설이 없지만 장래 필요성에 대비하여 간략하게 소개한다. 본 편에서는 항만시설과 연계한 해상저유시설에 대하여 기술한다.

1.2 용어의 정의

해상저유시설에서 사용되고 있는 용어를 다음과 같이 정의한다.

- ○ 석 유(石油) : 지하에서 솟아나오는 탄화수소의 혼합물을 석유라 하고 천연그대로를 원유라 하며, 이를 증류하여 휘발유, 등유, 경유 및 중유 등으로 분류 생산한다.
- ○ 저장선(貯藏船) : 대량의 석유를 저장할 목적으로 건조된 부유식 구조물로서 항상 건현(乾舷)과 선저에서의 여유수심이 있는 장소와 정온도의 유지가 가능한 수역에 계류시킨다.
- ○ 해상저유시설 : 저장선과 일체의 부대시설을 갖춘 해상에서 석유를 저장하는 형태의 보관시설
- ○ 저유선 박지 : 저유선의 정박(碇泊)에만 사용되는 일정수역의 박지

제2장 · 위치선정 및 시설계획

2.1 설치장소의 선정

해상저유기지의 설치장소는 다음 내용을 참고로 한다.

- ○ 지형, 기상, 해상 기타 자연조건이 안전을 확보하고 환경보전 등의 관점에서 적합하고, 특히 지진해일 상습지역 등은 피한다.
- ○ 자연공원, 문화재 등의 귀중한 자원, 생태계, 주변의 경관 등을 해치지 않도록 영향에 대한 조사를 실시하고 보전, 보호가 되도록 한다.
- ○ 항만의 시설, 해안의 보전, 어업 등의 활동과의 조화 및 안전의 확보가 되고, 주변의 모든 활동과 조화를 이루도록 한다.
- ○ 재해가 발생하더라도 누출유(漏出油)의 확산 등 2차 재해를 방지할 수 있는 조치를 취할 수 있는 장소로 한다.

2.2 시설의 배치

해상저유기지의 시설배치시 다음 사항을 유의한다.

- ○ 저장선 박지는 화재, 폭발 등의 사고에 대비, 주변의 거주공간과 충분한 거리를 확보하고, 일반선박의 안전이 확보되도록 항로, 박지 및 계류시설 등과도 충분한 거리를 확보한다.
- ○ 관리용 야적장이나 기지내의 배치 선박 등의 계류시설은 저장선에서 화재, 폭발 등의 경우에도 저장선 박지와 충분한 거리를 두어 안전을 확보할 수 있고, 사고에 대비한 대처를 할 수 있는 위치로 선정한다.
- ○ 저장선 박지, 출 · 입하역 선석 및 기타 위험물 보관시설의 배치는 저장선 계류중의 출 · 입하역용 유조선 또는 위험물 보관시설에서 화재, 폭발 등의 사고로 인화하는 등에 충분히 안전하고, 출 · 입하역용 유조선이 표류할 경우에도 저장선과의 충돌이 일어나지 않도록 이격(離隔)하거나 인공적인 방호시설을 조치한다.
- ○ 저장선간의 거리는 화재, 폭발 등의 사고가 발생할 경우 인접한 저장선에 인화되지 않도록 안전하고 충분한 거리를 확보한다.

제3장 · 기본방향 및 설계외력

3.1 계획시 기본방향

○ 해상저유기지의 계획에 있어서는 지형, 지질, 기상 및 해상 등의 자연현황, 선박운항, 토지이용 등의 이용상황 등을 충분히 조사하여 적합하도록 고려하고, 타시설과의 연계성과 이용자의 안전, 환경의 보전 등을 배려한다.

○ 설계시 다음 요소를 고려한다.

- 시설의 기능
- 시설의 중요성
- 내용연수
- 자연상황
- 하 중
- 재 료
- 안전율
- 시공방법
- 시공정도(精度)
- 공사기간
- 경제성
- 보상비
- 유지비 등

3.2 설계외력과 하중

3.2.1 일 반

해상저유기지의 기능과 설치지역에 대하여는 적절한 설계조건을 선정하고 설계외력과 하중산정에서는 안전확보에 특히 유념하여 자연조건의 재현기간은 100년을 원칙으로 한다.

바람, 파랑 등의 자연조건에 대해서는 재현기간을 100년으로 하여 풍속, 파고를 추정하고, 동일조건으로 추정한 50년에 대하여는 10%정도 크게 보는 것이 일반적이다.

3.2.2 바 람

가. 바람관측자료의 정리, 적용

설계풍속은 장기간에 걸친 관측에 근거하여 통계를 정리하여 풍속의 출현확율과 분포를 추정하여 소요의 재현주기에 대한 풍속을 채택한다.

설치지점에 인접한 기상대의 관측자료를 이용하는 경우에는 당해지점과의 지형조건에 차이점을 비교 · 검토하여 서로의 상관성을 고려할 필요가 있다.

일반항만에서는 30년이상의 장기간 관측자료를 근거로하고 있으나 해상저유기지에서는 장기간 관측자료가 드물고, 인접한 기상대의 자료를 이용하는 경우가 많다. 그러므로 고도(高度), 주변의 지형 등에 따른 풍향 · 풍속은 보정을 하여 사용하는 것이 일반적이다. 이런 경우 다음에서 제시하는 사항들을 고려하는 것이 바람직하다.

가능한한 설치예정지점에서 최저 1년간 바람의 관측을 실시하여 동일기간중 인근 기상대의 관측기록과 비교하여 풍향 및 풍속의 상관해석(相關解析)을 하고 지형조건 등의 차이에 대한 보정방법을 확인한 후 이를 이용하여 보정할 필요가 있다. 기상대의 자료는 인근에 여러 곳이 있으면 여러 곳의 지점에 대하여 조사하고 비교 · 검토를 하는 것이 바람직하다.

나. 풍속의 표시 및 바람의 변동성(變動性)

풍속은 평균풍속(10분간 평균)을 사용하고, 해면위의 돌풍율(최대순간풍속과 평균풍속과의 비)은 1.2~1.5정도를 표준으로 하나 당해지역에 해당하는 자료가 충분하면 그대로 적용한다.

바람의 공간적 변동의 영향을 조사하려면 대기류(大氣流)의 교란스케일에 관하여 검토하고 해상저유기지시설에 가장 큰 영향을 미치는 교란스케일을 고려한다.

3.2.3 파 랑

설계파는 실측치가 없으면 추정에 의한 파랑자료에 적절한 통계치를 고려하고 소요 재현기간은 100년을 원칙으로 하며, 지리적 영향에 의한 파의 변형을 고려하여 해당 구조물에 가장 불리하게 작용하는 파고, 파랑, 주기를 채택한다. 파랑추정에 대한 내용은 제3편 설계에 적용되는 제반조건 중 제4장 파랑편에 준한다.

3.2.4 조 위

대표적인 설계조위에서 고조위는 삭망평균고조위(H.W.L)에 편차를 더하고 저조위는 삭망평균저조위(L.W.L) 또는 기본수주면(D.L(±).00m)으로 한다.

지진해일, 폭풍해일에 대하여는 과거의 기록을 조사하는 외에 지형의 형상, 진동특성 등을 고려하며, 부진동이 일어나는 지형이나 항에서는 설계조위의 결정이나 박지에서의 정온도 검토시 부진동을 고려한다.

3.2.5 흐 름

설치수역의 조류, 연안류에 대한 유향(流向), 유속(流速)을 파악하고 구조물 설치에 대한 조류, 연안류에 의한 예측을 한다.

3.2.6 표 사

표사현상이 예상되는 수역에서는 매몰 및 세굴에 대한 대책을 강구하기 위하여 필요에 따라 구조물 설치로 인한 표사특성과 영향을 파악한다.

3.2.7 지 진

가. 일 반

해상저유기지시설은 내진성을 갖도록 적절하게 지진의 영향을 고려한다.

내진진도는 제3편 설계에 적용되는 제반조건 중 제12장의 지진과 지진력을 참고로 한다.

해상저유기지는 구성하는 하나의 시설이라도 지진에 의한 피해를 받지 않도록 각각의 시설에 대하여 검토할 필요가 있다. 그러므로 설계진도를 산정할 때의 중요도계수(重要度係數)는 일율적이지 않고, 지진시 예상되는 피해의 형태 및 피해에 의한 영향, 복구의 난·이에 대하여 개개의 시설마다 고려하여 결정한다.

설계진도 산정시 다음의 방법 등에 따른 자연조건의 연계성을 확정할 필요가 있다. 첫째, 당해지점의 지역별 진도는 재현기간 100년으로 산정하여 설계진도를 구하고, 둘째, 내진강화시설에 준하는 방법에 따라 설계진도를 구한다.

나. 내진설계

시설물의 내진설계는 제3편 설계에 적용되는 제반조건 제12장의 조건에 준한다.

다. 액상화 대책(液狀化 對策)

지반의 액상화 현상은 제3편중 제13장에 준하여 예측하고, 필요한 경우에는 적절한 대책을 강구한다.

3.2.8 표류물(漂流物) 등에 의한 충격하중

가. 충돌물(표류물)의 종류

- 계류시설에 이·접안하는 유조선
- 끌배, 기름회수선 등의 기지에 배치되는 작업선
- 기지를 이용하는 항행선박
- 부표, 부유물, 기타 표류물

나. 표류물 종류 및 규모에 따라 고려할 사항

- 바람, 파랑 등 흐름의 방향과 속도
- 지형 및 방충제(防衝堤) 등의 주변구조물의 배치와 형태
- 선박의 조선상황(操船狀況) 등

다. 선박의 충돌속도는 해당선박의 제원 및 기상, 해상상황을 고려하여 다음 사항을 참고로 한다.

1) 평상시의 선박 충돌속도는 당해수역에서 항행하는 속도와 다음사항을 고려하여 정한다.

- 유조선은 끌배에 의한 조선시의 속도
- 바람 및 파랑에 의하여 충돌속도가 항행속도보다 클 것으로 예상되는 경우 그 영향을 고려한다.
- 폭풍시에는 조타불능(操舵不能)인 선박 등이 바람, 파랑 및 흐름에 의하여 표류하게 되므로 구조물에 충돌할 것을 감안하고, 충돌속도는 수리모형실험을 통하여 검토하거나 파랑 및 흐름에 의한 표류속도를 고려하여 정한다.

라. 선박외의 표류물의 충돌속도는 폭풍시 선박의 충돌속도에 준한다.

마. 표류물 등에 의한 충돌하중은 충돌을 받는 구조물의 구조형식, 충돌면의 강도에 따라 다르므로 적절한 방법으로 산정한다.

제4장 · 해상저유기지의 항만시설

4.1 일 반

해상저유기지에는 해상저유시설 이외에 항만시설과 육상시설, 그리고 이들을 연결, 연계하는 시설로서 배관 등이 포함된다. 항만시설로는 기본시설인 외곽, 수역, 계류시설이 있고, 기능 및 지원시설로 보관 및 부대시설 등이 있다.

4.2 외곽시설(外廓施設)

4.2.1 외곽시설의 목적과 종류

해상저유기지에 관련되는 외곽시설은 정박중인 저장선의 보호와 박지의 정온유지를 확보하기 위하여 시설되는 방파제, 표류물의 충돌을 방지하고 방파

제의 기능을 겸하는 방충제(防衝堤), 저장선에서 누출되는 석유의 확산을 방지하고 일부 방파제 기능도 함께 가지는 방유제(防油堤)가 있다.

4.2.2 외곽시설의 배치계획

외곽시설의 배치는 박지의 바깥주변이나 외부수역에 파랑을 효과적으로 차폐하도록 방파제를 배치한다. 일반선박이나 유조선 등의 조선수면(操船水面)은 해당선박을 대상으로한 방파제를 배치하며, 방충제와 방유제는 적절한 위치에 배치하도록 계획한다.

4.2.3 계획의 기본방침과 구조형식 검토

가. 일 반

1) 기본방침

계획조건을 목적에 따라 고려하고 특히 폭풍시에도 기능을 발휘할 수 있는 구조로하며, 다음조건을 고려한다.

파랑조건 및 환경조건, 정온도, 지반조건, 표류물에 대한 방충기능, 누출유 확산방지기능 및 기타 필요한 계획조건

2) 구조형식 검토

구조형식의 선정에 앞서 자연조건, 이용조건, 배치조건, 시공조건 등을 고려하고 각 구조물의 특성을 비교 · 검토하여 결정한다. 특수한 구조형식의 채택시에는 충분한 조사와 실험을 실시하고 안정성 및 성능을 확보한다.

나. 방파제

1) 정온도 확보

방파제 설계시에는 저장선 박지를 포함한 기지내 수역의 확실한 정온도 확보를 위하여 다음사항을 고려한다.

- ○ 월파, 투과파(透過波)에 의한 전달파(傳達波)를 충분히 제어(制御)할 수 있는 구조물을 선정한다.
- ○ 반사파로 인한 박지내 정온도 유지가 어려울 경우 반사파를 최소화할 수 있는 구조형식을 반영한다.
- ○ 경사제에서는 제체의 투과파 방지를 위하여 파지공(波止工) 등의 대책을 강구한다.
- ○ 월파, 투과파에 의한 전달파는 구조에 따라 다르므로 수리모형실험 등을 실시하여 검토한다.

2) 방파제의 안정한 구조계획

설계파에 충분히 안정된 구조로 계획하기 위하여 다음 사항을 고려한다.

- ○ 혼성제의 직립부에 작용하는 파력이 충격쇄파(衝擊碎波)에 속하는 경우에는 전면을 소파구조(消波構造)로 한다.
- ○ 주요구조물에 작용하는 파력에 대한 안정성검토는 적절한 수리모형실험 및 산출식에서 산출된 결과를 비교 · 검토한다.

3) 피복블록의 안정성

피복용 이형블록은 수리모형실험을 실시할 때 불규칙파에 대한 실험도 실시하고, 피해율은 1%이내를 표준으로 한다.

※ 피해율 : 수리모형실험시 전체 이용블록에서 이동한 블록수의 백분율, 일반적인 구조물에서는 불규칙파에 대한 피해율을 5%이하를 허용하는 경우가 많다.

다. 방충제(防衝堤)

방충제는 표류물 등에 의한 충격하중에 대한 안정성 및 강도가 유지되는 구조로 폭풍시에도 충분히 안전하여야 한다. 필요에 따라 누출유 확산방지 기능이 있는 구조로 계획할 필요가 있다.

방충제의 종류로는 고정식 방충제(固定式 防衝堤)와 부유식 방충제(浮遊式 防衝堤)가 있다.

1) 고정식 방충제

고정식 방충제의 구조는 말뚝 쟈켓(Jacket)식, 셀케이슨(Cell caisson)식 등이 있다.

고정식 방충제에 표류물이 충돌할 때 해당 표류물 들이 미치는 충돌에너지(E)는 방충제의 변형 등에 의한 흡수에너지(E_1), 충돌물의 변형 등에 의한 흡수에너지(E_2)와 충돌후의 표류물 등이 미치는 운동에너지(E_3)를 합한 값으로 $E = E_1+E_2+E_3$로 산정한다.

여기에서 충돌후의 표류물 등이 미치는 운동에너지(E_3)는 표류물 등 및 방충재(防衝材)의 강성(剛性), 구조물과의 충돌상황에 따라 달라지므로 거동(擧動)에 대한 해석이 불명확할 경우에는 표류물 등의 운동에너지가 전부 없어진 상태에 대하여도 검토한다.

2) 부유식 방충제

부유식 방충제는 부체의 부분과 이를 고정시키는 고정장치로 구성되어 있으므로 고정식에 비하여 충

돌에 의한 변위량이 크기 때문에 배후시설이나 구조물까지의 거리는 충분히 여유를 감안하여 평면배치를 한다.

연결장치의 계산에서는 표류물에 의하여 생기는 충돌로 진동계(振動系) 전체의 거동을 해석할 필요가 있기 때문에 수리모형실험이나 수치모형실험으로 검토하고, 이때에 부체의 동요특성 및 연결장치, 고정시설의 특성과 바람, 파랑, 조류에 의한 자연력과 표류물 등에 의한 충격하중이 중복되어 있는 상황이 잘 표현되었는지 수리모혈실험, 부재의 특성실험으로 확인하는 것이 바람직하다.

부유식 방충제의 연결장치 및 고정장치가 파손될 경우에도 부체가 표류하여 충돌하는 일이 없도록 필요에 따라 2차 예방장치도 갖출 필요가 있다.

또한 부체와의 연결 및 고정장치는 부식, 마모, 파랑 등에 의한 피로에 대하여도 충분히 고려한다.

4.3 수역시설(水域施設)

4.3.1 개 요

해상저유기지내의 수역시설은 저장선이 정박하는데 고려되어야 할 항내 정박지의 수심유지와 정온도 확보가 가장 중요한 사항이다.

4.3.2 저장선 박지의 수심

저장선 박지의 수심은 저장선 만재흘수(滿載吃水) 이상의 적절한 여유수심을 유지한 수심으로 한다. 여유수심이란 저장선의 만재흘수에 저장선의 이용상황, 바람, 파랑, 흐름 등의 자연조건과 선체동요 등을 고려하여 구한 선저 여유심도를 더한 값과 만재흘수의 1.1배 중에서 큰 수심을 택한다.

선저여유수심의 산정시 다음사항을 고려한다.

저장선의 최대경사로(最大傾斜路 : Heel trim), 상하동요(上下動搖 : Heave), 횡동요(橫動搖 : Roll), 종동요(終動搖 : Pitch), 표사 등의 저질이동(底質移動)에 의한 매몰, 화재시 뿌린 물로 인한 저장선의 침하 등 저장선의 박지 정박시의 상기한 내용검토에서 이용시나 폭풍시의 최악상태에서 수치모형실험(Simulation)이나 수리모형실험을 통한 확인이 바람직하다.

표사 등의 박지매몰이 예상되면 지속적으로 조사를 실시하여 필요수심을 확보하도록 한다.

4.3.3 저장선 박지의 정온도 유지

박지내 정온도는 회절파(廻折波), 제체(堤體)를 통과하는 투과파(透過波), 방파제를 월파하는 소란파(騷亂波), 박지내의 반사 등을 고려하여 수리모형실험 등에 의한 확인을 원칙으로 한다.

저장선 박지의 정온도 유지는 정박중인 저장선이 동요에 의하여 손상을 입지 않는 안정성 확보가 되는 파의 상태를 말한다.

대형저장선의 정온도 조건은 주기 10초이상의 파랑으로 항내파고 1.0m이하를 예시하고 있다. 규모가 적은 저장선은 주기가 짧은 파에 대해서도 고려할 필요가 있다.

4.4 계류시설

4.4.1 계류시설의 구조

저장선의 계류시설은 주로 계선돌핀(繫船돌핀 : Dolphin)이 많이 시설되고 있으며, 계선돌핀은 저장선의 동요에서 생기는 외력 등에 대하여 충분히 안전한 구조로 계획 한다.

중력식 구조에서는 특히 지반지지력(地盤支持力)과 회전(廻轉)에 안전하여야 한다.

가. 중력식 계선돌핀의 직립부 안정

중력식 계선돌핀에는 저장선에 의한 반복하중, 편심하중 등이 작용하므로 외력조건에 대하여 충분히 배려 하고, 직립부 안정계산으로 활동(滑動 : Sliding), 전도(轉倒 : Over turning) 및 회전에 대한 검토를 한다.

중력식 계선돌핀에서는 계류계통에 큰 영향을 주는 형상이 생기지 않는 구조로 한다. 다만, 지진시 등의 이상시 변형을 완전히 억제할 수 없는 경우, 계선시설과 저장선의 간격 등 시설의 배치시 여유를 주는 등의 조치를 강구한다.

직립부의 활동과 전도에 대한 계산은 중력식 구조물의 계산방법에 따르고 회전에 대하여 다음 공식을 만족시키는 구조로 한다.

$$F \leq \frac{M_R}{M_T}$$

여기서, M_R : 회전저항 모멘트(kN · m)
M_T : 외력에 의한 회전 모멘트(kN · m)
F : 안전율(3이상으로 한다)

※ M_R, M_T는 다음의 방법으로 구한다.

1) M_R을 구하는 방법

○ 지반반력 q는 직선적으로 변화한다고 본다.
○ 회전저항은 정지시 마찰저항(τ)으로 본다.

제13편

마찰저항은 $\tau = q \cdot \mu$로 계산한다. (여기서, μ는 마찰계수)

○ 회전저항 모멘트(M_R)은 저면 각 점에 작용하는 마찰저항(τ)과 지반반력의 작용중심(作用重心)

X_G, Y_G까지 거리의 곱으로 다음식에 의한다.

$$M_R = \int_0^R \int_0^L q \cdot \mu \sqrt{(x-x_G)^2+(y-y_G)^2}\,dx \cdot dy$$

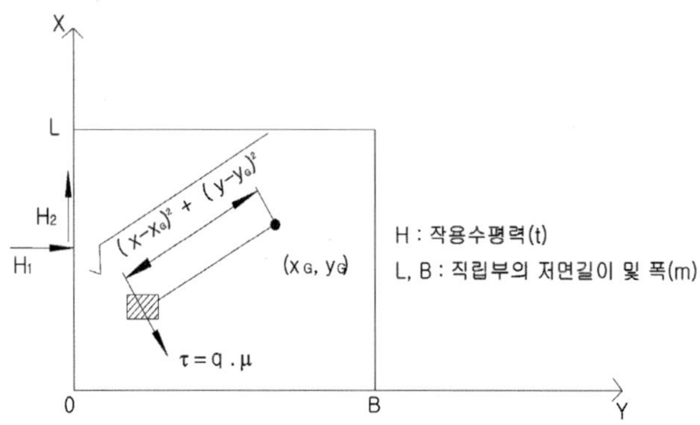

2) M_T를 구하는 방법

회전모멘트(M_T)는 수평력 H와 수평력 작용위치로부터 지반반력 작용 중심 X_G, Y_G까지의 수평거리를 곱하여 다음식에 의하여 구한다.

$$M_T = \Sigma H \ell$$

여기서, H : 수평력(KN)

ℓ : 수평력 작용위치와 지반반력 작용중심과의 거리(m)

나. 중력식 계선돌핀의 지반지지력

기초지반에는 자중외에 저장선에 의한 반복하중, 편심하중이 작용하기 때문에 지지력 및 침하변형에 대한 충분한 검토를 한다.

지진 및 반복하중에 의하여 기초지반이 액상화(液狀化)될 우려가 예상되면 지반개량 등 대책을 강구한다.

침하변형이 예상되는 경우나 복잡한 지반조건일 때에는 현지에서 재하시험을 실시하는 방안도 있다.

4.4.2 저장선의 동요

저장선의 동요량(動搖量)은 수리모형실험이나 수치모형실험을 적절하게 조합하여 실제로 일어나는 현상을 추정한다.

가. 수리모형실험

수리모형실험에 의한 저장선 동요산정은 파의 비선형(非線型) 변형효과를 파악하기 위하여 파의 변형실험을 하고, 저장선 동요의 감쇠효과(減衰效果), 바람의 항력계수(抗力係數), 방충재(防衝材)의 비선형 효과 등의 모든 값이 저장선의 동요 및 계류력에 미치는 영향을 파악하기 위하여 실행하는 저장선 동요에 관한 기초실험, 기초실험에서 얻어지지 않았던 파의 변형 효과, 저장선 배치효과 등을 파악하기 위한 파의 변형을 고려한 지형모형을 이용한 실험 등이다.

수리모형실험은 파의 변형실험과 선체의 동요실험이다.

방충재는 비틀림 특성이 가급적이면 실제와 같은 모형을 사용한다.

나. 수치모형실험

수치모형실험은 바람, 파랑 등에 의한 외력의 불규칙 변형성, 계선시스템의 비선형성 등을 적절히 표현할 수 있는 모델을 채택한다.

수치모형실험에 의한 저장선 동요량 계산에서는 다음 사항에 유의한다.

○ 저장선에 작용하는 바람 및 파랑 등에 의한 외력은 저장선의 형상에 따라 다르므로 모델화하려면 형상을 적절하게 표현되는 3차원 모델이 바람직하다.

○ 계선돌핀이나 방충재 등에 의하여 구성되는 계류계통의 모델은 각 요소 및 합성된 특성을 적절하게 표현하고 중력식 계선돌핀인 경우는 강체로 볼 수 있다.

○ 방충재의 특성을 모델화하는 경우, 해당 하중 변형특성을 충분히 표현하고 다음의 특성을 고려하여 구조물 안정 및 선체의 동요에서 가장 악영향이 미치는 사항에 대하여 계산한다. 방충재와 저장선 사이에 여유가 있으면 그 특성도 고려한다. 제조상의 오차, 경과년수 변화, 동적특성, 크립(Creep) 특성, 반복현상, 경사압축 특성, 온도 특성 등

○ 계류색의 특성은 근사적으로 카테너리(Catenary)곡선으로 구할 수 있다.

○ 파랑은 원칙적으로 현지 파랑의 특성을 입력파로 사용한다.

○ 바람은 시간적, 공간적 변동을 고려한 불규칙 변동외력을 취급한다.

수치모형실험은 다음에 제시하는 작업의 흐름을 참고로 한다.

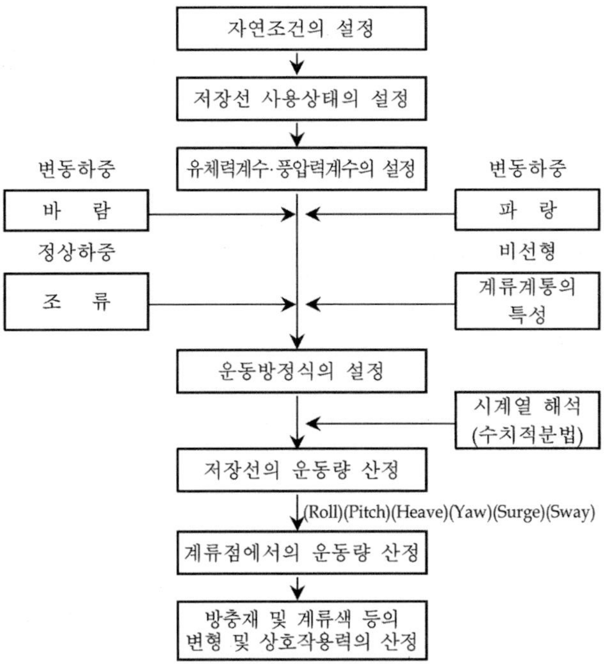

저장선 동요 수치모형실험 흐름도
(Simulation flow chart)

4.5 부대설비

4.5.1 일 반

저장선이나 저장선에 관련된 계류시설에는 해상 저유시설에 의한 석유를 안전하고 원활하게 저장할 수 있도록 부대시설을 설치한다.

주요 부대시설로는 보안방재설비(保安防災設備)와 검지(檢知), 감시 및 경보장치(警報裝置), 조명설비(照明設備) 등이 있다.

4.5.2 보안방재설비(保安防災設備)

보안방재 설비는 예상되는 재해의 종류, 규모, 계속시간 등에 대처할 수 있도록 충분한 기능과 능력을 발휘할 수 있도록 다음 사항을 설치한다.

- ○ 포말소화설비, 물분무설비 등의 소화설비
- ○ 오일휀스(Oil fence), 유처리제(油處理劑), 유흡착재(油吸着材) 등의 누출유 방재자재(防災資材)
- ○ 소방선, 기름회수선(回收船), 작업선 등의 보안방재시 사용되는 선박

4.5.3 검지(檢知), 감시 및 경보장치

불활성 기체 계통(Inert gas system)과 폭발방지설비를 설치하고, 기지내나 그 부근을 항행하는 선박의 접촉이나 충돌 등의 사고를 피하기 위한 항행보조시설로 표지 등의 부표, 음향신호기, 레이더반사기 등의 저유선의 위치를 나타내는 설비와 필요에 따라 경계선(警戒船) 등을 배치한다.

필요하면 보안방재 항목을 작성하여 대응책을 강구하는 것이 바람직하다.

재해의 미연방지를 위하여 다음의 항목에 대한 검지(檢知), 감시 또는 경보를 하도록 설비를 한다. 검지와 감시는 원칙적으로 집중제어 방식으로 하고, 특히 중요항목에 대해서는 복식 검출장비를 사용한다.

- ○ 저장선내에 실려있는 탱크의 기름면 높이
- ○ 저장선내에 실려있는 탱크의 기름온도
- ○ 저장선내에 실려있는 탱크의 (석유증기공간)의 산소농도
- ○ 저장선내에 실려있는 탱크의 (석유증기공간)의 석유증기농도
- ○ 송유도관(送油導管)의 관내압력
- ○ 송유도관의 관내유속
- ○ 누출유 상황
- ○ 벨브의 개폐상황
- ○ 지진동(地震動)
- ○ 풍속, 풍향, 파고, 조위 등
- ○ 방충재의 변형

필요에 따라 감지, 감시 및 경보항목을 작성하여 미연에 방지하도록 점검하고, 모의 및 비상점검(훈련)과 교육, 비상대피 방안도 강구한다.

4.5.4 조명설비(照明設備)

하역작업이나 긴급시의 조치, 야간 통행 등의 편리를 제공하기 위하여 조명설비를 시설한다. 폭발의 위험이 있는 장소에는 전체를 방폭형으로 설치한다.

조명설비의 위치 및 역광각도(逆光角度)는 선박의 항행에 저해가 되지 않아야 한다.

울릉도 도동항(파력의 위력)

제14편 준설 및 매립

제 14 편 준설 및 매립

제1장 · 준 설

1.1 일 반

준설의 계획 및 설계에 있어서는 자연조건, 지질조건을 사전에 충분히 조사, 파악하고 준설목적, 공기 등을 고려하여 공사지역의 특성을 감안한 경제적이고 효과적인 준설방법을 선택한다.

1.2 조 사

자연조건조사, 수심현황측량, 토질조사, 준설구역 내 위험물 탐사, 환경조사 및 준설토 투기방법에 따른 투기장 조사(외해투기시 인허가 포함) 등을 조사한다.

1.3 준설토량 산출

준설토량은 해저의 자연상태인 토사를 일정한 깊이와 폭(비탈면이 있는 곳은 적정한 사면경사로 계산)을 일정한 간격의 횡단면으로 구성하여 평균 단면법으로 계산하는 것을 원칙으로 하고 준설토량은 토질별로 계산하여 준설계획을 수립한다.

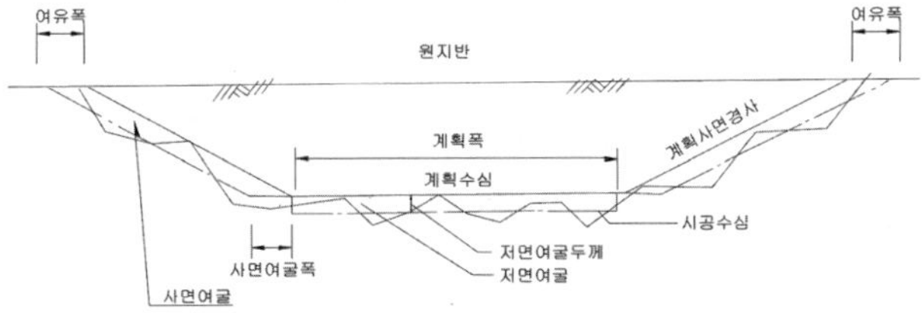

준설 단면도

1.3.1 준설토량에 가산되는 요소

가. 여 굴

계획된 준설 깊이로 준설하게 되면 준설장비에 따라 차이는 있으나 더 파고, 덜 파이는 흔적(굴적 : 堀跡)이 남고 계획수심은 굴적의 상단이 되기 때문에 계획수심을 확보하려면 더 파이는 깊이를 계산하는 데 이를 여굴이라 하여 준설토량에 가산한다.

나. 여 쇄

준설지반이 암반일 때에도 여분을 쇄암하는데 이를 여쇄라 하며, 여쇄는 여굴을 포함한다.

다. 여유폭

준설 법선은 어느 정도의 굴곡이 생길 수 있으며, 사면의 붕괴나 준설선의 종류에 따라 준설시의 굴적이 직선이 되지 않기 때문에 계획 항로폭에 여유폭을 준설토량에 가산하여야 한다.

항로 준설에서의 여유폭은 다음 표를 참조한다.

여 유 폭

토 질	선 종	여 유 폭
보통토사	펌프 준설선	6.5m
	그래브 준설선	4.0m
암 반	그래브 준설선	2.0m

주) 상기 표 값에서 한쪽 준설폭 및 유지·준설일 경우는 본 표값의 1/2을 적용한다.

라. 준설경사면

준설할 경사면은 토질조건과 준설선형에 따라 차이는 있으나 일반적으로 다음 표를 참고로하여 준설 경사면을 계획한다.

토질별 안정경사

구 분	토 질	N치	상 태	비탈경사
일반준설	점토질토사	4미만	연니	1:3 ~ 1:5
		4 ~ 8	연질	1:2 ~ 1:3
		8 ~ 20	중질	1:1.5 ~ 1:2
		20 ~ 40	경질	1:1 ~ 1:1.5
	사질토사	10미만	연질	1:2 ~ 1:3
		10 ~ 30	중질	1:1.5 ~ 1:2
		30 ~ 50	경질	1:1 ~ 1:5
특수준설	자갈	-		1:1 ~ 1:1.5
	암반	-		1:1

주) 본 표는 대략표준값으로 파랑, 조류가 심한 위치에 있는 준설의 비탈면 경사는 완경사로 하는 것으로 한다.

1.4 준설선과 준설방법

1.4.1 준설선의 종류

가. 그래브 준설선**(Grab dredger)**

그래브 버키트(Grab bucket)의 용량으로 규격을 표시하며, 일반적인 토사준설에 적합하고 초중량 버키트를 장착한 초대형 그래브 준설선은 다져진 모래, 단단한 점토층과 부식암 준설에 투입하고 있다.

초대형으로는 25m^{3}급이 있다.

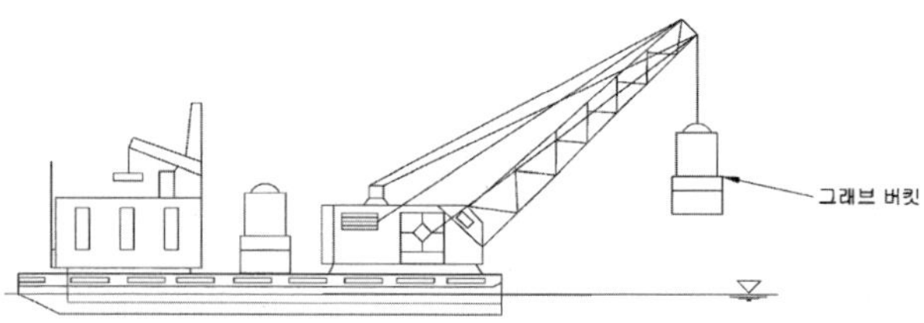

나. 버키트 준설선**(Bucket dredger)**

버키트라인에 버키트를 연속부착하여 준설위치에 내리고 버키트라인을 회전시켜 준설한다. 일반적인 토사의 용량이 많은 곳에 투입한다. 버키트의 용량으로 규격을 표시하며, 버키트 한개의 용량은 0.2m^{3}에서 0.5m^{3}정도가 많다.

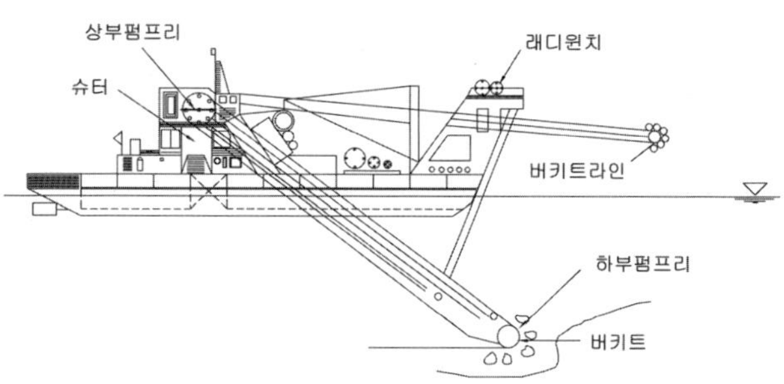

다. 펌프 준설선

펌프 준설선에는 자항인 드래그 석션 준설선(Drag suction dredger)과 비항인 컷터 석석 준설선(Cutter suction dredger)이 있다.

1) 자항(自航) 펌프 준설선

일명 호퍼 준설선(Hopper dredger)이라고도 하며, 연약지반의 준설용으로 적합하다. 전면의 드래그 헤드에서 준설토를 흡입하여 선내 이창(Hopper)에 준설토를 담고 이창이 차면 자항으로 투기장에 항행하여 문비를 열고 투기하거나 송토관을 통하여 매립용 투기장에 투기한다. 규격은 이창(Hopper)의 용량으로 표시하며 소형은 750m^{3}에서 대형으로는 12,000~20,000m, 초대형은 33,000m^{3}급이 있으며 준설심도도 80m까지 가능하다.

(수심이 깊은 곳의 사질(모래) 채취를 위하여 대수심 호퍼준설선이 투입된다.)

대형 매립공사의 토사운반으로 자항펌프 준설선을 활용하고 있다.

2) 비항식(非航式) 펌프 준설선

펌프의 주기마력을 커터 석션 준설선의 규격으로 표시하고 있으며, 저수지 준설이나 수심이 얕은 곳의 모래채취선인 300 HP에서 초대형으로 20,000HP까지 개발되어 이토에서 경질토까지 대용량의 준설, 특히 매립을 겸한 준설장비로 많이 투입되고 있다.

커터 석션 준설선은 커터가 달린 래더(Ladder)를 준설위치수심에 내리고 스퍼드(Spud)로 고정시킨 후 커터모터로 커터를 회전시키면서 펌프로 물과 같이 교란된 함니율(含泥率) : 10~15%인 토사를 흡입하여 송토관을 통하여 투기장(매립지)에 투기하는 준설선이며 비항이다.

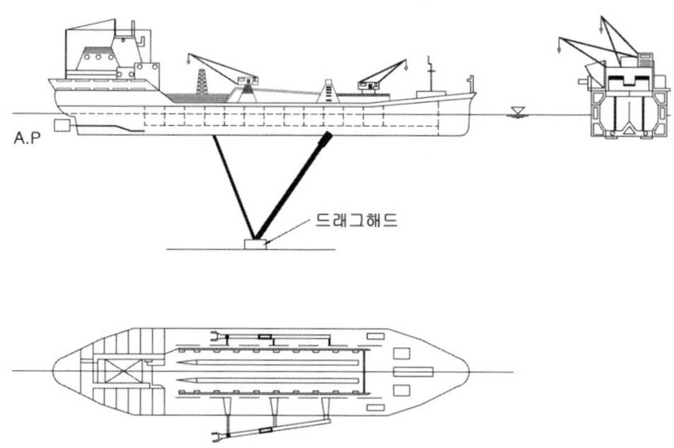

자항 펌프준설선

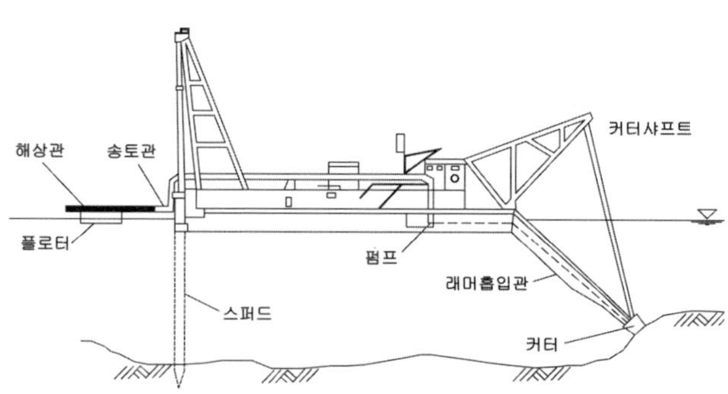

비항 펌프준설선

라. 디퍼 준설선**(Dipper dredger)**과 백호 준설선**(Back-hoe dredger)**

1) 디퍼 준설선

단단한 토질이나 파쇄(쇄암 또는 발파)된 암을 붐의 선단부에 장착된 디퍼 버키트(Dipper bucket)로 외측으로 퍼올리는 방식으로 준설한다. 강력한 힘을 요하며, 요동이 없어야 하므로 스퍼드(Spud)로 고정한다. 디퍼준설선의 규격은 디퍼 버키트의 용량으로 표시되며 $2.3m^3$급에서 $4.0m^3$급이 있다.

2) 백호 준설선(Backhoe dredger)

디퍼 준설선과 유사하여 동 종류로 분류되며, 백호 버키트(Back-hoe bucket)로 디퍼 버키트의 반대방향인 내측으로 퍼올리는 방식으로 준설한다. 수심이 얕은 곳의 단단한 토질이나 파쇄된 암을 준설할 때 효율적이고 경제성이 있으며, 수심이 (-)10.0m이상은 어렵다.

백호 준설선의 규격은 역시 버키트의 용량으로 $0.7m^3$급에서 $5.0m^3$급까지 다양하다.

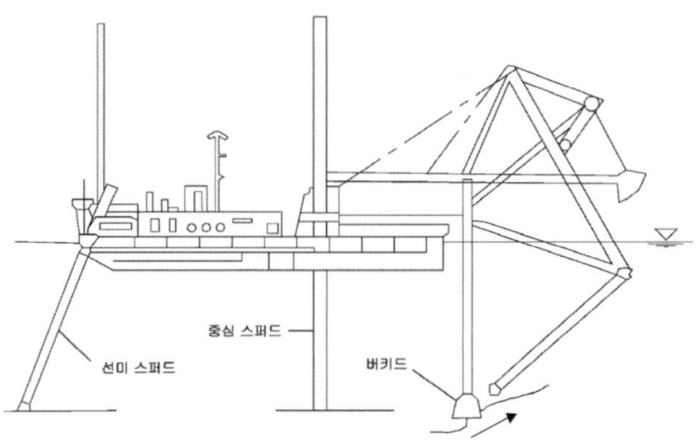

디퍼 준설선

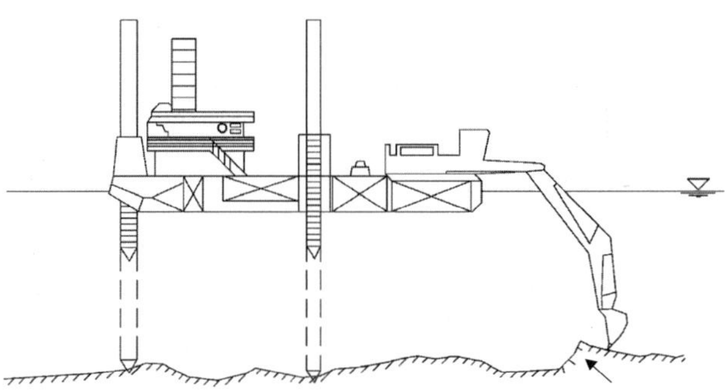

백호 준설선

1.4.2 토질별 준설방법

토질조건으로는 준설토의 N값 및 압축강도 등을 고려하여 적합한 준설방법을 검토하여야 한다. 일반적으로 토질별 투입선종은 다음의 토질별 준설선종표를 참고하며, 일반방식으로 준설이 되지 않는 단단한 토질이나 부식암, 연암은 쇄암선에 의한 쇄암준설을 해야하고, 단단하여 준설선으로 준설되지 않는 수중 암반은 발파준설을 한다.

가. 쇄암준설

토질이 단단하여 준설선의 준설이 되지 않는 조건에서는 쇄암준설을 한다. 쇄암선은 중추식과 충격식이 있고, 중추식은 10~30t의 쇄암봉을 3~4m의 높이에서 자유낙하시켜 파쇄하며, 충격식은 로크 해머(Rock hammer)의 반복타격으로 파쇄한다.

나. 발파준설

준설장비나 쇄암준설로 파쇄가 되지 않는 계류시설이나 수역시설 암반은 발파방식으로 암을 파쇄한다. 발파방법은 표면발파와 천공발파가 있다.

토질별 준설선종

토 질			적 용 선 종			
분류	상태	N치	펌프	그래브	디퍼	쇄암
점토질 토사	연 니	4 미만	↑	↑		
	연 질	4~10미만		G		
	보통질	10~20미만	P			
	경 질	20~30미만		↓		
	최경질	30~40미만		↑ Ⓖ	↑ D	↑ 碎
	극경질	40~50미만	↓	↓	↓	↓
모래질 토사	연 질	10 미만	↑	↑		
	보통질	10~20미만		G		
	경 질	20~30미만	P	↓		
	최경질	30~40미만		↑ Ⓖ	↑ D	↑ 碎
	극경질	40~50미만	↓	↓	↓	↓
자갈 섞인 점토질 토사	연 질	30 미만		G		
	경 질	30 미만		G	D	碎
자갈 섞인 모래질 토사	연 질	30 미만		Ⓖ		
	경 질	30 미만			D	碎
암 반	연 질	40~50미만		↑	↑	↑
	연 질	50~60미만			D	
	보통질			Ⓖ	↓	碎, 發
	경 질				↑ 發	
	최경질			↓	↓	↓
자 갈	느슨한것			↑ G		
	느슨한것			↓		

주) ① P : 펌프 준설선, G: 그래브 준설선, D : 디퍼 준설선 碎 : 쇄암선, 發 : 발파

② Ⓖ : 쇄암 또는 발파후의 준설적용선종(그래브준설선, 디퍼(백호) 준설선)

1.4.3 준설선 종류 및 적용토질

준설선형별 적용토질과 특징 설명표

준설선형	자항 또는 비항	적용토질	특 징	비 고
그래브 준설선		• 토사나 자갈, 자갈섞인 토사의 준설에 적합하고 터파기와 같은 부분 준설에 적합하다.	• 그래브 용량은 2~5m³이 보통이므로 대형인 경우 8m³급, 초대형으로 25m³급도 있다.	• 그래브의 종류 - 경질토용 평면그래브 - 약간 단단한 토질에 하프다인 그래브 - 단단한 토질에 홀다인 그래브
버키트 준설선	자항식	• 토사나 자갈, 자갈섞인 토사의 준설에 적합하고 특히 많은 량의 준설에 좋다. • 또 단단한 토질에도 비교적 능율이 좋다.	• 일반적으로 40~70개의 버키트를 달고 있으며 버키트 용량은 0.5~0.8m³급이 많다.	
	비항식(연속식)		• 소형에서는 버키트 용량이 0.3m³급이 많다.	
펌프 준설선	자항식	• 연질 또는 사질토사에 적합하다.	• 드래그석션준설선 호퍼용량은 수천 m³에서 20,000m³까지 있다.	• 깊은 수심의 모래채취용으로도 사용된다.(수심80m)
	비항식(연속식)	• 연질 또는 사질에 적합하다. 비교적 단단한 토사에 많이 사용하고 있다.	• 커터석션 준설선은 일반적으로 500~8,000PS급이 많으나 초대형화하여 20,000 PS급도 있다.	• 일반적으로는 송토관에 의하나 장소에 따라 바지로딩(Barge loading)식도 생각할 수 있다.
디퍼 준설선(백호 준설선)	비항식	• 일반 준설선중에서는 가장 단단한 토질에 적합하다.	• 버키트의 용량은 2~5m³급이 보통이고, 대형은 8m³급도 있다.	• 쇄암이나 발파암 준설, 제거용으로 사용되고 있다.
기 타			• 대선에 육상 굴착장비를 조합한 준설장비와 스크레이퍼식 등이 있다.	

주) ① 펌프 준설선의 끌배는 본선작업위치 이동 등에 사용
② 그래브 준설선의 끌배는 토운선 예인에 사용
③ 연락선은 업무 연락용으로 사용
④ 양묘선은 앵커이동, 부함 및 파이프 조정, 중량물 운반에 사용
⑤ 작업선은 가능한 현장계류를 원칙으로 한다.
⑥ 그래브준설선 부속선중 양묘선, 연락선은 현장여건에 따라 조정가능
⑦ 12,000HP 비항 펌프선의 양묘선 규격은 표준품셈 선단조합표를 참조하여 현장여건에 따라 조정가능

1.4.4 시간당 준설량

시간당 준설량의 산정은 토질별, 준설장비별로 계산하고 있으며, 예를 들면 그래브 준설선은 1시간당 토운선에 싣는 준설토량을, 비항펌프 준설선은 송토관 끝에 쌓이는 준설토량을 말하며, 쇄암선은 암파쇄량을 나타내고 있으므로 파쇄암을 그래브선이나 디퍼(백호)선으로 토운선에 싣는 것과는 별도이다. 시간당 준설량 계산은 품셈의 기계화 시공중 준설장비편을 참조한다.

1.4.5 준설선의 선단구성(예)

가. 그래브 준설선의 선단구성(예)

준설선		부속선단 및 부속기계 기구			
선종	규격 (m³급)	끌배 HP	토운선 (m³급)	양묘선 HP	연락선 HP
그래브 준설선	0.65	척수와	용량은 작업	10	40
	1.00	조건에	따라서 조정	10	40
	1.50			10	40
	3.00	80	30	10	40
	7.50	120	60, 100	30	40
	12.50	180	200	50	40
	20.00	250	300	-	-
	25.00	450	500	-	-

나. 펌프 준설선의 선단구성(예)

준 설 선		부속선단 및 부속기계 기구					
선종	규격 HP	끌배 HP	양묘선 HP	부함 (4.5m) (mm)	송토관 (6.0m) (mm)	고무 포인트 (mm)	연락선 HP
비 항 펌프선	300	180	50	776	310	900	40
	600	250	50	776	510	1,000	40
	1,000	350	120	850	610	1,000	40
	1,200	350	120	850	610	1,000	40
	2,000	450	120	1,000	710	1,200	40
	2,200	450	120	1,000	710	1,200	40
	3,300	500	200	1,000	710	1,200	40
	4,000	600이상	200	1,000	710	1,200	40
	4,400	800	200	1,000	710	1,200	40
	12,000	800~2,000	400~800	1,000	760	1,900	40
	20,000	350+4,500	1,200	1,000	760	1,900	40

다. 디퍼 준설선(백호 준설선)의 선단구성(예)

1) 디퍼 준설선

디퍼선 규격	부속선		비 고
	예선	토운선	
$2.3m^3$ 350HP	(40t 250HP) 35t 180HP	$120m^3$	표준작업수심 10.0m 내외, 최대 16m
$4.0m^3$ 1000HP	(45t 300HP) 40t	$200m^3$	표준작업수심 10.0m 내외, 최대 16.0m

2) 백호 준설선(표준작업수심 5.0～10.0m)의 선단구성

디퍼 준설선의 선단구성을 참조한다.

라. 쇄암선의 선단구성(예)

구분	쇄암선	끌 배	양묘선	표준작업수심
규격	중추식 10t	(60HP 15t) 40HP 10t	5t 달기 90HP	7.5m
	중추식 20t	(60HP 15t) 40HP 10t	5t 달기 90HP	15m
	중추식 30t	(60HP 15t) 40HP 10t	5t 달기 90HP	20m

주) ① 암을 파쇄한 후 그래브준설선이나 디퍼(백호) 준설선이 투입되어 파쇄암을 준설하여 토운선에 싣는 작업이 포함된다.

② 기상, 조류, 파도 등 조건이 나쁜 경우( )내의 끌배로 조합한다.

③ 자항 양묘선은 필요에 따라 계상할 수 있다.

* 예비토운선의 확보 : 토운선의 고장 등으로 토운선이 부족하면 준설선의 대기로 가동율이 저하되므로 투기장이 멀거나 선박수리시설이 인근에 없는 경우에 대비, 예비토운선의 확보를 검토하여야 한다.

1.5 준설토 투기장(사토장) 선정과 투기방법

1.5.1 준설토 투기장(사토장) 선정

투기위치는 준설을 능율적이고 경제적으로 실시할 수 있도록 선정하여야 한다.

- ○ 준설구역으로부터의 거리와 경로
- ○ 투기장의 넓이와 수심
- ○ 투기장의 해상과 기상
- ○ 투기구역에서 투기시 안전성(표류유무 등)
- ○ 어업 및 기타 보상 문제
- ○ 매립계획과 관련성
- ○ 투기장의 인·허가 등

1.5.2 투기방법

준설선단별 투기방법을 도표로 보면 다음과 같다.

준설토의 투기방법	준설선과 준설토의 투기방법	
• 준설토를 먼 곳에 운반 투기할 때	비항 버키트선 비항 디퍼선 (또는 백호선) 비항 그래브선 비항 펌프선 자항 버키트선 자항 펌프선 자항 그래브선	자항 토운선 끌배 및 비항토운선
• 준설토를 직접매립에 이용할 때	비항 펌프선	직접송토 중계펌프선(비항펌프선 이용 또는 중계전용 펌프선) 중계펌프(장치식) 대형 샌드케리어 등(자항, 토창보유)
	자항 펌프선	직접송토 중계펌프선(비항, 토창보유) 중계펌프(정치식)
• 준설토를 먼 곳에 일단 투기한 뒤 별도의 준설방법으로 투기된 흙을 매립에 이용하거나 다시 다른 지점에 투기할 때	준설토를 먼곳에 투기할 때와 같음	준설토를 먼 곳에 운반 투기할 때 준설토를 직접매립에 이용할 때

1.6 준설선의 취업시간과 운전시간 및 수리기간

준설선단의 표준가동시간은 일반적으로 2교대를 기준으로 하고 있으며 펌프준설선은 3교대로 하고 있고 지형, 조류, 파고 등 현장의 제반여건에 따라 차이는 있으나 취업시간과 운전시간은 다음 표에 의한다.

취업시간과 운전시간

종 류	취업시간	운전시간	비 고
펌프 준설선	24hr	15hr	3 교대
그래브 준설선	12hr	10hr	2 교대
버키트 준설선	14hr	12hr	2 교대
양묘선	모선과 동일	실운전시간	
토운선	모선과 동일	-	
끌 배	모선과 동일	실운전시간	

준설선 및 부속장비의 수리는 작업시 돌발적으로 발생하는 때의 상시수리와 년간 정기적으로 수리하는 정기수리로 나눌 수 있으며, 상시수리와 정기수리 기간을 합한 수리기간은 일반적으로 다음과 같다.

- ○ 그래브 준설선 : 약 25일
- ○ 대형그래브 준설선 : 약 30일
- ○ 버키트 준설선 : 30~50일
- ○ 디퍼 준설선(백호 준설선) : 40~50일
- ○ 펌프 준설선 : 25~35일
- ○ 끌 배 : 25~30일

제14편

1.7 공정계획

현장 제반조사와 토량 등 제반여건이 결정되어 투입선단이 선정되면 계획공기에 알맞게 선단 조정을 하고 작업시간(2교대 또는 3교대 등)을 정하여 작업방법 및 여건에 따른 공정계획을 수립한다. 공기가 당해연도에 완공되면 별 문제점이 없겠지만 계속공사인 경우 준설선과 부속장비의 부품은 물론 인근에 수리시설의 유무나 수리시 필요설비 등에 대한 고려도 하여야 한다.

공정계획상 주요상황을 보면 토질별토량, 투입선단의 결정, 준설능력산정, 작업시간 및 조건의 조정, 월 가동시간 및 년간 가동시간, 수리시간 등을 감안하여 전체 공정계획을 수립한다.

1.8 시공관리

준설공사는 정해진 준설구역을 정확히 준설하고 작업기간중 작업선의 안전운행, 안전조업이 되도록 안전관리에 철저를 기하여야 하며, 시공관리에 있어서도 항로와 박지의 보존, 안전조업, 공정계획에 대한 검토 및 조정, 작업선의 위치확인, 준설심도 확인 등 제반사항을 점검하고 대비하여야 한다.

1.8.1 항로와 박지의 보존

준설공사의 시공중에는 항로 또는 박지에 정박하는 선박에 장애가 되지 않도록 하여야 한다. 즉 준설작업으로 인하여 운항선박의 항행 제한 또는 항행금지가 되지 않도록 최선을 다하여야 하며, 특히 발파준설시의 위험표시는 물론 위치, 장소, 시간 등을 항만관리당국에 사전에 통보하고 협의가 이루어져야 하며, 부정기적으로 항행하는 소형선박 등에 대한 관리도 철저히 하여 사고에 대비, 만전을 기하여야 한다.

1.8.2 안전조업

기상, 해상 등의 변화에 대하여 기상예보와 주요 작업기간중 급격한 변화나 긴급사태에 대한 대피, 손상에 대한 평상시 교육과 훈련을 통한 안전조업이 가능하도록 대책이 있어야 하며, 평상시의 돌발적인 피해에 대하여도 긴급복구가 되어야 한다.

1.8.3 공정계획 검토 및 조정

준설토량과 준설면적을 확인하고 공사진척상황을 분석하여 공정관리 지침과 공정계획에 대한 검토를 하고 공정계획에 차질이 있을 경우 적절한 대책으로 경제적이고 확실한 시공이 되도록 관리하여야 한다.

1.8.4 준설작업 위치 확인

준설작업위치는 공사구역내의 정확한 시공여부와 직접 연관이 있으므로 착공전, 시공중과 시공후로 나누어 수시로 확인을 한다.

착공전에는 인근에 있는 물표를 이용하거나 별도로 물표(기준점)를 설정하고 준설구역의 표지는 부표, 긴 대나무 장대를 이용한 부표를 준설구역 표지로 시설하고, 육상은 별도 육상표지(깃발장대) 등을 잘 보이는 곳에 설치하여 이를 근거로 위치 확인을 한다.

소량의 준설에서는 시공중에는 설정된 물표(物標)를 기준으로 하여 육상에서나 해상 준설선상에서 육분의(Sixtant)나 트랜시트(Transit) 등으로 측각법에 의한 측각을 삼각분도기로 작도하면서 수시로 점검을 하고, 공사 완료시에도 같은 방법으로 수심측량을 실시하고, 시공위치에 오차가 발생하면 재시공하여야 하므로 각별히 주의를 기울여왔다.

요즈음은 위성에 의한 관측법이 개발되어 위치관측이 위성에 의한 자동시스템 설치로 간편한 방법으로 GPS(DGPS) 방식의 위치측량과 확인이 가능하다.

1.8.5 준설심도 확인

준설심도는 기준면{L.L.W(±)0.00m}으로 부터의 수심을 관측하는 것이므로 준설기간중 계속적인 심도확인이 되어야 한다.

심도확인 방법은 레드(Lead:중추)나 음향측심기(音響測深器:Echo-sounder)로 하는 것을 원칙으로 하지만 시공중의 심도 확인은 장대 끝에 추를 달아 간이 방식으로 점검을 하거나 버키트준설선이나 펌프준설선에서는 버키트나 펌프레더의 심도로 간이 점검을 하는 경우도 있다.

심도 확인시 필수요건은 조위를 감안한다는 것이며, 조위차나 이상조위에 대한 깊이 보정을 필히 하여야 한다.

심도 확인시에는 자기검조기가 없을 경우 양수표(量水標:Water level staff) 설치와 시간별 조위 관측자료를 이용하여 보정한다. 심도 확인시의 시각과 측량야장상의 관측기록은 반드시 기재하여 점검을 하여야 한다.

준설심도확인도 요즈음 자동시스템방법에 의하여 위치, 심도 등의 확인이 가능하게 되었다.

<참고>

준설 및 준설토 외해투기시 수속순서 및 절차

1. 공유수면관리청
  1) 국토해양부장관
    ○ 국토건설종합계획법에 의해 지정된 특정지역안의 공유수면
    ○ 산업입지 및 개발에 관한 법률에 의해 지정된 국가산업단지안의 공유수면
    ○ 항만법에 의한 지정항만의 항만구역안의 공유수면
    ○ 어촌·어항법에 의한 어항구역안의 공유수면
    ○ 배타적경제수역법에 의한 배타적경제수역
    ○ 기타 일부지역의 바닷가[별표]
  2) 시장·군수·구청장(기타 공유수면)
  3) 권한위임(법 제20조)
    ○ 무역항 항만구역안 : 지방해양청장
    ○ 기타 공유수면 : 시장·군수·구청장

2. 개인 사업자가 준설시 및 준설토 투기시
  1) 관련법 : 공유수면관리법 제5조의 규정에 의한 공유수면의 점용 및 사용허가
  2) 사업자 → 관리청 → 관계기관 협의(환경부 등) → 허가

↓

해역이용사전협의(지방해양항만청 해양환경과) : 해양오염방지법시행령 제8조

3. 국가 및 지방자치단체 준설시 및 준설토 투기시
  1) 관련법 : 공유수면관리법 제6조의 규정에 의한 공유수면의 점용 및 사용협의 또는 승인
  2) 국가(지자체) → 관리청 → 관계기관 협의(환경부 등) → 협의 또는 승인허가

↓

해역이용사전협의(지방해양항만청 해양환경과) : 해양오염방지법시행령 제8조

4. 배출해역지정 절차(해양오염방지법)
  1) 준설토사 투기시(해양경찰서장)
  2) 배출해역지정절차(법 제16조6항 후단) → 폐기물 배출해역의 지정신청 등(시행령 제36조) → 폐기물 배출해역의 지정등(시행규칙 제37조) → 폐기물 배출해역의 지정사항변경 등(시행규칙 제38조)

제14편

〈참고〉

준설 및 준설토 외해투기시 관련법 및 절차

배출해역지정절차
(해양오염방지법 제16조4항 후단)

- 해양배출이 가능한 폐기물의 종류 · 배출해역의 범위 및 배출자에 대한 배출해역 지정절차 기타 필요한 사항은 국토해양부령으로 정한다.

↓

폐기물 배출해역의 지정신청 등
(해양오염방지법 시행규칙 제36조)

- 일반적인 경우
  별지 제6호서식의 폐기물 배출해역지정 신청서에 사업계획서를 첨부하여 해양경찰서장에게 제출

- 해저준설로사, 조개껍질류 또는 이와 유사한 폐기물을 배출할 경우 공유수면 관리법 제5조제1항의 규정에 의한 허가를 받은 경우 폐기물배출해역의 지정을 받은 것으로 한다.

→

점용 및 사용허가
(공유수면관리법 제5조)

- 다음 각호에 해당하는 행위를 하고자하는 자는 대통령령이 정하는 바에 의하여 관리청의 허가를 받아야 함(공유수면 매립법에 의한 면허를 받은 공유수면에서는 제외)
  - 공유수면에 부두, 방파제, 교량, 수문, 건축물 기타 공작물을 신축, 개축, 증축 또는 변경, 제거시
  - 공유수면에 접속한 토지를 수면이하로 굴착시
  - 공유수면을 준설 또는 굴착 하고자 할 때
  - 포락지 또는 개인의 소유권이 인정되는 간석지를 토지로 조성하는 행위
  - 공유수면으로부터 물을 끌어들이거나 공유수면에 물을 보내는 행위
  - 공유수면에서 토석, 모래, 자갈을 채취하거나 식물을 재배 또는 채벌하는 행위
  - 공유수면에 다량의 토석을 버리는 등 수심에 영향을 미치는 행위
  - 부두, 방파제 등의 시설물을 점용 또는 사용하는 행위

↓

협 의 (시행령 제6조)

- 관리청은 점 · 사용허가에 관해 관계행정기관의 장과 협의해야 한다.
  - 시장 · 군수 · 구청장은 바다 또는 바닷가에서 점사용허가시 관계행정기관과 협의(국토해양부장관 포함)
  - 관계행정기관은 20일이내에 관리청에 의견을 제출

국가 또는 지방자치단체

점 · 사용허가의 신청 (시행령 제9조)

- 허가를 받고자하는 자는 허가신청서를 국토해양부령이 정하는 바에 의하여 그 신청서를 관리청에 제출

↑

국가 · 지자체 공유수면 점 · 사용시 (법 제6조)

- 국가 또는 지방자치단체가 법제6조의 규정에 의해 공유수면을 점 · 사용하고자 할 때 관리청과 협의하거나 승인을 얻어야 하며, 관리청은 미리 관계행정기관의 장과 협의하여야 함

↓

폐기물 배출해역의 지정등
(시행규칙 제37조)

- 해양경찰서장은 폐기물 배출해역을 지정하고자 할 때 미리 해양경찰청장의 승인을 얻어야 한다.
- 지정기간은 지정일부터 3년이내, 매회 3년의 범위내에서 그 기간을 연장
- 해양경찰서장은 폐기물 배출해역을 지정한 때에는 별표 제7호서식의 폐기물배출해역 지정서를 신청인에게 교부

↓

폐기물 배출해역의 지정사항 변경 등
(시행규칙 제38조)

- 사유발생한 날부터 30일 이내에 별표 제8호서식의 폐기물배출 해역지정사항 변경신청서를 첨부하여 해양 경찰서장에게 제출

제2장 · 매 립

2.1 일 반

매립은 일반적으로 임해지역에 부지를 확보하는 것을 목적으로 연안해면이나 하천, 호소 및 저습지의 공유수면에 용지 조성을 하는 공사이다.

항로나 박지의 수역시설에서 발생하는 준설토사를 매립하기 위한 매립토로 사용하는 방법과 매립계획구역의 배후에 있는 토취장을 이용한 육상토를 운반하여 매립하는 방법이 있으며, 토취장을 용지로 이용한 방법도 병행이 될 수 있겠다.

매립지가 공유수면인 경우, 공유수면매립법에 의하여 매립면허 및 실시계획인가 등 인·허가를 받아야 한다.

공유수면내에 이권이 존재할 경우, 이권을 보상해야하므로 사전에 조사하여 해결할 필요가 있으며, 가장 많은 이권은 공유수면내 또는 인접한 곳의 어업권과 광업권이다.

2.2 매립조건 조사

2.2.1 일 반

매립공사의 계획을 수립할 때에는 다음 사항을 고려하여 필요한 조사를 실시한다.

가. 매립지 조사
- 원지반의 토질
- 매립지반고
- 매립지의 사용 목적과 매립지의 사용 시기
- 매립토량과 면적
- 매립계획지역의 수심

나. 토취장
- 토 질
- 토량과 면적
- 위 치
- 운반경로와 운반방법

2.2.2 매립지의 연약토 처리

매립지는 매립후 용도에 맞는 지반의 지내력이 있어야 하나, 원지반의 토질상태와 양질의 매립토가 확보되지 않을 경우 지반의 침하현상이 예상되고, 원지반이 압밀침하되는 경우도 있으므로 매립지의 침하가 항상 문제점이 되고 있다. 특히 항로나 박지의 준설토가 연약토인 경우 매립지의 연약지반처리를 하기 위하여 다음과 같은 공법이 채택되고 있다.

- 사용계획에 따라 사질토나 경질토를 사용하고, 사용계획이 없으면 연약한 토질로 매립할 수 있다.
- 준설토의 대부분이 점성토인 경우에는 적절한 방법으로 산정된 표층을 몇 미터 높이의 사질토로 매립한다.
- 퇴적된 연약점성토 위에 양질토사로 환토한다.
- 배수공법 등의 지반처리공법을 시행한다. 또한 매립공사중 매립토사의 구역외 유출을 방지하고저 할 때에는 약액처리공법으로 처리하는 방법도 있다.

2.2.3 매립지반고

일반적인 매립지반고는 삭망평균고조위에 여유높이를 두고, 매립지내의 배수, 기타조건을 고려하여 결정한다. 인근의 지반고와의 관계를 충분히 조사하여야 하며, 지반이 연약한 경우 매립완료후 지반이 침하하는 경우가 있으므로 침하를 고려하여 매립고를 높게 계획하고, 침하상태를 계측·관리하여 지반개량공법 등 침하에 대비할 필요가 있다.

필요에 따라서는 재하하중을 가하여 예정지반고를 고려한 사전재하를 시행하는 선행재하공법(先行載荷工法:Pre-loading method)을 병행하는 경우도 있으며 구조물에도 적용하고 있다.

2.3 매립토량의 계산

2.3.1 토량 계산식

매립토량에 대한 시공토량은 다음 식으로 계산한다.

$$V = \frac{V_o}{P}$$

여기서, V : 매립시공토량(m^3)
V_o : 매립토량(더돋기 토량 포함)(m^3)
P : 펌프 준설선에 의한 매립토사의 경우 유보율

2.3.2 침하량

침하량의 산출은 원지반의 침하량에 매립토사의 침하량을 합산하며, 원지반의 침하량은 원지반의 흙의 역학적 성질에 따른 침하율을 산정하고 매립토사의 침하량은 매립토사의 두께에 다음의 율을 적용하는 사례가 많다.

- 사질토 : 층두께의 5%이하
- 점성토 : 층두께의 20%이상
- 사질토와 점성토의 혼합 : 층두께의 10~15% 정도

제14편

2.3.3 더돋기

더돋기는 토질조건에 따라 차이가 있으나 일반적으로 10~15cm정도로 한다.

2.3.4 유보율(流保率)과 유실율(流失率)

펌프 준설선으로 송토하여 매립하는 경우의 유보율과 유실율은 아래 표를 기준으로 한다. 유보율은 매립토사의 입경, 집수정과 여수토의 위치와 높이, 배수구로 부터의 거리, 매립면적, 지반고 등에 따라 차이가 있다.

토질별 유보율

토 질	유 보 율(%)
점토 및 점토질 실트	70이하
모래 및 사질실트	70~95

입경별 유보율

입경(mm)	유실율(%)	입경(mm)	유실율(%)
1.2이상	없 음	0.3~0.15	20~27
1.2~0.5	5~8	0.15~0.075	30~35
0.6~0.3	10~15	0.075이하	30~100

2.4 매립공사의 순서

매립공사의 순서는 일반적으로 다음과 같다.

- ○ 매립기본계획 수립, 입지선정, 기본계획 반영
- ○ 공유수면매립허가 신청, 승인(조사 : 해상, 기상, 토질조건 등)
- ○ 실시계획 신청, 승인(실시계획작성 : 매립공사 구조물 토량 포함)
- ○ 보상 및 모든 수속 완료
- ○ 매립공사 및 부대시설
- ○ 완공, 검사, 지적확인 측량, 매립지 조정
- ○ 공사비 정산, 매립지 등기 및 양도

2.5 호안구조물

2.5.1 호안구조물의 개념

호안구조물은 항만법 및 어촌·어항법에서 외곽시설로 규정하고 있으며, 외해에 시설되는 경우 파도의 영향을 직접 받게되어 방파호안의 기능을 유지하여야 하며, 항내에 시설되는 경우 토압을 받는 구조물 역할을 하게된다. 호안에 선박을 계류시킬 경우 계류시설인 물양장과 안벽의 역할도 겸하게 시설되므로 설계시 호안구조물의 제반 여건을 충분히 고려하고 검토하여 조건에 부합한 구조물로 계획한다.

2.5.2 호안구조물의 분류

매립공사용 호안은 시설위치와 목적에 따라 구조에 맞게 계획한다.

일반적으로 시공되는 매립호안, 외해의 파랑이 작용할 때의 방파호안, 매립지 전면에 선박을 접안할 경우 호안겸 물양장 또는 안벽, 계류시설과 호안이 접속될 때의 접속호안, 호안이 다른 계획에 의하여 매몰되거나 철거할 경우 임시구조물의 호안인 경우 가호안, 대단위 매립공사시 부분 분할로 조기 이용을 목적으로 하는 경우 임시호안 등으로 분류할 수 있다.

호안 구조물의 기본방침 및 설계조건은 외곽시설에 준한다.

2.5.3 부대시설

가. 집수정(集水井)과 여수토(余水吐)

펌프 준설선으로 호안내부에 토사를 송토하여 매립할 경우에는 집수정과 여수토 계획을 고려한다.

매립지내의 송토는 함니율(含泥率)10~15%로서 물이 85~90% 함유되어 물만을 매립지밖으로 배출시켜야 한다. 그대로 배출시킬 경우 토사도 같이 배출되므로 물만 월류(Over flow)하도록 집수정을 시설하고 집수정에 모인 물을 여수토를 통하여 매립지외로 배출시킨다.

집수정의 위치는 일반적으로 송토관 단말부와 떨어져 있는 것이 좋고, 가능하면 외해의 영향을 직접 받지 않는 곳에 설치한다.

집수정구조는 일반적으로 저조면보다 높게 시설한다. 집수정의 규격, 여수토의 배출용량은 매립지의 토질, 펌프 준설선의 능력과 투입대수, 매립면적에 따라 결정한다.

배출되는 물의 외측 낙하 지점은 유속 감속시설(웨어) 등, 콘크리트구조나 잡석 등으로 밑다짐을 하는 것이 좋으며, 투수성을 검토하여 축조한다.

집수정에서 월류되도록 각락판(또는 콘크리트판)을 쌓아 올리면서 월류높이를 조정한다.

집수정과 여수토의 개요도는 다음 그림을 참조한다.

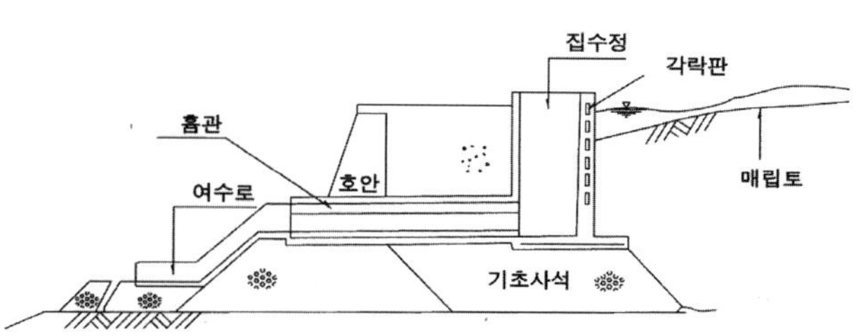

집수정과 여수토 개요도

2.6 물막이(最終締切) 공사

2.6.1 개 요

호안공사에서 물막이 공사가 가장 어려운 공종이므로 물막이공사의 시행계획을 수립하여 물막이 공사가 성공적으로 시행되도록 계획하는 것이 무엇보다 중요하다.

물막이 공사를 원활히 수행하기 위하여 다음 내용을 검토할 필요가 있다.

- ○ 위치선정
- ○ 통수단면의 산정
- ○ 조류속 계산(조류속에 견디는 한 개당 중량계산)
- ○ 물막이 시공계획 및 일정계획(기상, 해상자료 분석, 소조기 조위분석 · 검토)
- ○ 기자재 확보(중장비 동원계획, 물막이공 물량 확보 등)
- ○ 물막이 공사 시행(1차 : 단시간내 소조위 까지, 2차 : 중조위에서 대조위까지 점차시행)
- ○ 사후점검 및 유지관리

가. 위치선정

물막이공사를 시행할 때 먼저 물막이공사로서의 적절한 지반조건, 평면상 조류속에 의한 주위에 미치는 영향, 기자재 운반경로 등의 제반조건을 충분히 검토한 후 물막이공사 위치를 선정하여야 한다.

선정된 위치의 지질조건이 좋지 않아 유속에 의한 세굴이나 세굴된 토사의 이동으로 주변현장에 미치는 영향을 충분히 고려하고, 가능하면 조류속에 세굴이 일어나지 않는 견고한 원지반을 선정하는 것이 이상적이며, 적절한 위치라 하더라도 조류속에 대한 바닥 보호공이 축조되어야 하는 점도 고려한다.

나. 통수단면의 산정

1) 물막이 구간의 유속산정

물막이구간의 내조지(內潮池) 넓이, 개수로 폭과 길이, 외측 해수위와 조석의 주기 등을 고려하여 소조, 중조, 대조기의 물막이 구간의 일정폭에 대한 유속을 산정한다. 유속의 산정방식은 도해법과 계산방식으로 산출되고 있으며 ,수치모형실험에 의하여 개요를 추정하고 있다.

2) 내 · 외 수위차이에 의한 유속산정

물막이구간의 조석현상으로 내 · 외수차가 생기며, 내 · 외수차에 의하여 창조시는 외부에서 내조지로, 낙조시에는 내조지에서 외부로 흐르는 수위차에 의한 유속을 산정한다.

참고로 시화방조제 물막이공사시 산정한 유속을 살펴보면 수위차 약 1.0m일 때 최대유속 4.0m/sec, 약 1.5m일 때 4.5m/sec, 약 2.0m일 때 5.2m/sec이며 최대수위차 3.6m일 때 최대유속 7.4m/sec로 기록되었다.

3) 조류속에 따른 안정성 검토

물막이공사에서의 최대유속이 4~7m/sec의 최강유속으로 나타나기 때문에 유속에 견디는 중량물로 시공되어야 하며, 현장 인근에서 운반 투하시는 사석의 개당 중량이 부족할 경우 콘크리트 블록의 제작이나 돌망태 형태로 중량물을 만들어 공사에 사용한다. 중량물의 산정에는 유속에 따른 여러 가지 공식이 있으며 대표적으로 소개하면 화란의 간이공식, Isbash식, 기타 공식과 도표에 의한 중량결정 방법 등이 있다.

설계시 바닥 보호공(Sill) 표고 및 물막이 폭을 결정하여야 하는데 원지반 보호용 바닥 보호공은 소 · 중 · 대조기의 시공을 고려하여 바닥 높이를 구하고, 대 · 중 · 소조기에 물막이 폭의 시공을 고려한 단면 산정을 순차적으로 시행한다. 바닥 보호공의 높이가 높아짐에 따라 세굴에 대한 검토도 시행한다. 바닥 보호공의 예시도는 다음의 그림과 같다.

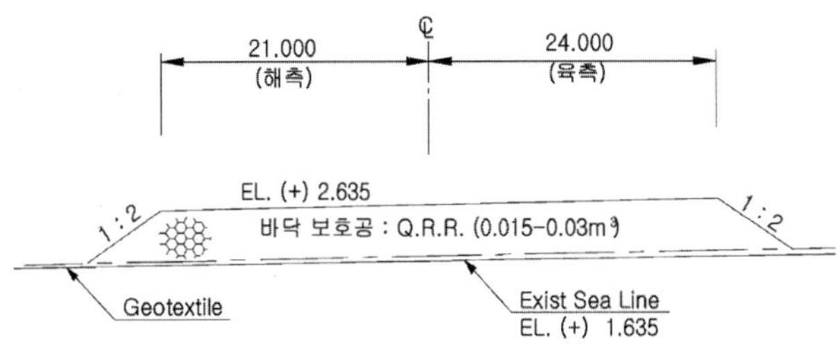

바닥보호공 예시도

4) 축조재료의 크기 결정

일반적으로 사용하고 있는 재료의 크기 결정식을 예시하면

- ○ 상고(Apron) 재료의 크기 결정(농지개량사업계획 설계기준 해면 간척편 P.368)

$$d_m \geq \frac{0.5}{\Delta} \times \frac{V^2}{2g}$$

여기서, d_m : 재료의 평균지름 (m)

V : 유속(m/sec)

Δ : 재료의 상대밀도 $= \dfrac{\rho_s - \rho_w}{\rho_w}$

- ○ 점축식에 의한 물막이용 재료의 크기 결정(미 해안침식국 제안식, 항만설계기준서 p.85)

$$W = \frac{\pi \times \gamma_r \times V^6}{48 \times y^6 \times g^3 \times (S_r - 1)^3 \times (\cos\theta - \sin\theta)^3}$$

여기서, W : 재료의 최소중량

S_r : 재료의 비중 $(\frac{\gamma_\gamma}{\gamma_w})$

g : 중력가속도(9.8m/sec)

y : Isbash 정수

(파묻혀 있는 돌 : 1.2)

γ_r : 재료의 비중(t/m^3)

V : 사석 상면에서의 유속(m/sec)

α : 사면의 기울기(°) → $cot\alpha$ = 2.0

일반적으로 시행하는 물막이 공사의 공사방법을 보면 점축방법(Deep sill-sub critical method)와 점고방법(High sill-critical flow method) 그리고 점축과 점고의 복합방법이 있다.(다음 그림 참조)

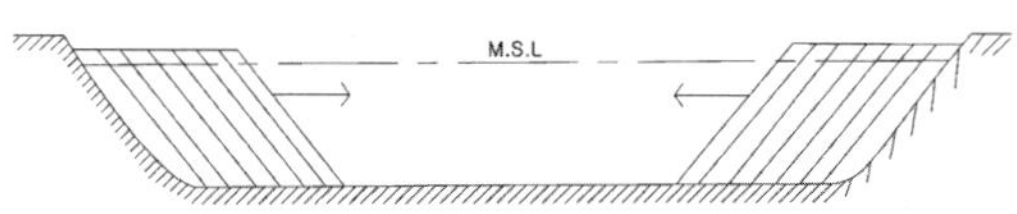

<점 축 방 식>

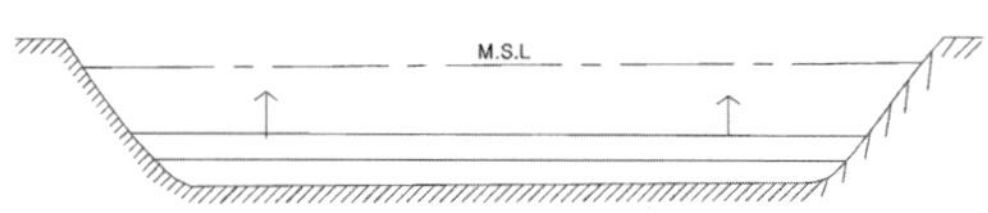

<점 고 방 식>

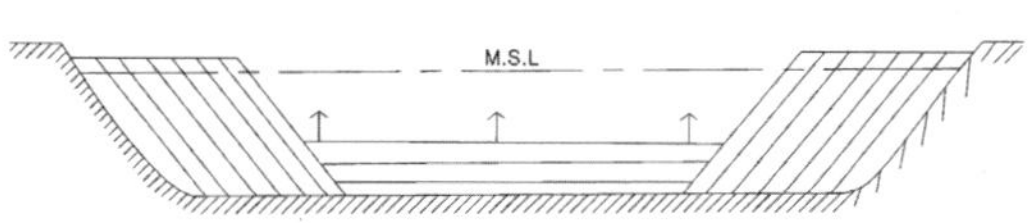

<점축과 점고 복합방식>

물막이 공사 방법

5) 물막이 단면의 안정성 검토

제체의 안정성에 대하여 활동, 전도, 파이핑현상 검토 및 지반 세굴에 대한 검토를 한다.

2.7 매립방법

2.7.1 개 요

매립방법은 일반적으로 다음공법을 채택한다.

- 펌프 준설선으로 토사를 매립지로 직접 송토하는 해상 매립토 운반방법
- 버키트 준설선, 디퍼(백호) 준설선, 그래브 준설선 등으로 준설한 토사를 토운선으로 운반하여 매립지내에 투기하거나 일정한 포켓에 사토한 후 펌프준설선으로 재송토하는 방법
- 육상의 흙을 운반하여 매립하는 방법 등

2.7.2 해상매립토 운반방법

가. 준설투기토

준설토 투기장으로 선정되었다가 투기가 끝나 매립용도로 용도가 확정되어 부지로 이용될 경우에는 준설토의 토질에 구애받지 않고 여러 가지 준설토를 투기하기 때문에 매립목적의 양질토는 기대할 수 없다. 따라서 용도의 이용목적에 따라 지반개량공법을 시행하여야 한다. 준설토의 투기방법은 토운선에 의한 방법과 펌프준설선(호퍼준설선)의 송토관에 의한 투기방법이 있다.

준설토를 매립목적으로 투기할 경우 매립토의 토사가 전 구간에 균등하게 송토되려면 송토관의 배치와 거리를 조정하며 관리에 유의한다.

송토관의 배치 간격은 다음 표와 그림을 참고한다.

송토관의 배치

준설토질	간 격 (m)	매립법선과의 거리(m)	
		측 면	선 단
점 성 토	200이상		
	200~300		
	100		
점성토 · 사질토	100~200	20	
	110~150		30
	110	15	
	40	40	
점성토 · 사질토(자갈)	40		30
	50~100	10~40	
사 질 토	50~75		30
	100	5~10	
	10~50	5~15	
사질토(자갈)	50		

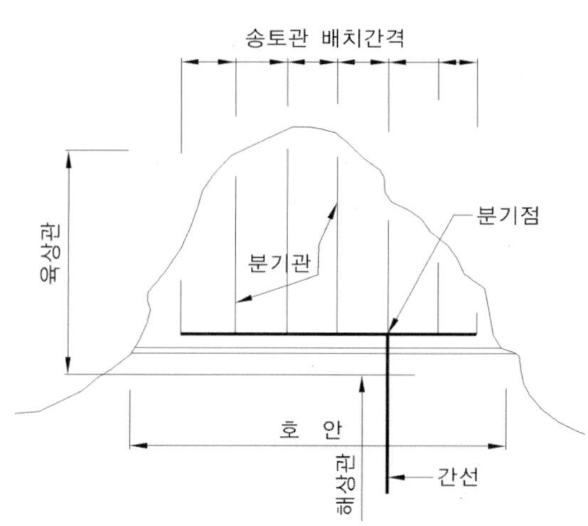

송토관의 배치 예시도

나. 육상토 운반매립

육상토를 운반하여 매립하는 경우에는 해상 투기장의 해상매립 후의 토사 매립이나 양질의 여성토를 복토하는 경우, 여러 가지 여건상 육상토로 매립하는 것이 좋다는 결론을 얻은 경우, 육상토를 운반하여 매립토사로 매립하게 된다.

즉, 매립지 인근에 양질의 해사토사가 없거나, 해상의 어업권 등 보상비가 많이 소요되어 해상토사 매립시보다 비경제적이거나, 장비투입면에서 육상장비 투입이 유리한 경우와 무대로 굴착토를 매립토로 사용할 수 있는 경우에는 육상토를 운반하여 매립지를 조성한다.

특히 인근에 좋은 토취장이 있고, 산을 깎아 매립토로 사용하는 경우, 용지사용을 계획한다면 경제적이고 효율적인 육상토 매립이 가능하다.

기술사 출제문제

준 설

제18회 (1980.5.18) 전문. 문7 (20점)

항만계획 조건과 현황을 귀하가 임의로 정하고 이상적인 준설계획을 기술사의 입장에서 수립하시오(필요한 제반조건이나 수치는 귀하가 적의 가정하라)

제19회 (1981.5.24) 전문 문3 (90점)

준설선의 종류를 열거하고 그 특징, 장단점 등을 상술하고 송토관식 Pump선으로 N=15～20의 사질토 100,000m^3 (수심 5m, 층두께 3m)를 배송거리 1,000m지역에 송토코자 할 때에

1) 준설선의 Pump 마력수

2) 송토관경

3) 배송 순운전시간을 산출하고

4) 운전상 주의사항을 상술하라.

제22회 (1982.2차) 전문. 제1교시. 문4 (70점)

준설과 매립공사를 능률적이며 경제적으로 시공하기 위해 사용하는 작업용 선박, 기계의 선정 조건에 대하여 논하라.

제22회 (1982.2차) 전문. 제2교시. 문6 (75점)

펌프준설선에 있어 배송거리가 너무나 길 경우와 너무 짧을 경우 발생되는 문제점과 대책을 기술하라.

제24회 (1984.5.20) 제4교시 문1 (50점)

준설선에 대하여 논하고 매립조건을 가정하여 적정한 준설 계획을 수립하라.

제25회 (1984.10.7) 제1교시 문2-(4) (10점)

다음에 대하여 아는 바를 기술하시오.

(4) 여 굴

제14편

제26회 (1985.5.19) 제4교시 문3-① (10점)

다음에 대하여 아는 바를 논하시오.

① 증심을 위한 암발파 공법

제29회 (1987.4.26) 제1교시. 문1 (40점)

항로에 매몰된 토사 약 500,000m^{3}를 공기 약 6개월내에 준설하고자 할 때, 투기장이 약 3km의 거리에 있을 때 선단구성 등 준설계획을 수립하시오.

제29회 (1987.4.26) 제3교시. 문2-(2) (10점)

다음에 대하여 아는 바를 기술하시오.

(2) 수중 기초굴착시의 사면 경사

제34회 (1990.4.) 제2교시. 문3-4) (10점)

다음에 대하여 아는 바를 기술하시오.

(4) 쇄암 준설 공법

제43회 (1994년도) 제1교시. 문⑦ (각 10점), 제44회 (1995년도) 제1교시. 문⑤ (각 10점)

⑦ 준설장비의 종류와 특성

제44회 (1995년도) 제3교시. 문4 - ④ (선택2문항/25점)

④ 준설에 있어서의 여굴

제47회 (1996년도) 제1교시. 문③ (10점)

③ 펌프준설선의 함니율

제48회 (1996년도) 제1교시. 문⑫ (10점)

⑫ 사면여굴

제48회 (1996년도) 제4교시. 문3 (25점)

준설선 선정시 고려해야 할 사항을 기술하시오.

제49회 (1997년도) 제4교시. 문4 (25점)

준설공법을 설명하고 매립에 필요한 준설토량의 산출방법에 대하여 기술하시오.

제52회 (1997년도) 제4교시. 문3 (30점)

준설장비의 종류 및 장비선정시 고려사항을 논하시오.

제53회 (1998년도) 제2교시. 문4 (15점)

경제적인 준설공사에 대하여 설명하시오.

제55회 (1998년도) 제1교시. 문⑦ (10점)

⑦ 여쇄

제60회 (2000년도) 제2교시. 문5 (25점)

준설매립시 발생하는 오·탁수 처리 대책

제62회 (2000년도) 제2교시. 문3 (25점)

준설공법의 특성 비교와 친수성 준설계획을 수립

제62회 (2000년도) 제4교시. 문4 (25점)

항로준설의 수심측량시 유의사항과 준설토량을 산정하시오.

제63회 (2001년도) 제4교시. 문4 (25점)

준설선의 종류 및 특성에 대하여 설명하시오.

제64회 (2001년도) 제4교시. 문2 (25점)

대규모 준설토 투기장을 계획할때 준설토 투기장의 규모결정에서 설계에 이르는 과정을 기술하고, 각 과정마다 검토되어야 할 주요 항목과 내용을 설명하시오.

제64회 (2001년도) 제4교시. 문5 (25점)

준설 및 매립공사를 능율적이고 경제적으로 시행하기 위해 사용하는 작업용 선박 및 기계의 선정조건에 대해 설명하시오.

제65회 (2001년도) 제1교시. 문⑬ (10점)

다음 문제를 선택하여 설명하시오.

⑬ 여굴 및 여쇄

제66회 (2002년도) 제4교시. 문3 (25점)

토질별 준설방법에 대하여 기술하시오.

제71회 (2003년도) 제3교시. 문2 (25점)

준설선의 종류 및 특성에 대하여 논하시오.

제72회 (2004년도) 제3교시. 문6 (25점)

연안역의 개발에 있어서 수반되는 준설 및 매립공사를 경제적, 효율적으로 시행하기 위하여 사용되는 준설선 및 건설기계의 선정조건에 대하여 기술하시오.

제79회 (2006년도) 제2교시. 문3 (25점)

연안매립을 위하여 소정 기간 내에 인근해역의 토사를 펌프준설선을 이용하여 이송하고자 한다. 준설토량과 준설선의 용량 결정방법에 대하여 기술하시오.

매 립

제26회 (1985.5.19) 제1교시. 문3-② (20점)
다음 사항에 대하여 아는 바를 기술하시오.
② 대단위 매립지의 최종체절(물막이공)

제34회 (1990.4.) 제4교시. 문1 (40점)
2000년대에 있어서의 공유수면 매립방법에 의한 해상시설물의 조사와 계획에 대하여 귀하의 구상을 기술하시오.

제36회 (1991.10) 제1교시. 문1
다음에 대하여 기본계획을 서술하라.
② 간척사업 (40점)

제37회 (1992.4.12) 제4교시 문3 (25점)
연안 및 간석지에서 대규모 매립에 따른 문제점을 분석하시오.

제39회 (1993.3.21)
최종체절시 검토해야 할 사항에 대하여 논하시오.

제42회 (1994년도) 제4교시. 문2 (20점)
공유수면 매립에서 최종물막이(최종체절) 공사의 실패 원인과 대책에 대하여 귀하의 의견을 제시하시오. (주로 설계, 감리 차원에서 기술바람)

제46회 (1996년도) 제4교시. 문3 (20점)
펌프준설선을 이용하여 호안내로 토사를 매립할 경우 여수의 처리방법을 설명하라.

제47회 (1996년도) 제3교시. 문2 (25점)
매립공사에서 끝막이(최종체절) 공사의 조건(위치, 공사시기, 단면구조, 시공계획)을 가정하여 설명하시오.

제47회 (1996년도) 제4교시. 문5 (25점)
매립을 하기위한 준설토의 운반방법을 고려한 적정장비를 선정하고 대형 펌프준설선(12,000HP급)를 투입하였을 경우 송토 거리가 14km정도일 때 송토 방법을 기술하시오.

제53회 (1998년도) 제3교시. 문5 (15점)
일반적인 매립공사 방법에 대하여 설명하시오.

제55회 (1998년도) 제2교시. 문2 (30점)
최종 물막이 공법에 대하여 설명하시오.

제56회 (1998년도) 제2교시. 문2 (30점)
최종체절의 방법과 시기

제61회 (2000년도) 제3교시. 문4 (25점)
해안매립시 관련법규에 대하여 설명

제63회 (2001년도) 제4교시. 문5 (각 25점)
해안매립시 최종체절에 대하여 설명하시오.
(1) 위치 선정시 고려사항
(2) 공법의 종류
(3) 예상문제점 및 대책

제84회 (2008년도) 제3교시. 문5 (25점)
자원순환형 사회조성을 위한 폐기물 해상매립 방법에 대하여 기술하시오.

제15편 기타 시설

제 15 편 기타 시설

제1장 · 항만 및 어항의 리모델링(Remodelling)

1.1 배 경

- ○ 당초 시공당시의 기능회복 및 복원(시설보수)
- ○ 현존 구조물의 정비차원에서의 활성화 및 이용 극대화(외곽시설인 방파제, 호안의 계류시설로 전환)
- ○ 유휴배후지의 지역 특성을 고려한 공간활용 및 시설의 효율적인 배치
- ○ 관광 및 종합어항 기능의 유치에 따른 어항의 재정비 및 재개발 시설의 개보수에 따른 시설의 현대화
- ○ 친수, 친환경 및 경관시설로 쾌적한 환경조성

1.2 개 념

재개발(Redevelopment), 기능재배치(Rearrangement), 개조(Renovation), 시설보수(Repair), 친수 · 친환경 및 경관시설 도입

1.2.1 재개발(Redevelopment)

- ○ 재개발은 기능이 쇠퇴하여 그 지역을 새로운 개념의 공간으로 개조
- ○ 어항용지에서 최소한의 수산기능 용지를 제외하고 배후부지의 공간활용 차원에서 고부가가치 시설로 재개발(관광시설, 회센터 등의 상업시설)
- ○ 친수공간 및 친화적인 시설을 포함한 공원, 해양공원 상업시설, 여객선 선착장, 마리나 시설, 생태계 자연학습장 등
- ○ 소득증대에 기여할 수 있는 주차장이나 유료 낚시터 등의 시설들을 추가적으로 설치
- ○ 순수 어항기능에서 다기능 종합어항 기능으로 대체, 재개발

1.2.2 기능재배치(Rearrangement)

- ○ 국내외 수산업환경의 변화로 시설 이용성을 고려 어항시설의 기능 재배치
- ○ 어업 종사자의 노령화 등에 의해 하역시설의 기계화 요구
- ○ 어선규모의 변화에 따른 어항시설 및 배후 어항용지의 재배치(먹거리, 볼거리장 조성)
- ○ 항만용지의 활성화를 위한 기능 효율성을 재고한 재배치

1.2.3 개조(Renovation)

- ○ 기존 외곽시설(방파제 이면, 호안 등)에 계류시설 등의 시설을 추가 또는 양육 장비를 보완하여 다기능으로 향상 개조
- ○ 기존시설에 친수시설을 보완 설치 등 환경 친화적 어항시설 개념을 도입하여 주변 환경개선
- ○ 지역특성 및 인근 사적지 연계시설로 특성부각 시설(전시, 박물관 등) 고려

1.2.4 개·보수(Repair)

- ○ 기존 항만 및 어항시설의 유지 및 개 · 보수로 당초기능 회복 및 기능 증대
- ○ 노후시설을 개 · 보수하여 시설의 현대화 제고

1.2.5 친수 · 친환경 및 경관시설 도입

- ○ 주 5일 근무제 확대실시로 여가선용 기회증대
- ○ 해양성 환경을 친수 · 경관시설 도입으로 쾌적한 공간조성으로 관광 상품화
- ○ 지역 특성을 고려한 경관 시설로 연계성 증대

1.3 리모델링 대상

- ○ 노후 항만 및 어항 시설의 개 · 보수
- ○ 배후부지의 공간활용 및 기능 재배치
- ○ 기존시설인 방파제 내측 및 호안을 접안시설로 개조 및 시설의 현대화
- ○ 순수어항 기능을 다기능 종합어항으로 재개발
- ○ 친수 · 친환경 및 경관시설 도입(공원, 해양공원, 선착장, 생태계 자연학습장 등)
- ○ 지역특성화 접목, 조형물 설치 등

제2장 · 항만 및 어항의 경관설계

2.1 서 론

항만 및 어항의 각종 시설물 중에는 기본시설과 기능시설이 있고, 그 외에 항만에서는 법개정(2003. 5.29, 2008.2.4일자)을 통하여 지원시설과 항만친수시설을 추가하였고, 어항시설에서의 기능시설 및 어항편익시설을 도입하였으며, 새로운 어촌 · 어항법(법개정, 2005.12.1일자)에도 문화 · 복지 시설과 관광 · 휴게시설 및 기타 주민 편익시설을 규정하여 친수, 친환경 및 경관시설을 적극 도입하도록 권장하고 있어 항만 구역내 항만용지와 어항시설 부지의 활용을 위한 소유권 이전도 가능하도록 법개정이 되었다.

이는 주 5일 근무제와 주변의 관광자원을 이용하여 해변의 자연경관과 어울어지는 휴게시설, 여가이용시설로 바다와 관련된 자연학습장 및 체험장 등의 경관시설과 산책로, 해안 · 녹지 조경과 전망대 등이 포함되어 이에 맞는 경관시설을 계획하도록 법적으로 뒷받침해주고 있음을 알 수 있으며, 항만 및 어항시설에 어울리는 경관설계를 하도록 시대가 요구하고 있다.

2.2 항만경관의 요소

항만 경관은 광범위하게는 주변의 자연경관을 배경으로 하고 인공적인 경관요소를 도입하여 권역에 포함되도록 하고 있으나 일반적으로는 지역적인 특성과 수변을 활용하고 목적물에 대한 인공경관을 실현시키는 국부적인 경관도 항만 경관의 일부라 할 수 있다.

항만 경관은 인공경관(人工景觀:Artificial viewscape)을 주로 말하며, 해양경관을 위주로 하여 도서 · 해안 및 해안단애(海岸斷崖), 암초, 모래사장, 내해(內海)에의 시설과 항만 및 어항과 연계된 배후지와 유물 · 사적, 전시 · 전람회장 등이 인공경관으로 포함될 수 있고 항만 경관의 구성요소로는 항만 시설의 계획단계부터 경관을 고려한 평면계획의 배치계획에서 항만구역 내부의 배치구상, 항만부지 공간의 이용 계획, 수변공간(水邊空間)의 지형계획 및 활용구상, 주거와 도시공간의 연계 등을 요소로 하고 세부적인 경관시설을 계획하는 것이 바람직하겠다.

2.3 항만경관의 설계시 검토 사항

2.3.1 설계시 조건 설정

경관 설계시 개발 및 설계의 기본개념과 전제조건을 고려한 항만 및 어항에서의 경관계획의 역할과 뜻을 충분히 반영할 수 있도록 계획과정에서 조건설정을 명확히 할 필요가 있다.

설계개념에서는 각각의 요소에 따라 지역 특성의 이미지에 부합되는 기본개념을 구상하고 기본형상과 개략적인 계획을 수립한다.

2.3.2 설계안의 구상

기본형상을 토대로 구체적인 시설배치, 구조형식, 형태, 재질 등을 검토하여 대안을 비교 · 검토하여 설계안을 구상한다. 설계안을 확정하기 전에 다음 내용에 대하여 검토하는 것이 바람직하다.

- ○ 시설배치 : 조망점에 대한 설계대상 시설과 주변 환경과의 관계
- ○ 구조형식 : 구조형식의 선정과 규모, 형태, 재료, 색채 등의 비교 선정
- ○ 식재·치장 : 경관구성요소에 적합한 식재 및 치장 등
- ○ 조형물 구상 : 지역 특성을 고려한 조형물 등의 구상

2.4 항만 및 어항의 경관설계

2.4.1 개 요

경관설계는 경관의 요소에 따라 설계하는 것이 바람직하다. 경관설계의 요소는 배치계획, 항만구역내의 배치구상, 항만부지공간의 이용계획, 수변공간의 지형계획 및 활용, 주거와 인근의 도시계획 연계성, 기타 세부경관 시설로 계획한다.

2.4.2 배치계획

항만 및 어항의 배치계획은 평면의 배치계획시 경관을 고려하여 그 지역 특성과 자연현황을 배려한 구상을 할 수 있으며, 지역 특성중 지방의 특성이나 특산물, 그 지역의 이미지를 부각시켜 주변여건과 연계시키는 방안이 일반적이라 할 수 있다.

국가어항인 대포항의 개발계획에서는 기존상권을 연계시키면서 관광기능을 부여하고 종합어항 기능을 갖도록 관련시설을 연관시켜 단지화하는 방안으로 평면구상이 계획되어 있다. (그림 참조)

종합 기능 구상도

일본의 경우, 연안의 표사 침식 및 매몰을 방지하면서 어항기능을 유지할 수 있도록 수심이 깊은 곳까지 어항시설을 돌출시킨 사례가 있다. (그림 참조)

도식 어항계획 평면(예)

그 외에 도서의 아름다운 배경 등 주변의 경관을 고려한 배치계획도 고려할 수 있을 것이다.

2.4.3 구역내에서의 배치구상을 제고한 경관

구역내에서의 배치구상은 부지의 용도를 고려하여 내부계획을 조정하거나 재정비 또는 리모델링 차원에서 경관구상을 할 수 있겠다. 구역내에서 친수성을 고려하거나 친수성과 연계하여 목적물을 도입하고 경관설계를 하는 방안도 고려할 수 있으며, 배치구상을 조정하여 경관을 고려할 수도 있겠다.

수변공간의 경관설계 도입은 항내·외 해변을 이용할 수도 있겠으나 항내의 시설배치를 이용한 친수공간으로 활용하는 경우도 있다. 항내에서의 수변공간 이용은 항내시설의 배치계획시 호안을 친수호안으로 구상하여 친수호안을 산책로와 겸하도록 시설한다면 쾌적한 공간으로의 활용이 친수성을 유지할 수 있고, 항내의 수면적 내부에 분수대를 고려할 경우 볼거리가 있는 경관설계가 될 수 있으며, 또한 분수대의 치솟는 물을 외부에서 인입한다면 항내수질 개선을 돕는 역할도 기대할 수 있을 것이다.

대포항에서는 항내의 친수성 및 경관을 고려하여 친수호안으로 계획하였고 친수호안을 계단식으로 구상하여 산책로를 겸하도록 시설한 예이며 필요시 원형 수면공간 중앙에 분수대 설치도 고려할 수 있고 중앙부에 수상카페를 시설하여 교량으로 산책로를 구상한다면 풍경이 있는 배치구상이 될 수 있을 것이다. (그림 참조)

항내 친수 호안 계획

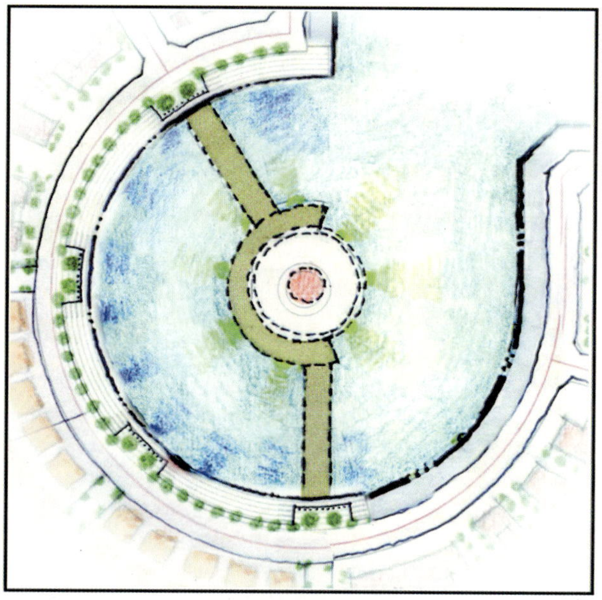

수상카페 및 산책로

2.4.4 부지공간의 이용계획에 의한 경관

어항에서는 어항의 접근성을 높이고 많은 사람이 어항과 연계하여 휴식을 취할 수 있도록 하고 관광·휴게 기능을 높이기 위하여 어항부지를 어항기능에 부합한 개발이 가능하도록 이용자에게 매각할 수 있는 법근거도 마련되어 있다.

항만지원 시설이나 친수시설·문화복지 및 관광휴게시설로 개발이 될 수 있으므로 부지공간의 이용계획에 따른 경관설계도 고려할 필요가 있다.

2.4.5 수변공간의 지형계획 및 활용구상에 의한 경관

항만이나 어항이 위치하는 곳은 어디나 수변공간이 있고 하구항에서는 강변, 해안에 연하여 시설한다면 해변이 인근에 위치하며, 지형여건에 따라 다양한 경관구상이 가능할 것이다.

도서의 아름다운 자연경관, 해안 및 해안 단애나 암초, 모래사장 등 다양한 수변공간을 활용하여 관광·휴게시설로 주민 편익시설이 되도록 경관설계를 한다면 일출이나 일몰관경을 겸하여 쾌적하고 평온한 상태의 그림이 될 수 있을 것이다.

해변에 시설한 이안제는 해안침식을 방지하기 위한 시설이지만 해안경관을 고려하여 배후지에 산책로나 접근성을 높이는 구조를 시설하여 낚시객을 유치할 수 있다면 수변공간을 활용한 시설로 이용이 가능한 경관설계가 될 수 있겠다. (그림 참조)

해안침식 방지시설 및 배후 산책로

2.4.6 기타 세부적인 경관설계

경관설계는 배치계획의 구상에서부터 평면계획에 대하여 기능을 부여하며 경관을 고려할 수 있고 구역내에서의 배치계획에 따른 경관 기능별 경관의 도입, 부지의 활용면에서의 경관, 수변공간 및 지형계획에서의 경관설계 외에 도시의 상징을 의미하는 경관, 특산물을 표시하면서 또는 이미지를 강조하는 경관 등이 있을 수 있으며, 기타 세부적인 내용에서의 경관설계도 중요한 친수성이 있는 경관설계가 되겠다.

세부적인 내용에서의 경관설계를 예시하면 다음과 같다.

가. 해돋이 전망대

대포항의 경우 해돋이 전망대를 비상의 공원으로 이름을 붙이고 해돋이를 볼 수 있도록 방파제 상단에 전망대와 사람이 오르내릴 수 있는 계단으로 설계한 예이다. (그림 참조)

해돋이 전망대 (비상의 공원)

나. 등 대

일반적으로 등대는 그 지역 특산물을 상징적으로 표현하고 있으며 강구항에서는 영덕대게, 대포항의 경우 돛단배를 상징으로 하여 설계되었다. (그림 참조)

강구항 등대 (영덕대게 상징)

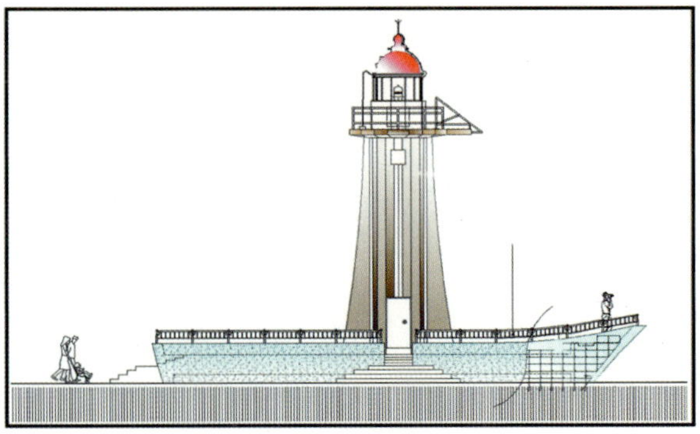

대포항 등대 (돛단배 상징)

제15편

다. 산책로 및 계단

해변이나 방파제, 호안, 도로 등의 산책로는 구조물 상·하부를 산책하는 길이기 때문에 위험할 수도 있어 난간 등 안전시설을 고려할 필요가 있으며 산책로의 바닥도 미끄럼 방지를 고려하여야 한다. 바닷가를 거니는 것만으로도 산책의 효과가 있지만 경관을 고려한 시설이라면 더욱 좋을 것이다. 다음 그림은 대포항의 친수호안 상부의 계단식 산책로로 계획한 사례이다.

대포항 친수호안 산책로

외국의 계단식 산책로 사례

라. 광 장

대포항에는 어항구역을 설정하여 종합어항기능을 유지하도록 구상하고 네거리 광장을 어부의 쉼터로 명명하여 경관설계를 도입하였다. (그림 참조)

대포항의 어부의 쉼터 (네거리광장)

마. 체험 공간

해양관찰, 정적인 친수활동유치, 해수욕, 낚시터, 산책로 등을 구성하고 어초 등 시설로 바다 속의 유어(遊魚) 등을 관찰하는 바다생태계의 체험을 할 수 있는 공간구성을 하여 적절한 경관계획을 하는 것으로서 평면배치형태를 예시하면 다음 그림과 같다.

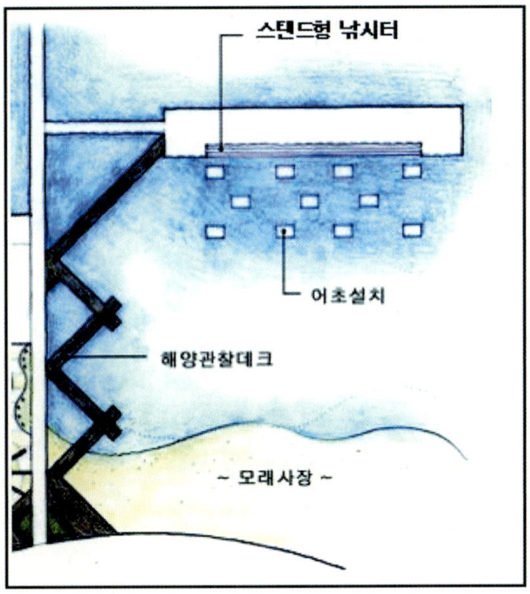

체험공간 계획평면도

해안에 직접 설치하지 않고 해중을 관찰하는 방법으로 잠수선을 통한 생태현장을 관찰하기 위한 잠수선이·접안시설이나 해중기지 건설로 광범위한 체험공간이 될 수 있고, 때로는 그 지역 서식 어패류의 수족관 등을 통한 어류의 생태 파악도 할 수 있는 체험공간이 될 수 있다.

바. 기 타

항만 및 어항에서의 경관시설로는 구조물의 벽체에 상징물이나 장식물을 설계하여 시설하는 방안도 고려할 수 있으며, 항만의 일부 구조물에 경관을 도입할 수도 있고 해수소통용 구조물 방파제 상부의 파제제 등에 여러 가지 모양으로 다양하게 경관설계를 할 수도 있다.

최근에 와서는 어항과 어촌 그리고 수산자원의 생산과 연계하여 어민소득 증대와 관광객의 기호(먹거리 등)에 맞도록 시설을 종합적으로 구상하는 추세에 있다.

해수욕장과 산책로

사. 외국 사례 소개

산책로와 휴식공간 조성

휴식공간 조경시설

산 책 로 (수변)

상징물 시설

· 가로변 과밀식재를 지양하고 녹지의 개방감 확보
· 경관적인 효과를 위해 장식화단 조성
· 바다의 이미지를 살린 곡선형 산책로

· 일본 오사카
Asia and Pacific Trade Center

· 미국 Washington Harbor

· 녹음수를 자연스럽게 배식하고 부목으로 지피 및 화목류로 요점식재

· 넓은 Open space 개념의 녹지를 조성 후 부분적인 지표식재
· 휴게의 편의를 위하여 충분한 녹음공간을 조성하고 계절의 변화감을 줄 수 있는 화목류로 하부식재

· 미국 찰스톤 The Charleston Waterfront Park

· 부분적인 포켓형 휴게공간 설치
· 녹음수를 자연스럽게 배식하고 계절의 변화감을 줄 수 있는 화목류로 군식처리
· 전체적인 분위기와 조화되는 자연석 쌓기로 상단과 연결되는 녹지 조성

· 미국 뉴욕 Battery Park City

· 스페인 바르셀로나
Passeig Maitim Barcelonena

· 일정한 모듈이 반복되는 통일성 및 일관성 있는 식재패턴

녹지대 조성

· 일본 히로시마

· 자칫 딱딱하고 단순해지기 쉬운 공간에 부분적인 요점식재 도입

· 프랑스 Eurodisney Resort District

· 가로공원 기능을 가지는 Tree Tunnel 보행시 그늘 제공
· 일부 공간에 쉴 수 있는 휴게공간 조성

포장부 식재

• 스페인(Baluard De ses Bovedes)

· 새로운 형태의 그물망의 얽힌 차양이 독특한 조형미를 이룸

• 일본 도쿄 (Sea Life Park)

· 다양한 형태로 제작이 가능한 막구조 파고라는 하얀 돛을 연상시키며 바다의 이미지를 강조

• 일본 (Ryunyo Sea Park)

· 수변에 설치된 파고라와 벤치, 난간, 목재 데크의 재료가 모두 목재로써 통일성을 갖춤

시설물 (파고라)

· 일본 도쿄

· 스페인 Santa Cruz Seaside Promenade in Olerros

· 파도무늬의 계단과 조화를 이루는 목재벤치가 플랜터 기능을 겸비하며 직선으로 처리된 호안에 변화를 주고 있음

· Hand Rail, 포장 색상과 조화를 이루는 백색 벤치

· 미국 뉴욕(Battery Park City)

· 조형미를 갖춘 열주와 같은 형태로 설계된 탁자와 원통 의자가 이용자들의 호감을 불러일으켜 많은 사용을 유발시킴

· 일본 Kobe Harbor Land

· 고전적인 형태의 가로등

시설물 (벤치)

· 프랑스 Kenilien Traffic Circle

· 흐르는 물과 같은 효과를 조명으로 연출하여 수경시설의 역할을 대신함

· 일본 히로시마

· 도시적인 형태의 가로등이 심플한 벤치와 조화를 이루고 있음

· 장식적인 벤치에 조명을 설치함으로써 밤의 경관을 연출함

• 일본 오사카(Asia and Pacific Trade Center)

· 야간의 분위기는 연안의 이미지를 좌우하며 동경심을 유발

시설물 (야경)

• 미국(Virginia Beach)

· 바다라는 주변 환경을 상징하는 조형물 설치

· 포켓형 휴식공간에 휴먼스케일의 조형물을 설치하여 해변을 장식함

• 일본 후쿠오카 (Bayside Place)

· 개방된 공간에 설치된 환경조각물은 시선을 유도하며 공간의 특성 부여

시설물 (조형물)

· 일 본

· 외부로 빛이 나오는 재질을 사용하여 밤의 공간 연출 및 장소성 인식 고려

· 미국 뉴욕 Battery Park City

· 전망대 양쪽에 설치된 대형 조형물은 뉴욕 해안의 랜드마크가 됨

· 미국 시애틀 Victor Steinbrueck Park

보행자도로, 선착장 주변에 설치하여 시각적 초점경관을 형성하는 상징적인 기념물

시설물 (조형물)

· 일본 후레아이광장

· 경직된 느낌의 석재로써 부드러운 물결이 살아나는 바닥포장을 만들어 냄
· 판석포장

· 한 국

· 광섬유를 도입한 ARP 타일광장으로 야경연출
· 석재타일포장 + 바닥조명

· 도쿄 Harumi Passenger Terminal

· 강한 대비와 함께 장소의 정체성을 강조하는 삼각형이 연결된 동심원 패턴은 광장부 포장에 적합
· 석재타일포장

· 한 국

· 근본적으로 도시 포장부의 투수성을 높일 수 있는 ILP는 일반적인 보도포장에 많이 사용
· 소형고압블록포장

시설물 (포장)

· 프랑스
Le Jardin Atlantique

· 단마다 다른 선형과 재료로 마감된 바닥포장은 공간과 장소의 성격을 확실히 분리

· 프랑스
Passeig Mari

· 단마다 다른 선형과 재료로 마감된 바닥포장은 공간과 장소의 성격을 확실히 분리

· 일본 Seafort Square

· 다양한 활동을 수용할 수 있도록 조성된 수변부 목재데크와 목재로 마감된 계단은 계단의 기능뿐 아니라 편히 쉴 수 있는 벤치로서의 기능도 있다.

· 목재데크는 보행자에게 친밀감을 부여하는 소재

시설물 (목재데크 + 기타 포장재)

아. 국내 사례 소개

○ 여수구항

○ 제주외항

• 광양항 (중마일반부두)

· master plan

· 그린공원

· 상징조형물

• 광양항 (3단계)

· 공원

• 평택항

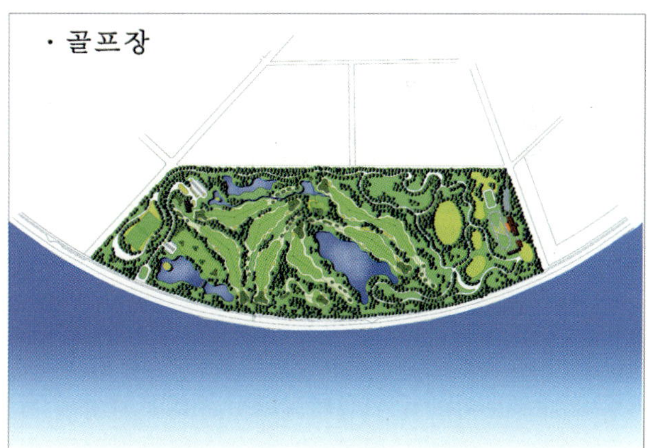

· 골프장

· 테마파크

• 제주항 방파제 내측 산책로

제3장 · 선박의 건조 및 수리시설

3.1 총 설

선박은 사용용도에 따라 여러 가지 형태의 선박이 운항되고 있으며, 새로 건조하거나 사용하던 선박을 수리하기 위한 시설이 필요하다. 선박의 종류와 규격에 따라 건조·수리시설의 구조와 종류가 다를 수 있다.

수송비 절감을 위하여 선박은 대형화하고 있으며, 전용선의 요구에 부응하여 전용선의 용도와 규격에 따라 시설이 현대화하면서 여러 가지 형태로 시설되어 왔다.

어선으로 사용되는 선박은 연근해 어업용 어선이 대부분이고, 1G/T급 미만은 거의 없어지고 30G/T급 미만이 대부분이므로 어선의 건조·수리용시설은 거의 선가대 시설로서 선가사로(船架斜路:Slip way)식 시설이 대부분이다. 연안화물선으로는 3,000D/W급이 80~90%를 차지하고 있으며 소형선은 선가사로를 이용한 건조시설을 이용할 수 있으나 선박이 대형화하면서 건선거(乾船渠:Dry dock)를 이용한 선박의 건조·수리를 하게되고 경비용 함·정(艦·艇)의 건조·수리시설로는 소형경비정의 건조·수리는 선가사로를 주로 사용하고 있으나, 소형·중형은 상가시설(上架施設:Lift system)이나 부선거(浮船渠:Floating dock)시설을 이용하며, 대형의 특수함선은 건선거를 사용하여 건조·수리를 하고 있다.

수송비의 절감을 위한 선박의 대형화는 장거리 수송용 유조선(油槽船:Tanker)은 20~30만D/W급이 일반적이며, 50만D/W급 까지 초대형선의 건조·수리시설은 건조·수리시의 진수조건 등 여러 가지 상황을 고려하여 대형 건조·수리시설용으로 건선거(Dry dock)를 사용하고 있다.

그 외 용도의 여객선, 컨테이너선, 벌크선, 석탄선, 광석선, 양곡선, LPG선과 이들 겸용선 등 특수용도의 전용선으로 여러 가지 용도의 선박의 건조·수리시설은 선박의 규격과 특수성을 고려하여 여러 가지 형태의 건조·수리시설을 사용하고 있다.

최근에 와서는 선체건조를 블록화하여 선거시설 없이 육상에서 제작·운반하여 조립·진수하는 건조 방법으로도 선박을 건조하고 있다.

3.2 건조 · 수리시설의 종류

일반적으로 사용되고 있는 선박의 건조·수리시설의 주 시설물은 선가사로(船架斜路:Slip way)시설, 상가(上架:Lift system)시설, 부선거(浮船渠:Floating dock)시설, 건선거(乾船渠:Dry dock)시설 등이 있다.

3.3 선가사로(船架斜路 : Slip way) 시설

3.3.1 개 요

선가사로는 선박을 건조·수리하는 바닥면이 경사면을 이루는 것을 의미한다.

3.3.2 위치선정

조선소(造船所)는 작업능율 향상을 주안점(主眼点)으로 하여 배치하고 있으며, 건조·수리시의 자재창고, 운반방법, 시설과의 연계성을 고려하여 배치되고, 현장 여건을 고려하여 위치를 선정하는 것이 바람직하다.

선가사로의 위치선정시 다음 사항을 고려한다.

- ○ 지반이 견고한 장소
- ○ 진수(進水)시 횡방향의 바람이나 흐름을 받지 않거나 적게 받는 장소
- ○ 진수시 충분한 대안거리(對岸距離) 유지(일반적으로 선장의 3배이상 거리 유지)
- ○ 선가사로 전면수역은 선박의 왕래가 빈번하지 않는 장소 등

3.3.3 선가사로의 구조

선가사로의 구조는 기초, 경사로, 크레들(Cradle)과 인양장치로 구성된다.

가. 기초와 선가사로

기초지반이 견고하고 단단한 지반을 선정하여야 하나 부득이하여 기초지반이 연약한 곳을 선정할 경우 기초보강을 충분히 하고, 선가사로는 기초바닥위에 철근콘크리트 슬래브로 폭 4~7m, 두께 60~80m를 현장타설 하고 활로(滑路)인 궤조(軌條)는 목재나 강재 레일을 설치한다. 선가사로 이용시 부등침하가 일어나지 않도록 하여야 한다.

나. 선가사로의 경사

선가사로는 육상부와 수면하부를 연결 시공하며, 육상경사는 1/15~1/25범위, 수면하부는 1/10~1/15의 비교적 급경사를 이룬다.

다. 크레들(Cradle)

경사로에 직접선박을 올려 놓을 수 없으므로 크레들 위에 선박을 상가(上架) 시키고 크레들을 인양장치로 끌어올리 수 있게 크레들 하부에는 롤러를 부착시킨다.

라. 인양장치

인양장치로는 와이어로프, 소요마력의 윈치와 이들의 부대시설로 되어있다.

인양장치는 대상선박을 고려하여 결정한다.

선가사로의 횡단면을 예시하면 다음 그림과 같다.

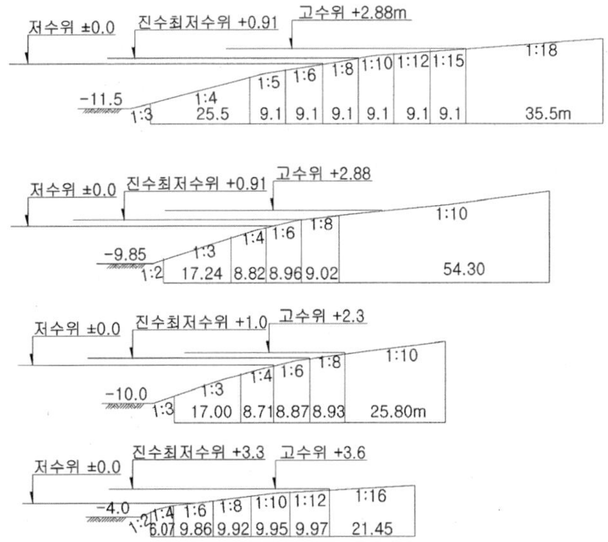

3.4 상가(上架: Lift system)식 선거

3.4.1 개 요

선박의 건조·수리시설로 개발된 상가시설은 육상공장에서 건조된 선박을 플렛폼(Platform)에 상가시키고 소요 수량의 호이스트 윈치(Hoist winch)에 연결된 체인으로 플렛폼을 수중으로 내려 건조선박을 진수시키거나 수리용 선박을 수중에서 플렛폼에 상가시키고 호이스트 윈치로 감아올려 수상부의 공장으로 이동시켜 수리가 완료되면 다시 플렛폼에 상가시켜 진수시키는 방법의 선박 건조·수리시설이다.

3.4.2 상가시설의 구조

리프트 방식(Lift system)의 상가시설은 플렛폼, 리프트시설, 호이스트윈치(Hoist winch), 크레들과 레일시설이 포함된다.

가. 플렛폼(Platform)

선박을 상가시키는 플렛폼은 육상의 공장과 연결된 레일을 이용하여 크레들 위에 상재(上載)한 선박을 크레들이 이동하면서 진수시 플렛폼에 상기시키는 역할을 하며, 강재로 제작하여 호이스트 윈치와는 체인으로 연결하여 수리시는 플렛폼을 감아 올리고, 진수시

는 내리는 구조로 선박을 오르·내리게 하는 작업대이다.

나. 리프트 시설(Lift system)

호이스트 윈치를 탑재한 잔교시설이며, 호이스트 윈치와 연결된 체인을 플렛폼에 고정시켜 플렛폼을

오르 · 내리게 한다. 호이스트 윈치의 규격은 대상선박의 인양용량을 고려하여 윈치용량이 계산되며, 1개소당 100t/2기를 시설할 경우 총 용량(대상 선박톤수)은 플렛폼의 리프트시설 위에 좌우 동수(同數)로 용량에 맞게 계획하게 된다.

예를들면 4,000톤급 리프트 시설인 경우 좌우 각 2,000톤이며 100t/2기로 시설하면 좌우 각 10조로 총 20조가 소요된다.

다. 크레들과 레일

플렛폼과 공장은 레일로 연결되어 있고, 건조 · 수리는 공장에서 시행된다. 선박은 크레들에 상재하여 크레들을 움직여 이동을 하게 되며, 바퀴가 달린 크레들이 레일위를 이동하여 운반한다.

상가시설의 조선소 계획평면(예)는 다음 그림과 같다.

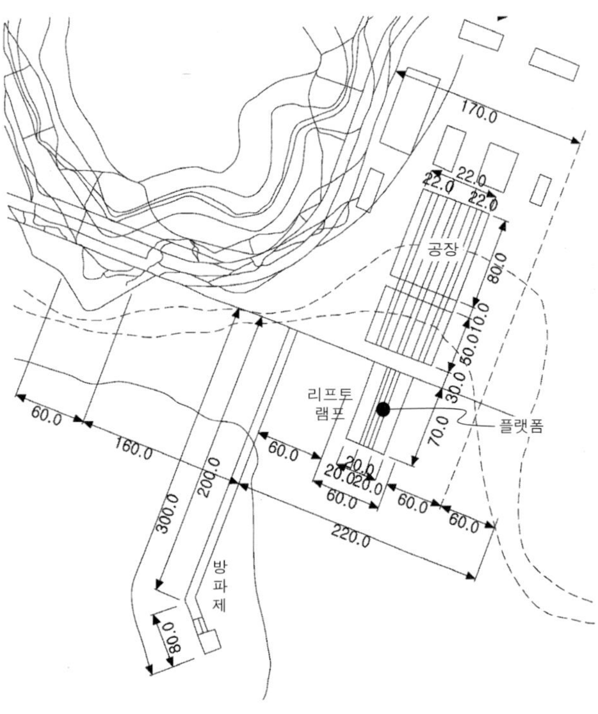

상가시설의 잔교평면과 잔교단면은 다음 그림을 참고로 한다.

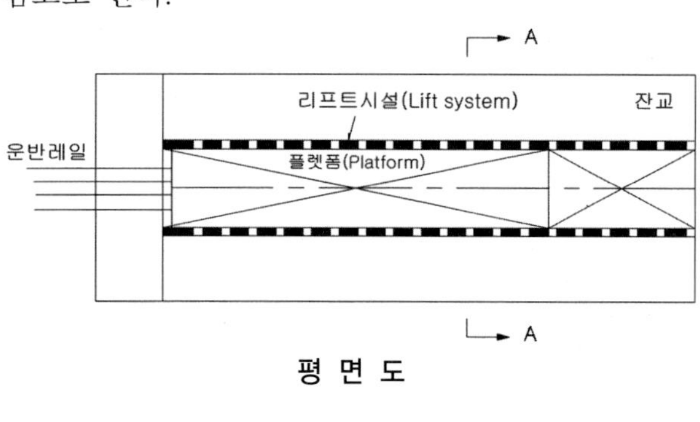

평 면 도

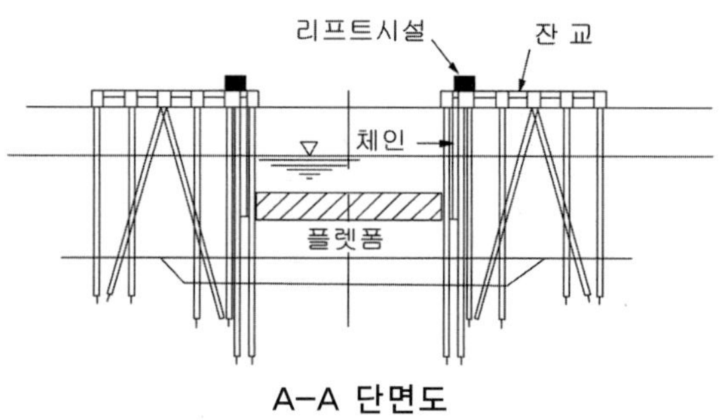

A-A 단면도

3.5 건선거(乾船渠: Dry dock) 시설

3.5.1 개 요

선박이 대형화하는 추세에 따라 대형선박의 건조 · 수리시설은 거의가 건선거에서 시행하고 있어 대형선의 건조 · 수리시설로서 건선거가 계속 건설되고 있는 실정이다.

건선거의 주요 구조부를 보면 거실(Dock chamber), 갑문(Gate), 펌프실(Pump room)으로 나눌 수 있고 중량물의 운반을 위한 크레인이 설치된다.

각 구조부의 설명은 다음 그림을 참고로 한다.

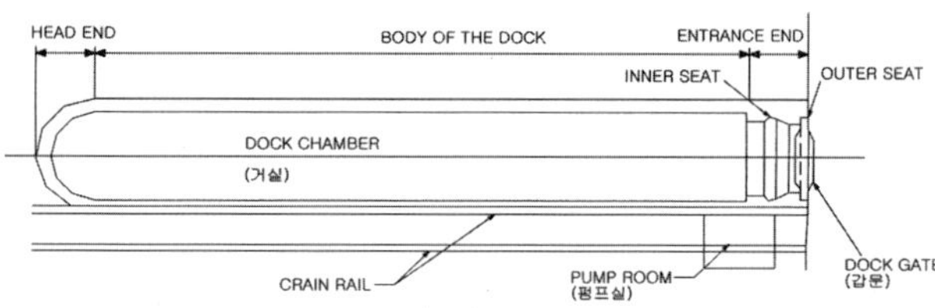

평 면 도

3.5.2 건선거의 구조

가. 거실(渠室 : **Dock chamber**)

선박을 건조 · 수리하는 작업공간으로 각종 작용외력에 안전한 구조물로 설계하고 일반적으로 장방형 평면으로 되어 있으며, 거실내에서 건조·수리의 작업시에는 거실 내부를 펌프로 배수(排水)하게 되므로 측벽에는 토압 등이 작용하여 외력조건을 검토한 후 측벽을 설계한다. 측벽구조로는 중력식, 부벽식, 케이슨식이나 직립식 연속벽 등으로 고려할 수 있다.

거실내를 배수하고 건조 · 수리할 경우 거실바닥은 저판에 작용하는 양수압(揚水壓)이 작용하므로 토질조건을 고려하여 중력식 구조로 하거나 반중력식, 말뚝앵커식으로 하고 양수압을 차단하는 방법도 고려되어야 한다. 지반이 불투수성(不透水姓)일 경우 지수벽(止水壁)을 깊게 박는 방법도 고려할 수 있다.

제15편

나. 갑문(閘門 : **Dock gate)**

갑문은 부상갑문(浮上閘門 : Floating gate)과 플랩게이트(Flap gate : 위로 들어올리는 갑문) 등이 있으나 일반적으로 부상갑문 형태를 많이 이용하고 있다.

강판과 형강을 사용하여 중앙부가 비어 있도록 제작하여 내부격실에 물을 채우면 가라앉고, 반대로 배수를 하면 부상하여 뜨는 구조로 되어있다.

거실전면 바다쪽의 갑문입구부에는 목재나 고무판 등으로 문틀을 붙여 누수를 방지하도록 한다. 갑문은 외해에 면해있기 때문에 거실을 배수한 경우, 갑문에 외부수압과 파랑 등의 외력을 받으므로 충분히 안전하도록 설계 · 시공되어야 한다.

다. 펌프실

펌프실의 규모와 펌프용량 결정은 거실의 규격 · 규모, 주수량(배수량), 주수시간(배수시간) 등을 고려하여 펌프용량을 결정하고 펌프실을 설계한다.

건선거 시설의 배치계획(예), 50만톤 규모의 거실단면과 설치된 크레인의 설치는 다음 그림을 참고로 한다.

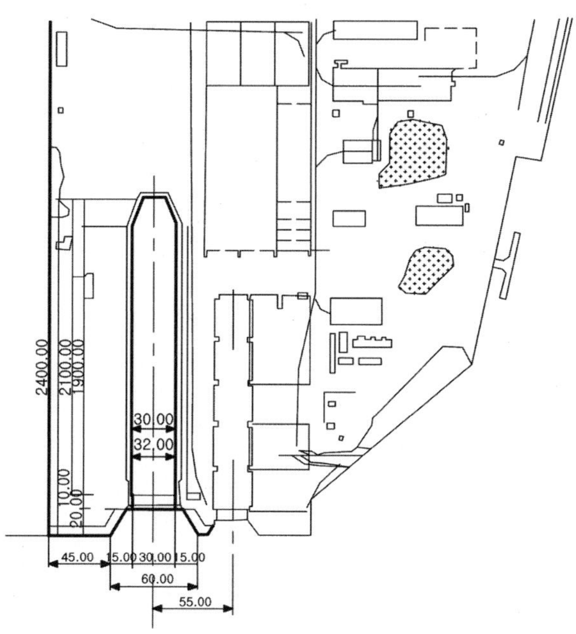

계획평면도(예)

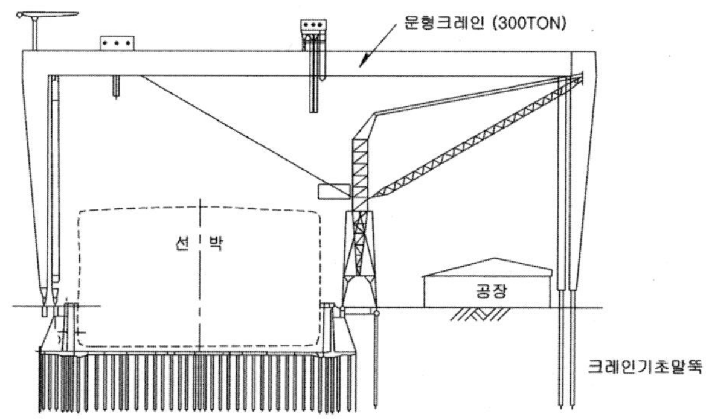

50만톤 Dock 단면 (예)

3.6 부선거(浮船渠 : Floating dock) 시설

3.6.1 개 요

부선거 시설은 건조시 보다는 수리용시설로 많이 활용되고 있으며 당초에는 군함 등의 수리시설로 활용하였다. 조선소에서는 고정식 시설이 많고 규격도 상당히 큰 7,000G/T~8,000G/T급용 까지 있지만 일반적으로는 3,000G/T~4,000G/T급으로 이동이 가능한 시설로 활용되고 있다.

고정식 시설은 고정위치에 진수깊이가 유지되어야 하나 이동식은 건조는 육상의 공장인근 해안의 육상에 붙여서 작업을 하다가 진수시에는 소요수심까지 끌배로 끌어다가 진수시킬 수 있다.

부선거 시설은 선박의 건조 · 수리용 외에 공사용 케이슨(Caisson)의 제작 · 진수에도 이용되고 있다.

3.6.2 구조 및 진수방법

부선거는 발라스트 탱크(Ballast tank)가 있어 진수시 발라스트 탱크에 주수(注水)하면 최대흘수 수심까지 물에 잠겨 진수가 되며, 수리시에는 선박을 부선거 갑판에 올려놓아야 하기 때문에 작업장 인근까지 예인하여 정박시키고 발라스트 탱크의 물을 펌프로 배수하여 갑판상판이 수면위에 오도록 한 후 갑판위에서 작업을 하고 일정수심까지 끌배로 예인하여 발라스트 탱크에 주수하여 진수시킨다.

부선거의 부상시와 진수시의 상태는 다음 그림을 참고로 한다.

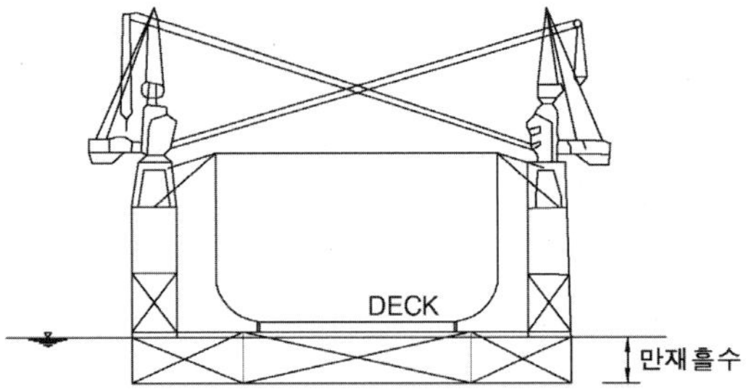

부상시 상태

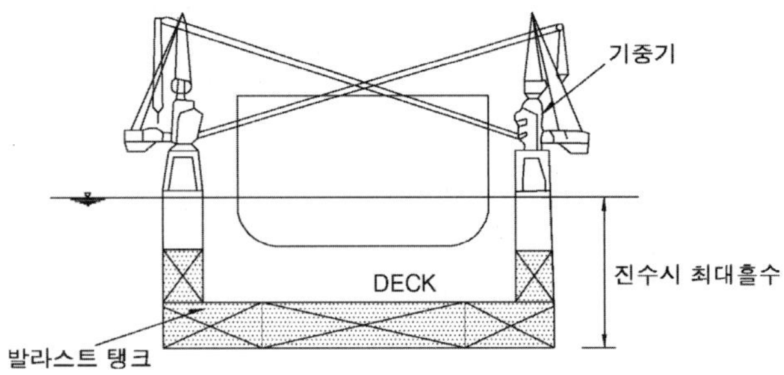

진수시 상태

부선거의 규격은 대상선박의 크기에 따라 규격이 결정되며, 선체의 제원, 총톤수, 부양능력, 선체의 주요 의장품 등이 장착·포함되고, 부양능력에 따라 탱크의 용량과 펌프의 규격, 그리고 부·침(浮·沈) 시간이 결정된다.

Floating Dock 제원

구 분	삼목1호 (5,000톤급)	삼목2호 (5,000톤급)	삼목3호	F/D 8400호 (8,000톤급)
ⓐ 전장	52.0m	52.0m	56.0m	61.0m
ⓑ 선폭	32.0m	34.0m	36.5m	43.0m
ⓒ 내면폭	28.0m	27.0m	26.0m	34.0m
ⓓ 작업갑판	3.9m	3.9m	4.2m	4.5m

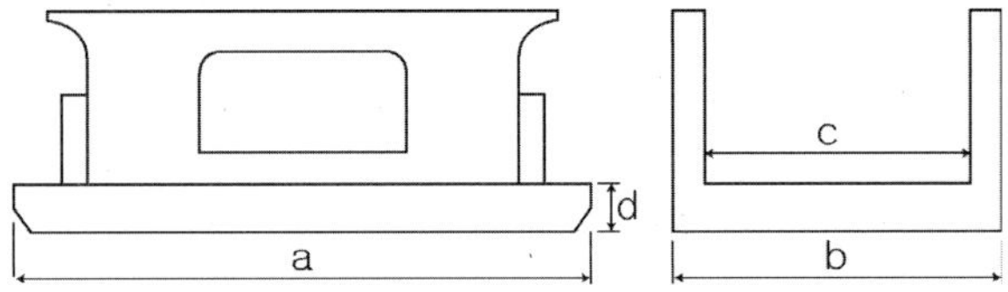

F/D 20000호(삼성물산) 제원

전 장	80.0m	작업갑판	6.5m
전 폭	50.0m	침하흘수	30.0m
내면폭	38.0m	침수시간	6시간

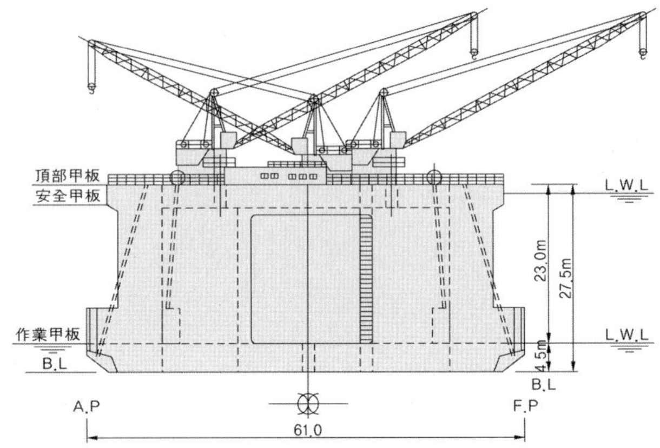

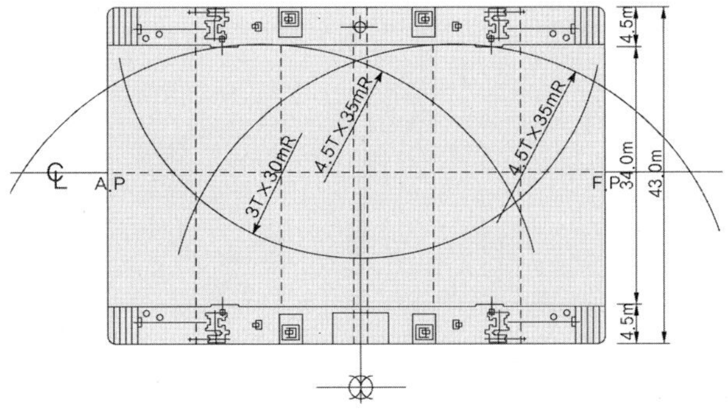

제4장 · 그린에너지 지원시설

4.1 개 요

근래의 지구촌은 잦아진 기상이변과 더불어 자연재해가 빈번해 짐에 따라 지구환경문제에 큰 관심을 갖고 있다. 지구온난화의 주원인인 온실가스를 줄이기 위해 교토의정서 협의에 따라 세계 각국은 화석연료에 의존하는 에너지 공급체계에서 벗어나 친환경 신 · 재생 에너지원을 적극 활용하고 있다.

신 · 재생에너지원은 태양, 바이오, 풍력, 수력, 지열, 수소, 조력, 파력 등이 있으며, 환경보전과 친환경 에너지의 요구 및 온실가스 배출량의 감소 등 여건 변화로 석유의존도를 낮추고 신 · 재생 에너지 보급률 증가 추세에 따라 항만분야와 관련된 파력, 조위(조류, 조력) 및 해안에 설치하는 풍력 등의 발전설비에 대한 에너지 관련시설이 연관될 것으로 전망되어 관련분야에 대하여 기술해 본다. 특히 우리나라 발전시설의 특수성을 감안할 때 원자력 발전의 비중이 상당히 높아 질 것으로 예상되며, 이에 따라 원자력발전의 필수시설인 취배수시설도 해안에 설치 될 것이므로 취배수시설에 대하여도 소개하기로 한다.

앞으로 축조되는 해안구조물이 에너지 산업과 관련될 것으로 전망되는 것은 풍력발전의 해상단지 설치시설, 조력발전의 해상구조물, 조류발전, 화력발전 및 원자력 발전도 전망되며, 해상관련시설 및 공종 이외의 에너지 사업이 해상시설일 경우 해당 분야에 대한 조사 · 계획 · 설계가 수반될 것으로 예상되므로 녹색에너지 지원시설별 개요에 대하여 살펴보기로 한다.

4.2 풍력발전시설(風力發電施設)

4.2.1 현 황

신 · 재생에너지원 중 풍력에너지는 전 세계 에너지 소비량의 200배가 넘는 방대한 잠재력을 가지고 있다.

풍력에너지의 이용은 1891년 덴마크에서 시작되어 그 이후로 축적된 기술력과 경제성으로 인해 급속하게 성장하고 있는 신 · 재생에너지원 중 하나이다.

풍력발전기술은 유럽을 중심으로 오랜 기간 경험을 통해 상당한 기술축적이 이루어졌으며, 최근에는 유럽의 육상풍력 발전단지 포화로 인해 해상풍력 발전단지 개발이 활발하게 진행 중이다.

해외시장은 오래 전부터 성장과 공급을 주도한 반면에 국내의 움직임은 아직까지는 부족한 실정이다. 1987년 12월에 제정된 '대체에너지 기술개발 촉진법'을 바탕으로 연구개발이 시작되어 지금은 풍력발전 시스템의 해소를 위한 중대형급(0.75~3MW)시스템의 국산화 개발이 진행 중에 있다.

국내 설치 용량은 2001년 7.9MW도 미약하였지만, 2006년에는 173MW로 20배가 넘는 고성장을 이루었으나, 국내의 경우 거주지 이외의 대부분이 산악지역이기 때문에 풍력단지 조성의 어려움을 안고 있다. 이에 따라 최근 한국에너지기술연구원에서는 해안의 해상풍을 이용한 해상풍력발전시스템개발 연구를 진행 중에 있다.

4.2.2 시설개요

풍력발전의 해상시설은 해안시설과 수중시설 등으로 구분될 수 있으며, 어느 경우나 해상의 제반 외력을 고려하여 시설되어야 한다.

해상풍력단지는 2.3MW(1기당 5000가구 사용분)급이 시설되고 있으며, 점차 대형화되어 3.6MW급의 경우 내부 베어링 하나만 지름이 7m가 넘는다. 풍력발전터빈은 1999년 최초로 2MW급 모델이 대량생산된 이래 3.6MW급의 생산에 들어갔고 북해 연안 해안에서 10km이상 먼바다, 수심 120~760m 해상에 2.3MW급 부유식 풍력터빈 하이윈드(Hywind)를 실험 설치하여 성공적일 경우 2012년까지 상용화할 계획이다.

해상의 작용외력으로는 파랑에 의한 기초부 시설 안전을 위한 구조안전과 조위에 의한 마루높이 조정, 시설물 안전과 조류속에 의한 지반의 침식(세굴), 퇴적현상 등을 검토한다. 구조설계는 방파제 시설에 준하여 계획한다.

해상풍력발전단지 (제주행원)

해상풍력발전단지 (제주행원)

4.2.3 환경문제

풍력에너지도 보급과 개발이 활성화 됨에 따라 소음, 경관훼손, 산림훼손, 그림자 영향 등의 문제점을 안고 있다. 또한 해상에서 풍력발전기의 설치 및 운용 시에도 발생되는 수중 소음이 해양생태계에 미치는 영향도 문제가 되고 있다.

4.2.4 향후 발전과제

전 세계적으로 지구온난화의 주범인 온실가스를 줄이기 위해 많은 고민을 하고 있는 시점에서 신・재생에너지원의 하나인 풍력에너지는 현실적인 대안으로 급속한 성장을 이루고 있다.

하지만 풍력발전에 따른 환경문제를 해결하는 방안도 함께 고민해야 할 것이며, 앞으로는 자연환경과 조화된 신기술개발 노력이 절실히 필요한 실정이다.

4.3. 조력발전시설(潮力發電施設)

4.3.1. 개 요

조위차에 의한 흐름을 이용한 발전방법으로서 무공해 신・재생 에너지 수급에 목적이 있으며, 석유의 존율을 낮추고 해양의 자연 자원을 활용하는 측면에서 세계적인 개발 추세에 있다.

우리나라에서는 1980년대 초부터 가로림만 지점을 조력발전 후보지로 결정한 이래 계속 추진하여 왔으나 경제성이 없어 미루어 오던 것이 국가 신・재생에너지 정책에 따라 기본계획을 수립하여 진행되고 있으며, 시화호는 담수화계획에 따라 방조제를 축조하였으나 해수순환이 잘 이루어지지 않아 부득이 수문을 열어 해수순환을 유도하다가 조력에 의한 발전 구상으로 시화호에 조력발전 기지를 시설하기로 결정하고 공사 중에 있다.

우리나라에서는 조력발전 부존자원이 많이 잠재해 있어 실용화가 기대되는 지역으로 시화지구, 가로림만, 강화지구 및 인천만 등이 대상지역으로 선정되어 타당성 및 기본설계 등이 진행되고 있다.

4.3.2 시화 조력발전 계획

가. 계획위치

나. 구조물 개요

・토목구조물

구 분	기 본 설 계 내 용
수차 발전기	・10기
수 문	・7문
연 결 부	・1식(발전소 시설 개방)
가물막이댐	・1개(시화호 측 1.3km)
부 지 조 성	・2개소 : 227,000m^2(도로제외)
건축, 조경	・문화관, 관리동 높이제한

・발전시설물

구 분	기 본 설 계 내 용
연간발전량	・555.967 GWh
시 설 용 량	・254.5 MW(25.45 MW × 10기)
배 수 갑 문	・H12m × W15m × 7문
유지보수용 문 비	・15×18.85, 15.9×16, 12×15 (m)
Crane 류	・4기 : 200, 80, 65, 35 (ton)
전 기 설 비	・주변압기 5대, 송전선로 2회선

・수차구조물

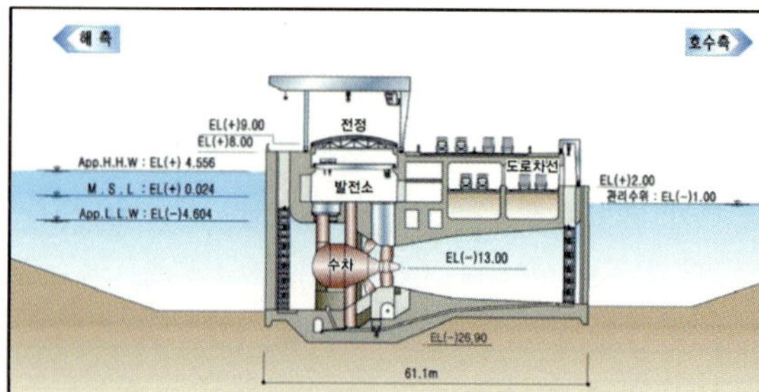

다. 계획개요

시화호 방조제는 건설된 시설을 개수하여 조력발전시설로 전환하는 계획으로 기존의 방조제 2,332m 중 조력발전구간 382.7m를 제거하고 조력발전구간을 경암상부에 시설하도록 먼저 가물막이공(강널셀구조)을 시설한 후 수문7문과 수차 발전기 10기를 설치, 전력 254.45MW를 생산하는 조력발전계획으로 현재 공사가 진행되고 있다.

라. 시설

조력발전은 방조제를 축조하여 저수지인 조치(潮池)를 조성하고 조석현상에 의한 조차(潮差)인 방조제 내외 수위차에 의해 발생하는 조력으로 수차를 회전시켜 발생하는 전기를 생산하는 원리이므로 방조제 시설(가물막이 등 포함), 수문시설(배수갑문 등), 부지조성 등의 부대시설이 포함되어 방파제 외곽시설, 계류시설 등에 준하여 계획·시공한다.

마. 계획평면도

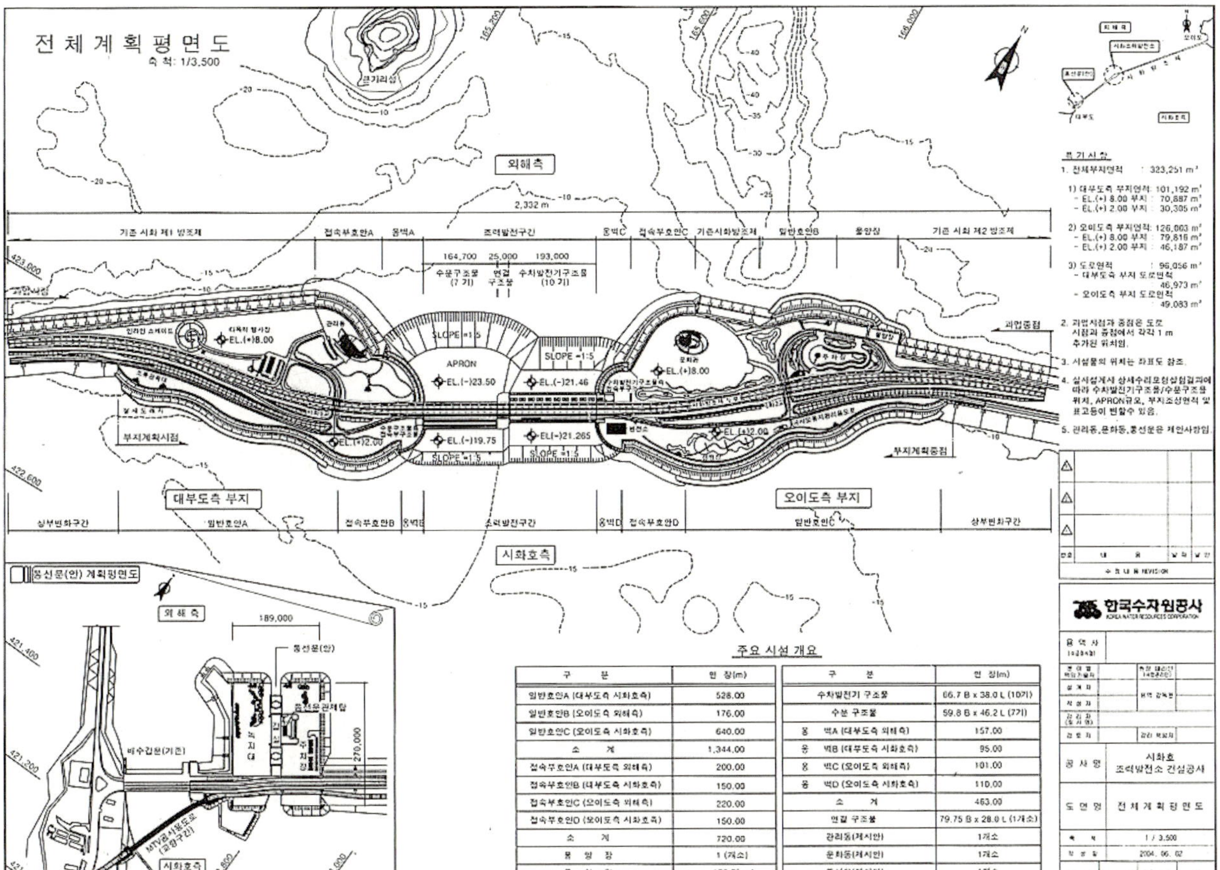

4.3.3 가로림 조력발전 구상

가. 위치 및 개요

사업명칭	· 가로림 조력발전 건설사업
사업위치	· 동측 : 충남 서산시 대산읍 오지리 일원 · 서측 : 충남 태안군 이원면 내리 일원
매립면적	· 383,900m^2
사 업 자	· 한국서부발전(주), (주)포스코건설, (주)대우건설, 롯데건설(주)
사 업 비	· 1,057,487백만원(추정)
사업기간	· 2008년 ~ 2012년

나. 구조물 개요

· 토목구조물

구 분	기 본 설 계 내 용
제 방 전 장	· 2053.1m
조력발전구간	· 462.5m
수차발전기	· 20기(단류식벨브형)
수 문	· 6문
부지조성 매립면적	· 약 384,000m^2

· 발전시설물

구 분	기 본 설 계 내 용
연간발전량	· 950GWh
시 설 용 량	· 520MW(26.0MW × 20기)
배 수 갑 문	· 6문
Crane 류	· 6기(250×2, 60, 30, 60×2 톤급)
전 기 설 비	· 대산변전소연계, 송전선로 2회선

· 수차 및 수문구조물

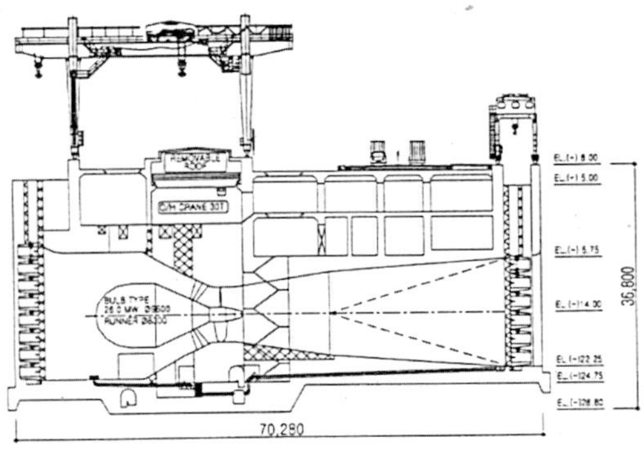

수차구조 개요도

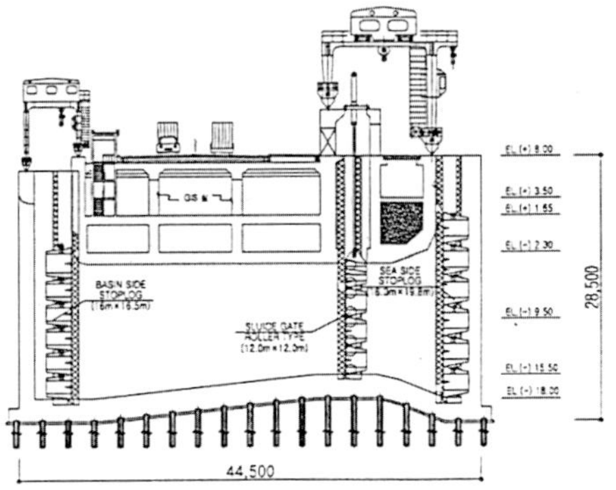

수문구조 개요도

다. 계획개요

가로림 조력발전 구상은 1980.1 조력발전 후보지로 지정된 이래 1980. 8 ~ 1992.3까지 3차에 걸쳐 타당성조사, 재검토를 실시한 후 다목적 개발 타당성을 검토하였고, 2002.12국가에너지 기본계획 수립, 2005.7 신·재생에너지 공급 체결 후 2007.3 기본설계를 실시하여 현재 단계에 이르고 있다.

주요 내용을 살펴보면 전체 제방 2053.1m(조력댐 포함)에 조력발전구간 462.5m, 수문구간 273.0m, 동측조력댐 157.0m, 서측조력댐 100.0m와 중앙조력댐 1,060.6m로 구상되어 있으며, 수차발전기 20기, 수문 6기로 전력 520MW을 발전하는 구상으로 수립되어 있다.

라. 계획평면도

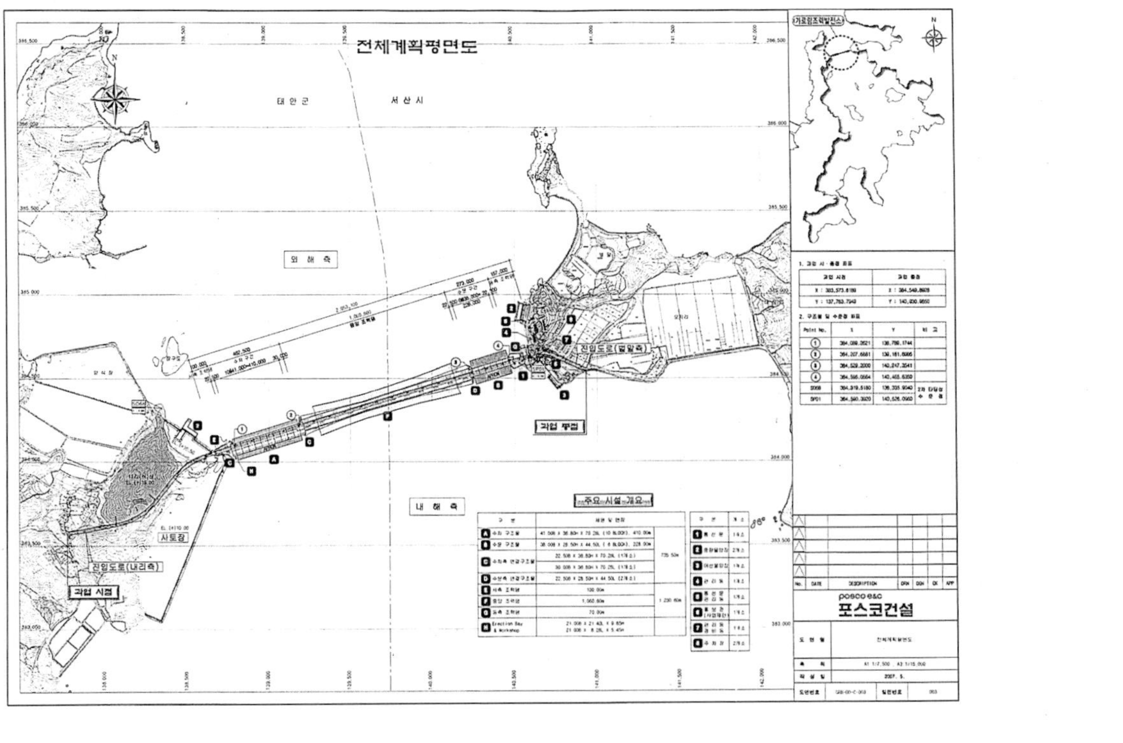

4.4 조류발전시설(潮流發電施設)

4.4.1 개 요

조류발전은 터빈의 회전방향에 따라 수평축터빈과 수직축터빈으로 분류할 수 있으며, 수평축터빈은 일방향흐름, 예를들면 하천과 같은 일정한 흐름에의 적용이 유리하고, 수직축터빈은 조류와 같은 왕복 흐름의 방향에 유리하다. 조류발전의 유속이 1m/sec 내·외의 곳에서도 가능하나 경제성을 고려할 때 최소 2m/sec이상인 곳을 후보지를 선정할 필요가 있다.

발전가능지역의 수심은 약최저저조위:(±)0.00m를 기준으로 하여 (-)10.0m이상의 수심이 되어야 한다.

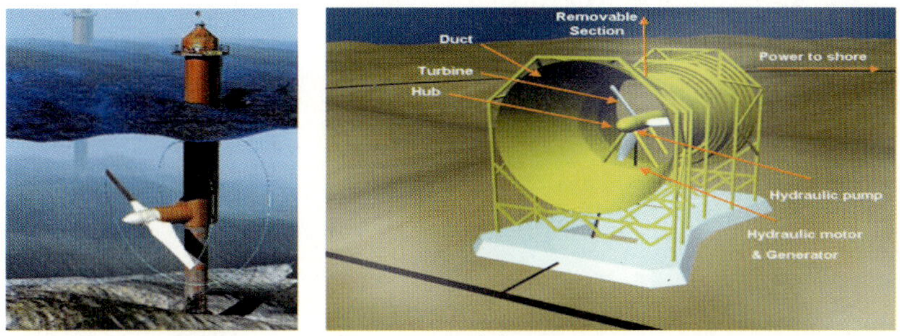

(a) UK MCT사 (b) UK Lunar Energy

수평축 조류발전 개념도

(a) 다리우스 (b) Davis 방식 (c) 헬리칼 방식

수직축 조류발전 개념도

4.4.2 수차(터빈)의 고정방식

수차의 고정방식은 파일고정방식, 계류고정방식, 자중고정방식으로 나눌 수 있다.

가. 파일식고정방식(a)

파일(강관)을 항타하여 고정하고 수차를 시설하는 방식이다.

나. 계류고정방식(b)

계류삭을 사용하여 고정하는 방식으로 앵커, 침추, 싱커 등을 해저에 고정시키고 이를 계류삭으로 연결하여 수차를 고정하는 방식으로 계선부표나 폰툰 등을 고정하는 방법에 준하여 계획, 시설한다.

다. 자중고정방식(c)

조류발전장치와 기타고정시설이 자중으로 고정이 될 수 있는 방식이다.

(a) 파일고정식 (b) 계류고정식 (c) 자중고정식

조류발전 고정방식 개념도

4.4.3 시설위치(사례)

우리나라에서는 처음 조류가 빠른 울돌목에 지난 2005년 4월 첫 삽을 뜬 지 4년여 만인 2009년 7월 완성된 시설사례가 있으며, 이 조류발전소는 일단 1단계로서 설비용량 1000kW의 조류발전을 통해 연간 약 430가구가 사용할 수 있는 2.4GWh의 전기를 생산할 계획이다. 또한, 하동발전소의 방류로에 100kW급 시설을 하였으나 약간의 문제점들이 있어 정식 가동까지는 계속적인 연구노력이 있어야 할 단계이다.

4.4.4 향후 전망

영국 등지에서는 300kw급이 가동 중에 있으며, 500kw급 2기를 설치 예정으로 있는 등 세계적으로 신·재생 에너지 개발에 박차를 가하고 있고 필연적으로 우리나라에서도 울돌목 조류발전을 계기로 시설입지를 선정하여 시설하려는 연구가 활발하게 진행되고 있다.

4.5 파력발전시설(波力發電施設)

4.5.1 개 요

파도에 의한 파랑에너지의 무한한 자원을 활용하여 신·재생 에너지를 효율적으로 개발하려는 기술은 1973년 1차 석유파동이후 세계적인 관심을 모아 미국, 일본, 영국, 노르웨이 등의 국가에서 약 50종의 파력발전장치가 고안되어 일부 상용화 단계에 있으며, 우리나라에서도 연구과제로 채택되어 연구가 활발히 진행되고 있다.

4.5.2 시설개요

가. 원리

파의 주기적인 운동(상하, 좌우)을 에너지로 변환하는 장치를 통하여 기계적인 회전운동을 에너지화하여 발전으로 연계시키는 원리를 이용한다.

나. 파력발전시스템

파랑에너지를 전기에너지로 변환시켜 활용하는 방식으로 전체의 흐름을 요약하면

파 → 1차변환 → 2차변환 → 발전

→ 송전 → 사용

또한 시스템을 알기쉽게 도형화하면 다음 그림과 같다.

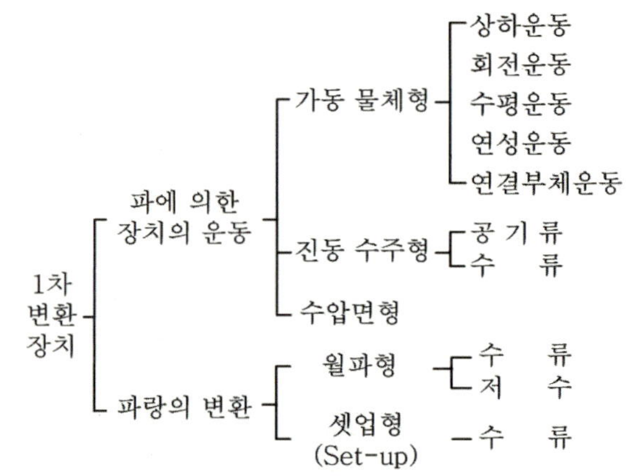

1) 가동물체형

파랑의 힘으로 물체를 운동시키는 장치로서 해수 표면의 부표, 수중부표 등이 기본 형상이다

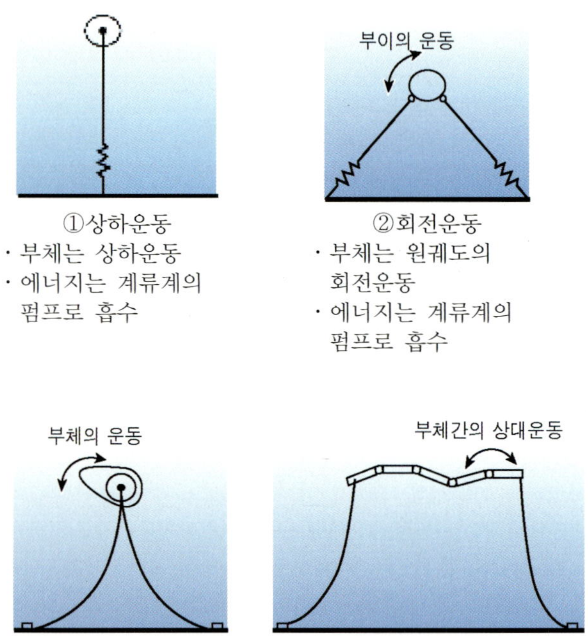

①상하운동
· 부체는 상하운동
· 에너지는 계류계의 펌프로 흡수

②회전운동
· 부체는 원궤도의 회전운동
· 에너지는 계류계의 펌프로 흡수

③연성운동
· 외측의 캠형 부체 운동
· 내외 부체 상대운동에서 에너지 획득

④연결부체운동
· 파도에 실린 연결 부체의 운동
· 인접 부체간 상대운동에서 에너지획득

가동물체형

2) 수압면형

수압면 자체를 물체로 생각하여 이 운동에 의해 파랑에너지를 흡수하는 방식으로 파랑에너지 변환장치의 에너지 흡수특성은 특정 파주기에 대해 높은 값을 보이나 주기를 벗어나면 급격히 저하한다.

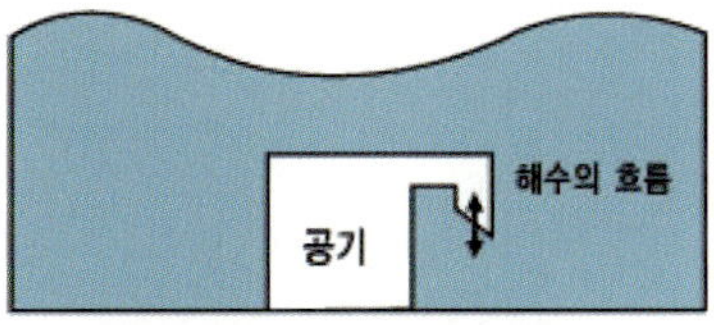

▶압력트랩내 수압면의 수중진동
▶에너지는 공기류로부터 획득
수압면형

3) 진동수주형

파의 운동을 공기의 흐름으로 변환하여 공기터빈을 구동시키는 방식으로 공기터빈을 부체 및 방파제에 고정시키는 방식

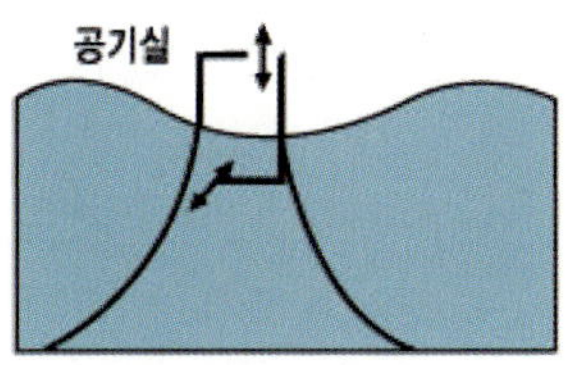

▶파에 의한 공기실내 수주의 상하운동
▶공기류로부터 에너지 획득
진동수주형

4) 월파형

수심을 서서히 얕아지게 하여 파고를 증폭시킨 후 높은 곳으로 해수를 끌어올려 저수하거나 그 흐름을 이용하는 방식

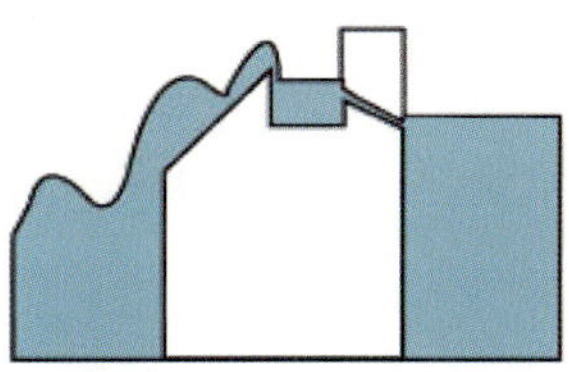
▶사면을 처올라와 월파하여 저수됨
▶수위차를 이용하여 터빈이 회전
월파형

5) 셋업(Set-up)형

방파제 전면에 소파공을 설치하여 해면의 평균수위 상승을 유도하여 수위차로 인한 해수흐름을 이용하는 방식

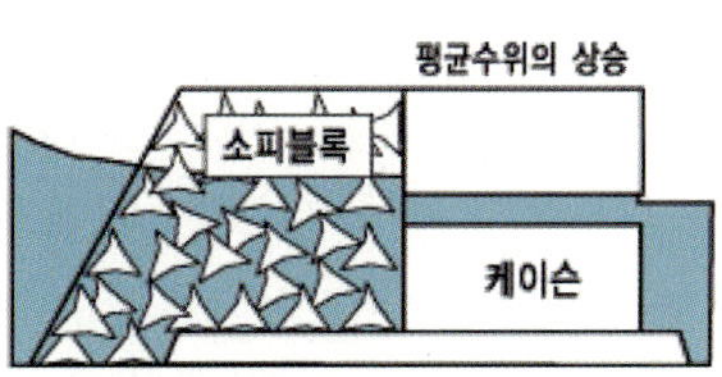

▶운동에너지를 소비하여 setup 발생
▶수위차를 이용하여 해수 흐름
Set-up형

6) 기타 방식의 파력발전과 적지

파랑을 에너지화하는 원리를 이용하는 발전방식은 앞으로도 많은 기술개발이 이루어질 것으로 기대되며 어느 경우나 해양구조물을 축조하고 효율적으로 발전시켜야 하며 발전된 전기는 사용자와 연결되어야 하므로 적지계획에 대한 조사, 계획, 시공에 대한 항만의 해양 토목기술이 접목되어야 할 것이다.

4.5.3 우리나라 파력발전 적지

파에 의한 에너지화 과정이므로 비교적 파고가 지속적으로 발생하는 해안이 적지가 되기 때문에 우리나라에서는 파고가 상대적으로 높은 동해안과 제주도 인근 해역이 적지이며, 무한한 에너지 자원을 이용한 파력 발전이 기대된다.

4.5.4 해외 사례 참고

가. 일본 카이메이(海明)(진동수주형 · 공기류)

전장 80m, 폭 12m, 총 중량 800톤의 선형부체. 125kW급 터빈발전기가 8실에 탑재.
야마가타현쯔루오카시 유라 외해 3km에 계류되어 1978년, 1979년, 1985년에 개량 실험 실시

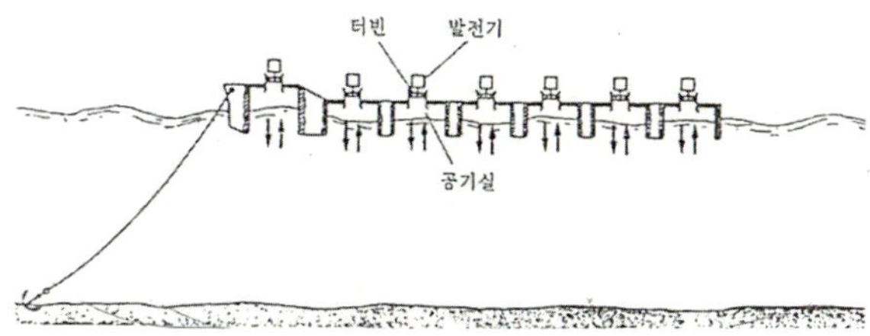

나. 영국 OWC 파력발전(진동수주형)

부체식의 경우 1유니트의 길이는 263m, 출력은 14.4MW이며, 방파제의 경우 1유니트 길이는 64m, 출력은 4.7MW이고 설치 수심은 (-)21m이다.

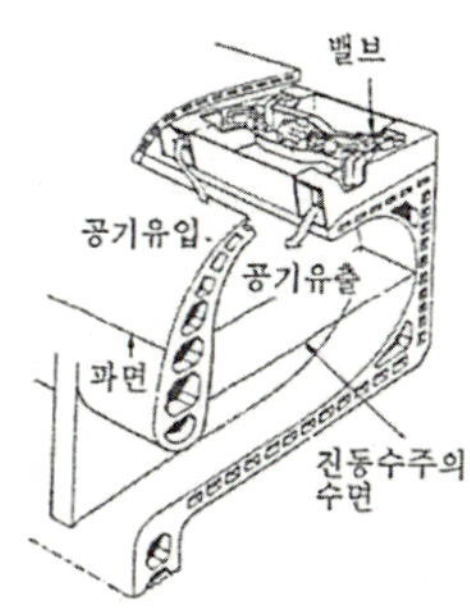

(a) 단면도

(b) 시스템전체도

다. 노르웨이 Kvaerner(MOWC다중공진식 진동수주형) 파력발전

Air duct, 직경 2m, 웰즈터빈 순간 최대출력 1000kW, 출력 500kW

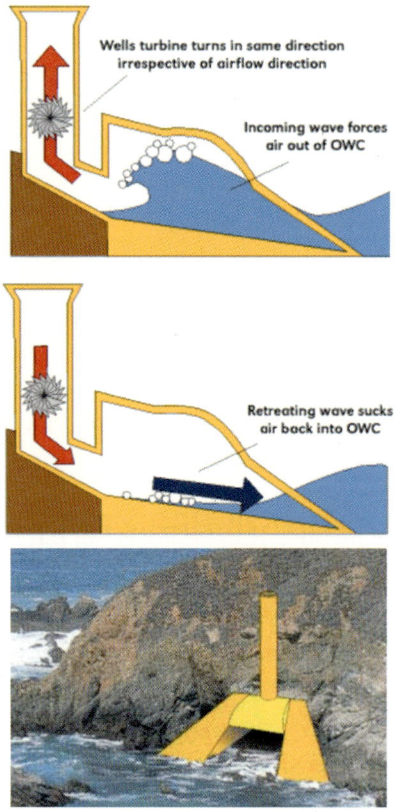

라. 일본 사카타항 북방파제 파력발전

1998년에 야마가타현 사카타항 북방파제에 이 파력발전 케이슨 방파제를 시설하고 탠덤 웰즈(Wells)터빈과 발전기를 조합하여 60kW를 발전하고 1995년부터 육상의 계통전원과 접속하여 운전 중에 있다.

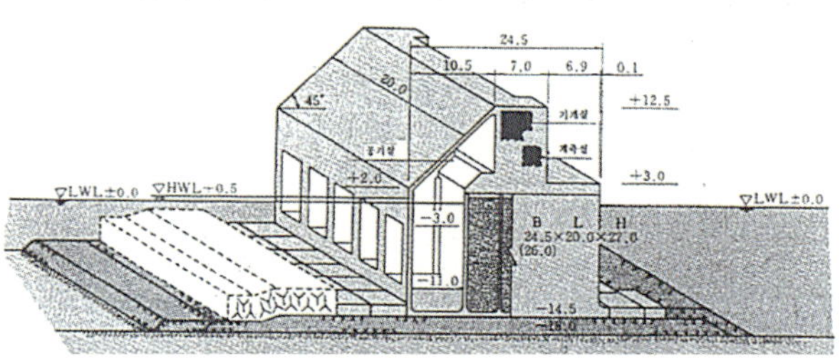

시스템 구성도

4.6 화력 및 원자력발전 지원시설

4.6.1 개 요

화력 및 원자력발전시설은 다량의 냉각수를 필요로 하기 때문에 취배수로 해수를 사용하고 있으므로 시설위치가 물의 공급이 용이하고 수량이 풍부하며 양질의 해안을 선정하고 있다.

건설과 시설운영을 위한 사용 기자재의 운반을 위해 하역설비 등 항만분야의 지원시설이 발생하고 있고, 우리나라 전력공급을 장차 원자력발전으로 공급하려는 전망에 대비하여 화력 및 원자력발전 지원시설의 필요성이 점차 대두되고 있다.

2007년 5월 IAEA는 원자력이 지구온난화의 가장 현실적인 대책이라고 선언한바 이으며 2030년까지 30개국에서 약 300개의 원전을 새로 건설하는 것으로 전망하고 있다. 이에따라 우리나라도 미래원자력시스템 연구개발 장기추진계획을 확정하였다. 현재 우리나라에는 20기의 원자력 발전소가 건설되었고 연간발전량으로 세계 5위에 위치하고, 순수 국내기술로 개발된 원자력 발전의 세계 수출국으로 부상하였다. 에너지별 KWh당 발전단가를 비교하면 대략 다음과 같아 앞으로 국가적으로 원자력발전 시설을 건설하는 장기계획이 수립될 전망이다.

(단위:원)

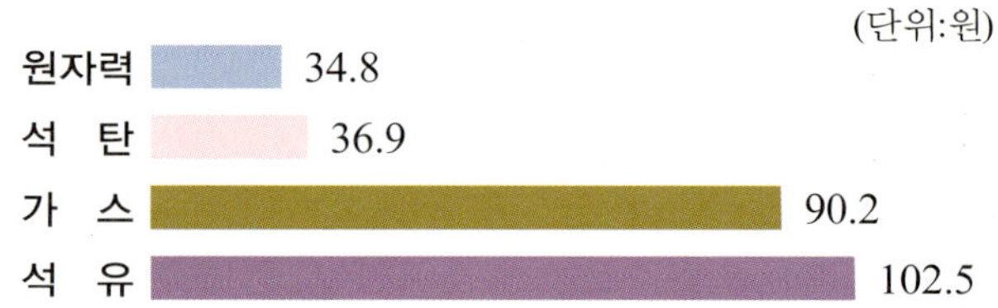

에너지원별 kWh당 발전단가 (2007년기준)

4.6.2 화력발전 및 원자력발전 배치계획 사례

가. 화력발전시설(일본사례)

화력발전소의 시설은 발전기능을 위주로 시설하더라도 주변의 자연조건에 미치는 영향을 최소화함은 물론 건설사의 용지 조성시 항만이나 도로의 건설로 지역개발과의 연관성을 반영하여야 한다.

배치계획은 지형 및 임해조건을 고려하고 냉각수로 사용하는 해수는 취수구와 배수구의 계획을 충분히 고려하며 가능한 짧은 시설길이가 되도록 계획하고 동일해역일 경우 터빈건물 위치가 해안선에 가깝게, 다른 해역에 면할 경우는 취수로와 배수로를 일직선상으로 배치하는 것이 좋으며 방류수가 재순환되지 않도록 하여야 한다.

취수구에서의 파랑, 표사이동도 고려되어야 하며 취수구는 수질이 청등(淸燈)하고 수온이 낮은 물을 취수하고, 배수구는 방류에 의한 선박운항, 계류시설, 어장이나 인접한 타공장의 취수에 영향을 주지말아야 한다.

원료의 반입에 필요한 선박 입출항 항만지원 시설은 안전하고 편리한 시설로 계류하고 운용에 지장이 없도록 시설한다.

그림-1은 연료를 LNG로 하는 일본의 富津화력발전소 계획평면도(예)이다.

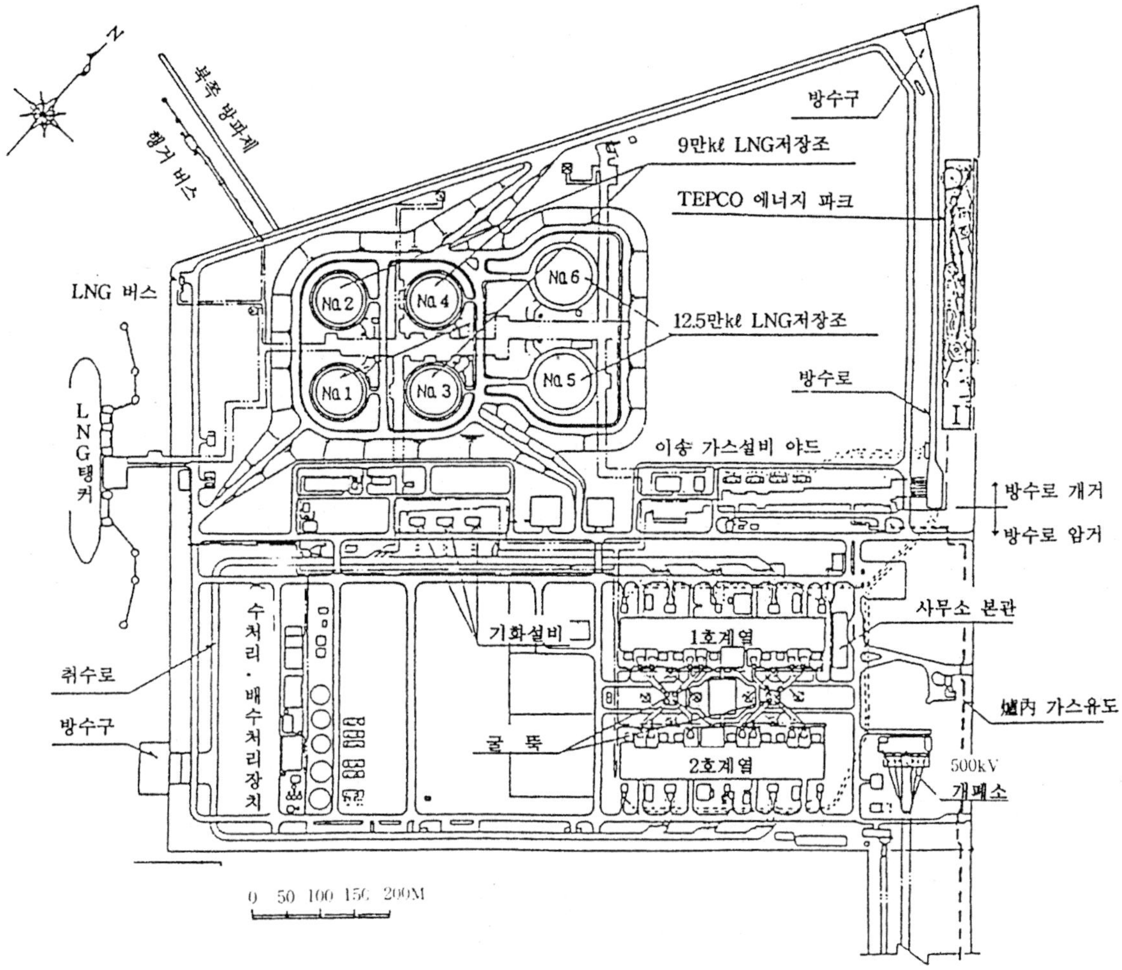

그림-1 富津화력발전소

그림-2는 연료를 석탄으로 하는 일본의 原町화력발전소 계획평면도(예)이다.

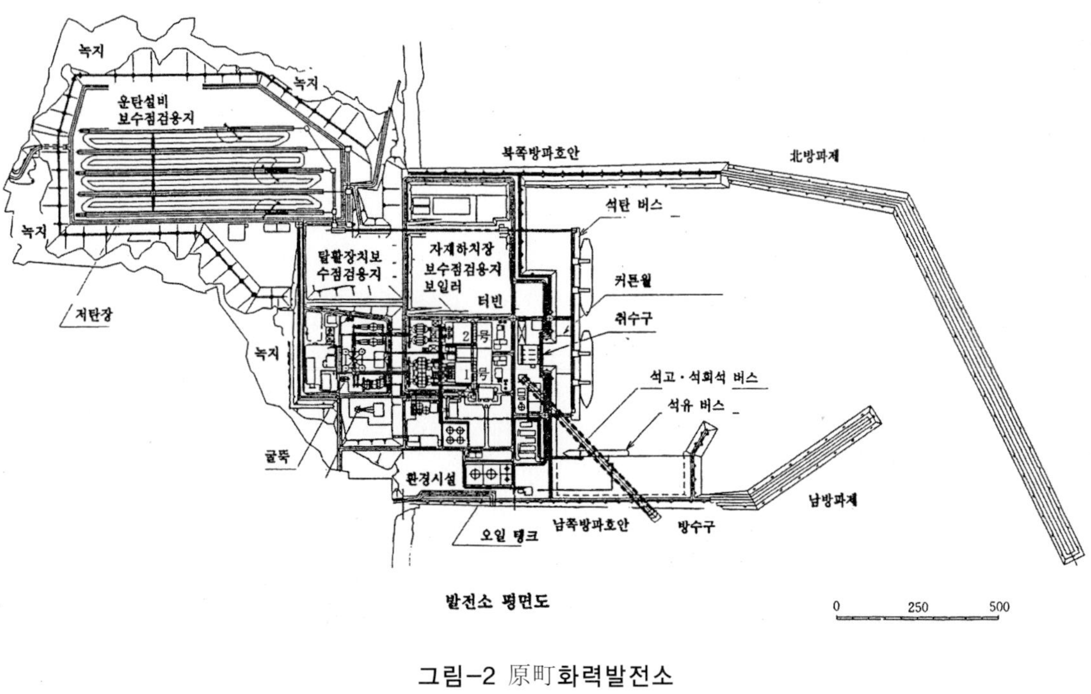

그림-2 原町화력발전소

그림-3은 중원유를 사용하는 일본의 鹿島화력발전소 계획평면도 사례이다.

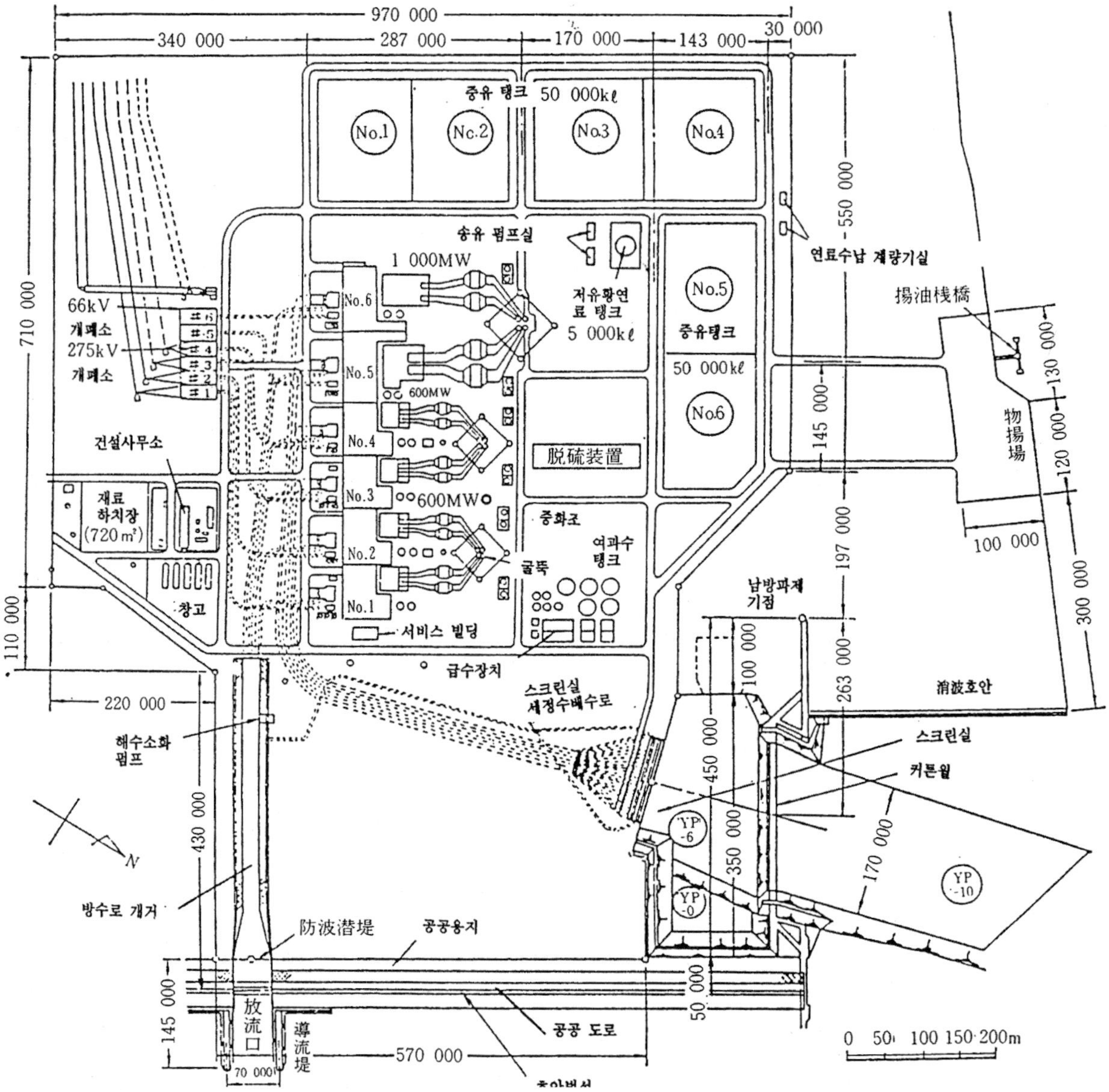

그림-3 鹿島화력발전소

나. 원자력발전시설(일본사례)

원자력 발전소는 화력발전소와 큰 차이는 없으나 원자로건설 건물은 견고한 암반위에 직접기초를 하는 것이 좋다.

다만 우리나라 동해원자력발전소는 사질이암(泥岩)위에 철근콘크리트 케이슨 기초를 시설하였으며, 일본에서도 柏崎刈羽원자력 발전소 7호기가 이암위에 시설한 사례가 있다.

연료저장, 폐기물처리, 고체폐기물처리, 냉각수취·배수 등 여러 설비 중 전체 공유설비는 전체부지에서 레이아웃을 고려하여 배치하고 각 호간의 공유시설은 연관호기의 중앙에, 그리고 각 호기의 전용설비는 그 호기 인근에 배치하는 것이 바람직하다.

그림-4는 일본의 柏崎원자력발전소의 계획평면도 사례이다.

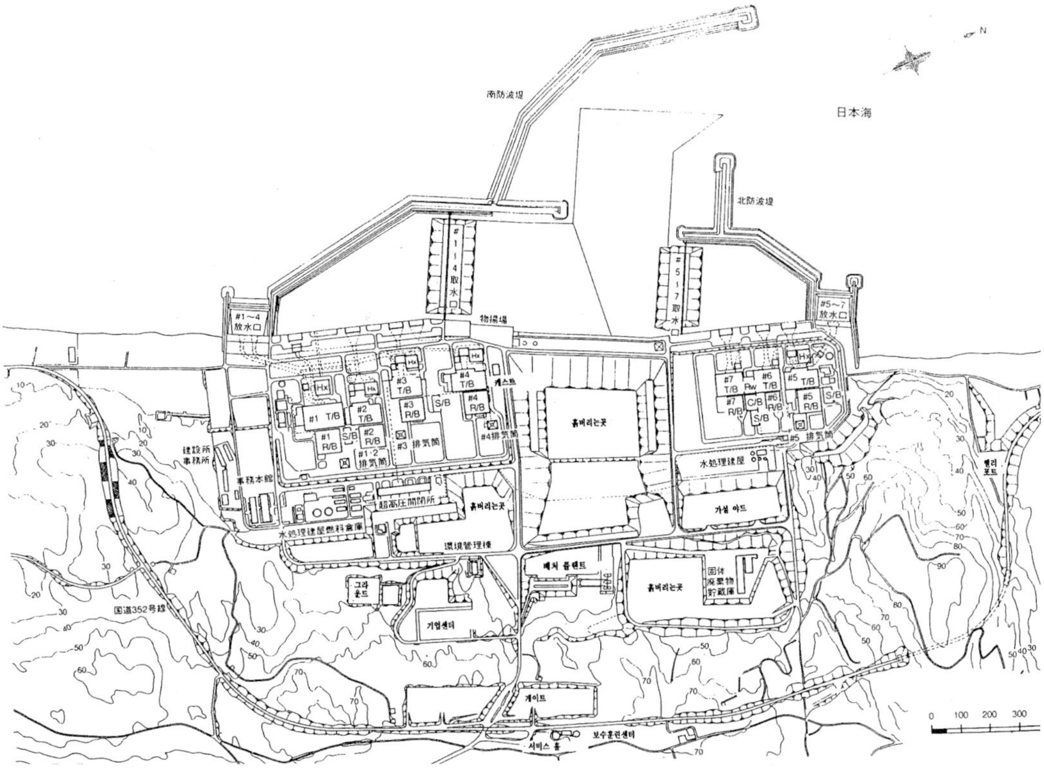

그림-4 柏崎원자력발전소

그림-5는 일본의 浜岡원자력발전소의 계획평면도 사례이다.

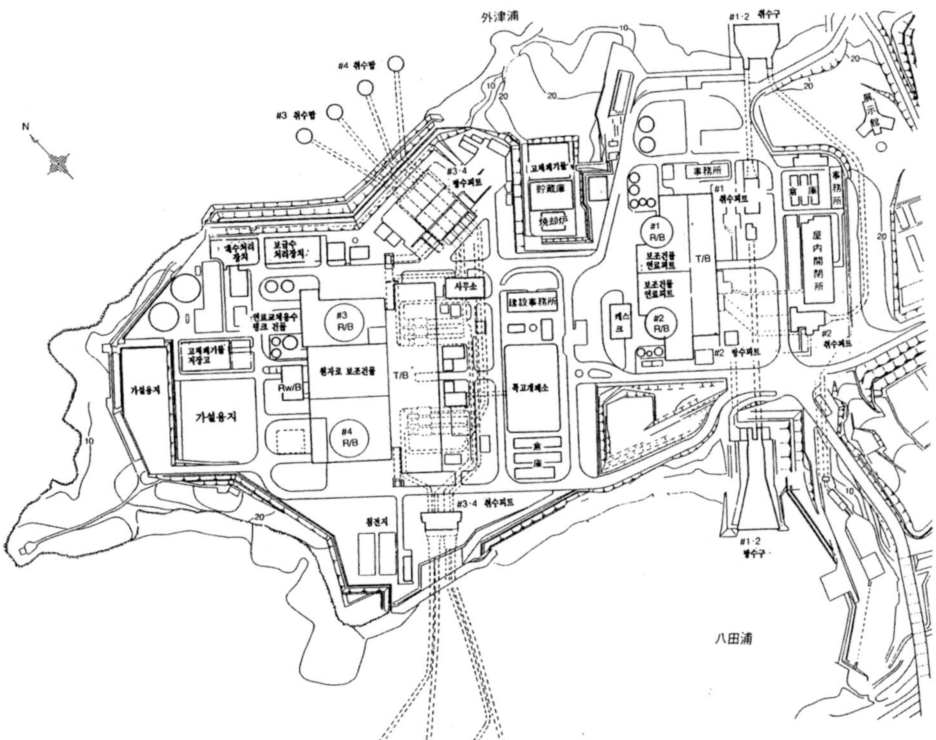

그림-5 浜岡원자력발전소

제15편

그림-6은 일본의 玄海원자력발전소의 계획평면도 사례이다.

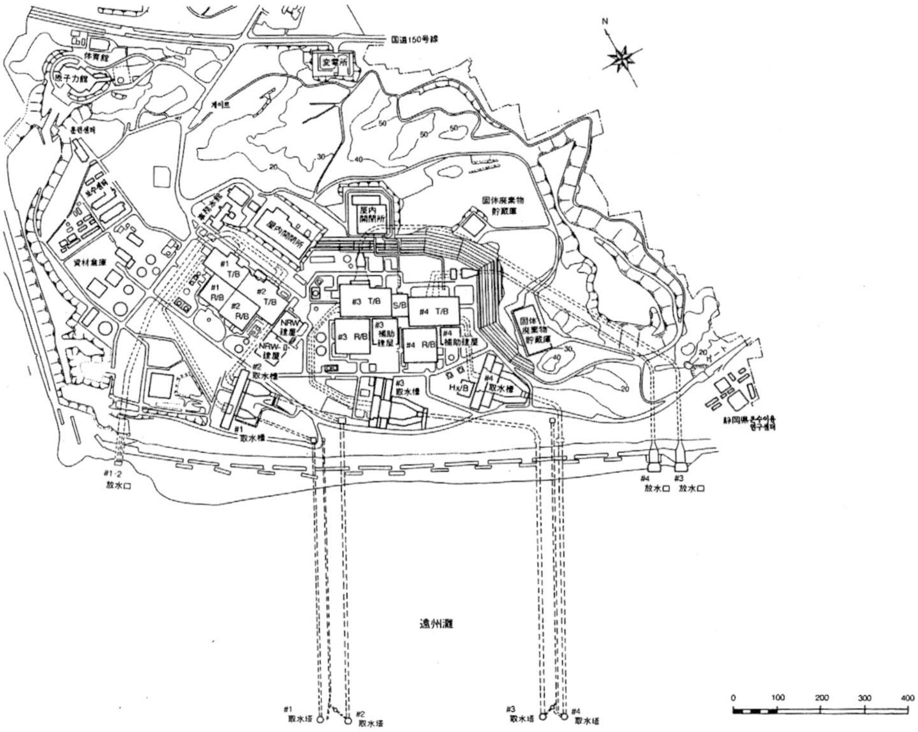

그림-6 玄海원자력발전소

4.6.3 취배수설비(取排水設備)

가. 개 요

화력발전이나 원자력발전에서 중요한 설비 중 하나가 취수와 온수의 배수시설이라 볼 수 있다.

냉각수의 취수는 비교적 낮은 온도의 청정수를 안정적으로 공급하는 것이 중요하며 태풍의 내습시나 홍수시의 표류물질, 해파리 등의 유입에 대한 검토가 충분히 이루어져야 한다.

온배수의 배수는 온배수의 주변에 미치는 온도영향범위를 최소화하고 배수로 인한 배수구 주변 선박 안전 운항에 대한 대책도 고려한다.

취배수구 설비의 계획이 발전소 출력규모나 전체 배치계획을 좌우하게 되므로 취배수설비 계획시 과거사례를 참고로 할 필요가 있다.

원자로 보조기기 냉각용 취수설비는 긴급시 비상용 노심냉각설비 등의 보조기기류를 냉각시키는 목적으로 하고 있다. 본 설비는 중요한 구조물로서 기준지진동S_1, 또는 S_2를 받고도 그 기능이 유지되어야 한다. 일본의 원자로 발전소에서는 지점의 지형, 지질, 설계용 지진력 배치 계획을 고려하고 취수구에서 취수조사이는 복수기 냉각용수와 같이 취수하여 취수조는 복수기 냉각용과 겸하는 경우가 많다. 또는 원자로 보조기기 냉각용수를 복수기 냉각용수와 완전히 분리하여 시설하는 예도 있다.

일반적인 취배수 설비 계통을 보면 다음 그림과 같다.

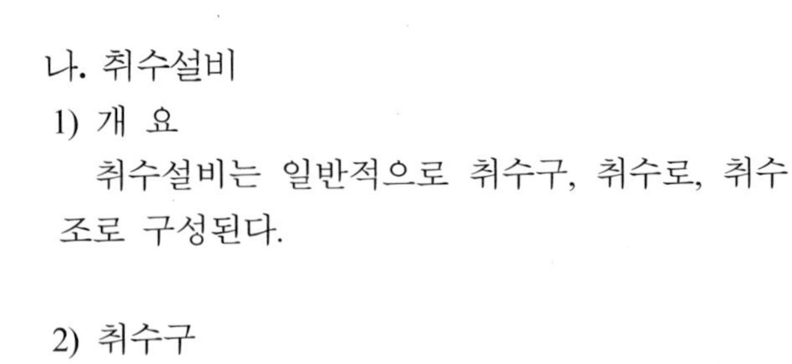

나. 취수설비

1) 개 요

취수설비는 일반적으로 취수구, 취수로, 취수조로 구성된다.

2) 취수구

취수구의 설치 수심은 여건에 따라 차이가 있겠으나 일반적으로 수심(-)10.0m이상을 확보한 사례가 많다.

취수방식에 따라 분류하면 취수지점에 따라서 표층취수와 심층취수, 단계별로는 1단취수와 2단취수로 분류된다.

(1) 취수지점에 따라 표층취수와 심층취수 방식이 있으며 다음 그림과 같다.

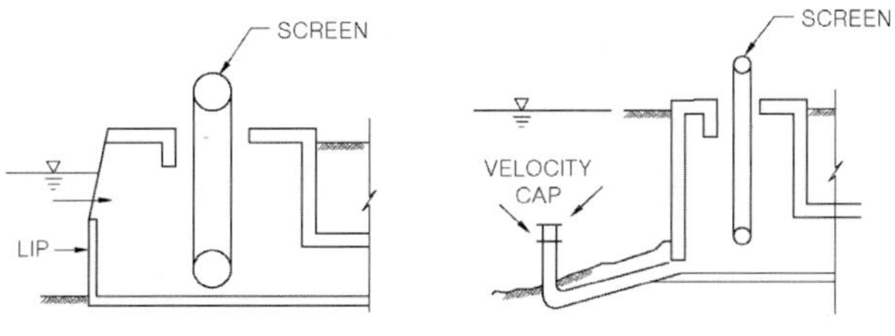

(a) (b)

(2) 취수단계별로는 1단취수와 2단취수로 분류되며 계통구성을 요약하면 다음과 같다.

○ 1단취수
심층취수 흡입구→심층취수 관로→순환수 펌프구조물→취수관로→복수기→취수관

○ 2단취수
심층취수 흡입구→심층취수 관로→해수 양수펌프구조물→취수로→순환수 펌프 구조물→취수관로→복수기→취수관로

(3) 취수구의 구조형식은 커튼월식과 표준형 수직취수관 방식이 있으며 다음 그림과 같다.

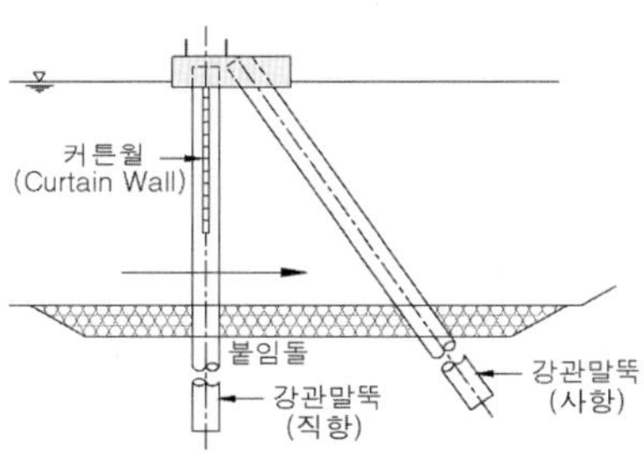

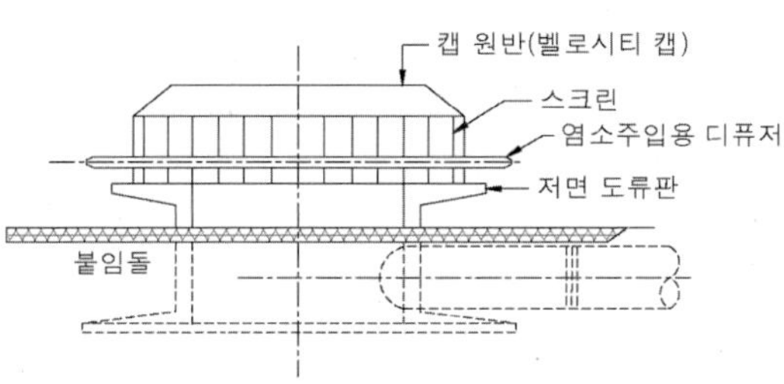

(4) 취수로 설계시 고려할 사항
냉각수는 비교적 저온으로 안정적이고 수요량을 확보해야 하므로 표층해수는 계절적으로 온도가 다르고 부유물이 있기 때문에 아래층의 청등(淸燈)한 온도가 낮은 심층 해수를 취수하게 된다. 유생 프랑크톤이나 해파리 부유체가 표층 2~4m 범위에 있으므로 취수구 설치 수심은 일반적으로 (-)10.0m 이하에 시설하고 있다.

취수구 설계에 고려할 사항을 요약하면 수온, 취수유속, 파랑, 부유사, 조위, 패류부착 및 침전 등을 고려하여 설계한다.

3) 취수로

취수구에서 취수조까지의 수로를 말하며 구조형식은 개수로식, 암거식, 관로식과 터널식이 일반적이며 필요에 따라 구조형식을 복합하여 연결한다.

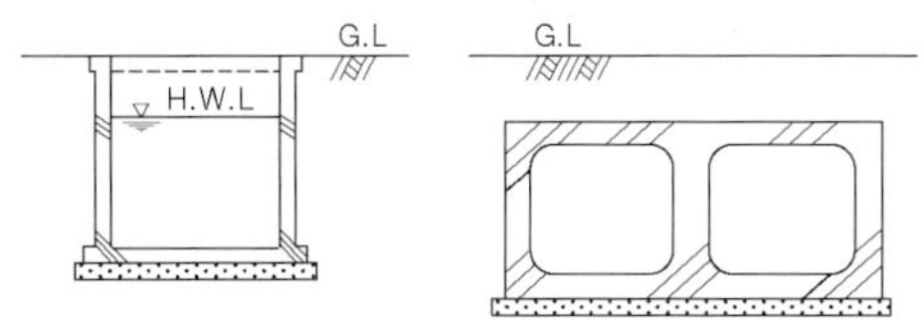

개수로식 암거식

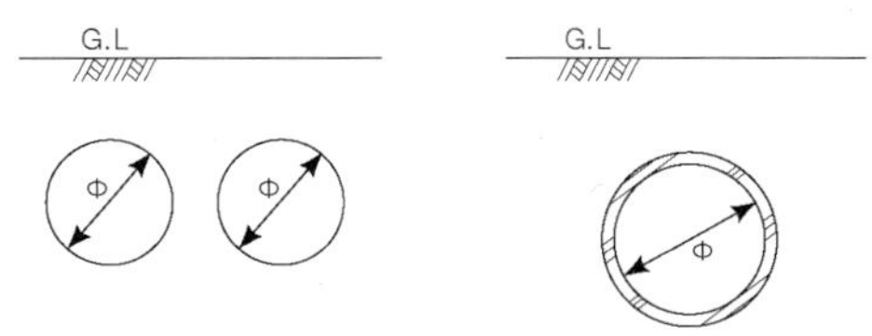

관로식 터널식

4) 취수조

취수구에서 취입한 냉각수에 해수중의 모래, 나무조각, 해파리, 어패류나 종이, 천, 비닐 같은 부유물을 제거하고 복수기(複水器)냉각수로 송수하는 펌프가 설치되며 스크린실, 펌프실, 등으로 구성된다. (그림참조 : 베트남 Oman화력발전소)

(1) 취수조형식은 설치위치, 취수구 형식, 취수로 조건 등에 따라 다르게 고려되어야 한다.

(2) 취수조 내부시설은 스크린(바 스크린, 바 회전식 스크린과 로터리 스크린)을 설치하며 해수 중의 해파리, 어패류, 해조류와 부유물이나 폐기물을 제거한다.

(3) 펌프실은 순환수 펌프(복수기 냉각수용)와 보조기기 냉각수 펌프 등이 설치된다.

(4) 쓰레기 처리시설은 스크린에 걸린 부유물이나 쓰레기를 스크린의 레이크나 바스켓으로 긁어 올려 별도 처리한다.

(5) 크레인 시설은 펌프의 보수, 점검용으로 설치하며 문형식을 일반적으로 설치한다.

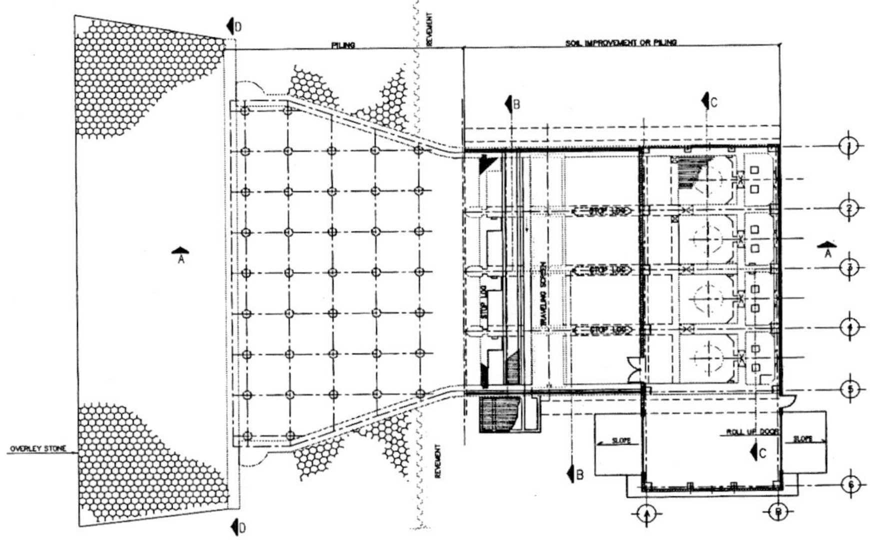

평 면 도

다. 온배수설비(溫排水設備)

화력발전나 원자력발전소에서 대량의 해수를 취수하여 복수기를 통과한 냉각수로 사용한 후 바다로 방류하게 되면 취수 때 수온보다 약 7°C가 상승하게 되며 이 방류수를 온배수라 한다. 발전소에서 배출되는 방류수는 복수기 냉각수 외에 터빈 냉각수 등의 보조기기 냉각수도 해수를 사용하며 이들도 온배수라 한다.

온배수시설은 주변에 미치는 영향을 최소화하고 방류로 인한 배수구 주변의 선박이 안전 운항되도록 하여야 하며, 주변 생태계 등 환경에 미치는 영향도 고려하고 특히 온배수가 재 취수되지 않도록 고려되어야 한다.

온배수시설은 배수로와 배수구로 구성된다.

1) 배수방법

온배수의 배수방식은 표층배수와 수중배수방식이 있다.

(1) 표층배수방식은 배수구의 폭을 넓혀 유속을 저감할 수 있음을 고려하여 선박의 운항에 대한 영향을 검토할 수 있으며, 해역에서의 흐름이나 대기의 방열 등도 고려할 수 있다. 파랑의 영향을 고려하여 소파블록 등의 시설도 검토하여야 한다.

(2) 수중배수방식은 해중에 파이프를 시설하여 비교적 빠른 유속(2m/s 이상이 많음)으로 배수할 수 있으며, 호안수중 배수방식과 외해수중 배수방식으로 분류할 수 있다.

(3) 온배수시설의 설계시 고려사항은 해역의 자연조건, 선박의 항행, 어업의 실태 등을 고려하여 배수구는 온배수의 확산으로 인한 영향을 고려하여 취수구 전면수역의 수온에 영향이 미치지 않는 위치, 배수량, 유속, 조위, 파랑 및 기포발생 등을 고려한 구조형식 및 규모를 결정한다.

일반적으로 배수유속은 배수구가 BOX구조일때 0.5~2.0m/s이고 배수로에서는 강널말뚝(Steel sheet pile)구조에서 0.6~1.5m/s, BOX나 개거 등 수로에서 1.5~2.3m/s로 하고 있다.

파고는 배수구위치가 외해에 면할 경우 외해로부터 파랑이 배수구로 진입하여 순환펌프나 구조물에 영향을 미칠 수 있으므로 파랑의 영향을 감소하기 위한 소파구조물을 시설하게 된다.

해수면(조위)이 높아지는 경우에도 배수가 원활히 되도록 조위를 고려하여 배수구 높이를 조정할 필요가 있다.

기포발생으로 인한 배수해역의 미관상 문제가 발생할 수 있으므로 기포발생의 억제는 물론 기포를 유출시키지 않는 구조와 부대시설을 고려한다.

2) 배수구

배수구 시설은 온배수의 해역에 방류하는 시설로 온배수가 배출되면 주변 수역의 생태계에 영향이 미치고 온배수의 높은 수온으로 주변수온이 상승하게 되며 배출구 주변 해류의 속도를 변화시킨다. 때에 따라서는 주변에 와류가 발생하여 해안의 침식, 수온차에 의한 밀도류가 발생하며, 생태계의 변화, 방류유속 등은 항행선박의 지장을 일으킬 수 있다.

배수구 위치와 구조물 설계는 해상의 변화, 주변에 미치는 영향 등을 고려하여 시설하여야 한다. 배수방법별 배수구 구조형식은 다음을 참고로 한다.

배수방식	분류	구조형식
표층배수	호안표층배수	개수로식, 암거식, 커튼월식
수중배수	호안수중배수 외해수중배수	유공제(파이프, 슬롯) 수중배수관, 멀티파이프관 (평행방사), 배수탑

3) 배수로

배수로의 구조형식은 취수로의 구조형식과 유사하여 개수로식, 암거식, 관로식 및 터널식 등이 있다.

배수로 설계시 검토사항은 취수로 계획시 보다는 온배수가 방류되므로 수온이 상승하는 등으로 패류 등의 부착량은 적지만 해역의 조건에 따라 부착 등으로 인한 수로단면의 결정시 패류 부착 값과 조도계수를 조사해 본 결과는 다음 표와 같다.

배수로 구조형식	단면유속	폐류의 부착값	조도계수
암 거	1.6~3.6m/s	0~20cm (0cm가 많다.)	0.014~0.027
터 널	1.8~3.0m/s	0~20cm (0cm가 많다.)	0.014~0.027

배수로와 배수구의 일부에서 기포가 발생하고 배수구에서 해역으로 배출되어 경관이 좋지 않다. 방류수는 점성이 높아 쉽게 없어지지 않기 때문에 기포의 발생 방지나 배수구에서의 유출방지 대책을 세운다.

제5장 · 그 외의 시설

그 외의 시설로는 해저 파이프라인(Pipeline) 시설이 있으며 파이프라인 시설은 송유관, 상수도관 및 취수관로 시설이 포함된다.

해저 파이프라인 시설은 전력케이블 상수관로 등의 시설이 있으며 육지와 도서간의 공사로서 멀리는 제주, 가까운 남해안로서 지역에 공급하는 시설들이 해저 시설로 시행되고 있다.

울돌목 조류발전시설현황

기술사 출제문제

리모델링·경관설계

제42회 (1994년도) 제4교시. 문3 (20점)

해양성 레크레이션 시설 계획의 문제점과 전방에 대하여 귀하의 의견을 제시하시오.

제44회 (1995년도) 제1교시. 문⑦ · ⑧ (각 10점)

⑦ Water Front 개발

⑧ 해양성 Recreation 종류

제44회 (1995년도) 제2교시. 문3 (25점)

친수성 구조물에 대하여 설명하시오.

제84회 (2008년도) 제4교시. 문1 (25점)

항만시설의 리모델링이나 안전진단 등의 업무를 수행할 때, 강말뚝식 잔교구조물(안벽)의 강말뚝 (Steel pipe pile)의 손상 및 결함을 식별하기 위한 항목(방법)에 대하여 설명하시오.

(단, 그림설명도 가능하며, 자세한 Check List까지 작성할 필요는 없음)

공 법(Method)

제22회 (1988.2차) 전문. 제1교시. 문5 (70점)

우리나라의 건설공사에 있어 신기술이라 생각되는 친수종류를 열거하고, 발생의 과정, 실용의 상황, 건설공사에 미치는 영향 등에 대하여 설명하라.

제35회 (1991.4.7) 제3교시. 문3-① (10점), 제40회 (1995년도) 제3교시. 문4 - ② (선택2문항/25점)

다음에 대하여 설명하시오.

① 침매 Tunnel

제35회 (1991.4.7) 제3교시. 문2 (30점)

해상구조물의 Prefabrication(Block의 연결공법)에 대하여 기술하시오.

제15편

제36회 (1991.10) 제2교시. 문3

다음을 설명하라.

① Dynamic Positioning Method (15점)

제36회 (1991.10) 제3교시. 문2

다음을 설명하라.

⑤ 해수중 콘크리트 (15점)

제44회 (1995년도) 제1교시. 문⑥ (10점)

⑥ 항만공사시 오탁방지공법

제44회 (1995년도) 제4교시. 문3 (30점)

수중콘크리트 공법에 관해 쓰시오.

제45회 (1995년도) 제2교시. 문3 (25점)

침매터널의 박스제작, 침매방법, 기초 및 시공순서에 대하여 기술하시오.

제50회 (1997년도) 제2교시. 문5 (30점)

항만공사에 사용되는 시멘트 종류를 열거하고 특성을 논하시오.

제50회 (1997년도) 제4교시. 문1 (40점)

시공관리에 대하여 기술하시오.

제50회 (1997년도) 제4교시. 문4 (30점)
서중콘크리트와 한중콘크리트의 특성을 기술하시오.

제53회 (1998년도) 제3교시. 문4 (15점)
해수 중 콘크리트 구조물의 열화현상에 대하여 설명하시오.

제56회 (1998년도) 제3교시. 문2 (30점)
공사시방서 작성시 공사시방시 내용에 포함해야 하는 사항

제57회 (1999년도) 제2교시. 문4 (30점)
기초사석 여성두께를 30cm로 하고 콘크리트 블록을 거치한 결과 블록 거치당시의 블록간 거치간격이 3cm이하였으나, 시공 후 6cm가 벌어졌을 때 원인과 대책에 대하여 기술하시오.

제57회 (1999년도) 제3교시. 문3 (30점)
박힘식 강판 Cell나 공법에 대하여 아는 바를 기술하고 설계방법을 기술하시오.

제60회 (2000년도) 제2교시. 문6 (25점)
해중콘크리트 시공 및 문제점

제64회 (2001년도) 제4교시. 문6 (25점)
항만공사시 콘크리트의 품질유지 방안에 대해 설명하시오.

제67회 (2002년도) 제3교시. 문3 (25점)
서해안 지역 항만건설시에 방파제나 안벽의 사석기초 시공상 유의할 점에 대해 설명하시오.

제67회 (2002년도) 제4교시. 문2 (25점)
해수의 영향을 받는 콘크리트 구조물 설계와 시공시에 시방규정에 대하여 설명하시오.

제72회 (2004년도) 제3교시, 문1(25점)
침매공법의 일반적 기능과 건설시 제반사항(계획, 설계, 시공)에 대하여 기술하시오.

제73회 (2004년도) 제1교시. 문①, ②, ⑤ (각 10점)
다음 문제를 선택하여 설명하시오.
① 진공 압밀공법
② 침매터널
⑤ Suction pile 공법

제75회 (2005년도) 제1교시. 문② (각 10점)
다음 문제를 선택하여 설명하시오.
② 침매터널의 시공순서를 기술하시오.

제79회 (2006년도) 제1교시. 문⑩ (각 10점)
다음 문제를 선택하여 설명하시오.
⑩ 아스팔트 매트

제81회 (2007년도) 제1교시. 문③ (각 10점)
다음 문제를 선택하여 설명하시오.
③ CVM(Contingent Value Method)

제84회 (2008년도) 제1교시. 문⑫ (각 10점)
다음 문제를 선택하여 설명하시오.
⑫ Diaphram Wall(지중 연속벽 공법)

제84회 (2008년도) 제2교시. 문2 (25점)
수로나 항로구간을 통과하는 해저터널을 건설하는 방법 중의 하나인 침매(沈埋)터널 공법의 특징에 관하여 아는 바를 쓰고, 침매함(沈埋函, Element)를 제작하는 대표적인 제작방식(두가지 정도)에 대하여 기술하시오.

환경영향평가/감리업무

제29회 (1987.4.26) 제4교시. 문2 (30점)
항만공사에서 예상되는 환경오염에 대하여 기술하고, 환경영향평가서 작성에 관하여 설명하시오.

제34회 (1990.4) 제4교시 문3 (30점)
항만과 관련된 환경 공해와 그 대책에 대하여 기술하시오.

제37회 (1992.4.12) 제4교시 문2 (25점)
항내 수질 악화문제를 해결하기 위한 물순환 계획을 논하시오.

제39회 (1993.3.21)
해양 환경영향평가에 포함될 요소에 대하여 기술하시오.

제41회 (1994.4.3) 제4교시 문1 (40점)
항만공사의 자연 환경적 특성과 그에 따른 대책을 서술하시오.

제42회 (1994년도) 제2교시. 문5 (25점)
연안해역에서의 환경오염 발생원인과 저감대책을 논하시오.

제43회 (1995년도) 제4교시. 문3 (30점)
항내 수질오염 원인과 수질개선방안에 대하여 설명하시오.

제46회 (1996년도) 제3교시. 문3 (20점)
항만계획을 수립하는데 있어서 환경영향평가에 포함되어야 할 내용을 열거하고 설명하라.

제50회 (1997년도) 제4교시. 문3 (30점)
항만공사시 많이 발생된다고 생각하는 오염원 3가지를 선택하여 오탁확산 방지대책을 제시하시오.

제55회 (1998년도) 제3교시. 문4 (30점)
항만시설의 오염대책에 대하여 설명하시오.

제60회 (2000년도) 제4교시. 문6 (25점)
해수수질 정화공법

제61회 (2000년도) 제4교시. 문2 (25점)
연안해역의 수질오탁 원인을 기술하고 장・단기 대책에 관하여 서술

제62회 (2000년도) 제3교시. 문5 (25점)
항내수질 보전방법

제63회 (2001년도) 제2교시. 문6 (각 25점)
감리업무에 대하여 다음을 설명하시오
(1) 책임감리의 정의
(2) 시공계획서에 포함되는 사항

제63회 (2001년도) 제4교시. 문6 (각 25점)
항만공사시 예상되는 환경오염 및 대책에 대하여 설명하시오.

제66회 (2002년도) 제1교시. 문⑬ (각 10점)
다음 문제를 선택하여 설명하시오.
⑬ 건설 칼스(CALS) 시스템

제68회 (2002년도) 제1교시. 문⑧ (각 10점)
다음 문제를 선택하여 설명하시오.
⑧ CM에 있어서의 EVMS(Earned Value Management System)

제70회 (2003년도) 제1교시. 문⑩ (각 10점)
다음 문제를 선택하여 설명하시오.
⑩ 해역의 환경기준 등급

제71회 (2003년도) 제2교시. 문4 (25점)
환경적 측면에서의 인공갯벌의 필요성과 그 설계방법에 대하여 기술하시오.

제71회 (2003년도) 제4교시. 문7 (25점)
해저 Pipeline설치 공법에 대하여 설명하고, 해저 예항법의 Pipe string 제작장 계획에 대하여 쓰시오.

제72회 (2004년도) 제4교시. 문5 (25점)
항만 공사시행중과 공사 완료후에 발생되는 해양환경 오염의 종류와 원인, 방지대책에 대하여 기술하시오.

제73회 (2004년도) 제3교시. 문3 (25점)
국내의 해저배관 건설공사에 적용한 해저배관 부설공법을 설명하고, 항만수역을 통과하는 해저배관 매설깊이를 결정하는 방법에 대해 기술하시오.

제73회 (2004년도) 제4교시. 문5 (25점)
연안오염과 연안오염원을 대하여 설명하시오.
(항만공사에 국한하지 않고 일반적인 사항을 설명하시오.)

제75회 (2005년도) 제3교시. 문2 (25점)
항만의 리모델링에 대해 기술하시오.
(대상사업시설의 유형, 개보수/개축 또는 친수성 시설로의 전환)

제75회 (2005년도) 제4교시. 문2 (25점)
연도교(連島橋) 또는 연육교(連陸橋)를 건설함에 있어서, 항만기술자가 검토, 설계할 내용에 대하여 기술하시오, (항만기술의 필요성, 설계조건 검토, 설계항목 및 방법)

제76회 (2005년도) 제2교시. 문3 (25점)
환경적 측면에서 인공갯벌의 설계와 그 조성방법에 대해 기술하시오.

제79회 (2006년도) 제4교시. 문3 (25점)
항만 리모델링의 주안점과 추진방향에 대하여 기술하시오.

제81회 (2007년도) 제2교시. 문3 (25점)
항만의 리모델링에 대한 모델형태를 제시하고, 국내외 사례를 토대로 기술하시오.

제81회 (2007년도) 제3교시. 문5 (25점)
방조제 건설시 환경피해 저감방안과 사전검토방법에 대해 설명하시오.

제84회 (2008년도) 제2교시. 문4 (25점)
부산북항 재개발 및 리모델링에 대하여 기술하시오.

선박 건조·수리시설

제22회 (1982.2차) 기초, 제1교시. 문7-4) (10점)
다음에 대하여 아는 바를 기술적으로 간단히 설명하라.
4) 선박수리시설

제26회 (1985.5.19) 제1교시. 문2 (30점)
Dock의 종류와 기능에 대하여 논하시오.

제36회 (1991.10.) 제2교시. 문3
다음을 설명하라.
④ Lift dock(15점)

제45회 (1995년도) 제2교시. 문2 (25점)
선박의 조선 및 수리시설의 종류를 열거하고 비교하시오.

제61회 (2000년도) 제2교시. 문5 (20점)
드라이 조선소와 Ship-lift 조선소를 대비하여 설명

제61회 (2000년도) 제3교시. 문1 (25점)
드라이도크는 하부유출수의 처리방법에 따라 구조양식이 바뀌는데, 드라이 도크의 저판의 구조양식에 대하여 기술

제64회 (2001년도) 제4교시. 문3 (25점)
선박수리시설의 종류와 특성을 설명하시오.

제75회 (2005년도) 제1교시. 문⑩ (각 10점)
다음 문제를 선택하여 설명하시오.
⑩ 선박수리시설의 종류를 설명하시오.

그린에너지 지원시설

제39회 (1993.3.21)
해양에너지 추출방법에 대하여 논하시오.

제47회 (1997년도) 제2교시. 문4 (25점)
파력을 이용한 발전이 항만구조물을 이용하여 세계적으로 시도되고 있다. 해양에서의 파력발전의 방식, 특성에 대해 논하시오.

제69회 (2003년도) 제4교시. 문4 (25점)
해양에너지를 이용한 각종 발전방법에 대해 기술하시오.

제81회 (2007년도) 제2교시. 문2 (25점)
국내에서 해양을 이용한 자연에너지를 개발하고자 할 때, 개발 가능한 해양에너지의 종류와 입지별 특성을 연계하여 논하시오.

제82회 (2007년도) 제3교시. 문5 (25점)
조력발전 방식 및 입지에 대해 설명하시오.

제84회 (2008년도) 제3교시. 문2 (25점)
근래 해양 신재생에너지에 대한 관심이 늘어나고 있다. 개발 및 생산에 있어서 현재 국내의 상황에 대하여 기술하시오.

찾아보기

〈 索引 : Index 〉

가

나

다

라

마

바

찾아보기

사

아

자

차

카

타

파

하

찾아보기

<추 기>

✤ 기술사시험 답안지 작성요령 ✤

기술사 시험은 주관식으로 출제되기 때문에 문제에서 요구하는 내용을 파악하여 본인이 알고 있는 내용을 충분히 표현하여야 한다.

문제에 대한 내용을 아무리 정확하고 많이 알고 있어도 표현방법에 따라 점수차이가 날 수 있기 때문에 표현방법이 매우 중요하다. 서술적으로 답안을 작성하는 방법도 있겠으나 채점자가 다 읽어보기 전에는 문제의 답안내용을 알기 어렵고, 서술내용에 일관성이 없을 경우나, 장황한 내용설명이 되거나, 많이 기술하다보면 답이 아닌 내용도 간혹 포함되어 오히려 감점을 가져오는 경우도 종종 있기 때문에 서술적 답안보다는 요점식 답안작성이 의사전달표현으로 설득력이 있다고 본다.

기술사 시험으로 출제되는 문제의 유형을 살펴보면 제1교시에 단답형이 일반적이고 제2,3,4교시는 항만 및 어항에 대한 전반적인 문제가 주관식으로 출제되고 있다.

1. 단답형 문제의 답안작성 요령

단답형은 문제의 답안을 간단명료하게 핵심을 기술하기만 하여도 기본 점수를 받을 수 있고, 그 다음에 필요한 설명을 덧붙이면 상위 점수를 받는다.

답안작성요령을 예시하면 다음과 같다.

<문 제> 항만공사의 기준면

<모범답안> 항만공사의 기준면은 약최저저조위[Approx. L.L.W : (±) 0.00m]
육상공사 기준면과는 차이가 있으며 육상기준면은 인천항의 중등조위[M.S.L : (+)4.635m]를 육상기준면 0.00m으로 하여 사용하고 있으므로 인천항인 경우 4.635m차이가 있다.

2. 주관식 문제의 답안작성 요령

주관식 문제는 문제의 성격, 문제가 요구하는 방향에 따라 서술식으로 답안을 작성할 수 있으나 가능하면 요점별로 분류 및 정리를 하여 요점에 대한 내용을 서술식으로 풀어나갈 필요가 있다.

대부분의 출제위원들은 주어진 문제에 대하여 ① 문제의 요구사항을 얼마만큼 정확하게 알고 있는지의 인지도(認知度), ② 어떻게 표현하는가의 표현력(表現力), ③ 기술사로서의 활용능력(活用能力) 등을 감안하여 채점한다고 보면 틀린 말은 아닐 것이다.

답안작성 요령을 예시하면 다음과 같다.

<문제> 항내부진동 현상을 설명하시오(20점)

<모범답안>

1) 서 론

부진동은 호수, 항로, 항, 개구해안 및 항내에서 발생하는 장주기의 해면승강운동으로서 기상과 해상에 따라 다르게 나타나며, 항내에 부진동이 발생하면 파고는 수 10cm에 지나지 않으나 파장이 길어서 해수의 수평이동으로 선박의 계류는 물론 하역작업에 지장을 초래한다.

특히 항구가 외파의 주방향 입사파를 위주로 개구되어 있어서 계절풍이나 기타 태풍 등의 영향으로 항내에 진입된 장주기파가 부진동을 일어나게 하는 경우도 있다.

2) 부진동의 원인

(1) 외해로부터 장주기의 너울(Swell)이 내습하여 만내 또는 항내에 강제 진동을 일으킨다는 설이 가장 유력

시되고 있다.

(2) 만내 또는 항내의 형상에 따른 고유주기에 대한 공진현상이 일어나는 때가 있어 실제 관측되는 부진동은 공진현상에 의한 경우가 많다.

(3) 태풍이나 저기압 또는 이동하는 전선에 수반되는 기압변동에 의하여 발생하는 장주기파도 만내나 항내의 형상에 따른 고유주기에 대한 공진현상을 일으킨다.

3) 탁월주기 및 진폭

(1) 탁월주기

부진동은 공진현상을 일으키는 경우가 많아서 어떤 항의 탁월주기가 존재하며 항의 형상에 따라 고유진동주기가 달라진다.

장주기파의 파형에 대한 부진동의 주기식은 아래와 같다.

$$Tn = \frac{2\ell_B}{n \cdot \sqrt{g \cdot d}}$$

여기서, Tn : 자유진동 주기(sec)

ℓ_B : 항내측의 길이

n : 항내의 절수

g : 중력 가속도(9.8m/sec2)

d : 항내의 수심(m)

(2) 진폭

내습한 너울(Swell)의 주기와 항의 고유진동 주기가 일치하면 공진이 되어 진폭이 증폭된다. 따라서 항구폭을 좁힘에 따라 항구의 발산에너지가 규제됨으로 항내의 진폭이 커지는 Harbour Paradox현상이 일어날 수 있으므로 주의할 필요가 있다.

4) 부진동의 발생현황

부진동의 발생은 우리나라 각 해역별로 살펴볼 때 조차가 큰 서해안에서는 별로 발생하지 않으나 서해남부에서 남해를 거쳐 동해로 갈수록 발생빈도가 높으며 동해안중에서도 포항은 부진동 발생빈도가 높은 항만이다.

특히 동해안은 조차가 적은데 비하여 부진동의 진폭이 더 큰 곳이 많으므로 부진동 현상을 조석현상보다 중요시해야 할 경우도 있다.

우리나라 주요 항만에서 발생하는 부진동은 태풍, 온대성 저기압, 전선, 기압골 통과시와 동계에 대륙성 고기압 확장시 강한 북서계절풍이 불 때 폭풍해일과 또한, 해저지진 발생 등에 의한 지진해일과 함께 발생하고 있다.

전반적으로 항만 구조형식이 다양한 서남해안 보다는 기초지반이 양호하여 중력식 안벽이고 장방형의 항형으로 된 동해안과 제주지방, 도서지방에서 부진동이 현저하게 나타나고 있다.

5) 문제점 및 대책

(1) 문제점

① 부진동이 발생하게 되면 계류된 선박이 구조물과의 연속충돌로 인하여 시설물이 손상을 입는다. (선박자체, 계류색, 방충재시설 등)

② 하역작업(특히 컨테이너 부두)에 큰 장애가 된다. (부두이용율 저하로 체선, 체화)

③ 항입구부의 돌발적 유속증가로 선박 항행에 지장을 초래한다.

(2) 대 책

① 항만의 형상을 기하학적으로 구상하여 장방형이나 정형이 아닌 불규칙적인 평면배치로 계획한다.

② 방파제를 투과성이 있는 사면제로 계획한다.

③ 구조물 설계시에도 되도록 직립안벽을 피하고 잔교식이나 부진동을 고려한 소파형으로 하여 에너지 손실을 증가시킬 수 있도록 유도해야 한다.

참고문헌

1. 국립수산진흥원, 남해 수산 종묘배양장 중간육성장 시설공사 보고서 (1990.)
2. 강석형; 해수교환 방파제에 의한 항내오염 개선에 관한 연구 (2003. 6)
3. 동해지방해양수산청; 주문진항 해수교환시설 실시설계용역 보고서 (2001.)
4. 마산지방해양수산청; 삼천포항 수치모형실험 보고서 (2001.)
5. 수산청, 미조항 항내 수질 개선방안 검토 보고서(수치모형실험),(1994.)
6. 여수지방해운항만청; 여수항 안벽 실시설계 용역보고서 (1990.)
7. (社) 日本港灣協會; 港灣の 施設の 技術上の 基準・同解說 (平成 11년 4월)
8. (社) 日本全國漁港協會; 漁港計劃の 手引 (昭和 55년)
9. 장선덕, 이문옥, 김종규, 김종화, 류청로, 이종섭, 홍철훈, 연안해양학, 시그마프레스, pp. 107-142 (1999.)
10. 제주지방해양수산청; 제주외항 서방파제 축조공사 대안설계보고서 (2002)
11. 해운항만청; 항만시설물 설계기준서 (1993.)
12. 해양수산부; 어항공사 시공관리 요령 (1999.)
13. 해양수산부; 해수교환 방파제의 실용화연구(I) (1999.)
14. (사) 한국어항협회; 어항구조물 설계기준 (1996.)
15. (사) 한국항만협회; 항만 및 어항 설계기준 (1999.)
16. 한국해안・해양공학회; 항만관련 설계 및 시공사례 (2002. 8.)
17. 해양수산부; 항로표지업무편람 (1997. 12.)
18. 해운항만청; 항로표지 용어사전 (1987. 12., 1988. 2.)
19. 해운항만청; 항로표지 구조물 설계기준 (1983. 12.)
20. 해양수산청; 대포항개발계획(속초시, 민자사업) (2003.)
21. Aboshi, H. and Yoshikuni, H., A study on the consolidation process affected by well resistance in the vertical drain method, Soils and Foundations, Vol.7 No.4 (1967., pp.38~58)
22. Barron, R.A., Consoildation of fine grained soils by drain wells, ASCE, Vol. 113
23. Brown, R.E., Vibrofloatation compaction of cohesionless soils, Proc. A.S.C.E, GT12 (1977., pp.1437~1451)
24. Brown, R.E., Vibrofloatation compaction of cohesionless soils, Proc. ASCE, GT-12 (1987., pp.1437~1451)
25. Carl A. Thoresem, Port Design Guidelines and Recommendation (1988.)
26. Das, B.M., Principles of foundation Engineering Brooks/Cole engineering division (1984., pp.552~526)
27. Gregory Tsinker, Handbook of port and Harbour Engineering (1996.)
28. Kiyoshi Horikawa, 김남형 譯, 해안공학 (2000.)
29. M.B. Abbott and W.A. Price, Coastal Estuarial and Harbour Engineers' Reference book (1994.)
30. Meyerhof, G.G., Discussion of Session 1, Proc. 4th ICSMFE, Vol.4, London (1957., p.110)
31. Mitchell,J.K., State of the art on soil improvement, Proc. 10th ICSMFE, Vol.4 (1981, pp.510~520)
32. Lambe T.W., and Whitman R.V., Soil Mechanics, SI version, john Wiely & Sons (1979.)
33. Thorburn, S., Tentative correction for the standard penetration test in noncohesive soils, Civil engineering and Public Works Review, Vol.58 No. 638 (1963., p.752)
34. United Nations Conference on Trade Development, Port Development
35. U.S. Army Coastal Engneering Research Center, Shore Protection Manual, Vol. I, II, III (2001.)
36. U.S. Army Coastal Engineering Research Cener, Coastal Engineering Manual, Vol. I, II (2002.)
37. 현대중공업, 화력발전 복수기 냉각수 계통설계 및 최적공법 선정기준 보고서 (2007. 12.)

38. 화력, 원자력 발전소 토목구조물 설계(번역판) (2005. 3판)
39. 동해안에서의 지진해일 재해저감을 위한 연구(1) : 국립방재 연구소
40. 동해안에서의 지진해일 재해저감을 위한 연구(2) : 국립방재 연구소
41. 동해안의 지진해일 : 한국해안 · 해양공학회
42. 해양수산부 항만구조물도
43. 신형식 소파블록의 반사파 제어특성 수리모형실험 (2008. 5 : 부경대학교 해양산업개발연구소)
44. 주재욱; 동해안의 적정마루높이 제안 (어항지 : 2007. 가을호)
45. 주재욱; 소파블록의 유수실 길이별 반사율 비교연구 (항만지 : 2007. 겨울호)
46. 주재욱; 항만 및 어항의 경관설계 (어항지 : 2004. 겨울호)
47. 주재욱; 항만 및 어항공사의 기초처리공법 (항만지 : 2004. 겨울호)
48. 주재욱, 강석형; 항마분야의 녹색에너지 지원시설 (토목학회지 : 2009. 10월호)
49. 주재욱; 소파효과에 관한 고찰 (항만지 : 2010. 겨울호)
50. 주재욱; 한국수산기반산업의 재해대책방안 (어항어장지 : 2011, 4-3호)

❖ 주재욱(朱宰旭)

< 학 력 >

서울대학교 공과대학 토목공학과 졸업(1958)

< 주요경력 >

해무청 시설국 항만과('58 ~ '60)
해군시설장교('60 ~ '64)
풍한산업(주) ('64 ~ '70)
 * 서울-강릉 고속전철 및 강릉항 개발계획
대한준설공사(부장 : '70 ~ '76)
동양고속건설(전무 : '76 ~ '81)
세광종합기술단, 대우엔지니어링(기술고문 : '81 ~ '87)
세일종합기술공사(대표이사,사장,회장 : '88 ~ '99)
혜인E&C(기술연구소장 : '00 ~ '08)
혜인E&C(기술고문 : '08 ~ 현재)
겸임교수(부경대학교 : BK21(해안, 항만 기반시스템 전문인력 양성 사업팀) : '09 ~ '13

< 자격증 >

1967 : 토목기술사(항만 및 해안)
1968 : 토목기술사(시공)
제1회 : 공인중개사
인증서 : 방재전문인력 인증서(소방재현장 : '09.9.18.)

< 설계자문 및 심의위원 위촉 >

신공항건설자문위원(교통부장관 : '90)
민자항만설계심의위원(해운항만청장 : '96)
중앙건설심의위원(건설교통부장관 : '98)
설계자문위원(해양수산부장관 : '98)
특별건설기술심의위원(국방부장관 : '98 ~ '04)
건설신기술심의위원(건설기술연구원장 : '99 ~ '04)
재해복구사업사전심의위원(소방방재현장 : '12.1)

< 항만관련기준서 등 집필 및 심의위원 위촉 >

토목공학핸드북(대한토목학회 : '93)
항만시설설계기준서(건설부 : '93)
항만건설안전시공편람(해운항만청 : '95)
항만공사표준시방서(해운항만청 : '96, 12)
어항구조물설계기준서(수산청 : '96)
어항공사시공관리요령(해양수산부 : '99)
항만공사전문시방서(해양수산부 : '99)
항만및어항설계기준(해양수산부 : '93, '99, '05)

<수 상>

산업포장('03.3.31.)
은탑산업훈장('11.5.31.)

<저 서>

실무자를 위한 항만 및 어항공학(공저:'06.1.20.)
사랑하는 사람(시집 : '09.3.1.)

❖ 강석형(姜晳馨)

─< **학 력** >
연세대학교 공학대학원 졸업(2003)

─< **주요경력** >
세광종합기술단(부장 : '79 ~ '88)
세일종합기술공사(부사장 : '88 ~ 현재)

─< **자격증** >
1995 : 토목기술사(항만 및 해안)

─< **설계자문 및 심의위원 위촉** >
겸임교수(한국해양대학교 공과대학 토목환경공학부 : '05)
설계자문위원(해양수산부장관 : '03)
건설신기술심의위원(한국건설교통기술평가원 : '03)
전남지방건설기술심의위원(전라남도 : '05)

─< **항만관련기준서 등 집필 및 심의위원 위촉** >
항만공사표준시방서(해양수산부 : '05)
항만공사전문시방서(해양수산부 : '05)
항만 및 어항설계기준(해양수산부 : '05) (감수)
중앙건설기술 심의위원(국토해양부장관 : '12)
건설교통 정책 자문위원(충청남도 : '12)

─<**저 서**>
실무자를 위한 항만 및 어항공학(공저:'06.1.20.)

❖ 항만 및 어항공학 ❖

▌인쇄일 : 2012년 5월 9일 ▌펴낸이 : 주재욱 · 강석형
▌발행일 : 2012년 6월 15일

▌펴낸곳 : 한림원 출판사 ▌Tel : 02-2273-4201 ▌Fax : 02-2273-4240
▌주 소 : 서울특별시 중구 퇴계로51길 20 1303(오장동,넥서스타워)
▌홈페이지 : www.hanrimwon.com ▌E-mail : hanrim@hanrimwon.com
▌ISBN : 978-89-93512-32-8
▌가 격 46,000원